U0254131

上海浦东陆家嘴金融贸易区高层建筑群（之一）

上海浦东陆家嘴金融贸易区高层建筑群（之二）

深圳开发区高层建筑群（2000 年代）

香港中环高层建筑群（20 世纪 90 年代）

日本东京新宿地区高层建筑群（2000 年代）

日本东京品川开发区高层建筑群（2010 年代）

日本大阪 CBD 地区之高层建筑群（20 世纪 90 年代）

美国纽约市曼哈顿中城北区高层建筑

高层建筑空调设计及工程实录

范存养　杨国荣　叶大法　编著

中国建筑工业出版社

图书在版编目(CIP)数据

高层建筑空调设计及工程实录/范存养,杨国荣,叶
大法编著. —北京:中国建筑工业出版社,2013.10
ISBN 978-7-112-15759-4

Ⅰ.①高… Ⅱ.①范…②杨…③叶… Ⅲ.①高层
建筑-空气调节系统-建筑设计 Ⅳ.①TU976

中国版本图书馆 CIP 数据核字(2013)第 200965 号

　　本书是约半个多世纪以来高层建筑空调技术发展的纪实,无设计手册的功能,更无规范的解释和指示。整体内容分两部分:上篇对高层建筑空调领域内的相关技术进行了综合论述并介绍了可供参考的设计思路;下篇则为相关的工程实录。本书的技术对象主要为办公建筑,极少量涉及旅馆酒店建筑,没有述及工艺要求特殊的医院建筑。工程实录中绝大部分为已建成项目(极个别为在建项目),对个别较早的工程改建项目,本书也有相关叙述。

　　本书为同济大学范存养教授历时十多年搜集、积累、整理国内外相关技术资料的总结,具有很高的收藏价值,对我国暖通空调工程技术人员具有参考意义。

责任编辑:姚荣华　　张文胜
责任设计:李志立
责任校对:张　颖　刘　钰

高层建筑空调设计及工程实录

范存养　杨国荣　叶大法　编著

*

中国建筑工业出版社出版、发行(北京西郊百万庄)
各地新华书店、建筑书店经销
北京科地亚盟排版公司制版
北京中科印刷有限公司印刷

*

开本:850×1168毫米　1/16　印张:56¾　插页:2　字数:1422千字
2014年1月第一版　　2014年7月第二次印刷
定价:**160.00**元
ISBN 978-7-112-15759-4
(24534)

序　一

　　我们的好友范存养教授确实是一位对建筑学科和空气调节学科有着真诚和深厚感情的勤勉学者。2001 年年初，他用了多年时间钻研，获得了一项丰硕的成果——《大空间建筑空调设计及工程实录》，厚厚的一本著作。当时，在欣喜之际，我们和其他朋友们曾衷心地希望和预祝他能在其他大型建筑领域内总结出更丰盛的空调设计成果来。

　　又是十二个年头过去了，存养教授果然不负众望，又和有关专家学者一起，抚育了另一册巨著——《高层建筑空调设计及工程实录》，令世人欣慰和令国内外的空调专家惊喜。

　　在 19 世纪以前，高层、超高层建筑人类早就梦寐以求，希望适当地与地球引力作抗衡，以取得生存环境的一个梦想。途中经过人类长期努力，建成了为宗教服务的寺庙、教堂、宝塔等建筑物，它们具有崇高、伟大的形象，但不能真正地为人的生活服务。直到 19 世纪末期，在美国，由于城市大发展，用地紧张，而钢铁工业有了较大的进步，电气、给水排水、空气调节等学科技术有了较全面的发展，才出现了现代的钢结构和钢筋混凝土结构高层和超高层建筑，以满足现代人的生活——办公、经贸、科研、教育、居住、娱乐等各方面的需要。特别到了第二次世界大战以后，信息、电脑的发展，使得人类更加聪明起来，对高层、超高层建筑的群体和单体的策划、规划、建筑设计、结构设计、水、电、冷暖设备设计、防灾设计、施工、管理等，一步步走向合理、易解、易行。

　　由于全人类要提高生活质量，就要建造多种类型的建筑，并节约土地，往高空发展是无法避免的。因此，对于这一形态各异、高低不同、胖瘦有别又各有千秋的高层、超高层建筑物，它们用各种不同的材料建造起来，又屹立于不同国家、不同地区、不同地域，处在不同的环境中。同时，在同一个地方，建筑物各有层次标高的不同，功能的差异，处理的手法也会各具亮点。这样，空调环境根据差异的设计也会成为非常重要的一项工作。而且，节约能源、减少二氧化碳的排放，已成为全人类迫切需要解决的问题。我们相信，存养教授的这部著作一定会协助土建工程人员采用国际上已经出现的好方法，既可帮助大家往前走一步，又可从前人卓越的思想中得到新的启示，取得新的成绩。

　　祝存养教授和各位专家的努力造福人类！

中国工程院院士、同济大学教授　戴复东

中国工程设计大师、同济大学教授　吴庐生

2013 年 4 月　同济大学高新建筑设计研究所

序　二

土地资源对于我们这个近达十四亿人口的国家来说是十分不足的。将中美两国进行比较，美国国土面积约 937 万平方公里，人口是 3 亿多；而我国有 960 万平方公里国土，人口却是美国的 4 倍多。而国家的一切发展都离不开土地资源。因此，在我国的城市化发展过程中，必须节约用地。其中一项重要对策就是有条件地发展高层建筑。

高层建筑的发展需要各方面的协同与配合。在实用过程中对居住于其中的人来说，健康、适度舒适是最紧要的。这必须靠暖通空调系统提供保障，没有这些系统，整个建筑就会失去生命。

范存养老师早就关注到了这一点，从了解日本开始。因为日本处于地震多发地区，又需要发展高层建筑，对与建筑的相互关系上看到了日本空调的发展过程。了解日本之后，又关注到了美国、德国，还有我们自己的发展。从这些国家的相关文献中了解高层建筑暖通空调系统的发展演变过程，从而对我们如何更好地发展有所借鉴。

范老师经过多年努力，终于在 2013 年这个有象征意义的日子（2013 年 12 月 1 日是他的八十大寿），在他的学生们的帮助下，完成了一部力作《高层建筑空调设计及工程实录》，将于 2013 年年底问世。

范老师一直以来笔耕不辍。对于两大类建筑：大空间建筑和高层建筑，一直没有停止过对它们的暖通空调系统的资料收集、整理与分析。我们在感谢范老师的同时，对为此书而付出辛劳的其他作者，也一并表示衷心地祝福。

对中国建筑工业出版社表示敬意。

吴元炜

2013 年 6 月 25 日

序　三

　　十年磨一剑，历经十余年的辛劳，业内期盼已久的由范存养教授主编的鸿篇巨著《高层建筑空调设计及工程实录》终于出版。

　　承蒙范老师嘱咐，要我为这本书作序，令我诚惶诚恐。我的惶恐之一是，作为范老师学生辈的人，为凝聚范老师心血的著作作序，要在短短的文字里概括本书的精髓，既是荣幸，也是一种压力；我的惶恐之二是，20世纪90年代在范老师指导下，组织学生对上海上百幢高层建筑空调做了调研，当时范老师就希望我能够协助他编写一本高层建筑空调的专业书籍，但是因为忙、因为要应付各种琐事，我一直没有敢答应范老师，这也是我最大的遗憾。所幸的是，有叶大法、杨国荣两位教授级高工和叶海博士等的鼎力辅佐，范老师能在八十大寿时，完成了这部有历史意义的著作。

　　说这本书具有历史意义，并非溢美之词。伴随工业革命和西方国家城市化进程诞生的高层建筑，迄今还不到150年历史，而现代空调技术的诞生也只有110年历史。高层建筑空调技术的快速发展，第一波是在第二次世界大战前后的美国，第二波是在20世纪70年代期间的日本，第三波应该就是20世纪80、90年代之后的中国。进入21世纪，中东石油国家的高层建筑也有一定程度发展，但无论是发展规模还是自主技术能力还都无法与中国（包括港澳台地区）媲美。据美国高层建筑与城市人居环境理事会（CTBUH）的统计，世界上已经建成的最高的100幢建筑中，有34幢在中国；世界上正在建设中的最高的100幢建筑中，也有34幢在中国。截至2011年，美国高层建筑最多的纽约市有高层建筑5937幢，100m以上的超高层建筑有550幢；而中国的上海，8层以上高层建筑近23000幢（22998幢），30层（100m）以上的超高层建筑则超过1000幢（1066幢）。单从数量来说，上海已经超过纽约。高层建筑数量的增长，标志着中国建筑业巨大的技术进步、标志着中国经济的迅速发展，也标志着中国城市天际线和城市形态翻天覆地的变化。但人们对高层建筑的认识，也正经历着从盲目的追捧到更加理性的反思。同样，高层建筑的空调技术也经历了不断的发展革新。从最早美国集中的全空气系统（后来发展到变风量系统）和分散的窗式空调（穿墙式机组），到日本集中的风机盘管空气—水系统和半集中的冷媒多联机系统，是一种发展与传承，各有优点与缺点。中国则在发达国家尤其是日本的基础上兼容并蓄，近年来高层建筑空调技术更趋多元化，出现辐射供冷供热、地板送风等多种多样的空调方式。而高层建筑空调的设计理念，则更加重视节能，重视室内环境品质，重视与规划、建筑、管理和自控的协调。这本《高层建筑空调设计及工程实录》就是这段历史的真实写照。可以说，世界上还没有一本书能像《高层建筑空调设计及工程实录》这样如此全面地介绍中国及世界各国高层建筑空调系统的发展历史和现状。从这个意义上说，本书的出版是我国暖通空调专业发展中一座重要的里程碑，一定会对今后高层建筑空调技术的进一步发展发挥积极的引领作用。

　　范存养教授年逾八十，仍孜孜不倦地收集、整理、分析大量的专业资料，十年光阴，笔耕不辍，令人感佩。范老师的专业"资料库"在业内是有名的。包括我在内的很多业内人士，一旦有什么专业问题，会首先想到请教范老师，他总是会不厌其烦地到他的资料库中找到整理得有条不紊的技术资料，使求教者获益匪浅。由于年事已高，范老师基本不用电脑，但有时感到他的大脑比电脑还可靠。哪些建筑用了什么样的空调系统，哪些系统用了什么样的设备，这些信息范老师几乎可以信手拈来、脱口而出。我想，正是由于范老师这种热爱专业、豁达开朗、与人为善和助人为乐的生活态度，才能使他健康长寿，到晚年还能站立于学科前沿。

　　本书的编著，离不开众多范老师的业内同行、朋友、国外友人，特别是他的学生们的支持、帮助。范老师对我说，这本书将是他的封山之作。本书没有来得及反映近几年完工的工程项目以及众多正在规划设计建设中的项目，是范老师的遗憾。这本书连同十多年前出版的《大空间建筑空调设计及工程实录》一书都堪称经典，但包括我在内的范老师的学生们也已经步入退休年龄，所以更希望有业内比我们更年轻的学者能够继续编纂大空间空调和高层建筑空调等书的"续集"。只有不断地总结经验、汲取教训、认真思考，才能推动专业不断进步，才能对世界建筑事业有所贡献。这也是范存养教授的殷切希望。

龙惟定

2013 年 5 月

目　录

下　篇

上 篇

第1章 高层建筑空调历史与发展

1.1 高层建筑的特征

1.1.1 高层建筑的定义

高层建筑因其层数多、高度高，在设计、施工、运行方面有诸多特殊性。早在1972年，由联合国教科文组织所属的世界高层建筑委员会召开的国际高层建筑会议上，将9层和9层以上的建筑定义为高层建筑，40层以上（高度在100m以上）的建筑称为超高层建筑。各国根据建筑类别、材料、结构、消防等因素，对高层建筑的层数与高度界限有各自的规定。日本对高层建筑的界限规定不严，一般将10~17层，高度低于45m的建筑称高层建筑，45m以上的建筑称为超高层建筑，或将10层以上的建筑统称为高层建筑。我国则规定10层及10层以上的民用建筑和高度超过24m的建筑称为高层建筑。同样将高度在100m及以上的高层建筑称之为超高层建筑。本书所讨论的内容主要针对高层办公建筑。

1.1.2 高层建筑的优点

（1）随着生产发展、经济繁荣、城市化进程的加快，城市人口增长迅速，人口密度急剧增加。而城市范围不可能同步扩张，因此城市地价升高，唯有依靠建筑向高空发展，减少占地面积、节省城市建设用地、降低城市基础设施总投资。

（2）以高层办公建筑来说，它是提供第三产业从业人员（白领阶层）的生产场所，其环境和设施的优劣直接影响金融、证券、贸易及各类专业人士的工作效率，相对集中且提供良好的工作环境是经济和有效的，对城市发展具有积极意义。

（3）一幢造型优美、高度合适和质量良好的高层建筑可以成为城市的地标和历史记忆，其与周围环境的友好与和谐可以成为绿色生态模范，给人们起警示作用。

1.2 国外高层建筑和空调技术发展简况

1.2.1 高层建筑的发展

人类自古就有登高通天的想望，梦想建造出通达天际的建筑。欧洲古代建有各种不同材料构成的高塔，但这种建筑并无居住功能。进入19世纪，随着工业迅速发展和经济繁荣，城市人口激增，用地紧缺，人类才有建造高层建筑的需求。同时由于科学技术的发展，作为构筑物用的钢铁、水泥、玻璃等建材的问世，电以及电梯的发明，解决了垂直交通运输、防火、防雷等问题。此外，作为环境控制技术——空调、采暖、通风、卫生设备和电讯等系统的出现提供了高层建筑发展的可能性。

美国是近代高层建筑的发源地。1883年，芝加哥建成了11层高钢框架结构的人寿保险公司大楼。20世纪后纽约超过了芝加哥，1910年建成24层的纽约市政府大厦。到1931年，纽约30层以上的高楼已有89栋。而当年建成的著名的帝国大厦（102层）执摩天大楼之牛耳达40年之久。这些大厦都已具备集中采暖系统。据1993年的统计，当时世界上已建成的119幢高度超过200m的超高层建筑中，美国有90幢，占75.6%。其中就包括1964年建成的PAN-AM大厦（58F，纽约，工程实录 A4）和 1970 年在芝加哥建成的当时世界最高的西尔斯大厦（110层，443m）。与之同时代建成的纽约世贸中心（110 层，工程实录 A6）以及之前 1950 年建设的89 层的纽约联合国秘书处大厦（工程实录 A1），同样是当时最著名的高层建筑。

第二次世界大战以后，高层建筑在欧洲、日本、加拿大等地也得到了迅速发展，1991 年竣工的德国法兰克福交易大厦（55 层，259m）是当时欧洲最高的建筑（工程实录 E6）。

日本高层建筑的发展很值得关注。日本是多地震国家。1920 年日本建筑法规规定建筑物不得超过 31m（100ft）。后经过长期抗震结构研究和实践，于 1963 年通过修改《建筑基础法》撤销了上述规定。此时日本已进入战后经济振兴期，在技术、经济的支撑下，针对国土面积小、城市人口密集的状况，开始了高层建筑建设。例如，高层建筑发展准备期建设的新大谷饭店（东京，1964 年，17F）、发展期的代表作霞关大厦（东京，1968 年，36F，工程实录 J1）、新宿三井大厦（东京，1974 年，55F，工程实录 J6），当时作为成熟期的代表作则是横滨 LANDMARK 塔楼（横滨，1991 年，70F，工程实录 J38）。

除大阪市，日本高层建筑主要分布在大东京圈（首都圈）内，如新宿、赤坂、品川、汐留、六本木等地。随着世界石油危机（1973 年）、智能化建筑理念（1983 年）、地球环境问题（1992年）的出现。日本在应对上述问题的技术方面均有扎实努力和进步。

20 世纪 90 年代开始，东南亚诸国经济快速发展，高层建筑建设也有进展，著名的马来西亚石油双塔（88 层）于 1997 年建成。由于地处炎热地区，制冷空调设施亦属先进（工程实录 X1）。

在亚洲、中东国家竞相建设高层建筑的同时，欧洲国家如德国、法国、英国等的高层建筑则建造不多。由于人口密度不大，反对以建高楼来反映财富和实力的象征，同时建高楼要经过当地居民的同意。尽管如此，欧洲在 20 世纪末也建设了一些高技术性的高层建筑，在人文生态环境方面有很突出的表现，如 1997 年建成的德国法兰克福商业银行（工程实录 E8）、英国大伦敦市政府大楼（工程实录 E2）。

俄罗斯在 20 世纪 50 年代也曾建过一些高层建筑，著名的如 1953 年建成的莫斯科大学主楼等。由于俄罗斯地处北方，气候寒冷，空调供冷需求仅限于集会场所，如莫斯科大学礼堂，空调处理用空气喷淋方式。俄罗斯联邦成立以后，经济发展注重民用事业，扩大了空调的市场需求，所建高层建筑普遍采用空调，例如 2007 年建成的联邦大厦（又称莫斯科城，工程实录E14），所采用的工程技术方案与各国相近。

1.2.2 高层建筑空调技术应用

以美国和日本为例。

据统计，美国 1936 年和 1956 年不同建筑物的空调普及率分别为：高级办公楼 1％以下及27％；剧场电影院等 15％及 90％；百货商店 5％以下及 15％；工厂 1％及 2％；住宅 0％及 6％。办公建筑的空调普及晚于剧院等人员密集场所。作为早期办公建筑空调工程实例之一的得克萨斯州圣安东尼奥市的 Milam 大厦，于 1928 年建成，总建筑面积约 2.5 万 m²（21 层）。空调方式为每两层设置 1 台空调机组的全空气方式，共 11 台淋水式空气处理机组，分高、中、低三区设置。标准层空调气流组织采用上送下回方式，走廊作为回风道，该标准层平、剖面见图 1-1。该建筑制冷采用 2 台 375Rt 离心式冷水机组。基于全空气风管系统对高层（尤其是超高层）建筑的建筑层高的增加导致建筑结构造价增加，考虑将部分室内负荷直接在室内就地解决，发展出所谓的水—空气系统，其中当时最受关注的是高速诱导系统。美国在 20 世纪 60 年代的许多超高层建筑采用了这种方式。但由于一次空气输送能耗较大（为节省空间，采用 20～30m/s 的高速送风管），还由于系统噪声过大和风量调节困难，以后被风机盘管加新风系统和双风管（冷/热）系统、变风量系统等所替代。

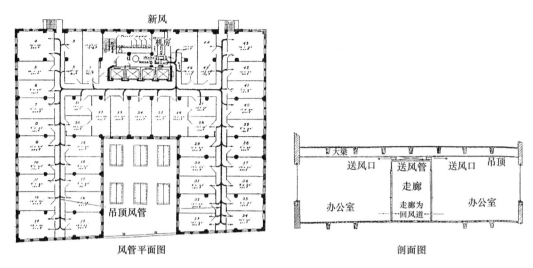

图 1-1　得克萨斯州圣安东尼奥市 Milam 大厦标准层平面及剖面图

日本也有采用各层设置空调机组，甚至更为分散和独立的系统方式。日本在 20 世纪 70 年代后建成的高层建筑，空调设备均已达到现代水平。其技术成长和进步过程受美国影响较多，井上宇市教授在其著作《冷冻空调史》中给出了美国与日本空调技术发展的关系图，这也反映出高层建筑空调技术的进步路线图（见图 1-2）。日本大规模建筑的空调冷热源变迁可参见图 1-3。

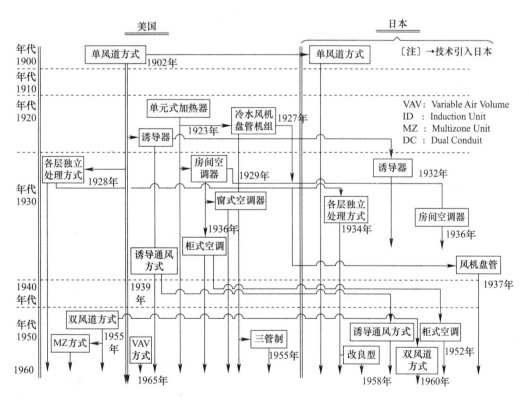

图 1-2　美日两国空调技术发展关系图

本书工程实录部分较多地采用了日本的实例，从中可以看出，进入 21 世纪后日本在节能、环境问题方面技术发展的新动向。

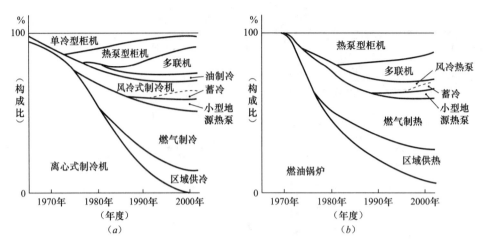

图 1-3　日本关东以南地区大型建筑空调冷热源方式统计（3000m² 以上建筑）

(a) 供冷；(b) 供热

1.3　我国高层建筑和空调技术的发展

1.3.1　高层建筑的建设与发展

我国上海、天津、广州、武汉等大城市，是高层建筑的发源地，尤以上海为最。具有现代建筑含义的早期高层建筑实例有：1928 年建成的沙逊大厦（现和平饭店北楼，为 9 层钢框架结构，局部 13 层）；1929 年建成的华贸公寓（现锦江饭店，14 层）；以后有中国建筑师设计的上海中国银行（1933 年建成，17 层）；还有 1934 年建成的上海国际饭店（24 层，高 82m），当时为远东地区的最高建筑。据资料记载，1949 年以前，上海 10 层以上高层建筑有 28 幢。这些建筑物大多由外国建筑师设计，但也说明当时我国已具备一定的高层建筑工程实践。

当时，这些建筑均为民用建筑，供居住、办公、旅馆等用，除具备必要的水电设备外，还设有暖气设备，在公共设施部分（如国际饭店的餐厅、中国银行的营业大厅等）已设有空调装置。

1949 年新中国成立后的若干年间，国家建设以工业为重点。除了在北京建造了一些大规模的政府办公楼（一般在 6 层以下）之外，各地高层办公楼和医院、宾馆等建设相对较少。1970 年之前，由于我国技术、经济和体制的限制，办公建筑均由各部门自建自管，建筑形式都为多层建筑，长条形布局，走廊居中，利用自然采光和通风，北方地区均设置暖气设备而无空调装置，且多为小区域集中锅炉房供热。

到 20 世纪 70 年代中期，由于外交和商务活动需求，北京于 1974 年建造了北京饭店新楼（东楼），地上 20 层（8.85 万 m²），同时建造了 16 层的外交公寓。前者采用当时我国自主研发的风机盘管空调机组，成为当时最大的旅馆空调装置。与此同时，广州建造的白云宾馆、东方宾馆都安装了完善的空调设备。上海则于 1979 年同时将著名的既有高层建筑——国际饭店（工程实录 S1）、和平饭店、华侨大厦、上海大厦等加装了空调设备。20 世纪 80 年代中期，上海建成了上海宾馆（高于国际饭店）和锦江宾馆新楼。广州建成著名的白天鹅宾馆（工程实录 G1），北京建成长城饭店（22 层，美国贝克特设计公司设计，1985 年建成）。

改革开放后，第三产业发展迅速，外资进入，急需现代办公空间。1980 年后期，大城市相继出现了一些为国际贸易服务的现代化办公建筑。这些建筑的高层构造大多为钢筋混凝土和钢结构，平面为核心筒布局，开放空间办公。办公设施发展为智能化，环境设备已趋完善。在我国有代表性的建筑有上海联谊大厦（工程实录 S2）、深圳国际贸易大厦（工程实录 G4）、北京京广中心（地上 53 层，1990 年）、北京发展大厦（工程实录 B2）、上海商城（工程实录 S4）、北京国贸中心（一期，地上 38 层，1989 年）。除此之外，高层医院建筑也有所发展，上海 20 世纪 90 年代初落成的第二人民医院、第九人民医院、华东医院与长海医院的病房大楼率先采用了全楼空调装置。

根据 1993 年年底相关统计资料，全国建成的 100m 和 100m 以上的高层建筑中，上海占 33 幢，其次为深圳 22 幢，北京 20 幢和广州 16 幢。此后根据上海 2002 年的统计，20 层以上的高层建筑有 1600 多幢，其中 30 层（100m 高）以上的达 265 幢。据上海市住房和房屋管理局提供的资料，至 2011 年，上海市 8 层以上建筑有 22998 幢，其中 30 层以上的超高层建筑有 1066 幢，建筑面积达 3338 万平方米。后者主要为商务、办公建筑。这些项目中有相当一部分由境内外联合设计，中方担任设计顾问和施工图设计。在设计中全面学习、吸收我国香港地区和美国、日本等的设计经验，特别是在高层建筑建设初期，我国香港地区的技术援助起了很大作用。

1.3.2　高层建筑空调技术主要发展过程

总体来看，20 世纪 60 年代末到 90 年代末高层建筑空调技术进步大致可分为如下三个阶段，如表 1-1 所示。

1960～1990 年代高层建筑空调技术进步

表 1-1

年代	1960 年代末	1970 年代初期～1980 年代中期	1980 年代中期～1990 年代末
建筑发展与设计	北京建设了大量部委办公楼，层数不超过 6 层； 上海等地以利用既有建筑为主； 北京建设了和平宾馆（8F，1951 年），解放后最初的高层建筑（仅采暖）； 1959 年十大建筑中民族饭店（12F）、华侨大厦属高层，亦仅有采暖	办公楼形式——中间走廊两侧为隔断型办公室； 从一般单位招待所发展建造多层宾馆； 在广州建成第一家中外合资白天鹅宾馆（1982 年）	办公楼标准层采用核心筒布局与大统间办公空间，在功能上向建筑智能化发展； 开始建设高标准高层住宅； 有计划地改造和建设新医院； 办公楼已开始采用玻璃幕墙，宾馆等高层建筑外墙传热系数在 2.3W/(m²·K)～3.5W/(m²·K)（上海、广州）之间； 1987 年公布《高层民用建筑设计防火规范》
空调方式和末端装置	办公室及旅馆客房，医院病房均采用暖气设备。大多不采用空调装置。个别场所空调均采用土建式或现场制作的金属空调箱	在宾馆建筑中，北京和上海都采用过诱导器空调系统（上海和平饭店，1970 年）； 上海在主要宾馆（既有建筑）内增设了 FCU 空调系统； 采用局部空调方式，如 WTU（北京建国饭店）	部分办公建筑空调分内外区，用不同空调方式（如内区用 VAV，外区用 FCU 等）； 旅馆、医院建筑均采用 FCU 加新风系统； 高层住宅中家用中央空调装置开始应用； 办公楼也有采用 VRV 系统
冷热源设备	采用国产往复式制冷机（冷媒为 NH₃），供热用燃煤锅炉； 制冷设备由压缩机、冷凝器、蒸发器（蒸发水箱）等现场组合； 制冷机房和锅炉房须独立设置	南方开始引进国外制冷设备，部分采用国产离心制冷机； 开始在宾馆建筑使用蒸汽型吸收式制冷机（北京长城饭店，1983 年）； 冷热源机房可设在主体建筑内	大容量制冷机均采用螺杆式与离心式制冷机； 直燃型吸收式冷热水机组开始应用； 风冷冷热水机组在长江中下游地区大量应用； 能源多元化已被业主和设计人员接受； 冷热源机房容许放在建筑主体内； 冰蓄冷技术的应用（深圳电子科技大厦，1993 年/北京日报社综合办公楼，1993 年/杭州交通银行，1998 年/上海锦都大厦，1997 年）； 高层民用建筑采用小区冰蓄冷技术（杭州、常州、上海）

续表

年代	1960 年代末	1970 年代初期～1980 年代中期	1980 年代中期～1990 年代末
冷热水系统	因建筑规模不大，供冷水系统均为一级泵	冷热水系统采用一级泵或二级泵系统； 供水管路采用同程式或异程式布置	高层建筑水系统垂直分区均采用板式热交换器断压； 规模大的高层建筑一般采用了二级泵系统； 水力平衡阀开始应用
节能技术	以抑制室内舒适要求为出发点，尽可能少依赖环境技术设备，从而节约这方面开支	在室内设计温湿度、新风量等设计参数方面进行探讨并作出规定，以达到节能目的	结合冰蓄冷技术的大温差送风技术的探索； 热电冷联产的应用（上海黄浦区中心医院，1998 年）； 变频技术应用于空气和水系统的输送； 开始在有些建筑物内采用全热交换器（上海希尔顿饭店，1998 年/华亭宾馆，1986 年/扬子江大酒店，1990 年等）； BAS 系统广泛应用（与空调自动控制系统相连接）与 BMS 系统开始在高层建筑中应用促进了设备的节能优化运行
工程示例	上海德士古石油公司设有集中空调系统	上海联谊大厦（29F，1984 年）/北京长城饭店（22F，1983 年）/上海宾馆（26F，1983 年）/广州白天鹅宾馆（28F，1982 年）等为当时的代表性建筑	上海虹桥宾馆（31F，1988 年）/瑞金大厦（27F，1987 年）/上海金茂大厦（88F，1998 年）/北京京城大厦（52F，1990 年）/深圳国贸中心（50F，1987 年）
背景情况	1953～1958 年为第一个五年计划； 1959～1961 年为三年困难时期； 1966～1976 年为"文化大革命"时期	因 1973 年世界石油危机而在世界范围内提出节能问题； 国际上开始考虑因大气臭氧层破坏提出的制冷剂替代问题； 1976 年"文革"结束，国家重点转向经济建设； 1979 年在广州召开首届高层建筑空调学术交流会	我国制定有关规范《高层建筑的建筑节能》； "西气东输、西电东输"计划的实施； 世界范围内普遍注意地球环境问题； 实施改革开放政策，引进外资，加速经济发展； 1997、2000 先后在上海召开两次国际高层建筑空调学术交流会

注：FCU——风机盘管机组，VAV——变风量，WTU——穿墙式机组，BAS——建筑自动化系统，BMS——建筑管理系统，VRV——变制冷剂流量。

表 1-1 可看出其主要的技术进展：

（1）空调方式方面：

1）旅馆建筑因建筑形式与功能的固定性，对空调要求与各国一致，即大多采用风机盘管加新风系统。1970 年年初，我国曾在上海和平饭店、达华宾馆、静安宾馆、延安饭店、锦江饭店等建筑中采用诱导空调系统（IU），终因风机盘管方式更为适用而被后者取代。

2）办公建筑标准层空调方式多样化选择。对这一阶段的办公建筑空调方式调查，可知具有如下一些特点：

① 风机盘管加新风系统为主要方式，全国情况基本相近。上海 20 世纪 90 年代所建大楼中采用风机盘管加新风系统的建筑占 82.5%。但后来发现 FCU 方式有水患问题，且室内污染物稀释能力较差，故逐渐注意到全空气方式、特别是变风量空调系统的应用。

② 对实际热环境关注不足，甚至对内外分区问题亦未能全面实现。

③ 单元式（局部）空调——分散型空调方式开始登场，以其灵活性和较小的输送能耗而引人注目。

（2）冷热源方式方面

1）经实践证明，在夏热冬冷地区（如上海），夏季采用离心式冷水机组、冬季采用燃油

（气）锅炉为经济上最认可的选择，但对环境未必是最好的方式。

2）在上海等大城市内，1990 年代开始在繁华商业地区禁用燃烧锅炉供热，且从工程简捷出发，很多项目采用大容量空气源螺杆式热泵机组（约 1/3 的项目）。因为该年代正值多年的暖冬，空气源热泵未经严寒的考验，且在除霜、降噪等方面亦已取得一定经验，而其 COP 值大致与吸收式冷水机组相当。

3）利用晚间廉价电力的电锅炉蓄热亦有应用，但不符合"按质用能"原则，且不属于清洁能源，仅在个别项目中作辅助之用。

4）溴化锂吸收式冷水机组在高层建筑中的应用始于 1980 年代中期，北方先于南方，据大连的调查，宾馆用溴化锂吸收式机组者达 40%。1995 年后直燃式冷热水机组的应用发展较快。这与国家"西气东输"工程的实施有关。较早采用吸收式冷水机组的高层建筑有上海天马大酒店、北京长城饭店、长富宫饭店和京城大厦等。

5）在电制冷与热制冷（燃气）的市场竞争中，20 世纪 90 年代后期业主与设计人员达成了共识，即在大型高层建筑中能源多元化（复合能源）利用是一种合理的思路，既可平衡城市的能源供应，又可让用户有经济方面的选择。此外还提供了一定的灵活性和供能的可靠性。基于复合能源的应用，建筑物采用热电联产的探索也已可能（上海黄浦区中心医院，1998 年），而在高层建筑内采用热电联产的方式在日本已于 1980 年代中期开始了。

表 1-2 是以上海为例，1996～1997 年间对 200 幢高层办公楼的冷热源的调查。可以看出，夏季主要用电、冬季则主要用油和电力，天然气所占比例较小。

上海 1996～1997 年间 200 幢高层建筑冷热源调查 表 1-2

驱动能源	冬季热源	建筑物数量	百分比	夏季冷源	建筑物数量	百分比
油	燃油锅炉	70	46.0%	锅炉-吸收式机组	14	13.7%
	区域供热（DH）	18		DH-吸收式机组	8.5	
	直燃式机组	4		直燃式机组	3.5	
				热电联产（油）	1	
气	直燃式机组	7.5	7.8%	直燃式机组	7.5	4.0%
	燃气锅炉	7		热电联产（气）	0.5	
	热电联产	1				
电	电锅炉	21	43.7%	电动式制冷机	106.5	82.3%
	空气源热泵	60.5		空气源热泵	50	
	分体式或 VRV	6		分体式或 VRV	6	
煤	燃煤锅炉	5	2.5%	—	—	—

6）蓄冷技术应用逐步推广以达到用电的"移峰填谷"目的，国家可以减少电力建设投资。用户可以减少用能支出（实行峰谷电价差别）。1994 年全国已建成 225 个冰（水）蓄冷工程（其中 39 个为水蓄冷），总蓄冷量达 201 万 kWh，其中相当一部分用于高层建筑（包括住宅），浙江、北京、深圳等地最早（1993 年）采用冰蓄冷技术。在取得一定经验后向全国推广。据统计，截至 2010 年 8 月，全国已建成并投入运行以及正在建设的冰蓄冷项目有 833 项。

7）作为局部空调方式系统化应用的变制冷剂流量（VRV）系统于 1980 年代中期由日本引入，该系统方式与建筑设计的协调相对简单，安装与调节方便。在系统布置、室外机组安置合理的条件下对中、低档办公建筑很有用武之地，很快受到建筑业的欢迎。1986 年该空调方式首先用于深圳一些公共建筑中，如宝安机电大厦、深圳市政设计院办公楼等，为了更好地设计运用，我国学者也对此系统投入许多研究。

1.4 21世纪高层建筑空调技术发展动向

1.4.1 以建筑发展为背景的影响

进入21世纪后，我国建筑业有了更大的发展。以北京为例，2003年北京市政府颁布了关于废止《北京市人民政府关于严格控制高层楼房住宅建设的规定》的决定（2003年第119号令），高层建筑出现了新的发展。据统计，到2006年北京市已建成各类高层（10层以上）建筑达4000多幢，2005～2007年竣工的30多个超高层项目主要为商务办公楼以及少量的公寓、住宅。而在上海，截至2007年12月，高层建筑已达13114幢（其中超高层为777幢）。这种前所未有的高速度、大批量建设对空调设备与系统设计产生了较大影响。

被戏喻为"外国建筑师的实验场"中所设计的高层建筑，除因其造型奇特、立面怪异而导致建筑、结构造价昂贵外，对空调设备与系统设计也提出了挑战。

在大发展的同时，建筑围护结构材料（如不同性质的隔热材料、幕墙、玻璃、遮阳材料等）、新型建筑设备的出现对高层建筑的发展作出了有利贡献。

建筑设计手段已将从CAD时代进入BIM（建筑信息模型）时代，对处理复杂的设计、施工、安装等问题提供了有力的手段。

1.4.2 以地球环境意识为背景的影响

从能源危机提高到可持续发展理念成为全球的共识，我国建筑用能占总能耗的1/3左右已是不争的事实，受到全民的关注。我国政府在宣传、政策与法规的制定方面已做了许多工作，对高层建筑的建设起了积极作用。

从绿色生态角度出发，不仅要控制建筑物即时的能耗，还应控制其寿命周期内的用能和CO_2排放。因此，除了建筑物内环境应满足要求外，其对周边环境的负面影响也应控制到最小。

1.4.3 可应用的新发展的相关技术

（1）减小从围护结构进入室内的负荷。除保证围护结构的实体建材保温隔热性能外，可采用双层Low-E玻璃等优良光热性能的玻璃窗以及采用有效的各种遮阳设施。有些高层建筑也采用"双层皮"（DSF）幕墙，既可遮阳（夏季空调季节），又可保温（冬季采暖季节），过渡季节可组织自然通风。

（2）为了改善办公建筑实际热环境而改变常规的专设外区（周边区）空调系统方法，采用通风窗（AFW）以削减冬夏季窗户壁面的冷/热辐射影响，也可采用其他"屏障系统"实现无外区空调方式。

（3）在超高层建筑中分段（高度方向）设置小中庭，组织自然通风以及实体绿化等实现生态氛围。而机械通风与自然通风的结合更是应该从实践中探索的技术。

（4）在空调方式上可以采用新回风分别处理并实现热湿单独处理的系统，提高机组制冷效率，利用自然冷源。末端装置可以采用诱导方式或辐射方式等。

（5）当采用蓄冷方式时，则可以采用低温送风，节约空气输送动力。冰蓄冷可与建筑物结构蓄冷相结合。就蓄冷方式而言，水蓄冷、动态制冰等均可因地制宜地采用。

（6）空调气流组织采用下送风以及个人岗位送风的综合应用，对经济性和环境均有利。

（7）冷热源方面，为了提高热泵效率，有条件时可采用江水、河水、湖水、污水以及地下水。现今我国已生产出高温（出水温度）冷水机组以及变频离心式冷水机组，为拓展新空调方式创造了条件。高层建筑的水系统设计也不断发展，从单级泵定流量方式发展到双级泵变流量方式等多种形式。既有利于提高调节质量，又可降低输送能耗。

（8）尽可能创造条件（燃气价格低，电力可以上网）采用热电联产，即电热冷三联供。热电联产属分布式能源，除用能效率高外还存在许多其他优点，也符合我国能源政策。

（9）冷剂流量可变的多联机系统因其固有的优势，在与建筑设计有良好配合的条件下，可在一般标准的商用高层建筑中应用。但应注意室外机组的布置。现今有水冷变流量多联机、干湿分离处理多联机等出现，增加了选择余地。

（10）对于量大而广的高层或多层住宅建筑，局部空调机组的应用应为首选。以便于用户的行为节能。经十多年的"家用中央空调"的实践，最终认为该方式是适宜的。

（11）除室内热湿环境外，对于空气品质的进一步要求已成为全民的关注重点。例如室内空气中"PM2.5"的问题，应通过提高空气处理手段而非采用风管清洗措施。此外也有利于全热交换器的应用。

（12）空调自控在建筑物内不再是独立控制的系统而已发展到与电气、消防、保安等设备相连的建筑设备监控的集散型控制系统，即建筑物自动化系统（BAS）。如再与办公自动化结合后构成办公建筑智能化系统。为此，提出空调自动化管理——对于能源与室内环境的管理是基本要求，例如完善建筑能源管理（BEM）系统。在此条件下才能进一步实现绿色、生态等目标（例如自然光利用、太阳光伏发电系统控制等）。

1.4.4　重视工程运行管理

提高空调装置的维护运行水平，实施工程全过程"性能验证"的工作方法。即在工程的规划、设计、安装、施工、验收的每一个过程中都引入严格的检验。有条件时，可引入合同能源管理机制。

1.4.5　通过总结交流提升建设水平

近些年，全国高层建筑建设数量可观，仅办公类建筑亦达数千幢。由于各种原因，对工程项目的运行效果等方面进行总结并公开交流的甚少，以上海为例，数千幢高层办公建筑中进行过总结交流者估计不足 5%，这严重影响了技术的提升。国家付出的技术投资未能充分获得相应的技术回报——共享与发展。

尽管如此，在数十年过程中，学界也做过一定努力，例如：

（1）专题学术会议：

1979 年在广州召开高层建筑空调学术交流会；

1997 年在上海召开国际高层建筑空调学术交流会；

2000 年在上海召开国际高层建筑空调学术交流会；

2010 年在上海举办高层办公建筑变风量空调系统设计交流会。

（2）年度学术年会中的交流和刊物发表，如每两年制冷/空调全国年会（中国制冷学会空调热泵专业委员会/中国建筑学会暖通空调分会）、勘察设计协会的论文发表以及在相关学术刊物上的论文发表。

（3）专著出版，如：

钱以明著. 高层建筑空调与节能. 中国建筑工业出版社，1995 年；

刘天川著. 超高层建筑空调设计. 中国建筑工业出版社，2004 年；

潘云纲著. 高层民用建筑空调设计. 中国建筑工业出版社，1999 年；

中国建筑学会暖通空调分会主编. 暖通空调工程优秀设计图集. 2008、2010、2012 年。

此外，上海、深圳、武汉等城市先后出版过当地高层建筑空调工程实录。

其他不一一罗列，可在各章的参考书目中查看。

这些专著的出版对我国高层建筑空调设计作出了相当的贡献。

本章参考文献

[1] 沈蒲生，《高层建筑概论》，河南科技出版社，1995 年；

[2] 覃力，《日本高层建筑》，中国建筑工业出版社，2005 年；

[3] 覃力，《日本高层建筑的发展趋向》，天津大学出版社，2008 年；

[4] 井上宇市，《冷凍空調史》，日本冷凍空調設備工業聯合會発行；1993 年；

[5] 上海市建设委员会科技委员会编，《上海八十年代高层建筑设备设计与安装》，上海科学普及出版社，1994 年；

[6] 范存养等，上海市黄浦区中央商务区的环境现状和区域供热供冷的应用问题，《暖通空调技术》1992 年（上海）；

[7] 诺旧特·莱希纳（美），《建筑师技术设计指南——采暖、降温、照明》（原著第二版中译本），中国建筑工业出版社，2004 年；

[8] 中原信生、空気調和および熱源システムの設計・制御の最適化のための一連の研究（上、下卷）1994 年名古屋大學出版；

[9] 美国高层建筑与城市环境协会著《高层建筑设计》（中译本），中国建筑工业出版社，1997 年；

[10] 邹德侬，《现代建筑史》，天津科技出版社，2001 年；

[11] 柏永生、顾孟潮，《20 世纪中国建筑》，天津科技出版社；

[12] 许安之、艾志刚，《高层办公综合建筑设计》，中国建筑工业出版社，1997 年；

[13] 潘秋生，《中国制冷史》，科学出版社，2008 年；

[14] 久洛·谢拜什真（匈）著，《新建筑与新技术》，2006 年，中国建筑工业出版社；

[15] 刘建荣主编，《高层建筑设计与技术》，中国建筑工业出版社，2005 年；

[16] 刘顺校等，《高层建筑设计》，天津科技出版社，1997 年；

[17] 井上宇市，《高層建築の設備計畫》，彰国社出版（日）1964 年；

[18] 井上宇市，《超高層建築設備のシステムデザイン》，中外出版社（日），1971 年；

[19] 日建設備（株）編，《設計技術——日建設計の100 年》；2000 年；

[20] 建築設備と配管工事編委員会，《超高層ビル設備設計資料集》，日本工業出版社，1983 年；

[21] С·М·Мубровкин，С·Н·Лисцън，Монтащ Санитарно—Техничёских Устройств Въсотнъх Эчаний，Москва，1954 年；

[22] 同济大学暖通教研室编印，《国外高层建筑空调设备概况 100 例》（交流资料），1979 年 3 月；

[23] 空気調和・衛生工學會編，《建築・都市ェネルギーシステムの新技術》，丸善出版社（日）2007 年；

[24] 吴景祥主编，《高层建筑设计》，中国建筑工业出版社，1987 年；

[25] 超高層建築の設備計画—最新動向（特集）、《空気調和・衛生工學》，2003 年 3 月；

[26] 于里安·范米尔著（中译本），《欧洲办公建筑》，2005 年；知识产权出版社等；

[27] 梅洪元、梁静著，《高层建筑与城市》，中国建筑工业出版社，2009 年；

[28] 邬峻，《办公建筑》，武汉理工大学出版社，1999 年；

[29] 美国城市土地利用学会编著，谢洁等译，《办公建筑开发设计手册》（第三版）知识产权出版社；

[30] 范存养等，上海高层建筑建设与空调系统的设计，1997 年全国空调新技术和蓄冷空调技术交流会交流资料；

[31] 上海市建筑和管理委员会科学技术委员会主编，《上海高层超高层建筑设计与施工》，上海科学普及出版社，2002 年；

[32] 杨永生、顾孟潮主编，《20 世纪中国建筑》，天津科技出版社；

[33] 华东建筑设计院编《高层建筑空调设计实例》前言，胡仰耆：技术回顾与进步，中国建筑工业出版社，1997 年；

[34] 中国建筑学会暖通空调委员会（特别报告），1986 年，中日学术讲演会（空气调和・卫生工学年会）；

[35] 李克欣、陈晓红，《国内外高层建筑 100 例》，1988 年，中国建筑技术发展中心建筑情报研究部；

[36] 三栖邦博，《新·超高層事務所ビル》（第 38 集），市ヶ谷出版社，2002 年。

第2章 高层建筑空调负荷

2.1 空调负荷计算概述

空调系统设计的基础是负荷计算，负荷计算结果用于空调工况分析，是进行设备选型、确定系统规模、指导系统运行的重要依据。空调负荷计算的正确与否，不仅影响设备与系统的投资费用，还影响系统运行经济性。高层建筑空调负荷计算具有一定的特殊性。

2.1.1 空调负荷计算方法沿革

建筑空调负荷计算方法经过三个发展过程：稳定传热计算、周期热作用下的不定常传热计算、动态负荷计算。

20世纪40年代以前，人们在空调负荷计算时并不区分房间得热量与房间冷负荷，将稳定传热作为房间空调负荷计算的主要方法。

20世纪40年代以后，美国学者提出了当量温差法。该方法将室外气温和太阳辐射这些周期性变化外扰的傅里叶级数展开式作为墙体导热方程的边界条件求解传热量，再利用稳定传热方式计算。后来前苏联学者又提出了谐波计算法，该方法利用余弦函数表示出太阳辐射及室外温度等具有周期性作用的外部扰量，从一维傅里叶方程出发，建立定解算法，求得墙体不同时刻的得热量。当量温差法和谐波法考虑了随时间而变化的因素，但没有顾及建筑结构和家具等对辐射热的吸收、储存与释放因素，忽略得热量与冷负荷的区别。

20世纪60～70年代，随着计算机的普及和计算技术的发展，空调负荷计算理论得到飞速发展。美国、加拿大和日本学者提出了许多新的计算方法。1960年代，美国开利公司提出蓄热负荷系数法，该算法考虑由玻璃窗进入的太阳辐射热被围护结构及家具吸收后重新释放热量的影响，以蓄热负荷系数给出。美国 ASHRAE 提出重量系数法来处理进入室内的太阳辐射热转化成冷负荷的方法。随后，美国学者相继提出传递函数法和冷负荷系数法。同时代，日本学者也提出了权系数法，该方法不仅考虑了比计算时刻早某一延迟时间的室外综合温度的影响，还考虑了在某一延迟时间以前的一定时间延迟时室外综合温度的剩余影响。

我国自1970年代开始对空调负荷计算方法进行大量研究，于1982年推出了冷负荷系数法，该方法在分析国外先进计算方法的基础上，采用"Z传递函数法"，提出墙体、屋面和玻璃窗冷负荷计算温度表，并提出了相应的修正方法，使该算法更具实用性和广泛性。目前该计算方法仍被国内许多设计工程师采用，一些负荷计算软件也以此算法编制。

建筑空调冷负荷由建筑得热所引起。空调房间得热量由通过围护结构传入的热量、透过外窗进入的太阳辐射热量、人体散热量、照明散热量、设备、器具、管道及其他内部热源的散热量、食品或物料的散热量、渗透空气带入的热量和伴随各种散湿过程中产生的潜热量等构成。

空调房间的得热量，除一部分以对流形式传给室内空气、渗透空气及伴随各种散湿过程中产生的潜热量等直接成为冷负荷外，其他部分热量则辐射到地面、墙面、室内设备上后被吸收、储存起来，经过一定时间后再释放给房间。空调房间的冷负荷根据各项得热的种类、性质及空调房间蓄热特性等因素确定。一般来说，房间冷负荷比房间得热量峰值的出现时间迟些，且幅度小些。因此，我国暖通设计规范规定，对于夏季空调冷负荷，应进行逐时转化计算，确定出各项冷负荷，不可将房间得热量直接视为冷负荷。

将所计算的空调区各分项逐时冷负荷按计算时刻累加，累加后的逐时冷负荷数值中的最大值即为该空调区计算冷负荷。

对于采用集中空调系统的一整幢建筑和建筑的一部分，应将该建筑同时使用的各空调区的计算冷负荷按计算时刻累加，累加后的建筑总逐时冷负荷中的最大值即为建筑计算冷负荷。

某些建筑需要进行全年（8760h）空调冷（热）负荷计算，全年空调负荷一般采用可进行全年负荷计算或能耗分析的软件计算。对于采用冰/水蓄冷系统、地埋管地源热泵系统的建筑则需进行全年空调冷（热）负荷计算，以便确定空调制冷（热）系统全年运行策略。

就集中空调系统而言，空调系统所服务的建筑计算冷负荷、系统所摄取的新风冷负荷以及由于风机、风管温升和漏风所引起的附加冷负荷组成空调系统计算冷负荷。空调系统计算冷负荷是空调末端设备设计选型的依据。

集中冷热源系统所服务的各空调系统的计算冷负荷、输配系统与换热设备所引起的冷量损失形成了空调冷源系统计算冷负荷。空调冷源系统计算冷负荷是选择系统冷源设备的依据。

2.1.2 空调负荷构成

空调房间（区）、空调末端装置及冷热源设备负荷构成及特点见表2-1。

空调房间、末端装置及冷热源设备负荷构成及特点 表2-1

负荷构成要素		负荷形式		负荷特点		
		显热	潜热	冷负荷	热负荷	备注
空调房间计算负荷	透过玻璃窗日射负荷	q_s		☆	◇	按计算时刻累加空调房间的各分项逐时冷负荷，选择最大值为空调房间计算冷负荷
	围护结构传热负荷 外墙	q_s		☆	☆	
	内隔墙	q_s		☆	☆	
	玻璃窗	q_s		☆	☆	
	楼板	q_s		☆	☆	
	屋顶	q_s		☆	☆	
	地面	q_s		×	☆	
	渗透风负荷	q_s	q_L	☆	☆	
	室内发热负荷 照明	q_s		☆	◇	
	人员	q_s	q_L	☆	◇	
	设备	q_s	q_L	☆	◇	
	间歇性空调蓄热负荷	q_s		◇	☆	
末端装置负荷	空调房间计算负荷	q_s	q_L	☆	☆	末端装置负荷为选择末端装置容量与型号的依据
	风机温升引起的负荷	q_s		☆	×	
	管道传热引起的负荷	q_s		☆	☆	
	再热负荷			☆	—	
	新风负荷	q_s	q_L	☆	☆	
冷热源负荷	末端装置负荷			☆	☆	该部分负荷为确定冷、热源装置容量和型号的依据
	水泵引起的负荷			☆	×	
	管道温升引起的负荷			☆	☆	
	装置蓄热负荷			×	◇	

注：表中 q_s 为显热负荷；q_L 为潜热负荷；☆为应考虑；◇为可以忽略，但影响较大时应考虑；×为可以不考虑。

2.2 常用空调负荷计算及能耗分析软件简介

高层建筑空调冷、热负荷应采用软件计算。采用普通空调系统的建筑，应对其冷负荷进行逐时计算；采用蓄冷系统、分布式供能系统的建筑，应进行全年冷、热负荷计算；对于一些要求进行系统方案对比、经济性分析及绿色评价的建筑，需对该建筑的全年能耗进行分析。

设计师一般采用自编或商业软件计算空调负荷。目前在我国使用较广的商业软件是上海华电源信息有限公司和鸿业科技公司等开发的空调负荷计算软件。华电源公司 HDY-SMAD 空调负荷计算及分析软件根据谐波反应法（负荷温差法）编制，可进行简单估算、分项估算和智能估算空调负荷，也可进行设计日 24h 或全年 8760h 逐时计算空调冷热负荷。该公司的能耗分析软件还可进行建筑物能耗分析。鸿业科技公司的"鸿业负荷计算软件"根据谐波反应法编制，该软件可满足任意地点、任意朝向、不同围护结构类型和不同房间类型的空调逐项逐时冷负荷计算要求，可对地下室进行负荷计算，生成节能静态指标审核报告，具有丰富的输出设置内容和自定义计算书样式功能。

过去 50 年中，国内外共开发出了数百个建筑负荷及能耗计算软件。在建筑用能领域，核心工具是能反映室内空气温度、湿度、用能量及运行费用的全建筑物能耗模拟软件。

这些软件中，比较著名的全年负荷计算及能耗分析软件主要有 DOE-2、BLAST、EnergyPlus、HASP、BEST、BSim、DeST、ECOTECT、Equeet、IES、TRACE、TRNSYS、Ener-Win、Energy Express、ESP-r、HAP、HEED、Energy-10、IDAICE、PowerDomus、SUNREL、TAS 等。

2.2.1　DOE-2 能耗分析软件

DOE-2（Department of Energy）软件在美国能源部的财政支持下由劳伦斯伯克利国家实验室（Lawrence Berkeley National Laboratory）等单位开发。DOE-2 在 20 世纪 70 年代投入运行后，不断得到维护与补充。该软件可预测全年（8760h）建筑物逐时室内热环境参数与能耗，它主要由气象数据、用户数据、材料数据和构造数据库四个输入模块；DBL 预处理、负荷模拟、系统模拟、机组模拟与经济分析五个处理模块；负荷报告、系统报告、机组报告及经济报告四个输出模块组成。DOE-2 软件还应用于若干国家建筑节能标准的编制工作，我国夏热冬冷地区居住建筑节能设计标准编制过程中采用了 DOE-2 的计算结果。

2.2.2　EnergyPlus 能耗分析软件

EnergyPlus 是美国能源部资助的、由劳伦斯伯克利国家实验室等研究机构协作开发的一种功能齐全的建筑能耗分析软件。该软件 1999 年开始测试版、2001 年正式投入使用版。作为已有两个著名能耗分析软件 BLAST（Building Load Analysis and System Thermodynamics）和 DOE-2 的全新替代产品，EnergyPlus 继承了 BLAST 和 DOE-2 程序原有的特点和功能，在计算方法和程序结构方面进行了显著改进，突出了整体模拟思想。EnergyPlus 以 FORTRAN90 作为编程语言，其语言结构、模块组织易于维护、更新和扩展。EnergyPlus 主要由输入有关建筑物信息（围护结构、HVAC 系统、人员和设备组成等）的前处理过程、进行模拟计算的主处理程序及根据用户要求生成相应输出文件的后处理过程组成。该软件在互联网上发布并可免费使用。

2.2.3　HASP 负荷计算及能耗分析软件

HASP 是日本空气调和·卫生工学会开发的空调动态负荷计算及空调系统能耗模拟软件。1980 年后，分别公布了 HASP/ACLD8001、HASP/ACLD8501 和 HASP/ACSS8502 等实用计算程序。该软件应用至今已近 30 年。建筑能耗模拟软件 BEST（Building Energy Simulation Tool）是日本国土交通省、民间企业和大学共同开发的软件，该软件旨在改进并替代使用 30 年的 HASP/ACLD、ACSS 负荷及能耗计算软件。该软件操作使用方便、扩展性好，目前已有简易版、基本版和专业版 3 种软件版本。

2.2.4　DeST 负荷计算及能耗分析软件

DeST（Designer's Simulation Toolkits）为清华大学开发的一款国产负荷计算及能耗模拟软件。该软件 1998 年正式研发，2000 年完成了 DeST1.0 版，且在同年通过了教育部组织的鉴定。DeST 软件可运用于建筑空调系统辅助设计、建筑节能评估及科学研究。DeST 软件是我国唯一一款知名的负荷计算及能耗分析软件。

2.2.5　常用负荷计算及能耗模拟软件特点比较

在我国，大学和科研机构中的研究人员、工程设计人员使用较多的负荷计算及能耗分析软件有 DOE-2、EnergyPlus、DeST、eQUEST、TRNSYS，表 2-2 为几款负荷计算和能耗模拟软

常用负荷计算及能耗模拟软件特点比较

表 2-2

	DeST	DOE-2.1E	EnergyPlus	eQUEST	TRNSYS
建模特点	负荷、系统、设备在每个时间步长同时计算；时间变化步长可选、可完整描述墙、屋顶、楼板、窗、采光、门、外遮阳等；可部分执行从CAD导入建筑几何图形	负荷、系统、设备顺序计算，无反馈；可完整描述墙、屋顶、楼板、窗、采光、门、外遮阳等	负荷、系统、设备在每个时间步长同时计算，负荷、系统、设备耦合计算；时间步长一般10～15min可选，可完整描述墙、屋顶、楼板、窗、采光、门、外遮阳几何等；可从CAD导入建筑几何图形；以DXF格式输出计算CAD；可导入负荷计算结果	负荷、系统、设备在每个时间步同步计算，时间同步长5min；负荷、系统、设备耦合计算。可完整描述墙、屋顶、楼板、窗、采光、门、外遮阳等；可从CAD导入建筑几何图形；可导入负荷计算结果	负荷、系统、设备在每个时间步长同时计算，迭代线性非线性系统架构、负荷、系统、设备耦合计算。时间步长5min；可完整描述墙、屋顶、楼板、窗、采光、门、外遮阳；可选择程序SIMCAD导入建筑几何图形；可导入负荷计算结果
区域负荷	采用反应系数法计算；可进行热平衡计算及感知空气品质	采用反应系数法计算	采用反应系数法计算，可进行热平衡计算	采用反应系数法计算	采用反应系数法计算
围护结构、采光及太阳辐射	可进行太阳辐射计算、遮阳数据集；具备各种窗户类型数据集；具备来自天窗玻璃窗的照明计算；可模拟计算窗、门、顶棚、屋顶表面温度；表面传热采用一维、二维、三维计算；地面传热二维、地下室二维或三维	可进行太阳辐射及遮阳计算；具备各种窗户类型数据集；具备来自天窗玻璃窗的照明计算；可模拟计算窗、门、顶棚、屋顶表面温度；表面传热一维；地面传热一维	可进行太阳辐射及遮阳计算；有各种窗户类型数据集；具备来自天窗玻璃窗的照明计算；可模拟计算窗、门、顶棚、屋顶表面温度；表面传热一维、二维、三维计算；地面传热一维、二维、三维	可进行太阳辐射及遮阳计算；具备来自天窗、玻璃窗的照明计算；可模拟计算墙、窗、门、顶棚、屋顶表面温度；表面传热一维、地面传热一维	可进行太阳辐射及遮阳计算；有各种窗户类型数据集；可模拟计算温度；表面传热一维；地面传热采用ASHRAE简易方法计算
通风计算	可进行房间渗透风，风压系数、自然通风，可与机械通风结合计算及根据房间内外部条件实现自然风窗开度模拟通风计算	可进行房间渗透风计算	可进行房间渗透风，风压系数、自然通风及根据房间内外部条件实现自然窗开度模拟通风计算	可进行房间渗透风和自然通风计算	可进行房间渗透风，自然通风，自然通风与机械通风结合计算及根据房间自然通风开度模拟计算；可进行置换通风计算
可再生能源系统	可进行太阳能平板集热器和真空管集热器热器计算		可进行平板集热器热计算		可进行太阳能平板集热型集热器、真空管集热器和高温聚光型集热器（用于发电）计算；用户可配置复杂的储能系统的和加热系统；可模拟光伏发电、燃料电池、风力发电系统

续表

	DeST	DOE-2.1E	EnergyPlus	eQUEST	TRNSYS
电力系统及设备	可进行建筑物电力负载模拟计算	可模拟电力负载分布与管理、内燃机、燃气轮机等发电设备、建筑物电力负载	可模拟可再生能源、电力负载分布与管理、内燃机、部分热电联供设备、建筑物电力负载	可模拟可再生能源、电力负载分布与管理、内燃机、建筑物电力负载	可模拟可再生能源、电力负载分布与管理、内燃机、燃气轮机等发电设备、部分热电联供设备、建筑物电力负载
HVAC系统	可对暖通空调部件和系统、空调水系统、气流分布等进行模拟计算	可对暖通空调部件和系统、空调风系统、空调水系统、气流分布等进行模拟计算	可对暖通空调部件和系统、空调风系统、空调水系统、气流分布等进行模拟计算	可对暖通空调部件和系统、空调风系统、空调水系统、气流分布等进行模拟计算	可对暖通空调部件和系统、空调风系统、空调水系统、气流分布等进行模拟计算
环境与排放	部分可模拟温室气体计算	可进行温室气体及排放量计算	可进行温室气体及排放量计算	部分可模拟温室气体计算	用户需要可进行温室气体排放量计算
气象参数获取	CD、DVD、分销商处下载		提供5个天气文件，世界共900多个地区气象数据	网站上自主下载	CD、DVD、分销商处下载1000多地区气象数据
经济性评估	能进行能源费用及设备或系统寿命周期费用分析	能进行能源费用及设备或系统寿命周期费用分析	能进行能源费用及设备或系统寿命周期费用分析	能进行能源费用及设备或系统寿命周期费用分析	能进行能源费用周期费用分析
结果报表	可提供标准报表，用户自定义报表；报表格式TEXT		可提供标准报表；报表格式TEXT、HTML	可提供标准报表，用户自定义报表TEXT、HTML	可提供标准报表；报表格式TEXT、HTML、图形
用户界面、接口程序、难易程度	软件（CABD）绘图模块提供了基于Windows用户可视化界面。CABD是基于Auto-CAD、R14、R2000和R2002开发。所有计算信息均可通过界面扩展。建筑组件扩展过界面，建筑物数据都包含在两个数据库中，用户可删除和修改	用户除输入固定数值外还可输入C语言逻辑。用户可构建建筑组件库。源代码对用户公开。软件形式为Dll格式，Linux可执行，Windows可执行	采用Macro语言，用户可构建建筑组件库。3D建筑模型显示；2D平面图显示；软件形式为Dll格式，Windows或Linux可执行。源代码对用户公开，用户需要注册取得通用许可证	用户除输入固定数值外还可输入建筑构建逻辑。用户可构建建筑组件库。3D建筑模型显示；2D平面图显示。可导入CAD文件。HVAC系统空气循环、水循环可以图形显示有相关展示与组件展示内容及图形对流程、构建建筑模型有向导过程，除帮助构建建筑模型外，还可作为参数分析。图形界面运行对比信息输入。图形结果报告输出运行信息。源代码对用户公开	采用整合的系统界面，建筑输入由可视化界面完成。任何组件都可以绘图保存成单独的文件。可打印所有可用的调试信息，如每次运行时各组件的输入输出信息。使用可产生Windows DLL的语言进行编程，易于用户间共享。优化研究GenOpt同样可编辑、易于友善的可视化界面，是Trnsys一个可选择的界面。组件代码对用户公开

件的性能比较。

2.3 内外分区负荷计算示例

空调负荷计算应结合建筑平面布局和内外分区状况进行。苏州现代大厦（工程实录JZ6）坐落于苏州工业园区，总建筑面积98220m²。标准办公层采用变风量空调系统。标准层进深9～12m，外窗面积较大。冬季时，靠近外窗的区域需要供热，而不受外界影响的内区需要供冷。为了精确计算每个温度控制区一次风送风量及合理选择变风量末端装置型号，需对标准办公层进行合理分区。将靠近外围护结构3～5m的范围划为外区，其余区域划为内区。各分区分别进行负荷计算，并根据冷、热负荷计算空调一次风送风量。图2-1为标准办公层的分区平面，左右对称，共有8个分区，各分区所需逐时一次风送风量见图2-2。

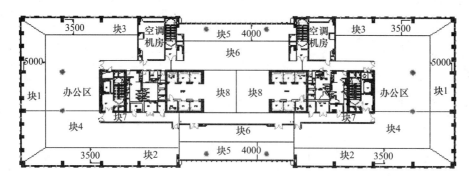

图2-1 标准办公层分区平面

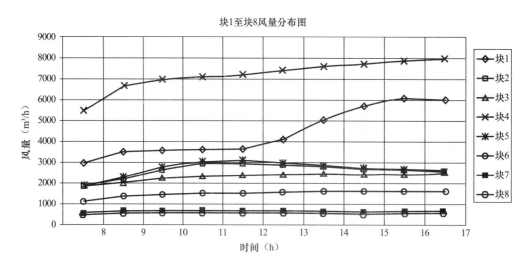

图2-2 标准办公层各分区逐时一次风送风量

2.4 高层建筑空调负荷计算应考虑的几个问题

在我国，人口密集的特大型城市和省会城市建设了大量的高层建筑，且高层建筑建设的数量越来越多，建筑的高度也越来越高、建筑规模越来越大。20世纪70年代以前，国际饭店一直是上海最高的标志性建筑，改革开放30多年来，上海建设的高层建筑的建筑层数从10多层至100多层，建筑高度从数十米已达600多米。高层建筑空调负荷的计算方法与多层建筑的方法相同，所不同的是需要考虑与高度有关的一些因素。

2.4.1　平均风速与建筑高度的关系

建筑物周围风速可从设计规范或手册查询，这些数据由各地区气象站在靠近地面处测得。工程设计时，对于 100m 以下的高层和多层建筑，设计人员一般可忽略建筑物周围风速随建筑高度的变化关系。但对于超高层建筑，尤其对于建筑高度在 300m 以上的超高层建筑，空调负荷计算及系统设计时应考虑建筑物周围风速随高度变化的关系。美国加利福尼亚大学 Tony Yang 的研究结果表明，建筑物周围空气温度与海拔高度的变化关系随建筑物所处位置有关，靠近海边，空气温度随海拔高度的变化最大、空旷区域其次、高层建筑密集的城市区域最小，图 2-3 为我国某城市建筑物周围平均风速与建筑高度的关系。

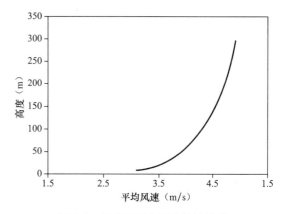

图 2-3　建筑高度与平均风速关系

设计多层建筑或建筑高度低于 100m 的高层建筑时，设计人员一般不考虑风速变化对建筑物围护结构渗透风量的影响。但对于超高层建筑，由于风速较大，外围护结构受到的风压也较大，超高层建筑可开启外窗的渗透风量应进行详细计算。同时在设计通风系统时，尤其排风（排烟）系统设计时，应考虑风压对排风的影响，在可能的情况下，排风（排烟）系统应在两个不同的方向设置排风口，以确保排风系统可靠运行。

2.4.2　空气温度与建筑高度的关系

随着新型建筑材料的不断推出，设计、施工技术和工艺水平的不断提高，数百米高的超高层建筑越来越多。随着海拔高度的增大，建筑物周围空气的密度、压力和温度均产生变化，表 2-3 为空气压力、温度和密度随海拔高度的变化关系。随着海拔高度的增加，空气的压力和密度将减小、空气温度将降低。一般情况下，建筑高度每升高 100m，空气温度下降约 0.64℃。对于多层或建筑高度低于 100m 的高层建筑，建筑物外空气温度可采用设计规范公布的设计温度；对于超高层建筑，空气温度的下降将影响围护结构传热计算，也影响空调系统新风的冷、热量计算。表 2-4 为超高层建筑室外空气推荐计算干球温度值。

空气压力、温度与密度随海拔高度的变化关系　　　　　　　　表 2-3

海拔高度[feet(m)]	压力（Pa）	温度（℃）	密度（%）
海平面高度	101033	15.0	100
2000（609）	93942	11.1	94.3
4000（1219）	87256	7.1	88.8

超高层建筑室外空气推荐计算干球温度值　　　　　　　　表 2-4

建筑高度	推荐计算干球温度值
100m 以下	规范公布的当地室外空气计算干球温度
101～300m	规范公布的当地室外空气计算干球温度−1.2℃
301～500m	规范公布的当地室外空气计算干球温度−2.4℃
501～700m	规范公布的当地室外空气计算干球温度−3.6℃

2.4.3 冬季建筑高度与大门渗透风量的关系

在冬季，由于烟囱效应，室外空气通过大门从室外渗入。该渗透风量与建筑高度、室内外空气温差、大门类型及每小时通过大门的人数有关。建筑高度越高、内外空气温差越大，渗透风量越大。表 2-5 为日本空气调和·卫生工学便览第 13 版第 5 编提供的冬季由于烟囱效应引起的大门渗透风量的计算表。建筑高度不超过 200m 的超高层建筑的大门渗透风量可参照表 2-5 选取，建筑高度大于 200m 的超高层建筑的大门渗透风量应根据工程实际情况进行计算。

冬季由于烟囱效应引起的大门渗透风量（m³/s）　　　　　表 2-5

| h | Δt | 单层门（手动） | | | | 双层门（手动） | | | |
		$P=250$	$P=500$	$P=750$	$P=1000$	$P=250$	$P=500$	$P=750$	$P=1000$
50	15	1.1	1.9	2.7	3.3	0.5	0.9	1.3	1.5
	20	1.2	2.0	2.8	3.4	0.6	1.0	1.4	1.7
	25	1.3	2.1	2.9	3.5	0.6	1.1	1.6	1.8
100	15	1.3	2.3	3.1	3.9	0.7	1.3	1.8	2.1
	20	1.8	2.8	3.6	4.4	0.9	1.6	2.1	2.6
	25	2.1	3.1	3.9	4.7	1.1	1.8	2.4	2.9
200	15	2.1	3.2	4.4	5.7	1.2	1.9	2.6	3.1
	20	2.4	3.9	5.3	6.1	1.3	2.1	2.8	3.3
	25	2.8	4.4	5.8	7.1	1.4	2.3	3.1	3.6

注：P—每扇门每小时出入人数；h—建筑物高度，m；Δt—室内外温差，℃。

2.5 建筑围护结构节能概述

高层建筑空调冷负荷内，围护结构得热引起的冷负荷约占空调总冷负荷的 1/3。改善围护结构热工性能和结构形式可大大降低冷负荷。为此，许多研究人员和工程技术人员对外窗（玻璃幕墙）、外墙的建筑材料和结构形式以及窗际环境的处理等方面进行了大量研究。各国根据各自实际情况，制定了控制建筑围护结构热工性能的规范和标准。我国于 2005 年颁布并实施了《公共建筑节能设计标准》GB 50189-2005；日本针对宾馆、医院、商场、办公和学校建筑制定了反映公共建筑围护结构热工性能全年热负荷系数 PAL 节能指标；美国供热制冷空调工程师学会（ASHRAE）在其 ANSI/ASHRAE 标准 90.1（Energy Standard for Buildings Except Low-Rise Residential Buildings）中对建筑物的围护结构热工参数进行了规定。

2.5.1 我国建筑围护结构节能要求

改革开放以来的三十多年，是我国经济和人民生活水平飞速发展的三十年，更是建筑业飞速发展的三十年。清华大学建筑节能研究中心的《中国建筑节能年度发展研究报告》（2010 年）对我国建筑能耗现状进行了分析，我国建筑商品总能耗从 1996 年度的 2.59 亿吨标准煤增加到 2008 年度的 6.55 亿吨标准煤。2007 年建筑能耗约占当年社会总能耗的 23%，建筑电力消耗约占当年社会总电耗的 22%。公共建筑除集中采暖外，其商品能源消耗从 0.43 亿吨标准煤增加到 1.41 亿吨标准煤。公共建筑能耗的增长是单位建筑面积能耗与总建筑面积增长的结果。

随着城市化进程的快速推进，今后 10 年内，我国有数亿农民将进入城镇生活。公共建筑的用能还会持续增加。为了降低建筑用能，政府投入大量财力，组织研究人员对建筑节能技术进行研究，制订了有关节能的法规与标准。《公共建筑节能设计标准》是其中一部针对公共建筑设计的建筑节能的重要标准。各省市也相应制订了一系列节能设计措施，提高了地方公共建筑节能的设计要求。2012 年重新修订的上海市工程建设规范《公共建筑节能设计标准》DGJ08-107-2012　J12068-2012 要求新建、改建和扩建的公共建筑比国家标准节能 30%。为了保证建筑节能法规的落实，各省市成立的建筑节能专家队伍，定期对设计完成并在建的建筑物进行节能检查。每年年终之前，住房和城乡建设部组织节能专家对各省市的在建建筑进行节能大检查。从而促使各级领导干部重视建筑节能，从建筑设计到建筑施工的各个方面，推动建筑节能技术的落实。

《公共建筑节能设计标准》GB 50189-2005 是根据建标〔2002〕85 号文件"关于印发《2002年度工程建设国家标准制定、修订计划》的通知"要求，由中国建筑科学研究院、中国建筑业协会建筑节能专业委员会等 21 个单位编制。该标准于 2005 年 4 月 4 日颁布，并于 2005 年 7 月 1 日实施。按此标准进行建筑节能设计，在保证相同的室内环境参数条件下，与未按此标准所设计的建筑相比，全年采暖、通风、空气调节和照明的总能耗可减少 50%。《公共建筑节能设计标准》GB 50189-2005 主要从建筑与建筑热工设计、采暖、通风和空气调节节能设计两个方面论述节能设计。

建筑与建筑热工设计中，标准按严寒地区 A 区、严寒地区 B 区、寒冷地区、夏热冬冷地区、夏热冬暖地区规定了不同建筑体型系数下屋面、外墙、楼板及屋顶透明部分的传热系数，对于单一朝向外窗（包括玻璃幕墙）规定了不同建筑体型系数及窗墙面积比下的传热系数。此标准从建筑体型、传热系数、遮阳要求等各方面，对公共建筑的围护结构热工设计提出了要求。

当设计建筑不能满足标准内的节能要求时，必须对该建筑物进行权衡计算。权衡计算要求所设计建筑的全年采暖与空气调节能耗不大于参照建筑在相同条件下的全年采暖与空气调节能耗。

对于住宅建筑，我国在 2001 年颁布执行的《夏热冬冷地区居住建筑节能设计标准》JGJ 134-2001 对住宅建筑的节能设计进行了规定。经过几年的应用，该标准编制组根据建标〔2005〕84 号文的要求，在广泛调查研究、认真总结实践经验、参考有关国际标准和国外先进标准，并在广泛征求意见的基础上，重新进行了修订。修订后的新行业标准《夏热冬冷地区居住建筑节能设计标准》JGJ 134-2010 对住宅建筑的体型系数及围护结构热工参数进行了规定。

2.5.2　日本建筑节能技术要求

经济发展与人口增加，加剧了能源消费。日本 1990 年的能源消费量已较 1960 年增加了 295%。为此，日本在 1997 年 11 月提出了 2010 年节能目标，其中要求民用部门节能 31%。日本政府早在 1979 年以第二次石油危机为契机，颁布了《节约能源法》，并在 1992 年和 1999 年先后修订过两次，2010 年 4 月 1 日实施《节约能源法》改订版，扩大了能源管理对象的范围，由原来以建筑为单位改为以公司法人为单位。为了保证节能法顺利实施，日本政府还制定了许多节能标准。节能标准按公共建筑和住宅建筑分开制定。公共建筑按宾馆、医院、百货商场、办公建筑和学校 5 个类型分别给出了相应的节能标准。在这些标准中，反映建筑围护结构热工性能的全年热负荷系数 PAL 和反映建筑物内设备系统耗能特性的设备系统能量消费系数 CEC 很重要。这两个指标分别从建筑本身热工性能和建筑设备系统能源利用效率两个方面，对建筑的耗能量进行定量控制。节能法规定，凡是建筑面积大于 2000m² 的公共建筑（办公建筑、商店、宾馆、医院、学校、餐馆）的建设方，在向当地政府主管部门报建时必须提交记载该建筑物节能判断指标（PAL、CEC）计算值的设计文件。

1. 日本建筑节能评价指标——PAL 介绍

全年热负荷系数 PAL（Perimeter Annual Load for air conditioning）的定义式如下：

$$PAL = \frac{建筑物周边区全年冷热负荷}{周边区楼板面积之和} \tag{2-1}$$

式中，周边区空间是除地下室以外各层距外墙中心轴线 5m 水平距离内的室内部分，从屋檐以下各层的室内空间及室外相连接的地面层以上部分的空间。该周边区空间是通过外墙和外窗直接受室外气象条件影响的建筑物外区。建筑物周边区全年冷热负荷是指在一年中各房间在按用途不同预先设定的使用时间内，由于室内外温差（供暖时室内温度为 20℃ 或 22℃、供冷时室内温度为 26℃）作用，通过外墙及外窗而产生的对流热、通过外墙及外窗而产生的辐射热、室内周边区内的内部发热及新风等引起的冷热负荷的总和（单位为 MJ/a）。建筑物周边区全年冷热负荷与空调设备的实际运行时间没有关系。

PAL 的计算流程见图 2-4。

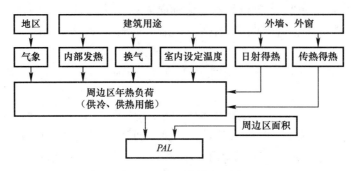

图 2-4　*PAL* 计算流程图

对于不同功能的公共建筑，*PAL* 的节能判断基准值应不同，表 2-6 为宾馆酒店、医院、百货商场、办公建筑、学校的必须达到和努力达到的 *PAL* 值。对于建筑面积大于 2000m² 的公共建筑，其设计建筑物的全年热负荷系数（*PAL*）值应≤（*PAL* 节能判断基准值）×*f*。

PAL 节能判断基准值　　　　　　　　　　　　　　　　　　　　　　表 2-6

	宾馆酒店	医　院	百货商场	办公建筑	学　校
	MJ/(m² · a)				
建设方必须达到的 *PAL* 值	419	356	377	335	335
建设方努力达到的 *PAL* 值	377	314	356	293	293

PAL 值与建筑物的规模与楼层数有关，规模小或楼层数少的建筑物，其建筑物外表面与周边区楼板面积的比值越大，*PAL* 值必然大。因此，对于不同规模的建筑物，存在一个规模修正系数，规模修正系数与平均层楼板面积和楼层数有关。表 2-7 为 *PAL* 计算的建筑规模修正系数。

PAL 计算的建筑规模修正系数 f　　　　　　　　　　　　　　　　表 2-7

地下室除外的楼层数	平均层楼板面积* （m²）			
	＜50	100	200	300
1	2.40	1.68	1.32	1.20
2 以上	2.00	1.40	1.10	1.00

* 平均层楼板面积：除地下层以外的地上各层楼层面积的总和与除地下层以外的地上层的层数之比。

通过对全年热负荷系数 *PAL* 的计算，可评价建筑物外墙、外窗等围护结构的隔热和保温性能，该系数的提出还可通过控制围护结构的热工性能达到控制通过外围护结构热损失的目的。

计算 *PAL* 值时，应注意以下几点：

（1）根据高发热房间、低发热房间和非空调房间的热负荷及系统运行时间等因素，*PAL* 值计算时，应将酒店的客房部与非客房部、医院的住院部与非住院部、学校的教室部与非教室部区分开。

（2）计算对象是距外墙中心线 5m 以内的室内部分及最上层与室外接触的部分。

（3）周边区按东、南、西、北、水平（屋面）5 个区划分，并分别计算各区的楼板面积。

（4）对于未被太阳照射的墙面应采用不考虑日射或长波有效辐射的度日值计算。非空调房间应根据建筑用途采用不同的处理方法。

（5）对于不同用途的建筑物，应根据其使用特点确定室内人数、照明强度、内部散热量及工作时间；确定空调房间与非空调房间各室内周边区的参照温度。

表 2-8 为日本部分高层建筑的 PAL 值，可供参考。

日本部分高层办公建筑 PAL 值　　　　　　　　　　　　　　　表 2-8

项目名称	PAL 值[MJ/(m² · a)]	与基准值比率（%）	工程实录
品川三菱大厦	190.7	56.9	J80
三菱重工品川大厦	252	75.2	J77
福冈金融集团（FFG）本部大楼	248	74.0	—
大正海上本社大楼	248.8☆	74.3	J11
品川东一大厦	188	56.2	J82
东京之门 · 南北塔楼	240	71.6	J103
新关电大厦	190	56.7	J88

注：上标为☆的数值为实际运行数据。

2. 日本设备系统能量消费系数——CEC 介绍

设备系统能量消费系数 CEC（Coefficient of Energy Consumption）是通过计算在全年假想负荷前提下设备系统全年能源消费量，直接评价建筑物内设备系统的能量转换率的节能指标，从而评价所设计设备系统能源利用效率和设备系统的运行管理模式。

设备系统能量消费系数根据设备系统的不同可分为空调设备系统（AC）、通风换气设备系统（V）、照明设备系统（L）、卫生热水设备系统（HW）和电梯输送设备系统（CV）等系统。空调设备系统能量消费系数 CEC_{AC} 是根据所计算的全年假想空调负荷前提下空调设备系统（冷热源设备、水泵和风机动力输送设备、空调末端设备）的全年能源消费量，以评价建筑物内空调设备系统的能量利用效率。

空调设备系统能量消费系数定义式如下：

$$CEC_{AC} = \frac{全年空调能源消费量}{全年假想空调负荷} \qquad (2-2)$$

式中，全年假想空调负荷包括室内热负荷和基准室外新风负荷。

对于同样的建筑物，如采用不同的空调方式、选用不同种类、不同型号、不同能耗效率的空调设备及不同的节能控制运行模式，系统全年消耗的空调能量完全不一样。CEC_{AC} 值越小，所设计的空调系统的能量利用的效率就越高。表 2-9 为宾馆酒店、医院、百货商场、办公建筑和学校的 CEC_{AC} 基准值。

CEC_{AC} 基准值　　　　　　　　　　　　　　　　　　表 2-9

	宾馆酒店	医　院	百货商场	办公建筑	学校
建设方必须达到的 CEC_{AC} 值	2.5	2.5	1.7	1.5	1.5
建设方努力达到的 CEC_{AC} 值	2.3	2.3	1.5	1.4	1.4

设备工程师在设计时，对系统方案和设备选型需提出具体节能措施。设计人员应根据设计对象的建筑特点和功能要求采用与之相适应的空调方案，设备选型时必须采用高效、节能产品。

3. 日本建筑节能设计流程

图 2-5 为日本建筑节能设计计算流程图。建筑节能设计不但要从建筑围护结构着手，还应从冷热源设备及空调末端装置、系统控制、系统输配设备、系统节能措施等多方面优化考虑。

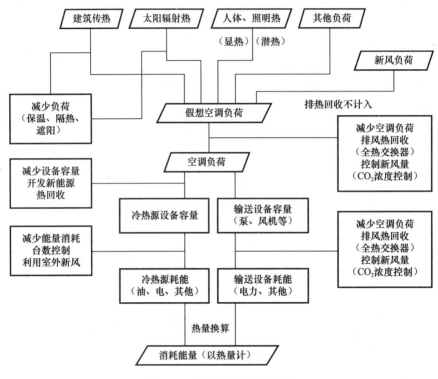

图 2-5 建筑节能设计流程图

2.5.3 美国建筑围护结构节能要求

美国是世界上最大的能源消耗国，也是对建筑节能研究最重视的国家之一。对于公共建筑而言，美国供热制冷空调工程师学会（ASHRAE）的 ANSI/ASHRAE 标准 90.1（Energy Standard for Buildings Except Low-Rise Residential Buildings）2001 版对建筑围护结构的导热系数和热阻值进行了限定。到了 2004 及后来的 2007 版，该标准根据 8 个气候分区提出了屋顶、外墙、楼板的最大导热系数和最小热阻值以及各方向玻璃窗的综合导热系数与遮阳系数值。建筑围护结构热工参数的规定，可改善空调房间的热舒适性，降低建筑内空调通风系统能耗。

2.6 空调负荷指标

高层建筑空调负荷与建筑业态分布、使用状况及建筑物所在地区有关。对于高层建筑的单位建筑面积空调负荷而言，酒店建筑小于办公建筑，商业建筑又大于办公建筑。对于有酒店、办公、商业及娱乐的综合性高层建筑，商业与娱乐部分面积比例越大，单位建筑面积负荷越大。一般来说，对于高层建筑，没有确切的空调冷、热负荷指标，只能给出一个负荷指标范围。表 2-10 为本书工程实录中部分高层或超高层建筑单位建筑面积空调冷、热负荷指标范围。

部分高层建筑单位建筑面积空调冷热负荷指标范围　　　　　　　表 2-10

日本部分高层建筑空调负荷指标（W/m²）		中国部分高层建筑空调负荷指标（W/m²）	
冷负荷	热负荷	冷负荷	热负荷
93～147	60～110	97～167	70～108

表 2-11 为典型的高层办公建筑与高层酒店建筑设计日逐时冷、热负荷、全年逐月冷、热负荷、全年逐时冷、热负荷分布规律。

高层办公建筑与高层酒店建筑负荷分布规律　　　　　　　表 2-11

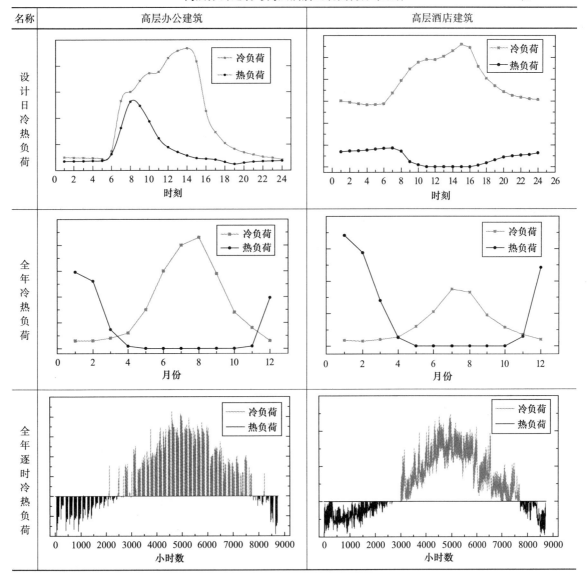

本章参考文献

[1] 牙侯专，何天祺，张萍. 建筑物空调负荷计算方法综述. 1999 年西南地区论文集.

[2] 李小平. 日本建筑节能简介，暖通空调，2011，4.

[3] 《民用建筑供暖通风与空气调节设计规范》GB 50736-2012. 北京：中国建筑工业出版社，2012.

[4] 《公共建筑节能设计标准》GB 50189-2005. 北京：中国建筑工业出版社，2005。

［5］ 《公共建筑节能设计标准》DGJ08-107-2012　J12068-2012.

［6］ 叶大法，杨国荣. 变风量空调系统设计，北京：中国建筑工业出版社，2007.

［7］ 周静瑜，杨裕敏，徐来娣等. 苏州行政中心办公楼空调设计. 制冷空调与电力机械，2004，4.

［8］ 清华大学 DeST 开发组. 建筑环境系统模拟分析方法——DeST. 北京：中国建筑工业出版社，2006.

［9］ 建筑物冷热负荷计算方法研究课题组. 设计用建筑物冷负荷计算方法. 空调技术，1983，1.

［10］ 清华大学建筑节能研究中心等. 中国建筑节能年度研究报告（2008 年度）. 北京：中国建筑工业出版社，2008.

［11］ 陈飞. 建筑风环境. 北京：中国建筑工业出版社，2009.

［12］ 陆耀庆主编. 实用供热空调设计手册（第二版）. 北京：中国建筑工业出版社，2008.

［13］ 上海现代建筑设计（集团）有限公司编. 建筑节能设计统一技术措施（暖通动力）. 北京：中国建筑工业出版社，2009.

［14］ 《全国民用建筑工程设计技术措施》（暖通空调·动力）. 北京：中国计划出版社，2009.

［15］ 北京市建筑设计研究院编. 建筑设备专业技术措施. 北京：中国建筑工业出版社，2006.

［16］ （日）空气调和·卫生工学会编. 空气调和·卫生工学便览（第 13 版），2002.

［17］ （美）ASHRAE. ASHRAE Handbook——HVAC Applications，2007.

［18］ 叶大法，杨国荣. 民用建筑空调负荷计算中应考虑的几个问题. 暖通空调，2005，12.

［19］ SHAN K WANG：Handbook of Air Condition and Refrigeration 2000.

［20］ Steven F. Bruning. A New Way To Calculate Cooling Loads. ASHRAE Journal，2004，2.

［21］ 清华大学建筑节能研究中心等. 中国建筑节能年度研究报告（2009 年度）. 北京：中国建筑工业出版社，2009.

［22］ 清华大学建筑节能研究中心等. 中国建筑节能年度研究报告（2010 年度）. 北京：中国建筑工业出版社，2010.

［23］ 黄维主编. 北京供热计量技术. 北京：中国建筑工业出版社，2010.

［24］ 陈在康，丁力行. 空调过程设计与建筑节能. 北京：中国电力出版社，2004.

［25］ 付祥钊主编. 夏热冬冷地区建筑节能技术. 北京：中国建筑工业出版社，2002.

［26］ 暖通规范组编译.《建筑工程情报资料》401 号，空气调节房间热负荷的计算. 国家建委建研究院情报研究所内部出版，1974 年 1 月.

［27］ 杨田甜. 风速随高度变化对 LOW-E 玻璃传热系数的影响. 建筑热能通风空调，2007，4.

第3章 高层建筑围护结构及其对空调负荷的影响

3.1 高层办公建筑特征

高层或超高层建筑主要为办公建筑，尽管目前在建筑设计实践中有各种办公空间的类型，但从综合考虑出发，在结构、构造、垂直交通（电梯、楼梯）、机房、公共设施等因素的支配下，无论是专用型或出租型办公建筑，"核心筒"式办公空间仍属主流设计方式。此外，高层办公建筑一般在下部（低层部）设置裙房，作为商业用途或主楼的辅助建筑之用（如设备用房等）。

3.2 办公建筑标准平面类型

3.2.1 根据核心筒位置分类

（1）集中在标准层中央。属最普通的核心筒布置方式。适用性较好，房间进深一般在8～12m范围内。各层空调机房可设在筒体内。

（2）分散在标准层边缘。核心筒沿某侧（或双侧）布置，中间有连续的统一空间，有利于通风采光。设备布置与前述方式相同。

（3）综合布置。综合以上两种方式的优点，核心筒集中成组布置，在每组周边有进深较小的空间，而筒组之间又有连续的无阻隔空间。

上述诸核心筒布置方式在本书中均有大量实例可对照。

3.2.2 核心筒位置对空调负荷的影响

核心筒位置与方向的不同对标准层冷热负荷计算有较大影响。日本曾利用相关计算软件对其建筑学会的标准办公楼标准层不同核心筒布置方式进行 PAL 值计算和比较，得出如图 3-1 所示的冷/热负荷峰值比较结果。说明东西布置双核（心筒）型方式最有利于降低峰值冷热负荷。

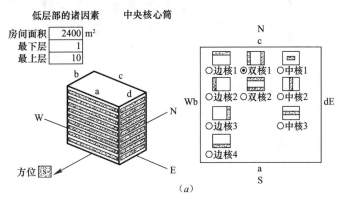

图 3-1 核心筒位置对冷热峰值负荷影响（一）

（a）比较用计算模型

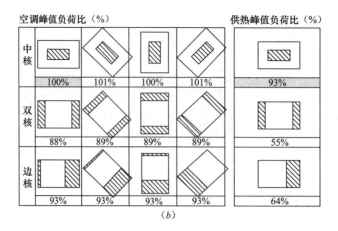

图 3-1　核心筒位置对冷热峰值负荷影响（二）

（*b*）负荷影响的比较

注：计算条件：

地区：东京（2004 年气象数据）；标准层面积：2400m²（40m×60m）；

窗墙比：60%；照明及办公设备负荷：30W/m²；人员密度：0.1 人/m²；

新风量：25m³/(h·人)

当然，实际工程设计中核心筒布置方式是由多种因素确定的。

3.3　办公楼标准层窗墙比对空调负荷的影响

大型办公建筑的标准层层高一般均在 4m 左右，且为大统间的无柱空间。为追求围护结构的通透感，窗户面积也随之扩大。层高 4m 建筑物的窗户高度约 2m 左右，也有超过 3m 的。图 3-2 是日本的一份统计资料，有的建筑物的窗墙比超过 70%。窗墙比过大不仅增加空调负荷，而且影响窗际热环境，我国相关节能设计标准规定窗墙比不应大于 70%。

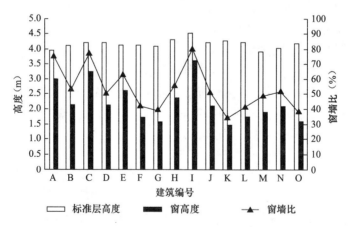

图 3-2　超高层办公建筑标准层高度、窗高度及窗墙比关系

图 3-3 给出了窗墙比与外围护结构负荷比的关系，其中外围护结构负荷用第 2 章中 *PAL*（周边区全年负荷）来表示，从图中可知窗户玻璃材料对负荷的影响同样至关重要。

此外，相同窗墙比下不同平面形体的建筑，其负荷也有很显著差别。图 3-4 综合给出了建筑物形状（长宽比）、方位、窗墙比以及核心筒位置等对全年负荷的影响，其计算条件列在图的右面。窗墙比与空调负荷和照明耗能有关。日本研究人员采用 BEST 软件计算并得到不同窗户面积率下空调与照明一次能消费量，计算结果如图 3-5 所示。从图中可以看出，利用 Low-E 玻璃及窗面积率为 40% 时，该建筑物的照明和空调耗能最低。

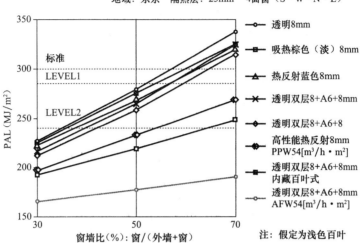

图 3-3 窗墙比、不同玻璃窗与建筑周边负荷的关系

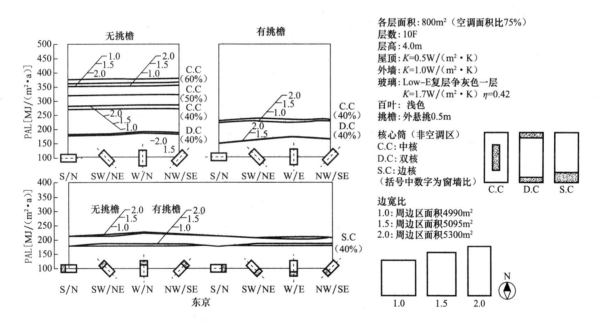

图 3-4 建筑物平面形状、方位、窗墙比与 PAL 值的关系

3.4 透明围护结构玻璃选择

3.4.1 不同玻璃的光热特性

玻璃的种类与光热特性对建筑物冷热负荷关系很大，近代科学技术已创造出能满足各种要求的建筑用玻璃材料。

（1）普通透明玻璃（钠钙硅玻璃）的透射范围与太阳辐射光谱区是相重合的。因此它不能遮挡太阳辐射。

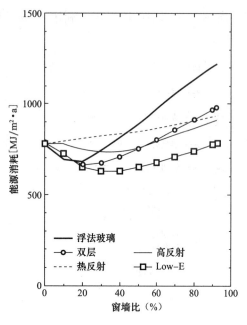

图 3-5　窗墙比与空调耗能关系

（2）吸热玻璃在透过可见光的同时能吸收红外波段的热量，从而减小房间的热量。

（3）辐射镀膜玻璃是在玻璃表面镀低辐射率的银及金属氧化物膜，其主要作用是降低玻璃的传热系数，同时可有选择地降低其遮阳系数，以全面改善玻璃的光热特性。这种玻璃又可分为：高透型 Low-E 玻璃，遮阳系数 $Sc \geqslant 0.5$，对太阳能衰减较少，有利于北方采暖为主的建筑，且通过玻璃进入的太阳能红外线波段的热量不易反射到室外。遮阳型 Low-E 玻璃（$Sc < 0.5$）对太阳能衰减较大，适用于对制冷空调需求较大的建筑，以减少冷负荷（东、西向窗户）。图 3-5 为采用 BEST 软件计算出的窗墙比与空调能耗的关系。

（4）热反射镀膜玻璃也是在玻璃表面镀有金属膜，使玻璃呈现色彩（景观考虑），并改变其光热性能。主要性能是可以降低玻璃的 Sc 值，对改善传热系数（K 值）无明显作用，其缺点是减弱了自然采光，增加了照明需求。

图 3-6 表示了不同玻璃的透射特性。对于高层办公建筑，除考虑窗玻璃的光、热性能外，还应考虑隔声要求。采用单层或双层玻璃，玻璃窗的光热特性随之不同。图 3-7 为单层和双层玻璃热量传播机理的不同及进入室内热量的差异。

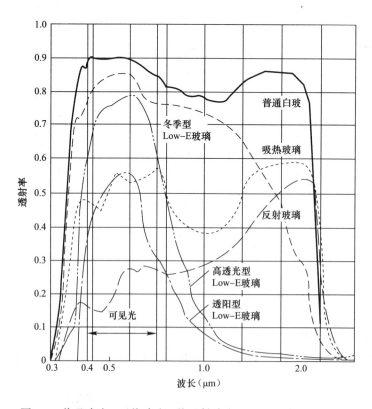

图 3-6　普通玻璃、吸热玻璃、热反射玻璃、Low-E 玻璃透射曲线

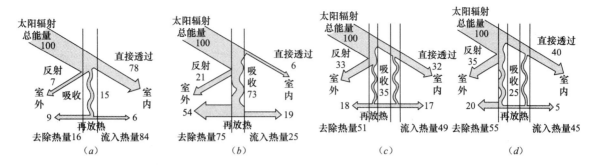

图 3-7　单层和双层玻璃太阳热量进入量比较

（a）普通玻璃；（b）吸热玻璃；（可见光透过 10%）；（c）Low-E 复层玻璃（6mm＋A12mm＋⑥mm）；

（d）Low-E 复层玻璃（③mm＋A6mm＋3mm）

注：图中 A 为空气层厚度，〇内数字为 Low-E 玻璃的厚度。

3.4.2　高层建筑常用玻璃的特性

常用中空玻璃的主要光热参数如表 3-1 所示。

常用中空玻璃主要光热参数　　　　　　　　　表 3-1

玻璃种类		传热系数[W/(m²·K)]	遮阳系数	可见光透光率（%）
透明单层 3		6.0	0.88	90.1
透明双层 3＋A12＋3		2.9	0.79	81.8
Low-E 双层 3＋A12＋3	Ⅰ型	1.9	0.74	75.5
	Ⅱ型	1.6	0.39	69.7
充气双层 3＋Ar12＋3	Ⅰ型	1.6	0.74	75.5
	Ⅱ型	1.3	0.39	69.7
真空双层 3＋V＋3	Ⅰ型	1.4	0.65	78.5
	Ⅱ型	1.2	0.49	67.5

注：1. 玻璃种类中数字表示厚度（mm）；

　　2. 代号：A——空气层、Ar——惰性气体层、V——真空层。

3.4.3　不同地区玻璃光热特性选择

某玻璃生产厂家对于主要为南北向开窗的办公楼建筑给出了可供选用的不同种类玻璃搭配的热工性能曲线，即传热系数与透射系数的 PAL 等值线。设计时可采用相应的玻璃来满足所需要的 PAL 值要求。

图 3-8（a）及图 3-8（b）分别为适用于东京（北纬 35°）及札幌（北纬 43°）地区的玻璃光热性能曲线。由图可知，为满足一定的 PAL 值，中纬度地区选用玻璃的太阳入射率与传热系数两者的组合较为重要，高纬度的严寒地区，仅传热系数对 PAL 值的影响起主要作用，其他区域也将有不同玻璃光热性能的曲线供选择。PAL 值是一个非重要的比较指标，实际工程中还要考虑玻璃的造价、维护等因素。

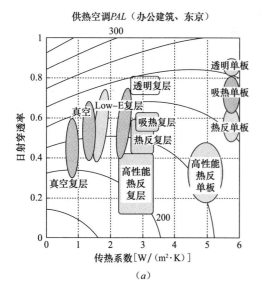
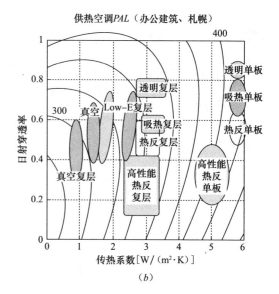

图 3-8 不同地区玻璃光热性能曲线

（a）东京；（b）札幌

3.5 窗户遮阳选择

3.5.1 一般原则

除考虑建筑物开窗的朝向、窗墙比以及窗户本身的太阳透射特性以控制进入室内热量和自然采光外，遮阳设施也是必不可少的手段。

早期非玻璃幕墙型的高层建筑较多采用建筑自身的结构型遮阳方式遮挡日射，以减小空调负荷。图 3-9 表示了一扇南侧玻璃窗的遮阳机理。图 3-10 表示了某办公建筑标准层窗际剖面及其夏季峰值负荷时西侧窗的外围护结构负荷的节能效果。除了从外部直接遮阳外，从内部遮阳更是必不可少。

3.5.2 不同外遮阳方式效果比较

日本空气调和卫生工学学会地球环境委员会曾对设定的标准围护结构采用不同外遮阳方式进行了计算。以窗户面积为 1.8m 见方×2 以及墙面为 3.6m×6m 为基

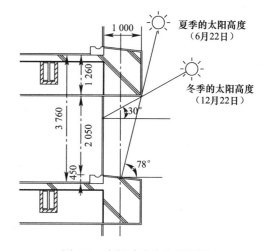

图 3-9 南侧玻璃窗遮阳机理

准，玻璃为 8mm 吸热玻璃。比较中的高性能热反射玻璃遮阳系数为 0.12（未用窗帘），高性能窗的遮阳系数为 0.21。图 3-11 表示了多种方式的示意图，图 3-12 则表示多种方式对空调房间南向和西向全年负荷的影响比较。可以看出，南向水平遮阳效果较好，不仅供热负荷较少，且对视线相对有利，而西向对于太阳高度低时水平及格式遮阳均有一定效果。

对于窗面较宽的场合，相当于玻璃幕墙建筑，大多采用水平遮阳。由于玻璃面积较大，可以合理利用自然采光以降低照明负荷。在西、南两个方位，可通过利用高性能玻璃窗使空调装置全年负荷维持在较低的水平上。

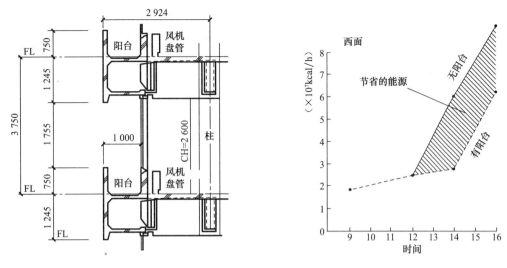

图 3-10　西侧玻璃窗遮阳及其效果

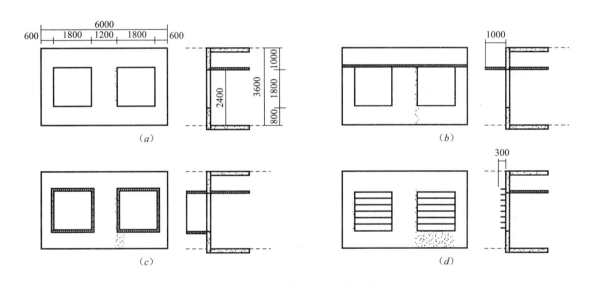

图 3-11　多种遮阳方式示意图

（a）标准（1.8m×1.8m×2）；（b）水平挑檐；（c）盒式挑檐；（d）水平百叶

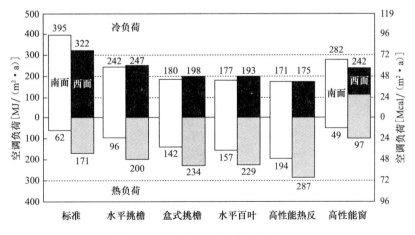

图 3-12　外遮阳方式年空调负荷比较

3.5.3 高层建筑外遮阳实例

如前所述，高层建筑外遮阳设施可归结为利用建筑物自身结构和外置遮阳构件两大类。表 3-2 为本书中叙述的一些外遮阳方式实例。

若干外遮阳方式实例　　　　　　　　　　　　　　　　　　表 3-2

类型	建筑物名称	竣工年月	层数（地上）	遮阳方式	工程实录号
建筑结构自身遮阳	栃木县政府大楼	2007 年 12 月	15F	结构挑檐遮阳及水平遮阳反光板，且窗台口有新风吸入可控缝道	J104
	大阪关电大厦	2004 年 12 月	41F	利用外置框架（柱、梁）起垂直/水平遮阳作用	J88
	横滨 LMT 大楼	1991 年 3 月	70F	利用结构遮阳，并与部分空调进排风结合	J38
	大阪 DIA 大楼	2009 年 3 月	35F	利用外墙纵肋与窗顶横籇遮阳，窗口有可控进风缝道	J116
	大伦敦市政府大楼	2002 年 5 月	10F	建筑在高度方向逐层向南倾斜，获得自体遮阳的效果	E2
	乔治亚州电力公司总部大楼	1979 年	24F	自上而下逐层收缩以自体遮阳	A7
窗外设遮板	新丸之内大厦	2007 年	38F	窗外设垂直与水平遮阳板及百叶	J107
	赤坂 INTERCITY	2005 年	29F	沿窗高度方向设多段水平百叶（玻璃砖材）	J89
	上海浦东工商银行	2002 年	29F	窗上设水平百叶挑檐（南向），用不锈钢材	S20
	北京远洋大厦	2000 年 8 月	17F	采用卷帘式外遮阳体系	B8
	明治大学自由塔	1998 年 9 月	23F	利用外墙纵肋与窗顶横籇遮阳	J58
	日建设计东京大厦	2003 年	14F	电动控制外遮阳（水平）	J78

不论何种外遮阳形式，设计时都应计算并评估其全年不同朝向和日照时段的遮阳效果，使 PAL 值尽可能小。当然应在建筑美学、遮阳设备投资等综合分析后作出外遮阳方式选择。全球能源与环境问题为世人日益瞩目以来，建筑师也日趋重视建筑节能问题。经过近十年的建筑实践，现在我国城市里到处可见各种与建筑立面结合完美的遮阳方式。

3.5.4 室内遮阳形式

1. 内遮阳的功能

外遮阳一般不能完全阻挡太阳辐射进入室内，所以室内应设有内遮阳设施。内遮阳设施应具有较高的灵活性，不宜过多地影响采光和视野。内遮阳百叶可由不同材质制作。通过自控（根据日照强度等）调节百叶角度，达到遮阳目的。图 3-13 表示了内遮阳设施的基本功能。

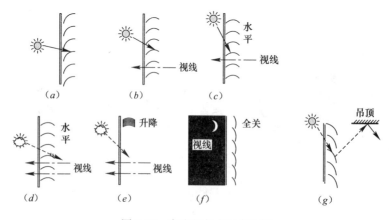

图 3-13　内遮阳方式基本功能
(a) 太阳高度低时；(b) 太阳一般高度时；(c) 太阳高度高时；(d) 多云时；
(e) 阴天；(f) 夜晚；(g) 利用昼光反射减少照明

2. 通风窗的作用

内遮阳可挡住部分太阳热辐射（部分向窗外反射），但遮阳板本身被太阳光加热而将部分热量散入房间而构成冷负荷。为了将这部分热量排除，在内侧增设一层玻璃（可开启），并将被太阳加热的百叶窗散发的热量排至室外，如图 3-14 所示，进入通风窗的空气一般利用室内空调排风或回风。即使在设有外遮阳的情况下，该方式也可减小进入室内的热量，可有效地改善窗际热环境。这种设施在国外称为通风窗（Air Flow Window，简称 AFW）。

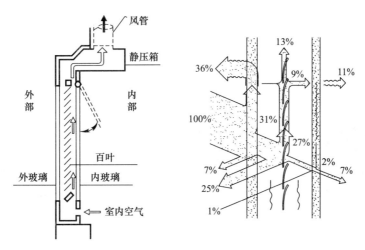

图 3-14　通风窗（AFW）方式示意图

近 15 年来，日本高层建筑中通风窗应用相当广泛（也有较简化的做法），从改善窗际热环境来看是一个好方法。本书第 4 章将结合空调方式着重介绍通风窗的应用。

该通风窗也被称为"内呼吸幕墙"，我国一些项目中应用了通风窗。

3.6　墙体构造热工性能要求及对围护结构节能策略

除窗户结构对建筑冷热负荷有重大影响外，作为非透明结构的墙体也有相当影响。从节能角度考虑，我国对公共建筑围护结构的热工性能指标进行了规定，具体数据见表 3-3。

公共建筑围护结构热工性能指标　　　　　　　　　　　　　　　　表 3-3

	传热系数[W/(m²·K)]*			窗墙面积比	形体系数	遮阳系数	气密系数 [m³/(m·h)]
	屋檐	墙	窗				
严寒地区 A 区	0.3 (0.77)	0.4 (1.28)	1.5 (3.26)	0.7	0.4	—	1.5
严寒地区 B 区	0.35	0.45	1.6	0.7	0.4	—	1.5
寒冷地区	0.45 (1.26)	0.5 (1.7)	1.8 (6.4)	0.7	0.4	0.5/—	1.5
夏热冬冷地区	0.7 (1.5)	1.0 (2.0)	2.5 (6.4)	0.7	—	0.45/0.5	1.5
夏热冬暖地区	0.9 (1.55)	1.5 (2.35)	3.0 (6.4)	0.7	—	0.35/0.45	1.5

＊ 表示严寒、寒冷地区，形体系数、窗墙比较大的建筑的层顶、墙、窗的传热系数。对夏热冬冷、夏热冬暖地区，窗墙比较大的层顶、墙、窗的传热系数与遮阳系数则为其极限值，括号内数据为 20 世纪 80 年代的限值。

从表 3-3 可以看出，不同地区室外气温与日照有较大差别，对围护结构热工性能的要求也不同。日本学者通过对 *PAL* 值的计算，对不同地区的围护结构节能策略提出了如图 3-15 所示的特性图，这对我国亦有参考作用。

例如对于Ⅰ型地区（日本北部），从节能角度考虑，围护结构的保温性能影响明显，而对窗户降低总日射透过率并无显著影响。对于Ⅲ型地区（日本南部）则降低总日射率对节能影响明显，而增加保温性能并非良策。至于Ⅱ型地区（东京等夏热冬冷地区）增加窗户的日射遮蔽性能在达到图中"谷沟"之前有效果，超过这一限度反而不利，此时应结合增加围护结构保温性能以提高节能效果。因此，围护结构热工性能应根据具体气候条件进行分析确定。

还需指出，按我国《公共建筑节能标准》GB 50189—2005 的规定，建筑物的窗墙比不应超过 0.7，如因其他原因，建筑设计时必须大于此规定值时，须按该节能标准的另一种节能设计评价方法——权衡判断法进行节能评价，调整围护结构的节能设计，例如采用某些新的围护结构技术，达到同等的节能效果。

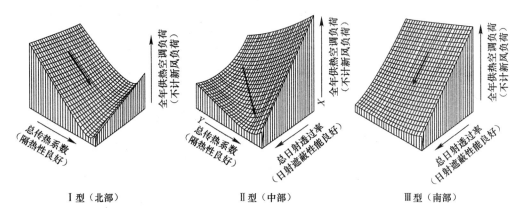

图 3-15 日本不同地区与 *PAL* 值的关系

3.7 围护结构节能新技术

3.7.1 双层通风幕墙（Double Skin Facades，DSF）

20 世纪 90 年代，双层通风幕墙始用于欧洲，当时被称为双层皮立面（Double Skin Facades，DSF）相对于通风窗之"内呼吸"作用，该双层通风幕墙又被称为"外呼吸幕墙"。

图 3-16 为 DSF 的构成简图。外层为单层玻璃，内层一般为 Low-E 双层玻璃，两层间距约0.6m，楼层间格栅（或隔板）。为提高遮阳效果，两层玻璃间设可调百叶片，其典型的遮热效果如图 3-17 所示。

3.7.2 DSF 综合功能

不同季节，通过利用外层玻璃的上、下通风口及内层玻璃的开启作用，实现自然通风和保障空调的作用，其控制示意图如图 3-18 所示。对于高层建筑的 DSF 方式，则有更多的运行方式，从而构成了不同的幕墙种类。

3.7.3 DSF 幕墙的种类

DSF 幕墙根据构成有多种分类，主要有通道式和箱体式两种，其形式、特点以及应用实例见表 3-4。

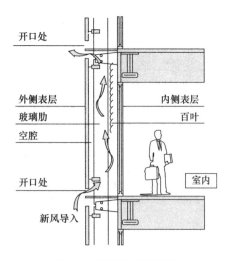

图 3-16 DSF 构造原理图

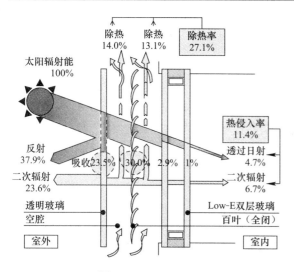

图 3-17　DSF 机理

计算条件：透明单玻（FL8）＋空腔（浅色百叶）＋透明
Low-E 双层（LA8＋A12＋FL8）；太阳辐射
582W/m²；室外温度 35℃，室内温度 25℃。

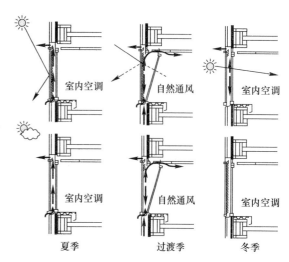

图 3-18　双层通风幕墙控制示意图

DSF 幕墙的形式、特点及应用实例　　　　　　　　　　表 3-4

种　类	形式图示	构造原理	应用例
通道式	"通道式"通风示意	竖向隔断构件将双层玻璃墙之间分隔为通风腔，新风从各层下部的百叶进风口引入，在热压作用下进入相邻腔体，形成排风竖井。故与竖井相贴近的房间有过热之虞，但由于顶部排热温度较高，在冬季可考虑热回收	杜伊斯堡（德国）商业促进中心，1993；OARAG 2000 大厦（工程实录 E11）
箱体式		空气腔被水平、垂直的构件双向隔断，各层从下部的百叶窗进风，从相邻腔体上部的百叶出风而不构成竖井式排风道。故对应每个房间的为一独立箱体，并可通过房间窗户组织通风换气，这种形式采用较多	东京日本近电大厦 10F，2002 埃森（德国）RWE 总部（工程实录 E7）；ING 银行总部（荷兰）10F，2002；Siemens 大楼（Dortmund 市）11F，1997；城市之门（工程实录 E9）；上海张江大厦，18F，2004

　　DSF 幕墙不仅在夏季可降低空调负荷，在冬季由于存在阳光温室作用可减小供热负荷。对于高层建筑而言，直接开窗对自然通风控制不易，而利用 DSF 幕墙在过渡季节较易于组织自然通风，如与室内构成横向通风（穿堂风）等。此外，对大风、大雨的阻挡和隔声均有良好作用。由于造价等因素，DSF 幕墙尚不易广泛采用。尤其对当地气候的适应性宜做评估。而这种评估必需与空调通风方式以及全年运行的方案相结合。我国学者曾对夏热冬冷地区采用 DSF 幕墙的热工性能做过大量的实验研究，认为该类地区采用 DSF 是适用的。环境空气含尘量较大的地区

不宜采用 DSF 幕墙。

3.8 与太阳能发电相结合的围护结构应用

3.8.1 多晶硅型太阳能电池发电系统在墙体或遮阳板上的应用

一般朝阳、面积较大的屋顶、墙面或窗面上可以设置多晶硅型太阳能电池板。太阳能电池板有遮挡太阳直射功能。图 3-19 为日本系满市政府的南向百叶型斜置 PV 遮阳太阳能发电装置，该装置总发电量为 195.6kW。图 3-20 为京磁公司总部大楼（20F）装有 PV 的南墙的剖面图，发电容量为 214kW。现今我国已成 PV 生产大国，近几年建设的采用太阳能电池板的大型建筑的实例已不胜枚举。广州珠江城应用的 PV 遮阳太阳能发电装置，容量达 185kW（工程实录 G-3）。其他有关光伏建筑一体化工程可从相关专著中查阅。

图 3-19 百叶型斜置 PV 遮阳太阳能发电装置

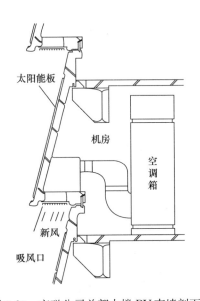

图 3-20 京磁公司总部大楼 PV 南墙剖面图

3.8.2 太阳能光伏玻璃幕墙

根据非晶硅光伏电池片可切片的特性，将光伏电池片内置在中空玻璃腔内并呈斜百叶状安装在建筑围护结构金属框架上而形成了建筑幕墙，实现了太阳能光伏发电与建筑立面的完美结合。斜置在双层玻璃内的 PV 切片阻止了空气层内的空气对流，使幕墙传热系数减小，同时还具有较好的遮阳效果。据报道，我国长沙市中建大厦（27F，4.4 万 m²），在其南向（东、西少量）建筑立面顶部（2000m²）采用了太阳能光伏玻璃幕墙，年发电量达 22 万 kWh，其外观见图 3-21，图 3-22 为其剖面图。此外，采用非晶硅光伏电池片固结在双层玻璃内的形式应用更为便利，其空气层同样有很好的热阻，这种方式更易推广使用。

图 3-21 长沙中建大厦光伏玻璃幕墙

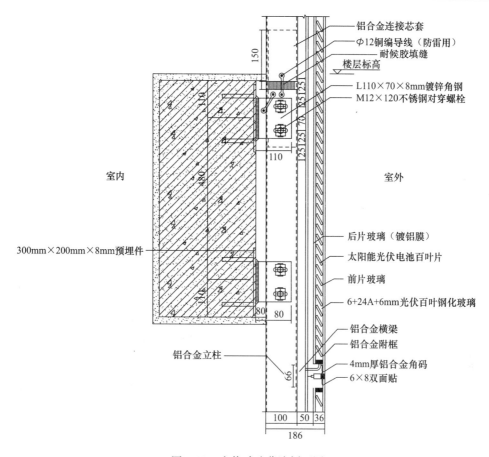

室内

室外

铝合金连接芯套
Φ12铜编导线（防雷用）
耐候胶填缝
楼层标高
L110×70×8mm镀锌角钢
M12×120不锈钢对穿螺栓

300mm×200mm×8mm预埋件

后片玻璃（镀铝膜）
太阳能光伏电池百叶片
前片玻璃
6+24A+6mm光伏百叶钢化玻璃

铝合金横梁
铝合金附框
4mm厚铝合金角码
6×8双面贴

铝合金立柱

图 3-22　光伏玻璃幕墙剖面图

3.8.3　PV 与 LED 结合的幕墙

这是一种以薄膜太阳能电池（PV）与半导体照明器件（LED）相结合的双重作用的玻璃幕墙。它可以实现白天采光、太阳能发电和夜间发光（对窗外）三种机能的结合。夜间发光是城市景观或广告宣传的需要。为了易于清扫维护，供能器件固定在两层玻璃之间。日本于 2006 年推出此产品，首先应用在商业建筑，其商品名为"LuminWall"。

除以上与太阳能发电相关的技术以外，国外还专门从玻璃的特性上进行技术开发，称为智能玻璃（窗），有非电作用变色玻璃和电作用玻璃两类。在太阳辐射作用下，能自动（非电作用）或通过自控（电作用）来改变遮阳系数，从而达到减小日射得热的目的。

本章参考文献

［1］　何韶瑶等. 太阳能光伏玻璃幕墙技术研究及应用实践——以长沙中建大厦为例. 建筑学报，2009，2.
［2］　龙惟定. 建筑节能与建筑能效管理. 北京：中国建筑工业出版社，2005.
［3］　辻泰安. 太阳光发电技术. BE 建筑设备，2004 年 4 月号.
［4］　迈克尔·威金顿等著. 智能建筑外层设计. 高昊泽. 大连：大连理工大学出版社，2003.
［5］　李现辉，郝斌编著. 太阳光伏建筑一体化工程设计与案例. 北京：中国建筑工业出版社，2012.
［6］　曹伟著. 广义建筑节能——太阳能与建筑一体化设计. 北京：中国电力出版社，2008.
［7］　龙惟定. 建筑节能技术. 北京：中国建筑工业出版社，2009.
［8］　范存养. 办公楼建筑窗际热环境的改善和节能. 暖通空调，1997，2.
［9］　涂逢祥主编. 建筑节能系列丛书（第 35 册，48 册）. 北京：中国建筑工业出版社，2005，2008.
［10］　刘晶晶等. 双层玻璃幕墙节能研究综述及探讨. 暖通空调，2006，2.

[11] （日）木村建一. 建築環境工学（第一册）. 丸善株式会社，1992.

[12] 《BE 建築設備》（日本），2006 年 3 月.

[13] 徐吉浣等编. 公共建筑节能设计指南. 上海：同济大学出版社，2007.

[14] Oesterle，et al. Double-skin facades integrated planning. London：Prestel Verlag，2001.

[15] 刘志宏等. 外循环式双层玻璃幕墙的热工性能研究. 建筑科学，2010，4.

[16] 孟庆林等. 广州西塔超高层玻璃幕墙选型的节能评价. 暖通空调，2006，11.

[17] （英）Warlc. 温和气候区单层与双层玻璃幕墙节能评价. 建筑科学. 2006，11.

[18] 哈里斯·波依拉兹著（中译本）. 通风双层幕墙办公建筑. 刘刚泽. 北京：中国电力出版社，2006.

[19] 日本建築学会编. ガラス建築. 学芸出版社，2009.

[20] 李峥嵘等. 建筑遮阳与节能. 北京：中国建筑工业出版社，2009.

[21] 徐伟等主编. 中国太阳能建筑应用发展研究报告. 北京：中国建筑工业出版社，2009.

[22] 杨洪兴. 光伏建筑一体化工程. 北京：中国建筑工业出版社，2012.

第4章 高层建筑空调系统与方式

4.1 适用于高层建筑的空调方式与系统

4.1.1 高层建筑空调方式与系统适用性

按冷热源及空气处理设备的设置方式来划分，无论是集中式、半集中式和分散式空调方式均可应用于高层建筑。

表4-1给出了各种空调系统分类与适用性概要。

各种空调系统分类与适用性概要　　　　　　　　　　　　　　　　　表 4-1

设置方式	使用介质	主要优缺点（〇优点×缺点）	系统方式		应用特性	应用情况
集中式	全空气	〇室内可不设末端装置，与建筑室内装修易协调 〇运行和维护管理集中 〇过渡季节易实现新风供冷 〇室内空气品质易保证 〇噪声控制较容易 ×与其他空调方式相比，空气输送能耗较大 ×风管与机房占用空间较大	单风道	定风量	送风参数单一	高层建筑较早使用的空调方式之一
				变风量	免除再热需求，变风量适应负荷	20世纪80年代始用，2000年后在我国发展
			双风道	冷热型	可提供不同送风参数（含湿量等）	美国常用该空调方式
				新风/循环风型	新风由AHU单独处理，与循环风AHU出风混合，以保证空气品质	2000年起日本逐渐使用
			多分区方式		AHU按区分送冷热处理后的空气	我国也有应用
半集中式	水一空气	〇室内设有末端装置，易于个别空调 〇与全空气方式相比，输送动力较小 ×室内空气品质控制不理想 ×有水患之虞	风机盘管（FCU）＋新风系统		独立处理新风并进行分配	我国2000年前的办公建筑、宾馆客房、医院病房广泛采用
			诱导器（IU）系统		籍新风动力保证室内就地回风，无新风不能供冷、供热	欧洲仍在使用，我国20世纪70年代曾应用
			辐射板＋新风系统		舒适性好、节能，但辐射板供冷（热）能力较小，新风负担湿负荷，应防止板面结露	欧洲应用较多，我国2005年后有应用

续表

设置方式	使用介质	主要优缺点（○优点×缺点）		系统方式	应用特性	应用情况
分散式	冷剂—空气	○机组内设置冷机（热泵），可部分运行，控制方便，有利于行为节能 ○可分户计量 ○负荷增加可就地增设，不影响其他系统运行 ○安装方便，初投资（对建筑整体而言）比集中式空调方式小 ×设备寿命低于集中式 ×新风系统单独设置，过渡季节不易新风供冷 ×空气品质控制不理想	个别型	分体多联机	应有新风系统，以保证卫生要求	日本于1980年代初使用
				穿墙式机组（WTU）	可用于办公建筑标准层的外区，热回收型机组有新风	需与建筑设计相配合
				单元式热泵柜机	可用于分区的全空气空调方式，如与专用热回收型机组配合为佳	日本有相应产品
			系统型	水环热泵机组系统（WLHP）	近似半集中方式，由环路传输热量，应配置新风系统	我国有若干应用
				水冷型VRF	配以新风系统，近似半集中方式，由于冷剂变流量，运行费用较低，水冷型外机的机房位置设置自由	日本2005年起使用，我国已有少量项目使用
				风冷型VRF	特性同上，风冷型外机安装位置对系统影响较大，设置不当时，大大影响系统运行效率	日本1983年起使用，我国2000年应用较多

4.1.2 集中式全空气空调系统应用特性

表4-2列出了各集中式全空气空调方式的应用特性。

全空气空调方式应用特性   表4-2

系统方式	系统图式	适用性分析
定风量方式	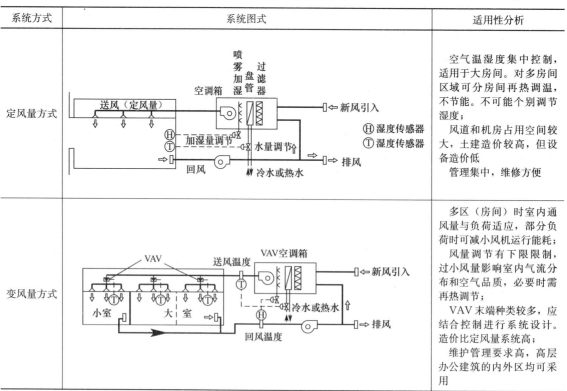	空气温湿度集中控制，适用于大房间。对多房间区域可分房间再热调温，不节能。不可能个别调节湿度； 风道和机房占用空间较大，土建造价较高，但设备造价低 管理集中，维修方便
变风量方式		多区（房间）时室内通风量与负荷适应，部分负荷时可减小风机运行能耗； 风量调节有下限限制，过小风量影响室内气流分布和空气品质，必要时需再热调节； VAV末端种类较多，应结合控制进行系统设计。造价比定风量系统高； 维护管理要求高，高层办公建筑的内外区均可采用

续表

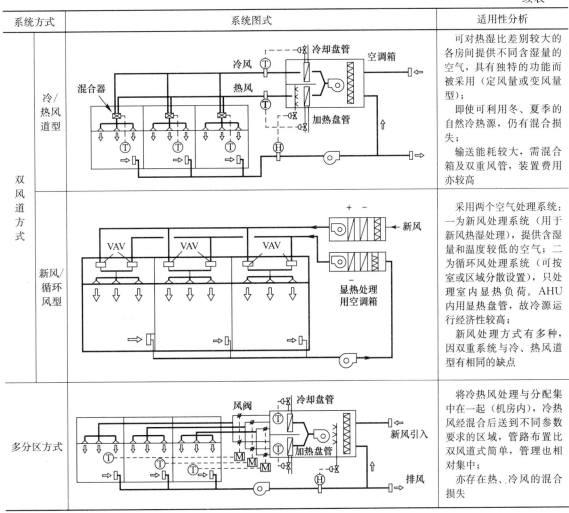

系统方式		系统图式	适用性分析
双风道方式	冷/热风道型		可对热湿比差别较大的各房间提供不同含湿量的空气，具有独特的功能而被采用（定风量或变风量型）； 即使可利用冬、夏季的自然冷热源，仍有混合损失； 输送能耗较大，需混合箱及双重风管，装置费用亦较高
	新风/循环风型		采用两个空气处理系统：一为新风处理系统（用于新风热湿处理），提供含湿量和温度较低的空气；二为循环风处理系统（可按室或区域分散设置），只处理室内显热负荷。AHU内用显热盘管，故冷源运行经济性较高； 新风处理方式有多种，因双重系统与冷、热风道型有相同的缺点
多分区方式			将冷热风处理与分配集中在一起（机房内），冷热风经混合后送到不同参数要求的区域，管路布置比双风道式简单，管理也相对集中； 亦存在热、冷风的混合损失

4.1.3　半集中式水—空气系统空调方式

半集中式水—空气系统空调方式也称为新风独立处理与空调末端设备相结合的方式，表4-3为半集中式水—空气系统空调方式的应用特性。

半集中式水—空气系统空调方式应用特性　　　　　　　　　　表 4-3

	系统图式	适用性分析
风机盘管＋新风系统		将热湿处理设备直接设于房间内，可减小送风管道的空间和输送动力，设备机房较小； 末端设备可灵活控制，使用方便； 立式 FCU 一般沿外窗安装，可有效控制窗际环境，办公室内区则设卧式暗装型； 若采用显热 FCU（干盘管），而新风作深度除湿处理，可实现热湿分别处理的空调方式。干盘管可用高温冷水，可提高用能的经济性； 独立提供新风，易满足卫生要求； 施工安装方便，造价相对较低

续表

系统图式	适用性分析
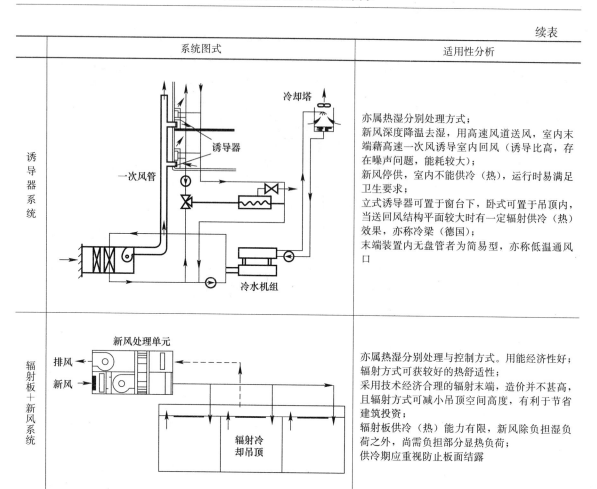 诱导器系统	亦属热湿分别处理方式； 新风深度降温去湿，用高速风道送风，室内末端藉高速一次风诱导室内回风（诱导比高，存在噪声问题，能耗较大）； 新风停供，室内不能供冷（热），运行时易满足卫生要求； 立式诱导器可置于窗台下，卧式可置于吊顶内，当送回风结构平面较大时有一定辐射供冷（热）效果，亦称冷梁（德国）； 末端装置内无盘管者为简易型，亦称低温通风口
辐射板＋新风系统	亦属热湿分别处理与控制方式。用能经济性好； 辐射方式可获较好的热舒适性； 采用技术经济合理的辐射末端，造价并不甚高，且辐射方式可减小吊顶空间高度，有利于节省建筑投资； 辐射板供冷（热）能力有限，新风除负担湿负荷之外，尚需负担部分显热负荷； 供冷期应重视防止板面结露

分散式（局部方式）空调装置近 30 年来发展很快，不仅机组形式繁多，而且逐步实现系统化应用，即使高层建筑也很常用。有关这方面内容将在第 10 章"直接蒸发式单元型空调装置应用"中介绍。

在一个多功能综合性高层建筑中，前述集中式、半集中式和分散式空调系统常被组合应用。即使在同一个办公空间内也可采用这种组合形式。如 VAF 应用于内区、FCU 应用于外区；CAV 应用于内区、IU 用于外区；IU（冷梁）设于内区、FCU 设于外区等。这些组合可以从本书下篇工程实录中看到。

4.2 高层建筑空调分区

4.2.1 垂直方向分区

高层或超高层建筑在垂直方向具有不同的功能。一般裙房用作商用公共空间（购物、餐饮、娱乐等），高层部分作为自用办公或出租办公区，超高层部分除办公外，上部还设有旅馆或公寓等。不同的空调方式要求冷热源与水系统分区设计。另外，为了保证系统安全性，超高层建筑空调水系统应根据系统承压要求分区设置。

4.2.2 水平方向分区

同一层平面中，当空调系统容量过大、管道布置存在问题时，需分散设置空调系统。房间的使用性质（会议、办公、计算机室等）、使用时间、室内热湿环境、发热发湿特征等不同时，亦需分区设置空调系统。

4.3　办公建筑标准层内外分区

4.3.1　窗际热环境因素

进深不大（＜9m）、窗户面积较小的办公空间，室内热环境差别不大。当窗户面积大、进深亦大时，外部区域较内部区域热环境差别较大，外区除受窗面辐射影响之外，冬季还存在窗面下降冷气流的影响。图 4-1 给出了窗户表面温度与空气温差引起的窗面下降冷气流的关系。存在两种因素使窗际热舒适指标 PMV 值不良，因此有人提出可以 PMV（模拟计算）的限值作为内外区划界的依据。一般情况下，以沿窗 3～5m 的地带作为外区是经验认可的。

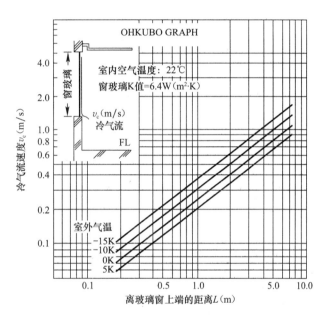

图 4-1　冬季窗户表面温度及空气温差与窗面下降冷气流关系

4.3.2　内外区负荷因素

图 4-2（a）是一个典型标准层平面示意图，图 4-2（b）表达了内区和各朝向外区的负荷情况。图中表示的内区和各朝向负荷峰值相差明显（峰值出现的时间也不同）。由于负荷峰值不同，各分区单位面积设计送风量亦不同（人均新风量亦随之而异）。在空调系统实际运行时，因外区受室外空气温度和日照（朝向不同）变化的影响，空调系统的调节和控制要求更高。设计时，内外区分设两个空调系统是合理的。外区夏季供冷，冬季供热，内区则需要全年供冷（冬季可用天然冷源）。

但在一个空间内同时供冷与供热时可能出现冷热混合损失现象，如图 4-3 所示。设计时，应在内外区的区域设计温度确定、送风散流器形式和位置及内外区空调末端装置的室温传感器设置等方面予以重视，避免产生冷热混合损失现象。

4.3.3　内外区传统空调方式

日本高层办公建筑建设比我国早十多年，其内区空调方式早先就采用单风道全空气系统，外区采用 FCU 方式（水管沿周边布置）。图 4-4 为日本 20 世纪 60～90 年代外区空调方式演变统计（统计对象为面积＞3 万 m² 的 137 个工程）。表 4-4 则其早期部分著名高层办公建筑的内外区空调方式。可以看出，20 世纪 90 年代后外区以全空气方式为主的占 70％，采用水—空气系统的为 30％，而今，由于建筑围护结构热工性能的改善，外区处理手法正在不断发展。

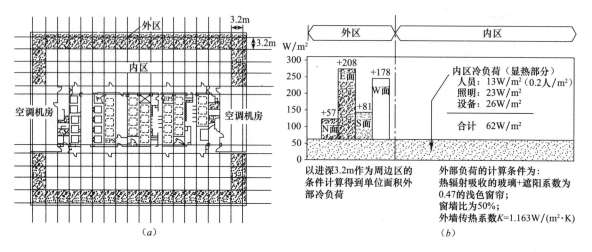

图 4-2　周边区负荷特性

(a) 内外区划分；(b) 内外区负荷特点

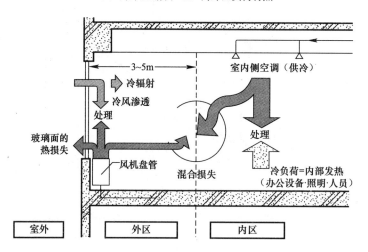

图 4-3　混合损失成因

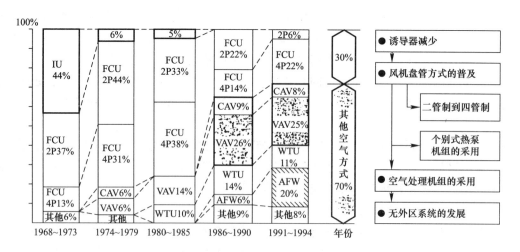

图 4-4　外区空调方式演变（日本）

注：IU-诱导器，FCU-风机盘管，CAV-定风量，VAV-变风量，WTU-穿墙式热泵机组，AFW-通风窗。

日本部分办公建筑空调方式示例　　　　　　　　　　　表 4-4

办公楼名称	建成年份	地上层数	建筑面积（万 m²）	外区空调方式	内区空调方式	工程实录编号
霞关大厦	1968	36	15.32	IU	SD	J1
神户贸易中心	1969	26	5.037	IU	SD	—
世界贸易中心	1970	40	15.38	IU	SD	J2
朝日东海大厦	1971	29	5.06	IU	SD	—
东京 IBM 大厦	1971	22	3.8	FCU	SD	J3
NHK 广播大厦	1972	23	6.49	四管制 FCU	SD	—
大阪大林大厦	1973	32	5.03	四管制 FCU	SD	J4
大阪国际大厦	1973	32	6.50	FCU	SD	—
东京三和大厦	1973	25	9.46	四管制 FCU	VAV	—
新宿三井大厦	1974	55	17.97	CAV	VAV	J6
新宿住友大厦	1974	52	17.65	FCU	SD	J5
阳光城大厦	1978	60	20.10	FCU	AHU（四管）	J7
新宿野村大厦	1978	50	11.90	VAV	CAV	J8
大正海上本社大厦	1984	25	7.56	VAV	VAV	J11
埼玉产业文化中心大楼	1988	31	13.10	VAV	CAV	—
三井仓库箱崎大楼	1989	25	13.56	TWU	VAV	J19
横滨 LANDMARK 大楼	1991	70	29.20	VAV	VAV	J38
梅田空中大厦	1993	40	21.60	AHU（双管）	AHU（单冷）	J51
新宿 PARK TOWER	1994	52	5.24	CAV	CAV	J52

　　我国自 1980 年代末才开始大量建设现代化办公楼，标准层的空调方式比较类似。按同济大学对上海 200 幢 20 层以上高层办公建筑的调查（1995 年前后），标准层空调方式如表 4-5 所示。可以看出，多数建筑未分内外区，且不论内外区都采用 FCU。1995 年之后的新建办公建筑中，采用变风量空调系统的建筑有所增长。从全国的统计看，到 2002 年年底，北京和上海采用 VAV 空调方式的高层建筑已超过 30 幢，其外区、内区采用不同的空调方式，表 4-6 列举了近十年来若干高层办公建筑采用 VAV 空调方式的情况（北京、上海）。

1995 年前上海高层建筑空调方式　　　　　　　　　　表 4-5

空调方式		内　区	外　区	工程数量	比例（%）
空气—水系统		FCU+FA		159	82.5
		FCU(C)+FA	FCU(C/H)+FA	6	
全空气系统	CAV	不分区		6	12
		AHU(C)	AHU(C/H)	1	
	VAV	普通型		2	
		FPB(C)	FPB(C/H)	10	
		AHU 或 VAV	FCU	5	
局部空调系统		WLHP		4	5.5
		VRF 或 SAC（分体式）		7	

　　注：FPB——风机动力型末端装置，VRF——变冷媒多联系统，WLHP——水环热泵系统，SAC——分体式空调。

北京和上海采用 VAV 空调方式的部分高层建筑　　　　表 4-6

序号	项目名称	用途	建筑面积（m²）	层数（地上/地下）	竣工时间	标准层（办公楼）内区/外区	工程实录编号
1	金茂大厦	办公/宾馆	228700	88/3	1999年	FPU/FPU+HC	S15
2	上海安泰大厦	办公	31420	22/2	1997年	VAV/FCU	S8
3	上海期货大厦	办公	71000	38/3	1998年	FPU/FPU+HC	S16
4	国际航运大厦	办公/宾馆	120100	51/3	1999年	FPU/FPU（并）+HC	S10
5	浦东工商银行	办公	65000	29/2	2003年	FPU/FPU+HC	S20
6	上海外滩金融中心	办公等	186860	54/3	2003年	VAV/FPU（并）+HC	S21
7	花期集团大厦	办公等	119150	40/3	2005年	VAV/VAV+HC	S22
8	上海银行	办公等	116700	46/3	2006年	VAV/FU	S24
9	上海环球金融中心	办公等	379600	101/3	2008年	VAV/FCU	S29
10	越洋国际广场	办公等	202607	43/3	2008年	VAV/VAV+AFW	S28
11	中国平安金融大厦	办公等	168000	43/3	2010年	VAV/VAV+EHF	S35
12	久事大厦	办公/商场	61400	40/3	2001年	VAV/FPU+AFW	S14
13	北京发展大厦	办公	51490	20/3	1989年	VAV/CAV	B2
14	北京南银大厦	办公	70000	28/2	1996年	VAV（未分内外区）	B4
15	北京华润大厦	办公	71000	26/3	1999年	FPU/FPU+HC	B6
16	北京中银大厦	办公等	172400	15/4	2001年	VAV	B10
17	国家电力调度中心	办公	73667	12/3	2001年	VAV/FPU+HC	B9
18	北京CCTV主楼	办公	473000	51/3	2010年	VAV/FPU+HC	B32

4.4　办公建筑标准层空调方式演变与进展

4.4.1　内区空调方式

随着空调节能技术和室内空气质量要求的日益提高以及控制技术的发展，国内外都有新的技术应用于工程实践中。以日本为例，近十几年间许多个工程的内区采用如表 4-7 所示的空调方式。

日本部分高层建筑内区空调方式　　　　表 4-7

分类	名称	图示	h-d 图	系统特点	实例
I	新风AHU+分散循环AHU			新风在循环AHU出口混合，循环AHU控制面约200m²；循环AHU风量约15m³/（m²·h），新风AHU风量约5m³/（m²·h）；新风、排风之间可设全热交换器；外区采用全空气系统	NS大厦（工程实录J10）
II	新风AHU+双风管方式			新风AHU内不混入回风；新风在送风口前混合；VAV控制面约70m²	日本东京TBS赤坂大厦

续表

分类	名 称	图 示	h-d 图	系统特点	实 例
Ⅲ	双末端混合方式	通-断阀 混合箱 变风量末端 新风 回风 L M C L N	W N C M O L	属二次回风方式； 新风 AHU（一次空气 AHU 中有回风）必要时可独立运行； 新风末端为 CAV，循环风末端为 VAV，两末端在送风口前混合，控制面积约 50m²	IL 大厦（工程实录 J60）、品川 Intercity（工程实录 J59）

表 4-7 中各空调方式说明如下：

(1) 新风空调机组与末端循环空调机组分离方式（表中Ⅰ类）：该方式新风空调机组保证必要的新风量，并负担室内潜热负荷。末端循环空调机组主要负担显热负荷，且处理循环空气。为了在过渡季节可实现新风冷却，将设计新风量定为最低新风量的 2 倍，循环空调箱以处理显热为主，冷却可采用显热（干）盘管。新风空调机组除平面分区外，竖向也可多层合用一个系统。循环处理机组大多独立并按平面分区（负担面积 200～500m²）设置。循环空调机组一般选择紧凑型立柜式空调机组。最早采用此空调方式的建筑物是东京 NS 大厦（1986 年建成），详见工程实录 J10。

(2) 新风空调机组＋双风管方式（表中Ⅱ类，又称 pair duct 方式）：该类空调系统不同于冷热风双风道系统，而是为确保最小新风量的新风管（末端设 ON-OFF 风阀）和处理室内负荷用的循环风管（设 VAV 末端）的双风管系统。两个末端装置的送风混合后进入送风口。该类系统实质上与第Ⅰ类系统有相近之处。由于采用了 VAV 末端装置，在温度控制和节能运行方面有较大改善。

(3) 双末端混合方式（表中Ⅲ类，又称 pair unit mixing 方式）：该方式基本原理与Ⅱ类相近。一次空气处理机组确保新风量供给和房间换气次数，并负担人员、照明等内区稳定负荷；二次空气处理机组对多变的办公设备的发热量进行处理。该系统分别采用 CAV（亦采用 VAV）及 VAV 两个末端装置混合送风。新风处理机组也接入部分循环回风。当办公设备负荷较低时，单独运行一次空气 AHU（满足一定的换气次数），这是该类系统的优点。但这两种方式由于风道与 AHU 的双重设置，初投资较高，输送动力较大。仅适用于高品位办公建筑。图 4-5 为该方式的应用情况，参见工程实录 J60。

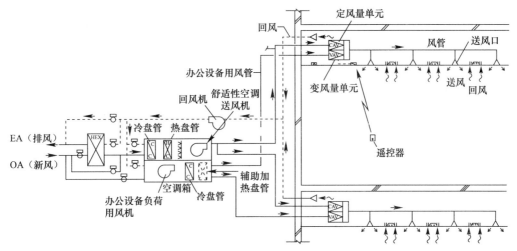

图 4-5 双末端混合方式系统应用

从图4-5可以看出，CAV/VAV末端混合后分送多个风口，回风经吊顶进入AHU，一次空气AHU与二次空气AHU组合成一体，以节约空间。排风与新风间设有全热交换器，过渡季节空气可经旁通管路出入系统。

除以上诸方式外，还有在内区采用所谓"SMART VAV"系统。它可满足各区新风比不同要求而系统总新风比为定值的变风量系统。即在新风AHU和循环风AHU的出口分区管路上安装两套VAV装置，既可满足各区总风量的分配，又可满足新风比实际需求。这种方式如图4-6所示，图中（a）为传统的VAV方式，从对比中可以看出其优越性，新开发的这种AHU已在日本品川三菱大厦（工程实录J80）、明治安田生命大厦（2004年建成）中应用。

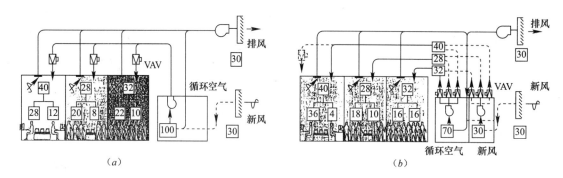

图4-6　SMART VAV空调系统
（a）一般VAV方式；（b）SMART-VAV方式

我国近年的内区空调方式有空气动力型VAV末端（FPU）、诱导型冷梁、辐射板等诸方式，其应用将在后面的章节中介绍。

4.4.2　外区空调方式

高层办公建筑常用的外区空调方式主要有以下几种：

（1）全空气VAV末端装置分送外区（上送），必要时附加再热装置；

（2）专用外区AHU送风到窗台柜内向上送风；

（3）采用立式风机盘管机组（FCU）；

（4）窗台下设置蓄热型电辐射板放热器。

此外，利用局部空调机组，如穿墙型或顶棚型热泵机组，这种方式减小了建筑物主机（制冷）容量，增加了灵活性，但存在与建筑立面协调和噪声等问题。

日本日建设计公司在参与我国高层建筑空调工程设计时，曾根据我国国情提出如表4-8所示的空调内外区设计方案，可供参考。

4.4.3　简化空调外区设计动向与实践

围护结构减小冷热负荷处理方式和空调方式相结合，可提高热舒适性。有些场合可简化外区空调系统，甚至不专门设置外区空调系统，避免出现冷热混合损失现象，有利于系统节能运行。

通过改善窗际热环境与外区空调方式相结合的手法有多种，其技术发展动向可见表4-9，表4-10则列举了几种常用的建筑窗际处理方式。

表4-9与表4-10中各种方式进一步说明如下：

日建设计空调内外区设计方案　　表 4-8

	A. 空调机组＋VAV＋热水加热盘管	B. 空调机组＋VAV＋风机盘管机组	C. 空调机组＋VAV＋电加热器＋回风机	D. 空调机组＋VAV＋电加热器＋风幕风机＋回风机
系统概念图				
概要	随室外气象条件变化而变化的外区(外墙、外窗)和相对稳定的内区共用同一台空调机组。为了对应外区负荷的变化，将外区与内区的风管水管分开，并在冬季将外区主风管上设置热水盘管，在冬季据外区的变化设置热水盘管以保证室内温度环境；内区设置 VAV 末端装置，根据每台室内的空气温度范围所管送风量调节风送风量和送风温度	将随室外气象条件变化(外墙、外窗)和相对稳定的内区进行空调，外区与内区的风管水管分开，在外区沿外窗处设置风机盘管机组，以此解决外窗围护结构的传热负荷，确保外区温度环境与 A 方式系统相同内区温度环境	外区和内区共用一台空调机组；外区沿外窗上部吊顶内设置小型电加热器(冬季用)；夏季将室内空气(回风)强行通过室内外窗的夹层，减小进入室内的负荷，保证室内温度环境；冬季通过辅助电加热器成上升气流，使外窗边形成上升气流，减小室内负荷，内区系统与 A 方式相同	基本与 C 方式相同，所不同的是外区沿外窗下设置加热循环风机，从而强化阻止沿窗面下沉的冷气流，提高了室内舒适性
室内环境	△ 基本可以保持舒适的室内环境	○ 可以保持舒适的室内环境	△ 基本可保持舒适的室内环境	○ 基本与 C 方式相同，所内区的舒适度大幅度改善
开放感	○ 外墙周边没有空调设备，可确保外窗最大的窗面	△ 风机盘管及其水管需要空间(650mm×500mm)大小受制约	○ 虽有机械设备，但基本不对窗面的大小产生影响	○ 与 C 方式相比对窗面的大小产生一些影响
窗边处理	△ 采用标准设备时，对应困难	△ 配管为冷热四管方式时，对应容易，配管为冷管二管时，过渡期有问题	△ 采用标准设备时，对应困难	○ 与 C 方式相比，对应容易
漏水危险性	○ 室内除热水加热盘管的可能性外，其他部位较少	△ 风机盘管配管漏水危险性较大	○ 无因空调设备引起漏水的危险性	△ 无因空调设备引起漏水的危险性
维修	○ 维修点检部位较少	○ 维修点检部位比 A 方式多	○ 维修点检部位比 B 方式略多	△ 维修点检部位较多
初投资	△ 100	○ 88	○ 95	△ 102
运行费	△ 100	○ 88	○ 99	△ 106
评价	比较基本的空调方式	除室内漏水危险性高及窗边开放感觉影响之外，是比较实用的空调方式	是近年开发发展比较先进的空调方式，在节能方面有其一定优点	基本与 C 方式相同，在室内环境方面有其一定优点是 C 方式的一个发展点

窗际建筑处理与外区空调结合手法 表 4-9

		小 ◄————————	窗面积	————————► 大			
		低 ◄————————	热特性（隔热性、遮阳性）	————————► 高			
窗系统	隔热	单层 ——► 多层玻璃		低辐射玻璃	空气屏障	通风窗	双重立面
	遮阳	内遮阳 ——► 热反射玻璃	通风窗				
空调系统		外区专用方式 ◄————	合用方式 ————►	无周边区方式			
		FCU； TWU（穿墙型热泵）； 周边区空调机方式（设置专用空调机）	屏障风机； 辅助供暖设备； （蓄热式加热器／辐射板）	内区与周边区采用同一空调系统（不设周边专用设备）			

主要几种窗际处理方式 表 4-10

名 称		图 示	系统特征	实 例
通风窗	循环型	回风／排风 内层玻璃（可动位置）	设两重窗，间隔 0.15～0.2m，设内遮阳；室内回风经层间空间回入 AHU 或排走	• 东京 NEC 大厦（工程实录 J27） • 三菱石油大厦 • 品川东楼（工程实录 J82）
	排热型	排风	室内排风从双重玻璃窗间直接排走	• 上海久事大厦（工程实录 S14） • 位于东京的汇丰银行（HSBC）大厦 • 上海越洋国际广场（工程实录 S28）
空气屏障方式	普通型	回风 可动卷帘 ABF	用卷帘代替内层玻璃，并以专用风机送、排风，防止气流对窗际影响	• 东京 JT 大厦 • 圣路加花园大厦
	加热板型	回风 ABF 电加热器 电加热器	除上述设备外，在窗台下加设电加热装置，供冬季补热	• 品川三菱重工大楼（工程实录 J77）

续表

名　称	图　示	系统特征	实　例
双重 立面型	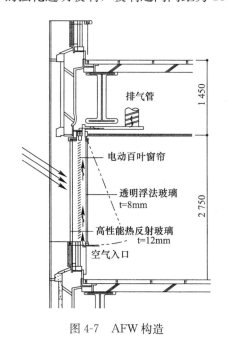	外层幕墙与内窗之间距离约0.6m，每层间隔处设格栅地板，可通行清扫；夏季排除内窗外热量，冬季利用两层窗之间的热空气（日射影响）保暖，过渡季可与室内组织自然通风；层数多，效果明显，无需机械通风	• 日本 TV Tower 大厦（工程实录 J83） • 日本 NTT 武藏研发中心大厦 • 日本近电大厦 • 上海张江大厦 • 上海财富广场

1. 通风窗方式（Air Flow Window——AFW）

第 3 章讨论围护结构及其对空调负荷影响时已提及通风窗，早在 20 世纪 60 年代，北欧国家采用过该方式。通风窗由内层玻璃窗（可开启，以便清扫）、外层玻璃窗、遮阳百叶以及排气系统组成。供冷季节，百叶窗有遮阳隔热效果，百叶窗吸热升温产生的长波辐射被内层玻璃阻挡（对红外线为不透明体），可使室内侧玻璃的表面温度接近室温，冷辐射较小，从而有可能不设外区系统，可更有效地利用房间的使用空间。图 4-7 为通风窗构造简图，通风量一般为 $80\text{m}^3/(\text{m}\cdot\text{h})$，两层玻璃之间的距离约 20cm，不同风量下遮阳系数和传热系数的实测结果见图 4-8。通风窗从房间内抽取的空气根据要求可直接排放，也可经热回收后排放，或作为回风回入系统。日本在 1985 年竣工的晴海花园大楼最早采用该方式。后又曾对 2000 年建成的采用 AFW 的品川东楼做过试验。该楼 AFW 的外层玻璃为 10～15mm 厚高性能热反射玻璃，内层为 6mm 厚的强化透明玻璃，玻璃之间间距为 180mm。

图 4-7　AFW 构造

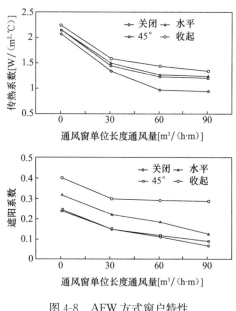

图 4-8　AFW 方式窗户特性

通风窗方式与常规玻璃窗热舒适性实验结果比较结果见图 4-9。另据日本三菱地所设计公司提供的环境试验室试验得知，窗户的空调负荷可减少 1/4～1/3。日本采用 AFW（东西朝向居多）的大楼已达到数十幢（参见表 4-13）。我国从 1990 年代后期也有开始使用这一方式，大致情况如表 4-11 所示。

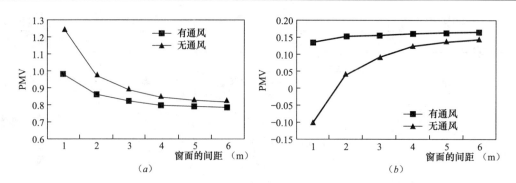

图 4-9　周边区舒适度

(a) 夏季（8 月 15 日，16 时）；(b) 冬季（2 月 8 日，10 时）

PMV 计算条件：温度 26℃（夏），22℃（冬）；湿度 50%（夏），45%（冬）；气流 0.2m/s，活动量
1.2met；着衣量 0.9clo（夏），1.2clo（冬）。

我国采用 AFW 的工程概况　　　　　　　　　　　　　　　表 4-11

工程名称	建成时间	工程概况	工程实录编号
上海久事大厦	1999 年	总建筑面积 6.14 万 m²，地上 40F	S14
上海越洋国际大厦	2008 年	总建筑面积 20.27 万 m²，地上 43F	S28
北京中青旅大厦	2005 年	总建筑面积 6.5 万 m²，地上 20F	B16
中国石油大厦	2008 年	总建筑面积 20.13 万 m²，地上 22F	B26
广州珠江城大厦	2010 年	总建筑面积 20.4 万 m²，地上 71F	G3

　　图 4-10 为采用 AFW 方式的办公建筑标准层的空调系统之一例。对于标准层进深较大的办公建筑，在采用 AFW 的同时，空调系统仍分内外区设计，这样的工程实例也为数不少。

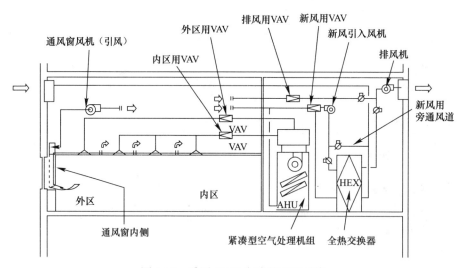

图 4-10　采用 AFW 方式的空调系统

　　应该指出，AFW 方式存在大面积内窗，对结构节点有特殊要求，且费用较高。此外，要为开启内层玻璃留出空间，因此有的建筑采用"简易 AFW"方式，即以透明的遮阳卷帘代替玻璃板，也可获得与通风窗相近的效果。

　　2. 空气屏障方式（Air Barrier Window——ABW）

　　该方式利用专设的风机系统或局部贯流风机等向上送出气流，配合吊顶内的排风管将窗面附近的冷热负荷排走，这种方式也称为吹—吸（push-pull）方式。通过调整吹出或吸入风量和风速以及合理布置设备位置，可有效减弱窗的辐射影响。根据需要，还可在窗台下设辅助电热

（板）装置。有的工程在冬、夏季采用气流相反的方向（夏：下→上，冬：上→下）。具体分类如表 4-12 所示。

三种空气屏障方式构造与特点　　　　　　　　　　　　　　　表 4-12

	窗台罩风管型	独立送风型	辐射供暖结合型
示意图	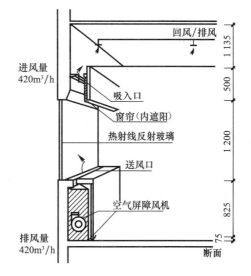		
构造原理	窗台罩内设空调风管，送风从窗台处送入，吊顶处排走	利用室内空气经风机自窗台处吹出，去除窗际负荷，回风从沿窗的吊顶处吸入	在窗台罩前设辐射加热板，用于冬季供暖时改善周边区热舒适性
特点	相当于一个简化的外区系统，控制窗际负荷效率较高	可有效控制窗际负荷的影响，灵活性较好	防止冬季临窗人体下部产生冷感，冬季内区供冷的场合不会产生冷热混合损失

　　图 4-11 为圣路加花园大厦所采用的空气屏障方式构造图，图中给出了主要参数。通过对窗内空气全部排出（与新风量相当）、部分循环以及是否采用全热回收装置等工况的实际测定可知，部分排风并设置全热交换器的方式最为有利。

　　图 4-12 为东京丸之内大楼周边区处理方式。该方式由空气屏障系统＋局部排热系统构成。供冷期由窗台罩内的条缝风口均匀送风，从窗上部窗帘箱处将附近热空气有效排走；严寒季节由窗台罩内的条缝风口吸风，即使冬季不送热风，也可起到防止冷气流的作用。该方式既考虑到窗际热环境的改善，又防止冷热混合损失现象的产生。

图 4-11　空气屏障方式

　　图 4-13 为大阪市交通局新办公楼标准层周边区的空调处理方式，根据不同朝向采用不同的处理方法。南向采用冬夏季相逆的窗际周边气流，而东西向则采用蓄热式放热器控制其加热状况。

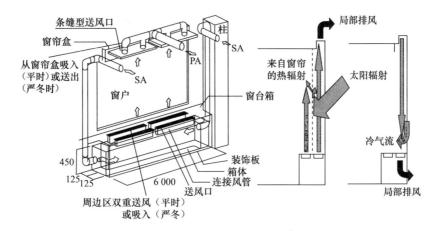

图 4-12　丸之内（工程实录 J71）大楼周边区处理方式

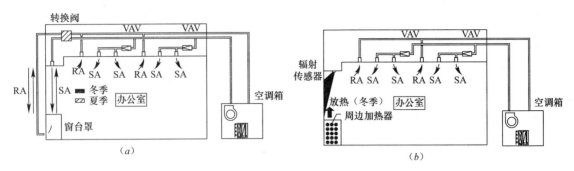

图 4-13 大阪交通局新办公楼标准层周边区处理方式
(a) 南向；(b) 东西向

此外，还可设周边区 AHU，在窗际形成空气屏障，以简化送风系统（在窗台罩处向上送风）。对于要求确保视觉通透感的办公建筑，设有落地玻璃窗，不能设置窗台罩，可安装特殊的风机罩壳（内设贯流风机），每 3m 长度设 1 台风机。对于采用 Low-E 玻璃的双层窗，采用每米窗宽 90～100m³/h 的室内空气通风量足以在周边区形成屏障气流。据最新的实践，作为空气屏障方式，也有在窗际增设一根竖向风道，专用于冬季从 AFW 底下排除下降冷气流，而在夏季从上部排走热气流，如图 4-14 所示（参见工程实录 J127）。

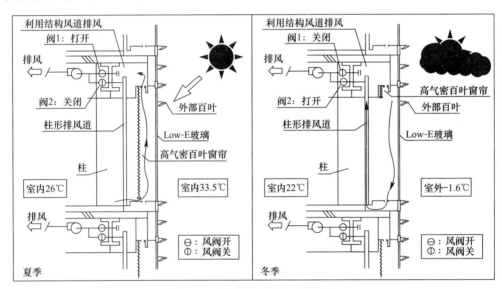

图 4-14 空气屏障的另一种形式

总之，采用空气屏障方式时应根据建筑所在地点、朝向等诸多因素进行合理的设计。日本采用 AFW 及 AB Fan（空气屏障风机）的部分工程见表 4-13。

日本采用 AFW 及 AB Fan 的工程简例　　　　　　　　　　表 4-13

型式	工程名称	总建筑面积	地点/竣工时间	内外分区	备　注	工程实录编号
AFW	日本电气 NEC 大厦	14.5 万 m²，地上 43 层，地下 4 层	东京/1990 年	不分内外区，单风道 CAV + 分散型 AHU，部分回风进入 AFW	外窗为热射线吸收、反射玻璃，两层窗间设遮阳百叶，内层玻璃 5mm、玻璃高 1.2m	J27
	JT 大厦	7 万 m²，地上 35 层，地下 3 层	东京/1995 年	不分内外区，全空气 VAV，部分回风进入 AFW	外窗为热射线吸收、反射玻璃，两层窗间设遮阳百叶，风量为 50～100m³/(m·h) 可调（即最小新风量到新风供冷的范围）	—

型式	工程名称	总建筑面积	地点/竣工时间	内外分区	备　注	工程实录编号
AFW	三菱石油虎之门大厦	1.8 万 m²，地上 14 层	大阪/1997 年	空调用内外区结合型机组，VAV 方式，分内外区送风	通风量 60m³/(m·h)，a = 0.115，K = 2.07kJ/(m²·h)，外窗为 AFW，实验室测定结果与单层窗的空调负荷比较（冬季、南向），负荷仅 1/3 ~ 1/4（进行过实测）	—
	明治安田生命御堂筋大厦	3.385 万 m²，地上 13 层，地下 2 层	大阪/2001 年	空调为 VAV 方式，内外分区送风，AHU 不分内外区	AFW 风量为 60m³/(m·h)，对效果做过实测与模拟	J64
	丸之内公园大厦	20.47 万 m²，地上 34 层，地下 4 层	东京/2009 年	VAV 单风道，全方位设置 AFW，送风分内外区	AFW 风量为 100m³/(m·h)，夏季吊顶内热回收循环，用 MD 控制以减小冷负荷	J119
	丸之内永乐大厦	13.9 万 m²，地上 27 层，地下 4 层	东京/2012 年	内区 VAV 全空气方式，分 7 个区	K = 0.93m²，冬季风量为 40m³/(m·h)，南北东西均有外遮阳	—
	品川 East One Tower	11.86 万 m²，地上 23 层，地下 3 层	埼玉县/2003 年	VAV 方式，设内区 AHU（新风为 CAV），外区 AHU（无新风）用于适应冬季空调之启动负荷	外窗采用高性能热反射玻璃 10 ~ 15mm，两层间隔 180mm，AFW 排气量为 50m³/(m·h)，窗墙比 38%，有效果测定	J82
	埼玉县新都心合同厅舍 1 号馆	12.26 万 m²，地上 31 层，地下 2 层	东京/1999 年	不分内外区，全空气 VAV 方式，设回风机，可全新风运行	用 AFW，内层玻璃 8mm，AFW 通风量为 100m³/(m·h)，窗台处有自然通风进风阀，两层玻璃窗间隔 524mm	—
	电通新社大厦	23.2 万 m²，地上 48 层，地下 5 层	东京/2002 年	末端 AHU 为内、外区组合型。送风系统仍分区布置，新风 AHU 中设 2 台风机，1 台将热湿处理后空气送内外区系统，1 台专用于新风供冷	两层间隔 400mm，窗内空气可回可排，内层玻璃 8mm，通风量最大为 100m³/(m·h)	J73
AB Fan 方式	圣路加花园大厦	地上 51 层，地下 4 层	东京/1994 年	设新风处理机组，内外区组合型 AHU 以及内区专用 AHU，全空气 VAV 方式	窗际设空气屏障风机，通风量为 130m³/(m·h)，内侧有卷帘	参见图 4-11
	River Side 读卖大楼	5.5 万 m²，地上 20 层，地下 2 层	东京/1994 年	不分内外区，VAV 方式，新风 AHU 集中处理新风，各层分设末端 AHU	窗台下设空气屏障风机，沿窗面送风，无内帘	—
	东京丸之内大楼	15.97 万 m²，地上 37 层，地下 4 层	东京/2002 年	设内区 AHU 机组，VAV 方式，另设专用 AHU 空气屏障系统与局部排热系统	窗台处分内外双重送风，其间为百叶卷帘。冬季在窗台处直接从下方排除冷气流	J71，（参见图 4-12）

型式	工程名称	总建筑面积	地点/竣工时间	内外分区	备　注	工程实录编号
AB Fan 方式	大阪市交通局新办公大楼	3.49万 m²，地上17层，地下2层	大阪/2004年	不设外区 AHU，根据朝向采用不同的周边处理方式，南向采用夏、冬季气流相逆的窗际气流（夏季下→上，冬季上→下）	东西向窗际采用蓄热式电加热器	参见图4-13
	东京 Sanki 大楼	7.48万 m²，地上31层，地下4层	东京/2000年	不分内外区，单风道 VAV 方式，外区设空气屏障风机，属简易型 AFW 方式	内层设可调百叶（可全闭或全开），层间设贯流风机，风量为90～100m³/(m·h)，与外窗面呈30°角，进行过效果实测	J72
	汐溜住友大楼	9.99万 m²，地上27层，地下3层	东京/2004年	采用风冷柜机（制冷剂方式），冷热自由调节，沿窗采用空气屏障风机，属简易型 AFW 方式	落地长窗，底部设 AB Fan，出风口离地150mm，内层为卷帘	J86
	明治乳业本部大楼	2.1万 m²，地上14层，地下2层	东京/2001年	VAV 方式，用内外（周边用）结合型 AHU，从窗台处向上送风（CAV），窗口吊顶处回风	用卷帘代替内层玻璃，属系统型空气屏障方式	—
	品川三菱重工大厦	6.87万 m²，地上28层，地下3层	东京/2003年	分8区采用下送风方式，用全热交换器，周边采用辐射加热型空气屏障方式	窗台下设带辐射板（电热）的 AB Fan，在外窗玻璃与窗帘间构成气流通道，送风量为160m³/(m·h)	J77
	新丸之内中心大厦	5.56万 m²，地上25层，地下3层	东京/2004年	分设内区与周边区 AHU，VAV 送风（内区），周边区 AHU 送风仅在窗台处构成空气屏障方式	未用专设的 AB Fan，窗台处有自然通风进气口	—
	BLIM 中心大楼	地上24层，地下1层	名古屋/2009年	有内外分区	外区设吹吸方式的窗边系统，窗台下设电热器	J117
	日本生命丸之内大楼	9.55万 m²，地上28层，地下4层	东京/2004年	单风道 VAV 方式，分区用简易 AFW 方式	建筑外围有良好的遮阳结构，窗际采用空气屏障风机，窗台有自然进风口	—
	Poltensharl 大楼	7.66万 m²，地上38层，地下3层	东京/2002年	不分内外区，单风道 VAV 方式，外区设空气屏障风机，属简易型 AFW 方式	设大温差送风口，屏障空气由窗台上部进入回风系统	J74
	赤坂 Garden City	4.8万 m²，地上20层，地下2层	东京/2006年	内区用 VAV 系统，外区采用内区与外区混合调节送风	周边设窗台罩，有内帘及百叶，有 AF 风机，风量约80m³/(m·h)（属简易 AFW）	—
	神泉 Pase 大楼	地上9层，地下1层	东京/2002年	办公标准层进深较小，不分内外区	利用墙体蓄热和冰蓄冷的分体机组，周边区采用空气屏障系统（有局部机组），室内有遮阳卷帘	—

3. 双层幕墙（Double Skin Facede——DSF）方式应用

从建筑设计入手，与建筑设计和构造相结合，成为改善窗际热环境的大手笔，这在第3章已经述及。图4-15为德国杜塞尔多夫市的城市之门所采用的方式。在欧洲，DSF一般均可与室内形成自然通风气流，全年约60%的时间可由自然通风保证环境要求。只有在冬季和夏季高峰负荷时，启动机械通风空调装置。

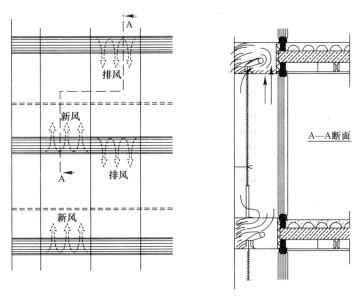

图 4-15 德国杜塞尔多夫市城市之门的双层幕墙（DSF）

室内组织自然通风的手法有很多，过渡季节一般由廊道进风。图4-16为东京近电大夏的实例，它通过里层外窗引入空气，并由设在室内的通风竖井排出（热压作用）；图4-17为通过内层窗户与廊道构成自然通风，并与室内空调相结合的情况。目前，DSF在国外应用较多，尤其在欧洲（见表4-15）。全年运行时组织合理的自然通风，不仅可改善室内空气品质，且降低能耗。DSF应与所在地区的气候条件结合，如欧洲冬季寒冷，夏季温和，过渡季宜于自然通风，采用DSF是一种很好的选择。虽然增加了投资，但可减少机械通风和空调装置投资和运行费用。

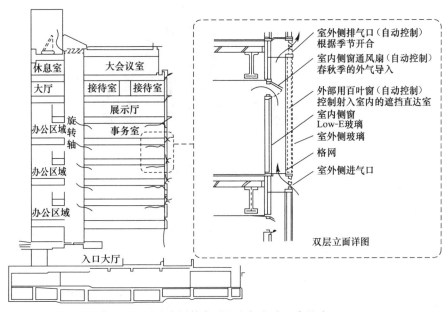

图 4-16 通过内层外窗引入空气方式（参见表4-15）

除了欧洲、日本对DSF做过大量性能模拟和实测外，近几年，我国高校和设计部门对DSF的研究给予很多关注。清华大学在进行广州某高层办公楼设计时作了采用常规单层幕墙玻璃与AFW或DSF的模拟研究，结果表明，DSF比AFW更节能，其各月的累计空调负荷都较低，过渡季节和冬季尤为明显（见图4-18）。研究认为，由于AFW的隔热性能好，不利于过渡季和冬季的夜间散热，腔层内太阳辐射热量的排除需耗能等，未必优于单层中空Low-E玻璃幕墙。因而从节能角度出发，南方炎热地区办公建筑未必一定采用AFW。如果采用应与窗际自然通风等措施结合考虑。这也是对DSF方式同样的设计要求。我国从20世纪末在某些办公建筑中已开始采用DSF方式，如北京的国家会计学院、中关村文化商厦、国贸旺座凯晨广场（工程实录B20）、清华大学环境能源楼（工程实录B24），上海的张江大厦、上海烟草公司科技楼、西门子中心、金虹桥国际中心、星展银行（工程实录S33），以及南京金奥大厦（工程实录JZ4）等。除张江大厦进行过测试研究外，其他项目还有待于进行经验总结。表4-14为国外部分工程使用DSF的情况。

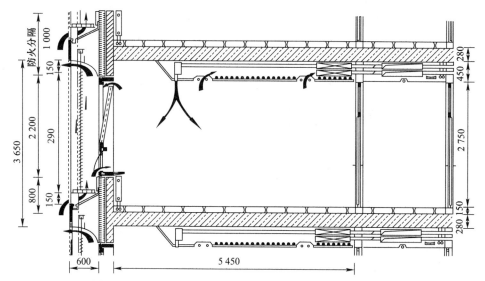

图4-17 通过内层窗户与廊道构成自然通风与空调布置方式

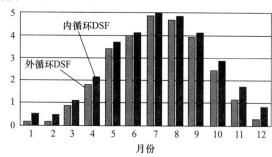

图4-18 AFW与DSF负荷比较（清华大学提供）

4.4.4 单元型冷剂式空调机组在外区的应用

另一种简化的外区设计是采用单元式空调机组，而非传统的某种系统，其特点为：

（1）适应能源多元化，内区可采用集中能源机房（如DHC）的冷水供冷。在有些国家（如日本），大型冷热源采用燃气吸收式为主，而外区则以电力（局部空调机组）为冷热源，当然内区用电制冷集中空调的方式同样是可行的。

（2）外区有全年供冷供热需求，以电力为能源的直接供冷（热）的机组（热泵）灵活性较大，适合工作时间外（加班）使用。

表 4-14

国外采用 DSF 的若干工程简例

编号	名称	地点	建设时间	建筑面积	层数	DSF 方式	空调装置	备注	工程实录编号
1	商业促进中心	杜伊斯堡（德）	1993 年	84000m²	8F（平面呈透镜形）	二层玻璃距 200mm	用地板送风系统与吊顶辐射供冷；有 PV 装置和燃气吸收式制冷机供冷；用燃气的 Cogent 方式	《建筑学报》Foster 设计	—
2	RWE 总部大厦	埃森（德）	1996 年	35000m²	29F	二层玻璃距 500mm	周边热水放热器及辐射供冷	—	E7
3	ARAG2000 大厦	杜塞尔多夫（德）	2000 年	45500m²	32F	竖井式	用冷吊顶辐射方式供冷	—	E11
4	GSW 总部大楼	柏林（德）	1999 年		22F（建筑深度 11m）	西侧用 DSF 可构成能控制的室内自然通风（穿堂风）	窗台下有采暖、空调降湿系统利用去湿轮及淋水方式，室外 32℃，室内维持 27℃	《智能建筑外层设计》	—
5	杜塞尔多夫市城市之门	杜塞尔多夫（德）	1997 年		16F（高 80m，有 56m 高中庭）	DSF 通风腔宽度有 90mm 和 140mm 两种	全年 60%～70% 时间可用 NV；冬夏季峰负荷时用机械通风方式，供冷用冷吊顶（辐射方式），供暖方式相同	—	E9
6	Debis 总部	柏林波茨坦广场（德）	1997 年		85m	内外层距 0.7m，南向外层窗可全开启	利用废热的吸收式制冷，有 DH 供热	《通风双层幕墙办公建筑》	—
7	波恩邮政局	波恩（德）	2003 年	65300m²	地上 2F、地下 4F（高 162.5m）	南侧外层玻璃按层呈倾斜形，从水平面进风；梳子形平面，北侧亦为 DSF	地板辐射冷暖方式+局部空调用对流器及通风系统；楼板内盘管用莱茵河水冷却，晚间用 N.P.	《日经建筑》2004.2.23	—
8	维多利亚保险公司总部大楼	杜塞尔多夫（德）	1999 年			二层 DSF 之间通风（间层为 30cm，预制窗尺寸为 1.8m×3.5m，每层自成通风体系）	楼板辐射空调+置换通风方式，风口设在办公室内墙踢脚板处，全年 30% 间需使用空调供冷与供热；供冷水 18℃	《建设科技》2005.6	—

续表

编号	名称	地点	建设时间	建筑面积	层数	DSF方式	空调装置	备注	工程实录编号
9	法兰克福商业银行	法兰克福市（德）	1997年	12万 m²	地上45F，地下2F	可各层独立外围通风排热，亦可流经客房间进行自然通风并经分段的中庭排风	吊顶辐射供冷、对流加热器（采暖）	《EE*》1999/12	E8
10	大林组建节能大楼	东京（日）	1982年	3776m²	地上4F，地下1F	DSF断面，上大下小、冬季排风利用、夏季排出	空调方式为全空气及FCU等，并采用了数十种节能措施，全年能耗：418MJ/m²·a	井上《冷冻空调史》1993	—
11	西方化学中心	纽约州（美）	1981年	14971m²	地上9F	冬季DSF上部排热回收利用	VAV空调方式，用离心式冷水机供冷	《智能建筑外层设计》	—
12	高崎信用金库新本店	群马县（日）	1995年	14540m²	地上5F，地下1F	各层独立通风与AFW相结合	分内外区，外区循环风VAV，内区新风CAV与循环风VAV混合后通风	日本《设计省能建筑指南》	—
13	日本近电大厦	东京（日）	2002年	9135m²	地上10F，地下1F	东侧采用DSF。通道约600mm，水平方向上进风口间隔设置	空调用VAV，上、下出风，可转换（夏、冬），冷源为冰蓄冷及直燃式冷热水机组	2000年日本《空·卫大会论文集》	—
14	日本TV Tower	东京（日）	2003年	130735m²	地上32F，地下4F	可组织自然通风	空调采用VAV方式		J83
15	TOYOTA车体技术本馆	爱知县（日）	2002年	24000m²	地上6F，地下2F	南侧用DSF	Cogen等复合冷热源，下送风空调	《建筑设备士》2003/6	—
16	阪神淡路大震灾纪念馆	兵库县（日）	2002年	8573m²	地上7F，地下1F	各方位均设置	展示室、四书馆等采用下送风空调	《建筑设备士》2005/5	—
17	有乐町ITOCIA大楼	东京（日）	2007年	76467m²	地上21F，地下4F	办公楼部分（共11层）西向采用	各层空调分5区，每区分内外区	《建筑设备士》2008/3	—

（3）采用风冷设备（嵌墙式热泵机组 WTU），外墙开口面积，装修或隐蔽手法等以及室外机设置（如采用"一拖多"的冷剂系统）布置时应与建筑紧密协调。

1. 外区应用局部机组的方式

外区应用局部机组的方式见表 4-15。

外区应用单元型机组的方式 表 4-15

名 称	图 式	特 点	工程实录编号
嵌墙式 WTU	冷/热 排风 空气源热泵（WTU） 新风	由电力驱动的风冷热泵机组，室内机与室外机合二为一； 外墙有进风口和排风口，可提供新风； 亦可内置全热交换器	J12，J46
吊顶型 WTU	排风 空气源热泵 新风	设备设置在结构混凝土上； 机组置于沿窗的吊平顶上，进出风口可布置在挑檐口	大阪松下 IMP 大厦《空·卫》1998/11
水环热泵 WLHP	水环系统 WLHP	因系水源热泵，外墙不需进排风口； 该机组不能提供新风	J75

注：WTU 为穿墙式空调机组，WLHP 为水环热泵。参见第 10 章。

表中所述的 WTU 在第 3 章中已述及，其应用前提是必须与建筑协调配合，巧妙的设计手法可实现很好的工程范例（参见本书工程实录 J46）。

水环热泵（WLHP）方式因为是水冷方式，与建筑无矛盾。如仅用于周边区，系统的热回收功能不能充分发挥。

2. 混合式（冷热源）空调方式应用

一个标准层中，因利用不同冷热源而采用不同空调方式（集中和分散）的外区与内区的空调系统被称为"混合式"（Hybrid）空调系统。该系统的特点可归纳成表 4-16。

内外区不同冷热源的混合式空调方式 表 4-16

分 类		空调方式		备 注	实 例	资料出处（日刊）
		内 区	外 区			
独立型	I	全空气空调方式，AHU 设冷/热水盘管，以燃气为能源的集中冷热源	TWU（电气）	内区冷热源可为燃气为动力的 DHC 方式，亦可用复合能源（燃气/电力）	茨城县政府大楼 新大阪第 2 森大厦	《HPAC》2000 增刊号〈BE〉519
	II	多联机冷剂方式（电气）	FCU（燃气或电力制冷热水的集中式冷热源）	外区冷热源可为燃气为动力的 DHC 方式，亦可用复合能源（燃气/电力）	大手町 Urbenet 大厦（东京）	《冷冻》1991/3 工程实录 J30
	III	全空气空调方式，AHU 冷热源来自 DHC 系统	WLHP（电气为能源的水源热泵方式）	内区冷热源可为一般的集中供能系统（或用复合能源）	新宿 OAK CITY（东京）	《空·卫》2003/4P38 工程实录 J75
	IV	全空气空调方式（如 VAV），AHU 设冷热水盘管，集中冷热源	多联机方式（变频或变容量控制）	热源可采用城市热网，冷源可采用吸收式冷水机组	三星公司研发部 R-4 大楼（韩国）	工程实录 X3（三星公司提供）

续表

分类		空调方式		备 注	实 例	资料出处（日刊）
		内 区	外 区			
结合型（指内区用双能源结合型AHU）	I	全空气空调方式，AHU内冷热水盘管＋直膨式盘管	多联机冷剂方式（热泵型）	利用内区的复合型AHU，可通过单用或同时使用两种盘管调节负荷。	读卖大阪大厦，CANONS塔楼（东京）	《BE士》528号（Vol46/3）《BE士》2005/11
	II	全空气空调方式，AHU内冷热水盘管＋直膨式盘管	同左，另加热泵单元机组（加班用）	集中系统冷热源用复合能源（电力及燃气）	日立关西大厦	《BE士》546号（1996/9）

为了对内外区不同冷热源的混合式空调方式的工作原理加以说明，图4-19及图4-20分别给出两个实例：CANONS塔楼（2003年建成）和日立关西大厦（1996年建成）的标准层的空调系统图，其空调送风方式均为下送。

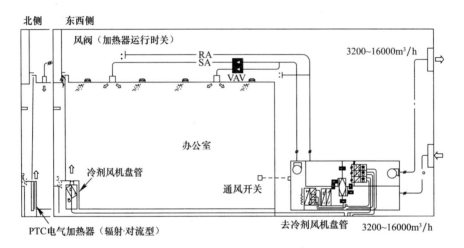

图4-19　CANONS塔楼标准层空调系统

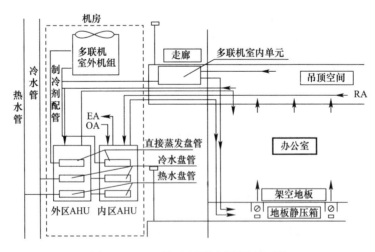

图4-20　日立关西大厦标准层空调系统

本章参考文献

[1] Harris Poirazis 著. 通风双层幕墙办公建筑. 刘刚译. 北京：中国电力出版社，2006.

[2] （美）DanaldE，Ross 著. 超高层商用建筑暖通空调设计指导. 王芳等译. 北京：中国建筑工业出版

社，2007.

[3]　赵荣义，范存养等. 空气调节（第四版）. 北京：中国建筑工业出版社，2009.

[4]　尉迟斌，卢士勋等主编. 实用制冷与空调工程手册（第二版）. 北京：机械工业出版社，2011.

[5]　赵荣义，钱以明，范存养编著. 简明空调设计手册. 北京：中国建筑工业出版社，1998.

[6]　国家建委建筑科学研究院情报研究所编. 国外高层建筑的空调方式（建筑工程情报内部资料第 7320 号），
　　　1974 年 1 月.

[7]　范存养，李小平. 办公楼建筑窗际热环境的改善和节能. 暖通空调，1997，27（2）.

[8]　徐卓浜，周建松. 基于 PMV 的空调外区进涤的确定. 暖通空调，2010，4.

[9]　丁勇等，重庆某. "双层皮" 外围护结构通风效果实测及分析. 暖通空调，2007，8.

[10]　方伟等. 幕墙通风系统设计探讨. 暖通空调，2008，6.

[11]　李鹏等. 双层幕墙高层办公楼通风效果风洞试验研究. 暖通空调，2004，11.

[12]　刘览，叶大法. 实际循环风机系统设计研究（专题研究报告），2010.

[13]　何韶瑶等. 太阳能光伏玻璃幕墙技术研究及应用实践. 建筑学报. 2009，2.

[14]　叶宬等. 夏热冬冷地区外遮阳对建筑能耗及采光效果的影响分析. 建筑科学，2001，4.

[15]　叶大法，杨国荣编著. 变风量空调系统设计. 北京：中国建筑工业出版社，2007.

[16]　范存养. 日本办公楼建筑标准层空调方式综述. 暖通空调，2008.

[17]　柳井崇. 超高層建築の空調設備. 空気調和・衛生工学，2003，3.

[18]　〈最近のビル空調システム〉特集. 空気調和・衛生工学，1988，11.

[19]　〈ペリメーター空調システム①〉特集. 建築設備と配管工事，1995，12.

[20]　佐藤信孝. ペリメーター空調方式の変遷と現状. 建築設備と配管工事，1995（12）.

[21]　柳井崇. 窓と室内環境設備計現画. 空気調和・衛生工学，2001，10.

[22]　佐々木邦治. エアフローウインドー. 空気調和・衛生工学，2001，10.

[23]　関五郎、他. エアバリア方式の実測による評価. 建築設備と配管工事，2000，10.

[24]　石福昭. 空調方式の傾向お展望. 建築設備と配管工事，1988，1.

第5章 变风量空调系统设计与应用要旨

变风量空调系统是高层和超高层高标准智能化办公建筑的主流空调系统，且该系统正被广泛地应用于普通办公建筑和其他公共建筑。变风量空调系统是机电一体化空调系统，该系统设计、安装、调试、运行要求高。前一章对变风量空调系统虽已有叙述，本章再着重介绍变风量空调系统设计方法和应用要旨。

5.1 高层办公建筑空调方式

除了中、小型办公建筑采用直接蒸发式空调系统外，目前国内大型办公建筑常用的空调系统有：全空气定风量系统、风机盘管加新风系统和全空气变风量系统。

全空气定风量空调系统能保证新风量、换气次数和空气过滤效果，在过渡季或冬季可加大新风量进行自然冷却并改善室内卫生条件，控制简单可靠，价格便宜。所以，无再热的全空气定风量空调系统至今仍广泛应用于无分区温度控制要求的公共大空间，如大厅、餐厅、会议厅和商场等。

风机盘管加新风系统是一种广泛应用于办公建筑的空调方式，其最大优点是可实现各房间或空调区域的室温控制。作为一种空气—水系统，由水代替空气输送能量，输送效率较高。风机盘管机组的空气循环半径和配用风机均较小，风机能耗较小。

现代办公建筑负荷变化大，人员长期处于坐姿工作状态，需要控制区域温度，对空气过滤和室内空气品质的要求也较高。表 5-1 将最常用的三种空调系统进行比较。由表 5-1 可见，在上述几种方式中，只有变风量空调方式可以全部满足现代办公建筑的要求。这也是变风量空调系统目前已经成为国内外高层办公建筑基本空调方式的主要原因。

常用舒适性空调系统比较　　　　　　　　　　　　　　　　表 5-1

比较项目	全空气系统		空气-水系统
	变风量空调系统	定风量空调系统	风机盘管＋新风系统
优点	区域空气温度可控； 空气过滤等级高，空气品质好； 部分负荷时风机可变频调速节能运行； 去湿能力强，室内空气相对湿度低； 可通过变新风比实现新风自然冷却节能运行	空气过滤等级高，空气品质好； 可通过变新风比实现新风自然冷却节能运行； 去湿能力强，室内相对湿度低； 初投资较小	区域空气温度可控； 空气循环半径小，输送能耗低； 初投资较小； 占用机房空间较小
缺点	初投资较大； 设计、施工、运行管理要求高	区域空气温度不可控。采用再热方式控制区域温度，冷热抵消不节能； 部分负荷时风机不可变频调速节能运行	空气过滤等级低，空气品质差； 一般不可利用变新风比实现新风自然冷却节能运行； 有孳生"细菌""霉菌"与出现"水害"的可能性
适用范围	区域温度控制要求高； 空气品质要求高； 高等级办公、商业场所； 大、中、小各类空间	区域温控要求不高； 大厅、商场、餐厅等场所； 大、中型空间	空气品质要求不高； 有区域空气温度控制要求； 普通等级办公、商用场所； 中、小型空间

5.2　系统分类

5.2.1　单风道型变风量空调系统

单风道型变风量空调系统由单风道型变风量末端装置、配有变频装置的空调机组、风管系统及相关的控制系统组成。单风道型变风量末端装置是最基本的节流型变风量末端装置，主要由箱体、控制器、风速传感器、室温传感器、电动调节风阀等部件组成（见图 5-1），通过改变空气流通截面积达到调节送风的目的。系统运行时，经空调机组处理后的送风由风管系统输配到各末端装置。末端装置根据温度控制区内温度的变化自动调节送风量，以适应区域内空调负荷的变化。根据功能需要，单风道型变风量空调系统可细分为单冷型单风道系统、单冷再热型单风道系统和冷热型单风道系统。

图 5-1　单风道型变风量末端

5.2.2　风机动力型变风量空调系统

风机动力型变风量空调系统是从单风道型变风量系统发展而来的，配有串联式风机动力型变风量末端装置的系统称为串联型变风量系统，配有并联式风机动力型变风量末端装置的系统称为并联型变风量系统。

串联式变风量末端装置中内置风机与一次风调节阀串联设置。经集中空调机组处理后的一次风通过一次风调节阀，与二次回风混合后再通过内置风机以恒定的风量送风（见图 5-2）。并联式变风量末端装置内置风机与一次风调节阀并联设置，经集中空调机组处理后的一次风通过一次风风阀后，再与内置风机抽取的二次回风混合后以变化的风量送风（见图 5-3）。

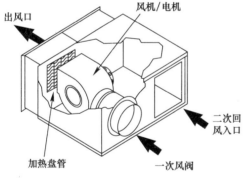

图 5-2　串联式风机动力型变风量末端

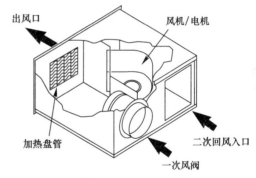

图 5-3　并联式风机动力型变风量末端

风机动力型变风量系统除了具备单风道型变风量系统的各种功能外，还特别适合供冷再热工况。冬季，当办公楼的内区需要供冷、外区需要供热时，外区风机动力型末端可以保持一次冷风最小风量，利用风机抽取二次回风帮助再热。这样就可以降低送风温度、保证加热量，最大限度地减小再热的一次冷风量。风机动力型末端装置的二次循环风也改善了室内的气流组织。串联式风机动力型变风量空调系统还适用于低温送风系统。

5.2.3　组合式单风道型变风量空调系统

组合式单风道型变风量系统是指与外区窗边其他空调设施组合应用的单风道型变风量空调系统。该类系统也是从单风道型变风量系统发展而来的。

组合式单风道型系统把外区冬季供热设备与送冷风的变风量系统分开，消除了系统中的再热现象。组合式单风道型系统根据负荷特性划分系统，以不同的送风温度来满足不同区域的负荷需求，尽可能避免区域的"过冷再热"现象。

设置于外窗下侧的风机盘管机组、窗边风机等与内遮阳和回/排风口组合，构成外窗空气屏障层，可降低室内空调负荷，有效改善窗际热环境。

组合式单风道型变风量空调系统在日本得到了长足发展，近年来我国也有一些工程采用该类系统。

5.2.4 变风量空调系统分类

表 5-2 为各类变风量空调系统的分类表。

变风量空调系统分类表 表 5-2

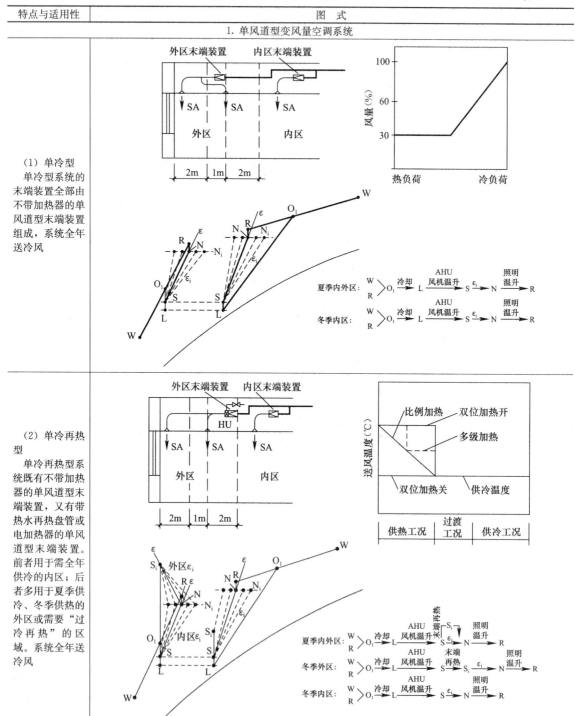

特点与适用性	图　式
	1. 单风道型变风量空调系统
（1）单冷型 单冷型系统的末端装置全部由不带加热器的单风道型末端装置组成，系统全年送冷风	
（2）单冷再热型 单冷再热型系统既有不带加热器的单风道型末端装置，又有带热水再热盘管或电加热器的单风道型末端装置。前者用于需全年供冷的内区；后者多用于夏季供冷、冬季供热的外区或需要"过冷再热"的区域。系统全年送冷风	

续表

特点与适用性	图 式
（3）冷热型 冷热型变风量空调系统的末端装置与单冷型一样，但末端装置的控制方法不同，它有供冷、供热两种工况。根据负荷需要，空调器送出冷风或热风。系统一般用于夏季供冷、冬季供热的外区或不分内、外区的小型办公建筑	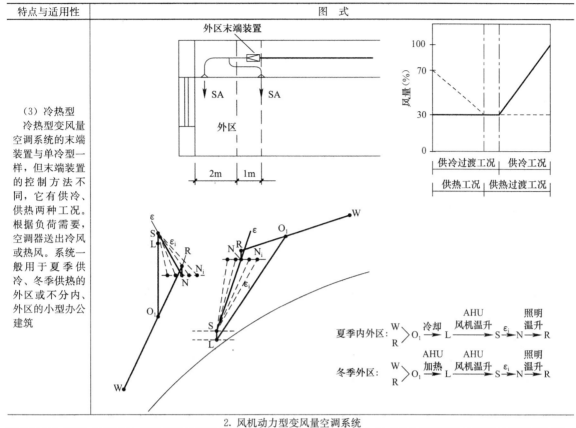

2. 风机动力型变风量空调系统

| （1）串联式风机动力型
串联式风机动力型变风量系统的外区和需要"过冷再热"的内区设置带加热器的串联式风机动力型末端装置，其他区域设置不带加热器的串联式风机动力型末端装置。系统全年送冷风 | 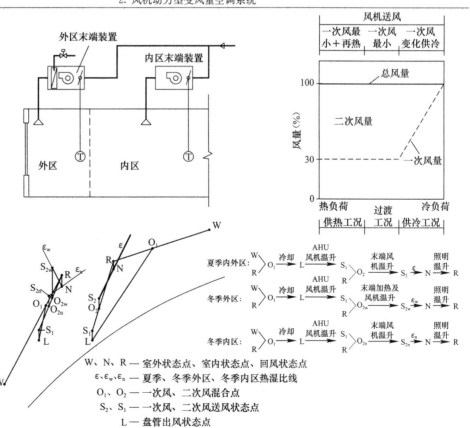 |

特点与适用性	图　式

（2）并联式风机动力型

并联式风机动力型变风量系统的外区和需要"过冷再热"的内区设置带加热器的并联式风机动力型末端装置，内区可采用单风道型末端装置。如小风量和最小风量供冷时需考虑改善气流分布，也可选用无加热器的并联式风机动力型末端装置。系统全年送冷风

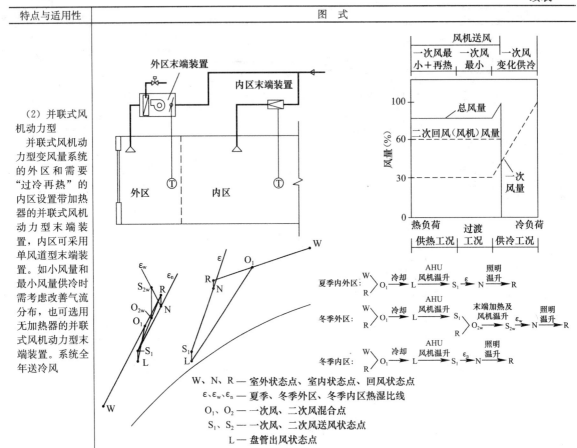

W、N、R — 室外状态点、室内状态点、回风状态点
ε、ε_w、ε_n — 夏季、冬季外区、冬季内区热湿比线
O_1、O_2 — 一次风、二次风混合点
S_1、S_2 — 一次风、二次风送风状态点
L — 盘管出风状态点

3. 单风道型组合式变风量空调系统

（1）周边风机盘管机组加单冷型系统

风机盘管机组加单风道型系统的外区靠窗边位置设置冷、热兼用的风机盘管机组，处理外围护结构所引起的冷、热负荷。单风道型变风量系统的内、外区分别设置单风道型末端装置全年供冷，处理内热冷负荷兼送新风

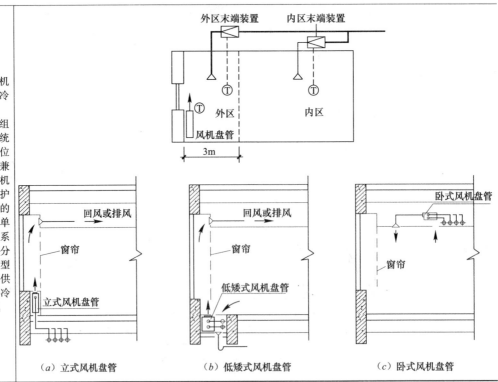

（a）立式风机盘管　　　（b）低矮式风机盘管　　　（c）卧式风机盘管

续表

特点与适用性	图　式
（2）周边散热器加单风道型系统 周边散热器加单风道型变风量系统的外区窗边设置散热器，用于处理冬季外围护结构热负荷；单风道型变风量系统的内、外区分别设置单风道型末端装置全年供冷，处理冷负荷兼送新风	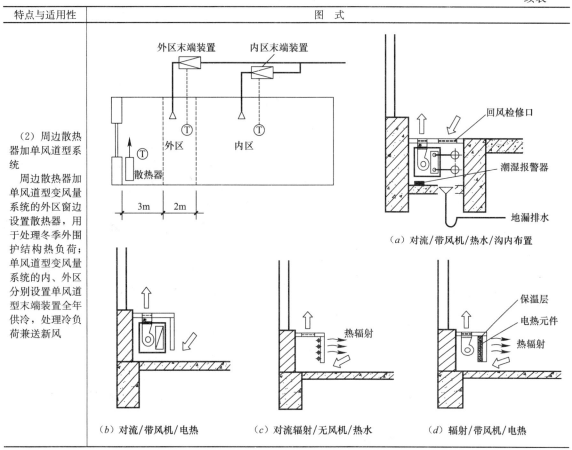

5.3　变风量空调系统设计理念

20 世纪 90 年代，沿海大城市相继建成了一批由境内、外单位合作设计完成的现代化办公大楼。这些建筑以变风量空调系统取代了传统的风机盘管加新风系统，为国内空调界引进了新的设计理念。纵观该时期的工程设计，可以发现：同样是变风量空调系统，在系统理念、设置规模、末端装置选择及控制方法采用等方面，北美国家和日本之间的技术风格差别很大。

5.3.1　北美国家系统设计理念

北美国家设计的变风量空调系统延续了定风量系统的再热理念，其应对负荷的调节过程是：送冷风→冷风从最大风量减小到最小风量→保持最小风量并再热调节冷风温度（供冷）→保持最小风量再热调节热风温度（供热）。

为了扩大办公面积、利用新风供冷和采用大型翼型轴流风机翼角调节风量（在风机变频调节普及之前，轴流风机翼角调节的节能性是最好的），高层办公建筑多采用机房设于设备层的多层集中式变风量空调系统。为了减小管道空间，系统多为大温差和低温（11℃以下）送风方式。以电动蒸气压缩式（离心式和螺杆式）冷水机组为主的供冷水（5℃左右）方式也支持了低温送风技术。

延续再热理念的多层集中式低温送风变风量空调系统是一种大风量、高风速且长距离输送的系统，通常采用风机动力型变风量系统、定静压法风量控制且需要用静压复得法计算。显然系统将消耗较大的输送能量。

近年来，北美国家在空调节能方面也有了长足的进步。在国内设计院与欧美设计公司合作设计的现代化办公楼中，除极少数采用大型多层集中式空调系统外，均采用单层中小型空调系统。

5.3.2 日本系统设计理念

日本设计的变风量空调系统摒弃了再热理念，冬季外区供热装置与变风量系统分置，或外区另设单独的变风量系统。由于无需再热，又多为常温送风系统，有较高的换气次数，一般均采用单风道型变风量系统。风机动力型末端装置内置风机的效率较低，产生热量又耗用部分冷量，这在节能观念强烈的日本空调界看来似乎是很不经济的，通常不被采用。

在系统设置方面，按朝向或负荷特点每层设 2～4 个空调系统，通过末端装置风量调节和系统送风温度调节双重手段适应不同朝向外区负荷的参差性。系统小型化就没有必要为缩小风管尺寸而采用高速送风。为了降低末端装置的风压降，末端装置生产厂家放弃了需要高风速的毕托管式风速传感器，开发出适合低风速要求的螺旋桨风速传感器、超声波涡旋式风速传感器和热线热膜式风速传感器。

因能源结构原因，日本集中冷源设备以溴化锂吸收式冷水机组和水蓄冷为主，供给空调系统 7～12℃ 的常温冷水，也比较适合 12℃ 以上的常温送风系统。日本空调设备制造业在产品的耐久性、低噪声、高效率、小型化方面的特长支持了这种小型系统的发展。

小型变风量系统末端装置少，个别装置调节会使系统静压产生较大变化，因此，系统一般不采用"定静压法"控制，而根据各末端装置调节风阀的开度状况来控制空调机组风机转速，即采用所谓的"变静压法"控制。

系统小型化的优点是节省了输送用能，缺点是占用空间较大，在设备、配管、配线及自控方面增加了投资。

5.3.3 混合损失与无外区设计

冬季内、外区分别存在冷、热负荷。系统同时向内区供冷，向外区供热。如果内、外区之间无隔断，将产生分区间的气流混合，产生室内混合损失。这是冷、热空调同时运行的特有现象。形成室内混合损失的主要原因是外区温度高于内区，在热压差作用下，外区上部的热空气进入内区，内区下部的冷空气进入外区，冷、热负荷均大大增加。反之，如外区的空气温度低于内区，内区上部的热空气进入外区，外区下部的冷空气进入内区。冷热负荷相互抵消，构成室内混合得益。图 5-4 为室内气流混合示意图。

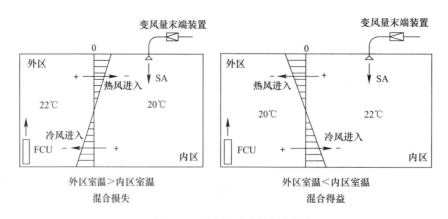

图 5-4 温度差造成的气流混合

风机动力型再热系统方式及外区加热装置与变风量空调系统分开方式，其区别仅在于后者消除了系统内的冷热混合损失。对于室内而言，冬季依然是外区供热、内区供冷。尽管可以在设计、运行方面采取一些改善措施，但需要较高的技巧，特别是运行方面难以持之以恒，内外区免不了出现冷热混合损失现象。近年来双层幕墙、通风窗以及外窗空气屏障的出现并广泛应用，在冬季，使得外围护结构冷辐射影响减弱，设计时不设内外区空调系统。基本取消内外区冷热混合损失。这是空调系统节能设计的重大进步。

5.4　系统选择与应用

5.4.1　系统选择

近年来，国内外已采用很多新型、节能的围护结构，如前一章中所介绍的"双层通风幕墙"、"通风窗"以及中空 Low-E 玻璃加"空气屏障"等措施，可以形成"无外区"室内环境。对于这样的建筑，应首选"无外区"单冷型单风道空调系统。该系统不仅可避免再热损失，还可消除室内混合损失。

舒适性空调大量采用再热方式有违国家节能基本国策。因此，应在建筑设计上创造条件，尽量用冷、热分别处理方式，避免空调系统内的再热损失。根据冬季热负荷大小，外区供热设备可以是风机盘管、加热器或窗边风机，也可以采用风冷或水冷的变冷媒多联机组，国外还有采用穿墙式热泵机组，兼有通风换气功能。外区也可以按朝向另设冷热型单风道系统。

当无法采用冷、热分别处理方式时，可考虑根据不同情况选择适当的再热系统。如：在低温送风或高气流组织要求下，应考虑串联式风机动力系统；冬季外区围护结构单位长度热负荷≥100W/m 时，可考虑采用并联式风机动力型变风量系统，外区设置带热水再热盘管的并联式末端装置，内区设置单风道型末端装置。

5.4.2　末端选型

变风量末端装置有压力相关型与压力无关型之分。压力相关型末端装置的风阀开度仅受室内温控器调节，送风量受背压影响。压力无关型末端装置增设了风量检测部件，送风量与主风管内静压值的变化无关。目前除少数变风量风口外，国内常用的变风量末端装置几乎都是压力无关型末端装置。

变风量末端装置还分低速末端与高速末端两类，表 5-3 列出了各自的技术特点。

高、低速变风量末端装置比较　　　　　　　　　　　　　　　　表 5-3

	低速末端装置	高速末端装置
常用形式	单风道单冷型、单冷再热型和冷热型	单风道单冷型、再热型和冷热型、风机动力串/并联型
风速传感器类型	超声波、热线热膜、风车等各种非压力型	毕托管
一次风最大风速（m/s）	8～10	15
一次风最小风速（m/s）	1	3～5
最小静压降（Pa）	30～50	50
最小全压降（Pa）		125～150
适用场合	中、小型系统，空调箱机外部静压小于 375Pa 的低压系统	大、中型系统，空调箱机外静压大于 375Pa 的中压系统

变风量末端装置的一次风最大风量应按照所服务的温度控制区的室内显热负荷和送风温差计算，不宜留较大的余量；末端装置的一次风最小风量受风速传感器精度、新风分配、加热需求和气流组织制约，通常可按一次风最大风量的 30%～40%确定。风机动力型末端装置内置风机风量需要按设计送风温度进行计算，串联式末端装置内置风机风量为一次风最大风量的

$100\%\sim130\%$，并联式末端装置内置风机风量为一次风最大风量的 60%。

变风量末端装置选型还应关注内置风机电机效率、风阀调节特性和可关闭性以及噪声等问题。

5.4.3 新风系统设计

我国办公建筑现行新风标准为：$30m^3/(h·人)$。ANSI/ASHRAE 标准 62.1-2004 明确地将新风标准分为人均所需新风量和单位面积所需新风量。变风量空调系统属多分区系统，单风道方式为单通道多分区系统，风机动力式则为双通道多分区系统。ASHRAE 标准 62.1 引进了通风分区、呼吸区、区域空气分布效率、临界分区以及区域和系统通风效率等概念；推出了单、双通道多分区系统新风量计算方法。计算表明：采用风机动力式的双通道多分区系统由于二次回风，具有更高的系统通风效率，可减少新风设计风量。

常见的变风量空调系统的新风处理方式可分为就地分散处理方式、集中处理方式。在新、排风系统上增加定风量装置的空调系统称为定新风量系统；日本有的办公楼将定风量装置深入到温控区内，这种系统可称为末端定新风系统。图 5-5 为新风分散处理方式示意图。图 5-6 为新风集中处理方式示意图。图 5-7 为系统定新风量处理方式示意图。图 5-8 为末端定新风量处理方式示意图。

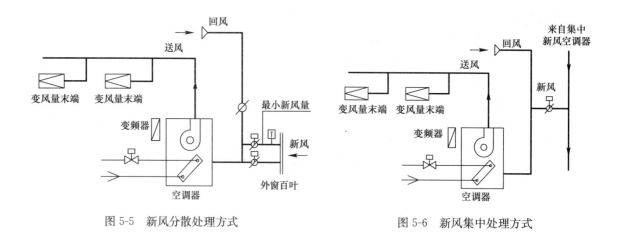

图 5-5　新风分散处理方式　　　　　　　图 5-6　新风集中处理方式

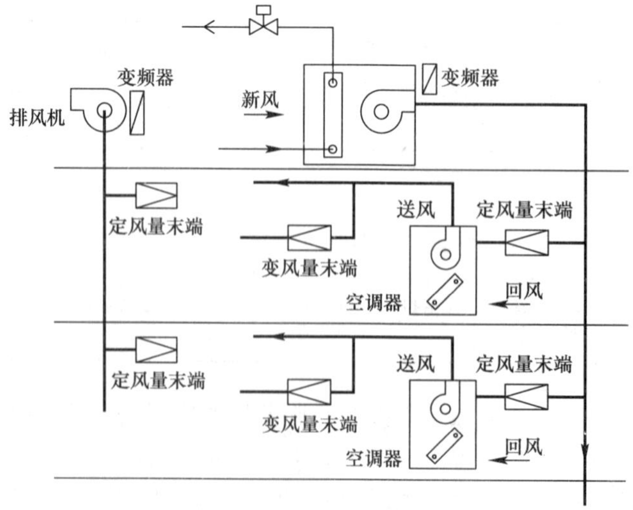

图 5-7　系统定新风量处理方式

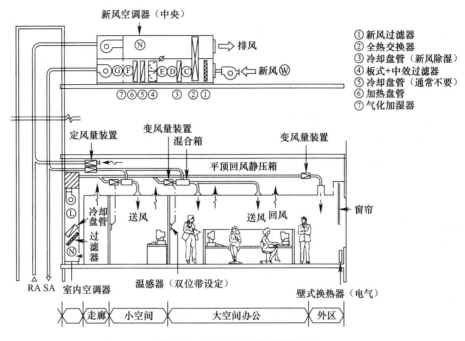

图 5-8　末端定新风量处理方式

　　新风不仅用于满足卫生需求，还可利用室外低温新风进行自然供冷（空气节能器）。如图 5-9 所示，当室外空气焓值小于回风焓值且室外空气温度低于回风温度时，应采用全新风并通过盘管冷却、去湿处理到盘管的出风状态。当室外空气温度低于冷却盘管的出风温度时，可以变新风调节送风温度。新风自然供冷是变风量空调系统最有效的节能手段。关键是如何进行室外焓值的判别和实现工况的转换。由于湿度相对比较难以测量，可以采用固定温度法进行监控。

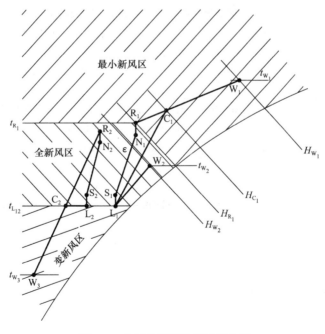

图 5-9　空气节能器处理过程分析

5.4.4　自动控制

　　变风量系统控制最重要的是末端的控制。控制器和变风量末端组装后，必须在生产线上进行整定，以保证末端风量检测的准确性。末端温感器有墙置式和顶置式，末端温感器应安装在适当的位置，避开日射和送风气流，防止被装修承包商乱摆乱放。

变风量空调箱风量控制有多种。定静压法是最经典的风量控制方法，适用于大型系统，对风管静压检测要求较高；变定静压法可根据系统控制情况改变静压设定值，提高节能性；总风量法是一种前馈控制法，避免风管静压检测难题；变静压法根据总风量初定风机频率，再由末端阀位微调风机风量，适用于小型系统。

变风量空调系统还应通过送风温度和送风量联合控制达到节能和舒适之目的。空调机组周围的其他控制与定风量系统相仿。由于末端装置和空调系统需要进行数据通信，变风量空调系统一般均采用集中监视和就地控制的集散式控制系统。

本章参考文献

[1] 空气调和·卫生工学会. 空气调和·卫生工学便览（第 13 版），2002.

[2] 叶大法，杨国荣. 变风量空调系统设计. 北京：中国建筑工业出版社，2007.

[3] ASHRAE. ANSI/ASHRAE，Sandard62-2001.

[4] ASHRAE. ANSI/ASHRAE，Sandard90-1-2001.

[5] 中原信生. 空调システムの最適設計. 东京：名古屋大学出版社，1997.

[6] SHAN K WANG. Handbook of Air Condition and Refrigeration，2000.

[7] 陆耀庆主编. 实用供热空调设计手册（第二版）. 北京：中国建筑工业出版社，2008.

[8] 叶大法，杨国荣. 民用建筑空调负荷计算中应考虑的几个问题. 暖通空调，2005，12.

[9] 叶大法，杨国荣. 变风量空调系统的分区与气流混合分析. 暖通空调，2006，6.

[10] 叶大法，杨国荣等. 单风道变风量空调系统设计与工程实例，暖通空调增刊. 2004，6.

[11] 杨国荣，叶大法等. 风机动力型 VAV 系统设计与工程实例. 暖通空调增刊，2004，7.

[12] 中原信生等. 空气调和における室内混合损失の防止に関する研究. 空气调和·卫生工学论文集，1987，33（2）.

[13] 叶大法，杨国荣，胡仰耆. 上海地区变风量空调工程调研与展望. 暖通空调，2000，6.

[14] 林忠平，范存养，徐文华. 办公楼地板送风技术的新进展. 第 13 届全国暖通空调技术信息网大会文集，2005，10.

[15] Hydeman，et al. 2003. Advanced Variable Air Volume System Design Guide. California Energy Commission，Sacramento，Calif.，September.

[16] Tom Webster，et al. Underfloor Air Distribution. Thermal Stratification. ASHRAE Journal 2002. 5；

[17] Steven T. Taylor，Sizing VAV Boxes. ASHRAE Journal，2004，3.

[18] Jack Terrannova. Underfloor Ventilation Raised-floor Air Distribution for Office Environments. HPAC Engineering，2001，3.

[19] John Murphy. Using VAV to Limit Humidity at Part Load. ASHRAE Journal，2010，10.

[20] John Murphy. Dehumidification Performance of HVAC Systems. ASHRAE Journal，2002.

第6章　新风独立并热湿分别处理空调方式应用

6.1　问题的提出

将新风独立处理的目的是为了实现空气热湿分别处理和控制。热湿分别处理方式可提高空调冷源设备运行效率，达到节能目的。该类空调方式也称为"显热、潜热分离方式"、"温、湿度独立调节方式"以及"冷却、除湿分离方式"等。相对于传统空调方式，热湿分别处理方式具有以下特点：

（1）通常的空调装置为了处理潜热负荷，要求冷媒温度低于室内空气的露点温度（通常采用≤7℃的冷水处理空气），而处理显热负荷只需稍低于室温的冷水（中温冷水）来处理空气，冷水机组的 COP 值可明显提高（见图 6-1）。

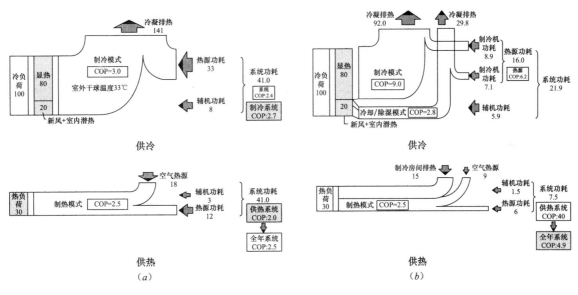

图 6-1　能流分析图

（a）通常方式能流图；（b）新方式能流图

（2）传统空气处理机组冷却盘管（AHU 内）的热湿处理范围有限，与多变的空调热湿比需求不易匹配，难满足室内温湿度控制要求。热湿分别处理系统除湿能力更强，热湿处理范围更广。

（3）传统空调系统室内末端装置以湿工况运行（如 FCU 方式），卫生状况较差，设备维护和冷水管道保温要求较高。热湿分别处理系统可使室内末端装置以干工况运行，室内空气质量较好。

（4）传统系统中新风的质与量控制、室内正压值的保证性较差。热湿分别处理系统可确保新风处理状态（新风最终状态点的温度与湿度值）。

20 世纪 70 年代，美国在电子工业生产厂房中采用了这种方式，同年代中期提倡在民用建筑使用该方式。日本在高层办公建筑中也较早付诸实践。

6.2 方式分类

新风独立处理并热湿分离型空调一般可分为以冷水为介质的空气热湿分别处理方式和以其他方法实现空气热湿分别处理方式两类。

6.2.1 以冷水为介质的空气热湿分别处理方式

以冷水为介质的空气热湿分别处理空调方式有全空气显热潜热分离双风道方式、干式风机盘管机组＋新风系统方式、诱导器（IU）系统、辐射板＋新风系统方式等多种，其系统构成、工作原理及应用场合见表 6-1。

以冷水为介质的空气热湿分别处理空调方式　　　　表 6-1

编号	方式	系统构成和工作原理	焓湿图表示	应用场合	工程实录
1	全空气显热潜热分离双风道方式	新风 AHU 供新风并负担湿负荷，循环风 AHU 处理室内显热负荷。两根风道。末端用 VAV/CAV 混合，系统服务面积＜300m²		高层建筑标准办公层	J10 J54 J59
2	干式风机盘管机组＋新风系统方式	与传统风机盘管（FCU）形式相同。但风机盘管机组以干工况运行，仅处理显热负荷，不析湿，无凝水，卫生条件较好。新风需深度去湿。风机盘管机组通过水温控制与专用 FCU 结构实现干工况冷却	M、L 在出风口后室内混合	若强化空气净化处理手段（配置高效率过滤器），可用于防止感染的医院病房。洁净厂房常用该方式	上海公共卫生中心病房楼
3	诱导器（IU）系统，卧式诱导器，也称"冷梁"	新风 AHU 将新风深度去湿、冷却，用高速一次风（新风）诱导室内空气（回风），经 IU 内干工况盘管冷却降温后室内送风。风管输送风速高于常规低速风道。每个末端进风管上应设定风量阀	M、L 在诱导器内混合后送入房间	立式 IU 系统曾用于宾馆、办公楼等场合。冷梁型系统现多用于办公楼	B28

续表

编号	方式	系统构成和工作原理	焓湿图表示	应用场合	工程实录
4	辐射板（中温冷水）＋新风系统方式	新风 AHU 的去湿量满足消除室内湿负荷要求。新风 AHU 的供冷除负担新风负荷外，还应负担部分室内显热负荷，其余由辐射板负担。辐射板由组装金属管构成，系统设计与控制应防止辐射板面结露	W N L φ=100% W→L→N	预制组合型辐射末端适用于热湿负荷较小的场合（如围护结构隔热性能较好的建筑）欧洲应用较多	B8 S33 S38

由于新风需要深度去湿并降温，实现大焓差，表 6-1 所论述的诸空调方式一般需要采用常规运行工况的冷水机组，而干工况运行的末端装置只需中（高）温冷水机组。在水系统设计方面，可采用新风机组与末端装置串联，既提高了干工况末端装置的进水温度，又增加了冷水供回水温差，减小了系统循环水量，降低了系统输配能耗，实现节能。当有自然能源可资利用时，该系统运行经济性更好。

6.2.2　其他方法实现的空气热湿分别处理方式

其他方法实现的空气热湿分别处理方式见表 6-2。

其他方式实现的空气热湿分别处理空调方式 表 6-2

编号	方式	系统构成和工作原理	焓湿图表示	应用场合	工程实例
1	室内末端（FCU、IU）＋溶液调湿新风系统	室内末端以中温冷水为冷媒，新风采用溶液调湿方法处理。通过末端处理的空气与新风在室内混合	W N ε L O M W→L→O→N N→M→O→N	因溶液除湿处理空气的范围较广，可适应不同气候、不同性质建筑，如医院（病房、手术室）、办公室等	安徽医科大学附属医院等
2	室内末端（蒸发温度较高的冷剂盘管）＋固体除湿新风系统	用设有转轮除湿器的专用除湿 AHU 处理新风，室内回风（循环风）供冷为冷剂方式。新风与经末端处理后的空气在室内混合	W N ε M L O W→L→O→N N→M→O→N	已有燃气机热泵（废热用于固体吸湿转轮的再生）可配套使用，公共建筑使用不多。此外有用低温再生型（＞40℃）除湿转轮，可有效利用热泵排热	日本清水建设公司总部大楼（见日本 HPAC 杂志 2011 年 1 月号）
3	室内末端为冷剂方式，即变冷剂流量机组的室内机＋新风处理机组	室内多联机采用高蒸发温度机组，经蒸发器降温（不去湿）采用新风机组内为带两个可交替运行的涂有固体吸湿剂的蒸发/冷凝盘管（Desica 方式 VRF）	W N M O L W→L→O→N N→M→O→N	日本已有该产品上市，可应用于住宅建筑，大型公共建筑尚无应用实例	我国相关企业已进行研发

此外，还有利用蒸发冷却方法来实现上述要求的装置系统，在我国西北部地区运行，具有很好的经济性，值得关注。

6.3 辐射空调方式设计与应用

6.3.1 发展缘由与经纬

早在 20 世纪初，辐射采暖已在欧洲被广泛应用。20 世纪 90 年代以来，辐射空调方式逐渐受到注目。1995 年前德国已有 70 万 m^2 建筑使用辐射空调，丹麦也以每年数十万 m^2 的规模在推广。我国的住宅建筑也有应用辐射空调方式的，据统计，采用各种辐射空调方式的建筑物仅在北京已达 10 万 m^2，但采用辐射空调的多层、高层办公建筑还不多见。

辐射空调方式具有如下优点：

（1）热舒适性好：房间平均辐射温度（MRT）影响热舒适性，辐射供冷、供热有利于改善热舒适性。

（2）减小空调负荷：在满足热舒适条件下，夏季房间空气设计温度可提高 1～2℃；冬季则可低 1～2℃，有利于降低空调负荷。

（3）有利于利用高温冷源、低温热源和自然冷热源：利用辐射供冷、供热方式的末端装置，夏季冷水供水温度可提高（中温冷水）至 16～18℃；冬季可用 30～35℃ 热水。既可提高冷、热源设备的运行效率，又可利用自然能源和江河水、冷却塔水和地源热泵，实现低碳绿色用能。

（4）减小吊平顶空间：采用辐射供冷、供热系统，可减小吊平顶空间、降低土建造价。

辐射空调方式也存在以下缺点：

（1）设计、运行和控制要求较高：设计与运行环节稍有疏漏，将引起辐射板的板面结露（板面温度低于室内空气露点温度）。

（2）末端装置价格较高：与常规空调系统相比，辐射空调末端装置的价格较高，初投资费用较大。

（3）辐射供冷需要高温和低温两种冷源，冷源系统较复杂。

6.3.2 辐射板形式

辐射板可分成两大类型：

1. 混凝土辐射板

传统辐射采暖方式，以高分子材料或金属管材埋入楼板（或地板）中，形成整体辐射面，该类辐射板一般现场施工。图 6-2 为混凝土辐射板结构示意图。由于与结构件结合，该辐射板蓄热性较好，运行工况稳定，热惰性大，被称之为蓄热型辐射板。居住建筑采用该方式比较方便，若埋管改为电热电缆则可用于采暖。利用建筑结构件与埋管组合体所具有的热惰性开发结构蓄热（冷）技术，也是混凝土辐射板的优点之一。高层办公建筑一般不采用该方式。

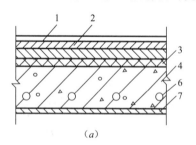 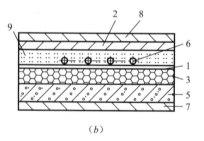

（a）　　　　　　　　　　　　（b）

图 6-2　混凝土式辐射板结构示意图

（a）预面式；（b）地面式

1—防水层；2—水泥找平层；3—绝热层；4—埋管楼板（或预板）；5—钢筋混凝土板；

6—流通热（冷）媒的管道；7—抹灰层；8—面层；9—填充层

2. 装配式模块化辐射板

装配式模块化辐射板在欧洲被广泛采用，该类产品主要有两种形式：

（1）将盘管固定在模块化金属板（或穿孔板——起吸声作用）上，并装挂在顶板下，构成辐射吊顶。该方式与土建关系简单，易于维修。

（2）采用小直径（$\phi 3\sim 5mm$）的高分子材料（如 PPR）管，管间距为 $10\sim 30mm$，敷设在吊平顶表面，并与吊顶粉刷层（如石膏板）相结合。该类辐射板工厂化生产方便、重量轻、运输便利，因管径细小，也被称为"毛细管型辐射板"。

以上两种辐射板的热惰性较小，也称为即时（即效）型辐射板，适合于非全天使用场合。因热惰性小，结露控制相对容易，与内装修易于配合，在高层建筑中可以使用。

图 6-3 为模块金属板，图 6-4 为毛细管辐射板，图 6-5 为模块金属板布置例。

欧洲辐射板产品种类较多，有些产品适当增加对流换热结构以提高辐射板面的放热量。

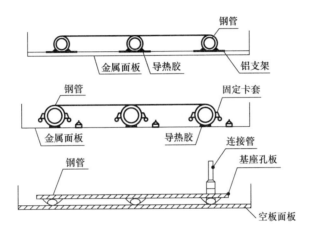

图 6-3　模块金属板

图 6-4　毛细管辐射板

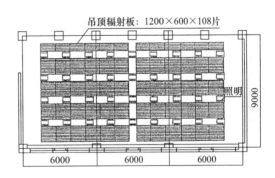

图 6-5　模块金属板布置例

6.3.3　辐射板空调系统设计原则

辐射板空调系统需与新风系统相结合，设计时必须考虑下列问题：

1. 辐射板和新风系统负荷分配原则

典型办公建筑供冷季节潜热负荷一般约占总冷负荷的 $15\%\sim 30\%$。图 6-6 给出了我国若干城市建筑负荷分析结果，说明夏季空调显冷负荷占一半以上，辐射板不能全部承担显冷负荷。由于辐射板不负担湿负荷及潜热负荷，故辐射吊顶的供冷量应等于计算显冷负荷与新风提供的显热冷量之差。其负荷分配关系见表 6-3。

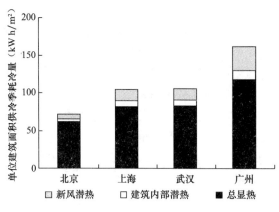

图 6-6 典型办公供冷量（潜、显热）

辐射供冷负荷分配关系   表 6-3

围护结构负荷		室内负荷								
结构传热	日照显热	室内发热设备、照明及其他		人员				发湿设备		
		辐射	对流	辐射	对流	潜热	湿负荷	湿负荷	潜热
kW	kW	kW	kW	kW	kW	kW	kg/s	kg/s	kW
显热冷负荷						潜热冷负荷	湿负荷		潜热冷负荷
辐射板承担		辐射板与新风系统共同承担				新风 AHU 承担			

注：人体显热散热：辐射（平均）31.2W/(m²·人)，对流（平均）18.5W/(m²·人)；人体散湿：100g/(h·人)。

2. 辐射板方式单位新风量去湿能力分析

可由人体散湿量和室内空气设计状态的含湿量（g/kg）与送风空气含湿量（g/kg）之差求得。假定每人每小时散湿量为 100g/h（办公环境），室内空气设计状态之含湿量为 12g/kg，送风含湿量在 6.0～9.0g/kg 时，则满足除湿要求的新风需求量在 13.5～27.0m³/(h·人) 范围内，故按人均新风量标准［30m³/(h·人)］可以满足需求。

3. 辐射板供冷（热）量确定

当辐射吊顶结合独立新风系统供冷时，辐射吊顶仅需承担部分室内显热负荷。当新风 AHU 将空气温度处理到 8～14℃（相应焓值约为 25～38kJ/kg 时），新风机组已有足够的能力负担一般办公工况下的部分显热负荷，其余部分就由辐射板承担。图 6-7 是一般金属辐射顶板供能特性，横轴为辐射板表面平均温度与空气的温差，纵轴为换热量（W/m²）。室内辐射板布置面积一般按地板面积的 0.7 倍设计，据此确定需要安装的辐射板面积。在实际设计时需查阅相关手册和厂商提供的资料。

6.3.4　吊顶辐射供冷/热水系统

1. 一般原则

为了避免冷吊顶表面结露（辐射板板面温度应比室内空气露点温度高 1～2℃），辐射板供冷冷水温度较高、供回水温差较小（约 3℃）。而新风系统需要较大的除湿能力，新风机组冷却盘管供水温度要求较低，一般为 5～7℃，温差较大（约 5℃）。

采用单一工况冷水机组时，新风系统和冷吊顶装置可分为两个系统回路。冷却顶板的水温由其自身之回水与冷水混合而得，该方式的水系统如图 6-8 所示。

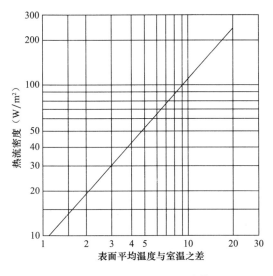

图 6-7　辐射板表面换热量计算图

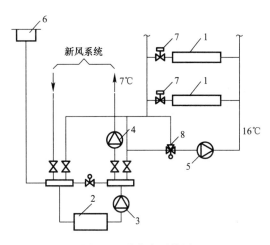

图 6-8　混合水系统图

1—冷却吊顶；2—冷水机组；3—冷水机组循环水泵；
4—新风系统循环水泵；5—冷却吊顶系统循环水泵；
6—膨胀水箱；7—电动阀；8—三通电动调节阀

每个回路设置各自的循环水泵，以满足新风系统和冷却吊顶系统对供、回水温度的不同要求。冷水机组统一提供 5～7℃冷水，一部分直接供新风机组使用，即新风水系统回路；另一回路为冷却吊顶冷水系统回路，其供水温度通过三通电动调节阀调节 5～7℃的冷水与冷却吊顶回水混合比控制。

另一种方式是在冷吊顶水系统与冷源水系统之间设置热交换器，冷吊顶水系统由冷源水换热而得。在辐射板冷水干管上设三通调节阀，通过水温调节有效防止辐射板表面结露，该方式如图 6-9 所示。可以看出，新风机组的冷源来自制冷机房的冷水。由于有热交换器控温装置，辐射板的温度控制比较可靠。为了节约能源，可尽可能考虑采用自然能源，如冷却塔循环水、地下水等。

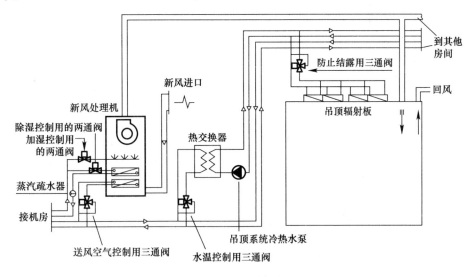

图 6-9　水系统控制图

2. 工程示例

图 6-10 为一个小型办公室（日本三建设备工业公司）采用辐射吊顶空调系统的整体工程。

设计中充分考虑了节能减排设施。高层建筑中局部实施也可采用辐射吊顶空调系统。该房间面积 170m²，吊顶高度 2.6m。主要设备除辐射金属板末端（参见图 6-5）之外，设有处理新风的风冷型热泵空调机组（OHU-1）和热回收用显热交换器（AHEX-1）以及固定型转轮除湿器（OHU-2）与冬季使用的蒸汽加湿器（HM-1）。该辐射吊顶空调水系统（见图 6-11）利用深井水水源热泵从水温稳定为 16℃ 的地下取水，再通过回灌井将水返回地下。水源热泵机组（HP-21）冷却循环水与井水换热后，进入热泵机组，制备辐射吊顶空调用冷水。一般情况下可经另一热交换器产生的冷水直供辐射吊顶冷却盘管。水系统设置了储热罐，冬季运行时热水必须经热泵提升温度后进入顶板。

对于小容量的辐射板＋新风系统，可采用直接蒸发式机组对新风降温去湿。对于大型系统可采用二级逆流布置的表冷器以及回逆式系统。

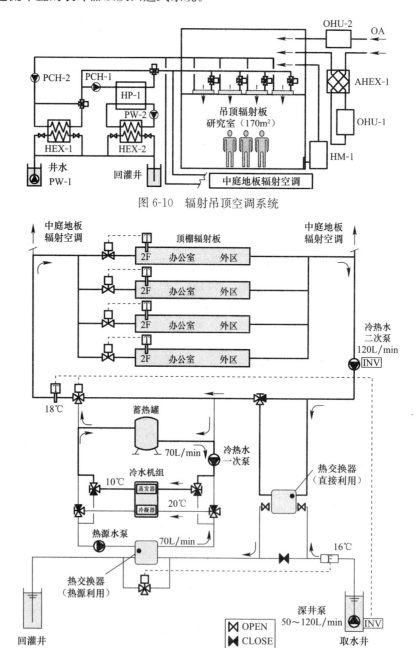

图 6-10　辐射吊顶空调系统

图 6-11　辐射板水系统图

6.3.5　辐射空调方式派生系统

（1）利用空气末端的辐射空调方式。利用空气末端的辐射空调，即新风与空气辐射末端相结合方式，该辐射空调方式有以下几种：

1）将风机盘管机组（FCU）的送风送入辐射板型末端（扁平形送风口）侧送，与一次风（新风）相结合。该空调方式具有较好的舒适性，适用于高标准医院病房等。图 6-12 为东京圣罗加医院使用案例。

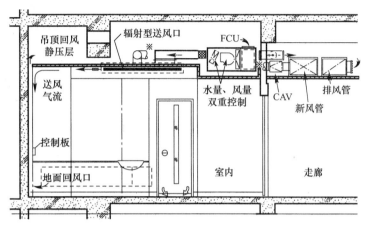

图 6-12　东京圣罗加医院辐射空调使用案例

2）吊平顶内设置大面积辐射型送风分布器，以构成较大的辐射面（见图 6-13）。

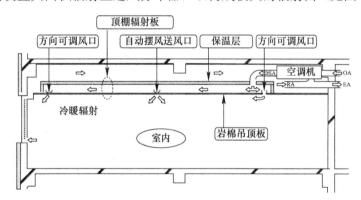

图 6-13　大面积辐射型送风分布器

3）采用辐射型整流送风末端，其作用与简易诱导器相似（相当于低温送风口），由于送风口面积较大，有一定的辐射效应。该装置见图 6-14（日本木村机工公司开发），它应用于杭州盾安环境公司办公大楼（2011 年）。

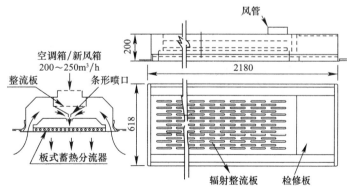

图 6-14　辐射整流型送风装置

（2）与蓄冷技术相结合的辐射空调系统。该系统相当于在图6-13的基础上与冰蓄冷系统（见图6-15）结合的全空气系统。该系统除具有舒适与移峰填谷（电）作用外，在一定程度上还具备结构蓄冷能力。利用晚间蓄存的冷水供白天辐射板使用，空气除湿直接由冷水机组制备的冷水承担。该蓄冷辐射供冷水系统原理见图6-16。

（3）辐射空调专用机组应用。一台制冷机组（热泵）一方面提供新风AHU空调冷水；另一方面经换热器提供多块（板块型盘管）装配式辐射板（板块面积1m² 左右）供冷，单机电功率为2.5kW，可供15块左右。东京大学医学部附属医院特殊病房（透析治疗室）采用了该方式。

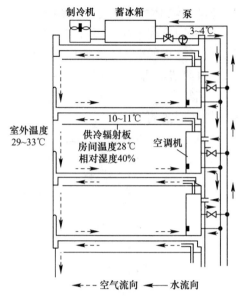

图6-15 冰蓄冷辐射供冷系统之一

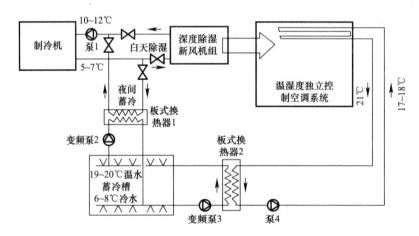

图6-16 冰蓄冷辐射供冷系统之二

6.3.6 辐射空调方式应用现状

如前所述，辐射空调对热环境舒适性与运行经济性有优势。但在辐射板结露方面存在一定疑虑，故应在结露的控制与抗结露板面材料上应投入力量进行研究。各国根据气候条件的不同进行选择性发展。如德国采用较多，日本因夏季气候热湿（东京都区域），不作大面积应用，迄今为止，仅在建筑物中部分使用和进行研究，如用在大学图书馆阅览室、医院有特殊要求的病房等。

在我国，近5~10年内有许多工程实践，特别在高层住宅、别墅中有一定的经验积累，而在高层办公建筑中，虽有应用实践（见工程实录S33和S38），但经验总结尚待努力。至于仅用于冬季辐射采暖技术，在我国早已具有成熟和成功的技术经验了。

6.4 诱导型末端新风独立空调系统

6.4.1 形式与发展

用诱导型末端的空调系统是20世纪50年代发展起来的，主要是由于第二次世界大战及欧美高层建筑的大量兴建，为减少空气输送管路（采用高速输送），简化空调回风处理与输送，从而减小空调系统占用空间等原因而发展起来。1950 年最早在纽约联合国大厦办公楼应用（工程实录 A1）。20 世纪 70 年代，由于受第一次石油危机的影响，人们对系统输送能耗和调节性能更加关注，再由于噪声问题，诱导型末端很快被风机盘管或其他系统取代。进入 20 世纪 90 年代，诱导系统噪声处理、个别调节手段均获得解决。由于该方式新风独立处理的优点明显，故重又应用。而且诱导型末端被开发成各种形式，其中以卧式暗装方式最具特色，以吊平顶安装型应用最多。由于其回风器和送风口构成的基面比一般空调末端装置为大，长度可达 1500mm，该诱导装置在欧洲称之为"冷梁"，图 6-17 即几种诱导器简图。

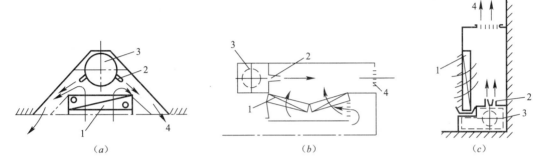

图 6-17　诱导器类型

（a）吊顶式；（b）卧式；（c）立式

1—换热器；2—喷嘴（一次风）；3—高速风管接管；4—出风口

6.4.2　设计原则

如图 6-18 所示全空气系统，设计时由室内热湿比（ε）和送风温差（Δt_0）确定送风状态点和送风量。然后按室内除湿量和需求新风量确定一次空气含湿量（d）（一次风送风露点）。同时确定所需的诱导比（二次风量/一次风量）。一次空气处理机组（AHU）实现深度降温去湿，室内诱导器要求在合理的一次风压（喷嘴前）、适当的喷嘴结构形式下，通过相应的二次风表冷器（与进风温度、水温有关）进行选型。末端装置选择应满足合理的能耗与噪声指标。

与其他热湿分别处理的空调方式一样，诱导器中的表冷器亦为干式冷却盘管。通常供冷时供回水温度

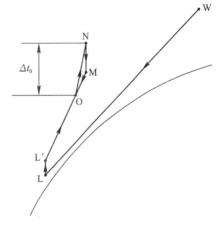

图 6-18　诱导器选择原理

为 16～19℃。图 6-19 为某一诱导器（长 1000mm）的选用图，该图反映了喷嘴压力、喷嘴形式、一次风量和二次风量、噪声、水量及供冷/热能力。用二次风的冷/热负荷 Q_s（W）、室温 Δt 与换热器进出水温之差来表示其能力的大小。在满足 $Q_s/\Delta t$ 的要求下，可在喷嘴压力、噪声水平、喷嘴形式和水量之间进行组合选择，实际设计时应依据各厂商提供详细技术资料进行选型。

此外，诱导型冷梁空调系统一般不采用一次回风。对于大型工程来说，回风系统布设不易，而且也失去新风独立处理的优越性。对于大型、设置内外区的办公建筑，外区可设置风机盘管机组以辅助冷梁空调系统的供冷量不足。

目前，我国大型高层办公建筑采用冷梁的项目有北京西门子中心大厦（工程实录 B28）、国家环保总局履约中心（工程实录 B30）等。

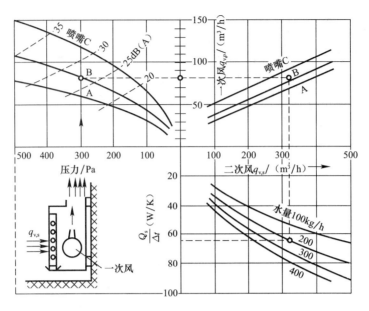

图 6-19　诱导器性能

6.5　干式风机盘管机组应用

6.5.1　干式风机盘管机组

　　长期以来，风机盘管＋新风系统广泛应用于办公、旅馆、医院等高层建筑。由于盘管多处于湿工况，具有去湿功能，故对新风去湿无具体要求。新风处理后的含湿量可大于、等于或小于室内空气的含湿量。作为温、湿度独立控制方式，盘管应干工况运行（干盘管）、新风机组出口空气的含湿量应满足室内除湿要求（＜dn）。风机盘管与新风系统的送风口可以分别设置也可以混合后出风。按湿工况运行的常规标准风机盘管机组在干工况运行条件下（进风 26℃/φ50%、冷水 16～21℃），供冷量仅为常规机组的 25%～40%。因此，必须按照干工况运行条件选择风机盘管机型。与常规风机盘管机组相比，为了增加换热量和风量，常通过改变机组的排数、肋片距、水流程以及增加风量等措施来提高干工况风机盘管机组的供冷能力。现有干盘管的冷量与风量之比在 2～3W/(m³·h) 之间，即供冷量为 1kW 的干式风机盘管对应的风量应不大于 500m³/h 或冷风比不小于 2W/(m³·h)。

6.5.2　干式风机盘管＋新风装置的水系统

　　干式风机盘管＋新风系统的水系统原则上与辐射方式、诱导器等方式相同，前面结合示例已经介绍。为了比较传统 FCU＋新风系统与干盘管 FCU＋新风系统（包括辐射板和 IU 方式）的用能经济性，可对图 6-20 这样的典型方案进行设计工况下的经济性模拟比较，结果反映出系统综合 COP 的大小，其影响因素包括冷水机组能耗，水系统能耗、末端设备能耗以及新风处理设备能耗。传统方式的系统 COP 约为 3.75[方式(a)]，而方式（b）的 COP 值可提高 6.2%。采用辐射吊顶时，由于无末端风机动力消耗，COP 可提高 16%。

6.5.3　新风独立控制的空气处理机组

　　为了能够实现新风深度去湿，除采用低温冷水的新风 AHU（两级排管）方式外，还可采用冷水排管与直接蒸发排管相结合的冷却去湿方式。后者已有功能完整的定型产品，图 6-21 分别表示了这些装置的原理。

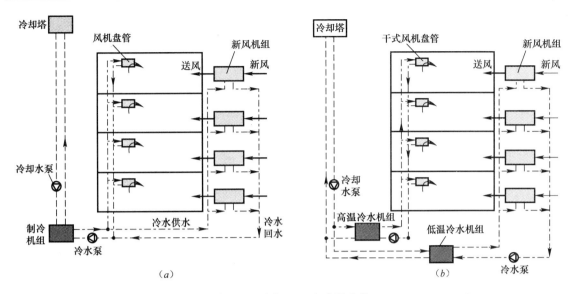

图 6-20 两种 FCU 方式的比较

（a）集中空调系统工作原理（以风机盘管加新风系统为例）；（b）温湿度独立控制调系统原理（以风机盘管加新系统为例）

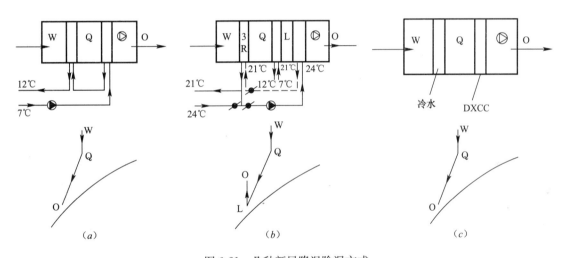

图 6-21 几种新风降温除湿方式

（a）双排管串联；（b）双组排管回逆型（可再热）；（c）双冷源型

6.6 溶液除湿新风处理装置

利用一定温度的溴化锂、氯化钙等溶液以喷淋方式处理空气可以实现许多空气处理过程，是十分有效的新风深度去湿（并降温）方法。20 世纪 50 年代美国就开发出了这种设备，商品名为 KATHABAR ∗（∗ Keep Air Temperature Humidity and Bacteria As Required）。该系统曾用于医院手术室、啤酒厂、制药厂的空调工程中。由于除了空调除湿外还有灭菌作用，那时日本在医院无菌手术室中亦有应用。此外，20 世纪 70 年代，美国也有应用于办公楼的工程实例。设计于 1976 年的美国马里兰州巴尔的摩西郊区社会安全局综合大楼（SSA-Metro-West）是当时电子型"未来办公室"的样板楼（空调面积达 7.3 万 m^2），电子计算机的发热量达 40.8W/m^2，是当时一般办公室的 8 倍。为此，采用了集中机房除湿 AHU 及末端显热冷却方式,新风仅 $1.8 m^3/(h \cdot m^2)$,故风管断面积很小。末端 FCU 进水温度为 12.8℃（一次风与回风混合后进入 FCU）。比传统空调方式的设备能耗低 20%。图 6-22 是该系统的工作原理。

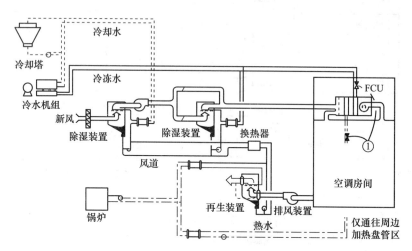

图 6-22　巴尔的摩西社会安全局综合大楼空调系统原理图

在各国实践的基础上,我国近几年间在该技术领域的研发上获得了较大进展。既有工程应用,又有产品开发,其基本工作原理如图 6-23 所示。一般将紧凑组合的处理单元相串联。实际装置则将除湿单元与再生单元相结合,并通过热泵机组提高了其处理效率。新风进口还可用高温冷水予以预冷,以获得更好的处理效果。图 6-24 是这种整体机组的构造图。

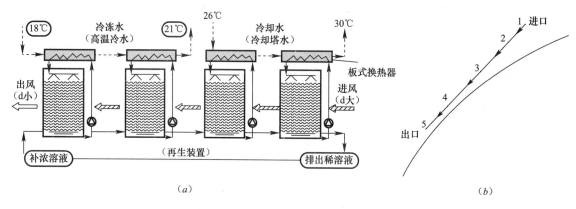

图 6-23　溶液除湿新风处理装置原理图
(a) 除湿流程；(b) 焓湿图

由于溶液除湿不依赖冷水机组低蒸发温度所形成的冷凝去湿,故该方式综合效率高于传统空气处理方式。

目前我国在办公建筑中应用这种新风去湿与干式末端方式的工程有深圳招商地产 3 号办公楼（地上 5 层）、济南市东郊新开发区某商务大厦（地上 16 层）、上海虹桥产业园区 1 号及 2 号楼（地上 6 层）、北京市可持续发展科技促进中心（地上 14 层）等项目（其中有的项目部分层面采用）。业界正在通过运行经验的积累以期扩大应用。

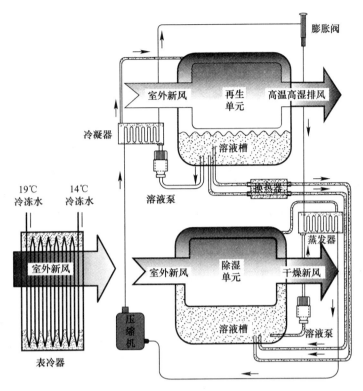

图 6-24　溶液除湿机组构造图

本章参考文献

［1］　刘晓华，江亿等著. 温湿度独立控制空调系统. 北京：中国建筑工业出版社，2006.

［2］　殷平. 室内环境的安全性和独立新风系统. 暖通空调，2003，33（SARS 特辑）.

［3］　王玉平. 连之伟. 辐射吊顶与地板通风复合系统在办公建筑中的应用探讨. 制冷技术，2008，4.

［4］　庄淼，舒适、节能冷却吊顶空调系统. 能源研究与信息，1998，4.

［5］　任照峰等. 温湿度独立控制空调系统在某商务大厦中的应用.《暖通空调》，2009，39 卷增刊.

［6］　中野韦夫等. 冰蓄冷辐射供冷系统的综合评价. 暖通空调，2002，32 卷（4）.

［7］　赵荣义，范存养等. 空气调节（第 4 版）. 北京：中国建筑工业出版社，1998.

［8］　刘传聚. 浅谈金属板辐射冷吊顶、冷梁及干式风机盘管. 制冷空调工程技术，2011，2.

［9］　沈列丞，龙惟定. 干盘管系统在办公建筑中应用的技术经济分析. 暖通空调，2008，38（6）.

［10］　左涛等. 独立新风处理加吊顶冷辐射板空调系统的节能性及气候的相关性. 暖通空调技术，2006，1.

［11］　徐征. 低温辐射供冷方式设计问题的探讨. 暖通空调，2006，36 卷增刊.

［12］　王子介. 低温辐射供热与辐射供冷. 北京：机械工业出版社，2004.

［13］　西野宗武. 空気式天井放射冷暖房システム. 建築設備士，2011，6.

［14］　塩谷正樹等. 自然エネルギーを利用した天井放射空調システム. 建築設備と配管工事，2011，1.

［15］　井口泰男. 冷却・除湿分離方式省エネ空調システム. 建築設備と配管工事，2010，2.

第7章 下送风空调方式及其复合应用

高层办公建筑空调送风方式从传统的上送风方式转换为下送风方式时应有一定的选择性。近几年，下送方式正逐步引起业界关注。下送风一般指地板送风（Under Floor Air Distribution，UFA）。作为现代化智能建筑的先例——20世纪80年代建成的中国香港汇丰银行（工程实录 KD2）和英国伦敦 Leyal's 大楼（工程实录 E1）均是采用下送风空调方式的成功实践。据 2004 年统计，全世界已有近 100 万 m² 办公建筑采用了此方式。

7.1 地板送风和置换通风区别

从房间下部送风有地板送风和置换通风两种技术概念，前者用于空调，后者着重于通风换气。两者在原理上有所区别，详见表 7-1。显然，对于办公楼标准层的下送风方式指的是"地板送风"。

地板送风与置换通风比较   表 7-1

项 目	地板送风（UFAD）	置换通风（DV）
图式		
机理	从地面送出具有一定速度的空气，在向上流动过程中，与工作区的空气迅速混合进行热湿交换而达到调节工作区温度的目的。气流进入非工作区时，通过自然对流从上部回/排风口排出，房间上部存在热力分层现象，但不十分明显	以在房间下部送低速风，气流以类似层流的活塞流状态，主要依靠室内热源产生的热浮升气流不断卷吸室内空气向上运动，从房间上部排出。热力分层现象明显
功能	送风既承担室内热湿负荷，且混有新风并有通风换气功能	主要满足通风换气功能，通常是单独的新风送风系统（Dedicated Outdoor Air System，DOAS）
送风速度	地板送风出风口气流速度较高，一般可达 1.0m/s	送风速度较低，通常为 0.2m/s
送风温度	送风温度通常为 18℃左右或者更低（取决于室内负荷及室内温湿度要求），但为避免在室内低处造成"冷风感"，通常不低于 15.5℃	送风温度接近室内温度（通常比室温低 1~1.6℃）
负担室内热湿负荷	送风负担室内热湿负荷	送风仅承担小部分室内热湿负荷，通常采用其他方法控制室内温度（常用辐射冷/热吊顶系统）
风量	风量较大（与 DV 相比较）	风量较小（与 UFAD 相比较）

续表

项　目	地板送风（UFAD）	置换通风（DV）
室内气流	送风尽可能与工作区内空气充分混合，在室内较高处存在轻微热力分层现象	尽可能减少工作区的空气混合，空气流动主要靠热浮力尾流形式，室内高处存在明显的热力分层现象
内/周边区系统	通常内区采用定风量，周边区采用变风量系统（或四管风机盘管及其他末端装置）	在所有区域（内区和周边区）都采用定风量低压风管系统
送风空气来源	利用部分室内空气（回风）与新风混合后经处理送入室内（除过渡季节为充分利用新风冷量而采用全新风外）	通常是100%新风而无回风
风口性能与型式	风口紊流系数大、掺混性能好，通常采用旋流风口，同时，为满足局部调节的要求，一般地板送风口数量多，风口尺寸小，通常采用架空地板，风口与架空地板相结合	风口紊流系数小、扩散性能好，通常采用孔板风口，同时，为保证较小的送风速度，风口面积一般较大，大多采用墙角、窗台下的送风装置，要与建筑空间协调
适用性	不仅适用于供冷工况，由于气流的高速掺混性，在冬季需要加热的时候也可送部分热风	仅适用于供冷工况，不能用于供热工况，因为送风热空气密度较小，会形成短路而很快由房间上部风口排走
空气流动动力	送风的动量是空气流动的主要动力，而由人体和设备等热源产生的热浮升气流则是次要的	室内热源（人员和设备等）产生的热浮升气流是空气流动的主要动力
应用场合	现代办公建筑、高档商业建筑、博物馆、展览馆等	层高较高、空调负荷较较小（最大冷负荷小于120W/m²，尤其污染物与热源相关的场合

7.2　地板送风特点

地板送风采用较多的小尺寸地板送风口送风，在上部设置回风/排风口。该方式与传统的上送下回方式相比，具有有效利用办公室内热源产生的自然对流作用，将室内热量和污染物有效排除。设计良好的系统可以在房间上部形成热力分层现象，允许工作区上方的空气状况劣于工作区，而对室内人员无影响。概括分析，它具有以下优点：

（1）系统灵活性大：可适应房间用途的调整而不引起室内设备布置的变化。因地板送风末端装置可与架空活动地板同时变更位置，且地板下部空间也便于电力线路、通信系统、水管等的重新安装，减少重新装修的工程费用。

（2）便于局部热环境个人控制：送风口设在地面，人伸手可及，能随个人（或区域）要求调节送风量、送风速度和送风方向，有利于提高工作效率。

（3）保证工作区的室内空气品质：室内产生的热量、尘粒、污染物等可通过热对流作用自然向上有效排出房间，室内热负荷的增减对工作区影响较小，下送上回的气流组织可保证工作区有较高的换气效率和较好的空气质量。

（4）节能方面有以下体现：

1）良好的设计可实现室内空气的热力分层，减小工作区冷负荷（仅计 65%～85% 的显热负荷），送风量较小，上部排风温度较高；此外由于送风温度（17～18℃）比传统上送风系统（13℃左右）高，因而过渡季可利用新风供冷的时间较长，可缩短制冷机组的运行时间；同时因送风温度较高提高了制冷机组的 COP 值。

2）由于利用地板静压箱，不设风管，送风阻力小，风机送风动力小，节约大量风管制作材料与人工。

3）地板表面温度接近送风温度，有辐射供冷/热效果，室内温度的设定可宽于常规系统，装置容量较小。

4）利用地板送风的建筑结构材料的热惰性，进行结构蓄冷/蓄热，可与水蓄冷或冰蓄冷技术相结合，实现移峰填谷用电策略；

（5）建筑结构方面得益：地板送风虽有送风静压箱，但可降低顶棚空间高度，有的项目甚至不设吊平顶（工程实录 KD5）。地板送风静压箱的高度随末端装置结构而异，一般＜350mm，与传统方式相比，地板送风方式可降低 5％～10％的楼层高度，减少土建投资或增加建筑楼层（对高层建筑而言）。这些因素都值得项目建设业主方考量。

7.3　地板送风空调末端装置

地板送风空调系统的主要部件是地板送风末端装置。地板送风末端装置有各种类型，表 7-2 为地板送风末端装置的分类。

地板送风末端装置分类表		表 7-2
分　类	构造特点	备　注
按送风动力	靠地板夹层的空气静压出风，无风机	见图 7-1
	送风口与小型风机相结合的送风口，静压箱高度可较小	见图 7-2
	风管连接型，可不设静压箱	
按气流组织	旋流型风口：利用风口结构较大的诱导比，使温差在射流中迅速衰减，旋流风口还可按冬夏季（送热风/冷风）进行调节	见图 7-3
	指向性风口，即轴向型风口	
按空调方式	不带二次回风的送风口，用于一般全空气系统	
	带二次回风的送风口，用于二次回风方式，可减少空气处理机组的风量	见图 7-4
按送风口的密集程度	分散布点型：根据人员与设备的位置分布	
	全面出风型：从静压层向上的空气经透气的阻尼层或穿孔板送，使全室均匀出风	见图 7-5

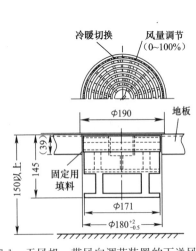

图 7-1　无风机、带风向调节装置的下送风单元

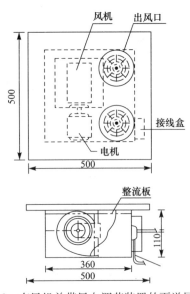

图 7-2　有风机并带风向调节装置的下送风单元

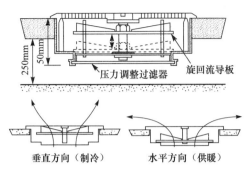

图 7-3　可调气流角度地板送风口

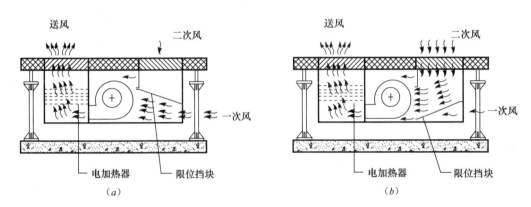

图 7-4　有二次回风机构的下送风末端装置
（a）一次风为主；（b）二次风为主

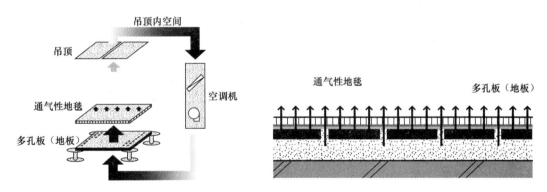

图 7-5　全面地板出风结构

图 7-5 所示全面出风型地板送风方式是一种特殊的出风形式，可形成全面的低速层流气流（0.01～0.015m/s）。该方式适用于整体环境清洁的场合。据开发者日本野部达夫教授提供的资料，到 2005 年 3 月，已有 76 个大小项目共 7.25 万 m² 建筑采用了全面出风型地板送风方式。

除地板送风专用末端装置外，还可采用地板送风专用空调机组（AHU）（见图 7-6），空调机组可采用全热交换器，一般结构紧凑、占地面积小，但空气过滤器配置应完善。

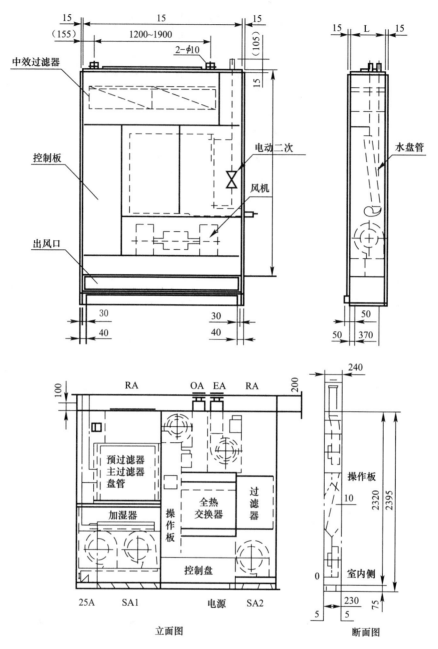

图 7-6　下送风专用 AHU 基本结构

7.4　地板送风空调方案选择

地板送风空调方式有多种，设计时可根据其特点进行选择。表 7-3 为几种地板送风空调方式的比较。

办公建筑采用地板送风方式时，一般亦应划分内区和外区（周边区），实施方案有以下几种：

（1）用不同的 AHU 处理，内区采用地板静压箱送风，外区风管安装在静压箱内，通过窗边条缝型送风口送风，承担窗际负荷。内区采用不带风机的送风口。

（2）内区采用无风机的风口，外区采用带风机的风口，美国的地板送风工程常用这种方式。

（3）内区用无风机送风口，外区窗台处设置立式 FCU，即内区用各层分区的 AHU 送风，

地板送风空调方式主要方案分析比较 表 7-3

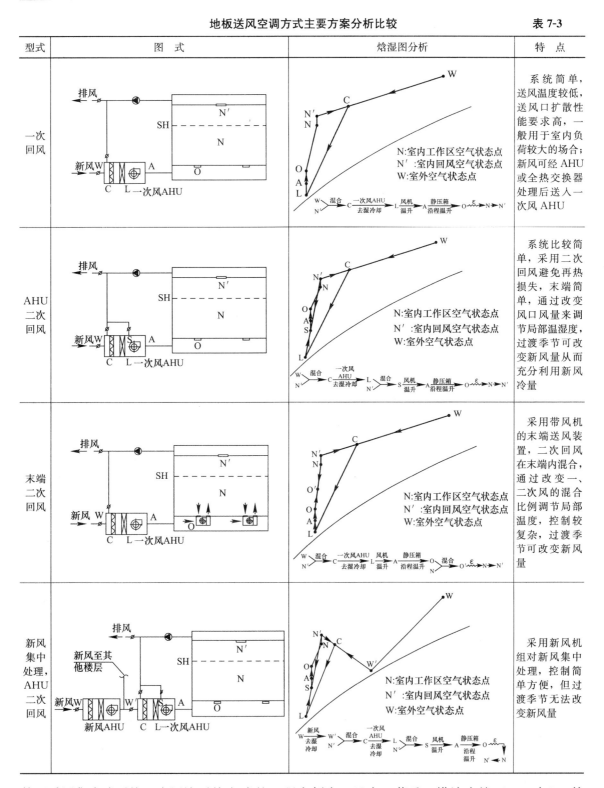

型式	图 式	焓湿图分析	特 点
一次回风		N:室内工作区空气状态点 N′:室内回风空气状态点 W:室外空气状态点	系统简单,送风温度较低,送风口扩散性能要求高,一般用于室内负荷较大的场合;新风可经 AHU 或全热交换器处理后送入一次风 AHU
AHU二次回风		N:室内工作区空气状态点 N′:室内回风空气状态点 W:室外空气状态点	系统比较简单,采用二次回风避免再热损失,末端简单,通过改变风口风量来调节局部温湿度,过渡季节可改变新风量从而充分利用新风冷量
末端二次回风		N:室内工作区空气状态点 N′:室内回风空气状态点 W:室外空气状态点	采用带风机的末端送风装置,二次回风在末端内混合,通过改变一、二次风的混合比例调节局部温度,控制较复杂,过渡季节可改变新风量
新风集中处理,AHU二次回风		N:室内工作区空气状态点 N′:室内回风空气状态点 W:室外空气状态点	采用新风机组对新风集中处理,控制简单方便,但过渡季节无法改变新风量

外区采用集中式系统。应用该系统方式的工程实例有:日本三菱重工横滨大楼(1994 年)。外区也可采用局部空调机组(如 WTU),日本长期信用银行本部大楼(1990 年)采用此种空调方式。

(4)内区采用地板送风,外区不设专用系统而利用通风窗(AFW)保障窗边环境(日商岩井东京本部大厦,2000 年);或内区下送风,外区采用空气屏障方式(日本东京品川三菱重工大楼，2003年，工程实录J77）。

（5）不分内外区，新风采用专用机组。外区用蓄热式电热器（窗台下），如东京品川 Inter City（工程实录 J55）。

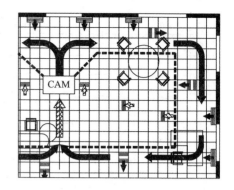

图 7-7　下送下回灵活空间系统

此外，为了最大限度地降低层高，地板送风也可采用下送下回方式。当送风末端采用可引入二次风的机组时（见图7-4），可在静压箱内按需分成正压与负压两种空间，前者为送风通路，后者为回风通路，将从地面进入的回风引到AHU（见图7-7），我国香港如心广场（2007年）即采用该空调方式（工程实录 KD5）。

对于一般下送风空调方式的相关设计参数可参见图7-8。

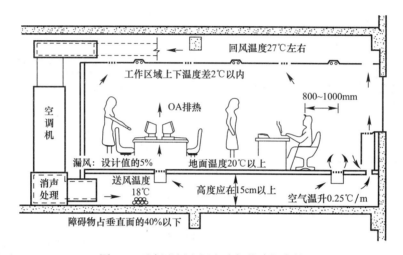

图 7-8　地板送风空调方式部分建议参数

7.5　地板送风的复合应用

地板送风空调方式可根据其技术特征在下列多个方面发挥作用。

7.5.1　结构蓄冷（热）

与送风静压箱构成一体的建筑结构具有很大的蓄冷（热）能力，如空调系统与冰蓄冷（或水蓄冷）组合在一起，可以通过充分蓄冷（热）以达到用电移峰填谷的作用。采用下送风空调方式比上送风方式的结构蓄冷更具优越性。图7-9为一个下送风空调工程采用结构蓄冷的流程示意图。图7-10则表示冰蓄冷、结构蓄冷联合运行系统的运行策略和冷负荷分担图。

7.5.2　个人空调

个人空调又称岗位空调（对流/辐射方式）。个人空调与环境（背景）空调相结合的方式是新世纪所追求的热环境方式，为各国所注目。该空调方式不仅节约能源，也提高"知识生产力"（脑力劳动的生产效率）。在地板送风的基础上易于实现个人空调。

下送风空调方式在环境空调配置的基础上，可通过以下诸方案实现岗位个人空调：

（1）将背景空调机组（AHU）的送风用风管引至岗位附近送风，或引入办公桌分隔板间面对人员送风。该方式除风量、风向可调节外，温度不能调节。该空调方式见图7-11。

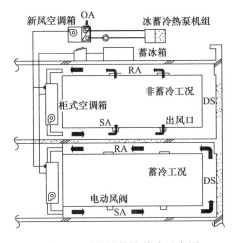

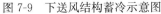

图 7-9　下送风结构蓄冷示意图

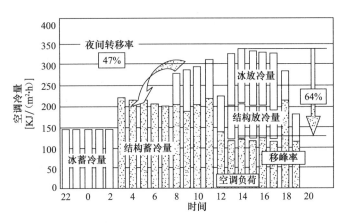

图 7-10　冰蓄冷、结构联合运行策略

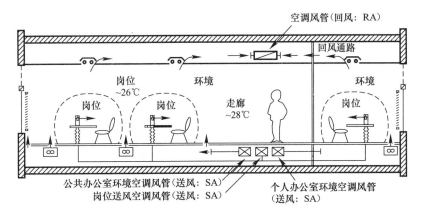

图 7-11　个人空调方式示意图

（2）送风经专用新风空调机组（AHU）引出，通过静压箱送至办公桌分隔板的小型百叶风口及地板送风口。采用较小风量即可满足要求。当背景空调采用辐射方式时，可成为热湿分别处理的空调方式。

（3）亦有建议采用局部辐射板供冷代替对流方式更为舒适。

除下送风空调与个人空调相结合外，作为背景空调的上送风空调方式、辐射方式（包括"冷梁"）也均可与个人空调相结合，对于相应的热舒适以及节能性各国都在研究和实践之中。

7.5.3　自然通风

高层建筑设计应从各方面入手考虑节能。利用地板下送风空调方式时，过渡季节可利用其构造特征有效规划自然通风的通路，并实现多种通风方式。自然通风方案除与当地的气象条件有关外，更重要的是与建筑设计规划有密切关系（平面布局和剖面设计）。图 7-12（a）为某一建筑楼层采用下送风时空调运转的空气流程，此时位于外窗上的条缝型新风进口阀门关闭；图 7-12（b）为利用室外空气进行夜间通风（又称 night purge）的流程，即外窗（顶部）的风门打开，新风经地板静压层进入。夏季晚间温度较低的空气可以去除白天空调运行时的蓄热负荷，有利于翌日降低空调启动负荷。图 7-12（c）则为过渡季节某些时段可以利用自然通风对室内除热的运行模式，此时除导入下送室外空气外，还可手动打开高窗部分的排烟窗进风，并将吸收室内热量后的空气经分设的排气竖井排至室外。当办公室靠近大楼的中庭时，则可直接排至中庭，再由中庭顶部排至室外。

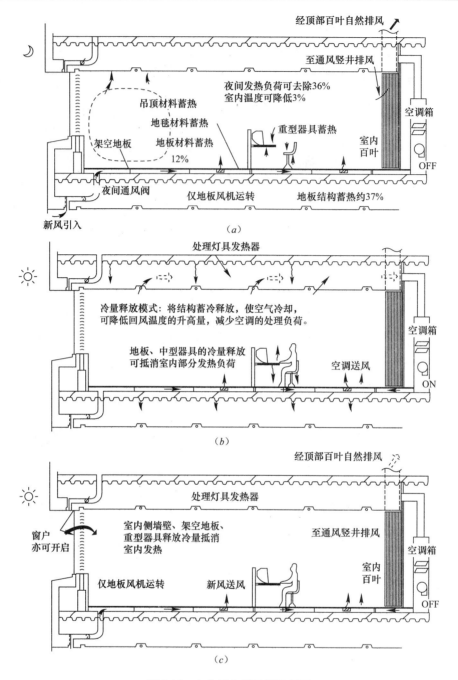

图 7-12　办公层夜间通风示意图

(a) 夜间通风概念图（数值为假定的蓄热比例）；(b) 空调运行的概念图；(c) 过渡季节自然通风概念图

7.6　工程实例

在我国，地板送风方式的应用始于 20 世纪 90 年代，在图书馆、展览馆等公共建筑的阅览室、展示厅中有应用。高层办公楼应用则从近几年开始。实践证明，必须在设计、安装（与土建的配合）、运行调节和清洁管理等方面认真应对、总结经验，才能充分发挥这一技术的优势。

表 7-4 提供了若干地板送风方式的工程实例。本书工程实录中也有若干国内外的工程供参考。如日本松下电气信息中心大厦（工程实录 J45）、三菱重工品川大厦（工程实录 J77）、新关

表 7-4

地板送风空调方式工程实例

建筑名称	建设时间	建筑面积 (m²)	层数	内区地板送风方式					外区空调方式	备　注	资料来源
				标准层面积 (m²)	层高 (m)	净高 (m)	静压箱高 (m)	送风口结构参数			
日本三菱重工横滨大楼（一期）	1994 年	110000	地上 34/地下 2	2500 (23～32 层)			0.25	标准层分 4 区，手动风量调节型地板送风口（三菱重工制造，每个风量 100m³/h，每区 90 个风口，约 5m² 一个风口，合 20m³/(h·m²)	窗台式二管制 FCU，与四管 AHU 之间水管合用为四管系统，竖向为四管制	6～22 层为上送下回方式，空调装置可实现重工建新风供冷（三菱重工建设开发部设计）	《建筑设备》总 519 期
日本长期信用银行本部大楼	1990 年	62821	地上 21/地下 2					采用上送下回可能之 AHU，上部送风量 80%，下部送风量 80%，总送风量 30m³/(h·m²)。下送风出风温度比上送风高 2℃	用特殊型（柱内设置）WTU、排风经简易 AFW 排出	用 DHC 冷水及蒸汽，另有冰蓄冷（日建设计设计）	《建筑设备》总 517 期
日本大林组名古屋支店办公楼	1998 年	6883	地上 10/地下 1	3～8 层下送风				风口不带风机，位置可调	简易 AFW 方式	与自然送风设计相结合，有辐射供冷（热）、动态冰蓄冷等装置	《建筑设备士》1999 年第 2 期 1999 年第 8 期
日本大日本印刷 C&I 大楼	1998 年	16567	地上 10/地下 2	640（办公室）	3.2	2.7	0.15	40m²/台下送风 AHU，送风口带风机	外区用 FCU	静压箱可用于夜间自然通风，设有结构蓄热	《建筑设备士》1999 年第 1 期
日本梅田 DAYA 大楼	2000 年	42363	地上 23/地下 3	1000	4.0	3.0	0.3	2～23 层下送风 AHU（下送风）及风量，东西各一台 AHU，有手动阀及湿、中、弱三档自动调节装置	空气气屏障方式，在百叶窗与卷帘间送风（专用变风量系统）后接入回风系统	有冰蓄冷	《建筑设备》2001 年第 1 期

续表

建筑名称	建设时间	建筑面积（m²）	层数	标准层面积（m²）	内区地板送风方式 层高（m）	净高（m）	静压箱高（m）	送风口结构参数	外区空调方式	备 注	资料来源
日本日商岩井东京总部大楼	2000年	81137	地上24/地下2					顶送（上回）系统用作背景空调，下送上回系统作为岗位空调，风口带风机，可调送风量	双层窗AFW方式，由排风系统排出	有COG装置（400kW），动态冰蓄冷装置（竹中工务店设计）	《建筑设备》2001年第5期
日本中央三井信托银行本部	2000年	38805	地上22/地下3	1469（5~13层）	4.2	2.8	0.2	每层分4区，每区一台AHU（下送风型），每层净办公面积880m²	窗台箱内设面送风，冬季由电加热器加热空气送热风	有COG装置（400kW），动态冰蓄冷装置（竹中工务店设计）	《建筑设备》2001年第2期
日本明治大学Academy Como	2003年	25800	地上11/地下2		4.5		0.2	空调与自然通风结合，用通气地毯作全面下送风	设有空气屏障系统	用电制冷设备（热回收型离心机组及蓄冷水槽），设冷/热泵（久米店设计）	日本HPAC 2004第9期，《建筑设备》2004年第4期
中国香港中环中心	1997年	110000	80	2000	3.9	2.5	0.39	每层设两个机房（各设一台AHU），每台送6个用AET公司的FSS系统	沿窗末端有电加热器	用空气源热泵机组作热源	《空调暖通技术》2004年第4期
中国香港长江中心	1998年	65000	60	2000	4.3		0.5	每层设两个机房（各设一台AHU），每台送8个区	带电加热终端机组	用空气源热泵机组作热源	我国香港AET公司提供资料
马来西亚电讯大楼	1999年	65000	60	2000	3.9		0.3	每层分8个区，每层一台AHU			我国香港AET公司提供资料
中国上海The Center（华尔顿广场二期）	2004	88000	40	2200	4.4		0.5	每层分6个区，设2台AHU	风机盘管	冷源为离心制冷机，3台3517kW，2台1759kW	我国香港AET公司提供资料

电大夏（工程实录 J88）、品川 Intercity B 楼（工程实录 J59）、上海港务国际大厦（工程实录 S31）、上海东方汇经大厦（工程实录 S41）等。新落成的美国纽约《纽约时报》新总部大楼（52F）办公标准层也采用下送风方式。

本章参考文献

[1]　范存养. 办公室下送风空调方式的应用. 暖通空调，1997，4.

[2]　林忠平等. 办公室地板送风技术的新进展. 暖通空调，2005，35 卷增刊.

[3]　Terranova J. Underfloor Ventilation. HPAC Engineering，M 2001.

[4]　Stven Weidner. Cooling with less air using UFAD and Chilled beams. ASHRAE J，2009.

[5]　Geoff McDonell. Underfloor & Displacement why they're not the same. ASHRAE J，J 2003.

[6]　Y，J，P，Lin，A. madd for and UFAD Systems. Energy and Buildings，2005，37.

[7]　UnderHoor & Overheed Ductless VAV Systems. ASHRAE Journd，2003.

[8]　Geoff Mc Donell，P，Eng. Underfloor & Displacenent Why They are Not the same，ASHRAE.

[9]　Jack Terranova. Under follr Ventilation，Raised-floor air distribution for office Environments. HPAC Engineering，M 2001.

[10]　李玉国等. 香港地板通风空调系统的初步研究. 香港大学机械系与建筑系研究报告，2001 年 8 月.

[11]　孔琼香等. 办公楼地板通风系统应用与研究现状. 暖通空调，2004，4.

[12]　中原信生. 知識情報作業空間の最適環境制御の研究. 东京：名古屋大学刊印，1991.

[13]　黄虞训. 上海市陆家嘴 X3-2 项目（东方汇金大厦）地板送风系统设计. 制冷与空调，2011，3.

[14]　董海洋. 办公楼地板通风系统的应用及其设计要求. 暖通空调，2005，35 卷增刊.

[15]　王宏涛，地板送风对办公建筑室内环境的影响，《洁净与空调》2008 年第 6 期；

[16]　Mike Filler. Best Practices For Under Floor Air Systems. ASHRAE Journal，2004.

[17]　Tom Webster. Underfloor Air Distribution：Thermal Stratification. ASHRAE Journal，2002.

[18]　王庆莉等. 地板送风与置换通风的差异. 建筑热能通风空调，2004，23（5）.

[19]　Fred S. Bauman 著. 地板送风设计指南. 杨国荣等译. 北京：中国建筑工业出版社，2006.

[20]　刘瑜等. 床噴出しおよび天井噴出し空调方式における汚染物の挙動に関する研究. 日本建築学会计画系論文集第 478 号，1995.

[21]　アンダーフロア空调システム研究会编. アンダーフロア空调システムの计画と实施. 技術書院出版，1993.

[22]　Tatsuo Nobe. Cutting Edge Studies from Japan，Indoor Environment & Energy. 中日空调技术交流会资料，2005 年 11 月 30 日.

第8章　高层建筑冷热源设计

8.1　常规冷热源方式与选用原则

8.1.1　常规冷热源方式

高层建筑空调常规冷源有：离心式、螺杆式、活塞式、涡旋式冷水机组；蒸汽型、热水型、直燃型吸收式冷（热）水机组；螺杆式、活塞式、涡旋式空气源热泵冷热水机组以及一些直接蒸发式热泵型变冷媒流量多联机组等。

高层建筑空调常规热源有：燃气（油）型蒸汽、热水锅炉、直燃型吸收式冷热水机组、螺杆式、活塞式、涡旋式空气源热泵冷热水机组以及一些直接蒸发式热泵型变冷媒流量多联机组等。

常规冷热源方式的类型和性能系数见表8-1。

表 8-1

常规冷热源方式的类型和性能系数表

类　型			额定容量（kW）	性能系数 COP	
				按二次能源	按一次能源
电力型	水冷冷水机组	活塞/涡旋式	70～1163	4.1～4.6	1.44～1.61
		螺杆式	100～1758	4.4～5.1	1.54～1.79
		离心式	350～10000	4.7～5.6	1.65～1.96
	空气源热泵机组	活塞/涡旋式	70～1400	2.6～2.8	0.91～0.98
		螺杆式	100～1758	2.8～3.0	0.98～1.05
		多联机组	20～116	2.6～2.8	0.91～0.98
热力型	吸收式冷热水机组	蒸汽型	175～10000	≤1.28kg/kWh	
		热水型	70～2800		
		直燃型	70～5626		制冷≥1.1，供热≥0.9
	燃气/油锅炉	蒸汽型	290～11628		热效率≥89%
		热水型	290～11628		热效率≥89%

8.1.2　国内外应用状况

美国早期的高层建筑常利用城市蒸汽热网，用蒸汽透平机带动离心式制冷机供冷。20世纪70年代后开始采用电动型离心式冷水机组。美国高层建筑空调技术的特点是大型、高度集中、全空气低温送风。电动型离心式冷水机组适应了空调系统对于低温冷水、大温差运行的需求。溴化锂吸收式冷热水机组使用较少。近年来，欧洲从保护臭氧层出发，重新采用吸收式冷热水机组。

20世纪70年代中期起，日本因环保考虑，高层建筑空调用燃料逐步由重油转为轻质油。日本能源基本靠进口，在能源政策引导下，开始大量采用燃油/燃气吸收式冷热水机组，辅以电力型离心式、螺杆式冷水机组。同时，电力型冷暖两用空气源热泵也得到了普及。20世纪90

年代随着泡沫经济的崩溃，建筑能源价格高涨，冷热源方式和能源组合日趋多样化，开始利用燃气发电的余热，多联空调机组等个别空调方式也开始进入大型高层建筑。

我国高层建筑大规模空调始于20世纪80年代末，初期采用国产活塞式冷水机组或蒸汽型吸收式机组，质量较差。20世纪90年代，改革开放使高层建筑如雨后春笋，国际著名空调、制冷机组公司纷纷进入中国市场，进口、合资产品使空调制冷产品升级换代，高层建筑空调进入了一个崭新的时代。初期因电力不足，蒸汽型、直燃型吸收式机组很受欢迎。城市环保、锅炉不济又使空气源热泵应运得宠。城市建筑的大型化、集约化，也由于电力、燃气供应状况的好转，目前我国北方大型高层建筑空调冷热源多为电动离心式、螺杆式冷水机组加城市热网；南方多为电动离心式、螺杆式冷水机组加燃气锅炉。由于使用计费方便，也因为现场机电集成工作量小，系统质量得到保证，近年来变冷媒多联机组由中小型建筑向大型建筑发展。

表8-2是同济大学对1995～1997年上海200个工程调查其冷热源方式情况汇总。这反映了上海高层建筑建设初期的共识。随着建设的发展、地球环境形势的严峻，一般认为：根据节约能源、保护地球环境和合理利用自然能等前提，通过分质供能、梯级利用、技术集成等手段，可确立高层建筑用能原则：

（1）凡有城市、区域供能或工厂余热时，宜用作建筑物供热与空调热源；

（2）靠近热电厂的地点，应采用热电联供，并利用余热供冷供热技术；

（3）有天然气供给的地区，可利用分布式冷热电联供和燃气空调，采用复合能源供能，提高能源综合利用效率；

（4）当天然水资源和地热源可利用时，可采用水（地）源热泵的供冷供热技术；

（5）为了使城市供电合理性，减小发电装置容量，空调用电能提倡移峰填谷，有条件时应考虑采用蓄冷蓄热技术。

上海200个工程冷热源方式汇总　　　　　　　　　表8-2

冷源驱动能源	冷源机器	冷热源组合方式	工程实例	工程数量	热源机器	热源驱动能源
电力	离心式制冷机 螺杆式制冷机 离心式+螺杆式 离心式+空气热源热泵 空气热源热泵 水热源热泵	离心式+电锅炉	恒隆广场等	17	空气热源热泵	电力
		离心式+空气热源热泵	申通广场等	6	水热源热泵	
		离心式+燃气锅炉	梅龙镇广场等	5		
		离心式+燃煤锅炉	春燕大厦等	3	电锅炉（电加热器）	电力
		离心式+油锅炉	金茂大厦等	44		
		螺杆式+油锅炉	齐鲁大厦等	7		
		离心式+螺杆式+油锅炉	凯建大厦等	6	燃气锅炉 直燃型吸收式	煤气
煤气	直燃型吸收式机组	离心式+热泵+电锅炉	兰生大厦等			
		空气热源热泵	金叶大厦	35		
		水热源热泵	芝大厦等	5		
燃油	蒸汽吸收式 直燃型吸收式机组	吸收式+燃油锅炉	东方广场等	6	燃油锅炉 集中供热 直燃型吸收式	燃油
		吸收式+集中供热	兵工大厦等	3		
		直燃型吸收式机组（气）	森茂大厦等	9		
		直燃型吸收式机组（油）	建银大厦等	9		
复合能源	离心式+蒸汽吸收式 离心式+直燃吸收式机组	离心式+吸收式+燃油锅炉	久事大厦等	5	燃煤锅炉	煤
		离心式+直燃式+燃气（油）锅炉	上海证券大厦等	3		

8.2 蓄能空调技术

8.2.1 发展缘由

随着人们生活水平与生活质量的提高，世界各国最大电力负荷不断增加。与以前比较，现在电力负荷的成分发生了较大变化：冶金、化工等耗电大户经节能改造，加工、信息行业发展壮大，产业性电耗比例下降；随着城市建设的发展，以空调为主的消费性电耗比例不断上升。

由于不同季节和昼夜不同时段用电量差异较大，电网负荷存在高峰和低谷现象，电网负荷率不断下降。为满足高峰负荷而大量扩建电厂，既不经济，还对环境产生不利影响；电厂在电网低负荷下运行效率较低，不利于节能减排。因此，各国都采用分时电价，鼓励夜间谷电时段用电，峰电时段和谷电时段的电价差可达到3～5倍之多。

随着城市化发展，以空调为主的建筑能耗迅速增长，空调冷热源能耗又是其中的大头。大力发展空调冷热源蓄能技术、削峰填谷，不仅可减少国家电力投资、提高发电效率，用户也可享受夜间廉价电力，降低空调运行费用。

蓄能空调技术还可有效地调节空调负荷的峰谷值，实现负荷平均化。直接好处是减小配电设备和空调冷热源设备的容量。

蓄能空调技术还可为高层建筑提供应急冷热源，一旦遭遇停电，在应急电源帮助下可为一些不能间断运行的空调系统提供冷热源。

因此，蓄能空调技术近年来得到了很大的发展。

8.2.2 典型方式与特点

蓄能空调按蓄能介质分类有冰蓄冷、水蓄冷（热）以及无机盐与水混合的共晶盐。冰蓄冷还可细分为冰盘管内融冰、冰盘管外融冰、封装冰（冰球）、冰晶（冰片）等。而冰蓄冷和水蓄冷（热）是应用最广泛的蓄能方式。各类蓄能空调系统的典型方式与特点如表8-3所示。

冰蓄冷的特点是：蓄冷装置体积小、热损失少、冷水温度低、温差大、输送能耗较小，但冷水机组运行效率较低、初投资较高。冰蓄冷系统适用于低温送风空调系统。

水蓄冷（热）的特点是：冷水温度及主机效率较高、蓄水槽可兼作蓄热、初投资较低，但蓄能装置体积大、热损失较大。水蓄冷系统适用于能源中心等区域性项目。表8-3为各类蓄能空调系统的典型方式与特点。

各类蓄能空调系统的典型方式与特点　　　　　　　　　　　　　表8-3

	水蓄冷（热）	盘管外融冰	盘管内融冰	冰球	冰晶（片）	共晶盐
图示	图8-1	图8-2	图8-3	图8-4	图8-5	图8-6
制冰方式	静态	静态	静态	静态	动态	静态
制冷机组	标准单工况	直接蒸发或双工况	双工况	双工况	分装或组装式	标准单工况
蓄能装置容积（m³/kWh）	0.089～0.169	0.03	0.019～0.023	0.019～0.023	0.024～0.027	0.048
蓄冷温度（℃）	4～6	−9～−4	−6～−3	−6～−3	−9～−4	5～7
释冷温度（℃）	4～7	1～3	2～6	2～6	1～2	7～10
释冷速率	中	快	中	中	快	慢
释冷载冷剂	水	水、二次冷媒	二次冷媒	二次冷媒	水	水
制冷机组COP	5.0～5.9	2.5～4.1	2.9～4.1	2.9～4.1	2.7～3.7	5.0～5.9
蓄冷槽形式	开式	开式	开式	开或闭式	开式	开式
制冷系统形式	开式	开或闭式	闭式	开或闭式	开式	开式
特点	可用常规冷水机组，冷热兼备	瞬时释冷速率高	模块化槽体，适用各种规模	槽体外形设置灵活	瞬时释冷速率高	可用常规冷水机组
适用范围	区域能源	大型工程	中型工程	各类工程	各类工程	各类工程

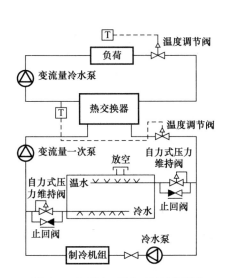

图 8-1　水蓄冷（热）系统原理图

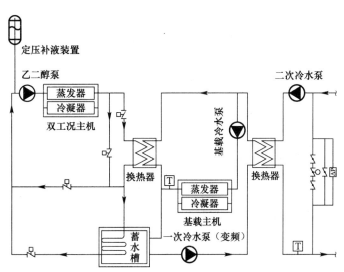

图 8-2　盘管外融冰系统原理图

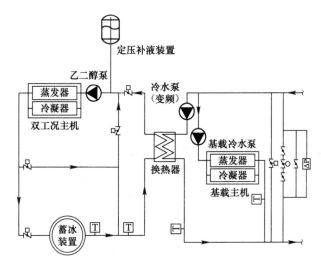

图 8-3　盘管内融冰系统原理图

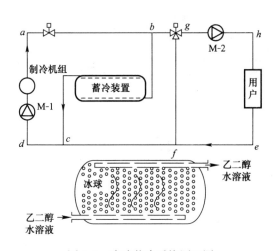

图 8-4　冰球蓄冷系统原理图

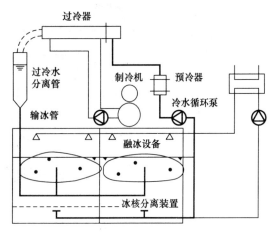

图 8-5　冰晶（片）蓄冷系统原理图

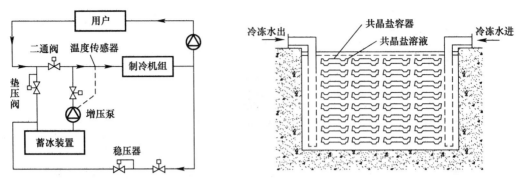

图 8-6 共晶盐蓄冷系统原理图

表 8-3 中多种蓄冷方式已广泛应用于高层建筑。在利用冰晶蓄冷时，为了减小与 AHU 直接蒸发盘管间的输送能耗，可以利用高差形成的自然循环实现供冷供热，日本曾在工程中采用，参见工程实录 J25、J32、J87 等。

8.2.3 结构蓄热方式

另一种蓄热方式是利用建筑物的自身结构（建材）进行蓄冷（蓄热）。不论建筑规模大小，通过一定的技术手段，这种概念的利用是可行的。为了提高蓄热性能，现今还有在楼板、墙体或吊顶等结构体内充填 PCM 相变材料。同时，由于结构蓄热量有限，通常与冰、水蓄能系统结合采用，利用峰谷电价差并减小冷热设备容量。图 8-7 为冰蓄冷和躯体蓄热负荷分担概念图。

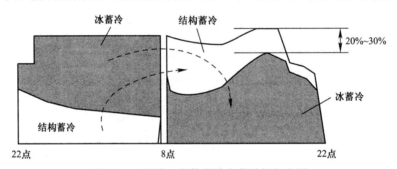

图 8-7 冰蓄冷和躯体蓄热负荷分担概念图

在工程中，为了实现结构蓄冷（热）方式，还需与空调系统合理结合。图 8-8 分别表示了两种利用结构蓄冷（热）的运行方式。当然，辐射供冷（热）系统方式也具有结构蓄冷功能。此外，利用自然通风夜间充冷（NP），也具有蓄冷的含义。

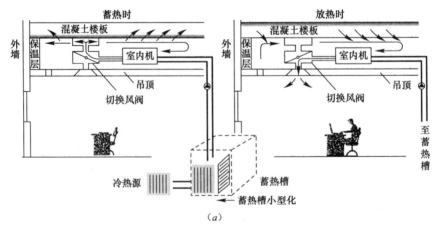

(a)

图 8-8 结构蓄冷（热）工作原理图（一）

(a) 空气吹射方式

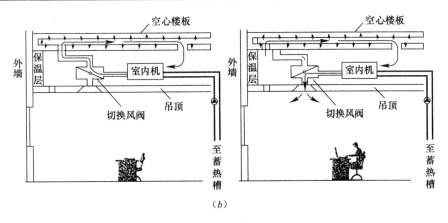

图 8-8　结构蓄冷（热）工作原理图（二）

（b）空心楼板吹风方式

8.2.4　蓄能工程应用情况

日本从 1960 年代起就推广水蓄冷（热）系统，利用建筑物的箱型基础作蓄水槽，这也是由于日本空调冷源主要采用吸收式制冷方式、冷水温度较高的缘故。1980 年代起从占用空间考虑推广冰蓄冷，但从效率考虑仍主要采用水蓄冷。在新建高层建筑中水、冰蓄冷方式都有，或两者共用。本书统计的日本 36 例蓄能空调工程中，水蓄冷（热）占 19 例。日本有些大型办公楼采用冰、水与躯体相结合的蓄能方式（见表 8-4）。

表 8-4

日本大型办公楼水、冰蓄冷与结构相结合蓄能方式例

名　称	总建筑面积	层　数	蓄能方式	竣工时间
东京明治安田生命大厦	14.77 万 m²	地上 30F	动态制冰＋结构蓄冷	2004 年
大阪梅田 DT 塔楼	4.76 万 m²	地上 27F	动态制冰＋冷媒自然循环＋结构蓄冷	2003 年
大阪 JTB 大厦	1.62 万 m²	地上 14F	冰蓄冷机组＋冷媒自然循环＋结构蓄冷	2001 年
仙台 Sentole 东北大厦	0.83 万 m²	地上 11F	动态制冰＋冷媒自然循环＋结构蓄冷	1998 年
顺天堂（株）本部大厦	3.29 万 m²	地上 7F	动态制冰＋冷媒自然循环＋结构蓄冷	2000 年

美国高层建筑一般不设箱型基础，蓄热槽一般独立于主体建筑。从层高和面积考虑，有理由采用体积较小的冰蓄冷方式。空调冷热源以电动冷水机组为主，有利于提供冰蓄冷需要的低温冷源。美国的蓄冷工程半数以上采用冰蓄冷方式。

欧洲夏季冷负荷较小，电力负荷问题不突出。主要问题是冬季采暖，因此，尝试利用太阳能长期蓄热于地下岩洞。

我国第一个水蓄冷工程是 1970 年代的上海万人体育馆，1990 年代先行的有深圳电力科学技术大厦、北京日报社、广东清远市制药厂（工艺制冷）等。以 2010 年 8 月的统计为例，总共 833 个项目（其中以公共建筑为主）中，水蓄冷 117 个，冰蓄冷 716 个。很多冰蓄冷工程有条件进一步采用低温送风空调系统，以提高系统经济性。近年来，一些空间富裕的大型工程（如机场）采用水蓄冷；一些大规模开发区的能源中心结合可再生能源和三联供系统采用水蓄冷（热）。蓄能对削峰填谷、提高发电效率，降低空调运行费用起着不可替代的作用。其他蓄冷系统，如冰球、冰晶（片）或共晶盐等，由于系统复杂、从可靠性与投资等方面考虑，应用较少。

8.2.5　选用原则

（1）选用蓄能系统首先要关注当地的电价，峰谷电价差越大，运行经济性越好；项目系统方案确定前应进行有效的技术经济分析论证。

（2）水蓄冷可采用传统的冷水机组，机组制冷效率较高，蓄冷槽（罐）需要时还可蓄热。水蓄冷槽（罐）占用空间较大，一般适用于区域能源中心或有较大空间的特大型工程。

（3）冰盘管外融冰系统瞬时释冷速率较高，一般适用于负荷变化较大的大型工程。

（4）冰盘管内融冰系统投资较低、运行稳定，适用于负荷变化不太大的中小型工程。

（5）与常规运行工况比较，由于冰蓄冷系统运行时冷水机组效率较低，应在综合性比较时予以关注。

8.3 热泵应用及热源

热泵技术的应用贯穿着对热源——可再生能源的应用。

热泵类型较多，有小型空气源热泵机组、热泵多联系统、空气源热泵冷热水机组、水源（江、河、湖、海、污等地表水、土壤源、地下水、水环）热泵冷热水机组及加热塔等。

8.3.1 小型空气源热泵机组（风冷热泵机组）

小型空气源柜式热泵机组可在高层建筑中局部性应用，一般不作为大楼主要冷热源。日本有些高层建筑的外区采用穿墙式风冷热泵机组，冷热自便，兼有通风和热回收功能（见本书工程实录 J19、J34、J63 等）。也有采用风冷柜式热泵机组作为主要空调方式（参见工程实录 J101）。

8.3.2 多联式空气源热泵系统及水环热泵系统

热泵多联系统应用起源于日本（见工程实录 J16、J86、J92、J113 等），欧美国家应用较少。热泵多联系统采用变频或数码方式调节机组出力。由于工厂化程度高、产品质量有保证、计量计费方便、用户操作容易等显著优点，多联式空气源热泵系统在国内得到广泛应用，系统规模逐步扩大。为了解决室外机设置及冬季制热可靠性等问题，开发出了水冷热泵多联系统。

水环热泵系统在我国台湾、香港等地应用较多。该系统的优点是可分期建设、独立计费和运行管理方便。我国内地也有一些高层建筑采用该系统。水环热泵系统适用于夏热冬冷地区冬季同时需要外区供冷、内区供热的商业、综合办公建筑。水环热泵系统同时供冷供热时系统能效较高。

关于多联式空气源热泵系统和水环热泵系统的详细论述可参见本书第 10 章。

8.3.3 空气源热泵冷热水机组（风冷热泵冷热水机组）

我国长江流域冬冷夏热，室外空气温度适中，适合于空气源热泵冷热水机组应用。夏季，空气源热泵冷热水机组的效率一般稍低于水冷冷水机组；冬季，其运行费用低于燃气（油）锅炉。系统全年运行费用可能与后者持平。

8.3.4 水源热泵冷热水机组

水源热泵系统是指采用江、河、湖、海、污等地表水、地下水及土壤源换热后的水作为冷热源制取空调冷水或热水的系统。按水侧热源的种类来划分水源热泵系统，见表 8-5，其相对应的系统原理见图 8-9～图 8-12。

水源热泵系统分类概况　　　　　　　　　　　　　　　　表 8-5

类　型	原　理	形　式	特　点	机组形式	应用与案例
地表水	从江、河、湖、海水、污水中取放热，通过热泵利用其低位能	开式：地表水进板换或机组换热；闭式：在水体中设置抛管等换热器，热源水与地表水间接换热	夏季效率高于冷却塔＋冷水机组；冬季室外温度较低时，需设置辅助热源	离心式、螺杆式、其他	三井仓库箱崎大厦；大连期货大厦；适用于区域能源站

类　型	原　理	形　式	特　点	机组形式	应用与案例
土壤源	热泵通过地埋管换热器向土壤中储放热量，制取空调冷热水	地埋管换热器：钻孔垂直式、水平式、桩基埋管式；单 U、双 U、W 形	全年冷热负荷不平衡时需要设置辅助冷热源设备；适宜于间歇运行的建筑物	离心式、螺杆式、其他	欧洲应用较多。近几年，国内发展很快，需要总结提高
地下水	热泵利用深层地下水制取空调冷热水		系统效率较高	离心式、螺杆式	我国北方地区应用较多。在地下水利用和污染方面受制约
加热塔	冬季从空气中取热，制取空调热水	管内乙二醇与低温空气间接换热	运用热泵原理，冬季运行费用低于燃气锅炉	螺杆式	东北电力本部大厦明治大学自由塔三井仓库箱崎大厦

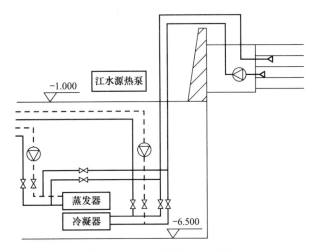

图 8-9　地表水源热泵水系统

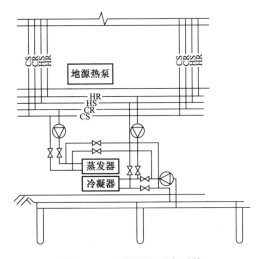

图 8-10　土壤源热泵水系统

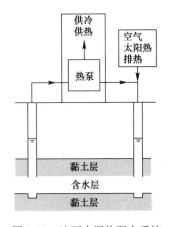

图 8-11　地下水源热泵水系统

　　地表水源热泵系统应靠近水源，注意管道、设备的防腐、防阻和清垢等问题。冬季水体温度过低时，应设置辅助加热装置，也可采用复合冷热源系统。地表水水源热泵系统适宜于高层建筑或区域能源中心。

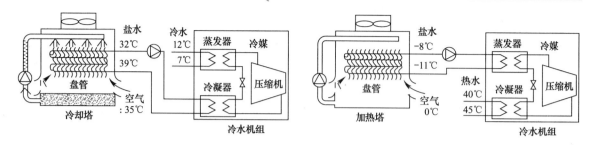

图 8-12 加热塔系统原理

土壤源热泵系统需有较大的埋管空间,适宜容积率较低、有较大埋管空间的建筑。考虑到全年土壤热平衡,土壤源热泵系统需配置辅助冷热源设备,或与其他冷热源设备复合应用。由于热量在土壤中传递速度较慢,该系统较适宜应用于间歇性使用的建筑物。设计土壤源热泵系统时应注意地埋管换热器的换热性能。

加热塔是冬季从空气中取热的一种设备。加热塔有开式系统和闭式系统。在开式系统中,乙二醇溶液与空气直接接触,该系统的浓度控制较困难;在闭式系统中,乙二醇溶液与低温空气间接进行显热交换、电热除霜。乙二醇溶液中应加入减阻剂,以减小阻力。加热塔的换热效率和热泵蒸发温度均较低,投资较大,国外工程有一些应用实例,国内工程应用较少。

8.4 高层建筑冷热源方式分析(以本书工程实录为统计对象)

本章高层建筑冷热源方式分析过程中,统计了本书工程实录中有冷热源信息的 256 个案例,统计情况见图 8-13。从图中可以看出,高层建筑冷热源方式存在着以下规律:

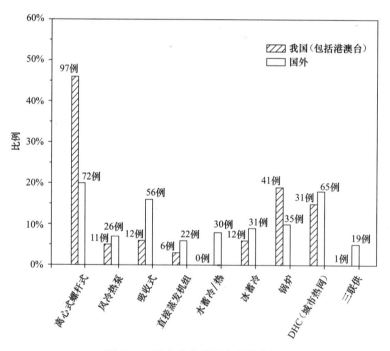

图 8-13 国内外冷热源方式分布图

(1)国外高层建筑大小不一,冷热源方式多样。我国案例多为大型高层建筑,冷热源方式单一。北方地区冷热源多采用离心式冷水机组＋城市热网;南方地区一般采用离心式冷水机组＋锅炉。

（2）国外蓄能方式采用水蓄冷（热）和冰蓄冷各半。日本有许多工程利用箱型基础作为蓄能水槽。我国高层建筑蓄能案例不多，近些年有所发展。因强调节省面积，大都采用冰蓄冷方式。

（3）国外区域供冷供热（DHC）案例较多，大多既供冷又供热。我国商业性能源中心并成功运行的 DHC 案例较少。

8.5　冷热源设备机房规划与布置

8.5.1　制冷机房与锅炉房

（1）高层建筑制冷机房一般设置在地下室。因制冷机组用电负荷较大，为减小电力输配损耗，变配电房应紧靠制冷机房。

（2）为降低系统承压，高层建筑一般采用板式换热器断压。有些超高层建筑甚至需要多级断压。为了避免冷水/热水品位的降低（冷水温度升高、热水温度降低）、降低水泵能耗，可考虑高区部分的冷水机组上楼（如上海中心）。

（3）锅炉房设置位置应考虑泄爆，泄爆口应避开人员密集区。为避免热水系统多级断压，超高层建筑应采用蒸汽锅炉。

8.5.2　冷却塔与风冷热泵机组

（1）冷却塔与风冷热泵一般设置在高层建筑的裙房或主楼屋顶。冷却塔与风冷热泵机组布置的关键是维持良好的通风条件，同时处理好隔声问题。

（2）在雨季、冬季和湿度较大的季节，冷却塔排风受塔外冷空气冷却、冷凝而产生许多水珠，产生白雾，出现"白烟现象"。设计人员在设计、布置、选择冷却塔时，应根据所在地区气候情况，气流情况确定冷却塔的类型。当冷却塔布置区域可能产生"白烟现象"时，应考虑选择干湿段并联的"白烟"防止型冷却塔或干湿段串联的"白烟"防止型冷却塔。

8.5.3　区域能源站房

（1）区域能源站房服务的高层建筑群的范围不宜过大，国外多数区域能源站房所服务的建筑面积一般在 30 万～50 万 m²。

（2）区域能源站房可独立设置，也可设在某一高层建筑的地下空间内，但必须紧靠负荷中心。

8.6　区域冷热电联产（DHC）应用

8.6.1　国内外应用状况

欧美国家区域供热（DH）已有 100 多年历史。俄罗斯的区域供热范围很大，莫斯科和圣彼得堡的区域供热技术十分成熟。北欧诸国以热泵为中心的区域供热技术对保护地球环境起到了良好的作用。

区域供冷供热（DHC）是近几十年发展起来的。美国有丰富的工程实践。1990 年代后期，芝加哥市区的集中供冷系统大规模采用冰蓄冷技术（蓄冷量达 66000RTh），供冷量达 30 万～40 万 RT。日本区域供冷供热工程始于 1970 年，1972 年制定了《热供给事业法》，将热供给作为公共事业对待，确立了其技术和政策地位，认识到区域供冷供热是提高城市建设质量的有效手段。区域供冷供热试点项目从 1972 年的 11 个发展到 2003 年的 183 个。

我国东北、华北城市热网规模很大、技术成熟，但区域供冷供热（DHC）则实践不多。1990 年代，上海浦东国际机场一期项目采用了冷热电联产系统，其制冷量达 24400RT。近年来，随着各大都市中央商务区的出现，越来越多的区域冷热电联产系统得到推广与应用。

8.6.2 区域供冷供热设备、能源与特点

常用的区域供冷供热设备主要是大容量电动式冷水机组和锅炉。近几年来，区域能源中心采用了利用各种可再生能源的热泵机组和提高一次能源利用效率的冷热电三联供系统及组合供能系统。表8-6总结了区域供冷供热方式与设备。为了平衡城市的能源结构（夏季缺电力、冬季缺燃气），大型区域能源供应系统一般采用复合能源，并且根据不同时间的能源差价，通过一定的蓄能手段（冰蓄冷/水蓄能）提高运行经济性。国内外实践表明，随着制冷技术的发展，DHC不仅规模扩大，还应综合采用单一建筑难以应用的节能减碳技术，最大限度体现经济和社会效益。

DHC 能源方式与设备　　　　　　　　　　　　　　　　　　表 8-6

能源方式	供冷设备	供热设备	供电设备
市电/燃气（油）	电动冷水机组供冷水	燃气（油）锅炉供蒸汽/热水	——
	自发电供电动冷水机组/热泵、余热吸收式冷水机组供冷水	热泵、余热锅炉、燃气（油）锅炉供蒸汽/热水	燃气轮机、内燃机、微燃机等供电
全市电	利用可再生能源的地表水热泵、空气源热泵、电蓄热供冷、热水		——
全燃气（油）	燃气（油）锅炉、蒸汽/直燃式溴化锂吸收式冷热水机组供冷、热水		——

8.6.3 DHC 特点

采用区域供冷供热技术具有明显的用户经济效益和社会效益。

1. 用户经济效益

（1）集中能源站设备容量大、运行效率高、节省能源；

（2）省去了冷热源机房，提高了建筑空间特别是地下空间的利用效率；

（3）考虑同时使用率，减小设备容量和备用量，节省初投资；

（4）集中管理，易于提高管理水平和管理效率，节省管理成本；

（5）采用不同能源时，可根据不同时段的能源价格，组合运行，提高运行经济性。

2. 社会效益

（1）运行效率提高，实现节能减碳，有利于防止地球温暖化；

（2）污染源集中，便于环保处理，防止大气污染；

（3）各建筑不设冷却塔、空气源热泵和烟囱，改善了建筑和城市景观；

（4）建筑内不进燃气管道，不储藏燃料等危险品，降低了建筑火灾危险性。

区域供冷供热技术的主要缺点是供能距离长，水泵输送能耗较大。系统方案确定前应进行系统技术经济比较，使系统效率比分散式冷热源系统有所提高。

8.6.4 热电联产应用

热电联产常用于区域供冷供热系统。

联产（合产）系统（简写 CGS）是"以燃气（油）为能源在建筑物内就地进行发电和供热的供能系统"，又称"热电联产"或"热电并给"（Combined Heat and Power，CHP）。由于热可以制冷，故又称为"冷热电三联供"。当这种系统应用于建筑小区时具有分散性和独立性，体现了供能的安全性，该系统也被称为"分布式供能系统"（Distributed Energy Resources，DER）。

在热电联产系统中，原动机就地直接发电，所得余热可以用来供热、供冷（吸收式制冷）。原动机可以是柴油机、燃气机或燃气轮机等。热电联产系统用能效率较高，可达 85% 左右，且可大大减少 CO_2 的排放量。

热电联产方式比较适合医院、酒店等全年和昼夜都有冷热负荷的场合，也可将其视为夏季电力削峰的手段。

8.6.5 热电联产装置与排热利用

表8-7为热电联产几种原动机的性能比较表。

热电联产原动机比较表 表8-7

	柴油机	燃气机	燃气轮机	燃料电池
容量范围（kW）	15～10000	20～10000	500～10000	40～10000
发电效率（%）	30～50	20～35	15～28	40
CGS综合效率（%）	约80	80	80	80
燃料	柴油、重油等	燃气	燃气、煤油	燃气
启动时间	<10s	<15s	<40s	4～5h
排热温度	排气450℃ 冷却水70～75℃	排烟500～600℃ 冷却水约85℃	排烟400～550℃	运转温度低于250℃时 热水70～120℃
噪声	小型-大型 95～105dB（A）	比柴油机略低	高频声强度高， 需设隔声罩壳	小
振动	大	大	中	小
排气NO_x浓度（ppm）	900～1300	150～300	150～300	小
备注	发电效率高， 燃料价格低， 环境污染大	环境污染小， 用于中小型DHC	中大型DHC	可用于中小型DHC

原动机驱动发电机发电，用于热泵制冷、制热以及水泵等辅机运行。原动机的排热和冷却水可用于吸收式冷水机组制冷或用于换热器制热。

8.7 区域供冷供热（包括热电联产方式）实例

8.7.1 东京新宿地区区域供冷供热系统

1. 服务对象

1992年起，日本东京新宿地区的燃气区域供冷供热站向小区供能。由于供能建筑不断增加，1988年着手区域供冷供热站扩建，并于1991年全部投入运行。该地区占地24hm²，区内建筑多为办公楼，部分为宾馆等其他建筑，总建筑面积220万 m²，容积率达到9.2。总供冷量17万 kW（约59700Rt）。图8-14为平面简图，图中右下角为供冷供热中心冷站。用户规模如表8-8所示，区域逐时负荷（冷/热量、蒸汽负荷）见图8-15。

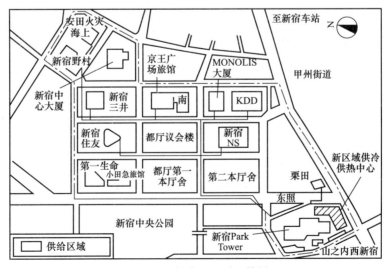

图8-14 新宿地区平面简图

115

新宿地区 DHC 用户概况表
表 8-8

大厦名	高度（m）	地上层数（层）	地下层数（层）	总建筑面积（m²）	供给开始时间
京王广场旅馆	170	47	3	116000	1971 年 4 月
东照大厦	39	10	—	4338	1971 年 6 月
新宿住友大厦（工程实录 J5）	200	52	4	176443	1974 年 3 月
栗田大厦	53	12	2	15500	1974 年 4 月
KDD 大厦	165	32	3	123803	1974 年 6 月
新宿三井大厦（工程实录 J6）	210	55	3	179671	1974 年 10 月
安田火灾海上保险公司大厦	193	43	6	124438	1976 年 4 月
新宿野村大厦（工程实录 J8）	203	50	5	119085	1978 年 6 月
新宿中心大厦	216	54	4	183063	1979 年 12 月
小田急旅馆	114	28	4	87554	1980 年 9 月
第一生命大厦	114	26	4	91071	1980 年 9 月
京王广场旅馆南馆	139	35	3	58193	1980 年 10 月
新宿 NS 大厦（工程实录 J10）	121	30	3	166864	1982 年 10 月
山之内西新宿大厦	50	12	3	12100	1990 年 4 月
新宿 MONOLIS 大厦	124	30	3	90463	1990 年 7 月
新宿地冷中心大厦	38	3	4	18214	1990 年 10 月
东京都政府第一大楼（工程实录 J37）	243	48	3	194593	1991 年 4 月
东京都政府第二大楼（工程实录 J37）	163	34	3	140088	1991 年 4 月
东京都政府议会楼	41	7	1	44996	1991 年 4 月
新宿 Park Tower（工程实录 J52）	235	52	5	264000	1993 年 10 月
			面积合计	2210477	

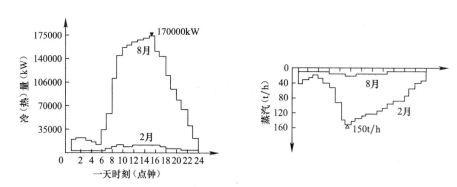

图 8-15 区域逐时负荷

2. 设计特征

供热供冷站的设备与系统见图 8-16，其主要特点如下：

（1）采用热电联产系统，有效利用排热集中供热、供冷（通过吸收式制冷机组）；

（2）为提高冷水系统效率，采用改进型串级系统（Topping system），即吸收式冷水机组的出水进入离心式冷水机组；

（3）峰值负荷时用大型冷水机组（3.5 万 kW 汽轮机驱动离心式冷水机组）；

（4）采用大型交叉流型二层式冷却塔，节省占地面积；

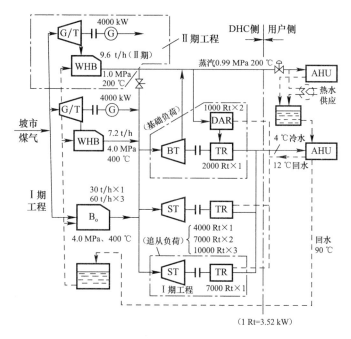

图 8-16　供热供冷站设备与系统原理图

AHU—空调机组；B$_o$—水管式锅炉；BT—背压式汽轮机；DAR—蒸汽型双效冷水机组；DHC—区域供热冷热中心；

G—发电机；G/T—燃气轮机；ST—汽轮机；TR—离心式制冷机；WHB—余热锅炉

注：1. 冷却塔 4230m^3/h×450kW×7 台（Ⅱ期 5024m^3/h×500kW×1 台）。

2. 1Rt≈3.516kW。

（5）站房和建筑物内各设一台燃气轮机，专为新宿 Park Tower 大楼供电。

该燃气冷热电三联供 DHC 系统基本数据见表 8-9。

燃气冷热电三联供 DHC 系统基本数据　　　　　　表 8-9

项　目	基本数据
能源类型	天然气
系统完成时间	1998 年 6 月竣工，2000 年 3 月获得 ISO14001 认证
冷热源类型	汽轮机驱动离心式冷水机组：3×10000RT，2×7000RT，1×4000RT，1×2000RT；吸收式冷水机组 2×1000RT，供应冷水；三联供燃气轮机 2×4000kW，供应蒸汽；水管锅炉 210t/h
供/回水温度	设计冷水 6/14℃，变流量控制，实际运行冷水 4/8℃，冷水管道温升 0.8℃
冷冻泵功率	总额定功率 5120kW，供冷管网总长 4km
能耗	耗气量：4.4×10^{7}m^3/a，其中发电用气 4×10^{6}m^3，制冷、供热用气 40×10^{6}m^3 全年用电量（冷水泵、冷却泵、冷却塔、机房通风和照明）45×10^{6}kWh/a，其中自发电 14×10^{6}kWh/a，购入电 31×10^{6}kWh/a
产能	全年产冷量 2.92×10^{8}kWh/a，可销售冷量 2.67×10^{8}kWh/a，输配系统冷量损失 25×10^{6}kWh/a，为销售冷量的 9.36%；产热量：1.76×10^{8}kWh/a

3. 供能效率

日本供能平均综合效率为 38%，天然气热值为 10kWh/m^3。该项目消耗的天然气和电量折合一次能源分别为 4.4×10^{8}kWh/a 与 0.86×10^{8}kWh/a，总计 5.26×10^{8}kWh/a。根据产出可得该系统一次能源能效 COP 为 0.84，折合电力能效比为 2.21。由此分析，单从能源效率看，其效率不一定高于传统方式，但对该地区环境品质、市容规划、管理人力、站房空间等许多方面综合考虑，还是应充分肯定。

4. 站房概况

新宿DHC新站是新建的，部分设备是移建的。主机房设在地下，共4层：地下一层为控制室；地下二层为锅炉房及燃气轮机室；地下三层为制冷机房；地下四层为吸收式制冷机房和水泵房。主机房的地上为东京燃气公司展示室，冷却塔设在其屋顶，锅炉烟囱高55m，高出建筑物16.9m。敷设在区域内的管道总长度达8000m，冷水管直径为Φ150～1500mm；蒸汽管直径Φ100～600mm；冷凝水管直径为Φ50～300mm。供给方式为四管制，冷水供水温度为4℃（3.5～4.5℃）；回水温度为12℃（10～14℃）；蒸汽压力为650～860kPa。

8.7.2 东京晴海地区Triton广场区域供冷供热系统

Triton广场位于东京东南的晴海开发区，占地6.1hm²。建筑面积43.76万m²，主要是超高层办公楼，也有商业设施和会议中心，容积率较高。工程历时4年多（1996年12月～2001年3月）。2001年4月开始供热。区域供冷供热站房设在负荷中心位置（会议中心地下室）。机房主要设备见表8-10。采用电动离心式冷水机组（TR）、双管束式（DB型）热回收型电动离心式冷水机组、加热塔型（HT）热泵机组。6台主机共计21480kW（6110Rt），约为普通分散供冷系统装机容量的60%。设有5个大型蓄冷（热）槽，体积共计19060m³，其中2个槽为冷热水切换型。与用户之间的冷热水输送采用大温差（Δt＝10℃），冷水供/回水温度为6/16℃，热水供回水温度为47/37℃，降低水泵功耗、提高蓄热量。5幢建筑入口处均设有换热器，用户系统为闭式环路（内区两管制，外区4管制）。用户方水泵分组设置并采用变频变流量方式，AHU和FCU等末端也按Δt＝10℃选型。

建筑情况与主要设备配置 表8-10

供能建筑物				DHC设备概要			
名称	用途	建筑面积（m²）	层数		名称	规格	台数
X楼	办公楼	131200	地上45F 地下4F	冷热源设备	离心式冷水机组	4554.8kW（1180Rt），冷却能为14.9GJ/h	2台
Y楼	办公楼	119500	地上40F 地下4F		加热塔型热泵机组	5577.7kW（1445Rt），冷却能力18.3GJ/h，加热能力12.6GJ/h	2台
W楼	办公楼	31600	地上19F 地下1F		热回收离心式冷水机组（DB）	1659.8kW（430Rt），冷却能力5.4GJ/h，加热能力6.8GJ/h	2台
商业设施	购物餐饮	17000	地上4F		合计	21480kW（6110Rt）	
展示楼	展示培训	2800	地上3F	室外设备	冷却塔（CT）	TR用	1台
整备工场		7300	地上3F		冷却加热塔（CHT）	HTHP、DB用	2台
共用楼	防灾中心等	22200	地上4F	水泵	冷水泵	336m³/h（变频），672m³/h	2台 5台
共计		43.76万	（其中84%为办公楼）		热水泵	252m³/h（变频），504m³/h，60m³/h（夜间专用）	2台 3台 1台
				蓄热槽	冷水槽	4700m³	2槽
					冷热水槽	4700m³	2槽
					热水槽	260m³	1槽

图8-17为冷热源站房系统流程图。图8-18为两组具有冬季制热功能的热泵流程图，在制热工况下冷却塔可转化为加热塔，从大气中取热。为防止冻结，采用不冻液（盐水）。

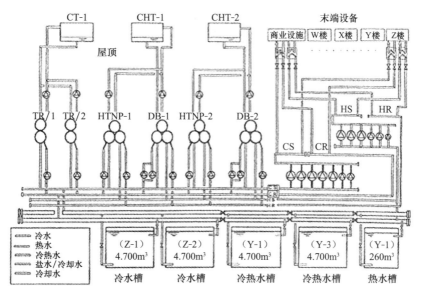

图 8-17 冷热源设备系统流程图

图 8-19 为小区剖面示意图，图中表示出 DHC 机房（会议中心地下）、管沟、蓄热槽、冷却塔等位置。

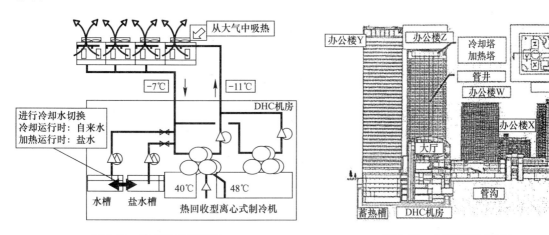

图 8-18 热泵机组流程图　　　　　　　　图 8-19 小区剖面示意图

该项目在负荷中心设置机房，系统各方向输送半径均衡，大温差、小流量，选用 COP 值较高的主机和热回收设备，整体能源利用率较较高。根据东京电力公司提供的资料，该系统年均一次能源利用率高达 1.19（一般在 1 以下），该系统年均电力能效 COP 为 3.13，在日本同类型工程中属较高水平。

8.7.3 日本东京品川 Grand Commons 小区区域供冷供热系统

该系统供能总建筑面积 54 万 m^2，供能对象是 7 幢以办公为主的大楼。2003 年开始部分供能。从降低环境负荷（CO_2 排放量）和节能出发，采用热电联产装置的部分排热作为热源。还利用炉筒烟管锅炉供热，利用蒸汽吸收式冷水机组作为基本冷热源。为利用夜间廉价电力，采用冰蓄冷设备以获得最大限度的经济性。采用冷水与蒸汽四管制方式。冷热机房设在品川 Grand Commons 与品川 Intercity 间公共空地下，热电联产设备设在品川三菱大厦及三菱重工大厦地下室。

供冷以热电联产装置排热与锅炉作为主要热源（蒸汽），部分利用电制冷机组的冰蓄冷放热。电制冷机组采用 HFC134a 机组（制冰工况 COP 为 4.0，空调工况为 4.8），冷水供水温度 6℃，回水温度 14℃，温差 8℃。与 850RT 蒸汽吸收式冷水机组配套的水泵、蓄热放热冷水泵等均采用变频装置驱动，以降低运行能耗。冷却塔风机的电机采用极数变换实现节能。建筑情况与主要设备配置见表 8-11。供冷供热机房系统流程见图 8-20。

表 8-11

建筑情况与主要设备配置表

供能主要建筑	总建筑面积及层数	建筑物主要用途	DHC 设施
品川东一大楼 （工程实录 J82）	11.8 万 m² B3F～地上 32F	办公、旅馆、商店等	·冷源设备（共 13500Rt）： 蒸汽双效吸收式制冷机 2500USRT（8791kW）×4 台；850USRT（2989kW）×2 台；
太阳生命品川大厦	5.7 万 m² B3F～地上 30F	办公楼、商店等	低温电动离心制冷机 3 台； 制冰工况时 740USRT（2602kW）；空调工况时 900USRT（3165kW）；工质为 HFC-134a。
品川三菱大厦 （工程实录 J80）	15.8 万 m² B3F～地上 32F	办公楼、餐饮、展示多功能厅等	·潜热蓄热槽 3 台，容量 325m³，蓄冷量为 5700USRT·h；
三菱重工大厦 （工程实录 J77）	6.9 万 m² B3F～地上 29F	办公楼、餐饮、展示多功能厅等	·热源设备： 蒸汽锅炉，9401kW（15t 蒸汽/时）3 台；6017kW（9.6t 蒸汽/时）1 台；
Canons Tower	5.9 万 m² B4F～地上 29F	办公楼、餐饮、展示多功能厅等	排热锅炉 2 台，5233kW（8.35t 蒸汽/时）。
此外，还有 5.5 万 m² 和 6.3 万 m² 以办公为主的建筑物，共计约 54 万 m²			·其他：冷却塔 14 台

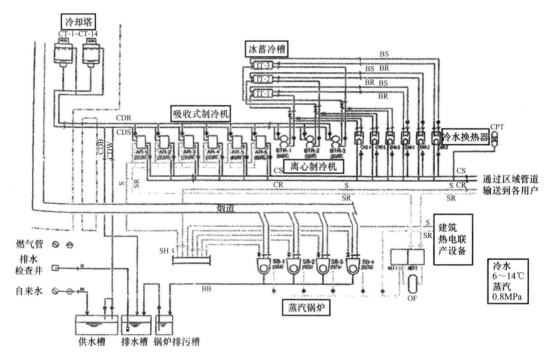

图 8-20　供冷供热机房系统流程图

8.7.4　东京六本木 Hills 再开发区区域供冷供热系统

1. 供能规模

该开发区占地 11ha，供给对象以森本部大厦为主的 11 幢建筑，以办公楼为主体（见表 8-12）。该地块开发过程达 18 年之久，2003 年完成。1995 年日本电气事业法修订，取消了建筑物热电联产的电力只限于本楼使用的规定。小区热电联产的电力供应可由"特定电力事业单位"管理。为此，森大厦公司与东京燃气公司联合成立六本木能源服务公司，以管理经营其供电供热。再开发区是首先实施新体制热电联产方式的工程。

建筑情况与主要设备配置表　　　　　　　表 8-12

供能建筑物	总建筑面积及层数	热电联产及 DHC 设施（机房位置：在主体建筑六本木地下）			
六本木 HILLs 森大厦（工程实录 J79）	38 万 m² B6F～54F	电力供给设施与设备	燃气透平（常用）3 台	燃气透平	型式：蒸汽喷射型； 燃烧方式：城市煤气 13A，（常用）/柴油（非常用）； 出力：6860kW（城市煤气 13A，吸气 0℃）
				发电机	型式：回转界磁型空冷同期发电机； 出力：7988kVA（0～40℃，6390kW）； 额定电压：6600V
Grand H 旅馆	6.9 万 m² B2F～21F		燃气透平（常用/防用兼用机）×3 台	燃气透平	型式：同前； 启动方式：空气式（防灾时 40s 启动）； 燃烧方式：同前； 出力：常用时，同前；防灾时：3000kW（柴油）
				发电机	同前
朝日电视大厦	7.4 万 m² B3F～8F		排热锅炉×6 台		型式：自然循环式自立型； 常用出力：1.77MPa； 蒸发量：12.69t/h（给水温度 60℃）
住宅楼 4 幢	15 万 m² B3F～43F		蒸汽透平×1 台	蒸汽透平	型式：背压式； 额定出力：500kW； 蒸汽量：235kg/h； 蒸汽入口/出口压力：1.60MPa/0.18MPa
				发电机	型式：诱导型； 额定出力：500kW； 额定电压：AC415V
（此外，还有面积自 0.7 万～3.0 万 m² 的各种用途的建筑 4 幢共计建筑面积为 75.57m²）		冷热供给设备	蒸汽型吸收式制冷机×6 台		制冷量：2500USRT； 蒸汽压力：0.78MPa； 冷水温度：13～6℃； 冷却水温度：32～40℃
			蒸汽型吸收式制冷机组×2 台		制冷量：2000USRT； 其他参数同上
			冷却塔×5 台		型式：机械诱导通风直交型冷却塔，合计水量：13500m³/h； 冷却水温度 40℃→32℃（室外湿球温度 27.5℃）； 设变频器控制风量，有白烟防罩设施
			大型蒸汽锅炉×2 台		型式：炉筒烟管型（燃气）； 出力：30t/h 蒸汽； 常用压力：0.85MPa； 燃烧方式：低 NOₓ 自循环方式
			蒸汽锅炉×2 台		型式：同上； 出力：4.8t/h（蒸汽）； 其他同上
			小型蒸汽锅炉×5 台		型式：小型贯流式； 燃烧方式：低 NOₓ 燃烧器； 出力：2.0t/h（蒸汽）； 其他同上

该项目最大电力出力为 38660kW，最大供冷量为 19000RT（240GJ/h），主要设备如表 8-12 所示。

2. 电力供应设施特点

该项目采用热电可变型燃气透平，可随对象热电需求变化调整热电供给量的比例。采用蒸汽喷射型燃气透平，发电时排热获得的蒸汽回注入（喷射）燃气机内，增加电力产出。电力需求少时，可增加排热生产蒸汽。发电机共 6 台，每台容量为 6360kW。利用发电机背压蒸汽驱动

1台发电量为500kW的蒸汽透平，发电机中3台可用于应急发电（如震灾时燃气停用而使用油），用户建筑配电电压为6.6kV。

3. 冷热供给方式

燃气轮机排热产生的蒸汽（减压至8MPa）可用作供热介质或驱动吸收式冷水机组制取冷水。夏季电力需求最大，蒸汽供应不足，以燃气锅炉产生的蒸汽补充。送入管网的蒸汽压力为7.8MPa，凝结水全部返回，水温60℃。燃气透平故障时，设置小型贯流锅炉紧急向吸收式冷水机组提供蒸汽。

空调冷水温度为6℃，回水为13℃（温差7℃）。为了节约用能，空调水系统的二级泵采用台数控制与变频控制相结合的方式。冷水机组容量：2500RT×6台及2000RT×2台，冷却塔5台，冷却水进、出口温度为32℃、40℃，温差8℃，冷却塔设在旅馆的裙房上，重叠式冷却塔以节省空间，其中2台冷却塔设防止白烟的热交换装置，并设置了防震防噪措施。

图8-21是该项目系统原理图。该工程于2003年建成。

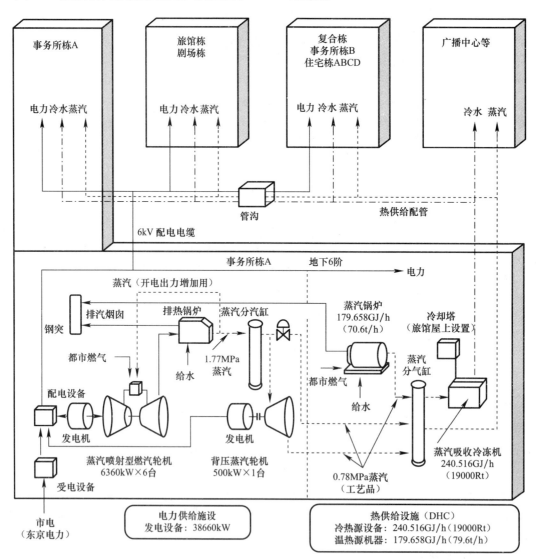

图8-21　系统原理图

4. 热电联产效果

因可实现热电比变化的最佳运行热电联产方式，经试算与利用商用电力的个别方式相比，该系统一次能耗节约 20%,相应 CO_2 和 NO_x 排放量降低 27%~45%,对环保作出了贡献。

8.7.5 东京汐留北地区区域供冷供热系统

1. 供能规模

该地区分 A、B、C 三街区,均有相当规模的各类型建筑(以办公楼为主),总建筑面积为 71.2 万 m^2,主要建筑物规模与用途如表 8-13 所示。供冷指标为 0.088kW/m^2(0.025RT/m^2)DHC 主机房设在 A 街区的汐留 ANEKS 大厦内,辅机房设在 C 街区的日本 TV 塔楼内,工程于 2003 年竣工。

建筑情况与主要设备配置表 表 8-13

供能建筑物		总建筑面积	建筑物用途	DHC 系统主要设备		
				主机房(设于 A 街区)		次机房(设于 C 街区内)
A 街区	电通本社大厦等 5 幢建筑物(工程实录 J73)	23.2 万 m^2	办公、商业、文化设施等	冷源设备	蒸汽吸收式制冷机: 9195kW(2615USRT)×4=36780kW(10460USRT)	蒸汽吸收式制冷机: 4599kW(1308USRT)×2=9198k(2616USRT)
B 街区	汐留城市中心大厦、松下电工东京本部大厦等 6 幢建筑(工程实录 J85、J45)	26.9 万 m^2	基本同上		离心制冷机 6505kW(1850USRT)×1 热回收型离心制冷机×1 台 单冷时:1407kW(400USRT) 冷热同供时(双管束冷凝器) 冷侧:1125kW(320USRT) 热侧:1510kW(1299Mcal/h) 低温离心制冷机(盐水)×1 台 直送:5274kW(1500USRT) 制冰:3024kW(860USRT)	离心制冷机 1758kW(500USRT)×2=3516kW(1000USRT)
C 街区	日本 TV 塔楼、汐留塔楼等 3 幢建筑(工程实录 J83、J66)	21.1 万 m^2	除以上用途外,有旅馆等		共计: 49966kW(14210USRT)	
				热源设备	炉筒烟管锅炉: 15670kW×2 台(25t/h×2) 6017kW×1(9.6t/h×1) 3009kW×1 台(4.8t/h×1)	
					共 40366kW(64.4t/h)	

2. 主要设备与系统

该工程在主机房和辅机房内的设备如表 8-13 所列,可以看出,该项目采用的是复合能源(天然气与电力),通过热电联产装置(余热锅炉)和炉筒烟管锅炉获得蒸汽源。夏季采用部分冰蓄冷,热水由双管束热回收型离心式冷水机组及热电联产产生的蒸汽经换热取得。表 8-14 为热电联产装置的主要参数。图 8-22 为该项目系统流程(包括热电联产)。

热电联产装置主要参数表 表 8-14

	A 街区	B 街区
设置(投资)者	东京燃气集团	日本 TV 播送网(公司)
种类	燃气透平发电机	燃气透平发电机
常用防灾对应手段	利用常用防灾兼用发电机	利用常用防灾兼用发电机
发电端出力(燃气)	2100kW×2	1100kW×2
发电端出力(燃油)	1530kW(每台)	800kW(每台)

续表

	A 街区	B 街区
发电电压/频率	6600V/50Hz	6600V/50Hz
蒸汽发生量	每台 6050kg/h	每台 2800kg/h
使用燃料	城市煤气（BA）/特 A 重油	城市煤气（BA）/特 A 重油
NOₓ 发生量	40ppm 以下	40ppm 以下
运转模式	夜间停运	24h 运转

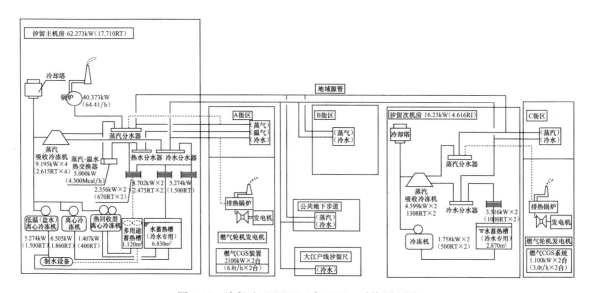

图 8-22　汐留地区 DHC（含 CGS）系统原理图

3. 技术特征

为了调节负荷，在主机房内设置了多功能蓄冷/热装置及系统，可实现冰蓄冷、水蓄冷、水蓄热。通过多工况切换，夏季可满足尖峰负荷（冰蓄冷）、过渡季峰值负荷（水蓄冷）以及冬季建筑外区供热峰值（热水蓄热）的需要。

主、辅两个供能中心通过管网连接，具有互补性。C 区电视大楼必须保证能源供给，故在其机房内储存 3 天的燃油量，以防燃气中断供应（地震灾害）。在 A 区主机房内设有 DHC 系统控制中心，有效保证系统运行的经济性、安全性。该系统负荷适应性强，热效率近 90%。

采用动态制冰技术，夏季夜间利用双工况制冷机制得的 −5℃ 的过冷水与 0.5℃ 的冷水混合成 0℃ 冰浆储在多功能蓄冰槽内，白天融冰释冷，利用板式换热器由 16.5℃ 降至 6.5℃，实现大温差供冷水。

8.7.6　美国纽约国际金融中心区域供冷供热简介（来源：日本《建筑设备士》2002 年 4 月）

纽约国际金融中心（WFC）位于曼哈顿哈得逊河畔自由街 200 号，又称 Bettery Parkcity（BPC），是 1983～1988 年间开发的 5 栋办公大楼组成的金融小区。各栋建筑之间有中庭和桥道相连接（见图 8-23），该小区的东侧即著名的世贸中心（WTC）。5 幢建筑的总面积为 75 万 m²（其中还包括一些附属的商业建筑群）。

5 幢建筑的热源设备设于 1985 年完成的 WFC1 号楼内，向 2 号楼、4 号楼等提供蒸汽与冷水，热源蒸汽由康埃杰索公司供应，由高压蒸汽输入并分送到各幢建筑。冷热源的节能对策大致分以下两项：

（1）在 1 号楼内设置冷水蓄热槽向各幢建筑供冷水，蓄热槽容量为 11300m³，冷源为电动离心制冷机组：1600Rt×10 台，冷媒为 R134a，电压 480V。一次冷水温度为 4℃，二次冷水温度为 7～15℃。冷水机组效率为 0.675kW/Rt。蓄热槽可避开峰值电价的时间带（12：00～16：00），从而减少运行费用。

（2）冷却水采用哈得逊河的河水（平均水温为 25.6℃，最高水温为 32.2℃），河水取水设有 2 个取水槽，经过滤后使用。水—水热交换器由钛合金制造。中间期与夏季河水作为冷水机组冷却水。而冬季可直接作冷水用。过滤装置为回转型过滤器，水—水热交换器的一次水侧内表面有贝类生物付着。经三年拆卸洗净一次，贝类除去则采用加热与清扫相结合的方法。

冷源设备流程示意图见图 8-24。

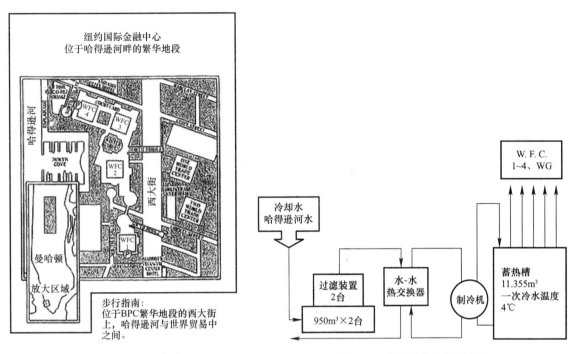

图 8-23　WFC 地域图　　　　　　　　图 8-24　冷源设备流程示意图

8.7.7　北京中关村西区域供冷项目简介

1. 项目概况

北京中关村西区是中关村科技园的核心区，建成后它是一个高科技产业发展服务的商贸中心区。该区占地面积为 51.44hm²。规划地上建筑面积为 100 万 m²，地下建筑为 50 万 m²。功能以金融咨询、科贸、行政办公、科技会展为主，并配有商业、文化娱乐等配套服务设施。该地区空调系统主要在白天使用，夜间运行较少，总体负荷系数较低。一般同时使用系数在 0.5～0.7 之间。比较适合在区内设有冰蓄冷装置的区域供冷系统。根据实际情况和具体条件，规划设置两个供冷站房（1 号供冷站已于 2004 年年底建成）。通过 DN500 的主供、回水环状管网（敷设在地下管廊内）将两个制冷站用环状管网连接，提高了系统运行可靠性、降低系统输送能耗。一期、二期供冷站位置、部分用户与环状管网布置见图 8-25。

2. 一期工程供冷站房设备与工艺

（1）供冷范围与容量

1 号供冷站主要为地下商业空间（含家乐福超市）、21 号地块之金融中心大厦（工程实录 B19）与新东方办公大楼、25 号地块之商场与办公楼以及 23 号地块之酒店、商业、展示等建筑，总服务面积计约 45 万 m²。设计日峰值负荷为 12000 Rt（42000kW）。设计日总冷负荷为 148792 Rt 时（RTH），蓄冷量总计 28640 Rt 时。冰蓄冷系统在北京中关村西区 DHC 应用见图 8-26。

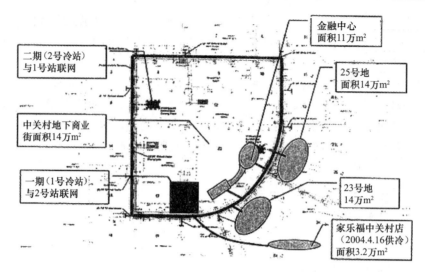

图 8-25　北京中关村西区 DHC 布置略图

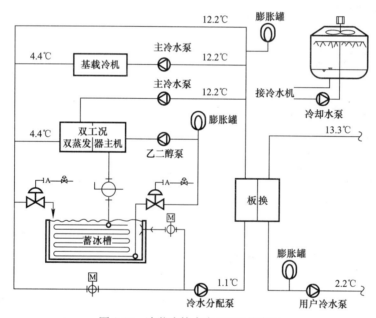

图 8-26　冰蓄冷技术在 DHC 的应用

（2）供冷站设备容量与性能参数

1 号供冷站主要设备与性能参数见表 8-15。

1 号供冷站主要设备性能参数表　　　　　　　　　　　表 8-15

序　号	设备名称	主要参数	数　量
1	水冷离心式冷水机组	制冷量 2000 冷吨（7034kW），输入功率 1289kW	1
2	水冷双蒸发器双工况螺杆式冷水机组	制冷工况：制冷量 2130 冷吨（7500kW），输入功率 1420kW；制冰工况：制冷量 1634 冷吨（5753kW），输入功率 1379kW	3
3	蓄冰盘管 TSC-306S/918S TSC-340S	1.076MWh，1.195MWh	60 30

续表

序　号	设备名称	主要参数	数　量
4	主冷水循环泵	流量 829m³/h，输入功率 56kW	4
5	冷却水循环泵	流量 1410m³/h，输入功率 150kW	4
6	冷水输送泵	流量 654m³/h，输入功率 112kW	5
7	乙二醇输送泵	流量 1327m³/h，输入功率 186kW	3
8	冷却塔 BAC331132AKV	流量 716m³/h，输入功率 56kW	8

（3）技术特点

采用主机上游的串联式外融冰系统，通过提高主机蒸发器进出水温度以提高空调工况下的 COP 值。同时，外融冰形式融冰速率快，可提供较低出水温度以获得稳定的超低温空调冷水。

制冷主机采用双蒸发器机组，白天制冷时可提高效率 2%～3%，且工况转换方便，制冰时也能保持较高 COP 值。此外，系统设有基载主机，可提供 24h 供冷。冷站的高峰供冷能力为 12000 冷吨，最大蓄冷能力为 28000 冷吨时，可削峰电力 3800kW。

以上配置可实现 4 种工况运行：1）主机单独供冷；2）主机单独蓄冰；3）主机与融冰供冷联合运行；4）单独融冰供冷。系统充分体现经济性和灵活性。同时使这一能源利用方式获得了最佳的经济利益与社会效益。

本章参考文献

[1] 龙惟定等. 低碳城市的区域建筑能源规划. 北京：中国建筑工业出版社，2011.
[2] ASHRAE. ASHRAE—HANDBOOK HVAC Applications，2011.
[3] 陈在康，丁力行. 空调过程设计与建筑节能. 北京：中国电力出版社，2004.
[4] 华贲主编. 天然气冷热电联供能源系统. 北京：中国建筑工业出版社，2010.
[5] 陆耀庆主编. 实用供热空调设计手册（第2版）. 北京：中国建筑工业出版社，2008.
[6] 方银贵等. 蓄能空调技术. 北京：机械工业出版社，2006.
[7] 中国制冷学会. 制冷学科进展研究与发展报告. 北京：科学出版社，2007.
[8] （美）汪善国. 空调与制冷技术手册. 李德英等译. 北京：机械工业出版社，2006.
[9] 唐中华主编. 空调制冷系统运行管理与节能. 北京：机械工业出版社，2008.
[10] 尉迟斌主编. 实用制冷与空调工程手册. 北京：机械工业出版社，2002.
[11] 电子工业部第十设计研究院主编. 空气调节设计手册（第2版）. 北京：中国建筑工业出版社，1995.
[12] 戴永庆主编. 燃气空调技术及应用. 北京：机械工业出版社，2004.
[13] 马最良主编. 地源热泵系统设计与应用. 北京：机械工业出版社，2007.
[14] 赵军主编. 地源热泵技术与建筑节能应用. 北京：中国建筑工业出版社，2007.
[15] 沈启等. 空调系统节能优化运行与改造案例研究（4）：冷却塔. 暖通空调，2010，8.
[16] 常晟等. 空调系统节能优化运行与改造案例研究（1）：冷水机组. 暖通空调，2010，8.
[17] Gil Avery. Improving the Efficiency of Chilled Water Plants. ASHRAE Journal，2001.
[18] 日本热泵·蓄热中心躯体蓄热研究会 WG 著（松尾阳监修）. 躯体蓄热. Ohmsha 出版，2007.
[19] 朱春. 浅谈超高层建筑用能发展. 绿色建筑，2011，5.
[20] 张永铨. 中国大陆蓄冷技术的发展. 北京：首届海峡两岸四地制冷工程节能减排技术研讨文集，2010.
[21] 马最良等. 民用建筑空调设计. 北京：化学工业出版社，2003.
[22] 龙惟定. 上海市 2010 年民用建筑空间的发展对能源需求与环境负荷影响研究. 研究报告，2006.
[23] Donald E·Ross 著. 超高层商用建筑暖通空调设计指导. 王芳等译. 北京：中国建筑工业出版社，2010.
[24] 龙思深主编. 冷热源工程. 重庆：重庆大学出版社，2002.

［25］ 李鹏. 中国能源政策. 求是，1997，11.

［26］ 范存养. 燃气空调的应用方式及其适用性. 空调设计（专刊），1997.

［27］ 王长庆等. 燃气空调在日本的发展及使用情况（考察报告，内部交流），1998.

［28］ Qinggin Wang & Ximei Zhao. Thermal Energy Storage in China. ASHRAE Journal.

［29］ 蒋能照主编. 空调用热泵技术及应用. 北京：机械工业出版社，1997.

［30］ 殷平. 地源热泵在中国. 现代空调，2001，8.

［31］ 范存养. 采用热电联产方式的 DHC 在城市小区中的应用（上、下）. 供热与空调 2007，8、10.

［32］ 赵庆珠等. 蓄冷技术系统设计. 北京：中国建筑工业出版社，2012.

第9章 高层建筑空调水系统设计

空调水系统是高层建筑空调系统的一个重要组成部分。空调水系统包括空调冷水系统、空调热水系统、冷却水系统、用户冷却水系统、采暖热水系统等。本章所述空调水系统，主要是指空调热水系统和空调冷水系统。

空调水系统将设置在集中站房内的冷水机组、锅炉等冷、热源设备与设置在能量使用侧的空气处理机组、风机盘管机组等末端装置连接起来，组成一个完整的能量产出、输配、换热输出的循环回路。

在高层建筑尤其超高层建筑中，为了避免空调水系统承压过高，常用板式换热器将整个系统垂直分隔成互不连通的多个分区。为了比较准确地对空调水系统及系统循环水泵进行描述，本章在进行空调水系统论述时遵循以下假定：直接与冷源设备与热源设备相连的水系统称为一次水系统，相应的循环水泵称为一次水循环水泵，如一次水系统采用多级循环水泵，则冷热源设备环路的循环水泵称为一次水一级泵，与用户环路相连的水系统的循环水泵称为一次水二级泵或三级泵。通过隔压板式换热器换热后的空调冷、热水系统称为二次水系统，相应的循环水泵称为二次水一级泵。依次类推，通过二级板式换热器换热后的水系统则称为三次水系统，其循环水泵称为三次水一级泵等。

9.1 空调水系统概述

9.1.1 空调系统水管种类与用途

空调水系统水管以功能划分，可分为两类：第一类水管用于输送冷（热）能；第二类水管用于系统辅助用途。表9-1为空调水系统水管分类与用途表。

空调水系统水管分类与用途 表9-1

目 的	流 体	配管种类	水温范围
输送能量	水	空调冷水管	$4 \sim 15℃$
		空调冷热水管	$4 \sim 15℃$，$40 \sim 65℃$
		空调热水管	低于100℃，一般40～80℃
		冷却水管	$20 \sim 40℃$
	乙二醇水溶液	乙二醇水溶液管	冰蓄冷（$-10 \sim -5℃$）
其他	水	膨胀水管	$4 \sim 35℃$
		空气冷凝水管	$10 \sim 30℃$
		空调补水管	$10 \sim 35℃$
		空调加药管	$10 \sim 35℃$

9.1.2 空调水系统分类及其组合

1. 空调水系统分类及设计要点

一般情况下，空调水系统可以从系统开闭方式、循环水泵布置方式、一级循环泵流量变化状况、用户环路流量变化状况、水系统管程布置方式、用户回路末端装置换热盘管接管数等几个方面进行分类。

高层建筑空调水系统一般采用闭式系统，不采用开式系统。

表 9-2 为几种典型空调水系统的特点及设计要点。

几种典型水系统特点及设计要点 表 9-2

类 别		示意图	系统描述	设计要点
管程布置方式	同程系统		供水与回水管中水的流向相同，流经环路管道长度相等	一般适用于对压差平衡要求较高的系统，如采暖水系统、地埋管换热器循环水系统等。在高层或超高层建筑中由于空间受限，使用不很多
	异程系统		供水与回水管中的水流向相反，流经环路管道长度不等	该系统在高层或超高层建筑中使用较多。异程系统设计简便、管弄空间需求小，便于采用静态平衡阀实现系统水力平衡
水泵设置方式	一级泵系统		空调水系统只采用一套循环水泵，水泵扬程应能克服整个水系统循环阻力。一级泵系统还分一级泵定流量系统和一级泵变流量系统	功能较单一、使用时间较一致、规模不大的高层建筑适合采用一级泵系统。一级泵定流量系统适用于冷水机组需要定水量的系统；一级泵变流量系统适用于冷水机组可进行变水量运行的系统

续表

类 别		示意图	系统描述	设计要点
水泵设置方式	多级泵系统		将冷热源侧与负荷侧分成两个甚至多个环路,各环路设置独立的循环水泵。冷热源侧循环水泵称为一级泵;负荷侧配置的循环水泵称为二级泵或多级泵	规模较大、功能复杂、使用时间不一致的高层或超高层建筑及建筑群适合采用多级循环泵系统。在二级泵系统中,一级泵扬程应能克服冷热源侧环路阻力;二级泵扬程应能克服用户侧环路阻力
用户末端接管	二管制系统		单冷空调冷水系统和供冷用冷水与供热用热水合用一套管路系统。供冷或供热随季节变化进行转换	高层建筑中该系统使用最为广泛。二管制系统简单,适用于常年需要供冷、无需供热或常年需要供热、无需供冷的地区的建筑物,也适用于进深不大、无需同时供冷和供热、冬季需供热、夏季需供冷的建筑物
	四管制系统		供冷用冷水与供热用热水分别使用各自独立的管路系统。该系统可以同时进行供冷与供热	适用于规模较大,标准较高、进深较深、全年需要供冷或需要同时供冷和供热的高层建筑
	分区二管制系统		能源站房内设置冷、热源设备,可分别或同时进行供冷或供热,用户空调水环路局部采用二管制,局部环路的供冷或供热通过阀门切换实现	该类系统使用较少。适用于各区域供冷、供热需求不一致,各区域无需同时进行供冷和供热的高层建筑

2. 工程用空调水系统组合

表 9-2 仅从各个侧面对空调水系统进行分类，且表示了几种典型的空调水系统的分类及特点，实际工程中应用的空调水系统都具有多种系统分类特点。任何简单的空调水系统均为两种或两种以上系统分类的组合。以上海金茂大厦（工程实录 S15）空调水系统为例，该建筑物采用的空调水系统是闭式、四管制、二级泵、冷源环路（一级泵）定流量、用户环路（二级泵）变流量、异程式水系统，高区部分空调系统采用二次水供冷。

空调水系统分类及组合方式见表 9-4。

空调水系统设计时，设计师应根据所设计建筑物的规模、功能、使用要求、末端装置的类型等因素确定水系统分类组合方式，使水系统在满足使用要求的情况下，实现系统投资合理、运营管理方便、维护保障容易、运行经济和可靠。

3. 我国高层建筑空调水系统发展回顾

随着高层建筑的不断建设，应用于高层建筑的空调水系统也不断得到发展，从冷、热水共用二管制系统发展到冷水、热水四管制系统；从用户环路定流量系统发展到变流量系统；从冷源侧一级泵定流量发展到一级泵变流量。表 9-3 为各阶段我国常用空调水系统基本形式。

各阶段我国空调水系统基本形式　　　　　　　　　　　　　　　　　　　表 9-3

阶　段	系统主要形式与特点	备　注
20 世纪 70 年代以前	二管制一级泵系统，较多采用同程管道布置方式，一般无自动控制，手动运行与管理	空调水系统发展的初级阶段，仅用于公共场所的空调
20 世纪 70-80 年代	二管制一级泵系统，较多采用同程管道布置方式，大多不设自动控制，以手动运行与管理为主	空调水系统发展的初级阶段，大多用于公共场所的空调，开始应用在高级旅馆建筑
20 世纪 80-90 年代	以二管制一级泵系统为主，出现四管制二级泵系统，同程与异程管道布置方式，高档建筑开始采用楼宇自控系统	空调水系统进入发展阶段，境外空调设备、自控厂商开始进入我国空调市场
20 世纪 90-21 世纪初	二管制、四管制并举，二级泵系统广泛使用，楼宇自控系统普遍采用，一级泵变流量系统开始引入	空调水系统发展进入高速期，境外设计项目增多，国内外设计理念出现碰撞与融通，境外空调设备、自控厂商全面进入我国空调市场
21 世纪	二管制、四管制并举，二级泵使用普遍，一级泵变流量系统大量应用，楼宇自控系统普及，大温差开始应用，水系统节能新技术被广泛采用	空调水系统发展到成熟期，技术更新快，国内外节能新技术将及时应用与系统

9.1.3　空调水系统垂直分区

1. 空调水系统及设备工作压力

在高层建筑中，建筑越高，空调水系统的承压越大，组成水系统的冷、热源设备、空调设备、管道和配件的承压要求也越高。表 9-5 为组成空调水系统的冷水机组、热水锅炉、冷、热水循环水泵、末端装置、钢管及配件的压力等级。工程应用的空调水系统必须使组成系统的各部件都能在其安全范围内工作。

空调水系统分类及其组合方式

表9-4

分类		水泵布置方式		一级泵流量变化		系统开闭方式		系统管程布置		末端装置盘管接管数			用户环路流量变化	
		单级泵	多级泵	定流量	变流量	开式	闭式	同程	异程	二管	四管	分区二管	定流量	变流量
水泵布置方式	单级泵		×	☆	☆	☆	☆	☆	☆	☆	☆	☆	☆	☆
	多级泵	×		☆	△	△	☆	☆	☆	☆	☆	☆	☆	☆
一级泵流量变化	定流量	☆	☆		×	☆	☆	☆	☆	☆	☆	☆	☆	☆
	变流量	☆	△	×		△	☆	☆	☆	☆	☆	☆	☆	☆
系统开闭方式	开式	☆	△	☆	△		×	△	☆	☆	○	○	☆	○
	闭式	☆	☆	☆	☆	×		☆	☆	☆	☆	☆	☆	☆
系统管程布置	同程	☆	☆	☆	☆	△	☆		×	☆	☆	☆	☆	☆
	异程	☆	☆	☆	☆	☆	☆	×		☆	☆	☆	☆	☆
末端装置盘管接管数	二管	☆	☆	☆	☆	☆	☆	☆	☆		×	×	☆	☆
	四管	☆	☆	☆	☆	○	☆	☆	☆	×		×	☆	☆
	分区二管	☆	☆	☆	☆	○	☆	☆	☆	×	×		☆	☆
用户环路流量变化	定流量	☆	☆	☆	☆	☆	☆	☆	☆	☆	☆	☆		×
	变流量	☆	☆	☆	☆	○	☆	☆	☆	☆	☆	☆	×	

注：表中各符号代表含义如下：

符号☆表示比较常用；

符号△表示可以采用；

符号○表示一般不采用；

符号×表示无此组合形式；

空调水系统常用设备及管道压力等级　　　表 9-5

设备名称	压力等级（MPa）
冷水机组	1.0、1.7（1.6）、2.0、2.5
热水锅炉	0.7、1.0、1.25、1.6
循环水泵	1.0（填料密封）、1.6、2.5（机械密封）
换热装置	1.0、1.6、2.5
无缝钢管	1.0、1.6、2.5
阀门（包括电动控制阀）	1.0、1.6、2.5
空调机组	1.0、1.6、2.0
风机盘管机组	1.0、1.6

2. 高层建筑水系统垂直分区

现代高层建筑尤其是超高层建筑已达六、七百米。设计空调水系统时，必须将系统进行分区，使水系统的静压力及系统运行时的工作压力小于冷、热源设备、循环水泵、空调末端装置、管道及管道配件的承压能力。超高层建筑几种常用水系统的垂直分区方式及特点见表 9-6。

超高层建筑几种常用水系统的垂直分区方式及特点　　　表 9-6

系统描述	水系统图式	特点及技术要点
冷、热源设备一般设置在地下室，断压板式换热器设置在技术层，将水系统垂直分成上、下两个分区或上、中、下三个分区	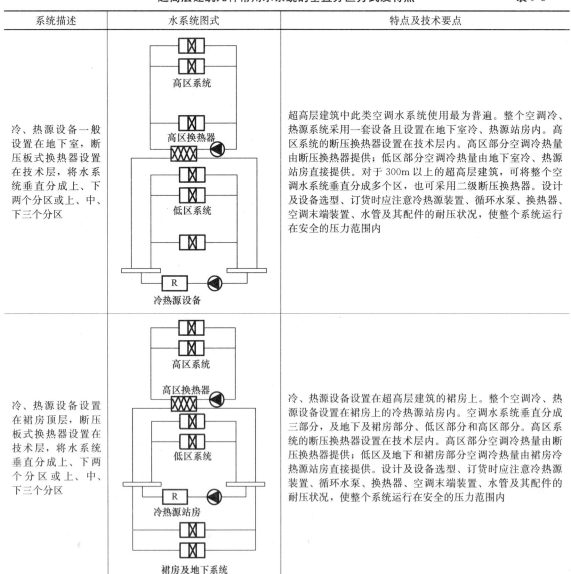	超高层建筑中此类空调水系统使用最为普遍。整个空调冷、热源系统采用一套设备且设置在地下室冷、热源站房内。高区系统的断压换热器设置在技术层内。高区部分空调冷热量由断压换热器提供；低区部分空调冷热量由地下室冷、热源站房直接提供。对于 300m 以上的超高层建筑，可将整个空调水系统垂直分成多个区，也可采用二级断压换热器。设计及设备选型、订货时应注意冷热源装置、循环水泵、换热器、空调末端装置、水管及其配件的耐压状况，使整个系统运行在安全的压力范围内
冷、热源设备设置在裙房顶层，断压板式换热器设置在技术层，将水系统垂直分成上、下两个分区或上、中、下三个分区		冷、热源设备设置在超高层建筑的裙房上。整个空调冷、热源设备设置在裙房上的冷热源站房内。空调水系统垂直分成三部分，及地下及裙房部分、低区部分和高区部分。高区系统的断压换热器设置在技术层内。高区部分空调冷热量由断压换热器提供；低区及地下和裙房部分空调冷热量由裙房冷热源站房直接提供。设计及设备选型、订货时应注意冷热源装置、循环水泵、换热器、空调末端装置、水管及其配件的耐压状况，使整个系统运行在安全的压力范围内

续表

系统描述	水系统图式	特点及技术要点
冷、热源设备分别设置在地下室和技术层内。地下室冷、热源设备承担下部区域冷、热负荷，技术层冷、热源设备承担上部区域冷、热负荷	技术层冷热源站房 地下室冷热源站房	冷、热源设备分别设置在地下室站房和技术层站房内。整个超高层建筑垂直分成两个独立的空调水系统，各系统有独立的冷热源装置。高区系统空调冷热量由设置在技术层站房内冷热源设备提供；低区系统空调冷热量由设置在地下室站房内冷热源设备提供。设计及设备选型、订货时应注意冷热源装置、循环水泵、空调末端装置、水管及其配件的耐压状况，使整个系统运行在安全的压力范围内
冷、热源设备分别设置在地下室和超高层主楼屋顶上。地下室冷热源设备承担下部区域冷热负荷，屋顶层冷热源设备承担上部区域冷热负荷	屋顶层冷热源站房 高区系统 低区系统 地下室冷热源站房	冷、热源设备分别设置在地下室站房和屋顶层站房内。整个超高层建筑垂直分成两个独立的空调水系统，各系统有独立的冷热源装置。高区系统空调冷热量由设置在屋顶层站房内冷热源设备提供；低区系统空调冷热量由设置在地下室站房内冷热源设备提供。设计及设备选型、订货时应注意冷热源装置、循环水泵、空调末端装置、水管及其配件的耐压状况，使整个系统运行在安全的压力范围内

在我国，已建成或在建的超高层建筑很多，其中大部分建筑由我国设计人员独立设计或合作设计，一部分建筑由欧美和日本设计师设计。我国设计人员一般将整个空调水系统垂直分成两个，最多三个分区，每个分区最大工作压力控制在 2.5MPa 以内，风机盘管工作压力控制在 1.6MPa 以内；欧美设计人员一般将水系统最大工作压力控制在 1.0～2.5MPa 内；日本设计人员将水系统垂直分区较多，每分区最大工作压力一般小于 1.0MPa。

9.2　高层建筑几种常用空调水系统

9.2.1　一级泵定流量系统

一级泵定流量空调水系统是高层建筑中使用最多的系统。图 9-1 为典型的一级泵定流量空调水系统原理图。该水系统的一级循环水泵为整个系统的水力循环提供动力，系统用户侧空调末端装置采用电动二通调节阀控制。系统具有冷水机组、循环水泵定流量、空调末端装置变流量运行特点。

一级泵定流量系统中，通过冷水机组蒸发器的冷水流量保持不变，机组运行较安全。用户侧冷负荷减小时，系统通过减小供、回水温差来满足负荷的变化。小温差、大流量运行现象在一级泵定流量系统中比较常见。

通过空调末端装置的水量一般采用电动二通调节阀控制，也可采用电动二通平衡调节阀，较少采用电动三通阀控制。采用电动二通阀的空调水系统，阀门根据负荷变化调节开度，控制通过末端装置的冷水流量。末端装置节流后减少的部分水量经过旁通管流回冷水机组入口处。旁通管上设置电动压差旁通阀，根据用户环路压差调节开度，控制旁通流量。旁通管内水流从供水总管流向回水总管。

一级泵水系统适用于建筑规模不太大、建筑功能、使用要求与使用时间较一致的建筑。建筑规模较大、建筑功能及使用要求相差较大的建筑物，宜采用一级、二级泵空调水系统。

9.2.2 一级、二级泵系统

一级、二级泵系统是指空调水系统中既有一级循环水泵，又有二级循环水泵。一级泵定流量运行，水泵扬程应克服系统冷、热源产出环路的阻力；二级泵可定流量运行，也可变流量运行，水泵扬程应克服用户侧空调末端环路的阻力。典型的一级、二级泵空调水系统原理图见图9-2。

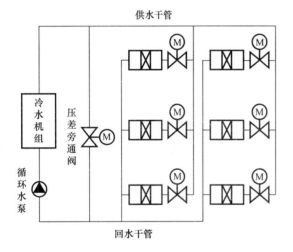

图9-1 典型一级泵定流量空调水系统原理图

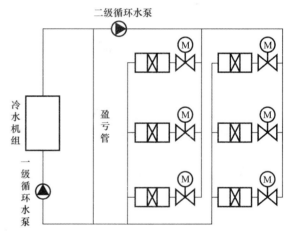

图9-2 典型一级、二级泵空调水系统原理图

一级循环水泵定流量、二级循环水泵变流量运行的系统在高层建筑中应用非常广泛。该系统冷水机组蒸发器侧流量恒定，用户侧流量变化。

该系统与一级泵定流量系统的不同之处是设置了用户侧二级循环水泵，且一级泵与二级泵入口处设置了一根盈亏管（平衡管）。盈亏管具有两个作用：一是平衡水流量，当冷源环路循环水量大于用户循环水量时，盈亏管内的水从供水总管流向回水总管，反之，则从回水总管流向供水总管；二是将冷源环路与用户环路水力隔断，一级泵运行与调节不影响用户环路水系统运行调节，二级泵运行与调节不影响冷源环路水系统的运行调节。盈亏管的设计阻力应尽可能小，盈亏管的水头损失越大，一级泵与二级泵越接近于串联，系统水力干扰度就越大，系统运行的可靠性越差。但不能因降低盈亏管阻力而将其管径设计过大，形成"水罐"，从而在盈亏管中产生内部循环或寄生循环现象。

9.2.3 一级泵变流量系统

一级泵变流量空调水系统是21世纪初兴起的节能新系统。典型的一级泵变流量系统如图9-3所示。与一级泵定流量系统相比，该系统的循环水泵配置了变频装置驱动，冷水机组连接支管上设置电动隔断阀，旁通管上设置了电动旁通阀，系统回水管上设置流量检测传感装置。

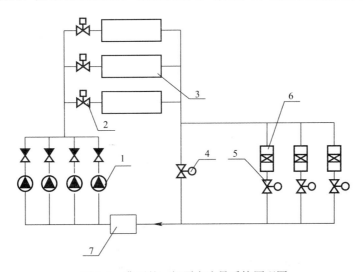

图 9-3　典型的一级泵变流量系统原理图

1—变频调速循环水泵；2—电动隔断阀；3—冷水机组；4—电动旁通阀；5—电动二通调节阀；

6—空调器盘管；7—流量检测传感器

一级泵变流量系统应采用蒸发器侧流量可变的冷水机组。通过机组蒸发器的冷水流量随用户侧水流量的变化而变化。可变流量冷水机组应具有水流量变化时，机组出水温度波动较小、运行可靠的特点。机组应具有较宽的流量变化范围及较大的流量变化率。冷水机组流量变化范围越大、最小流量越小，越有利于运行控制，节能效果越明显。机组允许流量变化率越大，变流量运行时冷水出水温度波动越小，系统运行越稳定。因此，冷水机组选型时，应选用机组蒸发器侧流量变化范围大、最小流量尽可能低且蒸发器许可流量变化率大的冷水机组。对于离心式冷水机组，其流量变化范围应为 30%～130%；对于螺杆式冷水机组，其流量变化范围应为45%～120%；两种冷水机组的最小流量宜小于 50%，机组蒸发器侧每分钟许可流量变化率宜大于 30%。与定流量冷水机组相比，可变流量冷水机组根据部分负荷变化改变机组蒸发器侧冷水流量时，机组 COP 的变化宜小于 5%。目前，一些国际著名品牌的冷水机组生产厂家经过多年研究开发，已能提供可变流量运行的冷水机组，供设计选用。国内一些冷水机组生产厂家也对机组蒸发器侧变流量运行的热工性能及控制方法进行了研究，预计在不远的将来，大多数厂家生产的离心式和螺杆式冷水机组均能进行变流量运行。一级泵变流量系统采用的冷水机组还应具有良好的自动控制特性。机组控制器不但应具有反馈控制功能，还应具有前馈控制功能；不仅能根据机组出水温度的变化调节机组负荷，而且还能根据机组进水温度的变化预测与补偿系统负荷变化对出水温度的影响。

一级泵变流量空调水系统的水泵流量按系统设计流量确定，水泵扬程应克服系统（冷水机组、空调末端装置、阀门、管路等）阻力。循环水泵可与冷水机组一一对应，也可不对应，冷水机组与水泵的台数变化和启停可分别独立控制。旁通管的设计流量可按最小单台冷水机组的最小允许流量设计，旁通管上设置的旁通阀应具有线性流量——开度特性，且在设计压力下不渗漏。

9.3　空调水系统设计几个问题探讨

9.3.1　大温差空调冷水系统设计优化

空调水系统中，除了冷水机组，空调冷水循环水泵、冷却水循环水泵、冷却塔风机也是主要的耗能设备。有资料表明，在过去的 30 多年中，冷水机组效率几乎提高一倍，冷水机组能耗占空调水系统能耗的比例从 78％降低到 58％；而空调冷水循环水泵、冷却水循环水泵、冷却塔风机的能耗占空调水系统能耗的比例从 22％增加到 42％，其中水泵能耗占空调水系统能耗的比例从 16％增加到 26％。

增大空调水系统供回水温差，实现大温差运行，可使系统运行能耗下降，选择型号较小的循环水泵，减小管道及管道配件尺寸和管道绝热材料用量。一般情况下，空调冷水系统的供回水温差从 5℃增加到 10℃，运行费用可降低 25％左右。

大温差空调水系统的供水温度较低（常规系统供水温度为一般为 7℃，大温差系统为 1～6℃），系统供回水温差较大（常规系统一般为 5℃温差，大温差系统为 6～13℃）。

现代高层或超高层建筑的高度越来越高，体量较大，水系统规模较大，输配距离较远，系统运行能耗也较大。在节能减排为国策的今天，高层建筑应考虑使用大温差空调水系统。

大温差空调水系统一般应用于规模较大，水系统输送距离较长，采用大温差系统有较大节能潜力的建筑。大温差系统一般采用冰蓄冷系统（外融冰系统供水温度约 1℃，内融冰系统供水温度约 3.3℃）和大温差冷水机组，需要选择满足大温差运行要求的空调末端装置（空调机组、风机盘管机组等），空调水系统需有良好的静态平衡与动态平衡措施。

大温差空调水系统实施的关键是采用满足大温差运行要求的空调末端装置。当采用常温差的空调末端装置时，可从改进水系统设计着手，将末端装置根据冷水温度需求串联设置，实现末端装置常温差运行，空调冷水系统大温差运行。

1. 采用大温差空调末端装置

大温差空调水系统接入的空调末端装置一般是空调机组与风机盘管机组。

（1）空调机组选型设计

常用的空调机组一般按冷水供水温度 7℃、供回水温差 5℃进行设计与制造。当空调机组冷却盘管的进出水温差增大时，机组的换热量将有所减小。

经大多数空调机组生产厂家的机组选型软件选型计算，当空调水系统供回水温差增加到 8℃时，机组冷却盘管所需排数与常温差机组冷却盘管的排数基本相同，末端装置的初投资费用基本不变。当空调水系统供回水温差大于 8℃时，空调机组冷却盘管的换热量将明显下降，如机组仍需输出与常温差机组相同的冷量，需对冷却盘管的结构进行相应改变，以满足大温差换热要求。

（2）风机盘管机组选型设计

与空调器一样，一般的风机盘管机组也按冷水供水温度 7℃、供回水温差 5℃设计与制造。风机盘管机组冷却盘管的排数一般为两排或三排。有文献表明，将常温差风机盘管机组用于大温差应用时，由于其传热系数的下降，机组显热换热量与潜热除湿量将大为降低，常温差风机盘管机组不宜应用于大温差空调水系统。因此，当空调水系统采用大温差时，应采用适应于大温差系统的风机盘管机组。上海新晃空调设备有限公司和上海百富勤空调制造有限公司等对大温差风机盘管机组进行了长期的研究，相继推出适应大温差空调水系统的大温差交流电机风机盘管机组和大温差无刷直流电机风机盘管机组。大温差风机盘管机组从冷却盘管的刺片形式与间距，盘管流程与结构、电机形式与电路控制、机组外形尺寸等各方面进行了大量改进。

2. 采用常温差空调末端装置实现系统大温差运行

我国每年生产数百万台常温差风机盘管机组。在高层建筑中，使用最多的也是常温差风机盘管机组。将常温差风机盘管机组应用于大温差空调水系统是每位暖通空调设计工程师应认真考虑的问题。

采用常温差风机盘管机组加新风系统或风机盘管空调系统与全空气空调系统的组合也可实

现空调水系统的大温差运行。

常温差风机盘管机组实现大温差水系统运行一般通过下列两种方法实现：一是将常温差风机盘管机组加新风机组空调水系统（如 5℃ 温差）与大温差全空气空调水系统（如 8℃ 温差）并联设置，使整个空调水系统实现 6℃ 或 7℃ 大温差运行；二是将风机盘管机组与新风机组的水路系统串联，空调冷水先进入风机盘管机组，在风机盘管中，冷水被一次加热（如温升为 5℃）后进入回水管，部分回水又被设置在新风机组供水管上的末端循环水泵抽出，使之进入新风机组冷却盘管，在新风机组中，冷水被二次加热（如温升也为 5℃）后，通过电动调节三通阀汇入回水干管，最终使整个空调水系统实现大温差运行。

图 9-4 为上海世茂国际广场（工程实录 S25）采用常温差风机盘管机组与新风机组串联实现大温差水系统运行的一个工程实例。该串联水系统的干管总计算流量为 112t/h，空调冷水进水温度为 5℃，经风机盘管机组后的出水温度为 10℃，设置在回水干管上游侧的末端循环水泵抽取 34.6t/h 回水，该部分回水经新风机组冷却盘管二次加热后，升温至 15℃，然后排至回水干管。在回水干管内，34.6t/h 高温回水（15℃）与 77.4t/h 回水（10℃）混合后，最终形成 8℃ 的系统水温差。

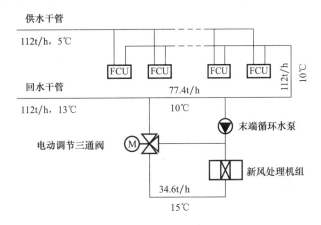

图 9-4　风机盘管机组与新风处理机组串联设置原理图

空调水系统串联设置的水系统较复杂，系统设计时需考虑水量与冷量的匹配与平衡，该系统对控制和系统运行管理人员的要求较高。

9.3.2　一级、二级泵系统盈亏管倒流问题分析

高层建筑常采用一级、二级泵空调水系统（参见图 9-2），一级泵定流量运行，二级泵变频变流量运行，空调末端装置采用电动二通调节阀控制。在一级、二级泵空调水系统中，一级泵一般与冷水机组一一配置，且与冷水机组联动，二级泵则根据用户侧空调负荷的需求变频调节输送流量。在正常情况下，当用户环路冷水需求量小于一级泵流量时，一级泵多余部分水量通过盈亏管流回冷水机组。

实际水系统运行时，常发现盈亏管中的冷水从集水器流向分水器，温度较高的回水与温度较低的供水混合，用户侧供水温度升高，导致空调末端装置供冷能力下降，使控制系统加大二级泵输配流量，运行能耗增加。

上海世茂北外滩酒店是一幢五星级酒店，采用两台 1200Rt 和一台 700Rt 离心式冷水机组，设置一台 480m³/h 和两台 750m³/h 的一级离心式水泵，设置两组二级泵，它们分别为 650m³/h 两台和 510m³/h 两台。在某局部负荷情况下，制冷站房开启一台 700Rt 离心式冷水机组、一台 480m³/h 一级泵和 650m³/h 及 510m³/h 二级泵各一台。二级泵最小可运行流量为设计流量的 55％。冷水机组供水温度为 7℃，由于约 160m³/h 温度为 12℃ 的回水与 7℃ 供水混合，使系统供水温度升高到 8.7℃，水系统供回水温差约 3.3℃。

引起一级、二级泵系统盈亏管倒流现象发生的原因主要有以下几方面：

（1）一级泵与二级泵流量不匹配，系统运行时二级泵流量大于一级泵流量；

（2）二级泵变频变流量能力不够，即使二级泵流量最小时仍大于一级泵流量；

（3）空调末端装置换热能力不够，控制系统要求二级泵加大流量，使系统温差减小、流量加大，系统运行能耗增大。

因此，在设计一级泵、二级泵系统时，应根据冷水机组冷水循环量和用户冷水需求量的变化关系，合理配置一级泵和二级泵台数，保证系统在任何负荷变化情况下一级泵流量不小于二级泵流量；选择流量变化范围较大的水泵和变频装置，在二级泵进、出水母管上并联一根装有压差旁通阀的旁通管，压差旁通阀平时关闭，只在二级泵流量变到最小，而用户环路还要减少系统水量时打开；根据负荷正确选择空调末端设备的型号与容量，使末端装置不小温差、大流量运行；在盈亏管上设置水流指示传感装置和在二级泵供、回水主管上设置温度传感器，监测盈亏管水流方向和系统供、回水温度，使系统在盈亏管出现倒流现象时及时作出反应。

9.3.3 大温差水系统用户回路温差控制

大温差空调水系统要求冷源侧应有产生大温差冷水的机组，用户侧应有可实现大温差运行的末端装置，在输配回路设计与控制方面应确保系统供应与输配大温差空调冷水。

高层建筑中经常在用户回路采用三级泵系统设计，三级泵回路系统的供回水温差可采用电动二通阀或电动三通阀控制。

图 9-5 为采用电动调节二通阀的系统接管方式。该系统方式中，系统供回水干管之间须设置盈亏管，盈亏管上应设置流量计或水流指示装置，靠近回水干管接口处应设置电动二通水温调节控制阀，用户回路的区域循环水泵（三级泵）采用变频装置驱动。变频装置根据用户回路中最不利环路的压差信号调节水泵流量；电动二通水温调节控制阀则根据设置在用户回路回水干管上的温度传感器信号，调节阀门开度，使用户回路冷水供、回水温差等于或接近于干管（冷源回路）设计供、回水温差，使盈亏管内水流保持几乎不流动。图 9-5 的系统接管方式适用于水流量较大三级循环水系统。

图 9-6 为采用电动调节三通阀的系统接管方式。该系统方式中，系统供回水干管之间须设置三通水温调节控制阀。用户回路的区域循环水泵（三级泵）采用变频装置驱动。变频装置根据用户回路中最不利环路的压差信号调节水泵流量；电动三通水温调节控制阀则根据设置在用户回路回水干管上的温度传感器信号，调节阀门开度，使用户环路供、回水温差等于或接近于干管的设计供、回水温差，使电动三通水温调节控制阀与用户回路供水管之间的连管内水流保持几乎不流动。图 9-6 的系统接管方式适用于水流量较小或适中的三级环路水系统。

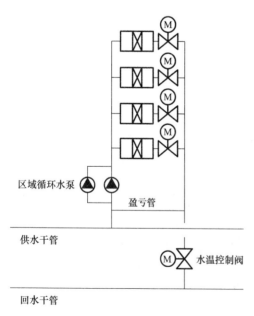

图 9-5　直接连接接管示意图一

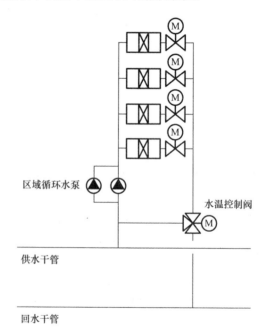

图 9-6　直接连接接管示意图二

9.3.4　提高空调水系统输送能效

空调水系统应将能量高效、经济、定点、定时输送给空调末端装置。设计人员在进行水系统设计时，应考虑系统输送能效，提高系统运行效率。

高效、节能的空调水系统设计时一般应考虑以下几个方面：

（1）水系统分区应合理、经济，应将使用功能、时间、要求、输配距离相同的房间划为同一系统。水系统输配距离不应过远，系统阻力不应过大。

（2）水系统应具有良好的静态和动态水力平衡，使各空调支路不欠流也不过流，各空调末端装置可获得必需的水流量。

（3）同一水系统中各输配环路的水阻力相差不应很大，当水系统各环路的水阻力相差较大时，应在阻力较大的环路上设置用户侧循环水泵，循环水泵的流量应满足支路水量要求，扬程应能克服支路循环阻力。

（4）合理配置循环水泵的台数，在空调负荷变化范围内，均可使系统循环水泵高效运行。循环水泵应配置变频驱动装置，变频驱动水泵的最高效率点应设置在使用时段最多的工况点。循环水泵供、回水集管处应设置压差旁通管。

（5）空调水系统应设置有效的检测和控制系统，系统能根据末端装置的负荷变化情况，有效地调配系统水流量。

（6）空调水系统应能进行优化调试，使系统高效、经济运行。

为了使设计人员在进行水系统设计、循环水泵选型时能确保系统经济运行，我国《民用建筑供暖通风与空气调节设计规范》GB 50736—2012 中对空调冷热水系统规定了循环水泵的耗电输冷（热）比 $EC(H)R$ 值。耗电输冷（热）比按以下公式计算。

$$EC(H)R = 0.003096\Sigma(G \cdot H/\eta_b)/\Sigma Q \leqslant A(B+\alpha\Sigma L)/\Delta T$$

式中　$EC(H)R$——循环水泵的耗电输冷（热）比；

G——每台运行水泵的设计流量，m^3/h；

H——每台运行水泵对应的设计扬程，m；

η_b——每台运行水泵对应设计工作点的效率；

Q——设计冷（热）负荷，kW；

ΔT——规定的计算供回水温差，按表 9-7 选取，$℃$；

A——与水泵流量有关的计算系数，按表 9-8 选取；

B——与机房及用户的水阻力有关的计算系数，按表 9-9 选取；

α——与 ΣL 有关的计算系数，按表 9-10 或表 9-11 选取；

ΣL——从冷热机房至该系统最远用户的供回水管道输送总长度，m；当管道设于大面积单层或多层建筑时，可按机房出口至最远端末端的管道长度减去 $100m$ 确定。

水系统设计供回水温差（ΔT）值　　　　表 9-7

冷水系统	热水系统			
	严寒	寒冷	夏热冬冷	夏热冬暖
5	15	15	10	5

注：1. 对空气源热泵、溴化锂机组、水源热泵机组等的热水供回水温差按机组实际参数确定；
　　2. 对直接提供高温冷水的机组，冷水供回水温差按机组实际参数确定。

与水泵流量有关的计算系数（A）值　　　　表 9-8

水泵设计流量 G	$G \leqslant 60m^3/h$	$200m^3/h \geqslant G > 60m^3/h$	$G > 200m^3/h$
A 值	0.004225	0.003858	0.003749

注：多台水泵并联运行时，流量按较大流量选取。

与机房及用户的水阻力有关的计算系数（*B*）值　　　　　　　　表 9-9

系统组成		四管制 单冷、单热管道	二管制 热水管道
一级泵	冷水系统	28	—
	热水系统	22	21
二级泵	冷水系统①	33	—
	热水系统②	27	25

① 多级泵冷水系统：每增加一级泵，B 值可增加 5；
② 多级泵热水系统：每增加一级泵，B 值可增加 4。

四管制热水管道系统的 α 值　　　　　　　　表 9-10

系统	管道长度 Σ*L* 范围（m）		
	≤400m	400m＜Σ*L*＜1000m	Σ*L*≥1000m
冷水	$\alpha=0.02$	$\alpha=0.016+1.6/\Sigma L$	$\alpha=0.013+4.6/\Sigma L$
热水	$\alpha=0.014$	$\alpha=0.0125+0.6/\Sigma L$	$\alpha=0.009+4.1/\Sigma L$

二管制热水管道系统的 α 值　　　　　　　　表 9-11

系统	地区	管道长度 Σ*L* 范围（m）		
		≤400m	400m＜Σ*L*＜1000m	Σ*L*≥1000m
热水	严寒	$\alpha=0.009$	$\alpha=0.072+0.72/\Sigma L$	$\alpha=0.0059+2.02/\Sigma L$
	寒冷	$\alpha=0.0024$	$\alpha=0.002+0.16/\Sigma L$	$\alpha=0.0016+0.56/\Sigma L$
	夏热冬冷			
	夏热冬暖	$\alpha=0.0032$	$\alpha=0.0026+0.24/\Sigma L$	$\alpha=0.0021+0.74/\Sigma L$

注：二管制冷水系统 α 计算式与表 9-10 四管制水系统相同。

9.4　超高层空调水系统垂直分区

在超高层建筑中，为了保证空调水系统的安全性，在垂直方向必须划分多个分区，确保冷水机组、水泵、空调末端设备、管道和配件在安全的承压范围内。以下简单介绍上海中心空调水系统垂直分区情况。

9.4.1　工程概况

上海中心大厦（工程实录 S40）是正在建造的上海第一高楼。该大厦建在上海浦东陆家嘴地区，紧邻上海金茂大厦和上海环球金融中心大厦，建筑层数 124 层，建筑高度约 600m。

上海中心大厦空调热源由蒸汽锅炉、与内燃机配套的分布式供能系统板式换热器和地源热泵机组提供；冷源由基载离心式冷水机组、制冰与制冷双工况离心式冷水机组、与内燃机配套的吸收式冷水机组、冰蓄冷装置、地源热泵机组和免费冷却冷水板式换热装置提供。

大楼设有上下两个独立的空调冷水系统，下部空调冷水系统制冷站房设置在地下室内，上部空调冷水系统制冷站房设置在 82 层。

9.4.2　上海中心大厦空调冷、热水系统垂直分区状况及系统参数

上海中心大厦空调水系统采用冷水与热水独立设置的四管制系统。冷水系统和热水系统全部采用水泵式定压装置定压。

1. 空调热水系统

上海中心大厦设有三种热水系统，它们是：空调热水系统、地板辐射采暖热水系统和中庭翅片散热器热水系统。空调热水系统垂直分区状况及系统参数见表 9-12。

上海中心大厦热水系统垂直分区及系统参数 表9-12

系统名称	系统最高点 (m)	系统最低点 (m)	工作压力 (MPa)	水泵安装高度 (m)	供/回水温度 (℃)
空调热水系统					
8、9区空调热水系统	560.25	465.50	1.23	465.50	60/45
7区空调热水系统	464.50	393.40	1.00	460.05	60/45
6区空调热水系统	394.40	308.75	1.14	314.25	60/45
5区空调热水系统	313.25	239.55	1.02	308.75	60/45
4区空调热水系统	238.55	169.35	0.98	169.35	60/45
3区空调热水系统	168.35	99.15	0.98	163.85	60/45
2区空调热水系统	98.15	33.45	0.93	33.45	60/45
1区空调热水系统	32.45	−24.70	0.86	−13.30	60/45
地板辐射采暖系统					
8区地板辐射采暖系统	471.00	465.50	0.30	465.50	50/40
7区地板辐射采暖系统	394.40	388.90	0.30	388.90	50/40
6区地板辐射采暖系统	319.75	314.25	0.30	314.25	50/40
5区地板辐射采暖系统	245.05	239.55	0.30	239.55	50/40
4区地板辐射采暖系统	174.85	169.35	0.30	169.35	50/40
3区地板辐射采暖系统	104.65	99.15	0.30	99.15	50/40
1、2区地板辐射采暖系统	38.95	0.00	0.63	33.45	50/40
中庭翅片散热器系统					
8区中庭散热器系统	535.65	465.50	0.95	465.50	95/75
7区中庭散热器系统	464.50	393.40	0.95	460.05	95/75
6区中庭散热器系统	382.45	314.25	0.92	314.25	95/75
5区中庭散热器系统	313.25	244.05	0.93	308.75	95/75
4区中庭散热器系统	233.05	169.35	0.87	169.35	95/75
3区中庭散热器系统	168.35	103.65	0.88	163.85	95/75
2区中庭散热器系统	98.15	37.95	0.84	93.65	95/75
1区中庭散热器系统	26.90	-13.30	0.64	−13.30	95/75

2. 空调冷水系统

上海中心大厦空调冷水系统根据大楼建筑高度设置上、下两个独立的水系统。下部系统承担地下5层至50层的空调冷负荷，制冷设备设置在地下室制冷机房内；上部系统承担51层至124层空调冷负荷，该系统的制冷设备设置在第82层的制冷机房内。

上海中心大厦冷水系统主要有空调冷水系统和用户冷却水系统。空调冷水系统垂直分区状况及系统参数见表9-13。

上海中心大厦冷水系统分区及系统参数 表9-13

系统名称	系统最高点 (m)	系统最低点 (m)	工作压力 (MPa)	水泵安装高度 (m)	供/回水温度 (℃)
空调冷水系统					
9区空调冷水系统	572.90	465.50	1.35	465.50	7/14.5
8区空调冷水系统	545.60	465.50	1.08	465.50	7/14.5
高区/7区空调冷水系统	469.00	308.75	1.85	388.90	6/13.5
6区空调冷水系统	382.45	314.25	0.97	314.25	7/14.5
5区空调冷水系统	313.25	239.55	1.02	308.75	7/14.5
4区空调冷水系统	238.55	93.65	1.72	93.65	7/14.5
3区空调冷水系统	162.85	93.65	0.98	93.65	7/14.5
低区/2区空调冷水系统	98.15	−13.30	1.59	−13.30	6/13.5
地下室/1区空调冷水系统	32.45	−24.70	0.86	−13.30	7/14.5
用户冷却水系统					
8区用户冷却水系统	541.10	475.50	0.94	536.65	33/38
6区地用户冷却水系统	387.90	324.25	0.92	383.45	33/38

续表

系统名称	系统最高点 （m）	系统最低点 （m）	工作压力 （MPa）	水泵安装高度 （m）	供/回水温度 （℃）
5 区用户冷却水系统	307.75	99.15	2.34	99.15	34/39.5
4 区用户冷却水系统	233.05	99.15	1.61	99.15	34/39.5
3 区用户冷却水系统	162.85	93.65	0.98	93.65	34/39.5
低区/2 区用户冷却水系统	102.65	−13.30	1.48	−13.30	33/38.5

9.4.3　上海中心大厦空调冷水系统垂直分区示意图

图 9-7 为上海中心大厦空调冷水系统垂直分区示意图。

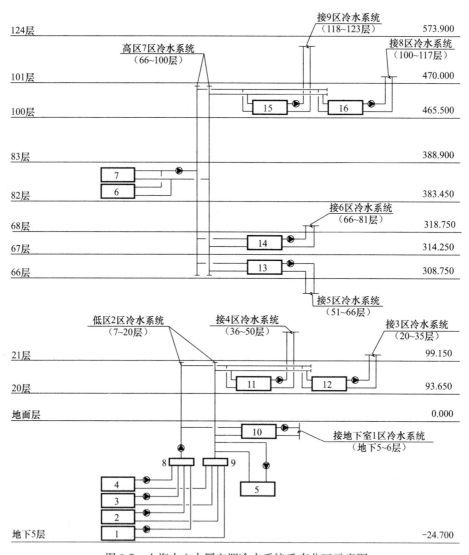

图 9-7　上海中心大厦空调冷水系统垂直分区示意图

1—乙二醇板式换热器；2—离心式冷水机组；3—吸收式冷水机组；4—免费冷却板式换热器；5—地源热泵回水
预处理换热器；6—高区离心式冷水机组；7—免费冷却板式换热器；8—空调冷水分水器；9—空调冷水集水器；
10—1 区冷水换热器；11—4 区冷水换热器；12—3 区冷水换热器；13—5 区冷水换热器；14—6 区冷水换热器；
15—9 区冷水换热器；16—8 区冷水换热器。

9.5　部分中国高层建筑空调水系统汇总

表 9-14 为我国部分高层建筑空调水系统汇总资料。

表9-14

我国部分高层建筑空调水系统汇总表

序号	项目名称	建设（竣工）时间	系统形式	系统温差	垂直分区	其 他	工程实录编号
1	北京华润大厦	1996（1999）年	一级泵，机泵一对一，分集水器分3路，异程	冷水7/13℃；热水总75/60℃	无分区，设备最大工作压力1.6MPa	地上26层/地下3层；高100m；商业、餐饮与办公7.1万m²；城市热网（125/70℃）	B6
2	北京发展大厦	（1989）年	二级泵异程，一级泵配置，压差旁通控制	热网高温水换热，热水温度60℃	无分区，设备最大工作压力1.6MPa	地上20层/地下2层；5.149万m²；商业、办公	B2
3	北京南银大厦	1995（1996）年	二级泵异程，一级泵变流量，四管制控制	热水90/75℃后改为0.2MPa蒸汽，冷水7/12℃	无分区，设备最大工作压力1.6MPa	地上28层/地下2层；高110m；7万m²；办公	B4
4	北京电视中心	2002（2008）年	负荷侧变流量，二级泵异程，四管制，泵机一一对应配置	城市热网110/90℃，低区65/45℃，高区63.5/43.5℃；冷水低区7/12℃，高区8/13℃	垂直分高区与低区	地上42层/地下3层；19.7万m²；综合、演播、服务	B27
5	LG北京大厦（双子座大厦）	（2006）年	一级泵四管制异程系统	市政热网换热，80/60℃，冷水5/10℃	不分区，冷水承压2.0MPa，热水板交承压2.1MPa	地上30层/地下4层；15万m²；商业、餐厅；高125m	B18
6	北京金融街B7大厦	2003（2005）年	二级泵四管制异程系统	市政热网高温水换热110/70℃，60/50℃，冷水5.6/13.3℃	不分区	地上24层/地下4层；21.9万m²；会议、交易、办公	B14
7	中国海洋石油总公司办公楼	（2006）年	一级泵四管制异程系统	热水60/50℃	不分区	地上18层/地下3层；高70m；9.634万m²；办公	B17
8	中国大唐电力调度中心	2003（2005）年		地区热网换热，45/35℃	不分区	地上16层/地下5层；高70m；4.83万m²；办公	B13
9	北京第5广场A座	2004（2008）年	一级泵四管制异程系统	区域热网125/70℃，60/50℃，冷水7/12℃	不分区	地上17层/地下4层；12.1万m²；商业、办公	B8
10	北京远洋大厦	1995（2000）年	一级泵四管制异程系统	城市热网130/80，换成三种水温的热水，冷水7/12	不分区	地上17层/地下3层；11.5万m²；餐饮、办公	
11	方圆大厦	1996（1999）年	一级泵二管制异程系统	冷水7/12℃；热水60/50℃	垂直不分区	地上28层/地下4层；9.8万m²；商场、办公	B7
12	北京天元港国际中心	2005（2007）年	一级泵二管制异程系统	城市热网120/60，换成60/50，冷水7/12		地上25层/地下4层；高99.9m；商业、餐饮、办公11.15万m²；	B23

续表

序号	项目名称	建设（竣工）时间	系统形式	系统温差	垂直分区	其　他	工程实录编号
13	北京财富中心（一期）	2005 年	二级泵按功能分区，变频运行，泵机——对应配置，外区四管制、内区风机盘管二管制	城市热网换热，空调 60/50℃，采暖 85/60℃	分高区和低区，24 层设设板换	地上 40 层；24.72 万 m²；A 座高 162m，B 座高 122m。办公、公寓、会所	B15
14	北京国典大厦	2005（2007）年	直燃型机组，冷热水泵分设，一级泵二管制系统	热水 60/50℃，冷水 7/12℃	不分区	地上 15 层/地下 4 层；7.1 万 m²；高 60m；商业、银行、餐厅、办公	B22
15	国家电力调度中心大楼	（2001）年	四管制一级泵异程系统	空调箱冷水 3.3/14.4℃，风机盘管 7.8/14.4℃。热水城市热网 110/70℃，82/70℃	不分区	地上 12 层/地下 3 层；7.36 万 m²；高 50.9m；电力调度与办公	B9
16	北京国际饭店	（1988）年	一级泵二管制异程系统	冷水 7/12℃。城市热网 110/70℃，低区直供，高区二次水 95/70℃，风机盘管 50/65℃。采暖 95/70℃	分高区与低区。	地上 29 层/地下 3 层；高 104m；9.47 万 m²；酒店建筑，高区和低区设两个冷水系统	B1
17	北京 CEC 大厦	2002（2004）年	分区二管制一级泵变量系统	冷水 7/12℃；热水 60/50℃	垂直不分区	东楼 17 层，高 70m，西楼 21 层，高 86m，地下 3 层；13 万 m²；高级 IT 商务办公楼	B11
18	京城大厦	1985 年	一级泵二管制异程系统	冷水低区 6/11，高区 8/12；热水城市热网 120/70 换热，一次饮水 85/65，二次水 55/45	垂直分高区和低区，换热器设置在地下 1 层、10 层、26 层、28 层	地上 52 层地下 4 层，高 183.5m，13.5 万 m²；办公及公寓	B3
19	西直门综合交通枢纽工程塔楼		二级泵，四管制，二级泵变频，异程四管制系统	冷水 7/12℃。热水：城市热网 120/65℃换热 65/55℃	垂直不分区	地上 23 层/地下 3 层；高 100m；26.4 万 m²；办公建筑	B21
20	中央电视台新台址 CCTV 主楼	（2010）年	一级泵异程四管制系统	冷水低区 4/10℃，中高区 6/12℃；热水：城市热网高温水 110/50℃换热，中高区 65/45℃	垂直分低区、中区和高区，换热器设置在 9 层与 10 层	地上 51 层/地下 3 层；高 234m；59.9548 万 m²；办公及文艺用房	B32
21	上海联宜大厦	1984（1985）年	二管制二级泵同程系统	冷水 7/12℃；热水 55/45℃	不分区	地上 30 层/地下 1 层；高 107m；3.013 万 m²；出租办公建筑	S2

续表

序号	项目名称	建设（竣工）时间	系统形式	系统温差	垂直分区	其他	工程实录编号
22	上海商城	1986（1990）年	四管制二级泵、酒店、公寓同程、公共区域异程	一次水 5.6/13.3℃。热水 60/45℃	垂直分低区与高区	地上 48 层/地下 2 层；高 165m；旅馆、公寓、会展 20.36 万 m²;	S4
23	上海浦东发展银行大楼		四管制二级泵、冷水先入新风调器，后入风机组	一次水：5.6/15.6℃、60/49℃；二次水：6.6/16.6℃、57/46℃	有垂直分区	地上 36 层/地下 3 层；高 150m；办公建筑 6.944 万 m²;	S19
24	久事大厦	1995（1998）年	一级泵四管制水系统、冷水机组高低区分别配置	冷水：低区 7/12℃，高区 5/10℃，换热高低区均为 60/50℃	24 层技术层设置板换，分成高、低区	地上 40 层/地下 3 层；高 168m；办公 6.808 万 m²;	S14
25	恒隆广场 1 号楼	1995（1998）年	一级泵四管制异程系统	冷水 6.7/15.6℃	25 层设板换，分高低区	高 250m；9 万 m²；商业与办公 60 层	S12
26	上海期货大厦		四管制异程系统		28 层板换为 29 层以上风机盘管机组供冷	地上 37 层/地下 3 层；高 140m；银行、会议、办公 7.5 万 m²;	S16
27	上海国际航运金融大厦	1995（1997）年	一级泵四管制异程系统	冷水 5.6/14.4（一次）	冷水板换 29 层、分高低区，热水 6-28、30 以上分三个区：籍房、6-28	地上 50 层/地下 3 层；高 200m；餐饮、办公、酒店 11.49 万 m²;	S10
28	上海浦东国际金融大厦	1995（1999）年	立管竖向同程系统		高区机房（53 层）、低区机房（地下一层）。形成独立的高区和低区	地上 53 层/地下 2 层；高 226m；餐饮、商业、休闲 12.16 万 m²;	S17
29	上海银行大厦	（2006）年	二级泵异程系统	一次冷水 5/12℃，二次冷水 6/13℃	垂直分多区，地下 3 层、14 层、30 层设板换	地上 46 层/地下 3 层；高 230m；办公 11.67 万 m²;	S24
30	上海外滩金融中心	1994（2003）年	四管制二级泵异程系统	冷水：低区 5.5/12.3℃，高区 6.6/13.4℃；热水 70/50℃	设高区与低区，板换设 18 层	地上 54 层/地下 3 层；高 198m；酒店、公寓 18.686 万 m²;	S21
31	上海越洋国际广场	2002（2008）年	四管制二级泵异程系统	冷水：低区 6/13℃，高区 7/14℃；热水：高低区均为 60/50℃	垂直分高区与低区，系统最高工作压力 1.6MPa	地上 43 层/地下 3 层；高 188.9m；办公、酒店 20.2681 万 m²;	S28
32	上海国际饭店	（1934）1987 年改造	二管制一级泵同程系统	冷水 7/12℃	无分区	地上 22 层/地下 2 层；高 83.8m；酒店 1.565 万 m²;	S1

续表

序号	项目名称	建设（竣工）时间	系统形式	系统温差	垂直分区	其他	工程实录编号
33	上海震旦大厦	1998 年	四管制二级泵异程系统	低区：冷水 7/12℃；热水 65/50℃；中、高区：冷水 7/13℃，热水 63/57℃	分高区与低区，低区（-3-12）、中区（14-26）、高区（28-40）	地上 37 层/地下 3 层；高 180m；办公、展览、娱乐 10.2870 万 m²	S13
34	花期集团大厦	2002（2005）年	四管制二级泵异程系统			地上 40 层/地下 3 层；高 179.2m；办公建筑 11.9150 万 m²	S22
35	上海金茂大厦	1993（1999）年	四管制异程系统	一次水 5.55/13.33℃，二次水 7/15℃	分高区和低区，高区 2.5MPa，低区 2.8MPa，冷却水侧 1.05MPa	地上 92 层/地下 3 层；高 420.5m；23 万 m²；办公与酒店	S15
36	上海环球金融中心	1996（2008）年	四管制二级泵异程系统	一次冷水（6/13℃）；二次冷水（7/14℃）；观光三次水（8/15℃）	垂直分低、中、高区，观光层，中区（1）一次冷水直供；中区（2）及高区二次冷水；观光三次水	地上 101 层/地下 3 层；高 492m；37.96 万 m²；办公、酒店、观光、展览	S29
37	上海书城	1994（1997）年	四管制一次泵异程系统	冷水 7/12℃；热水 60/50℃	不分区，1.6MPa	地上 26 层/地下 2 层；高 100m；3.7 万 m²；办公、书店、会议	S11
38	上海世茂国际广场	2002（2007）年	四管制二级泵异程系统	冷水一次水 5/12℃，二次水 60/50℃ 热水 6.5/13.5℃	垂直分三区，27 层以下为低区，28-46 层为中区，47-60 层为高区。工作压力 2.1MPa	地上 60 层/地下 3 层；高 333m；13.6 万 m²；商业、酒店	S25
39	华敏帝豪大厦	2004（2010）年	办公与酒店分别设置冷水系统。办公四管制一级泵异程系统。酒店四管制二级泵异程系统	办公 7/12℃；酒店一次水 5.5/12.5℃，酒店二次水 7/12℃；热水 60/50℃	垂直分低区与高区	地上 60 层/地下 4 层；高 241m；18.1283 万 m²；酒店、办公	S34
40	中国平安金融中心	（2010）年	四管制二级泵异程系统	冷水：一次 6/12℃，二次 7/13℃；热水：一次 56/50℃，二次 54/48℃	垂直分四个分区，1 区地下，2 区 6～16 层，3 区 17～27 层，4 区 28～40 层。1、2 区 1.0MPa，3、4 区 1.6MPa	地上 40 层/地下 3 层；高 200m；16.8 万 m²；商业、办公、餐饮	
41	深圳国际贸易大厦	1982（1984）年	热水：二管制一级泵异程系统；冷水二管制二级泵异程系统		44 层以上热泵系统；44 层以下垂直分 2 个分区，24 层以下及 24～40 层	地上 50 层/地下 3 层；高 160m；9.9796 万 m²；购物中心和办公	G4

续表

序号	项目名称	建设（竣工）时间	系统形式	系统温差	垂直分区	其他	工程实录编号
42	深圳地王大厦	1994（1996）年	二管制一级泵异程系统		垂直分三个独立系统，每系统配冷水机组。低区机组（31.6m），中区与高区机组（110.4m）	地上68层/地下2层；高384m；26.678万m²；办公、公寓、餐饮	G6
43	深圳特区报社报业大厦	1994（1997）年	二管制二级泵异程系统		垂直分高区和低区，21层以下为低区，28层以上为高区	地上47层/地下3层；高171.4m；9.231万m²；办公、会议、餐饮	G7
44	深圳金融中心	1984（1987）	二管制二级泵异程系统		垂直不分区	地上31层/地下3层；高105.5m；12万m²；银行、餐饮、公寓	G5
45	深圳京基金融中心大厦		办公冷水二管制二级泵异程系统，酒店二管制一级泵异程系统	办公低区冷水5/13℃，高区6/14℃；酒店7/12℃	办公与酒店冷源分开设置，办公72层以下分2分区，37层以下及高区38-72层	5座大楼，A地上98层/地下4层；高439m，60万m²；办公、酒店、商业、公寓	G9
46	武汉中南商业广场		二管制一级泵异程水系统	冷水7/12℃；热水60/50℃	垂直分低、中、高区，各区分别设冷水机组	地上45层/地下3层；高180m；11.2万m²；商业、娱乐	O1
47	武汉世界贸易大厦	1994（1999）年	二管制一级泵同程系统	低区冷水供水6℃，低区热水供水温度65℃	垂直分高区与低区	地上58层/地下2层；高229m；10、9万m²；办公、商业、娱乐	O2
48	南京紫峰大厦	（2011）年	四管制二级泵异程系统	低区冷水一次水5/14℃	冷水垂直分高区与低区，板式交换设在35层，工作压力不超过2.25MPa	地上66层/地下4层；高450m；20、1057万m²；办公、酒店、餐饮	JZ3
49	苏州工业园区现代大厦	（2006）年	四管制异程一级泵系统	冷水6.5/12.5℃，热水65/55℃	垂直分五区。工作压力1.48MPa	地上19层/地下1层；高99m；9.822万m²；办公、会议、餐厅	JZ6
50	天津津塔	2005（2010）年	四管制二级泵同程系统	冷水（冰蓄冷）低区6.5/14.5℃，中高区热水95/65℃热水，低、中、高区均为65/50℃	垂直分高3个区：1-30，31-45，46-73。工低区2.1MPa，中区1.1MPa，高区2.5MPa	地上73层/地下4层；高320m；33.982万m²；办公	O6
51	大连期货大厦	2005（2009）年	B楼独立水系统。A座四管制二级泵异程系统，B座冷热四管制变频系统	冷水：低区5/12℃，高区7/14℃；热水低区65/50℃，高区60/45℃	垂直分高区与低区。B3-25、26-53	地上52层/地下3层；高243m；21.1359万m²；办公	O5

本章参考文献

[1] 陆耀庆主编. 实用供热空调设计手册（第二版）. 北京：中国建筑工业出版社，2008.

[2] 罗伯特·帕蒂琼著. 全面水力平衡——暖通空调水力系统设计与应用手册. 杨国荣，胡仰耆等译. 北京：中国建筑工业出版社，2007.

[3] ASHRAE. ASHRAE Handbook：HVAC Systems and Equipment，2008.

[4] （日）空气调和·卫生工学会. 空气调和·卫生工学便览（第13版），2002.

[5] Steve Groenke. Series-Series Counterflow for Central Chilled Water Plants. ASHRAE Journal，2002.

[6] 姜子炎等. 二次泵系统中逆向混水现象的分析和解决方案. 暖通空调，2010.8.

[7] Steven T. Taylor. Optimizing Design & Control of Chilled Water Plants：Part 2：Condenser，Water System Design. ASHRAE Journal，2011.

[8] Steven T. Taylor. Optimizing Design & Control of Chilled Water Plants：Part 1：Chilled Water Distribution System Selection，ASHRAE Journal，2011.

[9] Mark Hydeman. Optimizing Chilled Water Plant Control，ASHRAE Journal，2007.

[10] James B. Rishel. Connecting Buildings to Central Chilled Water Plants. ASHRAE Journal，2007.

[11] 常晟等. 空调系统节能优化运行与改造案例研究（2）：冷水系统. 暖通空调，2010，8.

[12] 秦治国等. 管道防腐蚀技术，北京：化学工业出版社，2003.

[13] 李鸿发编著. 设备及管道的保冷与保温. 北京：化学工业出版社，2002.

[14] 常晟等. 空调系统节能优化运行与改造案例研究（1）：冷水机组. 暖通空调，2010，8.

[15] 沈启等. 空调系统节能优化运行与改造案例研究（4）：冷却塔. 暖通空调，2010，8.

[16] 陆培文主编. 调节阀实用技术. 北京：机械工业出版社，2007.

[17] 何衍庆等. 控制阀工程设计与应用. 北京：化学工业出版社，2005.

[18] 王魁汉等. 温度测量实用技术. 北京：机械工业出版社，2007.

[19] 方贵银等. 蓄能空调技术. 北京：机械工业出版社，2007.

[20] （美）F.C. 麦奎斯顿等著. 供暖、通风及空气调节——分析与设计. 俞炳丰主译. 北京：化学工业出版社，2005.

[21] 贾晶. IPLV和COP对冷水机组全年能耗的影响. 制冷与空调，2012，2.

[22] 袁建新. 空调水输送系统节能方案探讨. 暖通空调，2008，39卷增刊.

[23] 黄赟. 中央空调冷冻水系统设计的演变. 上海节能，2008，3.

[24] 陈建东. 中央空调系统水泵变频节能技术的应用分析. 制冷技术，2006，4.

[25] 节能·节约费用·CO_2排放的手法与实绩（2）（特辑）. BE建筑设备，2006，8.

[26] 飯嶋和明. 省エネルギー配管システム———ノンバルブシステム. 建築設備士，2008，3.

[27] 《民用建筑供暖通风与空气调节设计规范》GB 50736—2012. 北京：中国建筑工业出版社，2012.

第10章　直接蒸发式单元型空调装置应用

直接蒸发式单元型空调装置是指由制冷（热泵）装置与空调装置相结合的一种空调设备。由它构成的系统也称为冷剂式空调系统。20 世纪 80 年代以来，以冷剂直接蒸发制冷的设备大量生产，形式多样，容量范围较广。制冷剂在室内空调末端中直接传递热量（利用汽化潜热）约 200kJ/kg，其换热量几乎为水的 10 倍（温差为 5℃时）、空气的 20 倍（温差为 10℃时）。可使输送管道大为缩小，输送能耗大为减小。因就地换热，传输过程的热量损失也大为减小。

随着小型制冷压缩机的变容量控制技术、电子膨胀、数字控制及配管技术的进步，制冷剂输送与控制精度的提高，使传统用于局部空间的空调机组逐渐延伸到具有一定规模的整个建筑物，通过冷剂管道连接室外主机（风冷冷凝器/蒸发器）与室内末端机组（热泵工况时的蒸发器/冷凝器）。该空调方式的优点是施工安装方便，节省时间，与土建配合简单，工程扩建增配方便，可分户计量，管道空间占位少。此外，由于操作管理简便，为行为节能提供了条件，备受市场欢迎。该空调方式也存在着一定的缺点，如：制冷压缩机运行效率不如大型设备，室内气流组织有一定制约性，处置不当时，对舒适性有一定影响。

图 10-1 为具有冷剂盘管的末端装置（蒸发器＋风机）——室内机与新风系统组合而成的空调系统。该空调方式也称之为分散式空调系统。基于这种思路而实现的直接蒸发式单元型空调装置的系统化应用在近 20 年间发展非常迅速。

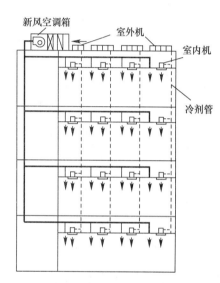

图 10-1　冷剂末端装置与新风系统相结合的空调方式

10.1　单元型机组空调系统及其性能

10.1.1　单元型空调装置种类

常见的直接蒸发式单元型空调装置如窗式空调器、分体式空调器和柜式空调机。由于柜式空调机的冷量较大，可用于小型商业建筑。

按安装形式、冷却方式等方面划分的直接蒸发式单元型空调装置分类见表 10-1。此外，各种为生产工艺和工业应用的空调机组，如恒温恒湿机组、低温机组、空气净化机组、计算机房专用机组等，也属于直接蒸发式单元型空调装置。

表 10-1 中的 (1) 窗式空调器为最早应用的整体式风冷热泵机组，做成窗台式。由于安装方便，尤其高层居住建筑为了保证安装的安全性，至今仍被采用（如在我国香港地区）；表 10-1 中的 (5) 为吊顶式（匣式）分体空调机，在办公楼中得到广泛使用；表 10-1 中的 (3) 穿墙式整体热泵空调机组，日本应用较多，常作为办公室外区空调之用，与建筑设计需有较好配合，图 10-2 为该类机组的结构及应用原理；此外，分体式多联机组将在后面专门介绍。

直接蒸发式单元型空调装置分类   表 10-1

分类	形式	特点	容量		使用场合	参考图
			中	小		
按室内装置形式	(1) 窗式（RAC）	最早使用的形式，冷凝器风机为轴流型，冷凝器突出安装在室外		○	对室内噪声限制不严的房间	
	(2) 挂壁式	压缩冷凝机组设在室外，室内机组噪声低，为分体式		○	用于室内噪声限制较严的房间，室内外机用冷剂管道连接，注意防止冷剂泄漏	
	(3) 嵌墙式（TWU）	两侧均为离心风机，机组不突出墙外		○	附有热交换器，可供新风，适用于办公建筑的外区	
	(4) 柜式（PAC）	风机有余压，能接短风管	○		当餐厅等噪声要求不严时，可采用直接出风式	
	(5) 吊顶式	做成分体型		○	不占居室内空间，餐厅等可使用	

续表

分类	形式		特 点	容量		使用场合	参考图
				中	小		
按冷凝器冷却方式	水冷型		一般需配置冷却塔，水冷柜机一般为整体型	○		制冷 COP 值高于风冷，有条件时可应用	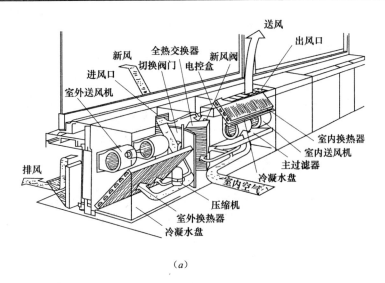
	风冷型		属风冷机组大多构成热泵方式并为分体型	○	○	因与热泵供热相结合，市场需求极大	
按机组整体性	整体式		表中（1）、(3) 项		○	无室内、外侧机组冷剂管道相连的工作，冷剂不易渗漏	
	分体式多联型	普通型	室外一台压缩机匹配多台室内机（一拖几方式）		○	多居室使用空调时，压缩机按各室负荷累计的最大值配置	
		VRF 型	普通型之发展，可带动十多台，用变频器调节循环冷剂量	○		同上，因采用变频装置，提高了运行经济性	

图 10-2　带全热换热器的嵌墙式空调机组（一）

（a）机组结构图

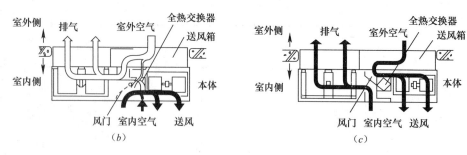

图 10-2　带全热换热器的嵌墙式空调机组（二）

(b) 供冷供热时；(c) 新风供冷时

10.1.2　直接蒸发式单元型空调装置性能

1. 性能系数

直接蒸发式单元型空调装置的通用评价指标如表 10-2 所示：

直接蒸发式单元型空调装置通用评价指标　　　　　　　表 10-2

性能指标		含　义
冷风比		空调机组的冷风比：机组在额定工况时所配置的冷量与送风机风量之比，实际上就是 h-d 图上示出的空气处理焓差（kJ/kg）。对舒适性空调的空气处理焓差一般在 15～18kJ/kg 范围内
额定工况性能系数	COP_c	制冷工况： $$COP_c=\frac{机组名义工况下的制冷量（W）}{整机功率消耗（W）}$$ 机组的名义工况（额定工况）制冷量是指国家标准制定的进风湿球温度、风冷冷凝器进口空气的干球温度等检验工况下测得的制冷量。额定工况下的 COP 值大约在 2.5～3 之间
	COP_h	制热工况（热泵）： $$COP_h=\frac{机组（热泵）名义工况下的制热量（W）}{整机的功率消耗（W）}$$ 在同一工况下，根据制冷机循环原理，$COP_h=COP_c+1$
制热季节性能系数 HSPF		热泵在冬季运行时，随着室外温度降低，有时必须提供辅助加热量（如电加热设备），因此，用制热季节性能系数（HSPF）来评价其性能比较合理。即 $$HSPF=\frac{供热季节热泵总制热量}{供热季节热泵总输入能量}=\frac{供热季节热泵制热量＋辅助电热量（kWh）}{供热季节热泵运行电耗量＋辅助电热量（kWh）}$$
全年性能系数 APF		为比较客观地考核空调机组全年运行时的综合性能，应注意空调机组在部分负荷运行时，由于制冷机容量调节方法的不同所造成部分负荷效率的差别；同时还要考虑空调机组全年不同负荷运行小时数等因素，从而提出用全年性能评价系数（APF）来考核。所以 $$APF=\frac{供冷期制冷量＋供暖期制热量（kWh）}{供冷期消耗电量＋供暖期消耗电量（kWh）}$$

2. 空调机组的变工况性能

某一形式、规格、容量已定的空调机组的基本特性曲线如图 10-3 所示。该机组蒸发器特性线和压缩冷凝机组特性线的交点称为空调机组的工作点。一旦工作点已定，可根据图 10-3 查出机组在此工况下的制冷量。

3. 热泵型空调机组对于建筑负荷的适应性

风冷型热泵空调机组在夏热冬冷地区使用时，均存在机组出力与建筑冷（热）量需求不平衡问题。如图 10-4 所示，实线表示机组从冬季到夏季出力的大致变化关系，虚线表示冬夏季建

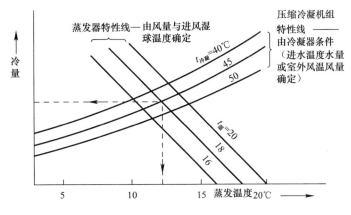

图 10-3　空调机组工作点图

筑物供热供冷量随室外温度变化的需求规律。从图 10-4 可知，冬夏季出力与需求相平衡的室外温度只有两个点。其余室温下均不能满足（多余或不足）。因此如果机组可以随气候变化而改变出力，就可满足使用要求。现在，国内外已生产通过压缩机变频而能够在运行中改变出力的机组。后面介绍的多联机空调系统有的就是通过压缩机变频来实现节能运行的。

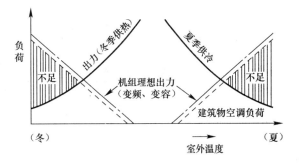

图 10-4　热泵型空调机组与建筑负荷的关系

10.2　多联空调机组方式

　　多联空调机组是指一台室外机组（压缩冷凝机组）通过冷剂管道带动多台室内机运行的空调装置，是最典型的直接蒸发式单元型空调装置系统化应用方式。

　　为了空调节能，减小系统输送能耗，20 世纪 80 年代初，日本开发了多联机系统，由"一拖二"至"一拖多"，应用对象从住宅逐渐扩展至公共建筑。初期多联机系统室外机的单台制冷量在 28kW（10HP）以内，最多可连接 16 台室内机，后来应用了变频技术，进一步扩大了系统容量。1987 年大阪梅田中心大厦（工程实录 J16 号）首先进行了规模化应用，起了示范作用。多联机系统自 20 世纪 90 年代引入我国后发展很快、应用很广。

　　图 10-5 为单模块变流量多联空调系统示意图。容量较大的系统则采用如图 10-6 所示的多模块室外机组多联系统。多联机系统包含压缩机、冷凝器、电子膨胀阀、四通转换阀、储液分离器、电磁阀、变频控制器等设备，结构紧凑，控制功能完整。

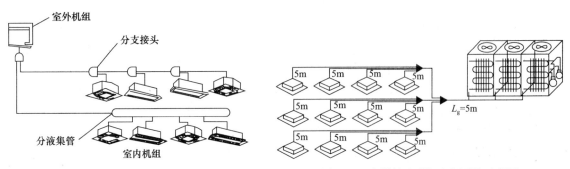

图 10-5　单模块多联机空调系统示意图　　　　图 10-6　多模块多联机空调系统示意图

10.2.1 多联机空调机组分类

1. 按压缩机制冷量改变方式划分

变频型——调节压缩机电机频率来改变制冷机出力，也称变频型变冷剂流量方式。

定频型——利用数字控制涡旋型压缩机通过控制其负载与卸载时间的比例实现不同冷剂输出量，也称数字涡旋变流量方式。

变制冷剂流量方式见图 10-7。其中图 10-7（a）为运行中定频与变频机的组合（也可全变频组合），图 10-7（b）即为定频变容控制概念。

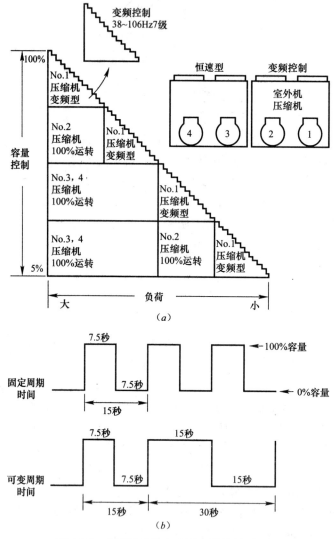

图 10-7 多联机系统变冷剂流量控制原理图

2. 按室外机冷却方式（热源、热汇）划分

风冷型——室外机组以空气作为热源，是使用最多的空调方式。该系统的主要优点是简便，但其 COP 较低，气候严寒时出力下降。

水冷型——室外机采用水冷却，克服了风冷型的缺点，提高了系统运行的可靠性，但增大了系统投资和复杂性。

除了上述两大分类外，多联机系统还有热回收型、冰蓄冷型等多种形式。热回收型利用冷凝器热量可对建筑物的不同房间同时进行供热和供冷（称"冷暖自由型"），既经济又灵活，系统运行效率高。冰蓄冷型通过与小型冰蓄冷装置连接，晚间利用夜间低谷电力蓄冷，白天峰值时释冷，达到了转移电力峰值的效果。

10.2.2 系统一般特性

（1）与所有风冷空调机组一样，在相同室内条件下，室外空气干球温度对机组出力有显著影响；冷剂系统配管长度对机组出力也有十分重要的影响，其关系分别见图 10-8。

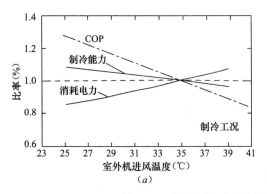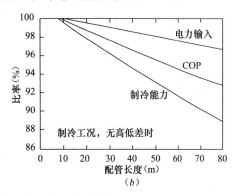

图 10-8　室外空气干球温度及配管长度与机组出力关系

（2）变频多联机系统的冷媒从 R22 发展到 R407C 和 R410A。随着多联机组的研究和应用水平的不断提高，系统效率也有所提高，一些产品的能效比（COP）已接近 4。图 10-9 为 10%～100%使用情况下机组的能效比。

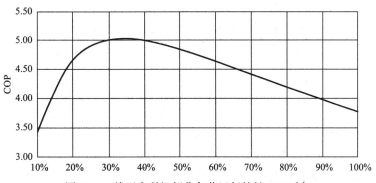

图 10-9　某型多联机部分负荷运行特性（100%）

图 10-10 给出了一台采用冷媒 R410A 的容量为 28kW 的新型多联机与普通多联机特性的比较，图中给出了室外空气温度与额定及部分负荷机组 COP 的变化关系。

10.3　多联机空调系统设计概要

10.3.1　设计程序

（1）按室内冷负荷选定各室内机的额定容量并获得该型号在要求工况下的实际供冷量。

（2）根据室内机额定制冷总容量，选定相应的室外机额定容量。一个系统内所有室内机额定制冷量之和与室外机额定容量之配比容许在 90%～130%之内（同时使用系数

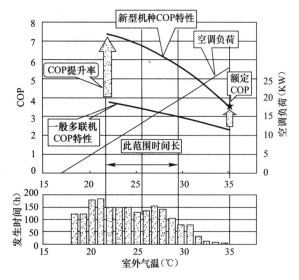

图 10-10　某型机组室外空气温度与额定和部分负荷 COP 关系

在70%时)。

(3)考虑连接室内机和室外机的配管长度与室内外机的位置高差进行容量修正,最终确定各室内机的实际容量(制冷量和制热量)。

(4)根据具体条件进行供热量校核,确定是否需要补充加热。

(5)新风系统设计与FCU等空调方式相同,如采用热泵型直接蒸发式热回收机组或新风全热交换机组等。

10.3.2 系统管路布置和室外机布局

1. 系统设计原则

冷媒管设计应根据厂商提供的设计指南进行。图10-11为多联机系统管路长度及高差示意图。该变频多联机可用于高度超过10层的建筑物。冷媒管路的作用长度与冷媒特性有关,R410A的输送阻力仅为R22的65%~70%。国内业界与制造厂商对冷媒管路的作用范围(所谓"工作域")正在进行理论与实践方面的研究。

2. 室外机的布置

多联系统的室外机组所在位置的通风条件对机组出力影响很大,不良的设计布置使机组的COP大幅下降。室外机的安放位置在设计之初就应与建筑设计相配合。办公楼标准层平面一般可布置2~4个面积有限的机房,即将平面分成2~4个空调分区较为理想。此外,也可分

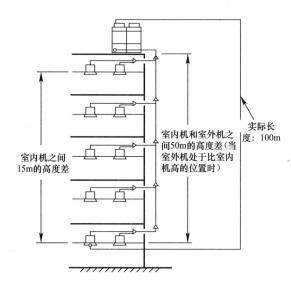

图10-11 多联机系统管路长度及高差示意图

段(按高度方向)将室外机设置在技术层内。室外机还可设置在裙房屋顶或主楼屋顶。当机房设在各层时,应避免机房进出风相互影响。需要时,还可采用CFD技术模拟排热效果。图10-12给出了几种不良与推荐的布置方案的对比。我国相关厂商在这方面已有相当丰富的经验,并与设计人员共同完成许多成功的案例,如深圳经贸中心、广州中华广场、广州汇美大厦(工程实录G2)、上海香港渣打银行(工程实录S30)、上海黄浦众鑫城办公楼(工程实录S36)、上海同济联合广场、南京长发中心等项目。日本较早地将CFD模拟技术引入多联空调系统设计,如日本名古屋阳光塔大厦(工程实录J100)等。

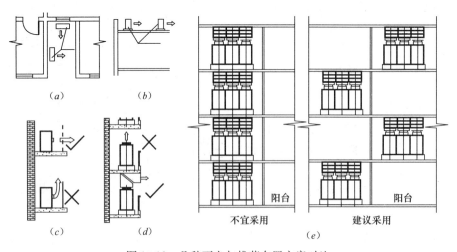

图10-12 几种不良与推荐布置方案对比

10.3.3 风冷型多联机系统的适用性

1. 从经济性方面看

根据同济大学的研究，在相同运行条件下，VRF 机组与风冷热泵螺杆机组（＋FCU），冬夏季前者可节省 30％用能。另据天津大学研算，对建筑规模 3000m² 及 10000m² 的建筑采用 VRF 空调（＋新风）与风冷热泵＋FCU＋新风进行经济比较（初投资与运行费用），建筑规模的增加，VRF 系统的经济性并不突出。

另据清华大学在北京对若干政府办公楼的空调能耗实测结果，得到如图 10-13 所示的结果，图中各建筑物的空调设备和运行状况条件各异，K、L 两幢为多联机系统，尽管建筑状况、运行条件等有很大的差异，但还是有参考价值的。

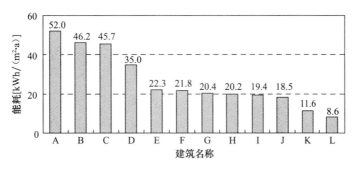

图 10-13　各建筑物用能状况

再对不同空调系统主机的 COP 和系统综合 COP 进行比较（冷媒为 R22），也说明多联机空调方式由于不存在输水系统等能耗，其系统综合能效比高于风冷冷水机组加风机盘管系统（见表 10-3）。

多联机与其他集中空调系统运行性能比较 　　表 10-3

空调系统形式	机组的额定能效比 COP$_o$	系统能效比 COP	备　注
多联机系统	多联机（现状）：COP$_o$=2.8～3.6	2.5～3.6	R410A 多联机制冷运行时系统能效比 COP$_o$ 每 10m 连接管衰减率为 1％～2％
风冷冷水机组＋风机盘管系统	风冷冷水机组：COP$_o$=2.40～3.40	1.92～2.52	冷水泵与冷却水泵输配系数 TDC 约 85W/kW 冷量，风机盘管风机输配系数 TDC 约 20W/kW；空调系统的系统能效比 COP$_o$ 每 10m 连接管衰减率为 0.3％～0.8％
水冷冷水机组＋风机盘管系统	水冷冷水机组：COP$_o$=3.80～6.10	2.40～3.20	

2. 从适用性方面看

多联机系统设备紧凑，占空间小，无需大型机房，与建筑施工、室内装修等配合容易，设备维修方便，适用于既有建筑的改、扩建，通过合理的新风供给设施，可以满足室内空气品质要求，使用灵活性大，能分区独立控制，独立计费，为行为节能创造条件。系统可个别启动和控制，启动负载对电网影响较小。

多联机系统与相同容量的集中空调系统相比，由于冷剂管路多而长，系统冷剂充注量较大，且管路接口多，增加了冷剂泄漏的可能性，导致对环境评估的负面影响。此外，相同规模的多联机系统的金属耗量小于集中系统。系统寿命周期成本及二氧化碳排放等方面目前尚难以进行评估。该系统的采用对建筑工程的设计与造价，如机房转化、建筑层高、立面处理等也是可以权衡比较的。

我国近 20 年间基本建设规模与速度超常规发展，即使城镇地域，也大造行政中心、商务中心，建筑体量大，所配备的空调工程不仅投资大且日常运行费用将不堪负担，合理采用多联机系统就投资与运行的经济性来说，是可接受的。

多联机系统还可与其他空调方式结合使用。

10.3.4 直接蒸发式单元型空调装置系统化应用的其他方式

除风冷多联系统外，水环热泵方式、水冷多联机方式等都是在冷媒型末端的基础上发展起来的。

1. 水环热泵系统（WLHP）

利用小型水源热泵机组（水—空气热泵，见图 10-14）的水循环系统把建筑物内不同区域（内区、不同朝向的外区）的机组通过水系统连接起来使用。它特别适用于大型建筑，该类建筑存在冬季需要供冷的内区和需要供热的外区，即内区制冷所取出的热量通过水环系统输送给外区（见图 10-15）。建筑物的供冷、供热负荷可能不平衡，水系统中应设有冷却塔与辅助热源，为了保持水环系统的水质，采用水—水热交换器或闭式冷却塔。辅助热源应尽可能利用自然热源，如地热能等，也可在环路中串联空气源热泵机组进行补热。因系统水温在 10～45℃ 范围内，管道无需保温。该系统适用于既有建筑增设空调的场合，它不影响建筑立面，其制冷效率高于风冷制冷设备。

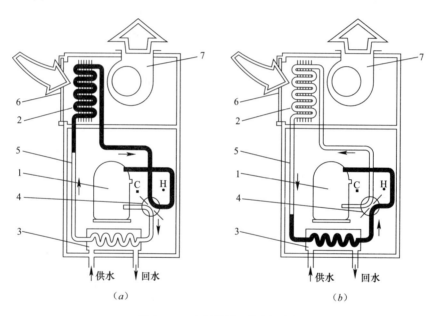

图 10-14 水环热泵工作原理图

（a）制冷方式运行；（b）供热方式运行

1—全封闭压缩机；2—制冷剂/空气热交换器；3—制冷剂/水热交换器；4—四通换向阀；
5—毛细管；6—过滤器；7—风机

我国近 20 年间已有若干建筑采用水环热泵空调系统。如北京建筑科学研究院办公大楼、苏州金阊协和大厦、上海建谊大厦、杭州财富中心、上海中福世福汇大酒店、成都开行国际大厦（工程实录 O8）、重庆大渡口政府办公楼、大连电力大厦等。

2. 水源 VRF 系统

风冷 VRF 系统有两方面问题需要更好地解决：一是提高 COP，二是室外机的位置安排。为此，日本率先开发了水冷型 VRF 空调系统。该系统室内机形式和运

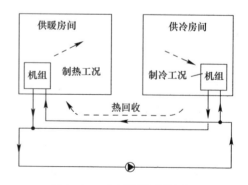

图 10-15 水环热泵系统原理

行要求与风冷型 VRF 室内机相同。其柜状室外机与冷却水系统相连。与 WLHP 系统一样，该系统也具有热回收功能。当各区域相互间有热转移（回收）要求时，采用该系统最为适宜。水环路上同样也应设置冷却塔和补热用锅炉等设备。该系统与 WLHP 系统不同的是冷却水管不进入空调房间内。图 10-16 即该系统的示意图。

图 10-16 中以冷媒三管式连接的是可进行冷热整体转换、同时供冷供热（自由转换）型的室内机。该系统既能在局部区域内进行热回收，还能在整体范围内进行热回收。图 10-17 给出了办公室内末端设备和室外机安装图（日本东京汐留 1-2 项目，12 万 m²，24 层，2007 年 12 月竣工），此外还有日本横滨 DIYA 大厦（工程实录 J121）等。

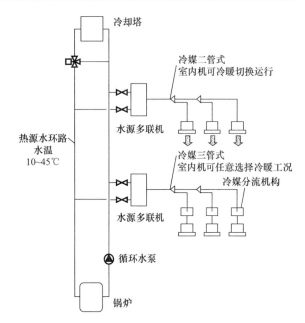

图 10-16　水冷 VRF 系统示意图

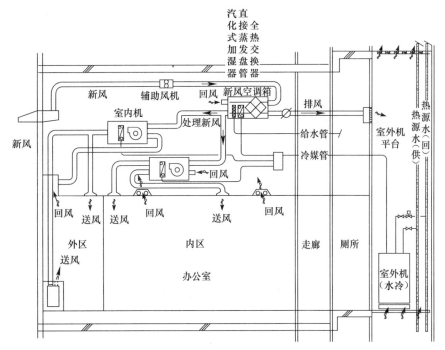

图 10-17　办公室末端设备和室外机安装图

我国近几年内已有若干工程采用了水冷 VRF 空调系统，如北京环球财信中心（工程实录 B31）、大连恒泽天城、人民日报事业发展中心、南京商贸广场等。有些具备条件者，还可与地源热泵系统相结合，如上虞百官大厦（工程实录 ZJ11）。水冷 VRF 空调系统比风冷 VRF 空调系统对城市热岛效应的影响有所改善，这也有利于环境评价。

3. 双盘管末端机组空调系统

20 世纪 90 年代，日本曾开发出一种复合型末端机组（FCU＋WSHP），即风机盘管加单元型水源热泵机组。该机组与建筑大型空气源热泵合并运行。机组构造原理如图 10-18 所示。水系统连接冷热源装置（如带蓄热槽的热泵机组）。风机盘管机组（FCU）的冷水来自蓄冷水槽，冷剂直接蒸发盘管与热泵机组相连，其冷凝器冷却水来自 FCU 回水（如 12℃），制冷效率较高。两个盘管可独立自备风机，根据需要并行送风，负荷较低时仅启动 FCU，现在工程上使用较多的是两个盘管串联安装方式（一台风机），外形较为紧凑，图 10-19 是该机组不同工况下运行状态，该机组有立式或卧式两种形式，供冷能力为 6.4kW（供热时为 8.6kW）的机组可配风机送风量为 1100m³/h。

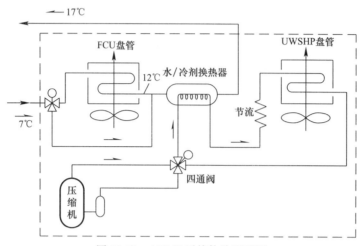

图 10-18　AEMS 系统构造原理图

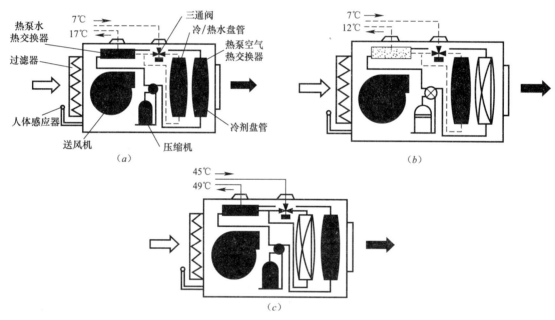

图 10-19　AEMS 系统不同工况下运行状况
(a) 供冷（供冷水时）；(b) 供冷（压缩机停止时）；(c) 供冷（供热水时）

该系统方式在日本被称为空调能量管理系统（Air-conditioning Energy Management System，AEMS）。最大的系统实施在东京临海新都心地区的 TOC 有明大厦（地上 21 层，总建筑面积约 8 万 m²），详见工程实录 J105。该系统方式也适合于既有建筑的改造，例如东京著名的新大谷饭店（1964 年建成），地上 17 层，总建筑面积 10 余万 m²，当时采用离心制冷机和蒸汽型吸收式制冷机，有蓄热槽，空调为诱导器方式。后经多次改造，最近的改造则因可利用其原有水系统采用了 AEMS 系统，改造了建筑围护结构，提高了照明和制冷机的效率，实现了节能，减少了二氧化碳排放。

4. 多联柜式空调系统的系统化应用

和风冷多联机工作原理相仿，该通过容量较大的室外机连接多台（1～3 台）室内柜式风管机组，即外机与供冷点之间通过冷媒管道和风管两方面解决输送问题，满足了冷媒接管的技术要求。室内柜机具有适当的空气过滤装置，而空气分布方式（气流组织）亦可按需设计，可连接一定长度的风管并接多个风口。室外机容量在 15～150kW 间，新风与排风之间可经全热交换器回收热量，室内机容量在 7～80kW 之间，室内机和室外机的距离可达数十米。该方式的应用实例参见工程实录 J98。

5. 复合式热泵空调机组方式应用

作为局部空调方式，单机容量较大的属柜式空调机组（国内称单元型）。机组制冷能力在 20～80kW 之间，机组可分层设置（按区布置），通过风管分布送风，柜机内为冷媒盘管，制冷循环为热泵型，并通过板式热交换器可尽可能利用河川、地下水等热源，见图 10-20 (a)；利用空气源热泵型柜机进行新风与排风热交换（回收），见图 10-20 (b)，该空调方式在中小型办公楼、旅馆、医院中均可采用，图 10-21 即该方式应用示意图。

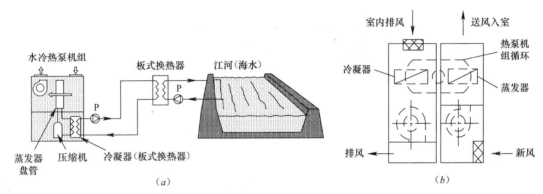

图 10-20　复合式热泵机组原理图

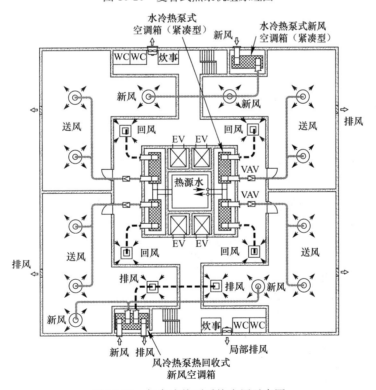

图 10-21　复合式热泵系统应用示意图

163

以前我国绝大部分高层建筑采用集中空调方式，近10年来，单元式空调方式系统化应用的案例逐渐增多，VRF方式发展较快，项目很多，而其他方式的研发应用较少。不妨进行多方案比选，创造并总结更多单元式空调应用经验。此外，我国在建筑物空调系统的调查方面极不充分，有待开展相应的调研和统计工作。图10-22为一份日本的统计资料，它按建筑规模统计了各种空调方式的应用情况。

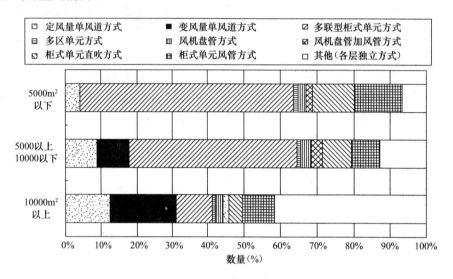

图 10-22　日本各类建筑空调方式统计

另据日本《空气调和·卫生工学》2008年1月号发表的一篇调查报告，至2007年3月31日，全日本运行中的8412栋建筑（建筑面积为464万 m^2），其中出租办公楼314栋（建筑面积均<35000m^2，最小为187m^2，平均为6262m^2）。统计办公楼中采用个别分散型空调方式建筑物的比例为79%（248栋），其中包括后来改造采用个别空调方式的。随着出租办公建筑建设的增加，个别分散空调方式将有所增长。

本章参考文献

[1]　刘传聚等. 多联式空调（热泵）机组性能及应用评述. 制冷技术，2006，4.

[2]　王洪利等. 多联机 VRV 系统研究. 家用中央空调.

[3]　清华大学建筑节能研究中心等. 中国建筑节能年度发展研究报告（2008 年度）. 北京：中国建筑工业出版社，2008.

[4]　建筑用多联机の现状と今后の展望. 建築設備と配管工事，2008，10.

[5]　個別分散型空调（特集）. 空气調和·衛生工学，2008，1.

[6]　H. YANG. 集中式和分体式空调系统的比较（译文，原载 ASHRAE Journal，May 2001）.

[7]　周为人. 都市化工业园区建筑空调方案的选择及应用. 暖通空调，2005，35（7）.

[8]　黎洪等. VRV 集中空调与区域供冷单位冷量能耗的比较研究. 制冷与空调，2008，8（4）.

[9]　廖瑞海. 某办公建筑多联机空调系统能耗调查与分析. 暖通空调，2012，42（4）.

[10]　范存养. 个别型空调机系统化应用的实践. 制冷空调工程技术，2008，3.

[11]　陆亚俊等. 《暖通空调》（第二版）. 北京：中国建筑工业出版社，2007.

[12]　清华大学建筑学院建筑技术学院，华中科技大学能源与动力工程学院. 多联机空调系统适应性研究报告（中国制冷空调工业协会专题研究项目）. 2007.

[13]　環境·エネルギー問題への取り组み. 建築画報（特別号），2008，44.

[14]　石福昭. 细分化空调的新方式. 空气調和·衛生工学，1988，3.

[15]　马最良等. 水环热泵空调系统设计. 北京：化学工业出版社，2005.

第11章 高层建筑室内空气品质控制措施

11.1 办公环境与劳动生产率

办公室工作环境的质量是衡量办公建筑劳动生产力的重要标准之一。20世纪后半期，各国开始关注"办公室生产率"，又称智能生产率问题。研究认为，对办公室智能生产率影响最大的是空间，其次是噪声和私密性；对个人情绪影响的顺序也是空间，此外为私密性和照明；对健康影响的顺序是空气质量、温度和照明。2006年欧洲空调采暖协会REHVA出版了办公室室内环境与生产率的指南，其中给出了办公室温度与工作效率的关系曲线，如图11-1所示。以室温22℃时工作效率为1（相对性能），当室温高于或低于此值时，工作效率均有下降。此外，还提出了通风量与工作效率的关系，当每人通风量为36m³/h，进一步增加30m³/h，

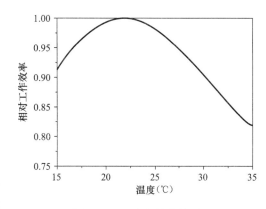

图 11-1　温度与效率关系

工作效率提高2％；如果原有基准为20m³/h，同样增加36m³/h，效率提高了3％。关于工作效率与物理环境的研究现在很多，直接能指导工程设计的尚不成熟，但作为绿色/生态建筑的评价，由物理环境影响的工作效率成为评价因素之一。为获得良好的工作效率而付出代价——环境负荷也是不可忽视。

办公建筑热舒适环境控制在工程设计时已被充分关注，通过空调系统对空气温、湿度的控制、气流分布方式的选择、外墙（窗）内表面温度的制约，从而用PMV-PPD指标、有效温度（ET）等进行评价。在工程实际中，热环境大多能获得基本保证，对"空调舒适性的理论学思考"也给予充分关注。

11.2 室内空气品质控制

据观察与统计，人在室内生活的时间占全部时间的85％～95％。每人每天吸入肺部的空气为15～25kg（摄取食物和饮水各约1～2kg）。办公室污染源来自室内自身的有：人产生的CO_2、粉尘、细菌等，设备与建筑材料、家具等产生的挥发性有机混合物（VOC）。室外的有害气体、细菌等则通过新风进入室内。由于工业的发展和城市汽车的猛增，在室外污染物控制不力的情况下，室内环境受到严重影响。我国公共建筑对办公环境污染物的控制能力非常薄弱，空调装置只能通过增加有稀释能力的新风量和提高空气净化能力来保持空气品质。

11.2.1 新风量——通风量

对于全面通风或直流式空调系统，新风的主要功能是稀释室内各种有害物（有空调要求房间经空气热湿处理可消除室内余热、余湿）。此时的新风量即为通风量，因为室内空气的CO_2浓度在某种程度上反映了室内空气污染程度。因此，常以CO_2浓度作为室内污染物的代表来评

价室内空气质量。

必要的新风量可提供足够的氧气。满足人员正常呼吸要求的需氧量为 0.423m³/(h·人)，由此要求的供氧量不大，一般通风情况下均能满足。对于不吸烟的办公室，新风量为 20～30m³/(h·人) 已足够。日本《大楼管理法》和《建筑基准法》规定公用建筑（以办公楼为主）空调新风量为 31.4m³/(h·人)，是按室内 CO_2 的允许值确定的。由于现代建筑的新材料应用较多，建筑装修引起的污染严重，为此 ASHRAE 在 1996 年提出了一个以人与建筑装修两个因素同时考虑的新的通风量（新风量）计算标准，即：

$$L_{f,min} = L_p \times P + L_b \times A \tag{11-1}$$

式中　$L_{f,min}$——最小新风量，m³/h；

　　　　L_p——每人每小时所需风量，m³/(h·人)；

　　　　P——人数；

　　　　L_b——单位建筑面积每小时所需新风量，m³/(m²·h)。

　　　　A——房间建筑面积，m²。

表 11-1 为单位建筑面积每小时所需新风量。

单位建筑面积每小时所需新风量　　　　　　　表 11-1

场　　所	新风量	场　　所	新风量
车库、修理维护中心	27m³/(m²·h)	地下商场（0.3 人/m²）	5.4m³/(m²·h)
卧室、起居室	54m³/(room·h)	二楼商店（0.2 人/m²）	3.6m³/(m²·h)
浴室	65m³/(room·h)	溜冰、游泳池	9m³/(m²·h)
走廊等公共场所	0.9m³/(m²·h)	学校衣帽间	9m³/(m²·h)
更衣室	9m³/(m²·h)	学校走廊	1.8m³/(m²·h)

由于该计算新风量比传统方法计算新风量值大，与节能有矛盾，所以尚需在实践中权衡。

11.2.2　空调系统通风量和新风比

空调系统的通风量用以消除室内余热余湿。一般按夏季室内最大冷负荷计算确定，且与采用的送风温差 Δt_0 有关。根据送风口高度的不同，一般取值在 10～15℃ 之间，空调系统一般采用一定比例的回风，以降低能量消耗。为此，空调系统设计时均遵守以下规定：

（1）新风量应满足局部排风的补给并维持室内正压；

（2）保证上述卫生要求的新风量。

二者取其最大值。

在实施空调系统设计时大都以系统新风比来体现（如 10%～15%）。

11.2.3　通风有效率和新风通风（利用）效率

1. 通风有效率

通风有效率可大致判别空调气流组织的优劣，如图 11-2 所示的四种情况，前三种均为上送上回形式，由于送回风口结构或下部岗位布置的差异，使得进入室内的空气的利用程度（通风

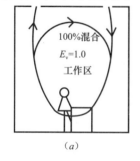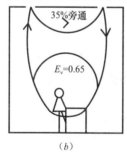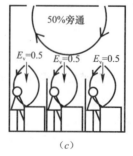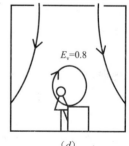

图 11-2　四种送回风方式通风有效率

有效率）有较大差别。如改为上送两侧回风气流组织方式（图中最后一种）则容易获得较高的通风有效率。此外还可推知，从地板下送风（上回）的方式，也能获得较高的通风有效率。通风有效率影响送风对室内污染物或余热，余湿的稀释作用。与此同时也影响送风空气中新风的效用。

2. 新风利用效率

图 11-3 所示为一次回风空调系统的简图，图中 Q_s，Q_f，Q_r 分别表示送风量、新风量、回风量（单位均为 m^3/h）。由于送风进入室内后，因气流组织受限，部分送风被旁通而返回回风系统中，从而使回风中包含了部分未被利用的新风（$Q_{ex,f}$），新风的利用效率为：

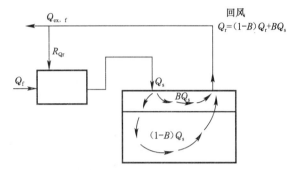

$$E_f = \frac{Q_f - Q_{ex,f}}{Q_f} \qquad (11-2)$$

以 B 表示旁通系数，R 表示系统的回风比，则新风利用效率表示为：

$$E_f = \frac{1-B}{1-RB} \qquad (11-3)$$

图 11-3　一次回风空调系统新风利用效率

该式说明 R 为定值时，B 值小则 E_f 值可增加。空调房间的气流组织与新风利用效率有关。

11.3　空调系统与空气净化措施

1. 室内洁净标准与污染物确定

室内污染物种类很多，主要为固态粒子。其他有化学气体，除人产生的 CO_2 外，有建筑材料的有机挥发性混合物（VOC）以及活性粒子（生物粒子），如细菌等。

对于公共建筑，现今仍以控制固体粒子、粉尘为目标，且以质量浓度为基准。例如，室内空气中的含尘量允许标准（质量浓度）是指 $1m^3$ 空气中含粒径 $\leqslant 10\mu m$ 的可吸入颗粒物（表示为 PM10）不超过 $0.15mg/m^3$。目前各国标准基本相同，随着 PM2.5 的致病机理逐渐突显，有些国家已制定新的标准（如加拿大已定为 PM2.5 为 $0.1mg/m^3$）。也有人认为：如果提高 PM10 的标准，就能对 PM2.5 起到约束作用。至于室外空气浓度，世界卫生组织于 2011 年 9 月公布了世界 91 个国家 1100 个城市的室外空气检测结果，各地平均 PM10 水平为 $0.021 \sim 0.142mg/m^3$，世界平均水平为 $0.071mg/m^3$。我国排行 77 名，浓度为 $0.098mg/m^3$。我国室外标准则分为 $0.05mg/m^3$、$0.15mg/m^3$、$0.25mg/m^3$ 三级，随城市而异。关于污染物的确定，设计时也以发尘量为计算依据。对办公建筑而言，大致可取 $10mg/(人 \cdot h)$ 计算，也可换算为单位面积或单位容积的发尘量。

2. 空调系统过滤器配置

（1）基本理念

图 11-4 为一次回风空调系统流程图。在 AHU 内设有空气过滤器，其过滤效率为 η（%）、空调房间的送风量为 Q（m^3/h）、新风比为 S（%），室内外空气含尘浓度分别为 $C_内$ 及 $C_外$，前者为设计要求，后者为室外空气的环境参数。根据进入室内的含尘量（新风和循环风混合后带入）及人员等所产

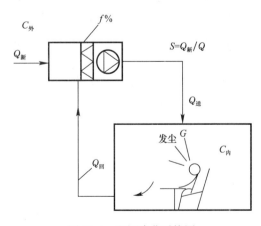

图 11-4　空调净化系统图

生的灰尘量之和与通过回风带出的灰尘量相平衡的关系，可得出相应的计算公式或反映诸参数的关系曲线（见图11-5）。并由此可看出一些相互关系和变化规律，有利于选择过滤设备。

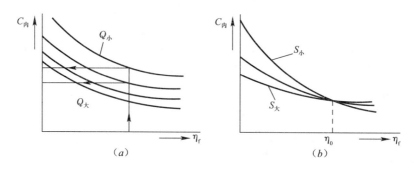

图11-5 $Q_送$、$Q_新$、新风比 S，η_f 以及 $C_内$ 的关系（发尘量 G 及室外浓度 $C_外$ 一定时）
(a) 换气次数、η 对 $C_内$ 的影响；(b) 新风比、η 对 $C_内$ 的影响

1）由图11-5（a）可知，η_f 为定值时，Q 增大，则 $C_内$ 减小。说明经过滤后空气对污染物稀释作用，实际过程中 Q 由空调热湿处理要求确定。

2）由图11-5（b）可知，系统 η_f 较高，新风比 S 对 C 内的影响减弱。η_f 较小时，新风比 S 大，室内浓度 $C_内$ 小，新风有较好的稀释污染物作用，此时 $C_内$ 高于室外 $C_外$。

3）在图11-5（b）中诸等 S 线有一个交点，过此点后 S 的作用起相反变化，此点对应的过滤器效率可称该系统的"临界效率" η_0。在此效率时，新风比对 $C_内$ 不起作用，说明室内外含尘浓度相等，即空气经过该效率过滤器后，能使室内发尘情况下的室内含尘浓度降低到室外空气含尘浓度水平。但由于我国许多地区室外 $C_外$ 仍较高。此时，只有采用比 η_0 更高效率的过滤器才能在该地区的室内含尘浓度 $C_内$ 达到卫生标准的水平。因此对室内含尘浓度标准十分严格的场合，宜作计算分析后决定。

（2）过滤器种类和配置

1）纤维材过滤器

过滤器有不同的材质和效果，以控制浓度为目的的过滤材料大多为玻璃纤维和化学纤维，所构成的过滤器可达到各种等级的过滤效率。根据过滤对象的粉尘浓度采用不同的效率测试方法：对于粒子直径较大且浓度较高的大气灰尘采用质量法和比色法（检测过滤器前后采样空气中粉尘含量对试纸的透光度）。而过滤等级最高的则采用粒子计数法（采用光电原理），但该法主要用于工业要求的洁净室和生物洁净室（包括医院手术室）等。对于同一个过滤器的测试结果，质量法效率最高，粒子计数法（如DOP法）的最低，比色法介于其中，图11-6表示了这种关系。图11-7给出了常见过滤器效率等级（规格）比较图。

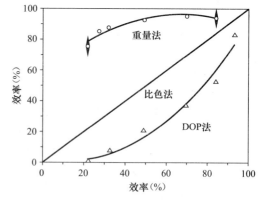

图11-6 几种过滤效率比较

国内过滤器等级规格尚不一致。除沿用欧洲规格相同的系列外，也采用修改后的我国传统系列，除高效外，有亚高效和高中效，原有的中效分成三个等级。粗效则分为四个等级，基本可与国外对应。

纤维过滤器对于附着在灰尘颗粒上的细菌同样有较高的过滤效率，故在一般卫生要求的建筑，不必设置专门的除菌过滤设施。

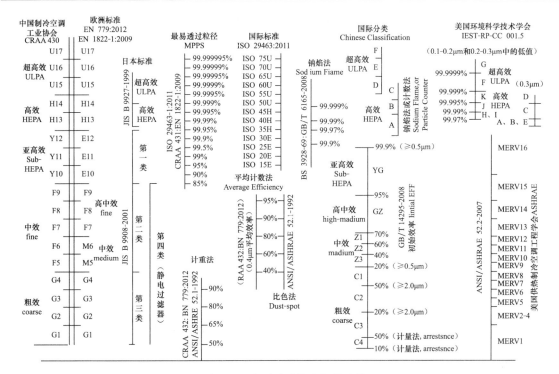

图 11-7　常见过滤效率规格比较

2）其他类型过滤器

① 静电过滤器。20 世纪 50 年代已有应用于建筑空调系统的实例，此后未见广泛应用。近年可能由于静电过滤器不仅具有较高的效率而且阻力很低，对于节能、节约空间以及维护管理均有利，故有推广的可能。但由于对使用高压发生器和可能产生臭氧问题而受质疑。此外还有纳米光催化技术、等离子体技术、紫外线技术等可用于分解有机物和杀菌，除紫外线应用相对成熟外（在流动空气应有一定接触时间和照射强度），尚欠工程上应用详实和有力的测试例证。

② 活性炭过滤器。又称化学过滤器，用于除去空气中的化学污染物，如甲醛、臭氧以及有机挥发性混合物（VOC）等。当室外空气不佳或室内装修污染物大时应使用，使用时应有前置过滤器保护以延长使用寿命（再生周期延长）。

3）过滤器配置实例

空调系统的净化功能主要取决于主过滤器的配置级别，为了延长过滤器的使用寿命，在主过滤器之前设置效率比其低的过滤器起保护作用，例如空调系统采用"G～F～Y"效率规格分类者，可约略估计所需的各级效率。例如 G4→F7→Y10，其中末端 Y10（亚高效级）过滤器决定了送风的洁净程度，F7 保护 Y10，G4 保护 F7。而一般民用建筑采用 G4-F7 的系列已足够了。对于过滤器配置合理的空调系统可大大延长"风管清洗"的周期，从而可减少维护管理费用。图 11-8 及图 11-9 分别为日本 1997 年和 2002 年提供的统计数据，大致可以看

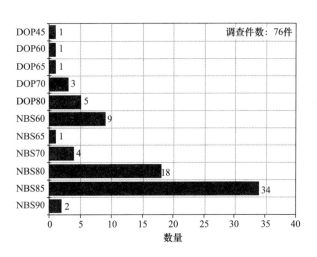

图 11-8　1997 年日本民用建筑过滤器配置

出其民用建筑过滤器配置状况。本书工程实录中的J10、J45、J59、J63、J79、J80、J89、J104以及S40等项目中的空调系统均采用了静电过滤器。

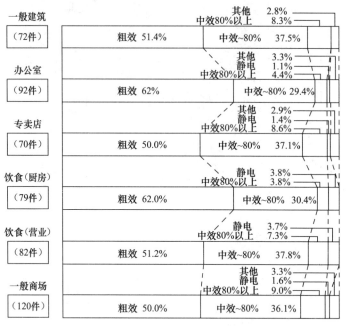

图 11-9 2002 年日本民用建筑过滤器配置

11.4 过滤器阻力、耗电与系统的影响

1. 过滤器阻力

过滤器的过滤效率是一个重要参数，但与此相对应的空气阻力（压损，Pa）也很重要。压损大小主要与过滤器滤材、过滤面积（展开面积）、风量（流过滤材的风速）有关。新置过滤器在额定风量下的阻力为初阻力，到达使用寿命时的阻力为终阻力。一般以终阻力达到初阻力某一倍数时之阻力为终阻力。当过滤器达到其终阻力时，应更换过滤器。例如粗效过滤器的初终阻力大致为25Pa与50Pa左右，中效过滤器（民用建筑的主要过滤器）其初终阻力一般为50Pa和100Pa左右。因种类甚多，应详细看产品说明书。

2. 过滤器阻力变化对系统风量的影响

（1）运行规律

过滤器运行中阻力不断增加。图 11-10 表示空调机组粗效（预）和中效（主）过滤器阻力的变化规律。可以预计，如提高预过滤器的效率等级，不仅可减少其清洗更换周期，还可使主过滤器的运行周期延长并使 AHU 中过滤器单元的压损相对稳定。

（2）对系统风量稳定性的影响

过滤器阻力增长对系统风量的影响是随着其阻力占空调系统总阻力的比例而变化的。过滤器阻力占系统阻力较小者对系统阻力影响较小，从而对风量影响也较小。图 11-11 是对一个空调系统所做的分析，可清楚地说明这一特性。

（3）过滤器耗电与节能

某一风量与阻力下的过滤器一段时间的运行能耗为：

$$E = \frac{Q \times \Delta H \times T}{\eta \times 1000} \tag{11-4}$$

若 Q 为 1m³/s，ΔH 为 125Pa，运行时间 T 为 8760h（一年），风机效率 η 为 0.7，则每年耗

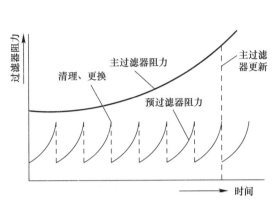

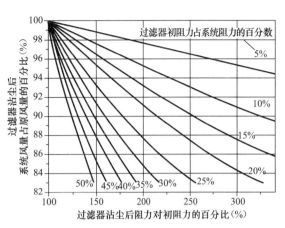

图 11-10　粗效与中效过滤器阻力变化规律　　　　　图 11-11　过滤器阻力对风量的影响

电为 1560kWh。一般而言，过滤器运行费用远高于其初装费用，合理选用过滤器不仅对室内环境有利而且在节能上也可有所体现。图 11-12 是一个 1 万 m² 的办公楼建筑 40 年间的生命周期费用（LCC），包括过滤器在内的各空调相关设备都表示在图中。

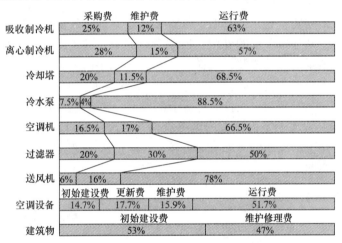

图 11-12　建筑和设备寿命周期费用（LCC）

本章参考文献

[1]　叶大法，杨国荣. 变风量空调系统设计. 北京：中国建筑工业出版社，2007.

[2]　宋广生编. 室内空气质量标准解读. 北京：机械工业出版社，2003.

[3]　韩华. 公共民用建筑室内空气中颗粒物质的控制（硕士学位论文），1999.

[4]　日本建筑学会编. 建筑环境管理. 余晓潮译. 北京：中国电力出版社，2009.

[5]　上海市室内环境净化行业协会编. 洁净工程应用技术. 北京：中国劳动社会保障出版社，2012.

[6]　李兆坚. 对空调舒适性的伦理学思考. 暖通空调，2008，38（5）.

[7]　宋广生编. 室内空气质量标准解读. 北京：机械工业出版社，2003.

[8]　川瀬貴晴. 室内空気環境と知的生産性. BE 建築設備，2007，5.

[9]　Seppanen，et al. Effect of Temperature on Task Performance in office environment. Proceedings of cold Climate HVAC Conference，Moscow，2006.

[10]　蔡杰. 空气过滤器 ABC. 北京：中国建筑工业出版社，2002.

[11]　王小兵. 合理使用空气过滤器创造卫生舒适的室内空气品质. 康斐尔上海公司文献资料，2003.

[12]　谢伟等. 通风对室内外颗粒关系的影响分析. 洁净与空调技术，2012，4.

[13]　〈知の財産権〉特集. 空気調和・衛生工学，2008 年 5 月号.

[14]　柳宇著. オフィス内空気汚染対策. 日本技術書院出版，2001.

第12章 高层建筑自然通风应用

高层建筑和其他建筑一样可以通过自然通风来改善室内热舒适环境，降低空气处理和输送能耗。不同季节自然通风应用程度不同。自然通风情况下，建筑物获得比机械通风（空调）更多的新风供给。室外空气品质优良的地区，这种效益尤为明显。自然通风方式有利用风压的平面"穿堂风"；利用热压的竖向通风（如中庭）；还有与空调结合，构成混合型通风空调方式。夏季利用夜间的自然通风还可消除室内热负荷，减小白天空调启动负荷。

12.1 产生自然通风的基本要素

12.1.1 热压作用下的自然通风

对于一个多层或高层建筑物，若室内空气温度高于室外空气温度，室外空气密度高于室内空气密度，则室外空气从建筑下层的外门、窗或开启的洞口进入室内，经由内门窗缝或开启的洞口进入楼内的垂直通道（如楼梯间、电梯井、上下连通的中庭等），向上流动，再经上层的内门窗缝或开启的洞口与外墙的窗、阳台门缝等处排至室外。图 12-1 表示了多层建筑热压作用下形成自然通风（空气渗透）现象以及换气界面上的压力分布情况。在中和面上则没有空气出入。空气交换量（通风量）取决于室内外空气温差、房间高度、开口（缝隙）面积及其阻力特征。中和面的位置则与上下开口面积的大小有关，并非一定位居中间。图 12-2 表示了一个多层建筑在热压作用下自然换气概貌。

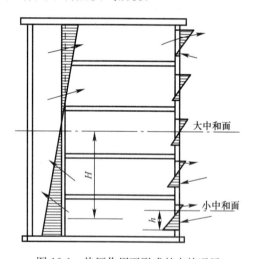

图 12-1 热压作用下形成的自然通风

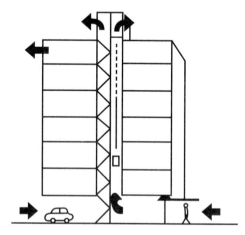

图 12-2 热压作用下自然换气概貌

热压作用下的自然通风大多用于中间季节的中庭换气。而在冬、夏空调季节则加以限制。为此在高层建筑的大厅入口处，都采用双重外门、转门等以限制室外空气的进入。当然这也是为了防止在风压作用下室外空气的向大楼内侵入。

12.1.2 风压作用下的自然通风

当风吹到建筑物正面时，因受建筑物阻挡而在迎风面上产生正压区，气流再偏转而绕到建筑物的侧面和背面，并在这些面上形成负压区。这种由风力产生的附加压力与风速形成的动压有关。而动压转换为附加压力的大小取决于该受风点的风压系数（有正、负之别）。不同形状建筑物的各表面在不同风向作用下，风压系数（C 值）是不同的，可由模型试验得出。图 12-3 和图 12-4 分别表示了气流绕过建筑物时的气流状态以及不同风向时建筑物墙面的风压分布示意。在考虑应用风压自然通风时，应考虑当地不同季节风向频率，评估其利用价值。图 12-5 表示某城市的季节风向频率（亦称风向玫瑰图）。

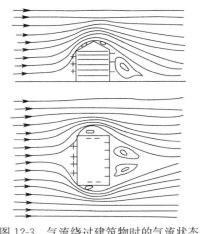

图 12-3　气流绕过建筑物时的气流状态

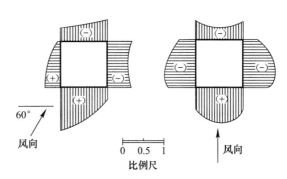

图 12-4　不同风向时建筑物墙面的风压分布

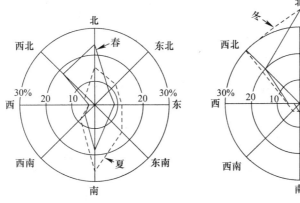

图 12-5　季节风向频率（亦称风向玫瑰图）

12.2　风压作用下办公建筑标准层核心筒位置与通风的关系

过渡季节可以利用风压作用下的"穿堂风"进行通风换气和降温，改善办公建筑标准层的热环境。如图 12-6 所示，室外空气沿上风向的外窗窗台附近进入，经房间另一侧窗户上部排至走廊或中庭，在下风向排出。

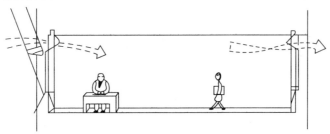

图 12-6　风压通风气流（穿堂风）

日本曾对典型的办公建筑标准层做过窗户有效开口面积与室温上升的实测研究，结果如图12-7所示。其研究对象——外墙的风压系数 C、室外温度、风速、室内负荷等均注明在图中。结果证明：下风侧办公区的条件不如上风侧；窗户面积开度大的情况下室内温度明显得到改善。此外，还研究了核心筒位置与通风效果的关系，结果如图 12-8 所示。图中给出了不同核心筒位置下室温的最不利区域，可明显看出，中心无核心筒遮挡者条件最佳。

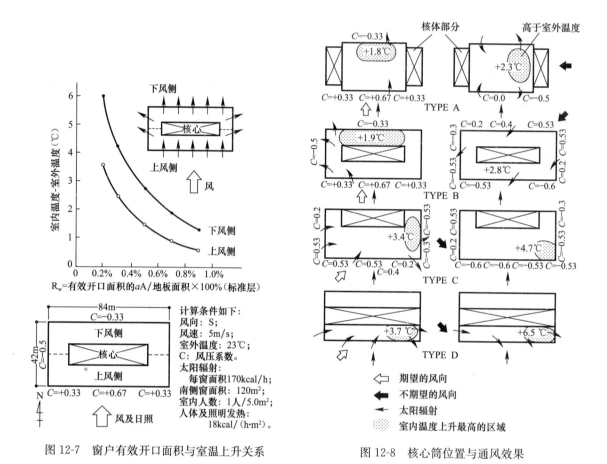

图 12-7　窗户有效开口面积与室温上升关系

图 12-8　核心筒位置与通风效果

12.3　高层建筑自然通风应用方式

单独依靠简单的自然通风不能完全解决高层办公建筑热环境和室内空气品质问题。因此，在建筑方案设计时，应考虑采用在某些季节或时段，当室外空气温湿度或洁净度适当时，通过合理组织进排风口，实现自然通风，清除室内余热，稀释室内污染物。自然通风应用场合与方式有以下几种。

12.3.1　组织平面气流方式

在风压作用下，通过上风向进风、下风向排风，进行全面换气。该方式亦可用于夜间除热换气（night purge）。一般情况下，该方式也可与空调系统结合组成复合式空调系统（hybrid AC）。图 12-9 表示了几种平面气流组织的示例。

12.3.2　平面气流与竖向气流相结合方式

对于设有中庭（光庭）以及小型"生态竖井"的建筑物，经过水平方向的通风气流进入中庭或垂直通道从上部排风。图 12-10 表示了几种实例。

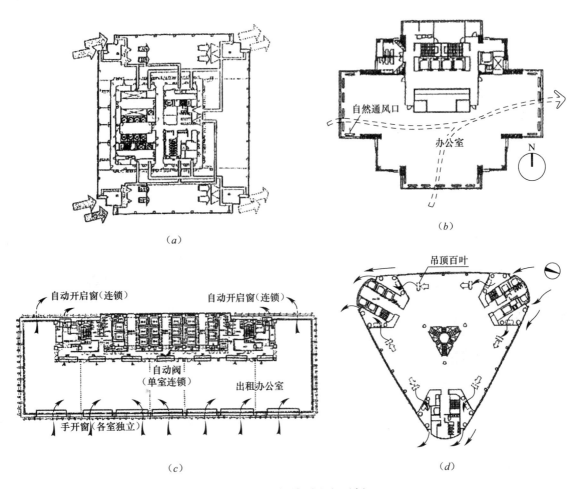

图 12-9　平面气流组织示例

（*a*）品川三菱大厦（工程实录 J80）；（*b*）山阴合同银行本部；（*c*）中之岛 DIYA 大厦（工程实录 J116）；

（*d*）汐留媒体塔（工程实录 J66）

12.3.3　自然通风与空调相结合应用方式

自然通风与空调相结合的方式称为混合式空调（hybrid AC）方式。

（1）冬夏季实现空调功能，过渡季节引入全新风，经 AHU 实施新风供冷，即免费冷却（Free Cooling，FC）。

（2）利用风压作用，新风直接经窗台处进入房间，以穿堂风形式在下风向（上部侧窗）排出房间并进入走廊或中庭或竖井后排出或新风经由顶棚空间从专设风口进入房间后排出。该方式在过渡季节可实现通风换气，在夏季夜间室外气温度较低时，起充冷作用（night purge），以降低白天的启动负荷。

（3）在空调下送风方式下，可由风机直接送入夜间温度较低空气对房间充冷除热。图 12-11为利用上述概念实施的日本汐留塔楼混合型空调方式示意图。

（4）自然通风与工位空调（个人空调）相结合。个人工位空调是在背景空调基础上实现的。背景空调为下送风方式。自然通风以除去室内上部热量为主。图 12-12 表示了该方式的概念。

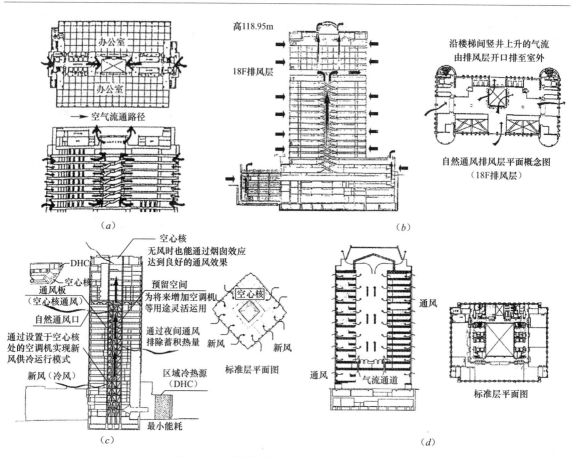

图 12-10 平面气流与竖向气流相结合实例

(a) 品川 Intercity（工程实录 J59）；(b) 明治大学自由塔（工程实录 J58）；(c) 霞城中心大厦；(d) 石川县政府

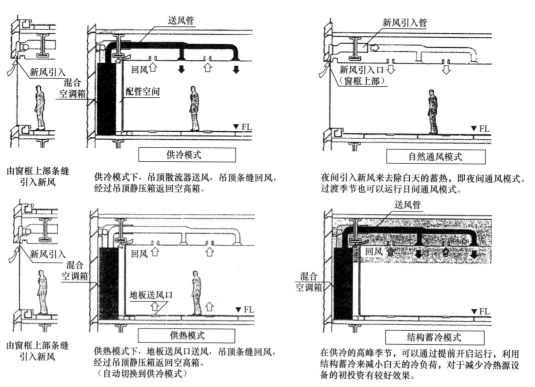

图 12-11 汐留塔楼混合型空调方式示意图（工程实录 J69）

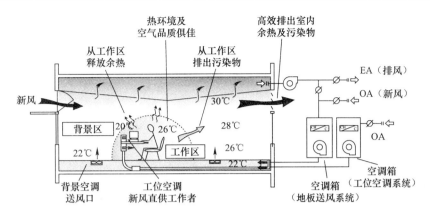

图 12-12 自然通风与工位空调相结合概念

表 12-1 列出了国内外高层建筑采用自然通风技术的各种实施方式实例。

国内外部分高层建筑自然通风方式实例

表 12-1

建筑名称	建造年份	地点	建筑面积（万 m²）	层数	自然通风采用的技术与设施	备注
山阴合同银行大楼			1.99	14	利用窗台自然通风口过渡季组织自然通风换气	《建筑设备士》（日）1998/8
汐留传媒塔大楼	2001	东京	6.65	34	利用设在角部自然通风进风箱经机房与办公室吊顶内的风阀进入吊顶后送入室内（不用风机）	工程实录 J66
中之岛 DIE 大厦	2009	大阪	7.95	35	沿一侧外窗进风（下窗 7 个窗边进风口）再从下风向排风	工程实录 J116
品川三菱大厦	2002	东京	15.8	32	在标准层 4 个角部设有进排风口，各种风向均可进风，能实现夜间送风充冷（NP），无风时可用风机辅助	工程实录 J80
新关电大厦	2004	大阪	10.6	41	标准层设 26 个通风装置，进风面积达 10.5m²，为地板面积 1/100，自然通风从窗口挑檐进入室内并由顶部专用风口送风	工程实录 J88
品川 Inter City（B、C 幢）	1998	东京	33.7（ABC）	31	标准层两端引入新风，经走廊拔风到高层共享空间（中庭）排风。设有专用的进风机构	工程实录 J59
明治大学自由塔	1998	东京	5.9	23	从标准层进风，利用 1～17F 之自动扶梯垂直通路空间所形成的热压向上排风，在 18F 有风向可调设施以控制气流方向	工程实录 J58
霞城中心大厦	2001	山形县	6.94	24	标准层周边设手动自然通风进气口，新风由经房间后进入大楼中央的空构核心筒后向上部排风，各层吊顶内有电动风阀可将新风引入用于 NP	《空气调和·卫生工学》（日）2003/10
石川县政府大楼	2003	石川县	6.67	19	标准层自然通风与中庭结合，空调新风供冷亦可与自然通风联合运行（当自然通风量不足时）。该项目做过较详细的设计模拟与研究实测	《建筑设备士》（日）2003/8

建筑名称	建造年份	地点	建筑面积（万 m²）	层数	自然通风采用的技术与设施	备 注
枥木县政府大楼	2007	宇都宫市	9.8	15	高度方向分三区段与标准层平面自然通风相贯通，侧窗下部进风，有定风量控制	工程实录 J104
汐留塔大厦	2003	东京	7.98	38	采用与自然通风相结合的空调方式，窗侧设 AHU 可实现供冷上送风、供热下送风，自然通风经吊顶入室，夏季夜间送冷风（用 AHU 参见本章图）进行结构蓄冷。工程有实测实证分析	工程实录 J69
饭野大厦	2009	东京	10.38	27	除采用外呼吸双重幕墙（三层为单元）减小空调负荷外，还可在各层（四个朝向）直接组织自然通风	日本新建筑系列丛书（18）2013 年版（大连理工大学）
中信广场	2011	上海	10.0	47	各标准层平面通过窗户的竖向侧面构成自然通风进风口（有关闭机构），在风力作用下实现穿堂气流	工程实录 S37
太平金融大厦	2011	上海	11.06	38	利用幕墙凹凸构成进风道，经可控开关从窗台口进风，并用无组织排风通路排出	工程实录 S39
大日本印刷公司大厦	1998	东京	1.65	10	普通空调为下送上回方式，过渡季新风开地板风机，窗上部亦可开启进风，竖井排风。NP 运行时，AHU 停，新风由下通风口压入	《建筑设备士》（日）1999/1
SECOM 本部大厦	2000	东京	2.05	18	内区为冰蓄冷集中式空调，外区为风冷热泵机组与自然通风结合的方式，自然通风进风装置有定风量机构，每层 26 台。分设在三个方向（参见本章图）	《建筑设备士》（日）2001
汐留芝离大厦	2006	东京	3.5	21	除空调外，各层可实现与自然通风相结合的运行模式，每层有 18 台有定风量消声装置的进风口，可直接送入室内或吊顶内排除热量（NP）	《建筑设备士》（日）2007/3
松下电工东京本部大厦	2003	东京	4.73	24	东侧窗台下设条形进风口，厕所有排气竖井，夜间通过电动风门向室内送风排热（夏季）。此外，建筑分区段设有光庭以组织自然排风	工程实录 J76

注：NP——Night Purge，晚间用室外空气带走室内白天储热量。

12.4 高层建筑自然通风控制

自然通风与空调相结合运行，应具备以下条件：

（1）应有室外空气温度、湿度、风速等传感器；

（2）按室外温、湿度判断新风供冷的有效性，并且以风速、风向、阴雨等状况判断窗的可开启性；

（3）向中控室提供混合运转的有效信号，并发出混合运转指令；

（4）根据室内温湿度要求，指令 AHU 及系统的运行（启、停）和通风窗开、关。经过一定的运行工况取得具体定量信息后才确定比较有效地控制程序。图 12-13 为某工程控制概念图。

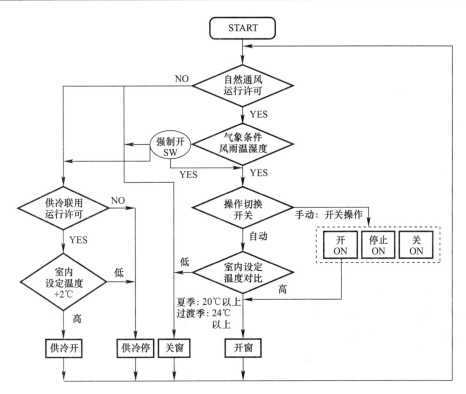

图 12-13　某工程控制概念图

在建筑外立面上开设自然通风进口须与建筑协调，根据气流组织需要，设在上部或下部，除了考虑防虫、防雨外，应有消声措施和定风量控制要求。一般情况下，当室外风速＞3m/s 时，内部风速可控制在 1.5m/s 以下。图 12-14 为设在窗户上部的进气装置（定风量装置），可沿窗多台布置（SEG-OM 本部大厦，见表 12-1）。有些工程在窗台下设进风装置，用普通阀门控制进风（工程实录 J59 及 J58）。为了降低造价，也有做成如图 12-15 所示的形式（工程实录 J69），但必须满足消声和开闭要求。

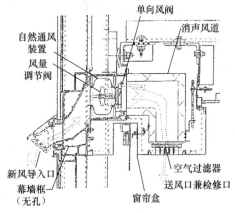

图 12-14　窗户上部进气装置

为了更好地实现自然通风应用，国外建筑师提出了"高层建筑分散式自然通风系统应用的建筑立面技术"，使自然通风技术在高层建筑中的应用更为完善（参见工程实录 S37、S39）。

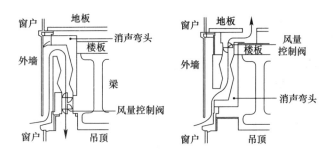

图 12-15　窗台下设普通阀门控制进风

12.5 高层建筑自然通风应用前景

12.5.1 关于高层建筑自然通风的应用研究

为了从各方面入手实现绿色生态理念，降低建筑运行能耗，国外高层建筑自然通风应用已进入实用性尝试阶段，已有一些成功的案例（见表12-1），但在设计应用上还需研究、实践和比较。自然通风应建立在理论分析和实验的基础上，理论上基于流体力学原理，实验研究则依靠模型试验及典型工程的现场实测。设计计算时，应针对对象模型利用能量平衡概念组成换气网络和热网络进行模拟分析，并结合计算流体动力学（CFD）方法预测建筑物内各区域的气流与温度分布状况以及其热舒适效果。在实践中更应结合工程对象和地域条件（气候）制订运行策略，预估经济效果。

采用混合空调（通风）方式时，应分析室外气象条件，如全年室外各温湿度参数出现的时间、风速及风压分布和室内温湿度允许波动范围，计算自然通风可利用的时间带，其中包括工作时间和非工作时间（如夜间有通风冷却要求）。图12-16即按上述要求计算出的全年可利用自然通风时间预测的实例。此外，通过全年空调能耗模拟，可得出如图12-17所示的结果。说明过渡季采用自然通风结合空调运行有一定的节能效果；炎热季节自然通风不能满足使用要求；全年可降低15%能耗。

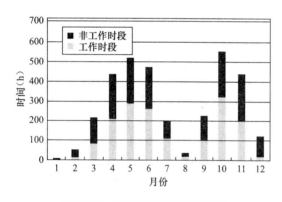

图12-16　自然通风时间预测实例

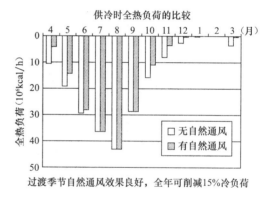

过渡季节自然通风效果良好，全年可削减15%冷负荷

图12-17　全年空调能耗模拟

对于不采用正规的混合运行方式的学校建筑，炎热季节可能允许少量利用自然通风（室内参数要求不严），而其他季节可较多采用，则其全年电耗节约量可达35%。其逐月情况见图12-18。

12.5.2 存在的问题与应用前景

（1）存在着影响自然通风使用的一些固有问题。如：室外空气品质限制（空气含尘量、有害化学物），风速高低、气流方向的不稳定性，以及环境噪声等。这些外环境因素将直接制约自然通风的应用。

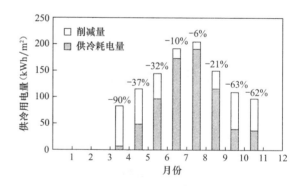

图12-18　学校自然通风逐月节电情况

（2）对于室外环境良好，考虑采用部分自然通风时，必需取得建筑业主和建筑设计师的认同与协调，例如：

1）建筑物的形态、平面布局、中庭或双重幕墙（DSF）的位置，是否有利于组织自然通风；

2）进、排风窗位置、结构与窗、墙配合是否协调。国外已开发出专用于高层建筑自然通风的进风装置以满足风量控制、消声、除尘埃等要求，可供借鉴。一般不建议直接开窗通风（但可与排烟窗结合）。

（3）对于超高层建筑，随着高度的增加，建筑物外侧风速增大，楼高形成的热压作用过大，往往引起楼内非组织自然通风气流过强，难以控制，从而增加建筑冷热负荷，造成建筑物运行风险。超高层建筑实施自然通风时应慎重分析。

（4）采用完备的混合式通风空调方式，建筑立面、进风窗口结构、控制机构及维护管理均需一定的经费投入，造价和维护费用有所增加。冷热源装置运行费用和建筑能耗会有所下降，有利于节能减排。

目前国外工程实践中，高层建筑自然通风应用较多的是政府行政办公建筑和学校建筑，前者具有绿色生态示范与带头作用；后者因室内温湿度控制要求不如其他公共建筑严格，运行经济性促使其积极采用。

本章参考文献

[1]　星野顕等. 事務所空間における排煙設備の合理化と自然換気の事例. 建築設備士，2006，5.

[2]　木村建一. 建築基礎理論演習. 学献社，1970.

[3]　黄晨主编. 建筑环境学. 北京：机械工业出版社，2007.

[4]　陆亚俊等编. 暖通空调（第二版）. 北京：中国建筑工业出版社，2007.

[5]　2000 年空調技術動向（年度報告特集）. 空気調和・衛生工学，2000，12.

[6]　《建築設備と配管工事》（日）. 利用自然的空調設備（特集），2008，4.

[7]　迫博司. 大日本印刷 C&I ビル. 建築設備士，1999，1.

[8]　渡辺忍. 日本 IBM 本社ビル. 建築設備士，1999，8.

[9]　北村規明等. 霞城中央—西口新都心ビル. 建築設備士，2001，5.

[10]　千葉隆文. 山九ビルの計画と自然計測. 建築設備士，1999，4.

[11]　日本建築学会編. 建築のエネルギー計画，1981.

[12]　平岡雅哉、他. ダブルスキンファサートを利用した自然換気併用冷房に関する研究. 日本空気調和・衛生工学会学術講演会公演論文集，2003.

[13]　小林晋. セコム本社ビル. BE 建築設備，2001.

[14]　竹田徳正. 汐留タワー自然換気システムとハイブリッド空調システム. 東熱技報，2003，63.

第13章 高层建筑空调系统控制

空调自控系统对空调系统的正常运行、保证室内热湿环境及空气环境、满足使用要求至关重要，也是保证空调系统高品质、高效率、低能耗运行的关键。暖通空调专业人员与建筑自动化集成与应用专业人员在设计、施工、调试以及运行管理等各个阶段相互配合与合作，才能实现制冷、空调、通风设备及系统的节能、高效、可靠、安全运行。一些项目空调系统出现问题，无法满足设计要求，自控系统的失败是主要原因之一。

13.1 冷源侧空调水系统控制

13.1.1 空调冷/热水系统

空调冷水、热水系统的主要功能是可靠并经济地提供和传输冷/热水给各末端用户。空调冷水系统通常分为两个环路：第一个环路主要产生空调冷水，即冷源侧环路；第二个环路主要将冷水输送并分配到各末端用户，即负荷侧环路。高层建筑常用的冷水系统一般有三种典型方式：一级泵定流量系统、冷源侧定流量/负荷侧变流量的二级泵系统和一级泵变流量系统。无论采用哪种水系统，均可在空调末端装置（AHU/FCU等）处采用二通阀进行变流量控制也可采用三通阀定流量控制。冷水循环水泵既可使用定速水泵，也可使用变频变速水泵。

1. 一级泵定流量系统控制

一级泵定流量系统通常使用如图13-1所示的定压差控制系统。定速冷水循环水泵既服务于冷源侧也服务于负荷侧。为确保冷水机组可靠运行，冷水供、回水总管（或分、集水器）之间设置压差旁通阀，以确保流经冷水机组蒸发器的冷水流量基本保持不变。当末端用户的负荷降低时，通过调节末端二通阀，减小通过末端冷水流量，此时供、回水总管间的压差增大，控制器调节压差旁通阀增大其开度，使部分冷水经旁通管直接返回冷水机组回水侧，从而保持供、回水总管间压差的稳定，该系统负荷侧变流量，冷源侧定流量。

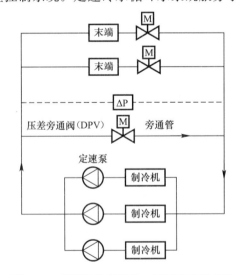

图13-1 采用压差旁通的一级泵定流量系统

一级泵定流量系统中，水泵与冷水机组的连接方式有两种（见图13-2），一种方式是水泵与冷水机组一一对应连接（先串联后并联），其优点是控制及运行管理简单，各机组相互干扰少，水量保证性高，并取消了水泵与冷水机组之间的部分管件。缺点是受水泵与冷水机组布置位置的影响，管道相对复杂，并存在水泵备用等问题。另一种方式是水泵与冷水机组独立并联（先并联后串联），其优点是每台水泵互为备用，可以一机一泵运行，也可以一机多泵运行，运行可靠性和灵活性比前者更好；接管更简便，机房布置整洁有序，因而大多数工程采用该方式。但这种方式也存在缺点：水泵及冷水机组进出口都要求设置阀门，附件增加；各机组水流量需要进行平衡调试，保证每台机组水量满足设计要求；要求自动联锁启停时，各机组必须配置电动阀，不运行的机组通过电动阀的关闭避免因分流而导致单台水泵运行时正常运行的冷水机组水量不足问题；电动阀门与对应水泵需按一定的启停程序，在一台机组向两台机组运行转换时，不能先打开将启动机组上的电动阀门，否则分流情况仍将发生，这是因为电动阀门开启需要一定的时间（一般为 15s 以上）；第二台水泵在电动阀门全开后才启动，这时由于水的分流可能使原先正常运行的机组因为水量不足而停机。通常是先开水泵，再开电动阀，此时电动阀两端的压差较大，因而要求电动阀有较大的开阀压差或关阀压差（停机过程中要求先关电动阀后关停对应的水泵）。

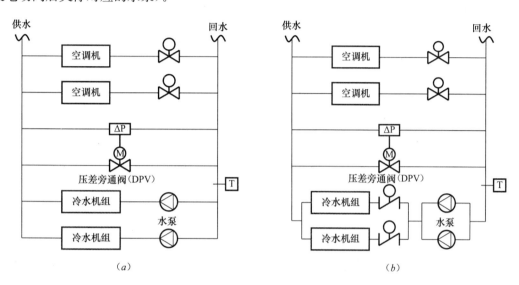

图 13-2　一级泵系统水泵与冷水机组两种连接方式
(a) 机组与水泵"先串联后并联"；(b) 机组与水泵"先并联后串联"

2. 冷源侧定流量/负荷侧变流量的二级泵系统控制

在规模较大的系统中，常采用如图 13-3 所示的冷源侧定流量/负荷侧变流量的二级泵系统，考虑到冷水机组的稳定控制和安全运行，机组生产商一般推荐通过蒸发器的冷水流量应基本保持恒定，故冷源侧为定流量；而考虑到负荷的变化，如负荷侧也采用定流量，在部分负荷工况下水泵将浪费大量功耗，因此负荷侧采用变流量。该系统的主要优点在于其结构简单、具有故障保护和部分负荷下运行比较节能的特点。实际工程中，应设置盈亏管，盈亏管内的冷水既可正向流动也可反向流动。近年来，在一些新近设计的系统中，盈亏管上常安装单向阀（仅允许正向流动），在低负荷或末端传热性能下降时，冷水供回水温差将变小，此时安装在盈亏管上的单向阀允许控制器在开启另一台冷水机组前，使当前运行的冷水机组满负荷运行，从而达到降低系统能耗的目的。此外，单向阀可以防止冷水在旁通管中反向流动，这样可有效防止负荷侧的回水经盈亏管直接回到供水侧，从而降低负荷侧冷水供水温度。

3. 一级泵变流量系统控制

近年来的研究与工程实践表明，一级泵变流量系统比较节能，可有效防止系统提供的冷水流量超过末端实际需要水量。如图 13-4 所示，变频驱动的水泵通过维持冷水系统最不利环路的压差进行控制。压差设定值应确保能为所有末端提供足够的冷水流量。压差设定值可以恒定，也可以在部分负荷工况适当降低。在许多系统中，由于末端负荷连续改变，其所需的冷水流量也连续变化，因此通过变频调节，可以显著降低水泵功耗。另一方面，当末端负荷很小，系统所需冷水流量也相应较小，为防止冷水机组蒸发器中的冷水流量低于蒸发器要求的最小流量，在系统中需安装旁通控制阀和流量计，当流量计测得的冷水流量小于蒸发器要求的最小流量时打开旁通阀，使部分冷水旁通回冷源侧，从而确保冷水流量满足机组最小流量要求。这种系统的缺点是旁通控制阀和冷水机组的时序控制比较复杂，一旦控制失效，系统可能不能正常工作。

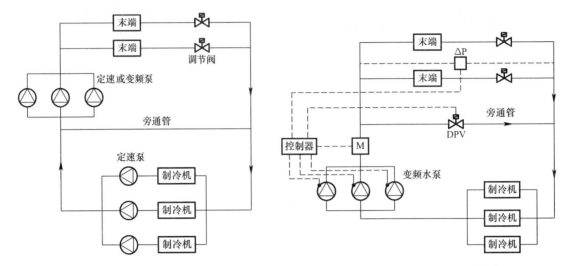

图 13-3　冷源侧定流量/负荷侧变流量的二级泵系统　　　图 13-4　一级泵变流量系统控制

13.1.2　冷水机组时序控制（台数控制）

高层建筑一般使用多台冷水机组，在部分负荷时可通过关停部分机组使运行的冷水机组仍然运行在最佳效率值附近，避免机组在小负荷运行时发生压缩机喘振或温度控制失效。此外，通过合理的控制使所有机组总运行时间大致相等，延长机组寿命，降低维修费用和发生故障的概率，故冷水机组的时序控制（也称开停控制或台数控制）就尤为重要。制冷机组时序控制的目标是在满足末端负荷需求的前提下使所有运行机组的总 COP 最高，当系统使用多台不同种类、不同效率、不同容量的机组时，其控制较为复杂。典型的制冷机组时序控制方法包括：（1）基于温度测量的时序控制；（2）基于旁通管流量的时序控制；（3）基于功耗测量的时序控制；（4）基于建筑总冷负荷的时序控制。

基于温度测量的时序控制主要根据安装在冷水回水总管上的温度传感器测量的回水温度对制冷机组进行控制，当回水温度高于设定温度区间上限时，启动另一台机组；当回水温度低于设定温度区间下限时，将运行的机组逐一关停；当回水温度介于设定温度区间时，维持原运行台数不变。

基于旁通管流量的时序控制是根据安装在旁通管上的流量传感器测量的冷水流量与流动方向触发器监测的冷水在旁通管上的流动方向对制冷机组进行控制。由于负荷侧冷水流量与建筑负荷近似正比关系，而冷源侧水流量则根据制冷机组的运行台数呈阶梯式变化，二者通过旁通管进行水力解耦，控制器一般尽可能控制冷源侧的冷水流量大于负荷侧的冷水流量，保证负荷侧供水温度始终等于冷源侧冷水供水温度。对于二级泵系统，当末端负荷增加时，负荷侧冷水流量需求大于冷源侧水流量，从而导致冷水在旁通管中反向流动（从回水侧流向供水侧），此时控制器启动另一台机组和与之关联的冷水一级泵；当冷水在旁通管中正向流动（从供水侧流向回水侧）且其流量大于单台机组的设计流量时，控制器关停一台机组和与之关联的一级泵。对于一级泵系统，则没有旁通管上冷水的水流方向监测问题，仅根据旁通管上的冷水流量对机组进行控制。旁通阀的规格以一台冷水机组的流量确定。通常旁通阀的限位开关用于指示 10% 和 90% 的开度。当末端负荷增加时，旁通阀趋向关的位置，限位开关闭合，自动启动一台水泵和相应的冷水机组。反之当负荷减小时，旁通阀趋向全开位置，自动关闭一台水泵和相应的冷水机组。

基于功耗测量的时序控制通过制冷机组的实测功率对其进行控制。由于功率的测量直接、简单，且功率计的价格有所下降，故近年来运用渐广。另一方面，制冷机组的控制面板中通常有电流值的测量与显示，也可用于压缩机的瞬时电流与满负荷时电流的比值进行控制，由于利用瞬时电流与满负荷电流的比值预测的建筑总负荷通常比实际负荷大，因此一般采用当运行制冷机组达到 100% 满负荷时，再开启另一台机组。

基于建筑总冷负荷的时序控制是采用对建筑负荷直接测量，即通过测量负荷侧的冷水总流量及供、回水温差，直接计算建筑实时负荷从而对制冷机组进行控制。这种控制方法通常需考虑单台机组的部分负荷特性、所有机组的集成特性以及不同工况下机组性能特性等。在某一负荷下，制冷机组运行的最佳台数是在保证满足建筑负荷需求的前提下使其功耗最小的组合。为避免制冷机组频繁启停，在开启和关停机组时应使用不同的切换点，如图 13-5 所示，同时当一台机组启动（关停）后，必

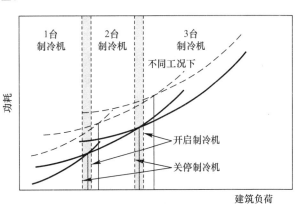

图 13-5　多台制冷机组部分负荷下集成
性能及基于建筑总负荷的时序控制

须经过一段时间（最小设定时间）后才能关停（开启）该台制冷机组。

制冷机组控制还应包括一定的启停顺序，通常的开机顺序是：（1）打开冷却塔进水电动蝶阀；（2）启动冷却塔风机；（3）启动冷却水泵；（4）水流开关检测冷却水水流信号；（5）打开冷水泵电动蝶阀；（6）启动冷水泵；（7）打开制冷机组电动阀；（8）水流开关检测冷水水流信号，确定冷却水、冷水已循环后，（9）开启制冷机组。停机顺序则与开机顺序相反。

对于集中制冷系统的控制还应注意，如使用制冷量相同的多台制冷机组，每台运行机组的负荷应保持相等，如使用制冷量不同但特性相似的多台制冷机组，每台运行机组的负荷应与其设计负荷成正比。此外，每台制冷机组的总运行时间也应大致相等，这样有利于机组的常规维护和将来的更新。

13.1.3　冷水泵转速控制与时序控制

与制冷机组类似，空调水系统中通常有多台冷水泵，也需用时序控制器对不同负荷下的水泵台数进行优化控制。对变频水泵而言，还需对水泵转速进行变频控制。许多工程项目（如工程实录 B2、B4、B6、B15、B27、S12、J13、J45、J47、J49、J50、J51、J66、J67、J87、J108、J114 等），无论采用一级泵还是二级泵系统，其冷源侧的一级泵通常与制冷机组一一对应，即一台冷水泵对应一台制冷机机组。在这种情况下，水泵的时序控制通过制冷机组和水泵的联锁控制来完成，同时需考虑水泵比制冷机组开启时的提前和关停时的延迟时间。在开启制冷机组前，须先开启与之关联的冷水泵，确保制冷机组运行时蒸发器中有冷水循环流动；在制冷机组关停后，冷水泵还需运行一段时间方可关停，如没有延迟，蒸发器中残存的制冷剂可能会使蒸发器管道中的冷水结冰甚至引起管道破裂。与此类似，相应冷却水泵开启的提前与关停的延迟时间同样需要考虑。

对于冷源侧定流量/负荷侧变流量的二级泵系统，由于负荷侧与冷源侧的冷水流量相互解耦，因此二级泵的控制与制冷机组的时序控制是完全独立的，其控制主要考虑满足末端用户需求。

对于负荷侧采用定速水泵的系统，其时序控制通常可采用冷水流量或供回水管路的压差来进行控制。冷水流量通过安装在负荷侧的供水（或回水）总管上的流量计测量，供回水总管或

最不利环路的压差有时也需测量。当采用冷水流量进行控制时，控制器根据预设的分段流量设定值对水泵进行开停控制，同时根据需要的冷水流量决定二级泵的运行台数。当采用压差作为控制变量，则根据水泵特性曲线，预设水泵开停控制的各压力设定值。如图 13-6 所示，为避免水泵频繁开停，一般在控制器中使用滞后范围，使水泵开启的流量界限比其关停时的界限稍大一些。

而对于负荷侧采用变速水泵的系统，通常通过维持最不利环路或供回水总管

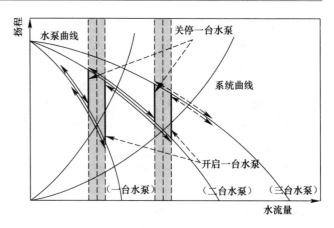

图 13-6　基于压差控制的二次环路定速水泵时序控制

压差进行控制。当测量压差大于压差设定值时，控制器降低水泵转速；当压差测量值小于压差设定值时，提高水泵转速。显然采用最不利环路压差控制更有利于节能，且压差最优设定值应是能满足所有末端冷水流量需求时的最小压差，如压差设置值太大，大部分末端将通过节流进行调节，不利于节能。

13.1.4　冷却水系统控制策略

在大型冷却水系统中，往往采用多台冷却塔，考虑到系统的可靠运行以及设备的运行寿命，有必要对冷却塔进行适当的开停控制。冷却塔的控制策略通常是根据冷却水的供水温度确定投入运行的冷却塔数量。当冷却水温度高于设定值时，增加冷却塔开启台数，调节后半小时冷却水温度仍高于设定值，再增加冷却塔运行台数；当冷却水温度低于设定值时则减少冷却塔运行台数。为避免冷却水温度在设定值附近变化时造成冷却塔频繁开启，需设定一个调节温度死区范围。如冷却塔采用变速风机，一般应控制所有风机在相同转速下运行；如冷却塔采用多级风机，当需要提高冷却塔排热能力时，应优先开启低速风机；当需要降低冷却塔排热能力时，应优先关停高速风机。采用这些控制策略的原则是尽可能使所有运行冷却塔的排热量相等。该原则同样适用于风冷冷凝器中的多级风机的开停控制及冷却水系统中多台并联水泵的开停控制。

对于风冷系统，除使用定速风机外，也常使用多级风机和变速风机。部分负荷时，多级风机和变速风机改变通过冷凝器的风量，调节制冷机组的出力。由于室外温度不可控，故冷凝器风量的大小将直接影响制冷机组的COP。增加风机风量（提高风机转速）有助于降低冷凝温度从而降低制冷机组功耗，但增加风量会增加风机功耗，因此可优化控制风机转速使制冷机组与风机的总能耗最小。

13.1.5　冷源系统优化控制（群控）

一般制冷系统包括制冷机组、冷水系统（包括冷水泵及冷水输配系统）、冷却水系统（包括冷却水泵、冷却塔及冷却水输配系统）。三者的运行都有功耗且三者之间相互作用，相互影响，通常一个子项的能耗减少时，另一子项的能耗会增加，而且一个子项能耗的增加量通常也不等于另一子项能耗的减少量。二者之间的关系随运行工况的变化而不断变化，因此存在优化控制问题。整个制冷系统优化控制（群控）的目标是：在满足所有末端负荷需求的前提下使整个系统的总功耗最小，达到节能的目的；通过合理分配多台机组的使用时间，延长机组寿命，提高设备利用率；使系统更舒适；避免过冷或过热。具体的优化控制方法因项目而异，对某一特定系统，进行系统优化的主要任务包括寻求最优的冷却塔出水温度（对采用冷却塔的冷却水系统）、最优的冷凝器风量（风冷系统）、最优的海水泵转速（海水冷却系统）；最优的冷水供水温度、最优台数运行组合等。需要注意，这些最优值并非恒定不变，会随建筑负荷和运行工况

（如室外气象条件、海水温度、各子项性能等）的变化而不断变化。

13.2　负荷侧空调系统控制

室内热湿环境及空气品质需要负荷侧末端设备来保证，高层建筑常用的空调系统方式与一般商用建筑无异，通常有定风量（CAV）、变风量（VAV）、风机盘管（FCU）、辐射空调等，以下主要探讨典型空调系统的运行与控制。

13.2.1　定风量系统控制

定风量系统的总送风量保持不变，即不调节空调机组风机的转速，为保证室内空气温度，需要通过控制水阀来调节通过空调机组冷却盘管的水流量以达到控制送风温度的目的。

1. 定新风比系统

图 13-7 为典型的定风量空调系统，采用冷水冷却、热水或蒸汽加热、蒸汽加湿。该系统的温度控制一般通过对表冷器与加热器的序列分段控制实现。通过比较回风温度实测值（T3）与控制器 TC-2 的设定值，送风温度控制器（TC-1）产生控制加热器和表冷器的控制信号（见图 13-8）。复合 PID 的输出的变化范围为 $-100\%\sim100\%$。当复合 PID 的输出介于 $0\sim100\%$ 时，其数值被转换为 $0\sim100\%$，用于开启表冷器冷水的水阀（V-1）。此时热水阀保持关闭且 0 对应于冷水水阀全关、100% 对应冷水阀全开。当复合 PID 的输出介于 $-100\%\sim0$ 时，其数值被转换为 $0\sim100\%$，用于开启加热器的热水（或蒸汽）阀门（V-2）。此时表冷器的冷水水阀全关，0 对应于加热器的热水阀全关、-100% 对应热水阀全开。当供热和供冷相互转换时可能导致波动，出现同时供热和供冷现象。为避免这一现象发生，通常采用一个小"死区（带）"，在此区域内既不供热也不供冷。

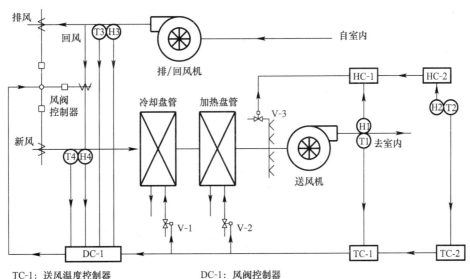

TC-1：送风温度控制器　　　　　DC-1：风阀控制器
TC-2：送风温度设定值控制器　　V-1：冷却盘管阀门
HC-1：送风湿度控制器　　　　　V-2：加热盘管阀门
HC-2：送风湿度设定值控制器　　V-3：蒸气阀门

图 13-7　定风量空调系统控制与测量装置示意图

2. 变新风比系统

为充分利用新风冷量，可采用风侧节能器（Economizer）控制方式来控制室外新风量（通过新风阀、排风阀及回风阀联锁控制）提升系统的节能性能。通过比较实测的回风温度（T3）

和温度设定值,送风温度控制器（TC-1）将产生控制信号送往风阀控制器（DC-1）并结合新风焓值（T4/H4）与室内回风焓值（T3/H3）确定各风阀的开度,其控制策略如图13-9所示。复合PID输出的变化范围为-100%~200%。当复合PID的输出介于100%~200%时,其数值被转换为0~100%,用于控制表冷器冷水水阀（V-1）,此时热水阀保持关闭且100%对应于冷水水阀全关、200%对应冷水阀全开。当回风焓值小于新风焓值时,各风阀开度保持最小新风量位置;当回风焓值大于或等于新风焓值时,同时开启风侧节能器控制模式,新风阀及排风阀全开、回风阀全关以增加新风量,因仍需冷水,此为部分免费供冷模式。

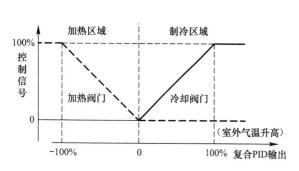

图13-8　AHU冷热盘管序列分段控制示意图

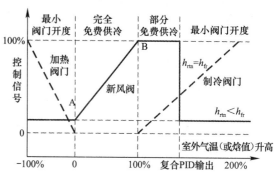

图13-9　AHU送风温度控制的分段控制
策略（包括新风优化控制）

注:h_{rth}-回风焓值;h_{fr}-新风焓值。

当复合PID的输出介于0~100%时,调整各风阀开度以控制新风和回风的比例,仅利用室外新风的冷量即可将送风温度控制在设定值,此时表冷器与加热器的水阀均处于关闭状态,为完全免费供冷模式。

当复合PID的输出介于-100%~0时,其数值被转换为0~100%,用于控制加热器热水的水阀（V-2）。此时各风阀开度保持最小新风量位置,冷水阀全关且。0对应于热水阀全关,-100%对应热水阀全开。

无论何种模式,湿度控制均由湿度控制器（HC-1）和送风湿度实测值（H1）根据送风湿度设定值来调节蒸汽阀门（V-3）的开度。

13.2.2　变风量（VAV）系统的控制

VAV系统的风量控制有多种方法,如定静压法、变定静压法、总风量法等。良好并能正常工作的自控系统是保证VAV空调系统正常运行的关键。

1. 定静压控制方法

如图13-10所示为适用于大型系统的经典的定静压控制系统,当各变风量末端装置根据其负责的空调区域负荷的需求调节风量时,送风主管内的静压会变化。送风静压控制器（PC-1）根据送风主管上的静压测量值P1与静压设定值之间的差值调节送风机的转速从而将送风静压维持在设定值。回风机则由风量控制器（FC-1）进行控制,使送风与回风的差值或送回风比保持在设定值,以配合送风机的运行。风量控制器的输入包括送风量、回风量以及预设送回风量差或风量比。因此,变风量空调系统的总风量是根据相应风道上安装的压力传感器来控制风机变频器的频率,该压力传感器的设置位置与设定值应同时考虑系统节能与舒适两个因素。如为节能考虑,则该压力设定值越小越好,可使空调机组大多数时间处于低频工况运行从而到达节能的目的,但另一方面,可能造成部分区域风量不足,室内温湿度无法达到设计要求;如从舒适考虑,则该压力设定值越大越好,可保证所有区域的风量达到使用要求,但空调机组处于高频运行，而部分 VAV 末端装置的静压偏高，需要 VAV 末端装置一次风阀关小来节流从而对节能不利。因此定静压控制的调试很重要的一部分工作就是找到舒适与节能的平衡点，即压力传感器的最优设定值及在风管的适当位置。

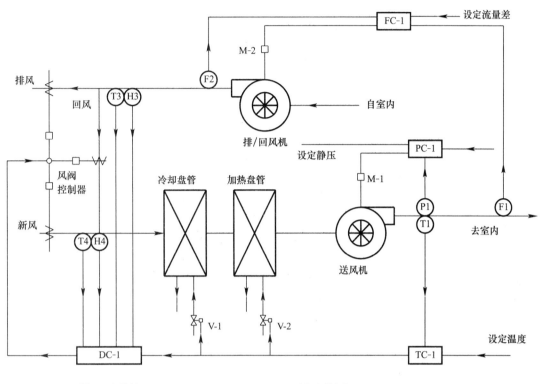

TC-1：送风温度控制器   V-1：冷却盘管阀门

DC-1：风阀控制器   V-2：加热盘管阀门

PC-1：送风静压控制器   M-1：送风机变频器

FC-1：回风流量控制器   M-2：回风机变频器

图 13-10 变风量系统定静压控制流程图

2. 变静压控制方法

变静压控制方法是利用压力无关型变风量末端中的风阀开度传感器，将各末端的风阀开度送至控制器，控制风机转速，使任何时候系统中至少有一个变风量末端装置的风阀接近全开，其控制策略一般为：

（1）如果至少有一个末端的风阀开度大于 95%，则表明风道静压偏低，应提高风机转速；

（2）如果至少有一个末端的风阀开度在 75%～95% 范围内，则表明风道静压适合当前负荷的运行要求，应保持风机转速不变；

（3）如果所有末端的风阀开度都小于 75%，则表明风道静压偏高，应降低风机转速。

中国平安金融大厦（工程实录 S35）即采用变静压控制方法。

3. 总风量控制方法

变静压控制的主要缺点是控制过程不稳定，系统容易发生小幅高频振荡，总风量控制法是在变静压控制的基础上发展而来的。当负荷变化造成室内温度发生变化后，VAV 末端的温度控制器根据温度测定值与设定值计算出所需要的风量，风量控制器根据计算风量与实测风量给出风阀设定信号来控制风阀开度。另一方面，系统中各末端的风量需求值的总和就是系统的总风量需求值，根据该值对风机转速进行调节就是总风量控制方法的基本思想。需要指出的是，实际运行时由于室内负荷的离散性和不确定性以及考虑风道的沿程阻力，不能简单地直接采用各末端设定风量之和作为调节风机转速的依据，否则可能会造成某些处于不利位置的末端风量不足，需要对各末端的风量设定值进行必要的分析、处理后才能作为调节风机转速的依据，而不是简单相加。

4. VAV 末端装置控制

变风量末端装置有多种形式，对于不同类型的 VAV 末端装置有不同的控制方法，以图 13-11 所示的压力无关型 VAV 末端装置为例，其风量的设定值无法事先确定，一般需要根据室内空气温度的测量值计算确定，即所谓串级控制方法。但由于建筑物的热惰性，其热响应速度很慢，存在较长的时间延迟和较大的时间常数，

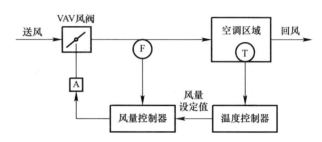

图 13-11　压力无关型 VAV 末端装置控制原理图

如直接利用室内空气温度来控制变风量风阀，会出现严重的过调或失调现象。因此，一般采用室内空气温度并同时参照温度设定值来确定所需要的风量，并把所需风量与所测风量进行比较来实施风阀的 PID 控制，可明显改善控制过程的不稳定性。此外，由于在压力变化影响室内温度之前，风量控制回路对压力变化已很快响应，因此压力变化对温度的影响得以消除。

13.2.3　风机盘管机组（FCU）控制

风机盘管机组属半集中空气处理设备，在国内应用广泛。通过温度控制器控制盘管的电动二通阀或三通阀来调节冷/热水水量从而控制室内空气温度。风机速度调节通常为有级（高、中、低三档）调节，既可人工操作，也可由温度控制器控制。图 13-12 为几种常见的 FCU 控制方法。

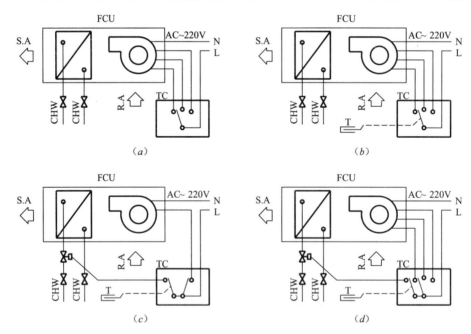

图 13-12　风机盘管控制方法

（a）手动三速开关控制；（b）温控三速开关控制；（c）温控电动阀控制；（d）温控电动阀加三速开关控制

作为一种局部空调设备，风机盘管机组对温度控制的精度要求不高，温度控制器也比较简单，一般可通过双金属片温度控制器直接控制电动调节（或二通）阀。在要求较高的场合，可采用 NTC 元件测温，用 P 或 PI 控制器控制电动调节阀开度和/或风机转速，通过改变冷/热水

流量和风量来达到控制室内温度的目的。当电动调节阀开度和风机转速同时受温度控制器控制时［见图 13-12 (d)］，应保证送风量不低于最小循环风量以满足室内气流组织的要求。

无论采用何种控制方法，风机盘管机组的电动调节阀都应与风机的开关联锁，当风机停止运转时关闭阀门以切断盘管内的水流。对于四管制的风机盘管，还应将冷、热水盘管的电动阀互锁。

13.2.4　新风量控制与优化

风侧节能器（Economizer）控制，即采用变新风量以充分利用新风冷量来节省用能。在寒冷季节，使用风侧节能器控制并保持最小新风量，当温度升高时，需要供冷。此时如新风温度（或焓值）低于回风，可使用风侧节能器调节新风风阀，逐渐增加新风量使送风温度保持在设定值。随着新风的增加，当新风风阀开度达到最大、新风提供的冷量不能满足供冷需求时，需要机械制冷。如新风温度（或焓值）高于回风温度（或焓值），则新风风阀保持最小开度，采用最小新风量，以减小新风负荷。该控制方法的不足之处在于：当室内人员很少时，新风量依旧保持不变或者保持设计值，会导致过量通风；当室内人员多于设计值时，会导致通风不足。因此不利于节能或保证室内空气品质要求。

按需控制通风（Demand Controlled Ventilation，DCV）的目标则是以最小的能耗来满足可接受的室内空气质量。主要根据室内 CO_2 浓度来控制新风量。由于室内 CO_2 浓度与室内人员数量有关，也与人员产生的污染物有关。因此，通常可以间接方式作为室内污染物的指标，即 DCV 主要用于人员是主要污染源的场合，当人员产生的污染物不占主要部分（主要污染物由建筑材料、家具等产生）时，DCV 策略控制不适用。

为了以最小的能耗提供足够或所需的最小新风量，可将二者结合使用。图 13-13 为综合使用风侧节能器控制和 DCV 控制的变风量系统新风控制策略的示意图。当 DCV 有益时，基于

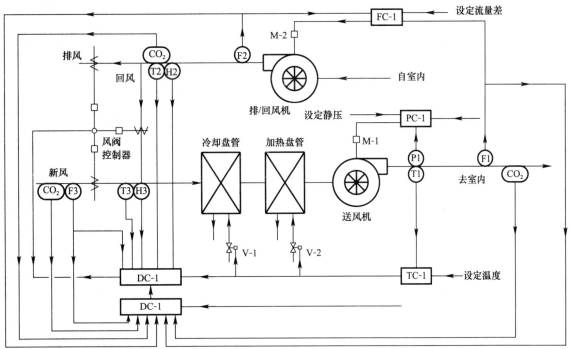

TC-1：送风温度控制器　　　　　　V-1：冷却盘管阀门
DC-1：风阀控制器　　　　　　　　V-2：加热盘管阀门
PC-1：送风静压控制器　　　　　　M-1：送风机变频器
FC-1：回风流量控制器　　　　　　M-2：回风机变频器
FC-2：采用 DCV 的新风设定值控制器

图 13-13　带 DCV 控制的 VAV 系统控制原理图

DCV 的新风设定值控制器 FC-2 生成室外新风量设定值（需要的最小新风量），同时结合实际新风量（F3）测量值产生风阀控制信号，使风阀控制器 DC-1 保持可接受的室内空气质量，这就可以根据实际人员负荷来确定新风量的设定值。而在完全免费供冷模式下，新风风阀控制器 DC-1 接收来自于送风温度控制器 TC-1 的控制信号，控制风阀的开度以维持所需要的送风温度。

13.3 空调系统自控与建筑自动化的关系

现代高层建筑通常为智能建筑，设有智能建筑管理系统（Intelligent Building Management System，IBMS），包括所谓的"3A"：建筑自动化系统（Building Automation，BA）、办公自动化系统（Office Automation，OA）以及通讯自动化系统（Communication Automation，CA）。建筑自动化系统是指基于计算机的楼宇控制系统，用于监测、控制和管理各种建筑设备如暖通空调系统、电力系统、照明系统、消防报警系统、安保系统及电梯系统等。BA 系统的主要目的是：提高系统管理水平；降低维护管理人员工作量；降低系统运行能耗。日本的空调自控系统发展与应用较为成熟，其空调设备和自动控制技术的发展历程如表 13-1 所示。

日本空调设备和控制技术变迁 表 13-1

年代背景	20世纪60年代 →		20世纪80年代 →		2000年
	高度成长期	石油危机	稳定成长	高龄化社会	信息化社会
环境	燃料转换 （油 天然气）	防止公害	节能法	地球环境会议	京都议定书 节能法再次修订
建筑	撤销高度限制	修订防灾关联法	智能化大楼 大规范开发	LC设计手法 绿色住房	LCA/LCM 环境性能评价
设备	冷温水发生机 吸收式冷冻机 全热交换器	自然能源 Fan coil VAV方式 区域冷暖气 蓄能式空调方式	区域冷暖气第二期 冰蓄能系统 废热发电 地板吹出空调	个人空调 大温度差运送 结构蓄能 辐射冷暖气	自然能源的混合应用 燃料电池试运行
自动控制	电气式、电子式、气动式控制			DDC方式大型计算机	
信息	大型计算机 Analog matrix	小型计算机 数字系统	打字机 分散式系统	通用电脑 Windows/统合化系统	互联网 局域网
中央监视	个别配线方式 警报监视 时间表 运行监控	警报记录记录状态	电力需求 最佳启动停止 外气吸收 设备统合	大厦管理机能能源管理机能	BEMS BACnet LON Web
		查表功能 费用计算	通用数据输出 变流量控制 PMV控制	零能量带控制 新风量控制 负荷预测程序	送水温度设定 新风冷量控制 变流量控制

当前建筑 BA 系统通常采用集散式的计算机控制系统，一般具有三个层次：（1）现场层：最下层的现场控制器监控一台或数台设备，对设备或对象的参数实行自动检测、自动保护、自

动故障报警与自动调节控制；（2）自动化层：中间的系统监督控制器接受系统内各现场控制器传送的信息，按照事先设定的程序或管理人员的指令实现对各设备的控制管理，并将子系统的信息上传到中央管理计算机；（3）管理层：最上层的中央管理系统是整个 BA 系统的核心，对整个系统实施组织、协调、监督、管理与控制任务，具有数据采集、运行参数和状态显示、历史数据管理、运行记录报表、远程控制、控制指导、能源统计和计量以及定时启停等功能。网络技术的发展则使用户可通过因特网进行远程管理与控制。

建筑 BA 系统包含暖通空调自动化系统在内的多个子系统，各系统内设备种类繁杂，特性各不相同。不同子系统之间以及不同自动化系统产品之间的集成与互操作性问题需要加以解决。如前所述，BA 系统网络可分为三个层次：管理层、自动化层和现场层。在所有三个层次采用相同的开放的通信协议可实现不同楼宇自动化系统与产品的集成与互操作。目前常见的标准通信协议有 BACnet 与 LonWorks。

BACnet（楼宇自动化和控制网络的数据通信协议）是美国 ASHRAE 主持开发的针对楼宇自动化并从底层起开发的，也可支持高端功能，如日程安排、报警和趋势记录的开放协议。成为美国、欧洲和其他数十个国家的国家标准以及 ISO（ISO-16484-5）国际标准。BACnet 规范主要包括三部分：（1）规定了用标准的方式代表自控系统设备的方法；（2）定义了通过计算机网络传递、监测和控制这些设备的报文；（3）规定了可用于 BACnet 通信的 LAN 网络技术的架构。

LonWorks 现场总线协议是一个分层的、基于分组的、点对点通信协议，该协议规定了一系列的通信服务，容许一个设备内部的应用程序向网络中的其他设备发送和接收报文，无需知道网络结构或其他设备的名字、地址或功能。

现今的 BAS 系统的主要特点是：开放和标准通信协议的使用使得不同生产商的建筑自动化系统可以容易且方便地进行集成；IP 协议和互联网/内联网技术的使用使得 BAS 可方便地集成到企业计算机网络；网络融合给建筑中的所有信息提供了一个统一的网络平台；BAS 集成与信息管理可以通过因特网来实现。图 13-14 是一典型的建筑自动化系统示例。

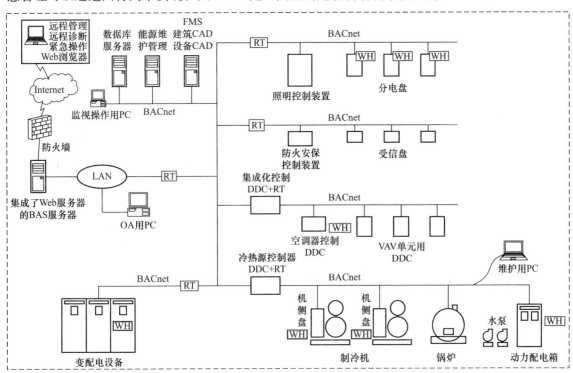

图 13-14　具有能源管理功能的典型建筑自动化系统示例

另一方面，随着对建筑节能的重视，一些具有能源管理功能的建筑自动化系统也得到了发展。如大阪梅田池银大厦（工程实录 J101）、KDX 丰洲主广场（工程实录 J112）、赤坂 Inter City（工程实录 J89）等多个项目采用建筑能源管理系统（Building and Energy Management System，BEMS），以节能和能源的有效利用为目标来控制建筑设备，由最基本的自动控制、中央监测功能逐步扩大到能源管理、环境监控、维护管理和建筑诊断评价等。适用范围和管理内容的深度和广度都在不断扩大，可实现节能控制和节能管理。

在成熟的自动控制、中央监测的基础上，随着时代的进步、IT 设备和网络的发展、对环境问题的日益重视，如今的建筑自动化系统不仅能实现对制冷空调系统与设备的控制与管理，还能对楼宇的整个运行管理周期进行能源管理，不仅可对单个建筑进行管理，甚至能对多达数千栋建筑进行能源管理与控制。

本章参考文献

[1] Shengwei Wang. 智能建筑与楼宇自动化. 北京：中国建筑工业出版社，2009.

[2] 龙惟定，程大章. 智能化大楼的建筑设备，北京：中国建筑工业出版社，1997.

[3] 赵哲身. 智能建筑控制与节能. 北京：中国电力出版社，2007.

[4] 黄治钟. 楼宇自动化原理. 北京：中国建筑工业出版社，2003.

[5] ASHRAE. ASHRAE Handbook——HVAC applications (Chapter 41 Supervisory Control Strategies and Optimization)，2007.

[6] CIBSE. CIBSE Guide H：Building Control Systems. Oxford：Butterworth-Heinemann，2000.

[7] 汪善国. 美国的空调程控节能系统. 暖通空调，1997，27 卷增刊：31-36.

[8] 江亿. 暖通空调系统的计算机控制管理. 暖通空调，1997，1～6.

[9] 李小平. 日本节能建筑简介. 暖通空调，2011，41：58-62.

[10] 龙惟定. 建筑节能与建筑能效管理. 北京：中国建筑工业出版社，2005.

[11] （日）日本建筑学会. 资源、能源与建筑. 范宏玮译. 北京：中国建筑工业出版社，2009.

第14章　高层建筑生态绿色技术要旨与性能评估

14.1　生态绿色技术的演进

14.1.1　以节能为目的阶段

20世纪60年代，发达国家空调开始普及，用能日益增长。1973年第二次石油危机使世界能源供应明显紧张。当时建筑用能已占国家能源消耗1/3的发达国家，对空调节能提出了要求。我国于1980年成立了国家能源委员会，并开始了全国范围的节能活动。美国提出了新建筑物设计中的节能标准（美国ASHRAE标准90-95R），日本空气调节卫生工学会空调设备标准委员会节能委员会制订了《空调设备节能技术指南》。当时著名的节能大楼有美国的佐治亚电力公司新建的办公楼（工程实录A47），与同类建筑相比，该建筑节能可达60%。日本大林组技术研究所大楼（地上4层），1982年建成，采用了98种节能措施，与同类建筑相比，其运行能耗（一次能）仅为当时普通办公楼建筑（1700MJ/m²年）的1/4。

就空调节能而言，当时采用的基本手段是：

(1) 通过建筑设计、空调系统设计降低空调负荷；

(2) 提高设备效率，减少能源浪费；

(3) 充分考虑自然能的利用（以新风为主）。

图14-1表示了1982年落成的朝日新闻东京本社大楼（地下3F、地上16F）所采用的20多种空调节能技术。

图14-2则给出20世纪80年代空调设计节能技术应用和建筑设计互相配合的思路。

20世纪80年代中期，人们发现了臭氧（O_3）层对环境的影响问题，联合国环保组织于1987年制订了蒙特利尔公约，提出了HCFC（氢氟氯烃）与CFC（氟氯烃）禁用与替代方案。

14.1.2　以绿色生态与人居可持续发展为目标阶段

进入20世纪90年代以后，对于人类活动的高速进展而引起的CO_2排放导致的温室气体对地球温暖化的影响日益被确认和重视。1997年12月，《京都议定书》确定了各国对CO_2排放的认定目标。1999年发表的联合国开发署制订的《1998年人类发展报告》，提出必须选择资源节约型发展模式，寻求消费与资源、发展与环境之间的平衡，实现绿色生态与人居可持续发展目标。从绿色生态与可持续发展角度看，建筑与机电系统的设计应遵循表14-1所示的可持续发展指导原则。

从表14-1可知，建设行业应重视人与环境共生，在营造人居环境时，应重视节能与环境保护新技术的应用，并实现循环再生型的建筑观念。具体而言，绿色生态与可持续发展应贯穿在建筑工程的设计、施工、运营以至日后的更新或解体的全过程。

本书后半部分"工程实录"中介绍了许多成功采用建筑、设备与环境共生技术的案例，如2009年建成的美国纽约银行大厦（工程实录A10）等，从中可以看出，比20世纪80年代的技术观念有了发展。

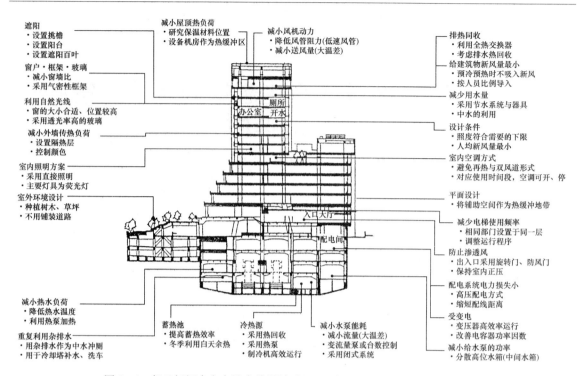

图 14-1 朝日新闻东京本社大楼设计采用 20 多种空调节能技术（1982 年）

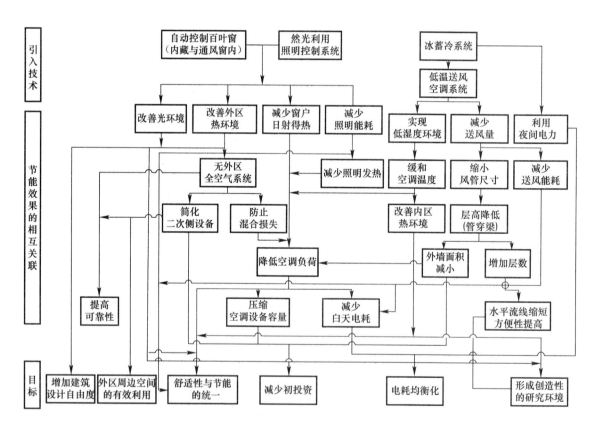

图 14-2 1980 年代空调设计节能与建筑设计配合思路

建筑与设备系统设计可持续发展指导原则　　　　　表 14-1

环境概念			建筑与设备设计方法
人与自然环境共生	保护自然	▲保护全球生态系统 ▲重视气候条件、国土资源 ▲保持建筑周边环境生态系统平衡	■减少 CO_2 及其他大气污染物排放 ■对建筑废弃物进行无害化处理 ■结合气候条件，运用对应风土特色的环境技术 ■适度开发土地资源，节约建筑用地 ■考虑周围环境热、光、水、视线、建筑风、阴影影响 ■建筑室外使用透水性铺装，以保持地下水资源平衡
	利用自然	▲充分利用阳光、太阳能 ▲充分利用风能 ▲有效使用水资源 ▲活用绿化植栽 ▲利用其他无害资源	■利用外窗自然采光 ■使用中庭、光厅等采光和组织自然通风 ■太阳能供暖与热水供应 ■太阳能发电/风力发电 ■建筑物留有适当的可开口位置，以充分利用自然通风 ■收集雨水，充分利用 ■引入水池、喷水等亲水设施降低环境温度，调节微气候 ■充分考虑绿化配置，优化人工建筑环境 ■地源、江河水流热泵利用
	防御自然	▲隔热、防寒、直射阳光遮蔽 ▲建筑防灾规划	■建筑方位规划时考虑合理的朝向与体型 ■日晒窗设置有效的遮阳板以及运用高热工性能玻璃 ■建筑外围护系统隔热、保温及气密性设计 ■防震、耐震构造应用 ■高安全性防火系统 ■沿海建筑考虑防空气盐害对策 ■建筑防污、噪声及防台风对策
舒适健康的室内环境	健康的环境	▲健康持久的生活环境 ▲优良的空气质量	■使用对人体健康无害的材料，减少 VOC（挥发性有机化合物） ■符合人体工程学设计 ■有效抑制对危害人体健康有害的辐射、电波、气体等 ■充足的空调换气量 ■夜间换气设计 ■空气环境除菌、除尘、除异味处理
	舒适的环境	▲优良的温湿度环境 ▲优良的光、视线环境 ▲优良的声环境	■自动控制环境温湿度 ■温湿度独立处理和控制系统 ■充足合理的桌面照度 ■防止建筑间的对视以及室内的尴尬通视 ■建筑防噪声干扰
建筑节能及环境新技术应用	降低能耗	▲能源使用的高效节约化 ▲能源的循环使用	■根据日照强度自动调节室内照明系统 ■采用适当水压、水温、水温差的冷热水系统 ■局域空调、局域换气系统和合理的空调方式 ■选用高效冷热源设备 ■采用热电联产，提高能源利用效率 ■排热回收以及蓄热系统应用
	长寿命化	▲建筑长寿命化	■使用耐久性强的建筑材料 ■设备竖井、机房、面积、层高、荷载等设计留有发展余地 ■便于建筑保养、修缮、更新设计
	环境亲和材料	▲无环境污染材料 ▲可循环利用材料 ▲当地产材料运用 ▲再生材料运用	■使用、解体、再生时不产生氟化物、NO_x 物等环境污染源 ■防震、耐震构造的应用 ■对自然材料的使用强度以不破坏其自然再生系统为前提 ■使用地域的自然建筑材料以及当地建筑材料及产品 ■提倡使用经无害化加工处理的再生材料
	无污染化施工	▲降低环境影响的施工方法 ▲建设副产品的妥善处理	■防止施工过程中产生氟化物、NO_x 物等 ■提倡工厂化生产，减少现场作业量，提高材料使用与施工效率 ■减少以至不使用木材作为建筑模板 ■保护施工现场既存树木 ■就地使用建设废弃物制成的建筑产品

续表

环境概念			建筑与设备设计方法
循环再生型的建筑理念	建筑使用	▲使用经济性 ▲使用无公害性	■设备系统保持经济运行状态 ■应用夜间蓄能 ■对应信息化社会发展，引入智能化管理体系 ■建筑消耗品搬入、搬出简便化，减少搬运量 ■采用易再生及长寿命建筑消耗品 ■建筑废水、废气无害处理后排出
	建筑再生	▲建筑更新 ▲建筑再利用	■建筑设计的交通空间应利于设备更换 ■建筑内外饰面可更新构造方式 ■充分发挥建筑的使用可能性，通过技术设备手段更新利用旧建筑 ■对旧建筑进行节能化改造
	建筑废弃	▲无害化解体 ▲解体材料再利用	■建筑解体时不产生对环境的再次污染 ■对复合建筑材料进行分解处理 ■对不同种类的建筑材料分包解体回收，形成再资源化系统

14.2 生态绿色建筑技术评估

为了规范和推广绿色建筑，除在理念和技术上深入实践以外，还需建立相关的评估体系。生态绿色建筑技术评估的基本内容大致包括：现场环境、能源利用、水资源利用、材料与其他资源应用及室内实现的物理环境等诸内容。

国外使用比较广泛的绿色建筑评估标准有如表 14-2 所列的几种，从其概要可知其大致区别。

国际上几个绿色建筑评估标准 表 14-2

名　称	BREEM	LEED	GB TOOL	CASBEE
国家	英国	美国	加拿大等	日本
时间	1990 年	1996 年	1988 年	2002 年
特性	最早的绿色建筑评估体系，英国应用广泛，作为他国参考范例	商业上运作最成功的评估体系，除美国外，他国亦用	有研究水平，各国参考应用	完善的科学性绿色建筑评估体系，亚洲国家采用较多
对象	办公、商业、工业、住宅、教育、医疗等6种	既有和新建建筑、住宅、社区等6种类型	新建商业建筑、居住建筑、学校建筑	新建筑和各类型建筑、区域、政府、办公楼等10种
评价方式	评定级别：通过/好/很好/优秀/杰出	评定级别：认证/银牌/金牌/白金	评定相对水平（相对于基础水平高低程度）	评定级别：S、A、B、C级（自高而低的建筑环境效益的水平）
评价项目	• 管理 • 健康与舒适性 • 能源 • 交通 • 水 • 材料 • 土地利用 • 污染	• 可持续发展的场地规划 • 水消费效率 • 能源与大气环境 • 材料与资源保护 • 室内环境品质 • 创新及设计建设过程	• 用地选择、项目计划与开发 • 能源与资源消费 • 环境负荷 • 室内环境品质 • 建筑物系统的机能与控制 • 长期性能 • 社会与经济方面	Q：环境性能、品质 Q1—室内环境 Q2—服务性能 Q3—室外环境 LR：环境负荷 LR1—能源 LR2—资源材料 LR3—项目范围外环境 BEE——环境性能效率Q/L（L为环境负荷由LR计算出）

注：BREEM—Building Research Establishment Environmental Assessment Method；LEED—Leadership in Energy & Environmental Design；CASBEE—Comprehensive Assessment System for Building Environment Efficiency

14.2.1　LEED 评价标准

LEED 由美国绿色建筑委员会（USGBC）建立并推行的能源与环境设计指导文件。从 1998 年第一个版本到 2009 年不断修订，成为目前各国评估标准中最有影响力的评估标准。LEED 评估对象覆盖了不同建筑类型，如新建筑物、既有建筑、商业建筑内装、主体和壳体、住宅，小区。而对新建筑物包括了商业建筑、保健设施、实验室、学校等。

新建建筑物 LEED 评估得分见表 14-3。

LEED 新建建筑评估得分简表　　　　　　　　　　　　　　　表 14-3

大类名称	评分项目号	项目分值	可得总分数	条目名称
可持续场地	SSp1	先决条件	26	施工活动污染防治
	SSc1	1		场地选择
	SSc2	5		发展密度与社区联通性
	SSc3	1		闲置用地再开发
	SSc4.1	6		可选择交通—公共交通出入口
	SSc4.2	1		可选择交通—自行车停车库与更衣室
	SSc4.3	3		可选择交通—低散发和高效燃油汽车
	SSc4.4	2		可选择交通—停车容量
	SSc5.1	1		场地开发—保护或恢复动物栖息地
	SSc5.2	1		场地开发—最大的开放空间
	SSc6.1	1		暴雨水设计—数量控制
	SSc6.2	1		暴雨水设计—质量控制
	SSc7.1	1		热岛效应—无最高限度
	SSc7.2	1		热岛效应—最高限度
	SSc8	1		减少光污染
用水效率	WEp1	先决条件	10	减少用水量
	WEc1	4		景观美化用水效率
	WEc2	2		创新废水处理技术
	WEc3	4		减少水用量
能源利用和大气保护	EAp1	先决条件	35	建筑用能系统基础调试
	EAp2	先决条件		能源利用最小化
	EAp3	先决条件		制冷剂初步管理
	EAc1	19		能源利用最优化
	EAc2	7		现场可再生能源
	EAc3	2		高级调试
	EAc4	2		制冷剂高级管理
	EAc5	3		测量与审计
	EAc6	2		绿色电力
材料与资源	MRp1	先决条件	14	可回收物品的收藏与存储
	MRc1.1	3		建筑物再利用—保留既有墙、楼板和屋顶
	MRc1.2	1		建筑物再利用—保留内部非结构性部件
	MRc2	2		施工废弃物处理
	MRc3	2		材料再利用
	MRc4	2		循环利用成分
	MRc5	2		地方/地区物资
	MRc6	1		可快速更新材料
	MRc7	1		经过认证的木材

大类名称	评分项目号	项目分值	可得总分数	条目名称
室内环境质量	EQp1	先决条件	15	室内空气质量最低要求
	EQp2	先决条件		吸烟环境控制
	WQc1	1		室外空气输送监控
	WQc2	1		增加通风
	WQc3.1	1		室内空气质量管理方案—施工期
	WQc3.2	1		室内空气质量管理方案—入住前
	WQc4.1	1		低挥发性材料—粘合剂和密封剂
	WQc4.2	1		低挥发性材料—油漆和涂层
	WQc4.3	1		低挥发性材料—铺地板系统
	WQc4.4	1		低挥发性材料—复合材料和绿色认证产品
	WQc5	1		室内化学和污染源控制
	WQc6.1	1		系统可控性—照明
	WQc6.2	1		系统可控性—热舒适性
	WQc7.1	1		热舒适—设计
	WQc7.2	1		热舒适—通风
	WQc8.1	1		日光与视野—日光
	WQc8.2	1		日光与视野—视野
创新	IDQc1	5	6	设计创新
	IDQc2	1		LEED认证专家
地区优先	RPc1	4	4	地区优先
	总分		110	

由表 14-3 可见，美国 LEED 新建建筑最高得分为 110 分，得分在 40～49 分之间达标（Certified）、得分在 50～59 分之间获银奖（Silver）、得分在 60～79 分之间获金奖（Gold）、得分在 80 分以上获白金奖（Platinum）。

LEED 评价方法进入我国较早，在我国已注册 LEED 评估的高层建筑有世纪财富中心（北京）、招商银行上海大厦（上海）、同济联合广场（上海）。2012 年 7 月落成的珠江新城（广州）是一个 303 米的超高层建筑，该楼在可持续选址、水资源、管理、能源、草料、资源、室内环境、创新设计等方面已通过了 LEED 金级预认证的标准（见《世界建筑》2013 年第 1 期）。

14.2.2 CASBEE 评价标准

CASBEE 评估方法由日本建筑界提出，其全称为建筑物综合环境性能评价体系。该方法引入建筑物环境性能效率（或称生态效率）的概念，其含义为建筑物对室内提供的环境质量（得）和因该建筑的生存（建筑、运行和废弃）给其周边环境的负面影响（失）之比。表 14-2 中已作了简单描述。建筑物环境效率用 BEE 表示，其评价结果表示在横轴为环境负荷 L 和以纵轴为建筑物内环境的质量 Q 的二维坐标体，BEE 值则是原点（0，0）与评价结果坐标点（L，Q）连线的斜率。环境代价小而室内品质高者其斜率 BEE 越大，表示该建筑"绿色低碳"水平越高。

图 14-3 为 CASBEE 评估方法。图 14-3（a）表示了 CASBEE 评估方法概念。图 14-3（b）表示了 BEE 值的定位图。

我国在 2008 年奥运会前根据 CASBEE 的机理制定了评估标准，促进了奥运建筑生态绿色技术的应用。

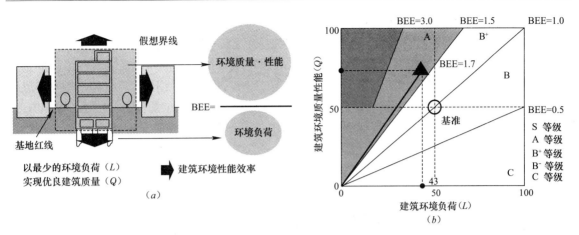

图 14-3　CASBEE 评估方法示意图

日本已将 CASBEE 广泛应用于各类建筑评估，部分高层建筑应用情况见表 14-4。

日本部分 CASBEE 评估高层建筑实例　　　表 14-4

建筑物名称	建设年份	建筑的总面积/层数	主要用途	设计	绿色技术	BEE 值	备　注
名古屋 midland square	2008 年	19.34 万 m² 地上 47F	办公为主	日建设计公司	• 大温差送水，减少泵的动力 • 窗际空气屏障方式（吹吸式） • 昼光与照明联控，减少照明负荷 • 用二氧化碳控制全热交换器减少新风负荷	3.2	《空气调和卫生工学》（工程实录 J95）
浜离宫中城天空之屋	2011 年	3.548 万 m² 地上 25F 地下 2F	3～11F 办公 13～25F 住户	日本设计公司	• 采用专门设计的节能 AHU 及双风道空调系统 • 围护结构玻璃窗配置性能良好 • 供能采用 DHC 方式	3.0	工程实录 J124
汐溜塔	2003 年	7.97 万 m²	2～22F 为办公，24～38F 旅馆	鹿岛建设公司	• 优良的围护结构设计 • 办公空调与自然通风结合，节能 12% • 建筑采用 2 层连通的中庭方式	3.6	工程实录 J69
横滨 Diya 大楼	2009 年	6.996 万 m² 地上 31F		竹中工务店公司	• 窗际处理（屏障方式） • 水热源 HP package 方式 • BIPV（建筑光伏一体化） • 新风二氧化碳控制，新风为标准的 1.25 倍	S 级	工程实录 J121
中之岛大阪 DIE 大厦	2009 年	7.946 万 m² 地上 35F （地下 2F）		日建设计公司	• 分内外区 VAV 方式 • 窗户下有自然通风换气口，可实现 8 次换气效果 • 外围护结构设计生态化 • 用河水为热源的 DHC 方式	3.1 （S 级）	工程实录 J116
白寿大厦	2003 年/ 3 月	5357m²，地上 9F	2～5F 办公层	竹中工务店公司	• 标准层窗户有电动阀控制的进风口，楼梯作为垂直风道，在上部排风 • 自然通风与空调（下送风）相结合的方式 • 自然通风供冷与白天自然通风负担年间负荷的 8.8%	3.4	《空气调和卫生工学》2005 年 10 月
新关电大厦	2004 年/ 12 月	10.6 万 m²，地上 41F、地下 5F		日建设计公司	• 围护结构生态设计，PAL 减小 37% • 工作区与环境域结合的空调方式 • 用河水为热源的 DHC • 变电所的排热利用	4.0	工程实录 J88

14.2.3 CASBEE 评估概念应用实例

图 14-4 为一个中等规模的高层办公楼,该楼采用了 CASBEE 评估,评估相关的两个主要内容 Q-1~Q-3(表示环境性能)与 LR-1~LR-3(表示环境负荷)的具体项目表示在编号的括弧内,与之对立的具体评估项目总共达 20 个主项,包括各分项,其中用◎、○、△分别表示为 5级,即 5 级(最高)、4 级和 3 级(是一般技术、社会水平)可能评定的等级。按照 CASBEE 规定每项能定量计测的应进行实测(如环境质量、用能实耗等)。然后根据项目的权重进行计算,最后定其 BEE 值。

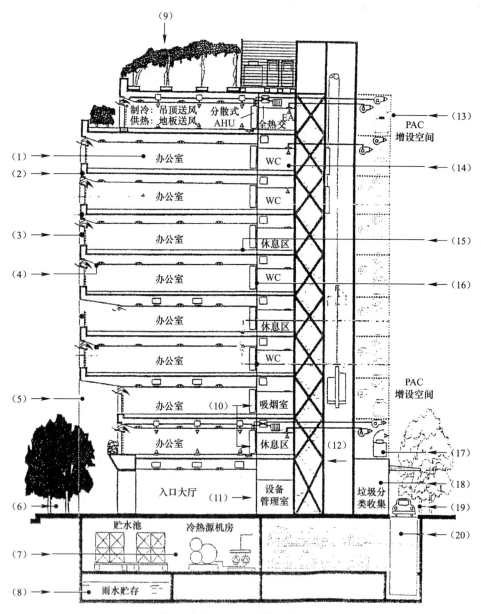

图 14-4 CASBEE 评估建筑实例

该应用实例建筑的 CASBEE 评估分析结果如下〔根据相关的数字组合和规模来定级:◎为5 级(最高级),○为 4 级,△为 3 级,(为满足一般技术和社会水平)〕:

  ■Q-1 室内环境

  ◆声环境

（1）△门窗框的隔声性能（T-1），内墙的隔声性能（D-35）

　　　　○吸声地板：块状地毯，吊顶：岩棉吸声板

　　◆热环境

　　　　◎可维持温度：冬季 22～24℃，夏季　24～26℃

　　　　◎高性能围护结构

　　　　　窗户：Low-E 复层玻璃＋浅色窗帘＋深色立面＋遮阳

　　　　　外墙：K＝1.0W/（m² · K）左右（相当于聚氨酯泡沫 20mm）

　　　　○按周边方位、内部进行空调分区＋VAV 控制

（2）◎上下温度梯度小的空调方式（地板送风）

◆光视觉环境

△天然光比例 1.5％以上

○采用高侧窗的天然采光

◎采用遮阳板、百叶窗来防止眩光

○照度最大可提高到 750Lx

△中等程度的照明提高闪烁区分

◆空气环境

○采用 70％以上的环保建材

○新风为标准值的 1.2 倍以上

○自然通风的有效开口面积 50cm²/m²

○防止送风和排风的短路

○对 CO_2 浓度进行集中监控

◎设置吸烟室来防止交叉污染

■Q-2 服务性能

◆供能性

◎设置活动地板，电气容量 50VA/m² 以上，综合布线

○满足"爱心建筑法"（即高龄及残疾人员无障碍通行）的标准要求

○吊顶高度 2.7m 以上

◎吸烟角＋隔离的休闲角＋自动售货机

◎充分考虑了色彩和内装

◆耐久性可靠性

○采用铝材幕墙、玻璃幕墙增强外装的耐久性

○采用块状地毯、模块化系统吊顶提高维护性能

◎卫生设备：节水型，紧急时的雨水利用

○电气设备：应急电源，防水对策

○与耐震 A 级相应的设备、管道支架

○通信设备：通信手段多元化，防水对策

◆适应性、更新性

○层高 3.7m 以上

◎电气设备、通信网络设备：采用架空地板、模块化系统吊顶，适应性强

○为备用设备留有空间

■Q-3 室外环境（基地内）

◆生物环境的保护和创建

○外围护绿化（小规模），屋顶绿化（大规模）

◆周边景观的协调性考虑

○根据周边环境来考虑建筑的平面布置、高度及现状；设置围护结构及公共空间

◆地域性、舒适性的考虑

○提高室外空间的舒适性，居住者能参与建筑的维护，考虑外部的通风、排热，基地内绿化

■LR-1 能源

◆抑制建筑物的热负荷

○表皮性能：PAL 值减少 10％以上

◎自然通风、天然采光

◆设备系统高效化

◎能源减少 25％以上

空调：采用高效热源，新风量控制，全热交换器，VAV，VWV，大温差技术等

通风：采用高效风机，各层独立通风，温度控制

照明：采用高效照明灯具（Hf 型荧光灯），天然光利用控制，无人感应控制等

热水：局部热水供应方式，适当保温

电梯：VVVF（变频调速系统），电梯能量回馈控制

◆有效运营

◎运用 BEMS 进行能量的详细计量

◎节能目标管理及性能确认

■LR-2 资源、材料

◆水资源保护

○节水器具，拟声装置，雨水利用

◆低环境负荷材料

◎电炉钢、高炉水泥的运用

◎架空地板、瓷砖等使用回收材料

○使用水性涂料

○采用格状吊顶、干性内墙来保证内装材料与设备的独立性

○不使用哈龙灭火剂

■LR-3 基地外环境

◆大气污染防止

○使用清洁能源（电气、天然气）

◆噪声、振动、恶臭防止

○采用低噪声设备，考虑对相邻建筑的影响，种植树木隔声

△考虑垃圾收集点的设置

◆抑制风、日照的灾害

○不产生风害的建筑现状

◆抑制光污染

○针对照明、广告塔、外墙反射进行考虑

◆改善热环境

△考虑室外通风，透水性地面，通过节能来减少排热

◆减轻对当地基础设施的负荷

△雨水利用，透水性停车场，个别垃圾收集点

14.3 我国绿色建筑评估方法

我国在吸收国外各评估体系的基础上，结合国情于 2006 年 6 月颁布并实施了《绿色建筑评价标准》（简称《绿标》）。《绿色建筑评价标准》分为 6 大部分：节地与室外环境、节能与能源利用、节水与水资源利用、节材与材料资源利用、室内环境质量、运营管理。每部分含控制项、一般项和优选项。根据各个部分的选项达标情况进行星级评审。相应的指导与监督评价标识工

作由住房和城乡建设部负责，同时住房和城乡建设部科技发展促进中心与中国城市科学研究会及各省级建设厅负责相应的评审工作。绿色建筑评审分为设计阶段与运营阶段，运营阶段在建筑运营一年后进行，需要进行实地勘察。

绿色建筑评分标准目前分为住宅与公共建筑两类，以公共建筑为例，等级划分可按表 14-5 为依据。

划分绿色建筑等级的项数要求（公共建筑）　　　　　　　　　　　　　表 14-5

等　级	一般项数（共 43 项）						优选项数（共 21 项）
	节能与能源利用（共 9 项）	节能与能源利用（共 10 项）	节水与水资源利用（共 6 项）	节材与材料资源利用（共 5 项）	室内环境质量（共 7 项）	圈生命周期综合性能（共 7 项）	
★	3	5	2	2	2	3	—
★★	5	6	3	3	4	4	6
★★★	7	8	4	4	6	6	13

《绿标》从颁布至今已有 500 余个项目（各类建筑）通过设计阶段认证，而通过运营阶段认证的项目不超过 20 个。在经历过约 5 年的实施评价之后，相关的绿色从业者对相应的条文提出了自己的见解、建议和反馈意见，目前针对各类建筑（包括超高层建筑）的绿标的修订工作正在进行中。

本章参考文献

[1] 地球環境建築のフロンティア. 日本建築学会総合論文，2003 年第 1 号.
[2] 许鹏等. 美国建筑节能研究总览. 北京：2009 年，中国建筑工业出版社，2012.
[3] 日本建築学会编. 资源能源与建筑. 范宏玮译. 中国电力出版社，2009.
[4] 日本建築学会. 地球環境建築. 総合論文誌，2003，2.
[5] 林瑜等. 绿色建筑评价体系中关于能源利用的内容比较. 洁净与空调技术，2012，4.
[6] 马晓琼. 超高层建筑的绿色生态技术设计要素. 绿色建筑 2011，5.
[7] 亚洲企业领袖协会编. 建筑节能——绿色建筑对亚洲未来发展的重要性. 北京：中国大百科全书出版社，2008.
[8] 荆其敏，张丽安编著. 生态城市与建筑. 北京：中国建筑工业出版社，2005.
[9] 建築物の環境配慮技術手引き. 大阪府建築都市部公共建築室発行，2006，3.
[10] 日本空気調和・衛生工学会编. 建築・都市エネルギーシステムの新技術. 丸善出版社，2007，10.
[11] 環境・エネルギー問題への取り組み. 日本建築画報社，2008.
[12] 西安建筑科技大学绿色建筑研究中心编. 绿色建筑. 北京：中国计划出版社，1999.
[13] 计永毅，张寅. 可持续建筑的评价工具——CASBEE 及其应用分析. 建筑节能，2011，6.

第 15 章　高层建筑防排烟设计

15.1　防排烟基本概念

建筑物一旦起火,应立即使用各种消防设施,隔离燃烧部位,扑灭火灾或控制火灾规模。因为灭火过程需要一定时间,如果火灾规模较大,不能在很短的时间内扑灭的话,必须马上疏散着火建筑中的人员。为确保着火建筑中安全、有效的疏散通路,建筑物必须设置防、排烟设施。

建筑物火灾造成灾难的元凶是火和烟气。烟气造成人员死亡人数大大高于因热辐射、火焰或建筑物倒塌死亡的人数,这是由于火灾产生的烟气具有窒息性与毒性。烟气毒性随燃烧物质而异,高分子化学物质燃烧产生的烟气,毒性尤为严重。所以人们越来越深刻地认识到,建筑物中设置有效的防、排烟系统,不仅可通过控制烟气扩散,直接帮助人们逃生和降低财产损失,而且可以通过提高消防扑救人员的能见度,降低他们进入火灾现场的难度而进一步减少财产损失。所以建筑物防止火灾危害,很大程度上是解决火灾时的防、排烟问题。

烟气是一种热的具有上浮力的气体,基本上是由热空气加上燃烧产生的物质所组成;因而它符合流体力学的基本原理。建筑物内烟气流动大体上基于两种因素:一是由于燃烧产生的烟气受热膨胀,产生浮力流动;二是由于在外力作用下,如外部风力、不同空气压力作用和固有的热压作用下形成的较强烈的气流。而后者对火灾烟气的扩散、流动产生的影响正是人们用以进行防排烟设计的手段。

良好的建筑物火灾防排烟效果与防排烟系统的设计有关,更与建筑设计与空调通风设计有着密切关系,这两方面的正确规划是做好建筑防火与防排烟工程的基本要求。

15.2　防火分区与防烟分区

在建筑设计中,设置防火分区的目的是为了防止火灾的扩大,通常根据房间用途和性质的不同对建筑物进行防火分区。防火空间是指在建筑内部采用防火墙、耐火楼板及其他防火分隔设施分隔而成,能在规定时间内防止火灾向同一建筑的其余部分蔓延的局部空间。用于防火分区之间的分隔墙、门、楼板等都应具有耐火功能,有耐火极限要求。对于高层建筑,根据不同类别,目前我国防火分区最大允许建筑面积为 $1000 \sim 1500 m^2$,设有自动灭火系统时可以扩大 1 倍。需要明确的是,电梯井、疏散楼梯间、楼梯间或消防电梯前室、避难层(间)、通风竖井、主变配电间、重要机房等都是独立的防火分区。除上述垂直交通空间和垂直管道空间外,一般防火分区均不跨越楼层,因为混凝土楼板是耐火性能很好的防火分隔材料,同时也可防止垂直火灾的快速扩散;只有在无法分割的上下连通空间时,才考虑合用,但防火分区面积应按上、下层连通的面积叠加计算;超面积时,要求实施更严格的防火措施。建筑高度超过 100m 的公共建筑,应设置避难层(间)。避难层的设置,自高层建筑首层至第一个避难层或两个避难层之间,都不宜超过 15 层。图 15-1 为防火分区示意图。

在建筑设计中设置防烟分区的目的是为了防止烟气扩散,并协助排烟装置有效排除烟气。

通常每个防烟分区的建筑面积不宜超过 500m²（国家还未发布的新规范中扩大到 2000m²，但长边不应大于 60m）。防烟分区不应跨越防火分区。防烟分区可以采用墙体、梁或挡烟垂壁（卷帘）进行分隔，如图 15-2 所示。活动挡烟垂壁（卷帘）火灾时根据火灾或烟感信号自动（手动）向下垂落阻挡烟气。

各个防烟分区均设有一个或几个排烟口，排烟口至本防烟分区任意一点的位置不应超过 30m（见图 15-3），以避免因烟气水平移动距离过长而引起的烟气冷却下沉情况发生。

图 15-4 是某建筑裙房部分商业层面防火设计平面图，设有自动喷淋灭火设施，商场部分为一个防火分区，面积不超过 2500m²，其中防烟分区分为 5 个，每个防烟分区面积不超过 500m²。图中已将吊顶内的空调系统与各个防烟分区的排烟系统一起结合考虑。

高层建筑中无论是办公建筑还是酒店建筑，都需进行火灾人员疏散设计。根据疏散流程可划分为第一安全地带（疏散走廊）、第二安全地带（疏散楼梯前室）和第三安全地带（疏散楼梯），见图 15-5。通常，房间与疏散走廊采用排烟控制，前室和疏散楼梯通常采用正压控制或采用自然排烟方式。采用正压控制时，疏散楼梯压力高于前室，前室压力高于疏散走廊。

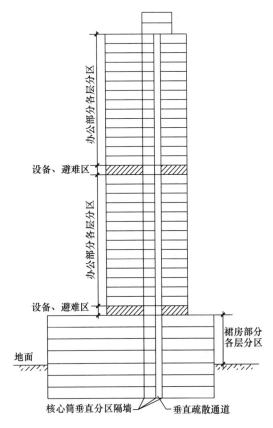

图 15-1　超高层建筑防火分区示意图

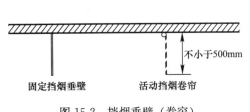

图 15-2　挡烟垂壁（卷帘）

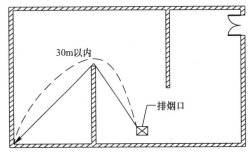

图 15-3　排烟口设置要求

15.3　烟气控制设计

15.3.1　建筑防、排烟设置部位

烟气控制通常采用防与排的方法，《建筑设计防火规范》GB 50016—2006 和《高层民用建筑设计防火规范》GB 50045—95（2005 年版）中对防烟与排烟部位都有比较详细的规定，归纳后见表 15-1。由表可知，防烟系统主要用于维护人员生命安全的场所，包括疏散通道和躲避火灾的场所；而排烟系统主要用于烟气产生场所和疏散通道。

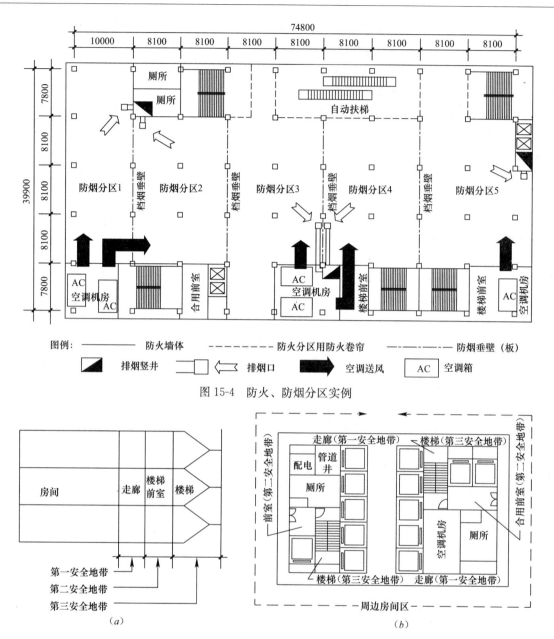

图例： ——— 防火墙体 - - - - 防火分区用防火卷帘 ———— 防烟垂壁（板）
◢ 排烟竖井 ⬜⇦ 排烟口 ➡ 空调送风 [AC] 空调箱

图 15-4　防火、防烟分区实例

图 15-5　防火分区安全地带划分

（a）标准层剖面示意图；（b）超高层建筑核心筒平面

民用建筑防排烟系统设置部位表　　表 15-1

	建筑内部位或场所
防烟系统	疏散楼梯间； 疏散楼梯间、消防电梯间前室或合用前室； 避难层（间）
排烟系统	公共建筑内长度大于 20m 的走道； 设有集中式空气调节系统的旅馆的走道； 公共建筑中经常有人停留或可燃物较多，且建筑面积大于 100m² 的地上房间； 房间建筑面积大于 50m² 且经常有人停留或可燃物较多的地下、半地下建筑或地下室、半地下室； 设置在首层或二、三层且房间建筑面积大于 200m² 或设置在四层及四层以上或地下、半地下的歌舞娱乐放映游艺场所； 公共建筑内的中庭、舞台、演播室； 建筑面积大于 2000m² 汽车库

15.3.2 "处方式"设计与性能化烟气控制设计

根据我国现行防火设计规范，防、排烟设计采用的是"处方式"方法。所谓"处方式"方法就是针对各类消防设计内容采用的是像医生针对病人病情开处方的方法来解决。该方法规定了详细的设计参数和指标，因此使用比较方便。"处方式"规范中给出的设计参数和指标是在总结过去的实践经验和火灾教训的基础上确定的，具有一定的实用性；但"处方式"规范具有较大的局限性，尤其是随着建筑规模和建筑空间的扩大，其局限性越发明显，已无法适应现代建筑的飞速发展。目前我国部分省市以性能化防火设计概念编制了地方防排烟规范，根据性能化设计原理、公式和通过性能化计算归纳得到的结果以现行"处方式"方法放入现行规范中，取得了较好的效果。国家防排烟设计规范也是按此方法编制，目前已完成了编制，不日将会颁布实施。

所谓性能化防火设计，是建立在消防安全工程学基础上的一种新的建筑防火设计方法，是针对特定建筑对象确立消防安全目标，提出消防安全问题解决方案，并采用被广泛认可或验证为可靠的分析工具和方法，对建筑对象中的火灾场景进行确定性和随机性定量分析，以判断不同解决方案所体现的消防安全性能是否满足消防安全目标，从而得到最优化的防火设计方案。它是传统消防设计方法的一种替代办法，描述能够达到某种规定性能水平的设计。在性能化防火设计中，很重要的一部分内容是火灾烟气控制设计，它是从人员安全为根本出发点，从确定火灾场景、火灾载荷、火灾规模、热释放速率开始，分析计算烟气发生量、温度、高度，从而在人员撤离时间内有效地把烟气控制在安全范围内。这部分设计内容通常采用国际上公认的一些计算模拟软件，烟气形成原理、烟气控制计算也被用于防排烟设计中，可以较好地弥补原有"处方式"设计规范的不足。在防排烟设计中，烟气控制模拟设计常用于大型的车站、机场、展览馆、体育馆、空间高大的商场、中庭等共享空间场合。本书工程实录 J56 中的 72m 高的中庭空间，其防灾设计采用了实际试验和数值模拟等方法，确定了排烟和补风的方式和技术参数，很好地解决了高大共享空间的排烟问题。

15.3.3 防烟设计

防烟方式可采用自然通风方式或机械加压送风方式。

1. 自然通风方式

自然通风方式是利用靠外墙通向室外的开口或利用敞开的阳台、凹廊作疏散楼梯前室进行自然通风、排除烟气的方法，以保证人员疏散通道或安全的避难房间不积聚烟气。建筑高度低于 100m 的居住建筑和高度低于 50m 的公共建筑可以采用这种方法防烟。当自然通风面积满足不了下列要求时，应设置机械加压送风系统：

（1）靠外墙的敞开楼梯间、封闭楼梯间、防烟楼梯间每五层内自然通风面积不应小于 2.00m²，并应保证该楼梯间顶层设有不小于 0.80m² 的自然通风面积；

（2）防烟楼梯间前室、消防电梯前室自然通风面积不应小于 2.00m²，合用前室不应小于 3.00m²；

（3）避难层（间）应设有两个不同朝向的可开启外窗或百叶窗，且每个朝向的自然通风面积不应小于 2.00m²。

2. 机械加压送风方式

机械加压送风方式是采用加压风机向作为疏散通路的前室、合用前室和防烟楼梯间（消防电梯井）加压送风，造成两室间空气压差，以防止烟气侵入安全疏散通路。所谓疏散通路是指从房间经走道到前室再进入防烟楼梯间的通路，其原理是利用房间压差形成的空气流来抵御烟气的入侵。图 15-6 是加压防烟方式原理图。

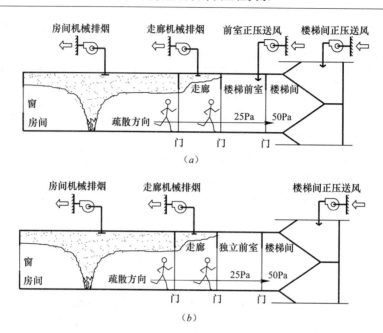

图 15-6　机械加压送风防烟原理图

(a) 楼梯间及其前室均加压送风；(b) 具有独立前室的楼梯间加压送风

机械加压送风应满足走廊—前室—楼梯间的压力呈递增分布要求，余压值应符合下列要求：前室、合用前室、消防电梯前室、封闭避难层（间）与走道之间的压差应为 25～30Pa；封闭楼梯间、防烟楼梯间、防烟电梯井与走道之间的压差应为 40～50Pa。

加压送风口的风速不宜大于 7m/s。楼梯间宜每隔 2～3 层设一个加压送风口（剪刀楼梯应每层设加压送风口）；前室的加压送风口应每层设一个。超过 32 层或建筑高度超过 100m 的高层建筑，应竖向分段设计送风系统。

3. 加压送风量

在现行国家防火规范中，对防烟楼梯间、前室与合用前室各种使用情况下机械防烟设计风量作了"处方式"规定，以小于 20 层和 20～32 层进行划分；而性能化设计时，更为精细一些，需要同时考虑正压渗透、最小抵御烟气的门洞风速与各种阀门渗漏量。

15.3.4　排烟设计

排烟设计的目的是保证所有人员能在有限的安全时间内疏散到安全场所，同时为消防人员提供必要的安全的战斗场所。也就是说，在人员疏散时间内，需要控制住疏散通道的烟气高度和能见度，这就引出了清晰高度和储烟仓的概念。烟层底部至室内地平面高度称为清晰高度；排烟空间的建筑顶部由垂壁、梁等形成的用于积聚烟气的空间称为储烟仓。与防烟方式相同，排烟方式也可采用自然排烟方式或机械排烟方式。

1. 自然排烟方式

自然排烟方式是利用火灾产生的高温烟气的浮力作用，通过建筑物的对外开口（如门、窗、阳台等），将室内烟气排至室外。自然排烟的优点：不需电源和风机设备，对外开口可兼作平时通风口，避免设备闲置；其缺点：当开口部位在迎风面时，不仅降低排烟效果，有时还可能使烟气流向其他房间。

排烟窗应设置在排烟区域的顶部或外墙。当设置在外墙上时，设置高度不应低于储烟仓的下沿或室内净高度的 1/2，并应沿火灾气流方向开启；自动排烟窗附近应同时设置便于操作的手动开启装置；设置在防火墙两侧的排烟窗之间的距离应不小于 2m。图 15-7 为自然排烟窗的设置要求示意图。

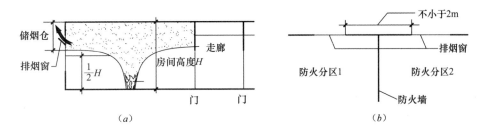

图 15-7　自然排烟窗设置要求示意图

（a）排烟窗的高度及开启方向要求；（b）排烟窗与防火墙的平面距离要求

2. 机械排烟方式

机械排烟是按照通风气流分布理论，将火灾产生的烟气通过排烟风机排到室外的方式。其优点是基本不受室外风力的影响，使烟气不向其他区域扩散，有效地保证疏散通路。机械排烟系统的设计布置原则为：

（1）排烟风机应采用能满足烟气温度 280℃时连续工作 30min 的离心式或轴流式排烟风机，风机入口处应设置能自动关闭的排烟防火阀并连锁关闭排烟风机；

（2）排烟风机宜设置在排烟系统的顶部，烟气出口宜朝上，并应高于加压送风机的进风口 3m 以上；

（3）排烟管道必须采用不燃材料制作，金属排烟管道内的风速不宜大于 20m/s，非金属管道不宜大于 15m/s；

（4）排烟口应设在储烟仓内，并设有现场设置手动开启装置；

（5）排烟口风速不宜大于 10m/s，设置位置宜使烟流方向与人员疏散方向相反，尽量远离安全出口（与安全出口的距离不应小于 1.5m），如图 15-8 所示；

（6）火灾时由火灾自动报警装置联动开启排烟区域的排烟风机、排烟口或自动排烟阀，并自动关闭与排烟无关的通风、空调系统。

3. 排烟系统设计计算

在"处方式"防火规范中，房间排烟量是按该房间单位面积方法计算，排烟风机风量是按各防烟分区中最大一个分区排烟量、风管（风道）漏风量及其他防烟分区排烟口或排烟阀漏风量之和计算；中庭排烟量按换气次数计算。在性能化方法中，为方便设计人员使用，将常用的空间场合的火灾烟气性能研究后得到的数据简化为"处方式"要求，如下列排烟量计算规定中的（2）、（3）和（4）项要求；对于高大空间或超面积但无法进一步划分的防火分区的场合，可进行火灾场景模拟计算。排烟量原则上要求计算进行，但下列场所可按以下规定确定：

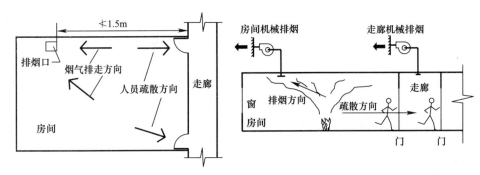

图 15-8　房间排烟口设置示意图

（1）建筑面积不大于 500m² 的房间，其排烟量可按 60m³/(h·m²) 计算，或设置不小于室内面积 2% 的排烟窗；

（2）设有自动喷水灭火系统的汽车库和不大于 2000m² 的办公室，其排烟量可按 6 次/h 换气计算且不应小于 30000m³/h，或设置不小于室内面积 2% 的排烟窗；

（3）商场和公共场所的机械排烟量不应小于表 15-2 中的数值；

设有喷淋的商场和公共场所的排烟量 表 15-2

烟层底部距地面高度（m）	设有喷淋的商场（m³/h）	设有喷淋的公共场所（m³/h）
2.5 及以下	52000	45000
3	57000	50000
3.5	63000	55000
4	69000	61000
4.5	76000	68000

（4）当公共建筑仅需在走道或回廊设置排烟时，机械排烟量不应小于 13000m³/h，或在走道两侧均设置面积不小于 2m² 的排烟窗；

（5）当公共建筑室内与走道或回廊均需设置排烟时，其走道或回廊的机械排烟量可按 60m³/(h·m²) 计算，或设置不小于走道、回廊面积 2% 的排烟窗。

为保证火灾排烟时的效果，消防规范规定排烟时应补风，补风风量不宜小于排烟量的 50%。补充风可以采用自然补风或机械送风方式送入，也可以利用空调系统送入。补风口必须是与排烟区域在同一个防火分区。本书工程实录 J56 利用空调兼用加压风机将非火灾房间空气经由上下合用的中庭送到火灾区，火灾区内部直接排烟，有效防止火灾烟气扩散。

同一个防烟分区应采用同一种排烟方式。超过 32 层或建筑高度超过 100m 的高层建筑，其排烟系统和排烟量应分段设计。

15.4 防火隔离设计

防火隔离是消防设计中控制火灾规模、防止火灾蔓延的重要手段，建筑防火设计涉及各个专业，尤其是空调通风专业。当众多空气输送管道穿过防火分区的防火分隔墙、管道井壁和楼板时，都需要经过专门的防止火灾和烟气传播处理，通常采用防火阀、排烟防火阀。一旦火焰或高温烟气进入风管道，这些风阀可自动关闭。

此外，当用于防排烟的通风管道布置在多个防火区域，或使用新风补风井道、排烟管道井时，为防止火灾火焰烧坏排烟管道或管井壁而蔓延到其他防火区域，该管道和管井必须有一定时间的耐火极限。当没有条件设置土建管道井或管道夹层时，需要对这些风管道进行耐火处理，特殊场合（如通过疏散通道等处）应采用更高要求的耐火处理。

（1）防火阀门（FD）：当发生火灾时，火焰侵入风道，高温使阀门上的易熔合金熔解，或使记忆合金产生形变，使阀门自动关闭，防火阀关闭的作用温度通常是 70℃。它通常用于空调管道和消防加压送风管道上，设置在风道与防火分区贯通的场合。一般规定防火墙与防火阀门之间的风道须用 1.5mm 厚的钢板制作（使之受热而不变形）。目前常用防火阀门的阀板具有多档位手动调节功能，可兼起风量调节的作用，也称防火调节阀，常用 FVD 符号表示。图 15-9 是一般的防火风阀及它的安装位置要求。图中防火阀为单叶阀板形式，对于一些较大尺寸的阀门，往往采用多叶阀板。

（2）排烟防火阀（FDH）：排烟防火阀基本构造与防火阀相同，也具有风量调节功能，只是它的关闭作用温度是 280℃，密闭性能要求更高，通常用于排烟管道上。在排烟过程中，当烟气温度达到或超过 280℃ 时，烟气中有可能带有火星，如不停止排烟，高温烟气就有可能扩大到其他地方而造成新的危害。由此，在排烟系统（排烟支管）上应设有排烟防火阀，当烟气温

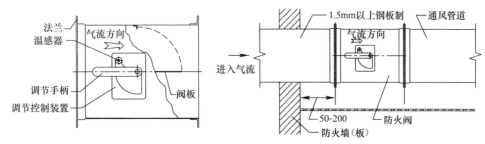

图 15-9　防火阀与安装位置要求

度超过 280℃时该阀能自动关闭。当该阀带有风量调节功能时，常用 FVDH 表示。

（3）排烟口：排烟口平时常闭，设有远距离自动、手动开启装置。火灾时，根据排烟要求，由消防中心控制开启，亦可当地开启。排烟口开启时会发出开启信号，通过消控中心可联动开启排烟风机，关闭与消防无关的通风、空调风机。排烟口通常有板式排烟口或多叶排烟口。板式排烟口通常用于吊顶等较高位置排烟使用；多叶排烟口通常安装在墙面上使用。排烟口平时常闭，只有需要排烟的地点才打开，这样可以集中风力排除烟气，也可避免火灾通过排烟管道蔓延到其他防烟分区和防火分区。通常也有利用常闭排烟电动风阀（带有 280℃自动关闭功能）与常开风口相结合的方法来替代常闭排烟口。

（4）防火风管：现在消防设计中使用到很多防火风管。防火风管是采用不燃材料制作，能满足一定耐火极限（时间）的风管。根据不同的需要，耐火极限有 1h、1.5h、2h 之分，表明在要求使用的时间内，在变形、整体性和着火背面温度三方面保持良好状态。图 15-10 是一些常用、较合理的排烟管道布置。可有效保证火灾区的火灾不会通过排烟风管而蔓延到其他防火区域区。也有正压送风管通过具有火灾可能的区域时，为保证火灾时该风管的正常使用时间，需要进行更为严格防火保护。

图 15-11 是常用空调及排风系统设置防火阀的实例。图示的是高层建筑中常用的新、排风

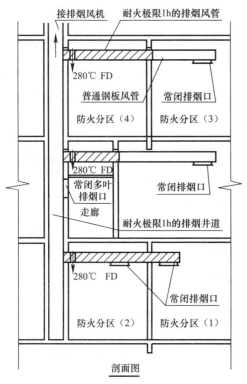

图 15-10　排烟管道布置示意图

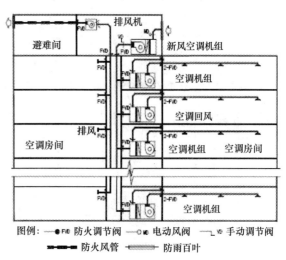

图 15-11　常用空调及排风系统设置防火阀实例

集中处理形式。图中将空调机房作为一个独立的防火分区考虑，所以送、回风管道通过空调机房墙体时均设有防火阀。风管管道井也是一个独立的防火分区，穿管道井壁的所有风管上都应设置防火阀。图中的排风总管道通过避难间，为防止火灾时通过排风管道影响避难区的使用，该段风管道需要进行耐火极限处理。

15.5 高层建筑防排烟设计实例

渣打银行大厦（工程实录 S30）坐落在上海陆家嘴地区，总建筑面积 5.4 万 m^2，地上 26 层，地下 3 层。楼高 121m。地下 3 层为停车库和设备用房，地上 4 层为大堂、商务用房、会议和餐厅，五～二十六层为标准层办公（其中第十四层为避难层）。

该大楼防排烟系统设计内容如下：

（1）大楼内设有消防监控中心，火灾时作出反应、显示、报警和控制。

（2）所有防烟楼梯间、合用前室均设置机械加压送风系统。

（3）十四层封闭避难间设置机械加压送风系统。

（4）所有内走道均设有机械排烟系统。

（5）所有地上建筑内面积大于 100m^2 的房间均采用可开启外窗作自然排烟。

（6）一至三层的中庭设有机械排烟系统，自然补风。

（7）地下汽车库，利用平时机械排风系统作火灾时机械排烟系统。其中地下二、三层车库无通室外的停车库，采用机械补风，补风量不小于排烟量的 50%；地下一层车库有通室外的车道，采用自然补风。

（8）所有排烟风机均与其排烟总管上 280℃ 熔断的排烟防火阀连锁，当该防火阀自动关闭时，排烟风机关机。排烟口或防火排烟阀平时常闭，可自动或手动开启，并与排烟风机联动。

（9）火灾时，消防控制中心自动停止空调设备和与消防无关的通风设备的运行，并根据火灾信号控制各类防、排烟设备的运行。

（10）各空调、通风系统主管道上的防火阀与该系统的风机连锁。当防火阀自动关闭时，空调、通风系统的风机断电。

图 15-12 是该大厦标准层核心筒部分防、排烟系统布置平面图。核心筒周边都是办公房间，

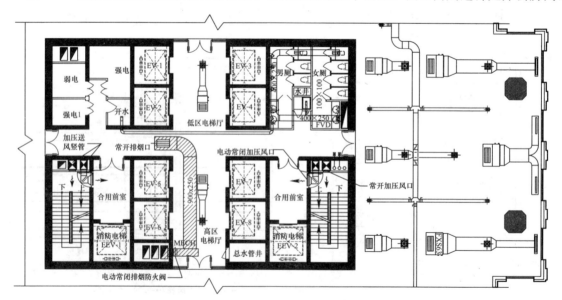

图 15-12 渣打银行大厦标准层防排烟平面布置

可以开窗排烟。核心筒中的楼梯间和合用前室都设有正压送风，其中楼梯间采用常开加压送风口，前室采用常闭加压送风口或常闭电动风阀加常开风口的组合风口。其走廊为十字形，排烟口设置在中间部位，排烟口离疏散楼梯口的距离都大于 1.5m。排烟口采用常开风口与常闭电动排烟防火阀结合的方法，当有烟气信号需要排烟时，由消防控制中心控制开启该层电动排烟防火阀排烟，同时开启该层前室的加压送风口；当然，相关的正压送风机和排烟风机也被启动。

　　图 15-13 为该大厦加压送风与排烟系统原理图。由图可知，由于建筑物超过 100m，楼梯间加压送风系统采用三段设计，合用前室加压送风系统采用两段设计；走道排烟系统采用两段设计。

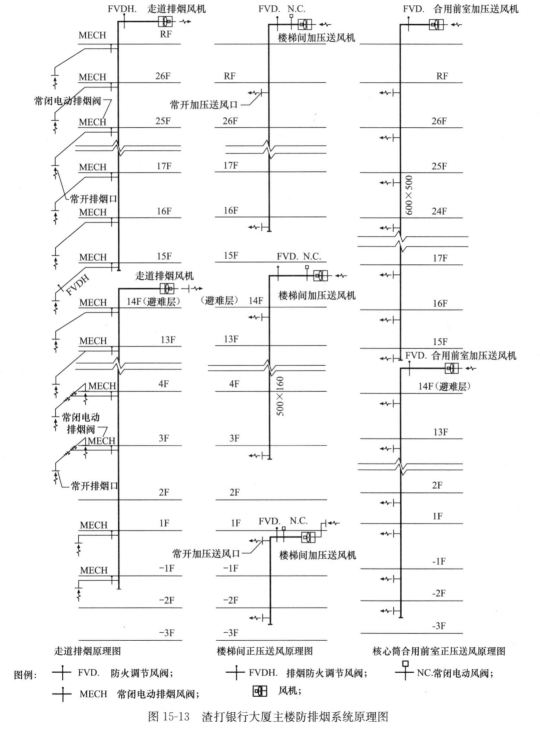

图 15-13　渣打银行大厦主楼防排烟系统原理图

本章参考文献

[1] 高层民用建筑设计防火规范 GB 50045—95（2005 版）. 北京：中国计划出版社，2005.

[2] 建筑防火设计规范 GB 50016-2006. 北京：中国计划出版社，2006.

[3] 上海市建设与交通管理委员会. 民用建筑防排烟技术规程 DGJ 08-88-2006.

[4] 中华人民共和国公安部行业标准. 建筑物性能化防火设计通则.

[5] 李引擎. 建筑防火性能化设计. 北京：化学工业出版社，2005.

[6] 李小平. 日本的防排烟设计. 交流资料，2011.

第 16 章 高层建筑空调设备更新改造

16.1 高层建筑空调设备更新问题的由来

世界高层建筑建设的历史已有一百多年，我国则始于 20 世纪 30 年代，当时还没有完整的空调设备。至 20 世纪 70 年代初，逐步增设了空调系统。20 世纪 80 年代末，随着高层建筑的大量建造，空调系统才趋于完善。早期建成的高层建筑，建筑与设备方面均显得难于满足使用要求。建筑方面为适应时代需求，力求在外部立面（材料更新等）和内部布局、装修方面采取修缮措施，以满足社会发展的需求。

一个城市的高层建筑，往往是城市历史文化的记忆和传承，纵然陈旧也属历史遗产，维持和改善其使用功能是人们努力的方向，各国都不任意拆除。另一方面，从生态、地球环境意义上讲，长寿命建筑、百年建筑才是人类努力的方向。因此，空调设备的更新就成为一个业界应考虑的问题。

16.2 空调设备更新、改造的具体原因

基于以下原因，老建筑的空调设备应进行更新、改造。

（1）适应办公建筑使用要求的变化——满足信息社会急速发展要求，办公自动化和国际化（24 小时信息处理）引起办公机器设备（如个人电脑）增加，导致室内空调负荷增加。

（2）适应室内工作环境要求变化——过去仅需满足空气温度和相对湿度，现在要用 PMV（Predicted Mean Vote）指标评价，对窗际热环境给予更多关注。关于室内空气品质控制指标，除颗粒物质和 CO_2 之外，有的国家对 TVOC（总挥发性有机混合物）和 O_3 也有限定指标；颗粒物质的限定也将由 PM10 提高到 PM2.5。说明既有建筑的空调设备有必要进行相应改进以发挥潜力，如增加新风量、提高空气过滤器性能等。

（3）提高设备系统运行经济性，实现日益增长的节能减排目标——设备陈旧、运行效率降低导致运行费用增加和 CO_2 排放失控。随着技术的发展，出现了性能和效率更高的设备和系统可用于更新替换，提高经济性、减少 CO_2 排放。

（4）与建筑物修缮改造（包括围护结构改造）相结合，实现绿色生态总目标。

（5）建筑常规设备材料更换需要——空调设备、材料、配件如凝水盘、管道锈蚀。

16.3 空调设备更新改造实施类型

1. 以建筑修缮为主和空调设备为辅的工程

（1）围护结构节能改造——对于过去建造的外墙、窗户等热工性能严重不符合节能要求的建筑物，通过实测，进行外保温改造。采用性能良好的双层玻璃、遮阳设施，减少空调负荷。

（2）因建筑陈旧或功能调整进行全面装修改造——如内部分隔调整（出租办公楼）；吊顶与架空地板调整；公共空间再装修等均可能引起空调设施变更，使空调管路或空调通风方式变更。

2. 以空调设备及冷热源更新改造为主的工程

（1）三、四十年前建造的高层建筑，建设数量较少，业界缺乏这些建筑运行能耗的数据积累，无从检验运行水平的优劣。

（2）空调制冷、能源利用技术日益发达，新设备和系统运用经验越加丰富，技术交流、信息传递迅速，新技术适用性（因地制宜）易于取得共识。

（3）地球环境、生态节能的意识已成普世共识，国家通过各种政策机制推动节能减排（CO_2），在建筑物的运行能耗上，空调已成众矢之的，不能掉以轻心。

16.4　改造工程实例

不论何种原因，空调设备（或结合建筑本体）的更新改造项目越来越多、任务越来越重，从早先的提高使用性能、降低能耗到现今实现绿色生态、减排低碳，均落实到工程改造中。在这方面，国内外都有一些技术总结与交流。以下介绍若干工程实例。

表 16-1 为日本多栋高层建筑的节能改造实例。

图 16-1～图 16-3 分别为霞关大厦、新宿三井大厦、IBM 大厦改造的部分情况。

表 16-2 为我国上海市近几年高层建筑空调改造情况。就全国而言，改造工程当亦不在少数。

表 16-3 为美国若干超高层工程的改造信息，其中部分信息是日本专家于 20 世纪 90 年代初在美国调查大楼改造问题时提供。

16.5　高层建筑空调冷热源装置改造实施途径

1. 以降低空调能耗为主旨的改造

对既有建筑用能调研和节能诊断方法：

（1）根据设备和系统图纸了解对象装置全貌。

（2）调查工程实际运行数据，如空调房间温、湿度和空气品质水平，从运行和计量记录中了解用能耗量。

（3）对管理人员、业主、用户等进行调查访问，了解空调设备运行管理水平和存在问题。

2. 全面用能（节能）诊断的内容

诊断包括建筑外围护结构、空调处理系统、冷热源和输配系统、照明和其他用电设备状况等。诊断必须尽可能通过现场实测来取证。例如，可采用红外热像仪等检测围护结构的热工性能；通过空气温湿度、送回风量检测确认空气处理过程的有效性；检测输水系统效率、冷水机组效率、冷却塔效率、锅炉效率、风机效率等设备和系统性能指标。

通过以上测试和其他样本对比，诊断出该建筑物空调负荷、设备和系统合理性，由此着手对设备和系统提出改进或改造措施。

3. 判断用能指标合理性的参数依据

将该工程已积累的大量用能记录数据（电气、煤气、水等）和通过实际核查（测定）结果与当地同样性质既有建筑用能指标（包括模拟计算所得）进行对比，确认该建筑整体能用和用能分配的合理性。

国内外不同年代不同地区都发表过公共建筑（包括高层办公建筑）能耗数据，可供参考。

表 16-4 为我国既有各类公共建筑的参考用能指标，其中包括了空调用电的分项指标。此外我国部分省市国家机关办公建筑电耗强度（除集中采暖外）也提供了公示值。除此之外，清华

表 16-1

日本多栋高层建筑改造实例

建筑名称/用途	规模	建成/改造年份	空调设备原状	空调设备改造内容	土建修缮情况	改进效果	资料出处/备注
霞关大厦（东京）办公楼	地上 36F 地下 3F 15.3 万 m²	1968 年 4 月/1993 年改造完成	标准层外区为诱导 (IU) 空调方式，内区为单风管定风量方式。IU 新风量贯通各层楼板，防火不利；冷源为离心式制冷机组，分置于 2F 及 36F	将原约每 10 层为一系统的空调划分方式改为各层独立方式的冷风型热泵机组，易于分别控制和部分负荷时运行；空调制冷设备调整后多余的建筑空间作为办公室的扩容	除结构本体外，全面修缮，如幕墙修补、密封材料的更换；电气设备、给排水设备更新、扩容；办公自动化及集中监控系统、防灾设施的全面完善；与空调机房相关的管路（冷水、风道）竖井空间亦作较大调整	根据运行结果，改造后该楼总能耗指标（一次能）由原来的 1380MJ/（m²）降为 1181 MJ/（m²）。a)，减少了 14%，而使用性能有较大提高，办公楼有望进一步延长寿命	改造前技术资料见本书"工程实录"之 J39；改造后冷热源系统见图；日本 HPAC 2004 年 8 月增刊号；此系日本超高层建筑中第一个全面改造的工程，紧靠大楼旁建临时用房作为施工时临时办公之用
新宿三井大厦（东京）办公楼	地上 55F 地下 3F 19.97 万 m²	1974 年 10 月/1996 年 4 月～2000 年 3 月	标准层内外区均为 6 层 1 个系统的全空气 VAV 方式，加班等运行时，各层温度控制困难；VAV 风口本身所需静压高，不节能，且有噪声问题；外区窗面积大，有冷风感，回风量大，且有噪声。初建时冷热源备为离心制冷机与锅炉，1974 年 10 月新宿地区 DHC 已可向大楼供能	内外区均改为各层分设方式，各层分 4 区，各区 VAV 分 5 个小区，可解决出租、加班等需要；VAV 通风口改善后室内气流组织良好，舒适性改善，低压 VAV 末端改为电子方式（由自力式改为电子式）；外区改为从窗口通风方，可形成气流屏幕，防止窗面下降冷气流影响，且具有节能降噪效果；照明设备效率提高，防排烟系统改进	建筑无大修缮。因机房空间和布局有改变而变更；周边区改用窗户通风，而更换装修内容	经实测，冬夏季离窗面不同距离处的空气温度、平均辐射温度 MRT 以及 PMV 值均有改善，垂直温度梯度也较前小；耗电因办公设备增加有增长，但空调设备等改造比原节电 6% 的预计效果还多 16%	改造前现状况见工程实录 J41；改造动工时，部分用户移到其他楼内办公，改修地层内户转移到已完工地层楼层办公。每 3 个层面在 3 个月内同时改造完成。改造及空调系统如图 16-2 所示
世界贸易中心（东京）办公楼	地上 40F 地下 3F 15.4 万 m²	1970 年 2 月/1995～1997 年标准层	制冷用离心式制冷机 4 台，燃油吸收式制冷机组 2 台共 3800Rt，内区空调为集中式单风道，外区为 4 个系统，内外区冷水泵可变频控制；供热用锅炉 3 台（7Ton/台）	窗侧（外区）均改为FCU，内区空调仍设计的AHU 送风，送风管设为 CAV 阀；标准层增设用户冷水管对应日后办公机器的增加；内外区均采用 DDC 控制（空调）	建筑方面提高前震性能，所有卫生设备电气全面改造，增设变电所；变电及自控设备亦更新	由于自控设备的改善，室内舒适性有改善，耗能也有所改善，但不能设置蓄热槽，不能利用深夜电力	设备改造从 1993 年到 1997 年中完成，改造前况见工程实录 J2

续表

建筑名称 用途	规模	建成/改造年份	空调设备原状	空调设备改造内容	土建修缮情况	改进效果	资料出处/备注
IBM 总部大厦（东京）自用办公楼	地上 22F 地下 2F 3.67 万 m²	1971 年 11 月/ 1995～1997 空调全面改造	制冷机组为离心式，冷量 1300Rt，其中有热回收型可供热用，故大楼未设烟囱；外区与内区均采 4 管制 FCU 系统，内区为各层为 AHU 风管系统（2 台/层）	1997 年将热回收型离心制冷机改为燃气吸收式冷热水机组。1986 年先对 6F 空调改造，外区采用窗际屏障系统并与内区的空气动力型 VAV 系统相结合，将东西二侧的屏障系统回风反向引入 VAVBOX，起到热转移的节能效果，同时进行送风区域细分化	1986 年先对 6F 进行改造，因当时 PC 机已经人均 1 台，故原计算机房面积大为减少。1995～1997 年全面进行改造（如改造 3～5F）。2009 年 IBM 本部正至新址	原一次能源消耗为 2300MJ/（m²·a），改造后 2008 年为 1475MJ/（m²·a）（并不包括计算机房迁出因素）；室内热环境有效多改善；	改建前状况见工程实录 J34；《新建筑》（日）2010 年专刊详细介绍该楼建设与改造过程见图 16-3；改造后空调方式见 1971～2000；
梅田中心大厦（大阪）办公楼	地上 32F 地下 2F 8 万 m²	1987 年 3 月/ 2006 年 11 月～ 2009 年 11 月	标准层（4～29F）为商用多联机方式，当时在日本为最新，最大规模的多联机系统（共 2500HP）；公共区域为集中空调方式，采用电动冷水机组、燃气吸收式集中冷水及冰蓄冷等；原机器老化，冷剂不环保，空调整调节分区大，影响调节利舒适性	系统适当减小，此标准层 1/8 区为控制范围，对负荷适应性有利；送风方式改为孔板的空气分布器，提高效果改并有辐射效果；冷剂改为 HFC；新排风经热交换器后增设蒸喷加湿器，新风量有 CO_2 传感器控制	室内舒适性有较大改善，因新置机组效率高和耗电量可消减 24.9%	改造前制订详细的施工组织设计；每层 4 个机房，一个月可完成改造，全楼共历时 3 年完成，而并未影响大楼使用（正常办公）；室内装修工程与之相应整修，主要为机房、吊平顶等	改建前状况见工程实录 J77；改造过程资料见大金公司提供资料
六本木森 25 大楼（东京）出租办公楼	地上 25F 地下 2F	1973 年/ 1987 年	冷热源为燃气型吸收式机组；外区用 WTU 机组（明装）共 367 台；内区空调为全空气型（2 区/层）侧送风，集中回风	改用区域 DHC；WTU 改为暗装型；内区空调改为 4 区/层送风用 VAV 控制，气流为顶送风、上回风	公共部分全面修缮，如电梯厅、停车库等有关的设施（风道、水管，自控等）；排烟、电气、全面修缮	改修达到预定要求；现因又时隔 20 余年，从房地产开发经营计 2012 年又有建筑整体改造的计划，在进行中	参见日本《建筑设备》杂志总 501#；森大厦公司相关信息

续表

建筑名称用途	规模	建成/改造年份	空调设备原状	空调设备改造内容	土建修缮情况	改进效果	资料出处/备注
新大谷饭店（东京）宾馆	地上 17F 地下 3F 10.5 万 m²	1964 年 8 月/2007 年（最后一次改造）其前有多次改造	原使用能源为重油及电力，冷热源主机为电动离心式制冷机及蒸汽型吸收式制冷机，总制冷量为 2100Rt，闭式系统；原空调方式为 FCU＋新风方式（二管制）进入 21 世纪后在节能舒适方面有进一步改进要求	能源改为燃气及电力；空调方式改为 AEM 系统（见第 10.3.4 节）；改用高效离心制冷机及照明装置；改用电气化厨房及热水器	客户改用 Low-E 双层玻璃代替原有的单层玻璃，提高围护结构热工性能	不仅实现了节能减排，而且提高了客房的舒适性	日本《建筑画报》2008 年 6 月，环境能源同题特辑；《空气调和·卫生工学》1965 年 2 月号；附注：与之相近的空间系统改造参见 1986 年建的东京全日空馆例（见《空调全日空馆卫生工学》1999 年 5 月号）
站前第 4 大楼（大阪）办公楼及商铺	地上 25F 地下 4F 8 万 m²	1981 年/2006 年	原 FCU 冷源为离心制冷机及吸收式制冷机共 4720Rt，使用 25 年后设备老化，设备改造要求不影响办公室使用，新系统要求对用户计费管理	内区仍利用集中空调，外区要求有同时供冷功能，对现有存水系统仍使用风冷 VRF，根据条件上部层数改用风冷 VRF，下部层数改用水冷 VRF	风冷 VRV 外室机室在屋顶上；利用原有冷热水管道，可以一边保证用户办公，一边进行改造	达到预期目的	日本大金空调设备公司提供实例资料

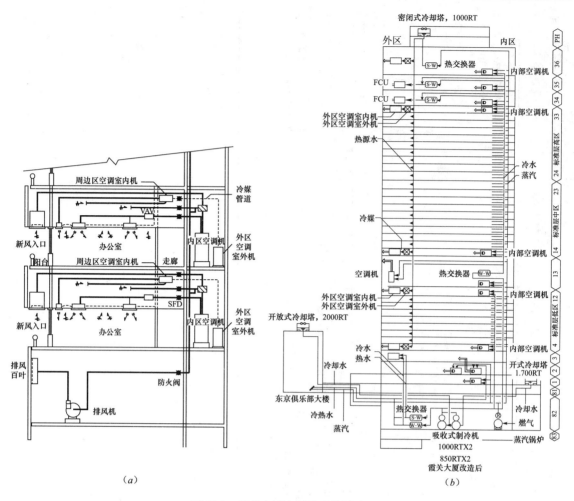

（a）

（b）

图 16-1　霞关大厦空调及冷热源改造

（a）改造后空调系统；（b）改造后冷热源系统

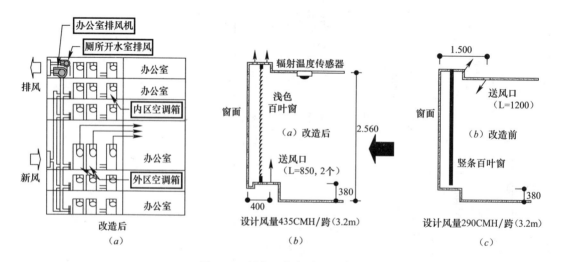

（a）

（b）

（c）

图 16-2　新宿三井大厦空调改造

（a）改造后系统划分；（b）改造后室内气流组织；（c）改造前室内气流组织

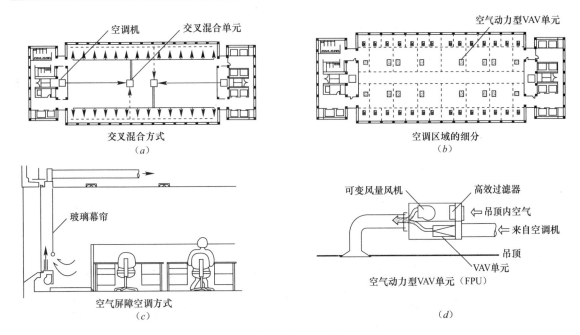

图 16-3　IBM 大厦空调改造后情况

（a）东西向交错回风方式；（b）标准层空调分区方式；（c）窗际空气屏障方式；（d）空气动力型变风量末端

大学、上海建筑科学研究所等近几年内也积累了大量有关公共建筑能耗的数据。

美国能源部信息管理局（EIADOE）综合了美国各类建筑全年平均电耗指标与总能耗（按热值计算）指标（1999 年调查）。其值如表 16-5 所示。以办公楼为例，其各种用能的比例为：空调占 9.4%、通风占 5.3%、采暖占 25%、照明占 28.9%、办公设备占 15.5%、热水供应占 9%，其他占 6.9%。可见因北美季候较冷，采暖比例较高。

日本对各类建筑的用能统计积累较多。由于日本空调用能是复合型的（电、油及燃气等）。故耗能均折算为一次能源消费量，单位用 $MJ/(m^2 \cdot a)$ 表示。

图 16-4 分别为 1983 年、2001 年及 2004 年日本各类建筑用能的数据。可以看出，由于近年节能技术的发展和应用，能耗是下降的。有些能耗数据提供了建筑物层数和总面积的相关关系。通过对对象建筑能源计测和相应参数（相近的地区、规模、用途等）比较，设备改造有了方向和依据。

对既有建筑的节能改造可从两方面着手。对围护结构保温性能改造最好与建筑物修缮相合，则对空调设备等技术层面上存在问题进行整改，对有缺陷的系统形式以及效率较低的用能设备进行替换更新，配备建筑物能源管理系统（BEMS）等作为运行管理的保障设施。

在前面列举的若干空调设备改造的案例中大致可以看到这种实施途径。现今各国都在开发建筑物节能评价软件，当输入建筑物的主要基本参数、冷热源及空调方式后，可根据是否采用许多常用的各节能手段，进行建筑物全年能耗计算。以便于比较各种节能措施的实际效果，对改造工作技术决策起指导作用。

4. 通过合同能源管理进行节能改造

另一种降低建筑运行能耗的途径是提高对设备的管理水平，而并非对设备装置进行重大改造。近几年，基于节能为目标的合同能源管理 EMC（Energy Management Contract）机制正在兴起。经营这种业务的节能服务公司 ESCO（Energy Saving Company）已成为新的产业。其业务是在建筑节能领域为客户（建筑物业主）提供全过程系统节能服务、能源审计和诊断，并实施节能改造。合同能源管理项目的投入按照节能服务公司与用能单位的约定共同承担或单独由

表16-2

上海近几年内高层建筑空调改造情况

建筑名称用途	规模	建成/改造年份	空调设备原状	空调设备改造内容	土建修缮情况	改进效果	资料出处/备注
上海恒隆广场1号楼办公楼	地上60F 地下3F 10万m²		办公室负荷估计量不足、总冷量偏小、风量取量增有些缺漏、水量平衡失调	增加制冷量、改造水系统、冷却塔增加、改室风道布置	无大修缮	达到预期效果	《制冷空调与电力机械》2010年第3期
上海浦东中国青年活动大楼（东大厦）办公楼	地上19F 地下1F 1.38万m²	1996年/2009年7月	原空调方式的风机盘管加新风系统、冷源为风冷冷水机组、建成后设备老化	空调改为多联机方式（VRF）、变频控制、北立面上每层设置一钢平台、安放室外机、每层有玻璃幕墙的房间均有可开启的窗、可开窗通风	（土建/设备）总共1.2亿元，包括土建结构、幕墙体系、建材等的加固改造、建筑整体水有调整	达到改造要求	《上海建设科技》2011年第4期
上海远洋宾馆	地上28F 地下1F——四为裙房 5.16万m²		设计标准要求提高、原空调热负荷均不足、无防排烟系统	新增2台一体化冷水、蓄热容积为75m³的蓄热电锅炉，热电锅炉；蒸汽锅炉有2台4t/h的空调水系统改为四管制	作相关修缮；设防排烟系统		2011年《中国制冷空调工程技术创新技术研讨会》论文集
南京商贸广场办公为主综合性建筑（包括商住）	地上56F 地下4F 10.8万m²	2002年/2009年	原为水环热泵方式、经过试用有设备效率下降、出现故障以及噪声等问题、要求在不改动水管情况下进行改造	室内末端改用VRF机组、热泵主机改为水冷方式（即水冷型VAF方式）、冷却塔、锅炉、回水管不改动主管	无大修缮；办公室增设手动可开窗、可自然进风、核心筒管道井内面积受限	达到改造预期效果、节省了电能、噪声亦有改善	《制冷空调工程技术》2001年第3期
上海科技大厦办公为主4~8楼客房	地上24F 地下2F 2.7万m²		原冷热源主机为2台气吸收式热水机组、冷量为2110kW/台、制热量为1865kW、经行算分析、热装机容量偏大、夏季最热时负荷率约70%	添置200RT小容量离心制冷机组、提高调节性能、冷冻水泵变频、水系统控制优化改造、自控系统新增能耗分项计量系统、修复BA系统	西南侧玻璃幕墙内侧加贴1200mm墙高的内保温墙以减少窗墙比；照明系统亦作改造	改造后3个月、综合节能率达40.3%	《建筑节能设计策略空调》、黄缝江等编著、中国建筑工业出版社2008年版
上海花园店宾馆	地上34F 地下1F 6万m²	1990年3月/2008年9月~2010年11月	原设备（总冷量为5627kW）为双能源供冷（吸收式冷机方式）、由于制冷机组效率下降、控制方法落后、节能措施不足、能源消耗量大、为3326MJ/(m²·a)（2006年实测值）	调整冷热源设备、加热电联产、采取游泳池加热及热水器产、利用热泵、（CO_2工质热泵热水器等）、高效贯流式锅炉、太阳能发电系统等、此外、冷却水泵、空调机新风一次水、二次水均用变频控制、增设BEMS系统等14项节能技术	建筑无大修缮、未停业进行设备改造	通过14项节能改造技术、节能14.4%、改造总投资为3600万人民币、投资回收期约8年	按中国、日本NEDO合作节能示范项目总结资料

美国若干超高层建筑改造信息　　　　　　　　　　　　　　　　　表 16-3

建筑物概况	工程修缮改造情况	备　注
纽约联合国大厦（秘书处大楼） 1950 年建成 地上 45F，9.7 万 m² （见工程实录号 A1）	建成后 50 多年来未进行过大修，不仅建筑趋于陈旧，空调设备亦已老化，空调采用高速诱导 IU 系统，每年仅空调与照明的支出达 3000 万美元，防火安全标准也不符合新规。 大楼改造要求外立面不变（铝框格暗绿色吸热玻璃幕墙，为最早的玻璃幕墙高层建筑）	改造工程预计从 2007 年到 2014 年完成，总耗资达 20 亿美元 《纽约时报》网站 2006 年 11 月 22 日报道
纽约世贸中心（WTC）1978 年建成 地上 110F，41.86 万 m²（单幢） （见工程实录 A6）	为了保持本楼的高品质，1985 年前就投入 8 亿美元，20 世纪 90 年代中 5 年间又投入 4 亿～5 亿美元进行维修。照明等用电由原来的 43W/m² 增加到 86～108W/m²，改用了最新的电梯，公共区域的环境也作了改善，包括自然采光的应用等。 地下设备机房完成了与地铁的连结工程，以便备维修和对外运输	2001 年 9 月 11 日被毁。 新建规划进行了多年，1 号楼自由塔已在建设中，并采用了大量绿色技术。 《空气调和·卫生工学》1995 年第 4 期
芝加哥 Sears Tower 1974 年建成 地上 110F，40.9 万 m²	大楼下段为办公层，上段为公寓层，因原由 Sears Lopark 公司租用的 4～50F 转让出，故在 1991～1993 年间进行了大修。大修内容主要为空调设备与内装修、电梯、自动扶梯的改善。前厅面积大规模扩容。观光层（103F）参观路线进行调整。空调设备与照明的质量作提升	此系 1970 年代世界最高建筑，结构先进，主体结构仅用 15 个月完成。 《空气调和·卫生工学》1995 年第 4 期
芝加哥 John Hancock Center 1965～1970 年建成 地上 100F 26 万 m²	大楼下段 13～41F 为办公层，上段 46～92F 为单元式公寓。办公层空调外区为高层诱导（IU）系统，内区为单风道系统，离心制冷机冷量为 G900RT，1985 年起，热源部分进行过修改。照明灯具改进后用电从 45 W/m² 降为 17 W/m²。为应对空调部分负荷运行，采用 VAV，VWV 技术节省能耗。此外，增设消防淋水器，对建筑物中含石棉的建材更换掉。	节能改造的费用预计 3 年偿还。改造后大楼出租率有提高。 《空气调和·卫生工学》1995 年第 4 期
纽约 帝国大厦 1931 年建成 地上 102F 23.18 万 m²	2009 年 4 月启动大楼绿色节能改造计划，总成本投入 5 亿美元，其中能源改造为 2000 万美元，预计可使能耗下降 38%，CO₂ 排放每年减少 7000 吨，主要措施有： 窗户（约 6500 个）作低辐射性能改造，减少空调负荷； 用具有变风量性能的 AHU 以提高运行能耗； 制冷设备改进、更新内部结构，采用变频驱动提高能效比； 大楼所有控制系统改造升级，包括能源管理系统的功能提升	该项目执行团队为：克林顿气候行动计划、落基山研究所、仲量联行、江森自控公司（能源服务）等。 改造过程不影响大楼使用。 改造竣工时间预计为 2013 年。 目标获 LEED 金奖认证

既有建筑参考用能指标　　　　　　　　　　　　　　　　　　表 16-4

		政府办公建筑		甲级写字楼	酒　店	
全年总用电量 [kWh/(m²·a)]（不包括功能性要求用电）		80		95	95	
空调用电量总计 [kWh/(m²·a)]	冷水机组	35	15	15	50	15
	水泵（冷水、冷却水、采暖水）		10	10		13
	空调箱		5	10		15
	其他（冷却塔、风机盘管）		5	5		7
照明用电量 [kWh/(m²·a)]		15		30	20	
办公设备用电量 [kWh/(m²·a)]		20		20	5	
电梯用电量 [kWh/(m²·a)]		5		5	10	
饮水机及电开水炉 [kWh/(m²·a)]		5				
生活热水系统用电量 [kWh/(m²·a)]					10	

美国公共建筑能耗数据　　　　　　　　　　　表 16-5

建筑类型	全年总能耗 [MJ/(m²·a)]	其中全年电耗 [kWh/(m²·a)]
学校	855.76	93.65
医院住院部	2611.78	291.71
医院门诊	950.46	179.76
旅馆酒店	1135.31	136.71
零售店	822.67	146.39
大型商店	770.18	167.92
办公楼	1032.62	

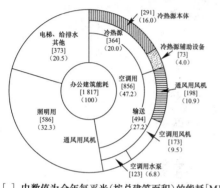

[ ] 内数值为全年每平米（按总建筑面积）的能耗[MJ/m²·a]
（ ） 内为各用途能耗占总能耗的百分比(%)
(a)

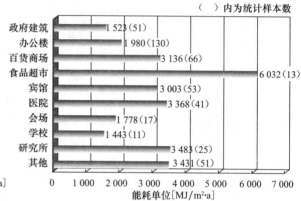

（ ） 内为统计样本数
(b)

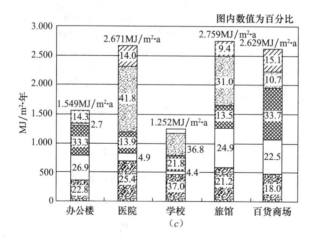

图内数值为百分比
(c)

图 16-4　日本各类建筑用能情况统计
(a) 1983 年；(b) 2001 年；(c) 2004 年

节能服务公司承担。项目任务完成后，经双方共同确认节能量和节能效益后，双方按合同比例分享节能效益。由于 ESCO 为专业公司，拥有经验较为丰富的专业人才和测试设备，其完成任务的质量与效率的可信度较高，故发展前景较大。

以上所述是对于既有建筑的节能改造问题。现今国外对于新建工程实行性能验证（Commissioning）的工作制度，该制度贯穿于工程进行的各个阶段，对建筑节能进行统一管理，及时有效地防止设计、施工、运行过程中出现的不合理现象，确实有效地保证建筑节能的实现，从而也延缓了"改造"的周期。

5. 既有建筑"绿色生态"为目标的改造

前述"改造"的目的，一般是因建筑与设备的老化引起的建筑运行能耗增加而采取的必要措施，作为对地球环境的保护，还应在绿色生态方面作出努力。例如日本对政府部门的行政大楼就有绿色改造要求。它不仅限于节约能源。而是要求控制建筑物整个寿命周期内的环境负荷，主要是 CO_2 排放量。因此还必须在水资源、建材、自然能利用，废弃物处理等多方面作考量。图 16-5 表示了既有建筑以"绿色生态"为目标的改造计划的流程。

　　由于设备的节能改造或建筑物的绿色改造，都有利于延长建筑物的寿命。图 16-6 为日本建筑学会对某建筑物通过长寿命化与节能所作的生命周期 CO_2 排放的计算结果，可见建筑物能够实现长寿命化，对地球环境的影响是十分重大的。

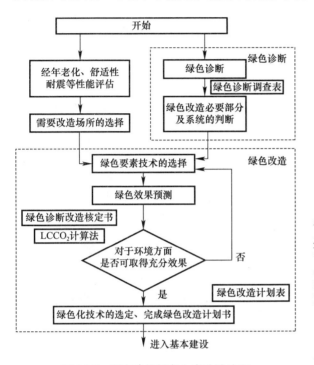

图 16-5　既有建筑绿色生态改造流程

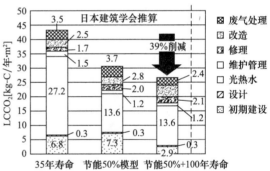

图 16-6　长寿命建筑对环境负荷的贡献

本章参考文献

[1]　龙惟定编著. 建筑节能与建筑能效管理. 北京：中国建筑工业出版社，2005.

[2]　清华同方人工环境公司. 中央电视台空调系统节能改造工程. 2007 年 7 月中日热泵与蓄热技术交流会议资料.

[3]　潘国华等. 将现在建筑常规空调改选为地源热泵空调的工程实践. 制冷空调技术，2013，1.

[4]　秦慧敏. 上海五幢高层建筑物夏季空间能耗实态调查与分析. 空调暖通技术，1988，2.

[5]　薛志峰编著. 既有建筑节能诊断与改造. 北京：中国建筑工业出版社，2007.

[6]　黄继红编著. 建筑节能设计策略与应用. 北京：中国建筑工业出版社，2008.

[7]　清华大学建筑节能研究中心著. 中国建筑节能年度发展研究报告 2011 年. 北京：中国建筑工业出版社，2011.

[8]　日本政府（财）节能中心发表. 建筑物节能指导手册，2001.

[9]　龙维定等主编. 能源管理与节能——建筑合同能源管理导论. 北京：中国建筑工业出版社，2011.

[10]　Shan K. Wang. Handbook Air conditioning & Refrigeration. Second Edition. McGraw·Hill，2011.

下 篇

工程实录目录

国内工程实录

国外工程实录

北京国际饭店

建筑外观

地点：北京市建国门立交桥西北角
用途：大型旅游饭店
设计：北京市建筑设计研究院
建筑规模：地上 29 层，地下 3 层；高度 104m；
总建筑面积 9.47 万 m²
竣工时间：1988 年

建筑概况

该建筑客房共 22 层（3F～24F），有约 1100 间
客房，顶部塔楼共 4 层，并设有旋转餐厅（28F）。主
楼平面呈三叉圆弧六边形，故其主要三个朝向为曲
面，地下 1、2 层是公共空间，如商场、银行、邮电、
2A 及 24A 层为技术层。地下 1F 及地上 25F 为空调机房和仓库。裙房 B 区地下 1F 为冷冻机房、
空调机房、热交换器房、地上 1F 及 2F 设有各类餐厅、宴会厅等。

空调方式与系统

客房空调采用风机盘管和新风系统，卫生间设排风系统。高层和低层的系统分别设置，底
层机房设在地下 1F，从 2A 层往上送到 14F，高层机房设在 25F，从 24A 层往下送到 15F。公
共区空调系统按房间性质、使用时间来划分，如 B 区四季厅采用 2 个单风机低速空调系统，在
过渡季可合用全新风。此外，有些机房则按要求设有独立的整体型空调机组，以便于控制。

冷热源设备与系统

由 3 台水冷离心制冷机（当时的工质为 F11）供冷，高区 2 台，低区 3 台，组成两个独立供
冷系统的冷冻站。供/回水温度为 7℃/12℃，高区用制冷机向高区风机盘管和新风空调箱供冷，
低区用制冷机为低区风机盘管和空调机供冷。风机盘管采用二管制变流量的水路系统，按朝向
分东、西、南、北 4 个独立系统。过渡季节按朝向分别采用手动阀门调节冷热量，水路系统流
程参见图 1。

该工程热源由城市热网提供，进入大楼的一次水供/回水温度为 110℃/70℃，直接供给低
层空调和新风系统的加热。高层系统新风加热则用经水—水热交换器后获得的二次热水，水温
为 95℃/70℃，对于高、低层风机盘管的加热是采用 50℃/65℃的二次热水，公共区域采暖均采
用 95℃/70℃的二次热水。另由集中锅炉房送出的 0.6MPa（表压）蒸汽经两次减压为 0.1MPa
（表压）后供空调系统作空气加湿用。

该工程空调冷负荷为 9530kW，合 101W/m²（建筑面积）。

资料来源：《建筑设备》1988 年第 2 期。

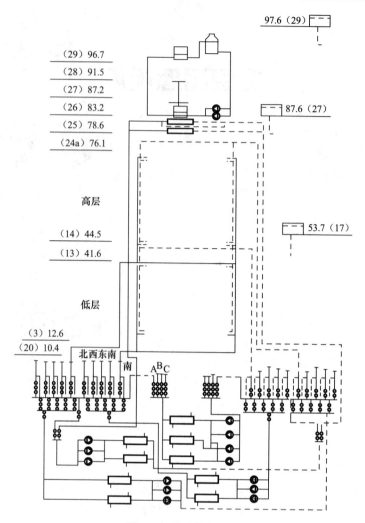

97.6（29）

（29）96.7

（28）91.5

（27）87.2

87.6（27）

（26）83.2

（25）78.6

（24a）76.1

高层

53.7（17）

（14）44.5

（13）41.6

低层

（3）12.6

（20）10.4

北西东南

南

A B C

图 1　水路系统流程图

工程实录 B2

北京发展大厦

地点：北京东三环北路

用途：办公为主、有餐厅、多功能厅等

设计：北京市建筑设计研究院、日本大林组

建筑规模：地上 20 层，塔层 2 层，地下 2 层；总建筑面积 5149 万 m²

结构：塔楼部分为现浇钢筋混凝土框筒体系（无柱结构）

竣工时间：1989 年

建筑外观

建筑概况

该建筑为等腰直角三角形平面切去两个锐角（见图 1），标准层面积为 1901m²。14F 以上核心占面积 20%，3F～12F 多一组电梯，核心面积占 25%，地下 2F 为停车场，地上首层及 2F 为商业用房、餐厅、多功能厅等。3F～20F 为出租办公室，塔层为设备用房。大楼三面均有玻璃幕墙，该大楼为北京第一幢智能大厦。

空调方式及系统

办公标准层每层均在核心筒机房内设空气处理箱，分别供内区及外区空调，内区为变风量系统，外区为定风量系统，内区每跨设一个 VAV 末端带 4 个散流器送风，外区按不同朝向分系统送风。采用顶部条缝型风口，利用吊顶空间集中回风。新风和排风通过全热交换器（德国产品）进行全热回收。图 2 为标准层风管布置图（部分）。裙房的公共部分（营业厅、多功能厅、商业用房等）均采用定风量全空气系统。各部分分别设置空调机组，全楼共有空调系统 116 个，排风系统 32 个，其中主楼分设 4 个排风系统。

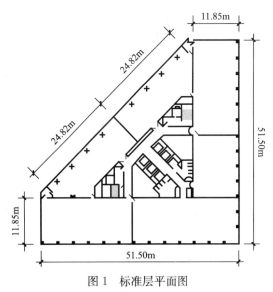

图 1 标准层平面图

冷热源装置

大楼空调冷负荷为 1200RT，采用 3 台二级压缩压缩离心制冷机，每台 400RT，配有一次

资料来源：《建设科技》2007 年第 10 期；《暖通空调》2006 年 11 期；《建筑科学》2007 年 4 月；《空调工程部通讯》1989 年 11 月刊（怡和机器有限公司）。

冷水泵 3 台，二次冷水泵 5 台，另有 3 台冷却水循环路与冷却塔相连。冷冻水管路布置为异程式。夏季用冷冻水泵与冬季供采暖系统的循环水泵分开设置。膨胀水箱也分别设置在塔屋水箱间内。当图中末端装置冷水量减少时，压差旁通阀启动，当旁通流量达到一台水泵流量时，水泵就自动停开一台。

热源由北京市左家庄热网提供高温热水。经热力引入口热交换得 60℃的二次水，供系统供热。

空调控制采用分散的直接数字控制（DDC）与集中控制相结合的控制方式。

空调系统改造

经多年使用后，业主认为空调效果仍不满足发展的需求。因此实施系统改造，改造分楼层逐步实现，改造的技术措施主要为：（1）将原有标准层的枝状风道改成环状风道布置，形成合理的分区组合；（2）将 VAV 系统原定静压控制改为变静压控制，通过实施，确认了改造对室内环境和运行节能方面的有效性。

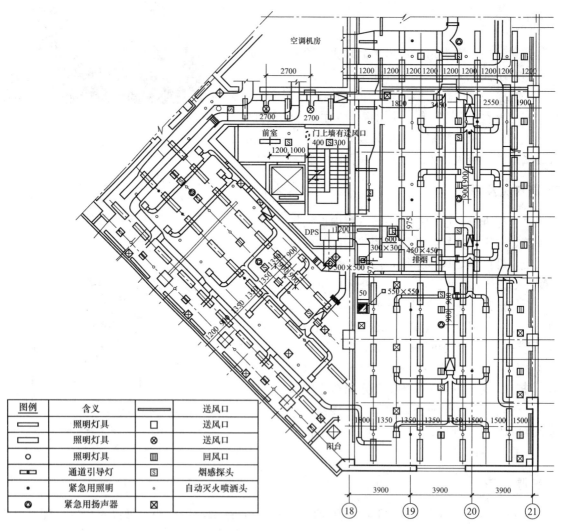

图例	含义		
▭	照明灯具	□	送风口
▭	照明灯具	⊗	送风口
○	照明灯具	▥	回风口
▭	通道引导灯	Ⓢ	烟感探头
·	紧急用照明	○	自动灭火喷洒头
▲	紧急用扬声器	⊠	

图 2　标准层风管布置图（部分）

工程实录 B3

京城大厦

地点：北京朝阳区亮马河畔

用途：办公及公寓

设计：日本清水建设（株）与北京市建筑设计研究院合作设计

建筑规模：由主楼、三栋公寓楼和一栋管理楼组成。主楼地上 52 层，地下 4 层；高度为 183.5m，其他诸栋均为低层；总建筑面积 13.5 万 m^2（包括另四栋）

建设工期：1985 年完成实施设计，1991 年竣工。

建筑外观

建筑概况

主楼 3F 以下为会议室、休息厅、职工餐厅等，3F～25F 为办公层，26F、27F 为设备层，28F 为交谊空间，29F 为管道层，30F～47F 为公寓，48F、49F 为健身活动房，50F 为观光厅，51F、52F 为屋顶设备层，空调机组等位于地下 3F、地下 4F，28F 以上中间位置为直达顶部的中庭，办公层层高为 3.75m，公寓层层高为 3.10m。大楼标准层和公寓的平面图见图 1。

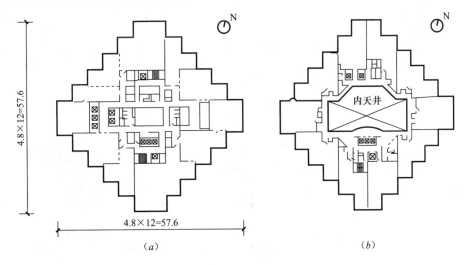

图 1　大楼标准层及公寓平面

（a）标准办公室层平面图；（b）标准公寓层平面图

空调方式

主要办公层采用低速全空气空调系统加窗边立式风机盘管的方式，即新风由送风系统输入。

资料来源：《建筑设备》1989 年第 2 期。

公寓层则采用风机盘管加新风系统。大厅及公共部分采用全空气低速空调方式。空调器由双管制水系统供冷、热水，盘管冬季共用。另设辅助蒸汽加热盘管，在城市热网供热期的前、后由自备蒸汽锅炉供热。

空调冷热源方式

设有双效蒸汽型溴化锂吸收式制冷机 3 台，每台冷量为 400RT，冷冻水供/回水温度为 6℃/11℃，夏季供空调机盘管。同时还通过水—水热交换器得二次水，温度为 8℃/12℃，供风机盘管使用。热源主要由城市热网提供，供/回水温度为 120℃/70℃。经水—水热交换器得 85℃/65℃的二次水（用于空调箱盘管等）。同时再经第二次水—水换热后可得三次热水，水温为 55℃/45℃，用于风机盘管和采暖散热器。二级换器根据三次热水的使用位置分别布置在地下 1F、地上 10F、26F、28F 等处。市政热网提供该工程的热量约 10460kW。

主楼水系统（制冷机冷水和二次热水）高为两个区，地下 2F～地上 10F 为低区，26F～48F 为高区，经二级换热器产生的冷冻水或三次热水供风机盘管和散热器。由于二级换热器设在地下 1F、地上 10F、26F 及 28F，故三次在地面上实际是分为高、中、低三区，三次水的循环泵设在二级换热器旁的 47F～30F 为高区，25F～11F 为中区，10F～1F 为低区。各区水系统均设膨胀水箱。三次水在平面上是按南、北或东、西分成环路的。空调水系统的示意图见图 2。相应的风管布置系统见图 3，从图中可见，风管由立管的各层空调房间送风。一般每立管负担 8～9 层的风量，到每层的支管上设防烟、防火、调节阀。

制冷机房设在主楼的地下 4F，6 台横流式冷却塔布置在庭院中。

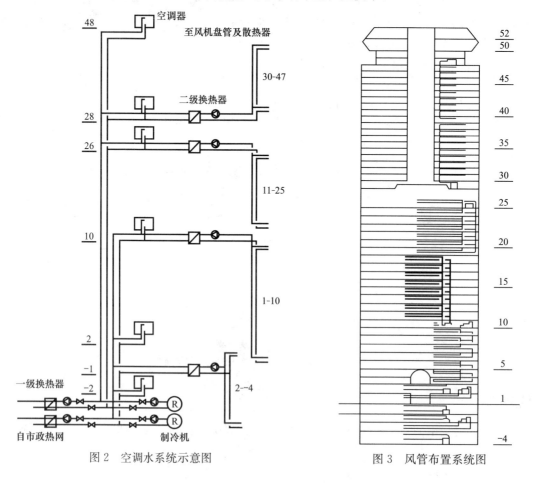

图 2 空调水系统示意图　　　　　图 3 风管布置系统图

工程实录 B4

北京南银大厦

地点：北京市三元立交桥东北角

用途：办公

设计：建设部建筑设计院

建筑规模：地上 28F（后局部改为 32F），地下 2F（局部 3F）；总高 110m；总建筑面积 7.0 万 m²（空调面积 5.6 万 m²）

设计时间：1994 年 1～7 月

竣工时间：1996 年 12 月

建筑外观

建筑概况

该建筑为中外合资兴建的高标准办公楼，建筑围护结构采用全玻璃幕墙，平面形状曲直结合。结构形式为内筒外框式。建筑 4F 以上为标准出租办公室，标准层层高为 3.4m。主楼地下 2F 为机电设备用房，地下 1F 有职工餐厅等，首层为入口大厅及西餐厅，2F、3F 亦作为出租办公用。

空调方式

为了避免办公室水患、提高舒适性和节能，该工程采用全空气变风量（VAV）空调方式（是当时北京最早使用 VAV 方式的建筑之一）。按建筑平面及空调机房所在位置将平面分为东西两个系统，平均每个系统带有 3 个朝向。考虑到办公室有可能被二次分隔，在合理布置送回风口的同时，每个 VAV 末端带有 2～3 个送风口（见图 1）。由于其他条件的限制，没有划分空调内外区，导致有些季节某些房间出现室温超标的现象。

全楼办公层的新风由 4 台集中新风空调机组提供，新风机组亦采用变频调速控制。该建筑其他部分亦有采用 FCU 方式。

冷热源方式

冷源采用 4 台离心制冷机，每台冷量为 1744kW（496RT），冷水水温为 7～12℃。原设计一次热源为 90～70℃ 的热水，在建造过程中改为采用 0.2MPa 的蒸汽。此外，还有自备燃油燃气两用锅炉的蒸汽经减压到 70kPa 后作为冬季空调加湿之用。加湿蒸汽量为 1100kg/h。全楼采用 3 台板式热交换器，每台换热量为 2035kW。热水循环泵三用一备，空调水系统为双管制一次泵变水量系统，按建筑平面布置分为左右两个环路，高度方向不分区。冷热源系统示意图如图 2 所示。

资料来源：《暖通空调》1999 年第 3 期。

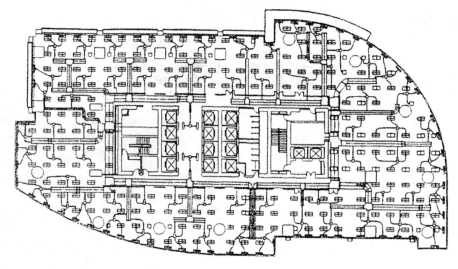

图 1 标准层空调系统平面图

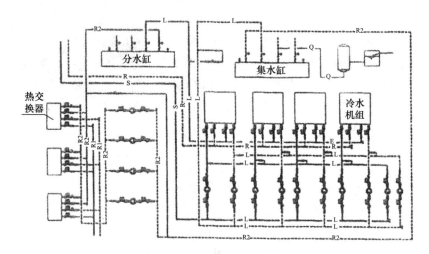

图 2 冷热源系统示意图

工程实录 B5

北京东环广场办公大楼

地点：北京朝阳区

用途：办公大楼部分之外，为公寓商厦、餐饮娱乐

建筑规模：地上 32 层（办公楼），地下 3 层；总建筑面积约 18.7 万 m²

竣工时间：1998 年 9 月

建筑外形

建筑概况

裙房为规模较大的综合性设施，3F 以上有 4 栋塔楼，其中 2 座为公寓（4F～32F），2 座南北为办公楼（4F～9F）

空调方式

办公楼采用全空气系统，空气处理机组采用多分区 AHU。每个楼面（4F～9F）均设置 3 个空调机房。由于办公区进深达 16m，故分为内外区（自窗向内 6m 为外区）。标准层内外区面积分别为 1347m² 及 1163m²。故由南、北两机房的 AHU（各 2 万 m³/h），共同负担外区空调，中机房 AHU（25000m³/h）则负担本层的内区。以南机房 AHU 系统为例，它负担东、南、西 3 个区的外区送风。多分区 AHU 可以灵活控制 3 个区风量和送风参数（参见本书表 4-2）。图 1 表示该系统的原理。图 2 则表示标准层中 AHU 的位置和管路的布置。在 IOF 设有 4 个通风机房，其中除设有防排烟风机，厕所排风机外，还有为办公楼空调设置的新风机，排风机和全热交换器（转轮式）等。

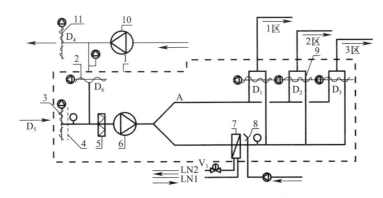

图 1　多分区空调器自动控制示意图

1—多分区空调器；2—回风电动调节阀；3—新风电动调节阀；4—粗效空气过滤器；5—中效空气过滤器；6—送风机；7—冷热换热器；8—加湿喷水装置；9—送风电动调节阀；10—回风机（不含，可选配）；11—排风电动调节阀（不含，可选配）；D_1～D_6—电动混合送风阀；V_1—电动二通阀；A—旁通支路

资料来源：《暖通空调》2000 年第 2 期。

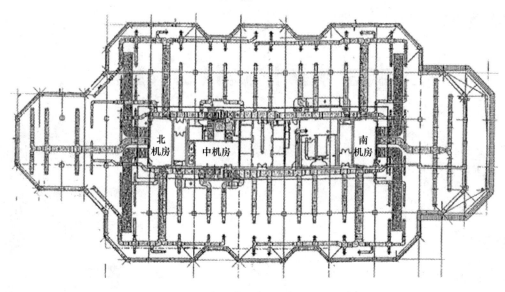

图 2　标准层平面图

裙房商场、餐厅、娱乐等部分的空调系统以全空气方式为主。仅少量采用 FCU＋新风系统，公寓部分夏季采用分体式机组，以便分户计费。

冷热源方式

冷源为电动离心式冷水机组，冷水供/回水温度为 7℃/12℃，冷却塔位于 10F 层面上。空调水系统为二管制，冬季供热夏季供冷。热源为北京市城市热网，经热交换器的供暖水温度为 60℃/50℃。公寓建筑冬季设热水采暖装置。

工程实录 B6

华润大厦

地点：北京市东城区东二环西侧

设计：中国建筑设计研究院与境外设计院合作设计

用途：办公、商业、娱乐等

建筑规模：地上 26 层，地下 3 层（层高 100m）；地上 1F～2F 为商业、餐饮用房、3F～25F 为办公、设备机房在 26F 及地下室；总建筑面积 7.1 万 m²

建设工期：1996 年底（设计），1999 年 7 月（竣工）

围护结构

外窗：铝合金双层中空玻璃：$K \leqslant 1.9 \mathrm{W}/(\mathrm{m}^2 \cdot \mathrm{K})$；

大堂玻璃墙：$K \leqslant 5.0 \mathrm{W}/(\mathrm{m}^2 \cdot \mathrm{K})$。

外墙：内保温复合墙体：$K \leqslant 1.0 \mathrm{W}/(\mathrm{m}^2 \cdot \mathrm{K})$。

屋顶：聚苯乙烯泡沫塑料板保温：$K \leqslant 0.6 \mathrm{W}/(\mathrm{m}^2 \cdot \mathrm{K})$。

工程平面图参见图 1。

建筑外观

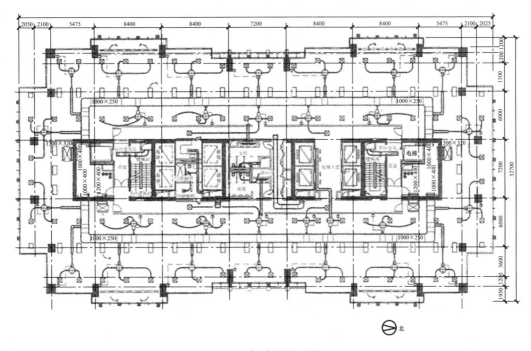

图 1 标准层平面图

资料来源：《暖通空调》2007 年第 6 期；《暖通空调新技术》2001 年第 3 期。

空调负荷

按建筑面积 71000m² 折算：单位面积空调冷负荷为：96.6W/m²，单位面积空调热负荷为：89.3W/m²。

空调方式与系统

办公区域（3F、5F～25F）采用 VAV 方式，末端为 FPU 型（带风机、串联型），内区不带热水加热盘管，外区带热水加热盘管。变风量系统采用单风道定静压点控制，末端为压力无关型节流方式。办公区标准层每个 VAV 末端负担 40～50m² 空调面积，相当于标准层每 m² 送风量约为 21～23m³/h。除办公室外，其他区域也有采用定风量等空调方式。全楼共 51 套全空气变风量空调系统。

标准层新风集中处理，在首层和 26F 设集中新风机房。各设 2 台新风机组。全年新风量固定除夏季供冷外，冬季有加热加湿处理。各层设有 2 台变风量空调箱，按朝向分两区平面布置系统，如图 1 所示。空调系统竖向布置示意如图 2 所示，图中表示了东侧的管路示意。

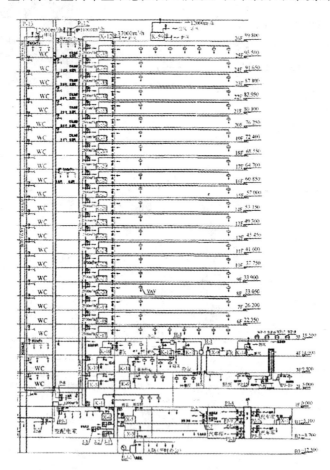

图 2　空调系统竖向布置图

冷热源设备

利用城市热网提供的高温热水（125/70℃），经大楼内换热站得供/回水温度为 75℃/60℃ 的热水用于空调。空调箱和新风机组盘管的水温差为 20℃，外区 VAVBOX 的水温差为 10℃。

冷源为设在大厦地下制冷机房内的 4 台电动离心制冷机，每台制冷量为 1759kW（500RT），冷水供/回水温度为 7℃/13℃。另外在制冷机房内设有 2 台板式换热器，其中一台用于冬季与冷却塔循环水换热（免费供冷），供冬季亦需供冷的内区空调使用；另一台冷水侧板式换热器与制冷机蒸发器串联，过渡季时冷水气经板交预冷后进入蒸发器，可节省能耗。同时使冷却水温度得以提升，有利于制冷机低温启动的保护。图 3 为冷水系统示意图。此外该工程还备有租户专用冷却塔，以提高租户自设冷却设备之需。

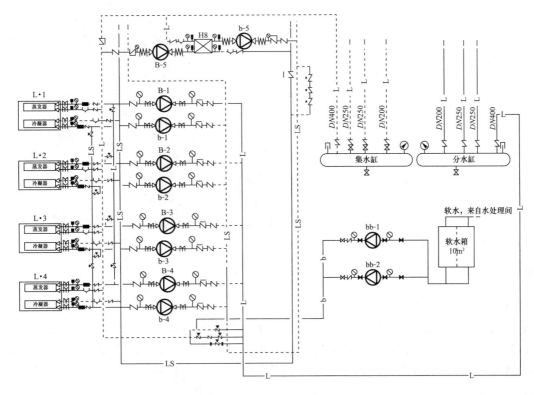

图 3 冷水系统示意图

其他方面

（1）该工程餐厅、商店娱乐用房亦采用 VAV 空调方式，大堂为游泳池等低速全空气定风量空调方式，地下 1F 汽车库采用排风兼排烟方式的通风系统，地下 2F 的车库则采用送风及排风兼排烟的通风方式。

（2）空调通风系统由楼宇自控（BAS）的直接数字控制系统（DDC）进行控制。新风机组及塔楼各层新风管均设电动开、关式风阀，并与各机组联锁关闭。空调机、新风机组均设电动调节水阀。冷水系统由冷量控制冷水机组及其对应水泵的运行台数，冷、热水进、出总管设常闭型直线型特性的电动压差旁通阀，以保证冷源侧水量恒定。

方圆大厦

地点：北京西外大街与白颐路交合处
用途：出租办公楼及公寓等
设计：北京市建筑设计研究院
建筑规模：主楼地上 28 层（塔顶高 116m），地下 4 层；总建筑面积 9.8 万 m^2
建设工期：（设计）1995～1996 年 8 月；（施工）1996 年 10 月～1999 年 9 月

建筑外观

建筑概况

该工程由地上 4 层（地下 4 层）的裙房和 3 个高低错落、形体不同的建筑组成。其中主楼为出租办公楼，娱乐楼为 9 层、公寓楼为 14 层的高级住宅（105 户），裙房总面积为 3.5 万 m^2，含商场、车库、机电设备用房等。

空调方式

办公楼 4F～27F 为出租用，层高 3.46m，标准层面积为 1100m^2，进深 8～11m，采用内外分区的空调方案。内区为全空气系统，人员所需的新风由内区空调系统提供。外区采用冬季送热水，夏季送冷水的二管制风机盘管装置，承担外区围护结构的冷热负荷及冬季的值班采暖。各层空调机房设在核心筒内，面积不足 15m^2，新风采集口分别设在 4F 及顶层外窗上，在 4F 及 28F 空调机房内各设 2 台风量为 18000m^3/h 的新风机组，将新风经集中预冷、预热净化处理后，由风机经竖井送入各层空调机房（见图 1）。送风竖井断面为 2.1m×0.6m。新风与各层回风混合后送入各层空调箱，由于竖井断面受限，未考虑在过渡季增加新风量以节能的措施。

公寓楼夏季采用分体式空调器，冬季采用放热器集中采暖系统。商场（1F～4F）进深大，也采用内外分区处理的空调方式，外区用风机盘管，内区采用相对集中的新风加吊顶式循环风空调器系统，设备均为二管制，内区则全年供冷（见图 3）。

冷热源设备

冷源采用 4 台 2040kW（580RT）的离心制冷机为全楼提供空调冷水（见图 2），冷水供/回水温度为 7℃/12℃，冷却塔因位置所限设在公寓楼裙房屋顶上。空调热源由设在地下 3F 的换热站提供。热媒温度为 60℃/50℃。

该工程空调水系统采用分区二管制一次泵系统，即空调冷热水在各自的分集水器之前为独立的四管制系统（热水分集水器设在热力站内），分集水器之后接空调末端设备的管线则为二管制系统。

资料来源：《暖通空调》，2002 年第 5 期，第 5 届《暖通空调》优秀工程设计实例论文。

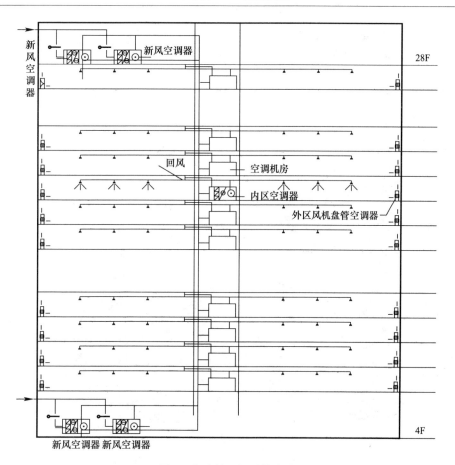

图 1　办公楼空调系统方式

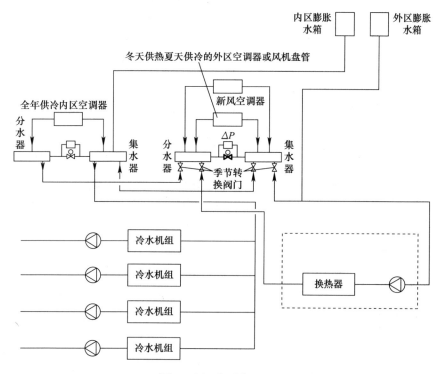

图 2　空调水系统原理图

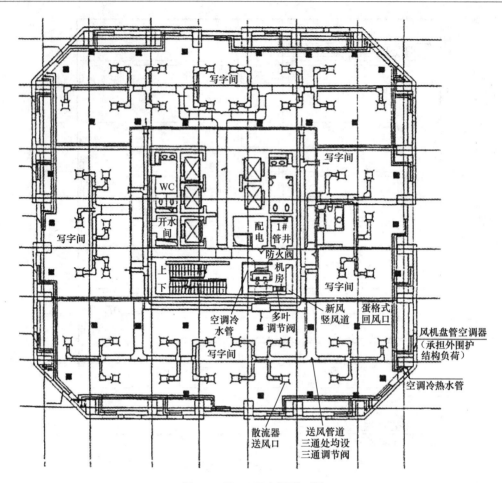

图 3 10F~17F 空调平面图

工程实录 B8

北京远洋大厦

地点：北京西长安街南侧

用途：办公为主

设计：中元国际工程设计研究院与国外设计单位合作设计

建筑规模：地上 17 层（2～16F 为办公层），地下 3 层；建筑面积 11.5 万 m²；标准层高 3.7m（室内净高 2.65m）

设计时间：1995 年始，竣工时间：2000 年 8 月

建筑外观

建筑概况

大厦东西长 136m，南北宽 60m，除主要用途办公外，17F 为俱乐部、地下 1F 为多功能厅、餐饮设施、设备机房等。平面中央有高 63m，面积为 1000m² 的中庭，围护结构采用大面积的点式幕墙体系和卷帘式外遮阳体系（东、西、南三向）。

空调方式

各层办公室、首层商务、展示厅、大小会议、贵宾室等采用风机盘管加新风系统。各层大开间办公室均按约 100m² 划分控制单元。新风处理到室内露点温度并送到风机盘管出口位置上。新风处理机组和风机盘管分两个环路分别供水。新风处理机组环路为四管制，风机盘管环路为二管制（在机房内作冬夏季转换）。

地下 1F 餐厅、多功能厅、1F 大堂、顶层俱乐部等采用全空气系统。空调循环风量为 35～40m³/(m²·h)，新风比为 30%～45%。根据建筑特点，北向区域由集中新风竖井从大厦上部引入新风，南向各层就地由墙面将新风引入各新风处理箱。

图 1 为大楼首层空调平面布置状况（因平面对称，绘出一半）。

冷热源装置

制冷装置设在地下 2F、地下 3F 的冷冻机房内，采用 3 台离心式制冷机。每台装机容量为 4395kW（1250RT，功率为 887kW）。冷媒为 R134a。冷冻水供/回水温度为 7℃/12℃，设水量为 712t/h 的冷却塔 4 台，进/出水温度为 37℃/32℃。冷冻水、冷却水系统均为一次泵，冷冻水泵 4 台（每台水量 869m³/h，扬程 40m，功率 130kW），3 用 1 备。冷却水泵 3 台（每台水量 950m³/h，扬程 35m，功率 130kW）。制冷系统流程见图 2。

大楼热源采用城市热网提供的高温热水，供/回水温度为 130℃/80℃，总供热量为 15063kW，其中空调采暖热负荷为 12650kW，生活用热负荷为 800kW。高温热水经热交换器后成三种水温的热水，分别提供三个系统：采暖、新风处理用；风机盘管用；生活热水用。

考虑到夏季热网检修时需要的供热，在地下室设有一台全自动燃油热水锅炉，容量为

资料来源：《中国建设信息供热制冷》2005 年第 4 期；《暖通空调设计 50》，中元国际工程设计研究院，机械工业出版社，2004。

1400kW。

图 1　大楼首层空调平面图

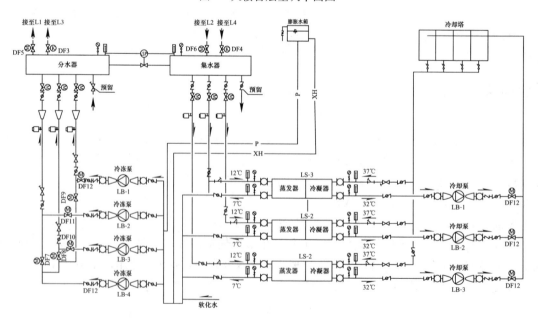

图 2　制冷系统流程图

工程实录 B9

国家电力调度中心大楼

地点：北京西长安街
设计：华东建筑设计研究院
用途：办公为主
建筑规模：地上 12 层，地下 3 层；高
度为 50.9m；总建筑面积 7.36 万 m²
竣工时间：2001 年 7 月

建筑外观

建筑概况

该建筑位于北京长安街，建筑造型与其
他建筑相协调。按使用功能（办公、会议为
主，其他有电力调度设施，计算和通信机房等）分解为四个相对独立的区域。并形成四合院的
风格，地下 3 层，主要为汽车库，建筑设备机房、职工餐厅和活动用房。全楼空调面积占
0.787。建筑标准层平面见图 1（平面对称，图为 1/2）。

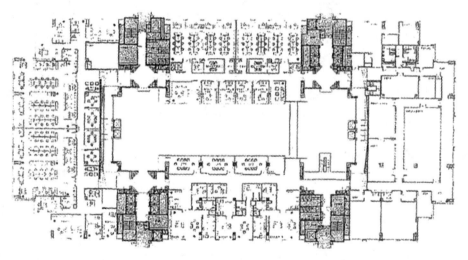

图 1　建筑标准层平面

空调方式与系统

该工程为国家电力部门所属机构。为实现空调冰蓄冷以均衡电力负荷的技术实践，但要求
克服冰蓄冷初投资增加和能源效率偏低的缺陷。为此可通过低温送风空调技术来体现该整体方
案的优势。该工程大部分区域均采用单风道变风量系统和低温送风方式。一次风温取 7.2℃
（空调风量比常规系统减少 40%），送风口采用高诱导型低温送风口。

变风量末端采用压力无关型，并按空调内外区布置（外区主要采用并联或串联型风机动力
箱型末端，且带有热水盘管。内区主要采用单风道 VAV 方式和串联型风机动力箱型末端，不

资料来源：《暖通空调工程优秀设计图集》，中国建筑学会暖通空调分会主编，中国建筑工业出版社，2007 年。

带热水盘管）。空调一次风常年供冷。整个大楼共采用27台空调箱（包括新风机组）、变风量空调系统大多采用2或3台AHU并联连接并成组控制的方式。即各层仅有部分负荷时，每组空调箱可供开1台，利于节能运行。

冷热源设备与系统

该工程空调峰值冷负荷为7710kW（2192RT），热负荷为6290kW。该工程采用冰蓄冷技术，并取分量蓄冰的模式，主机与蓄冰装置串联，主机位于上游。设计工况的供冷运行策略为主机优先，部分负荷时可按融冰优先。蓄冰系统的流程及运行负荷分别如图2及图3所示。

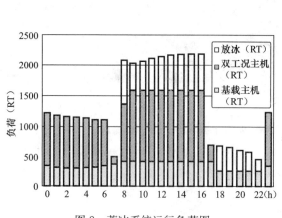

图2　蓄冰系统运行负荷图

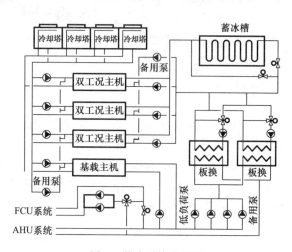

图3　蓄冰系统流程图

蓄冰装置为8台钢盘管蓄冰槽，蓄冰量为6800RTH。占设计日空调负荷的26%，主机采用3台双工况螺杆式冷水机组和1台常规螺杆式冷水机组（工质均为R22），后者为基载主机，额定工况时（7℃/12℃）制冷量约420RT。乙二醇系统一次泵定流量运行，二次泵变流量运行由变频调速控制。

冰蓄冷系统融冰出水温度为2.2℃，经板换后为3.3℃冷水。直供AHU使用。回水温度为14.4℃（$\Delta t = 11.1$℃），大楼内少量FCU采用7.8℃的冰水。由冷水与回水混合而得。回水仍为14.4℃，温差为6.6℃。

该工程供热供源为城市热网的高温热水（110℃/70℃），建筑物内换热后的供/回水温度为82℃/70℃，温差12℃，冬季时供各AHU及FCU以及变风量末端的盘管用。

作为冰蓄冷与低温送风技术的应用，在设备材料、施工、安装、调节控制方面需特别重视，才获得预期的效果。

工程实录 B10

北京中银大厦

地点：北京复兴门内大街与西单北大街交口
用途：中国银行总部办公大楼
设计：美国贝氏建筑师事所与中国建研建筑
设计研究院合作设计

建筑规模：总建筑面积为 17.24 万 m²（其中
地上为 11.3 万 m²），地上层数 12～15 层（东西
两翼 12 层，西北两翼 15 层），地下 4 层，在地下
2 层设有两层高的 1050 座的会议厅。

竣工时间：2001 年（设计时间 1995～
1999 年）

建筑外形

建筑特点

大厦设计中充分考虑了绿色生态的要素。大厦平面呈口形（见图 1），办公室及营业厅沿周
边布置，"口"字形的中央为 55m² 见方、室高 45m 由玻璃天窗覆盖的中庭（见图 2），其中布置
了水池、山石、竹林所构成的园林，面积达 1800m²，办公区分为内外两个环形区域，内环面向
中庭，外环则面向城市环境。围护结构外窗采用中空玻璃，混凝土外墙采用挤塑聚苯板、干挂
石材加空气层的外保温措施。有良好的热工性能。此外，为适应大厦智能化设计的要求，办公
区域的地板均采用架空地板。

图 1 大厦标准层平面 8F

图 2 中庭内景

空调与冷热源方式

地上办公区采用 VAV 系统；首层中庭及地下室的办公、餐厅等房间采用 CAV 系统。银行

资料来源：《绿色建筑在中国的实践》，中国建筑科学研究院编，中国建筑工业出版社，2007 年；《建筑学报》2002 年 6
月。

数据中心、电信机房、电梯机房、消防中心等采用专用空调机组。大厦的热源为市政热水外网，供/回水温度为125℃/65℃。夏季空调用冷源分两部分：（1）4台离心式制冷机组，供6.7℃冷冻水给各层空调机房AHU使用；（2）设在各层的柜式空调机组内为水冷型带压缩机的直接蒸发式机组（即各种机房的专用机组）。在14F屋顶上设三组横流型冷却塔，冷却水供/回水温度为31.1℃/39.5℃。集中空调系统有新风供冷的运行模式。在过渡季及冬季可直接利用冷却塔环路的冷水向大楼供冷。空调冷冻水为一级变频水泵系统，冷热水循环泵均采用末端压差控制的变频泵。

此外，该大楼在照明控制、节水与水源利用、节材与材料资源利用等方面以及通过楼宇自动化系统（BAS）对环境与能源的管理等方面均有良好的业绩。因而被认为是我国绿色建筑的示范项目。

工程实录 B11

北京 CEC 大厦

地点：北京中关村西区西南角 22 号地块
设计：中元国际工程设计研究院
用途：办公为主
建筑规模：东楼地上 17 层，楼高 70m，西楼 21 层，楼高 86m，两楼有 3 层高的公共大堂相连；总建筑面积 13 万 m²
竣工时间：2004 年（设计时间：2002 年）

建筑外观

建筑概况

CEC（中国电子）大厦是中国电子集团总部和高档 IT 业商务写字楼为一体的甲级办公楼，东、西两座大楼由南北穿透的高达 4 层的大堂建筑相接，大堂面积为 1000m²，成为该建筑的交通中心，地下有 3 层，主要为车库、各种机房、车库等。

空调方式

办公层面分内外区，分别设置风机盘管加新风系统。西楼（标准层面积为 1800m²）每层内外及各设新风机组一台。东楼（标准层面积为 2600m²）内外区分别设置两台新风机组。夏季内、外区均供冷。过渡季节，内区根据情况可适量补充机械供冷或采用新风供冷以节能。冬季则外区需供热。中庭、银行、展示厅、电话会议厅、餐厅等均为全空气系统。空调机房分别设于 1F 及 2F。东楼标准层风机盘管加新风方式的空调系统布置图见图 1。大楼内中庭、展示厅、银行、餐厅、健身中心、会议室等公共设施区采用全空气空调方式。

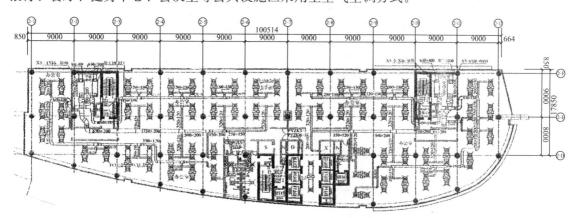

图 1 标准层空调系统布置图

消防控制中心、弱电机房等 24 小时使用的房间采用分体机空调方式，计算机主机房等有特殊温湿度要求的设备用房，则采用机房专用空调机设备。

资料来源：《暖通空调设计 50》，中元国际工程设计研究院，机械工业出版社，2004。

冷热源方式

该工程全楼空调设计冷负荷为 12730kW，冷负荷指标为 $107.2W/m^2$；热负荷为 9000kW，热负荷指标为 $73.1W/m^2$。

该工程在地下 3F 设置集中冷冻机房，内设 3 台大型水冷冷水机组（1050RT/台）和 1 台小型离心式冷水机组（500RT/台），供/回水温度为 7℃/12℃。

作为冬季空调的热源由设在楼顶上的锅炉房提供，热水供/回水温度为 60℃/50℃，锅炉房内共设 26 台 350kW 的燃气热水锅炉。生活热水采用电加热，空调冷热水系统的闭式定压补水系统，集中设置在换热站内。

空调冷、热水为一次泵变水量系统，冷、热水按内、外区分别设置水路系统，办公区夏季内、外区均供冷水，冬季则内外区分别供冷水与热水。水系统采用分区二管制风机盘管系统（非在同一区域内可实现随时供冷、热的四管制系统）。该工程空调机房分散，水系统采用异程式，每层空调设备的回水管上设流量平衡阀。

为适应大楼加班、过渡季和冬季的低冷负荷需求，则采用 1 台小型离心式制冷机（500RT）为内区供冷。

大楼冷却塔设在西楼屋顶上，为 4 台超低噪声横流式冷却塔，4 台冷却水泵设在 B3F 冷冻机房内。全楼空调水系统如图 2 所示。

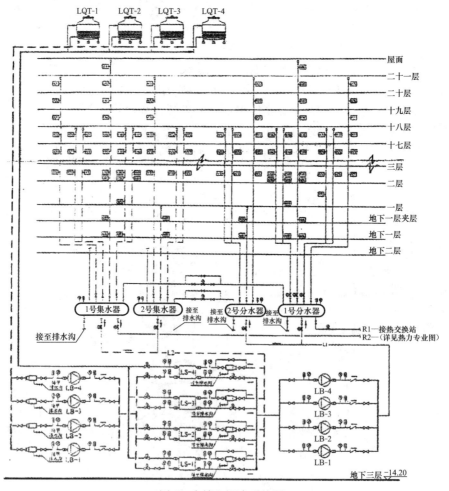

图 2　全楼空调水系统图

工程实录 B12

中国科技部综合节能示范楼

地点：北京海淀区

用途：办公楼、展示等

建筑规模：地下 2 层，地上 8 层；总建筑面积 12959m²（标准层为 1240m）

设计：北京市城市规划设计研究院

竣工时间：2004 年（设计 1996 年 7 月～2002 年 4 月）

建筑外观

建筑特点

该建筑为 1996 年美国总统克林顿访华时，中美双方协议共同投资建设的节能示范工程，工程要求用美国 DOE-2 软件通过计算机模拟办公楼各种节能措施对能耗的影响。从而设计一个在中国有示范作用的节能型办公建筑（包括建筑设备设施）。通过对不同平面形态的建筑在满负荷运行和非满负荷运行等条件下的模拟比较，确定了"十"字形平面（标准层）的设计。高度的确定也考虑该建筑两边现有建筑的环境影响而定为 30m（8F）。图 1 为大楼剖面图，图 2 为标准层平面图。

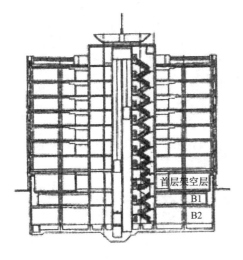

图 1 剖视图

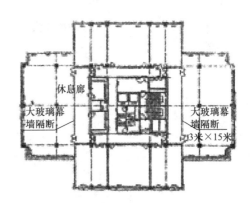

图 2 标准层平面图

围护结构

窗户的高度考虑到照明及建筑物冷热负荷的影响采用 1.8m。南向窗户设遮阳板及反光板，既有遮阳作用，又有反光效果（节省人工照明），如图 3 所示。此外，该楼围护结构传热系数和一般方案传热系数的比较如表 1 所示。图 4 即外墙墙体结构。

资料来源：《建筑创作》刊，2002 年第 10 期。

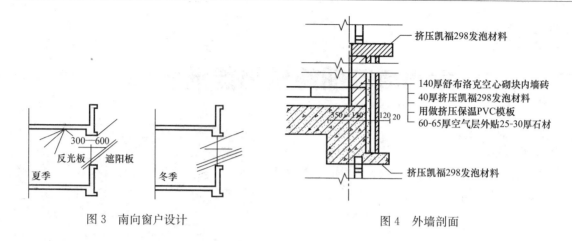

图3 南向窗户设计

图4 外墙剖面

节能示范楼各部分围护结构传热系数比较

表1

	节能方案	一般处理方案	北京市采暖居住建筑节能标准细则居住建筑对传热系数限值
外墙	舒布洛克复合型墙体 $K=0.62W/(m^2 \cdot K)$	300厚陶粒混凝土空心砌块墙体双面抹灰 $K=1.06W/(m^2 \cdot K)$	$K=0.82 \sim 1.16W/(m^2 \cdot K)$（视体形系数不同而变化）
外窗	Low-e型玻璃（单框双玻）$K=1.65W/(m^2 \cdot K)$ 可见光透射系数 TVIS=0.41	单框双玻塑钢窗 5mm 厚玻璃 $K=3.49W/(m^2 \cdot K)$ 遮挡系数 0.78	$K=4W/(m^2 \cdot K)$

空调设备

采用 FCU＋新风变风量系统，新风部分采用南北分区方式。由室温控制器和电动二通阀控制 FCU 水量，风机为手动三速调控。新风 AHU 设有转轮式全热回收器。冷源为电动螺杆式冷水机组，冷量可多档调节，最小冷量可达 21%，可保证低负荷下高效运行。

其他

大楼照明采用高效 T5 型新光源，并采用一般照明和自然光照明相结合的控制系统，大楼屋顶设有 120m² PV 装置及雨水收集系统。

工程实录 B13

中国大唐电力调度指挥中心

地点：北京金融街 F10（3）地块内

用途：办公为主要功能

设计：中国建筑设计研究院

建筑规模：地上 16 层，地下 5 层；建筑高度 70m；标准层高度 3.85m；总建筑面积 4.83 万 m²

建设工期：2003 年 12 月～2005 年 8 月

建筑外观

建筑概况

该建筑位于西二环路、广宁伯街、太平街大街、武定候街、金融街包围的地块内（见图 2）。金融街业主、SOM 与国内设计院签订三方设计总包合同，由设计总包全面负责，统一协调，有效地进入工程实施。该地块有城市热网提供热源，冷源则独立配置。本楼平面呈缺少一个角隅的正方形（见图 1）。

空调方式与系统

设计确定每层设一个空调机房，难以按朝向划分系统，而各朝向均有较大面积的外窗，空调负荷各向变动较大，按传统系统方式，易造成各朝向新风分配不均。为此采用：设置独立新风系统，即每层设置一个变风量循环风系统和一个新风系统，新风系统采用定风量方式，不负担室内负荷。图 1 为标准层空调风管平面布置图。该工程设计循环风送风温度约 10℃（夏季），属低温送风。为防止送风口结露，并保证气流稳定，采用了风机动力型串联式末端装置，空气处理机组送风在 VAV 末端内与房间空气混合后被风机送入房间，设计送风温度为 13℃。

冷热源设备与系统

空调设计冷负荷为 3751kW（合 77.4W/m²）。该楼采用部分负荷冰蓄冷系统，制冷机和蓄冰设备为串联方式，主机位于蓄冰设备上游，设计工况供冷运行为主机优先模式，部分负荷时则按融冰优先模式运行。设计条件下主机空调工况制冷量为 3298kW（938RT），总蓄冰量为 3805RTH，设计日蓄冰设备供冷量占日用冷量的 19.5%，削峰率为 12%，系统示意见图 3。

主机采用 2 台双工况螺杆式冷水机组［1758kW（500RT）/台］，制冷工质为 R22，因机房地位所限，未设基载主机。根据运行需要该系统可实现：（1）主机制冷；（2）夜间制冷＋供冷；（3）单主机供冷；（4）单融冰供冷；（5）主机供冷＋融冰供冷等 5 种模式。

空调热源采用该地区热网，在该楼设有热交换设备，空调供/回水设计温度为 45℃/35℃。

空调设计负荷为 2854kW，按总建筑面积的热负荷指标为 58.9W/m²。

资料来源：《暖通空调》2008 年第 7 期；《暖通空调》2007 年第 6 期。

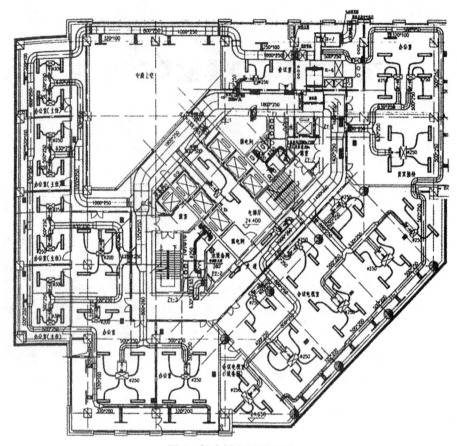

图 1　标准层空调平面图

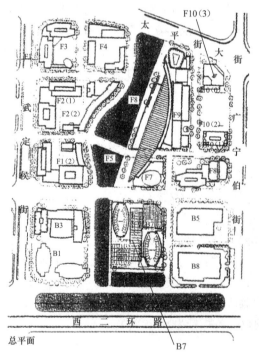

图 2　总平面图

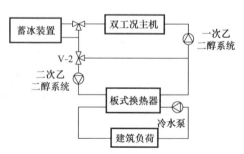

图 3　冷源系统示意图

北京金融街 B7 大厦

地点：北京城西区金融街 B7 地块

用途：办公为主要功能，其他有银行、会议等用途

设计：中国建筑设计研究院、美国 SOM 设计公司

建筑规模：地上 24 层，地下 4 层（主要 A、B 两塔楼）；总建筑面积 21.9 万 m² （包括 C、D 两副楼）

设计时间：2003 年 1 月～7 月

竣工时间：2005 年 10 月

建筑外观

建筑概况

该工程是金融街最高的标志性建筑，由 A、B 两座相同的办公楼（24F）、C 座会议中心（3F）以及 D 座交易中心（4F）和中央的四季花园组成。围护结构以各种幕墙组合（13 种玻璃单元），塔楼东西立面采用双层通风幕墙。该工程设有两个制冷站（地下 2F）、两个锅炉房和一个热网换热站，分别服务于 A、C、D 座及 B 座。该工程地盘图参见"中国大唐电力调度中心（工程实录 B13）"介绍。

空调方式

A（B）塔楼（办公楼）标准层采用变风量空调系统及窗际放热器系统。每层设置 1 台变风量空调系统，内外区共用（为节约机房面积）。各季节送风温度均为 11～13℃。虽因冬季有放热器补热，但存在较大的冷热抵消的缺点。A（B）座标准层各设有集中独立新风系统，因条件限制新风未作预处理（热湿方面），直接送入空调系统。

A、B 楼标准层共设有 42 套变风量空调系统，典型的管路布置如图 1 所示。A 座 1F 商业用房采用 FCU 方式，其他均为全空气系统，四季花厅面积为 2400m²，高 18m，采用地板采暖系统（供/回水温度为 60℃/50℃）。

冷热源方式

B7 大厦整个工程设两个制冷站，冷水供/回水温度为 5.6℃/13.3℃，冷却水进/出水温度为 37℃/32℃，制冷站的设备配置见表 1。

资料来源：《暖通空调》2007 年 06 期。

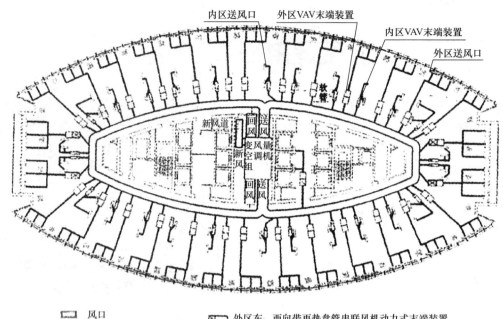

内区送风口　外区VAV末端装置　内区VAV末端装置　外区送风口

图1　标准层空调及采暖布置图

□□ 风口　　　　　　外区东、西向带再热盘管串联风机动力式末端装置

□□ 内区单风道末端装置　外区南、北向串联风机动力式末端装置

制冷站设备配置表　　　　　　　　　　　　　　　　　表1

制冷站		冷水机组容量×台数	冷水泵	冷却塔	备　注
1号	供A、C、D座	3516kW（1000RT）×2台（1台变频）	一次泵，三用一备，二次泵6台（变频）	三用（800m³/h×3）一备（630m³/h×1）	冷却水泵均三用一备
2号	供B座	2813kW（800RT）×3台（1台变频）	三用一备（一次泵变频）	三用（630m³/h×3）一备（400m³/h×1）	

冬季冷水由天然冷源冷却塔提供。

该工程热源由市政热网提供110℃/70℃的高温热水。建筑物内设置一个换热站，站内设11套二次供热系统，即A、C、D座及B座各设3套生活热水系统（60℃/50℃）。A、B座和C、D座各设1套空调热水系统（60℃/50℃）。此外，A、B、C、D座合设1套热水供暖系统（85℃/60℃）。A、B座大堂及四季花厅各设1套热水地板采暖系统（60℃/50℃）。当市政热水检修期由该建筑A、C、D座和B座地下室设置的2个锅炉房供热，其容量分别为1.75t/h蒸汽×2台和1.25t/h蒸汽的2台，工作压力均为0.8MPa。空调水系统为四管制系统。

该工程A、C、D三座总空调冷负荷为12974kW，空调热负荷为6002kW。

B座总空调冷负荷为8792kW，空调热负荷为3768kW。

工程实录 B15

北京财富中心（一期）

地点：北京市朝阳区东三环路中段

用途：综合商务

设计：中元国际工程设计研究院与境外设计公司合作设计

竣工时间：2005 年

建筑外观

建筑规模

一期工程总建筑面积为 24.72 万 m²，地下 3F 为辅助用房，地上 40 层，主要为办公、公寓、会所等。A 座为办公楼，建筑面积 10.74 万 m²，高 162m；B 座为公寓楼，面积为 7.445 万 m²，高 122m。

空调方式

办公区域均采用风机盘管加新风系统，办公塔楼在 10F、24F 及 41F 设进风风机，分别向上、下竖井内送风。标准层每层建筑面积为 2400m²，设 2 台新风处理机组［4000m³/(h·台)］，将室外空气处理到室内状态的等焓线处。进风风机服务层数不超过 10 层，其他辅助房间按需设各种其他方式的空调系统，公寓部分户内设置风机盘管和散热器供冷供热，公寓实行分户热计量。热量表集中置于热表间。办公区亦可按时段分区计费供冷（分区设电动阀门）。办公楼标准层的空调平面布置图（参见图 1），送回风口均为条缝型。

冷热源设备

集中空调冷源采用 3 台 4220kW（1200RT）及 2 台 2110kW（600RT）的离心冷水机组，总冷量为 16880kW。冷水机组并联运行采用总母管布置，运行搭配灵活。冷却水泵和一次冷冻水泵与冷水机组一一对应配置并按型号各设一台备用泵，二次冷冻水泵按功能分区，且可变频运行，冬季内区以冷却塔的冷却水为冷源（通过板换），以节约能耗。

公寓根据户型大小采用 5 种规格的风冷冷水机组。

热源利用城市热网，公寓楼和办公楼地下室各设置热交换站，分别向西楼提供空调和采暖热水。空调热水温度为 60℃/50℃，采暖热水温度为 85℃/60℃，公寓楼总热负荷为 7431kW，办公楼为 11267kW。办公楼地下 1F 的锅炉房，设有 2 台 2t/h 及 1 台 4t/h 蒸汽锅炉。冬季可用于空调加湿所需的蒸汽。夏季经汽—水换热后得到的热水可用于检修期公寓楼生活热水的备用热源，以及供二期工程酒店洗衣房等的需要。

办公楼风机盘管水系统内区为二管制（供冷水），外区为四管制，空调机组和新风机组为四管制，空调冷凝水汇合后排到中水池。此外，办公楼水系统分高低两区，低区冷水由冷冻机房

资料来源：《暖通空调工程优秀设计图集②》，中国建筑学会暖通空调分会主编，中国建筑工业出版社，2010 年。

供给，低区热水则由热交换站供给。高区由设在 24F 机房的板式热交换器提供冷、热水。空调水系统竖向和横向均采用异程式 FCU 和新风 AHU 均配有动态平衡阀。

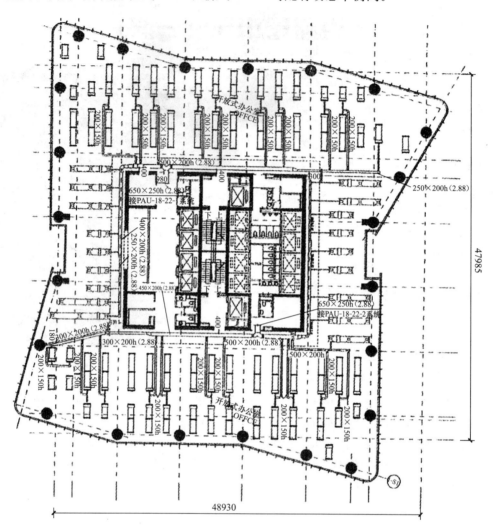

图 1　标准层空调平面图

工程实录 B16

中青旅大厦

地点：北京市朝阳区东二环南路

设计：冯格康·玛格及合伙人建筑师事务所（GMP）、中国建筑科学研究院建筑设计院

建筑规模：总建筑面积约 6.5 万 m²，地上 20 层，地下 3 层

用途：公司自建办公楼

设计时间：2003 年 9 月～2004 年 6 月

竣工时间：2005 年 12 月

建筑外观

建筑特点

大楼的核心部分是由 2 个 75m 高的大中庭及竖向一连串 4 层高的小型中庭构成。小中庭可作为工作人员的交流和休息的场所，加上培植绿化，有良好的生态气息。每层办公室空间则由 2 个 L 形的平面构成，可参见平面图 1 及图 2。办公室外的外围护结构采用主动式呼吸幕墙，对减少外围冷/热负荷与隔声等均有利。

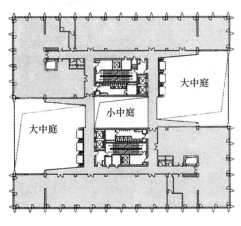

图 1 大楼标准层平面图

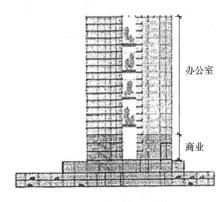

图 2 大楼剖面图

内呼吸幕墙应用

幕墙外侧为间隔 12mm 的双层隔热玻璃。内侧单层钢化玻璃（12mm），内外侧间隔 340mm，中间设有自动控制的遮阳百叶，共采用 324 台低噪声管道风机（机外余压 300Pa，风量为 360m³/h，噪声 52dB）。风机设在吊顶内，冬季风机使空腔形成负压，从窗下部抽取空气经腔体送回房间（也可排出），夏季则将室内空气排到室外，电动遮阳可进行开关控制或光感控制。

资料来源：《暖通空调工程优秀设计图集②》，中国建筑学会暖通空调分会 主编，中国建筑工业出版社，2010 年。

空调方式

工程采用二管制风机盘管方式新风机组分层设置。办公区标准层分内外区，冬季内区新风机组送风温度为 10～12℃，提供内区冷负荷。此外，具有加湿功能等。

首层中庭部分设有地板辐射采暖。在中庭首层、2 层的合适位置则有吊装了静压 AHU，用球形或条缝型风口向下部人活动区送风。

图 3 表示了标准层部分风机盘管、新风系统以及内呼吸幕墙的风道系统。

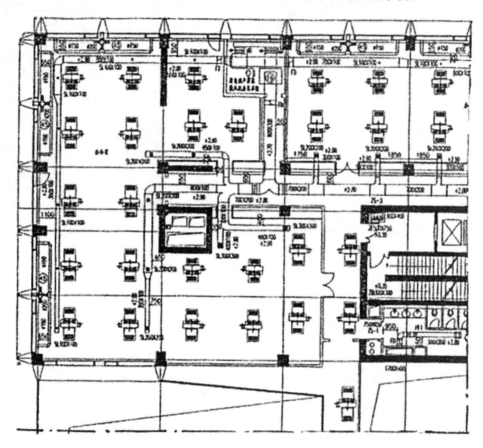

图 3　空调布置图（局部）

冷热源

空调设计冷负荷约为 7000kW，冷负荷指标为 105W/m²。采用 3 台电制冷冷水机组：2975kW×2 台及 1050kW×1 台，设于地下室。供/回水温度为 7℃/12℃，热源为市政集中供热方式，供热水由东南侧引入地下一层换热站，经热交换后供空调用水，供/回水温度为 60℃/50℃，设计热负荷约为 7150kW，合 110W/m²。

工程实录 B17

中国海洋石油总公司办公楼

地点：北京市东城区朝阳门内大街
设计：中国建筑设计研究院与美国
KPF 建筑师事务所合作设计
用途：办公为主
建筑规模：地上 18 层，地下 3 层；总建筑面积 9.634 万 m²
竣工时间：2006 年 4 月

建筑外观

建筑特色

以 4 层楼高的椭圆形斜柱廊托起的大楼，向高度方向向外扩张，使人联想起石油钻井平台，办公部分标准层呈圆角的三角形平面，5F～18F 的平面中央为统一的中庭，可以天然采光，减少办公层的照明负荷。大楼各方向采用了有各种功能的幕墙，同时使建筑造型更为生动活泼。建筑剖视图见图 1。

空调方式及系统

办公楼标准层（6F～18F）采用变频空调机组配变风量末端装置，空调系统为串联型风机动力式。空调房间分为内、外区，均采用统一的空调风系统。外区采用带再热盘管（热水）的风机动力箱，内区采用无动力无再热盘管的变风量末端装置。分室或分区控制室温，风系统采用定静压控制方式。风管平面布置见图 2。地下 1F 中庭、入口大厅、展示中心、商务中心、多

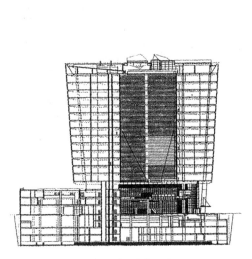
图 1 建筑剖视图

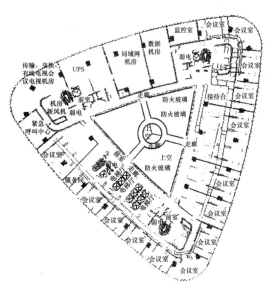
图 2 风管平面布置图

资料来源：《暖通空调》2007 年第 4 期；《建筑学报》2006 年第 8 期。

功能厅、职工餐厅等均采用低速全空气系统，3F休闲大厅内局部区域还采用了地板送风方式。

冷热源装置与方式

该工程冷负荷指标为 97.3W/m²，总冷负荷为 9375.8kW（2666RT）。空调冷源为：2813kW（800RT）三级离心制冷机×3 台；1096kW（312RT）螺杆式制冷机×1 台冷冻水泵、冷却水泵各 6 台，4 用 2 备，冬季内区采用天然冷源，即由冷却塔供冷水，经板式热交换器得 9℃/14℃ 的冷水供空调器使用。制冷机房设在地下 1F。3 台 700t/h 和 1 台 300t/h 的低噪声横流冷却塔设在裙房 2F 的设备间内，由侧面与顶部的百叶通风。

该楼热负荷指标为 72.3W/m²，总热负荷为 6999kW。热源由区域供热网提供，在地下 1 层设热交换器，用户侧热风温度为 85℃/60℃，空调用热风温度为 60℃/50℃，空调水系统如图 3 所示，采用四管制一次泵系统，水管路为异程式，不分区。空调设备末端设动态电动平衡阀。空调水系统分三个环路，分别设在相应建筑物的空调机房内。空调水系统设两套变频补水定压装置，空调冷却水、冷冻水、热水系统分别设置全程水处理器，空调系统冬季采用湿膜加湿器。

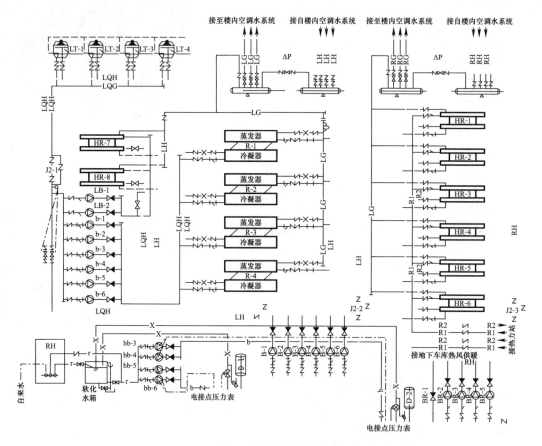

图 3　空调水系统图

LG 北京大厦（双子座大厦）

地点：北京市建国门外永安里

用途：办公楼及部分商业用房

空调设计：北京市建筑设计研究院

建筑规模：地上 30 层，地下 4 层、建筑高 125m，由两座主楼及相连的裙房组成；建筑面积 15 万 m²

竣工时间：2006 年

建筑外观

建筑概况

该大厦为 LG 在中国地区的总部。1F～5F 为大堂、商业用房、餐厅等，6F～29F 为办公层，15F 局部为避难区，30F 为电梯等设备用房，地下 1F 为商业用房，地下 2F 为发电机、制冷机房、换热器等设备用房。地下 3F、地下 4F 为车库。

空调设备与系统

办公标准层：采用变风量空调系统，楼内、外区分别设置（窗际 4.6m 范围为外区），内层采用 VAV 变风量末端装置，全年供冷；外区采用风机动力型变风量末端装置，并在窗际设冬季供暖用铜制串片型散热器。冬季 VAV 系统送风温度按内区要求设定，外区则控制散热器加热量以满足室温。变风量系统采用单风道定静压控制。图 1 为标准层空调及供暖布置图。1F～5F 的大堂、商业用房、餐厅等均采用全空气定风量空调系统。各空调系统均设回风/排风机，过渡季均可全新风运行。

冷热源设备及系统

夏季空调设计总冷负荷为 19596kW（5573RT），冬季供暖空调设计总热负荷为 14231kW。空调冷源由设在地下 2F 制冷机房内的 6 台 3516kW（1000RT）的离心式制冷机组提供，冷水供/回水温度为 5℃/10℃，冷却塔设在两个主楼的屋顶，空调冷源系统示意图见图 2。

空调供热热源为市政热网提供的高温热水，经设在地下 2F 的热交换机房内的板式换热器获得 80℃/60℃的二次水供热。空调水系统为四管制，分空调冷水系统和供暖与空调热水合用的热水系统两种。各空调机组的冷却盘管与加热盘管分别设置。空调冷水系统全楼不作竖向分区，冷水机组承压 2.0MPa，系统形式为一次泵系统，在机房冷水供回水总管间设压差控制电动调节阀，闭式膨胀水箱设在 30F 机房内。热水系统竖向分高、低、裙房三个区。板式热交换器承压 2.1MPa，膨胀水箱分别设于 30F、15F、5F 的机房内。

大楼内设有租户冷却水系统，与空调冷却水系统合用冷却塔。但租户冷却水经板式热交换器后应用，以保证水质。

资料来源：《暖通空调》2008 年第 9 期。

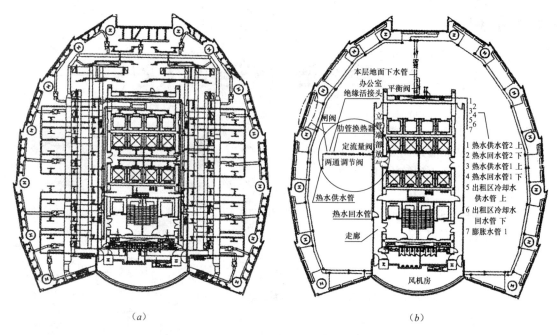

(a)　　　　　　　　　　　(b)

图 1　标准层空调及供暖布置图

(a) 写字楼空调通风系统平面图；(b) 写字楼供暖系统平面图

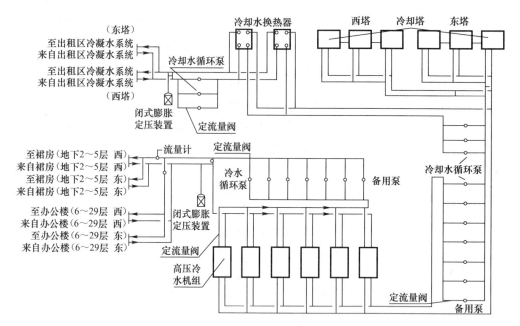

图 2　空调冷源系统示意图

工程实录 B19

中关村金融中心

地点：北京市海淀区中关村西区 21 号地块

业主：北京科技园置业股份有限公司

设计：美国 KPF 建筑师事务所、中国建筑设计研究院

总建筑面积：11.1818 万 m²

竣工时间：2006 年

建筑外观

建筑概况

工程用地呈 1/4 园环形，主楼（A 座为地上 35 层，地下 4 层）的办公楼。为京西最高建筑，副楼 B 座地上 8 层，为可独立经营的办公楼，二者由连廊 C 座楼连成为约 200m 长的整体建筑。建筑周围环绕着 7.1hm² 的楔形绿地和中心广场。图 1 及图 2 分别为工程平面与剖视图。

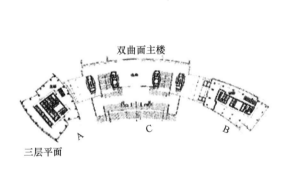

图 1　工程平面图

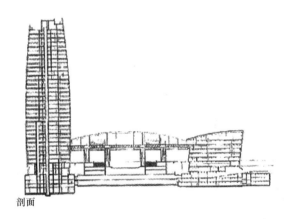

图 2　工程剖视图

空调方式和系统

空调以低温空调送风系统为主，标准办公层空调系统进行内外分区。每层采用独立的变风量全空气系统承担室内负荷。新风在设备层集中处理后送入各层的 AHU，每层排风量为新风量的 90%，经过生设备间与走道排风。连廊和大空间房间采用定风量空调方式。在 A、B 座 1F 大堂部分设置地板辐射供暖辅助大堂空调系统。

A 座 1F 商务中心地下物业库房等采用集中的变冷剂流量空调系统。A、C 座消防中心、通信机房等设热泵型分体空调机组，配电间、电梯机房设单冷分体机组。

大楼采用单元式玻璃幕墙，不能在每层立面上设送排风百叶。故办公层新风、排风及防排

资料来源：《暖通空调》2007 年第 37 卷增刊。

防烟均集中处理。A 座办公层分 3 个区，设备层分别设在 12F、24F 及 35F。B 座设备层位于 9F。在每层空调机组新风支管和新风总立管处设置 CAV 末端装置，保证每层空调系统新风量不变。

冷热源方式与系统

该区域设有区域供冷站（见本书第 8 章第 6 节），冷源机房采用冰蓄冷系统，提供 1.1℃/12.2℃冷水，经二次换热得空调供/回水温度为 2.2℃/14.4℃，又由中关村西区的市政热网引入 150℃/170℃的热水经二次换热后提供 80℃/60℃的空调热水。A、C 座空调总冷耗量为 9088kW，耗热量为 5666kW，B 座则分别为 1800kW 及 1341kW，总冷、热指标为 97kW/m²，用户侧采用一次泵变水量系统，由用户端静压设定值控制水泵变频调速，由用户端用冷量，用热量控制换热器及水泵运行台数。各座水系统独立设置。A、C 座水系统沿竖向划分高低区（25F 以上为高区）。B 座不分区。A、C 座换热间均设在地下 4F，B 座设在地下 2F。

工程实录 B20

北京凯晨广场

地点：北京市西长安街

用途：办公、商务中心、餐饮等

建筑规模：总建筑面积为 19.4 万 m^2；地上 14 层，地下 4 层

设计：北京市建筑设计研究院

竣工时间：2006 年

建筑外观

建筑特点

该工程由 3 个内部独立楼体组成，由错落有致的空中连廊相接，并形成双中空大堂。此外有较别致的绿化和水景设计，构成优良的办公环境。各向外围护结构采用呼吸式幕墙，以有效地降低室内热负荷。但工程总投资相当大。图 1 为工程标准层平面图。

空调方式

办公楼标准层空调系统采用变风量空调方式。空调系统分内外区，内区末端形式为串联风机型 VAV 箱，外区末端则加设再热盘管。空调一次风的送风温度为 9.5℃。属低温送风方式。标准层办公室的新风集中设置，并采用变风量新风系统，而每层新风量则有 CAV 控制，标准层排风采用热回收技术。此外，采用冬季由冷却塔免费供冷方式，以解决冬季内区的供冷问题。

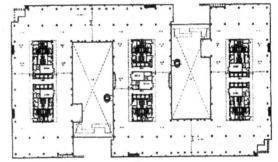

图 1　标准层平面图

大厦的中庭采用分层空调形式。设计以 CFD 模拟计算为依据，效果良好。其他房间则根据规范设机械通风及防排烟系统。

冷热源

（1）大厦的冷冻站设置在地下 4F，共设 4 台 1100RT 离心式冷水机组和 1 台 400RT 螺杆式冷水机组。

（2）大厦的冷冻水系统采用二次泵形式，一次冷冻水泵与冷水机组采用一一对应布置方式，二次冷冻水泵则按功能区域分别设置：标准层办公区域及功能性房间区域。

（3）冷冻水系统采用大温差供水方式，其供/回水温度为 5.5℃/13.5℃，以减少空调水系统的输配能耗。

（4）冬季供热采用热力站供给方式，分供 VAV BOX 及空调箱两个系统，其供回水温度不同；各空调系统均设冷、热计量装置；同时，管理中心设有能源管理系统。

资料来源：《暖通空调优秀设计图集②》，中国建筑学会暖通空调分会主编，中国建筑工业出版社，2010 年；《大科技》228 号 2011 年 7 月。

西直门综合交通枢纽工程（西环广场）塔楼

地点：北京市西直门附近
用途：综合性办公楼
设计：中国建筑设计研究院
建筑规模：裙房（6层、商场、餐厅等），3座 100m 高（23 层）的办公楼
总建筑面积：26.4 万 m²

建筑外观

建筑概况

该工程是与城市铁路站房相结合的商业开发区，主要建筑为三幢造型和规模相当的弧型全玻璃幕墙办公建筑，造型特殊，标指性强。7F～21F 为办公室、会议室；22F 为设备层，23F 为通透式展示厅。办公楼与商业中心之间有架空的裙房相连，下方有高架公交车道。地下 1F 为大型超市，地下 2F、地下 3F 为车库，局部地下 2F、地下 3F 为两层通高的机电设备用房。地下建筑面积约占 1/3。工程北部为 18 层的回迁办公楼和城铁指挥中心。

空调方式与系统

该工程主要采用全空气空调系统（集中变风量、风机变频、无变风量末端）和风机盘管系统。

（1）塔楼 T1、T2、T3 办公楼采用风机盘管加新风系统，新风系统逐层设置，另一幢回迁办公楼（T4）标准稍低，9F 以下设计风系统，10F 以上因有外窗，只设风机盘管，塔楼 T2 标准层空调风系统平面见图 1，风机盘管水系统的安装走向则沿新风管道敷设。

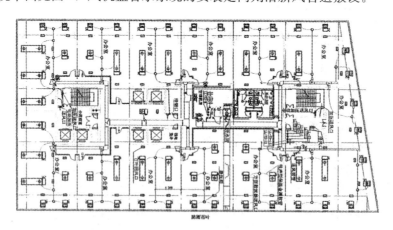

图 1 塔楼 T2 标准层空调风系统平面

（2）裙房 1F～6F 餐厅及商业营业厅周边外区设风机盘管。内区为全空气系统。

资料来源：《暖通空调》2007 年第 1 期。

（3）地下超市为双风机全空气空调系统，空调排风作为地下 2F 汽车库的补风。整个工程共设 82 个全空气空调系统，53 个新风系统以及 30 个空调排风系统。

冷热源方式和系统

冷源：选用 5 台 7034kW（2000RT）的离心式制冷机组，采用 10kV 高压配电方式，此外，设 2 台 1759kW（500RT）的离心式制冷机，380V 低压配电变频控制。冷冻水温度为 7℃/12℃，冷却水温度为 32℃/37℃。

空调冷水采用二次泵系统，一次泵定流量运行，与冷水机组一对一对应设置。并设一大一小备用泵，二次泵为变流量运行，裙房与塔楼分设两大系统，裙房系统 5 用 1 备，塔楼系统 4 用 1 备，各塔楼风机盘管和机组冷水由分集水器分别引出，以便集中控制和计量。冷却水泵为定流量运行，与冷水机组一一对应，并设一大一小备用泵。冬季塔楼内供冷水系，利用冷却水通过制冷系统的冷却塔使之降温，再经过换热器换热将冷水温度降低的供冷方式（即免费供冷）。

热源：利用城市热网的集中供热，热媒为 125℃/65℃的高温水。热交换站设在东区地下 2F 内。空调总供热量为 25847kW，空调用热媒温度为 65℃/55℃的低温热水。系统用升式膨胀水箱定压。塔楼 T1、T2、T3 办公楼为四管制变水量系统，T4 办公楼为两管制变水量系统，水系统图见图 2。

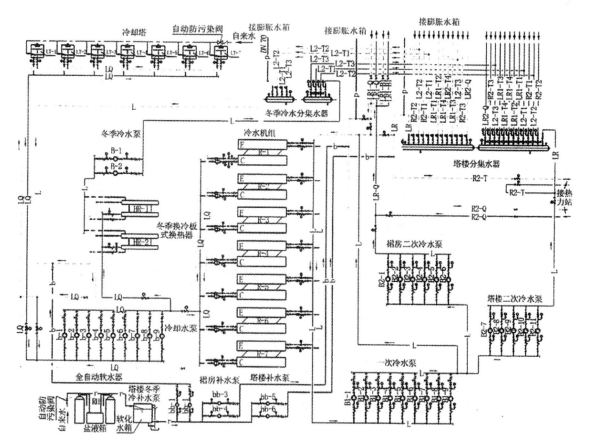

图 2　冷水系统图

工程实录 B22

北京国典大厦

地点：北京市朝向区安定路安贞桥东北角
用途：商务办公用
设计：中国建筑设计研究院
建筑规模：地上 15 层，地下 4 层；建筑高度 60m；总建筑面积 7.01 万 m²
设计时间：2005 年 5 月
竣工时间：2007 年 4 月

建筑外观

建筑概况

地上 1F～3F 为门厅、商业用房、银行、餐厅、商务会议、健身房、多功能厅等，4F～15F 为办公用房（分南楼和北楼）。地下 1F～地下 4F 为职工餐厅、车库、设备用房等。

空调方式

办公区、会议室等采用风机盘管加新风系统［新风量按 30m³/（人·h）计］。其他部分房间采用全空气定风量空调系统，并采用双风机新风可调的系统（过渡季全新风可能）。此外，首层大堂因层高较高（9.8m）而设置一套低温地板辐射供暖系统（热负荷为 18kW）。图 1 为标准层空调平面图（风机盘管及南北新风机房的布置）。

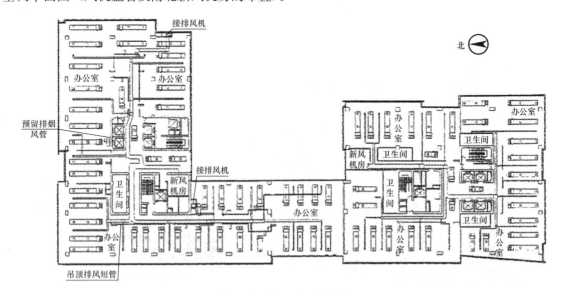

图 1　标准层空调平面图

资料来源：《暖通空调》2007 年第 6 期。

冷热源方式

考虑到多种因素后选用以燃气为能源的冷热源方式。在大楼地下 2F 设 3 台直燃式吸收式制冷机，单台制冷量为 2326kW，燃料为天然气。冷水供/回水温度为 7℃/12℃，供全楼夏季空调使用。冬季直燃机制热量为 2511kW，供/回水温度为 60℃/50℃，供全楼冬季空调之用。直燃机机房考虑了自然通风、机械通风及事故通风。直燃烟囱沿竖井升至 15F 排放。空调水系统为一次泵变水量二管制系统。空调机组与风机盘管的水路在分集水器处分开设置。冬季转换在机房内上手动进行，系统定压补水采用隔膜式自动气压膨胀罐，安装在直燃机房内。该工程要求对租户进行冷热量计量，南楼 4F～15F 分户计量。北楼 4F～15F 则按层计量。图 2 为空调冷热源系统图。该工程空调总冷负荷为 6147kW，按空调面积冷负荷指标为 120W/m²；总热负荷为 6358kW，按空调面积热负荷指标为 125W/m²（空调面积按 51000m² 计）。

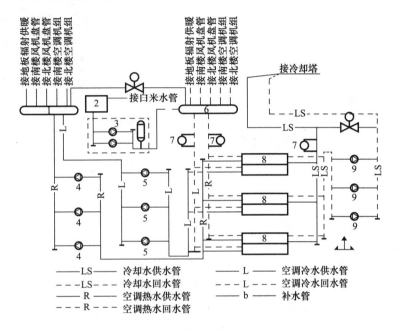

图 2　空调冷热源系统图

1—水分器；2—补水箱；3—定压补水装置；4—空调热水循环泵；5—空调冷水循环泵；
6—集水器；7—全程水处理器；8—直燃机；9—冷却水泵

北京天元港国际中心

地点：北京市朝阳区霄云路 35 号

用途：办公为主

建筑规模：地上共 25 层、地下 4 层；高 99.9m；总建筑面积 11.15 万 m²

设计：中国建筑设计研究院

设计时间：2005 年 4 月

竣工时间：2007 年 5 月

建筑外观

建筑概况

该工程 4F 以上为办公区，3F 为会议区，1F～2F 为商务配套用房及大堂，地下为下沉式商业街、餐饮、设备用房、车库等。建筑地上办公楼部分 4F 以上分南楼、北楼两部分，南楼为大空间办公室，以出租为主。北楼为单元式办公楼，以出售为主。

空调方式

根据办公楼经营方式、使用功能和运行时间的不同，划分了若干各自独立的空调系统。办公室、会议室采用风机盘管加新风系统。其中北楼 4F 以上办公室夏季由 FCU 负担新风负荷，并按面积划分多个办公单元的 FCU 系统（采用对应的风冷冷水机组）。大堂、餐厅、商用房间等用全空气定风量空调方式，并用双风机实现新风比可变的系统。首层大堂因层高大，另设有地板送风系统，办公层空调平面布置如图 1 所示。

冷热源设备与系统

冷源分为两类，一类为集中方式，在地下 4F 制冷机房设 3 台离心式制冷机，其中 2 台为 2464kW（701RT），1 台为 1407kW（400RT），其供/回水温度为 7℃/12℃，可供南楼和北楼 4F 以下区域的夏季供冷，其系统如图 2 所示。另一类为分散式冷源，北楼 4F 以上区域每个单元采用 1 台小型风冷冷水机组（内置循环水泵）。采用该方式运行灵活机动，节约能耗，同时应辅以良好的维护管理。系统如图 3 所示。

热源为设于地下 2F 的供热站，将城市热网 120℃/60℃ 的热水换热成 60℃/50℃ 的热水，供全楼冬季空调使用，热力站由北京市热力公司设计。

空调水系统为一次泵变流量二管制，空调机组与风机盘管的水路在分集水器处分开设置。冬夏季工况转换在机房内分集水器上手动进行。

该建筑空调总计算冷负荷为 9679kW（其中集中系统为 6362kW，单元式系统为 3317kW），总热负荷为 8978kW。单位建筑面积冷负荷为 105.2W/m²，热负荷为 97.6W/m²。

资料来源：《暖通空调》2007 年第 6 期。

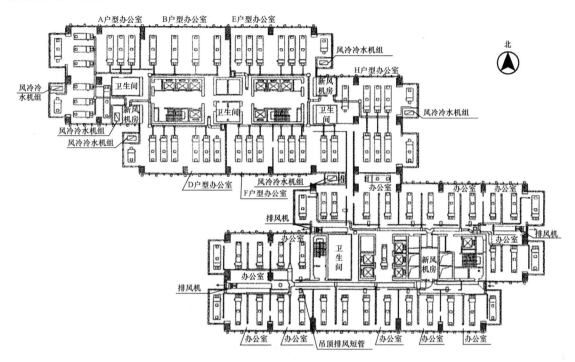

图1　办公层空调平面图

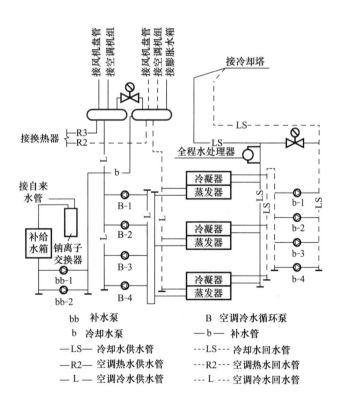

图2　集中冷热源系统图

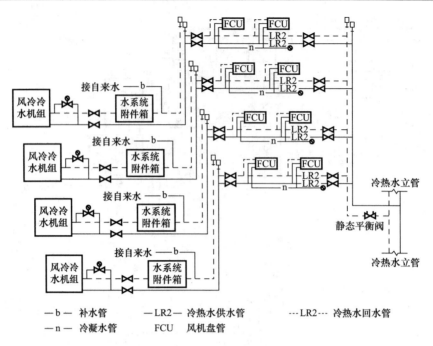

—b— 补水管　　　—LR2— 冷热水供水管　　　---LR2--- 冷热水回水管
—n— 冷凝水管　　　FCU 风机盘管

图 3　分散冷热源系统图

清华大学环境能源楼（SIEEB）

地点：清华大学内

用途：办公、教室、实验室、展示等

建筑规模：地上 10 层，地下 2 层；总建筑面积 20268m²

设计：中国建筑设计研究院，意大利 MCA 事务所，FM 事务所（设备）

竣工时间：2007 年

建筑外观

建筑特点

该项目为意大利环境与国土资源部和我国科学技术部的合作项目，旨在使该建筑充分体现节能环保，生态绿色技术方面有充分的体现，成为在建筑节能方面有示范作用的项目。根据建筑物地盘位置和气候等因素，平面设计成 C 形（见图 1），立面呈阶梯状由北向南对称跌落的形式（见图 2），有利于自然采光通风和绿化布局等手法的实施。东西两侧的外围护结构为双层玻璃幕墙，其内层玻璃为高热性能的 Low-e 玻璃，其他方向也均采用相应的光热性能良好的玻璃。例如在面向内凹空间的东、西、北三侧设计双层幕墙，外侧幕墙由玻璃百叶构成。部分百叶可由计算机控制旋转角度，以有效利用自然采光。

冷热源系统

设有冷热电三联供装置，共设两台 250kVA 以天然气为能源的内燃发电机组，运行策略为以电定热，发电机组并网不上网，不足电量由校园电网补充，发电过程中的废气、缸套水等系统中的废热均回收利用。该热量用于本楼的建筑采暖，冬夏季空调用热及生活热水系统，发电机组的效率为 37%，其能源综合利用效率达 83%，冬季不足热量由 2 台 450kW 及 1 台 150kW 的热水冷凝式锅炉补充。夏季，发电机组的余热用于热水型溴化锂吸收式制冷机供空调冷水，不足部分由 3 台 580kW 的电动螺杆式制冷机补充。

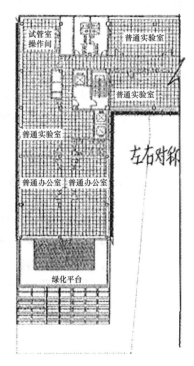

图 1　建筑平面（5F）

资料来源：《暖通空调》2007 年第 6 期；《建筑学报》2008 年第 2 期。

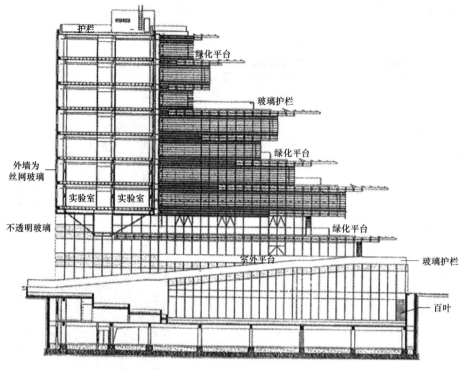

图 2 剖面图

空调方式

除个别房间外，大部分房间采用架空地板（350mm 高）送新风和金属板辐射吊顶的空调方式，夏季由新风除去室内湿负荷。新风采用单风道无动力与压力无关型 VAV 末端进行控制，室内新风量要求由 CO_2 传感器提供信号。屋顶上设全热交换器变风量新风空调机组，同时可调节排风机风量，辐射吊顶上的供水为四管制，由室温传感器及平均辐射温度传感器控制水量。此外，辐射板上设有防结露传感器，用以控制新风量及辐射板的供水阀门。

其他绿色生态技术

（1）太阳能发电系统：在各层悬挑的钢结构顶架上设有太阳能 PV 板，发电总功率为 20kW，以展示为主，并未作为大楼的主要能源项目。（2）绿化系统：大楼南侧层退后的平台上设置了绿化种植层面，种植土厚约为 180～250mm，可提高屋顶冬夏季的保温性能，此外环绕大楼因地制宜地种植了大量树木和植被。（3）雨水利用：大楼有大面积的室外屋顶及平台，可以充分利用雨水，此外有室内废水，可构成较大的中水系统。大楼的照明设备和系统均遵循绿色生态设计的原则进行建设和设施管理。该大楼建成投入使用后，初步估算可减少 CO_2 排放量 12200t/a。

工程实录 B25

北京第五广场 A 座

地点：北京市东城区东四危改小区
沿街公建北区 D5 区
设计：北京市建筑设计研究院
用途：办公为主，另有商业用房等
建筑规模：（A 栋）地上 17 层，地下 4 层；
办公层（标准层）面积 1787m²；总建筑面积 A
栋 3 万 m²（地上），包括 B、C 栋及地下建筑共
为 12.1 万 m²
标准层高度：3.85m
建设工期（施工）：2004 年 10 月～2008 年
1 月

建筑外观

建筑概况

该建筑地上分为 A、B、C 三栋建筑，其间有两层交通层相连，地下 1F 为商业用房，相当于 4 个独立的经营单元。

空调方式（A 栋）

全空气变风量系统。每层设两台变频空调机组（每台风量为 2.5 万 m³/h），新风经屋顶设置的新风空调机组处理后加压送到竖井，供各层空调机组使用，各空调机组设 CAV 定风量阀控制新风量。吊顶内回风连接到机房，以机房作为回风静压室。办公室分内外区，VAV 系统采用定静压控制，新风采用最小新风量控制［夏季为 30m³/（人·h）］，新风占总送风量的 10%。过渡季为 60m³/（人·h）。A 栋标准层空调布置见图 1。外区采用串联型风机动力型末端共 10 台，内区采用单风道 VAV 末端共 10 台，办公室均设有排风系统，图 2 为房间空调布置剖面图。

冷热源设备与系统

地下 4F 分别设置 4 个独立制冷机房（投资方从建筑物销售考虑）。A 座办公楼采用 2461kW（700RT）×2 台及 879kW（250RT）×1 台，系统原理图如图 3 所示。

热源由城市区域热网供热，冬季供/回水温度为 125℃/70℃，夏季为 70℃/40℃，经设在地下 4F 的总换热站换热后，提供 60℃/50℃ 的空调热水供新风机组、空调机组、VAV 末端的热盘管使用，其他楼座的 FCU 和地板采暖均由此提供。冬季空调总热负荷为 9800kW。

该工程冷负荷指标偏大，是由于原设计室内设计温度要求偏高，以及围护结构传热系数取值偏大等原因所致。空调水系统如图 4 所示。

冷水机组的供/回水温度为 7℃/12℃，冷水系统均为一次泵定流量系统，空调水系统为四管制，且高低不分区。冷却塔与制冷主机相匹配，冷却水进/出水温度为 37℃/32℃，冷却塔位于大楼屋顶上。冬季和过渡季初期使用冷却塔及板式换热器，以利用自然能的供冷方式。此外，

资料来源：《暖通空调》2008 年第 9 期。

考虑到租户用的计算机房、电信机房内的空调机房专用机组的制冷需求，在屋顶设有闭式冷却塔以及变频循环水泵。

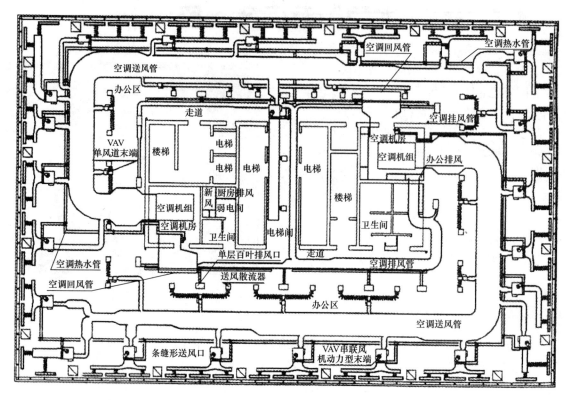

图 1　A 栋标准层空调平面图

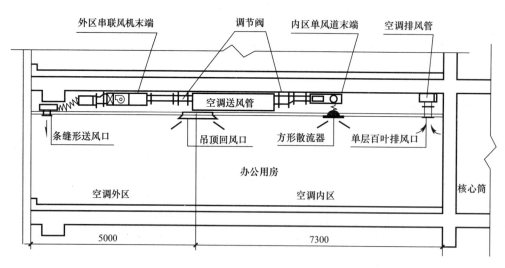

图 2　房间空调剖面图

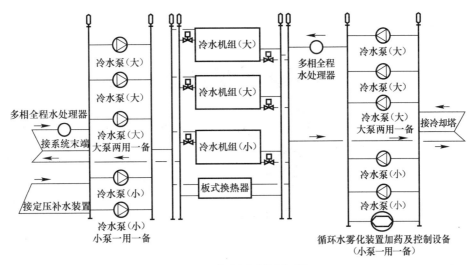

图 3 A 座冷源系统原理图

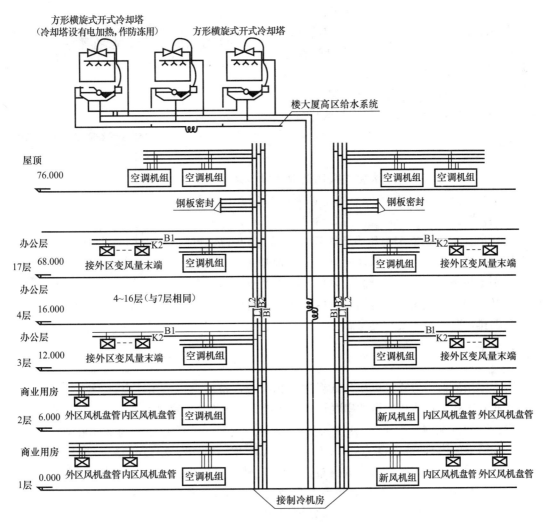

图 4 空调水系统原理图

工程实录 B26

中国石油大厦

地点：北京市东城区东二环交通设备区北部

建筑规模：大厦为组合主体建筑，共有 4 个塔楼。总建筑面积为 20.08 万 m²；地上 22 层，地下 4 层

竣工时间：2008 年 8 月（2003 年初开始设计）

建筑围护结构

大楼采用双层内呼吸幕墙（即通风窗 AFW），如图 1 所示，由中空 Low—e 玻璃、隔热型材、可调遮阳百叶、排风系统等组成。设计过程进行模拟分析。幕墙内通风量按 5L/(s·m) 设计，可使幕墙夏季玻璃内表面温度与室温差＜5℃，冬季可＜3℃。此外，大厦建筑设有高大中庭。

建筑外观

空调方式

除数据中心、报告厅外，大厦均采用低温送风空调系统。为节省投资，全楼办公室标准层部分的空调系统采用并联分配布置，每 6 层划分为一个空间系统。由 2 台 AHU 供给，并通过变风量末端通风。变风量末端为压力无关型，并按房间负荷特征，分别选用单风道型、并联或串联风机动力型变风量末端（FPB），办公室分别采用条拱高诱导比低温送风口（标准型或高容量型）。大厦中庭则采用直送式诱导比低温送风口，新风监测按现行设计标准及幕墙排风时的技术要求确定。

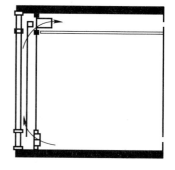

图 1　内呼吸幕墙应用

冷热源方式

该工程采用冰蓄冷方式，以便与低温送风相配合，蓄冷系统采用冰盘外融冰式冰盘管蓄冷系统，其布置方式采用主机上游的串联形式，系统原理见图 2。蓄冰主机选用 3 台双蒸发器离心式制冷机：空调工况时，冷水供/回水温度为 5.5℃/12℃，单台制冷量为 3340kW；蓄冰工况时，乙二醇溶液的供/回液温度为 -8.5℃/-5.0℃，单台制冷量为 2285kW。双蒸发器离心制冷机如图 3 所示（蓄冰工况时为双级压缩流程）。此外选用 2 劤磁悬浮离心制冷机作为基载制冷机，冷水供/回水温度为 7℃/13℃，单台制冷量为 1582kW。蓄冰装置采用 24 组冰盘管，总蓄冷量为 57219kWh（16274RTH）。所有冰盘管设在混凝土槽内。

资料来源：《暖通空调》2008 年第 9 期。

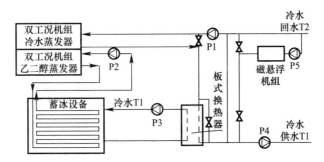

图 2　外融冰式冰盘管蓄冰系统

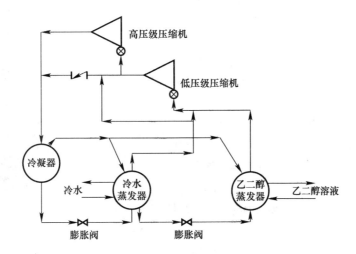

图 3　系统流程

北京电视中心（BTVC）

地点：北京市朝阳区建国路

用途：办公、电视制作及其他（演播、生活服务）

设计：北京市建筑设计院与日建设计联合设计

建筑规模：综合楼（7.883 万 m²，地上 41 层，地下 3 层），多功能演播中心（4.11 万 m²，10 层），生活服务楼（1.158 万 m²，8 层）；总建筑面积 19.7 万 m²

结构：地上钢结构、地下钢筋混凝土结构

设计时间：2002～2003 年；竣工时间：2008 年 12 月

建筑外观

建筑特征

综合楼为电视中心的主体，4 个角隅位置的核心筒为无柱空间。在其中央部位构成了大型的开放型中庭。使该楼的各个部位都可以通过该中庭获得采光和自然通风，为生态节能创造了良好条件。图 1 为综合楼的垂直剖面，图 2 为 29F 及 33F 的平面图。

空调方式（综合大楼）

演播室、录音室等：采用一次回风单风机加排风系统，空调机组分室独立设置。

一般办公区：按方位每 3～6 层分别独立设空调机组。外区采用 FCU，内区为 VAV 系统，大房间每跨设一个 VAV 末端，小房间每间设一 VAV 末端。

工艺机房：室内设置 2 套空调系统、1 套用于设备供冷，采用地板通风，下送上回，多室合用空调机；另一套用于房间空调，为一次回风口单风机系统，空调机组分室独立设置。

中庭：采用 FCU 加新风系统，冬季辅以地板采暖。

冷热源装置

与综合大楼相邻的多功能演播中心地下 3F 的制冷机房内，设有 5 台制冷量为 2900kW（825RT）和 2 台 1406kW（400RT）的离心式冷水机组，总制冷量为 17312kW（4925RT），以满足整个电视中心的需求。为保证工艺用房供冷要求，2 台制冷量为 1406kW（400RT）的冷水机组电源接到发电机回路。

冷冻水供/回水温度为：低区 7℃/12℃，高区 8℃/13℃（板式热交换器设于 20F）；冷却水供/回水温度为 32℃/37℃。图 3 为冷水系统流程简图。

空调热源则利用城市热力管网提供的高温水，经板交制取温水后供各区 AHU 及 FCU 使用，同时也作为综合楼生活热水加热器的一次水。空调通风总热负荷为 15105kW。城市热网供/回水温度为 110℃/90℃，夏季为 70℃/60℃，空调热水供/回水温度：低区为 65℃/45℃，高区为 63.5℃/43.5℃，地下 1F 锅炉房设有 2 台燃气锅炉，作为城市热网检修时生活热水的备用热源。

资料来源：《建筑学报》2009 年第 10 期；《暖通空调标准与质检》2007 年第 2 期；《BE 建筑设备》（日）2008 年 7 月号；《暖通空调》2008 年第 9 期。

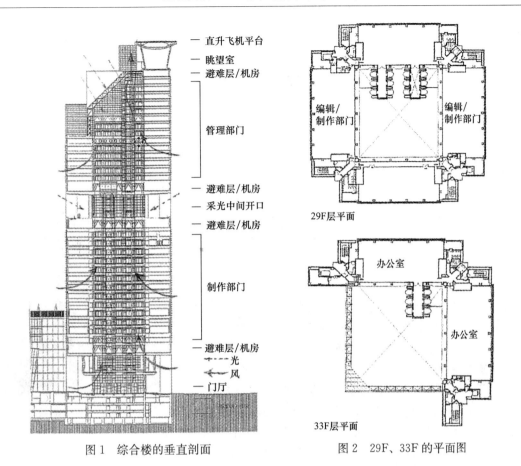

图 1　综合楼的垂直剖面　　　　图 2　29F、33F 的平面图

　　由图 3 可见，空调水系统采用负荷侧变流量、二次泵、异程、四管制系统。冷冻水、冷却水泵与冷水机组一一对应。冷冻水二次泵则按不同性质与用途的建筑分别输送。

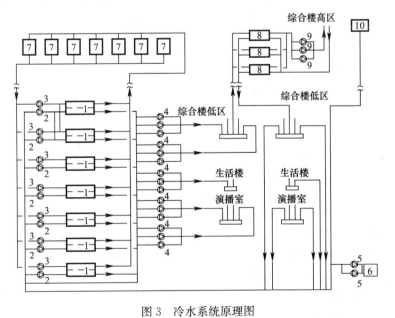

图 3　冷水系统原理图

1—冷水机组；2—空调冷水一次泵；3—冷却水泵；4—空调冷水二次泵；

5—补水泵；6—补水箱；7—冷却塔；8—高区空调冷水板式换热器；

9—高区空调冷水泵；10—低区膨胀水箱

工程实录 B28

北京西门子中心

地点：北京市朝阳区望京中环南路 7 号

建筑规模：总高度 123m；地上 30 层，地下 2 层；建筑占地面积 17500m²；建筑面积 59396m²

用途：西门子自用办公楼

设计单位：北京伯尔明建筑工程设计有限公司

开工/竣工时间：2005 年/2008 年

建筑外观

建筑概述

大楼由主楼和裙楼两部分组成；主楼建筑平面形状近似直角三角形，主体结构采用钢筋混凝土混合结构，外周为高强钢管混凝土柱框架，核心筒为内置钢支撑框架劲性钢筋混凝土筒体。大楼充分发挥西门子公司在智能化方面的优势，位于裙房 1F 的数据中可根据大楼各楼层各区域的墙面温度、阳光照度、室内温度对相应区域的空调、外墙窗帘及室内灯光自动调整；同时结合热能回收、免费供冷、冷梁空调方式等全套节能设施，大楼能耗比同等规模楼宇降低 28%，可节约 21% 的运营成本，堪称国内为数不多的智能化节能建筑典范。

空调设计

建筑主楼在垂直方向上的空调系统分高区（16F～30F）和低区（1F～14F），主楼低区及裙楼的空调冷热水由冷水机组和锅炉提供，主楼高区冷热水由板式换热器提供。建筑首层为大堂和报告厅，采用全空气系统，自带新风处理；B1F 和 B2F 为物业管理用房，采用新风机组结合风机盘管的形式；办公区域采用独立的新风系统，每层均设新风机房，并根据建筑冷、热负荷情况在水平方向上按内外区设置空调系统（见图 1），在外区房间沿周围幕墙内侧布置低矮

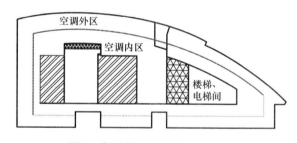

图 1　标准层空调内外分区示意

型风机盘管，夏季供冷，冬季供热，内区采用吊顶诱导器全年供冷［见本书上篇图 6-17（a）］，大楼的空调水系统图如图 2 所示。大楼冷热源流程如图 3 所示。大楼内约 1700 台诱导器的应用，节约了建筑垂直方向的空间；其干工况运行（16℃/19℃），室内湿度由新风控制，室内空调系统不存在结露问题，提高了室内空气品质；诱导器运行时无运转部件，降低了室内噪音低。

大楼的新风系统采用一二级新风机组串联，主楼中 4 台 40000m³/h 的一级新风机组设置于 15F 设备层，并配有全热回收装置，新风经换热后送至位于各楼层的二级新风机组，在一二级机组的开关顺序、时间和数量上得到合理匹配的条件下，实现不同送风温度下楼层间风量的平衡。

资料来源：范红生，《新技术、新产品、新材料在西门子北京中心空调系统中的应用》及 TROX 公司提供资料。

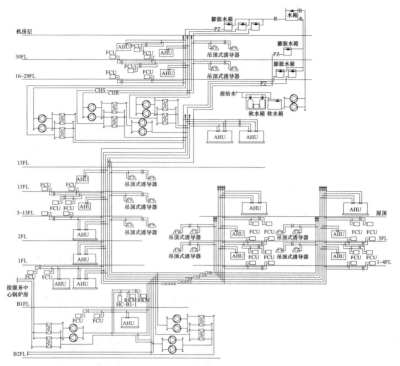

图 2　空调水系统图

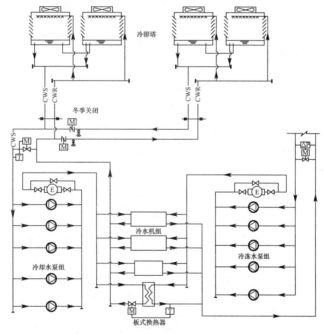

图 3　冷热源示意图

大楼冷热源及冷热水系统

大楼设有 4 台冷却能力各 1500kW 的冷却塔，当室外温度适宜是，即可利用其中两台用于提供内区空调冷冻水，减少制冷机组的运行时间，节约能源。

主楼空调系统既有 16℃/19℃的诱导器系统（见图 3），又有 7℃/12℃的新风机组系统及外区的风机盘管系统，且为提高冷机效率，诱导器供水利用冷冻水回水与中温冷冻水进行热交换；空调水系统高低分区；一二次泵系统等措施使得大楼冷热源供水系统相当复杂。

北京银泰中心办公楼

地点：北京建国门外国贸桥西南角

用途：办公楼等

设计：中国电子工程设计院与美国约翰玻特曼建筑设计事务所合作设计

层数（B栋、C栋）：地上44层

总建筑面积（中心全部）：五栋共35万 m²

建筑外观

建筑概况

该中心主要由三座塔楼组成（此外还有两座商业及宴会用的低层栋）。三座塔楼成"品"字形布局，中间为63层、249.9m高的豪华酒店公寓（A座），两侧为42层、高168m的办公塔楼（B座及C座），该两座平面为43m×43m的正方形，设备用房、管道竖井等均布置在核心筒内。办公层四周进深为10m，此外大楼17F、29F、43F、44F为设备层。

空调方式与系统（办公楼幢）

采用单风道变风量系统，取串联风机动力型变风量末端装置，用压力无关型控制方式。外区的变风量末端带加热热水盘管，用于冬季再热。送风口采用与灯具结合的条缝型散流器。末端装置由DDC直接数字控制出口并装有消声装置。回风从吊顶集中后接入一次风空气处理箱，新风则由设在设备层的集中空气处理箱处理后送入各层一次空气处理箱。新风有完善的热湿和净化等处理，并每层有新风定风量阀。

大楼的空调系统示意见图1，标准层层平面的空调风管布置如图2所示。该大楼冷负荷计

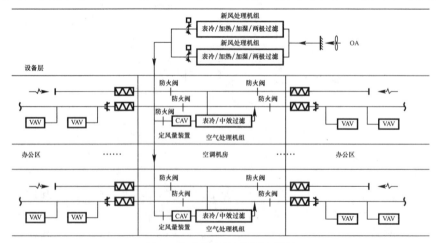

图1　办公楼空调系统示意图

资料来源：《暖通空调》2008年第9期；《建筑学报》2009年第10期。

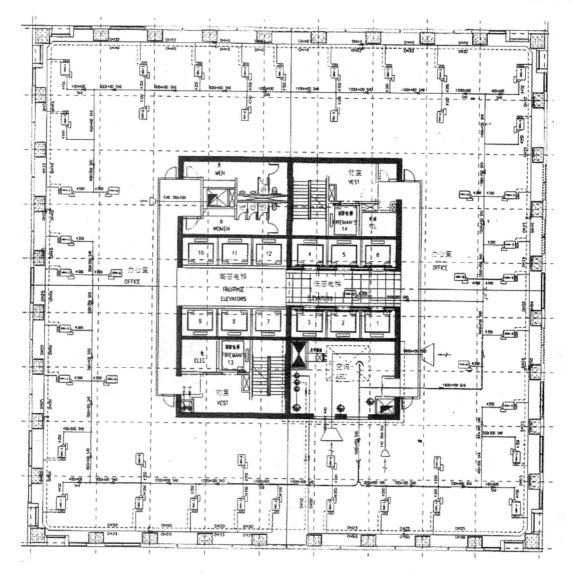

图 2　标准层空调风管平面图

算指标为 144W/m² ［人均面积为 9m²/人，新风量标准为 36m³/(h·人)］。

国家环保总局履约中心大楼

地点：北京市

用途：综合性办公

建筑规模：总高度 36m，地上 9 层，地下 2 层；占地面积 6754m²；地上建筑面积 22468m²，地下建筑面积 7723m²，总建筑面积 30192m²

结构：采用框架剪力墙混合结构体系，其中地上为钢结构，地下为框架钢筋混凝土结构

设计：北京市建筑设计研究院 & Mario Occhiuto 建筑

设计/竣工时间：2006 年/2009 年

建筑外观

建筑概述

国家环保总局履约中心业务用房（简称"4C 大厦"）作为我国与国际机构、外国政府开展环境保护合作与交流的重要窗口，大厦坚持可持续理念，在建筑材料、遮阳与围护结构、空气调节、自然采光、太阳能利用等方面采用了多项环保节能的新技术，是中国和意大利环保部门联手推出的节能示范建筑，并于 2010 年通过了由住房和城乡建设部组织的绿色建筑示范工程验收及绿色建筑认证。大楼除北立面外，其他立面均由幕墙、遮阳板和轻框架组成，屋顶上方覆盖了整个中庭的玻璃天窗，在实现建筑风格的同时达到日照和自然照明的控制。大楼每层分东、西两个办公室组团，结合东西两个内庭以及中部生动的双层挑高空间，营造了一个环境舒适、景观优雅的办公环境。建筑立面见图 1。

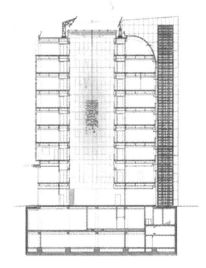

图 1　建筑立面示意图

空调方案

地上办公室等区域采用吊顶式空气诱导器（冷梁）系统，供/回水温度：夏季为 16℃/19℃，冬季为 50℃/40℃。冷梁系统的新风机组设置于屋顶，采用走廊排风，排风和新风在屋顶的新风机组内进行热交换后排至室外。

为解决中庭上部积热，在屋顶设置了中庭排风机，当排风机运转时，冷梁系统新风机组的排风机关闭。为解决冬季内区过热问题，3F~9F 的纯内区房间单独设置了一台新风机组，可利用室外新风对室内空气进行冷却。

资料来源：《制冷与空调》2010 年第 6 期，2011 年第 1 期。《暖通空调》2008 年第 9 期，ENVIRONMENT CONVENTIONS BUILDING 4C BUILDING, Beiying-China, Italian Ministry for Enviroment, Land and Sea, Ministry of Environmental Protection of The P. R of China.

2F 会议、展览厅采用变风量全空气空调系统；变风量空调机组设于屋顶，夏、冬季送风温度均为 16℃，室内变风量末端内区采用单风道节流型末端，外区采用带再热盘管的并联风机式末端装置，两种末端均为压力无关型。送风系统采用定静压控制，新风采用 CO_2 浓度控制。

2F～9F 的走廊采用风机盘管系统，冷冻水供/回水温度为 16℃/19℃；地下 1F 厨房设置了一台新风机组，冷冻水的供/回水温度为 16℃/19℃；首层大堂和地下一层餐厅设置风机盘管加新风系统，并设有餐厅排风机，冷冻水供/回水温度为 7℃/12℃，餐厅的排风单独排至室外。

冷热源系统

大楼空调总冷负荷为 1860kW，选用一台制冷量为 1160kW 的离心式机组，供/回水温度为 7℃/12℃，和一台制冷量为 700kW 的高温水冷螺杆双工况制冷机组，供/回水温度为 16℃/19℃。考虑制冷机组的备用关系，该工程设置了两台板式换热器，当螺杆机组进行检修时，可将离心机组提供的 7℃/12℃冷水交换成 16℃/19℃的冷水，而当离心机组检修时，双工况的螺杆机制可提供 7℃/12℃的冷水。大楼空调总热负荷为 1100kW，空调热水由设于地下一层的市政热力换热站提供，分两路，一路供 60℃/50℃的热水，一路供 50℃/40℃的热水。冷热源部分设备参数、配置见表 1。

冷热源部分设备参数与配置　　　　　　　　　　　　　　　　　表 1

项 目	离心式冷水机组	高温冷水螺杆机	市政热网（经板交）	
数量	1160kW×1	700kW×1	60/50℃	50/40℃

大楼空调系统采用了 2 台低噪声逆流冷却塔，设于屋面，循环水量分别为 300m³/h 和 200m³/h，冷却塔与冷冻机一一对应，冷却塔补水来自地下消防水池存水。在冬季冷却塔供回水管和底盘存水卸空。冷热源系统原理图见图 2。

大楼水系统采用两管制异程系统，冷梁系统的空调水管根据建筑朝向分南区、北区和内区分别设置供回水管。

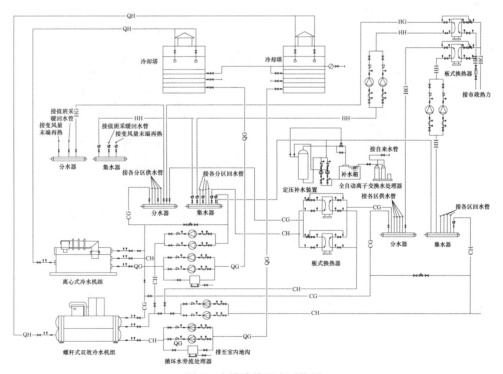

图 2　大楼冷热源水系统图

工程实录 B31

环球财讯中心大楼

地点：北京市

用途：新闻及金融机构等租售型办公用房（3F～6F），另有餐厅、多功能厅等

建筑规模：主楼地上16层，地下4层，另有副楼；总建筑面积12万 m²

竣工时间：2009年初

建筑外观

空调方式

由于业主考虑到用户对办公楼内装饰设计、空调安装和运行的充分灵活性，决定采用变制冷剂流量的多联机系统，但采用风冷外机（主机对其安装位置、配管长度等限制较多，且COP较低），故采用水冷型变制冷剂流量（VRF）的多联机系统。

标准层划分为3个区域，分别设有设备机房，水源热泵主机与通风设备等分区设置（由于其主机尺寸比风冷机组小，故机房面积较小，见图1）。

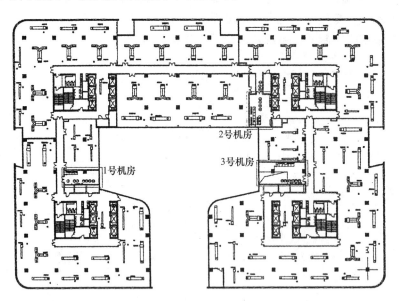

图1　大厦标准层

该工程设计冷负荷为11185kW，其中新风加热用热负荷为2450kW。

空调末端采用中静压风管式室内机。新风和排风间设置热回收器。新风冷负荷由VRF室内机负担。送风机前设有加热器和湿膜加湿器。

地上1F～2F大堂空调则为水冷冷水机＋FCU方式等系统。

资料来源：《家用中央空调》专辑，上海家电协会编，2010年。《制冷空调工程技术》刊，2010年第1期。

主要设备和水系统

除分设于各层的机房的主机（相当于风冷 VRF 的外机）和大量空调末端外，还必须通过集中设置的冷却塔放热和锅炉在不同工况下的平衡热量（见表1）。

主要装置表 表 1

设备功能	名 称	规格/数量	安装位置
主机（与外机相当）	水源热泵 VRF	共 2800HP	分设于各层设备房
排热装置	开式冷却塔＋板变	210m³/h×4 台×3 组	辅楼层顶
补热装置	燃气热水锅炉	2800kW×3 台（部分用于新风加湿及热水供应）	地下室 B1
新风装置	转轮式热回收机组	7 台，共 257000m³/h	屋顶

此外，除冷却塔板式热交换器和锅炉板式热交换器分别用循环泵外，系统配置了 4 台流量为 840m³/h，扬程为 35mH₂O 的变频水泵（其中 1 台为备用）。

图2～图4 分别为冷却塔排热循环、锅炉加热循环和向 VRF 主机供水的循环。

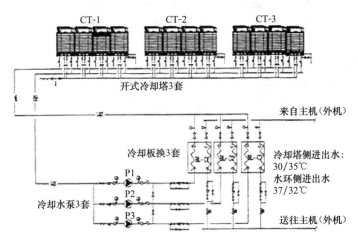

图 2 冷却塔排热系统

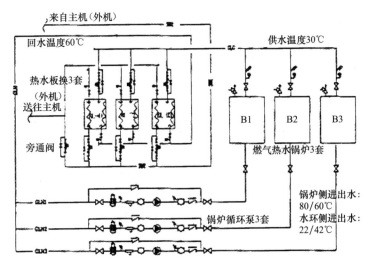

图 3 锅炉加热循环

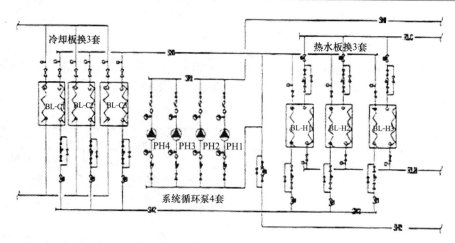

图 4　向 VRV 主机供水循环

系统的节能运行与管理

该系统可通过水循环系统进行热回收（指按层之间、内外区之间的热量转移），机组随时可实现独立的制冷或制热，其运行取决于回水温度，以便指令锅炉连续加热或间隙加热、冷却塔开风机强迫对流换热还是停止风机自然对流换热或间隙冷却。例如在水温≥22℃或≤25℃时，系统可实现冷热量的自平衡等。

此外，通过 i-Manage 智能控制系统可对以上设备进行集中管理，物业只需要通过电脑界面了解设备运行情况以及可提供系统运行电量的划分功能以便实现用户电费分摊的功能。

中央电视台新台址（CCTV 主楼）

建筑外观

地点：北京市朝阳路、东三环路交接处

业主：中央电视台新台址建设工程办公室

用途：办公、演播、工艺用房、停车库

设计：荷兰大都会建筑事务所、华东建筑设计研究院

结构/机电合作设计：奥雅纳工程顾问

建筑规模：总建筑面积：472998m²；地上 51 层、地下 3 层；建筑总高度 234m；标准办公层：塔楼 1 使用面积 1945m²；层高 4.25m；净高 2.7m

结构形式：钢支撑筒体结构；超厚大底板＋超长大直径灌注桩＋变刚度桩基

施工单位：中国建筑股份有限公司中央电视台新台址建设工程总承包项目部

竣工时间：2010 年 11 月

建筑概况

中央电视台新台址建于中央商务区（CBD）内。整个工程分为电视台主楼——CCTV、电视文化中心——TVCC、服务楼、庆典广场、媒体公园与城市市政附属设施。

基地面积为 196960m²；总建筑面积 599548m²，其中 CCTV 建筑面积 472998m²，高 234m，地上 51 层，地下 3 层；TVCC 建筑面积 103658m²，高 159m，地上 30 层，地下 2 层；服务楼建筑面积 22902m²，高 20m，地上 2 层，地下 1 层。

主楼 CCTV 将电视制作所有环节：行政管理与综合办公、各功能机房、新闻制作与播送、节目制作、各类演播室等要素结合在一个内部紧密连接的建筑整体之中。两个塔楼从一个共同的半地下基座升起并有着各自功能：一个以播放空间为主，另一个以办公空间为主。它们在上部汇合，构成了顶楼的教育、会议及管理层。

TVCC 裙房包括了剧院、影视厅等，主楼为五星级酒店。

服务楼是整个工程的能源中心，经地下共同沟向 CCTV 和 TVCC 输送能源。

冷热源系统

CCTV、TVCC 及服务楼等的空调冷源设置在服务楼，空调热源除 TVCC 单独设置外，也设置在服务楼。空调冷热水经园区内共同管沟送至 CCTV 和 TVCC。

服务楼制冷站房采用 6 台（制冷量）10MW 水冷离心式冷水机组；2 台（制冷量）2500kW 水冷离心式制冷机；2 台空调工况制冷量为 5MW 的双工况水冷离心式冷水机组。冰蓄冷采用外融冰方式。蓄冷槽与冷水机组并联设置。制冷机房系统原理如图 1 所示。

资料来源：由华东建筑设计研究院杨光提供资料。

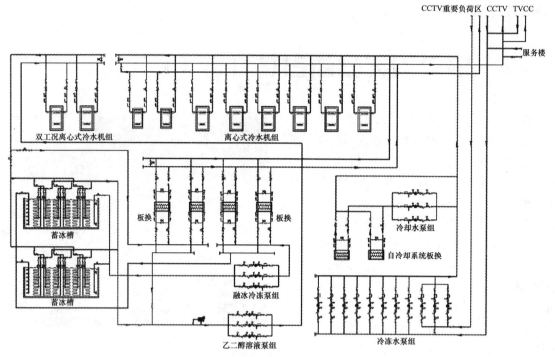

图 1　制冷机房系统原理图

CCTV 大楼内有大量需要全年供冷的内区。这些区域的冷负荷较稳定，一般在 8～9MW 之间，采用水侧免费冷却系统可满足冬季内区供冷要求。免费冷却系统可提供 10MW 冷量，相当于 1 台冷水机组的制冷量。免费冷却系统由 2 台闭式冷却塔、2 台板式换热器、3 台冷却循环水泵（1 台备用）和 1 套 DY 定压装置组成。冬季运行时，系统通过板式换热器将冷却塔处理后的 4℃ 低温水向空调冷水系统供冷。免费冷却系统与冷水机组并联。免费冷却系统原理见图 2。

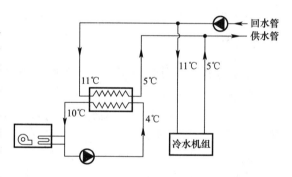

图 2　免费冷却系统原理图

空调热源采用来自市政热网的高温热水（110/50℃）通过板式换热器换成低温空调热水，且通过二次热水泵输送给各建筑物。

空调水系统

CCTV 主楼空调水系统采用四管制系统。主楼空调冷水系统竖向分成 3 个压力分区。低区由能源站房一次冷水直接供应，中区和高区则分别通过板式换热器断压换热后提供。中、高区换热器位于 9F 与 10F，空调供/回水温度为 6℃/12℃。主楼内重要空调区域设置专门的空调冷水系统，采用板式换热器与空调一次水进行换热。该系统供/回水温度为 6℃/12℃。

主楼空调热水系统竖向分成 3 个压力分区。分区方式与冷水系统基本一致。低区由能源站房一次热水直接供应，中区与高区则分别通过板式换热器断压换热后提供。中、高区的换热器位于 9F 与 10F，系统供/回水温度为 65℃/45℃。空调冷热水系统见图 3。

办公层空调系统

办公层采用多楼层集中送、回风空调系统。以塔楼 1 为例，组合式空调器设置在 23F 机房

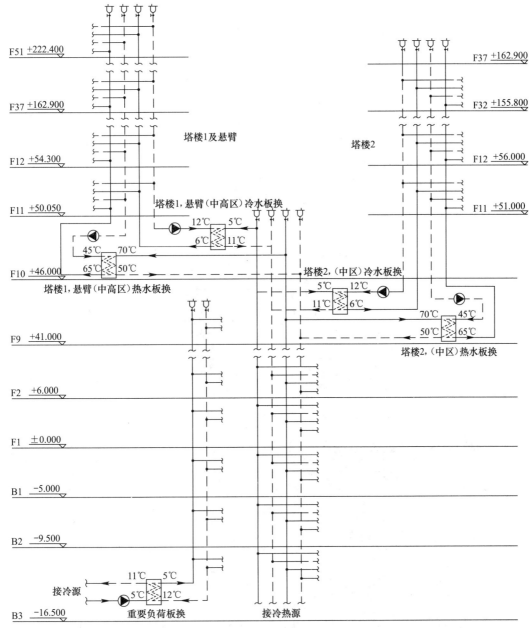

图 3　空调冷热水原理图

内，空调系统承担 11F～22F（共计 12 层）办公区域空调负荷。多楼层集中送、回风空调系统基本原理见图 4。

对于标准办公层，对空调区域进行内外分区。标准办公层空调系统采用变风量空调系统。外区采用带热水再热盘管的串联式风机动力型末端装置，内区采用单风道节流型末端装置。为了充分利用冰蓄冷系统产生的温度较低的空调冷水，尽可能降低空调机组一次风送风温度（主楼标准办公层空调系统设计送风温度为 12℃）。较低的送风温度可减小送风量，节省设备投资、降低风机能耗。标准办公层变风量空调平面布置见图 5。

自动控制

除风机盘管机组外，CCTV 主楼所有通风空调设备均采用 DDC 控制，纳入建筑设备自动控制与管理系统（BAS）。

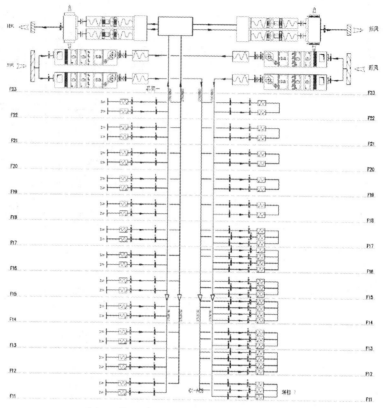

图 4　塔楼 1 标准办公层空调系统原理图

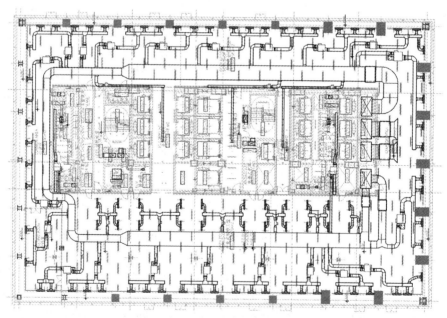

图 5　标准办公层变风量空调平面图

水泵变频控制：利用最不利环路供回水压差恒定控制法对二次冷水循环泵进行变频变流量控制。

变风量控制：变风量空调系统采用定静压方式控制，控制装置根据风管内的静压值调节风机变频装置频率，实现风机变风量运行。

通风系统控制：对有明显使用时间段的通风系统，采用时间程序控制风机启停（钟控法），实现最优启停功能。

工程实录 B33

侨福芳草地

建筑总面积：约 8.2 万 m²
标准层面积：约 1300m²
层数：地上 19 层，地下 3 层
设计：IDA（综汇建筑设计）奥雅纳工程
咨询、北京市建筑设计研究院
竣工时间：2012 年

建筑外观

建筑特征

国内首次采用透明玻璃（ETFE 膜）罩覆
盖 4 栋塔楼的设计；在建筑周围构建靠阳光和
自然通风来调节的区域。办公楼采用吊顶辐射制冷和地板送风结合的空调形式。办公楼标准层
平面图如图 1 所示。

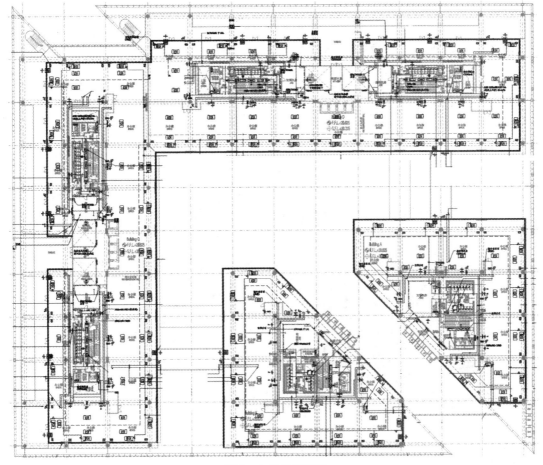

图 1　办公楼标准层

资料来源：按 ARUP 公司蒋骞提供资料整理。

空调方式

办公楼主要采用地板送风空调系统，并配合冷吊顶系统。空调机透过架空地板下的静压箱把空调风送至每个位于地板之地板送风机组，再由地板送风机组送出冷/采暖风。回风则经顶棚再经内走道抽回空调机。办公层内走道除使用办公室回风作送冷/送暖外，各层电梯大堂亦设有地板旋涡式送风口。商场租户区采用风机盘管加新风系统。酒店客房采用吊顶式四管制风机盘管机组加处理新风系统。风机盘管安装在吊顶内，水管采用水平式布置。由室内恒温控制器及三速选择开关控制。空调系统和自然通风系统联锁，当室外气象传感器探测到室外空气达到适合自然通风的条件时，自控系统关闭部分空调系统，同时控制自动开窗器打开对应区域的通风窗。依靠环保罩产生的热压，可获得较稳定的通风量。

冷热源方式

采用集中制冷系统，空调主机房位于地库三层，设置 4 台 1100RT 和 2 台 550RT 的水冷式制冷机。制冷机采用 R134a 冷媒。冷冻水的供/回水温度为 6℃/12℃。冷冻水循环采用一次定流量水泵及二次变流量水泵，一次泵共 7 台（包括 1 台备用），二次泵分成 2 组，每组 4 台（包括 1 台备用）。采暖用热水由市热网经热交换器产生。热水循环采用一次定流量及二次变流量设计。供/回水温度则为 60 ℃/50 ℃。

环保罩设计

环保罩是高度超过 90m 的玻璃罩结构，包裹 4 个商业建筑，屋顶沿西面和北面倾斜（见图 2）。

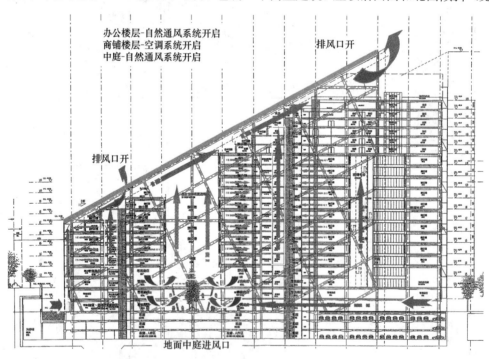

图 2　自然通风示意图

环保罩形成的一个巨大的空间内，在热压作用下，空气浮升形成气流。其顶部的开口用于排风，底部的开口用于进风，大部分的风口设置在地下 2F，以避免受到沙尘暴的侵袭。空气流动一方面有助于半封闭公共区域的自然通风，另一方面帮助办公楼实现自然通风。

工程实录 S1

上海国际饭店

地点：上海市南京西路 170 号

用途：宾馆（原设计为公寓酒店）

建筑设计：匈牙利邬达克

建筑规模：地上 22 层，地下 2 层，客房 168 间；建筑总高 83.8m；总建筑面积 1.565 万 m²

建筑结构：钢框架，楼板、外墙采用钢筋混凝土

建筑施工：馥记营造厂，施工时间为 22 个月

建成时间：1934 年

建筑外观

建筑特点

该工程由中国民族资本四行储蓄会投资兴建，故曾称"四行储蓄会大楼"，由于大楼高 83.8m，在上海保持高度最高纪录近半个世纪，原设计 1F、2F 中央通高为四行营业大厅，四边及夹层为办公室，3F、4F 为餐厅，15F 为舞厅，其余均为客房或公寓（层高 3.4m）。经数十年经营改造，现成为普通宾馆。

空调制冷设备

原有情况：建造落成时，仅在客厅、门廊、餐厅以及银行保险库中设置了冷藏设备和空调装置，客房无集中式空调装置。当时空调采用空气洗涤室，与制冷系统蒸发器构成循环的是盐水盘管，在空气洗涤室内通过喷淋在盐水盘管上的冷水与空气进行热湿交换。当时整个大楼的使用冷量为 80RT，由 York 公司提供的双缸立式氨制冷机，采暖则采用集中的暖气系统。

1978 年 11 月～1979 年 7 月，上海工业建筑设计院与上海市工业设备安装公司对大楼进行了全面的空调增设工程。大楼客房采用了风机盘管系统，空调面积为 1.05 万 m²，总冷负荷为 1628kW（463RT），标准层的空调平面布置如图 1 所示（当时未设集中新风系统）。餐厅、进厅等公共空调则采用低速集中式空调系统。

该工程主要冷却和加热设备有：2 台 FLZ-1000A 型离心制冷机，冷量为 1163kW（331RT）/台，冷剂为 R11，电动机功率为 300kW/台，另有冷却塔 5 台。

供热设备为 2 台燃油卧式快装锅炉，蒸发量为蒸汽 2t/（h·台）。

大楼空调水系统为双管同程式，按 4F～13F 及 14F～19F 分高低两个系统，膨胀水箱设在 20F。空调水系统如图 2 所示。

资料来源：《国内宾馆空调实例》，上海工业建筑设计院，1983 年；《20 世纪中国建筑》，1999 年，杨永生，顾孟潮主编。

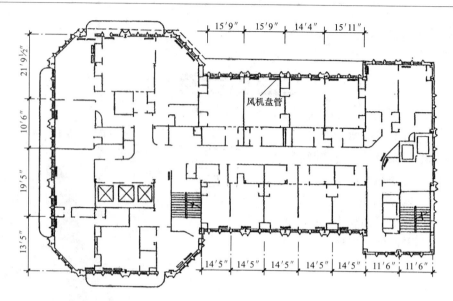

图 1 标准层空调平面图

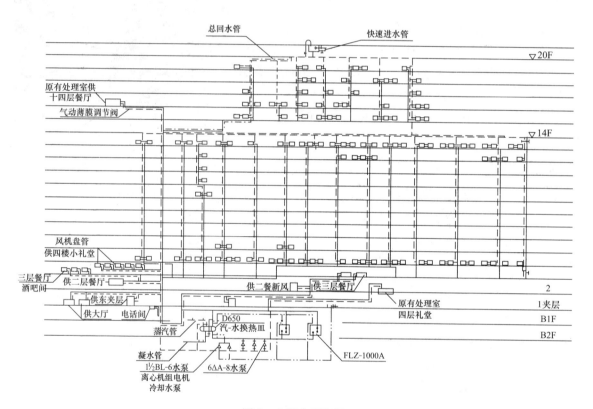

图 2 空调水系统图

工程实录 S2

联谊大厦

地点：上海市延安东路四川中路口

用途：出租、办公

设计：华东建筑设计研究院

建筑规模：地上 30 层、地下 1 层，高 107m；总建筑面积 3.013 万 m²

建设工期：1984 年 3 月开工，1985 年 5 月竣工

建筑概况

该工程为 1949 年后第一幢引进外资建设的高层商业大楼，专供外商租用办公。3F～28F 为标准层，建筑层高为 3.35m，底层为商场、餐厅。大楼采用筒中筒结构，外墙全部为玻璃幕墙（茶色镜面，隔热反射玻璃）。地下室为冷热源设备机房。图 1 为标准层平面图，图 2 为大楼剖面图。

空调方式与系统

标准层空调采用风机盘管加新风系统，选用带

建筑外观

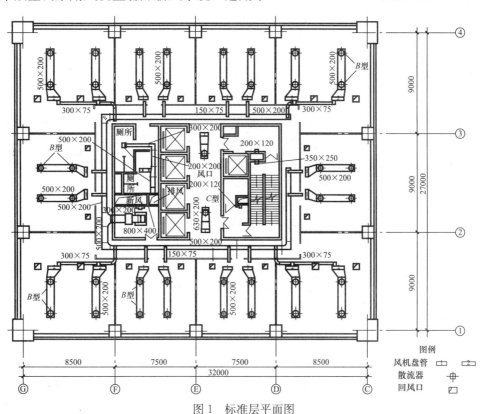

图 1　标准层平面图

余压的风机盘管，每台暗装风机盘管接 2 个散流器送风。平顶上设回风口，设计时考虑办公层日后分隔的状况。此外，每层设置一个新风系统，通过土建竖井风道从屋顶取入新风并分配到各层新风系统。排风经由各层厕所设置的排风系统集中排出，每间厕所的排风口均设有防火阀门和调节阀各一个。全楼风机盘管共安装 604 台，新风空调机 27 台。此外，全楼设有集中的正压通风系统，标准层风机盘管布置见图 3。

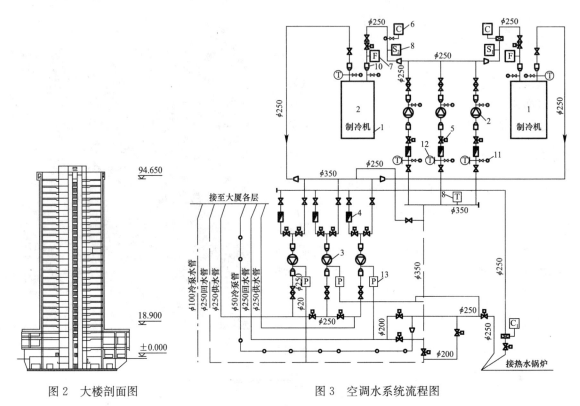

图 2 大楼剖面图   图 3 空调水系统流程图

冷热源设备与系统

大楼采用制冷量为 2286kW（650RT）、冷媒为 R11 的离心制冷机 2 台，YORK 产品。供/回水温为 7℃/12℃，空调水系统为二管制。膨胀水箱高度在 102m 左右。冷冻机房在地下室（高度 4.5m），水系统未作高度分区。为解决朝向负荷调节问题，按朝向（东南/西北）划分为两个独立的水系统。通过阀门控制，为满足某些气候条件下西北向供热而东南向要求供冷的需求。

大楼热源为设在半地下室的一台燃油热水锅炉（55℃/45℃），产热量为 3620kW。供冬季采暖用。

水系统采用同程式。水输送采用二级泵系统（冬季停用一级泵）。一级泵为定流量，使蒸发器水流量恒定，风机盘管采用室内恒温器控制水路电动阀，双位控制，电动阀用直通式，各层的新风空调机组用恒定送风温度来控制电动调节阀改变盘管水量，送风温度冬、夏季均整定在 20℃，图 3 为大楼水系统的流程图。

该工程标准层冷负荷计算指标合 150W/m²。

上海国际贸易中心

地点：上海市延安西路与娄山关路转角处
用途：主要部分为办公用，少量用作公寓
设计：日本设计事务所（株）
设计咨询：上海民用建筑设计院
建筑规模：高层栋 35 层、局部为 37 层、低层栋部分为 4 层；建筑（高层栋）高：103m，顶部有直升机停机坪；总建筑面积：9.28 万 m²
竣工时间：1990 年

建筑外观

建筑特点

该工程是 20 世纪 80 年代上海最早的外资建设的高层办公楼。按日本的技术思路设计，全面反映当时日本的建筑水平，本楼高层栋设有办公层和公寓层。低层栋设有展示厅、餐厅、多功能厅等。建筑物下部为两层地下室，设有停车场、仓库、设备机房等。另外，公寓楼层与办公层之间（28F）也有设备层。建筑物外围为玻璃幕墙，建筑物剖面见图 1。

空调设备与系统

办公层空调方式采用具有送回风处理的全空气低速空调系统，并在周边区窗户下方设立式暗装风机盘管机组，即新风由全空气系统提供。回风经吊平顶静压室回到各层空调箱，而排风与新风则集中经余热回收器（转轮型）进行热交换进入和排出系统，以节约能源。公寓房的空调方式有两种：29F～30F 小型套房用卧式暗装风机盘管加新风系统，31F～35F 中大型套房则采用带风管的小型空调器加新风集中处理的方式，并通过浴、厕的排风相互平衡。办公层空调系统的布置如图 2 所示。

冷热源设备与系统

空调冷源由设在 B2F 的 5 台离心制冷机（三菱重工产）提供，总制冷量为 8790kW（2500RT）冷水供/回水温度为 7℃/12℃，冷却塔设在相邻低层栋的 3F 层面上，冷却水进/出温度为 37℃/32℃。制冷机分担的功能为：制冷量分别为 703kW 和 2462kW 的各一台供高层系统（17F～27F 办公区及 29F～35F 公寓区），膨胀水箱设在 37F。此外，一台制冷量为 703kW 及 2 台制冷量为 2462kW 的供低层系统（16F 以下）使用。热源为 4 台燃油锅炉，出力为 4.0t/（h·台），通过热交换器得热水供风机盘管与生活热水系统，蒸汽则用于空调箱加热盘管直接加热空气。

资料来源：《暖通空调技术》1992 年第 3 期。

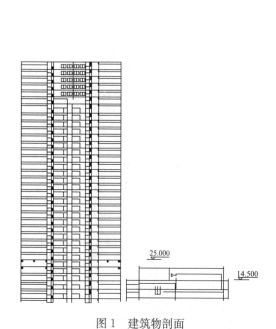

图 1　建筑物剖面

图 2　办公层空调系统的布置图

工程实录 S4

上海商城

地点：上海南京西路西康路口
用途：商务、公寓等综合性建筑
设计：美国波特曼设计事务所、日本鹿岛建设株式
会社、华东建筑设计研究院（咨询）
总建筑面积：20.36 万 m²（主楼 6.13 万 m²）
建设工期：1986～1990 年

建筑特点

该工程为当时上海最高且规模最大的高层建筑，位
于市中心，与上海工业展览馆相呼应。由三幢塔楼组
成，中间一幢为旅馆，高 48 层（165m），有客房 700
套。两侧 2 幢是公寓，高 32 层（111.5m），有公寓 478
套，可居住和办公用。另有 8 层裙房，用于展示、演
出、停车等。地下有 2 层。三幢建筑之间有高大的共享
空间。围护结构热工性能良好，裙房内有 1000 座的多
功能表演剧场，主楼顶部有直升机停机坪，该建筑平面
位置与垂直剖面分别见图 1 及图 2。

建筑外观

空调方式

根据不同区域的房间性质，设置了不同方式的空调装置。公寓套房及酒店客房采用 FCU＋
新风系统和浴厕排风系统。公共场所和办公区域则设置集中式低速风道全空气系统，其中俱乐
部、健身房、餐厅、商业中心以及出租办公用房则为变风量系统。送风方式大多为条缝型顶送

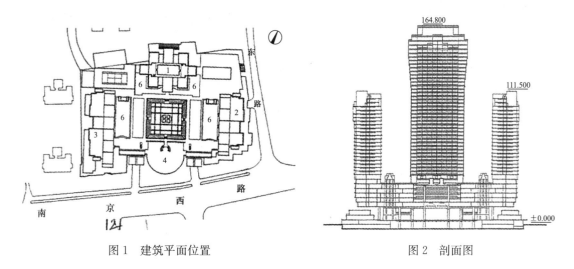

图 1　建筑平面位置　　　　　　　　　　图 2　剖面图

资料来源：《上海八十年代高层建筑设备设计与安装》，上海科普出版社，1994 年。

顶回或侧送侧回布置。变风量末端为电动式变风量装置，不同型号的变风量末端风量范围为3600～1440m³/h，外周区变风量末端带有 2 排再热盘管。

空调冷热源

冷源由设于裙房 6F 的 3 台双级离心制冷机提供，每台冷量为 1100RT（3868.7kW），供/回水温度为 5.6℃/13.3℃。冷却塔共 6 台，位于制冷机房顶上，冷却水循环量为 860m³/台，冷却水进/出温度为 31.2℃/36.7℃。该工程热源为燃油锅炉（用国产 0 号轻柴油），为全自动蒸汽锅炉，共 3 台，单台蒸发量为 12t/h，最大工作压力为 1.0MPa，提供全楼的供热和热水供应等。

从许多方面考虑（节省了地面机房的位置，按当时的规范，锅炉房不能设在主楼地下室，烟囱的处置等许多因素），将锅炉房设在主楼顶部 48F 上，其中还包括水处理设备等装置。虽在施工安装上有一定难度，但这种布局还是被认可的。

空调水系统

空调系统采用四管制，酒店客房和公寓套房（FCU）为同程式，公共区域的集中空调系统为异程式。冷冻水系统分为一次水及二次水循环。一次水系统又设初级泵及二级泵，即将制冷机出水（5.6℃）经初级泵及二级泵直送 9F 以下的低层负荷区以及酒店、公寓的 9F 技术层内的板式热交换器（3 幢高层均设一台），从板换出来的水温约高 2～3℃，并通过水泵送到各高层区域使用。这种布置如图 3 所示。

热水则由设于各区的汽—水热交换器供给，由水泵分送到各公共区及高层区。热水供/回水温度为 60℃/45℃左右。整个建筑设有 8套水系统，8 台热交换器分别置于 48、9F 及低层区。

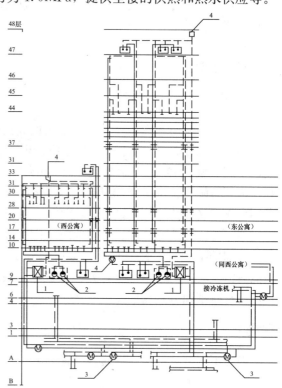

图 3　冷水系统原理图
1—板式换热器；2—循环水泵；3—计量装置；
4—膨胀水箱

冷热水系统分别设置压力式膨胀水箱，冷水系统设 4 个，热水系统设 8 个。此外，冷热水系统均有水质处理设备。

工程实录 S5

上海商务中心

地点：上海中山北一路曲阳路口
用途：商务/展览交易
设计：华东建筑设计研究院
建筑规模：展厅地上6层（54m高），办公楼地上40层（高147.5m）；建筑面积：展厅70000m²，办公楼70000m²
竣工时间：1994年底

建筑外形

建筑特点

该工程集交易展览、信息、办公等功能于一体。商务大厦地下2F为设备层，地面以上40层为办公层，是当时上海北区的最高建筑。交易大厦地下1F为车库，地上6F为展厅，每层达1万m²，是当时国内最大的展览场所（用于上交会、华交会）。大楼内交通及照明设施均较先进，建设投资达10亿。

空调方式

展览交易大厦基本上采用低速全空气系统。1F~5F展厅每2层设一空调机房，主展厅采用喷口送风方式（φ350mm），5F大会议厅等采用双风机空调机组。6F展厅用超大型AHU（5万~6万m³/h）。机房位于6F夹层，屋顶设排风用屋顶风机。商务大厦办公区采用FCU＋新风，每个标准层1台新风AHU，新风送风管上设有干蒸汽加湿器。

空调冷热源系统

冷冻机装置容量：根据该工程高度确定水系统分两个区。商务20F以上为高区，承压1.6MPa。展览交易及商务大厦之20F以下合一个系统作为低区，承压1.0MPa，两者的冷源分开。高区装机容量为2813kW（800RT），低区为11955kW（3400RT），高区用螺杆式冷水机组400RT/台×2台，低区用离心式制冷机1000RT/台×3台以及螺杆式制冷机400RT×1台，冷媒为R22。热源则由蒸汽锅炉房供蒸汽经换热后供热水，同样高、低二区分开。空调水系统为二管制，每个分路为垂直同程式系统。商务大厦办公区域每层均为水平同程式系统。空调水系统如图1所示。

资料来源：《高层公共建筑空调设计实例》，华东建筑设计研究院编著，中国建筑工业出版社，1997年；《20世纪中国建筑》，杨永生主编，天津科学技术出版社，1999年。

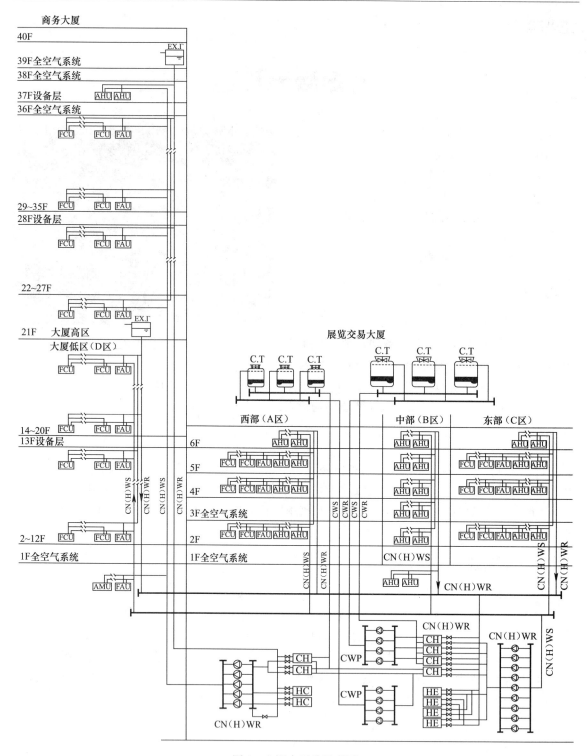

图 1 空调水系统示意图

工程实录 S6

港务大厦

地点：上海浦东陆家嘴
用途：办公
业主：上海港务局通讯处
建筑规模：地上 28 层，地下 2 层；建筑面积为 3.2 万 m²，标准层面积 750m²
设计：华东建筑设计研究院
竣工时间：1995 年 8 月

建筑外形

建筑概况

大厦主楼高 102m，包括发射塔高 131m，主楼平面分南北两个区域。南北错层，南区层高 3.4m，共 23 层，作通讯辅助用房；北区层高 5m，共 14 层，为通讯、计算机房等。24F 以上用于航运的导航工艺用房，该楼为当时最早采用全玻璃幕墙的建筑之一。

空调方式

主楼因有通讯等工艺用房，为防止水患，故采用全空气系统，南北二区每层设一空调机房，对温湿度要求较高的程控机房、计算机房则单独设置恒温恒湿机组。裙房底层的餐厅、展览厅等均采用低速全空气系统，其他用房采用 FCU＋新风系统。该工程冷量指标和热量指标分别为 165W/m² 及 145W/m²（按空调面积）。

冷热源设备和系统

根据当时的规定，不允许设置燃油、燃气、燃煤的锅炉房，裙房层面不允许设置空调设备。故集中冷热源设备设地面上，该工程采用空气—水热泵机组 12 台，总装机容量为 3721kW（1058RT），空调用水泵 6 台（120m³/h），每台对应 2 台热泵机组。另设 2 台备用泵（60m³/h）。集中冷、热源站的冷、热水经室外管沟通向主楼、裙房。膨胀水箱设在 28F，流程简图如图 1 所示。

该工程空调总造价为 1081 万元（1995 年决算），折合单位空调面积为 562.5 元/m²，单位冷量造价为 4.8 元/W。土建造价则为 4711.5 万元。

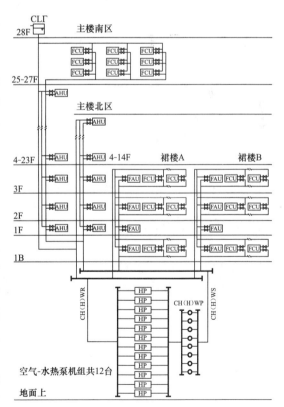

图 1 空调水系统示意图

资料来源：《高层公共建筑空调设计实例》，华东建筑设计研究院编著，中国建筑工业出版社，1997 年。

新金桥大厦

地点：上海浦东金桥开发区杨高路
用途：出租、办公
建筑规模：地上 41 层，地下 2 层；建筑面积 59793m²
设计：华东工业建筑设计院
竣工时间：1996 年 10 月

建筑外形

建筑概况

大楼业主为上海金桥有限公司。大楼 25F～35F 为金桥出口加工公司办公自用；1F～20F 为出租办公室，22F 为技术（设备）层；21F 为多功能宴会厅等。此外各层有会议、管理等用房。

空调方式与系统

办公室进深较小，未分内外区空调，用卧式暗装 FCU＋新风系统，每若干层作为垂直区段设一套新风系统，经竖井进入各区段的空调机房，大楼按 2F～10F、10F～20F、23F～29F、30F～38F，共分 4 个区段。新风机组设于 1F、22F、37F。餐厅亦为 FCU 方式，咖啡室、商场则低速全空气系统。大楼入口大堂采用喷口送风（侧送），下侧回风。此外，设有送排风及防排烟系统。

冷热源设备与系统

大楼夏季冷负荷为 6465kW（1839RT），冬季热负荷为 4849kW，根据当时设计经验，冷源采用电动离心制冷机为合理，选用 900RT 离心制冷机 2 台，供/回水温度为 7℃/12℃。该地区（金桥出口加工区）有热力公司集中供热。入口蒸汽压力为 0.8MPa，经热交换器，供水温度为 60℃，回水温度为 50℃，空调水系统为一次泵（供冷、供热两用），设有压差旁通控制。

大楼水系统分高低两区，22F 以下为低区，22F 以上为高区，在 22F 内设有水—水板式热交换器和水泵，空调水系统为二管制。大楼水系统见图 1。

该工程空调总造价为 2372 万元（1996 年决算），单位空调面积造价为 668 元/m²。单位冷量造价为 3.75 元/W，土建总造价为 3.36138 亿元。

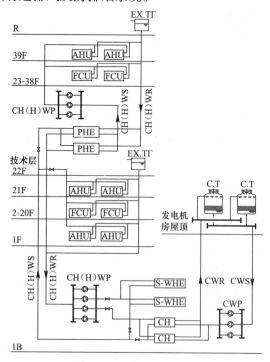

图 1　空调水系统示意图

资料来源：《高层公共建筑空调设计实例》，华东建筑设计研究院编著，中国建筑工业出版社，1997 年。

安泰大楼

地点：上海长宁区遵义路紫云路口
用途：办公
设计：同济大学设计研究院与润泰联合建筑师事务所（台湾）合作设计
建筑规模：地上 22 层，地下 2 层天裙房；总建筑面积 3.135 万 m²
建设工期：1997 年 10 月

建筑外形

建筑特点

平面布局简洁，入口大堂挑高 2 层，2 层以上为标准办公层，分隔灵活。地面为架空地板，标准层高度为 4.0m。吊顶高 2.55m，面积为 1228m²，窗户可开启，便于过渡季自然通风。

空调方式

办公楼标准层分内外区，内区采用单风道 VAV 空调系统（上海最早采用 VAV 方式的大楼之一），每层设 1 台 AHU，周边区采用 FCU（吸顶暗装）。大楼有集中新风系统，每层空调风量为 17100m³/h。图 1 为标准层空调系统布置图。

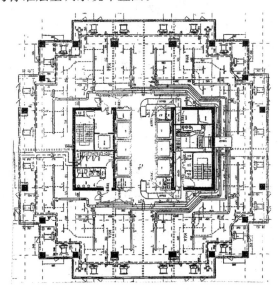

图 1　标准层空调布置图

冷热源方式

该楼采用空气热源热泵机组，冷量为 200RT/台×6 台。设在 22 层屋顶上。供/回水温度（夏季）为 7℃/12℃。

资料来源：《上海高层超高层建筑设计与施工》，上海科普出版社，2002 年。

上海证券大厦

地点：上海浦东新区陆角嘴金融贸易区
用途：办公、证券交易与计算机房等
建筑规模：地上 27 层，地下 3 层；总建筑面积 10 万 m²
设计：上海建筑设计研究院
竣工时间：1997 年

建筑外形

建筑特征

由 63m 长的钢梁支架承在南北两座塔楼上，形成一个巨门，巨门中有 178m 高的通讯塔，此外，玻璃幕墙外为米字形钢梁，造型独特。此外，交易大厅的巨大空间（可容纳 1850 人），也是本建筑的设计特色，2000 年 9 月大厦通过甲级智能建筑评审，是上海最早的智能建筑之一，图 1 为大楼的剖视图及标准层平面图。

空调方式

办公楼部分为 FCU 方式，分内、外区，外区 FCU 设冷热盘管，内区仅设冷盘管。所有内走道、电梯厅及厕所均布置 FCU，办公部分的新风装置由屋顶及地下机房新风 AHU 集中处理后送入。新风 AHU 内设 2 组热盘管，一组为预热用，另一组设在冷盘管处。新风 AHU 中有加湿器。交易大厅（3600m²，顶棚高 11m），为全空气系统，上送风，回风经交易桌下部由室内阶梯下空间流入 9F 机房，大电子屏幕上方设有排热系统。

冷热源装置

大厦空调面积 9 万 m²，冷负荷为 11604kW（3300RT），热负荷为 6977kW，当时供电能力不足不可能全部用电制冷，而当时东海油气田已启动，故决定采用复合能源，大厦设置 4 台制冷量为 1582kW［450RT 的直燃式源化锂冷热水机（供热量为 1744kW]，及制冷量为 1918kW（550RT）的离心式制冷机 3 台，溴化锂吸收式制冷机因体积大故设在 28F 屋顶，亦有利于通风排烟，离心式制冷

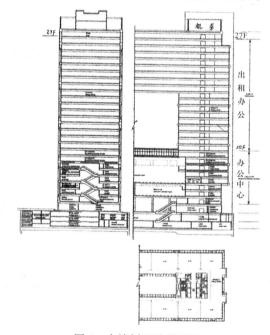

图 1 大楼剖面及平面图

机及冷水泵设于地下 3F，为了把上下两机房的水系统贯通由 φ300 接管相连。

资料来源：《现代建筑技术》2002 年第 4 期，现代建筑设计集团包文毅提供资料。

上海国际航运金融大厦

地点：上海浦东大道 720 号（陆家嘴金融开发区）

用途：办公、旅馆等

设计：加拿大 B＋W 设计公司与华东建筑设计研究院合作设计

建筑规模：地上 50 层、地下 3 层，高 200m；总建筑面积 11.49 万 m²（主楼 7.195 万 m²，裙房 2.02 万 m²，其余为地下室面积）

设计时间：1995 年～1996 年 12 月

施工时间：1997 年底

建筑外观

建筑特点

该建筑由 COSCO 投资，耗资 1.92 亿美元，是一幢综合性的大楼。1F～5F 为裙房，6F～29F 为办公楼（标准层空调面积约 1700m²），30F～49F 为四星级宾馆，拥有 306 间（套）客房，50F 为直径 44m 的旋转餐厅。

空调方式与系统

办公楼标准层采用风机动力型变风量空调系统。每层设一个内外区合用的空调系统。标准层空调送风量为 32000m³/h。外区采用并联型变风量末端，末端热水加热器为吸入式布置。内区设单风道变风量末端，新风则集中处理后分送到各层空调机组。各层新风由新风定风量装置控制，与各层回风混合后经空调箱处理送入各温控区，系统采用平顶条缝型防结露送风口，回风经吊顶集中进入空调机房。风管系统均为环型风道，其布置如图 1 所示。

大楼的裙房公共部分大多采用低速定风量方式。但对负荷变化大的房间亦有采用变风量系统。旅馆客房均采用风机盘管加新风系统。

冷热源设备与系统

冷源采用电动离心式制冷机，制冷量为：4395kW（1250RT）×2 台及 2814kW（800RT）×1 台。螺杆式冷水机组，制冷量为：698kW（198.5RT）×1 台，总冷量为 12300kW（3500RT）。

冷冻水侧采用 8.8℃ 大温差（5.6℃/14.4℃）；冷却水侧采用 8.2℃ 进出水温差（32.2℃/40.4℃），均有利于减小水量，节约能耗，并有利于空调的大温差送风。

热源采用燃油热水锅炉，热量为 3023kW/台×2 台。

资料来源：《暖通空调》2001 年第 3 期。

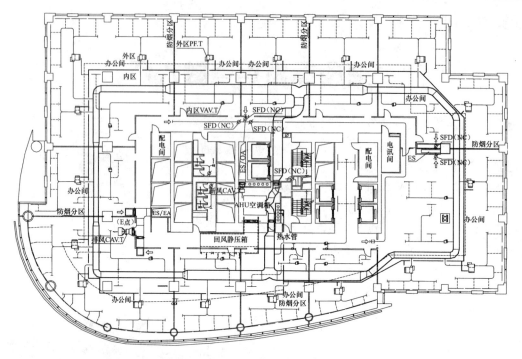

图 1 标准层空调平面图

该工程采用冷热水四管制水系统，大楼以 29F 为界分高低两区两个冷冻水系统，高区通过板换用二次水。热水系统分三个区：裙房、6F～28F 以及 30F 以上，各设相应的板换和热水泵，热水锅炉供给的一次热水经板换制取二次热水。该工程设有完善的大楼自动化（BAS）管理系统。图 2 及图 3 分别为该工程冷水及热水系统流程图。

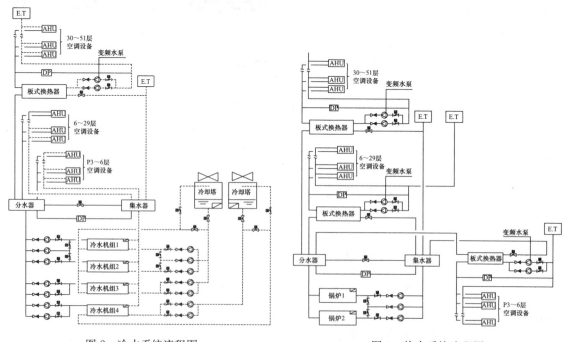

图 2 冷水系统流程图   图 3 热水系统流程图

上海书城大厦

地点：上海市福州路和湖北路口
业主：上海市新闻出版局
设计：华东建筑设计研究院有限公司
建筑规模：总建筑面积：37000m²；建筑高度：
100m；地下2层，裙房7层，主楼26层
建设工期：1994年～1997年

建筑外观

建筑概况

上海书城是20世纪90年代中期上海市文化宣传系统的重点工程。它是一幢集图书销售、出版社办公与商住用房于一体的综合性商用建筑。

上海书城的裙房部分为图书销售商店，其中1F～6F为各类图书展销厅，7F为学术报告大厅；主楼部分2F～26F为各出版社办公及商住用房。地下2F设置制冷机房、变配电站房、水泵房等设备用房及机械停车库；26F屋顶设置蒸汽锅炉房。计算冷负荷为6200kW，单位面积冷负荷为167W/m²；计算热负荷为3255kW，单位面积热负荷为87.9W/m²。

冷热源设备

制冷设备设置在地下2F制冷站房内。配置3台制冷量为600USRT的麦克维尔产离心式冷水机组；冷水进/回水温度为7℃/12℃；冷却水进/回水温度为32℃/37℃；冷却塔设置在主楼26层屋顶上；空调冷水循环泵采用4台（3用1备）威乐公司生产的端吸式离心泵，流量为380m³/h，扬程为36m，电机功率为55kW。

热源设备设置在主楼26F屋顶的锅炉房及热交换机房内。热源采用2台4t/h的蒸汽锅炉。空调热水经两台每台换热量为1750kW的组合式汽—水、水—水换热器换热而得，换热器热水进/出水温度为50℃/60℃。空调热水泵采用3台（2用1备）威乐公司生产的端吸式离心泵，流量为160m³/h，扬程为30m，电机功率为37kW。

空调水系统

空调水系统采用四管制异程系统。水系统各组水平干管采用静态平衡阀进行水力平衡。空调水系统根据书城各部分使用状况及负荷特点分成三组回路：图书销售部分、各出版社办公部分及商住部分。图书销售部分空调系统运行时间为10：00～21：00；办公部分空调系统运行时间为8：30～15：00；商住部分空调系统24h运行。水系统工作压力为1.6MPa。水系统空调机组侧采用电动二通调节阀控制，风机盘管机组采用电动二通阀控制，系统流量采用压差旁通控

资料来源：华东建筑设计研究院杨国荣提供。

制。水系统采用开式膨胀水箱定压，膨胀水箱设置在 26F 屋顶膨胀水箱间内。

空调系统设计

上海书城商场部分共有 7 层。裙房部分每层设置 3 个空调机房，商场左前侧设置一个机房，设置前侧外区商场的空调机组；主楼左右两侧各设置一个空调机房，设置左右两侧商场内区的空调机组。二层商场空调风管系统布置平面见图 1，每层商场设置 3 台空调机组，每台机组的送风量为 17200m³/h。空调器风机采用变频装置驱动，自动控制系统根据各阶段、各楼层、各时段客流状况调节空调机组循环风量，在负荷较小的时段以较小的循环风量运行，降低系统运行能耗。商场内在左右两侧各设置一台排风机，其中一台排风机采用变频装置驱动，商场的新风摄取量根据商场内 CO_2 浓度控制，排风系统根据新风摄取量控制，实现节能运行，该系统可在过渡季节实现变新风量运行，尽可能减少冷水机组的运行时间，节省运行费用。

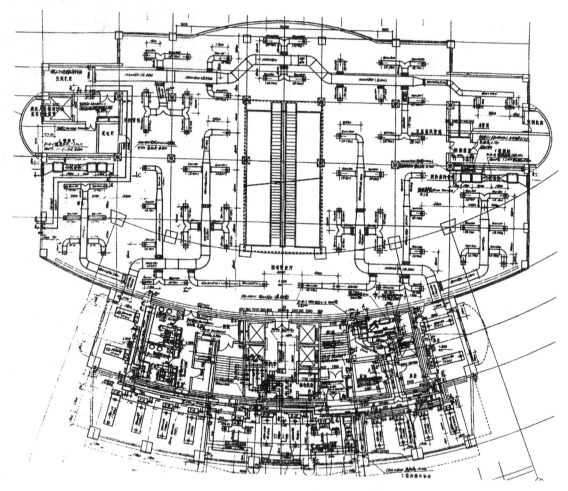

图 1　商场二层空调风管布置平面

空调机房设置

上海书城商场共 7 层，每层的建筑高度为 5.4m，主楼有 26 层，每层建筑层高为 3.6m。由图 2 可见，商场每层设置 3 个空调机房，其中一个机房设置在商场区域，另两个机房设置在主楼内的两侧。图 2 为设置在主楼内的商场空调机房示意图。商场 2 层高度等于主楼 3 层高度。因此，将空调机房设置在主楼的 2F、3F、5F、6F、8F、9F、11F，其他楼层的机房位置用作办公室。新风直接从机房的新风百叶吸入，新风管与回风管上分别设置电动调节风阀。新风、回风调节风阀与变频装置驱动的排风机的组合，使商场可实现可变新风量运行，节省系统运行用能，改善室内空气品质，提高商场内部的舒适性。空调通风所有系统均纳入楼宇自动控制系统（BAS）。

系统运行状况

上海书城建成使用到现在已有十多年，举行过许多图书展或图书交流活动，有一大批著名作家在上海书城签名售书。各层商场的空调通风系统在各种气候条件及室内状态下均能保持舒适性，室内参数完全满足设计要求。

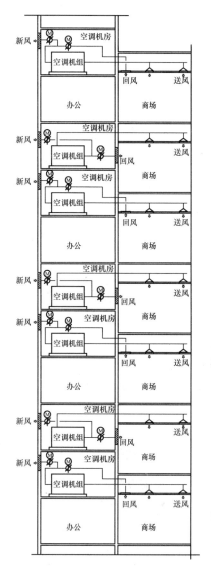

图 2　商场空调机房设置示意图

工程实录 S12

恒隆广场 1 号塔楼

地点：上海南京西路 1266 号

用途：办公为主，还有商场等

设计：冯庆延建筑设计事务所（香港）有限公司、美国 F＋K 顾问工程师（机电部分）、华东建筑设计研究院（咨询）等

建筑规模：地上 60 层，高 250m；总建筑面积 9 万 m²（地上）[包括第 2 期 2 号塔楼（6.7 万 m²）及地下面积共约 21 万 m²]

设计时间：1995 年 8 月开始设计

竣工时间：1998 年（部分）

建筑外观

建筑特点

该工程整体为 2 幢塔楼，1 号塔楼为首期工程，6F 以下为裙房以商业用途为主，地下建筑部分主要用途为车库及机械设备用房、1 号塔楼标准层平面参见图 1。

空调方式与系统

标准层采用 VAV 空调方式，大型 AHU 机组设于 1 号楼的 7F、8F、25F、40F、55F。大楼核心筒两侧的土建大竖井分别为土建回风道，内设钢板制送主风管和排烟主立管。回风机设在以上各层的机械室。一次风 AHU 的送风汇集到环形总风管。由环形总风管经竖井内风管分送到相应的各层环形总风管，并分配到该层的内外区风机动力型 BOX（即 FPU），外区的 FPU 中设有电加热器。回风从各层的吊顶进入竖井风道，回到设 AHU 的机房层（正压），由 AHU 吸入与新风混合；这种系统布置方式在美国采用较多。图 1 为各层总管及 VAV BOX（FPU）布置图，图 2 为 AHU 层及环形一次风总管布置，全楼整体布置参见图 3。大楼其他用途的房间

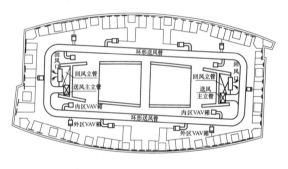

图 1　各层总管及 VAV BOX（FPU）布置图

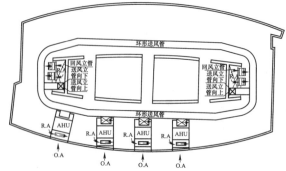

图 2　AHU 布置技术层内

资料来源：《高层公共建筑空调设计实例》，华东建筑设计研究院编著，中国建筑工业出版社，1997 年。

则采用全空气低速风道系统等。

空调冷热源

制冷采用电动离心制冷机，本楼（1 号楼）选用 3340kW（950RT）/台×5 台，安装在 9F 机房内。4 台冷却塔的冷却水量约 2697t/h，安装在 1 号塔楼屋顶。供热热源为电热，主加热器设在 AHU 内，补充加热器在各层外区的 FPB 内。

1 号楼水系统的最高点为 55F，最低点为 7F，1 号楼水系统直接可供 6F 以下的商业用房层，在 25F 设有 2 台板式热交换器。冷水供/回水温度为 6.7℃/15.6℃，对于要求 24h 供冷的用户，则设有专用空调机组，故另外专设冷却塔，并在 40F 设置板式热交换器以减小下部空调设备的承压。制冷装置的水系统流程见图 4。

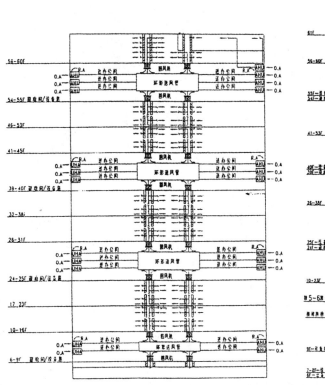

图 3　全楼整体布置图

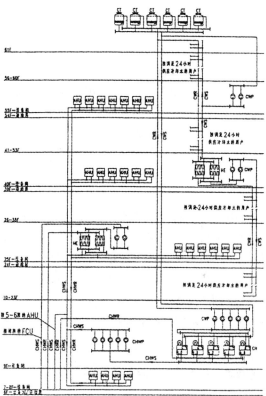

图 4　冷水系统流程图

工程实录 S13

上海震旦大厦

地点：上海浦东陆家嘴金融贸易区富都世界

建筑规模：总建筑面积：102870m²；建筑高度：
180m；地下3层、副楼7层、主楼37层

设计：日建设计、上海建工设计研究院

竣工时间：1998年

建筑概况

主要功能为办公、展览、娱乐。主楼3F～18F、20F
～32F、34F和35F为办公层，36F与37F为公司集团自
用办公楼层。19F、33F、屋顶层为设备层；主楼和副楼
2F为银行，副楼1F为开放空间，副楼3F～5F为办公层、
6F健身娱乐、7F为设备层。地下三个楼层为车库与设备
用房。

建筑外观

冷热源

电制冷冷水机组1台，制冷量为2813kW；电制冷冷
水机组2台，制冷量为1758kW；直燃式溴化锂吸收式机组1台，制冷量为2813kW；双效溴化
锂吸收式机组1台，制冷量为2813kW。主楼33F～37F空调冷源由设置在主楼屋顶上的两台空
气源冷水机组提供，每台冷水机组的制冷量为300kW。制冷机房设置在地下3F。

空调热源由3台燃烧轻柴油的蒸汽锅炉提供。锅炉的为蒸发量为4t/h，初始蒸汽压力为
0.8MPa。为了便于今后使用煤气作燃料，锅炉采用油、气两用燃烧器。锅炉房及换热机房均设
置在地下3F。

空调水（蒸汽）系统及其分区

空调水系统采用冷水、热水及冷水、蒸汽四管制方式。空调机组及新风机组采用冷水、蒸
汽四管制方式；风机盘管机组采用冷水、热水可转换的二管制方式。

冷水系统：主楼33F以下，空调机组和新风机组直接由冷水机组制备的一次水供冷；风机
盘管机组根据系统耐压情况分成上、下两个分区。主楼地下3F～18F与副楼2F～7F组成低区，
该分区内的风机盘管机组由设置在地下3F制冷机房内的热交换器提供空调冷水。20F～32F组
成高区，该分区内的风机盘管机组由设置在19F的热交换器提供空调冷水。主楼～37F空调机
组由设置在主楼屋顶上的空气源冷水机组提供冷水。空调冷水系统原理图见图1。

蒸汽系统：蒸汽锅炉产生的0.8MPa蒸汽，经减压至0.2MPa以后直接提供给设置在各楼
层的空调机组或新风机组以及设置在地下3F和19F的热交换器。空调机组和新风机组的加湿也
采用蒸汽，加湿器入口蒸汽压力被减压到0.05MPa。

资料来源：根据日建设计提供的资料整理。

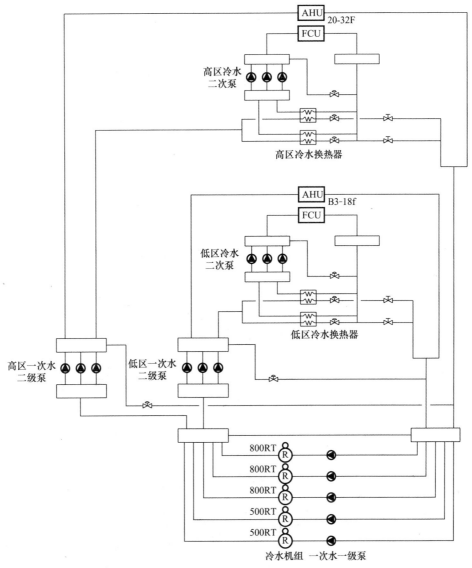

图 1　空调冷水系统原理图

热水系统：热水系统主要指上、下两个风机盘管空调热水系统。地下 3F 的热交换器给 18F 以下的风机盘管机组提供空调热水；19F 的热交换器给 20F～32F 的风机盘管机组提供空调热水。

空调风系统

出租办公楼（32F 以下）：采用风机盘管加新风空调系统。新风机组集中设置。办公层局部空调平面布置见图 3。

自用办公楼（34 层～37 层）：采用内、外分区空调系统，内区采用全空气单风道空调系统，外区采用暗装窗台型风机盘管机组。

主楼与副楼 2 层银行及中庭：采用定风量全空气单风道空调系统（见图 2）。

新风处理系统

所有新风系统集中设置（地下层、19F、33F 及屋顶层），通过新风管弄送至各层，每层新风接管上设置 CAV（定风量阀），排风与新风设有能量转换装置（全热回收）。

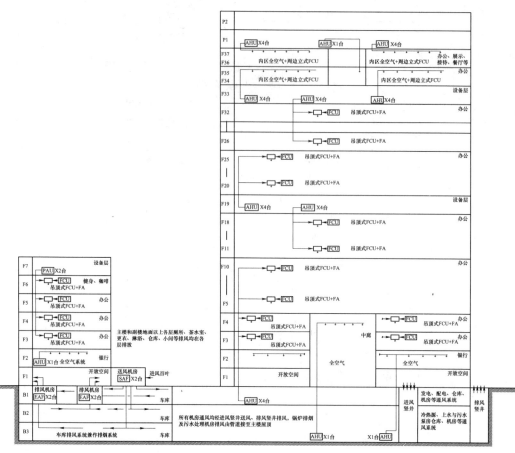

图 2 空调风系统原理图

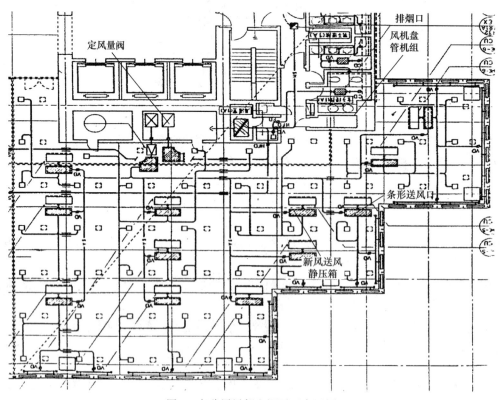

图 3 办公层局部空调平面布置图

工程实录 S14

久事大厦

地点：上海市中山东二路、东门路交口

用途：办公

设计：英国福斯特建筑设计事务所（建筑设计）、日本大林组及华东建筑设计研究院联合设计

建筑规模：地上 40 层、地下 3 层；总高度 168m；总建筑面积 6.808 万 m²

总建设费：12 亿元（其中建筑设备 2 亿元）

竣工时间：2000 年

建筑特点

该建筑以其 168m 的高度成为上海南外滩地区的标志性建筑，平面呈钻石型，办公区面向东北构成主立面。立面采用中磨面透明玻璃幕墙，且设计为 AFW-通风窗型（内呼吸型），即两层玻璃间有机械抽风并设有窗帘。大楼标准层平面（大统间型）如图 2 所示，垂直方向剖面见图 1，图中表示了各层的房间功能，图 3 则为带通风窗的外墙节点。此外，为改善工作人员的视觉环境和构筑良好的景观，在大楼内局部地方（15F～17F，26F～28F，36F～40F）构成三个空中花园（中庭）。

空调方式

标准层分内外区；内区设两个系统，采用单风道变风量系统，即 AHU＋VAV 末端，送风采用散流器。周边区在采用 AFW 的基础上设暗装卧式 FCU 向窗际水平送风，AFW 的空气由窗底边部进入后在上部由集中抽风系统排至室外。图 4 分别表示了 AFW 抽风系统和 FCU 的布置。

冷热源设备及系统

该工程配备的总制总量为 7910kW（2250RT），其中用于低区（B1F～23F）的为：吸收式制冷机，2170kW（600RT）×2 台＝4340kW；离心制冷机，1230kW（350RT）×1 台；供/回水温度为 7℃/12℃。

用于高区（24～40F）的为：离心制冷机，1230kW（350RT）×2 台＝2460kW（700RT）；用于高区的供/回水

建筑外观

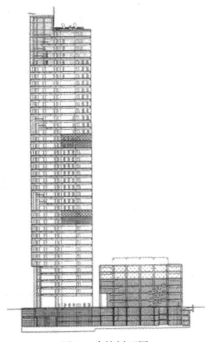

图 1　建筑剖面图

资料来源：《时代建筑》1998 年 1 月，2002 年 5 月；《高层公共建筑空调设计实例》华东建筑设计研究院编著，中国建筑工业出版社，1997 年。

温度为5℃/10℃，通过板式换热器后的二次水温度为7℃/12℃。

　　热源为蒸发量为6t/h的燃油锅炉2台，共12t/h，压力为0.4MPa；经热交换器使用于系统的供/回水温度为60℃/50℃。空调系统的水系统：AHU为四管制，FCU为二管制，输水系统采用一级泵及二级泵。24F为设备层，冷热源主机位于地下3F。冷却塔位于裙房（6F）顶上。冷热源和水系统见图5。

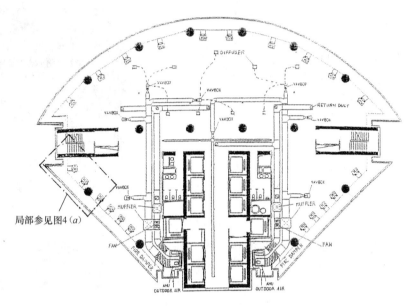

图2　标准层空调平面图

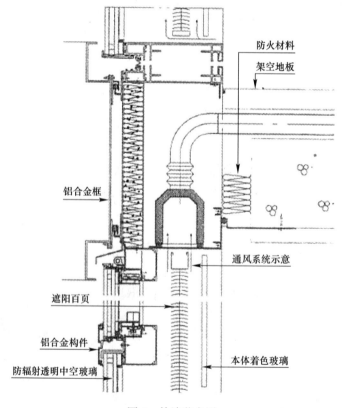

图3　外墙节点图

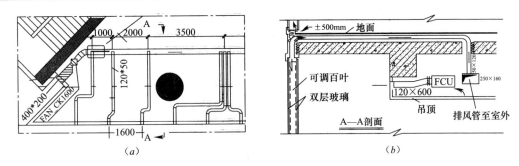

图 4 AFW 抽风系统和 FCU 的布置

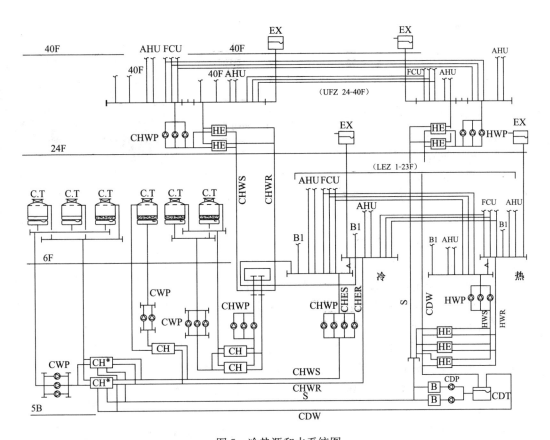

图 5 冷热源和水系统图

上海金茂大厦

地点：上海浦东陆家嘴金融贸易区

建筑规模：总建筑面积：230000m²；建筑高度：420.5m；
地下 3 层、裙房 6 层、主楼 92 层

建筑用途：办公与酒店（见图 1）

设计：美国芝加哥 SOM 设计事务所

建设工期：1993～1999 年

建筑外观

冷热源设备

冷负荷：裙房 7616kW（236W/m²）；

办公 11814kW（89.5W/m²）；

酒店 8725kW（123W/m²）。

总冷负荷：31325kW（109W/m²）。

热负荷：裙房 2276kW（70.5W/m²）；

办公 5500kW（41.7W/m²）；

酒店 5663kW（85.8W/m²）。

总热负荷：16984kW（59.1W/m²）。

配置 8 台离心式冷水机组及两台板式换热器（用于免费冷却）及配套水泵，这些设备均分为两组分别为高区与低区服务。

低区（裙房及办公低区）部分：冷水机组 Carrier 19EX-4343，制冷量为 4220kW（1200USRT），3 台；冷水机组 Carrier 19EX-5052，制冷量为 1406kW（400USRT），1 台；板式换热器 ALFA-LAVALM30-FD，换热量为 3017kW，1 台；系统空调冷水侧工作压力为 2.1MPa，冷却水侧工作压力为 1.05MPa。

高区（办公高区及酒店）部分：冷水机组与板式换热器配置同低区，系统空调冷水侧工作压力为 2.8MPa，冷却水侧工作压力为 1.5MPa。

锅炉房配置 4 台 LOOSUL-S 100 型燃油/燃气两用蒸汽锅炉，每台锅炉产热量为 4900kW。换热器室设置 6 台汽—水换热器及热水循环水泵。每两台组成一组，分别供应地下室、裙房和办公低区。办公高区与酒店部分的换热装置设置在中、上部技术层内。

冷却水免费供冷系统接管示意图见图 2。

系统分区

空调冷水、热水及冷却水根据建筑高度进行了分区设置。空

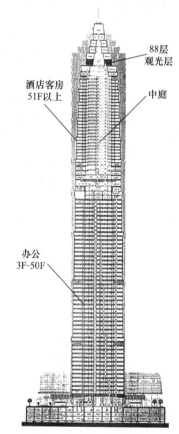

图 1　金茂大厦剖面图

资料来源：根据《1999 年全国空调新技术交流会论文集》及相关设计资料整理。

调风系统主要形式为：办公区，集中新风空调机组＋楼层空调机组；酒店公用低区，集中新风空调机组＋楼层空调机组；酒店客房区，集中新风空调机组＋风机盘管机组；酒店公用高区，全空气集中空调机组。空调水系统、风系统分区见图3。

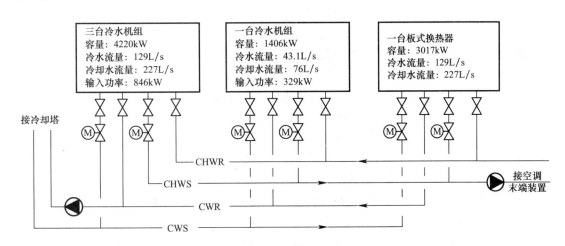

图 2　免费供冷示意图

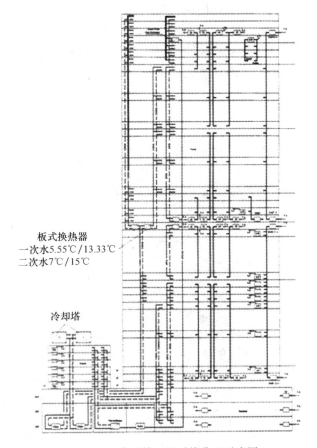

图 3　空调水系统、风系统分区示意图

标准办公层空调

标准办公层建筑面积为 2500m²，空调面积 2000m²，办公区空调面积 1600m²，层高 4m，吊顶高度2.7m，人员180人，新风量6210m³/h。

内、外区分界线为距外墙线4.2m。内、外区合用一套全空气变风量空调系统。每层设置一台变频调速空调机组，机组设计风量为26482m³/h，冷量为142.8kW；风机全压为1000Pa，风机输入功率为15kW；空调机组进、出风参数：进风$t=23℃/t_s=14.7℃$；出风$t=8.8℃/t_s=8.05℃$；机组水侧参数：冷水供/回水温度为5.55℃/13.33℃，水量为15.8m³/h。

空调总送风管采用环形布置，与末端装置相连的支管呈枝状布置方式。回风采用吊顶静压箱回至空调机房。

新风由设于51F的新风空调机组进行冷、热处理后经垂直管弄送至各空调机房。各空调机房内设置一大一小两个新风阀，便于最小新风量及过渡季节变新风量运行。新风送风参数：夏季$t=15℃$，$t_s=14.9℃$；冬季$t=11℃$。

变风量末端装置采用串联式风机动力型，每层设置24台，其中外区16台，带热水再热盘管。热水管环状布置，其供/回水温度为82.2℃/65.5℃。

外区末端装置夏季供冷、冬季供热；内区设置8台无再热盘管的末端装置，装置全年供冷。外区设计一次风量为18594m³/h，二次诱导风量也为18594m³/h；内区设计一次风量为11484m³/h，二次诱导风量为13086m³/h。串联式风机动力型末端装置可使送风量保持恒定，气流组织得到保证。图4为标准办公层局部风管布置平面图。图5为标准办公层空调方式示意图，室外新风（W）经集中新风机组处理到（A）与回风（B）混合，再经楼层空调机组处理到（E）送出空调机房，一次风到达末端装置时达到状态（F）与吊顶内二次风进行二次混合后最终以状态（G）送入空调区域。图6为标准办公室空调风管布置图（3F～50F）。

酒店客房空调采用风机盘管加新风系统。裙房空调部分区域采用变风量空调系统；其他区域采用一次回风全空气空调系统。

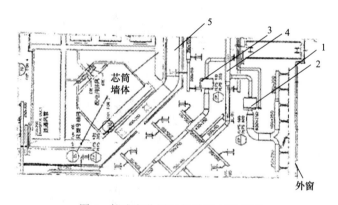

图4　标准办公层局部风管布置平面

1—外区条形送风口；2—外区变风量末端装置（带热水再热盘管）；3—内区变风量末端装置；
4—环状布置的一次风送风管道；5—排烟风道

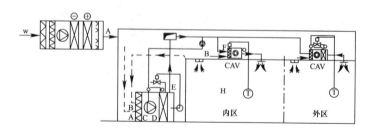

图5　标准办公层空调方式示意图

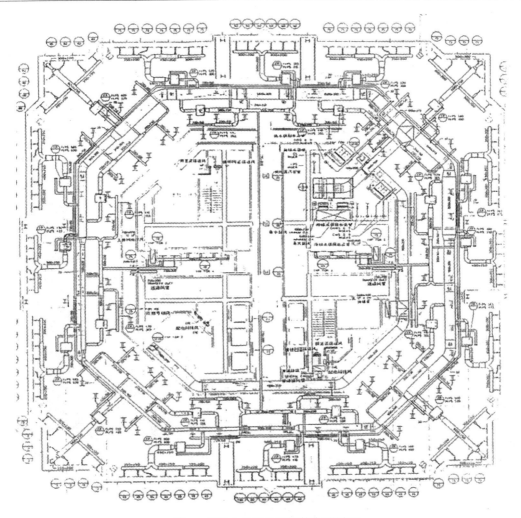

图6 标准办公层空调风管布置平面

上海期货大厦

地点：上海市陆角嘴金融贸易区世纪大道与浦电路交汇处

用途：办公、会议、交易大厅等

建筑规模：地上 37 层、地下 3 层，高度为 140m；总建筑面积 7.5 万 m^2

设计：美国 JY 设计事务所、上海建筑设计研究院

竣工时间：1998 年 12 月

建筑外观

建筑特点

大厦按期货交易和国际金融机构的办公需求设计。主楼 10F～36F 设有设施完善的敞开式办公单元，裙房为银行区域、国际会议厅、多功能厅等；大厦内还设有 2000m^2、净高 14m 的交易大厅（可容 800 人交易员席）；大厦顶部设有观光平台，2000 年第二届国际高层建筑空调会议就在本厦会议厅举行（中国制冷学会举办，上海制冷学会承办）。

空调方式及系统

标准层空调方式与金茂大厦一致，采用变风量系统，1F～27F 分内、外区，外区采用带热水盘管的空气动力箱变风量末端（FPU）。每层设环状总风管及一台空气处理箱（AHU），在吊顶回风，一部分作为一次回风进入 AHU，一部分作为二次回风吸入 FPU 内。另外，设在 7F 和 38F 的新风处理机组分别为 1F～19F 及 20F～37F 的 AHU 供新风。

每层的新风电动阀门和排风阀门联动控制，以确保新风和室内压力。各层 AHU 内的送风机采用送风管的静压控制。图 1 及图 2 分别表示了空调系统原理图和标准层风道布置示意图。该工程的会议厅、多功能厅以及商场等均为全空气定风量（CAV）空调方式。此外，还采用 FCU 方式等。

冷热源设备及系统

大厦采用电动离心式冷水机组：（559RT）×5 台，燃油/燃气两用热水锅炉供热量为 2600kW/台×2 台，以及燃油燃气两用蒸汽锅炉蒸发量为 0.86t/(h·台)×2 台。冷热源设在地下 3F，在 28F 设板式热交换器，为 28F～37F 的 FCU 在冬季提供热水（二次水）。水系统采用四管制，蒸汽只供加湿和生活热水用。大楼风道和供冷供热水系统示意简图见图 4，冷热水温度见图例中所注。

资料来源：《暖通空调》2003 年 06 期；《第二届国际高层建筑空调会议论文集》（上海），2000 年。

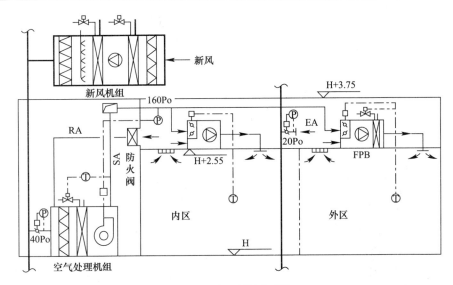

图 1　空调系统原理图

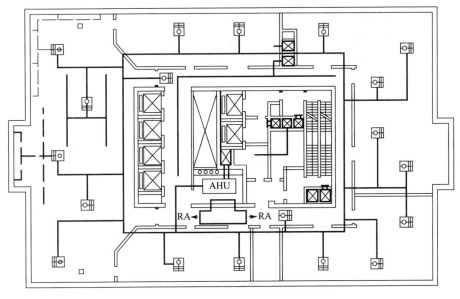

图 2　标准层风道布置示意图

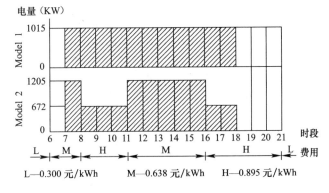

图 3　节电运行效果图

该建筑为了节约运行开支，曾对制冷机运行模式做了试验，即在电价高的时段减少运行台数，在晚间低谷电价时段，增开台数，并使建筑物起蓄冷效果，在允许温度波动的范围内，可获得节约电费的效果。图3表示了这种情况（图中 Model 1 为常规方式，2 为节约电费的运行模式）。

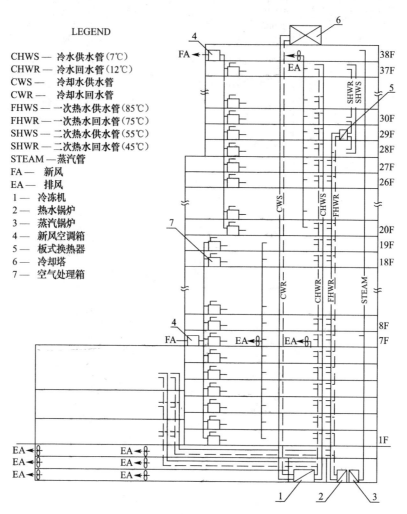

图4　大楼风道和冷热水系统示意图

上海浦东国际金融大厦（上海中国银行）

地点：上海市浦东陆家嘴金融开发区

用途：银行办公为主，商业、会议等

设计：日本日建设计（株）与上海民用建筑设计院合作设计

建筑规模：地上 53 层、塔层 2 层，地下 3 层，建筑高 226m，裙房 5 层，地下 3 层；总建筑面积 12.16 万 m²；标准层高 3.9m，吊顶高 2.6m，架空地板 6cm

结构：钢骨钢筋混凝土及钢结构。

建设工期：1995 年 11 月～1999 年 9 月

建筑特点

该工程是一幢以钢结构为主体的高层办公建筑，集办公、商业、餐饮、休闲于一体。造型特殊，上部和下部办公层的面积不同（上部 34F～50F 为 1424m²，下部 6F～16F 为 2329m²），51F～53F 为银行家俱乐部，1F～4F 为银行大厅、会议厅等，B1F～B3F 为银行金库及停车库，顶部为冷却塔位置。图 1 为建筑物剖面图，图 2 为上下标准层平面图。

建筑外观

空调方式与系统

办公楼标准层采用风机盘管（FCU）加新风的系统方式。FCU 为卧式吊顶暗装型，未分内、外区。裙房公用建筑部分则采用全空气系统。图 3 为 22F 的空调系统平面图。

冷热源设备

按大楼低区和高区不同负荷，设置两个主机房。高区机房设在 53F。装置：离心制冷机，容量为 1758kW（500RT）×2 台；螺杆式制冷机，容量为 527kW（150RT）×2 台。

低区机房设在地下 1F，装置有：蒸汽型吸收式制冷机，3520kW（1000RT）×2 台；螺杆式（热回收型）制冷机，352kW（100RT）×1 台。

燃油锅炉：容量为 10t 蒸汽/（台·时）×3 台（其中 1 台备用）。

水系统采用立管竖向同程式，冷却塔在建筑物顶部。

主楼制冷机总装机容量为 15470kW（4400RT），冷负荷指标为 0.0376RT/m²。

资料来源：日本熊谷组资料，《上海浦东国际金融大厦新建工程》，1999 年。

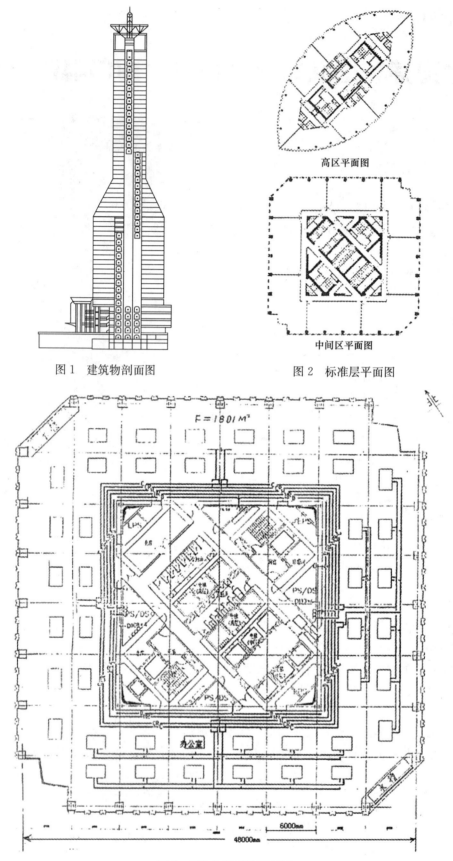

图1 建筑物剖面图

高区平面图

中间区平面图

图2 标准层平面图

图3 22F空调系统平面图

工程实录 S18

太平洋保险公司上海分公司大楼

地点：上海吴淞路 400 号（茂林路交叉口）

用途：综合性办公楼等

设计：美国恒隆威国际建筑工程公司与上海民港国际建筑设计有限公司合作设计

建筑规模：地上 25 层，高 104m；总建筑面积 5.689 万 m²（包括主楼外的其他单体建筑）

建设工期：1997 年施工开始，2000 年完成

建筑外观

建筑特点

该工程除包括 25 层的中国保险公司上海分公司大楼外，还有 4 层裙房，23 层的公寓以及统一的地下室（3 层），大楼标准层呈椭圆形，面积为 1198.5m²，层高 3.8m。塔楼采用单元式幕墙，以中空玻璃和纯铝板呈水平带型交替组成，饰以垂直叶片，有遮阳效果，结构体系属框架—筒体结构。

空调方式与系统

办公楼标准层采用风机盘管（FCU）＋新风系统，未分内外区。FCU 为卧式暗装，上送上回，新风 AHU 每层 1 台，新风处理采用大焓降方式，冷却排管为 8 排，以减少室内 FCU 盘管的析湿，水系统为双管制。大空间公共房间为低速全空气系统。AHU 可调风量。标准层空调平面图如图 1 所示。

冷热源方式

办公楼采用两种能源：（1）办公楼标准层采用溴化锂吸收式制冷机：容量为 2215kW（630RT）/台，冷冻机房设在 26F，吸收式制冷机的热源为燃气锅炉，安装在同一层面上。冷却塔 4 台，设在屋顶，水系统不作高度分

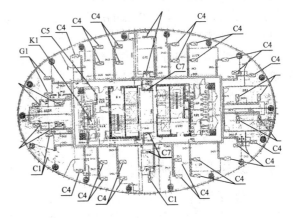

图 1　标准层空调平面图

区。（2）裙房空调冷热源为 2 台风冷热泵机组，每台 350kW（99.5RT），设在裙房顶上。

资料来源：《上海高层超高层建筑设计与施工》，上海科普出版社，2002 年。

上海浦东发展银行大楼

地点：上海浦东陆家嘴金融贸易区中心

用途：银行及出租办公楼

设计：加拿大 TMP 设计公司与华东建筑设计研究院合作设计

建筑规模：地上 36 层、地下 3 层，高度 150m；总建筑面积 6.944 万 m²

竣工日期：2002 年

建筑外观

建筑特点

大楼位于上海世纪大道和浦东南路的交叉口，故平面近似的梯形。大楼顶部呈阶梯式造型，外墙装饰采用花岗岩与玻璃幕墙相合的手法，窗户为双层中空 Low-e 玻璃，标准办公层空调面积约 1300m²。

空调方式与系统

大楼主体标准层（办公用）采用风机动力型变风量系统，每层设一个内外区共用的分配总管，每层总管风量为 27000m³/h。外区的风机动力型变风量末端带热水加热盘管，内区的风机动力型末端无加热功能。

标准层办公部分设集中式新风处理系统，室外空气经过滤和热湿处理后，分配到各层空调机房（每层一台），并由各层的新、排风定风量装置控制新、排风量。新风经与回风混合后，由各层空调箱处理后分配到各温度控制区。总分配管设计成环状管网，送风口呈条缝状，吊顶内集中回风。标准层空调风道布置如图 1 所示。由图可知：内区末端（VAV）为 12 台，外区末端（VAV）为 17 台。

冷热源方式与水系统

冷源采用离心制冷机：冷量为 920USRT×2 台，565USRT×1 台，以及螺杆式制冷机：冷量为 140USRT×1 台。热源采用燃气/油兼用的蒸汽锅炉，蒸发量为 4.5t/h×2 台。冷冻机房和锅炉房分别位于大楼顶部的 35F 和 36F。空调水系统为四管制，系统分一次水和二次水：一次水温为：5.6℃/15.6℃（冷水），60℃/49℃（热水）；二次水温为：6.6℃/16.6℃（冷水），57℃/46℃（热水）。

水系统流程简图如图 2 所示。夏季供冷工况下，冷水（5.6℃）经 A 阀和 B 阀（经新风空调箱再冷盘管）调节进入楼层空调箱 CU 的水温（约 7.2℃）。CU 出水（约 11.8℃）再经新风空调箱预冷盘管后（15.6℃）回冷水机组。由此冷冻水可以达到 5.6℃/15.6℃的大温差。冬季供冷工况下，B 阀关闭。冷水（约 7.2℃）经 CU 供冷后温升至 11.8℃后，进入新风空调箱预

资料来源：《BE 建筑设备》（日）2002 年 10 月号及华东建筑设计研究院叶大法提供资料。

冷盘管加热新风，冷水自身被自然冷却到 10.6℃，再由冷水机组冷却到 7.2℃。空调冷水系统控制原理如图 3 所示。

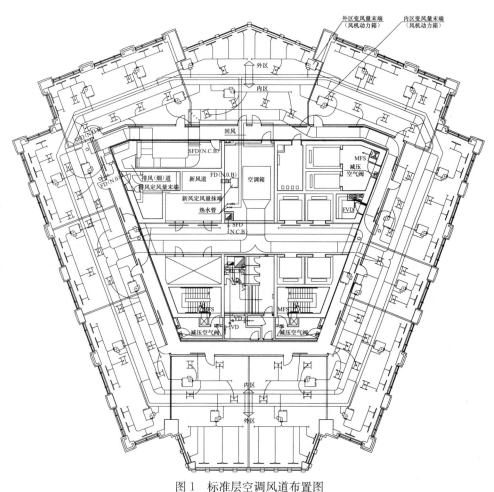

图 1　标准层空调风道布置图

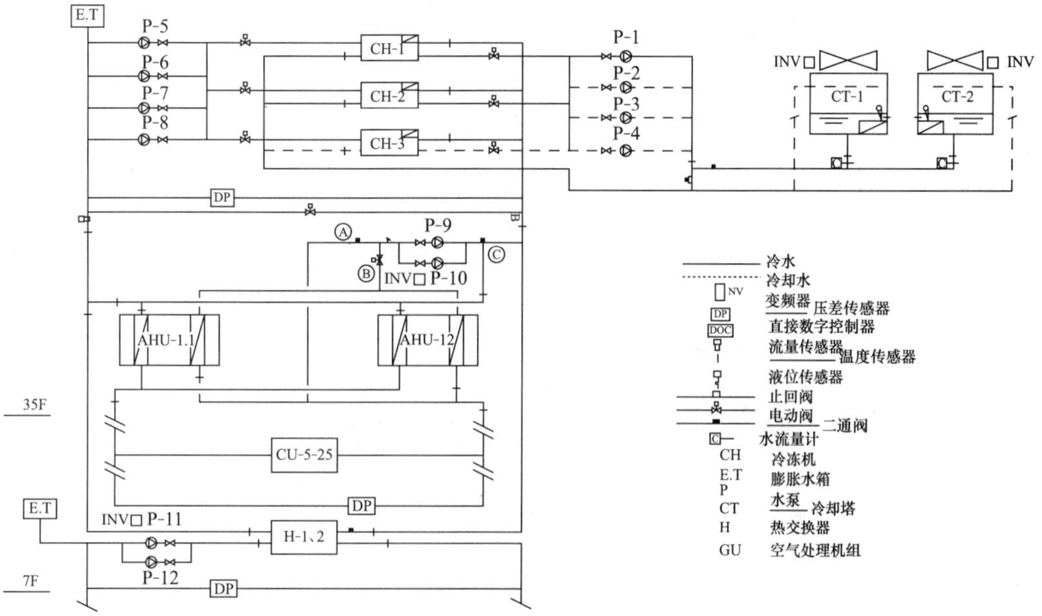

图 2　冷水系统流程简图

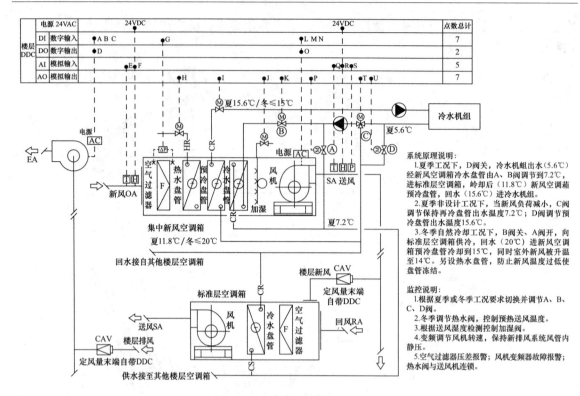

		电源 24VAC	24VDC		24VDC	点数总计
楼层 DDC	DI 数字输入	●A B C	●G		●L M N	7
	DO 数字输出	●D			●O	2
	AI 模拟输入		●E●F		●Q●R●S	5
	AO 模拟输出		●H	●I	●J ●K ●P	●T U	7

图 3 空调冷水系统控制原理图

系统原理说明:
1. 夏季工况下, D阀关, 冷水机组出水(5.6℃)经新风空调箱冷水盘管由A、B阀调节到7.2℃, 进标准层空调箱, 岭却后(11.8℃)新风空调箱预冷盘管, 回水(15.6℃)进冷水机组。
2. 夏季非设计工况下, 当新风负荷减小, C阀调节保持再冷盘管出水温度7.2℃; D阀调节预冷盘管出水温度15.6℃。
3. 冬季自然冷却工况下, B阀关, A阀开, 向标准层空调箱供冷, 回水(20℃)进新风空调箱预冷盘管冷却到15℃, 同时室外新风被升温到14℃。另设热水盘管, 防止新风温度过低使盘管冻结。

监控说明:
1. 根据夏季或冬季工况要求切换并调节A、B、C、D阀。
2. 冬季调节热水阀, 控制预热送风温度。
3. 根据送风湿度检测控制加湿阀。
4. 变频调节风机转速, 保持新排风系统风管内静压。
5. 空气过滤器压差报警; 风机变频器故障报警; 热水阀与送风机连锁。

工程实录 S20

上海浦东工商银行大厦（巨金大厦）

地点：上海市浦东新区陆家嘴经贸区

用途：办公、银行营业厅、地下金库等

建设规模：总建筑面积 65000m²；地上 29 层，地下 2 层

竣工时间：2002 年

建筑外立面

图 1 为大楼剖视图。大楼南向各层采用较大尺寸的不锈钢格栅型遮阳如图 2 所示（投资达 44 万元），大楼长宽尺寸约为 100×40m。

空调方式

裙房和标准层均采用 VAV 空调系统。标准层每层设置一个空调系统。末端为 FPB 单元，外区末端设有加热盘管（有二通电动阀控制），集中空调箱为双风机系统。标准层空调平面图如图 3 所示。底层大堂四周装置了落地式 FCU，供回水管设在地下室，用电动阀切换控制。另设送回风空气系统。地下车库有除湿空调系统，用以去湿。

建筑外观

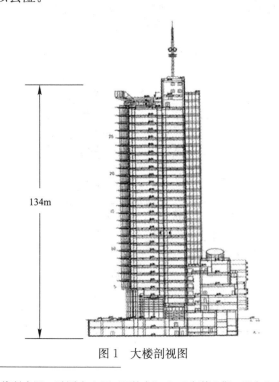

图 1 大楼剖视图

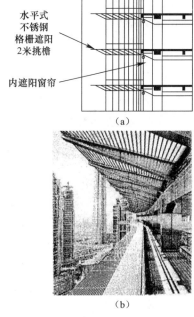

图 2 外遮阳形式

水平式
不锈钢
格栅遮阳
2米挑檐

内遮阳窗帘

（a）

（b）

资料来源：《制冷与空调工程技术》，2012 年第 2 期，及朱金鸣同志提供资料。

冷热源设备与系统

冷热源配置表

表 1

机组形式	冷/热源	数量	参数
离心式	2100kw	3 台	5/12℃
离心式	1050kw	1 台	5/12℃
蒸汽锅炉	5000kg/h	3 台	0.4Mpa
汽水板块	2500kw	2 台	50/60℃

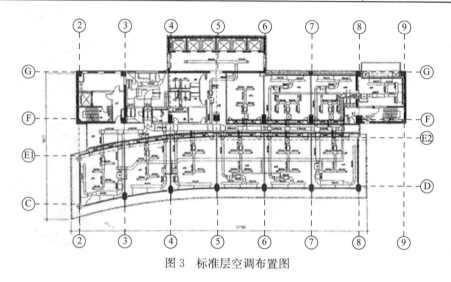

图 3　标准层空调布置图

空调水系统

　　空调水系统为四管制，采用一次泵空调水系统，冷热水泵分别配置和运行。该工程采用一泵到顶的方式（建筑总高度约 155m，空调区域高度为 134m）。低区管路与设备考虑加强承压的要求。

　　冷源水系统原理如图 4 所示。

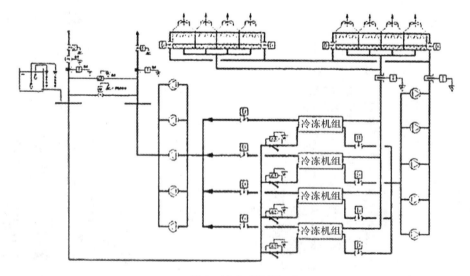

图 4　冷水系统图

上海外滩金融中心

地点：上海市

用途：办公、客房、公寓办公等

设计：约翰·波特曼建筑事务所、上海建筑设计研究院

建筑规模：主楼地上 54 层，地下 3 层，高 198m，此外还有两个 27 层的副楼；总建筑面积 18.686 万 m²

建设工期：1994 年设计，2003 年 6 月完工（其中延迟 3 年）

建筑特点

整体呈"品"字型布局，主楼为办公楼，南北两个 27 层的副楼分别为客房楼（宾馆）和公寓式办公楼，它们组合在整体的三层地下室（车库、设备用房、管理、餐厅）和连体的五层裙房（商务中心、会议中心、餐饮、健身）之上。大楼建设标准较高，主楼顶部有花瓣状冠顶，有地标功能。该工程空调设计曾获第一届暖通空调工程优秀设计二等奖。

建筑外观

空调方式与系统

办公楼标准层为进深 13m 的筒体建筑，每层各设一台可变风量的 AHU。8m 进深的内区设单风道 VAV 末端，5m 进深的外区设带再热盘管的并联型风机动力型变风量末端（FPU），新风经集中处理后分送至各层面 AHU。变风量末端均按压力无关型控制，空调风道布置如图 1 所示。大楼内多功能厅、大厅、中庭均采用定风量空调系统。

冷热源设备与系统

冷源为 4325kW（1230RT）的离心制冷机 4 台，设在地下 2F。热源为 12 台燃气热水锅炉（包括卫生热水用），锅炉房位于主楼、南北楼顶层。

水系统采用大温差、二次变频泵、四管制输配系统。对 198m 高的主楼分高、低两区。冷水供/回水温差为 6.8℃，其供/回水温度：低区为 5.5℃/12.3℃，高区为 6.6℃/13.4℃。热水供/回水温度差为 20℃，其供/回水温度：低区为 68℃/48℃，高区为 70℃/50℃，板式热交换器设于 18F。办公楼冷水系统见图 3 所示。

热回收系统：该工程将集中排风系统和新风系统通过装有乙二醇溶液盘管的排风热回收风机箱与新风热回收空调箱，通过乙二醇（15%浓度）管路进行排风热（冷）回收和新风预冷（热），取得显著效果，该系统如图 2 所示。

资料来源：《暖通空调工程优秀设计图集①》，中国建筑工业出版社，2007 年。

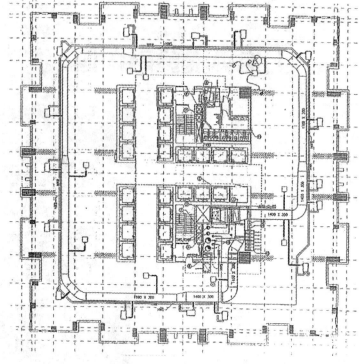

图 1　标准层空调平面图

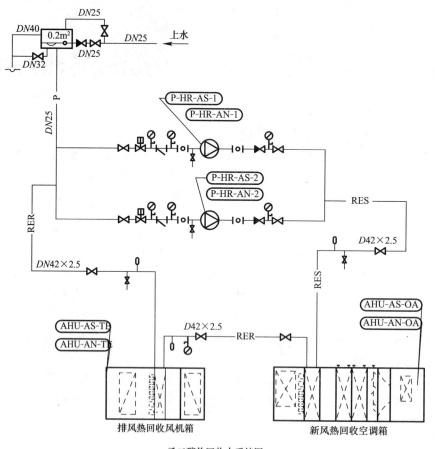

乙二醇热回收水系统图

图 2　乙二醇排风热回收系统

　　此外，通过设置板式热交换器将冷却塔冷量应用于冬季内区空调供冷的节能措施也获得了预期的效果。

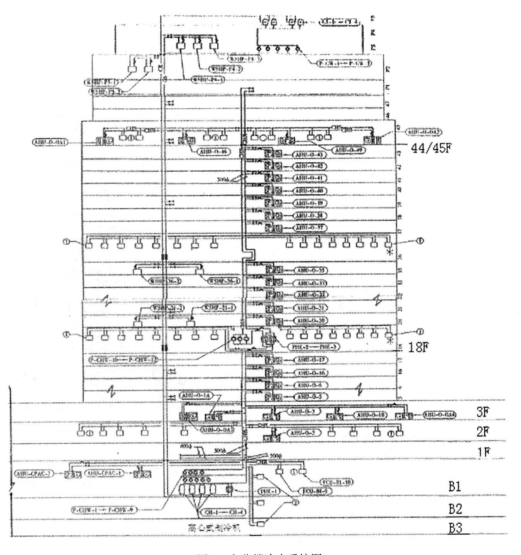

图 3　办公楼冷水系统图

花旗集团大厦

地点：上海浦东陆家嘴金融贸易区 X1-7 地块
设计：日本日建设计、上海建筑设计研究院
占地面积：11890m²
建筑规模：总建筑面积：119150m²；建筑高度：
179.2m；地下 3 层、地上 40 层
建筑用途：办公
建设工期：2002～2005 年

建筑外观

冷热源设备

计算冷负荷：14360kW（121W/m²）。

计算热负荷：9410kW（79W/m²）。

设置 3 台天然气溴化锂冷热水机组（制冷量为
4200kW，制热量 3456kW）和 2 台离心式冷水机组
（制冷量为 4200kW），冷媒为 R134a。冷水温度为 6℃/
12℃，热水温度为 65℃/59℃。

水系统及其分区

水系统采用四管制、二次泵系统。空调水系统分成
低区（地下 3F～12F）、中区（14F～26F）和高区（28F～40F）三个系统。低区冷、热水由地
下 3F 制冷机房内的二次冷水直接供应。制备中区和高区空调冷水的水—水板式换热器设置在
13F 的设备机房内。低区空调冷、热水温度分别为 6℃/12℃ 和 65℃/59℃；中区和高区空调冷、
热水温度分别为 7℃/13℃ 和 63℃/57℃。空调冷水一级泵定流量运行，冷水二级泵、冷水及热
水板式换热器后的二次水泵均变频变流量运行。中、低区空调水系统采用闭式定压装置定压；
高区水系统采用开式膨胀水箱定压。

标准层空调系统设计

标准办公层采用内外分离式单冷变风量空调系统加周边独立供暖系统。标准办公层空调风
管系统布置平面见图 1。标准办公层中心筒体南、北两侧分别设置 4 个空调机房，每个机房内各
设置一台紧凑型空调器，每台空调器负担 1/4 楼层的空调面积。夏季系统供冷时，设置在内、
外区的变风量末端装置送冷风；冬季内区供冷、外区供热时，系统关闭外区变风量末端装置，
利用内区变风量末端装置与外区散热器分别实现内、外区温度独立控制。办公层变风量空调系
统原理图如图 2 所示。

紧凑型空调器的送、回风为上进上出方式。空调器采用大温差送、回风，机组最低送风参
数：干球温度为 11℃，相对湿度为 95%。大温差空调风系统可减少系统循环风量、降低风机输

资料来源：《空调暖通技术》2007 年第 7 期；《暖通空调》2008 年第 8 期；及上海建筑设计研究院刘晓朝提供的资料。

送能耗、减小送风管道的截面尺寸，有利于降低建筑层高或现有层高的有效利用。

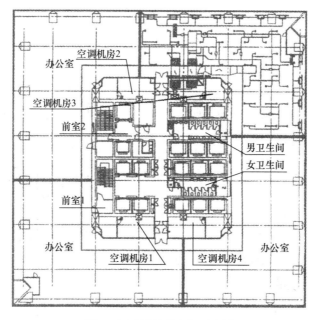

图 1　标准层风管布置示意图

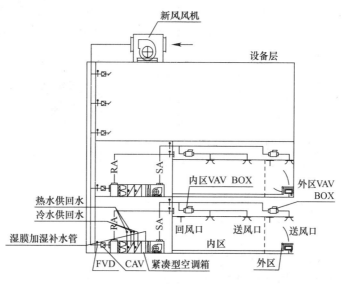

图 2　VAV 系统示意图

标准办公层的新风采用集中新风机组处理。新风机组设置在设备层内。经新风机组处理后的新风通过垂直管弄输送至各层空调机房。在机房内，与空调机组回风段连接的新风支管上设置一个定风量装置，控制进入空调器的新风量。排风由各层分设的排风机和卫生间排风机共同实现。

窗边散热器设置

周边区靠窗下墙体部位设置钢串片散热器。在冬季散热器工作时，形成空气热屏障。四个空调区域各设置两路独立的热水立管为周边散热器提供热水。散热器承担外围护结构的热负荷。

同济大学教学科研综合楼

地点：上海市四平路
用途：办公、教室、研究室、会议厅等
设计：同济大学建筑设计研究院
建筑规模：总建筑面积为 4.579 万 m²，地上 21 层（98m 高），地下 1 层
竣工时间：2006 年 11 月

建筑特点

建筑主体平面为正方形，楼层功能平面则以 L 形为主；每三层形成竖向功能单元。并构筑成一个大型中庭。图 1 为大楼剖面图，图 2 为大楼平面图之一。

空调方式

大楼内采用不同的空调方式：16F～18F 的国际会议厅采用全系统下送（座椅送风）、顶部回风和排风的方式；3F 大教室和大楼内的公共区域采用上送、下侧回风的全空气系统；各楼层的小开间办公室、研究室采用 FCU 小新风系统。新、排风系统均竖向布置，每三层为一系统，设有全热交换器。除在各机房、库房、公共副房设置机械排风（自然进风）外，在屋顶设备层设置一组排风机，用以对中庭顶部的贮热排走。并提高大楼整体的自然换气效果。此外，大楼设有完善的防排烟系统。

冷热源设备

冷源：主楼空调夏季峰值负荷为 4668kW，冷源采用冰蓄冷系统，系统采用分量蓄冰方式，双工况冷水机组与盘管蓄冰装置串联，主机上游。设计工况的供冷运行策略为主机优先，部分负荷时可按融冰优先甚至全量蓄冰模式运行，系统流程图见图 3。

蓄冰装置采用 6 台，塑料盘管蓄冰装置，蓄冰量为 4290RTH，占设计日空调负荷总量的 32%。主机采用 2 台双工况螺杆式冷水机组和一台常规螺杆式冷水机组，制冷工质均为 R22。每台双工况主机空调工况（6.0℃/11.0℃）时制冷量为 411RTH，制冰工

建筑外观

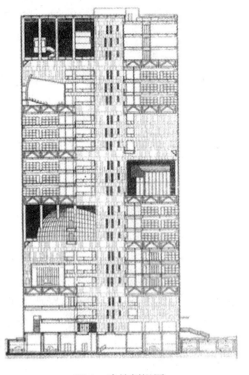

图 1　建筑剖视图

资料来源：《暖通空调工程优秀设计图集②》，中国建筑工业出版社，2010 年。

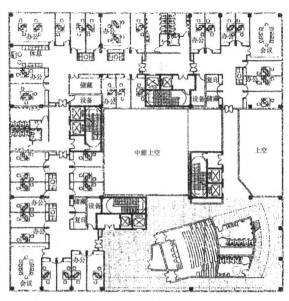

图 2　标准层平面图之一

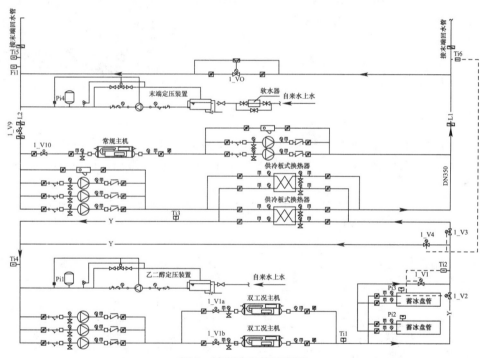

图 3　冰蓄冷系统流程图

况（12.2℃／－5.5℃）时制冷量为 275RTH，载冷剂采用容积百分比浓度为 25％的乙二醇溶液；常规螺杆式冷水机组用作基载主机，满足晚间双工况主机制冰时整个大楼的部分空调负荷，制冷量为 105RTH。制冷机总的装机容量比常规系统减少 23％。

冰蓄冷系统可以按照以下工作模式运行：（1）基载主机单独供冷；（2）双工况主机单制冰；（3）融冰单独供冷；（4）双工况主机单独供冷；（5）双工况主机与蓄冰装置联合供冷。其中模式（1）仅用于夜间双工况主机制冰状态时。

热源：大楼空调热源采用燃气热水锅炉直接向空调末端提供 60℃/50℃的空调供回水。其中燃气热水锅炉额定功率为 1400kW，选用 2 台；供热水泵流量为 130m³/h，扬程为 33mH₂O，共选用 3 台，两用一备。

上海银行大厦

地点：上海陆家嘴国际金融开发区

用途：银行综合办公楼

设计：日本丹下健三都市·建筑设计研究所（设备：日本建筑设备设计研究所）、华东建筑设计研究院

建筑规模：地上 46 层，地下 3 层，总高 230m；总建筑面积 116700m²

建设工期：2006 年完成

建筑外观

建筑特点

外墙采用凹凸垂直线条来体现建筑物的庄重感，同时有一定的遮阳作用。主楼进厅有高达 22m 的垂直公共空间。办公大楼与裙房之间有弧形玻璃屋顶覆盖的多功能艺术广场（共享空间）相连接。冷却塔则置于裙房屋顶上。标准层平面图见图 1。

空调方式

办公楼标准层的空调采用单风道 VAV 方式，不分内外区。为改善窗际热环境，采用窗台下设置风机单元（FU）的方式，可减弱窗玻璃辐射和对流气流的影响，这在我国办公楼建筑中

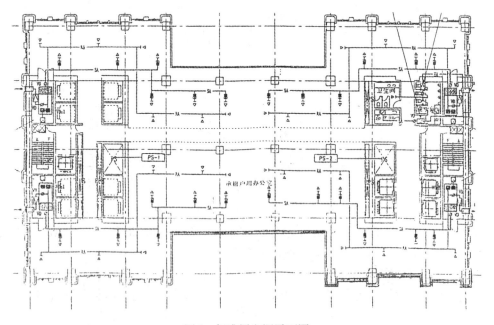

图 1　标准层空调平面图

资料来源：由华东建筑设计研究院朱金鸣提供资料。

是初次应用。由于不设外区空调系统，有一定的经济性。每个层面设 4 套 AHU 系统，控制方便，AHU 则采用立式紧凑型方式，其风道布置见图 1。

大空间房间（公共部分）采用全空气低速风道系统，底层大厅采用下侧部送风方式，同时在顶部设有高速向下诱引风口，以改善供热工况时出现的热空气分层现象。

冷热源设备与系统

该工程冷热源采用复合能源方式，即蒸汽型溴化锂吸收式制冷机与电动离心制冷机两种机组，且串联运行。即吸收式机组出水与离心式机组串联，即由 12℃/8.5℃ 进而成为进出水 8.5℃/5℃，加大了温差，有一定的经济性。再考虑到高度的分区，在地下 3F、14F、30F 均设有板式热交换器，经板换的二次进/出水温度则为 6℃/13℃，水系统原理图如图 2 所示，冷却塔设在裙房顶部。

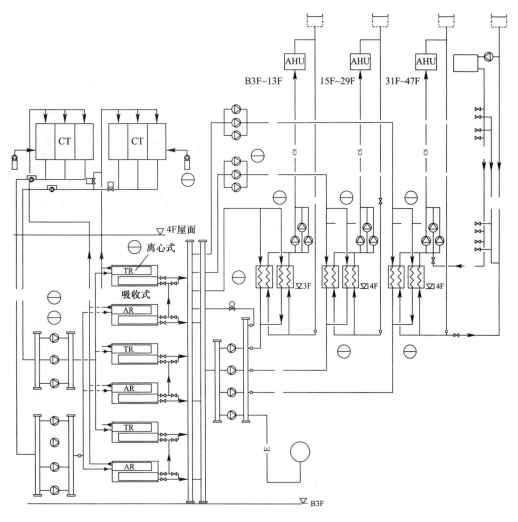

图 2　冷水系统原理图

上海世茂国际广场

地点：上海市南京路和西藏路口
业主：上海世茂房地产股份有限公司
设计：德国 IOKP 设计事务所、华东建筑设计研究院
建筑规模：总建筑面积 136000m²；建筑高度 333m；
地下 3 层（局部 4 层），裙房 10 层，主楼 60 层
建设工期：2002～2007 年

建筑外观

建筑概况

上海世茂国际广场坐落在上海著名的商业街——南京东路。它目前是上海浦西第一高楼。该建筑是一幢集高档百货商场与超五星级酒店于一体的综合性商用建筑。该建筑的主要功能为：地下各层设置制冷机房、变配电房、水泵房等机电用房及停车库；1F～6F 为上海百联公司高级百货商场，7F～10F 超五星级酒店餐饮、会议等配套用房；11F～57F 为酒店客房；58F～60F 为高级会所。

冷热源设备

计算冷负荷：17209kW；单位面积冷负荷：132W/m²；计算热负荷：9438kW；单位面积热负荷：72.6W/m²。

冷源站房及主要设备：制冷设备设置在地下 3F 制冷站房内。配置 3 台 4220kW 和 2 台 2460kW 离心式冷水机组。冷水进/出水温度为 12℃/5℃；冷却水进/出水温度为 32℃/38℃；机组蒸发器水侧工作压力为 2.1MPa。冷却塔设置在裙房 10F 屋顶上。空调冷水循环一次泵采用 7 台中分式离心泵，泵体工作压力 1.9MPa。其中 4 台（3 用 1 备）流量为 570m³/h，扬程为 20m；3 台（2 用 1 备）流量为 350m³/h，扬程为 20m。空调冷水二次泵 5 台，根据商场与酒店分成两组，商场部分设置 2 台（备用泵存放在库房内）变频变流量中分式离心泵，流量为 900m³/h，扬程为 26m；酒店部分设置 3 台水泵（3 用 1 备），流量为 480m³/h，扬程为 29m。

热源站房及主要设备：热源设备设置在裙房 10F 锅炉房及热交换机房内。采用 3 台 8t/h 蒸汽锅炉。空调热水经换热设备换热而得。裙房部分（包括裙房内商场与酒店用房）换热器设置在裙房 9F，主楼低区换热器设置在 11F 设备层内，中区换热器设置在 28F 设备层内，高区换热器设置在 47F 设备层内。换热器空调热水进/出水温度为 50℃/60℃。商场部分配置空调热水循环泵 3 台，流量为 200m³/h，扬程为 28m，泵体工作压力为 1.6MPa。

空调水系统

空调水系统采用冷、热水四管制系统。冷水采用大温差（7℃）、二次泵系统。一次泵定流量、二次泵变频变流量。冷水系统分为高中低三个区域：27F 以下为低区，28F～46F 为中区，

资料来源：华东建筑设计研究院杨国荣提供。

47F～60F 为高区。高区部分冷水换热器设置在中区设备层内，二次水经管道送至 47F 设备层进行分配，使 47F～60F 高区风机盘管的承压保持在 1.0MPa 以下。二次水供/回水温度为 6.5℃/13.5℃。空调冷水系统分区见图 1。为保证系统大温差运行，中、高区部分风机盘管机组与新风机组的冷水接管采用串联加旁通方式（见图 2），新风机组供水管上设置管道泵，回水管上设置电动三通调节阀。

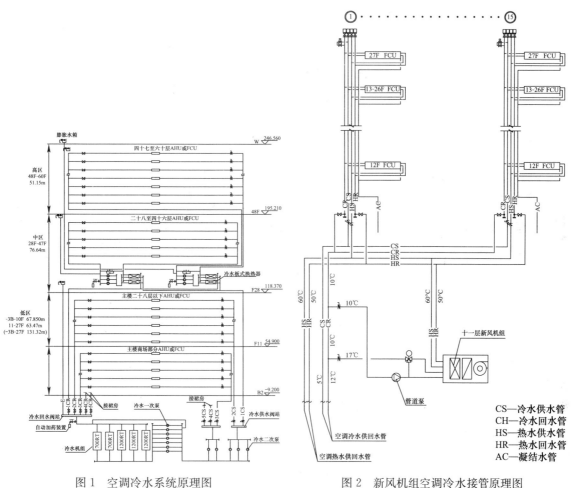

图 1　空调冷水系统原理图　　　　图 2　新风机组空调冷水接管原理图

商场设计

　　商场由国际广场部分的 1F～6F 组成。其他部分均属超五星级酒店管理。商场空调系统全部采用单风道全空气空调系统。商场各层根据功能划分空调区域和设置空调系统。图 3 为国际广场三层商场空调风管布置平面。为了确保商场的通透与完整性，整个平面的空调机房集中设置，机房内设置 4 台空调机组，其中两台机组负责外区的空调，两台机组负责内区的空调。为了确保空调水系统以大温差运行，空调机组的供回水温差为 7℃。

　　国际广场主楼 1F 设置一个全空气空调系统，为三间精品小商店服务。为了使每个小商店的温度可单独控制，在每根通向小商店的送风支管上设置了一个电动风阀，风阀的开关根据设置在该支风管所服务的精品商店内的温度传感器的信号动作。空调机组风机采用变频装置驱动，风机风量依据风管内静压值控制。构成了一个简易的压力相关型变风量空调系统，在几乎不增加投资的情况下实现了局部区域空气温度控制目标。

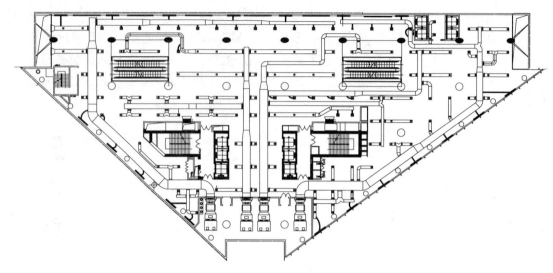

图 3   国际广场三层商场空调平面图

系统运行状况

上海世茂国际广场建成使用多年。各层商场的空调通风系统在各种气候及室内状态下均能保持舒适性，室内参数完全满足设计要求。该工程在 2009 年被评为上海市优秀设计一等奖。

工程实录 S26

高宝金融大厦

地点：上海浦东陆家嘴经贸区

用途：出租办公

建筑面积：7 万 m²

层数：地下 3 层，地上 40 层

标准层面积：1800m²（1465m²）

结构：钢筋混凝土框架

设计：华东建筑设计研究院

围护结构：外窗为中空 Low-E 玻璃，遮阳系数 $SC=0.6$，传热系数为 1.7W/(m²·K)，窗墙比为 0.62，墙传热系数为 0.53W/(m²·K)

标准层：平面形状分东西两块 1800m²（空调面积 1465m²），沿窗有供风机盘管安装的沟槽

竣工时间：2008 年

建筑外观

空调方式

内区采用东、西各一套单风道单冷型 VAV 空调系统，外区沿窗设周边风机盘管系统，其安装情况如图 1 所示。标准层平面如图 2 所示。

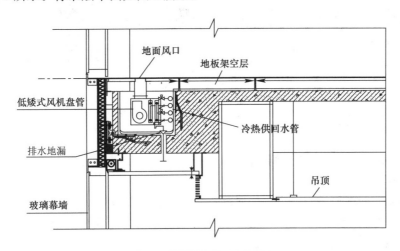

图 1　标准层沿窗局部剖面

冷热源装置

冷源：离心式冷水机组，3500kW×2 台；

螺杆式冷水机组，1225kW×2 台。

资料来源：《变风量空调系统设计》叶大法，杨国荣编，中国建筑工业出版社，2007 年。

热源：油气两用热水锅炉，2800kW×2台；

水—水板式换热器，5085kW×2台。

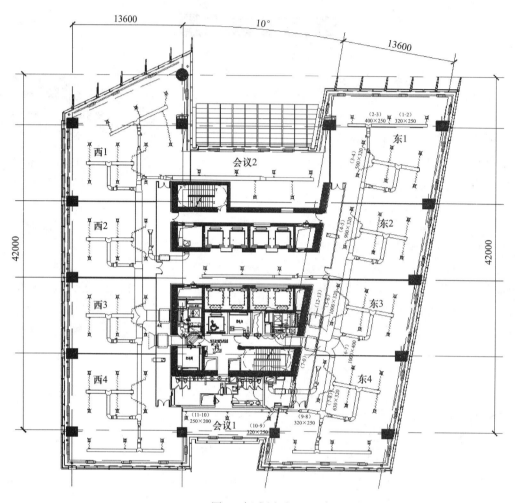

图2 标准层平面

水系统

冷水系统机房侧定流量，用户侧变流量；

冷冻机房侧冷、热四管制；

标准层空调机房侧单冷二管制；外区风机盘管机组季节性转换冷、热二管制。

用户侧冷、热水温度：一次冷水为6～12℃；二次冷水（29层以上及B3～14层风机盘管机组用）为7～13℃.；热水为60～50℃。

工程实录 S27

上海中建大厦

地点：上海市浦东新区陆家嘴竹园商贸区

用途：办公、商业等

业主：上海中建投资有限公司

设计：CCDI 中建国际（深圳）设计顾问有限公司、美国 KPF 设计事务所（结构顾问）、迈进工程设计咨询（上海）有限公司（机电顾问）等

建筑规模：总建筑面积 9.7 万 m² （其中地上 7.5 万 m²）

地上办公塔楼 34 层，地下 4 层

竣工日期：2008 年 8 月

图 1 为建筑立面图，标准层平面（低区）可参见图 2。

空调方式

标准层采用变风量系统。设在避难层 17F 和屋顶 33F 的新风机房的新风机组通过风管及各层空调机房内的定风量末端送到本层的 AHU。新风机组为变频机组带转轮热回收器。室内送风有末端风机动力箱（FPB），分内、外区，外区 FPB 设电加热器。

建筑外观

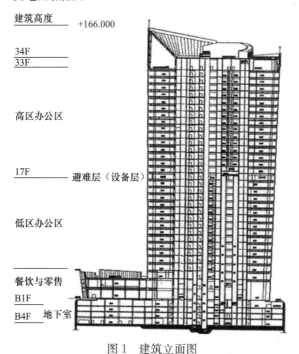

图 1　建筑立面图

资料来源：《制冷空调工程技术》2012 年第 1 期；《制冷空调电力机械》2010 年第 1 期。

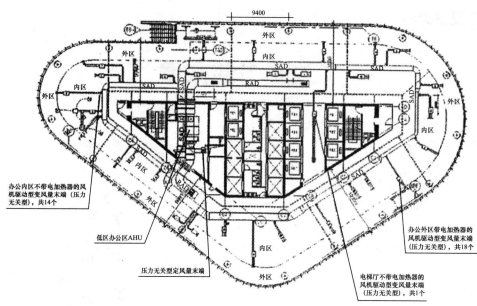

图 2　标准层空调平面图

冷热源方式

大楼计算总冷负荷为 11256kW，总热负荷为 3580kW，冷负荷指标为 151W/m²。热负荷为 48W/m²，采用水冷离心式冷水机组（800RT×3 台，500RT×1 台），提供冷量 2900RT，共计 3300RT，机组设于地下 2F 内，冷水供/回水温度为 5℃/13℃，冷却水供/回水温度为 32℃/37℃，锅炉选用 2 台 400kW 承压一体化蓄热电锅炉。蓄热容积 60m³，有效蓄热量为 6279kWh，系统利用夜间电力可平衡电力负荷，采用承压蓄系统。

蓄热温度为 145℃，通过板式热交换器，向空调提供 60～50℃的热水，采用变流量水泵，实现变流量控制。图 3 为空调水系统原理图。

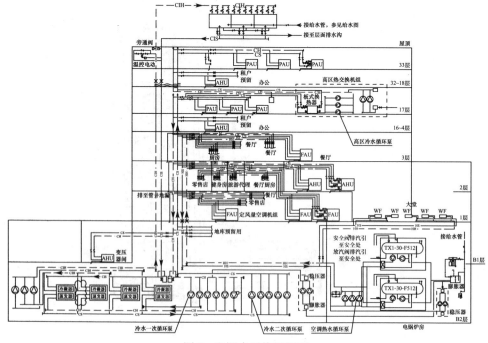

图 3　空调水系统原理图

上海越洋国际广场

地点：上海市南京西路 1627 号和常德路 55 号

用途：办公与酒店

业主：上海越洋房地产开发有限公司

设计：日建设计事务所、华东建筑设计研究院

建筑规模：总建筑面积：202687m²；建筑高度：188.9m；地下 3 层，裙房 6 层，地上 43 层

建设工期：2002～2008 年

建筑外观

冷热源设备

设计冷负荷为 22640kW（6460 USRT）；设计热负荷为 14750kW。

冷源：空调冷源由 4 台制冷量为 4220kW（1200 USRT）和两台制冷量为 2920kW（830USRT）的离心式冷水机组构成。机组冷水供/回水温度为 6/13℃，冷却水供/回水温度为 32/37℃。

热源：空调热源由锅炉产生的蒸汽，经换热器换得热水。空调热水供/回水温度为 60/50℃。空调冷、热源装置及附属设备设置在地下 3F 制冷机房内。

空调水系统

空调水系统采用四管制系统。整个热水系统分成办公低区、商业部分（AHU）、商业餐饮（FCU）、办公高区四部分。热水系统一次泵采用变频调速。空调冷水采用大温差、二次泵系统。一次泵定流量、二次泵变流量运行。依据系统的承压能力，办公部分冷水系统划分为低区和高区两部分。办公高区和商业餐饮（FCU）部分设置板式换热器，从而使风机盘管机组等末端设备处在比较合理的承压范围内。水系统最高工作压力为 1.6MPa。表 1 为办公部分空调水系统各分区换热器设置位置及主要参数。办公部分空调冷水系统原理图见图 1。

空调水系统分区　　　　　　　　　　　　　　　　　　　表 1

区域名称	冷水换热器			热水换热器		
	供/回水温度（℃）	所在位置	换热量	供/回水温度（℃）	所在位置	换热量
办公低区	6/13	—	—	60/50	地下 1F	3250kW×2
商业部分（AHU）	6/13	—	—	60/50	地下 1F	3250kW×2
商业部分（FCU）	7/14	地下三层	980kW×2	60/50	地下 1F	700kW×2
办公高区	7/14	二十层设备层	2550kW×3	60/50	20F 设备层	1860kW×3

资料来源：《暖通空调》2006 年 12 期以及华东建筑设计研究院杨国荣提供资料。

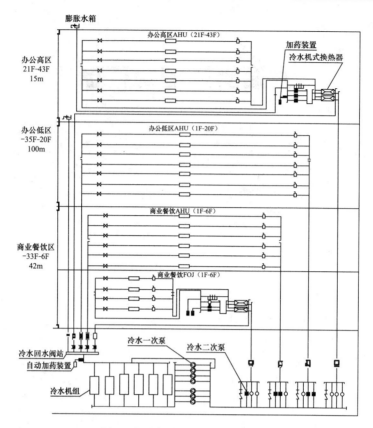

图1 办公部分空调水系统原理图

二次泵进出口处设置电动压差旁通阀，该阀的主要作用有两个：（1）水泵变频调速能力有限，一般可调到设计流量的30％左右。当用户侧所需水流量更小时，可通过调节旁通阀的开度满足要求。（2）当变频器故障时，可通过旁通阀实现用户侧变流量运行。

系统循环水泵吸入管上设有带止回阀的快速充水管，用作清洗及初次运行前快速充水，水源来自高位水箱。系统冷热水均采用带有在线检测腐蚀装置的全自动智能加药装置。

内循环式通风幕墙

越洋国际广场采用内循环式玻璃幕墙作为外围护结构。该幕墙由外侧的双层中空 Low-e 玻璃、通风夹层及内侧单层玻璃三部分组成。外侧双层中空玻璃为 10＋12A＋8（10mm 厚 Low-e 玻璃，12mm 中空气层和 8mm 厚透明玻璃）；通风夹层宽度为 200mm；内侧单层玻璃为 8mm 透明钢化玻璃。

越洋国际广场标准办公层幕墙周长为 204m，每米玻璃幕墙通风夹层内通风量为 60m³/h，每层幕墙通风夹层内通风量为 12240m³/h，设置 36 台幕墙风机。图 2 为幕墙风机安装示意图。每个柱网设置两台幕墙风机，每台风机风量为 385m³/h。每个柱网间幕墙有 6 块玻璃，每块玻璃的上部设有幕墙风管，尺寸为 1500mm×155mm×100mm，用 φ125 的软管将幕墙风管与风管集管连接起来，再由幕墙风机把通风夹层的空气抽到吊顶内，再与房间回风混合后，经空调系统回风管回至空调器。

标准办公层空调系统

标准办公层采用变风量空调系统。每层设置 4 个空调机房，每个空调机房对应约 500m² 的

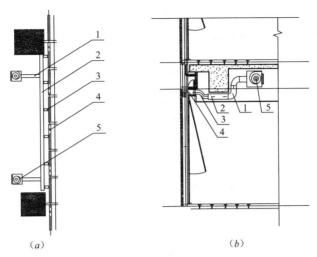

图2　幕墙风机安装示意图

(*a*) 平面图；(*b*) 剖面图

1—排风管；2—风管集管；3—软管；4—幕墙风管；5—幕墙风机

空调区域，机房内设置两台空调机组（外区、内区各一台），末端装置采用单风道型 VAV—BOX。

根据各空调机组所负担的空调区域的逐时冷负荷计算值，确定各空调机组的送风量和进出风参数。计算每个空调区域的逐时送风量，列出从 8：00 到 18：00 的系统最大送风量和最小送风量。标准办公层内区和外区的 4 台空调机组的送风量均在 8300～9000m³/h 之间。由此根据各个温度控制区的空调计算冷、热负荷选择各温控区的 VAV—BOX。标准办公层变风量空调平面布置图见图3。

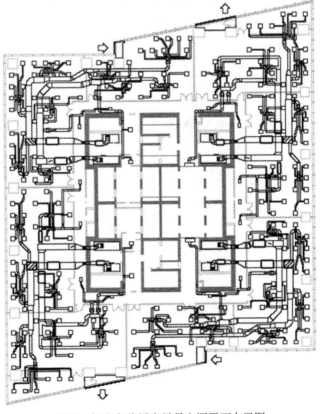

图3　标准办公层变风量空调平面布置图

标准层每层的新风采集和废气排放均在当层解决。在两个进风口和两个排风口均设有进风小室和排风小室。标准办公层人员密度按每人 8.4m² 计算，每人最小新风量取 30m³/h。外区空调机组的新风量为固定新风量，入口设置定风量装置，内区新风量与卫生间的排风量平衡；4 台外区空调机组的新风量分别为 850m³/h，850m³/h，900m³/h，900m³/h。内区空调机组的新风和排风量，可以根据负荷变化进行调整，过渡季节可增大新风量，冬季可实现新风自然冷却，新风入口设置变风量末端装置，每台内区空调机组新风量的变化范围为 1100~4500m³/h。系统运行时，每层总新风量可在 7900~21500m³/h 范围内变化，总排风量在 6400~20000m³/h 范围内变化，办公层保持微正压。

每层 8 台空调机组为超薄型空调机组。外区空调机组采用单风机，风量为 9000m³/h；内区空调机组采用双风机，风量为 8300m³/h。

标准层变风量空调系统控制

（1）送风机转速控制：实施变静压控制方式。变静压控制以系统中至少有一个 VAV 末端装置的风阀开度处于全开状态为控制目标。同时要求空调机组风量变化大时，风机应迅速对转速作出响应。

（2）送风温度控制：实施以定送风温度为容错的变送风温度控制，正常工作状态下实施变送风温度控制，当个别 VAV 末端装置发生故障时，切换到定送风温度控制。定送风温度控制的送风温度设定值由中央监控器设定。变送风温度控制可确保各 VAV 末端装置在风量控制范围（最大风量和最小风量之间）内工作。

（3）当风量小于设计总风量的 30% 时，夏季工况以提高送风温度增加送风量为优先原则。冬季工况以降低送风温度增加送风量为优先原则。

（4）当要求降低送风温度和要求提高送风温度的 VAV 末端装置同时出现时，夏季工况，取加权平均值或降低送风温度要求优先。冬季工况，取加权平均值或提高送风温度优先。

空调系统热回收

地下 2F~5F 商场空调系统的新风量较大，

约占工程总送风量的 35%~40%，在该区域的空调机组中，共采用了 35 个转轮式热回收装置，总计夏季可回收热量 2190kW，冬季回收热量 1385kW。冷水机组容量可降低 2000kW。汽水换热器的容量可降低 1250kW。增加的初投资费用，约 3.5 年便可回收。

上海环球金融中心

地　　点：上海浦东新区陆家嘴国际金融贸易中心区
Z4-1 街区

业　　主：上海环球金融中心有限公司

用　　途：办公、酒店、商业、停车库

设　　计：上海现代建筑设计（集团）有限公司

设计顾问：KPF 建筑师事务所（建筑）、LERA 联
合股份有限公司（结构）

设计协作：入江三宅设计事务所（建筑）、株式会
社构造计算研究所（结构）、株式会社建筑设备设计研
究所（设备）

建筑规模：地上 101 层，地下 3 层；总建筑面积
381610m²，其中地上 316186m²、地下 65424m²；总高
度 492m

办公标准层：使用面积 2200m²；层高：4.2m；净
高：2.8m

结构：巨型结构＋核心筒＋外伸臂桁架；钢管桩＋
筏基基础

施工：中国建筑工程总公司、上海建工（集团）总公司联合体

竣工时间：2008 年 10 月 25 日

建筑外观图

建筑概况

该项目与金茂大厦和上海中心呈三足鼎立之势。北侧紧靠世纪大道，东侧和南侧为绿化带，
使上海的主导东南风能经过绿化带净化后吹向基地，西北朝向是陆家嘴中心绿地，西北、西南
方向可见上海的母亲河黄浦江。

大厦分为塔楼和裙房两部分。塔楼由入口进厅，美术馆、7F～77F 办公（20.2 万 m²）；
79F～88F 酒店（2.8 万 m²）及 90F～101F 观光设施（1.4 万 m²）组成。裙房 1F 主要用于交
通、防灾中心及其他辅助功能；2F～3F 层为商业（2.6 万 m²）；3F～5F 为美术馆（0.8 万
m²）。地下 1F 有可以从世纪大道直接出入的下沉式花园和食街，地下 2F 为多功能厅和商店，
地下部分有停车库（2.8 万 m²）和商业（1.3 万 m²）

冷热源系统

空调冷源为离心式冷水机组（62.5％）和高效蒸汽吸收式冷水机组（37.5％）组合方案，
空调热源是油气两用蒸汽锅炉，其基本考虑是：（1）多种能源可避免城市能源供给系统事故的
风险，确保冷热源的可靠性；（2）能适应能源价格变化，部分负荷时充分利用低价能源，有利

资料来源：由华东建筑设计研究院叶大法提供资料。

于摆脱部分能源供应受限的困境；（3）考虑到租户将来空调负荷可能增加，预留增设离心式冷水机组的空间，冷水管道也作了相应放大。

空调冷热水系统特点（见图1和图2）：（1）空调冷水采用7℃大温差系统，有利于水泵节能；（2）空调热水采用蒸汽直供、分区热交换，避免了热水系统耐压或多级热交换等问题；（3）空调冷水在42F和89F设板式换热器断压，保持各分区压力不超过2.25MPa。

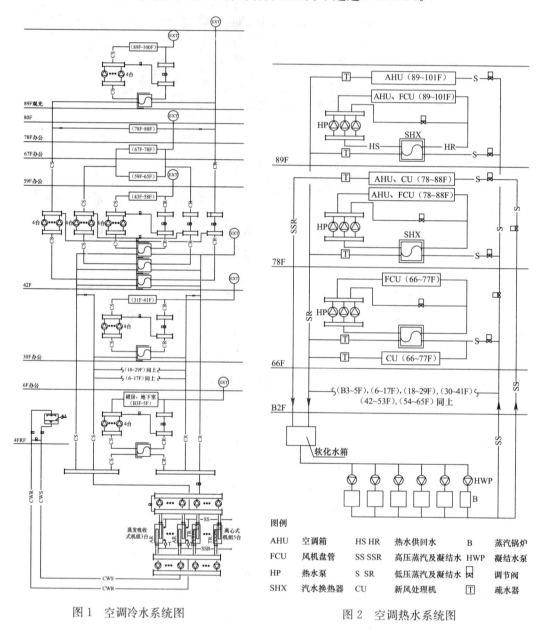

图1　空调冷水系统图　　　　　图2　空调热水系统图

图例					
AHU	空调箱	HS HR	热水供回水	B	蒸汽锅炉
FCU	风机盘管	SS SSR	高压蒸汽及凝结水	HWP	凝结水泵
HP	热水泵	S SR	低压蒸汽及凝结水	调节阀
SHX	汽水换热器	CU	新风处理机	疏水器

办公层空调系统

标准办公层采用内外区合用的单风道变风量空调系统，辅以外区（进深3m）窗台下立式风机盘管。此空调方式具有下列特点：

（1）空气屏障方式：如图3所示，外窗为中空Low-e玻璃幕墙，下置风机盘管上吹风。夏季日射负荷使外窗和内窗帘间产生局部高温，冷风上送利于热空气被上部窗帘箱处回风口吸入，在外窗内侧形成空气屏障，降低外围护结构的内表面温度。冬季热风上送也可遏止窗际常见的冷风下沉现象。此法既减少了建筑负荷，又改善窗际热环境。

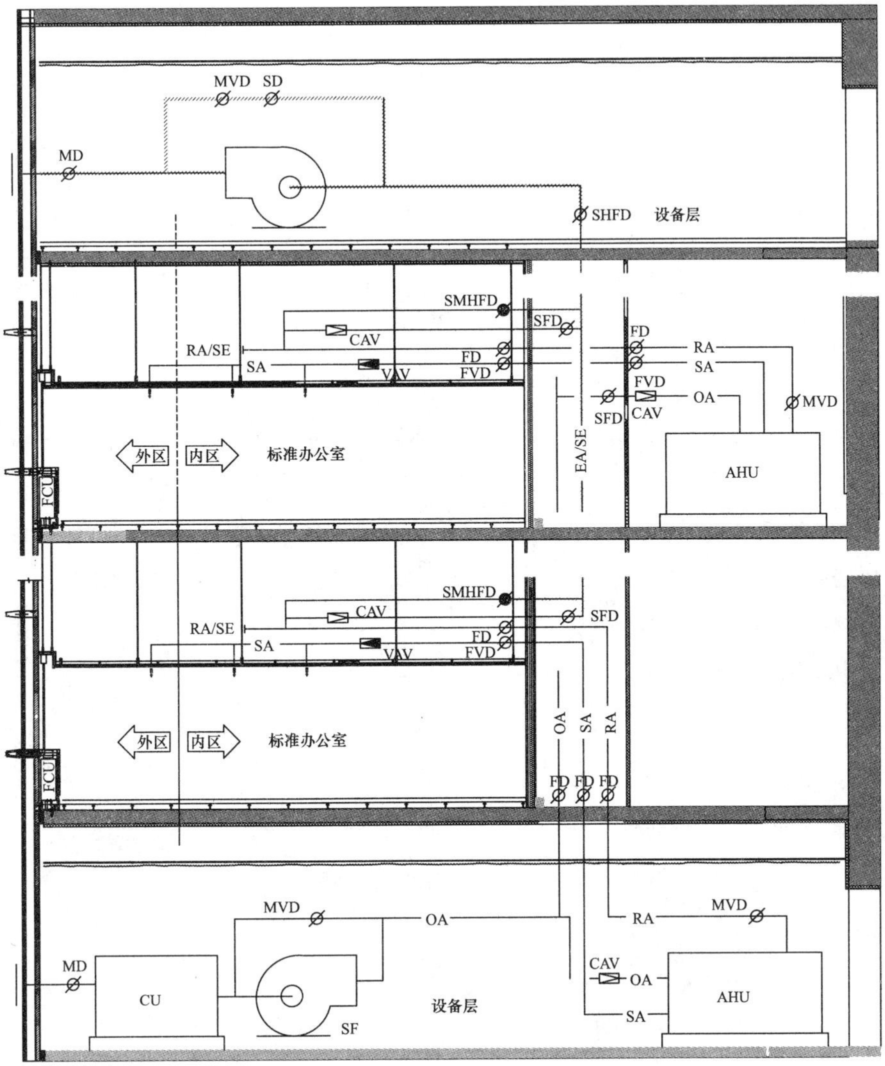

图 3　标准办公层空调概念图

（2）避免再热现象：单风道变风量系统供冷与窗边风机盘管供热分开，避免风机动力式末端在空调系统内"再热"现象。同时，也解决了末端中单相小风机效率低、耗电大的问题。

（3）小型化系统：标准层空调（见图 4）分为 4 个系统，每个系统约 520m²。受核心筒空间所限，两个空调机房放在筒芯内，另外两个置于避难设备层。适当地细分系统有利于减小空气输送半径；可以根据朝向负荷变化调节系统送风温度，以维持较大的风量和换气次数。最重要的是适用于租赁办公楼中不使用的区域，可以随时关闭，有利于管理和行为节能。

（4）大风量末端：标准层变风量空调系统主要处理相对稳定的内部负荷，从投资角度考虑，可适当扩大温控区面积（约 130m²）每个系统设 4 个末端（每个风量约 4000m³/h）。

（5）吊顶静压箱回风：为使送回风平衡，变风量空调系统通常采用吊顶内静压箱回风，该大厦高大的结构钢梁阻断了吊顶内集中回风的通路，所以采用回风支管穿梁跨越的方法。

防排烟及通风系统

作为超高层建筑，消防疏散方面具有特殊性，防排烟及通风系统也有一些特点（见图 5）：

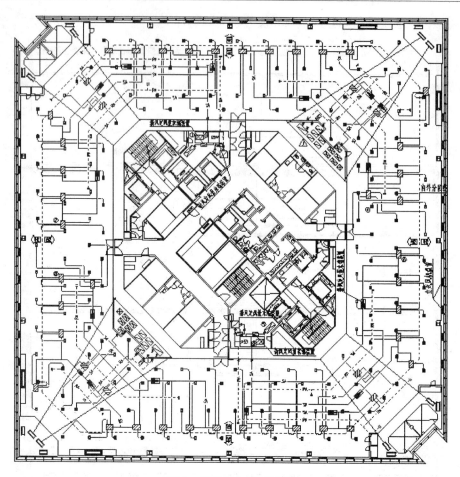

图 4　标准层空调平面图

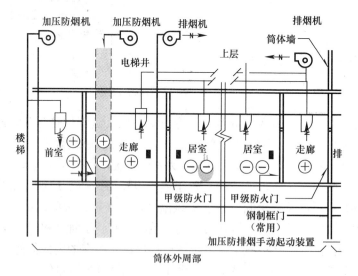

图 5　防排烟系统

（1）多级正压送风：为满足超高层建筑疏散的需要，增加了第三个防烟楼梯间，为此将内走廊列为扩大前室。继楼梯间、前室两级后，内走廊设置第三级正压送风防烟系统。

（2）电梯井正压送风：根据经验，超高层建筑还需要部分电梯参与防灾疏散，为保证疏散电梯的安全，对疏散电梯井设置正压送风防烟系统，防止烟气侵入电梯井。

（3）消除电梯井烟囱效应：超高层建筑电梯高速运行和制动，井道内摩擦发热热压差有几百帕之多。在烟囱效应作用下，下部电梯门进风，上部电梯门出风，有时电梯门竟难以关闭。火灾时电梯井上下串风还会促使烟气扩散和火灾蔓延。为此，该工程设计了专门的电梯井送风系统，降低电梯井道内的温度，从而消除了电梯井内的串风现象。

该工程通风系统概要如表 1 所示。

空调通风系统概要　　　　　　　　　　　　　　　　　　　　表 1

项目		概　要
冷热源系统	主要设备	电力：离心式冷水机组（6～13℃），5274kW×5 台（另预留 2 台）； 燃气：油气两用蒸汽锅炉，6t/h×10 台； 蒸汽吸收式冷水机组（6～13℃），5274kW×3 台
	冷热水系统	AHU 用冷水： 低层区（B3F～5F）、中层（1）区（6F～42F）一次水直接供给（6～13℃）； 中层（2）区（43F～77F）、高层（78F～88F）由 42F 板式换热器二次水间接供给（7～14℃）； 观光区（89F～101F）由 89F 板式换热器三次水间接供给（8～15℃）； 风机盘管用冷热水：每 12 层划分为一个水系统由 B3F、6F、30F、42F、54F、66F、78F 的汽—水换热器分系统间接供给（8～15℃/50～43℃）
空调系统	空调方式	办公：内区单风道系统 4 套/层；外区立式暗装风机盘管； 酒店：卧式暗装风机盘管＋新风系统； 入口大厅：地板送风定风量系统＋周边风机盘管； 商店：卧式暗装风机盘管＋新风系统； 美术馆：单风道变风量系统
	水系统	办公：空调箱二管制　风机盘管四管制
通风系统	通风方式	地下车库（兼排烟）、机房、电气室（另设冷风降温）、厨房（另设空调）为机械送排风； 厕所、茶水间、仓库为机械排风
防排烟系统	排烟方式	办公室（6 次换气）、大于 500m² 一般空间（按烟屡计算）为机械排烟机械补风；防烟楼梯间，消防电梯前室，办公层走廊，避难层疏散电梯井为正压送风； 小于 500m² 一般空间（60m³/m²·h）为机械排烟自然补风
自制	方式	中央 BA 系统监视，就地分散式 DDC 控制。

上海香港渣打银行大楼

地点：上海浦东新区陆家嘴商务区

用途：银行办公楼及出租办公用

建筑规模：总建筑面积约 5 万 m²，1F～4F 为裙楼，5F～26F 为标准层，每层面积约 1750m²，空调面积为 1303m²

竣工时间：2008 年 1 月

建筑外观

空调方式

考虑到业主要求能满足用户使用空调设备的灵活性、用能计量的合理性，并便于实施智能化管理和促进办公室人员的行为节能，决定采用分体型变流量多联机空调方式，在工程综合造价方面也有明显优势，当时在陆家嘴地区大楼中唯一采用该方式的建筑。

（1）标准层（5F～26F）空调设备配置：设计总冷量为 213kW，单位面积冷负荷为 163W/m²，配置各种型号的室内机各 18 台、室外机各两组。新风量为 6720m³/h，配置新风室内机、室外机各 4 台，其布置如图 1 所示。风管式室内机机外静压可调（20～113Pa 不等）。

（2）室外机布置：主楼（5F～26F）各层的室外机设在各层平面的东北角和西北角的机房中。采用分层放置的方式，有效降低配管长度（控制在 60m 以内）。室外机采用了静压排风型，以克服机房立面建筑装饰物与风管弯头之阻力。又室外机进排风均不在同一面上，有利于排热，裙楼的室外机则设在裙楼一侧的屋顶上。

（3）设备管理：所采用的机种具有智能化管理的功能。如管理人员可对新风机和电梯厅

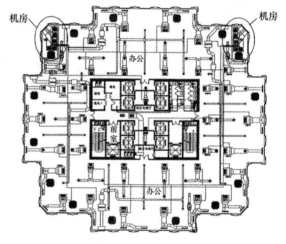

图 1　标准层空调配置平面图

等公用空间的空洞进行集中管理，而办公室的空调则开放操作权限，协助租户进行节能管理，此外，系统具有电量划分功能，使用户感到公平合理。

资料来源：《暖通空调》副刊 2009 年 1 月。

工程实录 S31

上海港务国际大厦

地点：上海东大名路 358 号（北外滩地区）

用途：办公

设计：美国 JY 设计公司与华东建筑设计研究院合作设计

建筑规模：地上 26 层，地下 3 层；高 115m；总建筑面积 56852m²

设计时间：2006～2007 年

竣工时间：2009 年 5 月

建筑特点

该建筑由上港集团投资，是一幢高标准的办公大楼。1F～3F 为裙房（大堂、咖啡吧、会客等），4F～25F 为办公楼（标准层空调面积约 1150m²），26F～27F 为会所。

空调方式与系统

办公楼标准层采用变风量系统。新风和回风混合经空调箱处理后再通过设置在每个办公室地板下的单风道 VAV 变风量末端，然后进入地板下部的送风静压箱。最后通过动力型地板送风口送入室内。

建筑外观

周边设置电加热型地板送风口。每层设一个内外区合用的空调系统。标准层空调送风量为 36000m³/h。新风集中处理后分送到各层空调机组。各层新风、排风均由定风量装置控制。系统回风及排风采用与灯具结合的平顶风口，再通过连通管进入走道吊顶，经吊顶集中进入空调机房。在 16F 设备层设新风、排风（部分）热回收装置。利用排风预冷（热）新风，最大限度利用能源。风管系统均为环型风道，其布置如图 1 和图 2 所示。

大楼的裙房公共部分大多采用低速定风量方式，但对负荷变化大的房间亦有采用变风量系统，小型会客室均采用风机盘管加新风系统。

冷热源设备与系统

冷热源采用直燃式溴化锂冷热水机组 2 台：制冷量为 2813kW（800RT），制热量为 2000kW。

螺杆式冷水机组：制冷量为 1407kW（400RT）×2 台，总冷量为 7033kW（2000RT）。

冷冻水侧采用 6℃温差（6℃/12℃）；冷却水侧采用 6℃进出水量差（32℃/38℃），均有利于减小水量，节约能耗。

资料来源：华东建筑设计研究院杜立群提供；《暖通空调工程优秀设计图集③》，中国建筑工业出版社，2012 年。

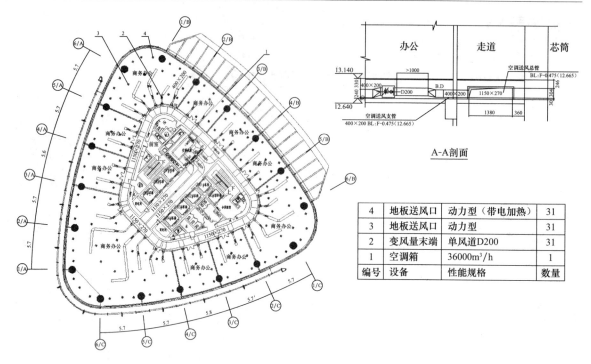

图1 标准层地板送风平面图

4	地板送风口	动力型（带电加热）	31
3	地板送风口	动力型	31
2	变风量末端	单风道D200	31
1	空调箱	36000m³/h	1
编号	设备	性能规格	数量

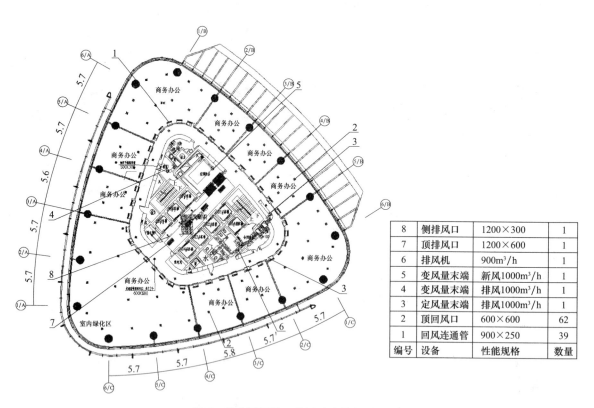

图2 标准层回风、排风及防排烟平面图

8	侧排风口	1200×300	1
7	顶排风口	1200×600	1
6	排风机	900m³/h	1
5	变风量末端	新风1000m³/h	1
4	变风量末端	排风1000m³/h	1
3	定风量末端	排风1000m³/h	1
2	顶回风口	600×600	62
1	回风连通管	900×250	39
编号	设备	性能规格	数量

该工程空调水系统为四管制。在冷冻机房内设置了一台1400kW的板式热交换器，利用冬季（过渡季）的免费冷却水来获得冷冻水以供内区制冷的需求。该工程设有完善的大楼自动化（BAS）管理系统。图3及图4分别为地板送风型单风道系统原理图及空调风系统自控原理图。

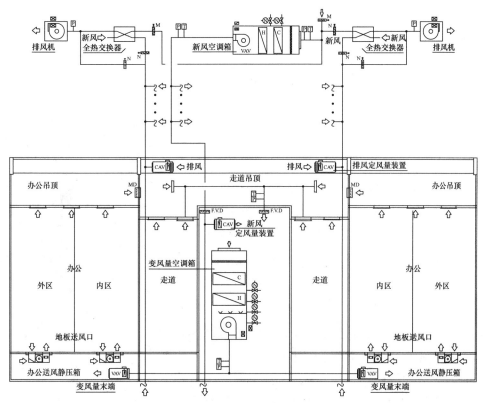

图 3 地板送风型单风道系统原理图

注：1. 标准办公每层设一台地板送风空调箱。经架空地板（高 500）内送风管至各房间。

2. 地板送风型变风量末端控制室内温度。

3. 内外区地板送风口可局部调节温度。

4. 新风集中处理，新排风全热交换送至各层，并且新排风定风量末端控制。

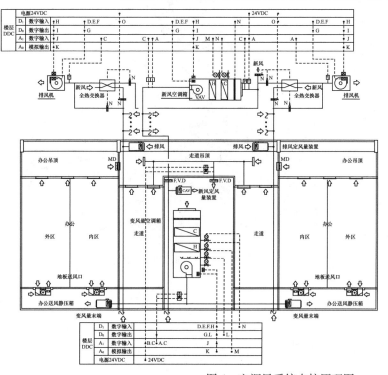

代号	用途	状态
A	静压检测信号	AI
B	相对湿度检测信号	AI
C	温度检测信号	AI
D	工作状态信号	DI
E	故障状态信号	DI
F	手/自动转换信号	DI
G	启停控制信号	DO
H	变频器故障报警	DI
I	变频器开关控制	DO
J	变频器频率	AI
K	变频器频率控制	AO
L	盘管F型过滤器压差报警信号	DI
M	盘管电动调节阀控制	AO
N	空气过滤器压差报警信号	DI
O	风阀电动调节控制	DO

监控内容：

1、楼层控制：调节冷热阀控制送风温度；变频调节风机转速控制送风静压；双位调节加温阀控制回风湿度，新排风CAV控制最小新排风量。

2、新风系统控制：调节冷热水阀控制新风温度。变频调节风机转速控制新风与排风静压，电动风阀双位调节控制全热交换器运行或旁通工况。

3、实现风机变频器、空气过滤器、水过滤器显示报警。

4、空调箱与相关CAV水阀、排风机联锁。

5、地板动力型送风口就地控制。

6、根据工作程序或中央监控系统指令自动或远程启停程序。

7、DDC控制器与中央监控系统通讯。

图 4 空调风系统自控原理图

上海哈瓦那大酒店

地点：上海市浦东新区陆家嘴
业主：上海新天舜华有限公司
用途：超高层五星级酒店
设计单位：同济大学建筑设计研究院（集团）有限公司
管理单位：西班牙 SOLMELTA 酒店管理集团
建筑规模：地上 28 层，地下 2 层；总建筑面积 88194m²
设计时间：2003 年 7 月～2004 年 7 月
竣工时间：2009 年 11 月

建筑外观

建筑概况

剖面如图 1 所示，标准层平面参见图 2。该建筑地下部分的主要功能为车库、设备用房及后勤用房。地上裙房部分（1F～3F）的主要功能为大堂、餐饮及会议，塔楼（4F 及以上）为客房区。在 3F 和 4F 之间以及 26F 与 27F 之间分别设置了一个技术夹层，以集中设置机电设备，并作为管线转换空间。

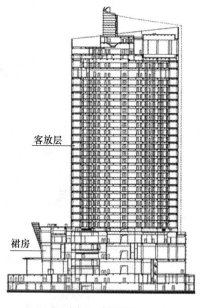

图 1　剖面图

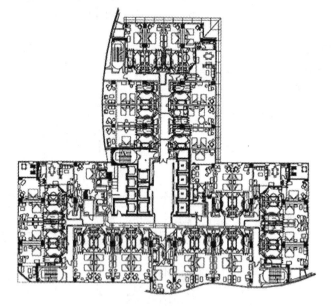

图 2　客房层空调通风系统平面布置图

空调系统方式

大堂门厅、大空间餐厅、休息区、大空间会议室、室内游泳池等场所采用低速单风道全空气空调系统。鉴于 3F 的会议室空间可能被分隔成数间中、小型会议室使用，该区域的空调系统

资料来源：同济大学建筑设计研究院潘涛提供。

按变风量空调系统设计，采用单风道流型变风量末端装置，AHU 风机均为变频型。小型办公室、会议室以及标准客户采用风机盘管加新风的空调系统形式。标准客房的新风空调箱集中设置在两个技术夹层内，通过竖向风管及每层的水平风管将新风送至每间客房。其他系统的新风空调箱均分层设置。

空调冷热源及水系统

该工程空调冷源选用 2 台制冷量为 3517kW 和 1 台制冷量为 1759kW 的水冷离心式冷水机组，热源采用 3 台蒸发量为 7t/h 的燃气蒸汽锅炉。蒸汽锅炉直接为洗衣房、厨房及空调加湿系统供应蒸汽，还通过汽—水换热器制备热水，作为生活热水系统及冬季空调系统的热源。冷热源系统流程详见图 3 和图 4。

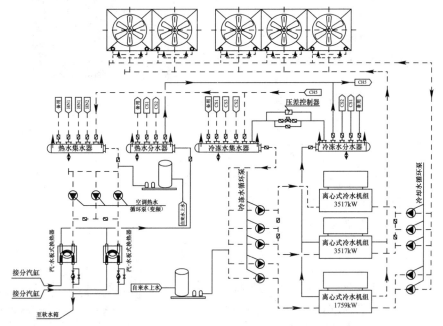

图 3　空调冷热源系统流程图

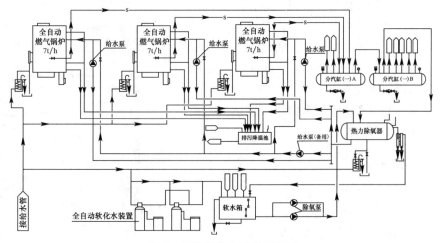

图 4　锅炉房热力系统原理图

该工程空调水系统采用一次泵变流量系统。除新风处理、卫生间及地下室空调水系统采用二管制异程式系统外，其他功能区域均采用四管制系统。裙房部分的四管制系统。裙房部分的四管制系统为异程式，主楼部分的四管制系统采用垂直同程式。

星展银行大厦

地点：上海市浦东新区陆家嘴

用途：办公为主

建筑规模：地上 19 层，地下 3 层；总建筑面积 69111m²

业主：上海陆家嘴金融贸易区开发股份有限公司

设计：中福建筑设计院、誉德集团德国 KOOPX 建筑设计事务所（兼辐射空调系统顾问）、海波建筑设计有限公司等

施工：申柏上海建筑工程咨询有限公司、上海市第一建筑有限公司

建设工期：2007 年 7 月～2009 年 12 月

建筑外观

建筑特点

标准层尺寸为 49m×53m，地上 1F～2F 为大堂及商务区，3F～19F 为办公区（见图 1），其外围护结构采用双重幕墙（DSF）

空调方式与系统

该项目 3F～19F 办公区域采用"辐射顶板＋诱导型冷梁＋独立新风"的空调方式。系统分内外区，内区全年供冷；外区夏季以辐射顶板为主、冷梁为辅；冬季外区仅采用辐射顶板供热。新风由屋顶的新、排风全热回收器处理之后送至各层，再由各层空调箱处理送至办公区。各层新风、排风主风管均安装定风量阀以保证风量平衡。辐射区域标准层布置如图 2 所示，空调系统布置如图 3 所示。

辐射系统启动时，楼层空调全回风工况运行，正常运行时为全新风工况运行。

冷热源及空调水系统

空调冷负荷为 6600kW，热负荷为 2800kW。地下室及地上 1F、2F 采用 VRV 系统。热负荷为 1836kW，以风冷热泵作为空调冷热源，新风系统和辐射空调系统分开配置，具体如下：

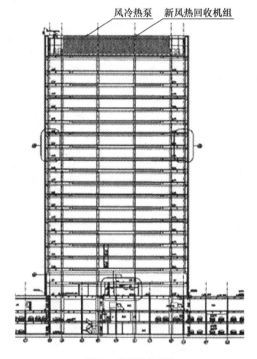

风冷热泵　新风热回收机组

图 1　建筑剖面图

资料来源：根据誉德建筑设计工程有限公司等提供资料整理。

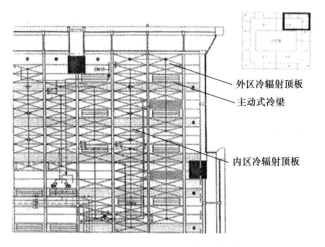

图 2　标准层吊顶平面图（部分）

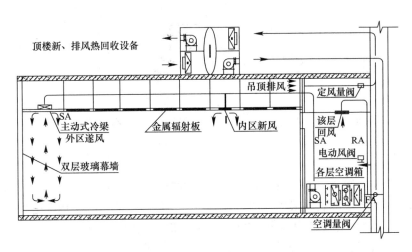

图 3　空调系统布置图

（1）两台余热回收风冷热泵机组（供新风处理设备），夏季单台制冷量为 556kW，冷冻水进/出水温度为 5.5℃/11.5℃，热回收制热量为 146kW；冬季制热量为 520kW，热水进/出水温度为 46℃/40℃.

（2）一台风冷热泵机组（供新风处理设备），单台制冷量为 536kW，夏季冷冻水进/出水温 5.5℃/11.5℃；冬季制热量为 520kW，热水进/出水温度为：46℃/40℃.

（3）三台风冷热泵供冷辐射，单台制冷量为 588kW，冷冻水进/出水温度为 14℃/19℃；冬季制热量为 348kW，热水进/出水温度为 34℃/29℃.

该项目辐射空调水系统采用了四管制二次泵变流量系统，通过电动三通合流调节阀混水方式，满足辐射空调夏季 16℃/19℃，冬季 32℃/29℃ 的供/回水要求。图 4 为水系统原理图。

空调辐射装置的水系统控制

（1）供水温度控制：通过电动三通合流调节阀比例调节控制辐射空调供水温度。

（2）室内温度控制：分区设置电动水阀，根据室内温度控制冷梁及冷辐射顶板供水阀开关。

（3）室内防结露控制：冷辐射吊顶内供水主管上分区露点控制器，当回风露点温度高于供水温度时，关断供水阀。

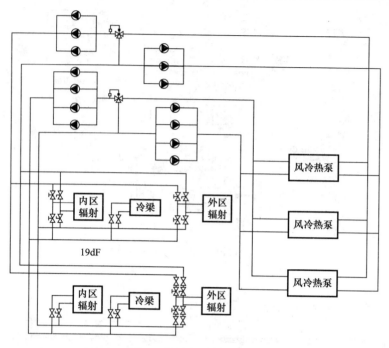

图 4 空调水系统原理图

（4）外区辐射吊顶分设冷、热水电磁阀和电动阀切抽象供冷和供热工况。

总结

　　该项目辐射空调系统具有如下特点：采用混水的方式满足辐射系统水温需求；局部辐射顶板采用四管制；辐射系统冷热源采用高温风冷热泵；新风系统冷热源采用余热回收型风冷热泵，析风除湿处理之后免费再热，利于系统节能。作为上海地区高层建筑第一个采用辐射空调系统的项目，目前使用状况良好，其舒适性、节能性与经济性有待进一步评估。

华敏帝豪大厦

地点：上海市静安区 54 号街坊
建设单位：华敏房地产开发有限公司
设计：华东建筑设计研究院
建筑规模：总建筑面积 181283m²；建筑高度 241m；
地下 4 层、地上 60 层
建筑用途：酒店、餐饮、娱乐、办公
建设工期：2004～2010 年

建筑外观

冷源设备

计算冷负荷：17674kW（97W/m²）；
计算热负荷：11595kW（64W/m²）。
酒店部分：设置 3 台离心式冷水机组，其中 2 台制冷量为 4219kW/台；1 台制冷量为 2110kW/台。机组冷水供/回水温度为 5.5℃/12.5℃。
办公部分：设置 3 台离心式冷水机组，其中 2 台制冷量为 2812kW/台；1 台制冷量为 1406kW/台。机组冷水供/回水温度为 7℃/12℃。
酒店部分与办公部分离心式冷水机组冷媒采用 R134a。冷水机组设于地下四层制冷站房内。冷水机组冷却水供/回水温度为 32℃/38℃。冷却塔设于裙房屋顶上。
热源设备：设置 3 台 10t/h 蒸汽锅炉，锅炉蒸汽工作压力为 0.8MPa。
空调通风系统概况如表 1 所示。

空调通风系统概况 表1

项 目	概 况
冷热源设备	离心式冷水机组＋蒸汽锅炉＋免费冷却水系统
空调水系统	办公部分：四管制、一次泵；酒店部分：四管制、二次泵
空调系统	大空间：一次回风全空气空调系统； 办公区与酒店客房：四管制风机盘管加新风系统
机械通风系统	地下停车库、设备用房、厨房等设置送风、排风系统
防排烟系统	防烟楼梯间、合用前室设置正压送风系统 地下停车库、长度超过规范要求的封闭内走道及不满足自然排烟要求的房间设置机械排烟系统
自动控制	采用 BAS 对所有空调通风系统进行监测与控制

水系统及其分区

办公部分与酒店部分分别设置空调水系统。
办公部分空调冷水采用四管制一次泵系统。冷水机组、冷水循环泵及冷却水泵设置在地下四层制冷机房内。空调热水采用两台汽—水换热器制备〔每台换热量为 2200000kcal/h（2558kW）〕，换热器及热水循环泵设置在地下四层换热机房内。

酒店部分空调冷水采用四管制二次泵系统，一次泵定流量运行，二次泵变频变流量运行。酒店部分空调冷水系统垂直分为：裙房及地下室 AHU 部分、裙房及地下室 FCU 部分、塔楼低区部分（sb2-43 层）及塔楼高区部分（sb3-57 层）。换热后空调冷水供/回水温度为 7℃/12℃。酒店部分空调热水由汽—水换热器制备，空调热水供/回水温度为 60℃/50℃，空调热水二次侧循环泵采用变频变流量运行。酒店部分空调水系统各分区设备位置及容量见表 2。为了满足过渡季节与冬季内区供冷要求，设置了免费冷却水系统，减少冷水机组运行时间，降低系统运行费用。

空调冷、热水系统各环路的回水总管上设置了静态平衡阀。空调机组与新风机组采用电动平衡调节阀比例调节水量。

制冷机房、换热机房设置冷热量计量装置，用于出租的办公层按楼层、用户设置冷热量计量装置且分室进行温度控制。

酒店部分空调水系统各分区设备位置与容量

表 2

分区		容量	二次侧参数	设置位置
空调冷水	裙房及地下室 AHU 部分	700kW×2	7/12℃	地下四层
	裙房及地下室 FCU 部分	700kW×2	7/12℃	地下四层
	塔楼低区部分（sb2-43 层）	1512kW×2	7/12℃	sb2 设备层
	塔楼高区部分（sb3-57 层）	1686kW×2	7/12℃	sb2 设备层
空调热水	裙房及地下室	2558kW×2	60/50℃	地下四层
	塔楼低区（sb2-43 层）	1047kW×2	60/50℃	sb3 设备层
	塔楼高区（sb3-57 层）	1279kW×2	60/50℃	sb3 设备层

空调系统设计

大堂、餐厅、多功能厅等采用一次回风全空气空调系统，空调机房就近设置。一次回风全空气系统的空调箱送风总管上设置了空气净化装置。

酒店部分标准客房采用四管制风机盘管加新风空调系统，风机盘管机组设置在吊平顶内，室外新风经新风机组处理后通过新风垂直管道直接送入空调房间。新风机组设置在 sb2 和 sb3 设备层内。

标准办公层采用四管制风机盘管加新风系统。内、外区分设风机盘管机组。新风机组设在各层空调机房内，室外新风经新风机组处理后通过新风管道直接送入空调区域，参见图 1。

地下一层游泳池设置全空气空调系统及低温热水地板辐射采暖系统。

消防安保中心、电话中心、电脑中心、集控中心以及其他弱电专业机房采用变冷媒容量分体多联空调系统。

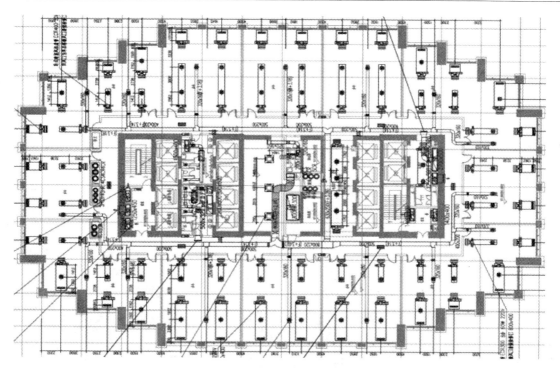

图 1　标准办公层空调系统布置平面

工程实录 S35

中国平安金融大厦

地点：上海陆家嘴国际金融贸易中心区
业主：中国平安人寿保险有限公司
功能：办公、商业、停车库
设计：日建设计株式会社华东建筑设计研究院
规模：总建筑面积 168000m²；地上建筑面积 118124m²；地下建筑面积 49876m²；地下 3 层、地上 40 层；建筑总高度 200m
标准办公层：使用面积 2750m²；建筑层高 4.2m；净高 2.8m
结构形式：外围 SCR 框架结构、中央 CFT 钢管混凝土柱及钢梁、钢支撑框的框支结构；混凝土灌注桩＋筏板基础
施工：上海建工（集团）总公司、中国建筑工程总公司三分公司
竣工日期：2010 年 4 月

建筑外观

建筑概况

中国平安金融大厦是坐落于上海浦东陆家嘴金融区的超高层甲级智能化办公楼。大厦地下部分有 3 层：地下二、三层为停车库，地下一层为商业、管理及设备机房。大厦空调冷热源机房集中设置在地下三层的后区。大厦的裙房有 4 层：一层、二层为商场，三层、四层为餐饮。主楼部分五层至三十七层为标准办公层，三十八层至四十层为景观餐饮层。

冷热源

大厦夏季计算冷负荷为 15200kW、冬季计算热负荷为 8060kW。为了保证大厦空调系统运行可靠性和使用灵活性，最大限度降低系统运行费用，采用电力与天然气双能源策略，以冬季热负荷选用直燃型冷热水机组，夏季除直燃型冷热水机组提供部分冷量外，不足部分冷量由离心式冷水机组提供。系统运行时根据负荷状况与能源价格，确定机组运行台数与优先模式。根据计算，选用制冷量为 3870kW（1100RT）直燃型冷热水机组 3 台，制冷量为 2810kW（800RT）离心式冷水机组 3 台。此外，考虑商业设施的发展需要，预留 1 台制冷量为 800RT 的离心式冷水机组位置。冬季空调供热由 3 台直燃型冷热水机组提供，每台机组产热量为 3256kW。冷热源系统原理图如图 1 和图 2 所示。

空调水系统

中国平安金融大厦为集商场、餐饮及办公等功能的大型综合建筑，全年有供冷需求，因此，

资料来源：华东建筑设计研究院刘览提供。

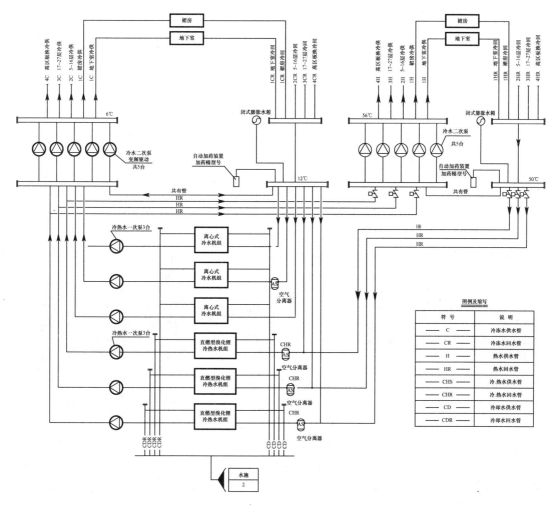

图 1　冷源系统原理图

大厦的空调水系统设计成四管制、二次泵系统。大厦的主体建筑高度有 200m，为了避免水系统的工作压力过高，对整个空调冷热水系统垂直分成 4 个分区：1 区服务于地下室与裙房；2 区服务于 6～16 层；3 区服务于 17～27 层；4 区服务于 28～40 层。1 区直接由位于 B3 层制冷机房的二次泵供水；2 区与 3 区空调水经设置在 B3 层热交换机房内的热交换器换热后的二次泵供给；高区空调水经设置在 5 层的板式换热器换热后的二次泵供给。

空调冷热水系统一次侧 6～12℃/56～50℃，二次侧 7～13℃/54～48℃。水系统承压 1～2区 1.0MPa；3～4 区 1.6MPa，空调末端设备承压均小于 1.0MPa。

用户冷却水系统

考虑到高级金融办公楼的特殊性，每一标准办公层设 2 对 DN70 的用户冷却水供回水管。

用户冷却水系统垂直分设三个分区：低区（5～16 层）、中区（17～27 层）和高区（28～37层）。低区与中区冷却塔设置在 5 层裙房屋顶上，高区冷却塔设置在 38 层屋顶上。冷却水供/回水温度为 32℃/37℃，系统压力＜1.0MPa。用户冷却水配置容量根据标准办公层冷负荷的 15% 确定，它们均为 500kW。

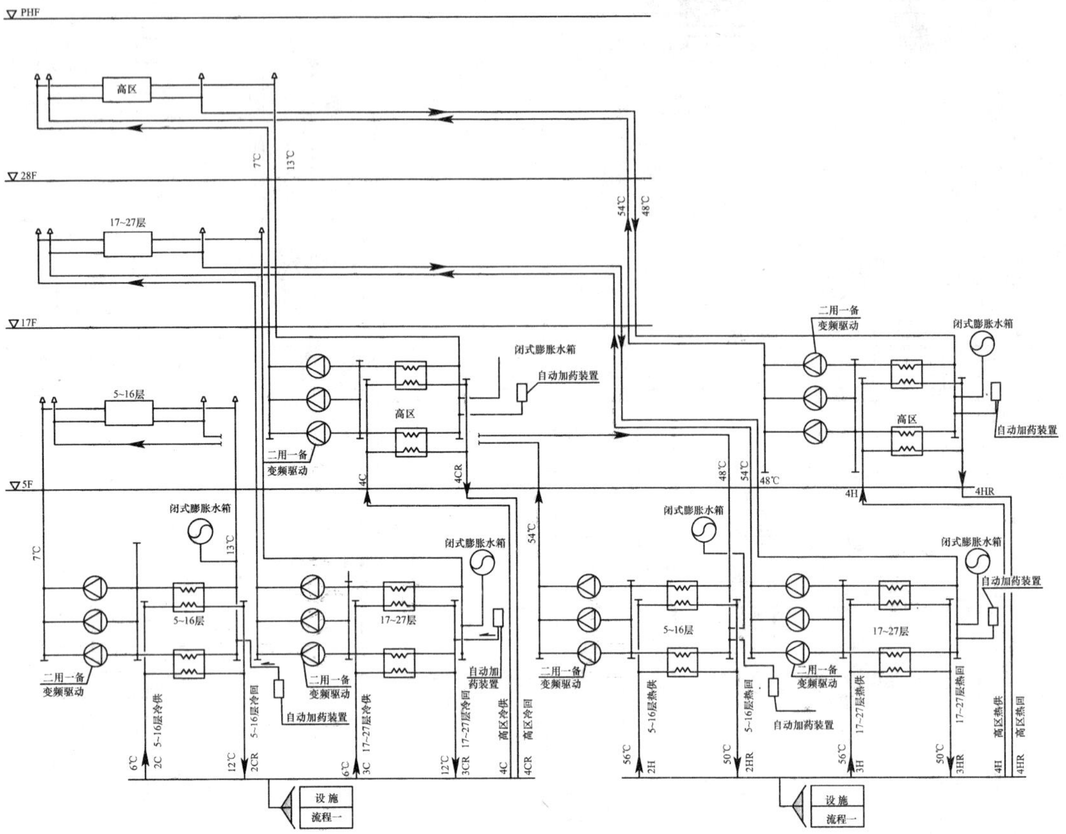

图 2 热源系统原理图

空调系统（见表 1）

各区域空调方式   表 1

项目	空调方式	新风/排风
商场	全空气系统，气流方式为上送上侧回	新风进口及排风出口均在本层设置
底层中庭	全空气系统，空调器设在五层技术层内，送风管道沿穹顶向下至离地 4.5m 处喷口送风，根据不同送风温度，喷口射流角度可调节	新风由五层技术层引入/排风排至五层技术层侧墙外
管理用房	风机盘管＋新风系统，风机盘管机组卧式暗装，顶送或侧送，新风经处理，通过风道送入空调房间	新风分区域集中引入，设置与新风匹配的排风系统
商场门厅	分区设置全空气定风量低速风道系统，冬季考虑因高度引起的冷风渗透，加大送风量，紧邻主楼两侧门厅区域下送下回，商场门厅上送上回	新风由设在各区域的空调机房引入/排风当层解决
餐厅	大餐厅全空气定风量系统，小餐厅风机盘管＋新风空调方式，气流组织上送上回	新风由各机房就近引入/排风当层解决
厨房	全空气全新风空调方式	新风从空调机房就近引入/排风排至五层屋面
标准办公层	空调机组＋变风量装置（VAV）。每层划为 2～4 个空调区域，外窗周边设置带电加热器的循环风机。	设备层集中设置新风机组处理新风，通过风道送至各层空调机组；设备层集中设置排风机，将各层排风排至室外
消防控制中心	VRV 系统，室外温度≤27℃时通风，室外温度＞27℃时空调	新风就近引入，排风与新风相匹配。新风、排风均由设备机房的对外百叶窗接入
电梯机房	通风换气＋单冷分体空调机组	新风/排风均当层解决

标准办公层空调系统

标准办公层采用变风量空调系统。由于办公层进深较大，因此划分出内、外区。内外区均采用单风道型变风量末端装置，外区沿外窗区域设置带电加热器的循环风机（窗边风机）。标准办公层每层设置 4 个空调系统，空调送风管道呈枝状布置，采用吊平顶回风静压箱回风。空调机组采用冷热四管制，4 台空调机组每台送风量为 16000m³/h。新风、排风设置定风量末端装置。标准办公层平面见图 3。

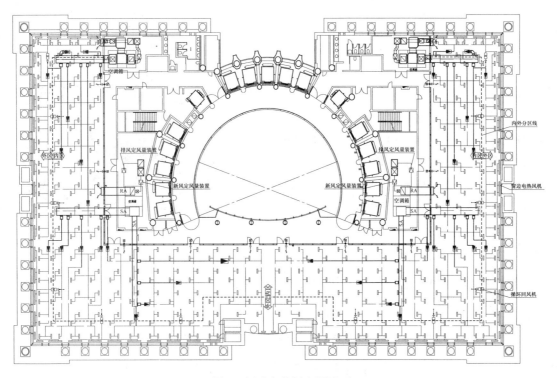

图 3　标准办公层空调平面

用户冷却水系统

考虑到高级金融办公楼的特殊性，每一标准办公层设 2 对 DN70 的用户冷却水供回水管。

用户冷却水系统垂直分设三个分区：低区（5～16 层）、中区（17～27 层）和高区（28～37 层）。低区与中区冷却塔设置在五层裙房屋顶上，高区冷却塔设置在 38 层屋顶上。冷却水供/回水温度为 32℃/37℃，系统压力＜1.0MPa。用户冷却水配置容量根据标准办公层冷负荷的 15% 确定，它们均为 500kW。

窗际热环境改善

为了改善窗际热环境，避免冬季外区系统供热、内区系统供冷时出现冷热混合损失现象，中国平安金融大厦在沿外窗下沿设置了带陶瓷电加热器的循环风机（窗边风机）。窗边风机电加热器容量应满足冬季围护结构冷负荷。由通风窗转化而来的空气屏障式通风方式，利用风机在玻璃幕墙与百叶外侧之间或百叶室内侧形成空气屏障，带走外围护结构传热的冷量。

工程实录 S36

黄浦众鑫城办公楼

地点：上海市中华路 1600 号（黄浦众鑫城二期 B 地块）
用途：出租办公
建筑规模：地上 21 层，地下 2 层；总建筑面积 2.5 万 m²
设计：上海中房建筑设计有限公司
标准层平面如图 1 所示，近似方形，36.3m×33m。
竣工时间：2010 年

建筑外观

空调方式

考虑到出租用房的使用灵活性和分户计费等具体要求，在建筑设计阶段就着手配合使用制冷剂流量可变的多联机（VRF）空调模式。故在各层南、北二楼设有设备平台（有进排风百叶），分别承担各层东西方位的空调负荷。每个设备平台设两台外机。外机排风静压达 60Pa，经 CFD 模拟，上下层进排风不受气候影响。

新风供给

为节约能耗，新风和排风间设有热回收器，热回收器设在走廊上部，风机噪声不会影响办公室内。此外，排出空气有可能被外机吸入，但其温度低于室外空气，不会影响外机性能。

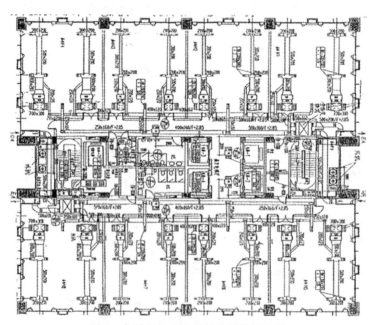

图 1　大厦 9F～20F 的标准层风管布置

资料来源：由上海中房建筑设计院的刘志繁提供。

工程实录 S37

中信广场

地点：上海虹口区四川北路海宁路

用途：商务办公室为主，裙房为商业

建筑规模：地下 3 层，地上 47 层，塔楼 2 层；总建筑面积 10 万 m²，标准层面积：1800m²。

结构：SRC/RC/S

设计：日建设计、上海建筑设计研究院、上海民港国际建筑设计公司

竣工时间：2011 年

建筑特征：首次在各层建筑通过窗户侧竖向斜面构成自然通风进风口以实现可能条件下的交叉流自然通风。图 1 为大楼剖面，图 2 为标准层平面，图 3 为自然通风进出风示意图。

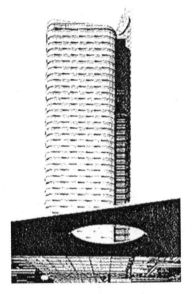

建筑外观

空调方式

办公室采用空调机组＋变风量末端的 VAV 系统，每层分 2～4 个区。每个办公区再分多个功能小区，由 VAV 末端控制（每区 100m²）。AHU 内外区分别设置，管路布置见图 4。裙房商业用房全部采用变制冷剂流量的多联机系。

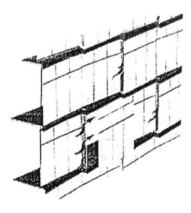

图 1 大楼剖面

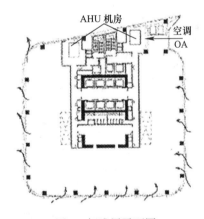

图 2 标准层平面图

冷热源方式

全楼制冷负荷为 13200kW（3754RT）。冷冻机容量：为电动离心制冷机，3860kW（1100RT）×3 台，＋2460kW（700RT）×1 台，共计 14040kW。冷冻机选用大温差机组（6/13℃）。冷媒为 R134a，COP>5.5。供热负荷为 4800kW，采用天然气热水锅炉，2640kW×2 台。热水进/出水温度为 52℃/62℃，锅炉效率>0.9。

资料来源：根据日建设计（株）提供资料整理。

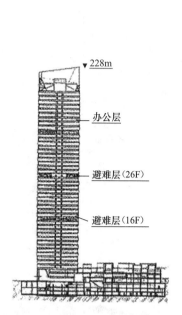

图 3 自然通风引入口示意图

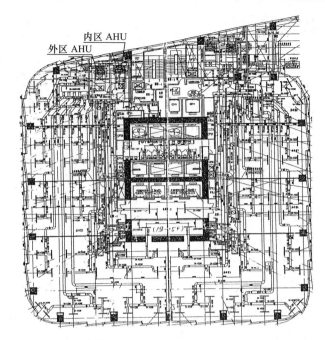

图 4 管路布置图

此外，大楼备有客户专用附加冷水设备，故对办公层的 4F～15F、17F～26F、28F～37F 和 38F～47F 分别设制冷水设备。为此，分别设有专用的冷却塔。

关于自然通风应用：从窗侧进行风和排风的自然通风气流组织在上海属首创，开口面积为 4.35m²/层，手动控制。2012 年 6 月，日建设计和同济大学做了效果的测试，在打开所有自然通风口的状态下，不同风环境作用下，换气次数可达 1.0～5.2h⁻¹。

工程实录 S38

陆家嘴基金大厦

地点：上海市陆家嘴

用途：办公为主

建筑规模：地上 17 层，地下 2 层；总建筑面积 45332m²

业主：上海陆家嘴金融贸易区联合发展有限公司

设计：誉德集团德国 KOOPX 建筑设计事务所（兼辐射空调系统顾问）、中福建筑设计院、海波建筑设计有限公司

施工：华西安装有限公司、中建、申柏上海建筑工程咨询有限公司

建筑工期：2007～2011 年

建筑外观

空调方式与系统

大厦建筑剖面如图 1 所示。

空调末端采用"主动式诱导型冷梁＋辐射顶板＋独立新风系统"的形式。室内负荷中，外区围护结构负荷由主动式冷梁承担，室内显热负荷主要由辐射顶板负担，新风系统承担室内湿负荷及部分显热负荷。标准层辐射板平面布置图如图 2 所示。

室内按照距外墙 3～5m 划分内外区，内外区采用不同的集中新风机组供给新风。冬季外区供暖，内区利用新风以实现全年供冷。制冷工况新风不作再热处理，均采用防结露送风口，节省再热能耗及相应制冷能耗的同时增加新风承担室内显热负荷的能力。外区冷梁采用定风量阀，保证了内部空间新风供给的均匀性。标准层风管平面布置如图 3 所示。标准层系统剖面图示意图如图 4 所示。

冷热源及水系统

该工程采用地源热泵，大厦空调冷负荷为 4200kW（127W/m²），热负荷为 1910kW（58W/m²）。制冷装机容量为 4194.7kW，制热设备装机容量为 1959.4kW。

（1）设备配置

两台地源热泵机组：单台制冷量为 1182kW（冷水进/出水温度为 16℃/19℃），单台制热量为 979.7kW（热水进/出水温度为：45℃/40℃）。对应 250 个 120m 深双 U 串联形式地源换热井管。

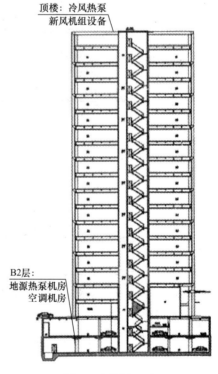

顶楼：冷风热泵
新风机组设备

B2层：
地源热泵机房
空调机房

图 1　建筑剖面图

资料来源：根据誉德建筑设计工程有限公司等提供资料整理。

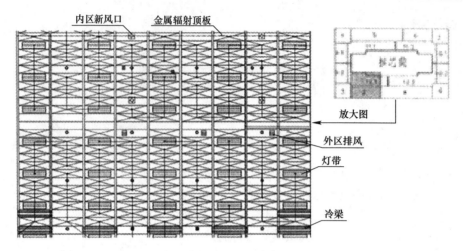

图 2　标准层局部辐射板平面图（部分）

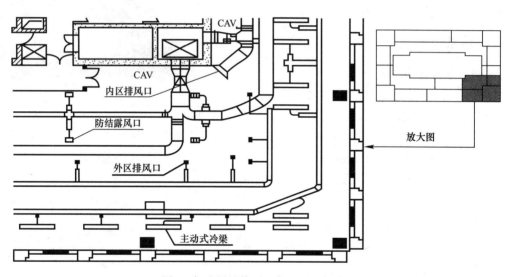

图 3　标准层风管平面布置图（部分）

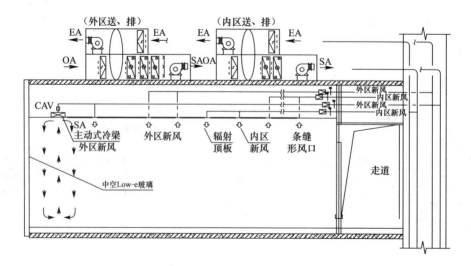

图 4　标准层系统剖面图

两台单冷风冷热泵，单台制冷量为 788.8kW（冷冻进/出水温度为 6℃/12℃）。

一台单冷高温型风冷热泵，单台制冷量为 253.1kW。

（2）运行方案与系统

该项目采用地源热泵结合风冷热泵供暖及制冷，由（高温型）单冷风冷热泵补充制冷需求并平衡地源侧的热堆积，采用二管制闭式循环水系统。

夏季制冷工况由地源热泵和高温风冷热泵生产高温冷冻水直接供给辐射制冷及新风预冷，可提高机组效率并降低机组能耗，发挥辐射空调的节能优势。常规风冷热泵用于满足新风机组的冷冻除湿需求。

冬季制热工况仅采用地源热泵提供空调热水（45℃/40℃），直接用于新风处理，并通过板式热交换器得到 32℃/29℃的二次水用于辐射采暖。系统原理示意图如图 5 所示。

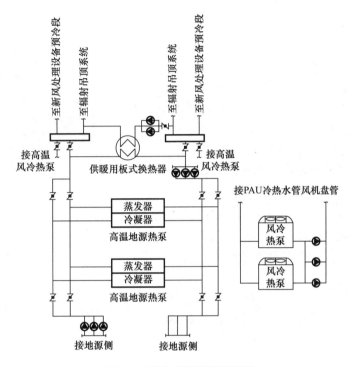

图 5 空调水系统控制原理图

辐射空调的水系统控制

（1）供水温度控制：供冷时，由主机控制辐射空调供水温度；供热时，由板式热交换器一次水阀比例调节控制辐射空调供水温度。

（2）室内温度控制：根据室内温度控制冷梁和辐射顶板水阀开关。

（3）室内防结露控制：根据吊顶空间内安装的露点传感器控制供水电动阀开关，当存在结露风险时立即关闭该支路供水阀。

附注：该项目作为国内第一个结合地源热泵和辐射系统两项技术的项目，被评为 2011 年上海节能技术示范项目。该项目辐射空调系统具有两个特点：直接利用机组产生高温冷冻水提高了机组效率，采用防结露风口避免再热能耗及由此增加的制冷能耗。

工程实录 S39

上海太平金融大厦

建筑外观

地点：上海市浦东新区陆家嘴金融贸易区
用途：办公、商业、会议、金融服务等
业主：太平置业（上海）有限公司
设计：日本日建设计公司、上海建筑设计研究院
建筑规模：建筑面积 110599m²；建筑高度 216m；地下 3 层，地上 38 层
竣工时间：2011 年

建筑特征及在绿色生态设施

（1）上海太平金融大厦的结构形式为劲性钢筋混凝土及钢骨架结构。建筑通过各层幕墙板块的凹凸产生交织错位的变化，形成具有编织物状意匠的建筑外观，同时对组织自然进风创造了条件。建筑剖面图如图 1 所示。

（2）核心筒偏西面设置以减小西向负荷（参见图 4），办公区域内为无柱结构，有效利用空间。

（3）幕墙为中空夹胶 Low-e 玻璃，室内侧为竖向陶质百叶、遮光卷帘，以减少辐射光热负荷。

（4）智能雨水收集系统自动收集雨水，循环利用于洗车及花洒灌溉。

（5）每个窗框单元设有可控的自然通风器诱引室外新风，自然进风通路如图 2 和图 3 所示，通过电梯井道、室内排风等形成通风换气。

空调冷热源

计算夏季冷负荷为 12700kW，冬季热负荷为 5940kW，冷源采用离心式冷水机组供冷水，直燃型溴化锂机组根据冷热负荷需求手动设定其运行工况（制冷/制热）。冷冻水和热水系统采用大温差供水和二次水泵方式，并根据空调负荷对冷冻机组台数、二次水泵的变频及台数进行控制。冷热源设备容量见表 1。

空调方式与系统特点

采用变风量空调系统，各层分别设置变风量 AHU，新风机组放在 13F、23F、31F 设备层。办公区进深较大，以 6m 为界划分内外区。

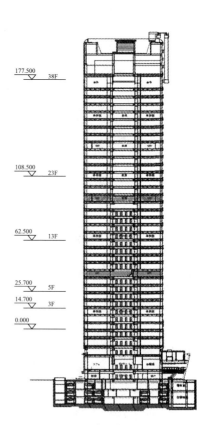

177.500 ▽ 38F
108.500 ▽ 23F
62.500 ▽ 13F
25.700 ▽ 5F
14.700 ▽ 3F
0.000 ▽

图 1 建筑剖面图

资料来源：根据日建设计（株）提供的资料由潘毅群等整理。

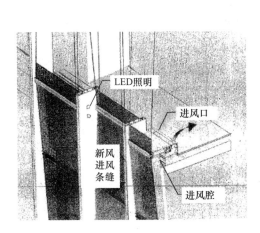

图 2 自然通风设施

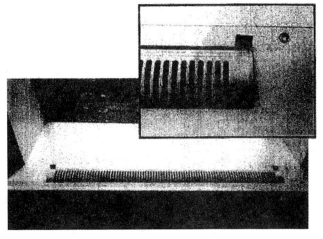

图 3 自然通风器（开启状态）

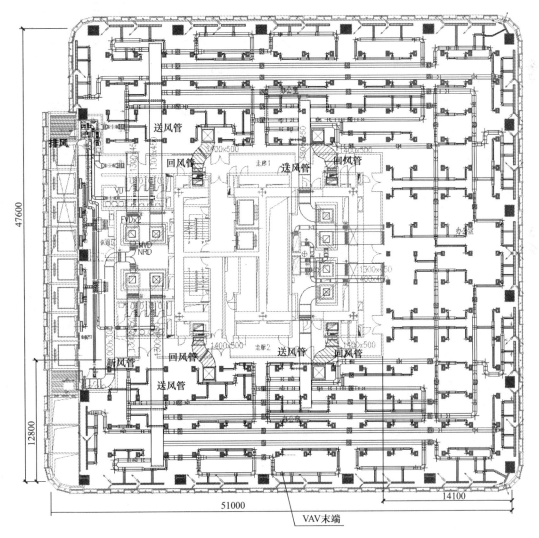

图 4 太平金融大厦 24～29 层风管平面图

太平金融大厦冷热源容量配置表　　　　　　表 1

空调系统	VAV 空调系统	
主机	离心式冷水机组：特灵（Trane）；溴化锂冷热水机组：三洋（Sanyo）	
设计容量	制冷量：离心式 2 台×3520kW；溴化锂 2 台×2816kW 制热量：溴化锂 2 台×3000kW	
冷、热水系统	四管制（建筑全年有供冷需求）；冷冻水温度 5℃/12℃；热水温度 50～60℃	
冷却水系统	3F～16F、17F～30F 和 32F～38F 分别设置冷却塔；冷却水供水温度为 32～37℃送回水压差 0.1Mpa	

空调系统将标准层划分为办公区（客户区）和公用区分别进行供热/冷，部分办公区采用变风量末端和定风量末端合用。

警卫室等采用分体空调器，2F 会议室采用风机盘管加新风系统。

各区域空调方式见表 2。

太平金融大厦各区域空调方式与系统特点　　　　　　表 2

空调区域	空调方式	新风/排风
公共区域	电梯厅等区域采用风机盘管＋新风系统	新风各层独立引入，排风各层分别排出
办公区（办公室/交易厅）	外区采用 VRV 系统；内区采用 VAV 系统；每层分为南、北 2 个办公区，各办公区按内外区分别设置独立空调，内外区控制（功能）单位面积不大于 100m²	外区新风各层分别引入，各层直接排出；内区新风由避难层集中引入通过新管井送至各层，通过排风井至避难层集中排出
会所	采用风机盘管＋新风系统	新风各层独立引入，排风各层分别排出
商业区·中厅	采用风机盘管＋新风系统	新风各层独立引入，排风各层分别排出

上海中心大厦

地点：上海浦东新区陆家嘴 Z3-1、Z3-2 地块

设计：美国 Gensler 建筑事务所、ThorntonToma-setti，Inc（结构设计）、美国柯森提尼联合工程设计公司（机电设计）、同济大学建筑设计研究院（集团）有限公司（实施设计）

用途：办公、商业、酒店等

建筑规模：总建筑面积 576256m²；用地面积 30368m²；建筑高度 580m

建设工期：2009～2015 年

建筑概况

大厦共分为 9 个竖向分区，其中 1 区（地下 5F～7F）包括地下室和裙房，主要功能为商业、餐饮、汽车库和设备用房；2～6 区（8F～83F）的主要功能为办公；7～8 区（84F～117F）的主要功能为酒店；9 区（118F～126F）的主要功能为观光和酒店配套。概况如图 1 所示。

冷热源系统

空调冷负荷为 50986kW，空调热负荷为 16771kW。

上海中心大厦共设置高、低区两个能源中心。低区能源中心为大厦 1～4 区提供冷源，并为整幢大厦提供热源；高区能源中心为大厦 5～9 区提供冷源。

低区能源中心的冷热源包括三联供系统、电制冷机水冷冷水机组及冰蓄冷系统、地源热泵系统、冷却水免费供冷系统、租户后备冷源冷却水系统、锅炉蒸汽系统。高区能源中心冷源包括电制冷机水冷冷水机组、冷却水免费供冷系统、租户后备冷源冷却水系统。其中三联供系统通过回收燃气内燃机发电时产生的高温烟气和高温缸套水的余热，在制冷时作为溴化锂吸收式制冷机的热源；而制热时则通过板式换热器进行热交换后用于空调供暖。在使用分布式供能系统后，使得能源中心的一次能源利用效率大大提高，从而提高了大厦供能系统的整体利用效率。

低区主要冷热源设备：

（1）燃气三联供内燃发电机：1065kW（10kV），2 台；

建筑外观

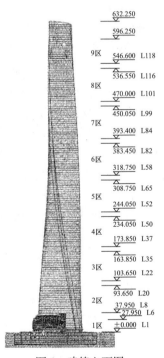

		632.250	
		596.250	
9区		546.600	L118
		536.550	L116
8区		470.000	L101
		450.050	L99
7区		393.400	L84
		383.450	L82
6区		318.750	L58
		308.750	L65
5区		244.050	L52
		234.050	L50
4区		173.850	L37
		163.850	L35
3区		103.650	L22
		93.650	L20
2区		37.950	L8
		27.950	L6
1区		+0.000	L1

图 1 建筑立面图

资料来源：同济大学建筑设计研究院刘毅等提供。

（2）余热热水型吸收式冷水机组：840kW，2台；

（3）离心式冷水机组：3900kW，2台；2150kW，1台；

（4）双工况离心式制冷机组：6329/3868kW，3台；

（5）冰盘管内融冰蓄冰槽：26400RTh；

（6）螺杆式地源热泵机组：191kW，1台；

（7）油气两用蒸汽锅炉：12t/h，三用一备。

高区主要冷热源设备：

离心式冷水机组：3900kW，5台；2150kW，1台。

空调水系统及分区

上海中心大厦的空调水系统分区，以保证末端设备的承压不超过 1.6MPa 为基准。共分高、低两个大区，各个大区中每 12～15 层设置一个独点的压力分区，通过设置在各分区设备层的换热器进行分隔（参见本书第 9 章介绍）

高、低区能源中心提供的冷冻水供/回水温度为 6℃/13.5℃，各分区换热器二次侧的冷冻水供/回水温度为 7℃/14.5℃。锅炉蒸汽直接输送至各分区设备层，与换热器进行热交换后，提供空调热水。热水供/回水温度为 60℃/45℃。

高、低区空调水系统均采用四管制的形式。低区冷冻水为二级泵变频变流量系统，一级泵定流量、二级泵变流量；高区冷冻水为一级泵变频变流量系统。各分区冷、热水系统换热器二次侧的水系统采用变频变流量系统。

空调风系统：

（1）标准层办公空调系统

上海中心大厦办公区的主要场所（办公层及交易层）均采用变风量空调系统（VAV）。办公区空调系统均划分内外区，内区常年供冷，采用单风道式变风量末端装置；外区可以根据室外气候变化和负荷变化对供冷或供热模式进行调节和转换，采用带热水盘管加热的并联风机动力型末端装置，满足房间不同朝向、不同负荷时冷热变换的用户需求。系统布置如图 2 所示。

变风量空调系统的空气处理机组分别设置在各自楼层的空调机房内，空调新风经设置在各区设备层的热回收型新风处理机组集中处理后送至各自楼层。新风处理机组均为热回收机组，内设转轮式全热回收器，可以有效回收排风的能量。新风机组的风机采用变频控制，可以根据房间内的 CO_2 浓度调节新风量，达到节能的目的。

办公层空调的气流组织为上送上回，回风通过吊顶回风，再经过集中设置的回风管进入空调机房。

（2）高大中庭空调系统

上海中心大厦的外围护结构采用了双层幕墙的设计，在 1～8 区每个建筑分区的内外层幕墙之间有一个人员活动区，每一个人员活动区就是一个独立的中庭，高度大约为 12～15 层楼层高度。由于这一中庭高度比较高，人员活动范围仅为底部的大堂层，图 3 所示为 2 区一个中庭的剖面。由于高大中庭容易出现温度垂直温升的现象，因此针对上海中心大厦的 23 个中庭，考虑了多种空调通风方式，满足其运行、使用的舒适性要求。

夏季供冷以满足中庭底部的人员活动区舒适性的分层空调进行设计，设置的系统包括：1）中庭底部周边区风机盘管系统；2）中庭底部设置的全空气空调系统；3）本区办公室排风首先排入中庭（对中庭进行降温），再经热回收新风机组后排至室外的溢风系统。在运行时，优先使用系统 3，当 3）不满足要求或无法利用时，再开启系统 1）和 2）。

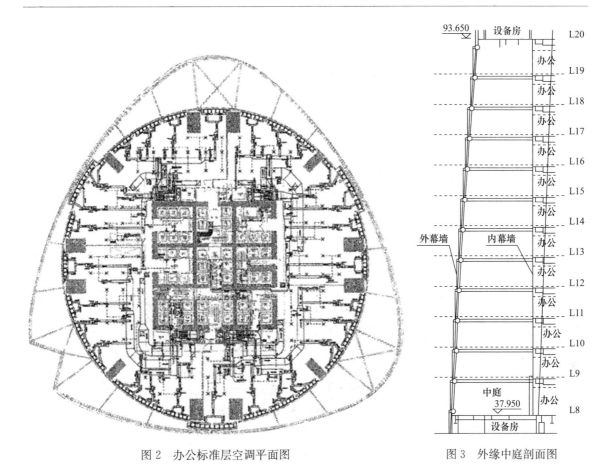

图 2　办公标准层空调平面图　　　　　　图 3　外缘中庭剖面图

在冬季供热时，系统设计仍以满足中庭底部的人员活动区舒适性的分层空调设计，同时需要兼顾中庭外幕墙的防结露设计。设置的系统包括：1）中庭底部周边区风机盘管系统；2）中庭底部设置的全空气空调系统；3）中庭底部设置的地板辐射热水供暖系统；4）中庭外幕墙设置的翅片散热器加热系统。在运行时，对室内人员活动区进行温度策略控制：优先启动系统3），如果还达不到要求，则开启系统2）、1）和4）。在活动区温度策略控制的同时，对外幕墙内表面进行防结露策略控制：在监测中庭内温度、相对湿度的基础上，计算室内露点温度，同时需要保证外幕墙内表面温度高于室内露点温度，当外幕墙内表面温度偏低时，启动幕墙翅片散热器系统，对幕墙进行加热。

工程实录 S41

东方汇金大厦

地点：上海陆家嘴 X3-2 地块

用途：办公

建筑规模：总建筑面积：8 万 m²，总 35 层，地下 4 层，1F～2F 为大堂，3F～31F 为标准层出租办公楼，主要用于商业，停车和设备机房；办公标准层面积 2380m²，高区层高 5.5m，低区层高 5.2m，吊顶净高分别为 3.3m 及 3.1m

竣工时间：2014 年（预计）

建筑外观

空调方式及系统

采用地板送风方式。标准层分为独立的 4 个分区（标准层 1/4 分区的地板送风平面如图 1 所示）。变风量空调机组设置在核心筒内卫生间上方夹层的 2 个空调机房内，每个机房设 2 台（共 4 台）AHU，与 4 个分区相对应，单台风机风量为 23000m³/h。标准层架空地板（高度为 450mm），按柱网分隔为 38 个地台空腔，其中各设一个变风量末端一组地台风机箱（FPU），故每层约 200 余台，每台服务约 10m²。图 2 表示了其控制系统。

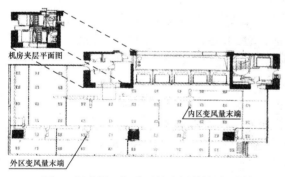

图 1　标准层 1/4 分区的地板送风平面图

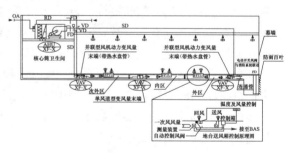

图 2　空调及其控制系统原理图

冷热源

夏季总冷负荷为 3161RT（11114kW），单位建筑负荷为 139W/m²。制冷机房设在 16F（设备/避难层）。采用水冷式离心制冷机 1000RT×3 台及螺杆式制冷机 500RT×2 台。办公楼冬季热负荷为 4000kW，单位建筑面积负荷为 50W/m²。热水机组亦设在 16F。设 1500kW 常压热水电锅炉 2 台及 2 台 230m² 的蓄热水箱。

资料来源：《制冷与空调》，2011 年 6 月。

金陵饭店

地点：南京市新街口
用途：旅馆
设计：巴马丹拿建筑工程师事务所
建筑规模：地上 37 层，地下 1 层；高度
108.4m；总建筑面积 4.937 万 m²
建设工期：1983 年建成

建筑特点

建筑外观

该建筑建成时是我国层数最多、设施最先进的旅游宾馆，也是半个世纪以来第一个超过上海国际饭店的高层建筑。该工程由塔楼及裙房组成，另有 6 层停车库及东部花园。主楼墙面贴玻璃马赛克、铝合金窗框嵌有双层茶色玻璃，大楼 1F 为公共服务区，2F～3F 为餐饮娱乐区，4F～35F 为客房部，36F 为国内首个旋转餐厅，37F 顶上为直升机停机坪。图 1 为该楼纵剖面图，图 2 为客房标准层平面图。

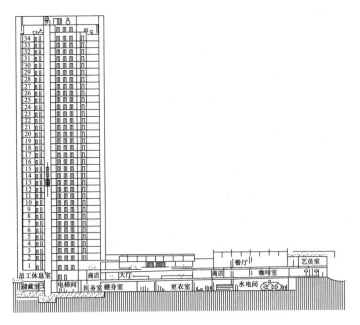

图 1　大楼纵剖面图

资料来源：杨永生等，《20 世纪中国建筑》，天津科技出版社；《建筑设备》1986 年 10 月，创刊号。

空调方式

（1）客房部分（3F～35F）：采用风机盘管加新风的方式。卧式风机盘管每台风量为 680m³/h，冷量为 2.69kW。回风经衣柜百叶门通过建筑风道进入顶棚内，经过滤器进入风机盘管。机组三档调速，并由恒温器控制冷水或热水阀门。风机盘管为四管制，由两台新风处理箱分区供新风，一套设在 2F 设备机房内，供 3F～18F 客房新风；另一台在 37F，供 19F～35F 客房新风；每间客房新风量为 152m³/h，新风机房内设有全热交换器，大楼内供设有 25 个排风系统。

（2）旋转餐厅空调：旋转餐厅分内外两区，内区即不旋转的中心区，周边区为地面转动部分，空调采用 VAV 系统，按 8 个区送风，采用 15 套 VAV 末端送风。每套设百叶送风口，送风量为 2052～3744m³/h，末端内有再热盘管。中心区有六个空气分布器，每个可 4 个方向送风。风量在 400～580m³/h 之间。仅约旋转餐厅总风量的 15%，图 3 为其空调布置示意。

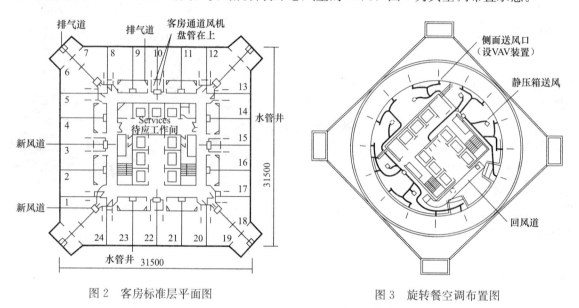

图 2　客房标准层平面图　　　　　　图 3　旋转餐空调布置图

（3）宴会厅空调：宴会厅，高 7.35m，可以分成 2 个或 4 个房间，设有 4 台空气处理箱。气流组织为上送上回，采用条缝型送回风口，共 120 个。

冷热源设备

制冷机总冷量共 1600RT（5626kW），采用单机冷量为 526RT（1849kW）的制冷机 3 台；玻璃钢冷却塔 2 台，位于屋顶，单台风量为 30 万 m³/h，水量为 625t/h，高 5010mm。热源为烟管蒸汽锅炉 2 台，每台蒸发量为 6.5t/h，工作压力为 1.0MPa，燃气耗量为 950m³/h。该工程设计总冷负荷指标为 123W/m²，热负荷指标为 58W/m²。水系统分上下两区，客房 3F～36F 为上区，2F 以下公共场所为下区。管网为同程式，在 37F 设自动放空气阀和膨胀水箱，水箱与敷设在 36F 的水平回水总管相连接。

苏宁电器总部

地点：江苏南京徐庄软件园
用途：办公、酒店
业主：苏宁电器股份有限公司
设计：南京长江都市建筑设计股份有限公司
施工：苏中建设，南通四建
竣工时间：2010 年 3 月

建筑外观

建筑特点

该项目为苏宁电器集团总部办公基地，包括集团总部及房地产、酒店等各产业总部办公，是一个集办公、研发、展示等为一体的企业总部结合建筑群。苏宁电器总部分为 A、B 两个地块，相对独立，A 地块为总部办公，B 地块为酒店及员工公寓，地上共 9 个单体建筑，分别由 SPINE 中庭相联通，1 号楼为 18 层高层办公，如建筑外观所示，剖面图如图 1 所示。该工程中 1 号塔楼采用双层可呼吸玻璃幕墙技术，是指在普通的单层外幕墙的前面又增加了一层幕墙玻璃，在两层幕墙之间形成一个空气通廊，单元内外层之间的空腔为空气流动的通道，空气由每个单元下部的进风口进入，经通道内上行并由上部的出风口排出；夏季有效减少了太阳光辐射热，冬季降低了室内的热量损失，春秋季节可以开启窗户自然通风，节能效果明显。幕墙如图 2 所示。

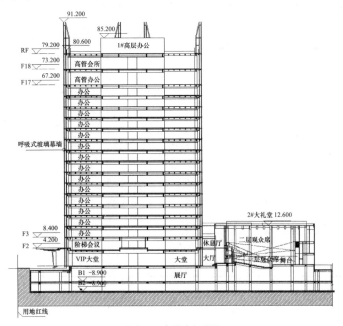

图 1　建筑剖面图

资料来源：《制冷空调工程技术》2012 年第 3 期。

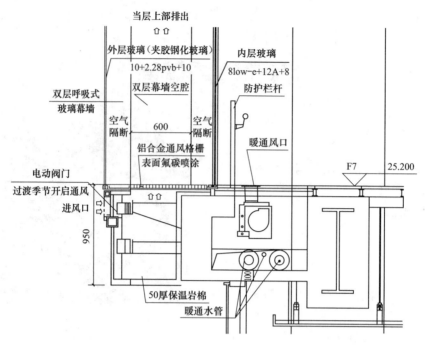

图 2　玻璃幕墙示意图

空调冷热源

空调系统采用水蓄冷、变流量水系统、变风量空调系统、地送风空调系统、竖向新排风热回收系统等技术，大大降低了建筑能耗，节约运行费用。该项目的建筑特点占地面积较大，各个单体相对独立，地下连成一片。因此在设计中，空调水系统划分为 A、B 两块独立的系统，各自设置独立的冷热源。冷热源负荷及各区冷热源配置见表 1。

苏宁电器总部空调冷源设备参数及配置　　　　　　　　　　　　　　　　表 1

空调区域 项目配置	A 区	B 区
建筑用途	办公、餐饮、会议	酒店、餐厅、商场
空调面积（m²）	93550	46550
冷/热负荷	4049 USRT/7200kW	4049 USRT/7200kW
冷源配置	3 台制冷量为 900RT/台的离心式冷水机组 （4℃/12℃）	2 台制冷量为 650RT/台的离心式冷水机组 （4℃/12℃）
热源配置	3 台功率为 2.8MW/台的锅炉（85℃/60℃）	2 台功率为 2.1MW/台的锅炉（85℃/60℃）
空调负荷侧热水温度（℃）	60℃/50℃	60℃/50℃
水蓄冷池体积（m³）	5384	3120
蓄冷率	31.29%	33.93%

空调冷热水系统

该工程体量较大，地面建筑分为 9 个相对独立的单体，裙房和地下室相连通，采用冷冻机房板式热交换器一次侧变流量、二次侧变流量空调水系统，其中冷冻机房板换负荷侧一次泵承担到各个单体下面设置的二次泵管路的扬程，二次泵仅承担二次泵房到该系统末端的扬程。表

2 为空调水系统控制策略与特点，图 3 为 A 区水蓄冷冷冻机房空调系统原理图，图 4 为二次泵变流量系统示意图。

空调水系统形式及控制策略　　　　　　　　　　　　　　　表 2

空调区域　　　　　　系统型式	1号塔楼标准层空气处理机 AHU	1号塔楼标准层裙风机盘管	屋顶新排风热交换机组
空调水系统接管	两管制，在地下室二次水泵房设置旁通管与空调冷源相接	二管制	二管制
空调冷冻水系统形式	采用二次泵变流量系统，一次泵变流量，与板换一一对应，通过二次泵变频及运行台数实现变流量控制		

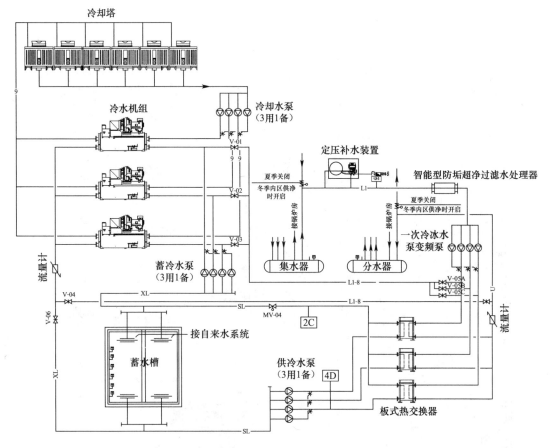

图 3　A 区冷冻机房空调系统原理图

空调方式与系统特点

该工程采用 VAV 变风量空调系统、地板送风空调系统、竖向新排风热回收系统等技术，根据建筑功能的不同及外围护结构的特点，该工程 1 号 18 层塔楼标准层采用组合式单风道型变风量空调系统，外区低矮型风机盘管系统，内区单风道 VAV 变风量空调系统，上送上回。内区和外区空调水系统为两个独立系统，当采暖季节内区需要供冷时，直接将内区的空调水系统在地下室二次水泵房内切换至供冷主管。空调水系统为二管同程系统。3~6 号楼敞开式办公采用全空气空调系统，小空间区域采用风机盘管加新风系统。7~9 号楼客房及员工公寓采用风机盘管加新风系统。SPINE 大空间区域采用地送风空调系统。

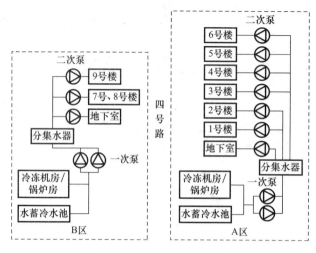

图 4　二次泵变流量系统示意图

沿建筑外围护结构设置地板送风口，核心筒内侧回风。AHU 空调机组设置于地下室内。其余餐厅商业大空间采用全空气空调系统。图 5 为 1 号塔楼标准层平面图。2 号楼大礼堂采用座位下地送风系统，座位下采用建筑混凝土送风静压箱，做内保温处理。大礼堂上部回风。

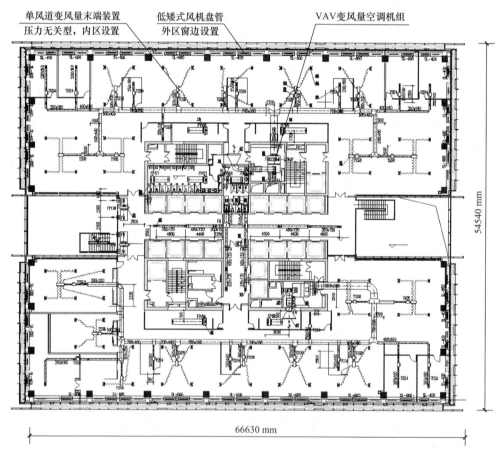

图 5　塔楼标准层空调平面图

南京紫峰大厦

建筑外观

地点：南京市鼓楼 A1 地块

业主：南京国资绿地金融中心有限公司

功能：办公、酒店、商业、停车

设计：美国 SOM 设计事务所、华东建筑设计研究院

建筑规模：总建筑面积 261057m²；地上建筑面积 196567m²；地下建筑面积 63910m²；地上 66 层、地下 4 层。建筑总高度 450m；标准层：办公使用面积 1830m²；层高：4.2m；净高：2.8m

结构：巨型结构＋核心筒＋外伸臂桁架；钢管桩＋筏基基础

施工：中国建筑工程总公司、上海建工（集团）总公司联合体

竣工时间：2013 年

建筑概况

南京紫峰大厦由一高一低两幢塔楼（主楼和副楼）组成，商业裙房将两幢塔楼联成一体。主楼 66 层，建筑有效高度 339m，主要功能为五星级酒店、高级办公楼；副楼 24 层，建筑有效高度 99.75m，主要功能为高级办公楼；裙房 6 层，建筑高度为 37m。地下 4 层，主要功能为商场、停车库及设备机房。

冷热源装置

空调冷源按主楼与副楼分别设置、各自独立。主楼采用 4 台 2000RT（7032kW）及 1 台 750RT（2637kW）的离心式冷水机组。副楼采用 2 台 500RT（1758kW）的离心式冷水机组。主楼空调冷源系统另设两台冷却水——空调冷水板式换热器，实现免费冷却（水侧经济器运行）。冷水机组供/回水温度为 5/14℃。

空调热源采用 2 台 10t/h 和 2 台 4t/h 的蒸汽锅炉。主楼冷热源系统原理见图 1。

空调水系统

空调水系统采用四管制、二次泵系统。空调冷水系统的供回水温差达 9℃，与常规 5℃温差的水系统相比，其循环流量减少 45%，极大地降低了冷水循环泵的能耗。

空调热水采用蒸汽直供、分区进行热交换。锅炉产生的蒸汽通过蒸汽管道直接供到设置在 B1F、10F、35F 与 60F 的汽—水热交换器，换热成空调用热水。

主楼空调冷水系统垂直分成两个分区，即高区与低区。断压板式热交换器设置在 35F，确保各分区的工作压力不超过 2.25MPa。

资料来源：华东建筑设计研究院苏夺提供。

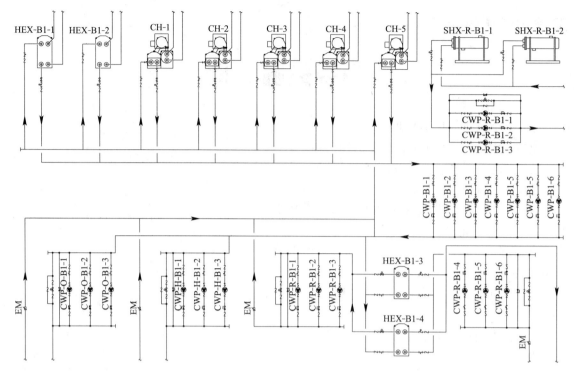

图 1 主楼冷热源系统原理图

标准办公层空调系统

主楼的标准办公层呈等腰三角形，同样呈等腰三角形的芯筒设置在中心。标准办公层平面见图 2。空调平面设内外分区，外区进深深为 3m。大空间办公区采用全空气定风量空调系统，标准办公层采用全空气变风量空调系统，内区采用单风道型变风量末端装置，外区采用配热水再热盘管的并联式风机动力型变风量末端装置。空调系统采用送风管送风，吊平顶静压箱集中回风。组合式集中空气调节机组设置在芯筒空调机房内，机组对新风、回风采用粗效、中效两级过滤，且机组能进行可变新风量（风侧经济器）运行。新风由设置在设备层的新风机组集中处理处理后经管弄送至各层空调机房。各层卫生间排风与办公区平衡排风由设置在设备层的排风机集中收集，并通过转轮式全热回收装置热回收后排出建筑物。标准办公层空调系统具有以下优点：

（1）办公区内没有空调冷水管及空气冷凝水管，消除了水患的可能性和避免了传统风机盘管机组空气凝结水盘积灰、滋生有害细菌等问题，提高了室内空气品质。

（2）变风量系统：并联式风机动力型变风量末端装置内置风机容量比串联式末端要小，且无需全年运行，风机耗能量较小。

（3）在过渡季节与冬季，系统可实现风侧经济器运行，通过调节新风比例可减少冷水机组的供冷需求。

（4）设置转轮式全热回收装置回收排风中的能量，在炎热与寒冷季节，实现系统的节能运行。

（5）吊平顶静压箱回风可使系统送回风平衡，在高大结构钢梁阻断集中回风通路处采用回风支管穿梁跨越方法。

自动控制

南京紫峰大厦空调通风系统采用楼宇自动化（BA）系统进行集中监控。

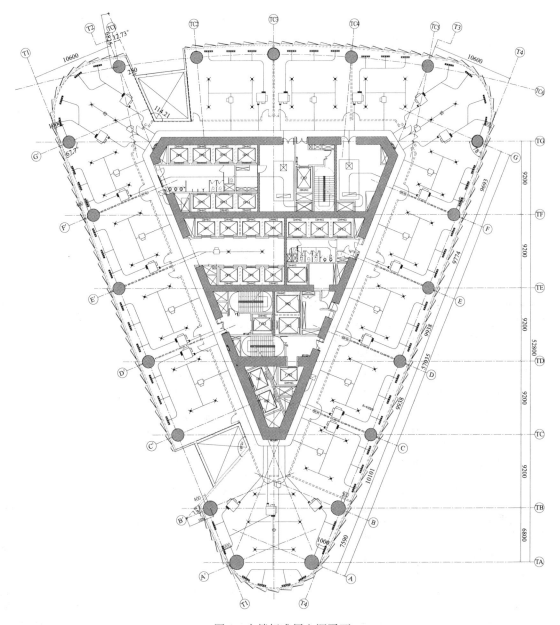

图 2 主楼标准层空调平面

空调通风系统主要控制内容为：

（1）冷冻机组群控。

（2）空调冷水泵、冷却水泵台数及变频控制。

（3）水系统旁通阀控制。

（4）空调器相关参数控制。

（5）变风量空调系统控制。

（6）板式热交换器与汽—水换热器相关参数控制。

（7）通风系统控制。

变风量空调系统控制

变风量空调系统采用定静压控制方式（见图 3）。标准办公层变风量空调系统的末端装置较

411

多，个别末端装置的调节（甚至关闭）对整个系统静压影响较小，采用"定静压"控制方法比较合适。设在空调区域内的单风道型与并联式风机动力型变风量末端装置根据该装置所服务的温度控制区内空气温度调节一次风送风量，空气处理机组送风机通过变频调速维持风管静压值，达到系统变风量运行的目的。

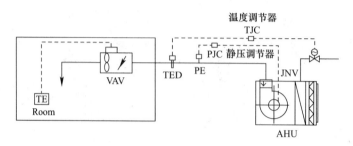

图 3 用定静压控制的单风道 VAV 方式

空调通风系统概况 表 1

项 目		概 况
冷热源系统	主要设备	离心式冷水机组（5/14℃）：2000RT×4 台； 离心式冷水机组（5/14℃）：750RT×1 台
	冷热水系统	冷水：一次水送至 35F，二次水经过水—水换热器送至 66F； 热水：蒸汽直供至 B1F、10F、35F、60F 汽—水换热器
空调系统	空调方式	办公：内区单风道末端装置＋外区并联式风机动力型末端装置； 酒店：卧式暗装风机盘管＋新风系统； 入口大厅：地板辐射系统＋全空气系统； 商店：卧式暗装风机盘管＋新风系统
	水系统	办公：空调箱四管制；风机盘管四管制
通风系统		地下车库（兼排烟）、机房、电气室（另设冷风降温）、厨房（另设空调）设置机械送、排风系统； 卫生间、茶水间、仓库设置机械排风系统
防排烟系统		办公室、大于 500m² 房间设置机械排烟系统； 防烟楼梯间、消防电梯前室设置正压送风，避难区采用自然通风； 小于 500m² 房间（60m³/m²·h）设置机械排烟、自然补风
自动控制		采用 BA 系统监控

南京金奥大厦

地点：南京江东中路 333 号（南京河西 CBD）
用途：商业，办公，酒店等
设计：美国 SOM 设计公司、南京市建筑设计研究院
建筑规模：地上 58 层、地 2 层；高 232m；总建筑面积 23.0 万 m²
竣工时间：2014 年（预计）

建筑特点

金奥大厦地处南京河西新城区，是一座综合性超高层建筑，项目占地面积 25485m²，由地下室、裙楼、主塔楼、辅楼组成。其中地下 2F 为汽车库，地下 1F 为商场、酒店后场及设备用房等，裙房 5F 以商业为主，也有部分设备用房、多功能厅等酒店配套用房。副塔楼为 20 层的酒店式公寓，主塔楼地面以上共有 54 层，地面标高为 232m。主塔楼 28F 以下为国际标准办公间，29F 以上为五星级酒店。主塔楼采用折叠起伏的双层外呼吸玻璃幕墙结构，其内层幕墙采用低辐射双层玻璃，外层幕墙采用低辐射上釉玻璃。幕墙每四层为一单元隔断，于各单元底部、顶部开设条形通风口，底部通风口可关闭。

建筑外观

空调冷热源

该大楼夏季空调计算冷负荷为 26200kW，冬季空调计算热负荷为 18050kW，大楼空调冷热源中心设置于裙楼顶层，空调冷源选用 4 台 1350RT 的离心式冷水机组和 2 台 500RT 的螺杆式冷水机组；空调热源选用 3 台 4.5MW 和 1 台 3.2MW 的常压运行热水锅炉、2 台 1.5t 的贯流式蒸汽锅炉（蒸汽加湿和洗衣房）。为避免锅炉房与人员密集场所相邻。锅炉房采用了双楼板结构。冷却塔置于裙楼顶。冷水机组供/回水温度为 6.0℃/12℃。锅炉一次水供/回水温度为 95℃/70℃。

空气处理方式

塔楼 2F~27F 办公层采用灵活空间地板送风系统，每层设置一台变频调节空气处理机组，回风处理后与经过处理的新风混合，通过地板下送风管道送入各办公单元地下空间，再由设于可活动地上的可变风量地板送风口送入工作区，回风由吊顶空间同至空调机房。新风由设于 28F 避难层的新风机组集中处理。办公楼内区可全年供冷，外区设热水加热地板送风专用智能控制暖风机箱，沿幕墙附近向上送风。图 1 为塔楼部分楼层地板送风平面图，图 2 为空调机房剖面图。

资料来源：《制冷空调工程技术》2013 年第 1 期。

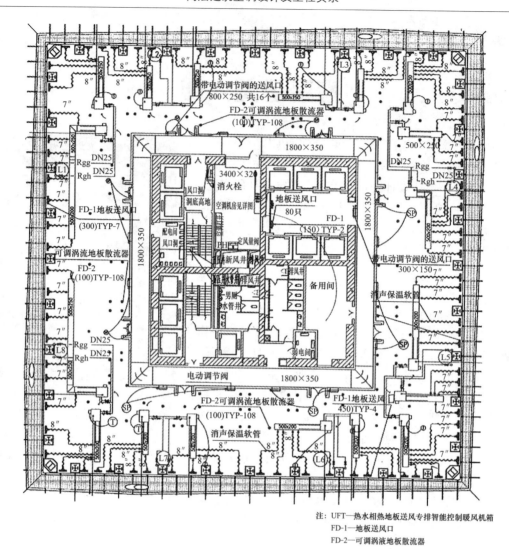

注：UFT—热水相热地板送风专排智能控制暖风机箱
FD-1—地板送风口
FD-2—可调涡液地板散流器

图 1　塔楼部分楼层地板送风平面图

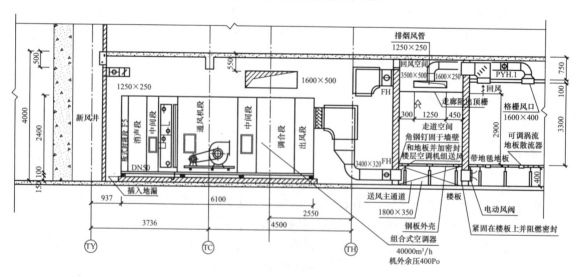

图 2　空调机房剖面图

塔楼 18F～28F 办公层及酒店客房等采用风机盘管加新风空调方式，新风由设于 28F、29F

设备层的新风机组集中处理，新风系统采用粗、中效二级过滤，冬季采用蒸汽加湿，新风系统采用竖向分布。

商场较小营业单元采用风机盘管加新风空调方式，新风系统采用粗、中效二级过滤，新风系统采用水平布置。餐饮、多功能厅、酒店娱乐场所、商场较大的营业区等采用集中空气处理机组低速风道送风空调方式，气流组织采用上送上回方式为主。

空调水系统

大楼于裙楼顶层设置集中的冷热源中心，空调水系统为二次泵变水量系统。能源侧一次泵系统为定水量运行，需求侧二次泵为变频泵，为变水量系统；酒店与塔楼办公部分空调水系统为四管制，商场、公寓部分为二管制。大楼空调水系统分公寓、办公、商场、酒店低区、酒店高区五个系统，各系统均设用能计量，高低区通过设于 28F 的板式换热器分隔，低区空调供/回水温度为 6℃/12℃（夏）与 64℃/52℃（冬），高区空调供/回水温度为 7℃/13℃（夏）与 62℃/50℃（冬）。

防排烟系统

与一般高层建筑不同，该项目超高层塔楼双层幕墙系统不具备自然排烟条件，塔楼各层均设机械排烟。裙楼宽大的中庭将各层空间贯通，公共空间的建筑面积远远超过了现有防火设计规范规定，传统设计方法无法满足要求，通过防火性能化设计，有效解决了该项目共享空间的防火与防排烟设计问题。

苏州工业园区国际大厦

地点：苏州工业园区中央商贸区

建筑规模：地下 2 层，地上 20 层

总建筑面积：60000m²

建筑用途：地下 2F 为汽车库、设备机房、1F～5F 裙房为会议室、餐厅；6F 以上为办公用房。

竣工时间：1999 年 12 月

建筑外观

办公楼标准层空调方式

内区：单风道压力无关型 VAV。

外区：单风道压力无关型 VAV（带电加热器）。

为保证室内空气品质，变风量系统在主风道中设静压检验，最小风量。为了节能，在过程季节最大限度地利用新风来消除室内负荷。

VAV BOX 由 DDC 控制，以就地设定为优先控制。变频运行的 AHU 和回风机由 BAS 集中控制。在新风入口风道、回风总风道和排风总风道均设有电动风量调节阀，由 BAS 集中控制，实现节能运行。

会议厅（世纪会堂）有 370 座的大空间，最大净高为 7m。采用与座椅结合的下送风方式，人均风量按 60m³/h 计算，系统总风量选定为 3 万 m³/h，送风从柱脚送出均布的柱脚风口（孔径为 40mm）。设计风速为 1.3m/s。其余的风量送至主席台和走廊。

冷热源设备

由 3 台离心式水机组供冷（冷媒为 R134a），装机容量共 2300RT。热源为园区集中供热蒸汽网，由于定期检修热网等原因，另设燃油热水锅炉备用，装机容量为 4500kW。水系统采用四管制，膨胀水箱置于屋顶设备层。图 1 为供冷系统原理图。

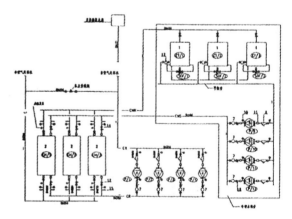

图 1 供冷系统原理图

资料来源：根据苏州工业园区设计院亢雷提供的资料整理。

现代大厦

地点：苏州市工业园区现代大道

用途：行政办公

设计：华东建筑设计研究院

建筑规模：地上 19 层，地下 1 层；高度 99m；总建筑面积 9.822 万 m²

竣工日期：2006 年

建筑外观

建筑特点

该工程为苏州工业园区行政中心主要建筑。平面约为 1：4 的矩形，北朝现代大道，塔楼 4F ~18F 主要为办公用，19F 为小会议室及餐厅，1F~3F 为裙房，有多功能厅、餐厅、会议室、大堂等公共空间。地下室面积为 1.832 万 m²，其中部分为停车库及设备用房等。围护结构为玻璃幕墙（传热系数为 1.71W/m²·k）。

空调方式

塔楼办公标准层采用变风量（VAV）空调方式。因标准层进深为 9~12m，设计划分成 8 个内外区（左右对称）。以对各区逐时提供不同的送风量，该工程采用串联型风机动力型变风量末端装置（FPB）。外区的 FPB 设热水再热盘管。每个 FPB 控制范围约 50~100m²。FPB 送风段和二次回风段均有消声设施。每个标准层设 2 个空调机房。（处理一次风的 AHU）风道布置基本对称，该 AHU 的新风入口设有定风量装置（CAV），每个定风量装置能确保 4050m³/h 的新风。标准层的风道布置见图 1。该工程餐厅、大堂、会议室等公用场所，均采用全空气低速风道系统。大会议厅层高 18m，考虑了各种因素，确定采用自下而上的座位送风气流组织形式。

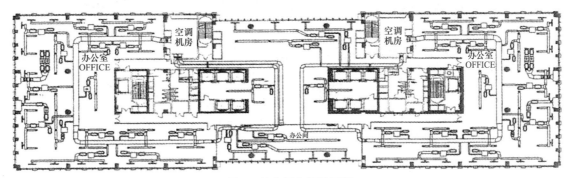

图 1　标准层空调平面图

资料来源：《建筑科学》2004 年 8 月，第 20 卷增刊；陆耀庆主编，《实用供热空调设计手册》（第二版），中国建筑工业出版社，2008 年。

冷热源方式与系统

该工程夏季总冷负荷为10550kW（3000RT），采用离心式制冷机800RT×3台及400RT×1台。机组供/回水温度为6.5℃/12.5℃。冬季热负荷为5000kW，供热由小区的集中供热提供蒸汽经3台热交换器取得热水，总换热量为6600kW，热水进/出水温度为55℃/65℃，此外按业主要求，另设有3台燃气热水锅炉作备用。冷热源设备均设在地下机房内。空调水系统为四管制标准层。各区设一组供空调机组用的冷热供回水管和一组供外区变风量末端（FPU）再热盘管用的热水供回水管。每层热水管同程布置。膨胀水箱设于主楼层面，系统工作压力为1.48MPa。

空调水系统流程如图2所示。

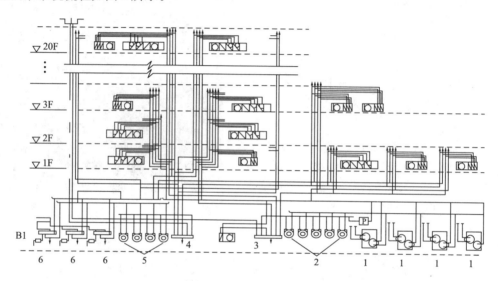

图2 空调水系统流程图

1—冷水机组；2—冷水泵；3—冷水集水器；4—热水集水器；5—热水泵；6—板式换热器

苏州物流中心（综合保税区）综保大厦

地点：苏州工业园区

用途：办公、展厅、商业等

业主：苏州物流中心有限公司

设计：CCDI 中建国际（深圳）设计顾问有限公司、澳大利亚 JPW 设计事务所

建筑规模：包括裙房和塔楼，地下 1 层，地上 26 层；总建筑面积约 7.47 万 m²，建筑高度 99.48m

施工：江苏南通二建集团有限公司、杭州源牌环境科技有限公司

竣工时间：2010 年 7 月

建筑外观

建筑特点

该工程由裙房和塔楼相互融合而成，塔楼被分为一系列上下叠加和左右错列的玻璃盒体，带有"集装箱"的隐喻，玻璃盒体间通过一层高的凹入分隔，体现了"物流"的主题，富含工业感的时尚气质。该项目进行了全玻璃幕墙办公楼低能耗的探索与尝试，采用了多项绿色建筑节能技术，主要包括建筑新技术材料、绿色可再生能源、能源平衡利用、屋顶绿化等方面，旨在打造绿色环保、舒适节能的工作生活环境。同时，该项目也成为少数获得国家绿色建筑最高级别（三星）认定的高层建筑之一（见图 1）。

空调冷热源

采用蓄冷蓄热空调系统，计算夏季冷负荷（已考虑新风热回收）共计 6002kW（1707RT），全天（10 小时）累计冷负荷 56844kWh（16163RT）；冷负荷指标 105.3W/m²，热负荷指标 68.5W/m²。采用 2 台 592RT/386RT（空调工况/制冰工况）双工况螺杆制冷主机，空调蓄冷量 6080RTH（部分负荷蓄冰）；蓄冰槽释冷温度为 3.5℃/10.5℃；冷冻水温度为 5℃/12℃（见图 2）。

计算冬季空调热负荷（已考虑新风热回收）共 2972kW，全天（10 小时）累计热负荷 28169kWh。配置 2 台 1800kW 的承压电锅炉，锅炉设于地下 1F 能源中心，削峰填谷，充分利用谷电，采用承压蓄热系统。两个蓄热槽，每个蓄热容积 337.5m³，蓄热水箱按 95℃/55℃ 设计，空调热水温度为 60~50℃。

空调水系统

采用二级泵变流量系统，水泵设置在能源中心，一级泵为变流量泵，与制冷机、电锅炉和板式换热器连接；二级泵为变流量泵，通过二级泵及运行台数控制，实现用户环路的变流量控

资料来源：杭州源牌环境科技有限公司提供；《世界建筑》2011 年第 5 期。

制。塔楼标准层空气处理机 AHU 仅接入冷水管；裙楼风机盘管、新风机组 PAU 及空调机组 AHU 二管制；23F 新风处理机组 PAU 为四管制。

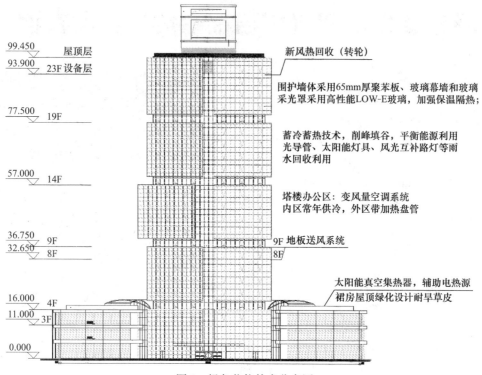

图1　绿色节能技术分布图

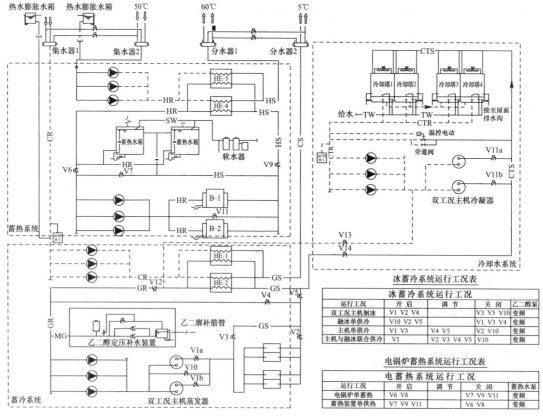

图2　空调冷热源系统流程图

空调方式与特点

塔楼办公区采用变风量空调系统，在各层设置变风量空调机组 AHU，上送上回，内区采用单风道节流型变风量末端，常年冷风；外区采用内置热水加热盘管的并联式风机动力型变风量末端（FPB），冬季送热风；过渡季内区供冷，外区根据不同朝向分别供冷供热；夏季送风温度为 11.3℃，冬季送风温度为 18℃，平面图如图 3。8F、9F 空调分内外区分别设置变风量末端，采用地板送风空调系统，地板旋流风口风量可调。新风机组设于 23F 设备层，采用变频机组，并带有转轮热回收装置，处理后的新风送至各层 AHU 空气处理机组。此外电梯机房、消防控制机房、通信机房等采用分体式空调机。

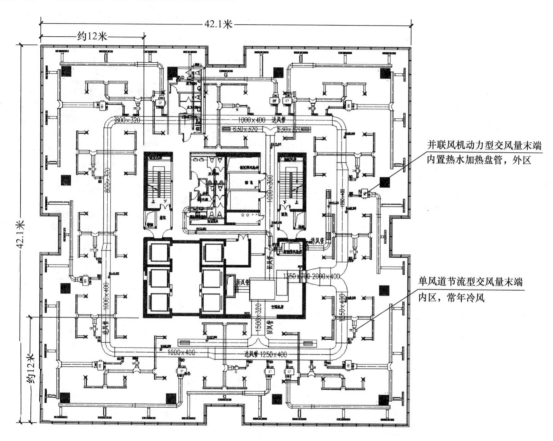

并联风机动力型变风量末端
内置热水加热盘管，外区

单风道节流型变风量末端
内区，常年冷风

图 3　12F 空调通风平面图

上海城开无锡鑫湖大厦

地点：江苏无锡市太湖大道、隐秀路交界处
用途：商业、办公、酒店及配套设施
业主：上海城开（集团）无锡置业有限公司
设计：同济大学建筑设计研究院
施工：江苏苏中建设集团
竣工时间：2012 年 10 月

建筑外观

建筑概况

该项目由裙房、西塔和东塔组成，用地面积 24041m²，总建筑面积 193339m²，其中裙房 30807m²，西塔 56996m²，东塔 59864m²。建筑层数：西塔地上 40 层，东塔地上 42 层，裙房地上 4 层，地下 3 层，建筑高度 174.2m，属于超高层建筑，融合商业、甲级办公、五星级酒店及配套设施于一体的地标性城市综合体。图 1 为建筑剖面示意图。

空调冷热源

该项目地下室、裙房、西塔楼为酒店、办公以及配套设施，按集中式空调系统设计。东塔楼为公寓式办公和高级办公，设置风冷热泵变冷媒流量多联式空调系统。各系统冷、热负荷及冷热源配置如表 1 所示。

空调冷热水系统

该工程属于超高层建筑，考虑到设备管线承压，空调水系统分为低区、中区和高区三个系统以确保空调端设备工作压力小于 1.0MPa。水系统原理图如图 2 所示，西塔楼酒店部分采用四管制同程式系统，办公部分采用二管制同程式系统，结合水利平衡阀实现水力平衡。集中空调系统的冷冻水、热水采用化学加药处理，冷却水采用化学加药处理＋物理式旁通过滤水处理（旁滤）方式。

西塔楼办公部分提供独立的 24h 租户冷却水系统；厨房及柴油发电机用冷却水系统均各自独立设置。

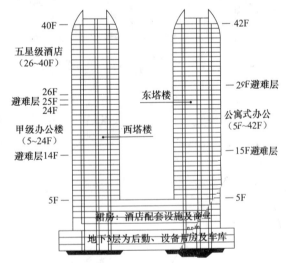

图 1　建筑剖面示意图

资料来源：同济大学建筑设计研究院徐桓提供。

空调冷源设备参数及配置　　　　　　　　　　　　　表1

空调区域 项目配置	地下室、裙房、西塔楼	东塔楼
建筑用途	酒店、办公以及配套设施	公寓式办公和高级办公
冷/热负荷	10590kW/7862kW	3090kW/2020kW
生活热水负荷	地下三层酒店泵房1000kW，地下3F商业泵房800kW，泳池泵房100kW（维持加热）/320kW（初次加热），西塔酒店（共25层）1500kW	
冷源配置	3台3367kW的离心式冷水机组＋2台826kW的螺杆式冷水机组（其中一台冷凝热回收83kW，45～40℃）	风冷热泵型变冷媒 流量多联式系统
热源配置（空调 和生活热水）	4台240万kcal/h的常压燃气热水机组（其中2台为油气两用型，保证酒店生活热水热源）	

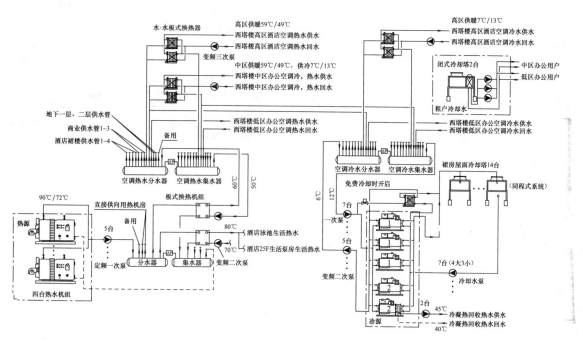

图2　冷热水系统流程示意图
1—离心冷水机组；2—螺杆冷水机组

空调方式与系统特点

该工程主要包括集中空调系统和东塔楼变冷媒流量多联式空调系统（以下简称VRF）。

（1）裙房部分的大型公共空间，采用集中式全空气空调系统，侧送双层百叶或顶送散流器送风；小型单独空间采用风机盘管加新风系统。

（2）办公室部分采用二管制风机盘管加新风系统，新风机组置于设备层（避难层）或屋面。

（3）酒店部分采用四管制风机盘管加新风系统，新风机组置于设备层（避难层）或屋面。

（4）消防控制室、值班室及电脑机房等24h运行的房间设置分体空调或VRF；变电所，发热量、装机容量大，也可考虑设置独立的分体空调或VRF。

（5）东塔楼公寓式办公多单元共用一台室外机，可实现按单元计费，采用直接蒸发单元式新风机组，分层供应新风；高级办公区按单元设置风冷热泵型VRF和冷媒直接蒸发新风机组。VRF外机置于裙房屋面、设备层及塔楼屋面等通风良好处。

（6）东塔楼40F私人会所独立设置一套风冷热泵型VRF，结合全热交换机送新风。

工程实录 JZ9

浙江西湖文化广场

地点：武林广场运河北侧、杭州地铁一号线西湖文化广场站西侧

用途：浙江省科学馆、浙江省自然博物馆、浙江省博物馆武林展区、浙江省新远国际影城、西冷印社、浙江省新华书店博库书城西湖文化广场店、商业和办公等

业主：浙江西湖文化广场建设指挥部、浙江耀江房地产开发有限公司

设计：浙江省建筑设计研究院

建筑规模：占地 13.3hm²，建筑面积 36 万 m²，其中地下 2 层共 15 万 m²、地上 21 万 m²

施工：浙江省长城建设集团有限公司（主塔楼）、浙江省建工集团有限公司

竣工时间：2008 年 7 月

建筑外观

建筑特点

西湖文化广场集文化、娱乐、演出、展览、健身等功能于一体，由地下室（地下 2 层）、文化和商业裙房（地上 7 层）及办公塔楼（41 层）组成，属于一类超高层建筑（见图 1）。该项目设计以杭州特有的西湖文化、运河文化和古塔文化为建筑背景，结合现代文明的瑰丽意象，体现了秀外慧中的吴越文化本质。西湖文化广场主要包括 ABCDE 五个建筑群（见图 2）、中心广场地下城、中心广场地面景观、步行景观桥等四大部分，工程建设总投资约 22 亿。

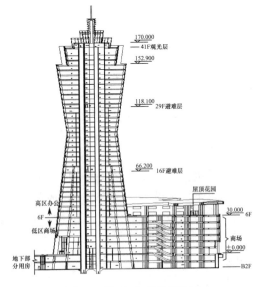

图 1　西湖文化广场剖面图

图 2　裙房建筑分区示意图

资料来源：浙江省建筑设计院姚国梁提供。

424

高达 170m 的标志性建筑——浙江环球中心大楼是西湖文化广场的主塔楼由写字楼和底层群楼商场两部分组成，其中银泰购物中心为地上 1F～5F；高区写字楼为 6F～41F（见图 1）。主塔楼部分典型建筑层面见图 3 和图 4。

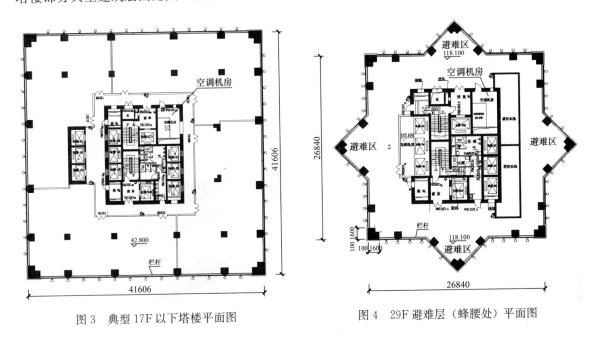

图 3　典型 17F 以下塔楼平面图　　　　图 4　29F 避难层（蜂腰处）平面图

空调冷热源

西湖文化广场（除 D 区外）中央空调系统夏季空调总冷负荷约 25230kW，冷负荷指标为 126W/m²；冬季空调总热负荷约为 13953kW，热负荷指标 70W/m²。D 区塔楼中央空调系统夏季空调冷负荷为 13953kW，冷负荷指标 162W/m²；冬季空调热负荷为 8140kW，热负荷指标 95W/m²。各区域冷热源配置见表 1。

西湖文化广场空调冷源设备参数及配置 表1		
空调区域	冷热源型式	冷热源位置及服务区域
裙房	200～800RT 的冷水机组共计 22 台	地下室 K 区冷热源机房为 A、B、C 区服务，按区域设置了三个冷热源机房；地下室 E 区的冷热源机房为 E、F 区服务，按区域设置了两个冷热源机房
裙房	燃气真空热水炉	
塔楼	350～1000RT 的冷水机组共计 7 台	塔楼 D 区自设一个冷热源机房，设于 D 区地下 1F
塔楼	燃气真空热水炉	

空调水系统

西湖文化广场采用大温差（6～13℃）二次泵变流量空调水循环系统。一次泵为定流量泵与冷水机组或换热机组一一对应，二次泵为变流量泵。

D 区塔楼冷热源机房设于 D 区地下 1F，其空调水系统工作压力为 2.1MPa，一泵到底，不设置中间换热器。D 区塔楼冷热源水系统图如图 5 所示。

裙房冷热源机房分别设置在 E 区和 K 区的地下 1F，空调水系统工作压力为 0.8MPa，空调冷冻水循环水系统采用分区域冷热全分离四管制二次泵变水量（VWV）水系统。

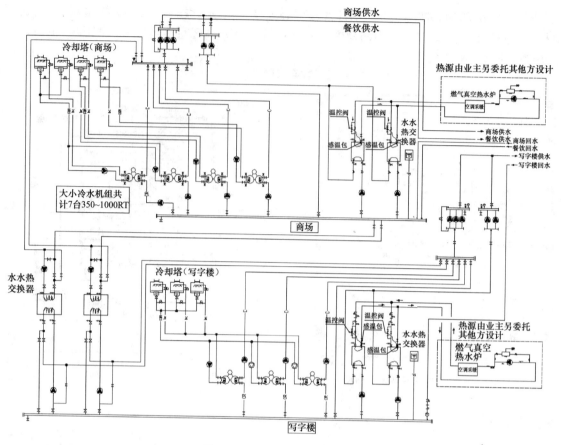

图5　D区塔楼冷热源系统图

空调方式与系统特点

　　A、B、C、D、E、F和G区的门厅、综合用房、展览厅、多功能厅、大小电影厅、各类剧场、餐厅、商场等大空间或公用部位的房间均使用四管制卧式组合空气处理机组。

　　A、B、C、E、F和G区各空调机房和新风机房尽量靠外墙布置，便于过渡季节全新风运行，各空调房间（部分大厅及剧场除外）采用全空气方式，顶部线型散流器下送风，集中回风。

　　A、B、C、E区的入口大厅采用地面布置送风及回风塔喷口喷射送风集中回风；C区剧场采用上下送风结合的组合方式，可根据需要开启舞台前区、后区台面地板置换送风系统或舞台两侧台上区喷口喷射送风系统，集中回风。剧场的观众厅为大空间单层建筑，剧场舞台地面以上3m及观众区地面以上3m为空调区域，观众区采用下送风型式的置换送风全空气空调系统，空气处理机组设于2F机房，分设3F池座空调系统和3F以上楼座空调系统，观众区空调采用每个观众座椅下后方台阶壁面设置换风口的形式，回风口设于观众区最高处。观众区将全年供冷（冬季可充分利用室外天然冷源）。另外按照剧场设计规范的要求台仓设有喷口喷射送风空调系统。

　　D区塔楼6层以上塔楼靠外墙的周边区设带电加热的单风道VAV箱，内区采用每层设置一台组合变频空气处理机对空气进行热湿处理。

　　消防中心及电梯机房等需独立运行的区域采用冷热两用分体空调机为冷源/热源。

　　A区及E区的公用厨房设单独送风和排风（包括排油烟系统）。厨房送风经过滤和冷却处理作岗位送风。厨房油烟经过滤后由排风机抽至就近屋面经静电除油烟系统处理后高空排放。厨房排热通风系统无过滤由排风机抽到就近屋面高空排放。A区及E区的厨房燃料为杭州城市天然气。

工程实录 JZ10

杭州英冠水天城

地点：杭州市萧山钱江世纪城

用途：商业、酒店、办公等。

业主：浙江中冠房地产开发有限公司

设计：浙江省建筑设计研究院

建筑规模：总建筑面积 255，472m²，地下 3 层，酒店塔楼地上 42 层，楼高 149.6m；办公塔楼地上 28 层，楼高 99.65m。

施工：浙江中南建设集团有限公司

竣工时间：2013 年 12 月

建筑外观

建筑特点

该工程包括裙房和主楼，为集商业、酒店和办公一体的综合体建筑。由地下 3 层地下室，5 层商业裙房，一幢 28 层办公塔楼，一幢 42 层酒店塔楼组成。建筑采用"联合"手法将塔式超高层和板式高层组合为一体，成为区域性的建筑组群。建筑围护结构采用中空玻璃幕墙与单层玻璃配套内保温材料等多种新技术，力求成为节能环保公共建筑。超高层酒店在 6F、14F 和 29F 设置为避难层。图 1 和图 2 分别为办公和酒店的标准层平面图。

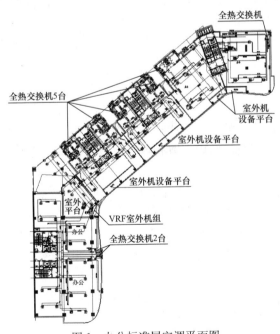

图 1　办公标准层空调平面图

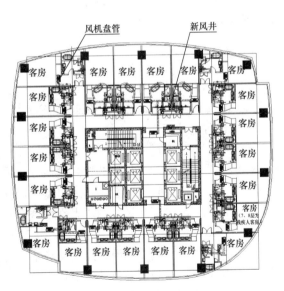

图 2　酒店标准层空调平面图

资料来源：浙江省建筑设计院姚国梁提供。

空调冷热源

该工程夏季空调总冷负荷约 24700kW，冬季空调总热负荷约为 20538kW，对酒店、商业、办公分别设置独立中央空调冷热源，各区冷热源配置见表 1。

英冠水天城空调冷源设备参数及配置　　表 1

空调区域	空调负荷	冷热源设备配置	冷冻水/采暖水温度	设备位置及其他
酒店	冷负荷 8375kW 热负荷 6672kW	2 台 3517kW 的电动离心冷水机组，1 台 1336kW 的电动螺杆冷水机组	低区 6.8℃/11.8℃ 高区 7.8℃/12.8℃	冷热源机房设于地下 1F，酒店高低区转化设于 14F；生活热水采用 2 台 2440kW 的燃气真空热水机组
		2 台 3140kW 的燃气真空热水机组	低区采暖 63℃/53℃ 高区采暖 60℃/50℃	
商业	冷负荷 5732kW 热负荷 4732kW	2 台 2110kW 的电动离心冷水机组，1 台 1480kW 的电动螺杆冷水机组	冷冻水 7℃/12℃	—
		2 台 2325kW 的燃气真空热水机组	采暖热水 60℃/50℃	
办公	冷负荷 10593kW 热负荷 9133kW	变冷媒直接蒸发多联机，总配置容量为 10753kW	—	外机置于设备阳台

空调冷热水系统

裙房商业空调水循环系统采用二管制一次泵变水流量系统，空调循环水泵采用变频控制，超高层酒店水系统采用机房四管制、末端二管制一次泵变频水流量系统，主要分为裙房餐饮娱乐、低区客房、高区客房三个系统。酒店高区空调水通过设备层（14F）的板式换热器进行热交换，通过变频冷冻水泵或热水水泵供应高区的空调末端设备。

大楼商业和酒店空调水系统采用成品压力罐定压和补水装置，水处理采用微晶旁流水处理器。图 3 为酒店空调水系统原理图。

空调方式与系统特点

（1）裙房商业等大空间房间采用全空气处理系统，卧式或立式空气处理机组设在单独机房内，经热湿处理后，汇合新风经风管吊顶下送或侧送至房间内。空气处理机组风侧采用变频控制，水侧设置电动阀。

（2）主楼酒店客房及裙房办公、会议、餐饮包厢等小房间采用风机盘管加独立新风系统，酒店客房冬季设计有湿膜加湿装置。送风方式采用下回侧送或下回顶送方式。

（3）商业等全空气处理系统送风口基本采用长条形风口下送，特殊区域如宴会大厅则采用圆形变流态漩流喷口下送风。酒店大堂冬季设计地板采暖系统以克服冬季大堂采暖冷热不均或局部区域过冷等情况。

（4）办公塔楼空调冷热源采用风冷热泵型变冷媒流量直接蒸发多联机空调系统（VRF），其室外机分层设置。办公配套设计有全热交换新排风换气机以节约能耗。

（5）电梯机房、消控室、通信机房、值班室等空调房间采用分体式空调机。

为节约层高，酒店客房采用垂直走向的送风及排风系统；水系统亦采取竖向系统。在 6F 和 29F 避难层集中设置空调新风机组，通过垂直管井送达每间客房。

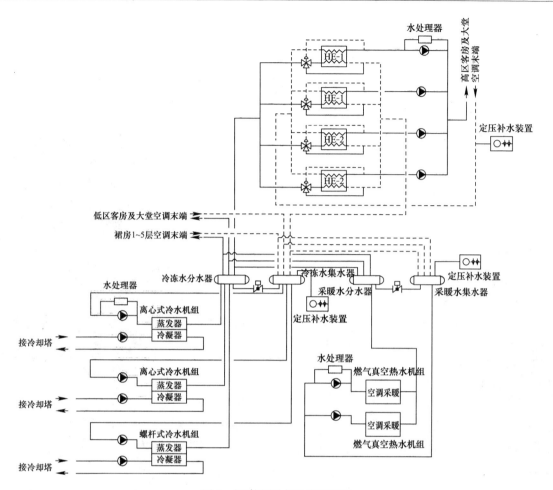

图 3　酒店空调水系统原理图

工程实录 JZ11

上虞百官大厦

地点：浙江上虞城北新区
用途：出租办公及商场、餐饮、健身等
建筑规模：总建筑面积为 13 万 m²，主楼 50 层，裙楼 5 层
设计：浙江省建筑设计研究院
竣工时间：2012 年

建筑外观

空调方式与系统

考虑到主楼出租率、能源费用分配以及用户多变的因素，采用变制冷剂流量的多联机系统。而裙房的负荷不均匀性显著。尽可能实现内外区负荷转换（热回收）以及结合可再生能源的应用，根据实际情况采用地源热泵（GSHP）与水冷 VRV 系相结合的形式。该工程总冷负荷为 17910.5kW（5094RT）。大楼空调设备位置如图 1 所示。

主楼：共配置风冷 VRV，总容量为 15680kW（或名义容量为 5600 匹），室外机分置在避难层 9F、21F 及 36F 的四周。屋顶层通过 CFD 模拟确认了外机布置的合理性（百叶窗开口率为 80%，百叶倾角为 15°）。避难层 21F 内的外机（供 19F～29F）布置如图 2 所示。

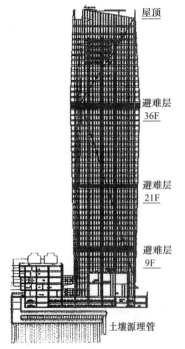

图 1　大楼空调设备位置示意

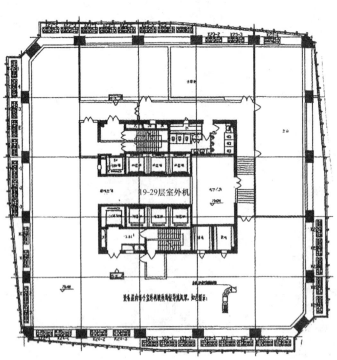

图 2　避难层中风冷 VRV 室外机布置

资料来源：《上海家用电气协会 2012 年度论文专刊》，2012 年 12 月。

　　裙房：配置水源 VRV 机组，容量为 2576kW。为与地下热量交换，打地埋管井扎 250 个，深 50m。另外设闭式冷却塔 5 台，水量为 800m³/h。地源热泵及水系统图如图 3 所示。该项目可借助智能管理系统实现权限管理、故障报警、电费计量等功能。

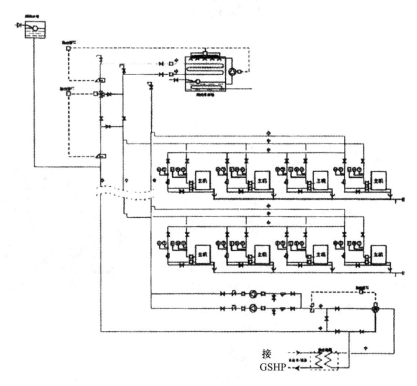

图 3　地源热泵及水系统图

白天鹅宾馆

地点：广州市沙面岛南侧
用途：宾馆
设计：广州市建筑设计院
建筑规模：总建筑面积 9.153 万 m²；地上 33 层，
地下 1 层，客房 1040 间；总高：103m
建设工期：1979 年（设计）～1983 年（竣工）

建筑外观

建筑特点

宾馆选址优越，南临珠江白鹅潭，视野开阔，宾馆与城市交通直接相通。宾馆按五星级标准设计。宾馆内客房占 25 层，4F 为商务套间，5F～27F 为标准客房，28F 为总统套间。平面布局呈腰鼓形，外墙白色喷涂饰面。主楼结构为剪力墙无梁双板混凝土结构，2F 及 27F 为设备管道层，29F、30F 为排风机房，冷冻机房位于主楼首层东侧，热交换器和水泵在地下室。

空调方式

客房空调采用风机盘管（FCU）加新风系统，4F～27F 标准客房的 FCU 为立式暗装，服务间为卧式，28F 的 4 套高级客房则为卧式 FCU。标准层每层客房 40 间，其布置如图 1 所示，标准层 FCU 安装如图 2 所示。主楼空调系统分 2 个区，3F～15F 为低区，16～27F 为高区，其中 28F 因位于设备层（27F）之上的，故单独布置，新风、排风与空调冷水系统分区均按此原则设计。多台新风空气处理机组（风机＋冷盘管＋蒸汽加热盘管）集中向竖向砖砌风道送风并分送

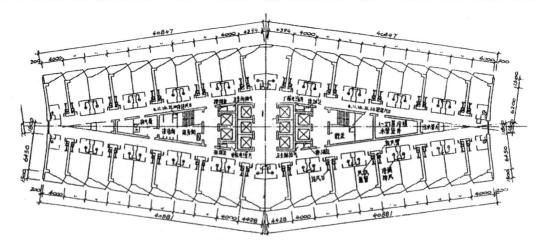

图 1　标准层空调平面布置图

资料来源：《国内宾馆空调实例》，华东工业建筑设计院编，1983 年。

到各层客房。通过卫生间的排风送到竖向风道，并按高区、低区分系统排出。

　　公共区域空调：小房间以 FCU 为主，大空间则为低速全空气系统。

冷热源方式

　　空调冷冻机房位于主楼东侧邻接的首层建筑物内，全楼空调冷负荷为 5950kW（合 1692RT），采用 450RT 的离心制冷机 4 台，其中 1 号、2 号机组供低层公共场所，3 号、4 号机组供 3F 以上客房使用。1 号与 3 号机组可相互切换。两个水系统的膨胀水箱分别设于 5F 和 29F。热源采用燃油蒸汽锅炉 3 台，设有蒸汽—水热交换器 4 台，2 台用于低层区公共区域采暖，每台热量为 650kW；另 2 台用于客房区采暖，每台热量为 733kW，主楼空调冷水系统为双管同程式。

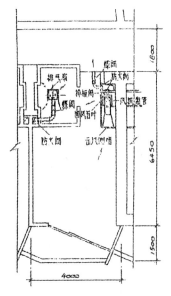

图 2　标准客房平面图

工程实录 G2

广州汇美大厦

地点：广州珠江新城金穗路

用途：办公

建筑规模：总建筑面积 78000m² （其中空调面积约占 58%），地上 30 层，地下 4 层，4F 为中小型会议室，14F 为避难和设备用房，1F～3F 为商铺餐饮，5F～13F、15F～30F 为办公标准层（标准层面积约 2000m²）。

设计：泛华设计集团有限公司广东分公司等

竣工时间：2010 年 1 月（2007 年 9 月开工）

建筑外观

空调方式

综合考虑投资水平、营运管理模式，该工程主要采用两种空调装置：

（1）集中空调系统：1F～3F 采用风机盘管或组合式 AHU＋新风系统，制冷主机为 2 台螺杆式冷水机组。

（2）变制冷剂流量多联式分体空调机组：标准层每层分设 4 个系统，3 个为办公区及一个公共活动区，末端系统选用四周出风嵌入型室内机＋新风换气系统。其布置如图 1 所示。

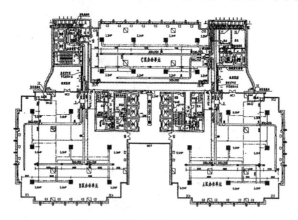

图 1　办公标准层空调布置图

设备容量配置：标夏季冷负荷为 320kW （其中新风负荷为 62.86kW），平均冷指标为 160W/m². 新风负荷占总冷负荷的 19.64%。A 区和 B 区各设置 1 台 101kW 的室外机、9 台 14kW 的室内机。C 区设置 1 台 61.5kW 的室外机及 8 台 9kW 的室内机。

新风装置形式：夏季新风量为 5500m³/h，经技术经济比较，认为采用板翅式全热交换器的新风系统比选用变制冷剂流量风管式空调新风系统经济。故在 A、B 区各选用 1 台 2000m³/h 的全热交换系统，C 区采用 1 台 1500m³/h 的全热交换系统。为了保持热交换效率，全热交换器配置了相应的空气过滤器。

资料来源：《暖通空调》（副刊专辑）2010 年。

广州珠江城大厦（广州烟草大厦）

地点：广州珠江新城

建筑规模：总高度 309m，最高楼层 289.95m；地上 71 层，地下 5 层。占地面积 6754m²，总建筑面积 204386.00m²。

结构：塔楼采用钢框架-核心筒组合结构体系，主体钢结构为全螺栓连接结构体系

用途：综合办公

设计：美国 SOM 及广州市设计院、誉德建筑设计工程有限公司

建造时间：2006～2010 年

建筑外观

建筑概况

该工程位于广州市 CBD 核心区域，定位于超高品质、超低能耗、绿色环保的地标性超甲级写字楼，主体建筑包括 71 层高的超高层办公楼、3 层的会议中心裙楼及 5 层地下室。建筑在平面朝向上充分考虑日照因素、视野及景观效果，并通过对建筑基地周边日光动力和风力分布的研究，首次实现结构体系设计及风力发电和太阳能发电技术有机结合在超高层建筑的运用。另外建筑组合运用了其他 9 项先进技术（如辐射供冷带置换通风技术、双层呼吸式幕墙技术等），营造了建筑与自然和谐统一的办公建筑新形象。

空调方案

大厦空调系统采用温湿度独立控制系统，建筑内区采用冷辐射空调系统，周边区采用干式风机盘管系统，新风采用地板送风形式送入。

周边区的干式风机盘管和内区的冷辐射吊顶承担室内显热负荷；结合设置内呼吸式双层玻璃幕墙，幕墙空腔与冷辐射吊顶的回风箱联通，设置电动调节风阀以控制内层冬夏季的外表面温度。

新风承担室内潜热负荷及部分显热负荷，经设备层的组合式新风处理机组处理后送至各层末端，新风处理设备与排风显热回收设备结合使用；集中新风再由各楼层变风量系统采用地板送风送入室内，根据房间相对湿度控制 VAV BOX 的送风量，满足空调房间人流密度的变化。大厦标准层室内空调系统示意如图 1 所示。

资料来源：《暖通空调》2012 年第 6 期；《建筑节能》亚洲企业领袖协会编，中国大百科全书出版，2008 年；誉德建筑设计工程有限公司提供资料；ASHRAE（J）2007 年 7 月号；ASHRAE（J）2009 年 4 月号；《建筑学报》2009 年 9 月号；《暖通空调》2004 年第 11 期。

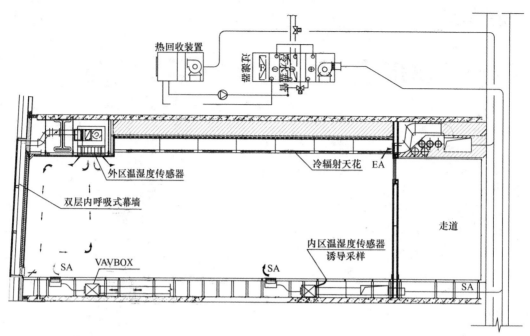

图1 大厦标准层室内空调系统示意图

冷热源方式

大厦夏季冷负荷为15964kW，冬季热负荷为1683kW。地板送风＋冷辐射空调系统的空调方式的冷热源多采用双冷源系统（即高、低温水系统）。在该项目中，为达到更佳节能效果，设计者采用了大温差热泵机组与高低温冷水机组串联的搭配；大厦通过板换换热实现高区的冷热量供应；在过渡季节可实现冷却塔"免费"供冷，冷热源系统示意如图2。大厦具体的冷热源系统配置见表1。

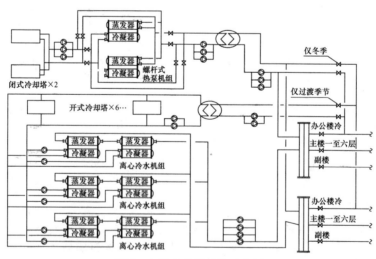

图2 大楼冷热源系统示意图

大楼冷热源设备配置   表1

设备名称	额定量×台数	进/出口温度（℃）	备 注
高温水冷离心冷水机组	2250kW ×3	16℃/11℃	高低温冷水机组分三组，串联运行
低温水冷离心冷水机组	2250kW ×3	11℃/6℃	

续表

设备名称	额定量×台数	进/出口温度（℃）	备　注
横流式冷却塔	550t/h ×6	37℃/32℃	为高低温冷水机组服务
大温差螺杆式热泵机组	1231kW ×3	16℃/6℃	夏季制冷，大温差运行
	1230kW ×3	35℃/40℃	冬季供热
全封闭冷却塔	300t/h	37℃/32℃	为热泵机组服务，夏季冷却/冬季供热
		−3℃/−6℃	

大楼的光伏系统

大厦光伏系统总安装容量达 184.96kW，年发电量 11.4 万 kWh；大楼的光伏组件分两部分：一部分安装塔楼屋顶，共安装有 200 块 120Wp 组件，总面积为 348m²，总功率为 24kW；另一部分安装于大楼东西立面 31F～71F 外遮阳处，共安装有 4024 块 40Wp 组件，总面积为 1297m²，总功率为 160.96kW，光伏百叶安装节点走线示意如图 3 所示。

大楼风力发电系统

大厦充分利用了广州亚热带沿海区域的风环境，及超高层建筑中挡风风压大，高空风速提升的特点，利用建筑形状，引导迎风面的风集中并加速从建筑物开口穿过，风速提高 2.5 倍，风力增长 15.6 倍，风力路线如图 4 所示。大楼在 24F～25F（标高为 104.0～111.3m）、50F～51F（标高为 205.4～212.7m）建筑形成 4 个风洞口并安装发电量 6kWh 风力涡轮发电机，年发电量达 21 万 kWh.

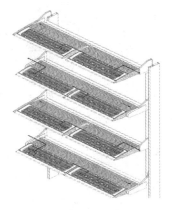

图 3　光伏百页安装节点走线示意图

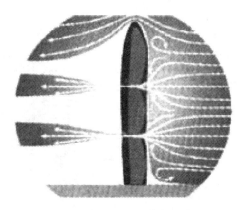

图 4　风力发电风力路线图

工程实录 G4

深圳国际贸易大厦

地点：深圳市罗湖区
用途：综合性办公建筑
设计：中南建筑设计院（原湖北工业建筑设计院）
建筑规模：地上 50 层，地下 3 层，高 160m；总建筑面积 9.9796 万 m²
建设工期：1982 年 10 月～1984 年 10 月

建筑外观

建筑特点

该工程的建设对全国在改革开放初期对建筑界有较大影响。在两个主要组成部分办公楼和购物中心（6 层）之间为室内庭院，地下部分为车库、餐厅、设备用房等，主楼 49F 为旋转餐厅、屋顶有直升机停机坪，24F 为避难层，围护结构为茶色玻璃幕墙，外部为铝板贴面，钢筋混凝土筒中筒结构体系。图 1 及图 2 为其标准层平面图及垂直剖面图。

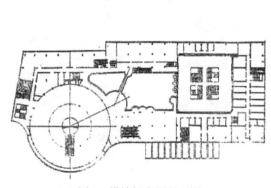

图 1　塔楼标准层平面图

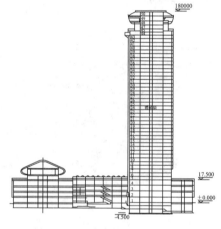

图 2　建筑垂直剖面图

空调方式

主楼办公部分为吊顶吸式风机盘管加新风系统，旋转餐厅为变风量系统。裙房办公部分为风机盘管加新风系统。商业及餐厅营业部分为低速空调系统、主楼分段设 8 个新风系统，其新风 AHU 分别设于-2.20m 管道夹层、24F 及 44F 内。

冷热源设备与系统

该工程总冷负荷为 10465kW；总热负荷为 2198kW。冷源为离心式制冷机：2290kW×4 台，1395kW×1 台。另设风冷热泵冷水机组：23.3kW×2 台。热源设电热水锅炉 2 台：

资料来源：邹德侬，《现代建筑史》，天津科学技术出版社，2001 年；《建筑设备》（创刊号）1986 年 10 月。

1500kW×1 台及 720kW×1 台，分别设在地下机房（1500kW）及 44F（720kW）。

冷冻水系统作纵向分区。主楼 24F 以下和裙房为下区，主楼 24F～44F 为上区。24F 设板式换热器，膨胀水箱分设于 25F 及 45F 为上区。冷冻水系统采用一次泵和二次泵的闭式同程变流量系统。水系统参见图 3。

冷却塔则设在裙房屋顶上，主楼裙房及主楼 1F～48F 由地下冷冻机房集中供冷，而 44F～50F 旋转餐厅部分则由风冷热泵机组供冷和供热。

其他设施：

（1）送风系统：地下设备用房设送排风系统，电力控制室用空调，地下车库 6 次换气通风，机械排风，自然进风，主楼公用卫生间设吊顶式排风机，设 4 个排风系统。系统排风机分别设在 24F 和 44F。

（2）防排烟系统：地下车库的通风系统并作排烟用，即在火警时分区控制作为排烟系统。主楼消防楼梯间前室，设正压送风系统及排烟系统。消防楼梯设正压送风系统。主楼纵向通风系统如图 4 所示。

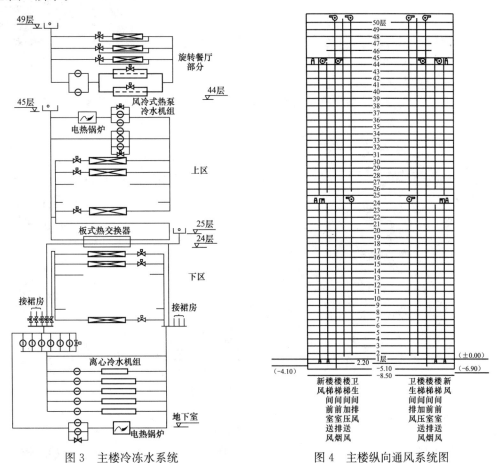

图 3　主楼冷冻水系统　　　　图 4　主楼纵向通风系统图

（3）空调控制：

室温控制：低速送风系统设冬季转换的室外温度补偿式调节系统。风机盘管设室温调节器，直接控制电动二通阀门。

系统控制：根据冷水系统旁通管上的流量检测信号，对压缩机和二次泵进行台数群控。二次泵和上区循环水泵则利用供回水管压差进行台数群控。冷却水系统分设电动二通阀与冷却塔的排风机冷水机组的启停控制系统连锁，均可控预定顺序启停。

工程实录 G5

深圳金融中心

地点：深圳上步中心区，深南路红领路口

用途：银行、办公、酒店客房等

设计：深圳市设计研究院、华森建筑与工程设计顾问公司合作设计

建筑规模：由 3 幢 31 层的塔楼组成，地上高度为 105.5m，地下 1 层以及 5 层台阶式裙房；总建筑面积 12 万 m²

建设工期：1984 年（设计）～1987 年（竣工）

建筑外观

建筑特点

该工程分属深圳工商银行、建设银行及晶都酒店三家企业所有。三座塔楼互成 120°角，呈放射状布局，各塔楼有独立的出入口、运行环境和垂直交通系统，但又有机地联系在一体。其首层平面如图 1 所示。银行大楼除附有少量公寓房间和餐饮服务功能外，晶都大酒店则为一综合性商业服务大楼。图 2 为该工程剖视图。

图 1　首层平面图

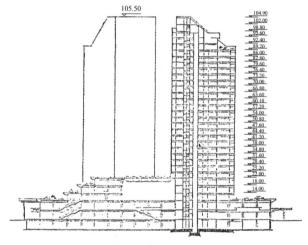

图 2　建筑剖视图

空调方式和系统

大楼部分均为风机盘管方式，以建设银行为例，除 1F～4F 的裙房采用全空气系统外，6F～13F 的客房标准层，14F～25F、27F～29F 的办公标准层，都采用风机盘管加新风的系统形式。全楼 FCU 共 419 台，新风空调机组 AHU　9 台（全楼空调机组为 25 台），塔楼标准层 FCU 配套的新风机组设在设备层。办公层新风由设于 26F 设备层的 3 台新风 AHU 供给，其中 2 台负担 26F 以下的办公层。分南北向沿 2 个竖井送到各层，再由走廊吊顶用水平风管分送到各室。另一台新风 AHU 供 27F～29F。客房新风由设在 5F 设备层的 2 台新风 AHU 供给。亦分南北

资料来源：《建筑设备》1988 年第 2 期。

向两系统沿卫生间竖井送风。图 3 为办公室 FCU 的安装详图。办公室每间（52m²）设 FCU 一台，在走廊吊顶内暗装，门下部百叶回风，故走廊不另送风。

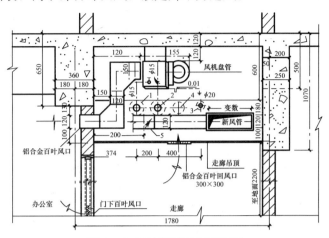

图 3　办公室 FCU 的安装详图

冷热源设备

该工程（三座大楼）总空调负荷为 3690RT（12970kW），选定主机满载制冷量为 3460RT。建行系统采用 350RT×2 台，工商银行系统采用 500RT×2 台，晶都酒店系统采用 440RT×4 台。

全楼水系统按建筑使用功能，平面位置和楼层划分 5 个并联环路，以便分区调节。4F 以下 3 环，5F～15F、16F～29F 各一个环路系统，如图 4 所示。

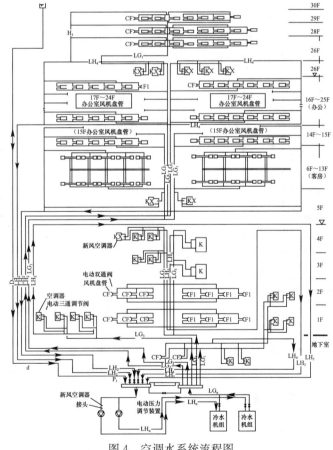

图 4　空调水系统流程图

工程实录 G6

深圳地王大厦

地点：深圳市蔡屋围

用途：办公、公寓、商业等

设计：香港科联顾问工程公司、深圳市建筑设计研究总院等合作设计

建筑规模：办公塔楼 68F（高 384m）公寓塔楼 33 层；两幢之间为 5 层裙楼（购物商场），地下 2 层；总建筑面积 26.678 万 m²，其中：办公楼 13.8 万 m²，公寓 4.312 万 m²，购物商场为 2.2 万 m²，其余为地下室面积

建设工期：1994 年 10 月～1996 年 6 月

建筑特点

由三个不同高度、不同功能的建筑组合成一体。高幢为办公楼，建设时为深圳的最高建筑；办公幢为钢结构；公寓幢为钢筋混凝土结构。在公寓幢中部贯穿南北空间处有空中游泳池，不仅丰富了建筑功能，而且丰富了立面的造型。

主楼地下部分设有快餐广场、邮局以及 900 多个泊位的停车场，建筑物造型新颖，色彩丰富。图 1 为办公楼标准层之一（17F）的平面图，图 2 是建筑的南立面图。

建筑外观

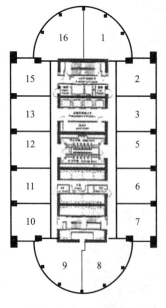

图 1　办公楼标准层平面图

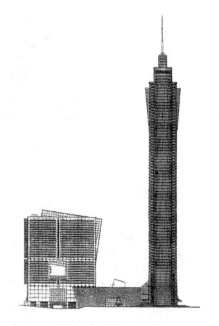

图 2　建筑物南立面图

资料来源：毕翔宇等，深圳高层建筑通风空调设计选录，深圳制冷学会空调制冷专业委员会、土木建筑学会暖通空调委员会出版，1997 年。

空调方式

办公楼采用风机盘管（FCU）加新风系统的方式，考虑到办公楼二次装修的可能，FCU 基本上按跨布置，每层设 2 台新风 AHU，分别为南北风机盘管系统送新风。

裙房商场、餐厅亦为 FCU 加新风系统，设计时只布置了新风机房、新风主管和冷冻供、回水干管的走向，同时按负荷选定了足够的 FCU（考虑出租和二次装修）。

公寓采用水冷风管式空调器系统。冷却水由设在公寓楼屋面上的冷却塔和水泵集中供给，系统形式为开式。

冷源设备及水系统

集中冷源设备为办公楼及裙房供冷用。

裙房系统冷冻机房设在裙房 5F，采用 4 台离心制冷机，每台冷量为 500RT（1758kW）；还有一台 250RT（879kW）的螺杆式制冷机。机房内设有与主楼低区冷冻水系统互为备用的热交换器。膨胀水箱设在 5F，冷却塔在公寓楼屋顶上。主机、水泵、冷却塔一一对应（不互为备用），配 500RT 主机的水泵设一个备用泵。该系统参见图 3。办公楼则设有低、中、高三个独立的供冷系统。每个系统选用 2 台 750RT（2637kW）的离心制冷机和 1 台 250RT（879kW）的螺杆式冷水机组，并组成两个相对独立的供冷系统，即 2 台 750RT 的离心制冷机为一系统，1 台 250RT 的螺杆式制冷机为另一系统。这两个系统冷水供回水总管间设有阀门的旁通管。平时阀门常闭。螺杆机用以适应租户非固定的负荷。

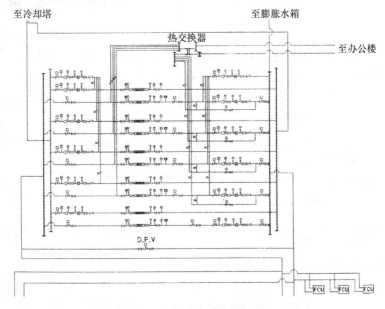

图 3　空调冷水系统流程图

低区冷冻机房设在设备一层，负担首层～21F 空调。该区与裙房冷水系统间设有热交换器，以利互为备用。膨胀水箱设在设备二层（标高 110m），

冷却塔设在公寓楼屋面 108m 处。中区与高区冷冻机房设在设备三层处。中区系统负担设备二层夹层、22F～43F 空调用冷。膨胀水箱在 51F。高区空调水系统负担机电三层夹层、45F（无 44F）～69F 空调用冷。膨胀水箱设在办公楼上面（305m）。

冷水系统为双管制一次泵系统，末端设备水路采用常阀双通电动阀控制，故在供回水总管间设有压差控制的旁通阀。办公楼水管系统分为南北两个回路。

深圳特区报社报业大厦

地点：深圳市深南大道与新洲路交叉口西北角
用途：办公、会议等
设计：深圳大学建筑设计研究院
建筑规模：地上 47 层，地下 3 层；高 171.4m；总建筑面积 9.231 万 m²
建设工期：1994 年（设计开始）～1997 年竣工

建筑特点

该大楼为深圳特区发展阶段重要的建筑之一，是深圳市中心向西发展过程中出现的新地标。大楼地下 2F、地下 3F 为车库，地下 1F 为设备机房，地上首层及 2F 为公共厅堂与展厅等，3F 为餐厅，其他均为办公、会议等用房。设有一个空中共享空间，可以自然采光并种植植物，改善办公环境，图 1 为标准层平面图之一。

建筑外观

空调方式

该工程设计时送风管未全布置，仅提供有两张标准层风口布置共用图纸，其一为常规散流器顶送；另一张为变风量末端装置风口。但推荐采用变风量全空气系统。9F～35F 的标准层空调面积为 1385m²，冷负荷为 290kW（负荷指标为 209W/m²），送风量为 52000m³/h，采用 2 台风量为 26000m³/h 的空调机组，全楼用于标准层的机组共 64 台（风机功率为 6.2kW/台）。

全楼空调总制冷量为 9845kW（2800RT）。

空调冷源与水系统

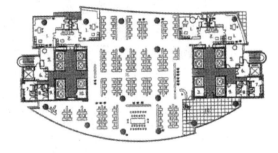

图 1　标准层平面图

采用离心式冷水机组，冷量为 800RT×3 台，400RT×1 台，冷媒为 R134a，构成一个冷水系统。制冷机房位于地下 1F，水系统竖向分高、低两区，21F 以下为低区，21F～42F 为高区。低区膨胀水箱位于 21F，设有集、分水器，为二次泵系统。高区热交换器位于 20F，膨胀水箱则在 43F 内，高区冷冻水泵（三次泵）位于热交换器与各末端之间。冷却塔位于第 5 层，冷却水量为 702m³/h×3 台，500m³/h×1 台，冷却水泵设一台备用。

资料来源：毕翔宇等，深圳高层建筑通风空调设计选录，深圳制冷学会空调制冷专业委员会，土木建筑学会暖通空调委员会出版，1999 年；建筑技术及设计，2000 年第 8 期。

工程实录 G8

深圳建筑科学研究院办公大楼

地点：深圳市福田区

用途：办公及科研

建筑规模：地上 12 层、地下 2 层，总建筑面积
1.82 万 m²

设计：深圳市建筑科学研究院

建筑特点

建筑设计要求大楼实现绿色生态的理念。设计着重考虑外围护构造，形成自内而外自然生成的独特风格，被列为首批可再生能源示范工程，图 1 为标准层平面图。

围护结构

综合采用保温墙体、节能玻璃、特殊设计的外遮阳、屋顶绿色植被、隔热屋顶等。外墙根据要求采用不同的材料，如 7F 以上的外墙用 LBG 金属饰面＋保温板＋加气混凝土砌块，传热系数 K 为 0.49W/(m²·K)。外窗玻璃采用 $K \leqslant 2.6$，遮阳系数 $SC \leqslant 0.4$ 的绝热铝合金钢化中空 Low-e 玻璃窗。此外，采用反光板等遮阳构件。不同朝向采用不同的手法。

建筑外观

空调方式与冷热源

采用多种有效节能的空调方式设备与系统，包括：

（1）水源热泵型集中空调系统，如利用雨水池、消防水池，水景设施等为水源热泵的热源。

（2）风冷变频的多联机系统＋带热回收的新风系统。

（3）水环热泵空调系统。

（4）热泵驱动的溶液新风除湿独立系统＋冷辐射吊顶系统等。

在送回风方式上也有多种方式，如报告厅采用下送风，科研办公场所采用座位送风等。以上系统均根据建筑面积、使用要求、灵活性等条件确定，以满足部分负荷时的运行效率和节能的有效性，同时为研究机构搭设了理想的实验研究平台。

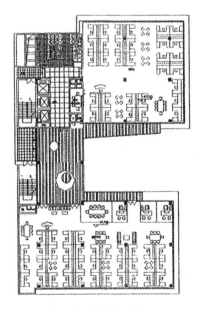

图 1　标准层平面图之一

资料来源：《深圳建科大楼绿色建筑技术》，深圳市建筑科学研究院有限公司编，2011 年 12 月。

自然通风应用

大楼的平面与竖向的建筑布局，有利于组织自然通风，设计时通过建筑规划设计与计算机模拟分析，可使大楼在不同高度处的建筑背、迎风面均能保持 3Pa 以上的压差，同时外窗可开启面积达 30％以上，可以良好地组织自然通风。

其他绿色生态技术

大楼有太阳能光伏发电系统、微风启动水平轴风力发电系统、太阳能热水系统、自然采光与人工照明结合的技术、节水与水资源利用技术、节材与材料资源利用等。这些技术的应用可以最大限度地减少环境负荷。同时，亦能保证室内环境质量。该大楼绿色技术体系的项目汇总达 34 项之多。

深圳京基金融中心大厦

地点：深圳市罗湖区蔡屋围

用途：办公、酒店等

设计：泰瑞·法瑞建筑设计有限公司（方案）、奥雅纳工程顾问公司（结构、机电方案及初步设计）、深圳华森建筑与工程设计顾问有限公司（实施设计）

建筑规模：工程所在地块规划设计为 A、B、C、D、E 五座塔楼、总建筑面积约为 60 万 m²。是集甲级办公楼、五星级酒店、商业、高级公寓、住宅为一体的建筑群。中心大厦为 A 座，地上 98 层，地下 4 层，高 439m，总建筑面积为 34.45 万 m²

竣工时间：2011 年

建筑特点

中心大厦位于基地最南端（见图 1），其内部为办公和酒店，1F～74F 为办公（建筑面积为 17.6 万 m²），标准层高 4.2m（净高 2.8m），75F～98F 为酒店，建筑面积为 4.6 万 m²，客房层高 3.5m。在 75F 以上的酒店部分有内部中庭，客房共 289 间，呈环形布局。大楼垂直方向设有 5 个设备/避难层，办公楼通过垂直交通可划分为高低两个办公区，大厦电梯总数达 70 台。图 2 为大楼的垂直剖面，图中标出了各层的建筑功能，图 3 为酒店部分的剖面，图 4 为办公楼标准层平面图。

空调方式与系统

办公区域 4F～72F（分 4 个区段）采用 VAV 系统，每层设 2 个系统，经由技术经济比较确定品牌和形式，再由供货厂商作二次深化设计。空调设计要求满足在过渡季节作全新风运行。另外，在高度方向的 4 个区段内，每区设对应的 2 个转轮热回收装置，回收排风的冷热量，以节约能源。

客房采用风机盘管加新风的空调方式，新风系统亦按高度方向分段设置。

酒店除一般客房外，如总统套房、餐厅等设有低速全空气空调系统 14 个，其中 94F 酒店空中大堂则采用在电梯机房等局部区域则采用多联机分体空调方式。

建筑外观

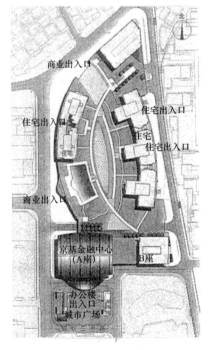

图 1 基地总平面

资料来源：建筑学报，2009 年第 9 期及相关设计文件资料。

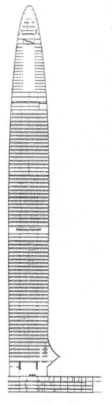

图 2　大楼垂直剖面

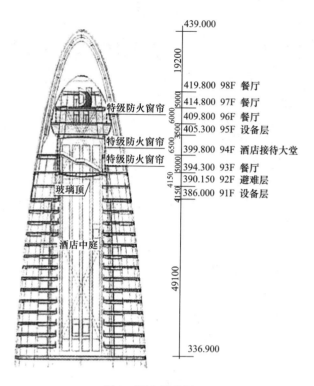

图 3　酒店部分剖面

右侧标注（从上到下）：

439.000

419.800　98F　餐厅
414.800　97F　餐厅
409.800　96F　餐厅
405.300　95F　设备层
399.800　94F　酒店接待大堂
394.300　93F　餐厅
390.150　92F　避难层
386.000　91F　设备层

336.900

标注：特级防火窗帘、特级防火窗帘、特级防火窗帘、玻璃顶、酒店中庭

空调冷热源及水系统方式

该大楼冷负荷计算的结果为：37F 以下的办公区（空调面积 5.4054 万 m²）为 9411kW；38F～72F 办公区（空调面积 5.423 万 m²）为 9020kW；超高层酒店（空调面积 2.6885 万 m²）为 2886kW。

大楼中办公区段与酒店区段的冷源分别设计。

A 座塔楼办公区（72F 以下）空调设计日峰值冷负荷为 18431kW（5242RT），采用部分负荷蓄冷的蓄冰空调系统。经逐时负荷计算，

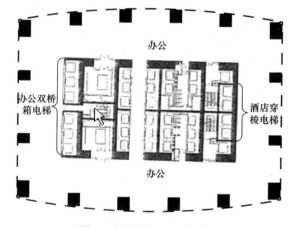

图 4　办公楼标准层平面图

标注：办公、办公双桥箱电梯、酒店穿梭电梯、办公

设计日空调总冷量为 51332RTH，计算蓄冷量为 14040RTH，考虑到建筑物功能要求（若干区域要求 24 小时供冷），采用 2 台基载主机，额定进/出水温度为 13℃/5℃（冷却水进/出水温度为 37℃/32℃），制冷量为 1758kW（500RT）。蓄冰系统采用主机上游串联系统（载冷剂为质量浓度为 25％的乙二醇溶液），采用 3 台双工况离心制冷机，额定常规工况时制冷量为 3164kW（900RT），制冰工况时制冷量为 2125kW（604RT）。

制冷机房内设有 3 台乙二醇—水板式换热器，在设计工况下联合供冷运行时，换热器两侧进/出水/液温度分别为 13℃/5℃（热侧）及 3.5℃/11.5℃（冷侧）。高区二次换热用板交（水—水）设在 37 层机房内，冷侧进/出水温度为 13℃/5℃，热侧进/出水温度为 14℃/6℃。

A 座酒店是位于 320m 高以上的五星级旅馆，考虑到功能和管理上的要求，空调主机设备

设在 73F 的设备层内，设计日峰值负荷为 2885kW（820RT），冬季负荷为 1140kW，另有生活热水的用热需求。冬季热负荷为 2229kW，采用 3 台风冷热回收机组，所选机组单机制冷时设计工况（室外 35℃）制冷量为 717kW（进/出水温度为 12℃/7℃）；单制热时（室外 6℃），制热量为 802kW，（进/出水温度为 50℃/55℃）。此外，还选用 2 台 400kW 的整体型水冷冷水机组作补充或备用（自带水泵、冷却塔），风冷热泵机组分别配用冷水泵和热水泵。大楼办公部分冷水系统设计为二管制异程式系统。二次泵变频变流量方式。酒店部分为四管制异程系统。所有系统的空调箱冷水回水管设计压差控制平衡阀及电动二通比例积分调节阀，风机盘管冷水回水管路设有电动二通通断阀，水系统均设有电子水处理设备。

办公部分的水系统流程如图 5 所示。

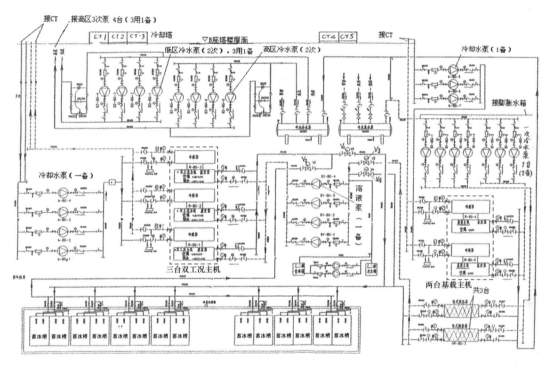

图 5　办公部分水系统流程图

深圳平安金融中心

地点：深圳市福田中心区益田路与福华路交汇处西南角

用途：办公、商业、餐饮、车库、多功能会议厅

设计：美国 KPF 设计事务所、澧信工程顾问有限公司（机电设计）、奥雅纳工程顾问公司（消防性能化）、Thornton Tomasetti，Inc（结构顾问）、中建国际（深圳）设计顾问有限公司（实施设计）

业主：中国平安保险（集团）股份有限公司

建筑规模：用地面积 18931.74m²，总建筑面积 459187m²，建筑高度 598m

建筑组成：115 层塔楼：高档办公、金融交易中心；10 层裙房：高档购物、会议、餐饮；5 层地下室：下沉式广场、高档购物、餐饮、停车场、设备房。图 1 为该楼建筑剖面图。

建设工期：2009.10～2015 年（在建中）

建筑外观

冷热源设备

空调冷负荷为 13500RT；空调热负荷为 3467kW。

该项目空调冷源主要采用并联式蓄冰系统（系统流程图见图 2），裙楼商业及办公层合计尖峰负荷为 13500RT，日间总冷负荷为 133300RT，夜间冷负荷为 2238RT，总蓄冰量为 40000RTH。为降低系统承压，塔楼第 8 区观光区设有独立的风冷热泵系统，同时，为保证部分办公层、交易层的 24h 不间断供冷需求，设置了后备冷源系统，各冷源配置及服务区域如表 1 所示。

冷却塔设于塔楼 6F～9F 挑空层，布置在室内，采用 13 台侧进侧出型，冷却塔布置如图 3 和图 4 所示，为防止高湿度室外环境下冷却塔排风出现雾气，其中 5 台采用防雾加热盘管，采用热泵冷水机组供应热水，把部分新风加热处理后与冷却塔排风混合后排出。

空调方式与系统特点

塔楼办公层及交易层采用变风量空调系统，在各层设置变风量空调机组 AHU，空调主风管环形布置。

冷水系统设计为一次泵定流量、二次泵变流量系统，塔楼部分冷冻水立管设计为二管制枝状同程式系统，通过安装

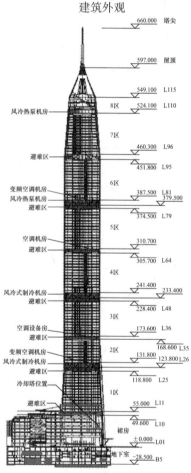

图 1　建筑剖面图

资料来源：CCDI 中建国际提供资料。

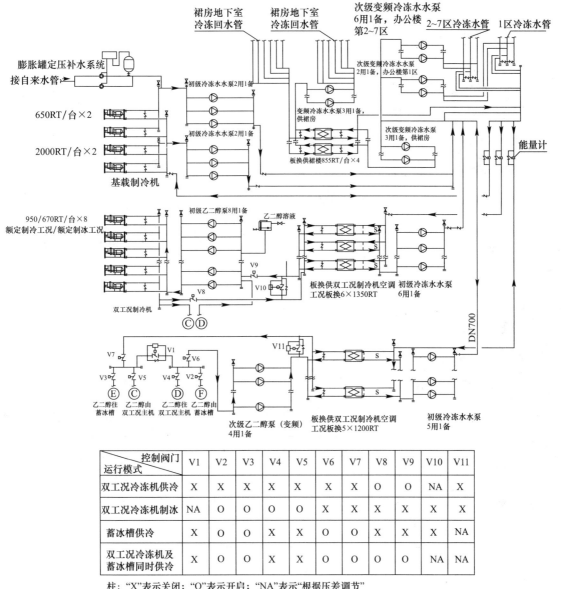

图 2　并联蓄冰系统流程图

平安金融中心冷量配置表　　　　　　　　　　　　　表 1

冷源形式	冷源配置	位置	服务区域
蓄冰系统	2 台 10kV 高压制冷量为 2000RT 的离心式冷水机组； 2 台 380V 制冷量为 650RT 的变频离心式冷水机组； 8 台 950RT/670RT（空调/制冰工况）双工况离心式冷水机组。	地下 3F	裙房商业、办公层
风冷热泵	风冷热泵机组	110F 设备层	塔楼第 8 区
后备冷源	每个办公区 2~3 套风冷模块式冷水机组，每套 200RT	26F，49F，80F 设备层	塔楼办公层、交易层不间断供冷需求（部分区域）

阀门可以实现同程管作为立管的备用管，任何一根出现故障，另外两根管通过阀门的切换可以继续供冷，大大提高了系统的可靠性，同时相当长的时间内不需要更换主立管。各区域的空调方式和水系统方式分别如表 2 和图 5 所示。

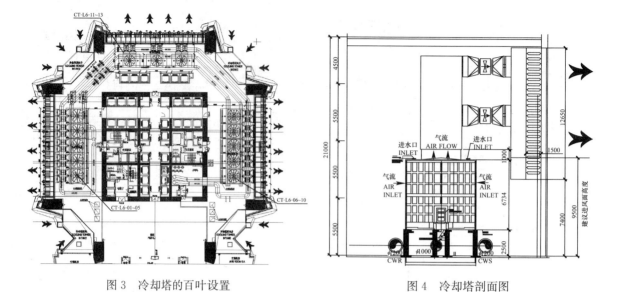

图 3　冷却塔的百叶设置　　　　　　　　图 4　冷却塔剖面图

平安大厦各区域空调方式及其特点　　　　　　　　　　　　　表 2

空调区域	空调方式	空调特点
裙房商业公共部分、塔楼首层大堂	全空气一次回风系统	商业公共部分上送上回；塔楼首层采用四周送风柱喷口送风结合核心筒边条形风口送风，集中回风，上送上回
裙房会议室、商铺、餐饮	风机盘管＋新风系统	分别预留冷冻水管、新风管接驳支管
塔楼　办公层及交易层	变风量空调系统	各层单独设置变风量空调机组 AHU，上送上回，内区采用单风道节流型变风量末端，常年冷风；外区采用内置电加热的 VAV-BOX 箱供热

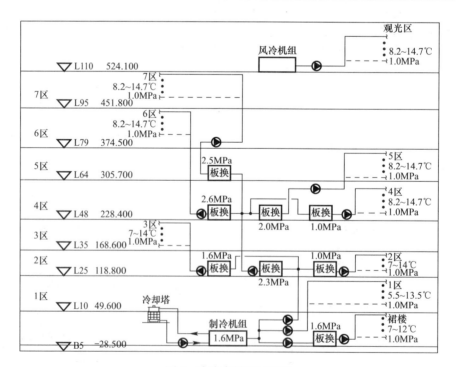

图 5　冷冻水循环原理图

工程实录 KD1

香港合和中心 （Hopewell Center）

地点：香港皇后大道 183 号
用途：办公、商业、餐饮、停车库
建筑规模：地下 1 层，地上 65 层；总高 215m；总建筑面积 11.29 万 m²
设计：PHILIPS HONGKONG LTD，吴国栋事务所
空调工程承包：香港菲力浦公司
工程造价：2.7 亿元港币
竣工时间：1980 年

建筑外观

建筑特征

该工程建成当时为我国香港地区第一高楼，该楼为一圆柱形钢筋混凝土建筑，直径 45.7m。由内外两圆构成。内圆（筒芯）由三个圆形的风力墙组成，用放射形的风力墙相接。外圆则由 48 条凸型柱组成，每层有环形梁连接成柱与梁组合的钢架，从而全楼构成一个整体。16F～59F 间为标准层（出租办公室），每层面积为 1480m²，62F 为旋转餐厅。平、剖面图见图 1 及图 2。

空调方式与系统

分内区和外区进行空调控制。内区采用定风量单风道方式，由环形送风总管接出 48 条（利用 48 根径向梁之间的空间）辐射状支管，由顶棚散流器送风。周边区用变风量方式，由 AHU 送出的空气经 12 个 VAV 末端装置，由条缝形送风口送出（见图 3）。室内大部分回风由吊顶上的照明回风组合装置（见图 4）经回风道返回 AHU（直接带走的照明热量达 65%）。为便于大楼分层使用，内、外区系统均采用各层机组方式，设备安装在核心筒体内的机房中。AHU 的新风由中央空调机集中供给（分段设于 6F、32F、45F 及 58F）。

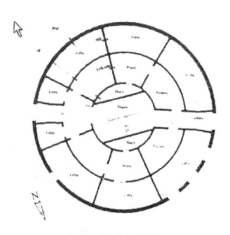

图 1 标准层平面

制冷设备与系统

离心式制冷机，770RT×3 台；离心式制冷机，690RT×1 台；风冷活塞式制冷机，50RT×6

资料来源：《制冷》，1985/4；《世界综合办公楼图集》，华东建筑设计研究院编，上海翻译出版公司，1987/05；吴汉榆先生（ASHRAE 会员）提供资料，1994 年 4 月。

台。装机总容量为 3300RT，其中 6 台风冷活塞式制冷机用于过渡季节时的能量调节，以节约能耗和电费支出。由于我国香港地区的淡水使用受限，以及本楼离海岸较远，故采用闭式冷却塔。冬季供热（热水）由带热回收系统的两台大型制冷机和两台 732.5kW 的燃气锅炉提供。为避免高层建筑中水系统静压过高，将设在 8F 的热交换器把冷冻水分为一区（18F～64F）和二区（地下室～17F）。设在 32F 的热交换器把热水分为下区（地下室～31F）和上区（32F～64F）。如图 5 所示。

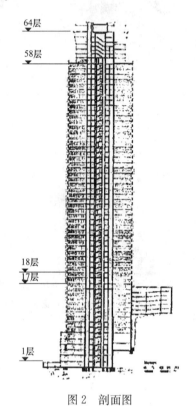

图 2　剖面图

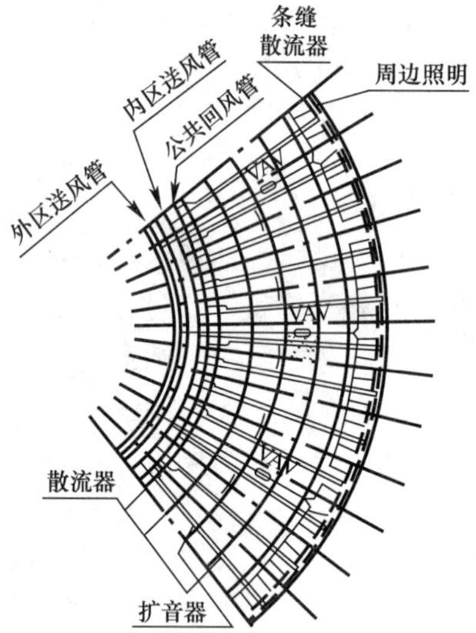

图 3　标准层局部空调平面

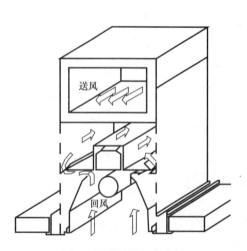

图 4　照明回风组合装置

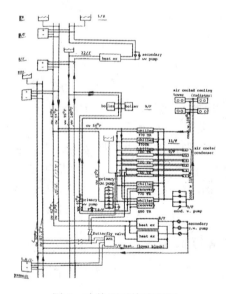

图 5　冷热源系统流程图

香港汇丰银行

地点：香港皇后街中心 1 号
业主：汇丰银行
用途：银行集团新总部办公用
设计：Norman Foster 合作事务所
建筑规模：地下 4 层，地上 46 层；总建筑面积：10
万 m²，标准层面积 3200m²（大）、976m²（小）；建筑高
度 179m，中庭高 52m
建设工期：1981 年 11 月～1985 年 11 月
造价：约 5 亿英镑

建筑外观

建筑特征

该工程建筑设计与结构构思特殊，建筑平面接近矩
形，全部楼层结构悬挂在两排东西间距为 40m 左右的、
高度不等的八组组合钢柱上。电梯间、设备间、厕所等
均布置在两排组合柱的外侧。使中央部分空间利用有很
大的灵活性。该楼底部架空，形成一个有 3 层楼高的入口大厅，是当地很有人气的公共空间。
3F～13F 则有一个 39m 高的中庭。图 1 是标准层平面之一（有三个开间），图 2 是剖视图。

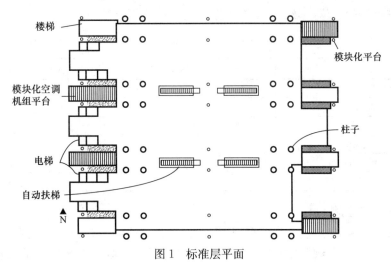

图 1　标准层平面

空调方式与系统

（1）能耗预测分析
设计时对围护结构的各种方案（玻璃选定、遮阳结构等许多因素）用 CIBSE/BRE 提供的

资料来源：《Air conditioning：Impact on The Building environment》，Nichols publishing company，1987；
《80 年代世界名建筑》香港汇丰银行大厦/《NIKKEI ARCHITECTURE》1984 年 5 月 7 日号。

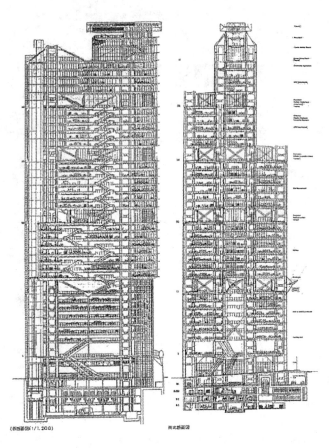

图 2　剖面图

能耗分析软件进行比较计算，最后对实施方案的建筑物全年能耗作出了如见表 1 所示的结果。

预计大楼的全年能耗　　　　　　　　　　　　　　表 1

电能	$\times 10^4$ kWh	比例（％）
冷水机组与热泵机组	5.50	16.8
泵（包括海水泵）	5.23	16.0
地下室空调	0.90	2.7
空调机与通风机	5.46	16.7
计算机房专用空调机组	2.19	6.7
冷冻空调分项总计	19.28	59.0

（2）空调方式的选择

大楼办公层东西两侧分别为两个钢结构模块化平台，西侧平台为空调机组平台，东侧平台为生活用水等其他设备。空调系统外区采用定/变风量混合系统，内区采用单风管变风量系统。风管布置在架空地板内，通过地板送风口出风，再由地面回风 80％，上部回风 20％，上部回风口与照明灯具相结合，可以减少部分照明负荷。架空地板内的空调系统是模块化预制好的，现场安装即可。架空地板净高 600mm（靠近主梁处为 225mm）。内区风口采用扩散性能较好的圆形风口，喉径为 200mm，风量为 30L/s。周边区则采用条缝型格栅风口，风管采用椭圆形金属软管。

图 3 表示了标准层空调方式和空调箱工作原理图。该空调箱制作成装配式结构并与各层的装配式厕所构成一体，并实现了装配式的施工安装技术。大楼顶部设有 6MW 的备用发电机，

制冷机房在地下室，安装有 5 台 19EB8771DM 的离心制冷机和 2 台热泵机组。总空调制冷量为 12500kW，用海水冷却。

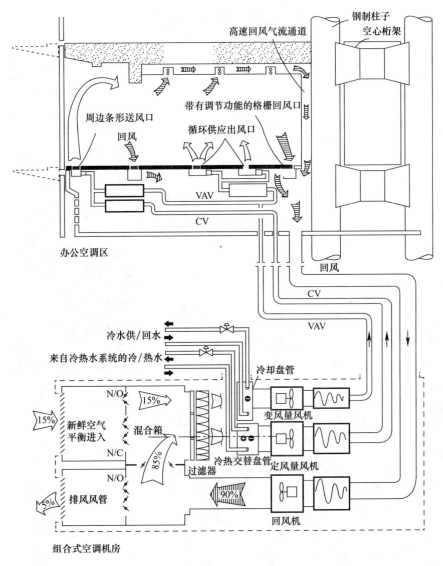

图 3　标准层空调方式和空调箱工作原理图

工程实录 KD3

香港中国银行

地点：香港花园路 1 号

业主：中国银行

设计：I. M. Pei（贝聿铭）& pavtners（建筑）、Leslie E Robertson Associates（结构）、Jaros. Bavm & Bolles（设备）

施工：熊谷组（H. K）有限公司（建筑）、新日本空调（株）香港分公司（空调）

建筑规模：地下 3 层，地上 70 层，高度 367m；总建筑面积 11.8 万 m²

建设工期：1985 年 4 月～1989 年 1 月

建筑特征

采用三角形构图（对角线切割）的基本布局，对抗风灾和地震灾害等有利。以玻璃和铝合金构成的玻璃幕墙给人以明快的印象，是设计人贝氏具有世界影响的力作，但也由于建筑形式的特殊给空调设计带来了挑战。图 1 为该建筑不同层段的典型平面图，图 2 为立面剖视图。

建筑外观

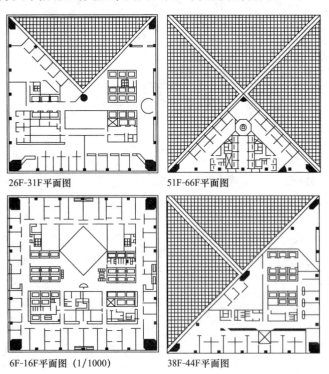

26F-31F平面图　51F-66F平面图

6F-16F平面图（1/1000）　38F-44F平面图

图 1　标准层平面

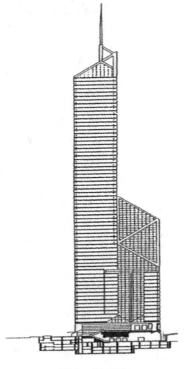

图 2　剖面图

资料来源：《Building journal》HONG KONG June，1990。

空调设计参数

空调设计参数：

（1）室外温湿度：冬季 7℃；夏季 33℃（干）、28℃（湿）。

（2）室内温湿度：

办公室、银行：冬季 22℃；夏季 25℃，50%RH；

机房：冬季：18℃；夏季：30℃；

停车场、配电室：自然通风。

（3）最小新风量：办公室、银行：0.61PS/m² （2.16CMH/m²）。

（4）室内噪声：办公室、银行：NC-35。

图3　局部立面图

空调系统方式

由于大楼各段层面形态有区别，不易采用统一的系统方式。位于大楼下部 6F～43F 之间的大面积层，都采用分散式机房、单风道 VAV 空调系统。大楼低层、地下室的服务管理区、三层挑空的金融大厅以及上部 45F 以上的小面积楼层采用集中式机房。这种布置具有空间利用的合理性和使用的灵活性。所有分散式机房的风机均为带导叶的轴流风机，而集中式机房的风机为可变入口导叶并具有分层面可控的大型离心风机系统。系统设计分内区和外区。空调机均设消声器。考虑到我国香港地区夏季的湿度和冬季较暖和的气候，所有系统全年为均按最小新风运行。在室外温度达 7℃ 的情况下，外区还采用电加热来补充一小部分热负荷。室内平均照度为 500Lux（耗电为 15W/m²）。此外，预计到日后负荷有增加的可能，设计中在空调冷水立管的布局上作了安排。

中庭排烟

中庭排烟系统提供最小 8h⁻¹ 的换气次数，排除中庭和与中庭相连的电梯厅以及整个 17F 的烟气。系统包括 2 个风量为 42300L/s 的轴流风机，风机位于 21F 的设备机房内。烟气从中庭排出，经其顶部的一个可自动开关的排烟阀门排至室外，新风则由 17F 和 1F 的气窗上的自动开关的风闸补风，其补风量各半。中庭排烟风机的额定最高工作温度为 250℃（1h）。

制冷方式与设备

该建筑的各层段平面不规则，上部逐步缩小，难于设置设备机房。我国香港地区缺乏冷却水，当时政府禁止使用任何形式的冷却塔。输送成本以及冷凝设备材料的造价也否定了利用海水的方案，因此确定采用风冷制冷机组。由于建筑造型不允许将制冷设备放在室外，在建筑设计者的配合下将制冷机房设在大楼内，风冷制冷机房高 8m，位于金融大厅上部。机房层在建筑立面上形成了一个断层，由于上、下立面采用的是不同的建筑材料，机房四周是暴露在外的进排风口，相当协调，为建筑与设备双方所认可（见图 3）。

采用设备：风冷冷水机组，340RT×10 台；冷水二次泵，32.2L/s×10 台；冷水二次泵，52.1L/s×3 台；板式热交换器，299m²×2 台。

风冷冷水机组机房的设计，最重要的是进、排风气流的组织。制冷机采用了非标准产品，通过风机的更改，使气流从东面和西面的窗口吸入，制冷机组的带导叶的轴流风机和风管将气流向北面和南面的窗口排出。风冷冷却的风量为每冷吨 276L/s。高层的水系统通过板式热交换器隔断间接作输送循环。

工程实录 KD4

中环广场 (Central Plaza)

地点：香港湾仔港湾道 18 号

用途：办公、会议等

业主：信和置业

设计：刘荣广、伍振民建筑事务所（香港）有限公司

建筑规模：地下 3 层，地上 78 层，高度 374m，总建筑面积 17.3 万 m^2，标准层面积约 2200m^2

结构：钢与混凝土混合结构

竣工时间：1992～1993 年

建筑特征

该大楼建成时，排名为全球第 8 高的超高层办公建筑，大楼平面呈三角形（缺顶角）。核体形状亦呈三角形，空调设备机房的位置受建筑制约，空调机房（各层）均为三角形。又由于制冷机必须采用风冷，且要求置于建筑物内，因此必须采用独特的设计手法。大楼的围护结构为双层玻璃幕墙（有热线反射性能），遮阳系数为 0.13～0.2。柱子与幕墙间下部有玻璃纤维层隔热，热工性能良好。图 1 为标准层平面图，图 2 为立面剖视图。

建筑外观

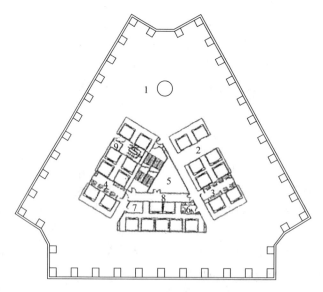

图 1 标准层平面

1—办公区；2—电梯厅；3—女盥洗室；4—男盥洗室；5—AHU 机房；
6—无障碍卫生间；7—开关间；8—消防电梯厅；9—储藏室

资料来源：《暖通空调》1995 年 5 月；空调设计者卢定涛先生对本工程的专文介绍：《Special Features of The Building Service Systems》，1992 年。

空调设备与系统方式

根据经验，高层办公楼采用 VAV 方式为多。主要考虑与风机盘管（FCU）方式相比，楼层无水患，出租分隔装修易适应，装置投资与 FCU 系统接近。该工程采用 VAV 方式，一个楼层采用一个系统。由于机房呈三角形，因此 AHU 是非标产品才能因地制宜，AHU 的风量范围为 40000～50000m³/h，可适应不同楼层的要求（见图 3）。图 4 为机房布置图例。

AHU 为现场装配式，风机采用带调节叶片角度的轴流型机组，风机出口沿三个方向送风，通过电动风门作总分配。送风通过 VAV 末端控制内、外区风量的分配。该系统为气动控制，当某层面负荷变化时，各末端装置风量相应变化，由机房内压差传感器调节风机叶片角度，从而调节该层的总风量。并由回风温度调节盘管水量，以满足要求的送风温度。

制冷方式

大楼总制冷量为 5536RT，为解决过大的系统静水压力，将整个大楼的制冷设备系统按垂直方向分成三个独立的系统。设备机房分别设置在 5F/6F、44F/45F 和 71F/72F（见图 2）。为确保采用的风冷冷水机组有良好的排风

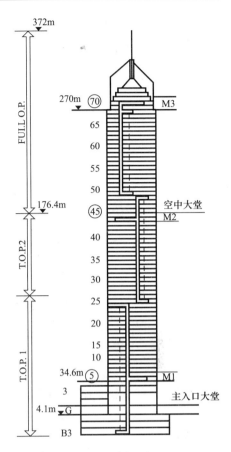

图 2　剖面图

效果，以保持较好的效率，设计将每个设备层构筑成两个层面，下层放制冷主机和冷凝器，上层为冷凝器出风口分风室（排风室），其布置示意于图 5 中。为了克服进、排风百叶和消声装置的阻力，将冷凝器风机（轴流型）叶片由一般的螺旋桨型改为翼型。

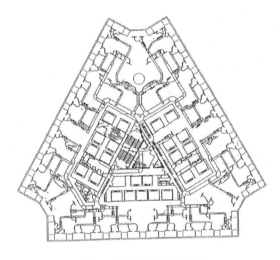

图 3　标准层空调平面图

电气系统也与制冷设备方案相关，未采用传统的集中变电站形式，否则输送能耗较大。位于 5F/6F、44F/45F 和 69F/71F 的制冷机组是建筑物主要负荷中心，因此变电站设在 5F、44F 和 69F。大楼备有内燃机发电机组提供消防电梯、消防泵、紧急照明等安全设施供电。另外，

还必须提供租户的计算机系统用电。办公层照明装置的标准配备为：600mm×1200mm 的灯箱装有抛物面百叶式反光器。40W 的荧光灯 3 个达到的照度为 500Lux，耗电量为 15W/m²。

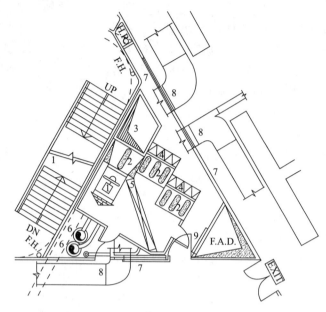

图 4　机房平面图

1—可调叶片轴流风机；2—消声器；3—排风空间；4—空气过滤器；5—冷水盘管；

6—冷水管；7—回风百叶；8—送风管；9—新风百叶

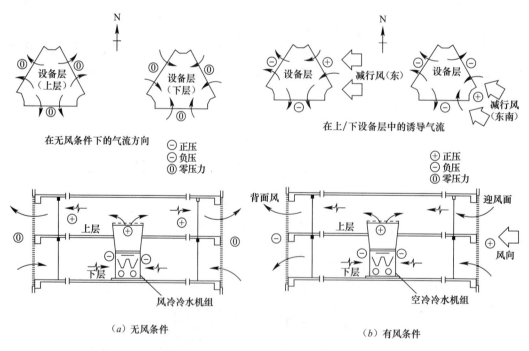

图 5　风冷热泵机房布置示意图

香港如心广场 （Nina Tower）

地点：香港基湾西部相居道 8 号
业主：华懋集团独立投资（香港）
用途：办公、旅馆、会展、餐饮等
竣工时间：2007 年

建筑外观

建筑概况

该工程由两栋建筑组成，高层栋高 320m，低层幢高 120m，总建筑面积为 24 万 m^2。二者在 41F 处由玻璃天桥连接。地下 2F 为停车场、裙房；2F～4F 为商业用房；5F～12F 为会展、宴会大厅、健身中心、室内外游泳池等。高层幢的低区 16F～39F 为办公用房，高层幢的其余层面与低层幢的全部皆为酒店。建筑不同高度设有多个设备层。图 1 为大楼剖面。

空调方式

办公标准层采用地板送风的空调方式。该系统称"下送下回的灵活空间系统"（下送风方式的一种形式）。末端采用风机驱动、具有二次回风（可调）的机构（参见本书上篇第 7 章）。

新风由集中式 AHU 处理后送到一次风 AHU。当采用下送下回的气流组织时，可将地板下的静压层巧妙地分隔为正压部分（送风）和负压部分（回风），使一次回风进入一次风处理的柜式 AHU 中。该工程标准层面积为 1950m^2，室内设计温度为 23℃，每个标准层设两台新风 AHU 及 8 台一次风 AHU，每台一次风 AHU 的冷量为 35kW。参见如图 2 所示的布置。新风 AHU 设在标准层平面筒体内，一次风 AHU 则紧靠办公区。

制冷设备与系统

由于建筑物内用途各不相同，使用时间和负荷差别较大，又因建筑高度大，故采用了相对独立的冷源方式。为此分设了 6 个制冷机房，其位置绘出于图 2 中。由于该工程采用了地板送风的方式，省去了吊平顶的空间和费用，尤其是降低了建筑层高，经济性显著。此外，办公室消防喷淋采用侧喷，采光采用间接照明与局部照明结合，即使不设吊顶，也达到了应有的工作照度。

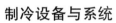

资料来源：《制冷技术》，2009 年 01 期。

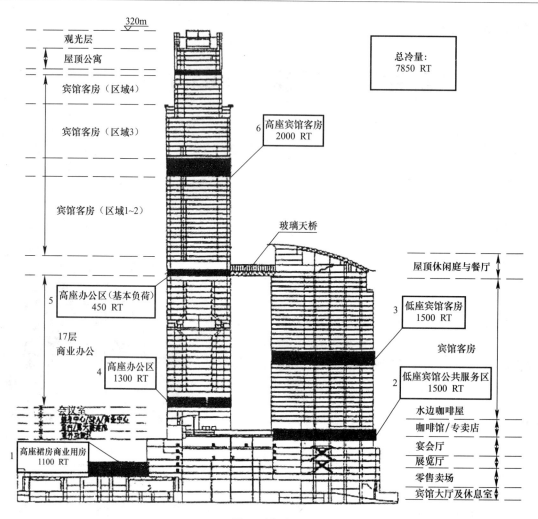

图 1　剖面图

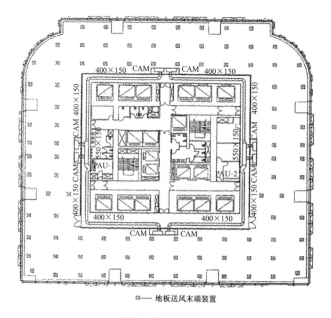

☒——地板送风末端装置

图 2　标准层平面

工程实录 KD6

香港国际金融中心二期（Two IFC）

建筑规模：地上 88 层，地下 6 层；建筑面积 155805m²，高度 420m

设计：Cesar Pelli 建筑师事务所

竣工日期：2003 年

用途：办公、酒店、商业

发展商：新鸿基地产、恒基兆业、香港中华燃气及新中地产联合发展

建筑外观

结构特点

该楼地基直接建立在海底清除淤泥后的花岗岩石床上，建筑由巨型柱框架结构支承，除大体积钢筋混凝土的核心筒之外，还有 8 根巨型钢管混凝土柱支承大跨度楼板。大楼围护结构为双层玻璃幕墙。图 1 和图 2 为大楼平、剖面图。

冷源

冷冻机房布置在地下 3 层，设有 8 台 1150RT 与 1 台 600RT 的冷水机组，冷水机组采用海水冷却，海水冷却管道设有备用管道。

水系统为二次泵变频系统。在大楼的两个不同高度的楼层内设置板式热交换器将水系统进行纵向分区，分为高、中、低三个区。冷冻水系统的压力为 16bar，冷冻机组的冷冻水流量也为变流量（一次泵系统为也变流量系统），冷冻机组的台数控制根据冷冻机组的运行效率进行优化控制，而冷冻水的控制方式为定供水温度。图 3 为冷冻水水压分区图（竖向）

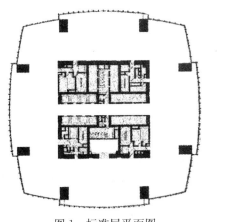

图 1 标准层平面图

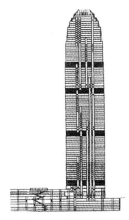

图 2 大楼剖视简图

办公标准层空调系统

办公标准层采用变风量（VAV）空调系统，空调机组的送风温度根据各 VAV 末端装置的

资料来源：建筑设备工程（空调）的设计及运行，2004 年 12 月粤港从业交流研讨会资料；马修·韦尔斯著，《摩天大楼结构与设计》，中国建筑工业出版社，2006 年。

风量进行控制；送风压力根据各 VAV 末端装置风阀的开启情况进行控制；室内温度设定值可根据太阳辐射强度进行控制；空调机组新风量可根据室内回风二氧化碳浓度进行控制；空调机组的风机采用直接传动方式，减少了皮带的维护保养。

分区：距外墙 3m 内为外区，其余为内区。

图 4 为标准层空调布置图，图 5 为空调系统控制示意图。

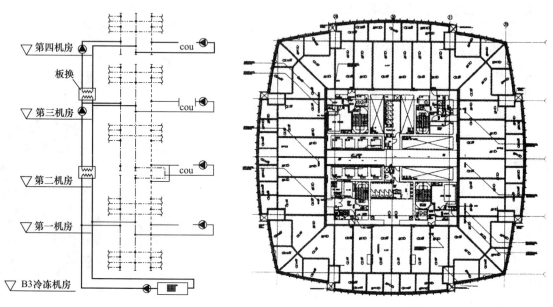

图 3　冷冻水水压分区

图 4　标准层空调布置图

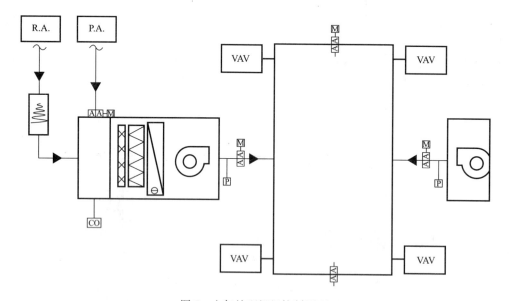

图 5　空气处理机组控制原理

工程实录 KD7

澳门中国银行大楼

地点：澳门中心区临南湾湖
用途：办公为主
设计：巴马丹拿建筑工程有限公司（P&T）
总建筑面积：30000m²
建设工期：1990年7月～1992年12月

建筑外观

建筑特点

该楼在建筑完工时为我国澳门地区的最高建筑。大楼呈三角形平面，逐渐向上变为顶楼的八角柱形。图1为该楼标准层平面形状（1/2平面）

空调方式与系统

该楼标准层采用VAV空调方式（5F～33F），如图1所示。每层采用1台多区域变风量空调机。冷热盘管为四管制，可用时供给冷热风。主风管分为两条：一条接到IV及PV变风量末端装置。供内区及准外区（距窗4～5m范围内）使用。装置IV控制。能保证最小新风量。而准外区由PV控制。另一条风客专供窗际送风，由若干空风量末端CV控制，并连接条缝形风口，夏季供冷，冬季供热。该项目初配置冷量为1800RT，于1992年底投入使用，系统运行效果良好。

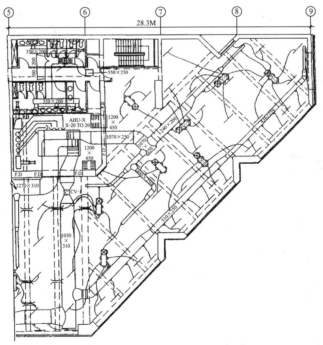

图1 空调系统平面布置图（部分）

资料来源：《全国暖通空调情报网大会（第10届）交流资料文集》，1999年；相永生主编，《20世纪中国建筑》，天津科学技术出版社，1999年。

工程实录 KD8

台北国际贸易中心大厦

地点：台北市

设计：HOK，St，Louis，Missouri 等

用途：办公、贸易中心

业主：台湾世界贸易中心国际贸易大厦公司

建筑规模：地上 34 层，地下 3 层，塔层 2 层；总建筑面积 11.140 万 m²（其中空调面积占半）

建筑造价：7500 万美元

竣工时间：1990 年

建筑特征

造型与标准层平面与 1970 年建成的日本东京世界贸易中心相似。核心筒体在正中心。空调采用了以冰蓄冷技术为基础的低温送风方式，全年可节约能源费用 50 万美元。大楼具备完整的建筑自动化管理系统。其制冷空调的技术成果获 ASHRAE 多项技术奖（1991 年度）。图 1 为底层平面图，图 2 为剖视图。

建筑外观

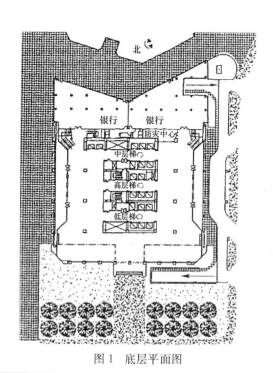

图 1　底层平面图

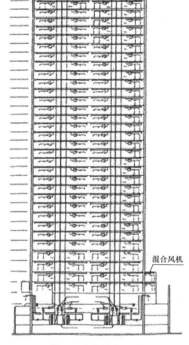

图 2　空调剖面图

资料来源：《ヒートポンプによる冷暖房》（日本），No. 31；ASHRAE Journal1991 年 3 月号；中兴工程顾问公司资料。

空调方式

　　该工程采用冰蓄冷供冷方式，故可以获得较低的水温（1.1℃），由此可制得较低的送风温度6.7℃，大大低于13.5℃左右的常规系统，实现可谓的"低温送风"方式（可节省送风量40％左右）。末端装置采用了带小风机的混风箱，以减少冷风感和增加室内空气循环。大楼采用全楼集中的空气处理箱两台，设于地下室。平面上分成两大系统，总管自下而上，送风道构成环状。回风箱集中回入系统。图3为空调处理系统的原理图，图4则为风管在平面（标准层）的布置简图。

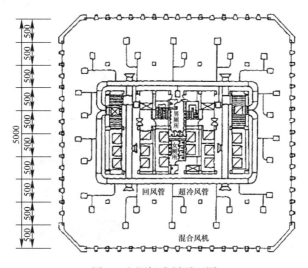

图3　空调标准层平面图

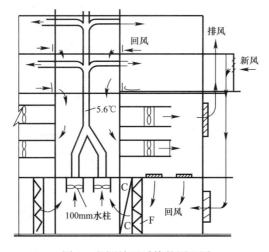

图4　空调处理系统的原理图

供冷方式及系统

　　该工程最大冷负荷出现于8月下午8：00许，共2527RT，日总冷负荷为30185RT。若按常规制冷方案，应选离心制冷机2600RT。但考虑到当地移峰填谷的供电策略与减小装置冷机容量的要求，采用了冰蓄冷的方案。下午8：00～次日上午8：00蓄冷，白天利用融冰冷量与基载主机冷量。基载主机冷量为1576RT（空调），相当于减少了主机40％的装置容量。用于制冰的是

3 台螺杆式压缩机（450kW/台），夜间年均蒸发温度为 -4.5℃，白天为 1.7℃。蒸发式冷凝器利用停车场的排气风机，图 5 为制冷流程图，图 6 为其所采用的 RERMA ICE 公司的 48 台储冰罐及主送风机装置状况。

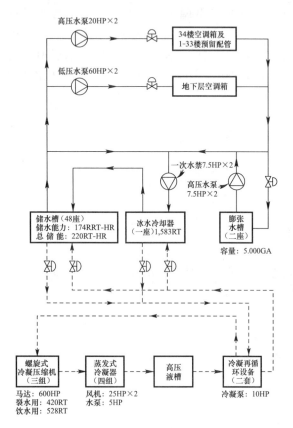

图 5　制冷流程图

台北国际贸易中心的压力盘管式蓄冰
装置的单台总蓄冰量是 220Rth。

图 6　储冰罐与主送风机装置

工程实录 KD9

台北国际金融中心（台北101）

地点：台湾省台北市信义路

业主：台北金融大楼股份有限公司

设计：李祖原建筑事务所（建筑）、大陆设备工程顾问有限公司（设备）

项目监理：Turner Steiner International

施工：熊谷组、华雄、荣工等公司联合承包

用途：办公、店铺、观光等

建筑规模：地下5层，地上101层；总建筑面积41.24万 m²；主体建筑高463m，尖塔顶端高508m

总造价：8亿美元

设计时间：1997年7月~1999年7月

施工时间：1998年1月~2004年10月

建筑外观

建筑特征

建筑设计考虑了中华文化的审美观念，以8层楼面作为一个结构单元，在外形有节节高升的意念。由于工程基地在地震带上，结构设计上采取了许多缜密的技术措施，如为了减小风荷载，在88F上设置了650t的铁球作为风阻尼器，以减少建筑的摇动感等。建造过程中就遇到过强烈的地震考验。大楼建成时为当时世界最高建筑，图1为大楼剖面。

空调方式与系统

标准层：采用变风量单风道的送风方式，从设置在各段设备层中的 AHU 向各层的 VAV 末端装置送风。管道系统分为东侧和西侧两个分区，竖直方向以各结构单元段的 AHU 上面3个楼层和下面4个楼层为一个分区组来送风。另外，新风也由同一层段的 AHU 来处理。台北冬季气候条件，有些部门亦需供热（电热），内区则需供冷。

裙房：采用定风量单风道的空调送风方式，通过设置在各层夹层（中间层）内的 AHU 向公共区域提供空调送风。另外，向租赁区域提供冷水和新

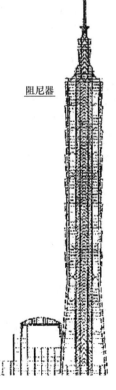

塔顶	508m
101R层	445m
101层 VIP会议室	
通信设备间 92~100层	
景观餐厅、观光台 86、89、91层	
资讯中心、视频会议室 85层	
空中换乘大厅 59、60层	
避难层（各设备层）	
空中换乘大厅 34、35层	
休闲设施、会议中心 5层 购物商场、都会方场 地下1层~4层	
地下停车场 地下2层~地下5层	

阻尼器

图1 剖面图

资料来源：《建筑设备と配管工事》（日本），2005年第7期。

风，新风经由设置在各层夹层内的 PAH 处理。裙房地下 1F 和地下 4F、5F 设有餐饮区，各个租赁门店都设有厨房排气管道。在地下 1F 和 6F 设有除油烟机，将油分去除后再排入大气中。

制冷方式和设备

裙房和塔楼都采用了冰蓄冷空调系统。裙房的设备间设在地下 5F，蓄冷槽配置在地库中；塔楼的设备间设在裙房 6F，蓄冷槽配置在塔楼的 8F。冷源由电制冷螺杆式冷水机组提供，冰蓄冷系统采用乙二醇双工况冷水机组和基载冷水机组，采用静态的蓄冰槽，乙二醇双工况冷水机组夜间制冰，白天也可以作为备用运行。夜间的制冰时间预计为：裙房 8h，塔楼 7h；白天的融冰器时间预计为：裙房 11h，塔楼 10h。负荷侧的供冷通过板式换热器制取冷水提供给各系统来实现。由于塔楼的高层部分的系统有一定的水压，因此采用的是耐压 $20kg/cm^2$ 的板式换热器。基载冷水机组可以作为冰蓄冷的备用及在高峰负荷时使用。表 1 为各系统的制冷设备配置。

制冷设备配置

表 1

设备名称	规格	数量/台	设置位置
裙房部分：蓄冰槽	58t/h	30	地下 5F 地库
乙二醇双工况冷水机组	3693kW（1050USRT）	4	地下 5F 空调设备间
基载冷水机组	4220kW（1200USRT）	2	地下 5F 空调设备间
塔楼部分：蓄冰槽	87t/h	21	7F、8F 设备间
乙二醇双工况冷水机组	3693kW（1050USRT）	4	裙房 6F 空调设备间
基载冷水机组	4924kW（1400USRT）	2	裙房 6F 空调设备间

在 42F 和 74F 分别设置三次冷水和四次冷水用的板式换热器，所选的板式换热器只要有 1℃温差就可以进行换热，从而可确保高层部分的冷水供应。

其他设备

（1）给水设备

上水通过 2 根管径为 20cm 的引入管送入位于地下 3F～5F 的混凝土水箱（容积 $1430m^3$）储存，然后供应给各个高层水箱。

塔楼通过设在各中继层的二次储水箱（17F 容积 $207m^3$，42F 容积 $166m^3$，66F 容积 $118m^3$，90F 容积 $100m^3$）储水后，再由每个分段的高层水箱以重力方式向厕所和洗手台等供水。90F 以上采用加压供水方式。

（2）饮用水设备

我国台湾地区的上水不能直接饮用，因此设置了饮用水供应系统。裙房和塔楼的饮用水全部经由自动过滤装置，再供应给裙房的饮水器和塔楼的热水给水系统。配管为 HIVP 管。

（3）热水设备

裙房和塔楼都是经由电热水器加热后再供给各个用水点。

（4）燃气设备

裙房部分：低压燃气送达地下 1F 的美食广场和 2F～5F 的部分小业主用房。

（5）塔楼部分

中压燃气供应 86F、88F 及 91F 的餐厅，燃气管道工程由台北燃气公司承担。

工程实录 01

武汉中南商业广场

地点：武汉市武昌区中南路 9 号
用途：办公及大型商业活动
设计：中南建筑设计研究院
建筑规模：地上 45 层，地下 3 层；建筑高度（地上）180m；总建筑面积 11.2 万 m²

建筑特点

该楼右侧为原有中南商业大楼，该楼建成后构成当时武昌市最高级的集商业、餐饮、娱乐于一体的大型建筑。裙房有 9 层，1F～7F 为商业用房，8F、9F 为餐饮娱乐，地下 1F、地下 2F 为车库，地下 3F 为设备用房（地下 2F、3F 还设有六级平战结合的人防单元）。10F、23F、36F 为避难层（10F 兼作设备用房），11F～45F 为办公及商务套房。标准层层高 3.25m，商业用房层高 5.7m（2F～9F）、设备层（10F）亦为 5.7m。参见大楼剖面图（图 1）

建筑外观

空调方式

（1）商场、餐厅、娱乐场所空间大、人员密集，冷热负荷较大的区域采用全空气系统。采用空气处理机组和低速风道送风，全楼共设 48 个空调系统。

（2）办公、商务套房采用风机盘管加新风系统的方式，共设 59 个新风系统。1F～9F 的空调系统采用顶送、并集中回风的气流组织形式。办公商务套部采用顶送、上回方式。大楼空调系统布置见图 1。

空调冷热源和水系统

经过对商业建筑的负荷调查与计算分析，该楼的冷热负荷为：低区夏季 6628kW，中区夏季 6907kW（冬季热负荷 4186kW），高区夏季冷负荷为 930kW（冬季热负荷为 698kW）。考虑到地质条件限制不宜在地下 3F 设过大的设备机房，故决定将大楼分高、中、低三区后分别设置制冷机房和制冷机形式，整体上有利于投资和运行管理。各分区的制冷机装备为：

（1）低区（地下 3F～地上 7F），4 台 1758kW（500RT）的离心制冷机，机房设在地下 3F。

（2）中区（8F～35F），3 台 2462kW（700RT）的离心制冷机，机房在 2F 设备层内。

（3）高区（36F～45F），2 台 528kW（150RT）的风冷热泵机组设置在 35F 层面上。

资料来源：陈焰华，《高层建筑空调设计实例》，机械工业出版社，2005 年 8 月。

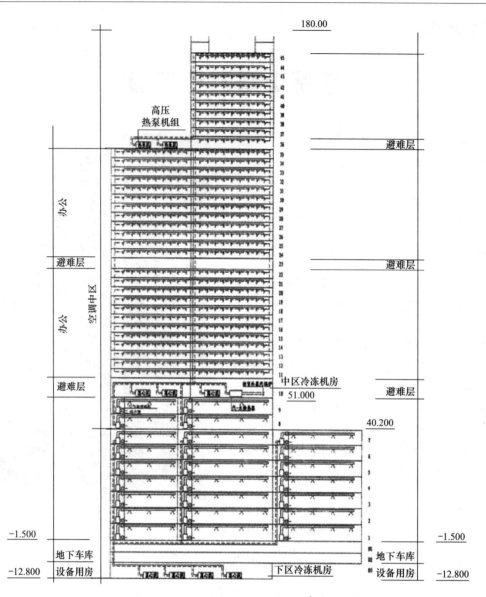

图 1 大楼功能分区图

所有冷水的供/回水温度均为 7℃/12℃，高区风冷热泵机组的热水供水温度为 50℃，冬季由室外锅炉房提供 0.4MPa 蒸汽到 10F 的水—汽热交换器取得 60℃的供水（50℃回水）用于空调末端装置，空调水系统均为二管制一次泵变流量系统，敷设方式竖向和水平方向均为同程式。

大楼具有完善的通风和防火排烟系统，塔楼部分防烟楼梯、前室及消防电梯的正压送风系统及送风量采用分段设计，分别在 10F、23F 避难层及 46F 设置了正压送风机，35F 部分分两段送风，45F 部分分三段送风，以达到通风效果均匀性和缩小风井影响的目的。

武汉世界贸易大厦

地点：武汉汉口解放大道 334 号

用途：办公、商业和娱乐等

设计：武汉市建筑设计院

建筑规模：地上 58 层、地下 2 层，高度 229m；总建筑面积 10.9 万 m² （其中主楼办公用房为 6.4 万 m²）

建设工期：1994 年～1995（设计）；1999 年竣工使用

建筑外观

建筑特点

该楼在 21 世纪初期为我国超高层建筑中高度列前 10 位的建筑。大楼顶部处理有特色，具有标志性。结构采用了筒中筒体系，大楼 1F～9F 为裙房（大型商场），10F 以上为主楼，58F 为观光厅。地下 2F、地上 10F、28F、49F 为设备层，为超高层建筑的设备系统设计提供了良好条件。图 1 为本楼总体布局。

空调方式

办公标准层：采用集中新风系统加风机盘管（FCU）方式，共设集中新风系统 10 个：11F～19F 及 20F～27F 各设新风机组 2 台 [15000m³/（h·台）]；29F～38F 及 39F～51F 各设新风机组 2 台 [10000m³/（h·台）]；53F～57F 设新风机组 2 台 [10000m³/（h·台）]。新风机组将空气处理到室内状态点后，由集中竖风井送到各层外周，沿外窗直接送入室内。FCU 为卧式暗装型，通过接管送风。

裙房商场：1F～9F 面积不等，为 3000～3700m²，每层设 3 个全空气系统，共 27 个系统，总送风量为 105 万 m³/h，系统为一次回风方式，回风采用集中回风和风管有组织回风相结合的方式。

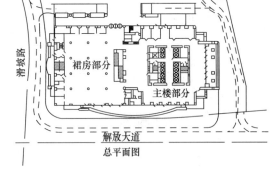

图 1 总平面图

空调冷热源系统

该工程计算总冷负荷为 13688kW，冷负荷指标为 126W/m²；办公部分冬季空调计算负荷为

资料来源：陈焰华，《高层建筑空调设计实例》，机械工业出版社，2005 年 8 月。

6397kW，热负荷指标为100W/m²。

空调冷源采用电动离心式制冷机，单机容量为3692kW（1050RT）共4台，设于地下2F机房内；在28F设板式热交换器，为29F及以上空调系统供二次冷水。按业主要求，1F～9F（商场部分）冬季不供热，锅炉容量仅需满足办公用房之需，在10F锅炉房内设2台常压燃油热水锅炉（供热量为3489kW/台）和2台板式热交换器与水泵。

由于该楼高度总高为229m，水系统按高度通过板换分上下两区，主楼下区夏季直接由冷水机组供6℃冷水，冬季则由10F内的板换供给65℃的空调热水，主楼上区由上区板换供给二次空调水。根据功能和控制考虑，空调水系统分4个环路：左、右裙房商场各一环路。主楼下区（11-27F）、主楼上区（29-58F）均采用二管同程式系统，冬季运行时则切断两裙房环路。图2为该工程水系统原理图。

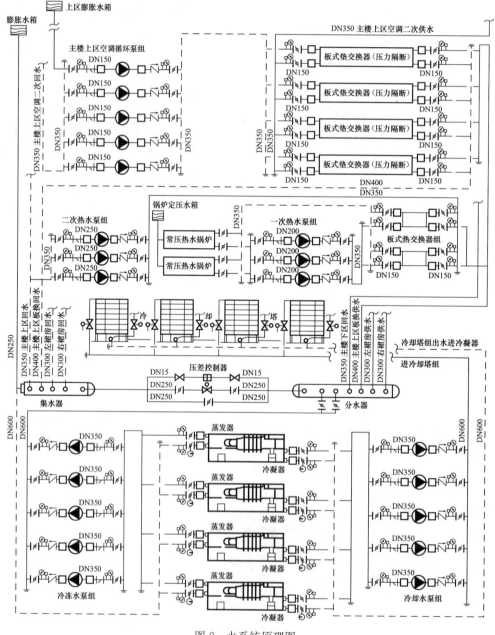

图2　水系统原理图

江西日报传媒大厦

项目地点：江西省南昌市红谷滩区
用途：办公为主
业主：江西日报社
设计：江西省建筑设计研究总院
建筑规模：建筑面积 64918m²；高 98m，地下 2 层，地上 25 层
建设工期：2007～2010 年

建筑外观

空调冷热源

该工程空调峰值冷负荷 6100kW，空调峰值热负荷 4600kW，全日总冷负荷 62180kW，总热负荷 46970kW。

空调冷源采用冰蓄冷系统，按冰蓄冷空调分量蓄冰模式设计，双工况螺杆主机位于盘管上游，串联连接，冷源配置 2 台额定制冷容量为 462RT 的双工况螺杆冷水主机和 1 台额定空调工况制冷量为 462RT 的常规螺杆机组。空调冷源板式换热器冷侧供/回水温度（25％乙二醇）3.5℃/11℃，热侧（水）供/回水温度 13℃/5℃。

空调热源采用电锅炉蓄热系统，电热水锅炉与蓄热罐串联，分量蓄热模式。系统配置 2 台功率为 1230kW 的电热水机组，在夜间低谷电期间蓄热，蓄热温度为 55～90℃，白天释热，板式换热器冷侧（水）50℃/60℃，热侧（水）85℃/55℃。

空调水系统

根据使用、建筑功能、用户单元划分、计量、管理等综合因素，大楼空调水系统分为高、低两个回路，1F～5F（承压 1.6MPa）、6F～25F（承压 1.0MPa），立管同程式，水平管多为同程式。

水系统负荷侧变流量运行，电动二通调节阀，空调冷热水的供回水总管间设压差旁通控制阀，采用膨胀水箱定压及补水，膨胀水箱设于主楼屋顶。

空调方式与系统特点

办公区采用低温送风单风道变风量（VAV）空调系统。大厅、餐厅等大开间区域采用定风量（CAV）空调系统。咖啡厅、25F 会议室等区域采用低温送风定风量空调系统。低温送风单风道变风量空调系统（VAV）为变风量空气处理机＋单风道 VAV-BOX＋低温送风口，设计送风温度为 7℃，与室内温度（25℃）混合后，送风混合温度为 15～17℃。标准层空调平面图如图 1 所示。

资料来源：杭州国电能源环境设计研究院提供。

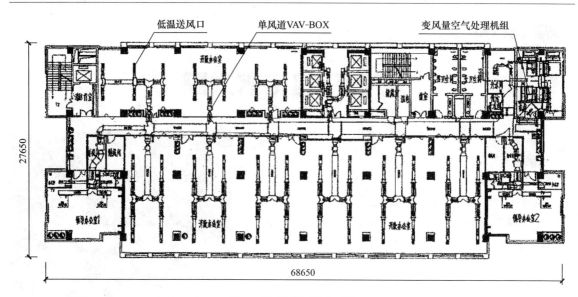

图 1　标准层空调平面图

大连软件腾飞园区 6 号楼

地点：大连旅顺南路高新技术产业区

用途：办公为主（出租），其他有餐厅、展示等

建筑规模：总建筑面积 9.66 万 m²；地上 11 层，地下 3 层

设计：大连市建筑设计研究有限公司

建设工期：2008 年 1 月完成设计

建筑外观

建筑外观

用户为主要从事软件服务外包的企业，办公楼人员密度变比较大（5～8m²/人），大量使用计算机和网络通信设备。此外，由于条件所限，租金偏低于城市 CBD 地区的办公楼，因此空调设计既要适应用户要求，又要节约用能成本。例如过渡季空调允许采用动态设计参数。

空调方式

标准层分内外区，图 1 为空调系统平面图，采用双新风系统解决内区供冷问题。一个系统为带转轮全热交换器的最小新风系统。另一系统为过渡季新/排风系统。使冬季和过渡季室外新风为内区供冷，转轮全热交换器可在冬夏季回收排风中的能量。减少变风量系统因新风量偏大造成的能量损失。此外，将内/外区温度设定为 22℃/20℃，采用减小串联风机动力箱一次风量，加大二次风量将内区顶棚内热量转移到外区。此外利用电子设备冷却水系统的公共冷却水为外区加热盘管供热，解决外区过渡季的供暖问题。

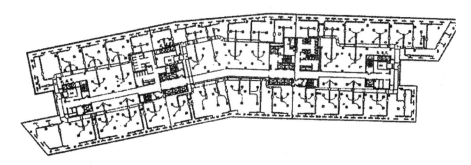

图 1　标准层空调平面图

大楼 1F～11F 采用 VAV 系统。标准层面积为 6300m²，结合防火区分 3 个独立的空调系统，内外区则合用一台 AHU，内区用单风道 VAV—BOX，外区用 FPU，空调系统原理图如图 2 所示。

资料来源：《暖通空调》，2009 年第 39 卷（增刊）。

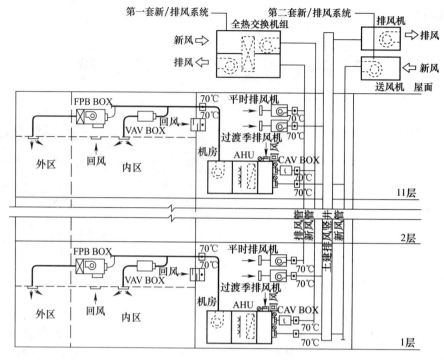

图 2　空调系统原理图

冷热源方式

该工程利用软件园供热管网提供的高温水（110℃/70℃），经板换转换为（60℃/50℃），总热负荷为 4670kW，其中空调热负荷为 3880kW（合 57W/m² 空调面积），空调冷负荷为 6266kW。冷源采用 2 台 3165kW（900RT）的离心式制冷机。

大连期货大厦

地点：辽宁省大连市星海广场

业主：大连期货交易所、中铁总公司

设计：德国 GNP 设计事务所（建筑方案）、华东建筑设计研究院（其他）

建筑规模：建筑面积：A 座 211359m²；地上部分 10800m²；B 座 13100m²；地上部分 11660m²；建筑高度 243m；地下 3 层、地上 52 层

建筑用途：高级办公、会议

建设工期：2005～2009 年

建筑外观

建筑概况

该建筑群由两幢立面相同、功能相似的姐妹楼组成，分别称为 A 座和 B 座。A 座由大连期货交易所投资建设；B 座由中铁总公司投资建设。

冷热源设备

A 座：计算冷负荷为 14500kW（69W/m²）。冷源采用 3 台［每台制冷量为 1200RT（4219kW）］离心式冷水机组和 1 台制冷量为 600RT（2109kW）机组，机组能调范围为 15%～100%。冷水机组、冷水循环泵、冷却水循环泵设于地下 3F 制冷机房内。机组冷水供/回水温度为 5℃/12℃。冷却水供/回水温度为 32℃/37℃。

计算热负荷为 16080kW（76W/m²）。热源采用大连市星海广场污水源和海水源热泵站房提供的 65℃热水经热交换制得，空调热水供/回水温度为 60℃/45℃。空调热水用板式换热器也设置在地下 3F 制冷机房内。

B 座：计算冷负荷为 14000kW（107W/m²），冷源采用大连市星海广场污水源和海水源热泵站房提供的 4℃冷水经热交换制得。大楼低区选用 3 台换热量为 2800kW 的板式热交换器；高区选用 2 台换热量为 3700kW 的板式热交换器。

计算热负荷为 14140kW（108W/m²），热源采用大连市星海广场污水源和海水源热泵站房提供的 65℃热水经热交换制得。大楼低区选用 3 台换热量为 3000kW 的板式热交换器；高区选用 2 台换热量为 3400kW 的板式热交换器。热水二次侧供/回水温度为 60℃/50℃。一层大堂地板辐射供暖系统选用 2 台 120kW 斑式热交换机组，换热机组二次侧热水供/回水温度为 50℃/40℃。空调热水用板式热交换器和热交换机组均设置在地下 3F 热交换站房内。

水系统及其分区

A 座和 B 座分别设置独立的空调冷热水系统。空调水系统为四管制、异程式系统。根据水

资料来源：华东建筑设计研究院杨国荣提供。

系统与设备承压要求，将整个空调冷热水系统垂直分成高区与低区两部分。低区系统服务范围为 B3F～25F，高区系统服务范围为 26F～53F。高区与低区之间采用板式热交换器隔断，换热器设于 26F 设备机房内，空调水系统各分区板式换热器设置位置与换热量见表 1。高区冷水供/回水温度为 7℃/14℃，A 座热水供/回水温度为 55℃/40℃，B 座热水供/回水温度为 55℃/45℃。A 座冷水系统采用二次泵，一次泵定流量运行、二次泵变频变流量运行，热水系统采用一次泵变频变流量运行。B 座空调冷、热水系统均采用一次泵变频变流量系统。

空调冷热水系统各支路采用静态平衡阀进行水力平衡。变风量空调器调节阀采用电动平衡调节阀。冷、热水系统采用化学加药水处理方式。为了便于调试和分析系统用能，制冷机房与换热机房均设置冷热量计量装置。

A 座标准办公层空调系统设计

A 座标准层空调系统平面布置见图 1。标准层平面呈四方形，中间为芯筒区，四周为办公区。根据建筑要求，在芯筒内设置左右两个空调机房，左侧空调机房承担左侧空调区域、右侧

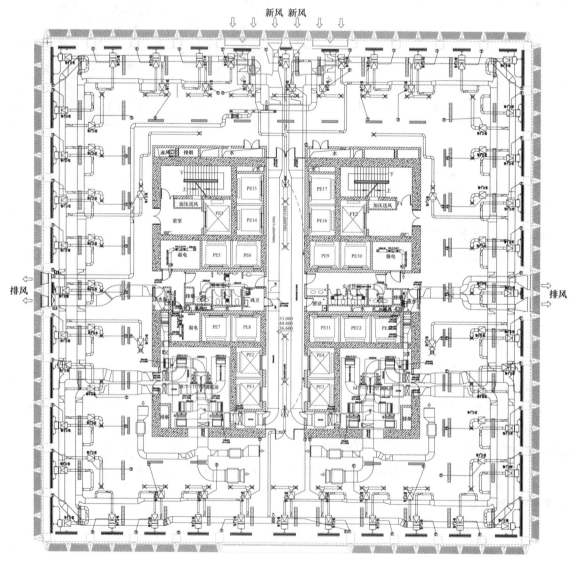

图 1　A 座标准层空调系统平面

空调机房承担右侧空调区域。每个机房设置两台空调机组，一台负责外区空调，另一台负责内区空调。标准办公层采用变风量空调系统。外区采用带再热盘管的单风道变风量末端装置、内区采用不带再热盘管的单风道变风量末端装置。为了确保末端装置风速传感器的精确性，使末端装置进风管有一定的稳定段，平面布置时将内区送风干管设置在外侧、外区送风干管设置在内侧。由于该建筑结构为钢结构，结构梁至吊平顶龙骨上沿只有十几厘米，因此，设计时，外区、内区空调送风管、排烟管均穿梁设置。

空调机组采用二管制水系统。可变风量空气处理装置采用超薄紧凑型空调箱。空调箱配置全热回收装置、送风机与回（排）风机。

为了使变风量空调系统在过渡季或冬季能进行风侧经济器运行及节省芯筒内空调机房面积。每层新风和排风均当层解决。新风从每层北侧的新风口抽取，排风从每层东、西侧的排风口排出。新风口、排风口面积与新风管和排风管尺寸均按过渡季最大新风量与排风量确定。

B 座标准办公层空调系统设计

B 座标准层空调系统平面布置形式、空调机房位置、空调机组设置均与 A 座相同，所差异的是内区变风量末端装置的形式不同。根据投资方要求，B 座标准办公层变风量空调系统外区采用带再热盘管的单风道变风量末端装置、内区采用变风量风口。B 座的空调系统也可实现风侧经济器运行，系统新风口、排风口、新风管、排风管设计与 A 座一致。

空调通风系统概况

大连期货大厦空调通风系统概况如表 1 所示。

表 1

空调通风系统概况

项目		概况
冷热源设备	A 座	冷源：电制冷离心式冷水机组（1200RT×3 台和 600RT×1 台），冷水供/回水温度 5℃/12℃
		热源：星海广场污水源和海水源热泵站房 65℃热水换热而得，热水供、回水温度 60℃/45℃
	B 座	冷热源：星海广场污水源和海水源热泵站房提供 4℃冷水、65℃热水换热而得，冷水供/回水温度 6℃/13℃；热水供/回水温度 60℃/50℃
空调水系统		四管制、异程式空调水系统。水系统分高、低两区，低区 B3F～25F、高区 26F～53F。冷水低区一次水直供（5℃/12℃）、高区（7℃/14℃）。热水 A 座高区（55℃/40℃）、B 座高区（55℃/45℃）。A 座冷、热水系统采用二次泵和一次泵系统；B 座冷、热水系统均采用一次泵系统
空调系统		大堂、展厅地板送风＋地板辐射供暖；标准办公层：A 座外区带热水再热盘管单风道末端＋内区单风道末端；B 座外区带热水再热盘管单风道末端＋变风量风口
通风系统		地下车库、设备机房、电气室、厨房设机械通风系统；卫生间、茶水间、库放设机械排风系统
防排烟系统		地下汽车库、不具备自然排烟条件的餐厅、厨房、物业管理用房、走道设机械排烟系统和机械补风系统；防烟楼梯间、消防电梯前室、避难区设正压送风系统
自动控制		BMS 系统对所有空调通风设备进行控制、监测

工程实录 06

天津津塔

地点：天津和平区和平路、兴安路交口北侧
用途：办公与酒店
业主：金融街津塔（天津）置业有限公司
设计：美国 SOM 设计事务所、柏诚工程技术（北京）有限公司、华东建筑设计研究院
建筑规模：基地面积 22258m²；总建筑面积 339820m²；建筑高度 320m；地下 4 层；地上 73 层
冷热负荷：设计冷负荷 24620kW，设计日冷负荷 80200RT/h，冷负荷指标为 108W/m²；设计热负荷 17600kW，采暖热负荷 5000kW，冷负荷指标为 75W/m²。
建设工期：2005～2010 年

建筑外观

冷、热源设备

冷源：空调冷源由双工况冷水机组、基载冷水机组及蓄冰装置提供。双工况机组 3 台，每台制冷量：空调工况 1000USRT，制冰工况 700USRT。双工况机组的载冷剂采用容积浓度为 25％的乙烯乙二醇溶液。空调工况下，机组乙二醇溶液的供/回液温度为 6℃/11℃，冷却水供/回水温度为 32℃/37℃；制冰工况下，机组乙二醇溶液的供/回液温度为-5.6℃/－2.2℃，冷却水供/回水温度为 30℃/35℃。机载机组 2 台，每台制冷量为 700USRT。机载机组的冷水供/回水温度为 5℃/13℃。双工况机组与机载机组及其附属设备设置在地下 4F 制冷机房内。冰蓄冷装置采用不完全冻结钢盘管。总蓄冷量为 18200RTh，蓄冷率为 22.7％。冰蓄冷槽由 3 个独立的土建蓄冷槽组成。乙二醇—水板式换热器的一次侧乙二醇溶液入口温度不高于 3.3℃。整个系统采用分量蓄冰、蓄冰装置与双工况冷水机组串联设置、主机上游、主机优先的模式。冰蓄冷装置及其附属设备设置在地下 4F 冰蓄冷机房内。冰蓄冷系统与双工况机组、基载机组的组合可实现 5 种系统运行模式：（1）双工况机组制冰＋机载机组制冷；（2）双工况机组＋机载机组＋蓄冰装置融冰联合供冷；（3）机载机组＋蓄冰装置融冰联合供冷；（4）双工况机组＋机载机组供冷；（5）蓄冰装置融冰供冷。

热源：空调热源采用城市供热管网提供的 95℃/65℃ 热水经水—水板式换热器换热而得。空调热水只要分成三个部分：地下 2F 物业用房和地下 1F 商业用房所需热量为 1100kW、资用压头为 260kPa；办公楼低区（1F～30F）所需热量为 5600kW、资用压头为 260kPa；办公楼中、高区（31F～73F）所需热量为 10000kW、资用压头为 290kPa。大楼总换热器及其附属设备设置在地下四层热交换站房内。

资料来源：华东建筑设计研究院杨国荣提供。

空调水系统及其分区

津塔工程空调水系统划分为四个区域（见图1）。空调水系统采用四管制同程系统。冷水一次泵定流量、二次泵变流量运行；热水一次泵变流量运行。空调冷、热水系统均采用化学加药处理。

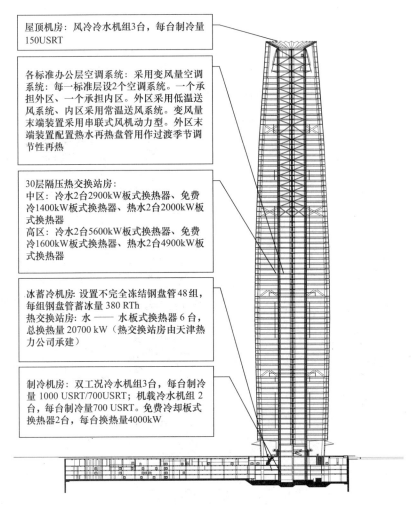

屋顶机房：风冷冷水机组3台，每台制冷量150USRT

各标准办公层空调系统：采用变风量空调系统：每一标准层设2个空调系统。一个承担外区、一个承担内区。外区采用低温送风系统、内区采用常温送风系统。变风量末端装置采用串联式风机动力型。外区末端装置配置热水再热盘管用作过渡季节调节性再热

30层隔压热交换站房：
中区：冷水2台2900kW板式换热器、免费冷1400kW板式换热器、热水2台2000kW板式换热器
高区：冷水2台5600kW板式换热器、免费冷1600kW板式换热器、热水2台4900kW板式换热器

冰蓄冷机房：设置不完全冻结钢盘管48组，每组钢盘管蓄冰量380 RTh
热交换站房：水——水板式换热器6台，总换热量20700 kW（热交换站房由天津热力公司承建）

制冷机房：双工况冷水机组3台，每台制冷量1000 USRT/700USRT；机载冷水机组2台，每台制冷量700 USRT。免费冷却板式换热器2台，每台换热量4000kW

图1　空调冷、热水系统及空调系统主要设备布置位置示意图

标准办公层空调

除个别楼层和技术设备层外，3F～69F办公层空调系统全部采用变风量空调系统。典型的标准办公层的空调风管布置平面见图2。每层设置两个变风量系统：一个系统负责外区（外区系统采用低温送风，夏季送风温度约11℃）；另一个系统负责内区（内区系统采用常温送风，夏季送风温度在15℃左右）。内、外区系统均采用串联式风机动力型变风量末端装置。外区系统夏季供冷、冬季供热；内区系统常年供冷。考虑不同朝向冬季热负荷的差异性，外区系统的末端装置配有热水再热盘管，实现调节性再热。内、外区系统的空调主送风管呈环状布置，有利于末端装置风量的变化和数量的增减。气流组织为上送上回，吊平顶静压箱回风。变风量系统空气处理机组设置在就近的空调机房内。为了确保室内空气品质，办公层每台变风量空调机组出风口处的送风管上均设有PHT光氢离子空气净化装置。

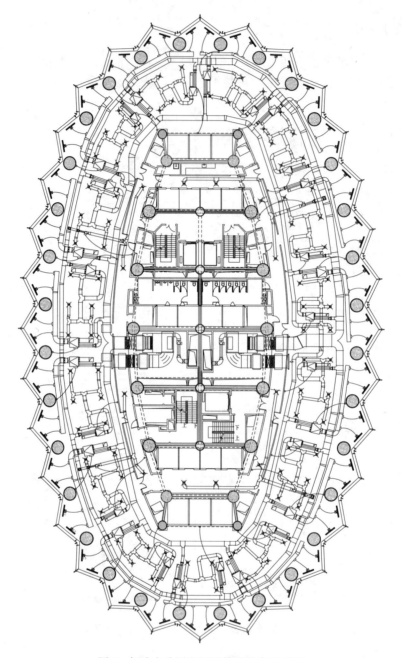

图 2 标准办公层空调风管系统布置平面

办公楼新风系统设计

办公楼层新风分别由设置在 15F、30F、45F、60F、73F 空调机房内的新风机组集中处理后送至各楼层空调机组。集中新风机组均设置双风机并配全热回收装置。各楼层接空气处理机组的新风支管上设数字控制式定风量（CAV）末端装置。集中处理的新风夏季不承担室内冷负荷。在冬季，外区新风系统的预热温度约 15℃，内区新风系统的预热温度为 5℃。

工程实录 O7

中钢国际广场（天津）

地点：天津滨海新区响螺湾国际商务区

建筑规模：39.5万 m²（塔1、塔2及裙房），其中塔1地上建筑面6.42m²，高102.9m；塔2地上建筑面积22.83万 m²，高358m

用途：以办公、酒店及配套及服务设施为主，其中塔1为酒店，塔2办公＋酒店，裙房为酒店配套服务设施

设计：CCDI中建国际（深圳）设计顾问有限公司

设计/竣工时间：2008/2014年（预计）

建筑特征

塔楼外转以六边形似蜂巢状构造起外遮阳作用（见图1），主塔楼（塔2）的剖面如图2所示。

冷热源方式

该项目设计有三个独立的制冷系统，如表1所示。

建筑外观

图1 外围护构造

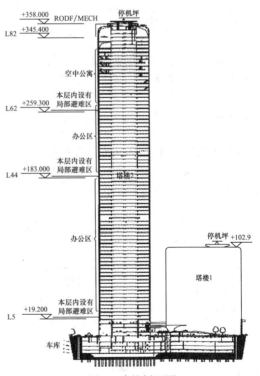

图2 建筑剖面图

资料来源：由中建国际CCDI提供。

中钢国际广场冷源 表 1

空调系统区域	冷源设备配置	冷却设备配置及其他
塔 1 酒店（公寓）及裙房 （水温 6℃/11℃）	4 台 669RT/台的，水冷离心式冷水机组，1 台备用（业主要求）	669RT 的冷水机组对应设置的 2 台 260t/h 的冷却塔；342RT 的冷水机组对应设置 1 台 260t/h 冷却塔；7 台冷却塔置于塔 1 顶部，标高 97.2m
	1 台 342RT/台的水冷螺杆式冷水机组。	
塔 2 酒店（公寓） （水温 7℃/12℃）	4 组，每组 6 台模块化风冷冷水机组，每组增加 1 台备用（业主要求），制冷量 35RT/台	相应设置 4 台冷冻水泵；空调冷水定压补水装置设置在塔 2 的 67F 设备层，标高 280.3m
塔（2）标准办公层 （水温 6℃/11℃）	3 台 1140RT/台的离心式冷水机组	1140RT 的冷水机组对应设置 2 台 460t/h 的冷却塔；584RT 的冷水机组对应设置 1 台 460t/h 的冷却塔；160RT 的冷水机组对应设置 1 台 125t/h 的冷却塔，9 台冷却塔置于塔 1 顶部，标高 97.2m
	1 台 584RT//台的离心式冷水机组	
	2 台 160RT/台的螺杆式冷水机组	

该项目热力站和锅炉旁均设在地下 B1F。热力站内设 8 组板式热交换器。其一次热泵为市政热网提供的 150℃/70℃ 高温热水和自设的锅炉房提供的热水。经热交换器后得不同温度的一次水用于采暖、生活及空调用水。锅炉配置如表 2 所示。

锅炉房设备配置参数汇总 表 2

锅炉类型	锅炉配置	容量参数	备　注
热水锅炉	3 台燃气热水锅炉	3500kW/台	95℃
蒸汽锅炉	2 台燃气蒸汽锅炉	3.0t/台	互为备用，提供 1.20Mpa 蒸汽，其中洗衣房蒸汽压力 1.0Mpa 和 0.8Mpa，空调系统加湿器采用 0.8Mpa，减压至 0.3Mpa 的蒸汽。

注：上述两类锅炉各选用一台燃油燃气两用锅炉，使用 0 号柴油作为锅炉的备用燃料，提高运行可靠性，0 号柴油取自本项目柴油发电机房的室外油罐。

空调方式

两个大楼的使用功能多样，主要为酒店（公寓）和办公楼标准层用房。不同场合采用的空调方式如表 3 所示，办公楼标准层采用变风量 FPU 末端，外区末端有再热盘管，标准层风道布置如图 3 所示（末端结构来全表示出）

中钢国际大厦各区域空调方式 表 3

空调区域	空调方式
塔 1 酒店（公寓）	风机盘管采用四管制空调水系统；新风机组（带热回收）置于塔 1 的 23F 设备层，采用二管制空调水系统，新风系统竖向布置
塔 2 酒店（公寓）	风机盘管采用四管制空调水系统；新风机组（带热回收）置于塔 2 的 85F 设备层，采用二管制空调水系统，新风系统竖向布置，新风机组中设计有蒸汽加湿装置和净化装置
塔 2 的 6F～65F 标准办公层	每个标准层分内、个区设置两个空调系统；内区变风量末端采用单风道变风量箱，常年冷风；外区变风量末端采用带再热盘管的并联型风机动力型变风量箱，再热水源为 60℃/45℃ 的低温水

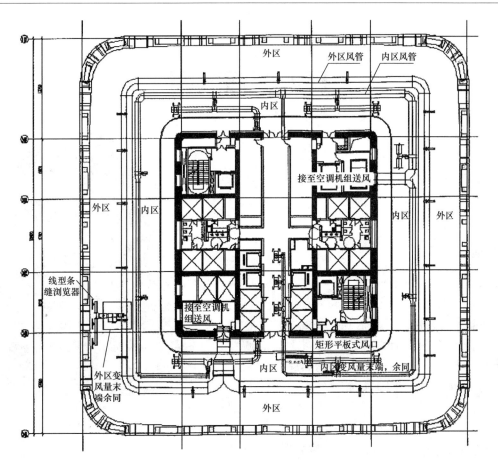

图 3　塔楼 2 的标准层空调布置图

工程实录 O8

开行国际大厦

地点：成都市中央商务区中心

用途：办公

建筑规模：总建筑面积 54268m²，地上 26 层，地下 3 层

竣工时间：2005 年 12 月

空调与制冷方式

建筑外观

该楼总冷负荷为 5908kW，热负荷为 2800kW；冷负荷指标（按地上面积）为 155W/m²，热负荷指标为 90W/m²。大楼采用水环热泵系统。

（1）循环水系统与设备配置：由水环热泵机组、循环水泵、排热设备（冷却塔）、辅助热源（燃气热水器）、膨胀水箱等设备由水环路相连。水环路与开式冷却塔之间设有板式热交换器。循环水系统采用定流量双管制闭式系统，系统管道竖向采用定流量双管制闭式系统，系统管道竖向采用同程式。每层回水总管均设平衡阀门。大楼水系统通过分集水器分成 4 个区域：R1、R2、R3 及 R4，如图 1 所示。

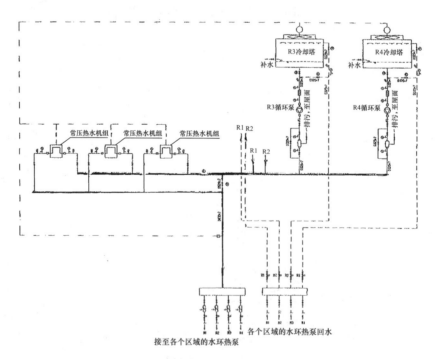

图 1　大楼采用的水环热泵空调水系统图

资料来源：徐吉浣、寿炜炜主编，公共建筑节能设计指南，同济大学出版社，2008 年。

大楼共配置水环热泵机组 1000 多台，冷量在 2.8～17.7kW 范围内，共 10 多种型号，根据 4 个区不同的散热量配置相应的冷却塔和循环泵（变频），R1 区冷却塔流量为 500m³/h，R2、R4 区均为 500m³/h，R3 区为 600m³/h。总系统共用 3 台真空热水机组（930kW/台）为辅助热源（均带核热器及水泵）辅助设备均设在 99m 层面上。

（2）空调风系统：该楼标准层办公室进深 12m，内外区机组分开布置，可有效发挥冬季热回收作用。同时，每台机组均可独立控制。既便于节能运行，同时对大楼出租等也提供了条件。此外，每层均设一台或两台独立的水环热泵新风机组，以保证室内空气品质。过渡季节则可独立运行。楼内水环热泵机组均采用卧式，安装在吊平顶内，其布置参见图 2。大楼除水环热泵空调机组本体控制外，还设有冷却塔和热水机组的自控装置。

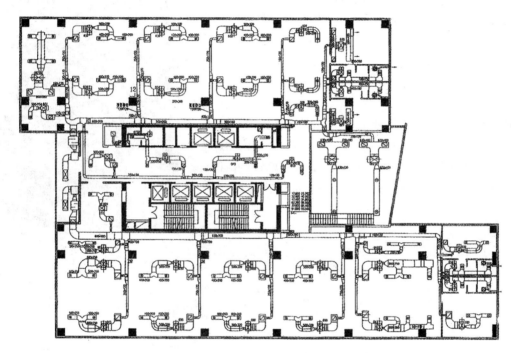

图 2　空调系统布置图

霞关大厦

建筑外观

地点：日本东京都

设计：山下设计（株）、三井不动产（株）

建筑规模：地下 3 层、地上 36 层；总建筑面积 15.32 万 m^2；标准层面积 3505m^2；层高：3.84m

施工：建筑/鹿岛建设（株）、三井建设（株）等；空调/新日本空调（株）、三机工业（株）

竣工时间：1968 年 4 月

建筑特点

该工程是日本史上第一座高于100m 的建筑。设计采用了可以耐震的柔性抗震理论，施工采用了巨型钢结构的焊接技术以及预制幕墙（PC）等，工程 1962 年开始设计，1965 年 3 月开工，1968 年 4 月竣工。标准层平面图见图 1。

空调方式

外周区采用诱导器（IU）系统，内区为单风道定风量方式，风管配置如图 2 所示。外区分 6 系统，水配置为二管制，IU 各按系统工况转换点控制空气温度。内区分 4 个系统。为外区工作的空调箱 12 台设于 13F、6 台设于 36F，风机风量为 14300m^3/h，风压为 1800Pa。为内区工作的空调箱 8 台设于 13F、4 台设于 36F，风机风量为

图 1　标准层平面图

资料来源：井上宇市，《冷冻空调史》1993 年版；《超高层空调设备设计资料集》，建筑设备と配管工事编委会，1983 年，日本工业出版社；《冷冻》（日本）Vol. 42，第 481 期；《建筑设备と配管工事》（日本）2004/8 增刊。

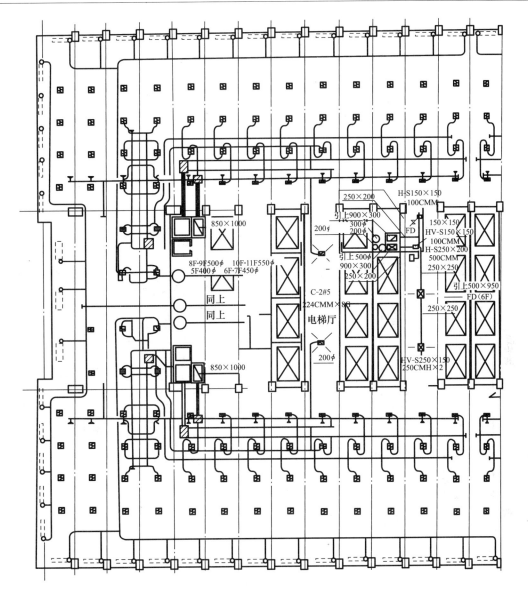

图 2　空调风管配置图（部分平面）

31400m³/h，风压为 650Pa。空气过滤采用静电过滤与卷绕式相结合的过滤器。垂直方向管道分区与走向参见图 3。

冷热源方式

主要冷热源设备为：地下 2F 设有蒸汽锅炉，容量为 4.2t/h×6 台、B3～3F 低层部分使用的离心式制冷机 350RT×2 台；36F 设 4F～36F 高层部分使用离心式制冷机 850RT×4 台；34F 及 35F 分别另设 200RT 与 220RT 专用离心式制冷机；水泵均设于地下 3F，冷却塔亦按高区与低区分别设置，管路布置见图 4。

附注：该工程经使用约 20 年后，进行了全面改造。空调工程由日建设计（株）作改造设计，并于 1993 年完成。详见本书第 16 章（高层建筑空调设备更新改造）。

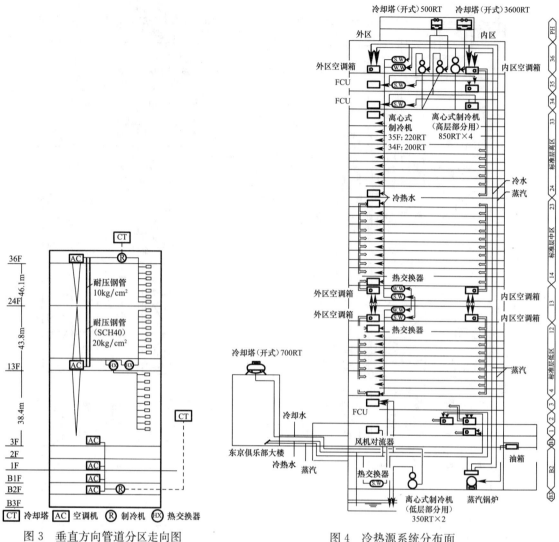

图 3　垂直方向管道分区走向图

图 4　冷热源系统分布面

工程实录 J2

日本世界贸易中心

地点：日本东京

用途：出租办公楼、商场

建筑规模：地上 40 层，地下 3 层；标准层高度 3.62m，总高 159m；总建筑面积 15.38 万 m² （标准层面积为 2458m²）

竣工时间：1970 年 3 月

设计：日建设计公司等

建筑外观

空调方式

标准层平面及大楼剖面图见图 1。外区：诱导器系统（4 系统/层）；内区：定风量全空气方式（4 系统/层）；空调机房位置及空调竖向分区见图 2。大楼空气输送动力共 1350.5kW。

冷热源设备

离心式制冷机 800RT×4 台，吸收式制冷机 300RT×2 台，锅炉 4.5t/h×3 台，无蓄热（冷）设备与系统，能源机房设在副楼。

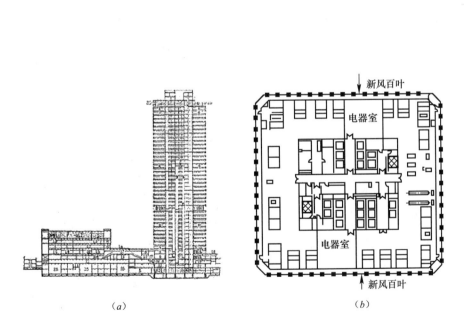

（a）　　　　　　　　　　　（b）

图 1　大楼剖面图及标准层平面图

（a）剖视图；（b）标准层平面形状（图为设备层布置）

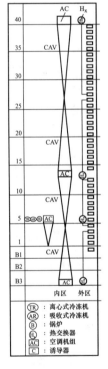

图 2　空调竖向分区

资料来源：《超高层设备设计资料集》，建筑设备配管工事编辑委员会编，日本工业出版社，1983 年。

日本 IBM 本部大楼

地点：日本东京都

设计：日建设计（株）

施工：建筑/竹中工务店（株）、新日本制铁（株）；空调/高砂热学工业（株）

用途：办公楼、电算室、大会议厅等

建筑规模：地下 2 层，地上 22 层；总高 87.45m；标准层面积 1455m²，层高 3.7m；总建筑面积 3.67 万 m²

结构：钢结构、钢骨钢筋混凝土结构

竣工时间：1972 年 10 月

建筑外观

建筑特点

该建筑采用左右分设的双侧外核心筒布置，不仅有利于人流的分布，而且建筑外观得以表现大片实墙与普通窗墙的对比，同时对空调设备的布置亦较有利。图 1 为标准层平面简图，图 2 为标准层模块布置图。

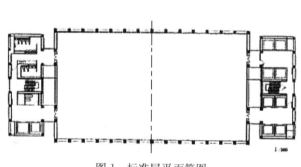

图 1　标准层平面简图

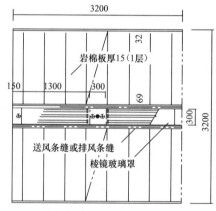

图 2　标准层模块布置图

空调设备与方式

该楼作为高层建筑，首先采用了各层机组方式，在各层的两侧核心筒中各设一台 AHU。空调系统采用单风道定风量方式，向各层内区送风。新风处理机组集中设在屋顶，预冷、预热、加湿处理后分送到各层 AHU。外区则采用 FCU（二管制水系统）。在有需设辅助空调的房间（如计算机室）亦增设有 FCU 装置。空调系统平面布置图参见图 3（因系对称布置，图示仅其一半）。

冷热源设备与方式

该大楼首次在日本高层建筑物中采用热泵热回收系统，即利用双管束（DB）的离心制冷

资料来源：《空気调和・卫生工学》，1980 年 12 月；《新建筑》（日本）2010 年 9 月。

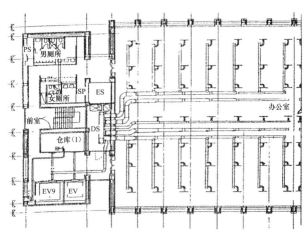

图 3 空调系统平面布置图

机,可起热泵作用。设备容量及参数如表 1 所示。除 2 台热泵热回收型离心制冷机外,另设供冷专用型一台,以及热水供应专用往复式热泵 1 台,均设于屋顶上部,冷热源流程图如图 4 所示。工作原理图如图 5 所示。从图 4 中可知,还设有钢板蓄热水箱(15m³)及 200kW 之电热锅炉作为辅助热源。大楼风管系统见图 6。

IBM 大厦冷热源设备 表 1

	供冷	供暖	冷水(℃)	热水(℃)	电机(kW)
热回收离心制冷机 DBHP1	300RT	1221kW	5/10(冬 10/14.5)	37/32(45/40)	285
热回收离心制冷机 DBHP2	450RT	1221kW	5/10(冬 10/14.5)	37/32(45/40)	450
供冷用离心制冷机	400	—	5/10	37/32	400
生活热水用往复式	—	0.30	40/30(44/34)	60/50	90

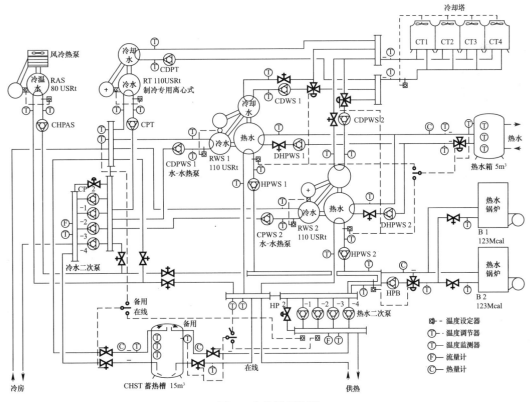

图 4 冷热源系统图

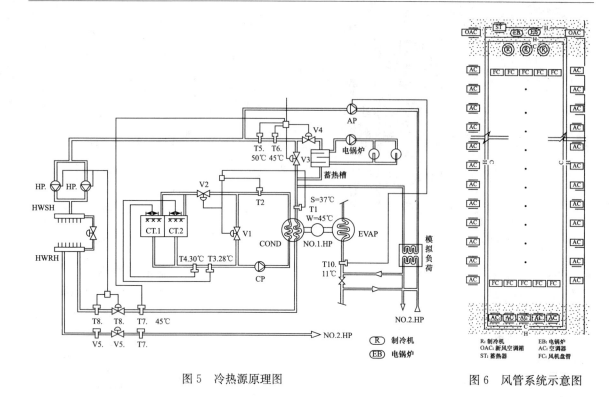

图 5　冷热源原理图　　　　　　　　　图 6　风管系统示意图

附注：该大楼自 1986～2000 年进行过全面改造（包括冷热源等），参见本书上篇第 16 章。

工程实录 J4

大阪大林大厦

地点：大阪市中央北浜东 4-33

建筑规模：地上 33 层，高 120m，地下 3 层；总建筑面积 5.029 万 m²；标准层层高 3.6m（吊顶高 2.60m）

结构：地上钢结构，地下钢及钢筋混凝土结构

用途：办公用（本公司用及部分出租），其他：会议、餐厅等（29F～30F）、食堂、商店（B1 层），15F～16F 为设备层

建筑外装：PC 板，灰色铝合金窗柜、灰色吸热玻璃窗（部分为二层）、窗墙比为 0.65

其他：大楼采用双层轿厢电梯、地下 3F 为停车库（容量 131 辆）

设计：日本大林组（株）

建设工期：1970 年 12 月～1973 年 1 月

建筑外观

空调方式

大厦标准层平面图如图 1 所示，剖面图如图 2 所示。标准层内区采用集中单风道 CAV 方式，外区为四管制风机盘管方式。内区空调系统流程及在大楼的整体布置分别如图 3 及图 4 所示，可见从设备层 AHU 送风是集中分送到上下各楼层的，而各楼层有辅助的冷盘管调温，空调通风用风机动力共 841.3kW。

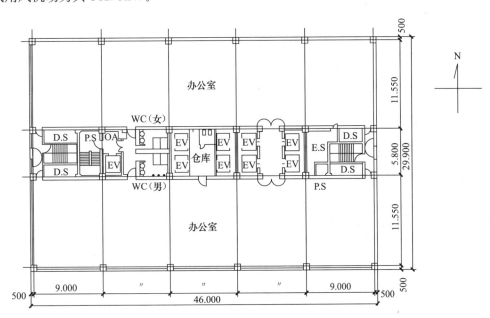

图 1　大厦标准层平面图

资料来源：《超高层建筑设备设计资料集》，建筑设备と配管工事编委会，1983 年，日本工业出版社。

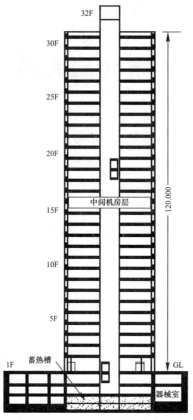

图 2　大厦剖面图

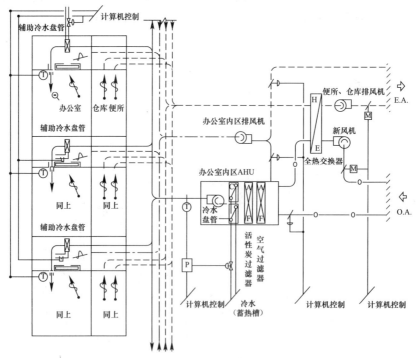

图 3　内区空调系统流程

冷热源设备及系统

冷热源设备有电驱动离心式热泵型机组 1 台（420RT），燃气引擎驱动离心式制冷机 1 台

（400RT）。辅助电热锅炉 400kW。工程采用冰蓄冷（热）方式，为二段式复槽方式，全容量为 3600m³，水系统输送动力共 374.2kW。机房系统示意如图 5 所示，大楼全年用能模式，如图 6 所示。

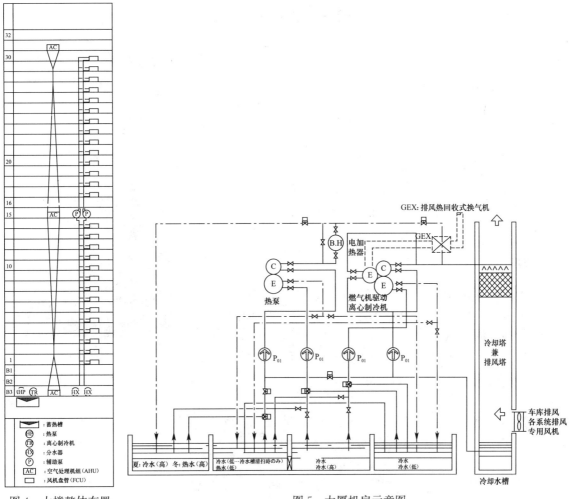

图 4　大楼整体布置　　　　　　　　　　图 5　大厦机房示意图

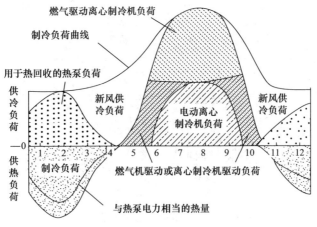

图 6　大厦全年用能模式

附注：大林大厦是日本 20 世纪 70 年代初著名的建筑之一。其空调供能方向由中原信生教授主持设计研究，并进行了一系列的空调与能源设计、控制的最优化研究，可参见相关论文。

新宿住友大厦

地点：日本东京都新宿区西新宿

设计：日建设计（株）

施工：建筑/鹿岛建设（株）、竹中工务店（株）、住友建设（株）等；空调/日本热学工业（株）、高砂热学工业（株）等

用途：办公楼、商铺、健身中心等

建筑规模：地下 4 层、地上 54 层；标准层层高 3.7m，面积 2628m²；总高度 200m，总建筑面积 17.64 万 m²

竣工时间：1974 年 3 月

建筑外观

建筑概况

该大楼为新宿地区高层建筑群中最早建成的大楼之一。平面呈三角形，中间有高 170m 的中庭。平面三个角隅适合于安装空调设备。

图 1 为标准层建筑平面图，图 2 为空调水系统布置图。

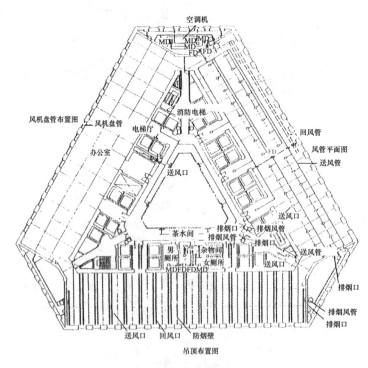

图 1 标准层建筑平面

资料来源：井上宇市，《冷冻空调史》1993 年版；《超高层建筑设备设计资料集》，建筑设备と配管工事编委会，1983 年，日本工业出版社；《日经建筑》，2000/6/26。

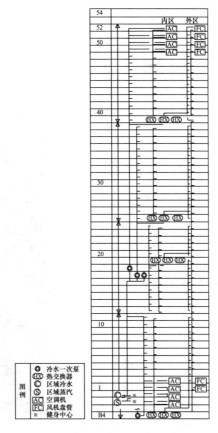

图 2　空调水系统布置图

空调与冷热源设备

空调系统分内区与外区设计。内区空调按朝向分 3 个楼层分置的空气处理机组。为单风道定风量系统，周边区为 FCU 方式。送风量按空调面积核算为 21m³/(m²·h)。

空调冷热源来自新宿新都心地区 DHC 所提供的冷水与蒸汽，其合同容量为 4630RT/h，蒸汽为 20t/h，水系统竖向分 4 个区，均经由热交换器后间接供水。

大楼通过 DDC 可对冷热量需求、电力峰值限制、送风温度的最佳值以及出租办公室的加班运行等作出相应的控制。

工程实录 J6

新宿三井大厦

地点：日本东京都新宿区

设计：（株）日本设计事务所

施工：建筑/鹿岛建设（株）、三井建设（株）等；
空调/新日本空调（株）

用途：出租办公楼、商铺等；总建筑面积：17.97
万 m²

建筑规模：建筑总高 209.4m；地下 3 层、地上 55
层，塔层 3 层；标准层层高 3.68m，面积 2468.7m²

结构：钢筋混凝土、斜撑组合框架结构

竣工时间：1974 年 10 月

建筑外观

工程背景

该大楼的业主是三井地产公司。大楼建设于日本高层建筑的发展期，在结构抗震防灾、建筑设备配置等方面已有一定的成熟经验，该楼平面形式采用了当时有代表性的中间分隔型核心筒的方式（见图1）。图2为建筑剖面图。

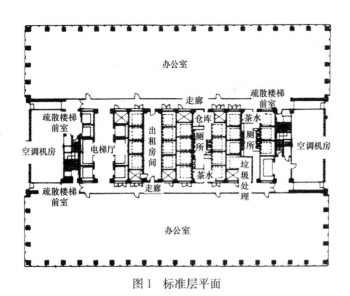

图 1　标准层平面

图 2　建筑剖面图

空调方式与系统

按负荷特征考虑的内外分区，如图3所示，高层部空调为全空气系统。外区用 VAV＋CAV

资料来源：《超高层建筑设备设计资料集》，建筑设备与配管工事编委会，1983 年，日本工业出版社。

方式，内区用 VAV 方式，AHU 设在东西两侧，内区外区的 AHU 均每六层一个系统。由于空间限制风道风速偏高，水系统采用二管制，为碳素钢管。标准层空调平面如图 4 所示，AHU 分布示意图如图 5 所示。

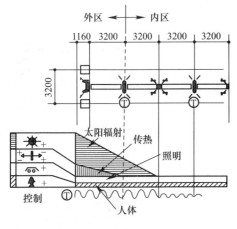

图 3　内外分区图

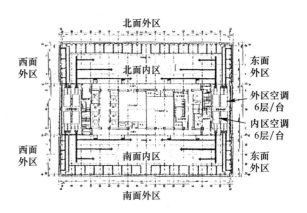

图 4　标准层空调平面

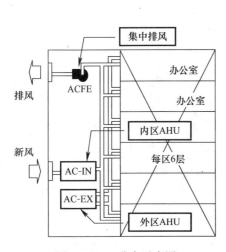

图 5　AHU 分布示意图

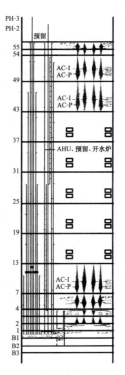

图 6　空调水系统流程示意图

冷热源方式

采用新宿新都心地区 DHC 提供的冷水与蒸汽，冷水量为 16.5Gcal（约合 69GJ），蒸汽量为 21.0t/h，分别经水—水热交换器及蒸汽—水热交换器后经冷水、热水分配集管进入楼层各系统。图 6 为空调水系统流程示意图。

附注：该大楼在使用 22 年后，于 1996 年 4 月～2000 年 3 月由新日本空调（株）对空调设备进行全面更新，详见本书上篇第 16 章（高层建筑空调设备更新改造）。

工程实录 J7

阳光城大厦 （Sunshine 60）

地点：日本东京都丰岛区东池袋 3-1-1

设计：三菱地所（株）、武藤构造力学研究所（结构部分）

建筑规模：地下 3 层、地上 60 层、塔层 3 层；总建筑面积 20.1 万 m²，空调采暖总面积比为 72%；标准层面积 3140m²，层高 3.7m，出租面积比 60%，窗墙比 39%，空调机房面积共 5300m²

结构：地下及地上 4 层主要为钢骨钢筋混凝土，地上 5F 以上为钢结构

建筑施工：鹿岛建设（株）、清水建设（株）等

空调施工：高砂热学工业（株）

竣工时间：1978 年 4 月

建筑外观

建筑设计特点

该工程竣工时曾为当时亚洲最高建筑（高度为 226.3m）。平面采用了典型的内核心筒布局。使办公功能空间占有最佳的采光和视线，刚度强的筒体可承受剪力和抗扭转。同时亦有利于设备的布置，图 1 为其标准层平面。

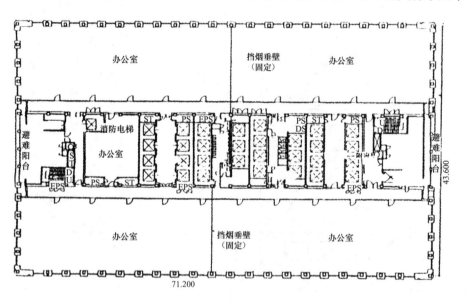

图 1 标准层平面

空调设备与系统

空调负荷：该工程空调负荷构成如表 1 所示（设计值）

资料来源：《空气调和·卫生工学》，1980/8；《超高层建筑设备设计资料集》，建筑设备与配管工事编委会，1983 年，日本工业出版社。

空调负荷构成表　　　　　　　　　　　　　　　　　　　　表 1

	夏　季		冬　季	
	冷负荷 [W/(m² · h)]	比例（%）	热负荷 [W/(m² · h)]	比例（%）
围护结构	29	21	27.9	35
新风负荷	44	32	51.2	65
照明负荷	37	27	—	—
人体负荷	27	20	—	—
合计	137	100	79.1	100

制冷负荷为 5650USRT，单位面积冷负荷为 0.028USRT/m²，供热负荷为 12.68×106W/h，单位面积负荷为 62.8W/(m² · h)。

空调方式

标准层分内区和外区，内区为各层空调处理机组（四管制）全空气定风量系统，外区为 FCU 系统（二管制）。内区空调机组每 3 层按朝向各分置 2 台，其布置如图 2 所示。风机盘管水空气方式的空调风量为 2.4×10⁶m³/h，风量/空调面积为 16.7m³/(m² · h)；新风量为 6.5×10⁵m³/h，风量/空调面积为 4.5m³/(m² · h)，标准层换气次数为 12.3h⁻¹。

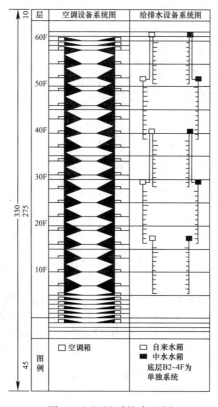

图 2　空调风系统布置图

冷热源

利用池袋地区的 DHC 机房供冷/热，冷水管为 ϕ400mm×2 根，蒸汽管为 ϕ200mm×2 根。冷水流量为 40300L/分，流量/空调面积为 0.3L/(m² · min)。送水温度为 6℃，回水温度为 14℃，蒸汽压力为 0.2MPa，经热交换器后供热水到空调系统，送回水温度为 36～30℃。

空调水系统如图3所示，从图中可知，除垂直方向水系统分区外，还按朝向 NW（西北）及 SE（东南）两个方向分区。

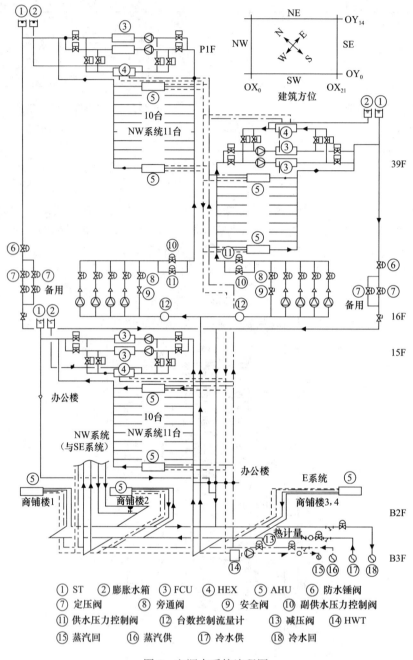

① ST　② 膨胀水箱　③ FCU　④ HEX　⑤ AHU　⑥ 防水锤阀
⑦ 定压阀　⑧ 旁通阀　⑨ 安全阀　⑩ 副供水压力控制阀
⑪ 供水压力控制阀　⑫ 台数控制流量计　⑬ 减压阀　⑭ HWT
⑮ 蒸汽回　⑯ 蒸汽供　⑰ 冷水供　⑱ 冷水回

图 3　空调水系统流程图

工程实录 J8

新宿野村大厦

地点：东京都新宿区西新宿 1-26-2

设计：安井建筑设计事务所（株）

施工：建筑一熊谷组（株），空调一三机工业（株）、

新日本空调（株）、新菱冷热工业（株）等

建筑规模：地下 5 层、地上 50 层、塔层 3 层，总高度 203m；总建筑面积 11.9 万 m^2；标准层层高 3.8m；窗墙比为 28%；采暖空调面积率 58.1%

结构：地上钢结构、地下钢筋混凝土、钢骨钢筋混凝土、钢骨构造

竣工时间：1978 年 5 月

建筑外观（右幢）

空调设备系统

空调方式：外区为高静压可变风量系统（VAV），内区为低压定风量方式（CAV），低层部分特殊楼层用全空气低静压定风量方式（部分与 FCU 结合使用）。图 1 为空调系统分布图。

制冷负荷：共 4300USRT，折合 0.036USRT/m^2；

供热负荷：共 9303kW，折合 78W/m^2；

空调风量：全空气方式 $17×10^5 m^3/h$，单位空调面积风量为 24.5m^3/m^2·h，折合标准层换气次数为 5.5h^{-1}。水-空气方式风量为 $77×10^3 m^3/h$，风量/空调面积为 1.1$m^3/(m^2·h)$，新风取入量为 $5×10^5 m^3/h$，风量/空调面积为 7.2$m^3/(m^2·h)$，标准层换气次数为 8h^{-1}。

冷热源设备

该楼由新宿区西新宿 DHC 站供冷供热。冷水流量为 27000L/min，流量/空调面积为 0.39L/(m^2·min)，送水温度为 4℃，回水温度为 12℃，蒸汽压力为 0.7MPa，流量为 13.5t/h。图 2 为冷热源原理图。

资料来源：《超高层建筑设备设计资料集》，建筑设备と配管工事编委会，1983 年，日本工业出版社。

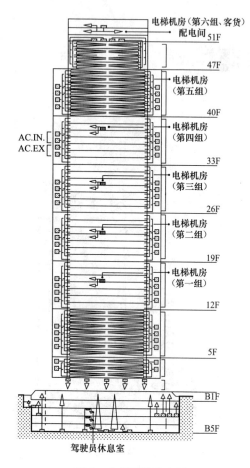

图1 空调系统分布图

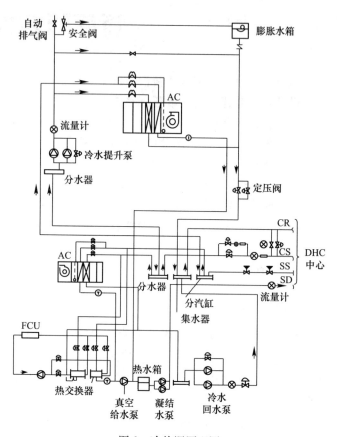

图2 冷热源原理图

工程实录 J9

伊藤忠商事（株）新东京本部大楼

地点：日本东京都

设计：日建设计（株）

施工：建筑/（株）间组；空调/新菱冷热工业（株）等

用途：办公楼、商铺、计算中心等

建筑规模：地下 4 层、地上 22 层；标准层层高 3.75m，吊顶高 2.65m，面积 3464m²，平面模数为 3.2m×3.2m；建筑总高 90.15m；总建筑面积 11.33 万 m²

竣工时间：1980 年 10 月（1972 年 6 月开始设计）

建筑外观

建筑特点

日本第一座将巨大的通高大中庭引入办公楼内部的高层建筑，使高层办公室内外两侧均有自然光进入，既节约照明用电，又有开放感。同时将核体分置在东西两侧，亦有利于机房的布置。按朝向区别，窗户面积比与种类有所区别。图 1 为总体平面图，图 2 为剖面图。

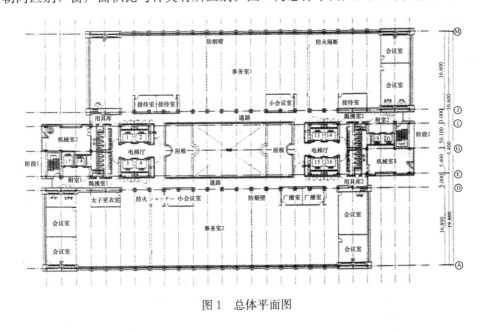

图 1 总体平面图

空调设备

空调负荷指标（办公标准层）按人员 0.15 人/m²，照明 20W/m² 及用电插座 2.5W/m² 计算，新风量按 4.5m³/m² 及渗透风量 0.25h⁻¹ 计算。

资料来源：《空气调和・卫生工学》1983/12；《超高层建筑设备设计资料集》，建筑设备与配管工事编委会，1983 年，日本工业出版社。

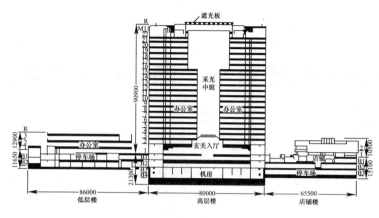

图 2 剖面图

各层东西向各设空调 AHU 一台（考虑到防排烟分区）。整个平面可由系统划分为 14 个控制区。标准层南北向的内区、外区均为双风道（冷风、热风）末端 VAV 方式，每台空调箱（AHU）出口后接 5 台混合箱。东西 4 个区为会议室、接待室等，空调除采用 FCU 方式外，还从内区接入的 VAV 送风系统，图 3 及图 4 表示了这种状况。

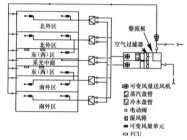

图 3 空调系统概念面

冷热源设备

大楼采用离心制冷机 700RT×2 台，双效吸收式制冷机 700RT×2 台（串级运行）、离心制冷机 700RT×2 台，另设有水冷热泵柜机等。水系统为四管制 VWV 系统，锅炉采用城市燃气、油可转换的燃烧器，实际蒸发量为 5t/h×2 台，3t/h×1 台。冷热源系统布置示意图见图 5。其流程原理图见图 6。

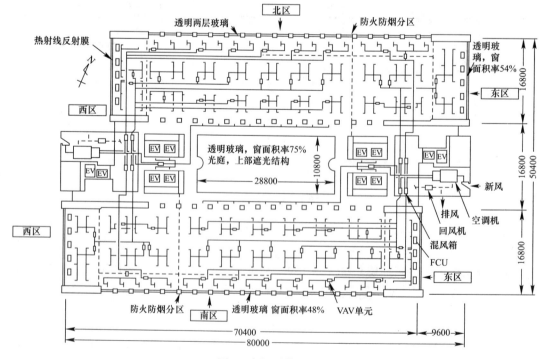

图 4 空调系统平面图

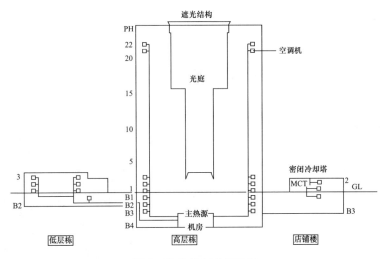

图 5 冷热源布置示意图

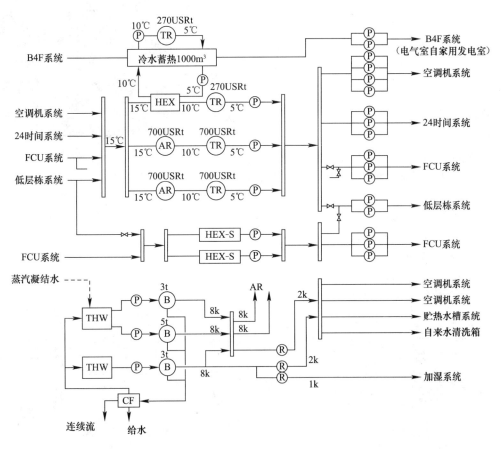

图 6 冷热源流程原理图

AR：双效吸收式冷冻机；TR：离心式冷冻机；HEX：水-水热交换器；P：泵；HEX-S：水-蒸汽热交换器；
B：蒸汽锅炉；THW：热水贮水池；CF：出水处理装置；R：减压阀

新宿 NS 大厦

地点：东京市新宿区西新宿 2-4-1

用途：办公

建筑规模：地下 3 层，地上 30 层，塔层 2 层；总建筑面积 16.68 万 m^2；标准层面积 4461m^2；标准层层高 3.64m；窗墙比：13.6%

建筑构造：钢骨钢筋混凝土，钢结构

建筑设备设计：日建设计（株）

空调施工：朝日工业（株）、三机工业（株）等

建设工期：1979 年 2 月～1982 年 9 月

建筑外观

建筑设计

建筑由四个朝向的条块状组成，合抱在其中的是具有玻璃顶盖的中庭（高约 130m，空间达 23 万 m^3），当时为日本最高、最大的中庭。由于中庭起了气候的缓冲作用，减少了该建筑的外围冷热负荷。围护结构设计引入了热舒适标准 PMV 的概念控制了外墙内表面温度。大楼平时上班人数达 8000 人。大楼剖面图见图 1，平面图参见图 2。

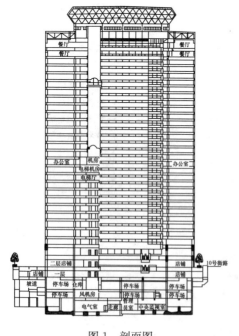

图 1　剖面图

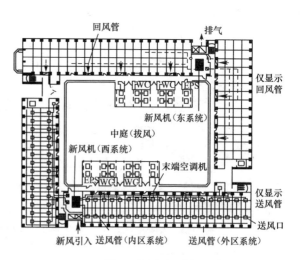

图 2　空调平面图

资料来源：《空气调和·卫生工学》1984/12；《建筑文化》1982/12；《INVISIBLE FLOW 省エネルギー建筑ガイド》，建筑环境·省エネルギー机构编制，2001 年；《日经建筑》1984 年 9 月 10 日；《空气调和·卫生工学》1983 年 9 月。

空调方式

采用末端空气处理机组和新风处理机组相结合的方式。末端 AHU 仅负担回风的空气过滤与冷却（显热处理为主）。新风量按 5m³/(m²·h) 供给，且按朝向区别 4 个层面合一个新风 AHU 系统。新风单独处理后在进入室内前与末端 AHU 送风混合后送入室内。总送风量按 15m³/(m²·h) 配置。末端 AHU 为立式紧凑型，约 200m² 设置 1 台。新风 AHU 设在东西两个机房内，每个机房内有 2 台 AHU 组合安装，送风则按内外区分别送风。

标准层空调系统布置参见图 2，空调系统原理及控制见图 3，空调采用分散型监控的 DDC 控制方式。

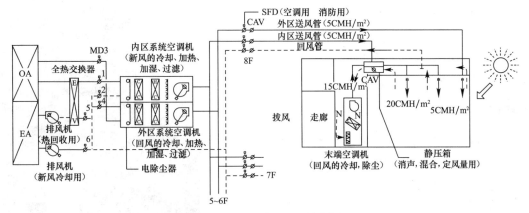

图 3　空调系统原理及控制图

冷热源方式

冷热源由区域内新宿新都心区域供冷/热站（DHC）供给冷水及蒸汽。17F 以上采用一次冷水升压泵和转速控制，水系统方式参见图 4。

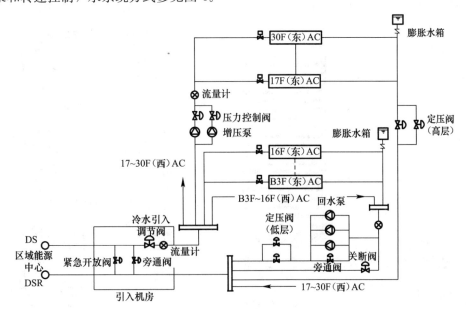

图 4　冷水系统流程图

该工程冷负荷总计为 3300USRT，合 0.02USRT/m²，热负荷为 46.7W/m²，经多年运行，根据 2000 年后的统计，年一次能耗量为 1737MJ/(m²·a)。

大正海上本社大楼

地点：东京都个代田区神田骏河台 3-9

用途：保险公司办公楼（自用）

设计：日建设计（株）

施工：鹿岛建设（株）、三井建设（株）等

建筑规模：地下 3 层、地上 25 层、塔层 1 层；总建筑面积 7.56 万 m²；建筑高度 109.5m

结构：钢结构、一部分钢骨钢筋混凝土结构

建设工期：1981 年 11 月～1984 年 11 月

工程特点

该建筑目前已改名为"三井海上本社大楼"。该楼设计中较早地对节能概念作较多考虑，1985 年获日本建筑业协会奖。建筑布局方面有：将核心筒置于北侧（冬季挡北风影响）；办公室三面开敞，可减少能耗；外窗为凹入型（退入 1.5m）；采用热反射玻璃和从下向上提升的百叶窗帘，既可减少日射负荷，又可增加自然光利用时间，此外还可利用自然通风。屋顶有太阳集热装置，可提

建筑外观

供热水。另外还有中水利用等设施，故该大楼当时节能效果可达 25％～30％。图 1 为其剖面图，图 2 为平面图，图 3 表示了窗际的建筑处理手法（凹入窗、窗上部电动自然通风窗等）。

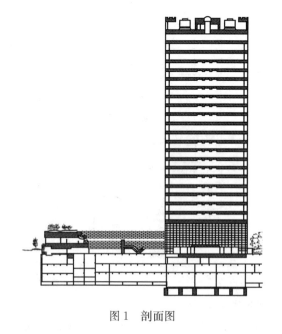

图 1　剖面图

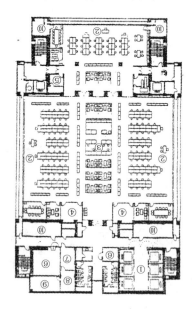

图 2　平面图

资料来源：《建筑设备》（中国）1988/1；《空气调和·卫生工学》（日本）1986/12。

空调方式

标准层分为东、西、南三块，各块均有内外区，故分设 6 个空调系统，设 6 台 AHU。空调系统为全空气 VAV 方式，其他层面为空调机 AHU＋FCU 同时工作。标准层内外区空调系统的流程原理如图 4 所示，图中表示冬季的工况，外区 AHU 利用内区的回风，内区 AHU 则利用外区的回风，这种热量转移，有利于节能。

冷热源设备

冷源：双效吸收式制冷机 620RT×2 台；热回收型离心制冷机 400RT×2 台；热回收型往复式制冷机 120RT×1 台；蓄冷水槽 860m³；水泵共 60 台，其中 16 台为 VWV。

热源：燃气蒸汽锅炉 4.8t/h×2 台，2.4t/h×1 台，蓄热水槽 680m³；

竣工后一年间（1984/7～1985/6）实际耗能为 284.8Mcal/(m²·a)，约 331.2kWh/m²。

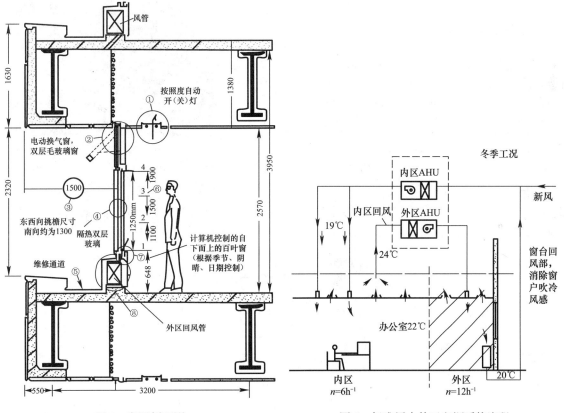

图 3 窗际剖面图   图 4 标准层内外区空调系统流程

工程实录 J12

ARK 森大厦

地点：东京赤坂六本木
用途：出租办公楼
业主：赤坂六本木地区市街地再开发组合机构
设计监理：森建筑（公司）一级建筑事务所
建筑构造：地上 S 结构，37 层，塔屋 2 层，地下
SRC 结构，地下 4 层，窗墙比 0.34，图 1 为大楼剖面图
建筑总面积：18.18 万 m²
建设工期：1983 年 11 月～1986 年 3 月

建筑外观

空调装置与冷热源

空调冷负荷比例为：围护结构 15.2%、新风
41.3%、照明：24.6%，人体 6.5%，其他 12.4%。空
调分内外区：内区为各层空调机，全空气 VAV 方式，
各层 4 个系统分送。图 2 为标准层平面的风道布置（图
中表示一半平面）。风道穿越钢梁分送。送风方式见图 3
所示，外区采用穿墙式机组（WTU），为风冷热泵型，冷热源独立，分控自由，结构布置同
ATT 新馆大楼（见工程实录 J46）。内区冷热源为集中式，利用当地区之集中供冷/热源与大楼
的连接及系统见图 4。大楼地下 2F 为热源机房，从 DHC 引入冷水（6～7℃，0.8～0.9MPa），
22F～37F 为高区系统，5F～21F 为中区系统，4F～6F 为低区系统。

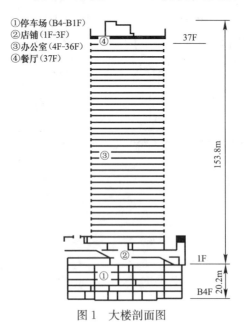

①停车场(B4-B1F)
②店铺(1F-3F)
③办公室(4F-36F)
④餐厅(37F)

37F

153.8m

1F

B4F 20.2m

图 1　大楼剖面图

资料来源：《空气调和·卫生工学》1987/2；三机工业社刊（SANKIMONTHLY）1986.12。

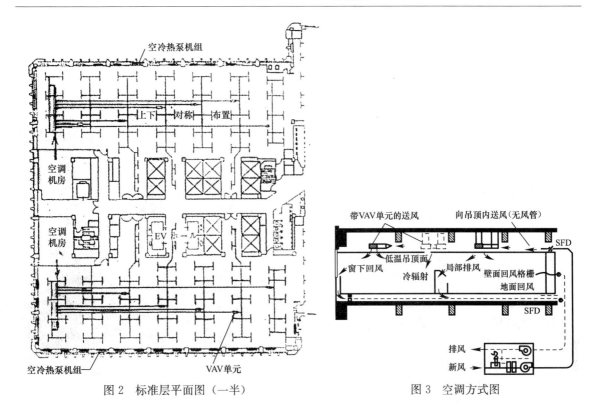

图2 标准层平面图（一半）

图3 空调方式图

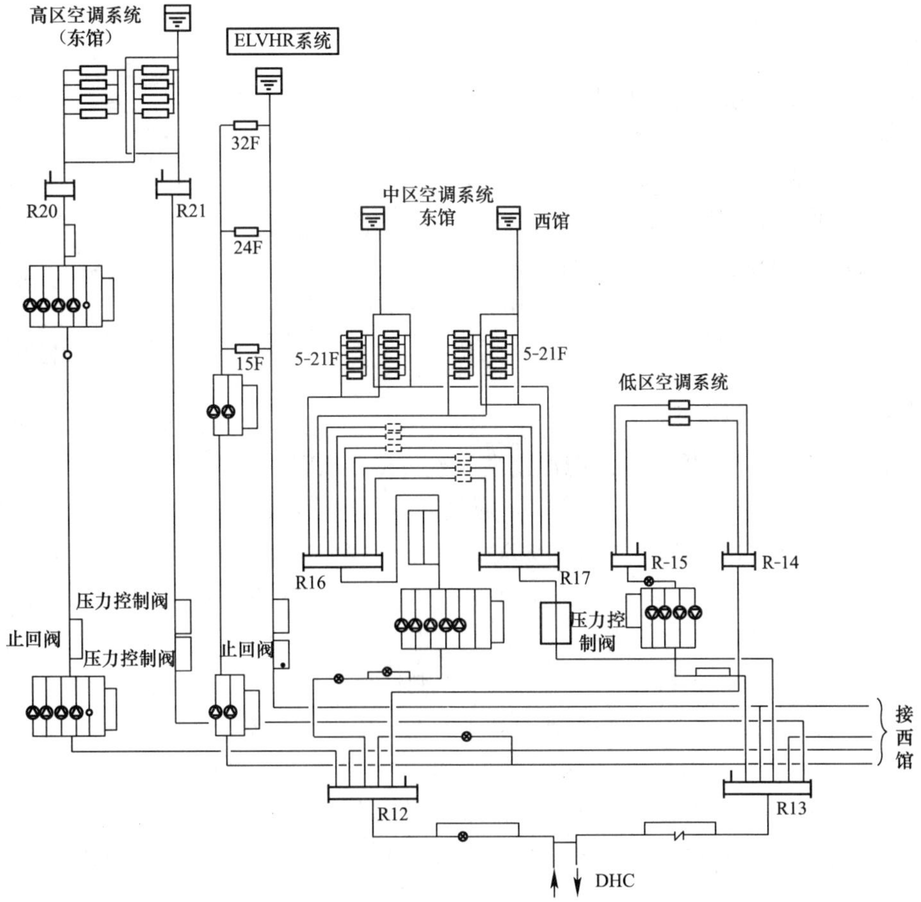

图4 右楼空调冷水系统

TWIN21（双塔 21）

建筑外观

地点：大阪市中央区城见 2-1-61

业主：松下兴产

用途：办公楼、展示、商铺、剧场等

设计：日建设计

施工：松下塔楼：鹿岛建设（株）、竹中工务店（株）、熊谷组（株）

MID 塔楼：大成建设（株）、清水建设（株）等

建筑规模：地下 1 层、地上 38 层、塔层 1 层；总建筑面积 15.48 万 m²，层高 150m；标准层面积（双栋）1469m²

构造：钢骨造（地上 6F 以上）、钢骨钢筋混凝土结构（地下 1F～地上 5F）

建设工期：1983 年 9 月～1986 年 3 月

建筑概况

该工程为两幢规模构造相同的建筑，由 4 层高的中庭相连，成为两大楼的公共进厅，并提供银行、证券交易、商店、展示等服务设施。该工程按智能化大楼要求设计，并采用热电联产等技术，经多年运行其年一次能耗量为 1892MJ/（m² · a）。此外还在建筑物运行管理、废弃物削减、资源循环等方面有良好的表现，故获日本"空气调和 · 卫生工学"学会 2002 年第一届空气调和卫生工学会特别奖"十年赏"。图 1 为大楼剖面图。

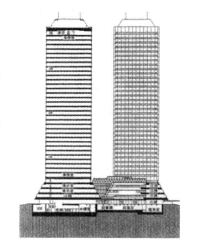

图 1　剖面图

空调冷热源设备系统与方式

设计当初日本一般办公楼的一次能源消费量约 523.27kWh/（m² · a），尽管办公室散热量日后不断增加，通过采取各种措施，经模拟计算，拟控制消费能量降低为 389.55kWh/（m² · a），采用的方法有：（1）采用城市燃气驱动热电联产方式；（2）全空气分散型空调系统；（3）采用有微机控制的分散型空调系统；（4）用变频器控制的可变风量 VAV 方式；（5）螺杆式排热回收型热泵系统；（6）全热交换器排热回收；（7）大温差送水系统；（8）变频可变水量控制；（9）用 CO_2 控制新风量等。这些方法可节能 25%，在当时，全面采取所这些措施的尚不普遍，以下对主要方面作说明。

空调方式：采用各层分散个别空调方式。一层分 4 个区块，每区中内区 1 个系统用 1 台 AHU，外区 2 台 AHU 送 2 个系统（按方向分），如图 2 所示。外区系统空气沿窗台下的玻璃纤维风道输送并从窗台上送，可以克服窗际的不良气流（见图 3），且有一定的辐射空调效果。同

资料来源：《空気調和 · 卫生工学》2002/1，空调卫生工学会获奖项目。

时避免了窗际的水患。空调除由中央监控外，各层的分散型 AHU 均与计算机连接，可以局部控制各层的分散型 AHU，以进一步细分化控制。该控制系统（DDC）如图 4 所示。该工程分散型个别空调机共采用 913 台，窗台送风口 4270 台。

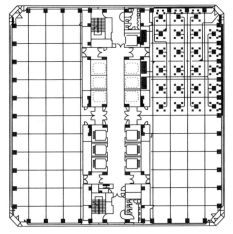

图 2 标准层空调平面图

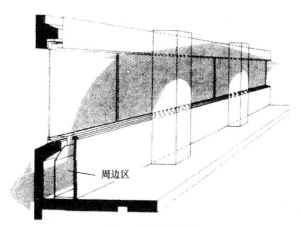

图 3 窗际剖面图

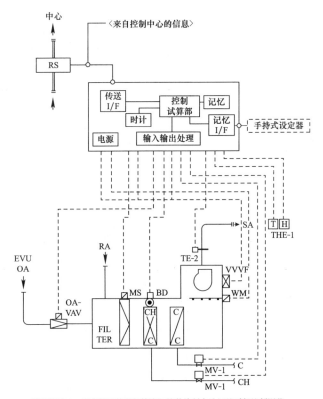

温度控制——用变频器的风机转速回转数控制自动阀的时间比例调节；
温度控制——采用时间比例调节方式控制加湿器阀门；
零能耗段控制；
预热启动控制；
新风量控制——来自中央的阀门指令；
粉尘量控制——来自中央的变频指令的风机转数的控制。

图 4 控制系统原理图

空调冷热源方式与系统

采用城市燃气（主）＋电力（付）的能源方式，设备容量和台数如表 1 所示。此外，考虑到能源的有效利用和设备的匹配，经过经济比较确定辅以热电联产装置，采用以城市燃气的能源的燃气引擎发电机907kVA×3台。发电量为2178kW（726kW×3），兼作非常时发电。热出力为中温水（90℃）3676kW。经与常规冷热源方式比较：在发常规方式电量占22%的条件下，折旧年限为3.3年。热电联产采用的城市燃气为13A（低发热值为41576kJ/Nm³）。排热回收热水来自引擎缸套与排气热交换器相连接。通过平行设置的热水加热型吸收式制冷机供冷（3台）和采暖热交换器（3台）向建筑物供热，其流程如图5所示。该建筑物供冷供热的原理简图如图6所示。系统配管的流程可参见图7。

冷热源设备表 表1

代号	机器	冷却能力（USRT）	加热能力（kW）	台数
001R-1、2、3	燃气吸收式冷热水机组	628	1942	3
002R-1、2、3	热水吸收式冷水机组	250	—	3
003R-1、2	热回收螺杆式冷水机组	325	1314	2
004R-1、2	螺杆式热泵机组	96	233	2
161HX-1、2、3	供热用热交换器	—	1256	3
	合计	3476	12688	

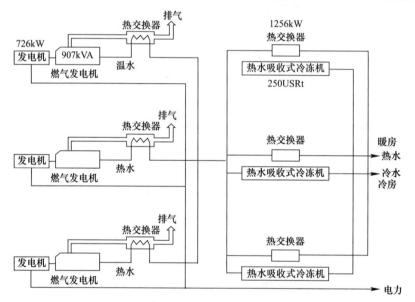

图5 冷热电联产原理图

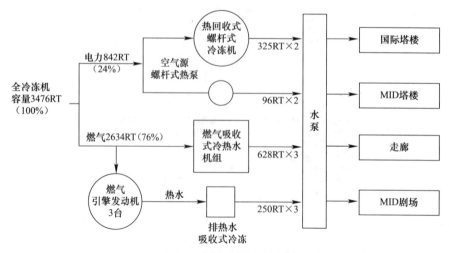

图6 冷源系统原理图

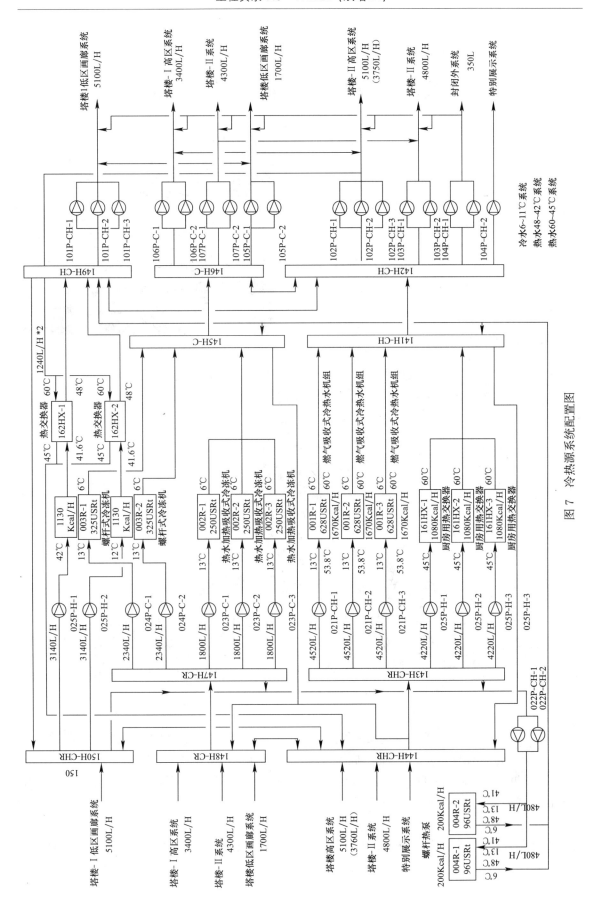

图7　冷热源系统配置图

工程实录 J14

大阪住友生命新大谷饭店

地点：大阪市东区城见 1-4（大阪 OBP 地区）

主要用途：旅馆（客房 610 个）

建筑规模：地上 18 层，地下 2 层，塔屋 2 层；总建筑面积 74810m²

业主：住友生命保险相互会社

竣工时间：1986 年 9 月

图 1～图 3 分别为建筑位置图、建筑平面图及剖面图。

建筑外观

空调设计考虑问题

（1）安全性：客房部分采用水平风管布置，减少纵向防火区贯通。机械排烟设备按避难区分开。城市燃气紧急截止阀遥控，高层部分非燃气化。

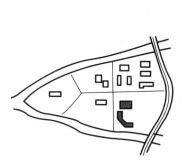

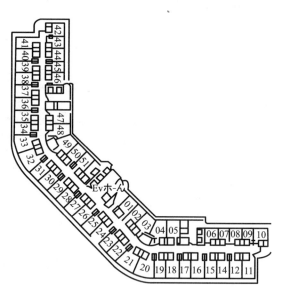

图 1 建筑位置图   图 2 标准层平面图（5F-16F）

（2）舒适性：基本上采用冷热水四管制方式。供冷供热自由，客房空调按方位采用多区方式。VAV 单元、FCU 等完全个别控制。一层门厅、泳池等均采用地板供暖。

（3）功能可靠性：燃气吸收式冷热水机组、螺杆式压缩机、锅炉均多台配置。客房系统空调机的风机复数台设置。同系统设置用水泵有备用泵。

（4）经济性（节能）：通过计算机对冷热源进行最佳运行与台数控制。冷（热）水二次泵采用台数与转速控制。燃气冷热水机组排气热回收。客房、宴会厅空调用全热交换器热回收。大

资料来源：参观专题资料（日建设计提供 1993.9.21）。

宴会厅空调机用最佳风量控制（优先水侧控制），大、中、小宴会厅、结婚礼堂由 CO_2 浓度控制新风量。热回收冷机的排热作为热水供应的预热直接利用。停车库系统按 CO_2 浓度进行电动机转速变换控制。VAV 系统与风机用转速控制，客房用空调机可进行台数控制。图 4 为冷热源系统图。

大宴会厅4000人

图 3 剖面图

热源设备

热源于地下 1F 集中设置。冷却塔设置在低层部（4F）的屋顶上；直燃式双效冷热水机组 500RT×3 台；热回收螺杆式冷水机组 200RT×2 台；燃气蒸汽锅炉 3.6t/h×2 台。

空调方式

按使用目的、时间、负荷状况、位置等共分为 47 个空调系统。如客房系统：新风处理机＋FCU 并用方式（设全热交换器）。FCU 系统仅 14F 为四管制，其余均为双管制。大宴会厅：分区设 4 台空调机（使用全热交换器）。按回风温度控制送风量（转数控制）及盘管旁通风门控制及 CO_2 浓度控制新风量，并有手动风量设定功能。

其他

利用 2 台热回收冷冻机，可进行两段温度提升（最高为 55℃）。热源设备用中压燃气，厨房用低压燃气（13A）。

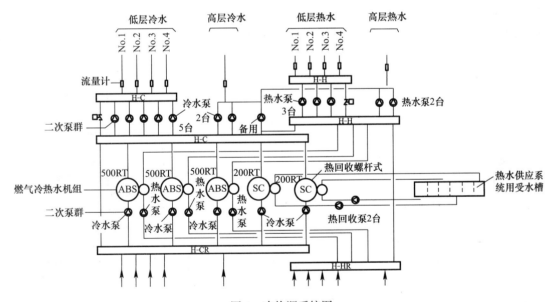

图 4 冷热源系统图

工程实录 J15

东京生命芝大楼

地点：东京都港区芝大町 1-1-30

用途：出租办公、东京生命办公中心（保险相互公社）

建筑规模：地下 3 层，地上 18 层，塔层 2 层（建筑剖面图见图 1）；建筑总面积 4.5645 万 m²；标准层面积 1643m²

竣工时间：1986 年 9 月

建筑外观

冷热源设备

冷热源设备由多种设备构成：

离心冷冻机（低层用）200RT×1 台；风冷热泵冷水机组（ASHPC）80RT×3 台；离心冷冻机（高层用）200RT×1 台；双管束热回收冷冻机 240RT×1 台。此外设有 2 个蓄热槽：第一槽全年供冷水，第二槽可用作冷水或热水槽。用第一槽出水经热交换器可提供高层部分用冷水。同时处理过渡季节和冬季的供冷负荷，可回收冬季的内区热量。当冬季仅从"事务中心"（2F、3F）的排热而低层部温热源还不够的期间，可利用夜间低价电力通过高层部用的空气热源热泵作温热水进行蓄热。大楼冷热源系统见图 2。其运行方法为：

1）通过离心冷冻机使用低价夜间电力制冷水蓄热。

2）通过热回收型冷冻机利用夜间低价电力回收室内排热。

3）通过蒸汽—水热交换器可补充温热源的不足和供热时早晨升温。

4）利用夜间电力，能过 ASHPC 机组（设定温度为 50℃）

5）经水—水热交换器将热水蓄存。

6）利用离心冷冻机与 ASHPC 机组向高层部用空调机的二次盘管供热水、冷水。

7）冷水蓄热槽通过水—水热交换器供给高层空调机一次盘管冷水，又可向朝南面窗台下（外区）的 FCU（双盘管）供给冷水，消除日射负荷。

8）从蓄热槽可直接向低层部供冷水、热水。

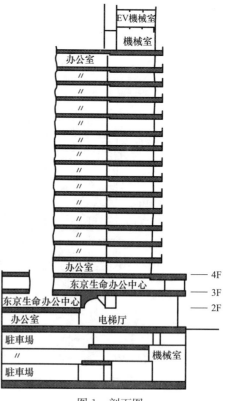

图 1　剖面图

资料来源：《ヒートボンプによる冷暖房》（日本）第 48 期（1993）。

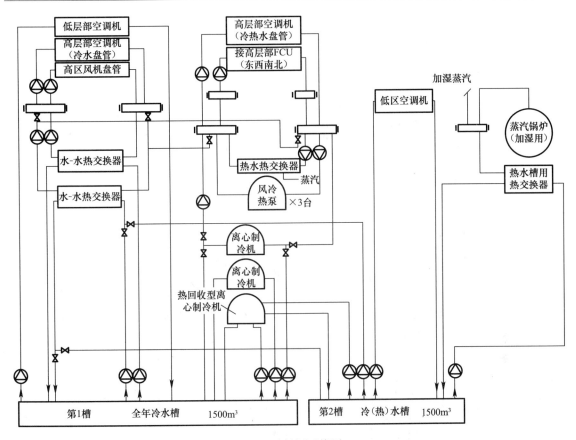

图2　冷热源系统图

空调设备

标准层空调为单风道 VAV＋FCU 方式（见图
3）。分内区、外区。外区为 FCU，按方位布置处理
外墙负荷。内区空调每2层设一台空调机（见图4）。
经 SFD（防火排烟风门兼用）的切换可能满足最小
达 1/2 层面的部分运转。末端装置为附有过滤器
（静电型）的 VAV 装置。每台范围内可调节温度。对

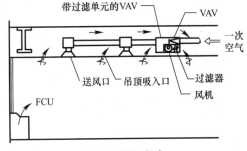

图3　空调方式

内区空调机组，为有效利用高层建筑蓄热槽蓄热量，采用经蓄热槽出水由水—水热交换器提供其
一次盘管 12℃和由冷冻机直接向二次盘管提供的 7℃冷水或热水（45℃）的双盘管空调机（见图
5）。据此，利用夜间电力获得的制冷水可减少送输动力，空调机可实现大送风温差（Δt＝12℃）。

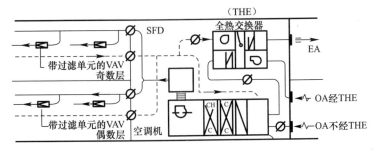

图4　标准层空调系统流程图（外区）

VAV 装置附有风机和过滤器，使一次风输送动力减少。低温送风因有二次风混入而易于实现，空调机尺寸减小。图 6 表示了标准层平面空调布置图。

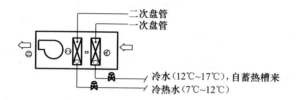

图 5　双盘管示意图

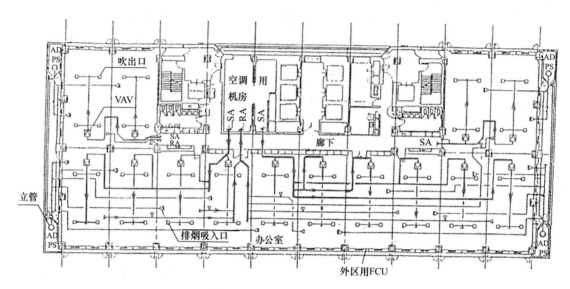

图 6　标准层空调平面布置图

建筑、构造、设备三者设计中综合考虑的结果，使大楼设计合理化，风管可贯通楼板、梁，层高降低（见图 7），可由一般的 3.9m 减小为 2.6m。外墙 $K=1.28W/(m^2 \cdot ℃)$，吸热玻璃 $K=6.16W/(m^2 \cdot ℃)$，北侧用双层玻璃 $K=3.26W/(m^2 \cdot ℃)$。该建筑年总能耗换算成一次能为：

1987 年：1532MJ/(m² · a)。

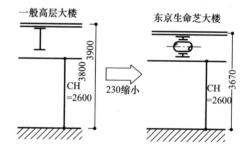

图 7　层高减低效果

梅田中心大厦

地点：大阪市

用途：办公楼、商店、展示等

建筑规模：地下 2 层、地上 32 层、塔层 1 层；总建筑面积 8 万 m²

结构：钢筋混凝土及钢结构

建设工期：1985 年 3 月～1987 年 3 月

建筑外观

建筑特点

该楼曾经是当时日本最高水平的智能化大楼之一，建筑外围护结构全部为玻璃幕墙，采用厚度为 10mm、12mm 的热反射玻璃。标准层平面核体居中，基本为正四方形，但其对向的两个角隅做成阶梯的缺角，目的是与其所采用的局部空调方式相配合。该局部机组在办公楼中的大规模应用是从本楼开始，在技术的多元化方面开创了先例。图 1 为标准层平面。图 2 为其角隅的平面详图（放置局部空调设备的室外机）。

空调方式与设备系统

标准层全部采用多联机系统，室外机每层 12 台分 4 组安置，每组 3 台室外机，每台机组容量为 5HP/台（由 2 台 2.5HP 压缩机组合）；室内机各 2.5HP，室内机经风管分别送到各顶送风口，在吊顶中分散直接回风，另外每区设有新风机组（内设空气过滤器，NBS 效率 70%），新风与排风间有全热交换器。

该工程室外机的位置选定合理，故冷剂输送管路不长，室外机冷凝器上装有喷雾设备，当夏季室外温度特高时，可以降低风温以提高效率。

图 3 表示了平面上机房布置的情况，图 4 为机房的剖面详图，图 5 表示了空调装置系统的流程。

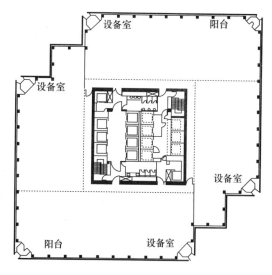

标准层平面图 1/1000

图 1 标准层平面

注：本楼空调于 2011 年进行了全面改造，并获日本空调卫生工学会 2013 年学会奖。参见本书上篇第 16 章。

资料来源：《冷冻空调史》，井上宇市著，1993 年。《空气调和卫生工学》2013/7。

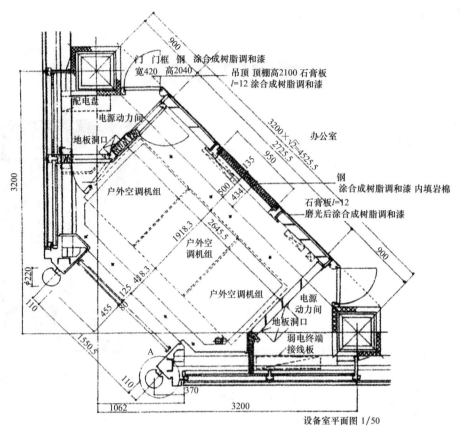

图2　角隅的平面详图

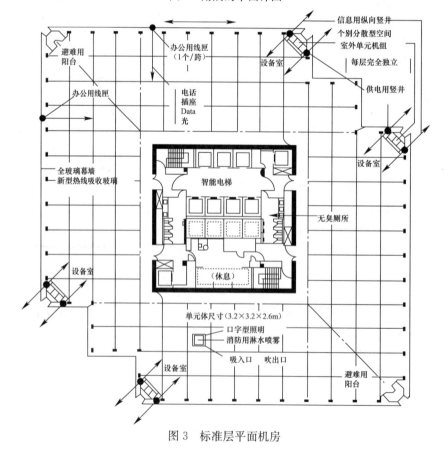

图3　标准层平面机房

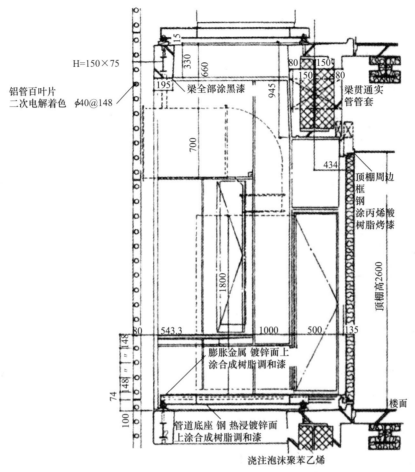

H=150×75

铝管百叶片
二次电解着色　φ40@148

梁全部涂黑漆

梁贯通实管管套

顶棚周边框钢涂丙烯酸树脂烤漆

顶棚高2600

膨胀金属　镀锌面上涂合成树脂调和漆

管道底座 钢 热浸镀锌面上涂合成树脂调和漆

浇注泡沫聚苯乙烯

楼面

设备室剖面图　1/50

图 4　机房剖面图

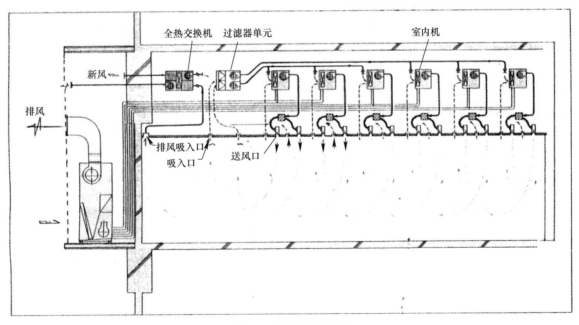

全热交换机　过滤器单元　　　　室内机

新风

排风

排风吸入口
吸入口
送风口

图 5　空调系统原理图

埼玉产业文化中心

地点：埼玉县大宫市木町 1—441
业主：日本生命保险相互会社
设计监理：日建设计
建设工期：1986 年 1 月～1988 年 3 月

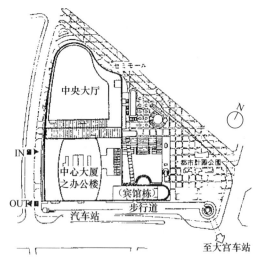

建筑外观

用途 面积	Sonic City Building		Sonic City Hall
	办公楼	旅馆栋	
建筑面积	131256m²		
各栋建筑面积	107348m²		18261m²
层数	地下 4 层	地下 2 层	地下 2 层
	地上 31 层	地上 13 层	地上 5 层

建筑面积与用途　　　　表 1

平面布局见图 1，剖面见图 2。

热源设备

（1）设计原则

为了使复合型建筑随季节、时间而变化的负荷平滑化（移峰）、同时使实现供能集中化，减少装置容量，提高管理效率，实现无公害能源的稳定供给，采用了电力和城市燃气作为能源，又利用了蓄热槽，使大型吸收式机组深夜可以停机。此外，再照顾到本地域内几幢建筑物的供热应易于管理，以及如热源输送、财产分区、用途分区、使用时间的分区等问题，采用大温差和水泵台数控制的方式，以提高输送效率。从热电联产回收到的高温热水供旅馆用热水和游泳池的池水加热。办公楼的水系统采用了以夏季显热处理为目的的高温冷水和大温差冷水系统与以潜热处理为目的的低温度冷水系统所构成的四管制方式。中心大楼的水系统如图 3 和图 4所示。

图 1　平面布置图

（2）办公楼与旅馆栋的冷热源设备

吸收式冷热水机组 500USRT×1 台；550USRT×2 台；双管束热回收型离心制冷机 435USRT×1 台；离心冷冻机 195USRT×1 台；炉筒烟管锅炉 4000kg/h×2 台以及蓄热槽（冷水槽）1000m³。

资料来源：《BE 建筑设备》（日本）第 447 期。

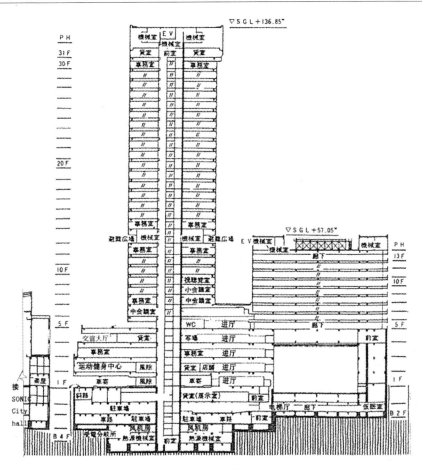

图 2 剖面图

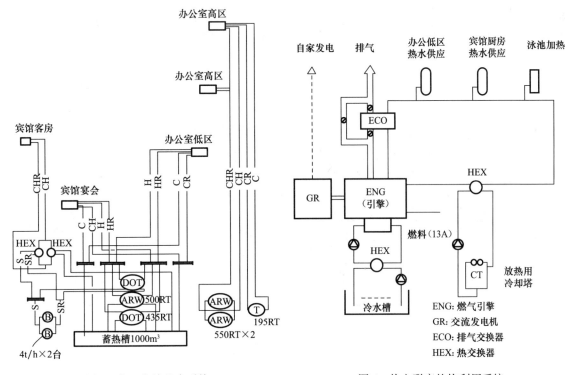

图 3 中心大楼的水系统

图 4 热电联产的热利用系统

办公楼标准层空调方式

标准层的空调方式对应与出租分区，加班时间等按平面分四个区，采用全空气方式。内区：各层机组方式，用 CAV 方式。外区：集中空调方式，用 VAV 方式。图 5 为标准层空调平面布置。图 6 为 AHU 分配方式（一端供两层）。

通过各个空调机的 UC（Unit Controller）可控制包括停、开控制、过渡季节新风增加控制、夜间通风（night purge）控制、非耗能域（ZEB）控制等，以节约量，为适应有需要增强供冷时，装备有 24h 的冷却水和定时供应的冷水。

供配电设备

特高变压器 60kV/415V 5000kVA×2 台；契约供电 5000kVA。

此外，有非常用发电设备：5000kVA3φ415V（燃油狄塞尔引擎）以及常用发电设备，供地下停车场及热源机房电力（通风用），排热作热水供应。燃气机发电机容量为 250kVA.3φ415V。

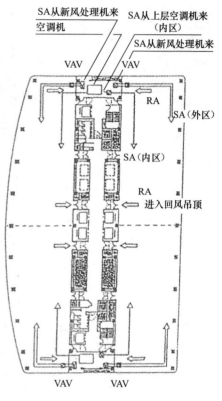

图 5　标准层空调布置

Sonic Hall 设备概要

热源设备：大小厅、国际会议等使用情况无规律，负荷大，故采用蓄热方式。国际会议厅、音乐厅、单风道＋VAV（见图 7）。自控设备：采用 DDC 分散型监视控制的中央监控系统，控制冷冻机运行台数。预热时的新风阻隔控制。新风机房可按室内 CO_2 浓度控制新风取入量以实现节能的要求。

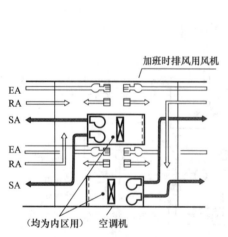

图 6　标准层空调方式（一端供两层）

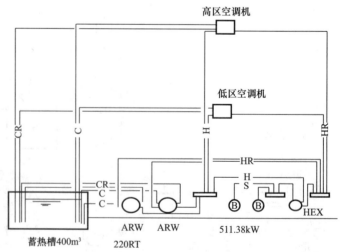

图 7　城市大厅（Sonic Hall）水系统图

工程实录 J18

OBP 城堡塔楼（住友生命大楼）

地点：日本大阪市中央区城见 1-4

业主：住友生命保险公司，近畿银行

用途：办公楼、银行

设计：日建设计（株）

建筑规模：地下 3 层、地上 38 层，塔层 2 层；总建筑面积 12.36 万 m²；高度 150m

构造：地下钢筋混凝土结构、低层栋钢骨、钢筋混凝土结构、高层栋钢结构

建筑外观

空调装置

标准层办公室（高层栋）各层设 4 台内区用空调机及对应周边负荷的 FCU（南、西向为四管制，北、东向为二管制）。此外，有专用于信息机器负荷（52W/m²）的专用特殊型 FCU，设于跨间内，每跨 60～70m² 区域内可控制温度。图 1 为标准层平面图，图 2 为剖面图。窗际设备的安装如图 3 所示。低层栋为单风道 VAV、双风道 VAV 以及 FCU 系统。

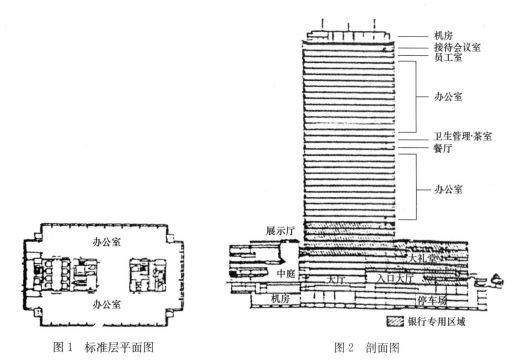

图 1　标准层平面图　　　　图 2　剖面图

资料来源：《空气调和·卫生工学》1991/5；《BE 建筑设备》1989/3。

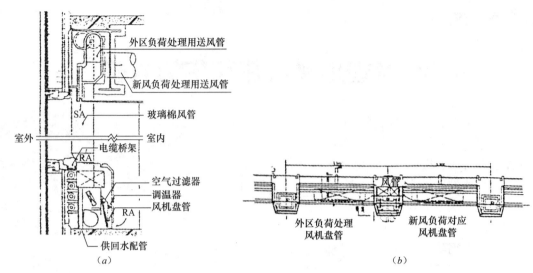

图 3　窗际设备示意图

(a) 剖面图；(b) 平面图

冷热源设备

按业主建设时要求分两大系统：

"住友生命"系统：燃气吸收式冷热水机组 850USRT×2 台；热回收式水冷螺杆式机组 780USRT×1 台；热回收式燃气引擎驱动螺杆式制冷机 500USRT×1 台，排温热水型吸收式制冷机 130USRT×1 台，流程图见图 4。

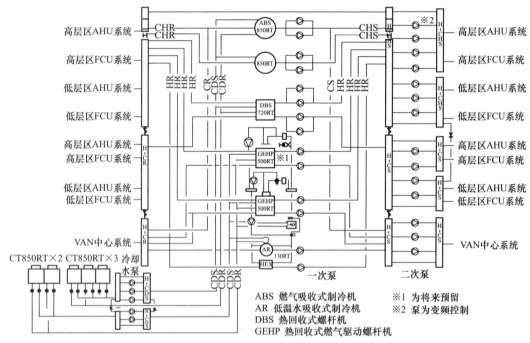

ABS　燃气吸收式制冷机　　　※1 为将来预留
AR　低温水吸收式制冷机　　　※2 泵为变频控制
DBS　热回收式螺杆机
GEHP　热回收式燃气驱动螺杆机

图 4　冷热源设备流程图

近畿银行系统：燃气吸收式冷热水机组 250USRT×2 台，水冷热回收螺杆式机组 250USRT×1 台，风冷热回收螺杆式制冷机组 100USRT×1 台。此外，设有冰蓄冷系统。蓄冷量 270USRT·H，该系统用于银行系统计算机房作为非常冷源，蓄冷量以满足常用制冷机停电再启动所需时间（30min）使用，冰蓄冷槽体积为 30m³。

三井仓库箱崎大厦

地点：东京都中央区日本桥箱崎町 19-21
用途：出租办公楼、商店等
业主：三井仓库办公楼、日本 IBM、东京电力等
设计施工：竹中工务店
建筑规模：地下 3 层，地上 25 层，塔层 2 层；总建筑面积 13.56 万 m²；标准层面积 4641m²
结构：钢结构、型钢混凝土、钢筋混凝土结构
建设工期：1986 年 6～1989 年 3 月
建筑物平面布置与剖面如图 1 所示。

建筑概况

该工程位于东京隅田川旁，水质、水温、水量适宜，可用作冷热源装置的热源水。此外，办公层周边采用了穿墙型热泵空调机组（WTU），故外墙窗台高度处有进排风口（条型），内侧布置亦需与空调设备相结合，图 2 表示了外立面与窗际构造的情形。

空调设备系统

由以下三种方式构成（见图 3）：

建筑外观

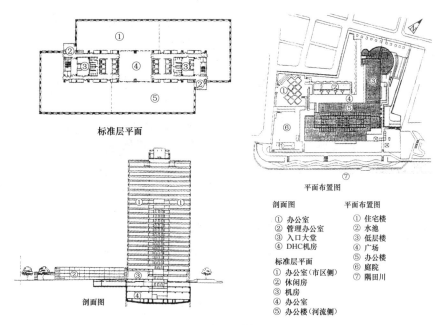

标准层平面

剖面图

平面布置图

剖面图	平面布置图
① 办公室	① 住宅楼
② 管理办公室	② 水池
③ 入口大堂	③ 低层楼
④ DHC机房	④ 广场
标准层平面	⑤ 办公楼
① 办公室（市区侧）	⑥ 庭院
② 休闲房	⑦ 隅田川
③ 机房	
④ 办公室	
⑤ 办公楼（河流侧）	

图 1　建筑平剖面图

资料来源：《冷冻》（日本）1989/3。

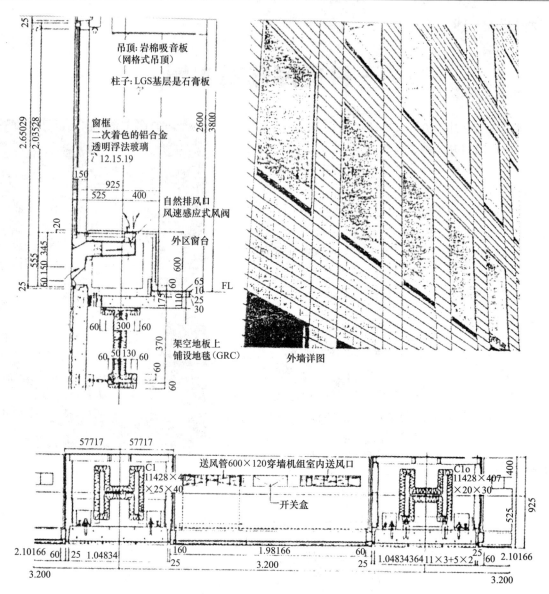

图2 外立面与窗际构造

（1）全空气单风道 VAV 系统。提供内区空调，采用装在各个送风口的末端 VAV 装置。各个末端均具有温度、风量的传感器和控制机能。根据这些运行信息可传输到各层楼的全自动空调 AHU，以实现节能运行。该方式当时造价较高。

（2）周边区采用穿墙式风冷热泵机组（TWU）。该机组由 1 台室外机及 2 台室内机组成。这种装置便于独立控制，减少空调输送能耗并有利于加班时使用，具有经济性。

（3）备用空气处理机组，可沿内墙设置，一般起备用作用，冷水管路先行安装。当用户负荷增加，有增加冷量需求时，可增设立式紧凑型 AHU，这种做法又称"机械墙"，是一种灵活性很强的处理手法。

空调冷热源

特点：根据箱崎地区（23ha）区域供冷供热（DHC）规划，利用建筑物边上的隅田川可作为建筑物供冷供热用热泵装置的热源，当时为日本第一个有规模的河川水热源热泵系统，比传统冷热源方式的系统效率提高 20%。此外，楼顶还设有冷却塔，兼作加热塔之用，冬季可从空气中采热（作非常热源用）。通过对建筑物的中水利用，可由热泵制得热水供相邻的住宅。地下室设有水深达 7m 的成层型蓄热（冷）水槽为本 DHC 使用［冷水槽容量为 950m³，热水为 560m³，属冷热水兼用槽（3470m³）］。

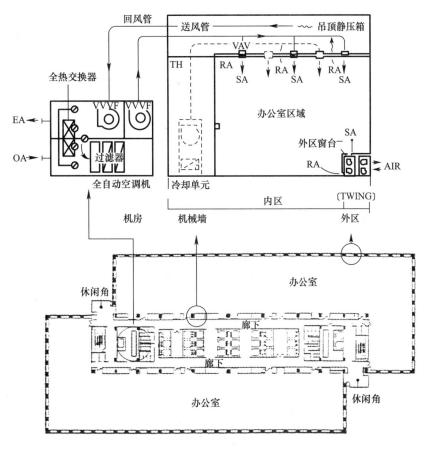

图 3 空调系统图

该工程河水取水流程如图 4 所示。供冷/热流程图如图 5 所示（夏季）。

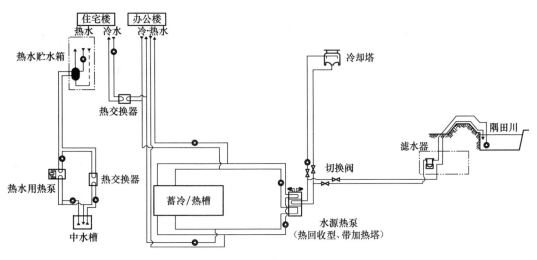

图 4 河水取水流程图

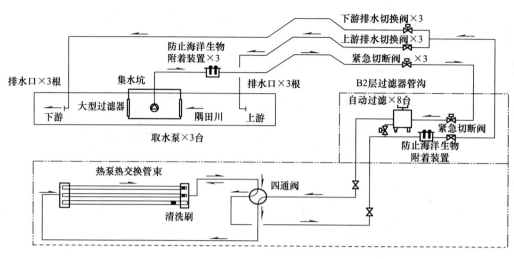

图 5　冷热源流程图

设备概要

机房面积为 1633m²，供给区域为 22.7hm²，从 1989 年 4 月开始供热。办公楼供冷水温度为 7℃，热水为 47℃，压力为 0.2～0.4MPa，住宅供冷水为 9℃，热水为 45℃，压力为 0.2～1.3MPa，生活热水供应温度为 60℃（见表 1）。

主要设备表　　　　　　　　　　　　　　　　　表 1

	单　位	能　力	台　数
水热源热泵（热回收型、带加热塔）	冷却（USRT）	1600	1
	加热（kW）	3954	
水热源热泵（热回收型、带加热塔）	冷却（USRT）	1600	1
	加热（kW）	3954	
水热源热泵（热回收型、带加热塔）	冷却（USRT）	1600	将来 3
	加热（kW）	3954	
生活热水热泵	加热（kW）	41	2

北陆电力本店大楼

地点：富山市（日本）牛岛町 15-1
业主：北陆电力公司
用途：办公楼为主
建筑规模：地下 1 层，地上 14 层，塔屋 2 层；建筑总面积
42570m²
构造：钢结构（部分钢筋混凝土）
建设工期：1987 年～1989 年 4 月
建筑平面、剖面图如图 1 和图 2 所示。

建筑外观

热源设备

采用蓄热式热泵方式，理由为：利用夜间低价电力可以移峰（电力），可利用办公室 OA 机器的内部热量供采暖、热水供应、融雪等。此外，非办公时间使用（加班）空调比较方便。热源机器的构成分高层部（13F～14F）与中低层部（1F～12F）。高层部的蓄热用潜热蓄热材（STL 冰球），低层部蓄热为冷水、热水复槽式水蓄热方式，通过阀门切换可使蓄热水量有四个阶段的变化；高峰负荷出现故障时，低层部亦可向高层部供给热量。水蓄热槽的槽间连通管为两端附有 FRP 弯管的诱导管方式。热源的室外机（热泵）换热器的通风、积雪、降噪等问题均作专门的处理。

主要热源机器

低中层部系统：螺杆式 ASHP×2 台，分离式热回收切换型。$Q_冷 = 1047kW$，$Q_热 = 930kW$，蓄热槽水量 2300m³，43 槽式容量切换型。高层部系统：螺杆式 ASHP×2 台，单元组合型热回收转换型，$Q_冷 = 168kW$，$Q_热 = 168kW$。冷水用 STL10m³，热水用 STL19m³。

配管方式分三区

13F～14F 职员室采用闭式四管制，地下室～3F 采用多用途系统；4F～12F 办公楼，采用开式/闭式二管制，开式四管制。对应负荷变化采用 VWV 方式（水泵台数控制，转速控制），为适应 OA（办公自动化）机器的扩容发热，设有可供全年冷水系统。大楼冷热源系统见图 3。

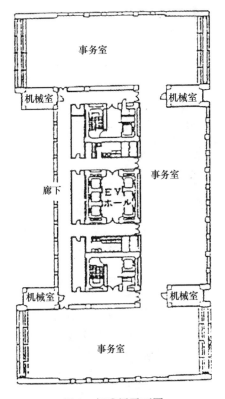

图 1 标准层平面图

资料来源：《BE 建筑设备》第 463 期，1989。

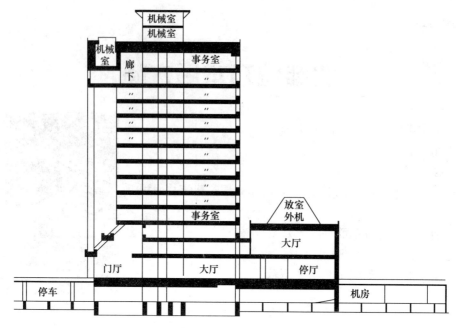

图 2　建筑剖面图

空调方式

标准层空调每层按方位分四区空调机分散设置，外区用 FCU，办公室空调约 $500m^2$ 设 1 台 AHU，换气次数为 $7.5h^{-1}$，回风通过吊顶进入系统，层高大的门厅，大厅及 13F～14F 的一部分用地板采暖（与空调结合使用），提高采暖效果。职员层、多功能区等的房间有独立控制必要者用 VAV（变频器调风机转速）方式，全楼 AHU75 个系统，FCU678 台，末端机组 61 台。

换气设备

办公室新风每人 20～$30m^3/h$，从便所、热水室或居室的回风的一部分排出，新风与排风间设全热交换器，厨房排气量大，设有新风处理机进行预冷和预热，地下停车场按 CO 排出量控制排气风机（用 VWF），排气用 Dilivent 方式排出（诱导通风）。全热交换器低层系 $10000m^3/h×2$ 台，中高层系 $28000m^3/h×2$ 台。

排烟设备

排烟系统区分为：地下停车场、2F 大会堂（厅）、1～14F，非常用 EV 厅即全楼设机械排烟系统。一般办公室按区从吊顶空间内排烟，排烟启动时，AHU、风机均停止运行。地下停车场系统风机：6.6 万 $m^3/h×30kW×1$ 台，1F～14F 系统风机：7 万 $m^3/h×37kW×2$ 台。

自控与中央监视系统

（1）有热源一次侧控制、隔日的热负荷预测、最佳蓄热控制电力移峰控制、热泵出水温度恒定控制、潜热蓄热量演算等功能。

（2）空调负荷侧控制：对应送水量的控制、止回阀及回水压力控制等。

（3）AHU 控制：预冷、预热新风供冷控制、FCU 独立控制。HT 交换器由风管压力控制风机转速。

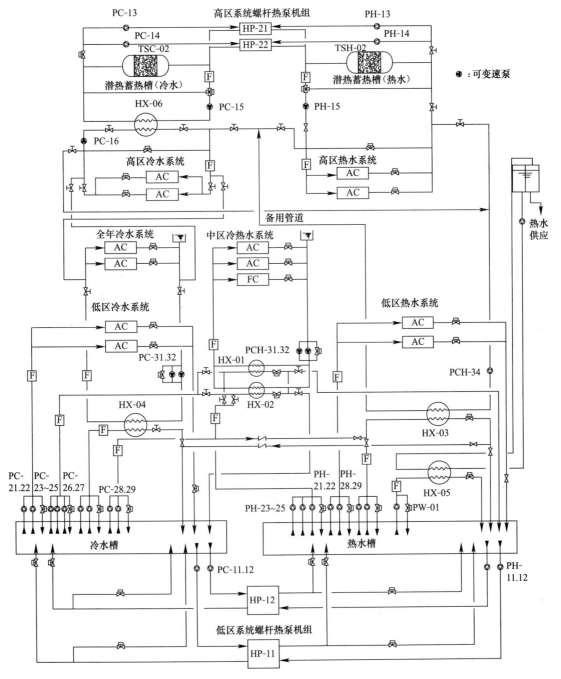

图 3　冷热源系统图

新川崎三井大楼

地点：日本川崎市幸区鹿岛田字向岛 890-12
业主：三井不动产（株）
用途：以办公为主
设计监理：日本设计事务所（株）、日立建设设计（株）
施工（空调）：日立 Plant 建设（株）、新日本空调（株）
建筑规模：地下 2 层、地上 31 层；最高高度：134m；总建筑
面积 13.89 万 m²
构造：钢结构（部分型钢混凝土、混凝土结构）
建设工期：1987 年 3 月～1989 年 5 月

建筑外观

建筑特点

　　该大楼为中部中庭相连的两幢相同且对称的建筑。高层栋的 3F～6F 为大型计算机房；7F～30F 为智能化办公室；1F、2F、31F 为相关的服务设施。该工程的完成可实现"职住相近"型的新川崎智能化都市复合建筑群的规划。

　　图 1 为基地总平面图，图 2 为办公楼标准层平面，图 3 为大楼的剖面图。

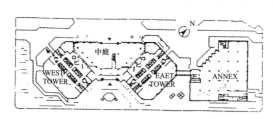

图 1　基地总平面图

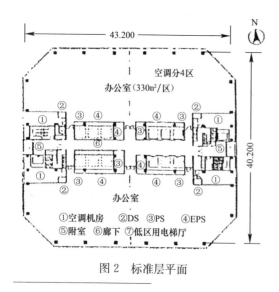

图 2　标准层平面

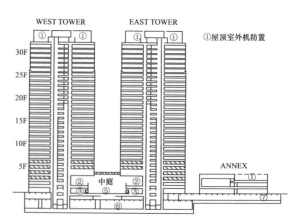

图 3　剖面图

资料来源：《BE 建筑设备》第 462 期，1989。

空调方式

标准层空调分内外区，整体分为 4 个区，每区约 330m²，设 4 个机房。采用分散的 AHU，送风为单风道方式，用变风量末端。内外区 AHU 中均为冷热水盘管。风机均由变频器控制风量。运行中可以利用新风供冷，系统原理图如图 4 所示。

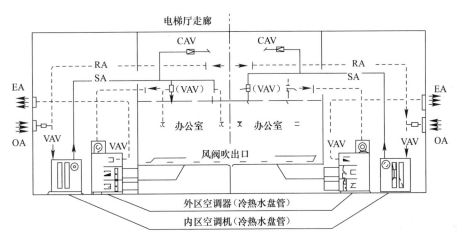

图 4　空调系统原理图

冷热源设备系统

主要冷热源设备设在地下 2F 以及低层栋的屋顶上。设备种类和容量如下：

高层部冷冻机：直燃型冷热水机组 655RT×2 台，离心式冷冻机 645RT×3 台，
　　　　　　　双管束离心式冷冻机 254RT×1 台；

低层部冷冻机：风冷热泵型冷冻机 90RT×4 台，离心式冷冻机 377RT×1 台；

低层部蓄热槽：温度分层式 2100m³；

锅炉：燃气炉筒烟管式 2000kg/h×2 台。

采用以电气驱动为主，辅以燃气的复合能源方式，不仅在运行方面有灵活性，而且提高了能源供应的可靠性。冷热源为分高层系统（7F～31F）及低层系统（地下 2F～6F）两部分。高层系统的冷热源由直燃式吸收式冷热水机组、离心制冷机组、双管束（热回收型）离心制冷机组构成。分别向内区的 AHU 及外区的 AHU 供冷/热水，又能为适应办公机器的发热的增加（20VA/m²）而提供全年的备用冷水系统。低层系统则利用深夜电力（分时计价）的蓄冷（热）式热泵方式。它利用风冷冷水机组和离心制冷机组（热回收方式）。蓄热槽由冬夏可以切换的冷、热水槽（约 1200m³）及全年用的冷水槽（约 900m³）构成。加湿采用炉筒烟管锅炉产生的蒸汽。考虑节能，水系统采用大温差以减少输送能耗。同时，通过台数控制有效地调节负荷。从蓄热水槽出水到高层系统部分时中间通过水—水热交换器以减轻输送负荷。水系统配管流程如图 5 所示。

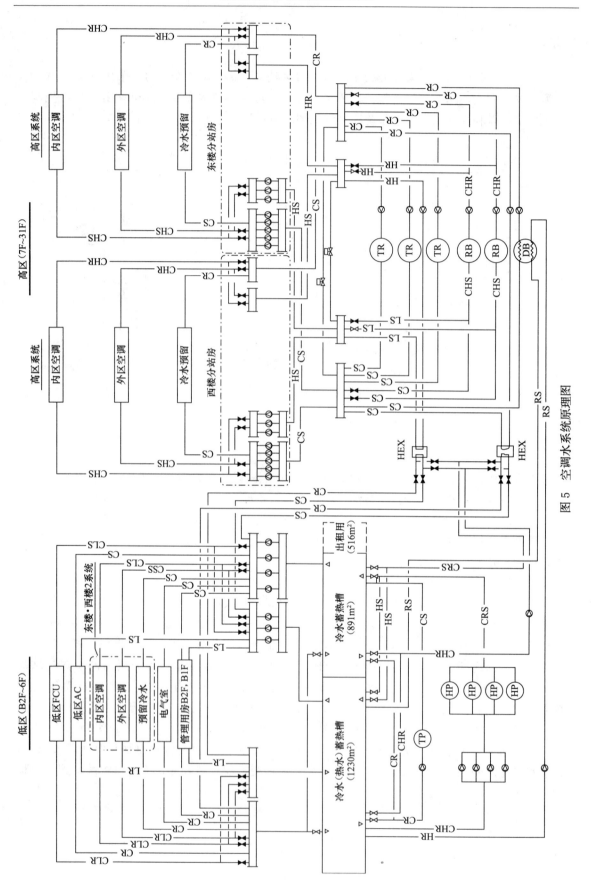

图 5　空调水系统原理图

工程实录 J22

新宿 L TOWER

建筑外观

地点：东京新宿区西新宿 1-6-1

业主：三和银行（株）等

用途：银行办公、商场等

设计监理：清水建设（株）

建筑规模：地下 5 层、地上 31 层、塔屋 1 层；总建筑面积 8.6 万 m²

结构：型钢混凝土（部分为钢筋混凝图）

建设工期：1986 年 8 月 1 日～1989 年 6 月 30 日

建筑总平面、标准层及剖面如图 1～图 3 所示。

工程设计理念

当年设计时是智能化办公楼的发展期，故对大楼信息通信系统、建筑环境系统和建筑管理系统等三大智能化要素有全面的要求。从环境舒适与节能来说，如通过 DDC 控制达到热环境细分化调节，并降低能源消耗。该工程采用了清水建设（株）开发的三通路风管 AHU，新型的模数吊顶、芳香除嗅等技术。

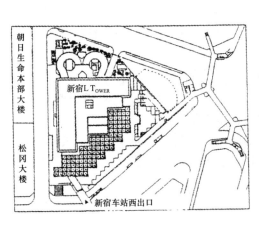

图 1 总平面图

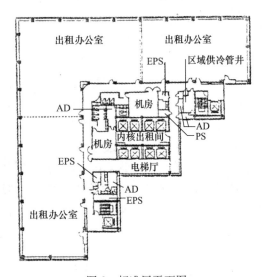

图 2 标准层平面图

空调设备与系统方式

标准层办公室（4F～29F）

（1）内区每层分为南、西两个系统。竖向则两层合一个 AHU，用单风道 VAV 方式。

资料来源：《BE 建筑设备》第 464 期，1989。

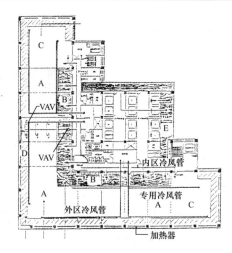

图 4　标准层风道平面

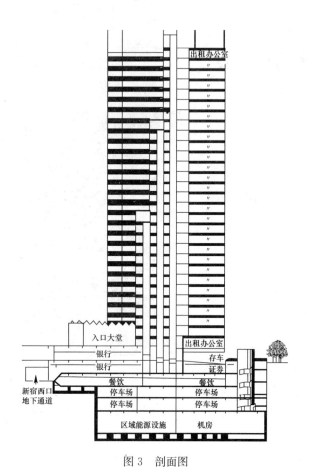

图 3　剖面图

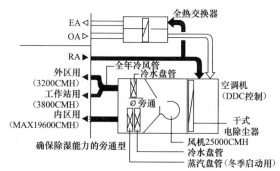

图 5　三通路 AHU 示意图

（2）外区采用单风道送冷风（VAV）＋热水散热器方式。

（3）新风采用在各层分散取入，与排风经全热交换器后入 AHU，空气过滤用静电型集尘器与自动卷绕式相结合的方式，加湿器为蒸汽加湿装置（压力为 0.2MPa）

（4）地下 5F～地上 3F 采用按出租分区的单风道空调方式。

（5）考虑到办公室使用的发展，办公室分为三个区域：1）轻负荷区：指一般办公区，由 DDC 直接控制。2）中负荷区：OA（办公自动化）机器集中的工作区（OA 机器负荷为 65W/m²），对于负荷增加，可在吊顶内预设冷风管并简便地追加送风口。3）重负荷区：指 OA 机器达 500W/m² 者，则考虑在两侧预设冷水系统，并有设专用 AHU 的可能，图 4 表示了风道布置的走向。

（6）空调温度的设定和系统运行，可通过墙上的终端显示器进行调节和控制，并与大楼监控室相连通，自动计量能耗（包括加班空调的开停控制）。

（7）所采用的三通路 AHU 是可同时供冷风和冷热风的装置，可自由设定和变更以跨为单元的运转程序。该 AHU 的示意图如图 5 所示，外形图见图 6。

（8）外区空调系统控制：该楼附近有多幢超过该楼高度的建筑，其日射阴影对本楼有明显影响，故需按跨进行冷热风的自由切换，冷风用 VAV 控制，热水散热器控制窗际温度，热水放热器有可靠的防漏水措施（见图 7）。

（9）办公楼标准层的温度传感器采用匣式条缝型温度传感装置，即设在吊顶模数单元的条缝型回风口内，计测误差小（比装在墙上、柱上可靠）。

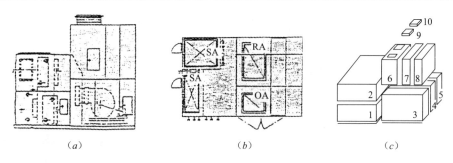

图 6 AHU 外形图

(*a*) 立面图；(*b*) 平面图；(*c*) 分割组装图

芳香空调的应用：采用天然性香料，通过发香装置注入空调送风管内，限于银行的大厅内装置，如图 8 所示。

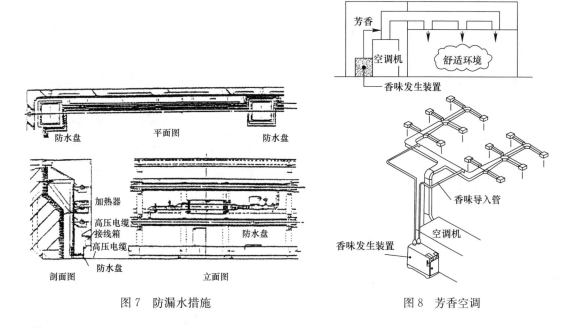

图 7 防漏水措施   图 8 芳香空调

冷热源设备：

该楼的冷水与蒸汽由西新宿 1 丁目地区之 DHC 站（设于本楼地下 5F，总冷量达 12600RT）提供，属东京燃气公司。蒸汽从 0.8MPa 减压到 0.2MPa 后使用。低层空调机组、标准层外区热水散热器和进厅的地板采暖用蒸汽经热交换器所得的热水。标准层用 AHU 的加湿则使用蒸汽。冷水初温为 7℃（0.76MPa）分高、中、低三区使用，并利用辅助加压水泵，回水温度为 13℃，压力保持在 0.6MPa。

工程实录 J23

神户市新市府大楼（神户市新厅舍）

地点：神户市中央区加纳町 6-5-1

建筑用途：办公、议会（停车 149 台）

构造：RC/SRC 及 S 造，窗：高性能热射线吸收反射玻璃

建筑规模：总建筑面积 52360m²；地下 3 层，地下 30 层，塔屋 2 层，标准层高度 3.85m，吊顶高 2.6m，图 1～图 3 分别为建筑位置、标准层平面和剖面图

建设工期：1987 年 1 月～1989 年 8 月

冷热源设备

新楼与原政府办公楼、原第二办公楼共同使用一个机房（设在楼外地下），参见图 4。

（1）主热源：直燃式燃气冷热水机 770 USRT×2 台；ASHP 380 USRT×2 台。

（2）辅助热源：冰蓄热系统 150USRT×1 台（蓄冰量 410USRT.H）；GEHP（燃气热机泵）150USRT×1 台；排热利用低温热水吸收式制冷机 40USRT×1 台，热源机房位于独立的电器机械幢地下 2F。

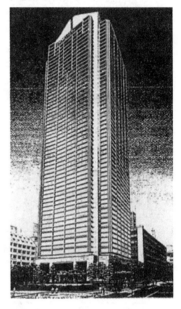

建筑外观

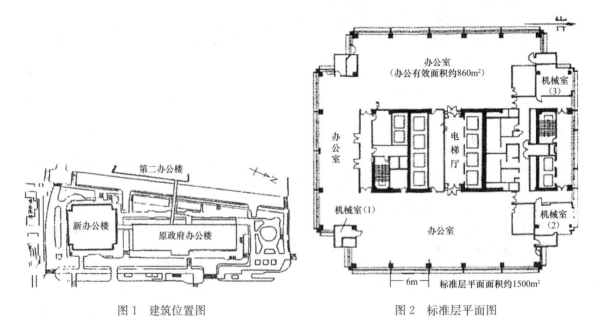

图 1 建筑位置图

图 2 标准层平面图

资料来源：《BE 建筑设备》第 465 期，1989（Vol.40/12 月）。

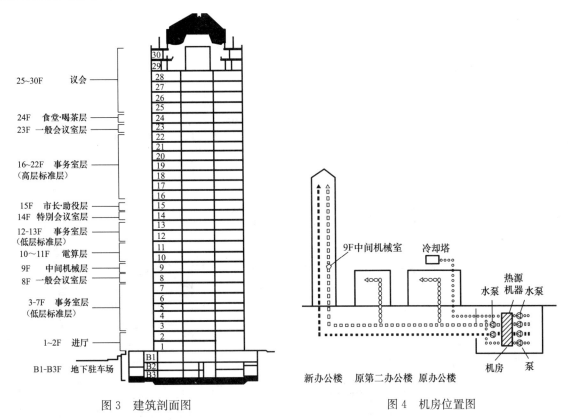

图 3　建筑剖面图　　　　　　　　图 4　机房位置图

　　（3）配管设备：除向各厅舍供应冷水、热水，对新大楼为配合办公楼 OA 化，可全年提供冷水，新大楼 9F 为中间机房，设辅助水泵对高层供水（加压），减压后，回到低层部。

空调设备

　　标准层分内外区，内区分为东西两个系统，单风道方式。外区则分成东、西、南三个系统，用小型 AHU 从沿窗台下设置的送风设备向上送风。该系统避免了在吊顶内设置水配管系统。这种窗下送风设备如图 5 所示。有简单的风门设在其中，夏季构成诱导型，冬季可调节为上下同时送风型。夏季可改善日射对窗面和地面温度的影响，冬季也可清除滞留在下部的冷空气。即冬季在窗台罩下部送出部分热风，可达到冬季对人"头寒足热"的要求。冬季室内温度分布测得如图 6 所示的结果。

特殊用途的层楼

　　内区：分东、西两个系统，用不同大小的 2 台空调机（AHU）构成的双风道系统，对应于小组房间负荷变动的同时，确保换气次数，并保证室内的空气洁净度。

　　外区：FCU 系统。

换气设备

　　各厕所、复印室，经全热交换器热回收后排出。停车场系统用喷射的 DILIVENT 方式。

照明、电气设备及办公自动化

　　照明设计：办公楼（标准层）荧光灯省能型 40W×2 台，办公室照度 500Lux，接待室照度 400Lux，会议室照度 400Lux，停车库照度 150Lux。

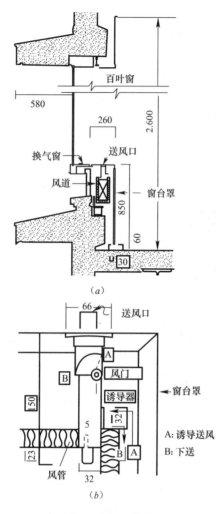

图5 窗际送风装置

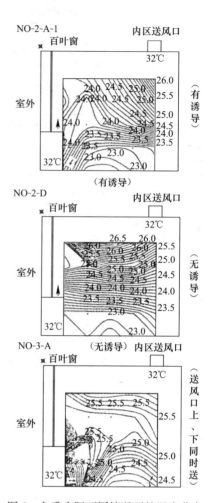

图6 冬季窗际不同情况下的温度分布

受配电设备：因政府大楼，供电必须可靠。受电方式为利用本地区电网配电，33kV，2路进线（本线及备用线）。用特高变压器4500kVA×2台，将来增设一台。自备电源：容量为供建筑物用电量的1/3左右。原动机为燃气轮机，3Φ6.6kV，1250kVA×2台。发电机负荷对象为：防灾设备、一部分给水排水设备、电子计算机及其空间用电、部分电梯、照明的1/3～1/2。

办公自动化（OA）的有关设备：电源容量的确保与控制应满足OA机器设备的发展。考虑对于CRT显示屏的照明问题、完善的电气线路配线系统，以及计算机和数字交换机等为核心的全楼情报网络（LAN）的配线（光导纤维）的设备同样十分重要。

大楼能耗

为节能考虑，对玻璃种类选择、遮阳深度、自然换气小窗等的利用通过动态负荷计算。换气网络的分析做出了模拟计算结果，年间一次能消费量应控制在1507MJ/(m² · a)。

备注：该大楼经历过1995年阪神大地震的考验。

工程实录 J24

日比谷达依大楼

地点：东京千代田区 1-2-2
用途：出租办公室、商店
建设工期：1987 年 10 月～1989 年 9 月
建筑规模：建筑总面积 29960m² （二期工程完成时）；地下 3 层，地上 21 层，塔屋 1 层。
建筑平、剖面如图 1 和图 2 所示。

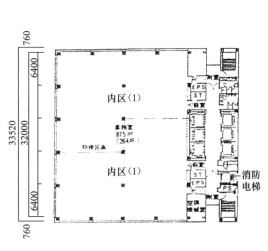

图 1 标准层平面图

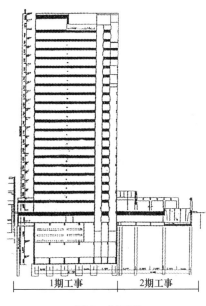

图 2 剖面图

空调设备

2F～21F 全部采用通风窗（Air Flow Window，AFW），一部分空调回风通入，减轻周边负荷，标准层南、西、北三向有窗，但可不进行分区，按同一空间设计，各层用单风道 VAV 空调机 2 台。

冷热源设备

该地区（内幸町）有 DHC 设施，取蒸汽作加热热源，供冷能源用电力，并利用排热回收，水泵均用变频控制。主要热源设备：

省能型离心制冷机　　　　1231kW×2 台；
双管束螺杆式制冷机　　　364kW×1 台；
双管束螺杆式制冷机　　　183kW×1 台；
板式水—水热交换器　　　492kW×2 台；
其他换热器及蓄热槽等。

资料来源：《BE 建筑设备》第 469 期，1990。

AFW 的效果

（1）夏季减少供冷负荷，冬季利用日射得热，并可改善窗际热环境。

（2）不分内外区，无混合损失。

（3）效果测定参见图3和图4。图3为不同条件下的遮阳系数的测定结果，图4为普通单层玻璃与 AFW 方式热舒适指标 PMV 的比较。

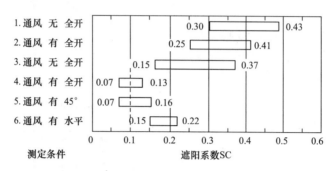

图3 不同条件下的遮阳系数

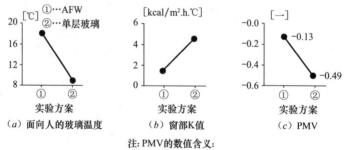

（a）面向人的玻璃温度 （b）窗部K值 （c）PMV

注：PMV的数值含义：

-3 冷；-2 凉快；-1 稍凉快；+0 适中；+1 稍暖和；+2 暖和；+3 热

图4 单层窗比较

广岛 INTES 大楼

地点：广岛市中区桥本町 10-10

用途：办公楼

构造：钢筋混凝土

建筑规模：地下 1 层，地上 14 层；建筑总面积 13071.5m²

业主：竹中工务店（株）/明治生命保险公司

设计/施工：竹中工务店

建设工期：1988 年 4 月~1989 年 11 月

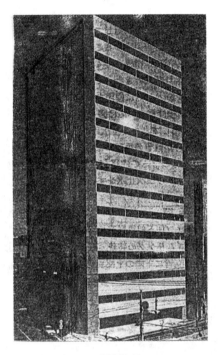

建筑外观

空调设计

标准层平面图如图 1 所示，每层分 5 区，可各自运行和设定室温，并能分别热计量的分散空调方式。空调器为暗装分设在各跨。空调器的负荷可按能适应休假日运行的要求来配置。配管系统内区有冷水专用管线，外区侧配有冷热水系统。内区有选择供热或供冷的可能。10F~13F 内区用冰蓄冷装置，该系统利用冷剂的潜热变化而产生自然循环的原理，二次侧无须输送动力，是一种经济的个别分散空调系统。

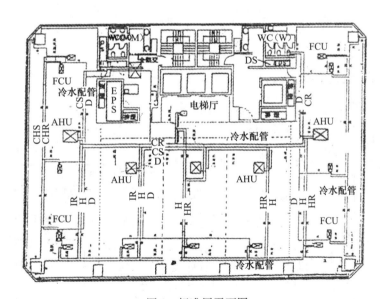

图 1　标准层平面图

为防止多变的外扰负荷影响空调系统的周边区分南、西、北三区。分别用 VWV 方式控制。

资料来源：《BE 建筑设备》第 470 期，1990；《空气调和·卫生工学》1992/12。

吊顶内设 FCU，从上部向下送风。考虑换气节能各层用全热交换器机组。东侧窗上部设可换气的百叶窗，排烟设排为机械排烟方式，在核心区设竖风道在屋顶上设排烟机。

冷热源设备

CLIS-HR（ST-60-HR），制冰能力 37RT/h，制冷水能力 46RT/h，加热能力 167.5kW（见图 2 及图 3）。冰蓄冷槽（FRP 制），有效容积 40m³，溶液一次泵功率 0.75kW，二次泵功率 7.5kW，冷水一次泵 480L/min×5.5kW，冷热水一次泵 350L/min×2.2kW，空冷热泵冷水（热水）机组（付热水供应功能）。Q_0＝23RT/h，Q_k＝84.3kW，冷热源系统总流程见图 3。

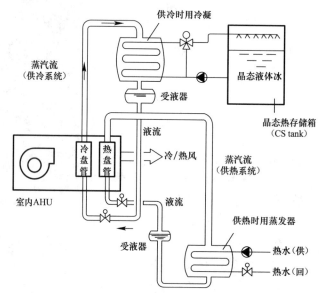

图 2 vapor crystal system 原理

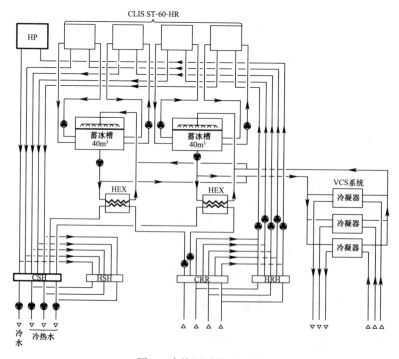

图 3 冷热源系统原理图

工程实录 J26

大阪南海南塔宾馆

地点：大阪市中央区难波 5-1-60
业主：南海电气铁道公司；
用途：车站宾馆、商场等
设计：日建设计（株）
建筑规模：地下 3 层、地上 36 层、塔层 2 层；总建筑面积 6.778 万 m²；建筑物高度 147m。剖面图见图 1
结构：钢筋混凝土结构、钢结构
设计时间：1972～1988 年
施工时间：1988 年 4 月～1990 年 1 月

建筑特点

该工程是大阪地区诸铁道交通线路交叉点的车站建筑，既是交通换乘站，又有购物中心，宾馆就坐落在难波车站的上面，是大阪南部的标志性建筑。建筑剖面如图 1 所示。

建筑外观

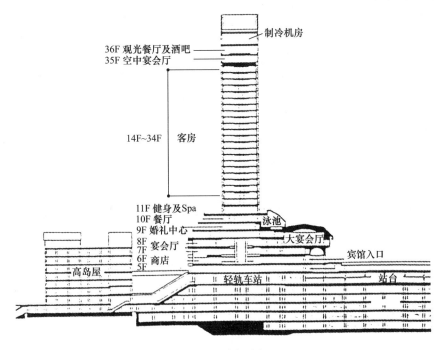

图 1 剖面图

资料来源：根据参观考察资料整理。

空调设备

按用途分别采用各种空调方式。全楼空调系统共 63 个，采用全热交换器、风机变频、新风供冷等方式达到节能的要求。客房采用 FCU＋新风系统，FCU 为四管制，并用旁通风门控制。客房采用数字式控制器控制室温、风机的开停等功能，以保证室内环境舒适。此外，可以通过预约信号（入住情况）对 FCU 进行控制。大宴会厅的空调可适应其活动的分隔要求。厨房都用处理过的新风供冷、供热。负荷密度高的厨房，新风两个系统之一采用岗位送风方式。此外，室内游泳池空调采用喷口送风末端机组可缩短启动工况时间。

冷热源设备

曾考虑全部采用原有的"难波城"冷热源机房供热、供冷。但因宾馆全年每天 24 小时有供冷水的需要，为此在大楼最高塔屋层内亦设冷冻机房，与集中冷热源机房可相互备用。12F 内设换热器，此外在原锅炉房内增设锅炉，供蒸汽；冷冻机排热（热回收）供热水。新增设的冷热源设备为：蒸汽型吸收式制冷机 270RT×2 台，螺杆式制冷机 100RT×1 台（排热供热水供应），风冷热泵冷水机组 60RT×2 台，系统流程图如图 2 所示。原集中机房设备有蒸汽吸收式制冷机 1250RT×5 台（内 2 台增设）、离心制冷机 1250RT×5 台（内 2 台增设）。

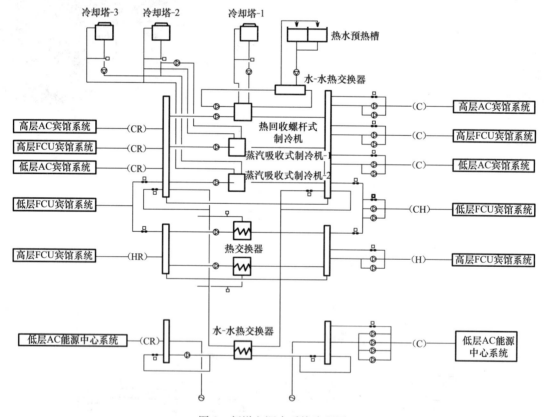

图 2 新增空调水系统流程图

日本电气公司总部大厦

名称：日本 NEC 大厦

地点：东京都港区三田

用途：办公楼

业主：日本电气公司

设计：日建设计（株）

建筑规模：地下 4 层、地上 43 层、塔层 1 层（地上高 180m）；总建筑面积 14.5 万 m²

构造：地上钢结构、地下钢筋混凝土结构（部分型钢混凝土）

竣工时间：1990 年 1 月

建筑外观

建筑设计理念

为减少高层建筑在风力作用下产生的强力气流对邻近环境产生的不利影响，该工程在设计过程中通过风洞模型试验确定利用建筑中部开设风穴来改善气流对周边环境的影响。在大楼的 13F 处开了一个宽 4.2m、高 15m 的巨大风穴，使气流从中穿过，有效地改善了周边的风环境，如图 1 所示。此外，为改善室内热环境和不专设外区空调系统，在日本首次采用了大规模的通风窗（AFW）。图 2 为大楼的平面图，图 3 为剖面图。

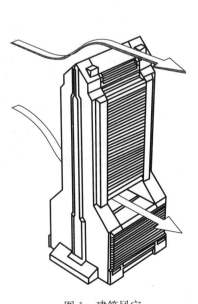

图 1 建筑风穴

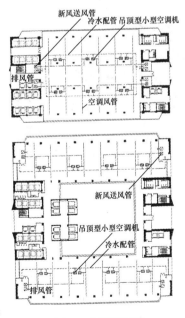

图 2 建筑平面图

资料来源：《空气调和·卫生工学》1992/12；《ASHRAE Journal》1994/1；《建筑设备と配管工事》（日本）1991 年增刊号；《ヒートポンプによる冷暖房》（日本）第 40 期。

标准层空调方式

（1）采用通风窗的方式（见图4）改善窗际环境，并免除传统因内外分区系统引起的混合损失，故不专门设置外区空调系统。

（2）采用新风空调机组和分散型空调机组相结合的全空气系统（见图5）。新风负担新风负荷和室内潜热负荷，冷水盘管水温较低，承担室内显热负荷的分散型 AHU 用较高的冷水温度，可提高节能效果。分散型 AHU 按约110m² 布置1台。

（3）利用排风热回收，过渡季节新风供冷，VAV 及 VWV 控制等降低能耗。

通过室内空调温度的"零能量带"（ZEB）控制减少装置负荷（减小等峰值负荷）。

冷热源设备

为大楼服务的冷热源设备有：

离心式冷冻机：250RT×3 台，500RT×1 台，750RT×1 台；

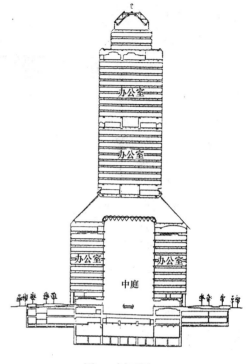

图3 剖面图

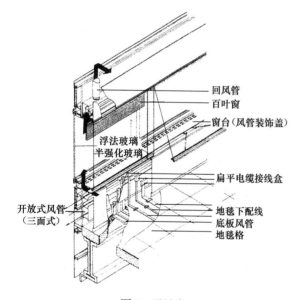

图4 通风窗

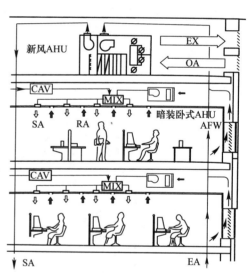

图5 空调系统图

蒸汽吸收式冷冻机：700RT×2 台；

蒸汽锅炉（天然气）：3.3t/h×3 台；

冷却塔：700RT×2 台，750RT×1 台＊，500RT×1 台＊（＊为白烟防止型）；

蓄热槽：冷却专用：2300m³，1000m³；热水专用：600m³。

冷热源设备与配管系统如图6所示。

该大楼全年运行一次能耗为 2018MJ/（m²·a）。

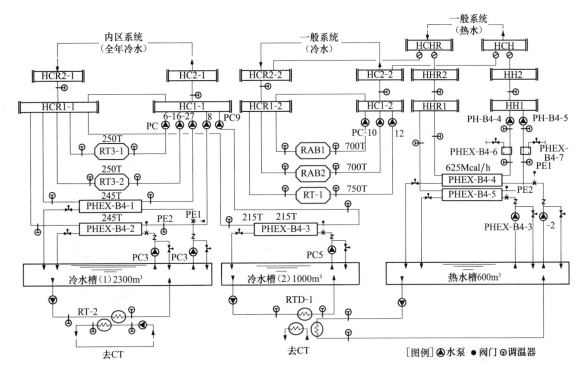

图 6 冷热源系统图

住友入船大楼

地点：东京都中央区入船 2-1
业主：住友不动产（株）
用途：办公室（1F～2F），共同住宅（13F、14F）
建设工期：1988 年 4 月～1990 年 2 月
设计：（株）大林组东京社一级建筑事务所等

建筑外观

建筑概况

建筑总面积 21246m²；层数：地下 2 层、地上 14 层、塔屋 1 层；高 55.65m。标准层建筑平面图如图 1 所示。

空调方式

考虑分区运转、控制灵活、易于维护管理、避免办公室漏水，内区用个别对应的集中空调方式，外区按各方位设置的分散型空调均为全空气方式（见图 2）。OA（办公自动化）负荷按 40VA/m²，照明强度为 500Lux，照明器具可由 2 灯管改为 3 灯管。设计中考虑了 OA 负荷可能增加而设的冷水系统，住户部分用分户的 ASHP 机组。

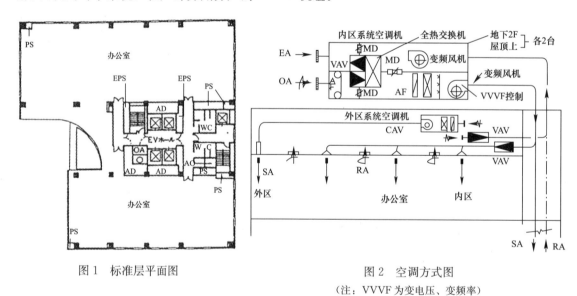

图 1　标准层平面图

图 2　空调方式图
（注：VVVF 为变电压、变频率）

热源设备

直燃式冷热水机组 967kW（冷却）/779kW（加热）2 台，因冷热负荷不平衡，其中一台用加热增强型 1163kW，供热时 1 台运行即可，所采用的机组为大温差型（冷水 7～14℃），使水量减少，节约输送能耗，一次水泵变频控制。加湿用小型燃气蒸气锅炉（350kg/h）。

资料来源：《BE 建筑设备》第 471 期，1990。

配管设备

空调用双管制，季节转换，但南、西侧外区空调器用配管是独立的，供暖季节亦可提供冷水，用于 OA 机器冷负荷专用的冷水立管有两路，在每层备有 $\phi40$ 及 $\phi65$ 的接管，冷水量为 4000L/min（合 300RT），立管在 PS 内。

空调设备

内区空调机分低层（2F～7F）南、北，高层（8～12F）南、北共四个系统，设于地下 2F、屋顶各 2 台，标准层内区分北侧二区、南侧二区布置，由 VAV 调节风量进行室温控制，AHU 内设有全热交换器，春秋季可新风供冷，标准层外区空调机为定风量，在环绕核体周围的吊顶设置，以节省空间，回风与内区共同利用吊顶空间，内区空调机总风量为 185100m³/h.

自控设备

分散型 DDC 控制，有利于故障分散，调整方便，并提高控制精度。此外还有热源台数控制，冷却塔风机停、开控制，泵台数控制，温湿度控制，新风供冷控制，预热预冷时新风关断控制，最佳启动控制，运转时间的测算，风机变频控制等。

幕张科技园（MTG）大厦

地点：日本千叶县千叶市中濑 1-3
主要用途：办公研修、商业等
设计单位：清水建设（株）
建筑规模：（两座办公楼）地下 1 层、地上 25 层，塔
屋 1 层；建筑高度 106.75m；总建筑面积：20.98 万 m²
结构：钢结构、钢骨钢筋混凝土结构
设计时间：1980 年 4 月～1987 年 9 月
施工时间：1987 年 12 月～1990 年 3 月

建筑外观

建筑特点

该园区位于日本环东京湾开发战略中的新城区（总占地面积 522hm²，为新宿副都心的 7.5
倍）。MJG 主要由两幢高层、一幢低层的教学楼和两幢塔楼间的裙房 R&D 构成，该地区规划为
区域供冷供热地区。由东京电力公司经营的能源中心也位于此。

图 1 为大楼剖面图。

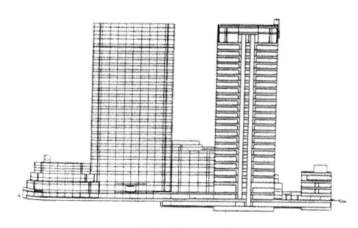

图 1　大楼剖面图

空调方式

标准层空调将平面划分 4 个区，分设 4 个系统。空调系统送风分内区、外区两路送风，均
为单风道 VAV 方式。通过 DDC 进行变风量控制。一个 AHU 在一个层面控制内区 6 个 VAV
和外区 2 个 VAV 末端，布置如图 2 所示。

空调机采用双层布置，高度＞5m，两层合用 1 台。机内设有全热交换器，空气过滤器有去
除滨海地区盐雾粒子的性能。空调水配管为四管制，办公室及计算机房均设有用以补强空调能
力的备用冷、热水配管和热交换容量（见图 3）。

资料来源：《建筑设备と配管工事》（日本）1991/2；《日本高层建筑》，覃力，中国建筑工业出版社。

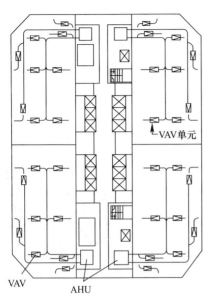

图2　空调平面图

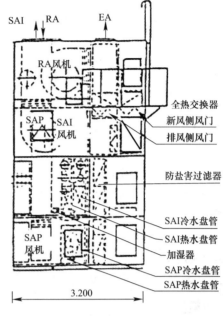

图3　空调机剖面图

冷热源设备

该大楼利用位于本区的由东京电力公司经营的区域供冷供热系统（1990 年 4 月起供给），总供给建筑面积为 91.4 万 m^2（1997 年 3 月）。冷热供应利用未利用能（花见川下水处理厂的再生污水），由水热源热泵、热回收热泵、电动离心制冷机等设备构成，并有 4500m^3 的蓄冷（热）槽。

URBANNET 大手町大楼

地点：东京都千代田区大手町 2-2-2

业主：NTT 都市开发（株）

设计监理：NTT 都市开发一级建筑士事务所

建筑规模：地下 5 层，地上 22 层，塔层 1 层；建筑面积 12.05 万 m^2；标准层面积 4393 m^2；架空地板高 10cm～35cm

构造：地下部分钢骨钢筋混凝土

（部分钢筋混凝土）地上钢结构

建设工期：1987 年 11 月～1990 年 6 月

图 1 和图 2 为大楼剖面图、标准层平面图。

建筑外观

空调设备系统方式

该楼采用多种设备与系统方式：

标准层平面分 8 个区，相应有内外区，采用三种空调方式。

（1）内区：采用可以负担各分区负荷的 8 个集中式全空气系统，每台 AHU 可由 DCC 独立控制运行，根据机器发热负荷调控。AHU 内冷、热盘管来自集中冷源，有加温功能，并设有全热回收器（转轮）。AHU 系统见图 3，回风集中在吊顶内。

（2）对于内区负荷偏高的区域，另外在吊顶内布置暗装的冷剂热泵机组（室内机共 21 台），室外机置于平面角隅的阳台上，可起辅助、备用作用。由于为电制冷（热）设备，提高了全楼装置运行的安全可靠性（集中系统为燃气吸收式制冷）。

（3）外区：在窗边采用多功能的 FCU 方式。与常规 FCU 的不同是，除向室内送风外，兼有排风功能，且装有热回收器。新风从墙外直接进入室内时即被预冷或预热，故此 FCU 为就地补充新风且带热回收功能的个别机组，其整体布局亦可见图 2。

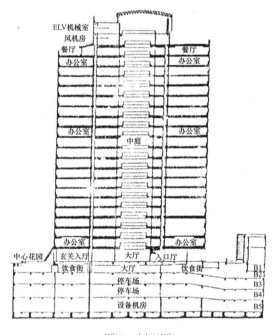

图 1　剖面图

（4）中庭空调方式：底层大堂与中庭合用空调处理机组。在 1F 的空调机房内设置 2 台 AHU，向下部送风。每层还设有单冷的 FCU 向中庭送风，为了防止热气流的积聚而侵入房间，在最上部设有单冷 FCU。此外，根据室外温度、风向、气候情况，在防灾中心设有对中庭上部情况的监控系统，用以开闭排烟窗，并进行通风换气，如图 4 所示。

资料来源：《冷冻》（日本）1991/3，日本大金公司技术资料。

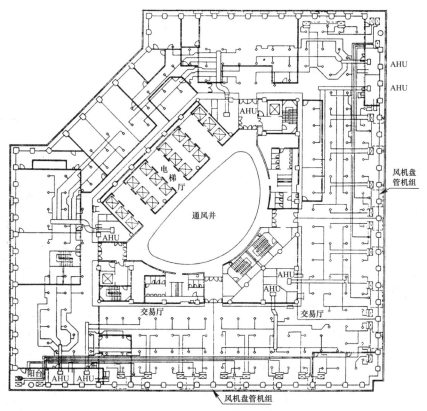

图2　标准层空调平面

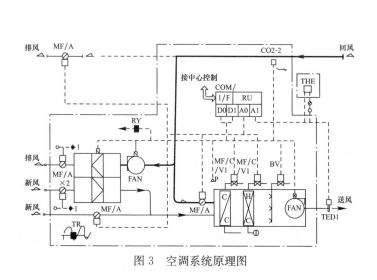

图3　空调系统原理图

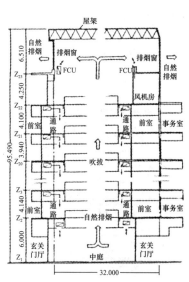

图4　中庭空调系统原理图

空调冷热源

该工程地下 5F 为东京大手町地区的区域供冷供热公司所设的 DHC 副机房（站），设有双效溴化锂吸收式制冷机 900RT×7 台，电动离心制冷机 1 台（900RT）。终年全天可供 6～7℃的冷水。离心制冷机亦可用非常电源驱动（柴油发电机），作为出租部分经营系统、计算机房等停电时的备用。采暖利用集中机房来的蒸汽（8kg/cm²，0.8MPa），进入大楼后经减压使用，大楼冷水配管在地下 5 层引出后分 5 个系统，按负荷变动通过分水集管进行调节。

工程实录 J31

新宿 Monolis 大楼

建筑规模：地下 3 层，地上 30 层，塔屋 1 层；总建筑面积 90454m²

用途：办公（信托公司）、商店等

建设工期：1988 年 4 月～1990 年 6 月

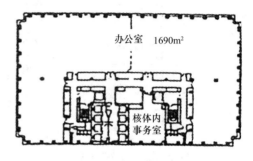

图 1　标准层平面图

冷热源设备

利用西新宿的 DHC 设备，冷水温度为 4～12℃ (519Gcal/h，即 603.2MW)，蒸汽 (0.7MPa，8.65t/h)，冷水入口用辅助泵方式，分 1/2～29F 及 BSF～11F 两系统，低层 FCU 系统采用用水—水热交换器与系统压力分隔。高压蒸汽经二级减压达 2kg/cm²，作为热水供应热源，空调机加湿，用蒸汽—水交换器深热水作供暖（FCU）用。

空调方式

标准层全空气方式：分外区系统（4 个）、内区系统（4＋1）及新风系统（2 个），新风空调机内设有全热交换器。空调机是专门研制的小型分散方式，内有消声器。要求 NC～35 以下（办公室）。为使标准层 OA 化对应，内区按 29W/m² 处理。为处理今后更大的发热负荷，设有能力为 93W/m² 的特殊冷却设备及配管（每层设 2 个）。图 1 为标准层平面图，图 2 为剖面图，图 3 为空调分区，图 4 为空调风区布置图。

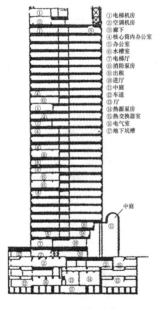

①电梯机房
②空调机房
③廊下
④核心筒内办公室
⑤办公室
⑥水槽室
⑦电梯厅
⑧消防泵房
⑨出租
⑩进厅
⑪中庭
⑫车道
⑬厅
⑭热源泵房
⑮热交换器室
⑯电气室
⑰地下坑槽

图 2　剖面图

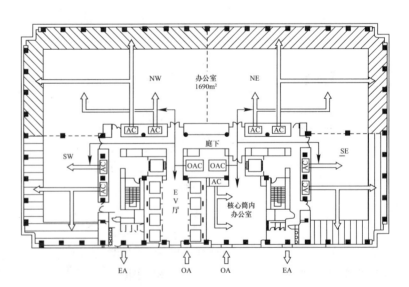

图 3　空调平面分区

资料来源：《BE 建筑设备》第 476 期，1990 年。

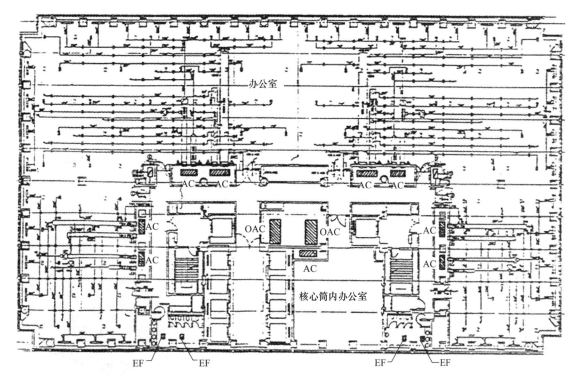

图 4　标准层分区布置图

　　该建筑考虑节能和舒适的统一，东西面与南北面的窗户大小不同，并采用高性能热反射双层玻璃。中庭空调经气流模拟决定冬夏季送风方式。吹出风速和角度可变，用 FCU 及辐射地板采暖。此外，设有电动百叶遮阳，调节上下部开启面积可进行自然通风。

　　该建筑的其他设备均按智能建筑设计。

工程实录 J32

水晶塔大厦

地点：大阪市中央区城见 1-2-1
业主：竹中工务店（株）
用途：办公、店铺等
设计、施工：竹中工务店
结构：地下钢筋混凝土及型钢混凝土、地上钢结构
建筑规模：地下 2 层、地上 37 层、塔层 2 层；建筑
总高 157m；总建筑面积 8.6 万 m²；标准层层高 3.9m，
吊顶高 2.8m，面积 1850m²
建设工期：1988 年 3 月～1990 年 8 月

建筑外观

工程特点

该大楼位于 1980～1990 年间大阪开发的中央商务区
（CBD）内。是日本建设工程企业竹中工务店的自建大楼，
空调方式采用该公司研发的与冰晶型储冷技术相结合的冷
机自然循环分散型空调方式。图 1 为建筑剖面图。

为此建筑布局与此空调方式密切结合，如具有层高很
大的顶层设备机房，储冰槽放在顶层有抑制地震的功能，吊顶内可设置该方式专用的 AHU。为
降低冷热负荷，建筑围护结构处理亦颇周详。图 2 为窗户周边构造，图 3 为标准层平面图。

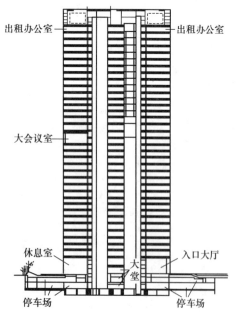

图 1　建筑剖面

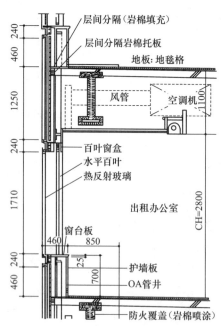

图 2　窗户周边的构造

资料来源：《日经建筑》1988 年 8 月 8 日；《建筑设备士》1991/5。《ヒートポンプによる冷暖房》（日本），1992 No. 40。

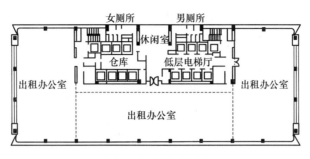

图 3　标准层平面图

空调设备与系统方式

空调方式与冰蓄冷系统直接结合，利用冷剂自然循环与室内装有冷剂盘管的 AHU（末端装置）构成环路进行供冷供热，该分散的小型 AHU 设在吊平顶内。标准层外区 25m² 设 1 台，内区每 40~50m² 设 1 台（共 35 台），各区可独立控制运行，其布置如图 4 所示，所采用的末端装置性能如表 1 所示。

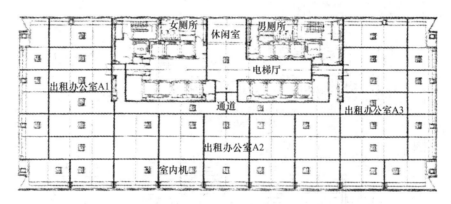

图 4　标准层空调布置平面

末端装置性能　　　　　　　　　　　　　　　　　　　　表 1

		40S 内区用		60D 外区用	
		高	低	高	低
送风量 CMH		1100	730	1540	1350
供冷	全热 kW	5.12	3.58	6.98	6.05
	显热 kW	3.95	2.77	5.23	4.52
供暖能力 kW		3.99	2.65	5.58	4.88
冷量 RT		0.481		0.624	

冷热源设备

该工程由冰晶型动态制冰设备（热泵型）CLIS－HR、储水槽（IST）以及驱动自然循环的冷凝器（C）（用于供冷）、蒸发器（E）（用于供热）等构成，图 5 为其系统原理示意图（参见本书上篇第 8 章），图 6 为其布置流程。根据设计者以本方式与传统方式（锅炉＋离心制冷机、无蓄冷）相比，认为本方式可运行费可节约 2/3。

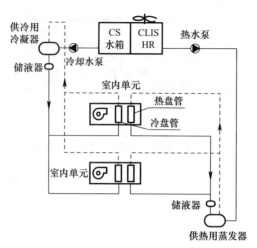

图 5　冰晶型动态制冰设备原理示意图

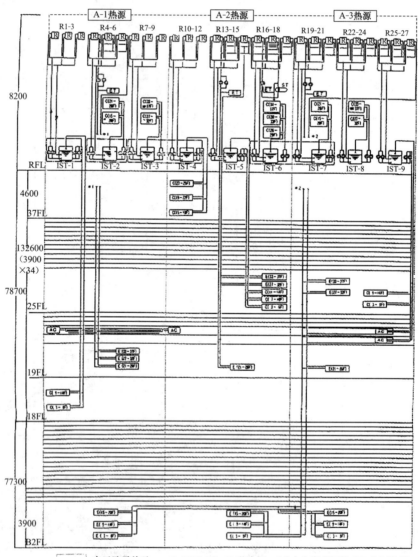

表示防震单元　　R:CLIS-HR　E:蒸发器…（）内为服务层数　ST:热回收槽
AC:食堂·会议室系统新风处理单元　IST:蓄冰槽　C:冷凝器…（）内为服务层数　ET:膨胀水箱

图 6　冷热源系统流程图

品川 ON 大楼

地点：东京品川区北品川 5-9-12
用途：办公（出租）
建设工期：1988 年 6 月～1990 年 11 月

建筑概况

建筑总面积 33840m²，出租办公室建筑模数为
3m×3m，两个为一个单元（最小单位），防灾设备、
空调送回风与之对应。地下 2 层，地上 22 层，塔屋
1 层。层高：3.75m，吊顶高 2.6m。建筑剖面见图
1，标准层平面参见图 3。

冷热源方式及设备

低层（B2F～3F）：蓄热槽＋水热源双管束离心
冷冻机与热回收系统相组合；高层系统（4F～21F）
用燃气直燃式冷热水机。高层系统用板式热交换器
与低层分开。热源系统运转模式：把低层蓄热槽
（600m³）作为夏季与中间季的离心冷冻机基本蓄热，
不足时用双管束离心机补充。冬季蓄热槽分为冷水

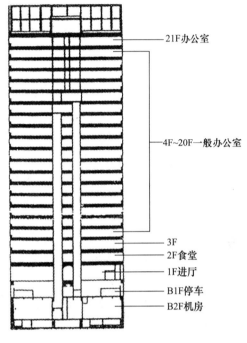

21F办公室

4F~20F一般办公室

3F
2F食堂
1F进厅
B1F停车
B2F机房

图 1　剖面图

（200m²）及热水（400m²）两用，以双管束离心机为主体进行热回收，蓄热槽水温差 10℃（4～
14℃），可缩小配管。冬季采暖可按热泵运行。冷热源设备容量如下：

水蓄热槽　　　　600m³；
RD-1 型双管束冷冻机 120RT（422kW）；
RT-1 型冷冻机 110RT（387kW）×1 台；
B-1 直燃式炉筒烟管锅炉 1.0t/h×2 台；
（供水、加湿、辅助热源）
HEX-1 冷水热交换器 786kW×1 台；
HEX-1 冷水热交换器 466kW×1 台；
RA-1 直燃式冷热水发生器　400RT（1,406kW）×1 台；
RA-2 直燃式冷热水发生器　200RT（703kW）　×1 台；
冷热源系统如图 2 所示。

空调方式

标准层空调：外周 FCU（二管制），内区为 AHU（四管制），用 DDC 控制，内有全热交换
器，并从各层取入新风。FCU3 台 1 组进行个别控制，空调每层分 4 区（见图 3）。1 台 AHU 负

资料来源：《BE 建筑设备》（日本）第 480 期，1991；《ヒートポンプによる冷暖房》（日本）1992 No. 40。

责 250m² 的空调面积，并可按 80m² 为控制单元面积的变频器作 VAV 控制。该楼各层有全年冷水接管用于必要时强化冷却用。

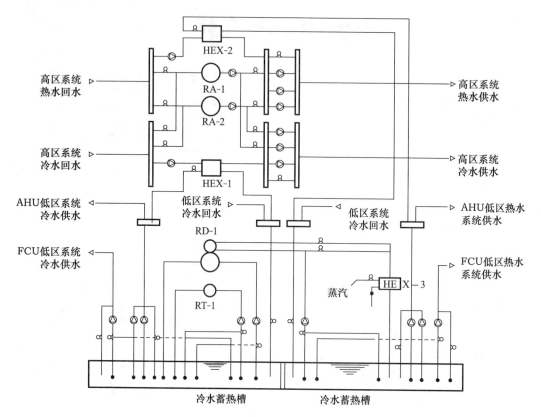

图 2　冷热源系统图

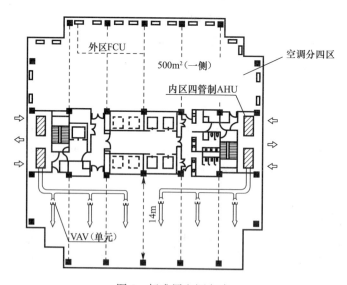

图 3　标准层空调方式

工程实录 J34

大阪东京海上大厦

地点：大阪市中央区城见 2-2-8
业主：东京海上火灾保险（株）
用途：自用办公
建筑规模：地下 3 层，地上 27 层，塔屋 3 层；建筑高度
107.5m；总建筑面积 6.89 万 m²；标准层层高 3.9m，吊顶高
2.7m，平面模数为 2.7m×2.7m
设计、施工：鹿岛建设（株）

建筑外观

建筑特征

该楼位于大阪 CBD 地区，是采用组合柱的超高层结构，外露
的结构呈格子状，外包深灰色铝板。林立的柱子有遮阳和挡风作
用。此外，它与该楼所采用的空调方式也有独特的协调效果。

空调装置与方式

标准层采用各层个别分散方式，各层分内、外区。外区采用穿墙式热泵空调机组（WTU），
每层 44 台。外墙上均开口（进、排风）。内区空调采用 7 台风冷直接蒸发式机组，室内机设在
平顶内，风系统为 VAV 方式，每个内机接 4~6 个 VAV 末端。每个 VAV 的服务面积为 130~
200m²（出租单元面积），相当于 4 个模块面积。标准层之外，其他部分用水冷热泵机组及
FCU 等。

图 1 为风冷直接蒸发式机组，图 2 为安置布置立面图，图 3 为空调平面布置图。

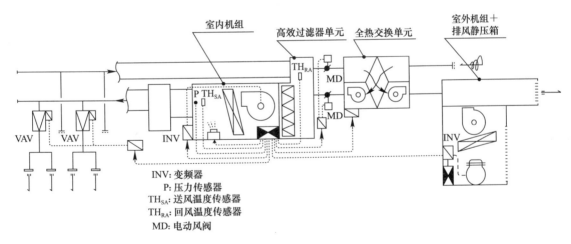

INV: 变频器
P: 压力传感器
TH_{SA}: 送风温度传感器
TH_{RA}: 回风温度传感器
MD: 电动风阀

图 1　风冷直接蒸发式机组

资料来源：《ヒートポンプによる冷暖房》（日本）1990 No. 39。

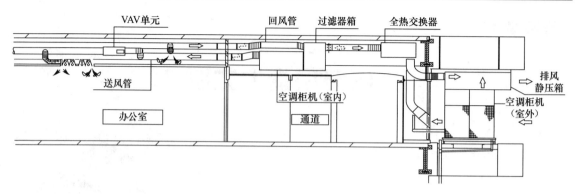

图 2 安装布置立面图

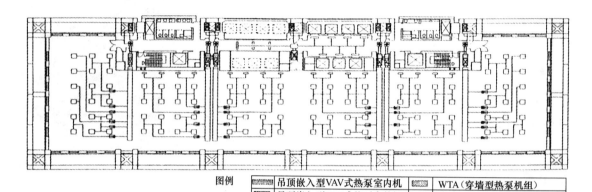

图例	吊顶嵌入型VAV式热泵室内机	WTA（穿墙型热泵机组）
	吊顶嵌入型VAV式热泵室外机	送风口
	全热交换器单元	水冷柜机用冷却水配管
	VAV单元	

图 3 空调平面布置图

SEAVANS S（南）馆

地点：东京都港区芝浦 1-2-3

建设工期：1988 年 9 月～1991 年 1 月

用途：办公楼（清水建设新社）

建筑外观

建筑概况

仅 S 馆建筑面积为 28525m²，两幢楼总面积为 16.7 万 m²。地下 2 层、地上 24 层、塔层 2 层。高度：98.8m。标准层面积约 2000m²。

智能建筑规划

通过三方面实现：（1）实现与业务内容相应的建筑环境；（2）具有与情报系统相关的情报通讯与各种服务可能的情报通信系统；（3）具有高效率的房屋运行的大楼管理系统。

建筑布局

南馆与北馆在平面上的布局与剖面如图 1～图 3 所示，标准层平面如图 4 所示。

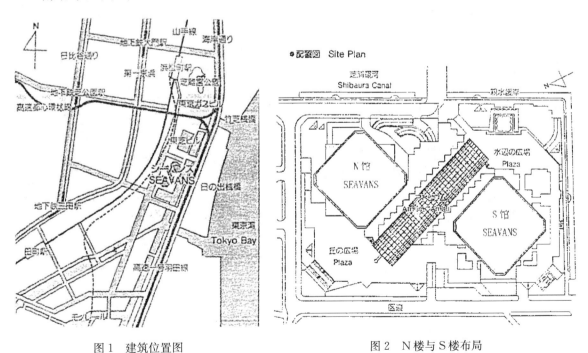

图 1　建筑位置图

图 2　N 楼与 S 楼布局

资料来源《建筑设备士》1991/6；《BE 建筑设备》（日本）第 517 期；《空气调和·卫生工学》1993/12。

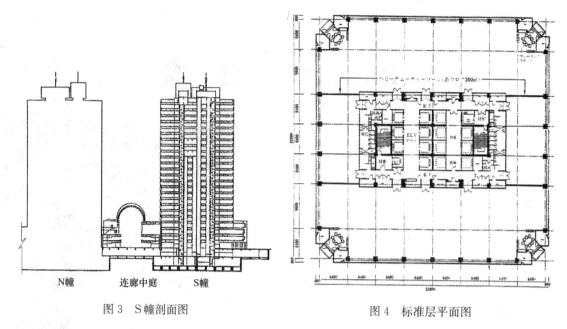

| N幢 | 连廊中庭 | S幢 |

图3 S幢剖面图   图4 标准层平面图

建筑环境

高度信息化时代对办公室人员（一天1/3时间在室内）应非常重视给予合适的空间和环境设施，以提高其工作效率。因此要求室内净高应≥2.7m，有良好的视野，办公平面的四个角隅设有休息小室、中庭（大空间）设有绿化，创造出能缓和紧张环境的氛围。大小便器具有脱臭排烟设施，室内用双重地板，为信息输送创造必要的条件，办公室用电插头容量按45VA/m² 计。

空调设备

空调分内区和外区，如图5所示，均采用DDC控制的AHU机组，每500m² 为一区（4区），每区一台空调机，每跨由一个VAV单元进行个别控制，办公室外周区为防止窗际冷气流影响，从窗台下所设的风管系统向上送热风。接待室设环境香味控制。DHC机房24小时供能，故任何时候都可得到热源，加班使用空调可通过计算机终端预约。中庭采用特殊的与建筑造型相结合的AHU机组（圆柱形）。

大楼具备先进的情报通信设施系统（LAN光缆系统），建筑物管理系统是典型的智能化建筑物。

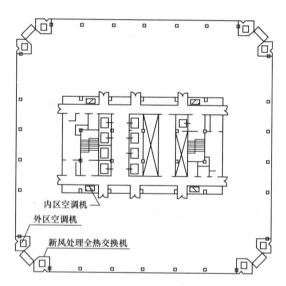

内区空调机
外区空调机
新风处理全热交换机

图5 标准层平面中内、外区及新风AHU布置图

空调冷热源

该工程利用所在地区的区域供冷（热）系统提供冷水与蒸汽。该区域的DHC概况如下（参见图6）：

芝浦地区区域供热、供冷（DHC）工程以燃气轮机发电，并利用废热进行供热、供冷，属全能系统（TES）。1984年建成供东京燃气大楼、东芝大楼和浜松大楼等。燃气透平机和废热锅炉设在东京燃气大楼地下室，冷热源机房则设在该楼外一侧的地下室，地面上为冷却塔。主楼地下室引入城市燃气经 2 台 1000kW 燃气轮机发电可供东京燃气大楼用电量的一半。冷热源机房内并设有锅炉，废热锅炉的蒸汽与燃气锅炉产生的蒸汽对各大楼供热，并经由吸收式制冷机供冷水。S 馆设有电算机房辅助供冷的冰蓄冷装置。

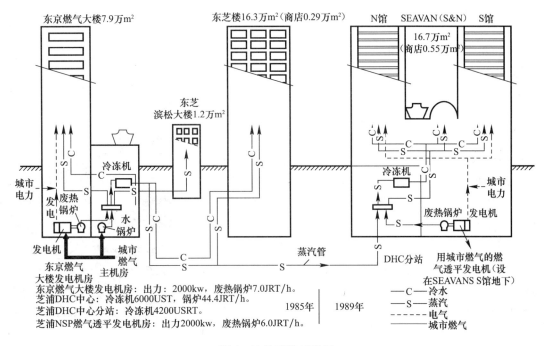

图 6　冷热系统示意图

东京 MI 大楼

地点：东京品川区东品川 2-2-4
建设工期：1989 年 4 月～1991 年 3 月
用途：出租、办公、店铺等

建筑概况

建筑总面积 47249m²，标准层面积 1420m²，标准层层高 9.75m²。地下 2 层、地上 27 层、塔屋 1 层。模数：3.15m×3.15m。屋顶上有绿化。图 1 为标准层平面图。

空调装置

（1）空调方式：标准层每层设两台 AHU，每跨设可控温的 VAV 送风口，外周区为避免水系统进入，各区每个空调室设大型 FCU（各层 4 个）接风管送风，中间期积极采用新风供冷，空调机设加湿器，可利用蒸发冷却降温。窗际回风是从内区吊顶吸入 FCU 处理后送出的，冬季时将玻璃附近冷空气送到内区供冷，夏季直接将热空气排出，通过比较窗际回风与新风的焓值控制转换风门，既节能又舒适（见图 2）。外气未用全热交换器，因冬季仍有冷负荷。用 CO_2 含量控制新风量。

建筑外观

商店用新风空调机＋FCU（四管制），新风空调机设全热交换器，送风温差为 8℃，最高层高达 13m，设辐射采暖。

最上两层用小型空调机（外调机＋热泵多联分体机）。

（2）负荷条件：人员 0.2 人/m²，照明插座 35W/m²，办公自动化机器 30W/m²，新风 5m³/m²。

冷热源

该区有 DHC 设施，利用天王洲能站供冷水（7℃出，13℃返）、蒸汽（0.8MPa，回水 60℃），蒸汽经减压到 0.2MPa 后入 AHU（见图 3）。

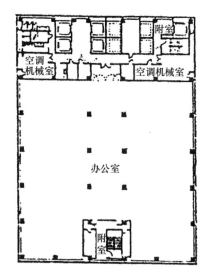

图 1　标准层平面图

资料来源：《BE 建筑设备》（日本）第 487 期，1991。

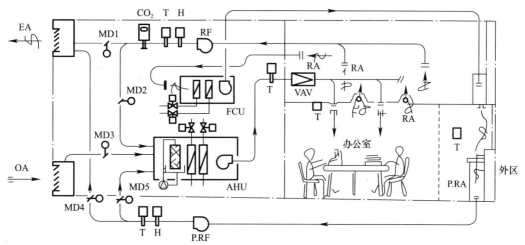

注释：

FCU—外区用大型FCU

AHU—外区用空调机

外区系统的回风从内区吊顶吸入，经FCU从外区送出，此时，将外区回风的焓值与新风的焓值相比较，通过MD4，MD5控制达到节能的效果：

E(PR)＞E(OA)　MD4　100%开，MD5　0%

E(PR)≤E(OA)　MD4　50%开，MD5　50%

图 2　空调方式与系统图

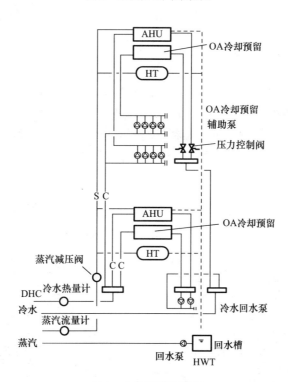

图 3　空调配管系统图

东京都新都厅大厦（第一本厅舍）

地点：东京都新宿区西新宿 2-8-1
用途：政府办公、议会会议厅等
设计：丹下健三都市建筑设计研究所
施工：大成建设（株）、竹中工务店（株），清水建设（株）等
建筑规模：第一厅舍地下 3 层、地上 48 层、建筑高 243.4m，
标准层层高 4.0m，吊顶高度 2.65m，议会会议厅地下 1 层，地上
7 层，建筑高 41m；总建筑面积 38.05 万 m²（第一本厅舍为
19.56 万 m²，议会会议厅为 5 万 m²，第二厅舍为 14 万 m²）
结构：钢结构、钢骨钢筋混凝土结构
设计时间：1985 年 11 月～1987 年 10 月
施工时间：1988 年 4 月～1991 年 3 月

建筑外观

工程特点

　　该建筑位于新宿中心地区，其西侧为新宿中央公园，建筑方案
是 1985 年指名设计竞赛中获胜的作品，建成后被誉为"当代日本的代表性建筑"。整体由三部分
构成（见图 1）。在设施方面，该楼是按智能型办公楼的标准设计的。工程达到了当时日本办公系
统、通信系统、管理系统、防灾与保安系统的全面自动化要求。总办公人员为 13300 人。大楼
（第一厅舍）主要剖面如图 2 所示，平面如图 3 所示，与主楼相连接的议会会议厅平面参见图 4。

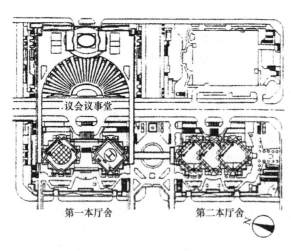

图 1　总体平面

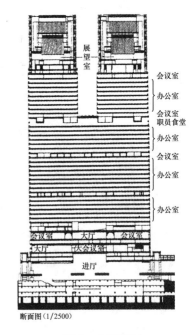

图 2　主要剖面

资料来源：《空気調和・衛生工学》，1991/5。

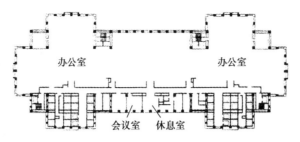

图 3 标准层平面

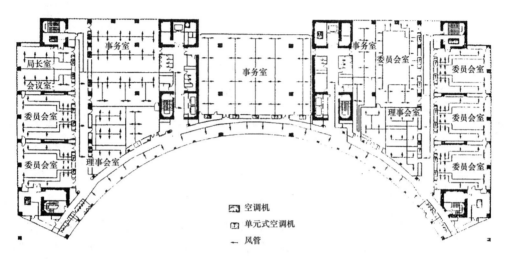

图 4 议会会议厅空调平面

标准层空调方式

周边区空调采用安装在吊顶内的小型 AHU 机组，设有 VAV 末端。内区则用系统型 AHU，分设在不同方位的机房内。标准层办公室的每一空调系统由一台内区 AHU 和 2 台周边区 AHU 的管路组合而成。由于建筑物平面形成有凹凸，外区日射的变化影响负荷，设计将内区的送风对周边区，通过三通阀经 VAV 进行混风调节（见图 5）。

第一本厅舍标准层外区有 7 个系统，内区则设 3 个大的系统。空调每个送风口控制的模数单元为 3.2m×3.2m，4 个单元用一个 VAV 末端控制（面积为 40m²）。图 6 为第一本厅舍标准层的风管布置情况。图 4 为都议会议事堂的空调布置状况。考虑到都政府工作人员的加班，既满足灵活使用，又要求节能，采用智能

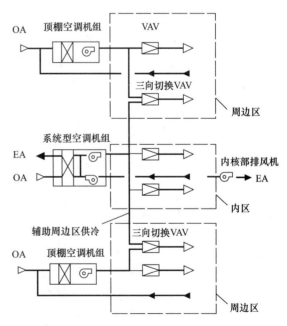

图 5 三通阀经 VAV 进行混风调节

卡系统，根据加班确认、会议室预订、职员工作证等与之连锁，加班运行的分区可细分为 14 区（一个标准层）。

VAV 末端温度传感器控制面积为 120m²（3 个 VAV 控制单元）。

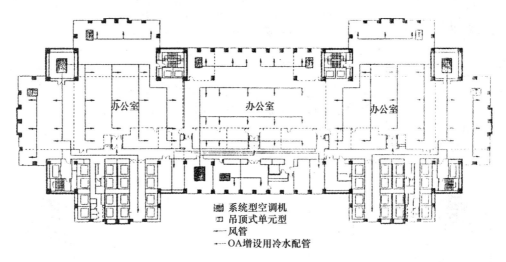

图 6　第一本厅舍标准层空调平面

考虑到日后办公自动化设备的增加而冷负荷的增长，每层有备用的冷水管路以及增设 AHU 的可行性。

空调冷热源

冷热源方式：利用新宿新都心之 DHC 站供冷水（供 4.5℃，回 11.5℃）。热源用 DHC 提供之高压蒸汽（0.7MPa）。此外新都厅又有自备冷热源（风冷热泵机组），以供空调需绝对保证的房间使用（第一、二厅舍范围内）。热源与建筑物的连接有直接与间接两种方式。空调机用热水由蒸汽-热水换热器提供；加湿用汽、热水供应用汽、厨房（全电气化）用汽由热网提供。

机房设置

第一本厅舍地下 3F 机房设地上 3F～地上 7F 系统、8F～24F、25F～32F 以及 33F～44F 等 4 个纵向分区的管路分配系统，并在 8F、25F、32F 设有中间机房。议会栋为低层建筑，DHC 接入口在地下 1F，不作高低层分区。

冷热源容量

第一厅舍 DHC 冷水量 10.6Gcal/h（约 12326kW），蒸汽量 13.9t/h，自备制冷机 120USRT ×12 台；第二厅舍 DHC 接入冷水量 8.0Gcal/h（约 9302.6kW），蒸汽量 10.1t/h，自备制冷机 120USRT×6 台；会议栋 DHC 接入冷水冷量 3.0Gcal/h（约 3488.5kW），蒸汽量为 4.9t/h。

具有代表性的节能措施

空调：个别式空调管理系统的应用；
卫生：厕所清洗水利用中水技术，雨水处理和再利用；
照明：窗际附近照明自动点灭控制；
机器设备：高效节能机器的使用（变频技术应用等）；
建筑：双层玻璃的应用，防止西晒的措施。
该工程代表性的智能化设施也得到广泛应用。

横滨 LAND MARK TOWER

地点：神奈川横滨市"MM21"25 街区（2-2-1）

设计：三菱地所（株）

业主：三菱地所（株）

建筑规模：高层栋：地下 3 层、地上 70 层、塔屋 3 层（最高 296m）；低层栋：地下 4 层、地上 5 层；总建筑面积 39.2284 万 m²，其他约 8000m²

设计时间：1990 年 9 月～1991 年 3 月

竣工时间：1993 年 7 月（开工 1990 年 3 月）

设计构思及顾问：美国 Mr. Hugh Stubbins & The Stubbins Associates，Inc.

建筑外观

工程背景

MM21 开发区当时为东京都的东京湾三大建筑项目之一（其他两项为干叶县的幕张新都中心和东京都的东京 Teleport Town）。该工程总事业费约为 2 兆日元，占地面积 186hm²。完成后就业人口 19 万人，居住人口 1 万人。

建筑概况

塔楼剖面图如图 1 所示，办公楼标准层平面图如图 2 所示，旅馆部分（上部 16 层）平面图如图 3 所示。

空调方式与系统

（1）办公楼部分

办公楼部分（9F～48F）要求适应今后办公设备的负荷增长，空调分区宜细分化。此外，办公室内不宜有水配管，故内外区均为全空气系统。标准层分为 4 个大区（8 个分区），各区内设 4 个空调机组，向外区和内区送风。平面中 4 个角隅部分的外区为多分路空调机组，朝两个方向输送，并由 VAV 末端予以细分化控制室温。各区的内区 AHU 为普通型。故设 16 台 AHU 均为立式紧凑型，紧靠核体安装，分设在 4 个条形机房内，从 9F～48F 共 640 台。此外，内区系统均设有热

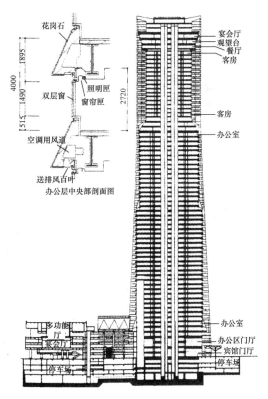

图 1 剖面图

（图中标注：花岗石、双层窗、空调用风道、送排风百叶、照明匣、窗帘匣、办公层中央部剖面图、宴会厅、观望台、餐厅、客房、客房、办公室、办公室、办公区门厅、宾馆门厅、停车场、多功能厅、宴会厅、停车场）

资料来源：《BE 建筑设备》，第 511 期；《日经建筑》，1991/12/23，1992/4/13，1994/2/28；《建筑设备と配管工事》（日本）1994；《空気调和・卫生工学》，1993/4。

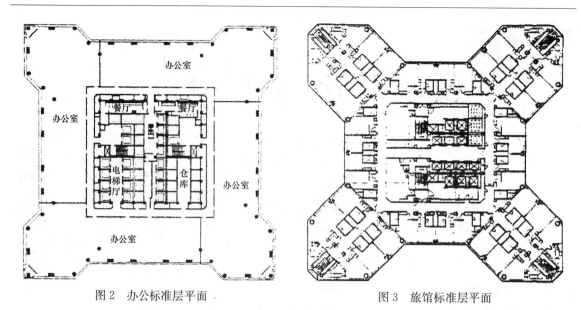

图2 办公标准层平面　　　　　　　　图3 旅馆标准层平面

回收机组，并列于空调 AHU 旁。内、外区空调原理图如图4所示。图5为标准层整体分区图，图6为 1/4 平面的管路布置图，图7为空调机组和热回收器的安置图。

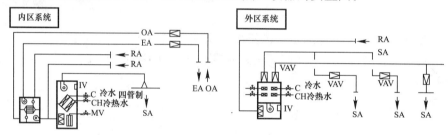

图4 内、外区空调原理图

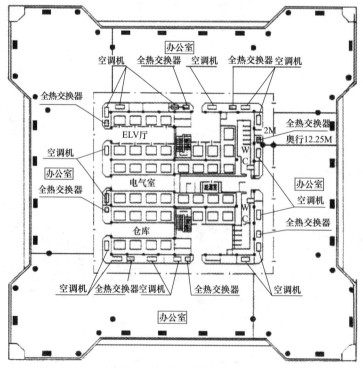

图5 标准层整体分区图

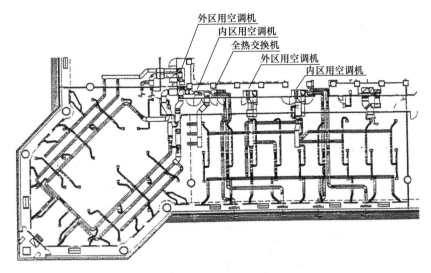

图6 1/4平面的管路布置图

（2）旅馆部分空调方式

VAV 单风道方式（仪式场、大宴会厅、中小宴会厅、进厅等）。CAV 单风道方式（餐厅、休息室、游泳池等）。新风 AHU＋FCU 结合方式（设有全热交换器的系统型 AHU）用于客房。旅馆厨房：为专用新风机送风＋排风风机。购物广场：新风机 AHU＋FCU 结合方式。文化设施：CAV 单风道（播音室用多区AHU）。公共步廊－用吊顶型 AHU 的单风道方式。

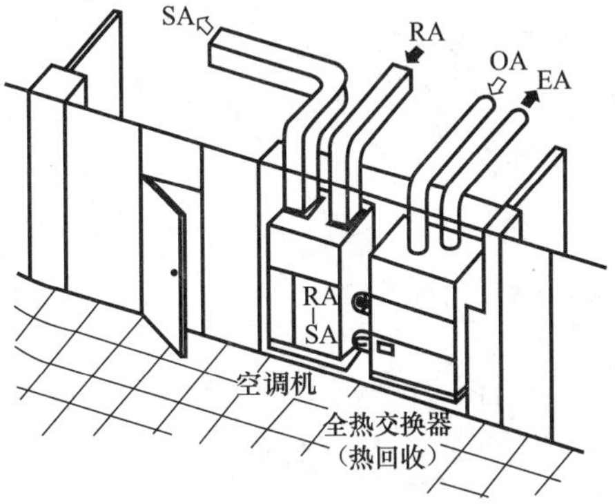

冷热源方式与系统

由 MM21 地区 DHC 站供给冷水与蒸汽，参数如表 1 所示。

图7 空调机组和热回收器的安装图

DHC 的冷水和蒸汽条件		表1
冷水	送水温度	6～7℃
	回水温度	11～13℃
	送水压力	0.7～0.9MPa 表压（TP2.8m 基准）
	回水压力	0.7～0.9MPa 表压（TP2.8m 基准）
蒸汽	送汽压力	0.7～0.9MPa 表压饱和
	回水压力	0.15MPa 表压（凝结水）
	回水温度	60℃以上（凝结水）

（TP：东京湾中等潮位）

进入建筑物的机房：

低层栋：在地下 4F 由 DHC 接管进入设备主机房。

塔楼栋：在 6F（塔楼主机房）、31F、32F、51F，塔屋 1、2、3F 均有设备层，一次水、二次水的换热均在内，图 8 表示了这种情况。不同用途的系统均可作热计量。

低层栋（B4F～6F）、塔楼栋（B3F～6F）主要由 DHC 来的冷水直接使用，其他则经板换得二次水使用。热源为蒸汽，将 0.7～0.9MPa（表压）的高压蒸汽减压到 0.2MPa（表压），通过板式热交换器得热水后使用。

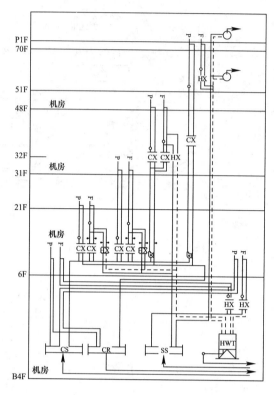

图 8　DHC（1次、2次）冷水、热水系统图

附注：本地区 DHC 第一期工程于 1989 年竣工，当时的冷量为 7350USRT，热源为 33.6T/h 蒸汽。此后，规模不断扩展。

东京世纪塔大厦 (Century Tower)

地点：东京文京区本乡 2-13-9
设计：英国 Noman Foster 与日本大林组联合设计
用途：办公、餐厅、会员俱乐部、美术馆等
建筑规模：地下 3 层、地上南楼 21 层、北楼 19 层；总建筑面积 2.647 万 m^2；建筑高度：82.03m
建设工期：1988 年 12 月～1991 年 4 月

工程特点

该工程按高级智能建筑设计，要求实现"功能的多样化与空间体验的愉快的结合"，在两个并列的高层办公楼之间是个高 72m 的中庭空间，但从防震考虑，在 11F 地面高度上有玻璃隔断。由于办公室对于中庭是开放型的，故防排烟等设计是经过模型、试验、实际大小试验、数值模拟等手段，历时一年才正式确定防灾方案，并符合日本建筑中心第 38 条的特认通过。

图 1 为该楼标准层单数层面和双数层面的平面图，图 2 为建筑物的剖面图。从图可知，办公楼部分是以二层作为一个结构单元，建筑物上部设有空调热源装置的设备台架。

建筑外观

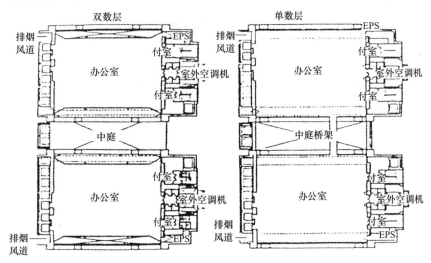

图 1　标准层平面

标准层空调方式

空调负荷按照明 20W/m^2、办公机器 35W/m^2 计算。空调系统分内外区，内区为单风道＋

资料来源：《BE 建筑设备》（日本）第 486 期，1991；《建筑设备士》，1991/6；《空气调和·卫生工学》，1994/12。

VAV 末端。AHU 为供冷专用，冬季房间预热时将外区的加热空气经顶棚由空调机循环运行。AHU 按区分设，每个 AHU 分为上下两个层面（见图3），在加压防排烟运行时该 AHU 可起加压风机之用。故此 AHU 为非标产品，尺寸为 3.1m×2.9m×7.0m（高），如图3所示。可安装在室外，用 DDC 控制的 VAV 单元每 24m² 采用 1 台。送风口与灯具的结合如图4所示。外区空调是在顶棚内暗装 FCU＋立式暗装的带风机的对流器。其他如 21F 及 1F 采用 Fan power unit 方式、17F 用辐射供冷，进厅为地板采暖，美术馆有关房间采用恒温恒湿的全天候控制。

冷热源方式

冷源为离心制冷机 275USRT×2 台，燃气真空热水锅炉 800kW×4 台，分别设置在南、北楼屋顶上（各半）。

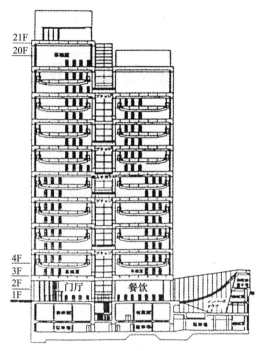

图 2 剖面图

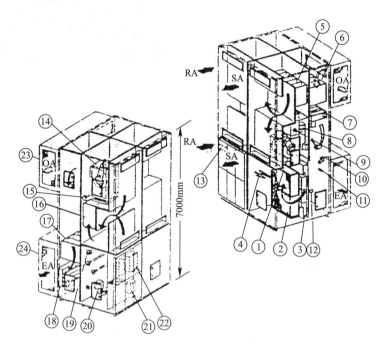

① 送风机（弹簧防震）
② 冷却盘管
③ 中效过滤器（附预过滤器）
④ 加湿喷嘴（电热式蒸汽发生器）
⑤ 消声器
⑥ 消声器
⑦ 新风取风口
⑧ 回风风门
⑨ 送风温度传感器
⑩ 温度传感器
⑪ 灯具
⑫ 过滤器压差控制器
⑬ 引线接口
⑭ 回风机（弹簧防震）
⑮ 温度传感器
⑯ 消声器
⑰ 消声器
⑱ 排风阀
⑲ 换气扇
⑳ 电动两通阀
㉑ 中端接头
㉒ 制御盘
㉓ 新风取风道（带防鸟金属网）
㉔ 排风风道（带防鸟金属网）

图 3 内区专用 AHU

加压防排烟方式

当某办公地点火灾发生时，在本区强烈排烟的同时，经加压风机（空调机兼用）将非火灾室空气经由中庭压送到火灾区，可动垂壁（1.5m）同时起协同作用。图5表示大楼排烟控制概念图。图6和图7均说明了这种开放在中庭排烟控制的原理。

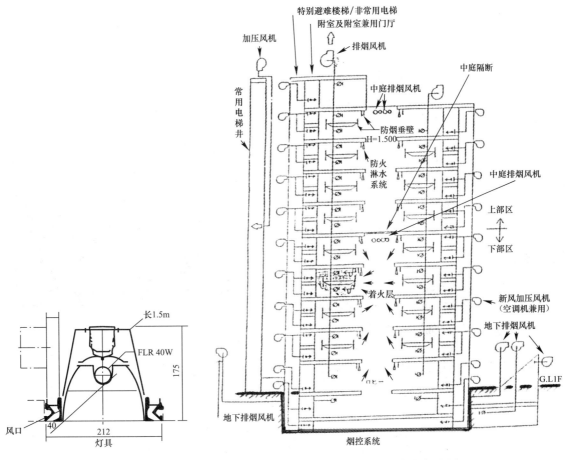

图 5　大楼排烟控制概念图

长1.5m

FLR 40W

175

风口　40

212

灯具

图 4　风口与灯具

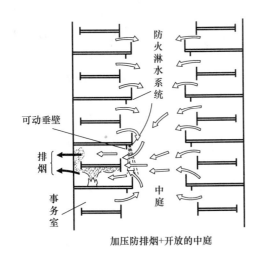

加压防排烟+开放的中庭

图 6　防烟系统图

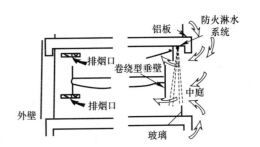

图 7　火灾室放大图

幕张商业园（MBG）大厦

地点：千叶县 JR 京叶线海浜幕张车站附近

用途：办公

建筑规模：高层栋（两幢）地下 1 层、地上 37 层、建筑高 153m

园区面积：占地 5.1 万 m²

建设工期：1989 年 3 月～1991 年 10 月

建筑外观

建筑概况

该园区占地面积 300m×170m（5.1 万 m²），与 MTG 园区相邻（其间有 JR 京叶线相隔），区内有 A、B 两幢高层与其相连的为低层栋（C、D、E 栋，停车场栋），各幢用廊相接。高层幢用途为办公，标准层面积为 2000m²。

图 1 为大楼位置图，图 2 为标准层平面图，图 3 为建筑剖面图。

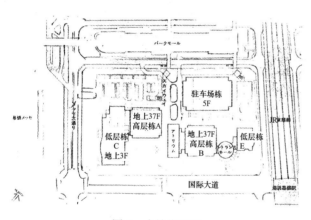

图 1 大楼位置图

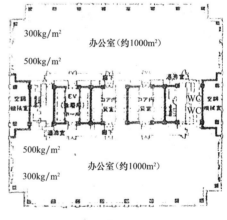

图 2 标准层平面图

空调方式

高层栋标准层的空调分内区、外区，采用各层分散控制方式。每层内、外区均分四个系统，但内区上下两层合用一个 AHU 系统，系统为单风道 VAV 末端方式。内、外区 AHU 内均设冷水盘管和蒸汽盘管。周边区送风有上送、下送两种方式。送风温度设定值由该层各跨度间设置的 VAV 末端按负荷要求自动调节。此外，有送风温度上下位限位控制。并根据新风焓值判断进行新风供冷和新风量的比例控制。图 4 为标准层空调系统图。

冷热源方式

该区域由东京燃气公司经营的该地区区域供冷供热站提供冷水和蒸汽，冷水供水温度为

资料来源：《BE 建筑设备》（日本）第 489 期，1991。

6.5℃，蒸汽压力为 0.6～0.8MPa。

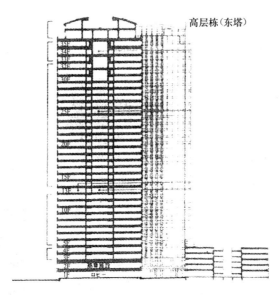

图 3 剖面图

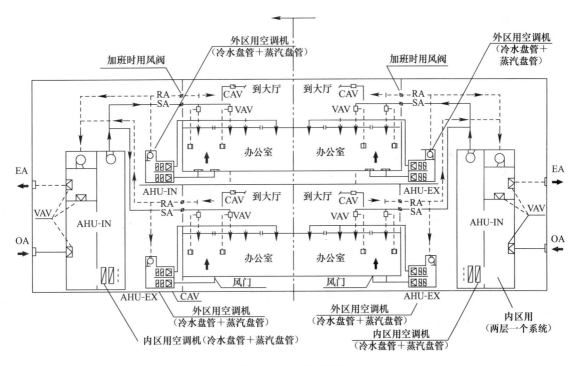

图 4 空调系统原理图

大成建设九州分部大楼

地点：福冈市中央区

用途：办公（九州支店）

建筑规模：建筑面积10632m²；层数：地下1层，地上11层，塔屋1层

设计管理：大成建设（株）设计本部

竣工：1992年4月

建筑外观

热源设备

电气、燃气共同热源、温度成层型蓄热槽结合的复合热源方式。为探索"复合热源最佳混合系统"的实际热源运转性能。如灵活性、运行便易性、高机能性等进行实践试验。

主要设备：ASHP 130HP×1台；直燃式冷热水机 150RT×1台（冷热水同时取出型）；板式水—水换热器（382.6kW）；温度成层型蓄热槽（500m³）。

空调设备

内区：各层分东、西两区，均各自采用 VAVAHU（合计22台）。基本控制单元按每跨面积为准；外区：落地式 FCU（共230台），按各分区可进行冷水、热水转换。图1为标准层平面及下送风布置。

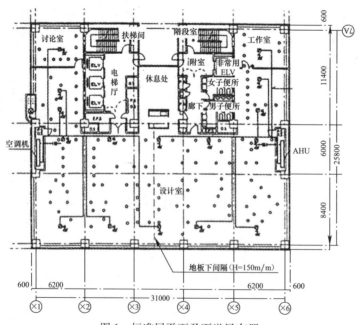

图1 标准层平面及下送风布置

资料来源：《建筑设备と配管工事》（日本），1993/6。

其他在空调方面采用了多项新技术：地板送风（7F 建筑部、9F 设计部）；变动风空调（IOF 土木安全部）；芳香空调；臭气过滤设施（3F 女子更衣室）；个人送风口（6F 营业会议室）；PMV 控制（8F 休息小区）；无风道 VAV 空调（2F 个别室）。以下着重介绍下送风方式空调（见图 2）。

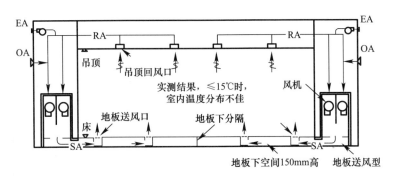

图 2　空调方式（下送风）

地面送风空调系统

利用 OA 地板空间作为送风通道，已在千代田火灾大厦（东京调布市）、SANKAN 大厦（东京新宿区）采用过，该工程中概况为：空调对象 7F 及 9F 区 580m²，吊顶高 2.6～3.1m，地板夹层高 150mm，活动地板为 GRC 材料。如图 3 和图 4 所示，平面分东西两部分，送冷风时温度不小于 18℃。故其送风量比一般标准层大 20%（一般楼层风量为 5000m³/h，地下送风为 6000m³）。为满足除湿要求，空调箱内设回风旁通风机。实测得回风温度比室温高 2～3℃。空调机送出温度差与一般空调系统同等设定可大致相同，送风口用手动型阀调整风量。送风机风量用 VVVF（变压变频控制）调节地板下静压一定，20～30Pa。9F 的送风口设计有遥控装置，便于加班时节能。

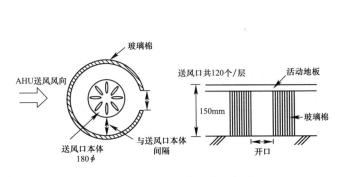

图 3　距空调机 1.5 跨的范围内设置

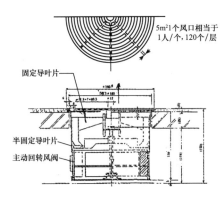

图 4　下送风风口

府中智能园区-J 塔楼

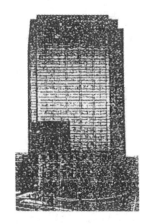

地点：东京都府中市日钢町 1-1
用途：办公、商店、DHC 机房、中水道机房等
建设工期：1990 年 2 月～1992 年 3 月

建筑概况

府中智能园区位于原日本制钢所（株）东京制作所旧址约 18hm² 范围内，由日本制钢所（株）、三井不动产（株）、三钢都市开发（株）共同开发（纯民间企业）。1992 年 3 月，区内第 1 号建筑·J 塔楼完成，全园区采用 DHC 供能。

建筑总面积 53832m²，地下 2 层，地上 19 层，最高 83.1m。高层栋 2F～4F（计算机房）层高 4.2m，吊顶高 2.9m；5F 以上层高 3.9m，吊顶高 2.7m；有采用架空地板的可能。建筑平、剖面如图 1 和图 2 所示。

建筑外观

图 1　标准层平面图

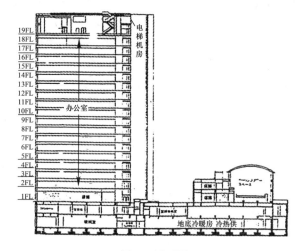

图 2　剖面图

热源设备

J 塔楼：在地下 2F 引入府中热力站的冷水（6～13℃）、热水（47～40℃），分 5F～19F 高层和地下 2F～地上 4F 低层两个系统，设辅助水泵。热水分区同上。标准层空调机的处理能力按办公室办公自动化（OA）发热 29W/m² 计算，对发热量集中的场合，冷水配管处理能力可按 41W/m² 设计。冷热水供给管路如图 3 所示。

空调设备

办公室空调存在问题是：用普通 VAV 系统，当减少风量时，新风量随之减少而不足，不

资料来源：《BE 建筑设备》（日本）第 497 期。

仅外周区负荷变化，内区发热负荷随着办公自动化（OA）变化亦是多变的，要求送风量能相适应。该大楼采用作业（TASK）空调与环境（背景）空调相结合的方式。

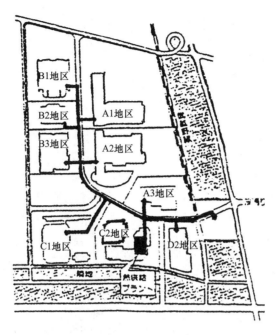

图 3　室外管路布置

环境空调用于确保新风量和最小换气量，作业空调用与热负荷相对应的送风量（由 VAV 控制）。前者送风量一定，最少内部发热量按照明及人体（0.1 人/m^2）的发热计算，处理风量为 $10m^3/(m^2 \cdot h)$，送风温度随季节而异，夏季 15℃，过渡季 19℃，冬季 23℃。新风处理机的新风量按 $5m^3/(h \cdot m^2)$ 引入，设全热交换器及冷却盘管与加热盘管、加湿器、过滤器等。作业空调按负荷变化通过 VAV 改变风量，分内外区两个系统：一个是供冷、供热均有要求的周边系统，有加热盘管、冷却盘管、过滤器等；另一个是全年供冷的内区系统，由冷却盘管及过滤器构成。按办公自动化（OA）及其发热量 29W/m^2 等确定风量，具有平均最大为 $10m^3/(m^2 \cdot h)$ 的供风能力。室内控制单元：内区 6.4m×3.2m，循环空气处理箱的送风用 VAV 控制，经混合箱送出，详见图 4。图 5 为风管布置图。

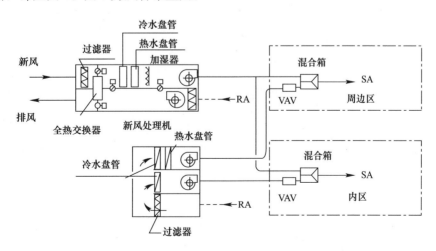

图 4　空调方式示意图

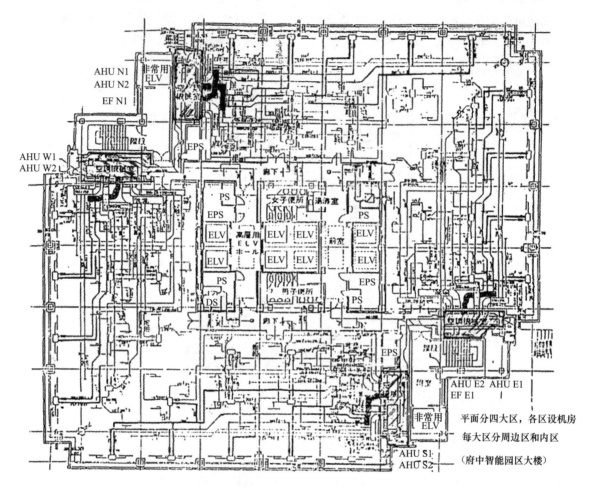

图 5　风管布置图

工程实录 J43

SHARP 幕张大楼

地点：日本千叶县千叶市美滨区中濑 1-9-2
用途：办公与研究活动
设计、施工：清水建设（株）
设备施工：高砂热学工业（株）
建筑规模：地下 1 层，地上 23 层；建筑高度 101m；总建筑
面积 4.45 万 m²
建设工期：1990 年 5 月～1992 年 6 月

建筑外观

建筑特点

该楼位于幕张新开发区范围内，建筑平面中核芯体单面布置，构成一个大面积的无柱空间，提供了布局上的灵活性。由于与 MTG 大楼位于同一区域内，故也由同一个 DHC 站供能，图 1 为建筑剖面图，标准层平面参见图 2。

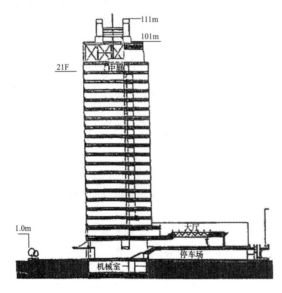

图 1 建筑剖面

空调方式

标准层分三个区段，内区设三个独立的空调系统。周边区采用窗台下布置的 FCU，每层另设专用的新风空调机。新风空调机内设冷、热水盘管，并设加湿装置，加湿后可再热。新风 AHU 内还设有过滤海盐粒子的过滤器。在筒体部分，为了补充负荷需求而设有备用的空调装置。故标准层的主要设备有：立式末端 AHU，4800m³/h×1 台；更新、辅助 AHU，3000m³/h×1 台；

资料来源：《BE 建筑设备》（日本）第 499 期。

此外，周边 FCU 19 台。空调系统平面布置如图 2 所示。空调系统运行时可按不同的负荷阶段考虑系统的组合：

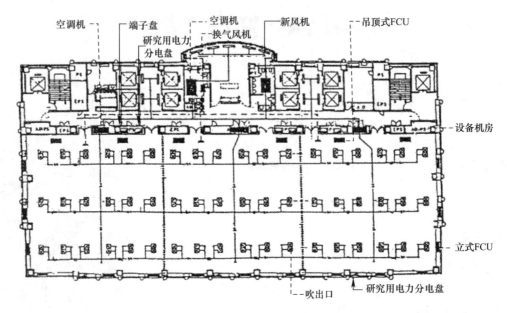

图 2　标准层空调平面

阶段 I：用分散设置的 AHU 处理人体、照明、机器发热负荷 23.3W/m²，并可通过设在吊顶上的双颈散流器调节送风量，以适应负荷的不均匀性。

阶段 II：在房间出入口顶棚处安装的 FCU 可以用来适应机器发热负荷的变化。与第 I 阶段一样，也可调节送风量。

阶段 III：通过专用的冷水管和专用 AHU 可适应机器设备负荷达 46.5W/m² 的要求。

冷热源设备

冷热源由该地区的 DHC 站供给。冷水供水温度为 7℃±1℃（管径 300mm）；热水供水温度为 47℃±2℃（管径 300mm）；引入的冷水直接供给地上 1F～3F 的 AHU，地下 1F～3F 和地上 4F～21F 的 FCU 由板式换热器换热后供水（板式热交换器分低层、高层），水泵采用变频控制。

工程实录 J44

安田火灾富士银行（大手町共同大楼）

地点：东京都千代田区大手町 1-5-4

业主：安田火灾海上保险公司·富士银行（株）

总建筑面积：5.249 万 m²（新楼部分），建筑高度 99.95m

建筑规模：地下 4 层，地上 24 层，塔屋 1 层（4F～22F 为办公用）；层高：3.925m，吊顶 2.6m，全部用双层架空地板（70mm）。图 1 为建筑剖面图，标准层平面参见图 4

建设工期：1990 年 2 月～1992 年 6 月

建筑外观

空调冷热源

该地区为丸之内热供给公司的大手町地区 DHC（1976 年 4 月始）的供能范围，冷水与蒸汽直接引入，竣工时契约用量为 5000kW，蒸汽 2791kW。冷水系统分低层（4F～8F）与高层系统（9F～24F），低层直接供水，高层在 4F 设冷水泵升压，回水侧有减压阀定压。此外，有单独设离心制冷机 1520RT 的冰蓄热装置结合使用，该装置通过板式换热器与系统相连。DHC 引入蒸汽与系统的连接如图 2 所示。冷水系统流程见图 3。

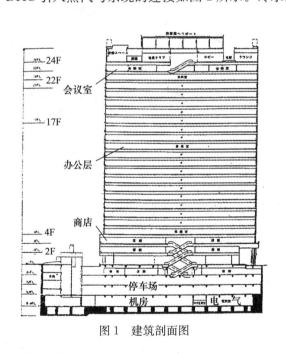

图 1　建筑剖面图

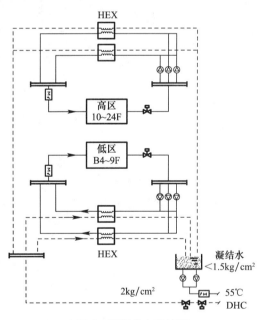

图 2　蒸汽热水系统图

空调设备

办公室标准层：采用全空气方式，办公室为南北向细长平面，从中央一分为二，每层 2 个机房，设有内区 AHU 及外区 AHU，计每层 4 台，内区为单管 VAV 方式，每柱间距范围内设

资料来源：《BE 建筑设备》（日本）第 501 期。

暗装 VAVU（6.3m 柱距间约 75m²，除去南北的一跨），加班、休息日等部分运转时仅该二跨部分的 VAVU 可单独运行。AHU 内有全热交换器，并可全新风运行；为避免水患，方便检修，外区采用双风管 VAV 方式（见图5）。此外，使用时窗侧可能会隔出相当数量的小室，这些房间受西窗日照负荷影响很大，日后附近还有可能新建大厦而被遮挡，故将外区西侧部分控制区域划小，且提高其控制能力的幅度。以适应今后的变化，因此采用全年可同时供冷、供热的冷热风双管 VAV 系统，在两柱子间设窗台形送风箱向上送风，在吊顶内设回风管进行顶环。每跨顶棚内设冷热风 VAV 单元，混合后经竖风道进

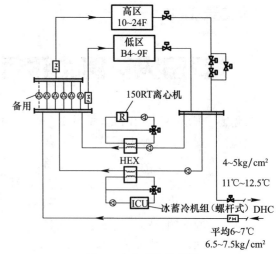

图3　冷水系统流程图

入送风箱向上送出，空调箱可按全循环运行到全新风运行。例如：夏季：冷风侧为全循环风＋冷水盘管冷却的热风侧（实为弱冷风），即回风＋新风；冬季：采暖侧为不同送风箱，有的送热风有的送冷风。热风侧为全循环风＋热水盘管加热，冷风侧为回风＋新风混合。

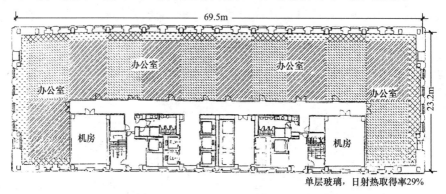

图4　标准层平面图

冰蓄冷设备

用螺杆式制冷机（R22），屋顶层设冷却塔，冰蓄冷用直接膨胀式（机组方式），管外结冰，属静态蓄冰方式，冰蓄冷槽为直膨型，能力为 1090kWh，冰蓄冷设备系统见图6。

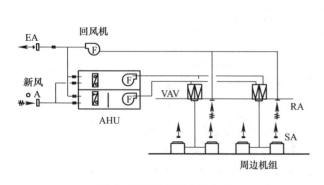

图5　标准层外区空调方式

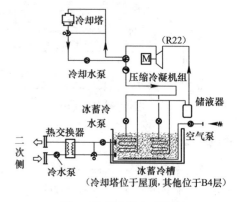

图6　冰蓄冷设备系统图

松下电气产业东京情报通信系统中心大楼

地点：东京都品川区东品川 4—5

设计监理：日建设计（株）

主要用途：办公用

建筑规模：地下 1 层，地上 9 层，塔屋 1 层；总建筑面积 43926.14m²；标准层层高 4.5m，吊顶高 2.7m

停车台数：124 台（地下 1F）

建设工期：1990 年 6 月～1992 年 6 月

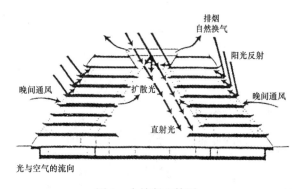

建筑外观

建筑特征

通过南北两侧逐层向内收缩而构成的三角形中庭，可用于照明以及组织自然通风和排烟。两侧各层有宽达 1.8m 的遮阳挑檐，利用日光的反射节约照明。办公室与中庭间无玻璃窗隔断，气氛活泼，故称为开放式中庭（该中庭容积为 6 万 m³）。设计前为全面预测该建筑形式的有效性，进行了各个方面的模拟计算，并确认其可行性。

大楼断面简图如图 1 所示。

图 1 大楼断面简图

空调系统与方式

标准层空调平面图如图 2 所示，标准层内区用地板送风方式。利用各层设置的分区 AHU，

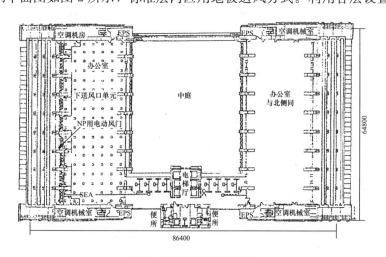

图 2 标准层空调平面图

资料来源：《建筑设备》（日），1993 年 4 月号。《建筑设备与配管工事》（日），1994 年 4 月号。

内区设 4 个系统（分置在南北两端机房内）。外区用单独的 AHU 从吊顶送风。此外，在窗台处可设穿墙式空调机组（TWU）以备日后空调负荷的增长。下送风 AHU 共 28 台，地面送风口共 1524 个，每个风口由办公人员直接无线控制风量。在各层地板高度的外墙上设有新风进风口（可控），用于过渡季节或夏季晚间的自然进风，空气从架空地板经出风口入室后进入中庭后排出。这种"夜间充冷"亦有部分蓄冷效果。

图 3 表示下送风的气流组织（内区）。在工作台面处有分流的局部送风口以及局部有垂直安装的电热辐射采暖板等设施。该工程设计过程中进行了模拟（热环境）和测试，确认了有效性，成为办公室下送风和个人空调结合的范例。

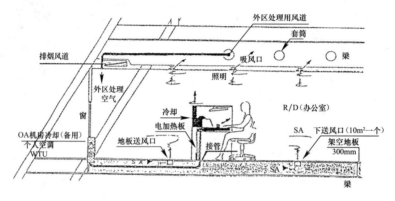

图 3　标准层局部剖面图

空调冷热源

大楼的冷热源系统流程示意图如图 4 所示。

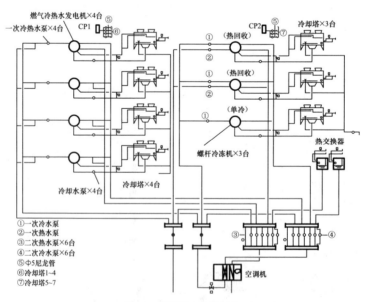

①一次冷水泵
②一次热水泵
③二次热水泵×6台
④二次冷水泵×6台
⑤φ5尼龙管
⑥冷却塔1~4
⑦冷却塔5~7

图 4　系统流程示意图

冷源：水冷型电动螺杆式制冷机，880kW×3 台（其中两台为热回收型）；双效直燃型吸收式制冷机，880kW×4 台；设置冷却塔 7 台，系统无蓄冷水槽。

热源：燃气贯流式蒸汽锅炉 2 台（用于加湿），其他由电动热泵系统提供。

备注：该大楼在设计过程及投入运行后进行大量模拟计算和实测，发表过大量论文。

ATT 新馆大楼

地点：东京都港区赤坂 2-11-7
业主：日本森大厦（株）
用途：办公、商店、银行等
设计、监理：森大厦设计研究所
建筑规模：地下 1 层、地上 13 层、塔层 1 层；总建筑面
积 1.674 万 m²，标准层 1149m²
标准层吊顶高：2.65m，架空地板高 70mm
建设工期：1990 年 7 月～1992 年 7 月

建筑外观

标准层平面特点

标准层平面可参见图 2，办公空间呈 L 形，为面积约
850m² 的无柱空间。外墙周边有凸出的肋状立柱，既对建筑物
有遮阳的效果，又在柱间筑有纵向条缝作为周边距空调机组
的进、排风通路（见图 1）。

空调装置与方式

内区：每层设 2 台空调处理机，按南、北分
为两个系统，用 VAV 单元方式。空调机内设冷
盘管、热盘管、静电过滤器、用变频器调风量，
风机用无皮带传动，可节约空间，并可全新风
运行。

外区：用 WTU（穿墙型）空冷热泵机组，
与邻近的 ARKMORI 大厦的做法相同（1986 年

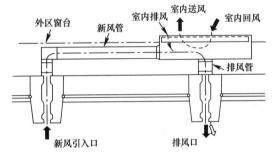

图 1　进排风口（周边局部平面）

建成）。立面上呈立柱状，内组合 WTU 之进、排气通道（窗台处看不到风口），如图 1 所示，
并利用它作幕墙玻璃清扫机上下移动的轨道，WTU 可按用户需加班等使用需要用 Key Switch
预约使用（开机），并自动结算电费，WTU 有变频控制（30～90Hz），与 VAV 控制协调运行，
时间外运行时，有自动新风取入控制机能。

空调冷热源

该楼设独立冷热源，建筑物内各种用途房间使用时间不同，故热源系统分开。如餐饮部营
业到晚上，银行要求管理方便，且有其业务特点，所以选用风冷热泵机组。同时用电计量明确。
由于位置受限，未设置蓄热槽。

燃气吸收式冷、热水机，210USRT（738kW）×2 台，4～13F 办公室用；风冷热泵冷水机
组，100HP（255.7kW）×1 台，1～3F 银行用；风冷热泵冷水机组，100HP（约 22 万大卡/

资料来源：《BE 建筑设备》（日本）第 501 期；《空气调和·卫生工学》，1994/2。

时，255.7kW）×1台，B1～2F 商店等用。

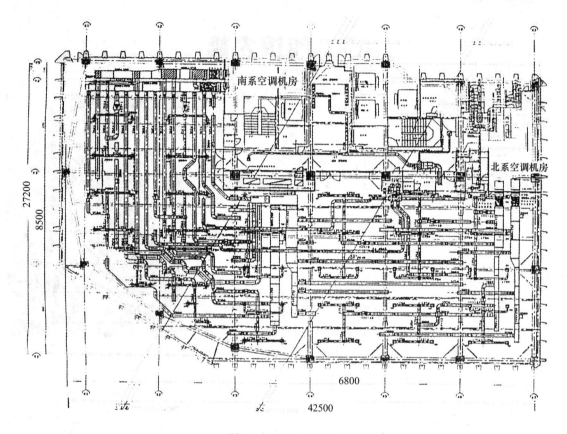

图 2　标准层空调平面

EAST 21 广场

地点：东京都江东区东阳 6-3-2

用途：办公、旅馆、商业

业主：鹿岛建设（株）

设计管理：鹿岛建设（株）、AIE 总事业本部、MIDI 综合设计研究所

施工：鹿岛建设（株）东京支店

建筑规模：（旅馆栋）地下 2 层、地上 20 层；（办公栋）地下 1 层、地上 21 层；（商业栋）地下 1 层、地上 5 层；总建筑面积 14.18 万 m²

结构：钢筋混凝土、型钢钢筋混凝土、钢结构

建设工期：1989 年 12 月 1 日~1992 年 7 月 31 日

建筑外观

工程特点

该工程为典型的复合型建筑，工程设计中对能源方案作了详细分析，能源系统采用了最佳搭配，取得了较高的效率和较好的经济性。经过 10 余年的运行和精心管理（包括水资源利用等），其成果获日本空气调·卫生工学会第 42 届学会奖、第 4 届特别奖"十年奖"等诸项奖赏。标准层平面图（办公楼部分）见图 1，图 2 为剖面图。

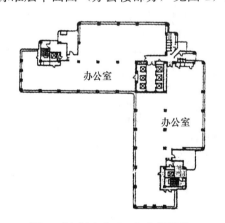

图 1　标准层平面（办公楼部分）

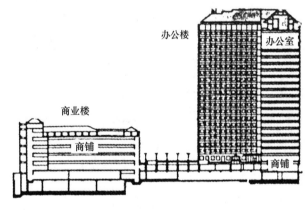

图 2　剖面图

空调方式

办公楼：各层空调机＋VAV 末端方式＋FCU（分区四管制）；

旅馆：FCU（4 管制）＋新风机组＋全热交换器；

资料来源：《ヒートポンプによる冷暖房》（日本）第 46 期；《日经建筑》，1992.10.12；《东热技报》（日本），1994 年第 45 期；《空气调和·卫生工学》，2004/10，（空调卫生工学会获奖项目）。

公寓：空调机组方式；

店铺（独立幢）：水源热泵柜式机组。

冷热源方式及设备系统

在日本当时的条件下，对多种方案的全年用能与初投资比较，采用如图3所示的冷热源方式。

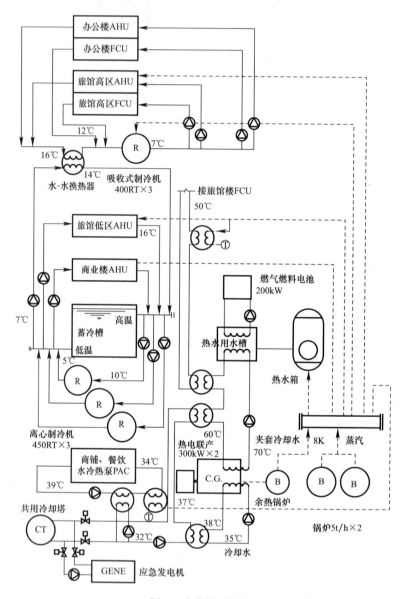

图3 冷热源系统图

冷源：双效吸收式冷冻机，400RT×3台；离心制冷机，450RT×3台；蓄冷水槽，1250m³×2槽；板式热交换器2台。

热源：炉筒烟管锅炉，6t/h×2台。

此外，热电联产设备有：燃气机，300kW×2台；排热锅炉（多管式贯流型，174kW×2台）以及燃料电池（磷酸水溶液型），出力200kW，热出力245kW。

丰洲 ON 大楼

地点：东京都江区丰洲 1-1-1 晴海运河旁边

用途：办公

建筑规模：地上 30 层，地下 3 层；建筑面积 10.4 万 m²；高层栋标准层面积 2920.3m²；建筑物高 128.1m，建筑剖面见图 1

建设工期：1989 年 10 月～1992 年 7 月

建筑外观

建筑特点

该楼为出租办公楼，标准层为 1000m²＋1000m² 无柱空间，构成 3.2m×3.2m 的模数，吊顶 2.6m（7F～28F）、2.9m（2F～6F，29F），全楼用架空 100mm 的活动地板供配线等用，7F～28F 为标准层，2F～6F 为计算机房，窗户用高性能热反射玻璃。

空调的设计原则

（1）对应于客户的将来办公自动化；标准办公楼性能的设定，出租用附加条件的设定。

（2）节能计划：自然能的积极利用，通过变流量控制减少输送动力。

（3）内区和外区合理的负荷处理：外区提高舒适性，内区用新风供冷。

（4）周边环境的协调：建筑物外部设置机器设备的配置计划，地盘状况、地铁等的制约，由海风产生的盐害（粒子）对策。

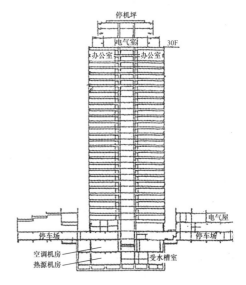

图 1　建筑剖面图

冷热源设备及配管设计

（1）设备及容量

风冷热泵冷水机组：（热回收型）制冷量 $Q_o＝$ 225RT×2 台，供热量 $Q_k＝698kW×2$ 台；直燃式冷热水机组：$Q_o＝700RT$，$Q_k＝1942kW×3$ 台；离心式制冷机：$Q_o＝700RT×1$ 台；蒸汽锅炉（加湿用）：炉筒烟管式 3.5t/h×1 台。

运行要求：如图 2 所示，夏季优先用燃气（吸收式），冬季优先用电（风冷热泵机组）

（2）管系布置——冷热水管路分区

冷水分区：高层栋的高层系统（25F～30F），低层系统（B2F～2F）；高层栋的低层系统（2F～24F）；高层栋的全年冷水系统、高层部分（25F～30F）；高层栋的全年冷水系统、低层部

资料来源：《BE 建筑设备》（日本）第 501 期。

分（B2F～24F）；

热水分区：高层栋的高层系统（25F～30F）；高层栋的低层系统（2F～24F）；低层系统（B2F～2F）二次侧的冷水、热水泵用台数控制节能，高层系统的冷、热水用板式热交换器循环。

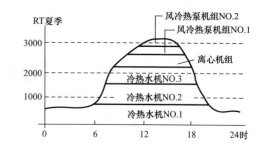

空调设备

对于智能型出租办公楼的空调设备可采用"基础空调"和与它对应的附加空调设备。

（1）基础空调

2F～6F 为计算机室，7F～28F 为标准办公室，考虑到办公室漏水问题和考虑设备更新的不便，以及办公室不宜有水进入，故用全空气空调方式，标准层办公室面积约 2000m²，分为四个大区，各 500m²。与防烟区划相对应，核心区端部设空调机房，进风、排风各层独立（见图3）。各大区内分内部区和周边区。内区为单风道VAV 方式，约每 100m² 设一个 VAV 单元，可

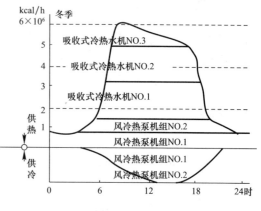

图2　负荷运行图

对室温细分控制，外周区采用多分路型空调机组（按朝向分路）的单风道 CAV 方式（见图4）。送风空调按模数 3.2m×3.2m 布置，送风口是可与分隔相对应的特殊方式。回风口利用照明灯具的条缝和回风口吸入顶棚内（构成回风静压箱），回风口兼作排烟风口，新风量按 5m³/(h·m²) 计（地板面积），新风供冷时增到 10m³/(h·m²)，标准层空调机主要规格如表1所示。

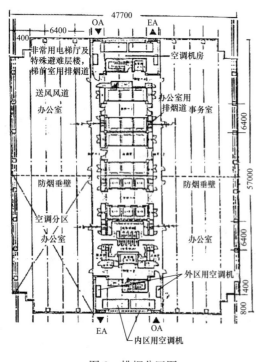

图3　排烟分区图

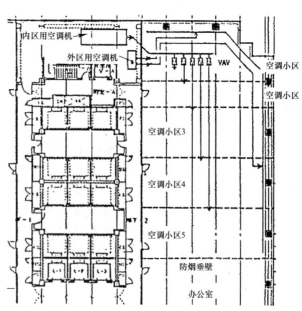

图4　空调方式（一大区）

（2）附加相应设备

考虑作为出租时的特殊负荷计算机室的发热、OA 机器发热等，各层应计划好附加处理的可能。2F～6F 为确保负荷的需要留有备用空间，满足出租，必要时可设水冷式柜式机组。2F～29F 对应 OA 机器的负荷，在各层空调机房内备设有全年用的冷水配管系统。可按需连接 FCU 及 AHU，冷冻机、冷却塔、水泵等相应可增设、附加对应负荷如表 2 所示

标准层空调机规格表 表 1

机器名称	型　式	台　数
内区系统（2F～29F）	横型，变频控制不用皮带传动，冷热水，蒸汽加湿等	112
外区系统（2F～29F）	小型盘管，多联机方式，冷水、热水	112

负荷指标表 表 2

机器发热	附加对应负荷	基础负荷
计算机	500VA/m²	—
OA 机器等	20VA/m²	30VA/m²

排烟设备

办公室、走廊、非常用电梯厅及特殊避难层楼梯前室，分别设有机械排烟，排烟分区如图 3 所示（防烟分区为 500m²）。

工程实录 J49

丰洲中心大楼

地点：东京都江东区丰洲 3-3-3 号
业主：石川岛播磨重工业（株）
综合设计：三井不动产（株）
设计监理：日建设计（株）
空调施工：新日本空调、新菱冷热工业、须贺工业、三机工业
建设工期：1989 年 12 月～1992 年 10 月

建筑外观

建筑概况

建筑总面积 9.9608 万 m²，停车场面积 8104m²，最高高度 165m，标准层面积 2212m²，吊顶高 2.63m。地下 2 层，地上 37 层，塔层 1 层，建筑物布局与平剖面图如图 1～图 3 所示。停车台数：地上 146 台，地下 89 台，共 235 台。实际办公室部分面积为 5.5 万 m²，约有 5000 人在其内工作。核体两侧各约 750m²（标准层），每层按出租可能分四区，防灾设备、空调设备、电气设备均与之对应分系统安设，吊顶模数为 3.6m×2.7m，送风口、照明灯具、喷淋头子布置按此模数设计，对应分隔方便，地板荷重 500kg/m²。

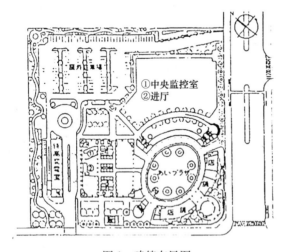

①中央监控室
②进厅

图 1　建筑布局图

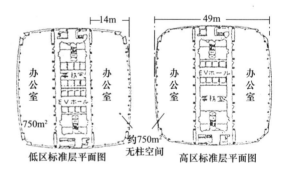

低区标准层平面图　　高区标准层平面图

图 2　标准层平面图

空调冷热源装置

蒸汽锅炉、吸收式冷冻机、热电联产用燃气机等的燃气系统为基本能源，与夜间、冬季用供冷运行相对应的负荷用螺杆式热泵机组，出租办公室 OA 负荷对应的电动离心机等相结合使用。主要设备：燃气炉筒烟管锅炉，4.8t/h×2 台、2.4t/h×1 台；蒸汽双效吸收式冷冻机，

资料来源：《BE 建筑设备》（日本）。

900USRT×2 台，单效 90USRT×1 台；空气热源 ASHP（螺杆）热回收型，520 USRT×2 台、350USRT×1 台；电动离心机，400 USRT×1 台（HCFC123）；冰蓄冷系统，430 USRT·h（直膨式 IPF50％）。

热电联产设备

燃气机 1000kW×1 台，城市燃气 13A；燃料耗量 290Nm³/h；燃气机排气与冷却水的热量可回收利用（空调部分热源），如图 4 所示。

空调水系统

二次侧冷水温度为 6～13℃，热水温度为 50～43℃，加湿用蒸汽、冷水、热水管路分高层外区系统、高层内区系统、中层外区系统、中层内区系统、低层出

① 进厅
② 门厅
③ 大厅
④ 商店
⑤ 停车场

图 3　剖面图

租店铺系统。办公楼外区为冷水、热水可转换的双管系统，其他系统全部为四管制，全年可用冷水或热水。对应于今后 OA 负荷的可能增大，高层、中层的内区系统冷水管尺寸均留有余地，二次泵可台数控制。空调水系统详见图 5。

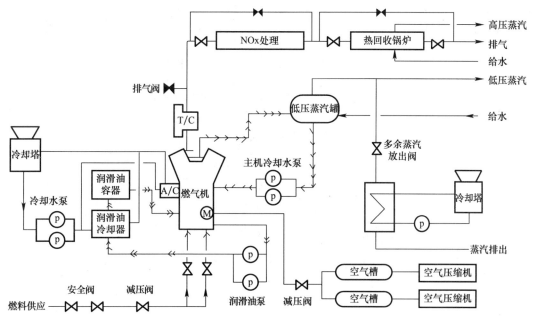

图 4　热电联产系统流程图

标准层空调

根据出租情况，办公层分四区（每区约 375m²）；内区系统：10000m³/h×4 台（层），VAV 方式。外区系统：1800m³/h×4 台，VAV 方式；2600m³/h×4 台，CAV 方式；每层由 12 台空调箱构成。设有新风供冷控制，最大新风量为 10m³/(h·m²)。

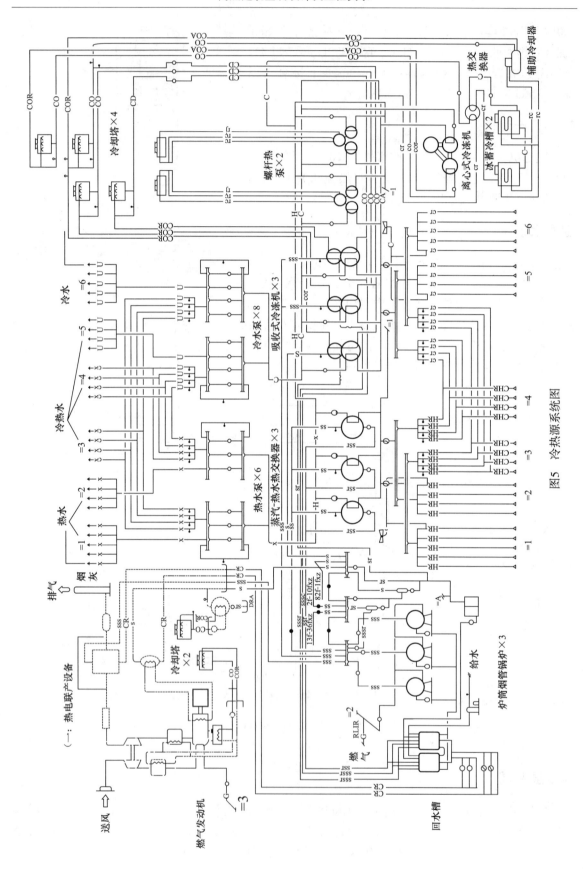

图5 冷热源系统图

大阪 ORC200

地点：大阪府大阪市港区弁天 1-2
用途：出租、办公、住宅、旅馆、商业等
设计：安井建筑设计事务所、昭和设计（株）
施工：竹中工务店（株）、清水建设（株）等
设计时间：1988 年 3 月～1990 年 7 月
施工时间：1989 年 9 月～1993 年 2 月（二期）
建筑规模：
办公楼及客房（1 号街）：建筑面积 14.33 万 m²，地下 3 层，地上 50 层，塔层 3 层，建筑高 200m。
公寓（4 号街）：建筑面积 6.29 万 m²，地下 2 层，地上 50 层，塔层 2 层，建筑高 167m。

建筑外观

结构：钢结构、钢骨钢筋混凝土结构

图 1 为 1 号街区与 4 号街区的平面位置图，图 2 为 1 号街区高层（办公＋客房）与 4 号街区高层公寓的剖视图，由于公寓层高低于办公楼，故相同层数，4 号街区高层较低。

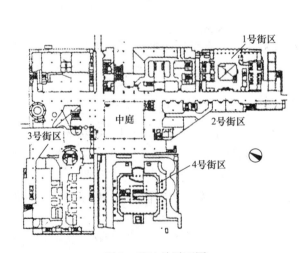

图 1 基地总平面图

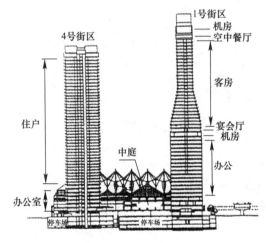

图 2 剖面图

工程特点

该工程为大型综合开发项目，设计以"职、住、游、知、健"一体化为宗旨，分两期建设。第一期为基地北侧的娱乐设施，第二期则主要包括两栋高层建筑。1 号街区高层下部为办公层（30F 以下），30F 以上平面形态变窄，且作为旅馆客房（办公层与旅馆层之间为住宅层）。4 号街区低部若干层面亦为出租办公层。目前该建筑群已成为与大阪 OBP 地区相对应的大阪西部的一个副都心。

资料来源：《BE 建筑设备》（日本）第 511 期（1993/10）。

空调方式

1号街大楼5F～19F为出租办公楼，为增大房间的出租面积，不在办公层面内设空调机，空调AHU设备放在21F的机房内。办公层平面分4个区，每区由一个AHU送风，为单风道VAV方式。AHU与全热交换机组相连。其空调系统流程如图3所示。办公楼外区采用FCU方式，其水系统北侧为二管制，南侧为四管制。办公楼负荷设计依据分别为：人员0.15人/m²，照明25W/m²，办公机器发热30W/m²。

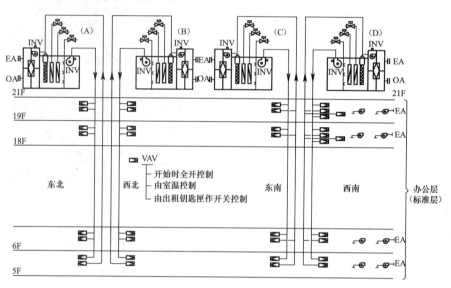

图3 空调系统流程图

1号街大楼30F～49F旅馆客房与FCU＋新风系统。各宴会厅、餐厅等均为单风道全空气系统。22F的空中宴会厅则采用单风道＋周边FCU方式。出租住宅用风冷热泵柜式机组方式。

冷热源设备与系统

该工程的冷热源主要利用DHC与自备的热电联产系统相结合的方式。DHC系统设置在租借的大阪燃气公司地下三层的机房内（约2000m²）。热电联产设备系大楼业主（信托银行）所有，所产生的电力可供该工程使用。燃气机排热水（88℃）由供热公司（大阪燃气公司经营）经售，燃气发电机所发电量可作为非常发电用量。平时利用城市燃气作Otto循环（四冲程循环）。城市燃气停供时，可燃轻油成为Dissel引擎发电，属多元燃烧结构。

该工程主要冷热源设备名称和容量见表1，冷热水温度条件如表2所示。整体系统流程如图4所示，图中左侧为属于大楼的设备，右侧部分则属于DHC公司的设备。

冷热源主要设备		表1
冷热源侧设备	燃气烟管锅炉	10t/h×4台
	蒸汽吸收式冷冻机	800USRT×5台
	热水吸收式冷冻机	250USRT×2台
	水-水热交换器（排热水用）	1582kW×4台
	蒸汽-水热交换器	6978kW×4台
	低噪声冷却塔	800RT×1台 4000RT×1台
业主设备	燃气内燃发电机	1000kW×4台
	超低噪声冷却塔	

冷热水温度条件

表 2

		标准温度	允许温度
冷水	送	7.0℃	6.5～8.5℃
	回	12.0℃	11～13℃
热水	送	85.0℃	80～90℃
	回	70.0℃	65～75℃

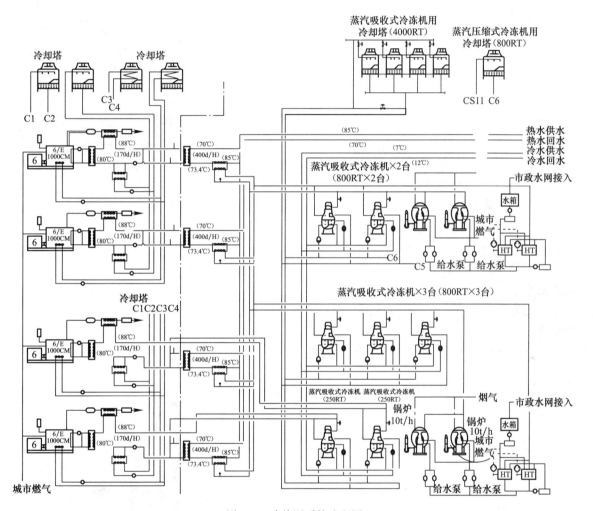

图 4　冷热源系统流程图

工程实录 J51

梅田空中大厦（新梅田城）

地点：大阪市北区大淀中 1 丁目
用途：办公楼、商业、旅馆等
设计：原广司、ATRIE.FYE 建筑研究所
业主：积水房屋、东芝公司等
施工：竹中工务、大林组、鹿岛建设等
设计时间：1989 年 2 月～1990 年 6 月
施工时间：1990 年 6 月～1993 年 3 月
建筑规模：建筑高度 172.95m；地下 2 层，地上 40 层；标准层面积 1503m²；标准层层高 4.0m，吊顶高度 2.8m；总建筑面积 21.63 万 m²（包括旅馆幢）
结构：钢结构、型钢钢筋混凝土、钢筋混凝土

建筑外观

工程特点

两幢超高层建筑在空中相连，对于多地震的国家来说，要通过对防震的结构设计分析来实现设计思想。当时是日本智能建筑的成长期，在设备计划中（空调、供冷热设备、电气通信等方面）有充分体现。此外，如何满足多个业主的服务需求而提供相应的管理设施亦是对该工程的要求。

图 1 为标准层平面，图 2 和图 3 分别为透视图和剖面图，图 4 为总平面图。

图 1　标准层平面

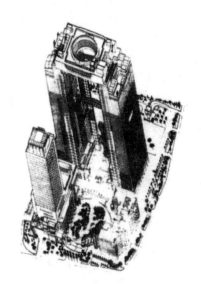

图 2　透视图

资料来源：《オリエンテイソンク报告书 100 号》。

618

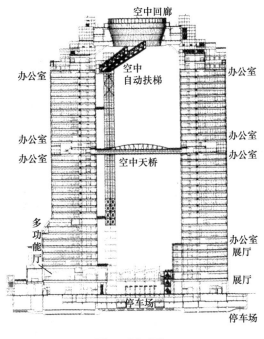

图 3 剖面图

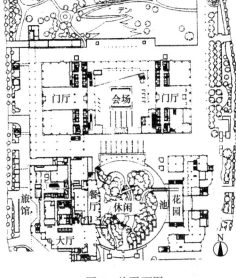

图 4 总平面图

办公楼标准层的空调方式

为了避免因办公设备增加而使集中式全空气系统的风道布置对建筑层高有影响，故采用比常规方式细分的设在吊顶内的分散型末端 AHU 方式。由 DHC 站来的冷热水接到各层分散型 AHU 中。

空调负荷计算条件为：在室人员 0.15 人/m^2，新风量 4m^3/(h·m^2)，照明和电插头负荷 40W/m^2。按此负荷，外区每 36m^2 设 1 台平时可自由供冷/热的双盘管 AHU，内区每 54m^2 设 1 台单冷的单盘管 AHU。所有空调器可集中远程控制（停、开）。此外，亦可以与个别控制相结合，各层入口处有个别操作盘（触摸式）。办事人员可按需控制温度。此外，各层在南、北向设新风机房，排气设全热交换器回收热量。各空调器有蒸汽加湿器。

计算机房需全年空调，用下送风方式。停车场通风用诱导型换气装置（Dilivent 方式）。

冷热源设备与系统

利用城市燃气作为空调供冷（热）的主要能源。燃气除用于锅炉之外，还用于热电联产装置。利用发电可得的余热（热水）与锅炉产生的蒸汽分别可用于单效及双效吸收式制冷机。

另有电力驱动（自发电及市电）的螺杆式制冷机共同制冷；设有蓄冷水槽。锅炉蒸汽经热交换所得的热水为大楼供热。热电联产系统原理示意图见图 5（图中注有设备容量）。图 6 表示了夏季设计工况下各制冷机的负荷分配情况，可知本系统由热电联产提供的热量占 34.5%，其余由普通热源方式提供（65.5%）。图 7 为该工程的供冷供热水系统流程图。

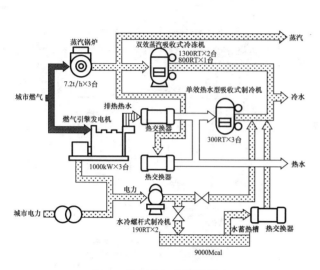

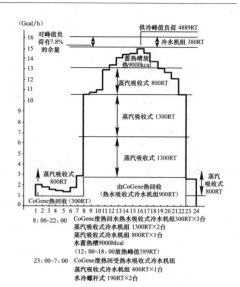

图 5　热电联产系统原理图

图 6　制冷机负荷分配

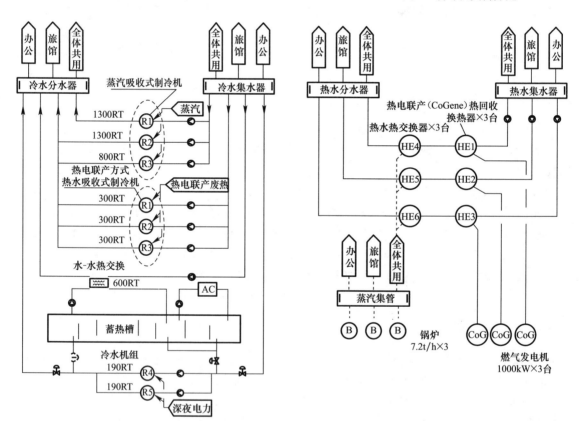

图 7　供冷供热水系统流程图

工程实录 J52

新宿 PARK TOWER（东京燃气新宿花园大厦）

DHC站

建筑外观

地点：东京新宿区西新宿 3-T-1

用途：出租办公楼、旅馆（39F 以上）、

店铺、展示、DHC 站（西新宿地区）

业主：东京燃气城市项目公司

设计：丹下健三都市建筑研究所

施工：东京燃气新宿超高层大楼建设工事共同企业体（鹿岛、清水、大成三公司）

建筑规模：地下 5 层、地上 52 层；建筑最高 235m；总建筑面积 26.4 万 m^2；标准层层高 4m，标准层面积约 4500m^2

结构：钢结构、地下为钢筋混凝土结构。

设计时间：1987 年 8 月～1990 年 8 月

施工时间：1990 年 9 月～1994 年 4 月

工程特点

该工程位于新宿区西新宿高层办公区的南端，是该地块单体面积最大的办公楼建筑。该地区的区域供冷/热站位于大楼北侧，由此向北 20 多幢建筑供冷/热。大楼 39F～52F 为旅馆，下部为出租办公楼。图 1 为总图，图 2 中分别办公楼与旅馆的标准层。图 3 则为大楼的剖视图。

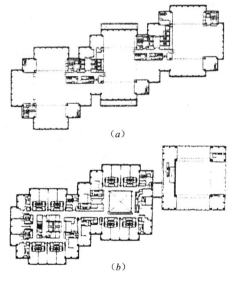

(a)

(b)

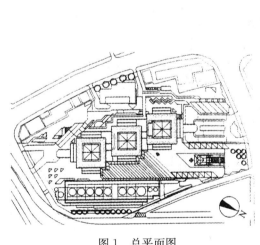

图 1　总平面图

图 2　标准层平面

(a) 高层标准层平面图；(b) 旅馆标准层平面图

空调方式与系统

办公室设计参数为：冬季 22℃，50%；夏季 26℃，人员密度 0.15 人/m^2，新风量 25m^3/（人·h）。

资料来源：日本东京 GAS 城市开发公司提供资料。

办公室空调分内外区。内区：单风道 VAV 方式；外区：单风道 CAV 方式；空调机各层分散布置，如图 4 所示。

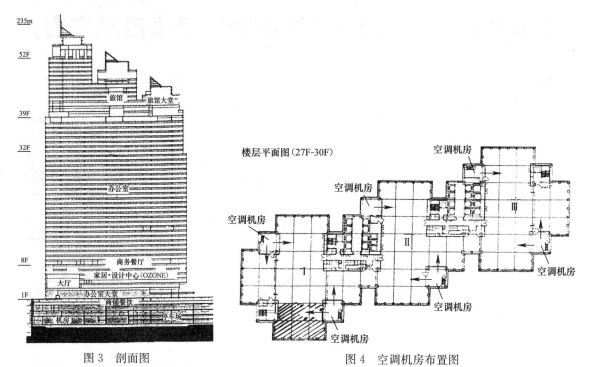

图 3 剖面图

图 4 空调机房布置图

旅馆空调方式为新风 AHU＋FCU 方式。办公室和旅馆层空调管路布置图分别参见图 5 及图 6。

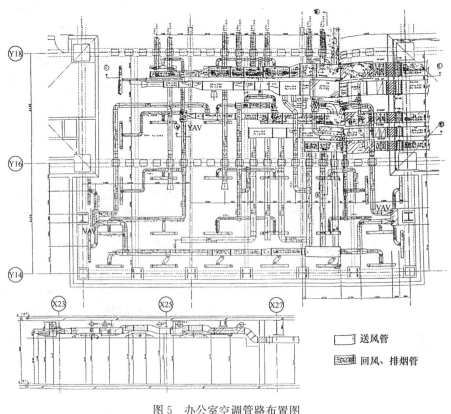

图 5 办公室空调管路布置图

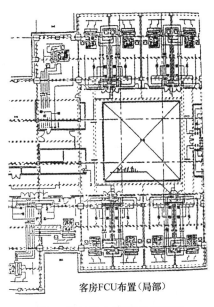

客房FCU布置（局部）

图6　旅馆层空调管路布置图

根据日本建筑基准法第 38 条，排烟风道与空调回风道可以兼用（风道材料与风门结构应按规范采用），故 9F～37F 办公楼部分的风道管路可按图 7 的方式转换和控制（参见表 1）。即利用顶棚空间回风排烟，排风口均匀布置，使烟气易于排出。

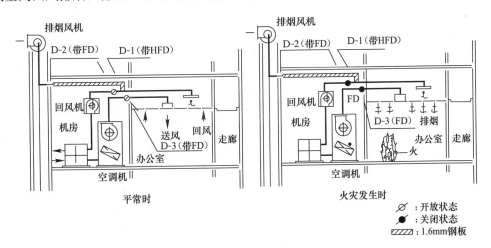

图7　风道转换与控制图

风道转换与控制　　　　　　　　　　　　　　　　　　　　　表1

	平时		火灾时
	空调运行时	空调停止时	
D-1	关闭	关闭	开放
D-2	开放	关闭	关闭
D-3	开放	关闭	关闭

冷热源设备

该工程利用扩建（1991 年）后的西新宿 DHC 站提供冷热源，供该楼的冷水参数：冷水供水温度 4℃，回水温度 12℃，送水压力为 1.27～1.19MPa，回水压力为 0.87～0.89MPa，蒸汽入口压力为0.7MPa，冷水供冷系统及容量如图8所示（供热系统图略）。

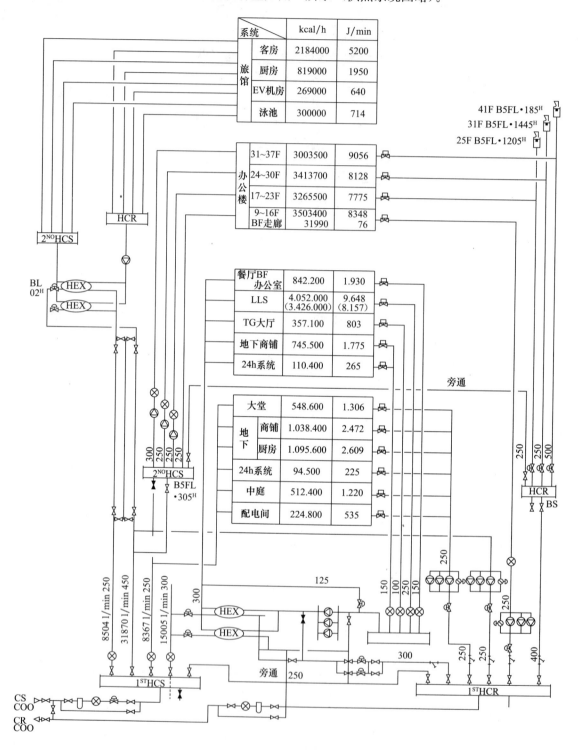

图8　冷水系统图

工程实录 J53

大阪世界贸易中心（WTC）

地址：大阪市住之江区南港北 1-14-16
业主：（株）大阪世界贸易中心大厦
设计：（株）日建设计等
建筑规模：建筑面积 149296m²；地下 3 层，地上 55 层，
屋顶 1 层
结构：高层钢结构、低层钢筋混凝土
用途：办公
建设工期：1991 年 3 月～1995 年 2 月

建筑外观

冷热源系统

使用区域冷热站（DHC）24h 供给的冷、热水，采用冷、热（供、回）四管制方式向大楼输送，各空调系统可以选择供冷或供热。水系统区域划分为低层系统（小于 1.0MPa）、中层系统（小于 2.0MPa）和高层系统（小于 3.0MPa）。另外，各系统再分为 A、B、C、D 四个主立管（有 100% 备用的压力保持阀），以保证稳定可靠的热源供应。7F～17F 计算机室设专用主配管设备（冷水管、排水管和冷水增压泵）。

标准层空调系统的特点

（1）标准层空调分为 4 个系统，都是各层新风分散处理的内外区合一的全空气系统。通过设置 VAV 末端实现区域空调控制细分化（约 200m²）。另外，为应付将来智能化负荷增加（23.3W/m²），设置了冷冻水和排水系统。

（2）窗际送回风方式：作为超高层办公楼的 WTC 的最大长处是能够无阻挡地向广阔的街道和大海眺望，为达到最大的通透性。

另外，结合外立面设置了吊顶送风口、地板回风口（部分吊顶回风口），由于形成了空气阻挡层，实现了窗边舒适的热环境（参见图 1）。地板回风口、地板回风腔并非空调专用，为建筑外装支持钢结构及巾木兼用，吊顶回风口与窗帘箱兼用。

（3）系统吊顶：3.2m 模数照明以 40W 单管 2 条为基准，照明灯具宽 150mm 的中央为空调送风口，应急照明、烟感器、喇叭控制或测量用传感器、空调回风口、排烟口等设备。

标准层空调箱的特点

（1）室外型空调箱：标准层空调机房管道井室外化，提高了出租率。4 个室外机平台设置了避难舷梯，提高了安全性。外板及保温层加厚；外板为树脂涂装；空调箱顶部有排水坡度；检修门上部设有挑沿；空调箱为气密型（漏风量为最大处理风量的 1.5% 以下）；新风入口在底部；空调箱进出风口；水箱接口都按室外型设于侧面及底面。标准层没有空调机房，提高了

资料来源：《建筑设备と配管工事》（日本），1996 年 8 月（增刊号）。

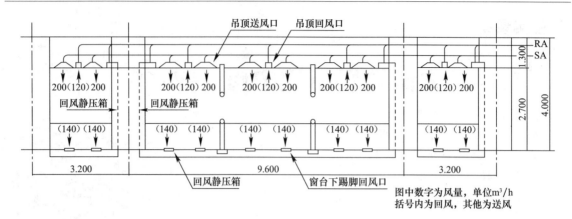

图1 标准层窗边空调送回风概念图

办公的有效面积率。

（2）组合型空调箱：内外区2台空调箱组合一体化，外形尺寸为5000mm（长）×1250mm（宽）×3300mm（高），维修、管理方便。内区系统：风量8000～10000m^3/h[20m^3（m^2·h）]，由送风机、全新风供冷用排风机、最小新风用排风机、全热交换器，双盘管和NBS90％的过滤器等组成。外区系统：风量4800～7000m^3/h，由送风机、双盘管和NBS 65％的过滤器等组成。

（3）耐盐腐蚀型空调箱：空气过滤器采用能除去海盐粒子及能防止潮解的类型；空调箱内部的钢制品采用不锈钢或者环氧树脂涂装，盘管机内风阀也采用防腐蚀的型号。钢铁部件在镀锌之后再做环氧树脂，轴承为聚四氟乙烯制。

（4）正压排烟兼用型空调箱：内区送风机、排风机兼作加压风机和排烟风机。

（5）舒适节能型空调箱：冷热水双盘管组入；采用可变风量的变频风机及节能电动机；全热交换器热回收；根据CO_2浓度控制最小新风；预冷预热时关闭新风等。

（6）省力优化型空调箱：采用集散式DDC方式；低阻力长寿命型空气过滤器；无皮带直联型风机等。

标准层空调兼加压防烟系统

根据大楼形状、用途，突破常规做法限制，采用安全性更高、更合理、更直观的排烟系统，由平时常用的各层空调箱进行前室加压送风，房间机械排烟（前室走廊都不排烟），并基于日本建筑基准法第38条取得建设大臣的认定。从成为避难通道的两个前室向走廊机械送风压出，火灾房间因机械排烟形成负压，沿避难的方向、温度和烟气形成的空气污染度逐步下降，是一种安全避难的系统。

前室加压送风机、房间排烟风机与各标准层空调箱兼用，通过风阀切换就能实现排烟运行与空调运行的模式转换，成为加压与排烟由各层自行完成的系统。图2为室外型加压排烟兼作空调箱示意图，图3为加压排烟空调箱运行模式，图4为标准层排烟系统。

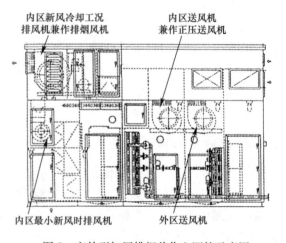

图2 室外型加压排烟兼作空调箱示意图

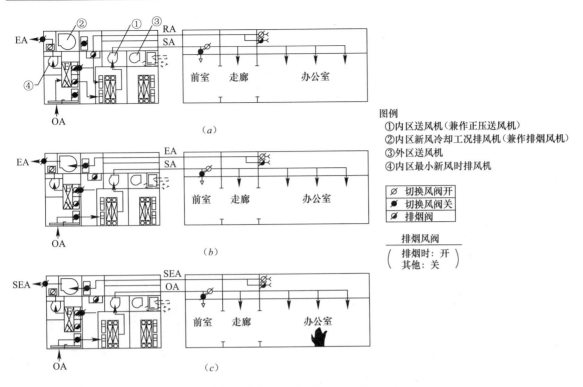

图 3　加压排烟空调箱运行模式

(a) 正常运行时；(b) 全新风运行时（过渡季节）；(c) 排烟时

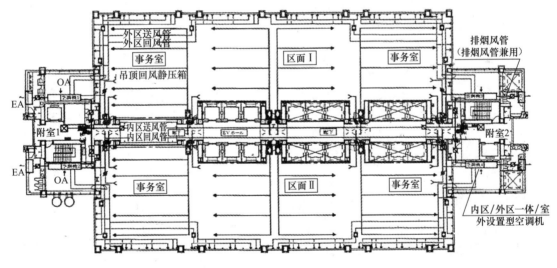

图 4　标准层排烟系统

　　该系统是从法律规定的排烟系统发展而来。它解决了由于大楼的密闭性很好，与排烟风量相当的缝隙补风难以保证，使排烟能力无法发挥等问题。

工程实录 J54

NTT 新宿大楼

地点：东京都新宿区西新宿 3-19-2

业主：日本电信电话公司

用途：办公、电气通信事业设施、附 DHC

建筑规模：建筑面积 8.478 万 m²；地上 30 层，地下 5 层，塔层 1 层

设计：CESAR PELLI 事务所＋山下设计事务所

空调施工：高砂热学工业、三建设备、东洋热工、三晃空调等

建设工期：1992 年 4 月～1995 年 6 月

建筑外观

建筑概况

该工程位于邻近东京新宿副都心相邻的初台淀桥街区，附近有新建成的东京歌剧院城（由新国立剧场、东京歌剧院 54F 的塔楼等组成）。故由 NTT 都市开发（株）、日本电信电话（株）联合组成东京歌剧院城热供给公司（株），向该地区提供 DHC 服务。总建筑面积达 39.7 万 m²，形成一个环境优良的小区，成为新宿整体环境的延伸。图 1 为 NTT 新宿大楼的平面图（1F 及标准层），图 2 为立面剖视图。

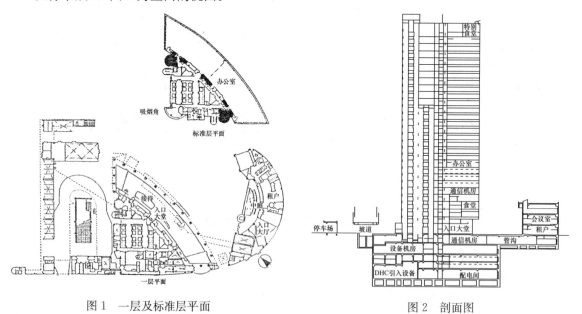

图 1 一层及标准层平面   图 2 剖面图

空调设备

标准层办公室从防止水损考虑采用全空气方式，在各层两侧核芯筒内设新风空调机（两层

资料来源：《建筑设备士》1995/10，1995/11；《BE 建筑设备》（日本）第 535 期，1995；及参观访问资料。

合用一台），各层另外设有4台紧凑式（立式）空调机以满足基本冷热负荷。图3为办公标准层空调系统原理图。

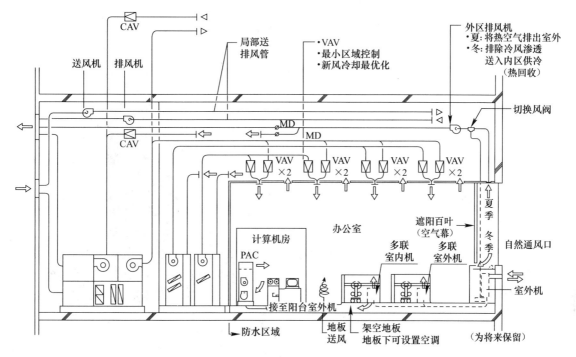

图3 办公标准层空调系统原理图

风道系统按空调机划分，各控制区设两个VAV末端装置，以最大限度地利用室外新风（过渡季新风供冷），并有利于调节，适应各区的负荷变化，标准层温度控制区为50～100m²。

单位风量按新风空调机和紧凑式空调机合计15m³/(m²·h)，VAV以后标准风量为20m³/(m²·h)，对于冷负荷特别大的局部区域，在冷水管上设供备用的分支管及阀门。此外，为了对应办公设备的发展，还设有空冷柜机，在平面两侧端部设室外机。

周边区处理：除空调AHU分别设置外，由窗内百叶间的气流构成"空气屏障"方式。夏季将热气流抽入窗帘匣后排出室外；冬季把冷气流强制吸入窗台箱后，将该空气排列室外或作为内区供冷用，故在吊顶内设风管转换风门，此外，窗台处设有可控的自然通风口。

职员工作层、会议室采用新风空调机加四管制FCU。食堂层用定风量空调系统及热水放热器。进厅用定风量空调及地板辐射采暖。

冷热源设备

由该地区（初台淀桥街区）第一DHC站内（设在本楼内）的冷热源设备提供冷热量。本站设有炉筒烟管锅炉（蒸汽），共计46t/h的蒸汽量，部分蒸汽作为吸收式制冷机的热源。蒸汽吸收式制冷机设650RT×2台；设电动离心制冷机300RT×1台，总制冷量为2000RT。该办公楼的契约容量为1750RT/h；冷水供水温度为6.5℃，回水温度为12.5℃，经蒸汽换热后热水送水温度为45℃，回水温度为40℃，蒸汽压力为0.8MPa（表压），本站生产的高压蒸汽同时提供设于东京歌剧院城塔楼之第二DHC站使用。

工程实录 J55

新宿 MINES 塔楼

地点：东京都涉谷区代代木 2-1-1

业主：LEL City 东开发公司

设计监理：日本设计（株）

设备施工：高砂热学工业（株）、东洋热工业（株）等

主要用途：办公、店铺

建筑规模：地上 34 层，地下 3 层，塔层 2 层；总建筑面积 10.27 万 m²，高度 161m

设计时间：1990 年 4 月～1992 年 4 月

施工时间：1992 年 5 月～1995 年 9 月

建筑外观

工程特点

该建筑位于东京都营大江户线新宿车站附近，是该地区的大型建筑。单侧为核体（北侧），1F～26F 有高大中庭。以该楼为主体的新宿南西地区的区域供冷供热机房就位于该楼地下，并由此向附近建筑供应。图 1 为标准层平面图，图 2 为立面剖视图。

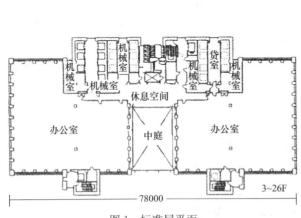

图 1　标准层平面

图 2　剖面图

空调设备与系统方式

标准层约为 1600m² 的出租办公室，按 4 个防烟分区划分空调分区。采用分内、外区的各层

资料来源：《BE 建筑设备》（日本），第 540 期，1996/3。

AHU 系统的全空气方式。外区空调为单风道、变风量（电子式 VAV 末端）方式，可以适应因方位不同、窗面积比不同而需求的对热环境的改善。内区空调为避免单风道变风量在低负荷时换气量不足、办公机器设备增加引起的室温不稳定等状况的出现而采用双风道方式。即以确保必要的通风量和新风以及室内人体、照明热负荷处理为目的的基础空调机送风系统和以处理室内办公机器热负荷为主的单供冷空调机送风系统两者相混合后送风的空调方式。空调风量各为 $11m^3/(m^2 \cdot h)$，应确保 $22m^3/(m^2 \cdot h)$。

设计中负荷计算依据为：人员 0.2 人/m^2，照明 $25VA/m^2$，机器设备电插头按 $29W/m^2$ 的发热量。对于集中散热的计算机房，各层设冷却处理用的备用冷水管两处（按 $40.7W/m^2$）。两种 AHU 出风相混合的装置有使气流回旋的性能，并经散流器出风。对于专送冷风的自力式 VAV 末端其控制范围约 $80m^2$，内区空调装置与送风方式如图 3 所示。

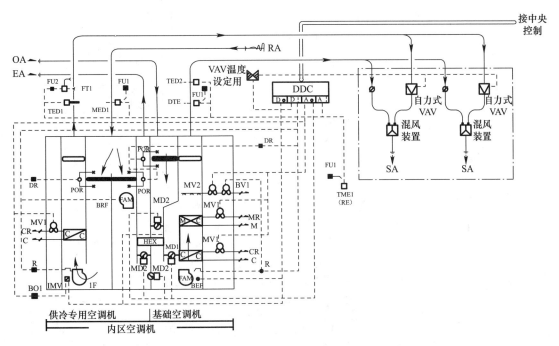

图 3　内区双风道空调系统原理图

通风设备方式

机械室、电气室、停车库等均采用有机械送风和排风的通风方式。电气室设有供冷的专用柜机等。停车库还需与 Dilivent 诱导通风结合运行，按 CO 控制运转台数。电梯机房则为了防止电梯井道的气流，采用于空调机结合的差压控制进行机械送风（自然排风）。

中庭空调换气

中庭面积为 $243m^2$，高 $105m$，体积达 $26000m^3$，根据不同季节和室外气候条件空调换气可按图 4 所示的模式进行。

冷热源设备

地下 3F 为 DHC 供冷、制热设备，可对本楼提供冷水、热水和蒸汽。对于高层和低层的空调系统，利用温度效率良好的直接引入方式，同时利用辅助水泵（间隙控制）＋压力保持阀的组合方式来保证供给。AHU 盘管水温差确保 $10℃$，低层部的 FCU 系统则通过热交换器间接供给。蒸汽经减压到 0.2MPa，可直接用于热水供应槽的热源和蒸汽加湿。

引入热量的计算最大能力为：冷水 14663.28kW，热水 6867.67kW，蒸汽 2193.10kW，图 5 为引入建筑物后的冷热管路系统，图 6 为 DHC 的设备系统。

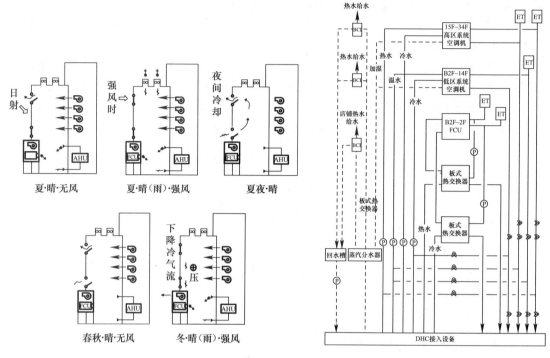

图 4　中庭空调通风模式

图 5　冷热源系统图

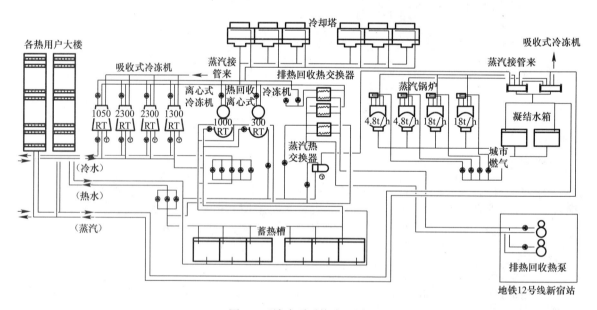

图 6　区域冷暖系统流程图

东京大手町第一广场大厦

地点：东京千代田区大手町 1-5-1

业主：日本电信电话公司、东京海上保险公司等

用途：办公、商场等

建筑规模：地下 5 层，地上 23 层，塔屋 2 层；总建筑面积 7.67 万 m²（一期）；建筑高度 97.1m；

标准层面积 1600m²，标准层高度 4.05m，架空地板高 100mm

建设工期：Ⅰ期：1969 年 9 月～1992 年 2 月

Ⅱ期：1993 年 12 月～1996 年 12 月

图 1 为总平面图，图 2 为剖面图。

建筑外观

空调设备与系统方式

标准层办公室各层机房内设专用新风处理机组，室内负荷处理机组分散在"系统墙"（每层 5 台）。新风空调机组亦处理部分回风，室内负荷机组只供冷，送风系统采用单风道 VAV 方式。空调系统平面布置和分区情况见图 3。标准层空调原理图如图 4 所示。

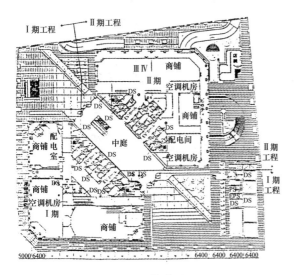

图 1　总平面

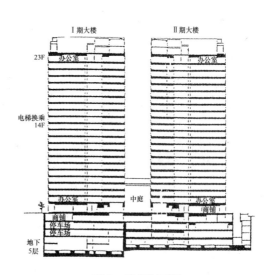

图 2　建筑剖面图

空调能力按办公自动化设备（OA 机器）发热量 30W/m² 及照度为 800Lux 等考虑。对于预计发热密度会提高的房间，可在其室外阳台上设风冷柜机予以补充。为确保窗际环境（周边区），设窗际空调屏障系统。窗台罩内设送风机，顶棚内设抽风机，构成吹吸式通风方式。

资料来源：《BE 建筑设备》（日本）等刊物。

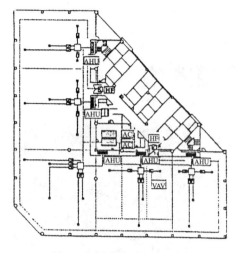

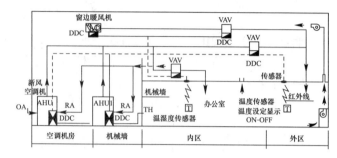

图 3　空调系统平面布置图　　　　　图 4　标准层空调原理图

此外，除室内 AHU 可分别向内外区送风外，冬季另有专用的热风机组向外区系统送风，补充热量。新风 AHU 有冷水盘管和蒸汽盘管，处理内负荷的 AHU 仅设冷水盘管，而冬季外区专用系统内设蒸汽盘管（窗际温风机）。新风空调机的送风温度与设在室内的测温计相比较并进行串级控制，对冷水量、蒸汽量进行比例调节。湿度传感器直接比例控制蒸汽量。新风量根据室内空调机台数、CO_2 浓度变频器控制。室内空调机由红外线传感器无线控制 VAV 末端并使空调机变频调节风量。

加压防排烟：加压防排烟控制用于 2F～22F 标准层。加压送风向特别避难楼梯前室（第二安全区）送风。第一安全区的走廊部分亦属正压送风区。从发生火灾的办公室吊顶内排烟，如图 5 所示。

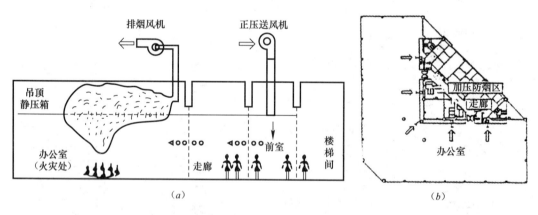

图 5　标准层防排烟原理图
(a) 加压防排烟示意；(b) 防排烟平面示意

冷热源设备

大手町地区有"丸之内"热供给公司的集中供冷供热（DHC）系统，该地区供暖使用主机房热源（位于三井物产大楼地下室）。供冷用冷水则取自该 DHC 站的次机房（位于该大楼的地下 5F）。冷冻机能力为 6000USRT（1980 万 Kcal/h，23027kW），屋顶上为开式冷却塔。冷水管管径为 ϕ400mm，冷水送水温度为 6～7℃；蒸汽压力为 0.8MPa，管径为 ϕ200mm，减压到 0.2MPa 后供采暖及热水供应使用。

高崎市政府大厦

地址：日本群马县高崎市松町 35-1
用途：市政府建筑（大楼、停车场等）
总建筑面积 7.8 万 m²（该工程为第二期工程：
6.32 万 m²）
建筑规模：地下 2F，地上 21F，塔屋层；
结构：钢结构、钢筋混凝土、部分型钢混凝土
设计：日本久米设计
建设工期：1994 年 12 月～1998 年 2 月

建筑外观

建筑概况

建筑基地四周空旷，地盘如图 1 所示。主楼（第二期工程）位于中心，周边主要为市民活动中心，建筑物适宜采用辅助自然通风等措施以节约能源。该工程自规划到第二期工程竣工历时 7 年半，期间对建筑设计构思与设备系统的结合有独特的手法，是该工程的成功要素。建筑物剖面图如图 2 所示，平面图参见图 3。

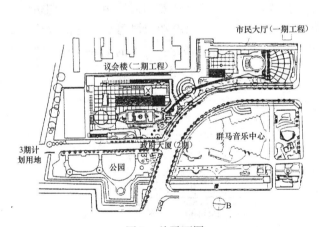

图 1　总平面图

图 2　剖面图

空调冷热源

二期工程离东京电力高崎营业所内的 DHC 站约 500m，故可直接利用其冷水（7℃→14℃）及热水（47℃→40℃）。为提高利用效率，DHC 的来水直接供空调应用（用户侧水泵前设回水混合阀）。二期工程配管安装完成后可从一期工程上切换引入冷/热水。低层冷、热水系统各 4 台水泵，高层冷、热水系统亦各设 4 台水泵。锅炉采用燃气贯流型蒸汽锅炉（用于加湿及热水供应）。

资料来源：《建筑设备士》，1998/7。

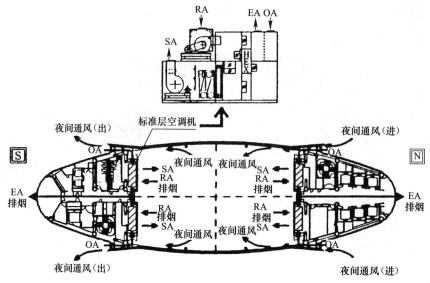

图 3　标准层设备平面图

空调设备

标准层每层采用空气处理机组（AHU）4 台，为全空气变风量方式。窗边区和内区分别为电气式和自力式控制的 VAV 末端装置，特殊层面用 FCU＋VAV 方式。会议厅用全空气多分区型 AHU，中庭采用全空气单风道方式及冷、热水辐射地板方式。为节约用能，通过建筑自动管理控制系统按房间空调使用计划进行开、停管理。标准层空调布置图如图 3 所示。从图中可知，平面设计为流线型，设计前经风洞试验证明，可以减少当地冬季强烈的北风阻力。空调机的进风由两端鱼翅形侧板处进入，排风从两个端部由风机排出。夜间冷却通风可从南北向组成的通路进出（见图 4）。夜间冷却用于夏季和中间季节的夜晚，利用温度降低了的室外空气排除室内

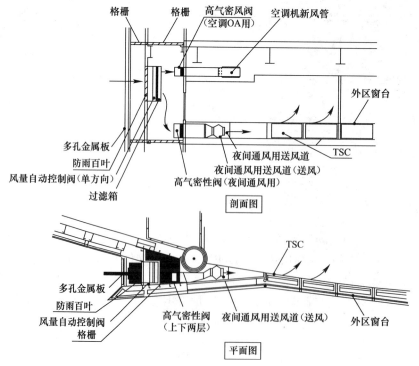

图 4　鱼翅型侧板与通风通路图

热量,以减少翌日空调启动的时间。

　　鱼翅型侧板与通风通路如图4所示。空调新风管设在上部吊顶内,晚间通风则设有专门的风机和可以控制的气密型风门。送风则利用与窗台加热器相结合的窗台罩处送出。

　　标准层空调系统图如图5所示,空气处理机组不分内、外区,但风道楼内外分区布置。标准层的排烟方式采用加压防排烟系统并与空调机兼用排烟机的方式。图6详细给出了火灾时(初期)加压防排烟系统利用空调机组相结合的流程。

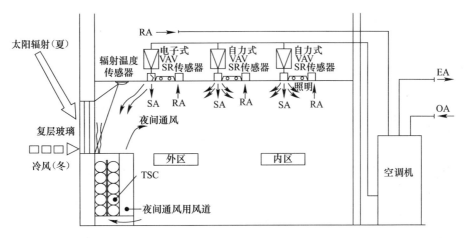

图5　标准层空调概念图

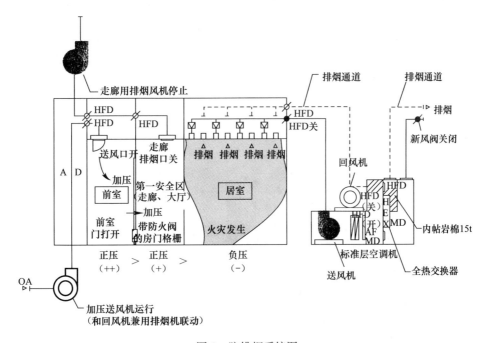

图6　防排烟系统图

蓄热型窗边加热设备的应用

　　该大楼周边区的处理,除采用双层玻璃(红外线反射玻璃＋浮法平板玻璃)的外窗外,在窗台处设蓄热型自然对流加热器TSC(Thermal Storage Counter)。蓄热式加热器设于周边窗台罩内,并与夜间通风的送风管相结合。该工程采用的TSC由两个单元组合而成,表1为其性能规格,在窗际安装情况参见图7。TSC由相变材料球体(相变温度为55℃),由电加热板从旁侧加热（可利用廉价的晚间电力），由窗表面辐射温度传感器控制上、下通风口，作开、关控制。图8为实体试验测得的放热量（气流放热量与外部壳体放热量）。

TSC 基本性能　　　　　　　　　　　　　　　　　　　　表1

总投入热量	31000kJ（7400kcal）/10h
放热能力	580W（500kcal/h）
外形尺寸	2793mm（W）×571mm（H）×238mm（D）
加热器规格	190×2面，150×4面，总容量980W
潜热材料	相变温度：55℃；个数：396（胶囊式）；蓄热量：51.9kJ（12.4kcal）/个

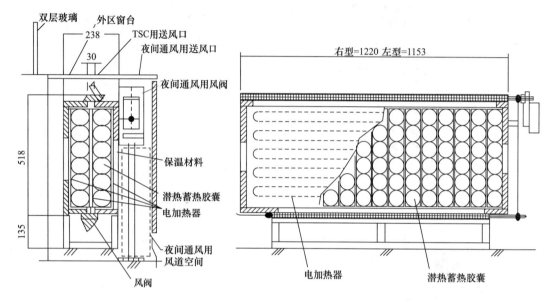

图7　TSC详图

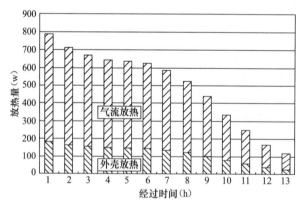

图8　TSC放热量

明治大学自由塔楼

地点：东京都千代田区神田骏河台 1-1

设计、监理：日建设计（株）

建筑用途：数学楼用房

构造：钢结构，一部分为钢骨、钢筋混凝土结构

建筑规模：地下 3 层，地上 23 层，塔层 1 层；总建筑面积 5.9 万 m²

建设工期：1996 年 1 月～1998 年 9 月（第一期）

空调施工：高砂热学工业（株），大阪电气暖房（株）等

建筑外观

建筑设计理念

该工程为明治大学旧纪念馆址新建设的高层校舍，作为都心型大学并实现开放型大学的模式进行规划。从环境生态目标出发，要求建成预计有百年寿命的建筑物。为此从各方面保证实现耐久性高、用途变更灵活、有可能作设备更新的空间以及充分考虑制震的技术应用。此外，对于高层教学用建筑的楼内交通规划：自动扶梯、电梯布局的合理性，亦需足够的重视。另外，从节能出发，自然通风的应用亦是该工程的设计特点。

节能计划

作为教学用建筑，同样由于办公自动化的发展使得室内负荷增加。因此，可以采用各种必要的节能手法，例如：

（1）通过建筑立面上的纵、横向遮阳减少日射负荷，低层部屋顶上的绿化亦可直接减少屋顶进入热量。

（2）通过自然通风排除室内的发热量，在高层建筑中也可应用并获得认可。

自然通风应用

利用超高层建筑的外形，在过渡季节利用遥控的自动开关的通风窗对室内进行换气，排走热量。同时利用 1F～17F 的自动扶梯通路进行垂直方向的热压自然通风。通过 18F 处设置的 4 个方向开口的导向板，室内空气可不受外部风向影响地自然换气。图 1 所示为窗台自然通风窗的结构；图 2 表示标准层自然通风空气的流向；图 3 则为大楼纵向垂直通风的空气流向；图 4 是 11F 排风层的气流方向控制原理；图 5 则表示了在风力作用下 18F 排风通路的动态模拟结果。由于 18F 排风通道的设置，在不同风向下建筑物自然通风换气次数得到了大幅度的提高（4～5h⁻¹，占 1/3）。此外，由于全年合理应用自然通风，使大楼空调用电量削减了 35％（见图 6）。

资料来源：《建筑设备士》，1999/6，2000/3。

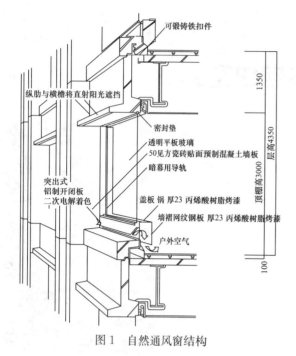

图1　自然通风窗结构

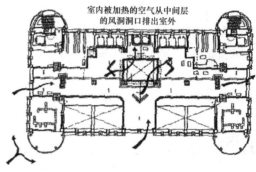

图2　标准层自然通风流向

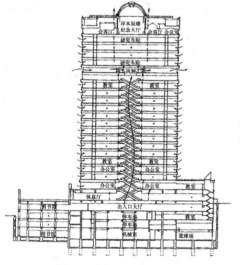

图3　垂直通风空气流向

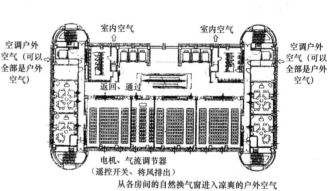

图4　11F空气流动示意图

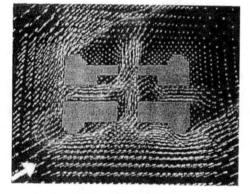

图5　气流动态模拟

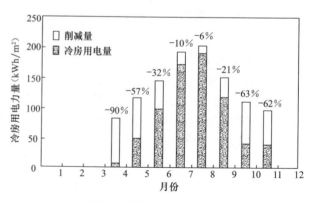

图6　自然通风节电效果

其他节能措施

（1）照明：窗际附近照明随外光照度灵活自动调节，提高照明器具的效率以及建筑设计中考虑自然光线的引入对节能都有明显效果。

（2）空调：与照明一样，可根据教授授课时间进行预约使用；新风由 CO_2 传感器感应控制进风量；利用水蓄热槽进行蓄冷以对电力削峰填备，使合同电力减少了 30%。

（3）雨水、杂排水再利用，可减少上、下水道的负荷。

空调冷热源设备

冷热源设备计划按明治大学骏河台地区整体（A～C 地区）考虑，该工程目前竣工的范围其机房设置在自由塔大厦的地下 3F，并计划今后可以增设设备，主要冷热源机器为电力蓄冷（热）的热泵方式，目前竣工部分的主要机器为：设有加热塔（Heating Tower）的离心制冷机（HCFC-123 冷媒）：制冷能力为 1400kW，加热能力为 812kW×2 台。设有螺杆式制冷机（HFC-134a 冷媒）：制冷能力为 211kW×1 台。此外，今后拟再增设加热塔型离心制冷机及普通型离心制冷机。

为蓄冷蓄热，设有钢筋混凝土筑成的水蓄冷/热槽，水深 3m，改良型水槽。其冷水热水切换型容积为 3600m³，冷水专用型容积为 500m³。冷热水槽用二次泵按高、低层区各设 3 台（变频），两台为正常负荷时用，一台专用于低负荷。冷水专用蓄冷水槽的二次泵同样设 3 台，按负荷大小启动。冷热源系统的蓄热侧设备流程和放热侧（二次泵）的系统流程分别如图 7 及图 8 所示。

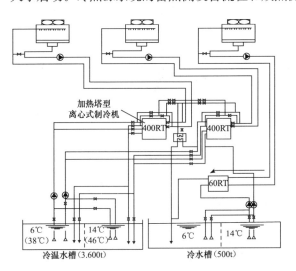

图 7　冷热源流程图（蓄热侧）

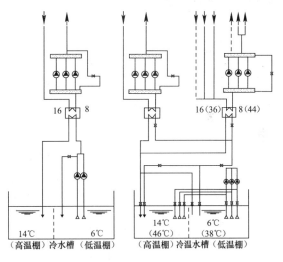

图 8　冷热源流程图（放热侧）

空调方式

基本采用各层单风道空调方式，每层配置 2 台空调机组，并按朝向在送风管上分别设置辅助加热盘管（见图 9）。对小面积而全年要供冷的房间的 FCU 系统则设四管制盘管，以适应其负荷的特殊性。空调送风采用变风量系统：各室各区均配置全闭型 VAV 末端装置，AHU 的风机均为变频控制。

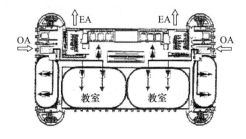

图 9　空调分区概念图

标准层的 AHU 规格为（2 台/层）：送风量为 12100m³/h，冷却能力为 156.3kW（8→16℃），加热能力为 129.3kW（44→36℃）。空调分区如图 9 所示。

品川 Inter City

地点：东京都港区港南 2-10

业主：兴和不动产（株）、住友生命保险（株）、大林组（株）

用途：办公、商店、停车场、多功能厅、区域冷热站

结构：地下钢筋混凝土、地下钢结构、部分钢筋混凝土

建筑规模：A栋：地下2层、地上32层，B、C栋：地下3层、地上31层，各栋：屋顶1层；建筑面积 337120m²；总高度 144.5m

建设工期：1995年6月～1998年11月

设计：日本设计（株）、大林组（株）

建筑外观

空调设备概况（表1）

空调设备概况　　　　　　　　　　　　　　　　　　　　　　　　　表1

项　目	摘　要
热源系统	热源方式：品川东口南地区区域冷热站供给输送到各栋； A、B、C栋高层：冷水及蒸汽供给：高层冷水换热器兼接供给、中层经增压泵直供； 低层、地下室：冷热水直供、部分经增压泵
空调系统	A、C栋办公：各层复式风道 VAV 方式＋蓄热电热器方式； B栋标准层：各层压出式地板送风方式＋蓄热电热器方式； 商业：新风空调系统＋风机盘管（四管制）；多功能厅：单风道 VAV 方式； 共享空间：单风道 CAV 方式＋地板辐射采暖＋自然通风
通风系统	DHC 发电机房等：机械送排风方式；电气室、电梯机房：机械送排风方式＋冷气； 停车场：机械送排风方式＋自然通风；高层公共区：由电动风阀控制自然通风； 空中走廊：诱导通风方式（诱导风机）＋自然通风
冷却水系统	商业用冷库；D栋屋顶设置冷却塔
防排烟系统	高层办公：前室机械加压＋房间机械排烟（微排烟）方式（11F以上湿幕＋散水＋空调机加压方式）； 低层部分：前室机械加压＋房间机械排烟方式；进厅、共享空间：蓄烟方式
自动控制系统	空调机、VAV 末端：标准 DDC；ACS 分散管理方式（高层栋2层设1台）

共享空间·空中走廊

　　位于大厦中央的共享空间系从地下1F到3F约18m高挑空的中庭，其特点是与2F室外空间的空中走廊混为一体，空中走廊是一个带屋沿状屋顶的室外空间，设于基地两侧2F高度，为连接3栋超高层裙房的主要通道（见图1）。共享空间的空调，仅以冬夏期满负荷为对象，供冷时把地下1F的冷风送过来。根据 CFD 分析，供暖时送风会使共享空间内产生循环气流，有引入室外冷风的不利效果，所以采用地板辐射采暖。关于空中走廊，通过 CFD 对夏季无风时空间

　　资料来源：《空气调和·卫生工学》2002/11；《建筑设备士》1999/1。

的热环境分析，研究减轻屋顶辐射对步行者的影响。把屋面窗顶比控制在 25％ 并采用热反射玻璃为中心的三层玻璃，遮阳效果较高。另外，为抑制 PC 板的再辐射，一方面在内侧设置铝板，同时在顶部设百叶形成自然对流、热气向顶部拔风的构造。

设备方面措施：部分设置诱导风机，一方面强制气流使步行者产生吹风感，同时也促进屋顶的自然对流。

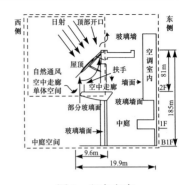

图 1 空中走廊

蓄热电加热器

办公室因内热负荷增大，冬季热负荷减小，外区空调与内区共同系统送冷风，外区供暖利用夜间廉价电力，采用蓄热电加热器方式。

周边窗台内每 3.6m 设两台蓄热电加热器，具有无水管、无过滤网维修等特点；加热器由加热元件、蓄热砖、隔热材料、放热风阀、活动探测器、恒温器等组成（每台有效蓄热量为 14MJ，最大放热量为 600W）。另外，为防止无用蓄热，中央监控系统将根据前一天的蓄放热数据及第二天的天气预报预测第二天的供热负荷。

大规模三联供系统

该工程能源供给系统下列基本方针：

（1）都市能耗平均化；

（2）能源二重化；

（3）积极采用节能措施。

其中大规模三联供系统（燃气轮机 2000kW×2 台）通过积极有效地利用排热与削减电力峰值，有助于能源的多重利用。另外，利用与电力产业的蓄热契约及与都市燃气的特别契约，在降低能源价格的同时还能得到通产省关于节能促进实业的认可。图 2 为三联供系统概念图。

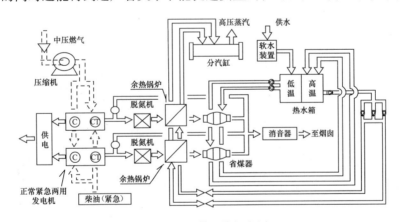

图 2 三联供系统概念图

自然通风系统及空调系统

为减少过渡季的冷负荷、提高舒适性，B、C 栋高层办公两侧的休息角，引入自然通风系统。外墙面设置通风条缝，扶手部分装有筒状电动风阀，自动开关控制自然风进入。从低层到中层拔风，南北面走廊就能自然通风了，加上高层共享空间介入并且与天窗部分通风口联动，能确保上下方向空气畅通。通道检测室外温度、湿度、风向、风速、降雨等气象条件做出许可性判断，然后根据典型楼层风阀的内外压差，进行电动风阀的开关控制。

图 3 为自然通风概念图，图 4 为 A、C 栋复合式通道（双风道）VAV 系统图，图 5 为各栋标准层平面图。

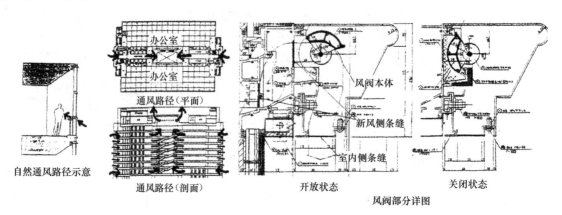

图 3 自然通风概念图

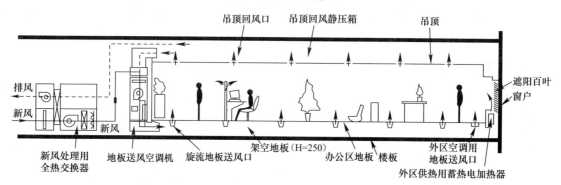

图 4 A、C 栋复合式风道 VAV 系统图

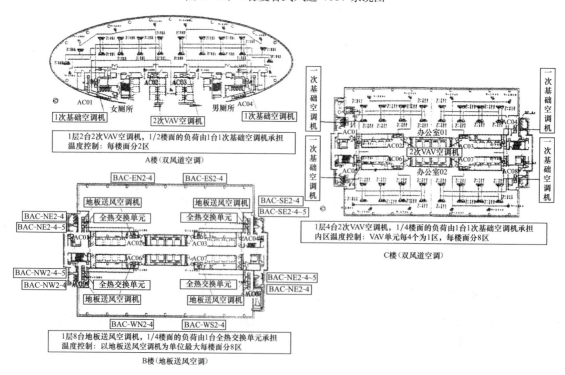

图 5 各栋标准层平面图

工程实录 J60

新宿 I-LAND TOWER

地点：东京新宿区西新宿 6-3、4、5
用途：办公楼、商业、住宅等
设计：住宅·都市整备公团、日本设计（株）、樱井系统（株）（设备）
施工：大成建设（株）、三井建设（株）、鹿岛建设（株）等
建筑规模：地下 4 层、地上 44 层、塔屋 2 层；建筑高 189m；
总建筑面积 21.29 万 m²，标准层面积 3800m²，标准层高 3.95m
结构：钢结构、钢骨钢筋混凝土结构，钢筋混凝土结构
设计时间：1989 年 10 月～1994 年
施工时间：1990 年 10 月～1999 年 1 月
图 1 为标准层平面图（40F），图 2 为大楼剖面图。

建筑外观

空调设备与方式

办公楼（主楼）采用双风管全空气系统，VAV＋CAV 双末端
混合方式，双风管用于内区的空调系统。该工程由两个叠置的 AHU 组成：一个为处理新风为
主的系统，有加热和冷却的要求，末端为 CAV；另一个为处理室内办公机器发热为主的系统，
其 AHU 以冷却盘管为主（亦可补以再热盘管），其末端为 VAV，两个末端混合后分送空气到
各风口。一组 AHU 可按分区送上下两层。此外，新风 AHU 有一分路专供窗际的送风，冬季
时用辅助加热器补热。空调系统示意图见图 3。该工程冷负荷指标为 63.6W/m²，热负荷为
26.4W/m²。

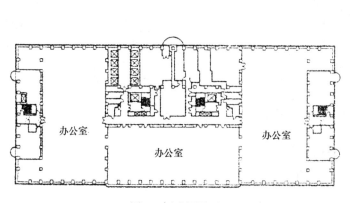

图 1 标准层平面

图 2 剖面图

资料来源：《空気調和·卫生工学》，1996/11。

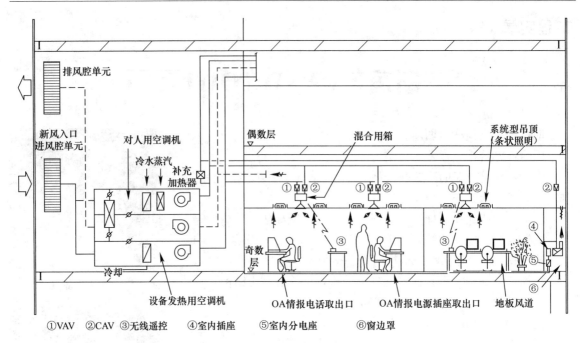

①VAV　②CAV　③无线遥控　　④室内插座　　⑤室内分电座　　⑥窗边罩

图3　空调系统原理图

冷热源方式

由西新宿6丁目地区的DHC供冷水及蒸汽。此外，还设有风冷热泵柜机，水冷全新风柜机等。DHC引入口的管路分配如图4所示。

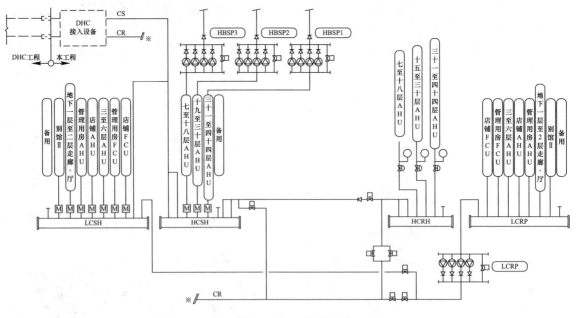

图4　DHC引入口的管路分配

工程实录 J61

NEC 玉川 Renaissance 城大厦

地点：神奈川县川崎市中原区下沼郡 1753-1

业主：日本电气（株）

设计：日建设计（株），大林组（株）

施工：大林组·鹿岛建设共同企业体

空调：三机工业、东洋工业、高砂热学工业等

建设工期：1997 年 10 月～2000 年 1 月

结构：钢结构、部分型钢钢筋混凝土

高度：总高 111.25m，标准层高 4.00m，吊顶高度
2.7m，架地板高 0.115m

建筑外观

建筑概要和设计理念

作为日本电气公司办公楼用，除办公室之外，还有集中会议层、职员食堂、商店等。7F、8F 层为 NEC 集团的通信网络机构，它具有 4000m²、24h 运行的通信计算机设备。

该地块尚有第 Ⅱ 工程待建（已于 2005 年完成），整体规模及 Ⅰ 期工程（A 楼）建筑概况如表 1 所示。

整体规模 表 1

	第 Ⅰ 期计划（A 栋）	第 Ⅱ 期计划	
		会议栋	B 栋
用途	事务所	讲堂	事务所
层数	地下 2 层 地上 26 层 塔屋 2 层	地上 2 层	地下 1 层 地上 37 层 塔屋 2 层
建筑面积	79，554.17m²	约 2200m²	约 105570m²
总高度	135m	约 15m	约 175m

该工程除满足办公室环境的舒适性，对建筑防震、安全性、IT 的对应性外，还充分考虑了各种节能措施，同时为了减少环境负荷，在建设、运行等全过程中也通过各种措施减少 CO_2 的排放，实现生态理念，使其寿命周期的 CO_2 排放（$LCCO_2$）要比一般办公楼建筑（基准模型）减少约 38％的 CO_2 排放量。

该工程采用减少环境负荷的主要手法有：周边环境质量的改善、建筑物体型和采光的设计、节能、节约资源、自然能利用以及贯彻建筑物长寿命设计概念等。

图 1、图 2 分别为该工程 A 楼建筑剖面和平面布置（Ⅱ期工程 B 楼的基本布置相似）。

冷热源设备

采用热电联产（CGS）方式，产生的蒸汽和锅炉蒸汽供蒸汽型吸收式制冷机，以及直接可供冷水的电动离心制冷机以及蓄冷水槽等构成供冷系统。对于设有大量计算机的房间另备有专

资料来源：《BE 建筑设备》（日本），2005/10；《空气调和·卫生工学》，2001/11；《日经建筑》，2009 年 9 月 18 日刊。

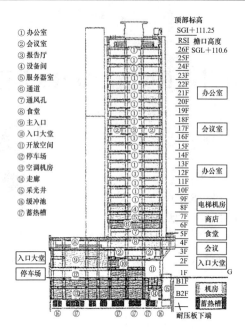

图1　总剖面图

① 办公室
② 会议室
③ 报告厅
④ 设备间
⑤ 服务器室
⑥ 通道
⑦ 通风孔
⑧ 食堂
⑨ 主入口
⑩ 入口大堂
⑪ 开放空间
⑫ 停车场
⑬ 空调机房
⑭ 走廊
⑮ 采光井
⑯ 缓冲池
⑰ 蓄热槽

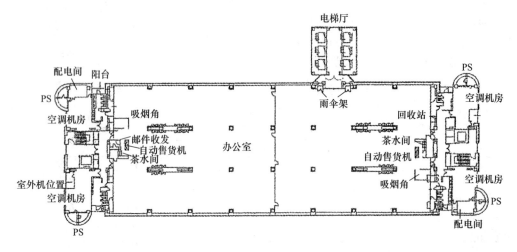

图2　高区标准层平面图

门的离心制冷机供冷以保证可靠性，计算机室与若干一般系统都备冬季免费制冷的运行可能性。

冷水及热水配管按16F以下（低层）及17F以上（高层）分为两个分区系统。高层则经水—水热交换器换热，CGS全天的24h运行，余热锅炉的蒸汽还可供给本企业其他相邻建筑物。

该工程主要冷、热源设备：

（1）蒸汽吸收式制冷机：Ⅰ期967kW×2台、1934kW×1台，共3868kW（Ⅱ期3516kW×1台）。

（2）离心制冷机：Ⅰ期2461kW×1台，1758kW×1台，共4219kW（Ⅱ期3516kW×1台，2461kW×1台）。

（3）贯流式蒸汽锅炉：Ⅰ期20t/h×4台，Ⅱ期4.0t/h×4台。

（4）CGS的余热锅炉：Ⅰ期4.8t/h×1台。

（5）蓄冷水槽：Ⅰ期建设为多槽混合流连通管方式，约2000m³（1000m³×2），分54槽，热电联产（CGS）用燃气透平发电机1500kW×1台（6.6kV），产生蒸汽4.77t/h。

冷热源设备系统图见图 3。

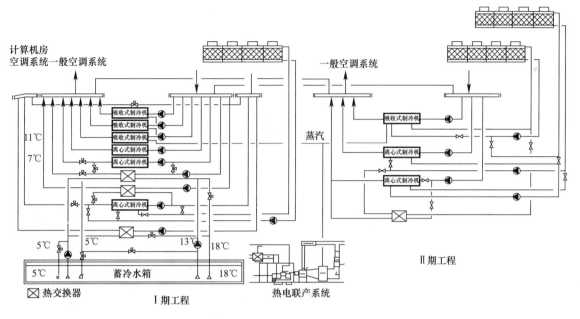

图 3　冷热源设备系统图

空调设备

标准层空调方式：采用单风道 VAV 方式，在 2000m² 办公层面中设 4 台 AHU，AHU 位于东西两侧的核心筒内（见图 2），约 80m²/台 VAV 末端。除特殊层面外，一般办公层面一台 AHU 供上下两层。周边区由于采用了通风窗（AFW），比通常窗户可大大降低窗面负荷，

周边区冷风送风管中加蒸汽辅助加热器，可满足冬季周边区的加热启动工况。全年供冷的办公室 AHU 系统中采用气化式及蒸汽式两种加湿器，AHU 系统示意图如图 4 所示。

附注：该工程 I 期完成后经运行达到了预期效果，获日本"空气调和、卫生工学学会"第 40 届学会奖、第二届特别奖、十年奖。第 II 期工程亦已于 2005 年完工（见日本《BE 建筑设备》杂志 2005 年 10 月号介绍）。

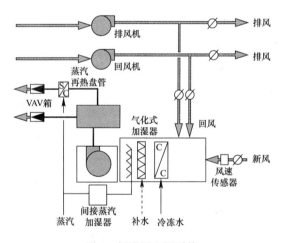

图 4　标准层空调系统

神户关电大楼

地点：日本神户市中央区

用途：办公

业主：关电不动产公司等

建筑规模：地下 2 层，地上 19 层，塔屋 1 层；总建筑面积 33295m²；高度：建筑最高部分 95m，铁塔高 170m

结构：地下 RC＋SRC，地上 S 结构

建设工期：1997 年 12 月～2000 年 2 月（系 1995 年关西大震灾后重建）标准层平面图参见图 1，建筑物剖面图参见图 2。

建筑外观

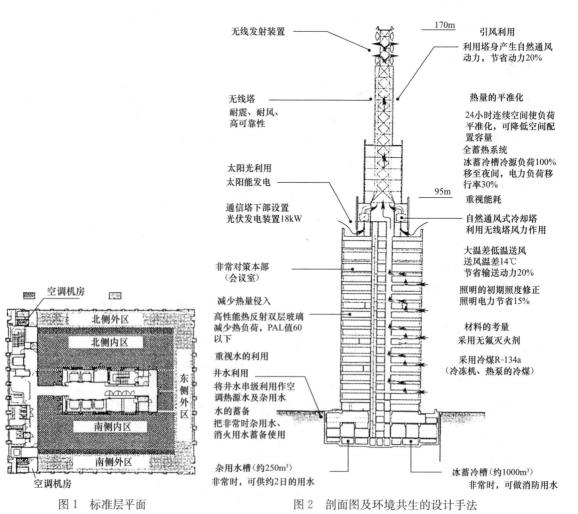

无线发射装置

170m
引风利用
利用塔身产生自然通风动力，节省动力20%

无线塔
耐震、耐风、高可靠性

热量的平准化

24小时连续空间使负荷平准化，可降低空间配置容量
全蓄热系统
冰蓄冷槽冷源负荷100%移至夜间，电力负荷移行率30%

太阳光利用
太阳能发电

95m
重视能耗

通信塔下部设置光伏发电装置18kW

自然通风式冷却塔
利用无线塔风力作用

大温差低温送风
送风温差14℃
节省输送动力20%

非常对策本部
（会议室）

照明的初期照度修正
照明电力节省15%

减少热量侵入

高性能热反射双层玻璃
减少热负荷，PAL值60以下

材料的考量
采用无氟灭火剂

采用冷煤R-134a
（冷冻机、热泵的冷煤）

重视水的利用

井水利用
将井水串级利用作空调热源水及杂用水
水的蓄备
把非常时杂用水、消火用水蓄备使用

空调机房

北侧外区

北侧内区

东侧外区

南侧内区

南侧外区

空调机房

杂用水槽（约250m³）
非常时，可供约2日的用水

冰蓄冷槽（约1000m³）
非常时，可做消防用水

图 1　标准层平面

图 2　剖面图及环境共生的设计手法

资料来源：《空气调和·卫生工学》2011/7，第 85 卷第 7 号。

建筑节能设计

环境共生的主要设计理念，主要通过以下手法达到节能和电力负荷平准化（削峰填谷），参考图 2。

（1）利用高塔产生热压提高自然通风的能力，其原理如图 3 所示。自然通风的气流组织通路则如图 4 所示的布局构造来实现的（图中包括平面和剖面的局部情况）。

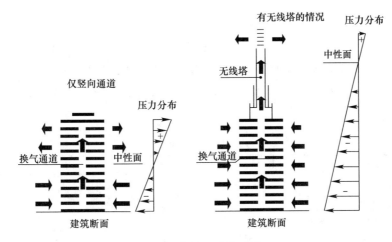

图 3　自然通风热压图

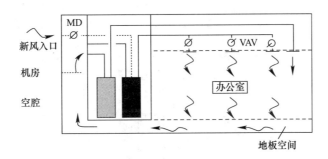

图 4　自然通风通路图

（2）提高围护结构隔热性能，采用高性能双层热反射玻璃。

（3）空调采用低温送风方式（12℃送风），参见图 5。

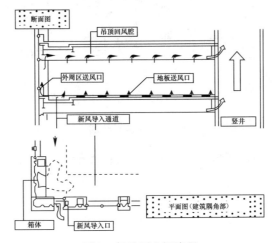

图 5　标准层空调流程

（4）长时间预冷的连续空调进行方式。

（5）夜间利用新风（外气）冷却（自然通风）。

（6）采用全蓄冷（12h 蓄冷）方式。

（7）利用井水热源，并利用后回灌；其中低温通风、连续空调、全蓄冷三者的组合比常温送风、间隙空调和部分蓄冷的组合约可节省最大电力耗量的 25%，且全年的电力夜间转移率可达 30%。

冷热源设备与系统

设备配置见表 1，制冰能力为 750RT，蓄热容量为 6600RT·h。冷热源机器（包括通信系统）为 4 台，其中 1 台为井水源热泵，2 台为供冷专用水冷式，其余一台为空气源热泵机组。冰蓄冷槽位于基础深的重楼板之间，蓄冰为内融冰方式，水槽可与热水槽热共用。冷热源系统流程图如图 6 所示。

冷热源设备配置表　　　　　　　　　　　　　　　　　　　　表 1

	001-HP	002-R	003-HP	004-R	005-HP
	井水源热泵冷水机组	水冷制冰机组	空气源热泵冷水机组	水冷制冰机组	井水源热泵
制冰能力	150RT	200RT	200RT	200RT	—
供热能力	570kW	—	802.5kW	—	75kW
冰蓄冷槽（内融式）	1320RT·H	1760RT·H	1760RT·H	1760RT·H	（对应节假日的供热负荷）

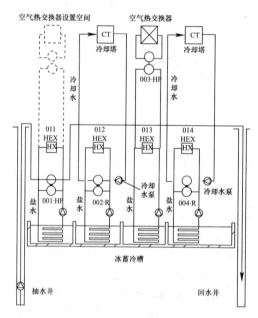

图 6　冷热源系统图

附注：该建筑经 10 年的运行和性能验证，确认性能优良，获 2011 年〈日本空气调和·卫生工学会〉多项奖赏。

工程实录 J63

赤坂溜池塔楼

地点：东京港区赤坂
用途：办公、公寓、店铺
业主：朝日新闻社（株）·森大厦（株）
设计·监理：清水建设（株）一级建筑士事务所
基本计划·监修：森大厦（株）一级建筑士事务所
施工：清水建设（株）·竹中工务店（株）等共同企业体
空调施工：（株）大气社
建筑规模：地下 2 层，地上 25 层，塔层 2 层；总建筑面积 4.776 万 m²（其中 14F 以上为公寓）。标准层平面如图 1
竣工时间：2000 年 9 月

建筑外观

工程特点

该工程设计时考虑到本区域办公楼的外资金融企业与 IT 相关企业较多。设备方面的适应性、控制要求均较高，故空调方案也采用新的思路，并利用 LonWorks 通信技术，对设备的管理与运行节能有很多实践。

空调系统方式

空调分内区、外区，为不同的处理方式。

内区空调：分两个系统，由两个不同功能的 AHU 组成，即显热处理 AHU——处理办公机器产生的冷负荷，以及新风处理 AHU——处理人体的负荷与新风负荷。

两个系统的送风混合后送入室内，新风系统由室内 CO_2 传感器控制 VAV 末端，室内负荷系统由室温控制其 VAV 末端。这种方式也就是双风管的形式，避免了传统单风道系统新风量与负荷不易匹配的缺点。由于这种方式的新风量是按需供给的，全年可节约新风量约 50%，对全年空间负荷来说，可节约15%。

图 2 是系统的流程。新风 AHU 供给两个层面，显热处理 AHU 每层南、北两个系统，1 个 VAV 末端控制面积约 50m²，新风系统 VAV 末端的管辖面积为 300m²，图 1 是标准层空调平面布置图。从图中可知，显热处理系统 VAV 末端每层 24 台，新风处理系统 VAV 末端每层 4 台。

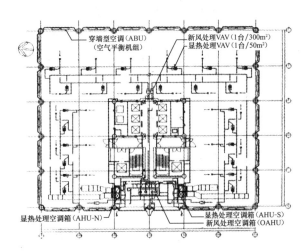

图 1 标准层空调平面图

资料来源：《建筑设备士》，2001/4。

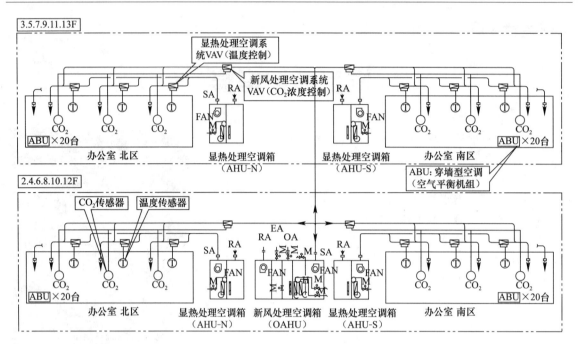

图 2　空调系统原理图

显热处理 AHU 由通风机、冷水盘管与静电空气过滤器组成，送风温差为 13.5℃，新风 AHU 由送、回风机、冷水及热水盘管、加湿器及高性能过滤器等组成。按人显热负荷 63W/人 及新风及新风量 30m³/(h·人）确定处理负荷，并按送风温差 6℃送风。水系统将两个 AHU 盘 管相串联，水温差为 8℃。

图 3 表示了这种空调方式在运行中显热处理系统和新风处理系统 VAV 的实测数据。

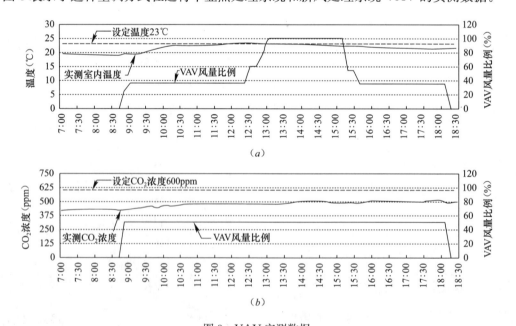

图 3　VAV 实测数据

(a) 显热处理系统 VAV 实测数据（2001 年 1 月 31 日）；(b) 新风处理系统 VAV 实测数据（2001 年 1 月 31 日）

工程实录 J64

明治安田生命大阪御堂筋大厦

地点：大阪市中央区优见町 4-1-1

业主：明治生命保险相互会社

用途：事务所

建筑规模：地下 3 层，地上 14 层，屋顶层 1 层；建筑总面积 33853m²

建筑构造：SRC、RC、S 造

设计：（株）竹中工务店

施工：竹中、不动、奥村、钱高、大末、大钱建设共同企业体

建设工期：1999 年 1 月～2001 年 8 月

玻璃概况：高遮阳隔热双层玻璃（外）＋强化玻璃（内）

图 1 为标准层平面图。

建筑外观图

通风窗方案

在业主的"保持与御堂筋街道相一致的新风格"和"不希望采用传统不美观的百叶"等意愿下，建筑方面提出玻璃发光体的方案，采用了双层围护结构的全玻璃幕墙设计。

另一方面，为提高出租办公楼的竞争力和经济性，在采用全玻璃幕墙时还要满足业主的下列要求：

（1）提高热舒适性；

（2）进一步节能；

（3）改进维护性能（减少出租空间内维修次数，防止漏水事故）。

为满足业主的要求，实施了相应需求的全面解决方案（见图 2）。

构造与概要

为提高周边区的热舒适性，常用的空调方式是在吊顶内或窗边设置空调器或风机盘管。该工程利用双层围护结构，构成通风窗。

由图 3 和图 4 可见，吊顶内设置循环风机，使外层和内层玻璃间的空气流动，经吊顶空间后回空调箱循环。从办公室内侧可见，双层围护结构密闭，室内侧玻璃窗下端有条细缝，作为通风窗的室内进风口。循环风机电耗过大会抵消双层围护结构的节能效果。有关研究表明，每米外围护结构循环通风量超过 60CMH，不会进一步提高通风窗的隔热性能。因此，该工程设计为 60CMH/m。

效果预测与评价

通过 CFD 模拟分析，与传统空调方式（周边区专用吊顶内暗装空调器）比较：消除了引起

资料来源：《建筑设备士》，2005/5。

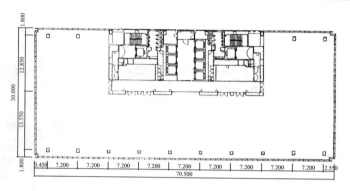

图 1 标准层平面图

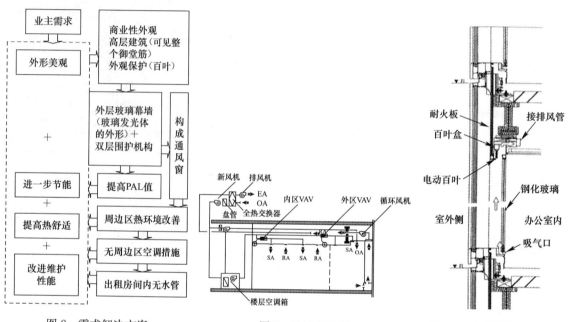

图 2 需求解决方案　　　　图 3 通风窗概要　　　　图 4 双层围护结构详图

空调不舒适的主要原因，即冷辐射和上下温度差。并预测能得到良好的热舒适效果。

竣工后，通过对周边区热环境的测定，定量评价通风窗的效果（见图5）。在冬季条件下（见图6），循环风机运行时，吊顶和地板之间的温差为0.2℃，停止时为4.6℃。可见，解决了冬季上下温度梯度的问题。另外，通风窗内层玻璃表面温度维持在20℃以上，抑制了冷辐射。外窗的传热系数达到 1.5W/(m² · K)［普通玻璃为 5.0W/(m² · K)］，实现了外围护结构的高隔热性。

图 5 测定状况

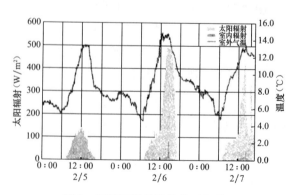

图 6 测定期间外界条件（冬季）

工程实录 J65

Nissay 新大阪大厦

地点：日本大阪市淀川区宫原 3-4-30 号

业主：日本生命保险相互会社

设计监理：日建设计公司

建筑规模：地下 2 层，地上 21 层，塔屋 1 层；总建筑面积 9.797 万 m²；建筑物高度 97.53m

外墙：花岗岩制 PC 板，热射线吸收型双层玻璃（绿色）

构造：钢筋混凝土，型钢混凝土（3 层以下），钢结构（4 层以上）

主要用途：办公、商铺

施工（空调）：三机工业、高砂热学工业等

建设工期：1999 年 2 月～2001 年 9 月

建筑外观

建筑设计

该工程位于新大阪车站之西、北站前广场附近。位于代表西日本的广域商业据点，交通方便。大厦低层部分处理有别于其他工程，有地下停车场，1F、2F 为商铺，3F 为电气用房及冷热源机房。主机械室设在地面以上有利于预防万一发生水患，同时可减少地下土方量，机房设备的更新亦较方便。

4F～20F 为标准层，每层有效面积约 3300m²，每层划分为 11 个出租区域，中部为核心筒，3.2m 见方模数的平面，可最大构成 20m 深的无柱空间，灵活性强。层高为 4.1m，吊顶高度则为 2.75m，架空地板为 0.1m。

核心筒体构筑出 2 个 10m×7m 的多功能"光井"，光井顶部通室外，用于采光，并用于空调装置集中进新风和排风（各占一个竖向井道）。这对于运输设备、减少空调负荷、提高舒适性以及建筑物的长寿命化都起到积极作用。

图 1 为其标准层平面，图 2 为剖面图，其中还表示了该工程在绿色节能等方面的设计理念和采用手法。

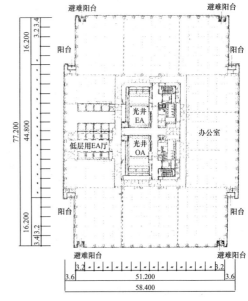

图 1　标准层平面图

空调设备

标准层空调系统为各层分散型空气处理机组的 CAV、VAV 结合方式，使办公室内无水系统进出。采用的是薄型紧凑式空气处理机（见图 3），内分设两组盘管的双出风管空调机，可分

资料来源：《空气调和・卫生工学》，2004/10，空调卫生工学会获奖项目。《建筑设备士》，2002/2。

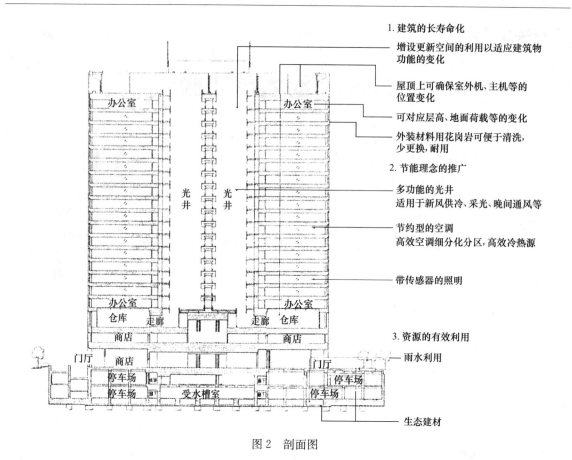

图 2 剖面图

别接到内区和外区。内区系统为经过冷水和热水的双盘管的 CAV 方式，外区则为冷水/热水型单盘管方式的 VAV 系统。但是南向的外区可能冬季有供冷需求，故采用内区系统风管和外区系统风管相结合的双 VAV 末端方式。

标准层的 AHU 为 11 台，以对应于各出租分区，另一台 AHU 用于公用走廊系统（共 12 台）。标准层筒芯平面见图 4。

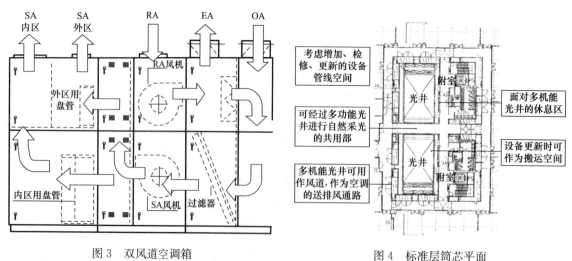

图 3 双风道空调箱   图 4 标准层筒芯平面

采用燃气和电力相结合的冷热源方式，以获得高效率的运行和供能的安全性，系统由直燃型冷热水机、电动离心制冷机以及冰蓄冷系统构成，如图 5 所示。冰蓄冷采用过冷却动态制冷方式。制冷机为理论 COP 良好的 R123 冷媒的离心机组，制冰热交换器为板式换热器（盐水/冷水），制冰时 COP 为 4.1，冷水运行时为 4.7。冷热源设备见表1。

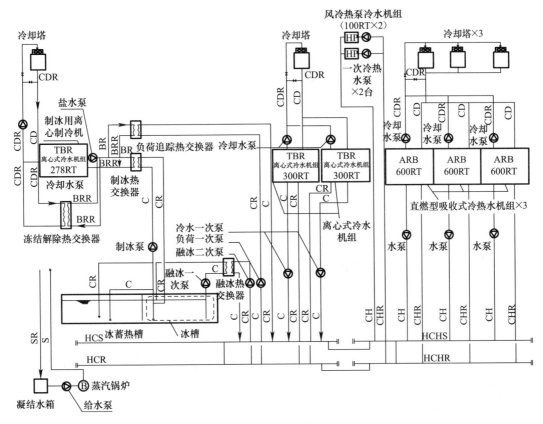

图5 冷热源系统图

冷热源设备   表1

设备名称	容量	台数
直燃型吸收式冷热水机组	600USRT	3
离心制冷机	600USRT	1
	300USRT	1
冰蓄热槽	2780USRT-h（150m³×2台）	
制冰用离心制冷机	278USRT	1
风冷热泵冷水机组	100USRT	2
燃气锅炉（蒸汽加湿等用）	1500kg/h	2

多机能光井（光庭）与空调设备的布局及其他

该工程采用"光井"设计，对于工程的节能运行和长寿命化具有重要作用（见图6）。

（1）空调机（AHU）的进风（南）和排风（北）分别进入两个相邻的"光井"，互不干扰（见图6）。在过渡季节可以满足新风的质与量，晚间利用自然风对室内排热亦易于实现。利用多机能光井（庭）的空调送排风管道布置图见图7。

（2）可以增加整个建筑物的天然照明，可节省用电。

（3）光庭的构造设计考虑到诸多建筑设备的运输，有利于设备的更新与改造，为建筑的"长寿命化"提供了条件。

（4）设备配管与安装利用"光井"的方式布置，对安装、维修都带来便利。

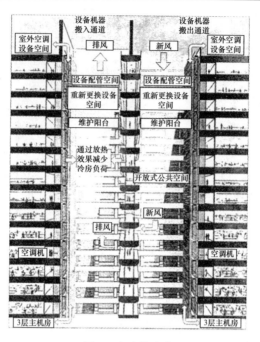

图6 多功能光井

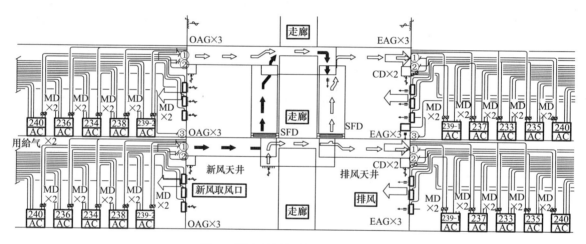

图7 利用天井的空调送排风概念图

工程实录 J66

汐留媒体塔

地点：东京都港区东新桥 1-7-1、2
业主：社团法人共同通信社
设计：鹿岛建设（株）建筑设计本部
施工：鹿岛・清水共同企业体
用途：办公、酒店、店铺、停车场
结构：钢结构
建筑规模：地下 4 层，地上 34 层（附房地下 1F～地上 8 层）；基地面积 5066.66m²；建筑面积 66488.90m²
建设工期：2000 年 10 月～2003 年 6 月（附房 2001 年 10 月）

图 1 和图 2 分别为办公层和客房层平面图。图 3 为建筑剖面图。

空调设计重点

在推进系统设计的同时，与业主共同确定了理念，按下列重点开展设计：

建筑外观

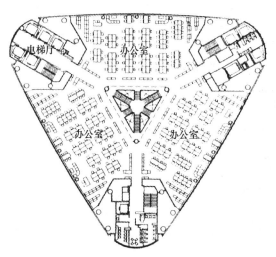

图 1　办公层平面图

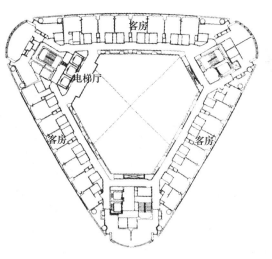

图 2　客房层平面图

（1）选择环境负荷较小、可靠性高的冷热源方案；
（2）大温差空调冷热水系统，以节省输送动力；
（3）酒店热源低运行费方案；
（4）热源方案要考虑到附房要提前竣工；
（5）公共部分与酒店部分系统独立；

资料来源：《建筑设备士》，2004/4。

（6）对于将来全天24h运行改造工程的考虑。

此外，该建筑充分利用了自然通风（见图4）。

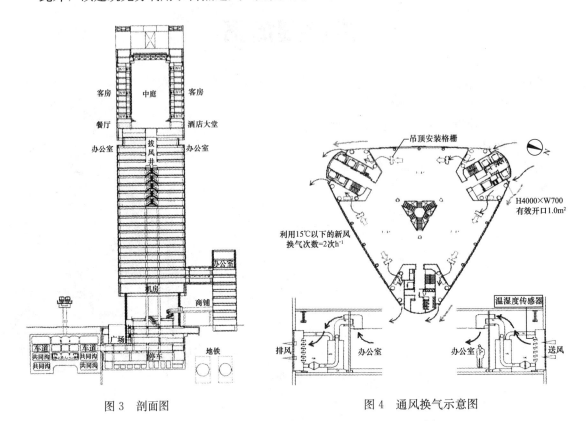

图3　剖面图　　　　　　　　　　　　　图4　通风换气示意图

冷热源系统

由于竣工时间不同，方案从管理考虑，公共部分酒店和附楼分别采用独立的冷热源。附楼虽属于公共部分，由于要提前竣工使用，也采用单独冷热源。从规模和竣工时外网状况考虑，采用电动柜式机组方式。

公共部分其他冷热源采用冰蓄冷和燃气冷热源并联混合方式。冷水温差为8℃，如采用串联方式温差可达到10℃，但由于是24h运行，要优先考虑夜间蓄冰时能与白天保持同样的水温差，还是采用并联的8℃。二次侧为四管制供给冷热水（见图5）。

酒店冷热源在屋顶上设燃气冷热水机组，客房、餐厅等均为冷热四管制。

冷热源设备概要　　　　　　　　　　　　　　　　　　　　　　　　　　表1

区　域	设备概要	设置场所
公共部分	燃气冷热水机组，1125kW×2台； 冰蓄冷用乙二醇机组，527kW×2台； 冰蓄冷槽，共约11550kWh（内融冰）；	地下4F 地下4F 地下4F
	螺杆式冷水机组，175kW×4台； 地板送风空调机，103台，一般型空调机，58台； 燃气热水器，930kW×1台	地下4F 地下4F 屋顶
酒店	燃气冷热水机组，156kW×8台； 新风空调箱，3台； 风机盘管，307台； 一般空调箱，6台	屋顶
附房	风冷热泵多联空调系统	

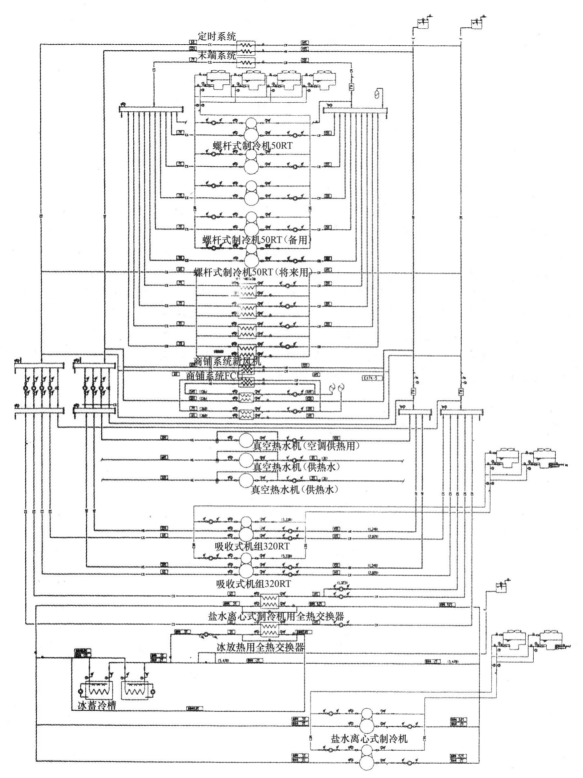

图 5　冷热源系统图

空调系统

如图 1 所示，共同通信社的标准层空调采用地板送风系统。空调区域由 3 个筒芯围成，每个筒芯设 2 个空调机房，每个空调区域约 $200\sim250m^2$，架空地板高 300mm。从希望吊顶更高等愿望出发，整合出可能采用地板送风的条件。另外，为处理外区热负荷，采用了通风窗方式的无外区空调。但是，董事室、会议室、职工食堂等特殊区域仍采用吊顶送风的空调系统，VAV方式控制。

酒店经设于屋顶的新风空调箱处理后向客房送新风。客房内设卧式暗装风机盘管，新风空调箱共 3 台与建筑外周边吻合，分为 3 个系统。另外，25F 的中庭、餐厅的顶送风空调与公共部分标准层相同，机房设在筒芯部。

自然通风系统

该建筑共同通信社部分采用了自然通风系统，办公室中央每 6 层设挑空楼梯的大空间，低层无内墙部分每 3 层，导入自然通风系统。各层的 6 个机房都有新风百叶。用于自然通风的楼层百叶兼作新风入口和自然通风口，自然通风时新风经过机房进风箱，机房与办公室吊顶内的风阀，直接进入办公室或办公室吊顶内。进入的新风经过办公室空间，排风则与进风逆向通过机房，从外墙百叶排出，实现自然通风换气方式（见图 4）。

6 层高的自然通风系统及低层的通风换气基本相同，利用建筑上设置的挑空楼梯间，由于 6 层一个共同空间上下温差形式的重力换气方式，可以降低空调负荷。采用 6 层挑空的自然联气目标是削减 25% 空调冷负荷。挑空楼梯间空气通过在酒店切换层（24F）的风道排出。

自然换气系统要根据室外温湿度、风速等外部条件由中央监控系统决定是否动作，根据室外温度和风速，控制新风入口风阀的开度，选择是送入室外还是送入吊顶内。

爱宕绿色小丘

功能：Mori Tower（办公）；森塔楼（住宅）

业主：森大厦（株）、青松寺、日本放送协会等

设计：森大厦（株）一级建筑士事务所、建筑设备设计研究所等

设计监理：Cesar Pelli & Associates Inc

施工：建筑：竹中工务店（株）、熊谷组（株）等，空调、卫生：三械工业（株）等

建筑规模：办公楼 8656m²，地下 2 层，地上 42 层；住宅楼 6247m²（354 户），地下 4 层，地上 42 层；

建筑外观

建筑设计理念

作为东京市区的新地标，该工程充分利用原有环境的绿色资源，且与原有的寺院建筑相辉映，使景色优美而调和。两幢建筑相邻，功能不同而实现所谓的"职住近接"，在日本亦不多见。办公楼层高 4.1m，吊顶高 2.8m，架空地板高 100mm。而住宅层高较低，所以虽层数相同，总高有明显差别。图 1 表示了两幢大楼的南北剖面，图 2 为森大厦（住宅楼）的平面图。办公楼平面参见图 3。

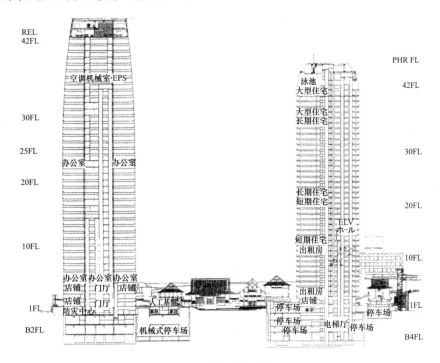

图 1　南北剖面图

资料来源：《BE 建筑设备》（日本），2002/4。

冷热源设备

（1）办公楼（Mori Tower）

为了节能、节省空间、减少运行费用并适应负荷变化，采用城市燃气与电制冷冰蓄冷相结合的集中冷热源。对出租办公楼要保证供给，且考虑全年负荷变动情况和适应性，故采用 IPF 可变的动态冰蓄冷方式。同时因采用夜间电力，能使负荷平均化且节约费用。机房设备系统流程见图4。主要设备有：离心制冷机，600USRT（制冷时）×1 台；吸收式制冷机，400USRT×2 台；蒸汽锅炉，3.6t/h×1 台以及蒸汽发生器，2.8t/h（二次侧蒸汽量）×1 台。

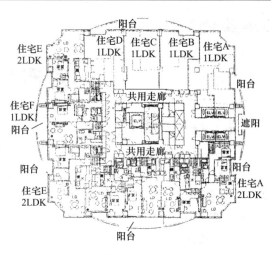

图2　森大厦（住宅楼）平面图

（2）住宅楼（Forest Tower）

考虑运行费用节约以及从住宅供热优先出发，采用城市燃气为主的供能方式。地下4F 内设蒸汽锅炉及低层系统的吸收式制冷机、热水热交换器等，屋顶上为高层系统的吸收式制冷机及热水热交换器。与系统分区相对应，热水供应与空调用热水相结合，均为 80℃送水。主要设备有：吸收式制冷机，320USRT×2 台；蒸汽锅炉，4.2t/h×2 台；蒸汽—水热交换器，1628kW×2 台以及 1744kW×2 台。冷热源系统流程见图5。

空调设备

（1）办公楼（Mori Tower）

标准层空调方式：内区各层按朝向共设 3 台空调机，外区则在周边按每跨（3.6m）设 1 台穿墙式空调机组（TWU）。内区空调机接冷水及蒸汽（四管制），采用全空气单风道 VAV 方式（每个末端供 21～78m²）。假日、夜间加班运行通过 BA 系统预约。VAV 温度设定对出租办公区亦可约定在 ±1℃范围内变更。标准层空调平面如图3 所示。

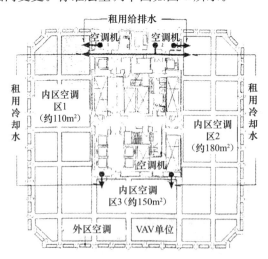

图3　标准层空调平面（办公楼）

（2）住宅楼（Forest Tower）

各卧室、起居室、厨房采用四管制双盘管 FCU。为了提供卧室及起居室更舒适的空间，采用新开发的过冷却再热除湿系统。标准住户设有全热交换器，大型住户则设有新风处理空调机组。

主要设备	数量	型式	容量参数
离心式冷冻机	1	电动式	冷水2532kW（720USRT）制冰2110kW（600USRT）
制冰热交换器	1	板式	2110kW（600USRT）
蓄热槽	7	混凝土躯体+防水隔热	838.8m³
吸收式冷冻机	2	蒸汽双效式	1407kW（400USRT）
蒸汽锅炉	2	炉筒烟管式（城市燃气13A）	换算蒸发量3600kg/h（0.83MPa（G）蒸汽）
蒸汽发生器	1	喷射式	2863kg/h（0.20MPa（G）蒸汽）

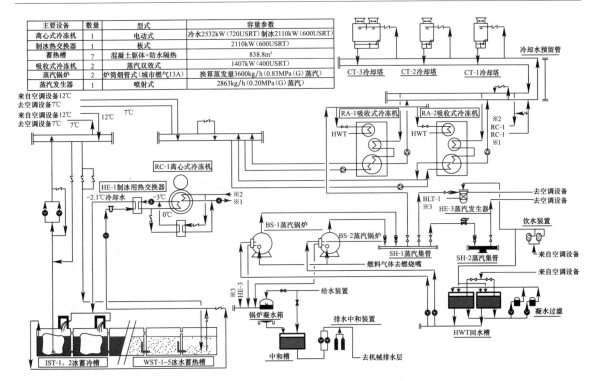

图 4　Mori Tower（办公楼）冷热源流程图

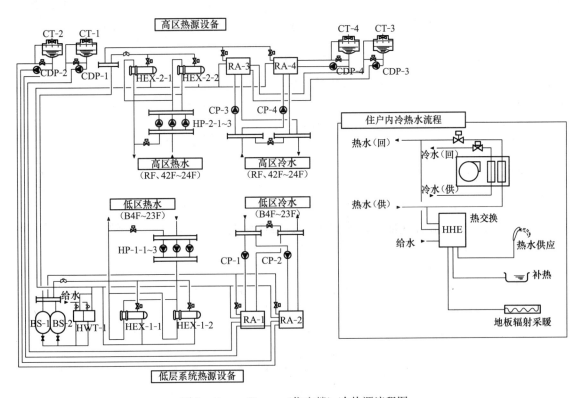

图 5　Forest Tower（住宅楼）冷热源流程图

667

丸之内 PCP 大楼

地点：日本东京都千代田区丸之内 1-11-1
业主：PC 集团（株）、东日本旅客铁道（株）
设计：日建设计（株）、竹中工务店（株）等
建筑规模：总建筑面积 8.175 万 m²；地下 4 层，地上 32 层，塔层 1 层；最高高度 149.8m
用途：办公楼、旅馆、店铺
空调设备施工：新菱冷热工业、高砂热学工业、新日本空调、大气社等
构造：钢结构、钢筋混凝土、型钢混凝土
建设工期：1999 年 8 月～2001 年 11 月

建筑外观

设计理念

该工程位于高速道路、高架新干线、巨型通风塔等城市构筑物附近。南向要求留出大片面积的开放空间。为此设计直径为 3.4m 的超级柱子（CFT 柱），把 25 层内大楼托高约 30m，在其下面将门厅、商业设施以及宾馆布置在一个与办公室功能完全无关的空间中。为了适应证券交易通信的需要，设计达到了约 1000m² 的天柱空间，如图 1 所示。外装修采用自地到吊顶的玻璃幕墙，低层部 3F～7F 为宾馆。

有关大厦节能环保方面的设计理念，全面注明在图 2 所示的剖面图中。

冷热源系统和设备

地下 4F 设电动离心制冷机（非蓄冷）、直燃式吸收制冷机及冰蓄冷制冷系统等混合式冷热源装置，系统原理如图 3 所示。冷水供/回水温度为 7℃/14℃；热水供/回水温度为 55℃/45℃；承压标量为 1960kPa。

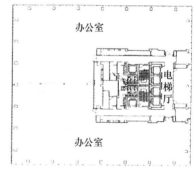

图 1　标准层平面图

冰蓄冷装置：片冰状盐水方式（动态制冰型），蓄冰槽为 180m³×1 台（板式结构），蓄冷量为 31750MJ（8820kWh）。采用水冷式冷水机组 439kW（制冰工况）×2 台；热交换器 1167kW×2 台（盐水温度 5℃/12℃，冷水温度 14℃/7℃）。离心制冷机使用 R134a 冷媒，冷水进/出水温度为 7℃/14℃，冷却水则为 32℃/37℃，冷量为 2637kW/台及 1582kW/台。直燃型吸收式制冷机的冷水进/出水温度为 7℃/14℃，冷却水为 32℃/37℃，热水则为 45℃/55℃，冷量为 2215kW×2 台及 1758kW×1 台。冰蓄冷释冷系统与 1582kW 的离心式制冷机可以相互备用，以备不时之需。24h 系统与一般系统通过旁通阀亦可相互备用。冷水、热水以及冷却水水泵数均为 N+1，以作备用。

资料来源：《建筑设备士》（日本），2002/2；《BE 建筑设备》（日本），2002/3；《建筑创作》，2002/11。

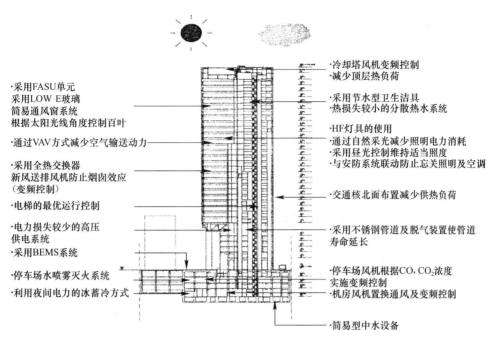

·冷却塔风机变频控制
·减少顶层热负荷

·采用节水型卫生洁具
·热损失较小的分散热水系统

·HF灯具的使用
·通过自然采光减少照明电力消耗
·采用昼光控制维持适当照度
·与安防系统联动防止忘关照明及空调

·交通核北面布置减少供热负荷

·采用不锈钢管道及脱气装置使管道寿命延长

·停车场风机根据CO,CO_2浓度实施变频控制
·机房风机置换通风及变频控制

·简易型中水设备

·采用FASU单元
采用LOW·E玻璃
简易通风窗系统
根据太阳光线角度控制百叶

·通过VAV方式减少空气输送动力

·采用全热交换器
新风送排风机防止烟囱效应
（变频控制）

·电梯的最优运行控制

·电力损失较少的高压
供电系统

·采用BEMS系统

·停车场水喷雾灭火系统

·利用夜间电力的冰蓄冷方式

图 2　节能规划图

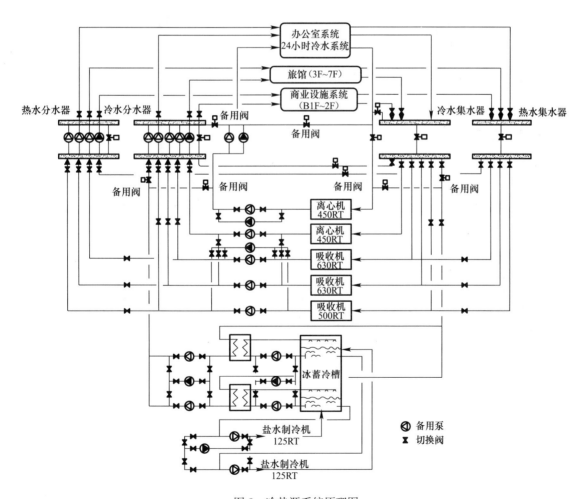

图 3　冷热源系统原理图

空调冷却塔设于屋顶。离心式制冷机与吸收式制冷机的最低冷却水运行温度为20℃，过渡季、冬季冷却水温度下降，则风机变速，并且能在高效率工况下运行。店铺、宾馆用厨房冷却水设备采用密闭型冷却塔。冷水、热水配管方式为四管制。

空调方式

各标准层设置4台空调机组，每台空调机组内设单盘管（冷水）和双盘管（热水/冷水），分别可送到内区和外区。各自有送风机，并且变风量末端可独立控制，如图4所示。

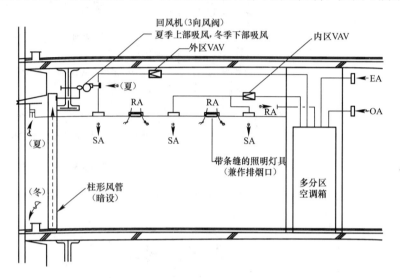

图4 标准层空调概念图

外围护结构与通风窗

采用良好的多层中空玻璃（外侧12mm＋空气层12mm＋复合玻璃8mm＋8mm），玻璃的日射遮阳系数为0.59，传热系数为1.75W/(m²·K)，窗内侧再设有气密型的电动控制的遮阳百叶，构成简易的通风窗形式。排风机吸走玻璃与百叶窗之间的热空气，减少影响室内的冷负荷。供暖工况时，为了缩短启动（加热房间）时间，可以从地面吸引冷空气，通过内藏在柱内的风道由上部风机排走。上部风机用转换阀控制，如图5所示。

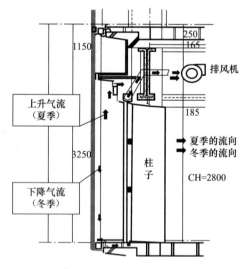

图5 外围护结构概念图

工程实录 J69

汐留塔大楼

地点：东京港区东新桥（汐留再开发区 C 街区）

业主：鹿岛汐留开发公司

设计：鹿岛建设公司建筑设计工程本部

用途：办公楼（24F 以下）、旅馆（24F 以上，495 间客房）

建筑规模：地上 38 层，地下 4 层，塔楼 2 层；总建筑面积 7.979 万 m²

结构：钢结构（CFT 结构）

建设工期：2000 年 1 月～2003 年 4 月

建筑外观

建筑设计理念

办公室标准层平面图如图 1 所示，大楼剖面图如图 2 所示，局部剖面图参见图 3。大楼设计着力从全方位实现生态、节能减排的概念目标。建筑设计采用的手法有：

（1）采用"纯自然"的赤土陶瓷（terra-cotta）作面砖，允许有色差，可少清洗，材料烧成温度低、耗能少。

（2）设计成两个平面构成一个标准办公室的单元，有开放的明朗的感觉，可利用温差送风。

（3）核心筒布置减少西向负荷。采用 Low-e 双层玻璃和适宜的窗墙比及遮阳可减少西向日射负荷。

（4）吊顶用金属材料，易清洁可再生。

（5）采用屋顶绿化。

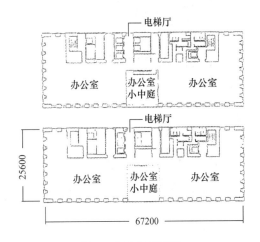

图 1 办公室平面图

空调设计理念

（1）办公楼部分采用与自然通风相结合的空调供冷系统办公主区以空调为主，休息区考虑自然通风为主。

（2）采用按季节可转换控制的多功能 AHU 机组。

（3）利用地区的 DHC 系统、冷水用大温差运行（$\Delta t = 10$℃）

（4）办公区部分按 100～150m² 分区，使 VAV 空调输送动力减少。

（5）旅馆内客房空调引入节能控制系统，室内无人时保持待机状态。

（6）客房有自然换气进气装置，并与生态竖井道组织自然通风以使舒适与节能两利。

（7）通过 BEMS（建筑能源管理系统）实现运行阶段的性能验证计划。

资料来源：《空气调和·卫生工学》，2005/10；《东热技报》，第 63 期；《BE 建筑设备》2006/2；《日经建筑》，2005.9.19；《建筑设备士》，2003.11。

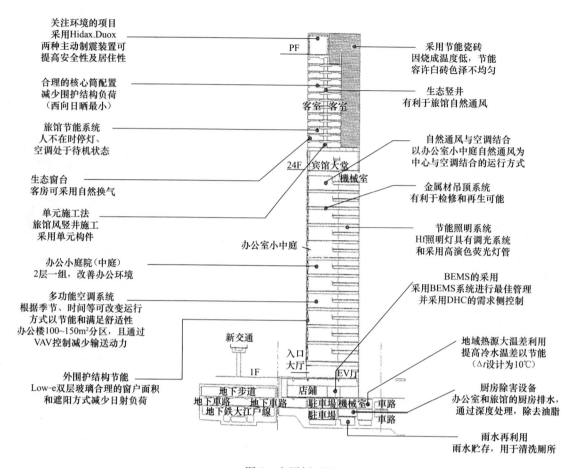

关注环境的项目
采用Hidax.Duox
两种主动制震装置可
提高安全性及居住性

合理的核心筒配置
减少围护结构负荷
（西向日晒最小）

旅馆节能系统
人不在时停灯、
空调处于待机状态

生态窗台
客房可采用自然换气

单元施工法
旅馆风竖井施工
采用单元构件

办公小庭院（中庭）
2层一组，改善办公环境

多功能空调系统
根据季节、时间等可改变运行
方式以节能和满足舒适性
办公楼100～150㎡分区，且通过
VAV控制减少输送动力

外围护结构节能
Low-e双层玻璃合理的窗户面积
和遮阳方式减少日射负荷

采用节能瓷砖
因烧成温度低，节能
容许白砖色泽不均匀

生态竖井
有利于旅馆自然通风

自然通风与空调结合
以办公室小中庭自然通风为
中心与空调结合的运行方式

金属材吊顶系统
有利于检修和再生可能

节能照明系统
Hf照明灯具有调光系统
和采用高演色荧光灯管

BEMS的采用
采用BEMS系统进行最佳管理
并采用DHC的需求侧控制

地域热源大温差利用
提高冷水温差以节能
（Δt设计为10℃）

厨房除害设备
办公室和旅馆的厨房排水，
通过深度处理，除去油脂

雨水再利用
雨水贮存，用于清洗厕所

PF
客室 客室
24F 宾馆大堂 机械室
办公室小中庭
新交通
入口 大厅
1F EV厅
店铺
地下步道 驻车场 机械室 车路
地下车路 地下车路 驻车场 车路
地下铁大江户线

图2 大厦剖面图

此外，对照明系统的节能以及雨水再利用等在设计中均有相应设施。在图1～图3中相应反映了以上要求。在工程完成后，按日本CASBEE绿色建筑评价标准获S级（最佳级）。

空调方式

办公室采用各层独立控制的AHU单风道方式作为内区处理负荷风道，此外，用FCU负担外区及电梯井两侧的空调负荷。办公室用的AHU是多机能的空调机，可以上下方向的转换出风，用VAV末端控制100～150㎡的室内面积。多功能AHU的混合型运行模式可参见本书第12.3节。

各楼层周边外壁窗上部均有供自然通风空气进入的格栅并经接管进入室内，其情况如图4所示。

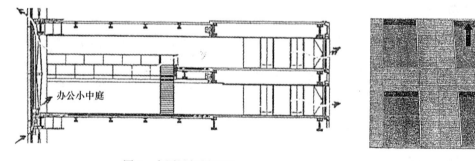

办公小中庭

图3 大厦局部剖面图　　　　　　　　图4 自然进风处理

大楼上部 24F～38F 的宾馆部分与采用新风空调机系统＋FCU 方式。此外，也可根据要求实现自然通风的可能。

办公楼"花园"（小中庭）的自然通风通路如图 3 所示。

空调设备主要机器（办公楼部分）：

热交换器（冷水—冷水）：1762.8kW×2 台；热交换器（热水—蒸汽）：674.5kW×2 台；热交换器（蒸汽—蒸汽）：970.0kg/h×1 台。

冷水泵（夜间少量）：1300L/min×4 台；冷水泵（夜间少用）：500L/min×1 台。

热水泵（夜间少量）：1000L/min×2 台；热水泵（夜间少量）：200L/min×1 台。

此外，AHU212 台，VAV 末端 161 台、FCU 635 台、风冷热泵柜机 3 台，以及通风机 148 台。

备注：该工程是日本鹿岛建设公司本部大楼，大楼以自然通风的应用作为新技术的开发，工程完成后进行过大量测试研究，为自然通风在高层建筑中的应用积累了经验，可参阅专门的文献。

东北电力本部大厦

地点：日本宫城县仙台市青叶区本町 1-7-1
业主：东北城市开发公司
设计、重点监理：日建设计公司
建筑规模：地上 28 层，地下 2 层，塔屋 2 层；总建筑面积
6.44 万 m²；建筑总高 125.2m
构造：钢结构（部分型钢砼及钢筋混凝土）
标准层层高：4.2m（吊顶高 2.8m）
标准层模数：3.2m×3.2m；窗高度：2.35m
建设工期：1998 年 11 月～2002 年 4 月

建筑外观

设计理念

业主要求实现"可持续发展社会之示范建筑"。与标准建筑
相比，全年可减少 40％的环境负荷，并定量设定最大电力消费
小于 40W/m²。为最大限度地减少环境负荷与电力消费，首先要实现白天的负荷降低措施，如：
遮阳、隔热、自然通风；晚间换气可降低冷热源负荷；用自然采光和人体传感器可减少照明负
荷（桌上照度为 500Lux）；通过大温差空调、VAV、VWV 等减少输送负荷以及蓄热技术的运
用可使"负荷平均化"。该工程除采用冰蓄热技术外，还采用了结构蓄热技术。整体设计理念如
立面图（见图 1）中所概括。

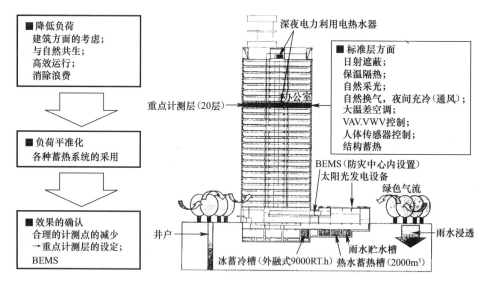

图 1　环保节能措施

资料来源：《建筑设备と配管工事》（日本），2004/9；《躯体蓄热》，日本热泵·蓄热中心躯体蓄热研究会著，OHM 社
出版。

标准层平面

标准层（见图 2）四周窗户采用易于布置的 16m 跨距布局，使办公空间构成凹字形，分隔便利，并可构成 3.2m×3.2m 的模数。位于西向和南向的窗户为减少负荷采用了 AFW（通风窗）。AFW 的排气量为办公室的最小排气量，藉以室内空气平衡。自然通风时通风窗结构还具备由室外进风的功能。为不影响眺望视线，采用上升型百叶窗（见图 3）。根据室内外温湿度条件、风雨等气象条件可自动启闭窗际风门，以实现自然通风和晚间冷却。

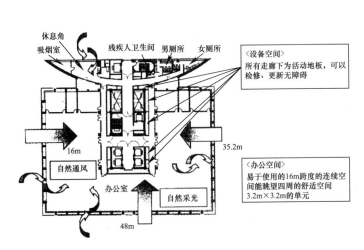

图 2 标准层平面

图 3 窗际环境处理

空调冷热源

该工程采用的冷热源设备系统如图 4 所示。

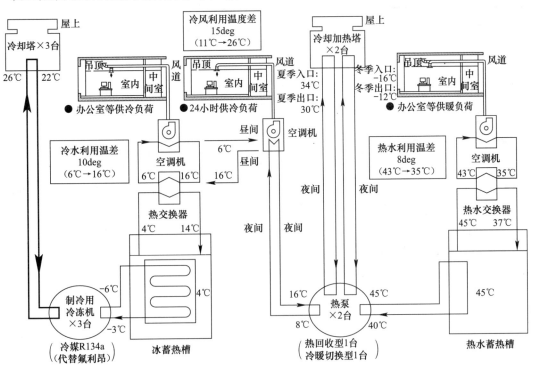

图 4 空调冷热源系统图

（1）采用蓄冰系统对所有办公楼供冷，并负担 24h 需供冷的部分办公室。制冰用冷冻机共 3 台（冷剂为 R134a）；蓄冰槽采用外融冰方式；容量为 9000USRT·h。

（2）另采用热回收型及冷热切换型热泵机组各一台，除部分负担 24h 供冷的部分办公室外，还负担所有办公室的供暖，供暖亦设有蓄热水槽（2000m³）。另设蓄热加热器 68kWh，屋顶上设有 2 台冷却/加热塔，冬季供热时通过热泵从室外采热（热泵热源）。

空调系统和结构蓄热方式

该工程空调方式为 VAV 系统，分区设室温控制，由于在窗际设有 AFW，空调系统未分内外区，结构蓄冷空调系统原理图如图 5 所示。为了进一步提高负荷平均化的要求，除冰蓄冷外还考虑了结构蓄冷。结构蓄冷方式为顶棚内吹送冷风的方法，空调机晚间利用顶棚内风道转换风门向顶板（混凝土板）送冷风，消耗的为用夜间廉价电力获得的结构蓄冷量，白天工作时间则向下（室内）送风。经晚间冷却后的吊顶在白天有冷辐射效果，提高了热舒适性。结构蓄冷方式采用的相关参数和运行要求等如表 1 所示。

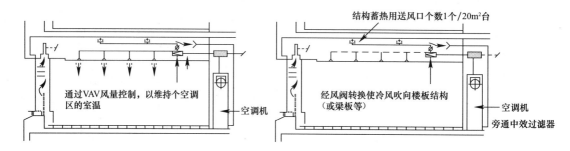

图5 结构蓄冷空调系统原理图

结构蓄冷方式相关参数与要求 表 1

项 目	内 容
导入目的	电力负荷平准化、节约经费
方式	冷却吊顶顶板方式
运转模式	仅供冷运行
吹出风量	通常空调时 18.75m³/(m²·h)；结构蓄冷时 15.0m³/(m²·h)
吹出温度	11℃（空调机盘管出口）
目标蓄热量	2500USRT·h
运转方式	翌日的日冷负荷超过冰蓄冷槽的可能蓄冷量（9000USRT·h）时，进行结构蓄冷。（由于冰蓄冷系统的效率比躯体蓄冷方式高，故优先运用冰蓄冷系统）
管理方法	代表层（20层）上部的楼板内设置多个传感器（各方位、楼板上中下表面），由 BEMS 进行温度、蓄冷量控制。
其他	为降低空气输送动力，结构蓄冷系统运行时空调箱中的中效过滤器旁通； 施工时进行实验，确定吹出条件和传感器位置

丸之内大厦

地点：东京都千代田区丸之内 2-4-1

主要用途：办公、餐饮、商铺、会场等

建筑规模：地下 4 层，地上 37 层，塔层 2 层；总建筑面积 15.97 万 m²；停车 409 台；高度约 180m

结构：SRC 造、S 造，外周为 PC 幕墙

建设工期：1999 年 4 月～2002 年 8 月

建筑特点

该建筑原为 1923 年所建的近代模式的办公楼，由于 1995 年的阪神地震以提高耐震性等理由，将原建筑解体后重建。建筑规模和形式基本如旧，在拆建过程中，对原有构材等均有所利用，同时要求建成具备高度信息化并实现长寿命建筑的目标。在空调方式上亦有所创新，大楼高层部标准层约 3000m²，吊顶高 2.8m，架空地板高 100mm。图 1 为标准层平面，图 2 为剖面图。

建筑外观

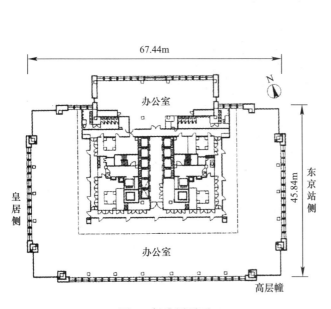

图 1　标准层平面

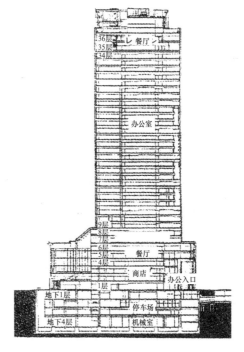

图 2　剖面图

资料来源：《空気調和・卫生工学》，2003/4；《建筑设备士》，2003.1；《BE 建筑设备》（日本），2003.7。

空调方式

办公楼标准层分内外区空调方式。内区约 $250\sim350\mathrm{m}^2$，设一台 AHU，由 VAV 控制的全空气方式。从各层吸取新风，并根据季节和负荷采用加湿冷却和新风可变控制，实施新风供冷。内区空调系统原理如图 3 所示。外区：简易的空气屏障方式与局部地区（窗际构造见图 4）排热系统相结合，窗台罩上方的条缝口送风并由窗帘罩将窗际热气流有效排除。因为窗帘的作用，效果明显。此外，考虑到冬、夏窗际气流的方向性，经系统风阀转换可使通风气流冬季上送下回，夏季则下送上回，通过实体装置试验，效果满意。图 5 所示为外区空调系统原理图。

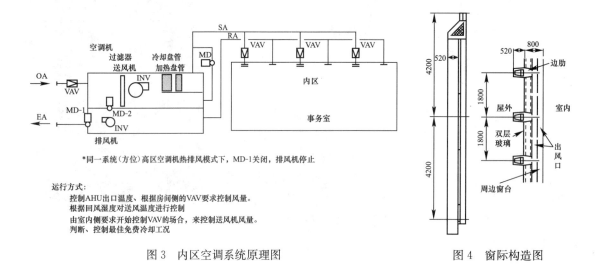

图 3　内区空调系统原理图　　　　　　　图 4　窗际构造图

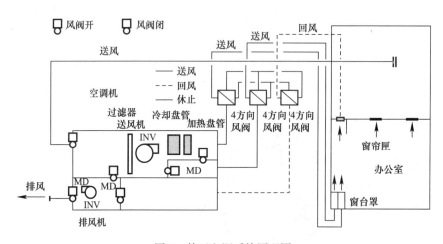

图 5　外区空调系统原理图

冷热源方式

由该地区的丸之内供热公司供 $8\mathrm{kg/cm}^2$ 的蒸汽，大楼内设置热电联产装置，可利用其蒸汽用于吸收式制冷机（3 台，9142kW）。此外，还设有电动离心式制冷机，同时还利用潜热蓄冷设备（STL38GJ/日，释冷能力为 1407kW×2 台）组合运行。送回水温差为 10℃，水系统二次侧的流量控制可根据二次侧流量的水泵台数控制与由变频器压差控制相结合，冷却水温差为 8℃。冷热源系统图如图 6 所示。

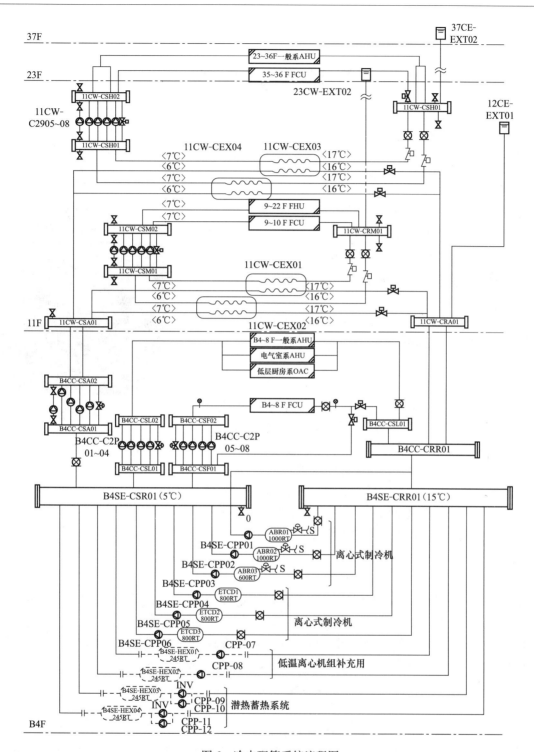

图 6 冷水配管系统流程图

东京产经大厦

地点：日本东京都千代田区大手町 1-7-2

业主：产经大厦（株）

用途：办公、集会场所、商铺

设计监理：竹中工务店（株）

设计监修：三菱地所设计（株）

空调施工：高砂热学工业（株）

结构：钢结构、CFT、型钢钢筋混凝土

建筑规模：地下 4 层，地上 31 层，塔屋 2 层；总建筑面积 7.484 万 m² （Ⅰ期），0.842 万 m² （Ⅱ期）

建设工期：1998 年 5 月～2000 年 9 月 （Ⅰ期）；2000 年 10 月～2002 年 9 月 （Ⅱ期）

建筑外观

建筑设计理念

该大厦位于东京商业区大手町，是属原有的产经大厦本馆（1955 年建）、新馆（1972 年建）、别馆（1957 年建）的既有 3 栋大楼的阶段性改建的再开发计划。该工程要求：

（1）实现对周边区域和都市环境的再建设；

（2）为百年成长建筑具有高安全性与确保功能使资产价值提升；

（3）对使用全面玻璃幕墙而确保舒适性的科学验证

（4）对节能和减少环境负荷的实际效果的检验。

建筑概要

采用轻质外装材料，对中高层外装采用 Low-e 双层玻璃幕墙，既节能，又具有通透的窗际空间；标准层平面采用中间核心筒体（见图 1）；每层具有 173m² 的专用面积，设有设备机房，并可通过公用走道进行维修；每层可以分成 4 个区，设备可独立提供，专用部分地板负荷为 500kg/m²；低层南侧从地下 2 层～地上 5 层为中庭。建筑剖面图如图 2 所示。

热源设备

从丸之内供热公司的 DHC 中心供给蒸汽，但考虑到灾害发生时的安全可靠，该工程再独立设置冷热源设备以及冰蓄冷、热回收设备等，冷水送回水温差为 7℃。表 1 为主要冷热源设备。

空调设备

（1）外区（周边区）处理方式

经过约 1 年的研究和比较，确定外围护结构采用 Low-e 双层玻璃（传热系数为 1.63W/(m²·K)，

资料来源：《建筑设备士》，2001/2；《空気调和·卫生工学》，2002/11，〈空气调和·卫生工学会〉获奖项目。

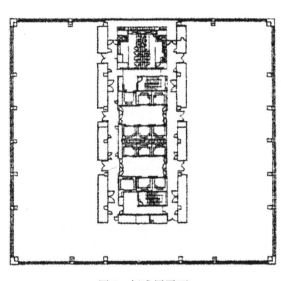

图 1 标准层平面

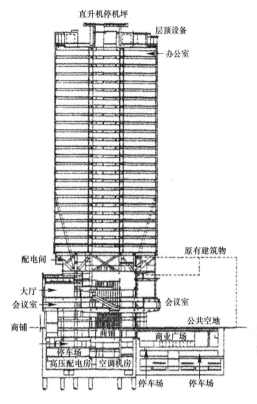

图 2 剖面图

主要冷热源设备　　　　　　　　　　　表 1

设备名称	容量（kW）	台数
蒸汽型吸收式制冷机	3165	1
离心制冷机	2110	1
热回收型离心制冷机	2110	1
盐水离心制冷机	1758	1
冰蓄冷槽（STL）	1055	1
风冷热泵制冰机组	475	1
冰片式冰蓄冷槽	281	1
蒸汽－水换热器	691	2

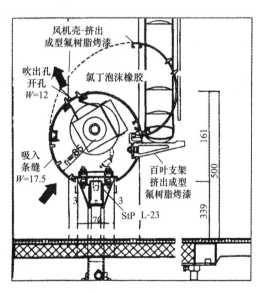

图 3 屏障风机及外区风机壳

遮阳系数为 0.43）并与外区采用屏障系统相结合的方式。室内的空调空气由设在窗边的贯流风机从下向上吹出（风量约为 100m³/(m・h)），在窗帘箱（上部）排出形成吹—吸式气流，图 3 和图 4 分别表示窗边风机的结构和窗边处理的手法，图 5 则表示了工作原理说明。实测证明：该方式风机工作时，窗与百叶之间温度可低 4℃。

　　（2）内区

　　每个标准层设 4 台 AHU，每台负担约 400m²；采用单风道 VAV 方式，每个 VAV 末端控制约 70m²，内区送风量为 25m³/(m²・h)（实际上外区仍布置 VAV 末端，按约 30m² 范围控制）。

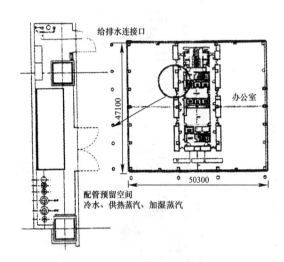

图 4 简易 AFW（百叶窗送风方式）又称屏障系统

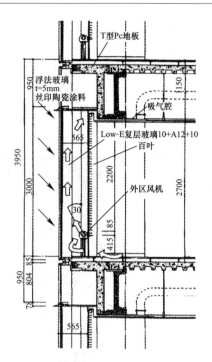

图 5 简易 AFW 的概念与外形

日本电通本部大厦

地点：东京都港区东新桥 1-8-1、2、3

业主：电通株式会社

设计：（株）大林组东京本社一级建筑事务所及 John，Nobel 等合作设计

空调施工：新日本空调、三机工业、高砂热工业、新菱冷热工业等

建筑规模：办公楼：地上 48 层，地下 5 层，塔层 1 层；商业、文化楼：地上 5 层，地下 5 层，塔层 1 层；汐留 Anex 大楼：地上 9 层，地下 3 层，塔层 1 层；总建筑面积 23.17 万 m² （包括三部分建筑）

结构：钢结构、型钢混凝土、钢筋混凝土结构

办公楼层高：4.1m；办公楼吊顶高：2.7m。大厦建筑剖面图见图 1

建设工期：1999 年 10 月～2002 年 10 月

建筑外观

建筑设计理念

该工程属东京汐留地区原国铁货运车站地区的再开发工程（共 31 公顷用地），开发区分 9 个地块（街区），2006 年预计本地区人口达 6 万。该工程位于 A 街区（Ⅰ地块），与 Anex 大楼相邻，该工程介绍主要为电通本部大楼，设计主要朝向朝南，可以眺望浜离宫公园及东京湾景色。技术上考虑贯彻节能，与地球环境共生和可持续发展（以百年建筑为目标）。因此，采用了共 20 余种节能手法，其中除常规技术外，还有外窗的处理、区间电梯和新型照明（基础照明与功能照明的结合）等节能手法。

新型外周处理

外窗玻璃采用在玻璃上印刷陶瓷纹刷作为遮阳的措施，白色陶瓷印纹（点）占 40％玻璃面积，使遮阳系数约减少 15％，与普通玻璃＋遮阳相比，室内负荷指数约为 1/3。此外，还采用了通风窗（AFW）。

空调方式

当地室外空调设计参数为：夏季 34.9℃（干球）、27℃（湿球）；冬季 2℃（干球）、－2.7℃（湿球）。室内空调设计参数为：夏季 25℃（干球）、相对湿度为 50％；冬季 22℃（干球）、相对湿度约 45％。

空调系统采用单风道变风量系统。空调系统平面分区见图 2。室内机器发热负荷按 35W/m² 设计。办公楼标准层中每层设 6 台空调机，按平面位置分 6 个区送风，各空调机送风则各自分为内区和外区，对每层 14 个区进行送风的温度控制。VAV 末端按每跨 7.2m 设置 3 台，每台

资料来源：《建筑设备士》，2003/1。

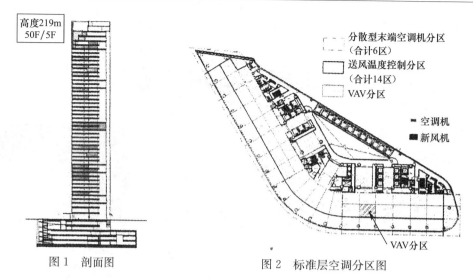

图1 剖面图

图2 标准层空调分区图

高度219m
50F/5F

分散型末端空调机分区
（合计6区）
送风温度控制分区
（合计14区）
VAV分区

空调机
新风机

VAV分区

控制面积为 26～40m²。

新风 AHU 内设 2 台风机，其中一台供过渡季节新风供冷之用，这样可使末端 AHU 小型化，并减少风机运行能耗。此外，末端 AHU 和新风 AHU 分别采用冷水和蒸汽两种方式。图 3 为该工程的空调系统方式示意图。

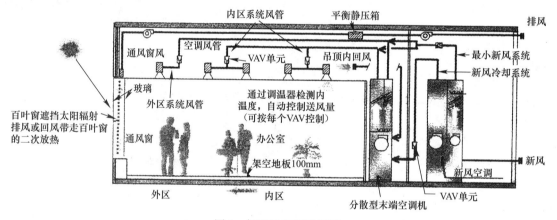

图3 标准层空调系统图

空调用冷热源

该工程利用所在地区的区域供冷供热站（DHC）的供能，该DHC设施位于 Anex 大楼地下室，经共同沟接入冷一热水及高压蒸汽，作为非常时专用冷热源设计采用了螺杆式冷水机组，以保证重要负荷系统之需。冷热水配置均按高、中、低三区分区，通过热交换器间接供应。冷水供应对低层区通过水泵及压力保持阀直接供水，中层与高层则经泵与换热器后作间接供应。热水供给对低层区亦为直接供水，中、高层区则由高压蒸汽经热交换器获得热水。蒸汽供给方式则由DHC送入的高压蒸汽进行减压送入蓄热水槽、空调机用热交换器。加湿则由蒸汽锅炉提供蒸汽，供冷水采用大温差（10℃），用末端压差控制作变流量调控，以减少输送能耗。

该工程商业、文化用楼地下室设有 3 台燃气透平发电机（1 台为非常时专用），其中 2 台作为热电共生系统。产生的余热蒸汽可投入当区 DHC 站使用（出售）。该地区 DHC 工程可参见本书上篇关于汐留地区区域供冷供热相关资料（第 8 章第 6 节）。

该工程在节约用水、垃圾处理、各种资源节约利用等方面均有良好的设施。

PRUDENSHAL TOWER

地点：东京都千代田区永田町 2 丁目

设计：大成建设（株）一级建筑士事务所

工程监理：森大厦（株）一级建筑士事务所

用途：办公楼、公寓（125 户）、商店等

建筑规模：地下 3 层，地上 38 层，塔屋 1 层；总建筑面积
7.66 万 m²，建筑高度 157.9m

建设工期：1999 年 6 月～2002 年 11 月（其中停工 3 个月）

建筑外观

建筑设计特征

该建筑是由办公楼部分（约 42000m²）、住宅部分（约
22000m²）和商铺（约 3000m²）组成的复合建筑。单边（平
面）长 41m，1F、2F 为商店，3F～24F 为办公楼，25F～38F
为公寓。该类建筑有引领都市中心居住回归的倾向，故设计尤
其重视环境质量、安全和节能。图 1 为办公层与住宅层的平面
图，图 2 为建筑剖面图。

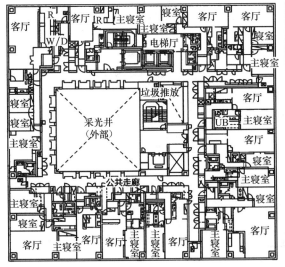
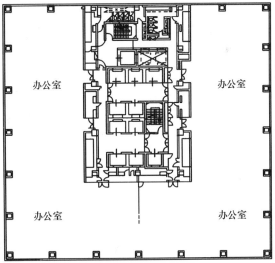

图 1　办公层与住宅层的平面图

空调方式

办公楼空调系统未分内外区，空调采用单风道 VAV 方式。由于采用低温送风系统，夏季
送风最低温度为 11℃，故送风使用防止结露型高扩散型风口。为改善窗际环境，采用空气屏障

资料来源：《建筑设备》（日本），2003/2；《空気調和・卫生工学》，2004/10。

（空气幕）方式的专门系统，即在窗台处设屏障用风机在窗帘与玻璃之间的通道内构成上送气流以改善窗际热环境，其原理如图3所示，空调机送风温度实测如图4示例。

冷热源方式

从节约一次能源、CO_2减排、对能源价格产生变动的适应性、低负荷运转的机动性、灾害时的可靠性等多方面考虑，采用复合型方式——冰蓄冷（电力）与吸收式制冷机（燃气）并用。在供冷负荷大的场合，吸收式制冷机与融冰系统串级运行，实现5～14℃的大温差水系统，减少输送动力（比常规系统节约20%的输送动力）。对二次泵的动力节约尤为明显。图5即该系统的示意图。

除设有应急、保安兼用发电机2台外，还设有热电联产用发电机1台，其产生的蒸汽与热水亦供制冷、供热与热水供应的热源用。

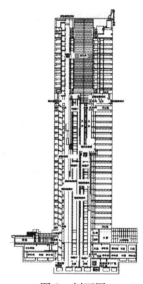

图2　剖面图

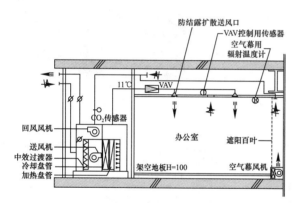

图3　标准层空调概念图

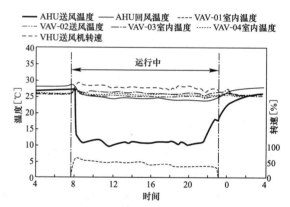

图4　空调机送风温度实测图

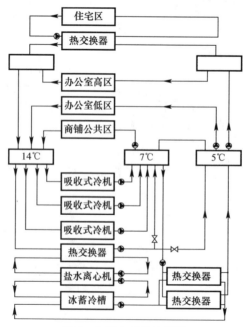

图5　空调水系统流程图

工程实录 J75

新宿 OAK 塔大厦

地点：东京新宿区新宿新都心街区西侧
设计：日本设计环境．设备计划组合体
用途：办公楼、商铺等
层数：地上 38 层，地下 2 层
建设工期：2002 年

建筑外观

工程特点

该工程靠近西部新宿六丁目地区，在规划范围内有 2 幢超高层办公楼（除 OAK 塔之外，另一幢为 23 层的西新宿大楼），住宅楼一幢（12F）及低层房屋共 5 幢。由于所处基地附近有 DHC 站。故该大楼可利用其供能。图 1、图 2 为大楼立面、空调平面图。

空调方式和冷热源

办公楼标准层分内外区设计。同时在出租使用上分为 5 个区（运行和独立计费），如图 2 所示。

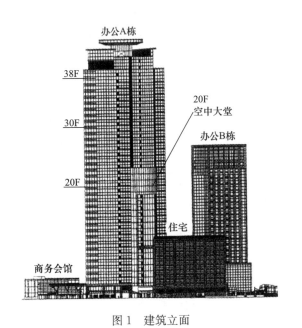

图 1　建筑立面

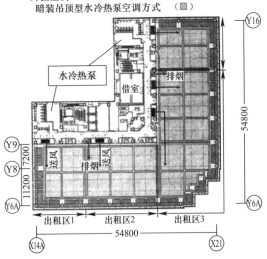

图 2　标准层空调平面

内区空调用立柜式空调处理机（AHU）5 台，采用单风道变风量方式，一个 VAV 末端控

资料来源：《空気调和・卫生工学》，2003/4。

制约 50m², 一个风口控制的模数为 3.6m×3.6m。内区 AHU 的冷却盘管和热水盘管是利用 DHC 提供的冷水和蒸汽（换成热水）。系统为四管制，并分为高区（21F～37F）和低区（地下 2F～地上 20F）两个系统。

外区空调采用水冷（水热源）热泵机组，室外机分两处集中在辅助房间。为此屋顶上设有密闭型冷却塔提供冷却水，考虑到机器的耐压性，供地下层的冷却水采用经热交换器的间接方式。外区室内机为顶棚内暗装的机种，无水害的发生的可能。该方式并具有冷热灵活供给同时供冷或供热的优点。

该工程为典型的采用两种不同冷热源相结合的空调方式。

其他

大楼外壁的窗框处设有手动控制的新风进口。可按需从室外直接进入新风。

考虑到非常情况，如电力或 DHC 停供的情况，可利用自备的发电机和水冷式热泵设备对地下电气室，自备发电机室以及 4F、5F 高负荷层面或一般层面中的重要房间提供空调。

工程实录 J76

松下电工东京本社大厦

地点：东京都港区东新桥 1 丁目

用途：办公楼、展示厅等

建筑规模：地下 4 层，地上 24 层，塔屋 2 层；总建筑面积 4.73 万 m²；标准层高度 4.25m，标准吊顶高度 2.8m（架空地板 0.1m）

建筑结构：钢结构（CFT 构造）、型钢混凝土、钢筋混凝土

建设工期：2000 年 8 月～2003 年 1 月（34 个月）

外墙装修：铝合金幕墙、花岗岩饰面的 PC 墙板，Low-e 玻璃

建筑外观

建筑特征

办公楼部分每 2 层作为一个单元，沿西向为 2 层挑空的中庭，大楼的平、剖面图如图 1 及图 2 所示。办公部分 14F、15F 分别为职工食堂及卫生福利设施。

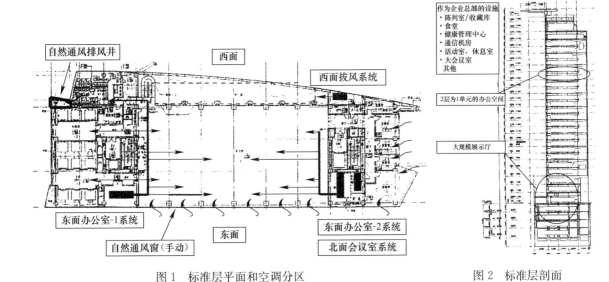

图 1　标准层平面和空调分区　　　　　　图 2　标准层剖面

空调冷热源

冷热源来自本地区的 DHC 供给公司，分别接入冷水与蒸汽（按热交换器容量，冷量为 6520kW，热量为 4190kW），冷水温度出水为 6.5℃，回水温度为 16.5℃，蒸汽出口压力为 0.78MPa，返回约 60℃的热水，配管方式为冷、热水四管制。

资料来源：《BE 建筑设备》，2003/6。

空调方式

办公楼西向休息区为 2 层挑空的小中庭，采用通风窗（AFW）＋单风道地板送风＋地板送风 FCU。办公室内区采用各层单风道 VAV，展示区采用单风道 VAV＋FCU 方式。空调方式与系统见图 1 和图 3，具体设计采用了以下手法：

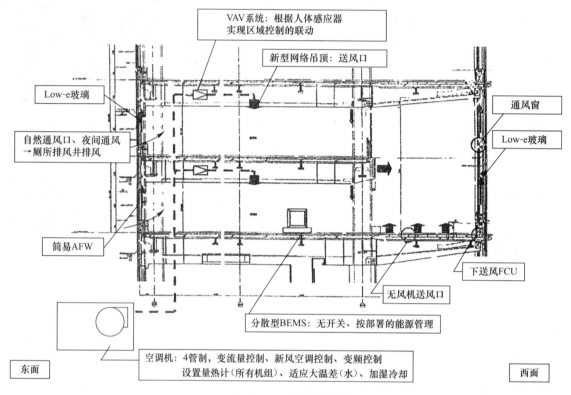

图 3　标准层空调断面图

（1）空调分区和温控区：从平面图可见，空调分 4 个 VAV 系统：东侧 2 个系统、北侧会议室系统（每 2 层设置）以及西侧小中庭系统。VAV 末端温控区约 $40\sim80m^2$，即使办公室分隔有变化亦能适应。

（2）空调负荷抑制：窗户均为 Low-e 玻璃，西侧采用 AFW（通风窗），东侧采用由百叶窗构成的简易 AFW 方式，并采用电动百叶窗控制遮阳效果提高热舒适性。

（3）自然通风：东侧窗台部分设置手动控制的自然通风进风条形槽，在厕所间设有排气竖井，装有电动风门，条件适当时开启后可借热压换气。同时利用该风道可在夜间强进风，作为新风充冷的通道，有利于室内办公机器的排热和建筑物的冷却。

（4）空调机（AHU）节能控制：采用了 VAV 变频控制、新风供冷控制、变水流量控制、加湿控制等。此外 AHU 内为双盘管的四管制。为了 DHC 方式的高效率运行，盘管按大温差设计选定。

（5）采用人体传感器控制照明范围和空调范围：将办公区划分出最小空调温控区（VAV）、最小调光（照明）控制区和人体感应的最小感知范围，以减少无用的能耗。该情况如图 4 所示的控制效果，据此空调平均节能可达 19%。

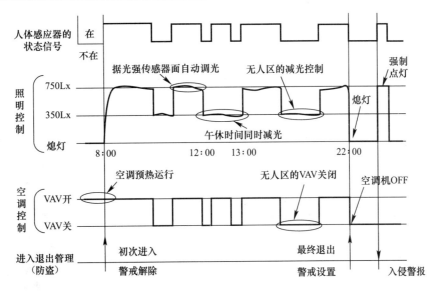

图 4　利用人体传感器控制照明与空调的效果

三菱重工大厦

地点：东京都港区港南 2-16-5

用途：办公楼、商店、展示、停车等

建筑规模：地下 3 层，地上 28 层，塔屋 2 层；办公标准层
1867m²，层高 4.25m；总建筑面积 6.865 万 m²

结构：地下钢筋混凝土、地上钢结构

设计：三菱重工地所、三菱重工（株）、大成建设等

施工（空调设备）：高砂热学（株）、新菱冷热（株）等

建设日期：2003 年 3 月

建筑外观

空调设计负荷

冷负荷总计 6610kW，冷负荷指标为 0.096kW/m²；热负荷总
计 4130kW，冷负荷指标为 0.060kW/m²；PAL 值 252MJ/（m²·a），
CEC（AC）为 1.15；负荷成分见表 1。

空调负荷成分表　　　　　　　　　　　　　　　　　　　　表 1

	夏 季		冬 季			
	冷负荷（kW）	比例（%）	热负荷（kW）	比例（%）	冷负荷（kW）	比例（%）
周边负荷	2380	36	2890	70		
新风负荷	1590	24	1240	30		
照明负荷	730	11			730	58
人体负荷	530	8			530	42
其他负荷（办公机器）	1380	21				
总计	6610		4130		1260	

冷热源与配置方式

该工程由附近品川能源供给公司的 DHC 提供冷水与蒸汽，蒸汽经热交换器后成热水；冷水
流量为 12000L/min、流量/空调面积＝0.32L/（min·m²）、送水温度为 8℃、回水温度为 16℃；
热水流量为 7200L/min、送水温度为 55℃、回水温度为 45℃。水系统配管分低层（地下 3F～地
上 4F）与中高层结合的中高层系统（5 层～塔屋）两个系统。机房设在最下层和中间层，DHC
进入的冷水可直接进入低层系统（见图 1）。关于该地区 DHC 设施参见本书上篇第 8 章第 6 节。

空调方式

（1）下送风方式

1994 年 3 月竣工的三菱重工横滨大厦曾采用过一部分下送风方式，取得了经验。它具有个
体化、间隔易于灵活调整、较好的室内空气质量以及节省输送动力等优点，所以该工程全面采

资料来源：《空气调和·卫生工学》，2005/1；《空气调和·卫生工学》，2003/4。

用下送风方式（内区和外区）。标准层平面的空调分区如图2所示，每个楼分为8区、4个角隅设空调机房，每个机房2台AHU（下出风），每台AHU控制在170~180m²范围内，每个分区内可再进行细分控制。送风温差为8℃以内，风量为30m³/(m²·h)，每个风口风量为100m³/h。通风地板静压层高度为250mm，由于通风通路阻力比上送风方式小，若机内阻力控制在130~220Pa，则风机动力可控制在0.22W/CHM，送风层的压力可通过改变风机转速达到。由于通风口可个别调节，个人温热感可自行调节。

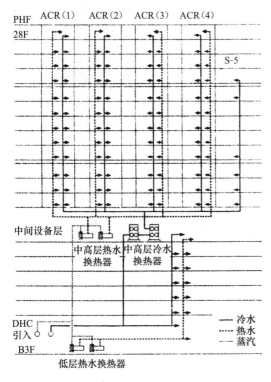

图1 空调水系统概念图

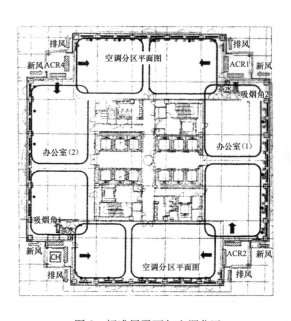

图2 标准层平面与空调分区

（2）外区处理

采用空气屏障方式，在窗台箱（厚250mm）内设屏障风机，空气向上吹出，将窗面产生的冷负荷经窗帘箱把送出空气从顶部回收。吸入口与送出口的位置应正确配置，经试验，该工程通风量为160m³/(h·m)，上部吸风量为180m³/(h·m)，具有良好效果。此外，如图3所示，夏季屏障风机如从地板下吸风，则效果更好，故用转换阀控制。冬季为改善实际环境，还设有电加热板，对室内进行辐射采暖。

为实现环境和谐理念采用以下措施：节能对策，如采用全热交换器、新风供冷、水泵的台数控制和变流量控制；车库通风的CO控制、会议室空调机的CO_2新风控制；由于各机房均可直接从室外进气，新风最大进气量可达15m³/(h·m²)。

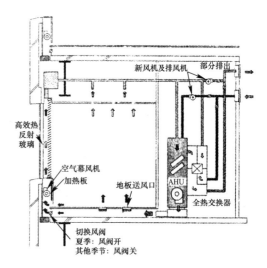

图3 辐射板及空气屏障层方式

日建设计东京大楼

地点：日本东京都

用途：日建设计公司本部大楼，办公及图纸设计工作。

建筑规模：地上 14 层，地下 1 层，塔层 1 层；总建筑面积 2.058 万 m^2，标准层面积约 1000m^2

结构：钢结构，一部分为 SRC 结构，RC 结构。

建设工期：2001 年 9 月 5 日～2003 年 3 月 31 日

建筑外观

设计理念

日建设计在日本是最大的建筑设计单位之一，故在新工程设计中充分考虑建筑的经济性、环境效果和全面贯彻节能理念。由于该工程所在地用地紧张，未能避开东西朝向的不利影响。为此，采用电动控制的外遮阳减少夏季的日射负荷。作为冬季的保温手段采用发热（电）双层玻璃。从而使空调可采用无外区系统的方式。同时，在保证工作区域具有合适温度的要求下，应使照明电力和空调处理日射负荷能耗最小，即通过自动控制窗户的百叶角度调节采光量以控制照明能耗。此外，还具备室内无人或少人时的照明控制功能等。冷热源与空调系统也采用了诸多的节能技术。

冷热源设备

采用燃气吸收式制冷机（844kW）1 台及风冷热泵盐水机组（292kW）3 台（与蓄冰槽结合）作为冷热源，设备置于顶层，根据负荷进行台数控制。冰蓄冷系统采用内外融冰方式（内融冰热交换器与外融冰热交换器串联）以提高效率，燃气吸收式冷热水机则按"吸收式绿色机制"选定机组参数，以降低环境负荷与生命周期成本。用变频器控制冷却水出口温度以控制流量，用以减少低负荷时输送动力。配管系统为冷热水四管制，与东、西方向的各层 AHU 相连接。此外，二次泵的台数控制、变频控制以实现流量控制可发挥冰蓄冷的优势。图 1 为冷热源系统图。

空调设备及系统

标准层东、西各设有一台 AHU，便于合理分区。送风为大温差方式，送风温度为 12℃，故风管直径可减少，并节约输送能耗。但是由于送风温度低可能造成冷风感，故采用圆断面的布质风道，从内装上来看亦很协调，这种布置如图 2 所示。

周边区处理

东西向的窗高度为 2.8m，用电动外遮阳可以减少夏季日射负荷。该区的 VAV 单元亦可调

资料来源：《建筑设备士》，2003/8。

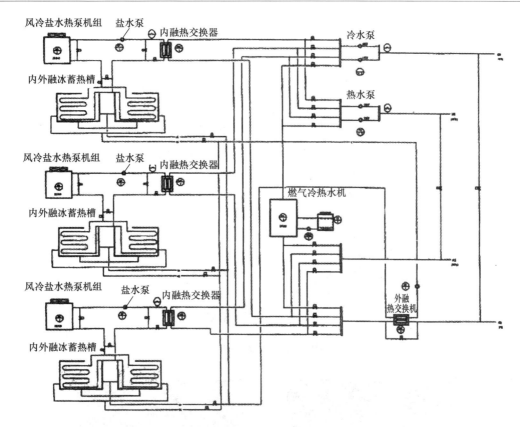

图 1　冷热源系统图

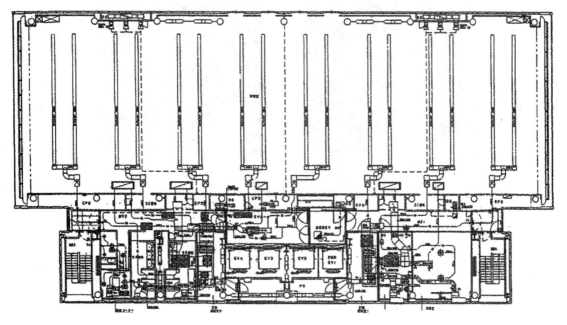

图 2　空调设备布置图

节风量以处理负荷。外遮阳为中空机翼型断面，除按需自动调节百叶角度外，强风时可自动升降控制（风速＞15m/s）以保护整体遮阳机构。为防止冬季的窗隙冷气流，采用双层玻璃保温，内侧玻璃表面有金属薄膜可通电流发热，保持 19℃ 的表面温度，室外温度以小于 2.5℃ 为限。室外温度 0℃ 时，消费电力为 9W/m²（东京＜2.5℃ 的时间全年约 340h，故比采用 FCU 便宜）。

为了中间季通风，窗台下设有自然通风进风口。此外，会议室采用空调送风与地板送风相结合的方式。图3表示标准层周边处理等情况。图4为外遮阳形式。

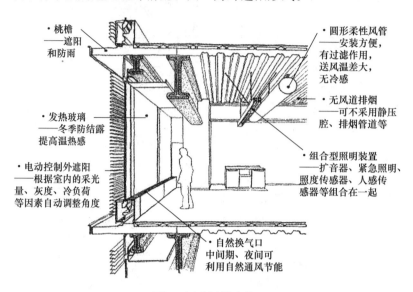

· 桃檐
——遮阳和防雨

· 发热玻璃
——冬季防结露提高温热感

· 电动控制外遮阳
——根据室内的采光量、灰度、冷负荷等因素自动调整角度

· 圆形柔性风管
——安装方便，有过滤作用，送风温差大，无冷感

· 无风道排烟
——可不采用静压腔、排烟管道等

· 组合型照明装置
——扩音器、紧急照明、照度传感器、人感传感器等组合在一起

· 自然换气口
中间期、夜间可利用自然通风节能

图3　标准层周边处理

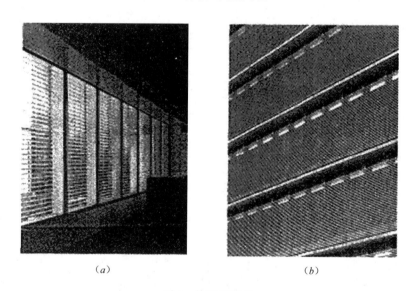

（a）　　　　　　　　　　　（b）

图4　外遮阳型式
（a）窗台；（b）用电动控制的外遮阳

工程实录 J79

六本木森大厦

地点：日本东京六本木

建筑规模：总建筑面积 37.95 万 m²；总高度 238m；标准层面积 4400m²（平均使用）；地上 54 层，地下 6 层；层高 4.1m，架空地板高 0.2m

设计：美国 KPF 设计公司及森大厦设计本部

用途：8F～49F 为办公区、顶部为美术馆

建设工期：2000～2003 年

建筑外观

建筑概况

该开发地块总面积为 89400m²；总建筑面积为 75.91 万 m²；有以六本木森大厦为主体的建筑十余幢，其中有朝日 TV、住宅 4 幢（住户 837 户）、宾馆等。该工程剖面图见图 1。

空调冷热源

（1）该区域设有 DHC 集中供冷、热系统。地下 5F 为冷热源地下接口。分低层（地下 6F～7F）、中低层（8F～28F）、中高层（29F～48F）和高层（49F～54F）4 个分支系统，各系统均经水—水热交换器后进入各二次侧机器，作为该大楼出租需用的冷热源。除 DHC 供冷水外，在屋顶及 4F 屋顶上均装有冷却塔，即具备"DHC 冷水＋冷却水"的双冷源，以提高供冷的可靠性。此外，在每层有 4 个空调机房为各出租办公区设有冷水及冷却水管，作为附加的空调用冷热源。图 2 为冷热源系统概念图。大厦冷热总容量为 68044kW。

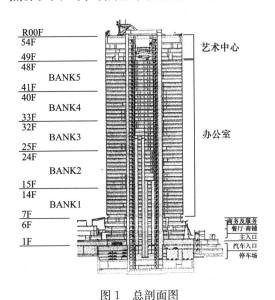

图 1　总剖面图

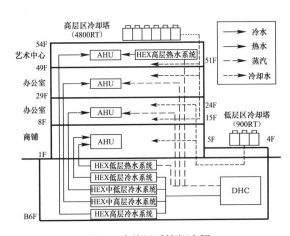

图 2　冷热源系统概念图

资料来源：《建筑设备士》，2003/11；《空气调和·卫生工学》，2003/4；《BE 建筑设备》，2003/4。

（2）热源系统及主要热源设备

板式热交换器：低层用 1758kW×3 台；高层用 631kW×3 台。

蒸汽发生器：低层、标准层用 3346kW×3 台；高层用 586kW×3 台。

从 DHC 引入的蒸汽压力为 0.8MPa，分为加热系统、热水系统、热水供应槽系统和加湿系统。前三种系统减压到 0.2MPa 进入空调机、热水用蒸汽—水热交换器和热水贮水槽等各二次侧机器。加湿系统将 0.8MPa 的蒸汽供到蒸汽发生器，形成二次侧蒸汽，用于空调机的加湿。所有凝结水汇集到回水槽后，回水温度控制在 60℃，由回水泵回到 DHC 设施。

该工程所在地区的 DHC 工程介绍见本书上篇第 8 章第 6 节。

空调设备

（1）标准层（8F～48F）

标准层平面图如图 3 所示，办公楼标准层的空调方式：内区——各层按朝向分的空调机＋单风道 VAV 方式；外区——各层按朝向分的空调机＋双风道·双 VAV 方式。图 4 所示为空调系统示意图。

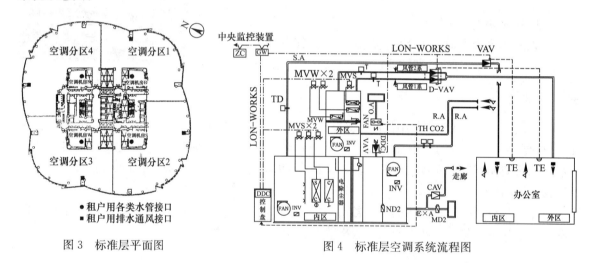

图 3　标准层平面图　　　　　　　　图 4　标准层空调系统流程图

标准层 AHU 采用双层型机组，一层用于内区，二层用于外区，空调机房设在核心筒体的四角，一台 AHU 负担相应的两个层面的分区，故节约了建筑空间。

（2）下送风方式

进厅及低层商店等公共部分约 10000m² 的面积，从节能和环境考虑采用了下送风方式，空调机到通风末端距离不大于 30m。

工程实录 J80

品川三菱大厦

地点：东京都港区港南 2-10-209

业主：三菱商事（株），三菱汽车工业（株）

用途：办公楼、餐饮、购物、展示厅等

设计：三菱地所

建筑规模：地下 3 层，地上 32 层，塔屋 1 层；高度 148m；总建筑面积 15.8 万 m^2（包括三菱重工大厦）

施工：竹中工务店（株）；空调设备施工：大气社（株）、第一工业（株）等

建筑外观

建筑概况

该工程位于品川新车站之东的再开发区，与品川三菱重工大厦相邻，且底层部分与之连成一体，图 1 为大厦功能分区图。外墙以传统的单窗 3 层结构为主，角隅为开放感较强的玻璃幕墙，因电磁障碍不能采用较强的隔热玻璃，而是采用了通风窗（AFW）的方式，在保证窗户开放感的同时仍保持较好的节能性。PAL 值达 190.7MJ/(m^2·a)，为基准值的 36％。标准层（办公层）具有 2600m^2 的大规模无柱空间，可自由分隔。与 IT 对应的电插座按 60VA/m^2 考虑，并保留了增加容量的措施。

冷热源设备

由附近品川能源供给公司 DHC 系统提供冷水与蒸汽。为了防止 DHC 供冷水特殊的断水事故，该大厦设有小规模的风冷热泵冷水机组用作紧急处理。

高机能空调处理机组（SMART-VAV）

对高度 IT 化的现代办公楼，室内负荷设计值较大，但办公机器停止时实际发热负荷率很低，业主从运行中的本公司办公楼中实测（插座负荷），设计容量为 60W/m^2 的场合，其电气使用量的日平值仅为 8W/m^2，内部显热负荷照明与人体负荷也在最大值的 50％以下，经适当的照度控制和人员的变动则负荷仅在 30％左右，加之 OA 机器的因素，往往超越了 VAV 系统的控制范围。

该工程采用的 SMART VAV 空调系统如图 2（b）所示。传统的 VAV 方式［见图 2（a）］虽由室内冷负荷决定风量，但当各室人员发热和设备发热比例差别较大时，用相同的新风比（图中为 30％）不能满足人员较多房间的人均新风量要求。SMART VAV 系统在新风和回风按总的新风比要求处理后出口设有两组 VAV 末端，在满足各室送风量要求的同时，在总新风比不变的条件下，各室可有不同的新风比，这种方式近似于双风管 VAV 方式，专用的空调机组具备良好的控制系统、高效率的加湿系统和空气过滤系统（静电型）。

资料来源：《建筑设备士》，2003. 11；《空气调和·卫生工学》，2003/4。

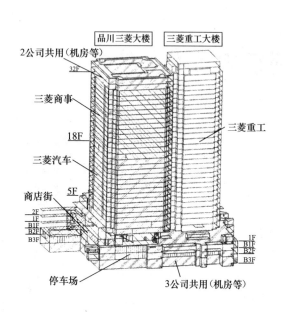

图 1　大厦功能分区图

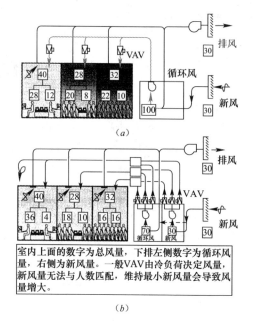

室内上面的数字为总风量，下排左侧数字为循环风量，右侧为新风量。一般VAV由冷负荷决定风量，新风量无法与人数匹配，维持最小新风量会导致风量增大。

（b）

图 2　SMART VAV 空调系统
（a）一般 VAV 方式；（b）SMART VAV 方式

自然通风和夜间冷却

该建筑地处海浜，利用有利的风作用在建筑物 4 个角隅设置的进排风通路上，夏季夜间室外温度较低时可借自然风带走室内积蓄热量，图 4 给出了风的通路。无风时有风机辅助运行。此外，对进排风口的启闭控制均有严密监控，对于强风、雨、粉尘以及自然通风的节能影响均可进行有效管理。

角隅休息区空调

标准层 4 个角隅为休息室，因为玻璃幕墙，热辐射负荷大，采用居住域空调，利用下送风空调方式。此外，设有静电集尘器及光触煤吸附等方法去除抽烟的烟尘。

关于 AFW 问题（通风窗）

该工程虽采用了通风窗（AFW）方式，仍设外区空调系统。当外区负荷不大时，空调自动停止，以减少混合损失。

新风空调机组冷水制造系统

密闭性好、室内发热量大的房间，冬季亦需供冷。利用高温冷水对室外空气预热到适当温度在外气预热的过程中冷水被冷却，用于 AHU 冷却空调空气，既满足要又节约能源，系统示意图如图 3 所示。

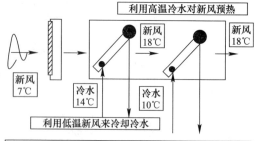

气密性好且室内发热量大的建筑，有时冬季也需供冷。新风直接供冷容易导致室温过低，很难大量采用。因冬季供冷采用低温冷水的必要性较小，将冬季的冷水温度提高到14℃左右送入新风空调箱，利用自然能源的新风低温实现对冷水的冷却，同时冷水将新风加热。

图 3　新风空调机组冷水制造系统

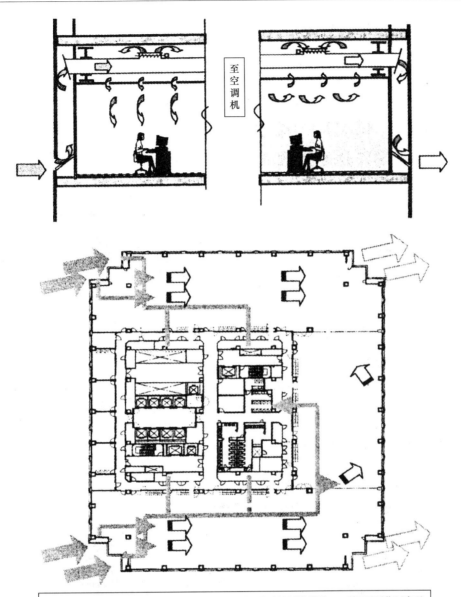

利用临海处大楼风较多的条件，在标准层平面的四角处设置送排风口，利用风压作用实现自然夜间通风。因全方位开口，通风效果与风向无关。无风时依靠风机的辅助进行夜间通风。开窗自然通风需对窗户开关状态进行监控，管理上有一定的麻烦，但进排风口采取了防雨、防风措施，需综合考虑节能量、灰尘、强风的影响。

图 4　各层利用自然夜间通风系统

River Walk 北九州

建筑外观

地点：福冈县北九州市小仓北区室町
业主：室町一丁目城市开发组合
设计：日本设计（株）
施工：前田建设工业（株）
空调：高砂热学工业（株）
建筑：地上 16 层，地下 2 层，高度 85.1m
建筑面积 162473.27m²
建设工期：2000 年 7 月～2003 年 4 月

建筑概况

River Walk 北九州项目是日本北九州市城市再开发的一个典型例子。该项目在约 22000m² 的基地面积上，充分考虑其历史传统与地理环境，规划出覆盖了商业、服务业、文化、艺术、传媒等高度专业化的城市建筑综合体，外观上看似由高度、色彩、外形各异的建筑组合而成。建筑剖面见图 1。连同周边的道路、公园、河流也进行了整体规划，使得该区域成为北九州市中心富有魅力的街区和城市地标。在供热空调方面，充分考虑了基地与河川相邻的特点，利用河水源热泵制备冷热水，系统地考虑了节能与环保。

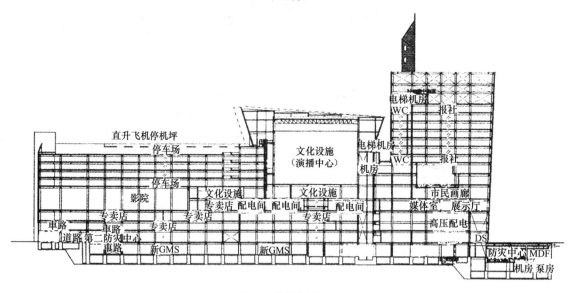

图 1　建筑剖面图

空调设备介绍

（1）冷热源

冷热源设备采用了电力和燃气两种能源。热泵机组夜间运行，通过制备冷水、热水、冰来

资料来源：《建筑设备士》，2011/9；《BE 建筑设备》（日本），2003/9；《空气调和·卫生工学》，2005/10。

蓄能，白天则释放能量来处理房间的冷热负荷。随着末端负荷的增加，燃气直燃吸收式制冷机和其他热泵机组相继投入运行。冷热源设备中，有河水源热泵（WSHP）和余热回收型河水源热泵（DBHP）各一台。为了降低河水冷却水的排水温度，排水通过已建成的人造瀑布设备排放。

冷热源设备的容量见表1，冷热源系统流程见图2。

图3是河水和冷却塔利用方式的比较。同样容量的制冷机，采用河水冷却比冷却塔方式消耗的能量可以减少7%（换算为一次能源），运行费用降低15%左右。其他环境指标，如NO_x减排效果为6.0%，SO_x减排效果为9.0%，CO_2减排效果为7.0%。原因在于利用了夏季比气温低、冬季比气温高的温度相对稳定的河水，使得制冷机的性能系数COP提高的结果。

冷热源设备容量　　　　　　　　　　　　　　　　　表1

设备名称	制冷量	制热量
河水源热泵（WHP）	1,582kW（450USRT）	1,628kW
热回收型河水源热泵（DBHP）	1,055kW（300USRT）	1,015kW
燃气直燃吸收式制冷机（GAR）	1,407kW（400USRT）×2	1,512kW×2
离心式制冷机（BTR）	3,376kW（960USRT）	—
冷水蓄水箱（1,080m³）	879kW（250USRT）	—
热水蓄水箱（2,160m³）	1,758kW（500USRT）	1,758kW
冰蓄热箱（400m³）	1,934kW（550USRT）	—
合计	13,398kW（3,810USRT）	7,515kW

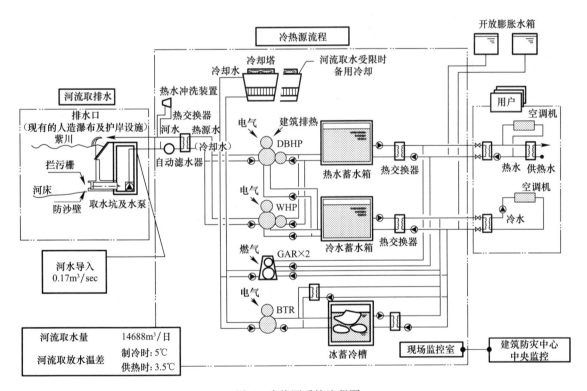

图2　冷热源系统流程图

（2）空调设备

各区域的空调设备通过与一次侧的冷热水发生热交换来处理房间的冷热负荷。主要的空调方式如下：

商铺：新风空调机＋风机盘管方式；

影院：定风量单风道系统；

报告厅：定风量单风道系统（座椅送风、地板回风）；

办公区域：变风量单风道系统。

（3）通风设备

根据房间用途的不同，按日本规定采用了第一种（机械送风＋机械排风）、第三种（仅机械排风）通风方式。

地下 1F 因受到送、排风管线布置和吊顶高度的限制，采用无风管的诱导风机排风。送风机和排风机各有 2 台，可以变频调节风量。运行管理上通过 CO_2 传感器来监测 CO_2 浓度。6F～10F 层停车场依靠自然通风。

能源利用特征

该项目能源利用有以下特征：

（1）利用河水作为热源，意在提高热源设备的运行能效；

（2）利用电气、燃气两种能源方式来确保系统的可靠性；

（3）采用水、冰蓄冷和燃气，平抑电力负荷高峰；

（4）利用瀑布水流的掺混来降低冷却水温度，降低对周边环境的影响；

（5）设计和物业管理的团队协作，来实现能源管理的理想化；

（6）对安全性能要求高的广播电视台，在紧急状况下确保冷水的正常供应；

（7）对各用户提供大温差的冷热水（温差 7℃），减小循环动力消耗；

（8）利用天然河水＋冷却塔提高可靠性。

运行效果的实测

根据 2003 年 4 月～10 月间的运行数据计算，得到各单体设备的 COP 及全系统 COP 的月平均值，见图 4。2003 年度的年间平均 COP 超过了 1.0。

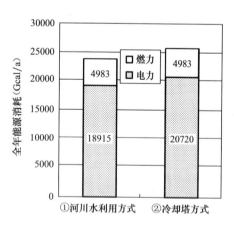

图 3　不同冷却方式的能耗对比

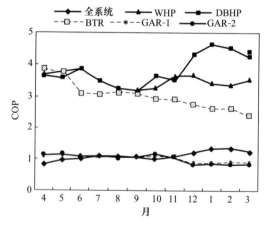

图 4　全系统及各设备的 COP

品川东一大厦

地点：东京都港区港南 2-16-1

用途：办公楼、酒店、商业

建筑规模：地上 32 层，地下 3 层；建筑面积 118593m²

结构：钢结构及钢筋混凝土

业主：大东建社（株）

设计：日本设计（株）

施工：建筑：（株）竹中工务店，空调：新日本空调（株），卫生：朝日工业社（株），电气：近电（株）

竣工时间：2003 年 4 月

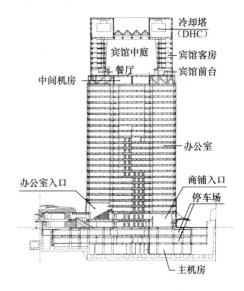

建筑外观

冷热源系统

该工程冷热源由同时在 B-1 地区东侧地下建设的"品川能源服务公司"供给，从地下 3F 接入冷水（6～14℃）及蒸汽（8kg/cm²）。另外，该能源服务公司的冷却塔经充分的对振动与噪声分析后决定，设置在大楼的顶部。冷热源采用间接方式接入空调二次侧泵，采用了低负荷小流量时可削减动力，且控制性能较好的线性泵，向低、中、高层 3 个系统供给冷、热水。接入设备的容量：冷量为 14244kW，热量为 9044kW（参见本书上篇第 8 章第 6 节）。

标准层空调系统

该大楼为中央核心筒形状，剖面图如图 1 所示，平面则形成 7 个方位的业务区域，提高外围护结构的热工性能是必不可少的。另外，为了兼顾居住者的舒适性与运行费用的节省，采用了双层玻璃窗系统，形成通风窗方式（见图 2 和图 3）。外层玻璃为高性能热反射玻璃 10～15mm，内层玻璃为 6mm 的透明强化玻璃，内置电动百页，根据日射自动控制开关和叶片角度。外窗为横向条形，窗墙比为 38%，办公部分 PAL 值为 188MJ/a［传热系数为 1.6W/(m²·K)，遮阳系数为 0.21］。标准层平面图如图 4 所示。

图 1　总剖面

从清扫维修考虑，内玻璃为平移开闭方式，根据楼层空气平衡，空气通风量 50CMH/m，从内窗下 18mm 的条缝吸入。

采用了通风穿方式可以考虑无外区化，设计从冬季预热负荷和躯体蓄热负荷出发，仍设有

资料来源：《建筑设备士》，2003/11。《空气调和·卫生工学》2003 第 4 期。

外区空调箱。通风窗附近室内气流CFD分析结果如图5所示。特别是与冬季不开通风窗工况相比，冷风下沉得到改善。另外，室内热环境方面，窗面的平均辐射温度与室内温度接近，故室内PMV（预想平均申告值）亦可得到改善。

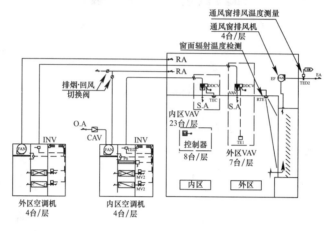

图2　通风窗系统图

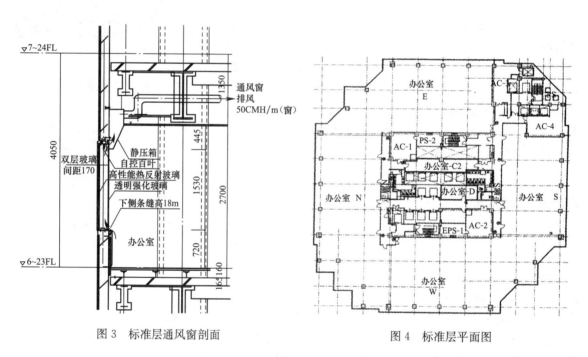

图3　标准层通风窗剖面　　　　　　　　　　图4　标准层平面图

低层出租办公楼将来负荷可能增加，故备用了冷水管道等。低层南区设有约3000m²的高关税区域，平均负荷密度可能有约350VA/m²，备用了电脑用冷水并确保了空冷室外机的空间。

酒店空调系统

大楼的26F酒店中庭大堂为面积约1500m²、天窗高约27m的大空间，考虑舒适性和节能性，采用了地板冷辐射空调。冬季为热水地板采暖，夏季除了冷水地板辐射外，还有地板送风及空调区的侧送风（见图6）。

中庭上部设电动百页遮阳，根据上部温度进行上送上排方式。另外，过渡季中庭下部让新风自然进入、上部排风，进行新风供冷通风控制。

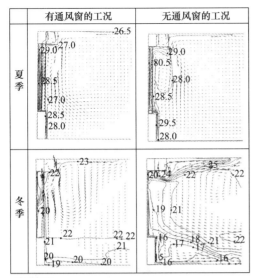

计算条件:
计算日 夏季:7℃/23℃ 室外 33.4℃ DB,26.4℃ WB;
(东京)冬季:无日射,室外 0.8℃ DB,-3.5℃ WB;
计算方法 K-ε 模型(Stream);
不稳定计算;
计算网格46200

图5　室内气流和温度 CFD 模拟结果

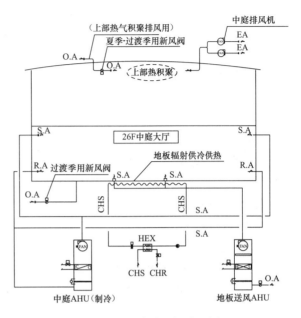

图6　26F 中庭空调流程图

各客房空调为带全热交换器的中央新风空调箱及四管制风机盘管方式。针对窗面很大的客房,为应对东西向客房的日射负荷和室内负荷,分散设置风机盘管,确保了客房的稳定性和舒适性。另外,风机盘管下设检修口,意在改善维修性和将来更新的性能。

自动控制系统

自动控制为各层分散 DDC 方式,防止因故障等原因扩大停用范围。作为节能的主要控制,根据负荷和流量,进行冷热源线性泵的台数控制、空调 VAV 控制、预热控制、送风温度再设定控制、全热交换器、全新风供冷(酒店系统)等控制。检测点(启停、状态、设定、检测、警报)约 5000 点,通过接口与中央监视系统连接。另外,除了各种能源计量,为确认通风窗的性能,进行了详细检测(窗面辐射温度、气流出入口温度),作为运行管理上数据收集。

日本电视塔

地点：东京都港区东新桥 1-6-1
业主：日本电视广播网（株）
用途：办公、广播局
结构：地下钢筋混凝土，地上钢结构
建筑规模：地下 4 层，地上 32 层，塔屋 2 层；建筑面积
130725m²；总高度 192.8m
设计：三菱地所设计（株）
施工：清水、大成、鹿岛、大林组 JV
空调配合：新菱冷热工业（株）；新日本空调（株）
　　　　　日比谷综合设备（株）JV
建筑剖面图、平面图分别如图 1 和图 2 所示。

建筑外观

冷热源系统

大楼平时冷热源由区域冷热站供给冷水和蒸汽。停电、
发生灾害或区域冷热站设备停运时，由风冷冷水机组备用，

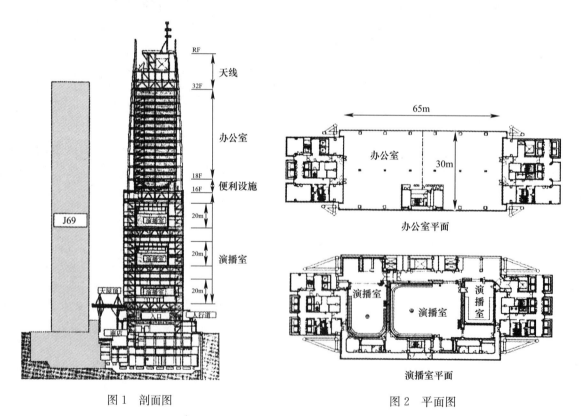

图 1　剖面图　　　　　　　　　　图 2　平面图

资料来源：新菱冷热中央研究所技报 Vol.10，2003；《建筑设备士》，2003/11。

可以保证应急冷水供给。冷热源方式：区域冷热站，风冷冷水机组；设计冷量约 15000kW（区域冷热站冷水）；冷却塔：250USRT×2（免费冷却）；风冷冷水机组：约 2000kW（应急用）；二次侧供水温度为 7.5℃，$\Delta t=10$℃。

考虑设备耐压，水系统分低层、中层、高层系统。演播室、副调整室等重要系统的冷水立管为双系统，以提高可靠性和应对设备更新。空调机为双冷水盘管，除一般冷水外还供给应急风冷机组的冷水。另外，这些平时备用的盘管还供给闭式冷却塔来的冷却水用于免费冷却。

空调系统

（1）演播室、副调整室

为提高演播室的可靠性，在分设空调机的同时，各空调机风管用混风管并联连接起来，相互备用。另外，为有效利用自然能源，在新风供冷的同时，对于演播室、副调整室等负荷变动很大的区域，空调机采用变频调速（单冷、无热水盘管），而且根据节日和演播室使用情况，需要现场空调控制，风管调整和温度设定可以在副调整室进行。

（2）播送设备层

设备层为人与设备同在的特殊区域，该大楼中基本空调是单风道 VAV 系统，吊顶送风与地板送风并用，有利于节能。另外，对播送机器采用地板送风可提高换气效率，地板送风口能适应设备位置变更（见图 3）。而且地板送风空调机冷水接管多为环管，有利于空调机的移动和增改，也增加可靠性。

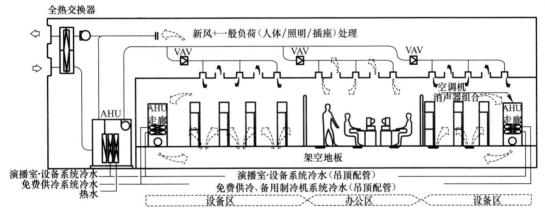

图 3 播送设备空调方式

（3）新风强制导入型双层幕墙

在视野最好的西南面，三侧玻璃围起的居室根据空气平衡和自然通风的理念采用双层幕墙方式。夏季新风进入，双层幕墙上部风机排出为"新风强制导入型通风窗"。过渡季，根据居住者的判断，室内自然开窗取新风系统通风。冬季，关闭新风入口，不让双层幕墙内部通风，因为与全自动控制窗帘结合，也能保持窗际空间良好的热环境。

另外，系统设计时进行了足尺模型的热性能及室内环境实测，确认设计意图（见图 4）。

（4）办公层空调

18F～31F 的高层办公，从保证舒适环境和防止水害的理念，采用全空气单风道 VAV 方式（人体负荷 25W/m²，照明负荷 30W/m²，设备发热负荷 45W/m²）。西北和东南面有大面积窗的不利条件，从舒适和节能考虑，遮阳是不可少的，所以采用通风窗并导入全自动百页控制系统。另外，百页控制必须测出直射照度，开发了带太阳跟踪功能的传感器，与自然采光调光控制结合，使窗际热负荷下降，舒适性、节能性提高。排风系统设三通阀，对东南、西北排风进行平衡控制，热回收的同时，作新风供冷和全热交换。运行的办公室夜间可以根据 CO_2 浓度控制新风量。为应对部分负荷增加的要求，标准层办公吊顶内装有预备冷水管，可增加空调机和风机盘管。办公层空调系统流程图如图5所示。

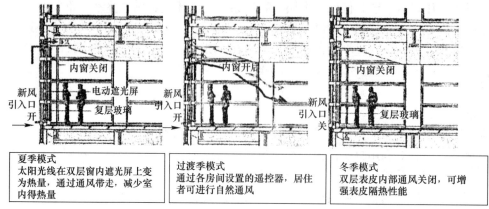

图 4　柔性双层幕墙动作模式

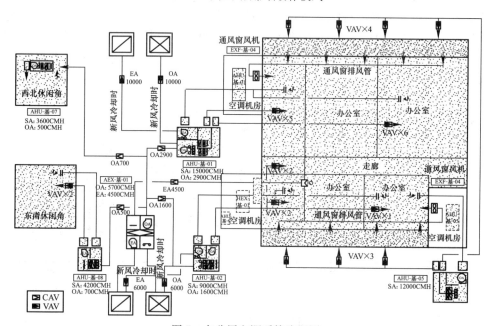

图 5　办公层空调系统流程图

（5）电梯井道自然通风

两侧筒芯电梯井道利用烟囱效应作自然通风，防止井道内温度上升，根据井道内温度控制新风入口和排风口的开关（见图6）。

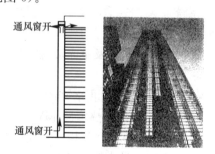

图 6　电梯井道自然通风

明治大学骏河台 B 地区大厦

建筑外观

地点：东京都千代田区神田骏河台 1-3

用途：大学教学与研究用

建筑规模：地上 11 层，地下 2 层，塔屋 1 层；建筑面积 25803.9m²；标准层层高 4.5m；总高度 78.741m

建设工期：2001 年 10 月～2003 年 12 月

设计：株式会社久米设计

施工：建筑—鹿岛、鸿池共同企业体

　　　机械—朝日、新美共同企业体

结构：CFT 钢结构，部分型钢钢筋混凝土

建筑概要

该建筑外观上一个很大的特点是东西窗采用纵向页片（铝百页），可以遮挡日射负荷，实现建筑节能，成为现代化的向社会开放的优美学习环境。7F～11F 教育设施与 2F 会议室的窗边设有自然通风导入装置，与天窗联动控制，构成"风道"，根据新风与天气条件进行控制，可以进行自然通风、新风供冷或夜间通风，使全年冷负荷大幅度降低。图 1 为总平面图，图 2 为建筑标准层平面图。

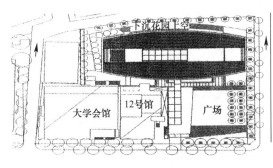

图 1　总平面图

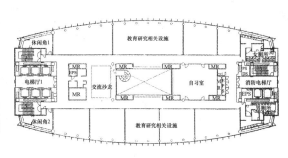

图 2　标准层平面图

设备理念

作为 21 世纪——"环境的世纪"的大学，奉行"从根本上切断负荷的建筑设计"、"自然能源的有效利用"、"舒适和节能并举"等理念，设计中充分考虑环保与节能。

冷热源系统

教育设施报告厅、博物馆等负荷特性不同的区域同处于综合楼，还要给现有建筑供冷、供热，要求冷热源设备全年能够供冷、供热。为此采用了环保、安全、电力负荷平均化且能高效

资料来源：《BE 建筑设备》（日本），2004/4。

运转的蓄热冷热源系统。为进一步节能，采用了变流量压差控制和大温差输送系统；冷热源设备都采用新冷媒。冷热源系统流程图如图3所示。

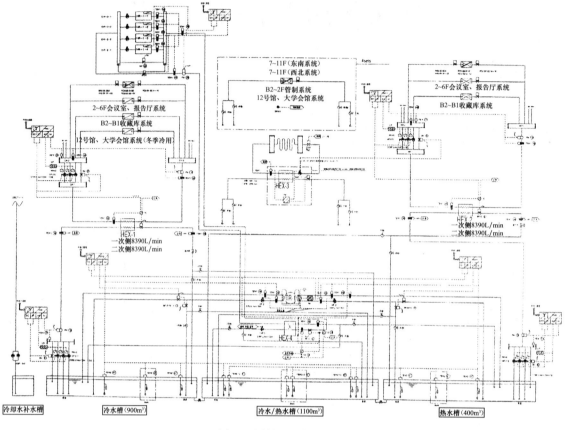

图3　冷热源系统流程图

（1）热回收型离心式冷冻机：1266kW×1台；

（2）风冷热泵冷热水机组：355kW×4台；

（3）水—水热交换器，冷水用：5020kW×1台，热水用：4690kW×1台，冷热水用：230kW×1台（地板冷热辐射用）；

（4）蓄热槽容量，冷水槽：900m³＋冷/热切换槽1100m³＋温水槽400m³；冷水供给条件：8→16℃；热水供给条件：44→36℃。

空调系统

（1）教育设施空调

教育设施部分利用架空地板层（走廊下350mm，专用部分下200mm）引进全面的地板送风空调系统（见图4）。与一般的空调系统相比有下列特点：

1）供冷送风温度高，可延长新风供冷的时间；

2）送风温差小，特别在供暖时可以节能；

3）地板送风、风速小，没有冷风感；

4）吊顶和地板上不设风口，外观性好。

另外，冬季送风温度接近室内设定温度，可以保持房间整体的舒适性。各层专用部分设8台空调机，每台负担120m²，每30m²设一个VAV末端。为应对建筑上全玻璃幕墙，新风层内每跨设 1 台窗边风机，以减少外区负荷，防止冷风下沉。而且窗边风机与自然通风装置并用，直至天窗形成风路，可以实现自然通风、新风供冷和夜间通风。

由于是按柱跨设置空调设施，全面地板送风系统对于教室、办公部门等负荷特性不同的房间都能适应，而且对将来内部分割和变更时也不需要修改。引入全面地板送风系统，必须有通气地毯、有孔透风层等材料。各有关厂商协力开发，带实际样品进行系统试验时调查参加者的感受，回收的意见中有"无不舒适"、"稍冷"等对地板送风的担心意见，解决办法是引入间歇空调控制，例如：部分运行后，VAV 末端在一定时间内保持最小开度。

另外，为使新的空调系统良好地运行，必须收集数据，如：吊顶内楼板温度、内区吊顶内温度、外区吊顶内温度、外区送风温度、表面温度、地板内侧温度、楼板下空气温度、地板下楼板温度等，要按方位测量。

（2）报告厅空调

从空调分区负荷特性、运行方式等考虑，分为舞台、一层前部、一层后部、二层四个系统，东西对称共计八个系统，各系统可通过预热时关闭新风，设置全热交换器、新风供冷、CO_2 控制等方法实现节能。报告厅的送风方式如图 5 所示。

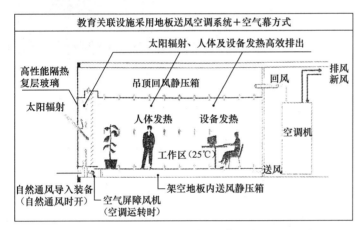

图 4　全面地板送风系统　　　　　图 5　报告厅的送风方式

采用置换送风系统也进行了模型实验以确认腿部有否气流感，平均送风速度为 0.3m/s，使舒适性增加。设计目标为容许噪声值（NC25 以下），再者对大空间空调，设置室温传感器较困难，此次组合在椅子背上，就能确切控制居住区温度。

（3）博物馆空调

吊顶很高的展示室采用全面地板送风系统，根据馆内人数用 CO_2 浓度控制新风量。

（4）其他部分空调方式

大堂吊顶高超过 10m 采用地板送风与辐射方式并用。博物馆、收藏库为双层墙结构，室内和双层墙间分别设专用空调控制温湿度。中央监控室、防灾中心采用个别空调。

工程实录 J85

汐留城市中心大厦

地点：东京都港区东新桥一丁目

业主：三井不动产（株）

建筑规模：地上43层，地下4层；总建筑面积187745m²

结构：钢结构、型钢混凝土、钢筋混凝土

竣工时间：2003年

建筑概况

该建筑位于东京车站南部的汐留再开发区的B街区，与松下电工东京总社大厦（工程实录J76）相邻，为大规模出租办公楼。大楼要求高度OA化和IT化，故建筑物主体均为办公用房，仅地下部分和41F以上有餐饮购物等用房。建筑平面参见图1，建筑剖面见图2。

建筑外观

空调负荷概况

空调分内、外区，内部负荷应考虑使用状况的发展，如：今后可能1人配2台计算机，照

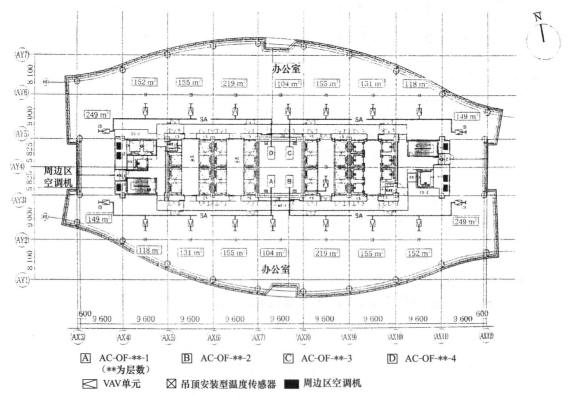

图1　标准层空调分区图

资料来源：《BE建筑设备》（日本），2003/3。

明强度亦有可能增加，由此确定的负荷与风量如表1所示。

空调设备

该工程采用低温通风的单风道 VAV 方式（标准层内区），以及单风道 CAV 与窗际空气屏障方式（用于标准层的外区）。图1表示了标准层空调系统的平面分区情况：在中心核芯筒中，集中设置了 4 台 AHU，约 3000m² 的出租面积分为 4 个分区，每台空调机负担的面积约 700～800m²。由于比普通设计大，故对空调风管的设计布置要求较高。VAV 单元的温度控制区约 100～150m²，全部分为 18 个温控区，图1中还表示了外区空调机在东、西两端布置的情况。

空调回风管与排烟风道兼用。由于采用了低温送风，风管尺寸、空调机的体积缩小也有利于机房的布置，表2表示了低温送风与常规送风空调机的比较，图3为低温送风空调机的结构示意图。考虑到低温送风的特点，风机设在表冷器之前，使表冷器处于正压段。此外，由于表冷器水温差为 10℃，设计中考虑了由于水量减小而热交换能力可能降低的影响。另外，对送风口也采取了高诱导型和出口处贴保温材料的方法以避免可能产生的结露。

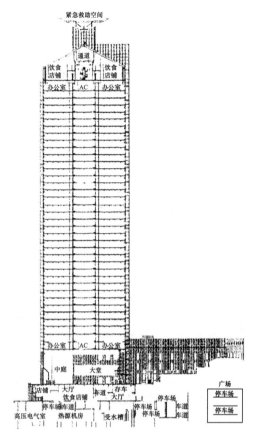

图2　建筑剖面图

内部负荷条件设计条件　　　　　　　　　　　　　　表1

项　目		办公 OA 化状况		
		第一阶段	第二阶段	第三阶段（设计值）
基本条件	人员密度（人/m²）	0.125	0.125	0.125
	照度（lx）	600	600	900
	个人电脑（台/人）	0.5	1.0	2.0
内部负荷条件	人员（W/m²）	7.3	7.3	7.3
	机器　小计（W/m²）	19.7	29.5	36.6
	照明　一般照明（W/m²）	14.5	14.5	20.6
	工作照明（W/m²）	4.4	4.4	4.4
	插座（W/m²）	5.0	5.0	5.0
	合计（W/m²）	50.9	60.6	73.8
必要送风量 [m³/(h·m²)]		10.8	12.8	15.6

空调机性能比较　　　　　　　　　　　　　　表2

设计条件		低温送风空调机	常温送风空调机
	室温（℃）	26	26
	湿度（%）	40	50
送风温度（℃）		12	16
送风量（m³/h）		11550	16200
动力（kW）		11.0	18.5
盘管负荷（W）		75482	75502

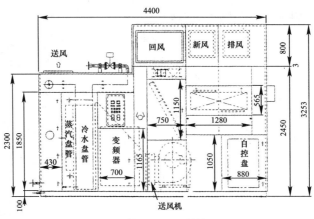

图 3　低温空调机结构图

空调冷热源

该工程采用汐留北地区区域供热供冷站（参见本书上篇第 8 章第 6 节）提供的蒸汽和冷水（DHC 为 A、B、C 三个街区的 71.2 万 m² 建筑供冷、供热，该建筑位于 B 街区）。冷水进入大楼后采用水—水热交换器的间接供冷方式，并分 3 个系统：高层（23F～43F）、中层区（4F～22F）、低层区（地下 4F～地上 3F）。热交换器一次侧的进出水温为 6.5～16.5℃，二次侧为 8.0～18.0℃，确保 $\Delta t = 10℃$ 的大温差水系统。水系统流程图如图 4 所示。由于向空调机供水温度为 8℃，比一般低温送风空调系统采用的温度为高。因此，为确保冷水大温差，通过与水蓄冷系统的组合供冷以满足低温送风的要求。

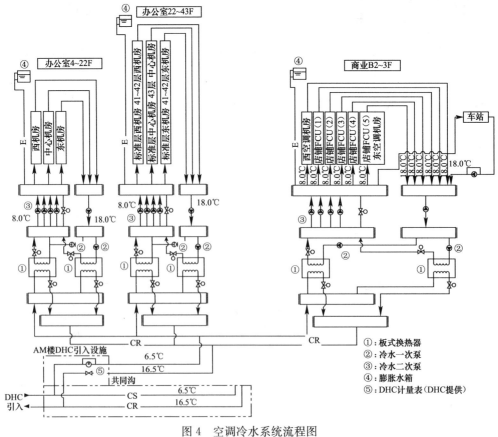

图 4　空调冷水系统流程图

汐留住友大厦

地点：东京都港区东新桥 1-9-2

建筑规模：地下 3 层，地上 27 层，塔层 2 层；总建筑面积 99400m² （其中办公楼 63000m²）

用途：办公（14F～27F）、客房（2F～10F）店铺（1F～2F）

业主：住友生命保险相互会社、住友不动产公司

设计：日建设计公司

构造：RC・S・SRC

设备施工：高砂热工学、大气社等

建设工期：2002 年 3 月～2004 年 7 月

建筑外观

工程概况

该建筑低层部分为 24h 营业的宾馆，高层部分为办公用房。图 1 为总平面图，一层平面与办公标准层如图 2 和图 3 所示，图 4 为剖面图。旅馆客房部分有高达 40m 的中庭，11F 为免震层。

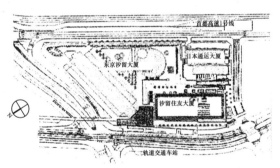

图 1 总平面

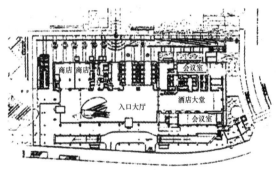

图 2 首层平面

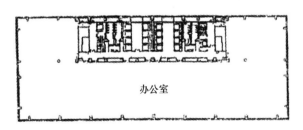

图 3 标准层平面图

资料来源：《空气调和・卫生工学》，2008/1；《建筑设备士》，2005/5。

冷热源与空调方式

一层进厅等公共部分与和它相对应空调用的冷水供给设备由集中冷热源提供，低层的旅馆部分用水源热泵柜机方式，而办公层则采用风冷多联分体型柜机的个别分散化方式。

（1）办公层空调方式：冷热自如型风冷多联机分散型空调方式，约 12000kW（4258HP）。

（2）新风处理：各层分区设置带全热交换器的新风处理机。

（3）室内侧布置：办公标准层每层面积为 4500m²，其中 3600m² 为出租办公区（出租比例约为 80%）；每层分 4 个出租区，分别设置 10 个三管制冷热自由型风冷多联机空调系统（10 台室外机）；室内机内区按 82m²/台配置；周边区按跨距每 3.2m/台配置；每个室内机供冷、供热均可灵活转换运行。室内机为吊顶内暗装式，经风管连接散流器；外区采用条缝形送风口送风，在

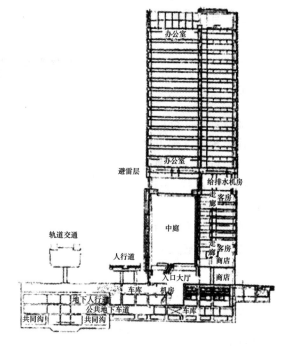

图 4　剖面图

窗口设有窗台箱，内设屏障风机，冬季可防止窗际的下降冷气流和结露。回风经设在照明灯具反射板上的条缝进入吊顶，构成吊顶腔回风的方式。一台室外机所对应的室内机与风管布置如图 5 所示，新风处理机组内设直接蒸发盘管及全热交换器，每层 24 台（亦为多联机方式）。新风取自屋顶外及 11F 室外，用风管引入并设加压辅助风机。每个新风系统送给 3～5 台室内机，排风则由新风处理机组的排风机从各层直接排出。

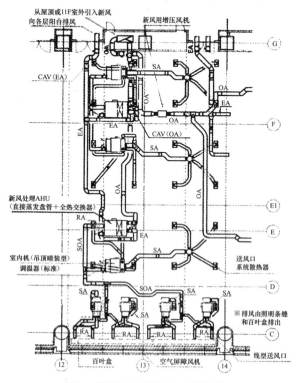

图 5　标准层空调设备（局部平面）

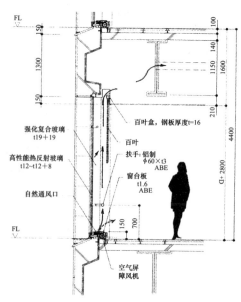

图 6　标准层窗际详图

（4）室外侧布置：室外机均设于每层东向狭长的阳台和屋顶上，其布置情况如图7和图8所示。放置设备的阳台采用与建筑协调的垂直百叶，以遮挡视线。室内各种排风也排入阳台空间，能提高风冷设备冬季的运行效率（有一定的热回收利用）。阳台底板开孔面积按40%计算（分散开口），有利于建筑面积的利用与计算。用于办公部分的7个层面（14F～20F）的室外机设于阳台，另外7个层面（21F～27F）则设在屋面上，所有在屋面上的室外机约2100HP（约170个机组），占用面积750m²。

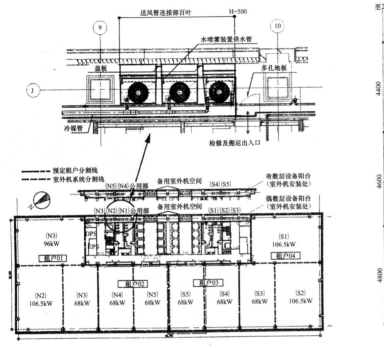

图7 室外机设置状况

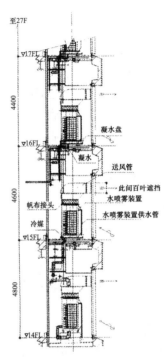

图8 室外机设置剖面

其他

（1）标准层窗际处理：采用带风机的空气屏障系统。在玻璃幕墙和百叶窗之间构成强制气流，防止窗际气流的影响以提高热舒适效果，窗际详图如图6所示。

（2）中庭空调方式：从中庭幕墙2m高处送风，从最上部自然排风的方式，夏季通过上卷式百页窗帘可将窗的热量排走。

第二吉本大厦

地点：大阪市北区梅田 2-2-2
业主：第二吉本大厦公司
用途：办公楼、商铺等
建筑规模：地下 1 层，地上 20 层，塔屋 2 层；总建筑面积
4370 万 m²；最高高度 99.98m
构造：钢结构、型钢混凝土、钢筋混凝土
设计：竹中工务店（株）
施工：竹中工务店（株）
空调设备施工：三机工业（株）；朝日工业（株）等
建设工期：2002/6～2004/9

建筑外观

建筑概况

该工程位于大阪车站前西地区，邻接阪神西梅田开发第二期规划项目 Harvis ENT。大厦主体尺寸 60m×20m×100m，为玻璃包裹的简洁直方体。地下 4F～地上 7F 为商业店铺，8F 以上为办公标准层，平、剖面如图 1 和图 2 所示。办公标准层吊顶高 2800mm，架空地板高 150mm。8F～20F 围护结构采用双层玻璃幕墙，内层采用 Low-e 玻璃，与外层玻璃间距约 400mm。办公室插座容量为 50VA/m²，办公区基本平面模数为 4m。设备设计目标为：节能、电力负荷的平准化（削峰填谷）、提高可靠性与安全性以及与 IT 化的发展方向相一致。

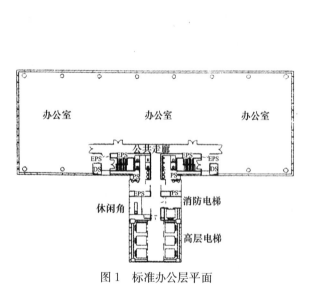
图 1　标准办公层平面

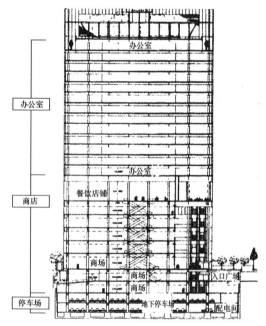
图 2　剖面图

资料来源：《BE 建筑设备》（日本），2005/2。

冷热源与空调设备

对于具有复合用途的建筑，为避免相互影响，将办公楼与商铺部分分开。同时，由于两者负荷特性不同，例如：办公层休假日不空调，故可利用它深夜电力所制的冰用于商铺建筑，为此在系统回路上作出了安排。图 3 为冷热源系统图。

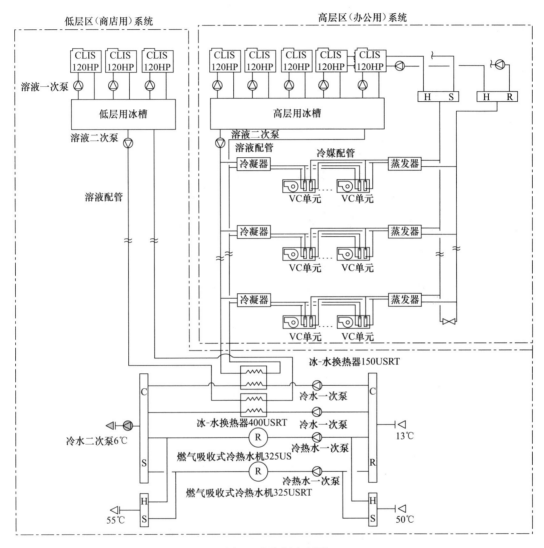

图 3　冷热源流程图

（1）高层部分（办公）：采用竹中工务店等开发的冰晶型蓄冷系统（CLIS-HR 机组），以及利用自然循环的与 AHU 内盘管直接循环的供冷供热方式。一方面可以利用廉价的夜间电力；另一方面可以减少传统的输送系统的动力能耗。系统采用冰蓄冷制冰机组 CLIS 型 120HP×3 台以及 CLIS-HR 型 120HP×2 台，蓄冰槽容量为 262.2m³。

（2）低层部分（商业、店铺）：除采用电制冷的冰蓄冷系统外，还与燃气吸收式冷热水机组合使用。二次侧新风处理 AHU 及风机盘管为冷热水盘管方式，冷水送、回水温度为 6~13℃的大温差方式，既节约了动力又可减小管径。低层部分采用设备为燃气吸收式冷热水机 325USRT×2 台；CLIS 机组 120HP×3 台；蓄冰槽容量为 165.6m³。

该工程采用动态冰晶型蓄冰方式的优越性为：

（1）与静态制冰方式比，其制冰性能系数 IPF（冰充填系数）较高；

（2）蓄冰槽体积小，可减轻建筑构造的负荷；

（3）负荷变化时，冷量取出与负荷的追踪性较好。

此外，冷媒自然（重力）循环供冷供热的优点是：

（1）对于 AHU 的冷/热媒输送可不用动力（水泵），节省输送能耗；

（2）冷凝器、蒸发器均分层设置，易于分配平衡和控制。

冰晶型蓄冷机组（CLIS）与冷媒自然（重力）循环所构成的系统原理图如图 4 所示。

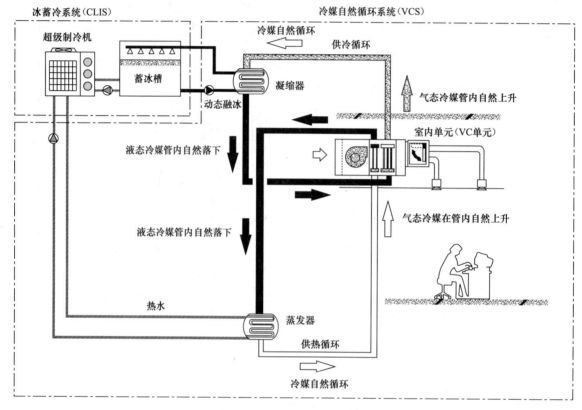

图 4　CLIS 及 VCS 系统概念图

此外，大厦饮食店铺的岗位空调、冷藏库等所需的冷源独立设置，并设有容量为 150USRT 的冷却塔 2 台。

该楼（8F～20F）的通风幕墙考虑由房间的排风经全热交换器后进入通风隔层，既可节能、改善热环境，又起到防止其中遮阳百页污染的作用。

关电大厦

地点：大阪市北区中之岛 3-6-16
用途：办公楼、变电所、区域冷暖设施、停车库
建筑规模：地下 5 层，地上 41 层，屋顶 1 层；建筑面积
106000m²；高度 195.45m
结构：钢结构、部分型钢钢筋、钢筋混凝土
业主：关电不动产（株）
设计：日建设计 设计共同体
空调施工：三机、近藤、高砂、新菱共同企业体
标准层：40m×60m，层高 4.3m，架空地板高 0.2m，吊顶
高 2.8m，大跨度无柱空间、3 层共享空间（见图 1）
建设工期：2000 年 8 月～2004 年 12 月

建筑外观

环境共生理念

（1）"外形"与周边适应的环境共生大厦

与欧洲寒带双层围护结构幕墙不同，大厦外形以夏季为主；利用外置框架与外界缓冲；在遮挡直射阳光并导入安定的自然光的同时把中之岛河面主导的西风柔和地引入室内深处。在基本设计阶段就对来自这些概念的"外形"方案用 LCCO2 和 LCC 等进行定量评价。不仅是外形设计，还对环境方面也作出评价。

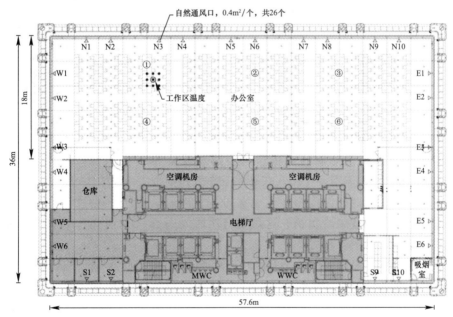

图 1 标准层平面图

资料来源：《BE 建筑设备》（日本），2005/7；《建筑设备と配管工事》（日本），2006/10。

（2）整体与局部"意识"的环境共生大厦

转变全室均一环境的想法，仅保持工作区舒适；利用人体传感器和亮度传感器控制照明；实行吊顶送风与下送风相结合的工作区/全室空调系统。

（3）对周边"抑制干扰"的环境共生大厦

不仅是自身节能，为了对周边环境干扰也最小，利用江河水的区域冷暖供应（见图2）防止热岛效应、通过垃圾自动分检系统促进回收以及彻底的水再循环利用等对周边环境进行广泛全面地考虑。

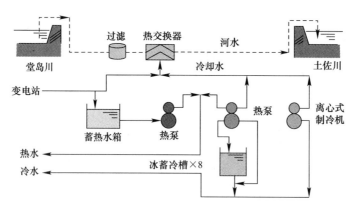

图2 河水利用概念图

环境共生技术

（1）自然通风

由于担心风雨，超高层办公楼采用完全的自然通风的事例几乎没有。该工程利用外置框架的挑檐，缓和强风、遮挡雨水。另外，因为高层办公楼地上风很大，反而要限制自然通风，所以要给予自然换气口适当的风阻力，使自然换气变得容易。关电大厦自然换气口流量系数按 0.45 设计。经足尺实物实验验证，在150m高度处年自然换气量为 $140×10^6 m^3/a$。为防止窗边过冷，需研究自然进风室内吹出口的形状。经试验确认，向上的导叶可把室外风送到室内 7m 处（见图3）。

（2）工作区/全室空调

以办公者（工作区）为对象的地板送风空调和以全体（全室）为对象的吊顶上送风空调合用，在确保工作区高度个体的同时，维持全室供冷时的温度为28℃。另外，自然通风时，工作区空调可以处理残余冷负荷。这是与自然通风适当混合使用的空调系统（见图4和图5）

图3 室内自然通风吹出口

为确保工作区地板送风口的个性化需求，开发了风向与扩散度可调、"高—低—停"风量可调的产品。另外，地板送风口的风阀开关也与用于照明控制的人体传感器联动。

（3）厨房换气

厨房采用了置换通风系统。吊顶多孔板送20℃的冷风下降到地面后，由于厨房设备的散热作用，自然向上运动排气。因此，工作区新鲜空气分布效率良好，空气品质得到改善，实现了削减换气量和节能效果。该工程还可以根据厨房设备的电流值控制换气量。

性能评价

（1）一次能源消费量与LCCO2

一次能源比一般办公楼削减30％。因一次能源消费量削减30％以及因建筑物长寿命化而改造费削减等因素，LCCO2比标准大楼削减26％。

（2）PAL和CEC

因采用外部框架和Low-e玻璃，PAL为190MJ/（m²·a），比业主判断标准值300MJ/（m²·a）大幅下降。另外，CEC/AC＝1.08，CEC/V＝0.8，CEC/L＝0.54，CEC/EV＝0.75，为业主判断标准值的54％～80％。

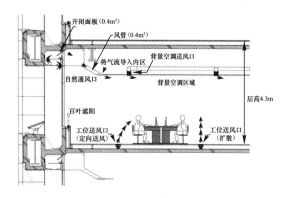

图4 外置构架与工作区/全室空调概念图

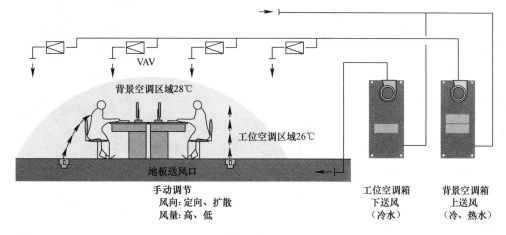

图5 工作区/全室空调系统图

（3）CASBEE*

CASBEE为以建筑物的环境品质·性能Q（Quality）与建筑物的环境负荷L（Load）之比以BEE（建筑环境性能效率）为基础的排序，建筑物环境性能综合评价体系用CASBEE2004Ver1.0进行环境性能评价。环境品质性能为76，环境负荷为19，BEE为4，综合评价为最高的S等级。

附：该工程空调设备概要　　　　　　　　表1

热源设备	从区域共冷暖中心接来冷、热水风冷热泵冷热水机组80RT×4作为重要的备用冷热源
空调设备	工作区/全室空调方式、双风道方式，单风道VAV方式；低温送风、自然换气、建筑蓄热与人体传感器联动的节能控制
排烟设备	正压防排烟方式、蓄烟方式、机械排烟方式

---

* 参见本书上篇第14章。

工程实录 J89

赤坂 Inter City

建筑全景

地点：东京都港区赤板一丁目

业主：兴和不动产（株）

用途：办公、住宅、餐饮、停车场

建筑规模：总高度 134.77m；地下 3 层，地上 29 层；建筑面积：74593m²；

结构：钢结构、部分型钢砼、钢筋混凝土

设计：日本设计（株）

空调施工：新菱冷热工业（株）等；CGS：东芝电气工事（株）BEMS 山武（株）

建设工期：2003 年 9 月～2005 年 2 月

区域冷热供应与平急兼用三联供 CGS

由于地下部分有方舟山热供给（株）的地下供给站，该工程办公与住宅的热源系统都从地下供给站的区域供冷热设施（DHC）接收冷水与蒸汽，用于空调和住宅生活热水。

该设计还采用平急兼用三联供（CGS）系统，意在 CGS 与 DHC 通过共同的蒸汽网络用于更广泛的区域（见图 1）。通过蒸汽管网和原有 DHC 站，CGS 设备与邻近设置的地下供给站连接起来。大楼侧设置有平急兼用的 CGS，其排热经过地下供应站通常可以供给到 DHC 主供站，目的在于为都市更广泛区域利用。CGS 是再生循环型的，其排热供 DHC 中的高效吸收式冷水机组使用，以提高能源的综合效率。

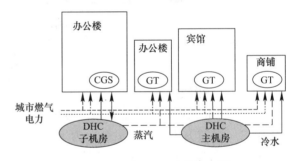

图 1　DHC 与 CGS 连接概念图

办公室多功能空调系统

该工程办公楼标准层办公空调分区图如图 2 所示。

标准层办公空调系统应满足下列两个需求：

（1）对应最大 150VA/m² 的高密度 IT 化，需要能适当管理室内热环境的系统。

（2）对应正立面眺望与通透性，也需要能适当管理热环境的系统。

因此，空调系统设计有两个着眼点：

第一，为确保室内空气品质，直接向室内供给定风量的新风，采用新风空调系统（最小新风量）加二次变风量空调系统的"新风补偿型"复式风道方式。随着 IT 化的推进和外窗隔热性的提高，为考虑全年供冷需要和节能，兼作外区供冷的二次空调系统在实现新风供冷的同时，从应付高发热量和削减输送动力出发，选择盘管时考虑了系统能够进行低温送风。

资料来源：《BE 建筑设备》（日本），2005/5；《建筑设备士》，2005/10；《建筑设备と配管工事》（日本），2006/10。

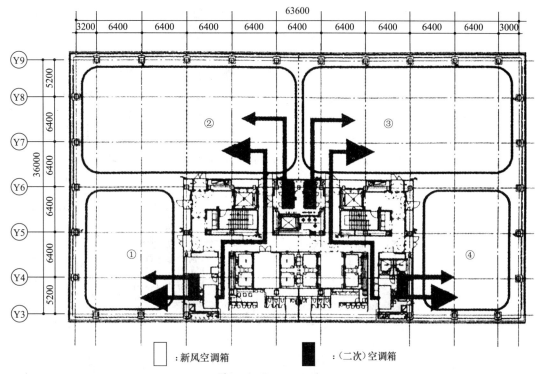

图 2　标准层办公空调分区图

　　第二，从平面看，针对四个朝向的立面设计都有外窗，采用供冷、供暖可任意切换的双风道方式。在二次空调系统功能方面，利用新风供冷必须用的排风机兼作外区供暖送风机，二次空调系统可以单独实现外区和内区多种功能。由于考虑了多功能化，减少了空调机的部件，压缩了机房空间，其目的是大幅度降低全寿命周期内 CO_2 排放量。

　　图 3 为空调系统图，图 4 为外区概念图，图 5 为二次空调箱运行模式图。

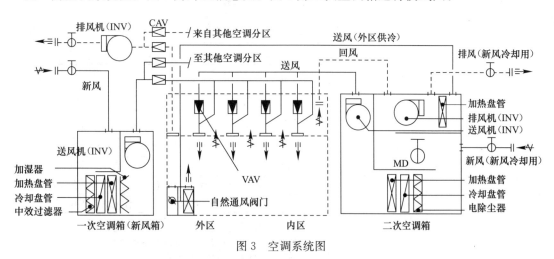

图 3　空调系统图

　　针对遮阳百叶加 Low-e 玻璃为主体的外窗，外区空调采用供冷顶送风、供暖下送风的方式。另外，从百叶窗帘箱排风，达到气流的推拉效果。供暖下送风可提高送风温度，意于减小风机动力，有效地处理窗边负荷。

住宅空调系统

　　为确保集中住宅设备系统有良好的室内环境和与外围市政结合的灵活性，采取了下列措施：

（1）住户内楼板下确保 400mm 的空间，排水立管设于公共部位而不是在住户内，减少了住户内置的制约条件和设备管道更新的影响范围。

（2）住户内房间较多，采用单风道 VAV 方式，在减少常规的 FCU 等设备的同时，因过滤器等集约化，减少了维保工作量。

（3）空调机为中效过滤改善了除尘、过滤性能，其他的除湿加湿等措施使室内热环境都有提高。

（4）空调机与生活热水器都置于公共部位，使维保和更新更加方便。

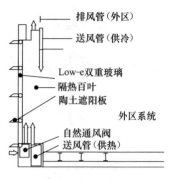

图 4　外区概念图

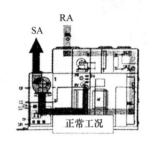
正常工况

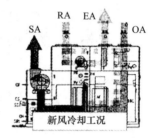
新风冷却工况

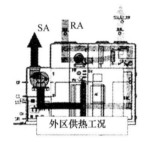
外区供热工况

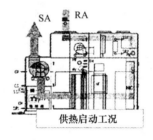
供热启动工况

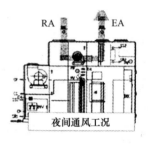
夜间通风工况

图 5　二次空调箱运行模式

附：该工程空调设备概要　　　　　　　　　　　　表 1

项　目		摘　要
热源系统	热源方式 办公热交换器（冷） 住宅热交换器（冷） 低层热交换器（热）	利用 DDC、CGS 3000kW×1 台，1500×2 台， 750kW×2 台，（热）1400kW×2 台， 50kW×1 台，
空调系统	办公室	内区：复式风道 VAV 方式；外区：双风道 VAV 方式
	住宅	单风道 VAV 方式
	水系统	办公：冷水、蒸汽四管制；住宅：冷水、热水四管制
	主空调机	办公室空调机 48 台；新风机 24 台；住宅空调机 101 台
	其他	加湿：气化加湿器
通风系统	换气方式	停车场、机房、电气室：机械送排风方式 厕所、茶水间：机械排风方式
防排烟系统	居室 前室	机械排烟方式 正压送风方式
中央监视系统	监视项目	计测、计量、启停、设定、管理约 10000 点
自动控制系统	控制方式	DDC 方式

工程实录 J90

东京王子饭店公园塔

地点：东京都港区芝公园

业主：西武铁道株式会社；

用途：酒店

基本设计：丹下健三·都市建筑设计研究所

实施设计：鹿岛建设建筑设计本部

结构：型钢混凝土、钢筋混凝土、钢结构

建筑规模：地下 3 层，地上 30 层，塔层 1 层；建筑面积 91208.82m²

施工：鹿岛建筑东京支店（建筑），高砂热学工业（株）（空调）

建设工期：2002 年 2 月～2005 年 3 月

建筑外观

建筑概况

东京塔附近大块绿地——东京芝公园里建设的东京王子饭店公园塔是西武铁道（株）在其所属的土地上兴建的公园、酒店、集会等设施，是公园开发事业的一部分。以"与自然调和"的概念来设置设施。

塔状的客房楼在基地的南侧；宴会场、体育俱乐部、餐厅、停车场等设施大部分在地下，上面是绿化，作为公园开放。客房楼最上部是餐厅、酒吧、空中宴会厅。另外，建筑内外设置的水景等都会中自然的理念，使都市与自然两种相反的东西相互融合起来。

空调系统

地下 3F 机房里设高压蒸汽锅炉，双效吸收式冷冻机产生冷水。客房四管制，其他区域为分区四管制，供给冷水和蒸汽（或热水）。另外，设置了主要用于温泉和热水加热用的热电联产系统。

客房、餐厅、空中宴会厅、店铺等为风机盘管和新风处理系统，大堂、大宴会场等采用单风道方式。

冷热源系统流程如图 1 所示，图 2 为宴会场新风量控制，图 3 为客房 FCU 三通阀控制系统。

资料来源：《BE 建筑设备》（日本），2005/11。

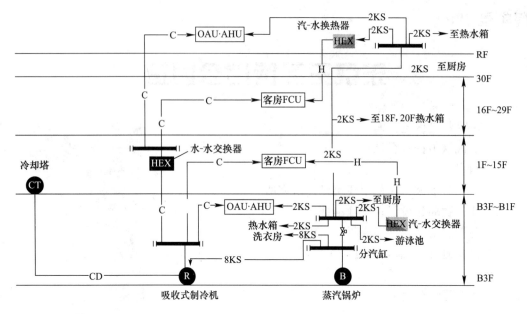

图1 冷热源系统流程图

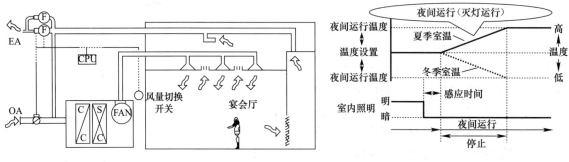

图2 宴会场新风量控制

图3 客房 FCU 三通阀控制系统

附：该工程空调设备概要表   表1

系统特点	(1) 大宴会场新风量控制：根据使用状况启停2台排风机控制新风量；
	(2) 客房 FCU：冷热水四管制；各客房可个别控制；
	1) FCU 为单盘管，用三通阀切换，进行冷热水控制；
	2) 无人时，由门卡信号使 FCU 切换到节能模式；
	3) 客人就寝后由 FCU 开关内藏的光传感器，使 FCU 切换到节能模式；
	(3) 正压排烟：低层2个特别疏散楼梯采用
空调方式	单风道方式及 FCU 方式（新风处理空调机）
热源设备	高压蒸汽锅炉：6t×3台 共18t
冷源设备	双效吸收式冷冻机：630USRT×3台＋360USRT×1台，共2250USRT
通风方式	新风机方式
排烟方式	机械排烟，部分正压排烟和自然排烟
自动控制	个别分散 DDC 方式

国际港口旅馆

地点：大阪府大阪市此花区樱岛 2-1-26

设计：清水建设（株）一级建筑士事务所

结构：钢结构，部分型钢混凝土

建筑规模：地下 1 层，地上 15 层，塔屋 1 层；建筑面积 40619.31m²

主用途：酒店；客房：600 间

施工：清水建设（株）大阪支店，高砂热学工业（株），（空调），东洋热工业（株）

建设工期：2004 年 3 月～2005 年 6 月

空调系统设计充分考虑可靠性、节能、维护和更新。

建筑外观

冷热源系统

采用 COP 超过 1.4 的高效燃气冷热水机组，冷却水泵和冷热水泵变频变流量控制与冷热水大温差组合可以节能 30%。冰蓄冷槽 1000RTh（蓄冷率 30%），用以夏季削峰填谷。另外，冬季采用免费冷却，可以无须冷源应对冬季少量冷负荷。其他热源采用台数控制；冷热水泵采用变流量节能控制措施。各种水泵、分集水器机组化、工业化，以便使机房空间最小。另外，冷热源机器集中设置在 B1F，以使维修更新方便，冷热源系统流程图如图 1 所示。

空调系统

该酒店空调水系统分为低层、高层客房（东）、高层客房（西）3 个系统，全楼采用四管制。低层大堂、餐厅为单风道定风量空调方式；大堂有新风供冷，餐厅有新风供冷和 CO_2 控制等节能措施。高层客房东、西两个系统互为备用，确保供冷，更新时也能运行。

客房空调设备

客房空调方式：新风空调机＋风机盘管四管制，实现全年舒适的空调。客房 FCU 与客房电源管理（门卡）及酒店电脑住宿管理系统（HCS）联动，无人时关闭，以实现节能和预冷预热功能。另外，退房后有设定温度恢复系统。为保证客房 FCU 冷热水温差，改善输送能耗，对区域流量作强制控制。

客房新风机在设全热交换器的同时，根据客房 FCU 的冷热工况，自动调整新风送风温度，以控制热损失。另外，依据 HCS 信息，每层 4 区全部 48 区实行通风换气 ON—OFF 控制，与新风机变频变风量配合节能。标准层平面与换气分区图如图 2 所示。

考虑生命周期，客房 FCU 风机部和盘管部可以拆卸，风机段采用滑槽的吊装方式，使得在吊顶内清洗盘管或风机维修（取出更新也可以）十分容易（见图 3）。

自动控制

自动控制设备为 DDC 方式，Lon Talk 网络，并考虑更新可能。

资料来源：《BE 建筑设备》（日本），2006/3。

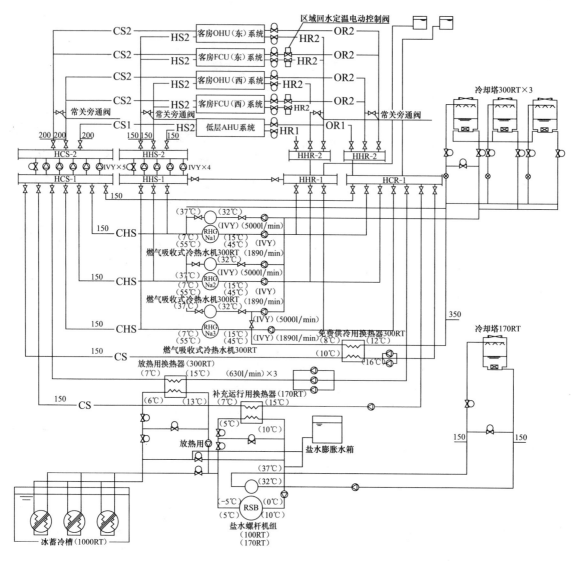

图 1 冷热源系统流程图

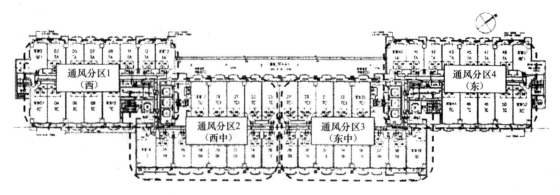

图 2 标准层平面与通风换气分区图

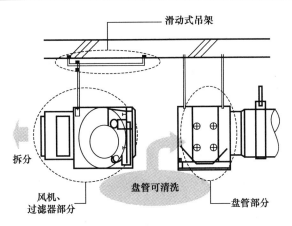

图 3　风机盘管分割图

该工程空调设备概要　　　　　　　　　　　　　　　　　　　　　　　表 1

系统特点	1. 节能、维修（一般部分）： (1) 燃气冷热水机＋冰蓄冷系统（燃气电气混合）；采用高效冷热源； (2) 冷却水、冷热水二次泵、一次泵变频控制；负费冷却；餐厅大堂新风供冷；餐厅空调 CO_2 控制。 2. 节能、维修、舒适（客房部分）： (1) 冷热水四管制，客房个别控制；客房 FCU 区域回水温度控制； (2) 客房新风采用全热交换器、各区设定风量装置（CAV），与客房管理系统联动新风机变频控制； (3) 客房新风机根据客房冷热水需求连动控制送风温度； (4) 客房管理系统（白卡）与 FCU 联动，区域换气 ON-OFF 控制。 3. 安全性、可选性。 4. 电气、燃气并用；冷热水客房两个系统供给（互为备用）
空调方式	1. 大堂单风道定风量空调（四管制）（新风供冷）；餐厅单风道定风量空调（四管制）（新风供冷 CO_2 控制）。 2. 客房新风机（四管制，全热交换器）＋FCU（四管制）；附房各室新风机四管制＋风冷热泵机组。 3. 厨房单风道定风量空调（四管制）（变频变风量）
冷热源容量	1. 燃气冷热水机：300USRT×3；水冷乙二醇冷水机：128kW×3。 2. 冰蓄冷槽：1000RTh（利用地下结构）；风冷热泵柜机：合计 180HP
换气方式	1. 大堂、餐厅：第一种换气，客房：由新风机第一种换气。 2. 后台各室：新风机＋排风机，第一种换气厕所、仓库等：第三种换气
排烟方式	机械排烟（3 个系统）部分自然排烟
自动控制	DDC 方式 Lon Talk 开放网络方式

神奈川工科大学情报学部楼

建筑外观

地点：神奈川县厚木市下荻野

用途：校舍

业主：学校法人几德学园；

建筑规模：地下 1 层，地上 13 层；总高度 52m；基地面积 129355m²；建筑面积 16352m²

设计监理：鹿岛建筑株式会社一级建筑士事务所

施工：鹿岛建设·小岛组共同企业体

空调卫生设备：高砂热学工业（株）

建设工期：2004 年 8 月～2006 年 2 月

建筑概况

大楼结构采用混合多塔工法，中间是型钢、钢筋混凝土超级核心筒，外周为预制混凝土柱。筒芯与外周柱间反梁连接。由于靠超级筒芯应对地震力，周围柱和梁负担的荷重可以减小，所以构成宽裕的空间。建筑设备设计利用该结构特点，外周实现了无柱高吊顶空间，另外保证了设备系统的富余空间。大楼内部构成：12F～13F 为情报媒体大厅、视频音频室、自助餐厅；7F～11F 为研究室和教员室；地下 1F～地上 6F 为教室、实验室、实习室和办公室等。

设备设计

（1）设备模块化与反梁的有效利用

设备按功能区分为 4 个模块（见图 1），从管井到房间的管道利用走道上反梁展开，充分保证了断面。另外，主风管利用外墙侧反梁展开，充分利用了空间。为增强新风换气，在窗面上设条缝通风器，充分利用反梁下部空间，既保证了吊顶的高度，又可以满足多种用途的通风换气。

（2）舒适性

采用窗边风机及窗上部排风口（见图 2），尝试改善窗边辐射环境和冷风下沉状况。经 CFD 模拟，夏季窗边风机运行时，改善了窗际辐射，增加了舒适性。由于带走了窗面负荷的空气不能完全被排风吸走，部分向房间扩散，内区能耗有上升的趋势。另一方面，冬季在减少窗面冷风下沉和冷辐射的同时，与内区内热负荷的混合得益减少了耗电量。

（3）夜间通风

大楼中间为内走廊，冬季无热负荷，舒适性增加，但夏季内热影响较大，为此考虑要作筒芯躯体蓄冷。在 2F 公用部位和 13F 楼梯顶部开窗，夏季和春秋季夜间自动开启，进行夜间通风（见图 3）。

（4）个别空调与换气

该大楼由研究室、教室、实习室等组成，使用时间不规则。考虑到空调需要分别运行，大

资料来源：《建筑设备と配管工事》（日本），2008.6。

楼全面采用多联热泵系统，分层、分区个别空调。

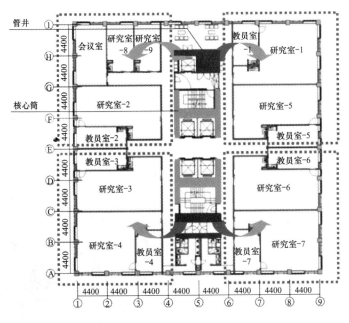

图 1　设备功能分区图

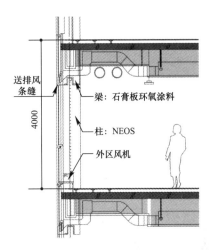

图 2　窗际热环境控制图

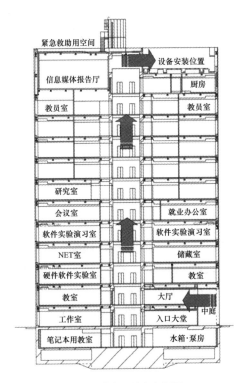

图 3　夜间通风示意图

在满足长时间和夜间使用以及房间用途变更的同时，作为公用部分的进厅、大堂等明确夜间不用的区域采用水蓄冷多联热泵。此举不仅无须增加夏季电力容量，也提高了大堂的舒适性，方便了学生。新风换气口统一设在外墙条缝上，用风管接到各空间，每个房间都能独立运行。

汐留芝离宫大厦

地点：日本东京都港区海岸 1-2-3

业主：饭野海运公司、日本土地建物公司

设计：竹中工务店东京一级建筑士事务所

结构：钢结构、型钢混凝土

建筑规模：地下 3 层，地上 21 层，塔屋 2 层；总建筑面积 35015m²

主要用途：办公室、商铺

空调设备工程：朝日工业社（株）、高砂热学（株）等

建筑工期：2004 年 8 月～2006 年 7 月

建筑外观

建筑概要

建筑物外观是包覆石材的单窗 PC 板，角隅采用玻璃幕墙，建筑物各部分功能如图 1 所示。4F 的设备机房负担 5F～20F 的出租办公楼。

标准层办公室吊顶高 3m，每层面积约 1080m²，内部构成 41m×21.6m 的无柱整体空间。平面基本模数为 3.2m×3.2m，每层按 4 个出租单元安排。顶部采用尺寸为 640mm 的方格型吊顶模式。由于外周采用了保温性能良好的 Low-e 双层玻璃与简易通风窗（AFW），办公室内未采用周边区专用的空调设备。

冷热源设备

采用电力和燃气相结合的能源方式。B3F 机房所设燃气机的排热用于烟气型吸收式冷热水机（冷量为 1055kW×2 台），专供低层部分（B3F～3F）商场所需的冷热水使用。设在屋顶上的机房备有高效率的离心制冷机（冷量 1758kW×2 台）及制冰用风冷热泵型冷水机组（制冰能力为 216kW×3 台）和蓄冰槽为 127m³ 的冰蓄冷系统。该系统提供高层部分（4F～21F）的冷水和热水需求，冬季供热同样利用热泵机组。空调冷热源系统流程图如图 2 所示。

配管系统分高层系统（4F～21F）和低层系统（地下 1F～3F）两个系统。垂直方向总管为冷、热水四管制。二次泵采用变频器及台数控制实现变流量。冷水系统温度差高层为 5～13℃；低层取 7～15℃；Δ=8℃。加大温差使竖向总管的直径得以减小，此外输送动力得以降低，对应办公楼负荷可能增大，各层机房均设可连接的分支接头。

空调设备

办公室空调方式，采用各层 AHU＋单风道 VAV 方式。办公室用 AHU 采用的盘管有全年供冷系统和供冷/热可转换的系统两种。办公层面的空调分区按出租分隔位置等考虑，各层分为 4 区，2 个区用一台空调机。各空调区又分割为 5～9 个控制区域，对应于各控制区域的冷热负

资料来源：《BE 建筑设备》（日本），2007/3。

荷进行 VAV 控制（每层 28 区）。VAV 所控制的范围为 30～80m² （见图 3）。办公层的窗际设有简易的通风窗（AFW），由吊顶内设置的风机排除夏季在窗际上部积聚的热量，而冬季则自窗下部吸走窗面的下降冷气流，构成所谓"无外区空调方式"（见图 4）。

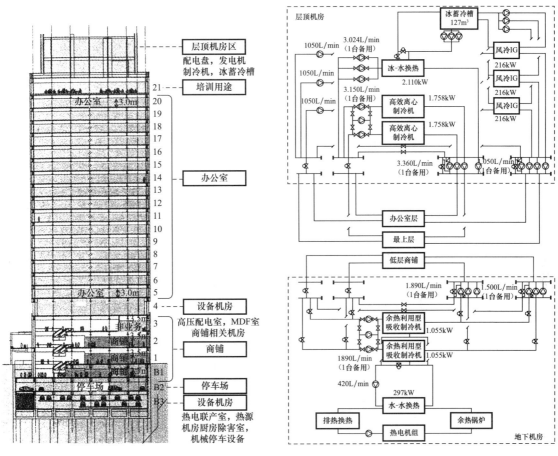

图 1　总剖面图　　　　　　　　　　　　　　　图 2　空调冷热源系统流程图

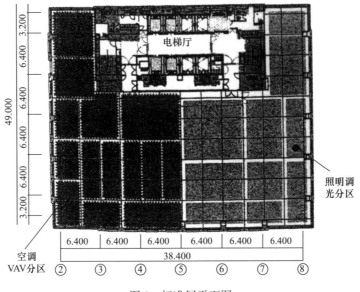

图 3　标准层平面图

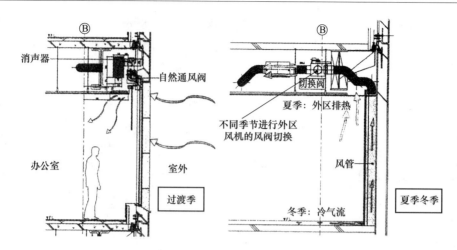

图 4　简易通风窗示意图

日常空调运行可按设定的运行模式、程序、设定温度进行。对于出租部分可变更设定温度和开、停等独立控制，一个区域内设有 2 个控制点。

通风与换气

标准层新风取入口设于东西方向，经百叶窗进入，经全热交换器后进入空调机组，排风则从北侧排走。该工程采用自然通风与空调相结合的方式。窗户上端设有换气窗口（每层 18 个），风口定风量阀和消声弯头组合设置。当新风条件良好时，利用风压可自动打开条缝形风口，背面呈负压的窗口则排出（见图 5）。此时办公室空气新鲜度提高，室内余热由新风排出，减少空调机处理负荷和能源消费。消声弯头效果明显，运行中室内可满足 NC-40 要求。

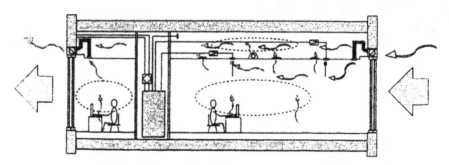

图 5　各层混合型自然通风

工程实录 J94

虎之门塔楼办公大厦

地点：东京都港区虎之门 4-1-28

用途：办公、商铺等

建筑规模：地下 3 层，地上 23 层，塔层 2 层；总建筑面积 5.97 万 m^2（其中办公用 5.27 万 m^2）；标准层面积 2024m^2，层高 4.25m^2；

各机房面积 4094m^2，空调面积占 65.8%

设计：鹿岛建设公司

竣工时间：2006 年 8 月

建筑外观

空调设备

（1）制冷负荷共 5570kW，按总建筑面积计单位面积负荷为 0.09kW/m^2，供热负荷为 3580kW，单位面积负荷为 0.06kW/m^2，夏、冬季各负荷因素见表 1。

（2）办公楼空调方式分内外区，外区为风管结合型 FCU 机组，内区为变风量单风道方式，其他为定风量单风道型以及多联机方式。

夏、冬季负荷因素统计表　　　　　　　　　　　　　　　表 1

负荷类别	夏　季		冬　季			
	供冷负荷（kW）	比例（%）	供热负荷（kW）	比例（%）	制冷负荷（kW）	比例（%）
周边负荷	930	17	420	12		
新风负荷	1440	26	2350	66		
照明负荷	830	15			830	52
人体负荷	760	14			760	48
其他负荷	1610	29	810	22		
合计	5570	100	3580	100	1590	100

（3）单位空调面积风量为 25.27m^3/m^2，代表性房间的换气次数为 10h^{-1}。

冷热源设备

（1）冷温热源：直燃型吸收式冷热水机沮：1407kW×2 台，共 2814kW。

（2）离心制冷机（电力驱动）：1407kW×1 台。

（3）设有蓄冷槽 1520m^3。冷热源系统与空调系统的示意图见图 1。

（4）空调用电：单位建筑面积（按总面积）为 0.03kW/m^2，其中冷热源占 26.4%，空调用水泵 25.3%，各种风机占 48.2%。

资料来源：《空气调和·卫生工学》，2008/5。

工程节能要点

（1）水蓄冷（热）及结构蓄冷（热）系统（见图 1）。

（2）水系统采用 VWV 方式与大温差系统。

（3）空调采用 VAV 方式等。

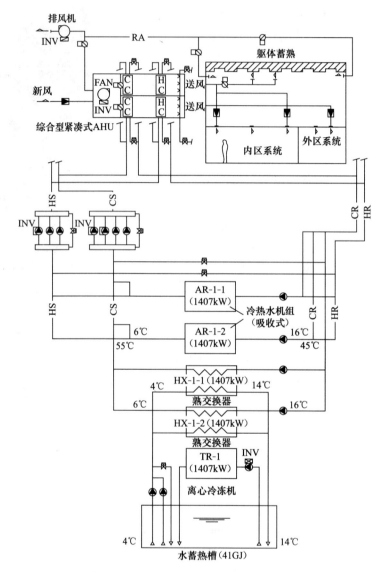

图 1　空调冷热源系统图

Midland Squar（名古屋）

地点：日本名古屋市中村区名驿 4 丁目 7 番地

业主：东和不动产（株），TOYOTA 汽车（株）、每日新闻社

用途：办公、商店、电影院、大厅、DHC 设施等

设计：日建设计（株）

施工：竹中工务店、大林组等综合企业体

建设工期：2004 年 1 月 26 日～2006 年 9 月 29 日

建筑概况

总建筑面积：19.345 万 m²；

总高度：247m；层数：地上 47 层，地下 6 层，塔屋 2 层；

标准层：约 2000m²（出租），层高 4.4m；吊顶高 2.9m，架空地板 10cm。

建筑外观

冷热源设备

裙房（低层栋）地下 5F 为名古屋 DHC 公司名古屋车站东部地区的 DHC 站，由此向大厦提供冷水与蒸汽，再通过热交换器向各处提供冷水与热水。热交换器的分区，以二次侧 AHU 的耐压最大为 1.56MPa 为限，分为高层、中层、低层三系统，故全部设有热交换器和二次泵，安放在高层栋的 6F、7F 中。图 1 为空调水系统图。

标准层空调设备

（1）空调系统

考虑到办公楼的分隔出租和加班收费，采用一台空调机对内、外区进行多分区空气处理，每层设 6 台 AHU，可适应一层最大可分割为 10 个出租单元（见图 2）。送风机、排风机均为变频，在减少运行动力的同时可再进行新风供冷［空调时 4.5m³/（m²·h），最大为 10m³/（m²·h）］。

（2）周边采用空气屏障系统

为控制向室内侧侵入热量，吊顶内设小型排风机，从上部吸走自窗户进入的热量，在此作用下，窗帘温度亦可降低，以减少其辐射对环境的影响（见图 3）。冬季，沿玻璃表面有冷气流下降，从窗台箱吸入后进入柱形空间经风机排入吊顶内，以控制窗际冷气流。图 4 分别表示了夏季（上吸）和冬季（下吸）的处理方式。实际运行中可根据室外温度和外墙朝向的日射量的实测值，以控制屏障系统的启闭以及对上吸式或下吸式的转换。

图 5 为该工程生态节能总概念图。

资料来源：《空気调和·卫生工学》，2008/9；《建筑设备と配管工事》（日本），2007/2；《BE 建筑设备》（日本），2007/12。

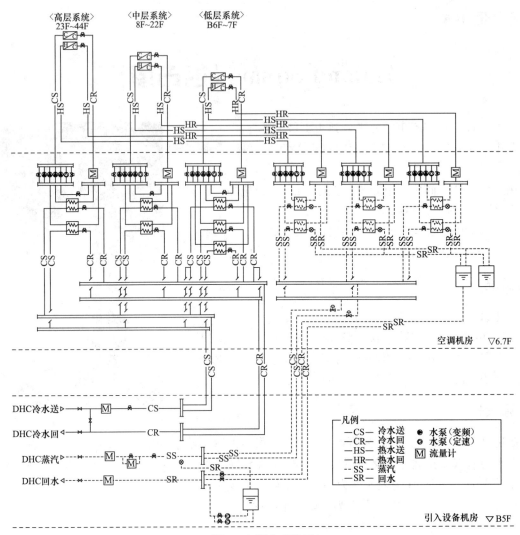

图 1 空调水系统图

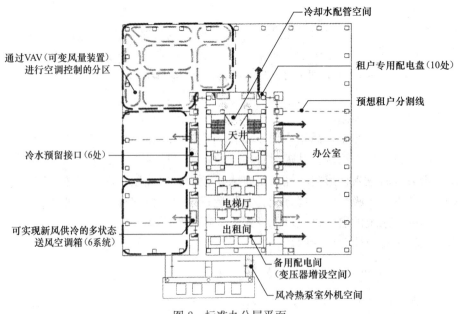

图 2 标准办公层平面

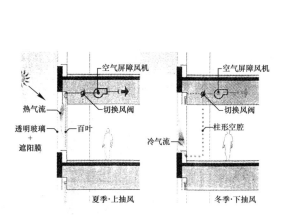

图 3　标准办公窗边剖面

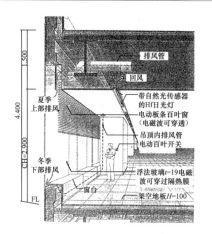

图 4　夏冬季空气屏障原理

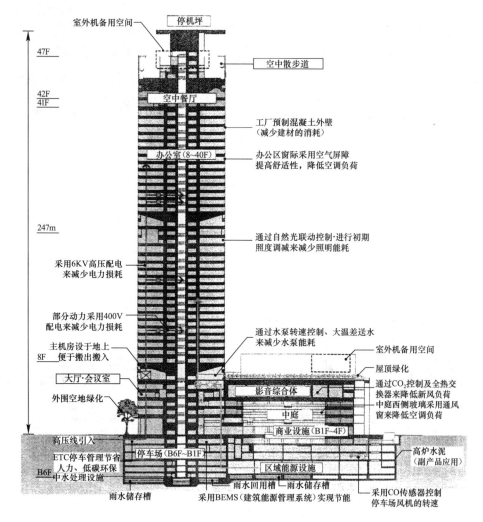

图 5　节能概念剖面图

日本生命札幌大厦（Ⅰ期）

地点：日本北海道札幌市中央区北 3 条西 4 丁目
业主：日本生命保险相互会社
用途：办公楼、店铺等
设计：久米设计
建筑规模：高层栋：地下 2 层、地上 23 层（Ⅰ期）；低层栋：地上 4 层（Ⅱ期），地下 2 层；总建筑面积 10.716 万 m²；建筑总高度 99.87m
构造：钢结构及型钢混凝土
施工：（空调）高砂、三机/大阪暖房、大气社等
建设工期：2004 年 5 月～2006 年 9 月（Ⅰ期）

建筑外观

标准层布置

由 2 个 L 形平面组合而成，平面为 84m×48m。核体设在中心，1F 出租面积约 2750m²，吊顶高为 2.8m，架空地板高 10cm。图 1 为标准层平面图，图 2 为总剖面图。

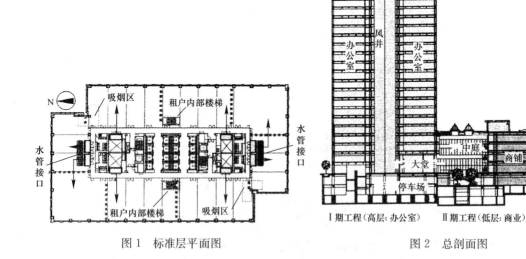

图 1　标准层平面图　　　　　　　图 2　总剖面图

冷热源设备

该建筑利用北海道热供应公司提供的高温水和冷水，通过热交换器将冷水、热水、蒸汽向二次侧设备输送。热交换器与输送泵分高低区设置，水泵与换热器均按流量比为 2∶1 细分配

资料来源：《BE 建筑设备》（日本），2007/05；《建筑设备士》，2007/3。

置，以便在低负荷时间维持高效率运转。

DHC 接入冷水供水温度为 7℃；高温水为 200℃，冷水配管系统如图 3 所示（设备容量示于图中）。高温水热交换器为壳管式：2260kW 及 1130kW 各 2 台；蒸汽发生器亦为壳管式：600kW×2 台。

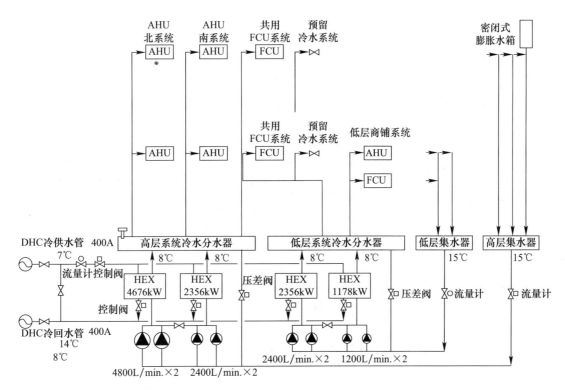

图 3　冷源水系统图

空调设备

（1）进、排风井

为防止寒冷地区新风及排气格栅上积雪结冰而产生跌落事故，进、排风井结合建筑物新风和排风的位置配置在建筑物中央，建筑物外立面上可不再出现进、排风格栅。设计前做气流解析，预测井内压力分布并经预测验证，竣工后确认获预想性能，成为寒冷地区解决大楼进、排气的一种方法（见图 4）。

（2）办公楼标准层

寒冷地区的办公楼，从过渡季到冬季内区、外区存在冷负荷与热负荷。空气处理机组可采用双系统（内、外区）组合型，提供不同送风参数，送风机合用 1 台，而盘管均为四管制。窗户除了采用 Low—e 双层玻璃外，再采用窗台处向上送风、吊顶吸风的空气屏障方式，既有效处理夏季的日射负荷，又防止冬季产生下降冷气流，对防止结露和混合损失均有效果。

空调分区按东、西、南、北分为 8 区，出租办公室内的 VAV 末端按一跨为单元的细分化布置，以对应负荷的变化。对札幌地区来说，新风供冷十分有效，新风量可按 75% 的总风量导入（见图 5）。

为了方便出租使用，租用区内由电脑与外部网络对 VAV 单元进行程序预约，可设定温度，可由大楼管理者对用户进行空调使用方面的指导。

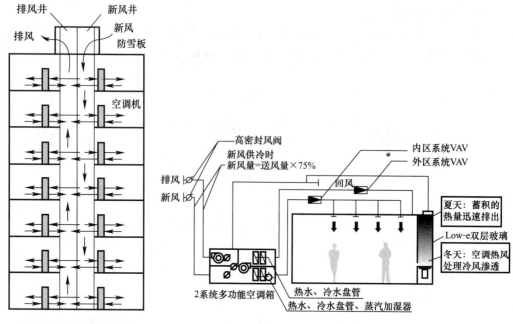

图4 进排风井概念图　　　　　图5 标准层空调系统概念图

（3）低层栋商店

采用可以个别开、停与负荷柔性对应的新风处理机组（设有冷热交换器）与 FCU 方式（四管制）。厨房系统为单独新风处理机组＋排风机系统。通过新风处理机的旁通风门控制，可实现防止冻结的功能。

大楼具有中央监视设备和 BEMS 系统，以实现优良的能源管理。

艺术村大崎中心塔楼

地点：东京都品川区大崎 1-2-2
业主：大崎站东口第 3 地区市街地再开发组合
用途：办公楼（3F～21F）店铺（2F）、停车场
建筑规模：地下 1 层，地上 21 层，屋顶 1 层；建筑面积 82451m²（标准层 2800m²）
结构：钢结构、部分型钢、钢筋混凝土
设计：（柱）大林组东京本社；监理：（株）日本设计
施工：大林组（株）、NIPPO 有限公司（株）
建设工期：2004 年 8 月～2006 年 12 月

在保护地球环境、节能及节省运行费用的同时，作为出租楼宇，设计中充分考虑到增加舒适性，提高扩充的灵活能力。

建筑外观

冷热源系统

该工程的冷热源设备如图 1 所示，采用了电气与燃气最佳组合方案，即以离心式冷水机组为冷源的水蓄冷系统，加上燃气吸收式冷热水机组。冷热源设备

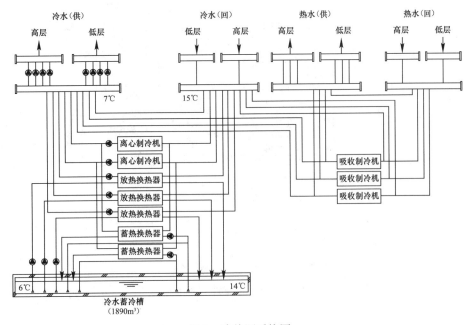

图 1　冷热源系统图

资料来源：《建筑设备士》，2008/1。

都采用高效机器。一次水和二次水侧都为 8℃ 的大温差，通过变流量系统进一步削减输送功率。冷水蓄热槽容量为 1890m³，其与燃气冷源共同实现夏季电力最大负荷时的移峰作用。

空调系统

考虑到出租区域分割，标准层空调每层分为 4 套单风道变风量系统（见图 2），每个空调系统有两个不同朝向的外区和相应的内区。因此，采用了三通路的多分区空调箱，两路对外区，一路对内区。每个通路都为四管制盘管，根据各区域不同的冷热负荷需求，可以方便、自由地改变送风温度。空调系统还采用了新风供冷的节能措施。图 3 为标准层空调系统原理图。

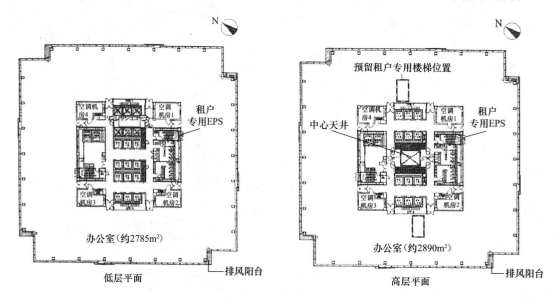

图 2　标准层平面图

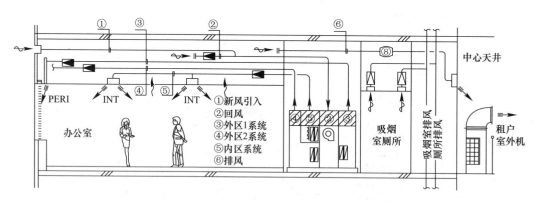

图 3　标准层空调系统图

通风系统

除了空调系统送排风外，租户内还有局部排风，并考虑了相应的风量平衡。核心筒的剩余排风排入中央的天井，对置于其中的附加空调系统外机起到有效的冷却作用。

自动控制系统

基于 BAC net ＋ Lon Works 的开放性通过冷热源，空调系统自动控制实现节能。在吊顶较高的部分层面得外区，采用了无线温感器，可以再任意位置设置，以配合出租空调的分割。

工程实录 J98

RIZ · ARENA 大楼

地点：日本东京池袋

建筑规模：该项目由两幢建筑构成，一栋为办公为主的建筑（14 层，建筑总面积为 3.76 万 m²），另一栋为 42 层的住宅楼（AIR RIZ TOWER），本介绍为前一栋（RIZ · ARENA）

标准层面积：2235m²，层高 4.17m，吊顶高 2.7m

设计监理：日本设计（株）

建设工期：2004 年 2 月～2007 年 1 月

图 1 为该项目剖视图，图中右侧为该工程，标准层平面参见图 4

空调方式

6F～14F 为办公用房，标准层北侧为沿窗办公区。南侧有核心区遮挡，东、西两侧范围较小，建筑围护结构因采用保温隔热良好的措施，能满足节能法的要求，PAL 值（周边全年负荷）为 213.9MJ/（m²·a）［标准值为 300MJ/（m²·a）］。

建筑外观

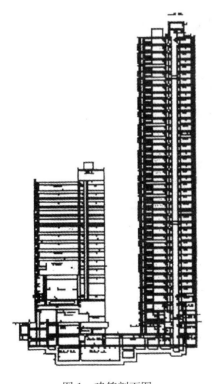

图 1　建筑剖面图

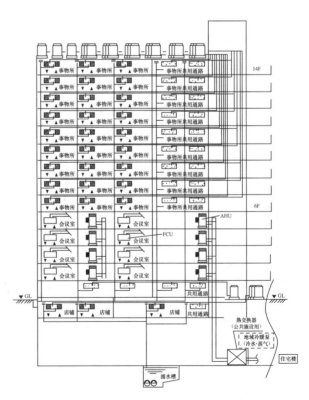

图 2　各层机组示意图

资料来源：《建筑设备と配管工事》（日本），2008.10。

考虑到对于用户的使用质量、环境性、经济性、维护管理的条件以及公、私产权的所属等综合因素，确定 6F～14F 办公层采用风冷热泵柜式机组，室外机置于屋顶，室内机（柜机）经由风管分送到各送风口，实现负荷分配。6F 以下为公共层（如图书室等）则采用集中系统（FCU＋新风方式），冷热源来自该地区之区域供能站。图 2 为各层空调方式（局部/集中），图 3 为 6F～14F 室内外机布置示意图，图 4 及图 5 分别为冷热配管及风管的布置图。表 1 则为柜式机组的配置容量。

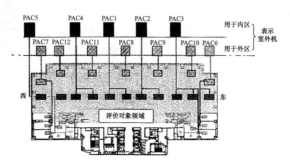

图 3　标准层室内、室外机对应示意图

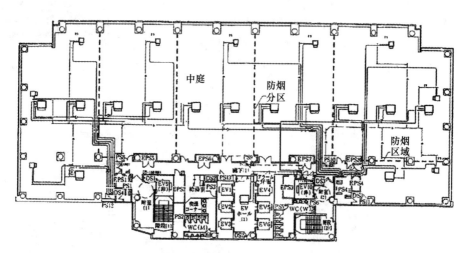

图 4　标准层空调机冷热配管

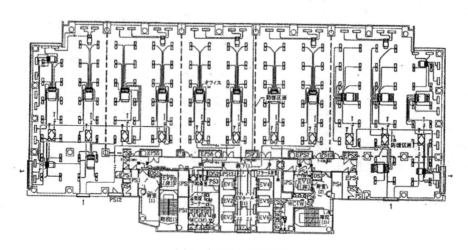

图 5　标准层风管布置

柜式机组的配置容量表　　　　　　　　　　　表1

| PAC-N0 | 额定处理负荷（kW） | | 额定电力（kW） | |
	室内机（冷/暖）	室外机（冷/暖）	室内机	室外机
	内区			
PAC-1	56/63	73/81.5	0.76	19.25
PAC-2	56/63	73/81.5	0.76	19.25
PAC-3	81.2/85.3	130/145	1.31	35.75
PAC-4	56/63	73/81.5	0.76	19.25
PAC-5	77.1/87	96/108	1.27	24.55
	外区			
PAC-6	18/20	22.4/25	0.47	5.95
PAC-7	22.4/25.1	22.4/25	0.47	5.95
PAC-8	7.1/8	14/16	0.16	3.35
PAC-9	7.1/8	14/16	0.16	3.35
PAC-10	7.1/8	14/16	0.16	3.35
PAC-11	7.1/8	14/16	0.16	3.35
PAC-12	7.1/8	14/16	0.16	3.35
PAC-13	7.1/8	14/16	0.16	3.35

空调运行验证测定

空调运行后按照图3所示的平面（空调面积 $1600m^2$、人员约 270 人）进行测定，供冷期内区的处理负荷率为 10%～60%，随负荷率增加机组 COP 值也增加，但规律欠明显，而外区的处理负荷率为 10%～50%，COP 的增加规律较明显（2～4），如图6所示。此外，机组处理负荷率与出现频率的关系（内区）如图7所示。

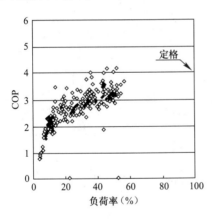

图6　机组运行特性之一

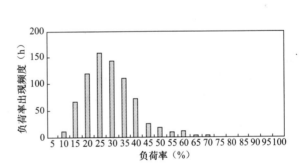

图7　机组运行特性之二

东京中区广场（东京中城）

地点：东京都港区赤坂 9-7-1
业主：三井不动产（株）等
用途：办公、住宅、商业、酒店、美术馆等
建筑总面积：253，425m²，其中：

栋	用 途	面积（万 m²）	地上/地下	总高（m²）
塔楼 A	办公酒店	24.7	54/5	248.1
东楼 B	办公住宅等	11.7	25/4	113.1
西楼 E	办公商业	5.6	13/3	73.1
D	住宅美术馆	8.4	8/3	47.7
C	住宅	5.8	29/2	100.6
G、H	美术馆商业	0.19	1/1	4.8

构造：地上钢结构、CFT；地下裙房钢筋混凝土
监理：日建设计等
建设工期：2004 年 4 月～2007 年 1 月

建筑外观

中央冷热源

该工程冷热源为"赤坂九丁目区域冷暖规划"的中央冷热站，供给除住宅外公共建筑的冷水、热水和蒸汽。总平面布置如图 1 所示。

从冷热源的可靠性和经济性考虑，采用电气和城市燃气复合能源方式（气：电＝60：40）；引进冷热电三联供 CGS 系统，有效利用燃气发电机的排热；运用蓄热槽方式，充分利用夜间廉价电力。最高负荷下热供给能力为气：电≈45：55。冷热源系统见图 2，主要设备见表 1。

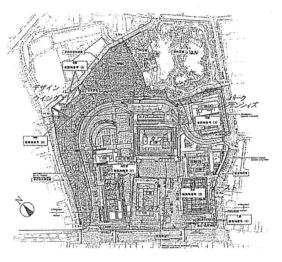
图 1　总平面布置

冷热源主要设备表　　　　　　　　　　表 1

名　称	容　量	台　数	备　注
蒸汽吸收式冷冻机	1800RT	3	—
蒸汽吸收式冷冻机	500RT	1	用 CGS 排热蒸汽
排热吸收式冷热水机	560RT	1	用 CGS 排热水
离心式冷冻机	1400RT	3+1	预留 1 台
蓄冷水箱（温度分层型）	7800m³	1	深 15.2m，4-14℃
燃气蒸汽锅炉	13.8t/h	2	1 台应急燃油
燃气贯流式蒸汽锅炉	2.3t/h	7+1	预留 1 台

资料来源：《建筑设备士》，2007/9。

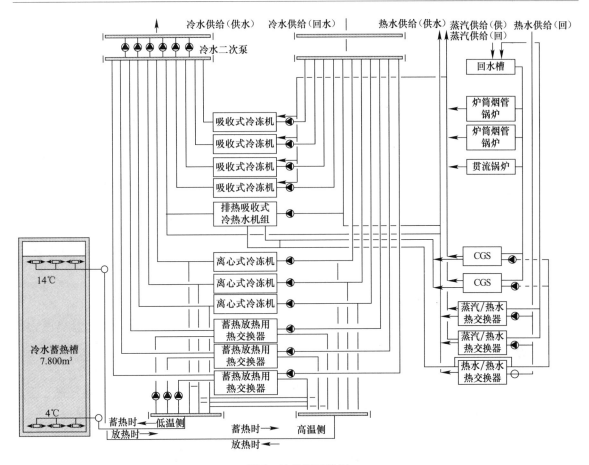

图2　冷热源系统图

办公标准层空调系统

东京中区广场办公楼由塔楼、东楼和西楼组成，总建筑面积35万 m²。塔楼为中央核心筒，标准层办公面积为3300m²，预定租户面积为500～650m²；东楼和西楼为偏心核心筒，东楼预定租户面积为600～1500m²，西楼预定租户面积为500～830m²。

塔楼标准层空调采用内外区分设单风道VAV方式，按照预定租户区设置系统。VAV末端每75m²一个，送风口以3.6m×3.6m模数设一个（窗边两个）。各层各系统由专门风机引入新风，厕所、茶水设中央排风，剩余部分就地排风，各部分设定风量末端，以确保新排风量平衡。

对于有两个朝向的外区系统采用切换式VAV末端，当冬季某个朝向要供冷时可以切换到内区系统，在预定租户区内无须再按朝向分别设置外区系统，图3和图4分别为其空调系统和空调分区图。

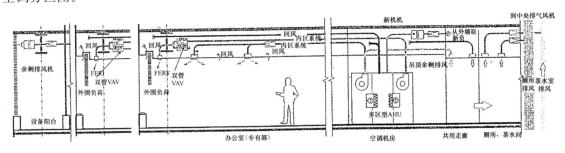

图3　塔楼标准层办公空调系统图

塔楼标准层办公空调预留概要图如图 5 所示。

对于通信设备、特殊房间或服务间、职工食堂等人员多、新风大的情况，采用下列 3 种方式应对：

（1）各标准层沿外墙按 40W/m^2 预留风冷柜式室外机的空间。

（2）各空调机房冷水立管上按 20W/m^2 预留支管（100A），以预备局部有更多的冷水需求。

（3）对于大范围高密度的热需求，租户从可靠性出发，可能会希望构筑自己的专用系统，因此在屋顶上留有可设置风冷热泵机组的空间，并在标准层留有管道空间，形成复式系统。

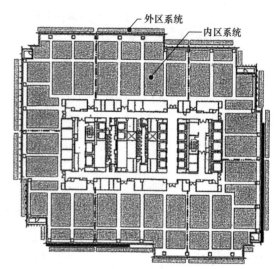

图 4　塔楼标准层办公空调分区图

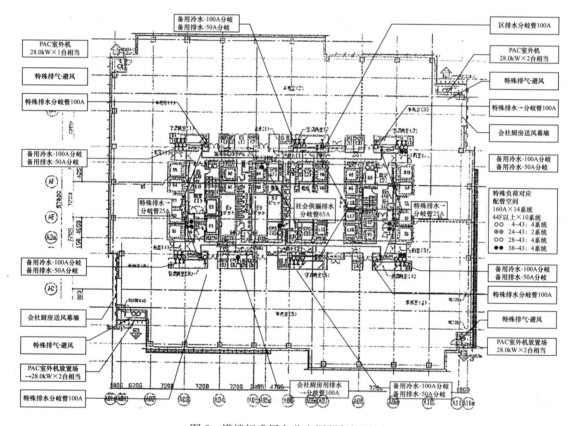

图 5　塔楼标准层办公空调预留概要图

酒店空调系统

（1）冷热源、配管设置：酒店部分除了局部全年供冷处采用柜式空调机组外，都利用中央冷热源系统。冷水系统低层部分直接供给。为保证高层部分水压低于 1.57MPa，在地下 5F 设置热交换器。蒸汽、热水原则上直接供给。为减小一次侧压力，塔楼冷水系统在地下 5F 设置热交换器间接供给。另外，蒸汽通过汽—水热交换器加热热水（新风空调箱采用蒸汽加湿）。来自中央冷热源系统的蒸汽直接送到 44F 机械室和屋顶。对高层系统中超过 200m 的立管，为使得更新时影响最小，除了设为 2 套立管外，客房部分设置了更新用的阀门。另外，和办公室部分一样主管道处还留有套管。旅馆部分冷热水系统概念图如图 6 所示。

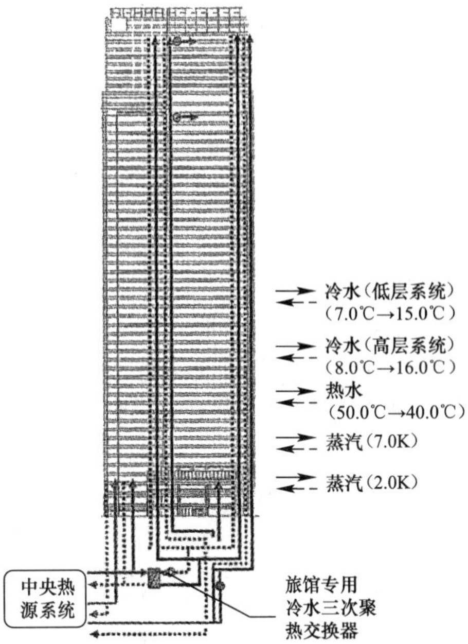

（2）客房空调方式：客房采用能分别控制室温的卧式四管制风机盘管。屋顶上设置 4 套带全然交换器的新风空调机组，新风管从四角空隙部下到客房层走廊展开到各房间供给新鲜空气。室内排风从浴室抽取，经客房管井内风管从 54F 面排出。上述系统均由中央监视系统（设于 B3F 工程办公室）远程启停和设定（含时间设定），同时风机盘管也能由设于房间内的温控器进行启停和温度设定。

（3）舞厅空调方式：2F 舞厅与可移动隔断相配合，采用区域可分别温度控制的单风道变风量空调方式，每个分区约 150m²。另外，为应对换气量瞬时增加的需求，预留了空调器和风机增加换气的能力。

（4）餐厅、厨房空调方式：客房部餐厅采用单风道变风量方式，按分区设置空调系统。厨房、个别房间等设置风机盘管。厨房新风空调机（设于 44F）及厨房排风机（设于 54F）＋CAV 的全新风方式，确保新排风平衡。

冷水（低层系统）
（7.0℃→15.0℃）

冷水（高层系统）
（8.0℃→16.0℃）

热水
（50.0℃→40.0℃）

蒸汽（7.0K）

蒸汽（2.0K）

中央热源系统

旅馆专用冷水三次聚热交换器

图 6　冷热水系统概念图（旅馆部分）

工程实录 J100

名古屋阳光塔

地点：名古屋市西区牛岛町 6 番 1 号
用途：办公、商业、停车场
业主：牛岛市街地再开发组合
设计：日建设计（株）
建筑规模：地下 3 层，地上 4 层，屋顶 1 层；建筑面积
137289m²
施工：大成建设（株）
建设工期：2004 年 5 月～2007 年 1 月
结构：钢结构（部分钢筋混凝土）

建筑外观

冷热源系统

低层公共部分因运行时间集中，采用中央冷热源方式：
直燃型吸收式冷热水机组（240RT×2 台）；密闭式冷却塔
（794RT×3 台）向商店的水冷多联空调机（冷暖自由型）
和厨房冷藏设备供给冷却水。

办公空调系统

办公标准层为方便租户和容易计量，全面采用了自由度很高的个别分散的空调方式。独立
分散的空调方式用于办公楼的实例很多，但用在像该工程那样的超高层大厦的则很少，设计施
工方面有很多特点。

（1）节能舒适：办公层部分采用空气源楼宇用冷暖自由型多联机空调系统，室外机可以按
标准的租户单元要求配置，系统还可以根据冷媒流量细化计算室内机用电量。每层配置约 50 台
室内机，各室内机可以自由选择冷暖运行模式。每层设有热回收型新、排风机组（气化加湿），
机组通过盘管的蒸发或冷凝回收剩余排风中的显热。由于新风和排风混合可能性很小，厕所等
排风也尽量用于热回收。此外，新、排风机还可进行新风供冷，并且根据用户数量变速调节风
机风量。图 1 为标准层空调系统图。

为了改善外窗玻璃面的辐射环境，防止冷风下沉和结露，窗边全面采用了空气阻挡层吹吸
风机，其排风部分接入热回收型新、排风机组的剩余排风系统，根据排风温度进行热回收或直
接排入室外。

（2）室外机设置：超高层建筑中保证独立分散式空调系统的室外机设置空间是很困难的，
该工程各层在核心筒西外侧配置了设备阳台，用于分散设置设备（见图 2）。阳台的好处是即遮
挡了西外墙的日射，又可采用格栅地面保证通气性能，并且不计入建筑面积。室外机阳台中除
了独立分散空调的室外机外，还有热回收型新排风处理机、分散设置型变压器、排烟管、排风
风管等，还预留了将来增设室外机、变压器的空间。各层室外机重叠在一起，为防止上、下层

资料来源：《BE 建筑设备》（日本），2007/05；《建筑设备与配管工事》（日本），2007.8；《空気调和・卫生工学》，2008/6。

排气短路，采用南、北面进风，西面排风。通过气流计算及 CFD 模拟确认，可以稳定运行。另外，室外机还装有水喷雾装置，以防异常气象出现。办公标准层空调配置如图 3 所示。

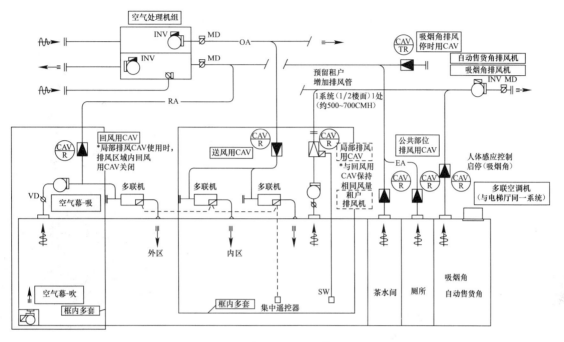

图 1　标准层空调系统图

图 2　标准层室外机平台

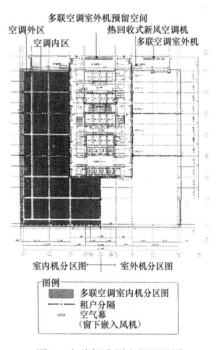

图 3　办公标准层空调配置图

（3）维保与更新：采取机器故障前预防保全的策略，各室外机气体泄漏、热交换器污浊等异常信号都集中到中央监视系统，在事故故障发生前及时处理。另外，从室外机到新风机所有设备都可以由电梯搬运，为将来增加或更新设备提供了方便。

工程实录 J101

大阪梅田池银大厦

地点：大阪市北区茶屋町 30-2、30-6 部分

业主：池田银行

用途：池田银行大阪梅田本部，大阪梅田营业部

建筑规模：地下 1 层，地上 13 层；建筑总面积 8782m²；总高度 56.5m

建筑构造：钢结构、部分钢筋混凝土结构、制震结构

建设工期：2005 年 7 月～2007 年 1 月

建筑外观图

空调设备

为适应部分负荷和单独运行的要求，采用了能冷暖自如、独立分散的空调方式。图 1 和图 2 分别为标准层空调的平面图和系统图。新风经每层 2 台全热交换机组处理后被送给落地式空调机，其向室内送风，处理核芯筒周围的基本负荷。此外，吊顶内设置卧式暗装空调器，冷暖自如地处理各房间的个别负荷。综合考虑设备保证性和节省运行费，冷热源采用电动热泵方式（EHP）和燃气引擎热泵方式（GHP）的最佳组合。

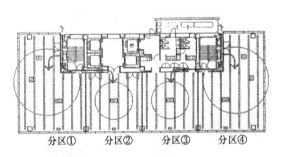

分区① 分区② 分区③ 分区④

图 1 标准层空调平面图

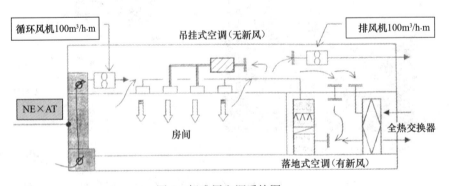

图 2 标准层空调系统图

资料来源：《BE 建筑设备》（日本），2007/04。

多功能双层围护结构 NE×AT

该工程采用了自然能量与机械力相融合的多功能双层围护结构，简称 NE×AT（Natural Energy×Active Technology）。图 3 所示多功能双层围护结构以楼层为单位，上下的开口部带有可切换通风路径的机构。

气流切换模式类型	对应年气候条件调节空气流向，在保证热环境舒适性下达到空调节能			
夏季模式	冬季模式		过渡季模式	
温度上升，双层围护结构内空气因浮力被排出，具备遮阳功能	上下风阀关闭，与双层窗一样，能提高隔热性能	可以防止因窗际冷风下沉使热环境恶化的现象	利用过渡季夜间凉爽的新风，消除室内热量，白天利用凉爽的新风能有效地进行新风供冷	
遮阳	隔热	通风窗	夜间驱热	新风供冷
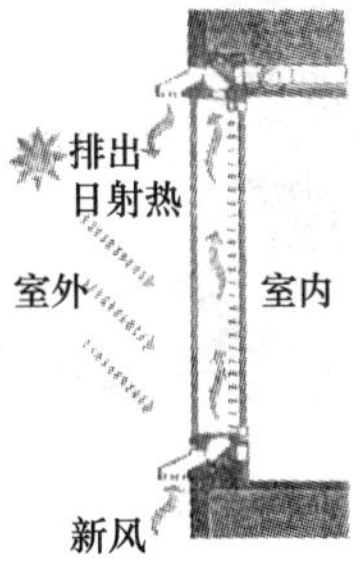	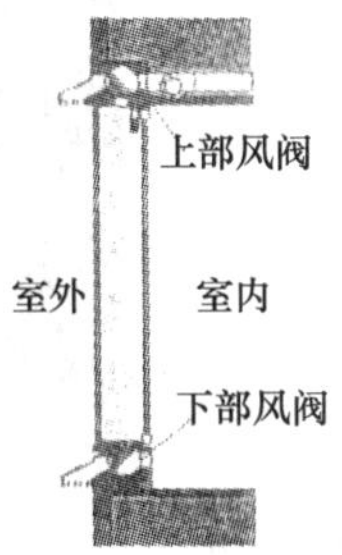	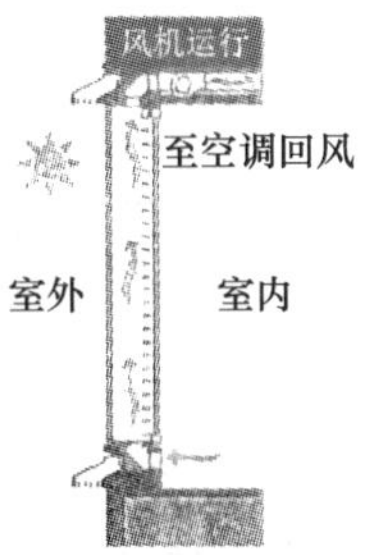	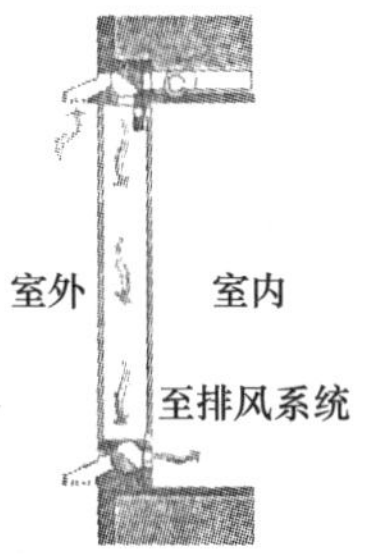	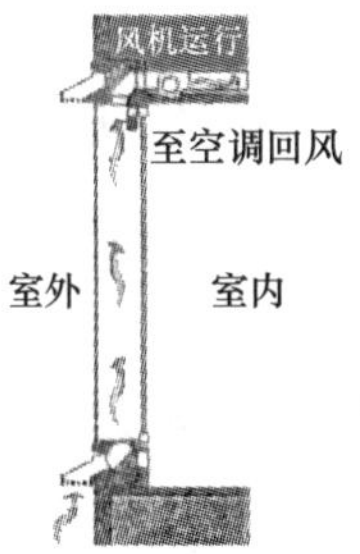
依靠百叶遮挡直射阳光；下气口进风温升被浮力排到室外	关闭上下通风口，使空气不流通	室内空气进下气口，经吊顶内风管与回风混合；日射下通过热回收削减热负荷	上气口进新风，从下气口进室内；利用厕所排风作换气动力	下气口进较冷新风，经吊顶内风管与回风混合；室内外不直接开放，抑制噪声
与传统双层围护结构同样的功能	增加的多功能双层围护结构 NE×AT 功能			
年节能率 34%（与一般单层窗相比）				
16%	8%	2%	8%	

图 3 多功能双层围护结构 NE×AT 的季节模式

根据室外气候条件，适当控制空气流向。相比传统的双层围护结构，多功能双层围护结构可以充分发挥其节能和安全方面的优点（图 3 的节能效果是根据模型建筑试算所得）。其特点是：由于进行季节性模式切换，能确保节能性和舒适性。

由于每个楼层都具备完整的功能，可以实现均一化的热环境和简洁的组合方式（玻璃层间距 200mm），从而提高了建筑适用性并降低了成本。可以确认，对于 15 层左右的中型楼宇，NE×AT 完全能满足外窗水密性、气密性、耐风压及耐地震等性能的要求。

此外，NE×AT 可用于各朝向的外围护结构，但从经济性考虑，仅用于主立面有利于降低投资的回收年限。该工程在日晒严重的高层西侧主立面采用了 NE×AT，其他部分采用了带自然换气口的 Low-e 玻璃。

工程实录 J102

每日ィンテシオ

业主：（株）每日大厦大阪本社

地点：大阪市北区梅田 3-4-5

用途：出租办公楼、餐饮、会议

建筑规模：地上 21 层，塔屋 2 层；建筑面积 32126m²（Ⅱ期）

结构：钢结构

设计：（株）日建设计

施工：（株）大林组

建设工期：2005 年 9 月～2007 年 7 月

该设计的目标是实现大楼有较高的功能性、环境性和经济性。图 1 为剖面图。

建筑外观

冷热源系统

图 2 为冷热源配置图；图 3 为冷热源系统图。由于二期部分无地下室，为提高出租比，冷热源设备设置在屋顶上。大楼一期采用了大型三联供设备，从与一期共用低价天然气入手，可以限制电力峰值负荷，构成以燃气冷热水机组为主的简单的冷热源系统。另外，为应对夜间空调加班负荷，设置小容量电力风冷热泵机组。

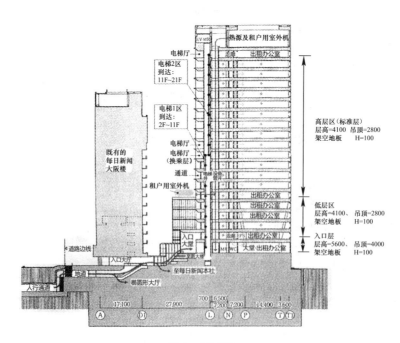

图 1　剖面图

资料来源：《建筑设备と配管工事》（日本），2008.6。

热供给方面，根据用途采用四管制或者二管制送水。内区系统四管制，其他系统二管制。考虑到冷、热水切换时间不同，分为东北外区、西南外区和核心筒 3 个系统，各系统可以分别作冷、热水切换。

近年来，办公室人员对湿度要求提高。该设计采用了确实有加湿效果的蒸汽加湿装置，汽源为一期三联供产生的蒸汽，向区域冷热源公司购买。

空调系统

图 4 为标准层空调分区图，出租面积约 $1000m^2$，每层都预设了出租区规划流线，每层最多可分为 3 个租户。图 5 所示空调系统为单风道 VAV 方式。为使机房空间最小，每层仅设内区、东北、西南 3 个系统。外区空调机为二管制，由于每层不能冷热切换，为对应每层各方位不同的负荷，全年供冷的内区系统风管向西外区、南外区送风采用双风道方式。由此，当外区空调机供暖时，一时因日射负荷使外区产生冷负荷时，内区系统冷风能送到外区。

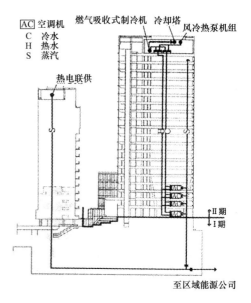

图 2　冷热源配置图

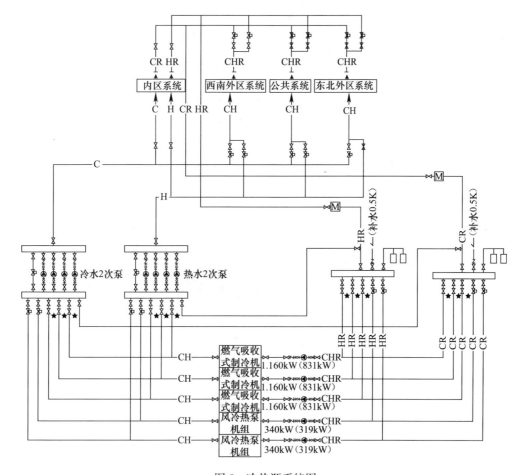

图 3　冷热源系统图

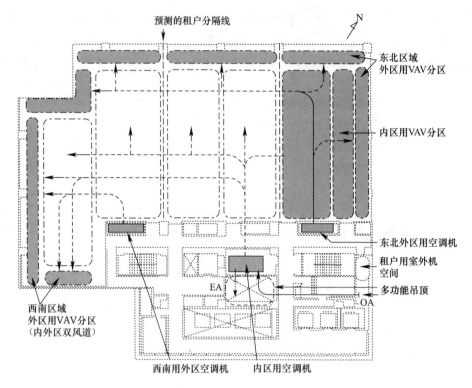

图 4 标准层空调分区图

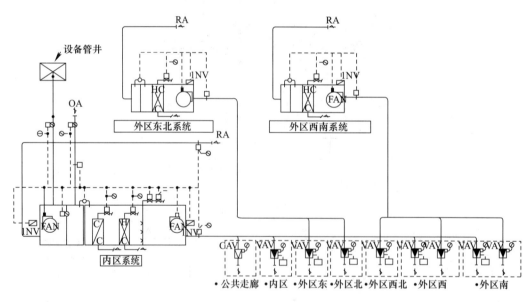

图 5 单风道 VAV 空调系统

东京之门·南北塔楼

名　称	东京之门南塔楼	东京之门北塔楼
地点	东京都千代田区丸之内 1-9-2	东京都千代田区丸之内 1-9-1
用途	办公、商业、车站、停车库	办公、商业
业主	东日本旅客铁道（株）鹿岛八重洲开发（株）新日本石油（株）	东日本旅客铁道（株）三井不动产（株）
设计	JR 东日本建筑设计事务所	日建·JR 东日本建筑设计事务所共同企业体
建筑面积	140168m²	171960m²
层数	地下 4 层，地上 42 层，屋顶 1 层	地下 4 层，地上 43 层，屋顶 1 层
总高度	204.9m	205m
构造	钢结构（CFT 柱）、制振构造	地下 4—1 层、屋顶层：型钢钢筋砼、钢筋砼
建设工期	2004 年 8 月～2007 年 10 月	2004 年 9 月～2007 年 10 月
施工	鹿岛、铁建、清水、大成 JV	鹿岛、清水、大林组、竹中、大成、铁建、三井住友

东京站八重洲口开发计划分Ⅰ、Ⅱ期工程，Ⅰ期为南塔楼和北塔楼Ⅰ期，北塔楼因相邻建筑要拆除转移，部分为Ⅱ期。

（南楼）　　　　　（北楼）

东京之门整体图

南塔楼

（1）空调冷热源

空调冷热源采用离心式、螺杆式冷冻机，以及高效吸收式冷热水机组组合方案（见图1），其基本考虑是：

1）多种能源可避免城市事故的风险，确保冷热源可靠性。

2）能适应能源价格的变化。

3）南塔楼通过地下交通网与八重洲地下车库及周围大楼相接，设计上考虑适当的余量，以提高建筑群体的可靠性

南塔楼的负荷特点是：气密性高、隔热好、内部发热量大、全年冷负荷较稳定。为使冷热运行时的负荷均衡，以及设备低负荷运行的效率问题，夏季基本负荷由吸收式冷热水机组负担，使电力负荷平均化（见图1）；过渡季和冬季冷却水温低，多用离心式冷水机组可确保热源效率；另外，夜间小负荷时则使用螺杆式冷水机组；这样全年预设运行表。

（2）外立面与标准层空调系统

由于建筑理念现代化，外立面采用多层高透过率（透过率93%）的玻璃。考虑到全玻璃幕墙的辐射环境，采用通风窗，争取空调系统无外区化。外窗构成：双层高透明玻璃（12＋AR12＋12）＋自控百叶＋内层玻璃（浮法8），遮阳系数为0.216（百叶窗关闭），传热系数为0.93W/

资料来源：《建筑设备士》，2008/5。

$(m^2 \cdot K)$，$PAL=236MJ/(m^2 \cdot a)$。

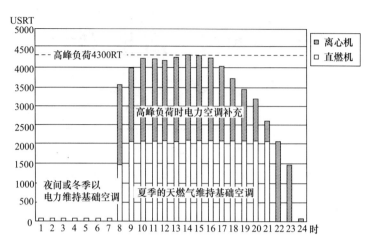

图1 全天热源负荷图

尽管外围护结构隔热性好，但是对有两个朝向以上外区的建筑负荷，还是有冷热负荷同时发生，特别是过渡季或冬季缺少太阳直射时更加显著。对此，VAV系统难以调节解决。大空间场合下受内热影响该问题尚可以忽略，而外区小房间则必须考虑对应措施。例如可考虑业主要求，外区小房间局部采用片状电加热器，以处理采暖负荷。

标准层采用单风道VAV方式，每层5个系统（5个租户/层）。VAV末端每个分区约$50m^2$（7200×7200），以适应出租办公楼面积和功能上的变化（见图2）。另外，专用新风空调箱采用变频控制，以方便实现全新风供冷和CO_2控制。

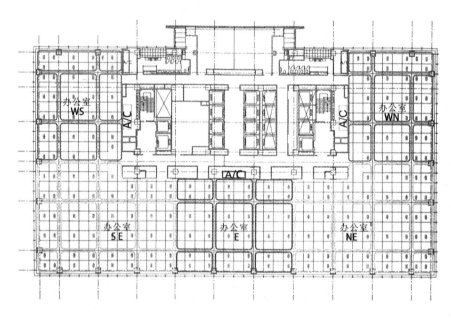

图2 标准层VAV分区图（南楼）

（3）辅助空调设施

在标准层中，通信机房及一些特别房间设有局部空调，其与职工食堂、服务员室等类似有高密度换气的要求，设计增加了其他可选的空调设施：

1）各层面核心筒西侧外壁预留两处空调室外机位置，每处可放28kW的机组3台。

2）以 12W/m² 的供冷能力预留冷水支管，并用量热计计量。

3）在管道井内设 $\phi250\times3$，$\phi150\times1$ 冷却水立管 4 套，屋顶专设租户冷却塔，满足高密度租户的要求。

南塔楼空调系统概要如表 1 所示。

南塔楼空调系统概要

表 1

项 目		概 要
冷热源系统	热源方式	电力：离心式冷水机组、螺杆式冷水机组方式； 燃气：吸收式冷热水机组
	主要设备	离心式冷水机组：2461kW×2 台； 螺杆式冷水机组：879kW×1 台； 燃气吸收式冷热水机组：3516kW×2 台，2461kW×1 台
空调系统	空调方式	空调箱（双盘管、气化加温）：单风道 VAV 方式，5 台/层； 外区通风窗方式：无外区化，5 系统/层； 低层店铺风冷热泵机组方式
	水系统	冷热四管制
通风系统	换气方式	车库、变配电室、发电机室、冷热源机房、电梯机房为机械送排风； 租户内厨房、垃圾处理室、机械停车库为机械送排风； 厕所、开水间、休息吸烟室、贮藏室、垃圾间为机械排风
防排烟系统	排烟方式	地下车库，走廊，大堂地下商店，标准层走廊； 机械排烟方式，消防电梯间及其前室 正压送风方式
自动控制	其他	主 BAS 为 BAC-net，现场 BAS 为 Lon Works
	控制方式	分散 DDC 方式

北塔楼

（1）空调冷热源（见图 3）

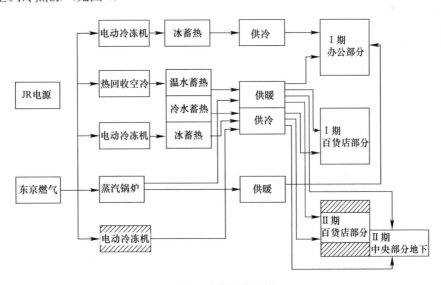

图 3 冷热源流程图

地下 4F 设电动冷冻机＋冰蓄冷系统及风冷热回收型热泵冷水机组＋冷热水蓄能系统，供低层百货店和部分办公室使用。43F 设电动冷冻机＋冰蓄冷系统，供高层办公室使用。分散冷热源设置，其用意在于削减水系统输送能耗。设计还考虑了水系统台数控制、大温差、变流量、小负荷对应等措施。另外，从景观考虑采用了防止白烟的密闭式冷却塔。

地下4F的燃气蒸汽锅炉与水蓄热作为供暖热源。Ⅱ期工程会增加的百货店和中央地下商场的负荷，将在Ⅰ期工程的地下4F增设电动冷冻机，与现有热源互为备用，提高了可靠性。百货店部分为冷、热四管制，办公部分为冷/冷热四管制，中央地下为冷、热水二管制。冷热源布置示意图见图4。

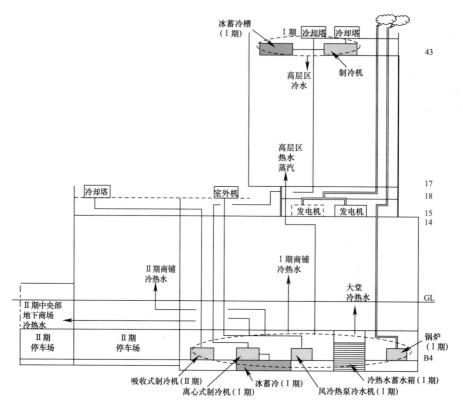

图4　冷热源设备系统图

（2）办公空调

北塔楼部分楼层平面如图5所示。空调方式图6所示。

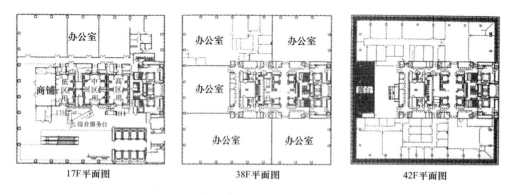

17F平面图　　38F平面图　　42F平面图

图5　各层平面图（北楼）

按预设租户分割设置落地式空调箱（冷水/冷热水、可全新风供冷、气化加湿），变风量末端控制室内温度。高层办公部分外立面要求高透明度，但又要考虑节能，在PAL的基准上降低20%达到240MJ/(m²·a)以下。因此，东、南、西侧外立面为双层玻璃的通风窗，用以处理热负荷（见图7）；对通风窗排风作变风量控制，直接排风到室外；北面采用双层玻璃，可以从

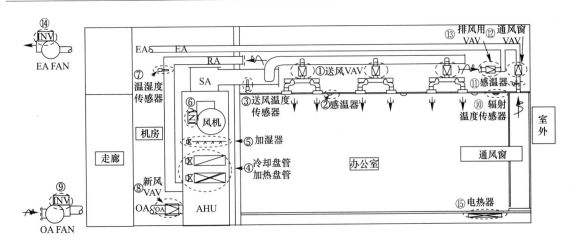

图6　办公空调流程图（北楼）

地面吹出热风作为应对气温骤降的措施。另外，1F 大堂、17F 共享空间设蓄热型地板采暖；外区的供冷由上述空调系统承担；窗际设可移动式电加热器，用以应对小空间办公的采暖负荷。

（3）百货店空调

百货店分为 3 个大区域，设落地式空调箱（Ⅰ期 3 台，Ⅱ期 1 台）。大空间商场照明、人员等内部负荷很大，因此，全年为冷负荷。另外，因负荷几乎稳定，所以采用定风量方式。系统考虑全新风供冷和 CO_2 新风控制等节能措施。为保证有效的使用面积，吊顶内设暗装风机盘管作为备用。中央管理室等 24h 运转的区域采用风冷热泵机组，电气室、电梯机房等由风冷机组或空调箱供冷，且与新风供冷并用。

（4）监控与计量

中央监视由总线（BACnet）接收数据，对应 Web 构成系统，由对应 LON 的 DDC 做分散控制。热量、水量、燃气量等计量采用办公、百货店，共用部分、中央部分可分开计量的方式。

（5）辅助空调设施

应对租户需求，各层预留 $30W/m^2$ 的风冷机组室外机的设置空间；预留 $12W/m^2$ 的冷水支管。另外，高层屋面预留供冷设备的地方；从屋顶到各层留两处管道井。考虑到吸烟室排风，各层预留两处排风点，最大排风量为 $1500m^3/h$。VIP 电梯厅可符合吸烟室要求，高层办公区设有员工食堂，预留了排气竖向风管和空间。

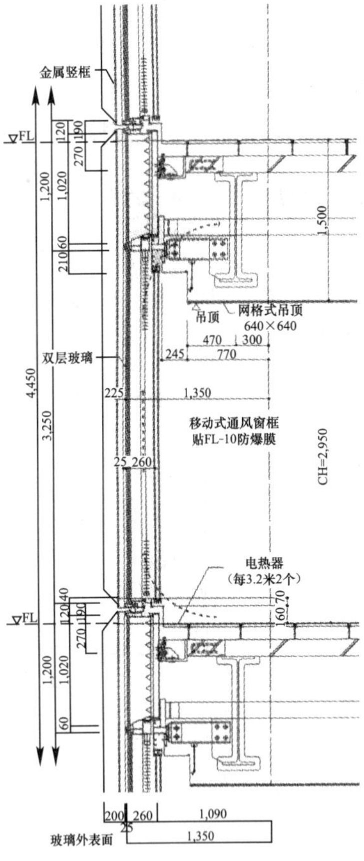

图7　东西南外窗

工程实录 J104

栃木县厅舍

业主：栃木县宇都宫市塙田1-1-20

用途：厅舍

建筑规模：地下 2 层，地上 15 层，屋顶 2 层（本馆）；地上 6 层（议会议事堂）地上 6 层（东馆）；建筑面积 97954m²；总高度 81.8m

构造：型钢钢筋混凝土（议会议事堂），钢结构（本馆东馆）

建设工期：2004 年 10 月～2007 年 12 月

设计：日本设计（株）

建筑外观

自然通风与自然采光

要兼顾县厅舍舒适性和节能性的重要课题是自然换气与自然采光的位置。从方案阶段就借鉴热环境和通风路经的计算机模拟结果，并考虑自然采光效果，决定了挑空和开口等空间形态（见图 1）。

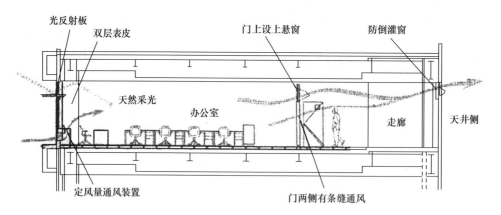

图 1　标准层自然通风概念

为了改善高层建筑中性带上部的气流逆流现象，中庭空间分隔为 3 大节，以确保自然通风路径，即高层、中层和低层分别流入自然风。过渡季为自然通风相伴自然采光，保持节能舒适的室内环境。

1F～5F 由于出入口的渗透风很多与 6F 以上部分分开，利用 5F 挑空的县民大厅和北侧低层的挑空通风换气。6F～9F 灾害对策本部等重要办公室设在中央，设置了自然换气兼自然采光的天井。另外，10F 以上部分利用光庭（露天开放）换气。这些共用部分设置的自然换气口其排风通道根据雨、风和新风焓值等条件，由中央监控系统自动开关；进风通道则是办公室窗台上设置的带

资料来源：《建筑设备と配管工事》（日本），2007.7。

768

定风量装置和手动开关的自然换气口，通过向职员们进行使用指导就可以进行夜间通风（见图2）。

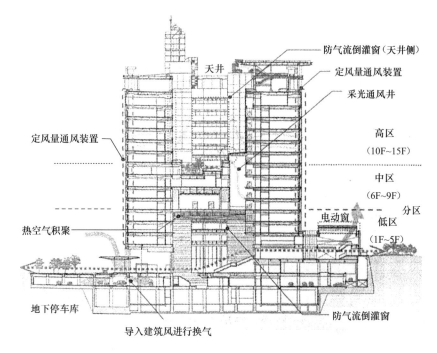

图2 大楼自然通风概念

另外，约17000m² 的地下停车库可停车 340 辆，顶部设置开口，作自然排烟和通风。

双层围护结构与阳光板

为使县厅舍本馆春秋季不空调时也有舒适的环境，外围护结构自然通风与自然采光并用，尽可能抑制日射负荷；对于檐口难以遮挡日射的东、西立面和南、角部分，采用外立面型双层围护结构，兼有自然通风功能和外百页遮阳效果；冬季关闭进风口有隔热效果，以利于节能（见图3）。南、北面为单层围护结构，有自然通风功能和阳光板，在遮阳的同时尽可能提供室内自然采光，削减照明能耗。

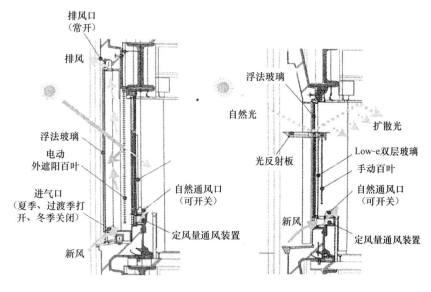

图3 双、单层围护结构

办公室空调系统

办公室为单风道变风量方式（见图4和图5）。内区因全年供冷，采用冷水和冷热水四管制，外区为冷热二管制。室内温度控制在20～28℃，如全年设定温度为24℃，则有±4℃的精度范围，抑制了无谓的能耗。供暖时允许室温幅度大，但应尽可能避免冷、热混合损失。供冷时通过盘管旁通风调节实行除湿控制。另外，为防止冬季内、外区混合损失，使外区设定温度自动变更，保持比内区温度低1℃。空调箱可以强制关闭冷、热水阀，实现新风供冷换气模式运行，在不使用热源的情况下延长维持室内环境的时间。

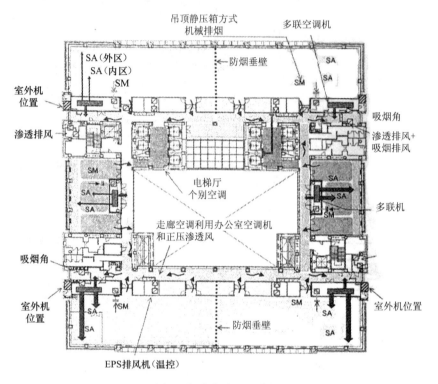

图4　标准办公空调分区

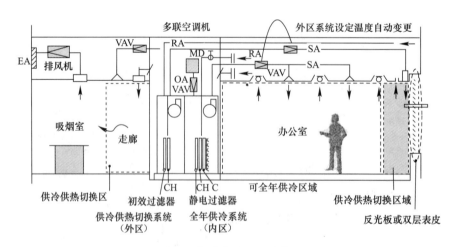

图5　标准办公空调系统

各层需要处理EPS的发热量，空调系统运行时专用排气风机联动运行。夜间或春、秋季空调系统停运时，根据 EPS 内温度自动启停排气风机。为应对将来 EPS 及办公室可能会增加负荷，各层排风出口静压箱内预留了柜式空调机室外机位置。

县厅舍本馆县民大厅、议会议事堂进口大厅等大空间，冬季采用全空气和地板辐射采暖兼用的空调方式。议会议事堂因热负荷密度较低、使用率也不高，采用冷热二管制，为应对过渡季和冬季供冷的需求，空调系统设置了新风供冷模式。另外，由于担心夏季人员密度高的房间室内湿度上升，空调箱设置新风预冷盘管，抑制湿度上升。

县厅舍东馆 4F、5F 及县厅舍本馆 8F 的电算室空调采用基本空调机＋地板送风空调方式，基本空调机处理新风及温度控制，地板送风空调机为必要台数＋1 台备用，可以在不用时，维修更新。

热源系统

该工程位于宇都宫中央地区区域供冷供热范围内，延长区域管道可利用区域冷暖供应系统。区域冷暖供应，基本上是冷、暖季节切换的间歇空调冷热源系统。县厅舍的特点是全负荷时间相当短，通过设置自用蓄热槽（2520m³），可以使区域冷暖供给量平均化，控制签约容量。除区域供能外，还兼设有燃气冷热水机组（1285kW×2 台）、风冷热泵机组（315kW×1 台）和风冷冷水机组（315kW×2 台）。

冷热源系统如图 6 所示。

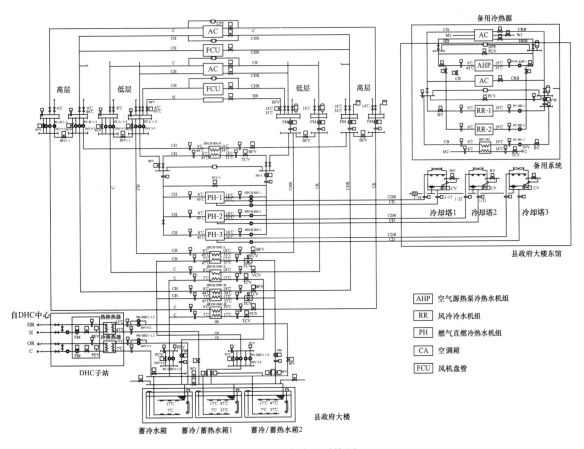

图 6　空调冷热源系统图

通常根据上一日区域冷暖供应运行情况，增减蓄热量，于 22：00 计算判断次日的接受量。如果区域冷热供给无法满足白天的负荷，加开燃气冷热水机并且加大区域冷暖供应量。

TOC 有明大厦

地点：东京都江东区有明地区

层数：地下 1 层，地上 21 层

用途：业务楼、仓库楼、停车库楼 3 栋，1F～4F 低层进厅、售货、饮食、会场等，5F 以上为办公区

建筑面积：中心功能的业务楼约 80000m²

建筑外观

建筑概要

TOC 有明大厦落座于大卖场、展览、会场云集的东京临海有明地区。除作为一般出租办公楼宇外，还具有在白天使用和要装卸货物的特点，即需要宽裕的搬运空间、大型电梯和大规模车库等物流功能。

空调系统

为应付小空间出租办公全年供冷供暖自如和节能的需求，采用了分散式双盘管空调系统（AEMS），由 AEMS 空调机及其设定值最佳管理控制系统组成。AEMS 空调机内置冷、热水盘管和冷媒盘管（水源热泵），入口进风先经过冷、热水盘管，再经过冷媒盘管，冷、热水在冷、热水盘管用于冷却或加热后进入水源热泵作为热源水（见图 1）。低负荷下也可由冷、热水盘管单独供冷或供热，过渡季冷热水不经过冷热水盘管，仅作为水源热泵的热源水（参见本书上篇图 10-19）。

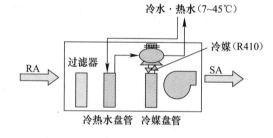

图 1　AEMS 空调机

该工程标准办公层由 6.4m 模数、进深 20m 的天柱空间构成；办公区全部朝南；机房核心筒集中在北侧。每层最多可分割为 9 个租户区，每个租户内区约 130m²，每 65m² 一个空调分区（见图 2）。外窗采用了通风窗方式，希望达到无外区化。

办公内区采用二段式落地接风管型机组；外区采用吊式暗装接风管型机组（南侧 1HP、东西侧 2HP）；标准办公层每层设 2 台落地式热泵型新风处理机（AEMS-O）；低层裙房主要采用 2HP 吊式暗装按风管型机组。整个工程采用 AEMS 空调机 1292 台，低层裙房新风处理由含冷、热水盘管的普通空调箱（OHU）进行。AEMS 空调机设于走廊公共区，维修方便迅速且对出租区影响小。由于出租区无水管，排除了漏水的危险。

热源系统

图 3 为空调水系统图，槽 1、槽 2 为冷水专用，两槽由联通管相接联合运行，系水深 7m 的温度分层型蓄冷水槽，蓄冷温度 5℃，回水温度 17～12℃；槽 3 为冷、热水兼用槽；三槽合计

资料来源：《建筑设备与配管工事》（日本），2007.7。

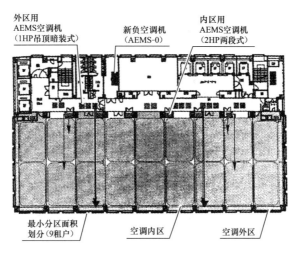

图 2 办公层空调分区

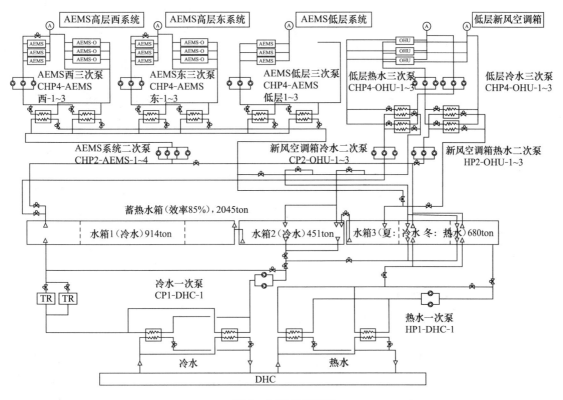

图 3 空调水系统图

2045Ton，峰值负荷转移率 48%。

AEMS 空调分为三个系统：高层东栋系统（5F～20F）、高层西栋系统和低层系统（1F～4F）。AEMS 空调机与 AEMS-O 空调机水路串联。此因 AEMS-O 压缩机最低水温为 7℃，水路串联可加大水温差，节省水泵动力。

AEMS 空调机的能耗控制为三次水送水温度控制，通过改变 AEMS 空调机冷热水盘管和冷媒盘管的负荷分担比例，达到最优化运行控制。送水温度由设定值最优管理控制器（HAC）进行。HAC 中预先输入机器运行状态的负荷图，负荷图由各送水温度下能力、耗电和 COP 等构成并图形化。根据热、电单价求出节能、省钱的送水温度进行控制，同时设定新风机 AEMS-O（OHU）的送风温度。

霞关之门·中央联合厅舍第 7 号馆

地点：东京都千代田区霞关 3-2-1～4

业主：霞关 7 号馆 PFI（株）

用途：办公、商业、饮食、车库

建筑规模：东馆：地下 2 层，地上 33 层，屋顶 1 层；西馆：地下 3 层，地上 38 层，屋顶 1 层；旧文部省厅舍：地上 6 层，屋顶 2 层；建筑总面积 253425m²

构造：钢筋混凝土、型钢混凝土、钢结构、CFT

设计：久米设计、大成建设、新日铁工程设计共同企业体

施工：大成、新日铁工程、日本电设三菱重工停车设备建设共同企业体

建筑外观

中央冷热源

该工程西馆为政府与民间合用楼，东馆为政府专用楼。为了保证政府部分的独立性，东、西馆中央冷热源分别独立设置，电力、城市燃气、热电联产系统则联合使用，使两栋楼都具有很高的可靠性。为保证灾害应急指挥活动的需要，设计考虑政府部分即使在外管线网断绝供应的情况下，部分办公室也要保证空调运行。因此，灾害应急用空调的冷热源和部分平时使用的中央冷热源兼用。

东馆冷热源包括有温度分层型蓄冷水槽的蓄冷系统。设置 2 台蓄冷用离心式冷冻机组，兼作灾害应急用空调的冷热源。设计上东馆冷热源也考虑可以向西馆的政府办公部分供冷，系统特点如下：

（1）由应急发电机供给离心式冷冻机组电源（备有 3 天的燃料）。

（2）灾害应急时跨过二次热交换器直接向二次水环路供冷。

（3）平时蓄热工况运行 1 台冷冻机组，另 1 台以旁通状态备用，并交替使用。

（4）西馆采用了热电联产系统（CGS），向两馆供电、供热，采用发电效率高的燃气发动机。用蒸汽和高温水回收排热侧热量用作空调和卫生热水的热源。使用城市燃气发电时，利用热电联产排热的吸收式冷冻机组也运行，用作后备冷源（燃气引擎发电机 900kW/2 组、回收蒸汽热量为 370kW、回收热水热量为 430kW、综合效率为 75％）。

水系统按低、中、高层分区，中、高层通过热交换器间接供热。为了节省输送动力，冷、热水都采用 10℃的送回水大温差；二次水采用变流量（VWV）方式。另外，东馆还引入了燃料电池方式（100kW/组、回收热水热量 48kW、综合效率 85％）。图 1 为总平面图（由图可知，该楼与霞关大厦（J1）相邻），图 2 为冷热源系统图。

资料来源：《建筑设备士》，2008/2。

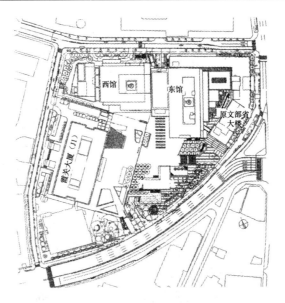

图1　总平面

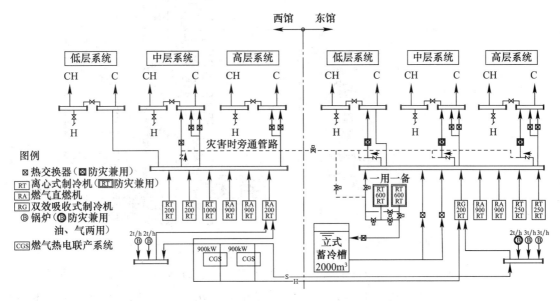

图2　冷热源系统图

冷热源主要设备如表1所示。

冷热源主要设备表　　　　　　　　　　　　　　　　　　　　　　　　表1

名　　称	容　　量	台　　数	备　　注
东馆：			
单、双效吸收式冷冻机	200RT	1	CGS 排热时用
直燃式吸收式冷热水机 离心式冷冻机（蓄热、追加）	900RT 600RT	2 2	应急时兼用
离心式冷冻机（非蓄热）	250RT	2	
蓄冷水箱（温度分层型）	2000m³	1	利用结构
燃气蒸汽锅炉	20t/h	3	1台应急燃油
西馆：			

续表

名　　称	容　　量	台　数	备　　注
单、双效吸收式冷冻机	200RT	1	CGS排热时用
直燃式吸收式冷热水机	900RT	2	
离心式冷冻机	1000RT	1	
离心式冷冻机	200RT	2	
燃气蒸汽锅炉	20t/h	2	

标准层空调系统

标准层办公室有国有（政府办公）和民间（出租办公）之分，使用方式和性能标准各异。

政府用办公采用带内、外分区盘管空调箱的变风量（VAV）方式，冷热双盘管四管制系统可满足全年各区域不同的空调负荷。另外，还可采用全新风供冷进一步节能。

图3为标准层平面图，图4为剖面图。

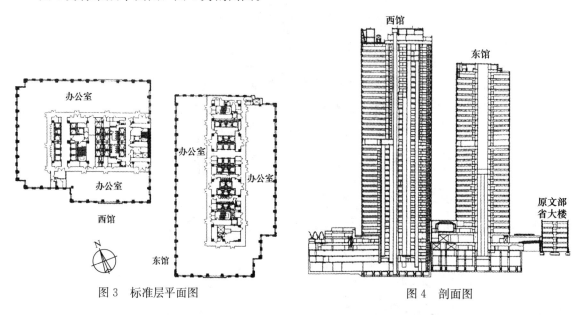

图3　标准层平面图　　　　　　　　　　图4　剖面图

在外窗和百叶间的吊顶处以及外窗台上设有吸风口，形成简易的通风窗方式。夏季从吊顶除去热上升气流；冬天通过风阀自动切换，从外窗台吸气，防止冷风下沉（见图5）。出租办公

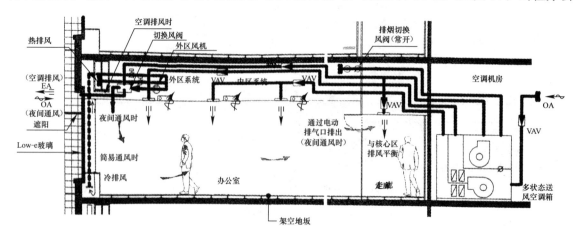

图5　标准层空调系统概念图

部分内区为 VAV 方式；外区考虑租户分割和加班等因素，采用穿墙式空调机组。另外，换气通过全热交换以提高节能性。多数灾害应急空调房间平时都在使用，因此和热源一样要保证空调系统可靠性、节能性和舒适性。为此，空调系统原则上与平时系统兼用，在外管网供应断绝时，利用应急热源和应急电源运行。此时如表 2 所示进行控制。另外，可在空调控制箱中设应急运行切换开关，以适应将来办公平面的调整。

灾害应急空调系统控制要求　　　　　　　　　　　　　　　　　　　表 2

灾害应急空调要求		VAV 末端控制	AHU 控制		二级泵控制①
空调系统	房间		风机	二通阀	
要应急运行	应急空调	通常控制	最小风量	通常控制	通常控制（最小流量）
	一般空调	强制关闭			
应急停运	一般空调	—		强制关	

① 仅应急空调水泵用应急电源运行。

回水温差控制

采用大温差水系统，是确保温度分层型蓄冷水槽有效利用和节能运行的关键。为此，各空调箱设置了保证回水温差控制系统，如图 6 所示，盘管出口设温度传感器，分别对室内温度与盘管出口温度进行比例控制。这些输出信号综合后作积分动作，反馈控制二通阀。因此，可以在不影响室内温度下保证供回水大温差。

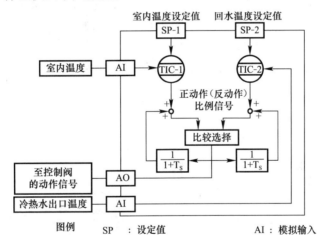

图 6　大温差控制原理图

自然能量利用

（1）政府办公部分的标准层采用夜间自然通风换气抑制冷负荷：夜间空调停运时调节风阀，利用窗上的排风条缝兼作室外空气取入口，由吊顶自然换气口进风，再经办公与走廊门的上部及核心筒墙上的电动风门隔断，依靠烟囱效应进行自然通风。经计算，单位面积排热量可达到 $0.89MJ/(m^2 \cdot a)$，节省风机动力 $1.31MJ/(m^2 \cdot a)$。

（2）低层部分新风经过地下夹层，利用地热进行预热、预冷，以降低新风负荷。当然要防止地下夹层内湿气和臭气的发生。

（3）东、西馆屋面设 50kW 的太阳能发电装置，电力供给政府办公部分。

（4）东馆屋面设 5 台 5kW 的风力发电装置，电力供给政府办公部分。

新丸之内大厦

地点：日本东京都千代田区丸之内 1-5-1

建筑规模：总建筑面积 19.54 万 m²；最高高度 197.6m；地下 4 层，地上 38 层，塔屋 1 层

用途：出租办公室（9F～37F）、餐饮购物（地下 1F～7F）、停车场（地下 3F～2F）

结构：地上钢结构，地下钢骨及钢筋混凝土

竣工时间：2007 年 4 月

建筑外观

设计理念

按业主要求，大楼能实现绿色生态评价标准日本 CASBEE 之 S 级，所以采用遮阳百页（电动控制）、Low-e 玻璃、屋顶及墙面绿化、太阳能发电、高效率照明器具、高效率机器和设备系统等。此外，要求保证可靠性和安全性、高效率的维护管理，以期达到长寿命建筑的理想。同时，优良的室内环境也是追求的目标。图 1 为建筑剖面图，图 2 为标准层平面图，图 3 为高层部分的外立面处理手法。外围护结构为采用 Low-e 玻璃的全面玻璃幕墙结构。

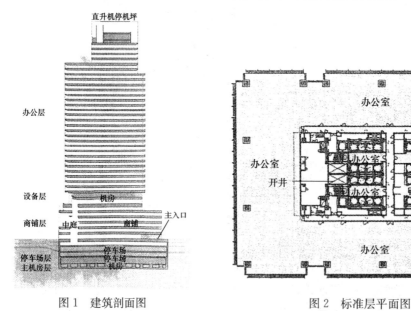

图 1　建筑剖面图　　　　　　　　图 2　标准层平面图

空调设备系统

各标准层空调服务面积为 3000m²/层，可分隔为 7 个区（350～450m²），如图 4 所示，空调

资料来源：《建筑设备士》，2007/11；《建筑设备と配管工事》（日本），2007.12。

方式分内区和外区。按面积约 50～65m² 设置一台 VAV 送风末端。外区空调与窗际屏障系统相结合，架空地板中部分为用于窗台送风的送风道。窗台向上送风经窗玻璃与百页窗帘间的空间进入回风系统，带走窗面进入热量（包括沿窗倾斜吊顶处积集的热量），从窗帘箱吸入的空气则根据要求自动控制回入系统或排出室外。标准层空调系统的工作流程如图 5 所示。

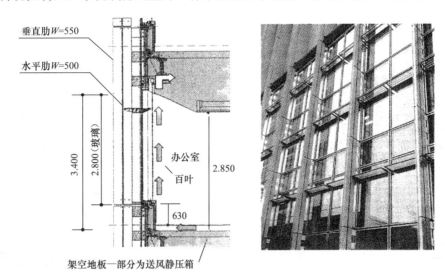

图 3　高层外立面处理手法

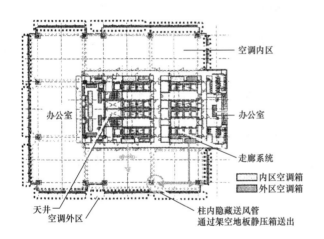

图 4　办公室平面图

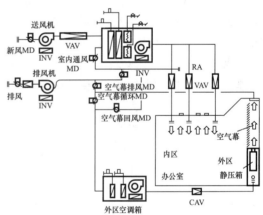

图 5　标准层空调系统流程图

冷热源设备

大厦引入本地区丸之内区域供热（冷）公司的冷水和蒸汽给热交换器，向二次侧空气处理机组提供冷水及热水。配管系统按空调机的耐压、机房的配置及垂直高度方向分三区处理。由于商铺部分采用新风空调箱与风机盘管系统，故冷水系统进一步分为风机盘管系统与空调箱系统两部分。空调箱冷水及热水的供回水温差均为 10℃，既根据循环流量进行台数控制，又根据空调机水管阀门的开启状况进行可变扬程控制，以减少输送能耗。

工程实录 J108

赤板 BIZ 塔

建筑外景

地点：东京都港区赤板五丁目；

用途：办公、商业、停车场

业主：株式会社东京放送

设计：株式会社久米设计

建筑规模：建筑面积 186866m²，标准层 3806m²（16 层）；主跨 7200mm，层高 4265mm，吊顶高 2850mm，总高度 179.25m；地下 3 层，地上 39 层，屋顶 1 层

结构：钢结构（部分钢筋混凝土、混凝土）

设计时间：2001 年 6 月～2004 年 12 月

施工时间：2005 年 1 月～2008 年 1 月

冷热源系统

根据东京都的本地区区域冷热供应规划，该工程的区域冷热供应（DHC）由赤板热供给株式会社接来冷水和蒸汽。DHC 接受设备设于地下 3F 的热源引入设备室。冷水：供 6℃、回 14℃，最大冷量 18408kW；蒸汽：0.78MPa，最大热量 7962.5kW。

考虑到要全年冷热空调自由选择，向全楼输送冷水及蒸汽（或热水）的冷热源输送系统为四管制。本着"降低输送动力，供给压力适当和确保安全"等目标，空调冷热源设计为：（1）办公租户入住的 4 层以上为"冷水和蒸汽"；（2）商业租户入住的 3 层以下为"冷水与热水"。扩大冷水二次侧温度差（供 7℃、回 15℃），为应对冷负荷变化，采用变流量控制节能。为使空调箱盘管符合标准规格，把冷水系统分为高、中、低三段。另外，采用蒸汽分别供采暖和加湿。图 1 为冷热源系统概要图。

空调系统

房间的空调方式要考虑用途、使用时间、应急措施、租金以及空间特性等，根据空调对象（房间或区域）选择适合的方式。

（1）办公室空调系统

办公室空调方式采用兼顾内区和外区两个系统的分区空调箱（每层 8 台，见图 2），内区为单风道变风量系统，外区为单风道定风量系统（见图 3）。

为降低内区系统的输送动力，每 50～100m² 设一台 VAV 末端（每层 47 台），采用大温差（13℃）送风方式。另外，为保持冬季室内良好的相对湿度，在回风侧进行加湿。外区系统主要目的是处理围护结构负荷，采用"窗边吊顶送风＋周边窗台吸风"的空气屏障方式。

为了维持良好的窗际热环境，外区系统的送风温度将根据不同朝向的日射量及外墙、外窗等外围护结构的热工性能由中央监视系统计算出最佳温度，并进行控制。然而虽然是 Lcw-e 外

资料来源：《建筑设备士》，2008/9。

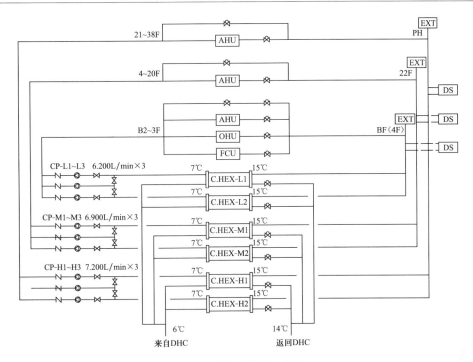

图 1　冷源系统概要图

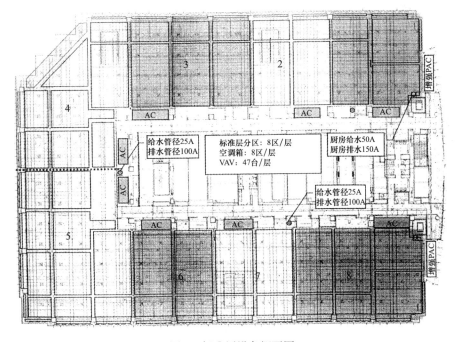

图 2　标准层设备概要图

窗，冬季玻璃上还会结露。因此，仅对内区系统加湿。从而即使是窗边的小房间也能确保良好的室内温湿环境。

　　为应对办公室增加空调能力的需求，考虑采用分体式空调机组方式，其室外机置于室外设备平台上。增加的空调能力普通楼层按 22W/m² 预留，特殊楼层按 36W/m² 预留。另外，除了弹性工作制的办公室，根据空调系统停运台数，确定厕所排风间歇运行，在一定程度上可以应对机械排风的空气平衡问题。

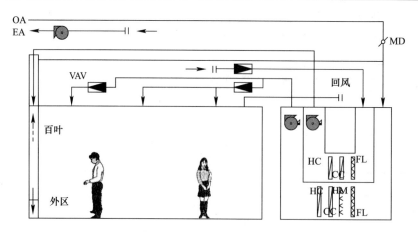

图3　标准层空调系统概念图

（2）高大空间空调系统

为兼顾节能与舒适性，办公楼大厅、商场进厅等高大空间仅有人员活动的区域。空调系统采用双层架空地板送风，利用"窗边地板送风"和"内区踢脚板高度送风"相结合的方式。因为该方式有地面冷、热辐射的效果，预期会提高舒适性。

（3）商场空调

商场部分采用"新风空调系统＋区域切换的四管制风机盘管"方式，此外，要确保所有饮食店的换气。商店与厨房为两个系统，各设CAV装置排风。厨房排风设置的CAV装置，因油脂粘着会使动作失灵，故要考虑方便清扫。厨房的排风有气味，设置了除臭装置（陶瓷过滤器）。防灾中心、管理办公室等24h空调的房间为考虑独立控制和水害等因素，采用"地板送风型柜式空调机＋单风道"方式。柜式空调机设2台，各为100％容量，确保高安全性和更新时需要。为防止烟囱效应、室外空气侵入和室内空气泄漏引起室内热环境恶化，办公室大厅由新风系统、商业进厅由送风机对进口大门门斗进行加压。另外，电梯门采用遮烟型，进入屋顶的外门采用气密型，排风和排烟系统在主立管道分出的水平支管上设气密型风阀。

代代木研究班本校

地点：东京都涉谷代代木 2-25-9

业主：学校法人离宫学园

设计：大成建设一级建筑士事务所

施工：大成建设株式会社东京支店

用途：专修学校、共同住宅

建设工期：2005.9～2008.2

建筑规模：建筑面积 2775.10m²；总高度 134m；地下 3 层，地上 26 层，塔屋 1 层

结构：混凝土，钢结构、型钢混凝土，中间层避振结构

建筑外观

建筑构成

该楼分为学校区和住宅区两部分。地下 3F～17F 为学校区，是代代木研究班使用的教室和办公室等，18F～26F 的共同住宅是学生宿舍。图 1 为建筑功能构成。

冷热源系统

学校层的空调冷热源系由 B3F 热源机房内设置的燃气冷热水机组供给冷、热水。

空调方式

学校部分为风机盘管＋新风空调方式，办公等部分房间为风冷热泵多联机方式，住宅部分采用房间空调器。在决定空调方式时，曾对进厅等大空间进行热湿环境 CFD 模拟。另外，预备学校的一个特殊性是授课的多样性，听讲学生数量变化大，室内负荷与授课内容有关。为此，新风机向教室供给室温下的新风，新风机风量变频可调，与教室的利用状况相对应。此外，在教室外区的北侧设置足下加热器，以应对冷风下沉。

该工程空调设备概要如表 1 所示。

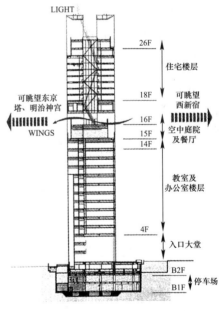

图 1　功能构成

空调设备概要　　表 1

冷热源	燃气冷热水机组 3798kW	排烟	正压送风（消防电梯前室、避难层前室）机械排烟（教室）
空调方式	单风道方式（大堂）新风机＋FCU（教室）风冷热泵多联机（办公等）房间空调器（住户）	自动控制	DDC 式
通风	全热交换器（办公等）第 1、3 种换气	中央监视	开放 BA 系统（BACnet）

资料来源：《BE 建筑设备》；2008/08；《新建筑》（日本）第 3 期，中国版

工程实录 J110

模特学院　螺旋塔

地点：爱知县名古屋市中村区名站 4-27-1

用途：专门学校、店铺、停车场

业主：学校法人模特学院

设计：日建设计（株）

施工：大林组名古屋支店（株）

建筑规模：地下 3 层，地上 36 层，屋顶 2 层；建筑面积 48989m²

结构：地上钢结构，地下钢结构，钢筋混凝土，型钢钢筋混凝土

建设工期：2005 年 10 月～2008 年 2 月

螺旋形外观

热源设备

该工程由于外观设计特殊，冷却塔等室外设备设置困难，而且接近名古屋车站东地区的 DHC 设施，通过对分散热源和区域热源的综合研究，采用冷水（供、回）和蒸汽（蒸汽、凝结水）四管制的区域热源。

除了从名古屋站东地区引入区域管道，还从名古屋站南地区热网引入区域管道，在该建筑地下 3F 联通。区域供热公司计划在低负荷时两个供热站可以联通供热。图 1 为热源系统图。

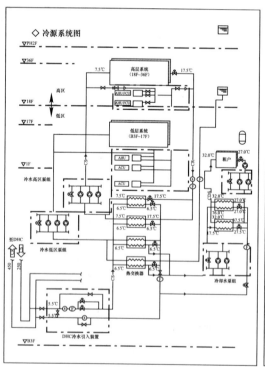
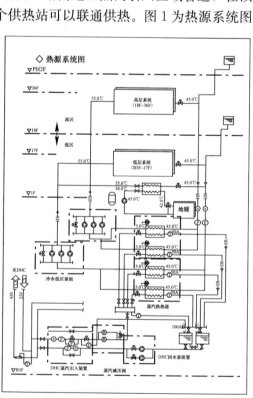

图 1　热源系统图

资料来源：《建筑设备士》，2008/7；《日经建筑》，2008.1.28。

地下 3F 设置区域冷暖引入机房，设置全楼的冷水、蒸汽入口计量表。总管接入后，通过热交换器间接供热。另外，利用冷水回水温度，经热交换器制造冷却水，供厨房冷藏设备冷却用。为考虑设备与配管耐压，分高层、低层两个水系统，向各层供给冷水和热水。由于各层与上一层平面有 3°的回转，空调机房也与上层位置不同。因此，机房内水管也平行于空调机房。

另外，各层平面方位不同，各层热负荷特性也不同，以各栋各层为单位，设置可以冷暖空调转换的自动选择阀。冷水、热水泵采用台数控制及转速控制以削减输送动力。

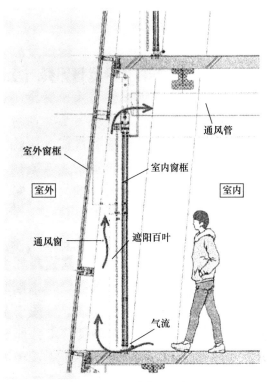

外部侧：铝框玻璃幕墙+玻璃 单元结构
图 2 通风窗

空调设备

（1）一般教室、实习室、教务室

采用各房间可开关且温度便于设定的吊顶式风机盘管和新风空调箱并用的空调方式。教室人员密度高、新风量大，再因窗户外表面面积大，采用通风窗时排风量也很大。为平衡二者的风量，采用了全新风空调箱（四管制），空调箱与全热交换器并用。除了可新风供冷的期间，通风窗排气与新风可进行热交换。在显热不能回收的情况下进行潜热回收。明装吊顶式风机盘管可减少风管节省风机动力。

（2）多功能厅

带全热交热器的空调和单风道方式；采用新风供冷和室内 CO_2 浓度新风量控制。图 2 为外周通风窗断面。

（3）公共部分商店

进厅空调采用单风道方式，前台、理事长室、董事接待室、中会议室加设地板辐射采暖。商店设专用空调箱处理新风，根据商店的使用情况进行风量控制。另外，各种商店负荷不同，因此采用了四管制风机盘管。

该工程主要空调设备如表 1 所示。

主要空调设备表 表1

项 目		概 要
热源设备	热源方式	区域冷暖供应（冷水＋蒸汽）
	供应热量	5615kW（冷水） 3070kW（蒸汽）
空调设备	空调方式	专门学校：风机盘管＋新风空调方式（带全热交换器）、通风窗方式
		商店：风机盘管＋新风空调方式
	水系统	冷水、热水四管制，各层风机盘管冷热水二管制
	主要设备	空调箱 87 台，风机盘管 893 台
换气设备	换气方式	机械室、机械停车库：机械送、排风； 厕所、茶水室：机械排风
中央监视	监视项目 控制方式	设备启停、故障、状态，各种监控，共 6100 点 BACnet 电子方式
其他	通风窗	

福冈金融集团（FFG）本部大楼

地点：日本福冈市中央区大手门 1-8-3

业主：福冈银行（株）

设计、监理：松田、平田设计（株）

构造：钢结构、部分型钢钢筋混凝土、钢筋混凝土

建筑规模：地下 1 层、地上 14 层、塔层 2 层；总建筑面积 2.773 万 m^2

施工：户田建设（株）九州支店（建筑）

　　　（株）九电工（空调、电气、卫生等）

建设工期：2006 年 7 月～2008 年 4 月

建筑外观

建筑设计的理念

（1）建筑外围护结构采用垂直纵向柱片与水平遮阳构成立体格状 PC 板，对空调负荷的降低有实效。窗玻璃采用 Low-e 玻璃，按日本周边全年负荷计算值 PAL 为 248MJ/（m^2 · a）[一般应小于 335MJ/（m^2 · a）]。

（2）空调新风被引入埋设在地下的冷却/加热管道（CHT）进行预冷或预热（见图 1 和图 2）。

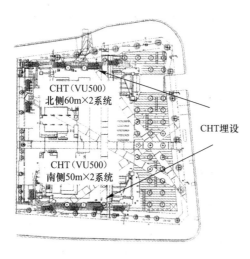

图 1　CHT 埋设图

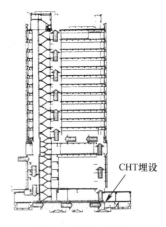

图 2　CHT 剖面图

（3）屋顶等处设置太阳能电池发电装置，总容量为 23kW，月平均发电为 1458kWh，全用电负荷相当运行时间为 778h。

（4）其他技术应用：如办公室窗侧区域通过天然昼光照明对人工照度的修正控制、中水利

资料来源：《建筑设备士》，2009/10。

用技术等。

空调方式

标准层采用集中冷热源的全空气单风道 VAV 空调系统，其余低层部分则采用个别空调方式。办公部分的内区分三个区，各设置 1 台 AHU。周边区按方位不同（东、北、南）设专用的 AHU 系统，并从窗台向上送风，由于设有百页遮阳，起到了较好的空气屏障效果。该大楼垂直和水平方向的系统划分如图 3 及图 4 所示。标准层空调系统示意图见图 5。

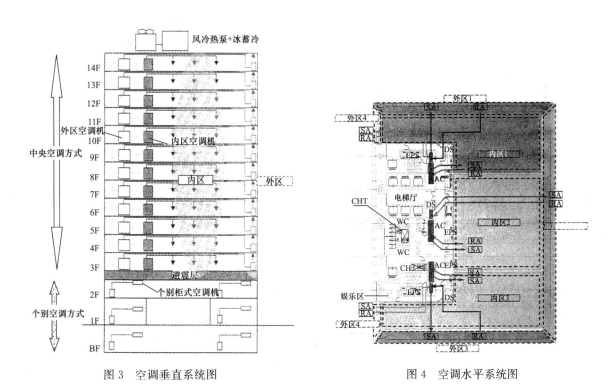

图 3 空调垂直系统图　　　　　　　　　　图 4 空调水平系统图

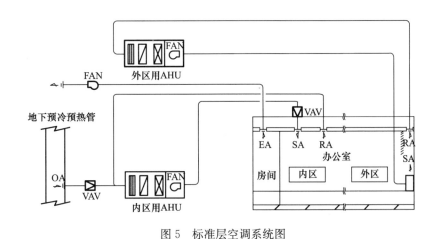

图 5 标准层空调系统图

用于新风预冷（热）的地下管道直径为 $\phi500mm$，夏季可温降 1.7℃，冬季可温升 2.6℃。（管材为塑材）。

空调用冷热源

考虑到运行的可靠性，如：可能的地震、缺水等，采用风冷热泵和冰蓄冷相结合的方式。同时，以免震层为分界，上部为集中方式，下部为分散机组方式。故设备和水系统分为 A、B 两个大的系统。备设 2 台盐水制冷机组（333kW/台）、一台普通风冷冷水机组（357kW/台）和冰蓄冷槽三组，安装在屋顶上方，冷热源系统图参见图 6。

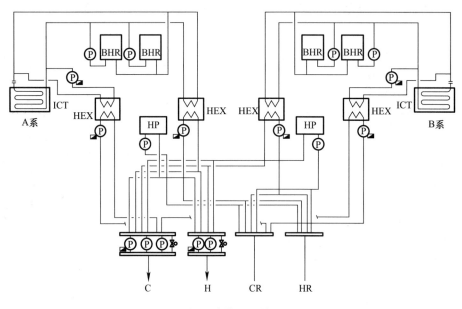

图 6　冷热源系统图

KDX 丰洲主广场

地点：东京都江东区东云 1-7-12
业主：清水建设（株）投资开发本部
用途：办公
结构：钢结构（柱 CFT）制震构造
建筑规模：地上 10 层，屋顶 2 层；建筑面积 63573m²；总高度 44.35m
设计：清水建设（株）一级建筑士事务所
综合施工：清水建设（株）
空调施工：高砂热学工业（株）
建设工期：2007 年 3 月～2008 年 5 月

建筑外观

建筑设计特点

四周外立面为全玻璃幕墙，筒芯设有观光电梯的 10 层挑空中庭。因此，虽然每层面积很大，但公共部分和办公部分充满了自然光构成的明亮空间，玻璃幕墙采用 LOW-E 双层玻璃，根据日光传感器自动控制百页开度。屋顶花园和周边绿化在抑制建筑冷负荷的同时，也抑制了城市热岛效应。

消防设计方面，根据日本避难安全检证法取得大臣认定。排烟系统的技术基准和防火防烟分区可以有所宽松，其结果是 10 层共享中庭的防火卷帘及办公室内的挡烟垂壁都没有设置。

1F 除了职员食堂还有店铺区域，2F～10F 为无柱大空间办公区，每层约 511m²，进深 20～23m，吊顶净高 2.8m，架空地板 100mm，最多可以分割为 6 块出租区。

冷热源系统

冷热源采用冰蓄冷、高效水冷螺杆式冷水机组、直燃式冷热水机组组合方式，在考虑能源多样性的同时，兼顾能源价格体系、电力负荷平均化以及减少 CO_2 排放等环境因素的结果。另外，还采用了大温差水系统。为最大限度地确保办公楼出租面积，冷热源设备都设置在屋面上，由于距运河很近，有关设备都采用了耐盐型。

标准层空调

标准层空调每层分为 6 个区域，各区域的内外区系统统一设置一台多分区空调箱。采用单风道 VAV 系统，内区约 70m² 为 1 个温控单位，外区根据租户区域及朝向确定温控单位。为降低输送动力，采用低温送风方式，比一般空调风量减少 25％。屋顶设带全热交换器的新风空调箱 6 台，向各层供给新风。各层空调箱新风入口设 CAV 装置，根据室内 CO_2 浓度控制新风量。图 1 为标准层平面和空调分区。

资料来源：《建筑设备士》，2008/11。

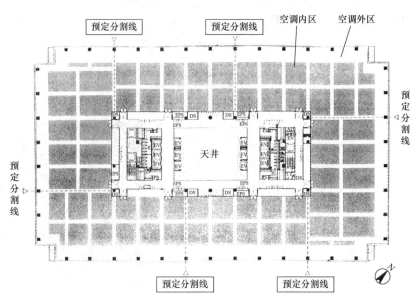

图 1 标准层平面和空调分区

自然能源利用

公共空间中央的中庭（约 21m×16m×10 层挑空）有效地利用自然能源进行空调（见图 2）。

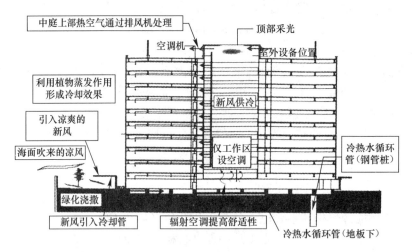

图 2 自然能源的利用

夏冬季，采用地板冷、暖辐射和地板送风，仅对人员活动区进行有效地空调。在钢管桩和大底板下部敷设聚乙烯管作冷热水循环，以回收土壤中的热量，用于地板冷辐射的冷源。冷辐射无须低温冷水，16～19℃的冷水就已足够。进一步在地下敷设新风冷却管，利用地下热量夏季冷却、冬季加热新风，达到降低新风负荷的目的（见图 2）。

过渡季标准层办公空调采用室外新风供冷，可以利用中庭作为新风进风通道。中央监视系统随时检测新风温湿度、室外风速和降雨情况等，判断是否符合新风供冷条件，条件符合时，即开启中庭顶部设置的排烟窗，各层空调系统经中庭引入新风。室内排风通过室内排风系统，同时新风系统也切换成排风系统。据此，新风供冷时引入的新风量为一般空调时最小新风量的 2 倍，约为标准层空调送风量的 60％，新风供冷时的中庭由于凉快的新风导入，不开空调也能保持适当的温度。

设备设计其他特点

设备设计围绕两方面概念进行，即节能节约资源以及应对租户各种需求和便利性。除空调外其他如：日光利用、200V照明配电、雨废水再利用等技术。

为应对多种租户的需求，增加了电源容量，并设置用户专用发电设备。另外，为应对热负荷的增加，各层设置了4个设备专用阳台，屋顶上也确保了增设冷热源设备、冷却塔、室外机的空间。

另外，由于采用非接触型IC下的安保系统，通过安保信号连动，在进行公共区域的照明控制的同时，还可以控制出租办公区内空调、照明启闭。

该工程空调设备概要如表1所示。

空调设备概要

表1

项　目	概　要
冷热源系统	热源方式：电气＋燃气、冰蓄冷机组、水冷螺杆式冷水机组、直燃型吸收式冷热水机组 主要冷热源设备：冰蓄冷机组：278kW×4台；蓄冷容量：5307MJ； 水冷螺杆冷水机组：809kW×2台；直燃型吸收式冷热水机组：1470kW×2台
空调系统	标准层：内、外区单风道VAV系统；多分区空调箱6台/层冷热四管制； 内区13160CMH、外区10640CMH2台/层；内区11750CMH、外区9100CMH2台/层； 内区9400CMH、外区5700CMH2台/层； 新风空调箱：42300CMH×2台、39650CMH×2台、30600CMH×2台
通风系统	通风方式：机房、电气室等为机械送排风；厕所、客厅等为机械排风
排烟系统	机械排烟方式：消防电梯合风前室为正压送风；排风系统与排烟系统兼用
中央监控系统	监视点9500点；监视项目：BAS、BMS、EMS、电力、空调等
自动控制系统	DDC方式、基于网络、WEB对应、局域网、LonWorks
其他	地下热利用、中庭地板冷热辐射、热交换器18.8kW

仙台东宝大厦

地点：宫城县仙台市青叶区中央 2-1-1

用途：酒店、办公、餐饮，

业主：东宝株式会社

建筑规模：地下 1 层、地上 13 层、塔屋 2 层；基地面积 1240.86m² ；建筑面积 9595.73m²

结构：钢结构、部分钢筋混凝土

设计监理：竹中工务店设计部

施工：建筑竹中工务店；空调高砂热学工业

建设工期：2007 年 1 月～2008 年 6 月

建筑外观

建筑特点

该大厦是综合楼，图 1 为 6F～13F 平面图，图 4 为剖面图。地下 1F 为餐饮；1F～4F 是出租办公；5F～13F 为酒店。基地东向和南向面对步道，2～4m 的开放空地设有园凳和植栽，发光的艺术品形成了丰富的都市环境，缓和了容积率的变化。外观上，高层部分是体现宫城野荻的淡粉红色面砖，低层部分是兼具通透性和节能性的 Low-e 玻璃幕墙，两者形成反差。

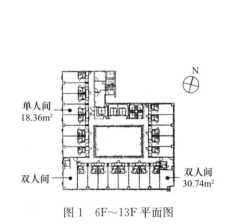

图 1　6F～13F 平面图

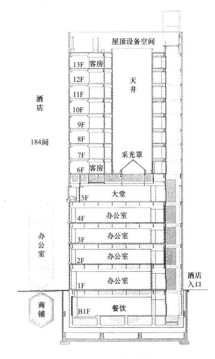

图 2　剖面图

资料来源：《BE 建筑设备》（日本），2008/11。

冷热源系统

　　全楼采用可同时供冷供热型风冷热泵多联系统。可以满足酒店客人各种空调需求，也可以处理好办公层同时出现的冷、热负荷。高层部分室外机设置在酒店区屋面上；2F～4F办公部分的室外机放在各层阳台上，以尽可能缩短冷媒管长度。

空调方式

　　酒店区客房层分层设新风空调系统，电梯厅及客房设风管机送风。图3为空调风系统图。

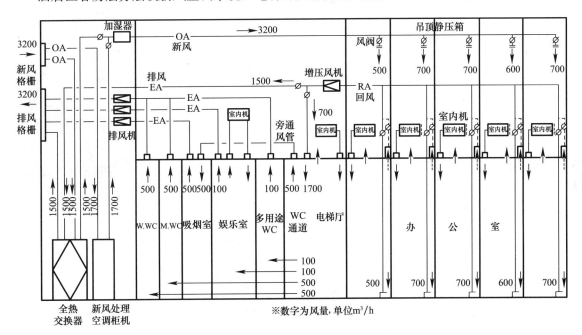

图3　办公层空调风系统流程图

　　办公区为吊顶静压箱回风方式，回风从灯具缝隙间回到吊顶内与送入的新风混合。室外侧幕墙上下均设有吸风口，连接带电动风阀的排风管。夏季从上部风口、冬季从下部风口交替排风。外围护结构负荷在影响室内前已被排出，形成节能的"无外区空调方式"。

　　该工程空调设备概要如表1所示。

空调设备概要　　　　　　　　　　　　　　　　　　　　　　　　　　　　表1

热　　源	风冷多联热泵系统（可同时供冷供热型）
空调方式	酒店客房：新风空调器＋暗装风管机； 酒店大堂：全热交换器＋暗装风管机； 办公：无外区空调方式、吊顶静压箱； 方式：新风空调器＋全热交换器＋暗装风管机
通风	新风空调器、全热交换器、带消声风管风机
排烟	酒店大堂、办公、餐饮：机械排烟； 酒店客房层：自然排烟； 消防电梯前室：自然排烟
自动控制	控制对象：加湿、无外区风阀切换

工程实录 J114

大阪 Breeze Tower

建筑外观

地点：大阪市北区梅田 2-4-9

业主：产经大厦（株），岛津商会（株）

建筑设计：（德）克里斯多夫·英恩霍文

施工：鹿岛建设

建设工期：2006 年 3 月～2008 年 7 月

建筑规模：地下 3 层，地上 34 层，塔屋 1 层，高度 174.9m，建筑面积 84790m²，标准层高度 4.2m，吊顶高度 2.8m（架空地板 100mm）

设计概念

该工程是在具有较高知名度的产品会馆原址上新建的城市地标建筑，在建筑和空调等设计上采用了一些技术手段，目标是建设成为与区域和谐、能积聚人气的环境共生型建筑。设计特色体现如下：

独立性：不受复杂的基地形状和周边环境的影响，形成独特的设计和特性。

外观：白色的建筑，办公区域与交通核形状规整，塔楼办公区与裙房采用了不同功能的双层幕墙，外观上即可区分，设计简单独特。

公共空间：裙房采用了高大的中庭设计，吸引人流进入，形成公共空间。

流线：商业区分为两个区域，由中庭加以连接，通过视觉引导和合理的流线设计来促进来宾漫游的意愿。

绿色建筑手段：实现了双层表皮和自然通风的超高层办公空间，也引入了各种环保系统。

双层幕墙（DSF）与自然通风

该建筑办公区域的平面布置上，采用了有利于热负荷的布局，即将交通核和厕所等辅助空间布置在东、西两侧。采用了玻璃立面来保证良好的视觉效果，同时为了减少热负荷，设计了双层表皮。

低层的商业和会议大厅也采用了白色的双层幕墙，增加了立面的变化效果，同时也考虑了减少太阳辐射得热。10F～32F 的办公区，其双层幕墙可以实现自然通风。

自然通风由用户直接开启内层纵向细长的通风小窗来实现。另外一种开启方式则仅限于物业管理和维修者来操作，在内层玻璃清洗或维护电动百叶窗时可平开较大角度。

因小窗的开启由用户自由控制，对高层建筑需要考虑因气象条件产生的风压和气流的风险。通常，室外风速大或室内外压差大时，自然通风量也增大。为了对室外风速的控制，该项目专门委托厂家开发了通风调节装置（见图 1），当外部风速增大到一定程度时，进入室内的风量不会超过某一限值。测试数据如图 2 和图 3 所示。

资料来源：《BE 建筑设备》（日本），2009/1.《日本新建筑》3. 中国版. 日本株式会社新建筑社编译. 大连理工大学出版，2010 年 3 月

双层幕墙与遮阳

该建筑的内层玻璃与外层玻璃的间隙中，设置了自动控制的百叶窗，太阳辐射强烈时，热量通过自然对流排出到外层玻璃的外部。为了避免内外玻璃间隙中的空气形成环路对流，空腔的尺寸较小，形成了简单、紧凑型的双层幕墙。夏季太阳辐射强烈的某日中午时分，室外气温为 33.5℃，太阳辐射为 480W/m²，通过对现场 10F 某房间的实际测量，内层玻璃内表温度平均在 29℃ 左右（上下约有 1℃ 不到的温差）。证明双层幕墙对内层玻璃的温度能进行有效的抑制。

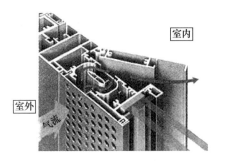

图 1　通风调节装置断面图

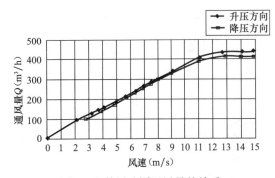

图 2　室外风速同通风量的关系

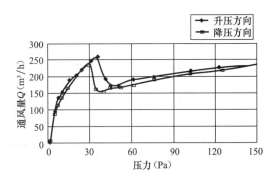

图 3　室内外压差同通风量的关系

空调设备和冷热源

该项目标准层采用了各层独立设置空调箱（AHU4 台/层）的单风道变风量（VAV）系统。7F 和 8F 的 912 座报告厅，采用了置换通风，分 7 层区、8 层区和舞台区分别设置空调系统，提高空间整体的空调效率，减少空气的输送动力。

标准层的空调还利用了室外新风冷却的节能方式。结合加湿器的加湿冷却，在过渡季及冬季冷负荷较低时可满足节能需要。

冷热源采用了离心式冷水机组、燃气直燃型冷热水机组和冰蓄冷的组合来满足系统的需要。通过冰蓄冷机组的有效利用，不仅使空调的耗电量比较均衡，同时使制冷机在白天的运行能控制在高效的状态点，整体能耗得到了改善。具体来说，就是尽可能使制冷机在额定工况附近运转来控制制冷机的启动台数。

为了减少空调水系统能耗（见图 4），热源侧采用了大温差的水循环方式，冷冻机供回水温差为 10℃，冷却塔供回水温差为 8℃，这样达到减少水泵能耗的目的。空调机等二次侧也采用了大温差供回水。另外，还采用了变频器及多台水泵等变水量（VWV）系统、设置了夜间等低负荷时的小流量泵，减少旁通的能量损失。空调设备如下：

冷源：燃气直燃冷热水机组：450USRT×2 台；离心式冷水机组：630USRT×2 台；低温离心式冷水机组：330USRT（蓄冷时 180USRT）×2 台；蓄冰槽（不锈钢）3600USRT/日；冰蓄冷用热交换器 400RT×2 台。

热源：燃气直燃冷热水机组：5300MJ×2 台；真空热水机（中层用）：1044MJ×3 台；真空热水机（高层用）：1620MJ×3 台；

其他节能措施

（1）裙房屋顶设置太阳能光伏发电；

（2）办公室采用照度传感器控制；

（3）走廊楼梯等处采用人体感应器控制灯具；

（4）标准层设置 CO_2 传感器控制新风量，减少新风负荷；

（5）为了减少空气输送的动力，每 $40\sim60m^2$ 采用一个 VAV 来进行控制；

（6）空调凝结水、雨水的回收利用。

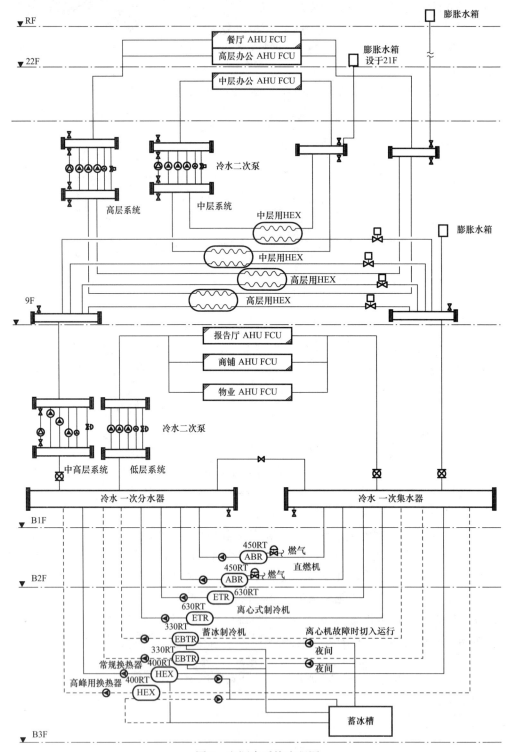

图 4　空调水系统流程图

工程实录 J115

模特学院茧形塔

地点：东京都新宿区西新宿 1-7-2
用途：专科学校、商店、大厅、停车场
业主：学校法人模特学院
设计：（株）丹下都市建筑设计
协助：（株）建筑设备设计研究所、Arup Japan
建筑规模：建筑面积 80865m²；高 200m；地下 4 层，地上 50 层，屋顶 2 层
结构：地上钢结构、地下型钢混凝土、部分混凝土

建筑外观

热源设备

该工程的主要热源是由西新宿一丁目区域冷热供应站送来的冷冻水（7℃）和蒸汽。另外，在该大楼地下 4F 设有区域冷热供应会社进行的能量服务业务，采用三联供设施，供给电力和冷热水。

三联供设施设燃气引擎发电机：920kW×2 台；排热回收锅炉：480kW×2 台；离心式冷冻机：550RT×1 台；热水吸收式冷冻机：150RT×1 台；供暖用热交换器：1000kW×1 台；热水热交换器：110kW×1 台。图 1 为三联供系统流程图。

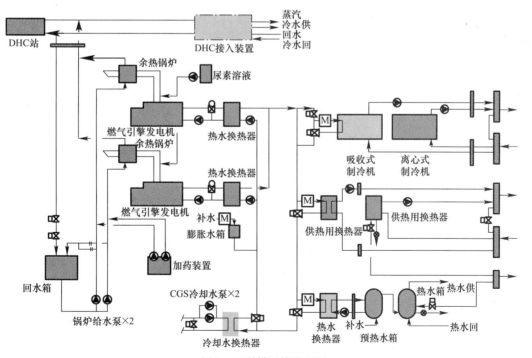

图 1　三联供系统流程图

资料来源：《建筑设备士》，2008/7。

三联供效率：发电效率40.2%；排热回收率（通过蒸汽回收蒸汽21.0%，热水通过热水回收22.2%）；综合效率83.4%。

空调设备

该建筑的特殊性是房间有多种多样的用途，以班级为单位的授课、联合授课、实务实习、学校间的房间调配等。在室人员在40～250席之间，可以预计，内部人员负荷、带入电脑的负荷以及新风负荷的变动都很大。图2为标准层平、剖面图。

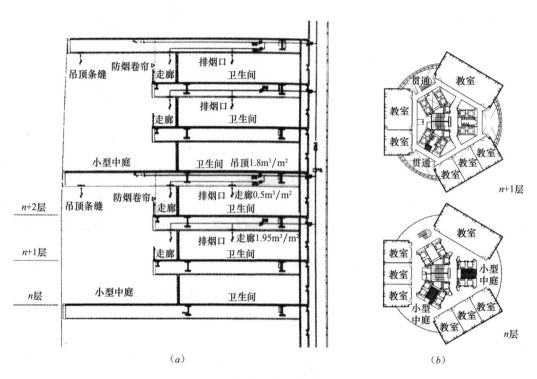

图2　标准层平、剖面图
（a）剖面；（b）平面

教室、实习室的空调方式：内区为冷水、蒸汽四管制单风道变风量空调系统，教室空调设备设有全热交换器和CO_2新风量控制节能；外区设二管制兼用风机盘管，供暖时为逆运转模式作排热回收。

中庭等共享空间受居住空间限制，采用四管制风机盘管。

该工程主要空调设备如表1所示。

主要空调设备表　　　　　　　　　　　　　　　表1

热源设备	热源方式	西新宿一丁目区域冷热站受入与三联供设施合用
	主要热源设备	DHC冷水受入11000MJ/h，蒸汽6500MJ/h；三联供发电机：920kW×2台，离心式冷冻机：1934kW×1台，热水吸收式冷冻机：527kW×1台
空调设备	空调方式	标准层：单风道VAV系统＋兼用风机盘管；大空间：单风道VAV系统
	主要空调机器	组合式空调器119台，兼用FCU379台，部分房间采用地暖
排烟设备	排烟方式	一般系统机械排烟，前室系统第二种排烟
自控设备	控制方式	DDC、电气方式、VAV控制、最小新风量控制

工程实录 J116

大阪达依大楼

业主：ダイビル
地点：大阪市中之岛 3-3-23
设计监理：日建设计
施工：鹿岛建设（株）
空调施工：新日本空调、三晃空调等
用途：出租办公楼、商店
建筑规模：地下 2 层，地上 35 层，塔层 3 层；总建筑面积
7.95 万 m²
结构：钢结构、钢筋混凝土、部分型钢混凝土
建设工期：2006 年 10 月～2009 年 3 月

建筑外观

工程设计理念

建筑设计从立面外观和减少空调负荷两方面考虑，采用垂直
细柱与水平挑檐相结合的遮阳措施，并保证相应的眺望要求。此
外，还采用隔热性高的双层玻璃，以减小围护结构热负荷。图 1 为剖面图，图 2 为围护结构详
图，图 3 为标准层平面图，图中反映出各层面具有应对各种使用要求的灵活性。

图 1 剖面图

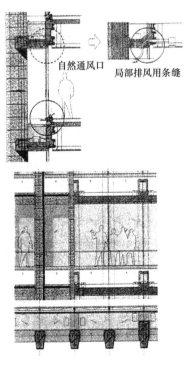

图 2 围护结构详图

自然通风口　局部排风用条缝

资料来源：《建筑设备士》2009 年 9 月。

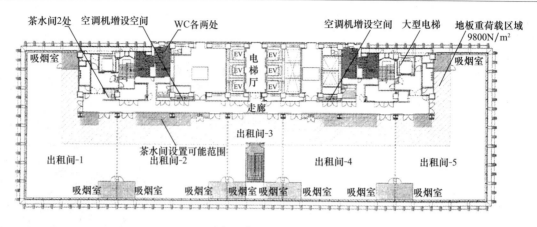

图 3　标准层平面图

从建筑物空调节能的综合措施出发，大楼设计时，考虑每层设置自然通风窗，并经测算，可获得每小时 8 次换气的交错流穿堂风。其布置如图 4 所示，从沿外窗下部进风，在对方向上部流出房间。进风口为各室独立的手动控制，当下雨及强风时可自动关闭，而对向上部则为自动开启窗。

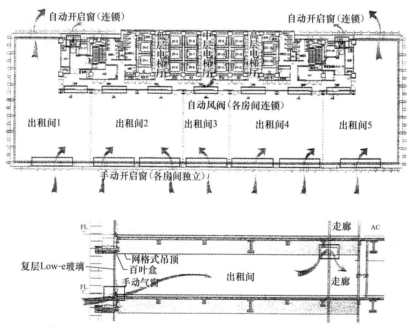

图 4　标准层自然通风平剖面图

该大楼标准层面积约 1500m²，吊顶高度为 2.8m，架空地板高为 150mm。办公楼照明按 640mm 的网格布置灯具，可以以 3.2m 为模数开闭，并借助自然采光降低照明电耗。

空调方式

标准层采用全空气可变风量方式，各层在内区设 5 台 AHU（5 个出租分区）。内区 AHU 可满足新风供冷，相当于换气 $4h^{-1}$ 的新风供应。每个 VAV 末端的控制区域为 50m²。此外，按不同朝向设有外区 AHU（亦为 VAV 控制），所有 AHU 均为立式（紧凑型）安装，便于维修。针对日后空调容量需求的增加，各层均设有布置空调机室外机的空间。空调送风温度为 12℃，因系低温送风，故节约了输送能耗。该工程商店及标准层部分空间亦设置四管制 FCU＋新风系统。空调系统布置状况如图5所示。

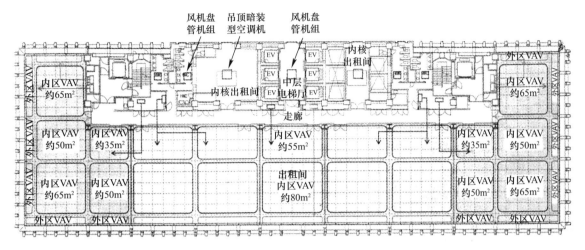

图 5　标准层空调平面图

冷热源设备

该楼位于中之岛，与关电大厦相邻。冷水由设于该楼的 DHC 站向本楼提供，供水温度为 5℃，进入本楼后经水泵和换热器作间接供冷。同时，从削峰考虑设有冷水蓄水槽（经换热器）。热水用相同方法供热（无蓄热槽），配置系统如图6所示（水温见图注）。

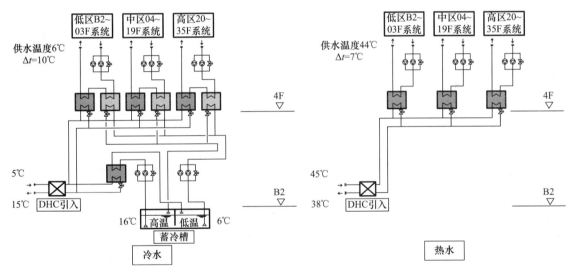

图 6　空调水系统图

由于该工程在生态绿色方面作出的成绩，获大阪建筑物综合环境性能评价体系认可的最高级别（CASBEE 大阪 S 级）。

名古屋 PRIME 中心塔

地点：爱知县名古屋市西区名驿 2 丁目

建筑规模：地下 1 层，办公楼地上 23 层，塔屋 2 层，高度 106m，建筑面积 49788.21m²

业主：东京建屋（株），丸红（株）

设计施工：清水建设（株）

建设工期：2007 年 6 月～2009 年 3 月

建筑外观

建筑概况

名古屋 Prime 中心位于名古屋火车站东北 500m 处，为原有名古屋交通局基地上的开发改造项目。按照名古屋市中心未来规划的基本方针，即"繁华洋溢的魅力都市"、"步行者乐园"、"人与环境和谐共生"等进行规划设计。该项目包含住宅楼、办公楼和停车场楼三栋，呈"品"字形排列，停车场楼遮挡在住宅楼、办公楼的后面。而该楼核芯筒放在西侧（见图 2）对减少空调负荷有重要作用。

空调通风设备介绍

（1）冷热源

该办公楼采用了燃气直燃型冷热水机组、离心式冷水机组等集中式冷热源。直燃机的 COP 为 1.5，离心机的 COP 为 5.4（单机），均为高效设备。机组的运行模式为：低负荷时，如加班及休息日，仅开启离心机满足基本负荷需要，同时避免直燃机在低负荷时的频繁启停导致设备故障。负荷增大到一定程度时，为了降低运行费用以及燃气的合同单价，停止离心机，启动直燃机。1F、2F 的店铺采用分体式空调器。图 1 为空调水系统流程图。

（2）空调设备

空调方式为空调箱（四管制）＋VAV。标准层空调箱与每层 5 个承租分区相对应，每层设置 5 台。VAV 则按一台负担约 50m² 考虑。为确保承租面积最大化，当每层划分为最大 9 个承租分区时，可通过 VAV 以及在窗台下设置电热器解决。基本思路为：在出租办公空间内不设置带有过滤器等需要维护的设备，考虑能在公用部位进行维护。图 2 为标准层租户分区图。

（3）通风设备

办公室内通风由空调箱送风机引入室外新风，排风从走廊自然排出，室内维持正压的通风方式。送风机为变频控制，与 VAV 联动，根据 VAV 的风量调节送风量。过渡季节可利用新风降温时，使 VAV 开度加大，尽量引入新风。排到走廊的空气，通过厕所、开水房的排风系统排到室外。

1F、2F 店铺的厨房排风则充分考虑到周边环境、相邻的住宅楼以及办公室的新风口位置，用风管将排风引至停车场建筑的屋顶，按离办公楼最远的位置设置排风口。

资料来源：《建筑设备士》，2010.2；《建筑设备と配管工事》，2010.3；《空气调和・卫生工学》，2011/7。

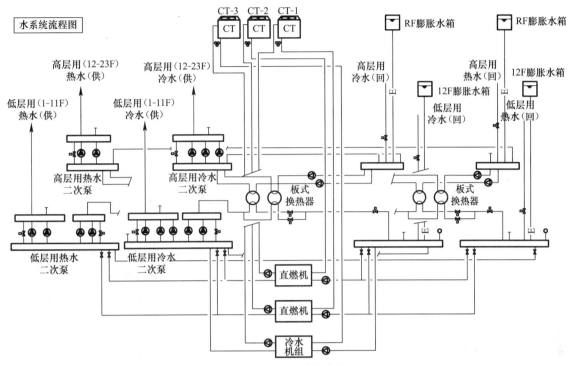

图 1 空调水系统流程

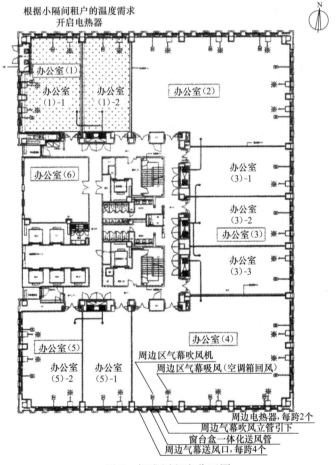

图 2 标准层租户分区图

（4）周边区空调方式

为了解决周边区的空调负荷，采取了多种措施。如建筑外部采用了纵向长窗，这样减小了窗户面积，同时采用了隔热、反射热性能良好的 Low-e 玻璃来减少负荷，此外采用了电动遮阳百页，在窗面上形成吹吸式简易空气幕（窗户玻璃与百叶之间）来带走负荷（吸风连接空调箱的回风）。

通常风幕送风的做法有：在窗台下设置窗台盒，每跨中安装数台风机向上吹风。该项目的设计中，送风机设置在吊顶内，每跨一台，突起的纵向长窗与墙壁之间的空间作为风管通道，风管与窗台盒连通，将送风引至窗台下。这样，减少了风机的数量，同时，横向风管与窗台盒一体化制作，使施工简化（见图3）。

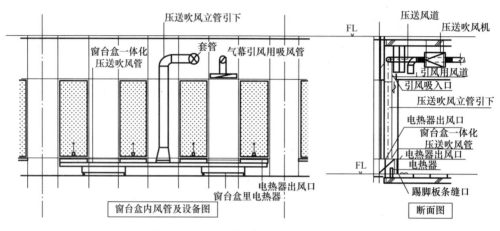

图3　窗台盒详图

此外，在窗台盒内设置电热器。按照每层5个基本分区，当最大分隔为9个分区时，部分空调箱需要负担2～3个分区，此时房间空调仅取决于空调箱的运行状态。但当空调箱为制冷状态，部分租户希望加热升温时，或空调箱为供热，但部分租户希望获得更高温度时，可通过打开电热器解决。各种工况下的效果经计算机模拟证明是可行的。

设备规格与数量：

燃气直燃机：2461kW×2台；冷水机组：1582kW×1台；空调箱：118台；VAV：662台。

其他节能措施

除空调方式冷热源系统采用了上述多种节能手法外，在其他方面也采取了必要的措施如大楼采用了节水型便器，停车场建筑屋顶绿化等。

建筑物采用能源管理系统 BEMS 对建筑运行的监控也可有效地降低能耗。

运行效果实测

根据2009年运行的实测数据进行了分析，该建筑一次能源消耗量为 1530MJ/(m²·a)，二氧化碳排出量为 67.4kg/(m²·a)，与一般平均值比较，分别减少了 33.3% 和 23.%。

日产汽车全球总部大楼

地点：横滨市西区高岛 1-1-1

建筑规模：地下 2 层，地上 22 层，塔屋 2 层；高度 99.4m，建筑面积 92103m²，标准层高度 4.2m

业主：日产汽车公司

建筑设计：竹中工务店

施工：清水建设

建设工期：2007 年 1 月～2009 年 4 月

建筑外观

设计概念

该项目是在日产汽车的发祥地横滨来建设总部大楼，作为公司总部，其功能在于创造智慧。实现此目的的空间构成关键词在于"机敏，易于联络"、"捕捉灵感"、"灵活机动"。

建筑外部，室外大型的水平遮阳使建筑外观与众不同。展示大厅对街区开放，贯穿建筑 2F 的人行通道不仅与展示大厅融为一体，同时将周边建筑与公共交通联系在一起，实现了与既有空间的共生。

建筑内部，在南、北两侧设置了带有楼梯的两层跃层，错层上升（见图 1），空间及动线上一气呵成，象征着本部大楼的整体感。跃层空间视觉效果良好，可以增强工作人员的相互沟通与交流，激发创造性。

办公空间的中央设置了贯穿建筑高层区的竖井，除了作为采光井、通风井，也可以作为交通动线，视觉上可以眺望多个楼层，也使得工作空间充满开放和明亮感。

空调系统

该项目的水系统流程图见图 2，从项目所在地的区域能源中心提供一次冷水和蒸汽，分低区和高区均设置了冷水—冷水换热器、蒸汽—热水换热器，满足高区和低区的空调和热水的需要。冷热水系统循环均采用了变流量（VWV）控制。

图 1　建筑剖面图

办公区的空调采用了地板下送风空调系统，其出风口位置具有自由变更的灵活性，末端能够根据个人喜好调节控制。下送风口采用了自动风量控制阀，约 50m² 划分为一个区域，根据区域内温度进行风量控制，达到减少空气循环动力消耗的目的。每层划分为 7 个空调分区，如图 3 所示，空调柜机布置在东、西机房内墙处，每层设 2

资料来源：《空気调和·卫生工学》，2012/7，空调卫生工学会获奖项目；《建筑设备士》，2010/2。

台新风机，根据 CO_2 浓度来调节进风量。

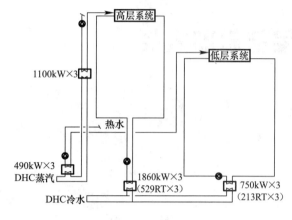

图 2　水系统流程图

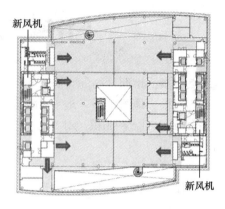

图 3　标准层空调分区示意图

位于底层的汽车展示大厅为贯穿 2 层的 13m 高大空间，面积为 $4000m^2$，考虑工作区的舒适性及能源的有效利用，该区域主要采用了地板辐射空调（埋设在地板中的交联 PE 管中通以冷水或热水），周边区则采用了下送风系统。

600 座的演讲厅采用了座椅空调，出风口设置于座椅背面，气流沿座椅背面向上吹出，为了达到需要的流型、送风温度和风量，通过实验室中进行可视化的实验，确定了风口叶片的角度和布置。

节能及环保措施

（1）环境性能评价

该项目从招投标阶段就按照日本 CASBEE 标准进行了策划，对 BEE 值提出了要求。在方案设计和施工图设计阶段都以此为目标实施了设计。考虑了以下环保措施：1）外立面采用水平遮阳＋Low-e 玻璃来抑制建筑的热负荷；2）南北两侧 2 层跃层＋中央竖井的自然采光及通风；3）建筑裙房屋面绿化；最终该项目取得了 CASBEE 认证的 S 级，即办公建筑的最高级别。

（2）外部水平遮阳

高层塔楼区采用了水平百页遮阳。每层 2m 以下的工作区未设置遮阳，以保证观景效果。根据从春分到秋分期间遮挡直射日射的目标，设定了百页的宽度和间距。

（3）天然采光

南北两侧设置了 2 层的跃层，水平遮阳百页可以遮挡直射阳光，但百页的上表面能够反射太阳光，将自然光导入室内。这样能够遮挡直射阳光而不需要关闭百叶窗。

（4）人工照明

设置了照度传感器和人体感应器来控制灯具的开关，以 $50m^2$ 为单元进行调光控制。通过室外光线传感器来控制灯具的全开、半开和全关，有效地降低照明能耗。

（5）自然通风

在过渡季节以及夏季夜间，可以打开遮阳百页后玻璃幕墙上的自然通风口将室外空气导入，结合建筑中央部位的高大竖井形成烟囱效应，达到良好的通风效果，如图 4 所示。

为了使自然通风口导入的空气深入到建筑内部区域，通

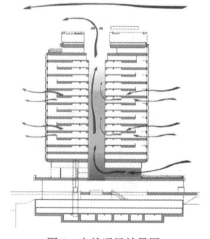

图 4　自然通风效果图

风口的叶片形状设计为 R 形。

太阳能发电

在建筑裙房屋面上设置了 CIS 薄膜太阳能电池板，最大发电量为 40kW，输出的电量主要供展示大厅中的电动汽车充电系统使用。全年的发电量可供电动汽车充电 1800 台次。

其他措施

该项目在裙房和大楼的屋顶部分实施了绿化。对雨水、杂排水及厨房排水进行了处理和再利用，此外，采用了 BEMS 能源管理系统。

工程实录 J119

丸之内派克大厦

地点：东京都千代田区丸之内 2-6-1
业主：三菱地产所（株）；
用途：办公、商店及美术馆（邻接之三菱一号馆）
建筑规模：地下 4 层，地上 34 层，塔层 3 层；总建筑面积 20.47
万 m²（包括三菱一号馆等）
结构：地下钢筋混凝土、地上钢结构
设计：三菱地所设计（株）
建筑施工：竹中工务店（株）
空调施工：高砂热学工业（株）
建设工期：2007 年 2 月～2009 年 4 月

建筑概况与设计理念

建筑外观

该大楼为新建建筑，南面相邻的 3 层楼为 1894 年建成的日本最早的办公建筑，称"三菱一号馆"。该工程进行时予以按原有风貌复建。参见大楼剖面图（见图 1）。由于历史保留建筑的要求，该大楼呈缺角的正方形（见图 2）。

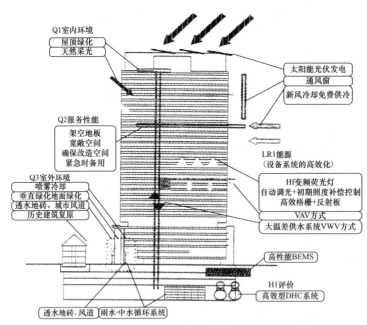

图 1　削减环境负荷的手法

该工程在减轻环境负荷方面作出了全面规划。例如对围护结构、结合构造作了固定的水平遮檐和垂直遮阳设施（PC 柱），并有可控（按直射照度）的遮阳百页（见图 3）。此外，还有壁面绿化与喷雾降温（夏季用）；雨水、中水循环系统；自动调光的变频荧光灯等。屋顶上装有

资料来源：《建筑设备士》，2009/10；《空気调和·卫生工学》，2012/7。

618 块多晶硅太阳能电池，敷设面积 700m² 容量为 63kW（可供全楼厕所照明用电）。

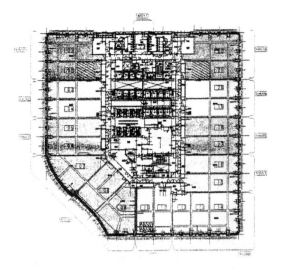

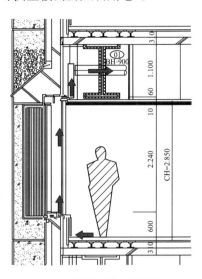

图 2　标准层平面图　　　　　　　　　　图 3　窗际环境改善措施

标准层空调设备系统

空调设备与系统方面也有相当的措施。本建筑全面采用玻璃幕墙，为改善窗际热环境，全方位采用了 AFW（通风窗）的方式。2 层玻璃间有百叶窗，从下部进入的空气经窗帘箱的风管排出。根据处理需要，通过自控风门可以回收利用排热量，其系统如图 4 所示。空调为全空气 VAV 方式，分内外两大区。标准层为 3600m²，分为 10 个送风区域，每区约 300～400m²，各设 1 台 AHU。VAV 末端温度控制区为 50～65m²。过渡季与冬季 AHU 可实现新风供冷。空调系统分区布置状况参见图 2。该大楼的商场、低层办公房间均采用新风 AHU＋四管制 FCU 方式。

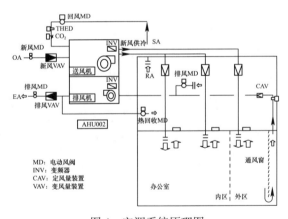

图 4　空调系统原理图

冷热源方式

由丸之内热供给公司新设的 DHC 站提供 5.5℃ 的冷水及 0.78MPa 的蒸汽，经热交换器后间接供冷、热水。DHC 站就设于该楼地下 4F 内，冷源由电动变频离心制冷机、高效蒸汽吸收式制冷机及冰蓄冷系统等构成。该双能源组合供冷方式提供的总冷量为 6800RT。热源由高效炉筒烟管锅炉提供（来自三菱大厦地下 4F 的新更换的供本地区的集中供热用蒸汽锅炉，总容量为 105t/h）。

工程实录 J120

仙台第一塔楼

地点：宫城县仙台市青叶区一番町 1-1
业主：HULIC（株），日本土地建筑物（株）等
设计：大成建设（株）
建筑规模：办公楼地上 24 层，地下 2 层，商业楼 5 层；
高度 99.93m，建筑面积 29348m²
施工：大成建设清水建设松井建设等
空调：大气社朝日工业社等
建设工期：I 期：2005 年 9 月～2007 年 6 月；II 期：
2008 年 7 月～2009 年 6 月

建筑外观

建筑概况

该建筑地处仙台市主要街道——青叶大街和贯穿南北的
东二番丁大街交汇处，面向中央大街商业街，地理位置十分
优越。建筑配置上与城市区域功能相适应，将办公楼放置在办公建筑鳞次栉比的青叶大街侧，
商业楼放置在商业大街侧。建筑所在地正处于仙台市"城市再开发特别地区"，为了适应日本法
规，采取了多种降低容积率的措施。在两楼的结合部位设有中庭，即贯通 5 楼的室内广场；在
商业楼的上层设有屋顶广场；沿道路设置有 9m 宽的人行道空地，便于人流从商业街向青叶大
街疏散。

建筑外立面采用了玻璃幕墙，以仙台市的传统手工艺品"仙台平"，即一种带横纹的男性和
服布料为意匠，设计为横纹状。

办公楼地上 24 层，为出租办公室及机房等，地下为停车场。商业楼及中庭为 5 层建筑，
1F、3F、4F 为零售店，5F 为室内广场及餐饮服务。

设计上考虑到发生概率较高的"宫城地震"，采用了多种避震措施。如复层橡胶支承和弹性
滑动支承两种方式结合来吸收地震能，设计上可以承受 50cm 的位移。为了减轻风力引起的楼
房摇晃，提高居住的舒适性，还采取了油压阀门（减振装置）来吸收风能。

该项目分两期建成，一期为办公楼，二期为商业楼及中庭。建筑剖面图如图 1 所示。

空调通风设备

（1）空调设备

办公楼的北侧为建筑核心筒，东、西、南侧为办公区域。建筑表皮采用了 Low-e 玻璃，内
设百叶遮阳，框架采用断热铝型材，从建筑结构上强化了隔热和遮阳。

空调采用了冷暖型多联机的分散式空调方式（见图 2）。预想承租户按照 4 区进行房间分隔，
为此分别设置了内区和周边区的室内机。为了便于夏季迅速排除周边区上部滞留的热空气，采
取了上部回风的方式。

资料来源：《建筑设备士》，2010/3；《BE 建筑设备》（日本），2007/12。

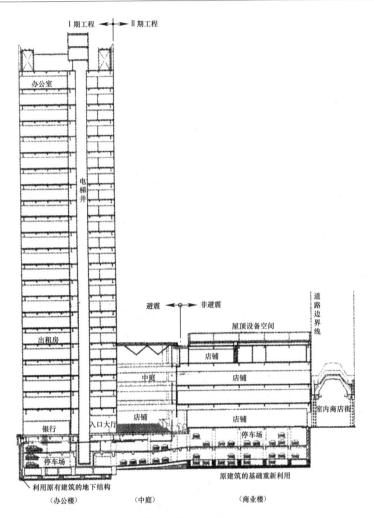

图 1　建筑剖面图

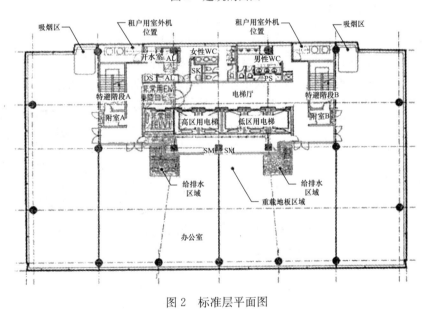

图 2　标准层平面图

为了了解冬季冷风渗透对窗户周围热环境的影响，在计算机上进行了数值模拟。根据模拟结果，在周边区采用电热器来加以解决（见图 3）。

每层的空调室外机分东、西两个系统，安放在北侧的设备平台上。为了建筑立面的美观以及防止热气流的短路，室外机连接了排风罩。

核心区域的吸烟室采用了大成建设公司开发的全面出风型下送风方式（见上篇图7-5）。即向铺设了透气性地毯的架空地板中送入空调风，气流从地板下低速吹出，香烟的烟雾来不及扩散直接从上方的排风口排到室外，因此能为吸烟者提供一个比较舒适的空调空间。

商业楼和中庭的空调室外机放置在商业楼的屋面上，各店铺和中庭的系统分开。中庭从办公楼侧墙面条缝风口送风，在大阶梯的下部设置回风口。因从工作区直接送风，大空间的空调效率较高。

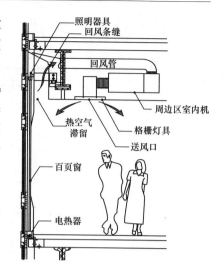

图3　窗边设备布置详图

（2）通风设备

办公楼区域的新风，通过冷媒直膨盘管和全热交换器处理后送入房间。各层要考虑通过全热交换器进行热回收的排风以及厕所排风与新风的平衡。

地下停车场从车道送风，末端排气口排风，中间采用了辅助排风机。通过 CO 浓度来控制风机启停，达到改善环境、节约能源的目的。

中庭内部的通风主要考虑了自然能源的利用。自控系统根据室外温度、室内上下空间温度来控制入口自动门和顶部热气拔风窗、自然排烟窗的开闭，形成自然通风效果。

（3）排烟设备

办公楼根据日本的《楼层避难安全检证法》（方式 B 及 C），减少居室的排烟风量、走廊蓄烟，意在降低排烟风机容量和风道尺寸。消防电梯厅为了确保较高的安全性能，采用第二种排烟方式。

中庭采用自然排烟，商业楼采用机械排烟。在商业楼的屋面设置排烟风机。

采取的主要绿色建筑技术措施

根据日本的 CASBEE 标准，该建筑采取了以下技术措施。

（1）耐用性和可靠性：建筑避震、外装铝质型材、设备避震连接等。

（2）街道及景观的考虑：建筑布局及形态与街道适应，确保绿地面积，形成新地标。

（3）地域性及舒适性的考虑：指对于人行道空地、屋顶广场空间、中庭室内空间等的设计。

（4）降低建筑热负荷：为提高 PAL 性能，采用 Low-e 玻璃，外断热材料。

（5）自然能源利用：自然通风、自然采光，雨水收集利用。

（6）地域环境的考虑：建筑绿化及方位的配置，确保义务数量以上的自行车停放场地。根据 2006 年版的 CASBEE 评价标准，该建筑的评价结果如图4所示，BEE＝3，为 S 级。节能的效果为：PAL 减少 18%，ERR 为 25%。

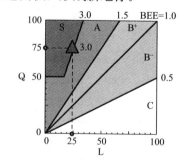

图4　CASBEE 评价结果

工程实录 J121

横滨 DIYA 大楼

地点：横滨市神奈川区金港町 1-10

业主：三菱仓库（株）

建筑规模：地下 2 层，地上 31 层，塔屋 2 层；高度 155.1m，建筑面积 69967m²，标准层高度 4.35m

建筑设计：三菱地所设计＋竹中工务店

施工：竹中工务店

建设工期：2007 年 12 月～2009 年 12 月

建筑外观（左幢）

建筑策划

（1）外装

建筑高层部采用了高通透性的 Low-e 玻璃，使得建筑具有透明感，减轻对裙房的视觉压迫。肋型突起的柱子用质感强烈的天然石材装饰，使窗户周围形成强烈的进深感。

西立面采用了太阳能光电一体化设计的玻璃幕墙与铝质的百页组合，形成了无法看到室内的独特立面。

（2）办公区

10F～30F 的办公区每层有约 1500m² 的无柱空间，最大可划分为 7 户出租。吊顶高度 2.9m，架空地板高度 100mm。采用 600 方形活动格栅吊顶，这样可以提高房间布局的灵活性。办公区域电气容量为 80VA/m²（自备电源回路 15VA/m²）。空调为可自由选择制冷或制热的水冷柜机方式，采用独立控制以便满足不同的租户使用需求。

空调系统

（1）冷热源设备

服务于各层办公楼的新风空调箱以及厨房的新风空调箱，其冷热源主要考虑性能的可靠性及将来扩容的可能，采用了风冷热泵机组。负荷变化时，通过群控系统对机器的启动台数进行控制，使得 COP 值保持在最佳范围。另外，机组具有喷水功能，根据室外温度及负荷需要，依靠蒸发冷却来强化冷凝器的散热效果。

水系统为二管制、一次泵系统。划分为两大区域：10F～30F 办公楼系统（180kW×12台），3F～8F 商铺系统（180kW×8 台）。水系统流程图见图 1。

（2）空调方式

办公区域基于以下原因，采用了水冷柜机（可自由选择冷热模式）：

1）办公区最高与最低层高差超过 100m，采用分散型空调较为可行；

2）以租户为单位进行运行、设定、控制以及收费较为必要；

3）以 70～80m² 为单位可单独选择制冷或制热。

办公区每层最多可划分至 7 个区域，可对应进行空调设备的分区，每层设有专用的室外机放置平台，这样可提高出租面积比，同时也确保维护的方便，如图 2 所示。

资料来源：《建筑设备士》，2010/6。

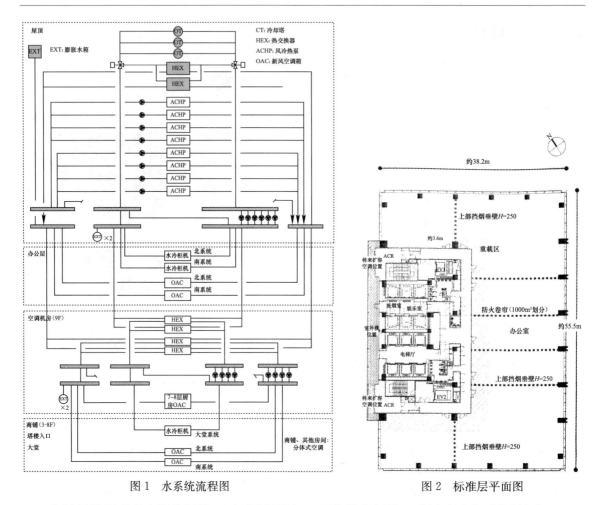

图 1　水系统流程图　　　　　　　　　　图 2　标准层平面图

商铺层除了考虑个别控制外，还要满足增加、更换的方便性，采用了风冷型热泵柜机。

（3）建筑围护结构

窗户采用了隔热良好的双层 Low-e 玻璃，窗台下设置了风幕机，通过高气密性的电动百叶窗和空气幕处理表皮的热负荷，达到改善窗际热环境的目的。

电动百叶窗的控制引入了太阳自动追踪传感器，通过调整百叶窗的叶片角度，可最大限度地将太阳光线引入室内。再根据室内照度传感器控制照明灯具，达到照明节能的目的。

（4）通风设备

办公区标准层均设置了新风空调箱。各租户区域根据 CO_2 浓度进行变风量控制。过渡季节、冬季当新风具有冷却效果时，确保新风量是平时的 2 倍，并设有全热交换器、气化式加湿器。

标准层的吸烟室通风从相邻的娱乐室引入，地面送风、吊顶排风口排风，提高换气效率。商铺同办公区一样，由新风空调箱引入室外空气。停车场则是根据 CO 浓度来对风机进行变频控制，节约电力消耗。

（5）排烟设备

办公区采用吊顶内排烟，其他区域为排烟口排烟。避难楼梯和消防电梯的合用前室采用正压送风。

节能及环保措施

通过节能与环保的策略的种种实施（见图 3），本项目在 2009 年 4 月通过了横滨 CASBEE 的评价，取得了 S 级。

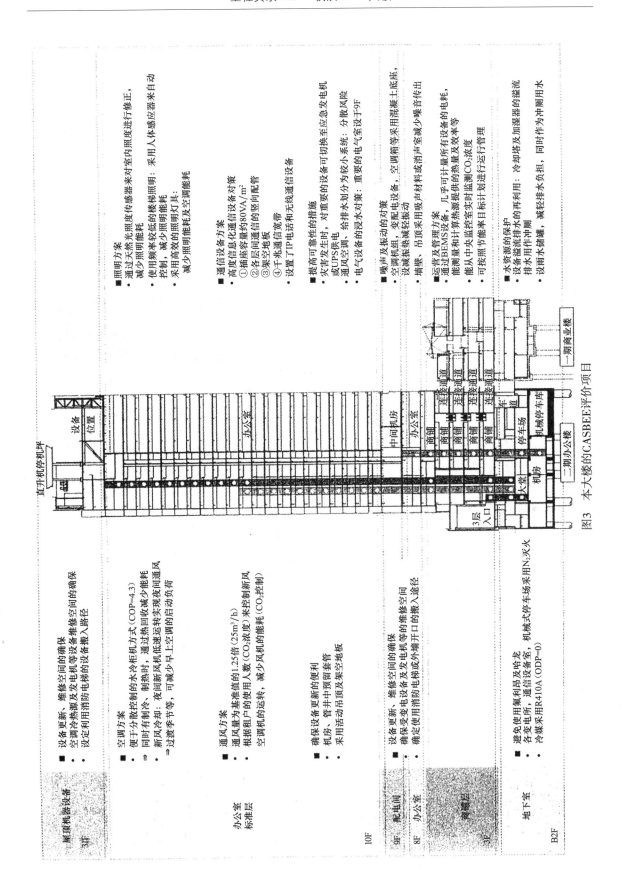

图3　本大楼的CASBEE评价项目

工程实录 J122

平河町森商住楼

地点：东京都千代田区平河町 2-16-1

业主：森大楼

建筑规模：地下 2 层，地上 24 层，塔屋 1 层；高度
108.5m，建筑面积 51761.84m²

建筑设计：大成建设

施工：大成建设

建设工期：2007 年 8 月-2009 年 12 月

建筑外观

建筑概况

该项目地处青山大道，基地紧邻皇宫、日本国会图书
馆和最高裁判所，地下有地铁通过，东南侧为首都高速公
路，施工上存在诸多限制。作为城市再开发项目进行了规
划设计，建筑下层为办公楼，上层为住宅，建筑顶部设置
了公用的娱乐室、健身房等。图 1 为总剖面图，图 2 为上部住宅剖视图。

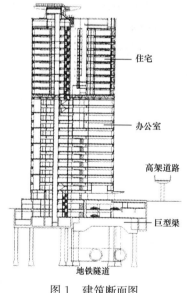

图 1　建筑断面图

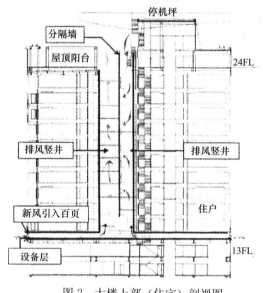

图 2　大楼上部（住宅）剖视图

空调设备

（1）冷热源设备

出于节能的考虑，办公区的冷热源设备采用了变频的离心式制冷机和高效的燃气直燃型冷
热水机组，见图 3。

该项目还采用了温度分层型蓄能水罐，确保电力消耗的均衡。夏季或冬季的白天，基本运

资料来源：《建筑设备士》，2010/7。

行模式是依靠水蓄能罐贮存的冷量或热量，达到节省运行能耗的目的。

冷水的供回水温差为10℃，热水的供回水温差为8℃，通过大温差设计节省水的输送能耗。燃气直燃机的冷冻水和冷却水为变流量设计，以节省水泵的动力消耗。

二次侧的冷热水输送采用了VWV-VM方式，即对各空调箱的控制阀开度和流量进行计量，当最大开度的控制阀门未100％打开时，二次泵的转速也相应降低，控制的方向是使阀门打开，确保节能。

（2）空调设备

办公层建筑平面见图4。2F～13F的办公空间的空调形式如下：内区采用单风道VAV方式，外区采用了穿墙式的空调机。图5为空调风系统流程图。

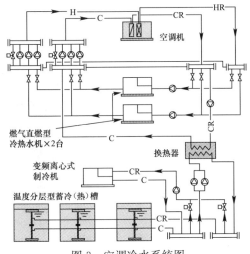

图3　空调冷水系统图

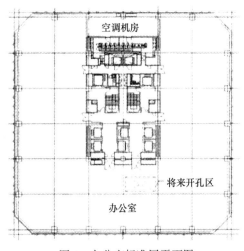

图4　办公室标准层平面图

空调箱具有新风空调的工作模式，以及通过检测CO_2浓度来控制新风量，因此设置了排风机。夏季为了配合政府倡导的"节能简装"运动，室内回风的一部分能够二次回风（旁通）到风机段。温度较高的室内回风用于提高送风温度，因此，冷水盘管的去湿能力可得到加强。通过二次回风，尽管室内温度有所提高但不舒适感可以适当缓解。

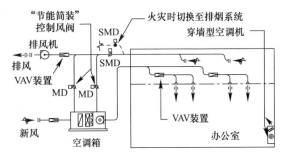

图5　空调风系统流程图

（3）排烟设备

2F～13F办公空间采用了小风量排烟。为了有效利用排烟风机并保证紧急情况下能正常启动，排烟风机设计为正常情况下的厕所排风用。发生火灾时，通过风阀切换，断开厕所排风，实现必要区域的排烟。办公室内的排烟利用了空调回风管，通过风阀的切换来实现排烟。消防电梯厅和避难楼梯前室共用，采用正压送风排烟。

（4）住宅天井中室外机的设置

本楼住宅段采用分体式多联机空调方式，在14F～23F住宅区的中央设置了竖井用于引入新风，14F下的设备层四周采用了百页遮挡。此竖井空间也用作住宅区专用的空调外机的安装位置，为了合理地在竖井中设置室外机，可在竖井中间设置简易的分隔墙（参见图2），将室外机嵌入布置，使室外机的进排风不发生混合。根据气流模拟，进行了最佳的室外机布置。

该项目采取了多种降低环境负荷的技术措施，根据CASBEE的性能评价，取得了建筑环境性能评价S级。

工程实录 J123

未来港中心大楼

地点：横滨市西区港未来 3-6-3
业主：ORIX 房产、大和房屋、KEN 公司
建筑规模：地下 2 层，地上 21 层，塔屋 1 层；高度 98.2m，
建筑面积 95220m²，标准层高 4.15m，吊顶高度 2.95m
建筑设计：大成建设
施工：大成建设
建设工期：2007 年 9 月～2010 年 5 月

建筑外观

设计概念

该项目 1F～3F 为商铺，4F～21F 为租赁办公楼。地下部分
为停车场，地下 1F 与未来港地铁车站直通。

该工程采取了一种特殊的降低环境负荷的技术措施。即在建
筑内部竖井中设置了太阳光采光系统，在屋顶上安装了自动太阳
追踪装置，经过三次镜面反射，将光线向下导入约 80m，使建筑
低层的办公室走廊、电梯厅等处直接利用天然光，达到照明节能的目的。

空调系统

（1）冷热源

冷热源利用了未来港地区的区域能源中心，通过共同沟将冷水和蒸汽引入。设置蒸汽—热
水换热器制备热水作为空调热源，如图 1 所示；冷水采用的连接方式如图 2 所示。区域供冷供
热的引入装置位于地下 2F。

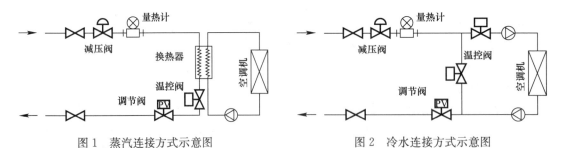

图 1　蒸汽连接方式示意图　　　　　图 2　冷水连接方式示意图

（2）空调设备

办公区每层划分为 8 个区域，各区分别设置空调机进行温度控制，如图 3 所示。为了应对
冬季的窗际冷风渗透，在窗台下设置电加热器。采用了紧凑型四管制冷热水空调机，内区为
VAV 变风量系统，周边区则是定风量系统。每 60m² 一个 VAV，吊顶回风方式。通过气化式
加湿器加湿。为了便于租户增加空调，预留了冷水连接口以及室外机的放置位置。

走廊、电梯厅等公共部位采用风机盘管系统。发热量大的机房采用了分体式柜机。

资料来源：《空気調和・卫生工学》，2011/8；《建筑设备士》，2010/9。

办公室的新风通过空调机引入，按照 5m³（h·m²）的标准设计。又因建筑位于大海附近，针对新风设置了除盐过滤器。

降低环境负荷的技术措施

该工程主要采用的各种降低环境负荷的技术措施如图4中所示。通过采取这些措施，使该建筑的环境品质 Q 得分为 70，环境负荷 L 得分为 18，所以最终的建筑环境性能效率 BEE 值为 3.8，达到办公建筑的最高等级（按日本 CASBEE 评价方法），如图5所示。

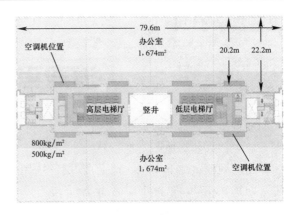

图3 空调分区平面图

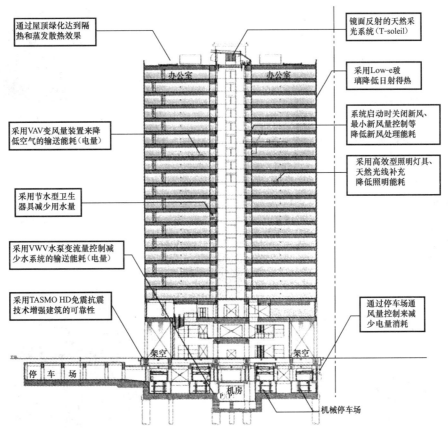

图4 降低环境负荷的技术措施

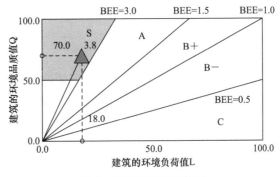

图5 建筑的环境性能图

工程实录 J124

滨离宫天空之屋

地点：东京都港区海岸 1-9-1

业主：兴和房地产（株）

建筑规模：地下 2 层，地上 25 层，塔屋 1 层；高度 116.15m，
建筑面积 35480m²，标准层高 4.3m

建筑设计：日本设计（株）

施工：清水建设（株）

建设工期：2008 年 12 月～2011 年 3 月

建筑外观

建筑概况

该建筑为办公楼与住宅的复合体。办公楼每层的可出租面积为
1054m²，住宅部分有多种房型，面积从 40m² 到 260m² 不等，共
169 套。

为了使居住者体验到建筑的基地环境，该设计的一大特点就是考虑了室内外的开放感。如
办公区与住宅区都采用了从地板到吊顶的满高度窗户。办公区设有外部封闭式阳台。住宅区阳
台甚至宽至 4m，为了便于眺望，水平开口较大。

建筑的低层（地下 2F～2F）为停车库、设备间、主入口等，3F～11F 为办公室，13F～
25F 为住宅。12F 为办公区单侧交通核向住宅区中心交通核的结构转换层，设有中间设备机房。
图 1 为办公室标准层空调分区图，图 2 为住宅标准层平面图。

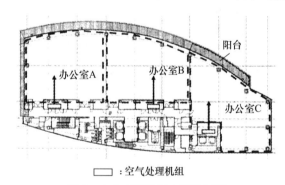

图 1　办公室标准层空调分区图

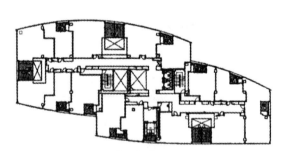

图 2　住宅标准层平面图

空调系统

（1）区域供热与空调

为了确保基地内的绿化和住宅区的环境，提高区域的节能效果，办公区和公共区采用了无
冷却塔的区域集中供热和空调方式。从区域能源中心引入冷水和蒸汽，在建筑内部进行热交换
后，将冷水和热水输送到各处。引入装置位于地下 2F 的机房中。空调冷水系统如图 3 所示，空
调一次热水系统图如图 4 所示。大楼住户部分采用了柜式空调机组方式。

资料来源：《空気调和・卫生工学》，2012/8；《建筑设备士》，2011/9。

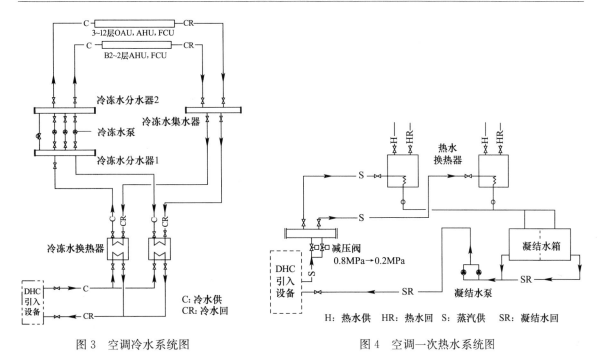

图 3　空调冷水系统图　　　　　　　　　　图 4　空调一次热水系统图

（2）办公区空调系统的节能设计

办公区标准层的空调系统根据以下需要采取了相应对策：

1）确保内区与外区适当的温度以及必要的新风量；

2）过渡季节采用全新风空调运行时，采用根据室内 CO_2 浓度来控制新风的节能方式；

3）作为出租办公室，确保适当的可租用的面积比。

为了确保室内空气品质，通过新风空调机定风量送入室内，另外还有变风量的二次空调机，采用了双风道的方式。空调风系统图如图 5 所示。

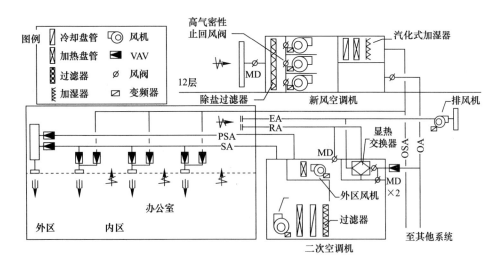

图 5　空调风系统图

针对 9 层，每层 3 个出租分区，共 27 个租户，在 12F 结构转换层的机房中设置了 3 台新风空调机，这样既确保了标准层出租面积的最大化，也便于空调机的集中维护管理。新风空调机的送风有热湿处理模式和旁通模式。旁通模式用于过渡季节的送风降温以及冬季的制冷。热湿处理模式可根据室内 CO_2 浓度来控制送风量，达到节省送风能耗的目的。

二次空调机的基本功能是便于内区与外区的温度调节，采用了可任意切换制冷与供热模式的双风道系统。空调机内设有显热交换器，通过冬季低温低湿的室外新风对室内回风进行预冷，不改变湿度的情况下达到新风冷却的目的，节省冬季空调能耗。同时，采用了长寿命型的空气过滤器，减少维护的成本。

其他节能措施包括：

1）空调机采用了 IPM 电机（Intelligent Power Module 智能功率模块）＋高效离心风机。

2）新风空调机为 3 风机配置，通过台数控制和变风量控制来节省输送动力。

3）二次空调机的 VAV 开关可由居住者控制，使用户为主体的节能成为可能。

4）二次空调机的两通阀带有热计量功能，能方便地对租户进行分户热计量。

（3）住宅设备系统

住宅区的设备系统主要是为确保良好的室内环境以及室内空间的灵活性而采取了以下措施：排水立管设置于公用部位，住户室内无立管，减少了平面上的制约，也减小了设备配管更新的影响范围。

（4）排水再利用系统

用于室外绿化浇洒的水源来自于雨水以及空调凝结水。

雨水收集储存在地下水槽，经过沉淀处理后输送到杂用水池。空调凝结水直接汇集到杂用水池，经过灭菌处理后送到绿化浇洒装置。

集中监控及 BEMS

集中监控采用了 BACnet 协议来实现设备间的整合和联动。特别是 BEMS 系统的引入，可以来辅助进行以下项目的评价：

（1）建筑整体、不同用途、不同用户的能耗计量及环境影响的评价。

（2）系统动作以及节能效果评价。

（3）对室内环境、室外环境的评价。

（4）可提供用户能耗的详细分析。

降低环境负荷的技术措施

该项目采取了多种降低环境负荷的技术措施，根据 CASBEE 的性能评价，BEE＝3.0，取得了建筑环境性能评价 S 级：

（1）太阳能光电的自然能源利用、区域供热空调、雨水及中水回用。

（2）办公区以确保适当的室内环境为目的，采用了高效的环境调节系统（空调、照明等）。

（3）采用了便于维护管理的 BA 和 BEMS 支持系统。

（4）住宅区在公共走廊侧设置竖向管井，确保了灵活性。

SONY 公司大崎 SONY 城

地点：东京品川区大崎

用途：办公、商铺、停车场

建筑规模：地下 2 层，地上 25 层，塔屋 1 层；总建筑面积 12.4 万 m²

结构：钢结构（柱：CFT 结构、低层部分为钢筋混凝土）

设计监理：日建设计公司

建设工期：2009 年 2 月～2011 年 3 月

建筑外观

建筑与节能概况

标准层面积约 3000m²（长 130m，宽 23m），层高为 4.62m，吊顶高 3m，层顶绿化和地面绿化占整个建筑用地的 40%。此外，建筑物与设备的防震结构可以抵抗强烈地震与风灾。同时，为实现 CO_2 减排的目标，采用了各种措施，其中有号称世界独一的"生物表皮系统"，即在 3F～24F 的阳台栏杆扶手采用可以起蒸发冷却效果的结构（且有遮阳作用），图 1 即由赤土陶瓷制作的扶手。断面为中空的椭圆形结构，内部有贯通的铝芯材，中空部分通水，水渗入赤土陶瓷而受热蒸发冷

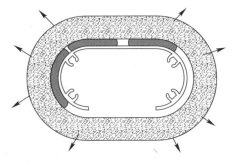

图 1 生物表皮的构造

却。其结果可以减小围护结构的冷负荷，图 2 为"生物表皮"的给水循环系统。水源可利用部分层面雨水以节约上水道用水。图 3 为"生物表皮"的遮阳方式。此外，在建筑物南侧的部分层面的阳台外侧总共装有 30kW 的太阳能电池板。

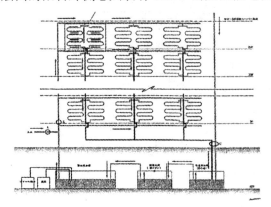

图 2 生物表皮的给水系统

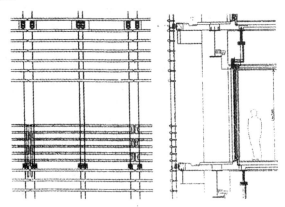

图 3 生物表皮和遮阳方式

空调设备

标准层空调方式为：内区分散变风量空调机＋周边区冷热自由型多联机空调机。内区空调

资料来源：日本《建筑设备士》，2012 年 2 月；《世界建筑》，2012 年 4 月。

机每层 3 台，各负担 1000m²。VAV 末端根据大室与小室分 28 个区域设置。周边区空调机为吊顶风管型。每 2～3 跨 1 台。标准层空调分区布置如图 4 所示。大楼进厅采用地板送风，一般房间采用新风 AHU＋FCU 方式。

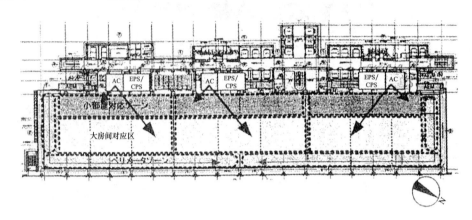

图 4　标准层空调系统分区图

冷热源设备

采用独立的冷热源，制冷用高效离心式制冷剂（R123）3 台，其中 1 台为热回收型，制冷量为：2110kW×2 台＋879kW×1 台，此外有风冷热泵机组 2 台（每台制冷量为 1746kW，供热量为 796kW），地下停车场下面为蓄冷水槽 1 个和 2 个可以冷热水切换的蓄水槽，合计 3950m³（1800＋950＋1200），可储存热量 160000MJ，相当于大型离心机 2110kW×2 台运行 10.8h 的冷量。图 5 即冷热源设备系统图。

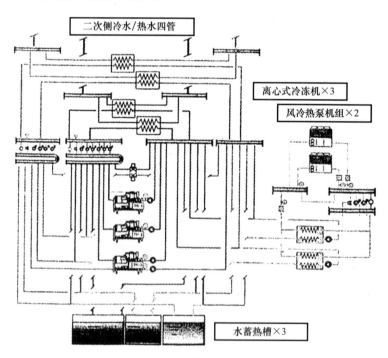

图 5　冷热源设备系统图

工程实录 J126

刈谷市政府办公楼

地点：日本爱知县刈谷市东阳町
用途：政府办公
结构：防震结构（SRC/RC/S结构）
建筑规模：地上10层，塔层1层；总建筑面积2.803万 m^2；
设计：日建设计（株）
建设工期：2008年11月~2011年5月

建筑外观

设计理念：

从节省投资、减少环境负荷等原则考虑，建筑采用了"跃层"式的内部构造（图1为大楼剖面示意图），以发挥自然通风和自然采光的作用，此外，充分利用井水、雨水、太阳能发电屋顶等多项节能措施。空调方式亦颇有特色。

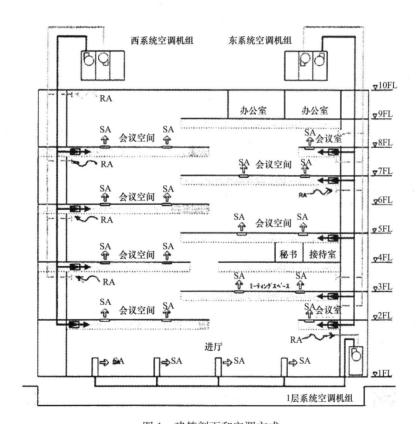

图1 建筑剖面和空调方式

资料来源：《建筑设备士》，2011/9。

冷热源设备

采用电力和燃气复合能源。热源采用城市燃气的高效率吸收式冷热水机 879kW×2 台，冰蓄冷一体型风冷热泵机组 513kW×1 台，此外，还采用部分风冷热泵柜机。该组合对电力平准化有助。对减排（CO_2）与节约能源费用亦有利。该冷热源组合亦有利于政府办公用房空调使用的机动性。

此外，水系统为冷、热水二管制，通过变频器和水泵台数控制减少输送能耗。

空调方式

办公室上部侧送风喷口送风，并利用射流贴附效应，既有利于气流组织，又因不用吊顶而净高增加（3.1m），喷口根据冬季、夏季不同要求可调整倾角。周边区通过遮阳反光板和 Low-e 双层玻璃有效降低建筑围护结构负荷。窗边还设有风冷空调机系统，对于大楼各层的大量会议区，则采用下送风，对于双重交叉楼板的建筑采用下送风，其独特的优点是容许温度分层，故可减少通风量。此外，所有系统均采用 VAV 末端。办公区空调气流如图 2 所示。

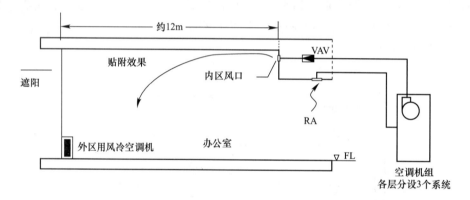

图 2　办公区的空调气流

工程实录 J127

未来港大中央塔楼

地点：日本横滨市西区

业主：MM42 开发特定目的公司

用途：办公、商业、停车场

建筑规模：地上 26 层，地下 2 层，塔层 1 层；办公室吊顶高 2.8m；总建筑面积 12.93 万 m²

综合施工：鹿岛建设（株）

建设工期：2009 年 1 月～2011 年 9 月

图 1 为标准层平面图，图 2 为建筑剖面图

建筑外观

冷热源装置

大楼位于未来港 MM21 地区，有区域供冷热（DHC）设施，该建筑从 DHC 接入蒸汽及冷水，低层部分及商业实施用房均由 DHC 直接引入，办公区高层、低层则分别经热交换器设分为上、下两个系统。其情况如图 3 和图 4 所示。

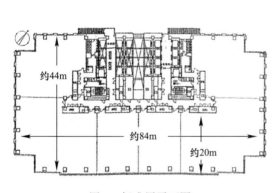

图 1 标准层平面图

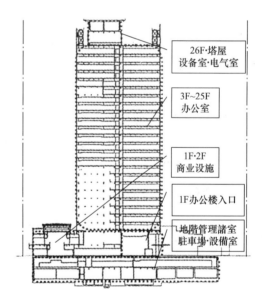

26F·塔屋 设备室·电气室

3F～25F 办公室

1F·2F 商业设施

1F办公楼入口

地階管理諸室 駐車場·設備室

图 2 建筑剖面图

空调装置

办公空调方式为单风道 VAV 系统，考虑出租分区每层划分为 6 个空调系统，空调机采用双系统型，按内区与外区，供冷供热有转换可能。

资料来源：《建筑设备士》，2012/5。

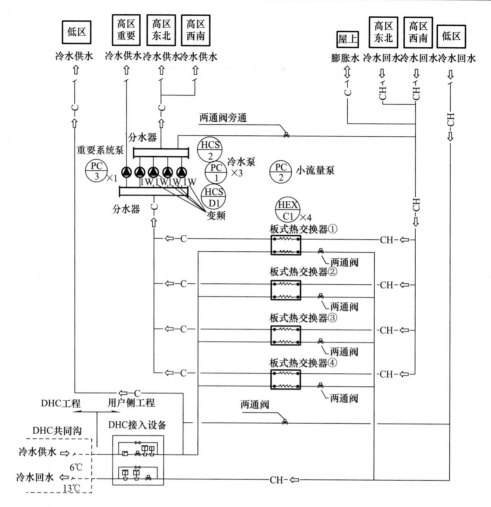

图 3　冷水管路系统图

　　窗际处理采用了密闭型的百页窗帘构成简易 AFW 方式。不仅可降低造价，还便于清扫。

　　此外，该大楼采用了在窗际设置竖向通风管道的机构，除夏季将 AFW 间上升热空气排出外，冬季还可将窗际冷气流由专设的竖风道排出，这种情况如图 5 所示。

减低环境负荷的其他措施

　　为研究遮阳设备对减少窗际进入的日射负荷以及对室内照度的影响，进行了试验结果认为：应该由照度传感器对昼光和遮阳状况协同来求得最佳的节能效果。此外，在部分外墙上，装有共 7.5kW 的太阳能电池板。大楼还有其他节能减排的设施，按日本 CASBEE 评估，属办公楼最佳水平。

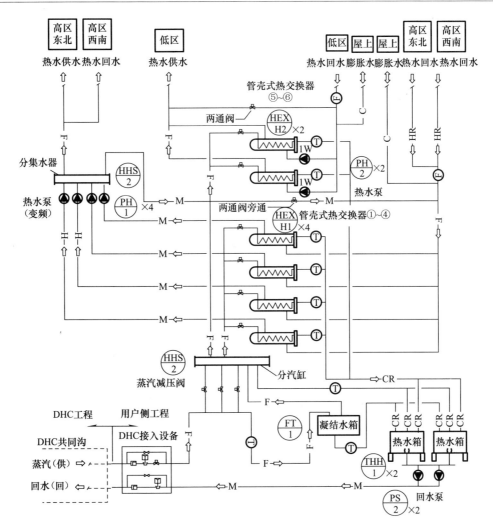

图 4 供热管路系统图

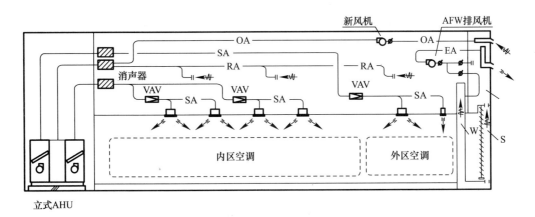

图 5 办公楼的空调系统和简易 AFW 装置

东京电机大学东京千住校区

地点：东京都足立区千住旭町 5 番地
用途：学校
建筑概念设计：桢综合计画事务所（株）
设备结构设计：日建设计（株）
施工：住友商事施工协力大林组（株）、
鹿岛建设（株）等
占地面积：约 26200m²
建筑面积：约 72600m²
容纳学生数：5000 名（含教职员 5500 名）
启用时间：2012 年 4 月 1 日

建筑外观

建筑概要

东京千住校区由 1～4 号馆构成，校区中央是公共道路，路西 1 号馆，路东 2、3、4 号馆，北面是千住站，校区成为站前景观和地标。各馆用途：1 号馆为校区主楼，有区域联通设施、实验室、研究室、教员室、法人部门、两个 500 人大会议厅；2 号馆为教育楼，有图书馆、网络教室、普通教室；3 号馆为生活楼，有食堂、宿舍、体育馆等；4 号馆有需要特殊排水处理和排气处理的实验室，研究室及教员室。

建筑减碳技术

新校区从建筑到设备设计都采用了各种减碳技术，和广为认可的创新发展技术（见图 1）。

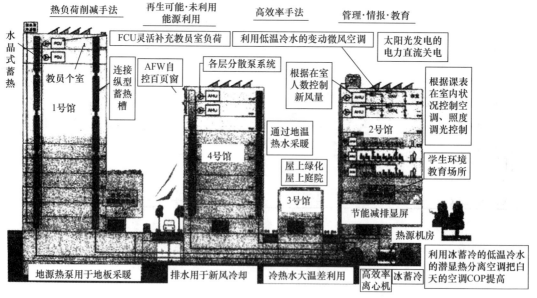

图 1　各种减碳技术组合

资料来源：《建筑设备士》（日本），2012.10。

（1）建筑设计降低热负荷

采用通风窗，断面见图 2：外层玻璃单板 12mm，内层玻璃单板 10mm，两层玻璃间距 200mm，其间是 35mm 宽的"阳光自动跟踪型百页"。窗玻璃 1.6m 宽×2.8m 高，通过风量为 120m³/h（百页内侧通过风速 1m/s）。另外，通风窗排风按房间设置 CAV，以根据其使用状况控制排风。新风机吸入侧也设置 CAV，与通风窗联动保持平衡，同时降低新风负荷。百页升降通常由中央控制，也可以就地操作。

通风窗还设有自然通风的缝隙，研究室、教员室等在休息日、夜间及春秋季新风机停止时可以利用自然通风。

（2）可再生能源利用

40％绿化率改善了通风、冷却效果，也美化了周边环境。另外，通过热泵利用浅层地热用于部分地板冷暖空调。各栋楼顶共设置 25kW 光伏发电板用于 LED 照明，用直流送电以减少送变电损失。

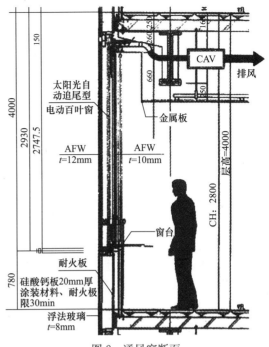

图 2　通风窗断面

空调减碳技术

大学和一般办公楼不同，建筑使用时间难以控制，研究者和学生活动自由，故个别空调使用方便。为了把容易控制耗能量的中央冷热源和使用方便的个别空调结合起来，采用了中央冷热源＋立式蓄热槽（见图 4）＋分散水泵的方式。

（1）一次侧冷热源设计

图 3 为冷热源系统图。由于学生上课、研究、用餐、在宿舍活动等引起各时间段活动场所

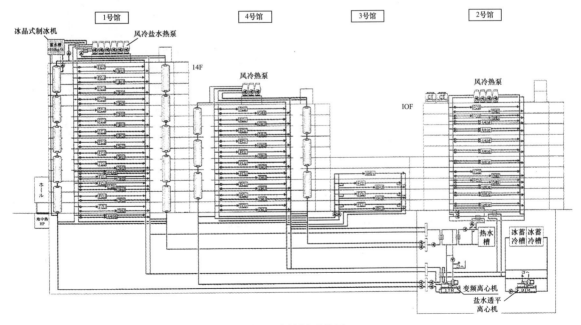

图 3　冷热源系统图

变化，空调负荷也随之转移。2号馆集中设置冷热源，跟踪负荷变化向各栋楼供给。其中立式蓄热槽（图4）除具备普通蓄热槽的功能外，还有缓冲水箱作用，可以提高冷冻机运转效率。1号馆还采用冰浆蓄热，实现高密度化蓄热。此外，利用冷冻机排热作为供暖的主热源，用于低温热水空调。屋顶上设置空气源热泵机组，主要应对休息日、夜间小负荷以及严冬期供暖。

（2）二次侧空调设计

二次侧空调系统以新风空调机＋风机盘管为主。空调水从立式蓄热槽出来，先经变频控制的小型冷热水泵分配，便于各空调器个别启停。由于冷热水泵根据分担的区域细分化，与大型水泵变频控制相比，部分负荷时输送效率提高，输送能耗降低。另外，由于采用了冰蓄冷、低温冷水，水系统和空气系统的输送能耗都较节省。

（3）变动微风空调系统

人体因暴露在气流中被促进放热会产生凉快的感觉，变动微风系统就是利用作为发热体——人体的这一特征的空调系统。从空调机吹出的低于室温的气流通过专用散流器以实现这一要求。因此，尽管设定温度从26℃提高到28℃，也不容易产生不舒服的感觉，气流在人坐姿肩部高度风速约0.6m/s，虽然是极微风已能产生足够的清凉感。微风的变动周期（波动间隔）由本系统专门开发的高速动作的VAV末端进行反复调节。

（4）管理系统

根据课程表及在室人数启停空调系统、新风量控制、调光控制等，该项目导入了与管理系统联系的节能控制。图5为管理系统与空调控制联系。

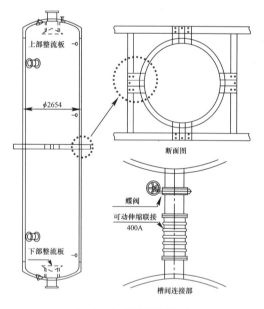

图4 立式蓄热槽详图

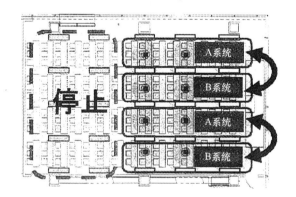

图5 管理系统与空调控制联系

大学上课学生人数是不确定的，不宜用统一的空调和照明环境。因此，教室在少于额定人员的情况下，应引入照明及空调控制。如与变动微风空调系统结合可以产生很可观的节能效果。

晴海前沿大厦（晴海 Front）

地点：东京中央区晴海地区

用途：办公、商店、停车库

建筑规模：总建筑面积 47703m²；地上 17 层

结构：钢结构

设计：三菱地所设计

建设工期：2010 年 3 月～2012 年 2 月

建筑外观

建筑概况

标准层平面为 52m×59m（见图 1）。外围护结构有电动控制的遮阳百页。利用铝材纵向条形结构既有遮阳效果，并能与幕墙间构成通风通路，有利于自然进、排风。此外，大楼侧面建筑有高 13 层的立体停车库。车库上各层所构筑的平台及屋顶则设空调室外机（风冷机组）（见图 2），大楼因有较好的围护结构设计，能耗指标周边区全年负荷 PAL 值为 223kJ（m² · a）。

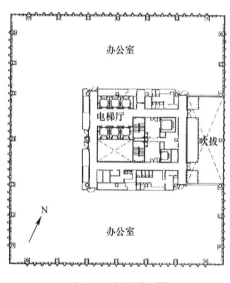

图 1　基准层平面图

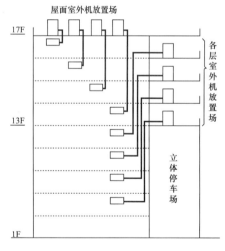

图 2　空调配管系统

空调方式

由于是出租办公楼，考虑个别控制、节能运行等因素，采用冷剂多联型冷暖同时（自由型）空调机组，室外机为柜式，室内机设在吊平顶内，回风则直接进入吊顶内，通过布置风管送风。新风设专用的带冷剂盘管的全热交换器，冬季亦有加湿功能，新风量可由 CO_2 传感器控制，中间季节为了更充分地提供室外空气，另设新风导入系统（带风机）。全热交换器则有旁通控制，

资料来源：《建筑设备士》，2012 年 9 月。

全楼暗装吊顶内室内机共 60 台/层，新风处理机 20 台/层。大楼变压器容量为 2000kVA×3 台，另有非常用发电 1500kVA/台。

标准层空调系统原理图 3 所示。

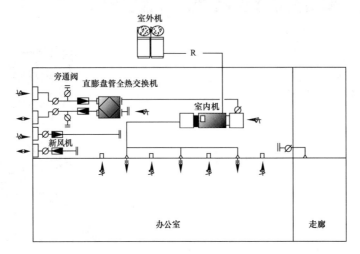

图 3　标准层空调系统原理图

工程实录 J130

新宿东侧广场

地点：日本新宿区 6-27-30
主要用途：办公室、商铺、集会、驻车
结构：S/SRC/RC 等
建筑规模：地下 2 层，地上 20 层，塔屋 2 层；
总建筑面积 17.02 万 m^2
设计：三菱地所设计公司，日本设计公司
施工（空调）：东洋热工业公司
建设工期：2010 年 5 月～2012 年 4 月

建筑外观

建筑特征

该建筑虽处域市中心，但地界内空地的 40％ 为
绿化，建筑体形为东西长 138.8m，南北长 45.8m，约 5800m^2，为日本最大的办公室标准层之
一。核心筒有两个分别位于西北与东南两侧，另两个则为避难用核心筒。东西面与南面为"双
层表皮"（DSF），北面为 AFW 方式以减少建筑负荷。图 1 为标准层平面图。

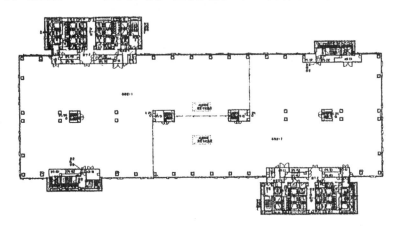

图 1　标准层平面图

空调装置

考虑租户的计费，使用灵活性、节能等因素，采用风冷柜式热泵机组、冷剂多联室内机方
式。每层室外机 14 台（冷热同时型），室内机为暗装吊顶型，室内机按 50～75m^2 分区。另设有
全热交换器的立式新风机组，内设加湿器及直膨型盘管，每层 2000m^3/h×14 台。处理后的新
风引入室内机后送出。经全热交换器的排气则可用作室外机的进风。此外，设机械排烟系统 2
个，按 18m^3（h·m^2）配置。自动控制由 BEMS 系统管理，以实现节能运行。4 个核心筒附设
放室外机的阳台。可按 14 台外机/层设置。设计中充分考虑到避免层间进排气的热影响，不仅

资料来源：《建筑设备士》（日），2012 年第 2 月号。

在排风处设接管远排，且在外侧附设 PC 幕墙遮挡，从最下部分与顶部引入室外空气，使进、排风间无混风可能。此外，PC 板还有遮音和目隐的功能。为建筑师所接受，这种情况如图 2 所示。

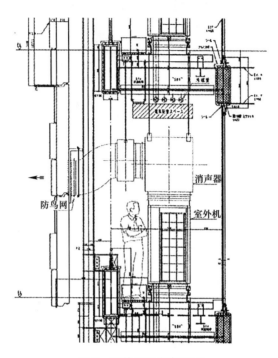

图 2　室外机设置断面图

工程实录 A1

联合国大厦（秘书处大楼）

地点：美国纽约市曼哈顿东河旁

设计：哈利森（Wallace Harrison）为首的设计组

建筑规模：39 层；建筑高 166m；标准层面积 1936m²（88m 长，22m 宽）；层高 3.65m，吊顶高 2.9m，总建筑面积 7.755 万 m²（地上部分）

建设时间：1947 年筹建，1950 年建成

建筑外观

建筑特征

联合国总部占地 7hm²，基地上有联合国大会场、会议楼、图书馆、园厅以及秘书处大楼（见图 1）。1948 年开工建设，到 1952 年相继完成。秘书处大楼为纯办公大楼，可容纳 2300 人办公。长边平行河道，南北朝向，长边立面为玻璃幕墙，短边立面为大理石薄板。其整体造型属板式高层办公楼，当时在美国为先例。外立面上不同高度有 4 条环形通格，为空调设备机房。

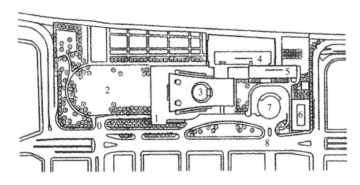

图 1　基地总平面图

1—参观人口；2—花园；3—联合国大会；4—会议楼；5—秘书处大楼；6—图书馆；7—圆厅；8—正门

标准层空调方式

按 20 世纪 50 年代初期的技术倾向，美国高层建筑较多采用诱导空调系统，该工程周边区采用诱导器（IU），内区使用全空气方式。在 6F、16F、28F 及 39F 分别设有设备机房，设置空气处理机组及热交换器。送风系统和水系统在垂直方向均分 4 个区段，供 IU 的冷水为二次水，故冷水、热水分别设置热交换器。热水则由区域供热站提供高压蒸汽作为热交换器的热源。IU 内的水盘管耐压强度为 7kg/cm²。进入空气处理机组的冷水（5℃）是由制冷机房直接送入。空调系统原理如图 2 所示。标准层平面图如图 3 所示。

资料来源：井上宇市，《冷冻空调史》，日本冷冻空调设备工业联合会出版，1993 年版；井上宇市，《高层建筑の设备计画》，彰国出版社，1964 年版。

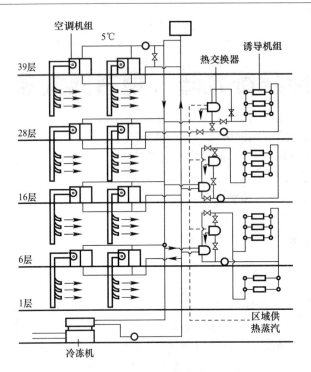

图 2　空调系统原理图

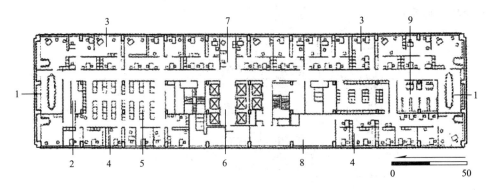

图 3　标准层平面

1—会议室；2—储藏室；3—东侧办公室；4—西侧办公室；5—打字处；

6—电梯；7—接待室；8—信息中心；9—图书室

制冷设备

在地下 3F 设有蒸汽透平驱动的离心制冷机 4 台，每台制冷量 1000USRT。该楼的实际冷负荷为 2200USRT。所以多余部分是提供如大会议场等其他建筑物使用。

附注：据 2006 年媒体报道，联合国总部大厦建成 50 多年来没有大修过。设备已经陈旧，原设备能效较低，每年仅空调、照明等的支出达 3000 万美元。防火安全标准也不达标，故已制订计划，工程将从 2007 年始到 2014 年完成，总耗资预计达数十亿美元，届时空调工程亦将重修。

Rockefeller 中心 5 号大楼

地点：美国纽约市
建筑规模：地上 35 层；高度 130m；总建筑面积 4.5 万 m²
业主：洛克费勒财团

建筑概况

Rockefeller 中心是自 1928 年起经 30 年逐步建成的，包括 RCA 大楼（高 70 层的核心建筑）在内共 11 幢，5 号大楼为其中之一。自 1950 年始拟追加空调设备，直到 1961 年完成。

空调方式与系统

一般办公室（2F 以上）全部采用双风道全空气系统，每个房间采用一个混合箱。由于房屋原有高度的限制，空调机房分散设置，从高度和朝向（东西）分别设置了 14 个双风道空调系统，图 1 与图 2 分别表示了双风管系统原理和大楼内风道走向图。空调机组采用 4 种规格，便于设计和施工。

建筑外观

风管尺寸为 10″ 及 12″（直径），主风道风速为高速：冷、热风均为 21m/s，冷风为 20m/s，热风为 16m/s，混合箱前的接管为低速。图 3 为局部纵向风道安装详图（10F，AHU）。标准层风道布置平面如图 4 所示，以 10F 东侧系统（10E）的机房为例（用于 8F、9F、10F、11F 东侧）。其主要设备的性能参数为：送风机风量 4.6 万 m³/h，风压 1500Pa（静压），电机功率 30kW，回风机 3.7 万 m³/h，风为 320Pa（静压），电机功率为 5.5kW。

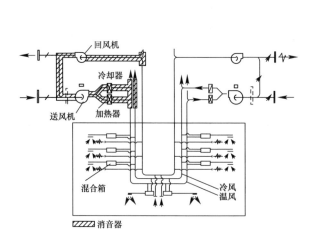

图 1　双风管系统原理图

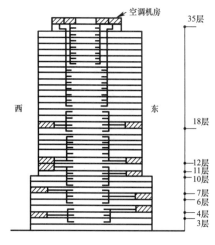

图 2　大楼风道走向图

资料来源：井上宇市，《高层建筑の设备计画》，1964 年版。

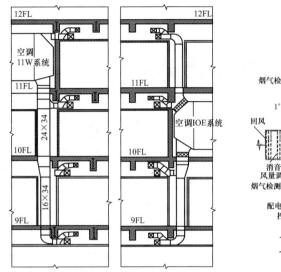

图3 局部纵向风道安装详图

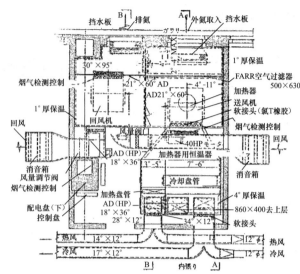

图5 10E系统机房平面图

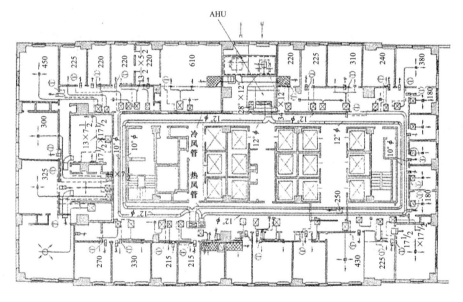

图4 标准层风道平面图

冷却盘管及加热盘管的风量分别按送风量的90%和70%考虑。冷却盘管为8排，加热盘管为2排管。该大楼制冷机容量为1430RT，蒸汽量为6200kg/h。图5为10E系统之空调机房平面图。

工程实录 A3

美国 GYPSUM 大楼

地点：美国芝加哥市
用途：办公及其他
建筑规模：地上 19 层；空调面积 2.65 万 m²
建设时间：1963 年

建筑外观

建筑概况

平面形态较特殊，四个方位均有缺角，有利于建筑的采光。外立面的用材为白色的大理石、铝窗框以及光热性能良好的玻璃窗等。是当时芝加哥市最新的全空调建筑，曾获芝加哥建筑会议第 8 届佳作奖。建筑物的标准层平面（2F～17F）如图 1 所示。图 2 为 18F 风机及锅炉布置平面图，图 3 为 19F 平面图，绘有制冷机房和冷却塔位置。

空调方式

标准层外区：采用三管制（水）诱导器（IU）系统，由设在 18F 的 2 台一次风处理 AHU 供给 2F～17F 所有 IU，每台 AHU 的风量为 51000m³/h。内区：采用高速双风道系统。由 2 台能同时处理冷、热风的 AHU 送风，AHU 具有新、回风混合及各种热湿处理功能段，并有良好的消声隔震措施。热风、冷风混合箱将空气送入吊顶静压层，经由孔板将空气送入室内。其他，如计算机房则采用地板送风方式另有三个专设的融雪系统。

冷热源

18F 上设有燃油低压蒸汽锅炉。
19F 上设有蒸汽型吸收式制冷机 2 台，总冷量为 1200RT，冷却塔亦设在该层。

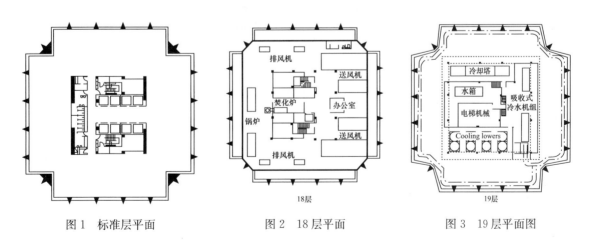

图 1　标准层平面　　　　图 2　18 层平面　　　　图 3　19 层平面图

资料来源：ASHRAE Journal，1968/12。

工程实录 A4

美国 PAN-AM 大厦

地点：美国纽约

业主：泛美航空公司

建筑规模：地上 58 层；总建筑面积 22.3 万 m²；标准层面积 3500m²；层高：3.75m

竣工时间：1964 年

图 1 为标准层平面图，立面示意如图 2 所示，在建筑外观上可看到其设备层的位置。

建筑外观

空调方式

内区为各层空调机组方式，外区为诱导型空调系统，10F 以上的一次空气 AHU 设在 21F、46F 及 58F 的设备层内。系统分布如图 2 所示，20 世纪 60 年代美国高层办公楼 70% 都采用这种空调方式。IU 一次空气处理箱安装在若干层面，由三根垂直竖风道通向各个朝向的窗边 IU，图 3 为 46F 设备层内空调箱的布置情况。用于内区的空调系统在各层分设空调风机室两个（见图 1）。

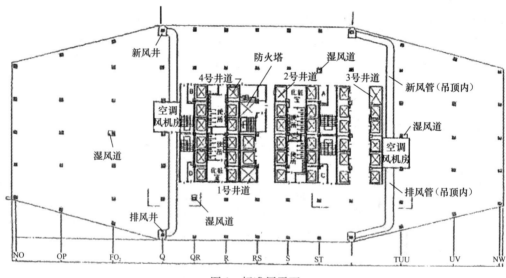

图 1 标准层平面

冷热源方式

制冷机组位于 57F，利用城市区域供热提供的蒸汽，采用蒸汽透平驱动的离心制冷机。冷量为 3000RT（冷量指标达 0.04RT/m²），离心制冷机共计 3 台。还预留了一台位置，考虑今后

资料来源：井上宇市，《冷冻空调史》，日本冷冻空调设备联合会，1993 年版。《高层建筑设计画》（日），彰国出版社（日），1964 年。《建筑文化》（日）1963 年 10 月号。

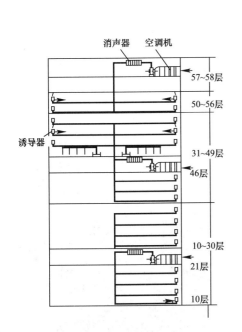

图 2 空调系统图

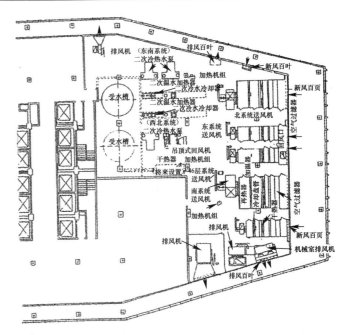

图 3 机房设备布置图

冷负荷可能增加（如照明强度提高）。制冷机组冷煤为 R500，蒸汽透平功率为 2896kW，冷水进口温度为 13.3℃，出口温度为 6.7℃。进入 IU 系统的冷热水则另设有冷水和热水换热器，该二次冷热水系统在各层按朝向分为 NW 及 SE 两个系统。自区域供热系统来的蒸汽压力为 8.7kg/cm²，直接送上顶层机房，冷热源系统图见图 4 及图 5。大楼屋顶因可以停直升机，故屋顶上地坪可以融雪（利用蒸汽加热热水排盘）。全楼空调及冷热源设备机房为全楼面积的 4.7%。

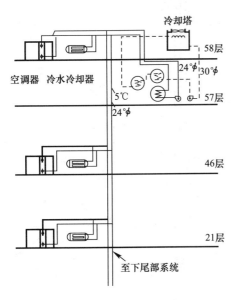

图 4 冷水系统流程图

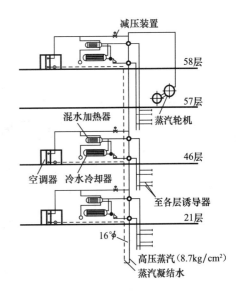

图 5 热水系统流程图

NO. 1 Main Place 大厦

地点：美国 Dallas 市 Tex 州

用途：办公

业主：第一国家银行

建筑规模：地上 33 层、地下 5 层；总建筑面积 13.9 万 m^2，每层出租办公面积约 2500m^2

竣工时间：1967 年

建筑外观（施工中）

空调方式

图 1 为该建筑标准层平面图。

外区：3F~31F 的周边窗台下设置风机盘管机组，每个机组设冷水盘管及管状电加热元件。经热湿净化处理过的室外空气接入风机盘管的出口处（见图 2）。冷水管与新风系统纵向按朝向不同设 4 个系统。通过室温传感器可控制系统的运行，保证室内的温度水平。

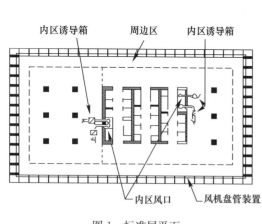

图 1 标准层平面

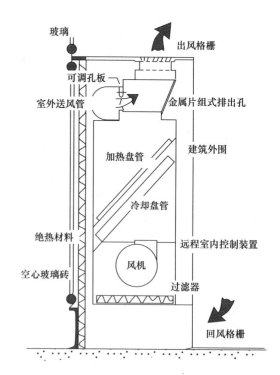

图 2 风机盘管示意图

内区：为单风道系统，每个总立管的风量为 15.3 万 m^3/h，按朝向分区，设 4 根总管。风机为双进风机翼型离心风机，静压为 1500Pa。另外亦设有回风机系统，还有部分吊顶回风则经

资料来源：ASHRAE Journal，1968/2；《空调と冷冻》，1971/7。

过照明灯具直接吸收其热量后，在吊顶内经送风管上设置的诱导混合箱（每层 4 个）直接送入房间。每个诱导混合箱把 5440m³/h、12.8℃的一次风与 2720m³/h、26.7℃的回风混合后送出的空气温度为 16.1℃，布置如图 1 所示。其他用途的房间则采用各种方式的空调形式，如双风道系统及个别分散的空调系统。

冷热源方式

制冷机组安装在顶层 33F，采用 4 台冷量为 880RT/台的离心制冷机，其中两台制冷机的冷凝器有两个环路，一个连接冷却塔排热，另一个用于冷凝器的回收（空调用热水加热盘管，起热泵作用）。另外，大楼内还设有 3 台 800kW 的电加热设备用于加热热水。以及直接用于 2F 进厅等高玻璃窗下的踢脚板采暖器的电热元件。

该大楼总计用电负荷达 18000kW。其中有 3 台电制冷压缩机、2432 台 FCU 的内置电加热元件（1.6kW/台）、2400kVA 的热水加热器。22 台电梯和 12 台自动扶梯以及照明的耗电量（约 30～40W/m²），号称为全电气化办公大楼。当时设计尚没有足够的节电意识和技术。

工程实录 A6

纽约世贸中心（WTC）

地点：美国纽约市曼哈顿区 Hudson 河旁

设计：Minoru Yamasaki（山崎实）& Associates（建筑）、Jaros，Baum & Bolles（机械）

用途：办公、商业等

业主：Port Authorty of New York & New Jersey

建筑规模：地上 110 层，地下 6 层；最高高度 411.5m；总建筑面积 41.86 万 m² （单幢）；标准层有效面积 2700m²；层高 3.66m，吊顶高 2.62m

施工时间：1966 年 8 月～1973 年 4 月（北楼于 1970 年 1 月完成，南楼于 1972 年 3 月完成）

投资：8.57 亿美元

建筑外观

建筑概况

该工程由两幢主楼、4 幢 8F～10F 的相关建筑组成，总建筑面积约 120 万 m²，中间有一广场，每天有 5 万名工作人员出入。每座塔楼有 23 台直行电梯和 72 台自动扶梯。底层休息厅和空中休息厅将该建筑分成三个区段。塔楼最早采用了筒中筒结构体系，双塔的建成打破了美国纽约帝国大厦保持了 42 年之久的世界最高建筑记录。1993 年 2 月 26 日大厦遭到炸弹的袭击，炸坏了底层部分楼板，损坏了机房设备。3 个月后修复，恢复了供冷。但在 2001 年 9 月 11 日上午 8 时分别遭恐佈分子劫持的飞机撞击，起火燃烧，毁于一旦。经过多年的筹划，在原地将重修相应的大楼。

图 1 为原 WTC 的基地总平面情况，图 2 为办公楼标准层平面图，图 3 为剖面图。

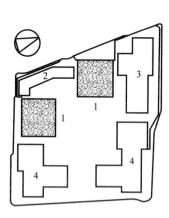

图 1 基地总平面图

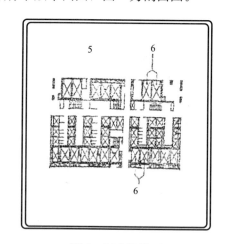

图 2 标准层平面

1—双塔楼；2—旅馆；3—美国海关大厦；4—附属电梯；

5—开敞平面办公楼；6—快速电梯

资料来源：《Heating/Piping/Air Conditioning》，1994 年第 2 期，《供热制冷》，2003.10 月刊。

空调方式

办公楼标准层周边采用二管制诱导空调系统，具有 35% 的新风量。诱导器内为显热盘管，此外还设有再热式单风道系统。空调机房设在 7F、41F、75F 及 108F，通过其中设置的 AHU 向上下 10 多层送风。机房层高度占 2 层。旅馆栋采用 FCU 及新风系统。

大楼使用的风机风量在 93500～150000m³/h 之间，风压在 1500～2500Pa 之间。故采用较好的减噪设施。每层风量在 35000～50000m³/h 之间，一般采用环状总风管分配空气，再用支状风管送入房间。

冷热源方式

主要制冷设备为双级压缩的离心制冷机组，7000RT/台×7 台。工质为 R22，York 公司生产。当时为世界最大容量冷机房。电动机供电压为 13800V，功率为 7000HP。设计冷水进口温度为 12.1℃（实际 14.3℃），出口温度为 3.3℃（实际 5.5℃），冷却水入口温度为 23.7℃，出口为温度为 32.5℃，利用其旁之哈得逊河河水，冷凝器传热管为 CuNi 合金（Cu90%，Ni10%），冷冻机房位于地下 B5F 和 B6F 内处于两塔楼中间的位置，B5F 有三层楼高。设计分区如下（见图 4）：

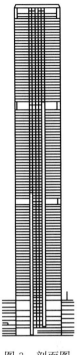

图 3 剖面图

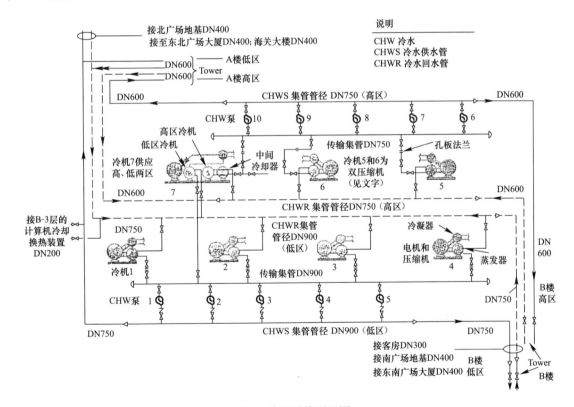

图 4 冷源系统原理图

(1) 低层用制冷机（45F 以下），7000RT×4 台（NO.1～4）；

(2) 高层用制冷机（45F 以上），7000RT×2 台（NO.5、6）；

(3) 部分负荷用制冷机，7000RT×1 台（NO.7），具有两个蒸发器，可分别向高区和低区供水；

（4）夜间负荷可利用 4 号及 5 号机所附有的子机组提供 2500RT 的冷量供冷。

冷水分别可供给两个塔楼的 7F、41F、75F、108F 上所设的 AHU 中。低区除指塔楼所有的低部建筑物外还包括 WTC 范围内的东南和东北广场大楼以及海关大楼。

河水冷却设备的流程如图 5 所示。河水先经过 2 台可自动清洗的滚动型过滤筛网，再经过 3 台自动除污器（直径 1.3m）后直接进入制冷机的冷凝器。

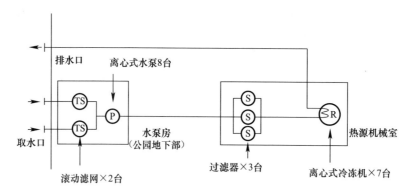

图 5　河水冷却水流程图

供热方式

由曼哈顿地区南部 Con Edison 供热公司提供高压蒸汽，入口管径为 ϕ750mm，压力为 10.5kg/cm²。在 B6F 减压后分送至各塔楼的 AHU、东南和东北广场大厦 9F 的设备间、塔楼和广场大厦的地下设备间。海关大楼和 Vista 旅馆则设独立的蒸汽减压站。

工程实录 A7

乔治亚州电力公司总部大楼

地点：亚特兰大市（美国佐治亚州）
用途：办公
建筑规模：地上 24 层；总建筑面积约
71000m²
结构：钢筋预应力混凝土
设计：Heli&Heli 设计事务所
建设时间：1979 年

建筑外观

建筑节能设计

大楼造型奇特，面向南面的墙壁像倒置的楼梯，自顶层向下每层向内收缩，最高层比最下层向外伸出约 7m。如图 1 所示。夏季太阳入射角高，上一层突出部分起遮阳作用。冬季因太阳入射角低而可普照室内，减少了围护结构负荷。照明采用 150W 的节能型高压钠灯，由电脑控制，下午 6 时全楼自动熄灯，大楼前还有 3 层楼的办公楼（其中 1 层为地下层），昼夜均可使用。需额外使用时，可不必启动大楼的照明和空调系统，该低层建筑的层顶上设置了 1485 个太阳能电池。用光电感知器控制电动机的转动以自动追踪太阳。地下层还设有一座容量为 1364m³ 的蓄水池。在夜间将池水冷却，白天使用以减少峰值用电负荷。

该大楼与同规模的本市办公建筑相比，可节能 60％，如图 2 所示。

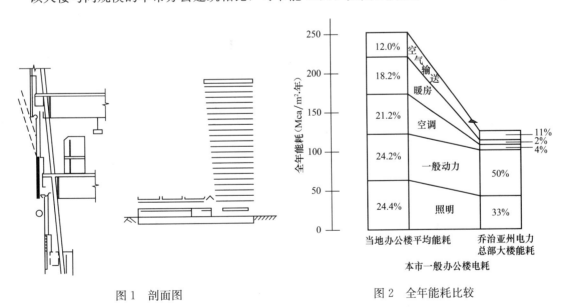

图 1　剖面图

图 2　全年能耗比较

资料来源：《建筑知识》刊，1982 年第 5 期。《建筑の省エネルギー计划》，日本建筑学会编印出版，1981 年版。

工程实录 A8

美国国家广播公司大厦——NBC 大厦

地点：美国芝加哥市 North Columbas 大街 454 号

业主：美国公平人寿保险会社、美国国家广播公司等

设计：Morse Diesel. Inc

建筑规模：地上 37 层、地下 4 层；总建筑面积 9.29 万 m²；建筑高度 191m

用途：电视演播（2.386 万 m²）、办公（5.82 万 m²），其他为商业、停车

建设时间：1985 年

建筑外观

建筑特征

大楼除 37 层的主体以外，还有 4 层裙房，位于芝加哥河以北、Michigan 大街和 Lake Shore 大街之间的地块。该地块的规划是要发展成 4.8 万工作人员和 1 万套住宅的区域。

大楼建设规划力求与已有建成的大楼（Fribune Tower）相协调。如外立面的线条、建材的选择等，该建筑充分考虑了美国建筑节能的要求，采用传热系数为 3.26W/(m²·℃) 的双层玻璃窗，以及传热系数为 0.45W/(m²·℃) 的墙体，综合传热系数为 1.453W/(m²·℃)，低于美国 ASHRAE 标准 90 所建议的数值 [1.93W/(m²·℃)]，再由于其他方面的节能措施，工程获 1987 年 ASHRAE 的相关奖项。

标准层空调方式

空调采用集中式全空气系统，每层根据方位和室内发热等设 20～24 个可控的热负荷分区。空调方式为 VAV 系统，VAV 末端采用串联式风机动力型（Fan Power Unit），周边区末端设有辅助电加热器。一次风处理机组共 4 台；集中安装在 21F，分左右两侧经垂直总风道向上、向下负担所有层面的一次风输送。每层由左右两侧接出之送风管构成各层的分配环路，由此接向各 FPU（这种大容量的集中输配方式在美国工程中有一定的典型性）。

图 1 表示了办公楼层面单侧的空调原理图；图 2 表示了全楼的系统走向图（包括水系统）；图 3 表示了层面环状管路与总立管的关系示意图；图中所示的设在 21F 的 4 台集中式 VAV 系统的风机是可以改变导叶片节距的轴流风机。既可控制最小新风量，又可实现过渡季免费供冷的功能。大楼中计算机房和通讯机房采用独立的直接蒸发式空调机组。

冷热源设备

制冷设备系统参见图 2，3 台离心式制冷机设于地下 3F 内，对应的 3 台密闭式冷却塔则置于 3F 的屋顶上。相关的机房设备及运行参数如下：

资料来源：美国《Heating Piping & Air Conditioning》，1989 年 01 期（2002 年汪善国教授推荐）。

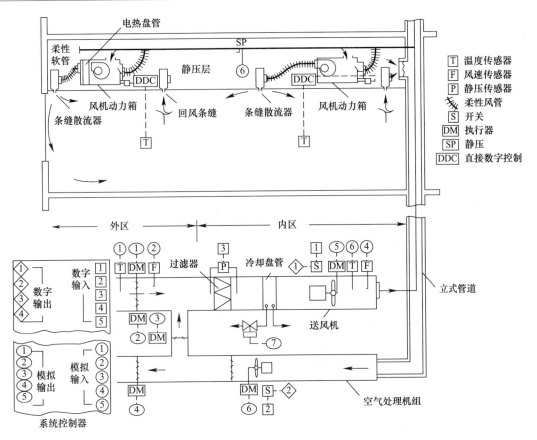

图 1　办公楼空调系统原理图

一次风送风机（21F 内）×2 台：风量 256700m³/h，风机压头 1400Pa；

一次风送风机（21F 内）×2 台：风量 214710m³/h，风机压头 1400Pa；

回（排）风机（21F 内）×2 台：风量 223720m³/h，风机压头 510Pa；

回（排）风机（21F 内）×2 台：风量 186830m³/h，风机压头 510Pa；

密闭式离心制冷机（地下 3F 内）×3 台，冷量 667RT/台。

此外，有冷却水泵 3 台和冷水泵 3 台，水量分别为 1333gpm 和 1000gpm，扬程约为 36.6m。

自控系统

该工程根据当时的空调自控技术作了比较完善的配置，控制系统包括电子传感器、可对数字和模拟输入信号等进行连续分析和计算的微处理器和控制模块，使用于微处理器兼容的数字信号的控制（DDC）系统，控制模块的输出信号对空气处理机组和终端设备进行监控并与中央控制站连接，使运行管理方便有效。例如，每个 VAV 系统有独立的 DDC 控制面板，就可实现最小风量和过渡季节新风供冷的控制。

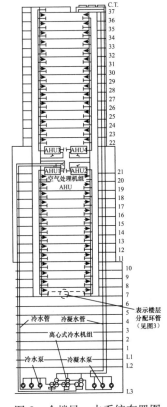

图 2　全楼风、水系统布置图

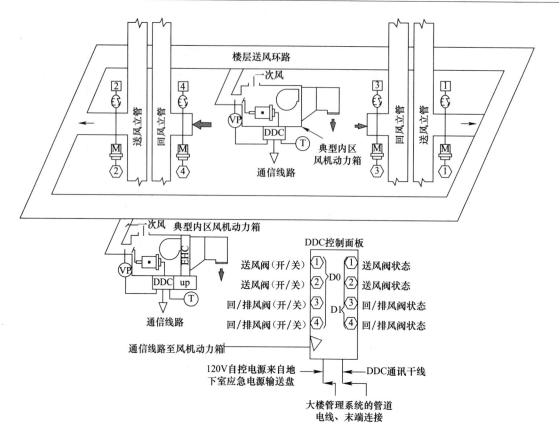

图 3　各楼层环状管路与总立管关系图

工程实录 A9

Conde Nast 大楼（第四时代广场）

地点：美国纽约市曼哈顿区西 42 街

业主：The DurstOrganigation，Inc

主要租户：Conde Nast 公司、Skadden Arp 公司

设计：Fox & Fowle 建筑师事务所

建筑规模：地下 2 层，地上 48 层；总建筑面积 15 万 m²

竣工时间：2001 年 1 月

造价：2.7 亿美元

建筑外观

建筑特征

该工程在美国高层办公楼中，最早充分进行了绿色生态技术的实践，从围护结构用材、规划设计等方面都采用了绿色技术。此外，还利用了太阳能、燃料电池等装置。空调制冷方面有重要的表现，在提高室内环境品质方面也作了新的努力。外立面设计注意功能的结合，从而不拘一格而活泼多样。图 1 为某一标准层的平面图，图 2 为大楼剖示简图。

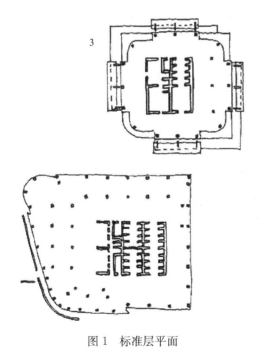

图 1　标准层平面

图 2　剖面图

空调设计

（1）冷热源设备：采用直燃型吸收式冷热水机组供冷供热。可以实现低碳排放和不用氟利

资料来源：《FOX & FOWLE ARCHITECTS》（公司介绍）；《空气调和·卫生工学》，2005/6。

昂（CFCs）工质。4 台冷热水机组设在 48F（屋顶层）。以天然气作为能源亦与该地区天然气价格有关，以期较早的回收投资。

（2）空调设备：办公楼标准层每层 2 台 AHU，每台 AHU 均通过风道连接 VAV 末端，根据人员的设计最小新风量为 34m³/(h·人)。此外，AHU 也可由中央楼宇管理系统控制而提供最大达 13600m³ 的通风量。通过每个层面的送、排风机根据运行情况可维持恒定室内的压力。室外空气从 24m 和 213m 高度处引入大楼内空调箱，以免下部汽车尾气的污染。新风过滤器效率为 NBS85％，且可按需加装化学过滤器。此外，新风量标准允许高于纽约当地标准的 50％，引入新风可同时给任何 4 个楼层送 100％ 的新风量。室内设有空气品质的传感器，并有监控系统，可在紧急状态下迅速转换室内空气。对于租户则鼓励采用绿色装修材料及家具，以免污染空气。

（3）大楼均采用高效的电动机以及采取变频驱动以调节空调、通风系统的风量。

其他相关绿色技术

（1）围护结构的保温隔热：外墙 $R＝3.5$（m²·K）/W，窗遮阳系数 0.3

（2）材料利用：基本上全部采用环保绿色材料建造，也鼓励租户采用可回收材料。每层楼设有两个与大楼外部垃圾装载处连接的垃圾回收斜道，分别用来回收纸张和湿的垃圾。鼓励租户采用模块化的接线装置，以利于重新布置电线和通信线路；采用 100％ 可回收的吊顶板。

（3）照明控制：采用高能效的照明系统，包括高效的灯具、对公共区域的灯进行集中控制、在楼梯间等处安装人员传感器等。采用 2m 高的大窗户，Low-e 玻璃的可见光传递率为 0.4～0.66，同时采用曝光照明调节装置，可以使得约 25％ 的面积可以非常有效地利用日光，因而达到非常好的节能效果。由于玻璃采用了很复杂的涂层，虽然可见光传导率为 0.4～0.66，其遮阳系数仍可达到 0.3。

（4）燃料电池应用：两个 200kW 的燃料电池被安装在 4F，燃料电池所发的电可完全覆盖大楼夜间的电力需求，并承担白天 5％ 的大楼电负荷。燃料电池消耗天然气，通过化学反应产生电能和热能。其产生的热能可以用来供热和供卫生热水。燃料电池的生成物仅有水和二氧化碳，因此对环境的污染非常低。

（5）光电池应用：在大楼的上面 19 层的南向和东向的立面的拱肩（窗户下沿与下面的窗户上沿之间的部分）上装置了宽约 18m 的"薄膜层"的太阳能电池，高峰发电负荷为 15kW，全年发电量约 48000kWh，可以承担 1.6％ 的建筑基本负荷。因为太阳能电池与墙体整体安装，节省了材料和费用。如果所有的拱肩都安装上太阳能电池，年发电量能够达到 1300000kWh，或 50％ 的建筑基本负荷。

该工程设计过程中，全面采用美国能源部的 DOE-2 计算软件来模拟建筑的全年逐时能耗和费用，从而使设计者有把握采用合适的高效的空调系统、照明系统和外遮阳系统等技术。

工程实录 A10

美国银行大厦

地点：曼哈顿市中心 Bryant 公园

用途：办公

建筑规模：总高度 365.76m，塔尖高度 77.9m；建筑面积 195000m²；地上 54 层，地下 3 层

设计/竣工时间：2003 年/2009 年。

设计单位：Cook＋Fox Architects

建筑外观

建筑特征及绿色技术理念

美国银行大厦矗立于纽约曼哈顿布莱恩公园，被誉为迄今为止纽约市最环保的摩天大楼。大师级的建筑设计结合新颖的绿色技术，使得大楼赢得了 2010 年美国最佳高层建筑大奖，并在 2011 年成为第一栋 LEED 铂金认证的高层建筑。大楼拥有水晶般的外形，高度 2/3 部分墙体拐角稍稍向内倾斜，使得建筑轻盈而富有动感。采用可再生钢材和含有 45％的炉渣和粉煤灰的混凝土建造，并在场地 800km 以内取材；玻璃幕墙采用半透明的保温玻璃，在保证自然采光和良好视觉空间的同时减少太阳辐射得热；采用热电联产供能，结合冰蓄冷技术供冷；采用了一系列的节水措施，包括雨水收集再利用、地下水过滤再利用、无水小便池的使用和空调冷凝水再利用等，生态水系统为大楼节约水量达 4 亿升。这一系列绿色建筑技术措施使得大楼成为绿色摩天大楼的典范。

大楼的供能系统

大楼在采用了 5.0MW 的热电联产系统（CHP）供能的基础上辅以市电，作为纽约市第一栋配备如此规模的天然气热电联产项目，其供电量可满足尖峰用电时刻的 1/3 的用电，供应整栋建筑年度 70％的用能。大楼的热电联产系统示意图如图 1 所示；发电废热除用于提供生活热水外，夏季用于吸收式制冷，冬季用于供暖；大楼整体供能及通用系统示意图如图 2 所示。

大楼的空调系统：

（1）大楼冷热源系统

大楼内设置有两套制冷系统，一套系统为美国银行区域服务，另一套为出租空间服务。大楼制冷系统配置的冷水机组情况见表 1。额定制冷量为 1000RT 的制冰冷水机组配备了 44 个直径 2.44m、高 3.05m（10 英尺）的圆柱体蓄冰槽，制冰冷水机组夜间利用发电机组的剩余发电制冰，白天用夜间所制冰供冷，供冷策略为融冰优先；蓄冷的供冷量达年度供冷量的 25％。

额定制冷量为 400RT 的吸收式冷水机组利用夏季 CHP 机组发电的废热制得的蒸汽作为热源，其部分冷量用于预冷进入燃气涡轮机的空气，以提高燃气燃烧效率。

资料来源：《绿色建筑细部》（刊），2011 年专刊；《暖通空调》副刊，2009 年 12 月；许鹏等著，《美国建筑节能研究总览》，中国建筑工业出版社，2012 年。

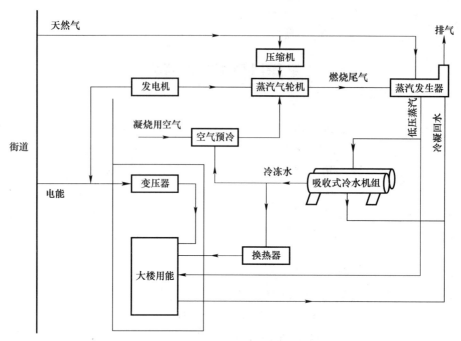

图1 大楼热电联产系统示意图

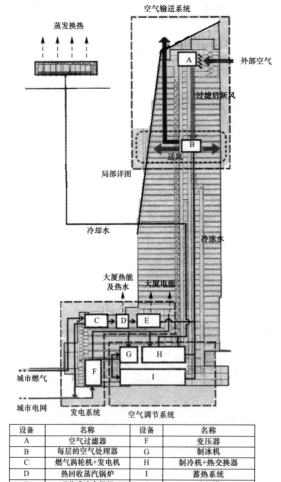

设备	名称	设备	名称
A	空气过滤器	F	变压器
B	每层的空气处理器	G	制冰机
C	燃气涡轮机+发电机	H	制冷机+热交换器
D	热回收蒸汽锅炉	I	蓄热系统
E	吸收式冷水机组	J	冷却塔

图2 大楼供能及通风系统示意图

冷水机组制冷量　　　　表1

冷水机组类型	离心式冷水机组			制冰冷水机组	吸收式冷水机组
额定制冷量（RT）×台数	600×1	800×1	1200×1	1000×1	400×1

大厦还根据纽约市的气候优势，实现全年5个月的冷却塔免费供冷；当室外空气温度较低时，直接利用冷却塔中的冷却水作为冷源，经板式换热器与冷水换热，降低或消除了对机械供冷的需求量，减少大楼制冷的用电量。

大楼利用天然气涡轮发电机的废热作为热回收蒸汽锅炉的热源，制备蒸汽，蒸汽经过板式换热器制备生活热水，并在冬季供暖时提供空调热水。

（2）空调风系统

相比传统的上送风空调系统，大楼办公区域全部采用地板送风，在实现个性化送风之余提高了通风效率；大楼的新风过滤器过滤效率达95%，大楼的排风甚至比进风更干净。大楼的通风示意图如图3所示，楼各主要区域的空调方式及其特点见表2。

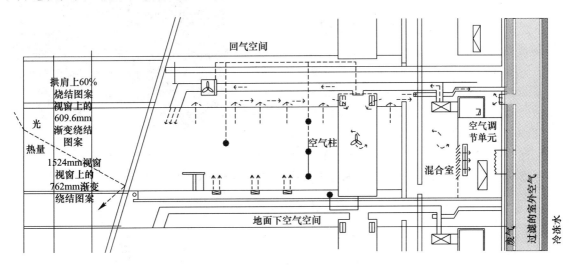

图3　大楼地板送风示意图

各区域空调方式及特点　　　　表2

空调区域	空调方式	空调特点
1F~42F	VAV BOX＋集中新风系统	根据负荷调节送风量，节约风机能耗，便于二次装修
43F~51F	全空气系统	每层设置空气处理器，可操作性强
大厅	地板辐射供冷/暖	热舒适性能佳，且节能

伦敦劳埃德大楼

地点：英国伦敦
设计：理查德·罗杰斯（Richard Rogers）
用途：办公楼（保险公司用）
业主：Lloyd's of London
层数：地上14层，地下2层
竣工时间：1986年

建筑外观

建筑特征

从建筑上讲，该楼是表现力很强的高科技大楼，其最显著的特征是将所有附属功能的设施，如电梯、楼梯、厕所、若干管路等都设置在主体平面之外，环绕着建筑的周边布置，因而不设核体。建筑内部有一个巨大的中庭，引入天然采光。办公区配有更高的楼层空间和吊顶，以便安装管线。

该建筑被看成是欧洲最早出现的智能型建筑。由于其裸露结构、显示技术，像工业建筑，因此建筑界称之为"高技派建筑"。图1为透视图，图2为标准层平面，图3为剖面图。

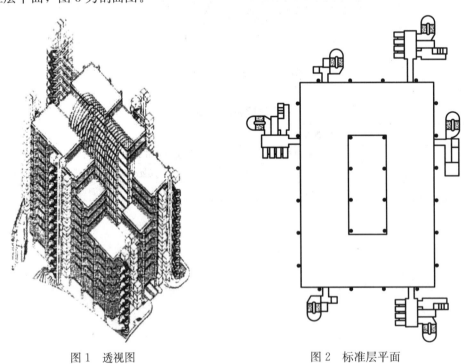

图1　透视图　　　　　　　　　图2　标准层平面

资料来源：Air conditioning：Impact on The Built environment，A. F. C Sherratt，1987 Nichols publishing company。Progressive Archtecture（刊），1990年9月号

空调方式

（1）该工程办公室部分的设计冷负荷：照明：20W/m²；设备发热：25％面积按60W/m²；55％面积按10W/m²；20％面积按0W/m²；人体发热：8W/m²。

（2）办公室采用下送风方式，从屋顶上设置的AHU送风经室外各层横向总管送入办公室的架空地板内，并与从地面吸入的回风相混合，经风机末端装置向室内送风，同时亦可向工作岗位送风。室内回风是从吊顶处经照明灯具后（带走热量）经双重玻璃内夹层而进入窗外横向总管返回屋顶上的AHU中，如图4所示。这种经窗玻璃排热即通风窗的技术，它可以改善窗际热环境，同时也可经控制防止窗面结露。图5说明了这种作用。

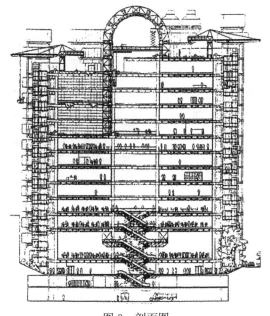

图3　剖面图

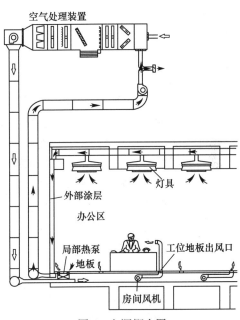

图4　空调概念图

（3）除上述系统外，在外窗底部地面下设置了局部热泵空调机组（水—空气热泵方式），用以克服周边进入热量的影响，亦有助于空调启动时的加速升（降）温作用，水环路的流量还考虑到日后负荷增加后的需要。

（4）该工程实施过程中工作岗位的送风方式与效果以及中庭气流组织作过气流模拟计算和试验，获得了预期的效果。

（5）该工程是欧洲最早的智能建筑，通过直接数字控（DDC）系统可对下列环境控制设备进行调节与控制：AHU45台；周边区用局部空调热泵机组900台；风机送风末端装置1600台；照明灯具10000套。

（6）该工程总采暖容量为7000kW；制冷容量为4200kW；总供电量为6000kW；备用发电为3000kW。

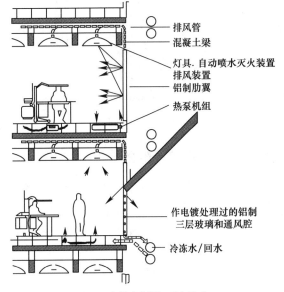

图5　改善窗际热环境技术

工程实录 E2

大伦敦市政府大楼

地点：英国伦敦 More London 开发区（泰晤士河南岸）
用途：办公、会议、展示等
建筑规模：地上 10 层，地下 1 层；高度 50m；总建筑面积
1.98 万 m²
设计者：Foster & Partner
建设工期：2000 年 5 月~2002 年 5 月

建筑外观

建筑概况

该工程设计要求体现出一个公共建筑如何在整体上能实现绿
色生态概念，成为一个可持续发展建筑。建筑内有各种办公室、
会议室，可容纳 440 人日常办公，还有一个 250 人的会场。其中一
半以上的基地规划为公共活动区。建筑物采用具有开放性强的玻
璃幕墙，表示政府工作的透明度。

大楼的垂直交通由电梯和平缓的坡道（500m）组成。建筑顶
层为一多功能厅，是个自然采光的大空间，可容 200 座，主要用于展示和会议。图 1 为某一层
平面图，图 2 为剖面图。

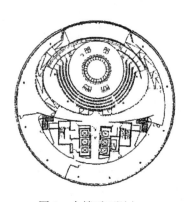

图 1　大楼平面图之一

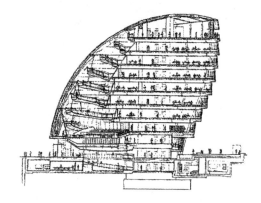

图 2　剖面图

建筑设计与环控策略的协调

建筑采用较独特的造型，一个倾斜的螺旋体，没有常规意义上的正面或背面。造型的确定
是根据其所在地的日照和建筑外皮的特性（窗、墙面积、材料等）进行计算机模拟后获得的，
以期最大限度地减少建筑暴露在阳光直射下的面积，以减少夏季太阳得热和冬季产生的热损失，
从而获得足够的经济运行的可能性。与同体积的长方形建筑相比，接近球状建筑的表面积可减
少约 25%。此外，建筑物还采用了一系列主动和被动的遮光装置。建筑物向南倾斜，议会厅玻

资料来源：《世界建筑》，2002 年 06 期；《玻璃建筑》，日本建筑学会编，日本学艺出版社，2009 年；《地球环境建筑的前
沿》，日本建筑学会/综合论文志（日），2003 年 2 月；《世界建筑》，2002 年第 6 期。

璃幕墙的一面朝北。该方式可使内部空间自然通风换气的同时，使各层的楼板成为重要的遮光装置。各层外挑的距离亦经模拟计算确定，正好可遮挡夏季最强烈的直射光线，减少了进入房间的负荷。挑出的楼板与墙的交错处易造成自然通风的阴形区（负压），有利于室内自然通风。此外，外窗为 DSF 型，采用了三层玻璃，内设可调遮阳，并构成空气通路。一般情况下，自然通风口为手动控制。图 3 表示了这种情形。

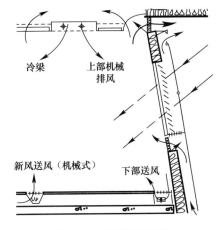

图 3　自然通风概念图

通风空调的技术措施

（1）尽可能采用自然通风，所有办公室的窗户均可开启，建筑周边的办公室可靠窗下的通风口进行自然通风。会议厅空间相当于中庭，也可构成自下而上的自然通风气流。此外，冬季办公室周边有辐射采暖，夏季利用吊顶上与照明结合的冷却器"冷梁"可向室内供冷，为了避免冷梁吊顶的结露，自然通风进风窗与"冷梁"系统连锁控制。

室内还有由风机输送的新风供给，以满足合适的换气效率。

（2）新风处理：利用自然能源，由 2 台深 100m 的深井提供冷水。并利用太阳能电池（PV）提供的电力驱动水泵（2007 年末该建筑增加了 PV 的容量，能够分担该建筑一部分电力需求）。经温升后的井水再次利用了卫生间、花园等冲洗与灌溉。

（3）据设计当时估算，该建筑的能耗与相同规模的传统办公楼相比，设备能耗可节省 3/4。采取的空调节能技术措施如图 4 所示。本工程获得了英国建筑环境评价基准 BREEAM 授予的最高评价"Excellent"奖。

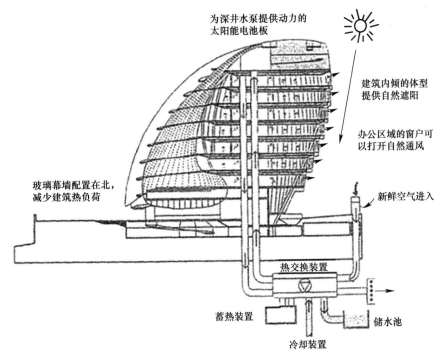

图 4　空调节能技术措施

工程实录 E3

瑞士再保险总部大楼
(Swiss Re Headguarters)

建筑外观

地点：英国伦敦
业主：瑞士再保险公司
用途：办公
设计：福斯特与合伙人事务所（Foster and Partners）
结构和设备工程师：ARUPServices Ltd.
建筑规模：总建筑面积 43000m²，层数 41 层
竣工时间：2004 年（设计 1997 年开始）

建筑特点

建筑通过若干螺上升排列的采光井将一系列旋转、放射状排列的楼层（6 个层面）联系起来，这些采光井内有绿色植物，同时利用室内外风压差获得自然通风。该大楼的剖面如图 1 所示。平面图之一如图 2 所示（21F 平面）。

自然通风和相关设施

每层建筑平面上设有 6 个平均 232m² 的矩形面积的办公区，而余下的 6 个三角形区域则为分置的中庭（见图 2），自下部到上部，各层平面螺旋状上升，中庭有自动启闭的机构可将新鲜

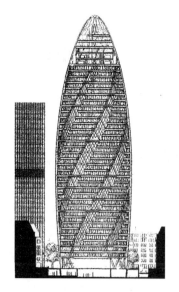

图 1 剖面图

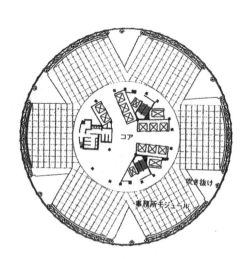

图 2 大楼平面图之一

资料来源：《Technik am Bau》，（德国）2003/T-8；《诺曼·福斯特及其合作者》，周伟超译，中国电力出版社，2008 年；《日经建筑》，2004 年 10 月 4 日。

空气从外部导入。经室内人和设备的发热向上部排出。图 3 为窗边设备和建筑的节点布置，大楼虽设有局部型机械冷暖设备。但大多时间为自然通风，当地节能目标为每年 $1m^2$ 175kWh，完全可以满足。

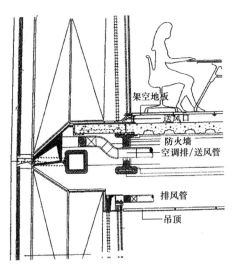

架空地板
送风口
防火墙
空调排/送风管
排风管
吊顶

图 3　窗际的设备布置

工程实录 E4

伦敦桥尖塔（The shard）

地点：伦敦市伦敦桥附近

用途：办公、公寓、旅馆等多用途

建筑规模：总建筑面积 110000m²；总高度：306m。层数为 87 层，层高较低 3.5～3.1m，上部有 13 层为公寓，中层部有宾馆客房 150 套，下层有 28 层为办公用房。总工程费用为 3 亿 5 千英镑，建筑造型为一尖塔直指云端，参见全楼剖面图 1，图 2 为宾馆（39F）立平面图。

建筑设计：Rengo Piana，Adamson Associates

环境设备设计：Ove Arup and Partnes

竣工时间：2012 年 7 月

建筑外观

围护结构

采用三重玻璃作为围护结构，以构成外呼吸幕墙，外层为有涂层的单层玻璃。中间为 250mm 的空气层，对应日射负荷设有自动控制的遮阳百页，在空气层的各层地板高度处有进风口，并可从顶部排出，以消除热量。进排风口处设有过滤器，以减少对玻璃的清扫周期，内层玻璃为有涂膜的并充氟气的双层 Low-e 玻璃，整个透明围护结构的日射遮蔽率为 0.12，传热系数为 1.6W/(m²·k)。故空调负荷得以减轻。该结构的处理手法示意于图 3 中。

空调方式和冷热源

空调系统曾考虑采用冷梁辐射方式，但因不能满足负荷，因此采用 FCU 为主。

空调冷热源采用 3300kW 的水冷离心制冷机 3 台（NPLV 值约为 12），冷水进/出水温度为 6℃/12℃。2500kW 的热水锅炉 4 台及 1100kW 的 CHP 装置（燃气内燃机）。热水进出水温差为 10℃（80℃/70℃）。设计时曾考虑过采用 CCHP，但综合评估，认为电制冷效率更高。冷热源主机位于 B2F、B3F。机房分区设于 L29/30、L51/52 及 L66/67F。冷却塔在顶部。相关的水系统如图 4 所示。

其他

由于大楼形态复杂，设备安装要求精确利用空间，施工中利用 3D 模拟作施工设计。

资料来源：日本建筑学会编《グラス建築学》，日本学芸出版社，2009 年；Ove Arup & Partners 资料。

864

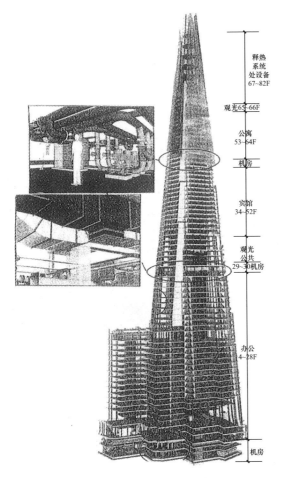

图 1 大楼剖视（透视）图

图 2 宾馆 39F 平面图（各种不同大小的客房）

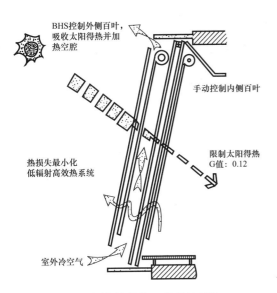

图 3 围护结构热工处理的手法

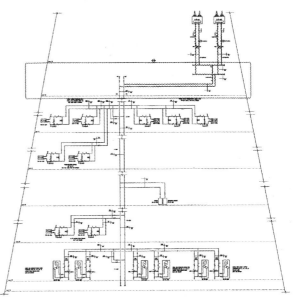

图 4 空调水系统

工程实录 E5

拜耳大厦（Bayer Hochhaus）

建筑外观

地点：德国 Lever Kusen 市

用途：办公楼

建筑规模：地上 33 层，地下 3 层；建筑高度 120.6m；总建筑面积 4.2 万 m²；吊顶高 2.74m

建设时间：1962 年

图 1 为标准层平面图，图 2 为纵剖面图。

空调方式

标准层外区采用诱导器（IU）空调方式，一次空气的连接管沿建筑物外周隐蔽在柱内接向 IU，IU 的安装方式如图 3 所示。地面以上的诱导器系统和内区空调系统的 AHU 分别安设在 14F、15F 及 32F 的设备层内。垂直方向则分为 2F～13F 和 16F～27F 两大层段，如图 4 所示。内区空调系统用上送上回的方式与照明灯具相合，如图 5 所示。

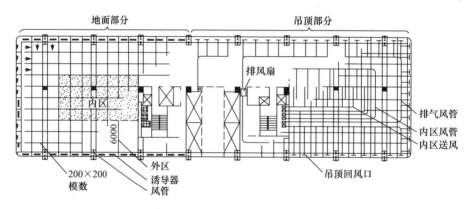

图 1　标准层平面图

冷热源

制冷机房设在地下室，总冷量为 1150Rt，合 0.026Rt/m²。冷水管在垂直方向未划分系统，冷却塔也在屋顶，故空调水系统承受的静水压力达 1.3MPa，几乎接近设备承压的极限。冷水一次水水温为 4℃。经热交换后进入 IU 之二次冷水温为 10℃。热源为蒸汽，经换热后为热水后进 IU 之盘管，IU 水系统为 3 管制，冷热源装置的水系统如图 6 所示。

资料来源：井上宇市《高层建筑の设备计画》，彰国社出版（日），1964 年

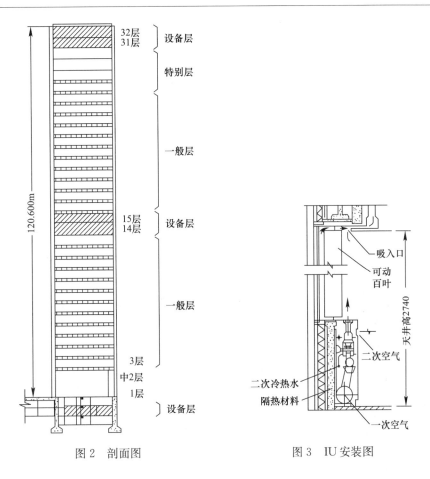

图 2 剖面图

图 3 IU 安装图

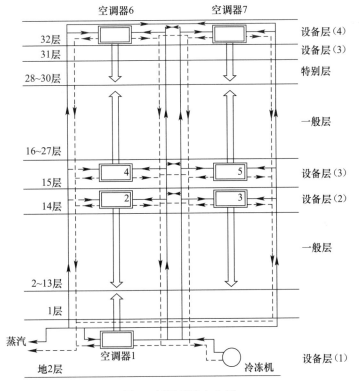

图 4 新风系统走向图

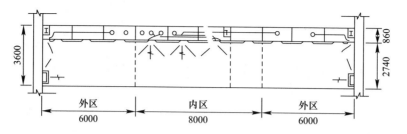

图 5　回风灯具图

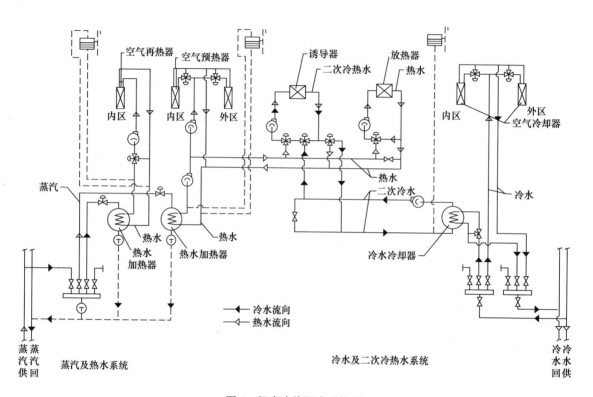

图 6　机房冷热源水系统图

工程实录 E6

法兰克福交易大厦

地点：德国法兰克福市
设计：海默特杨（Helmut Jahn）
用途：展览中心
建筑规模：地上 55 层，高 259m；总建筑面积 7 万 m²
结构：现浇钢筋混凝土
建设工期：1985～1991 年

建筑外观

建筑特征

该楼位于法兰克福展览会综合建筑群之内，其间一栋（Festhall）建于 1909 年，另一栋（Kongresshalle）于第二次世界大战后建造。新建大楼除办公楼外，还有 2 万 m² 的展览厅（1 号馆）入口建筑，900 个车位的地下车库等，该大楼在建设当时为欧洲最高建筑。图 1 为其剖视图以及各段办公楼的平面简图。

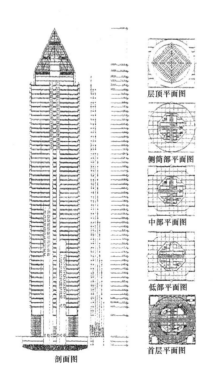

图 1　剖视图及各段平面简图

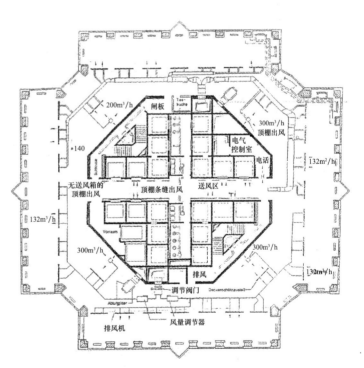

图 2　标准层空调设备与系统布置图

资料来源：许安之，艾志刚主编，《高层办公综合建筑设计》，中国建筑工业出版社，1997；《TAB》（德），1991 年 12 月号专辑；marphy/John. Messe Turm Franrt, Oktagon, 1991；Technik am Bau (TAB)，1991，12。

空调设备与系统方式

该大楼采用 FCU 承担主要冷热负荷，并配合使用独立布置的新风系统，前者沿窗面布置（外区），后者沿内区设置。新风系统共设 4 台 AHU，2 台设在地上 1F，分别供 2F～24F 南向与北向办公室，送风量为 7.48 万 m³/h，排风量为 6.735 万 m³/h，AHU 内设转轮式全热回收器。另 2 台 AHU 设在 54F/55F，承担高层 25F～53F 的南北向的空调需求，送排风量分别为 9.86 万 m³/h 及 6.96 万 m³/h，FCU 每层设置 40 台，水系统为四管制。冷热水供回水管均设于架空地板内。图 2 是标准层的空调设备与系统布置图。图 3 表示了大楼空调系统的整体工作原理。

冷热源设备与系统

采用 3 台吸收式制冷机，制冷量为 2.1MW，安装在地上 2F 处，驱动热源利用地区热网，有利于夏季减少用电峰值负荷。冷水经 3 台水泵分送到上区和下区两个系统。并分别进入新风 AHU 及 FCU 管路中。一次冷水温度为 5.6℃/12.2℃，二次冷水（利用冷却塔自然冷却获得的冷水）温度为 10℃/15.5℃，制冷机的冷却水温为 26℃/38℃。冷却塔设置在顶层（塔顶结构内）。蒸汽压力为 0.8bar，热水系统温度为 50℃/40℃，办公层房间最大冷负荷为 60W/m²，供冷系统流程如图 4 所示。

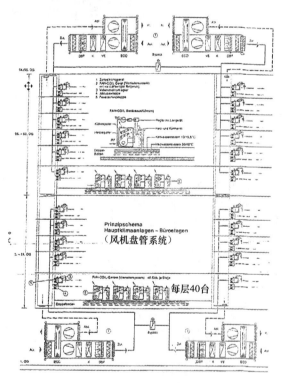

图 3　大楼空调系统原理图

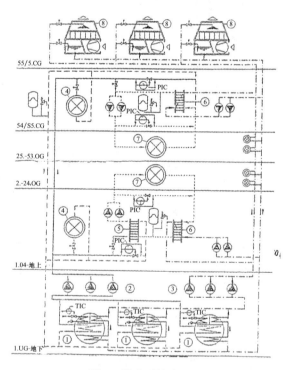

图 4　供冷系统流程图

1—吸收式制冷机；2—冷水泵；3—冷却塔水泵；
4—主冷却设备；5—主冷水系统用；6—免费冷却用；
7—FC 系统冷却用；8—冷却塔

工程实录 E7

RWE AG 总部大楼

地点：德国埃森市

建筑规模：总建筑面积 35000m²；地上 29 层，地下 3 层，2～18F 和 20～24F 为标准层，容纳各种办公室，25～28F 为各种会议室。

设计：Ingenhoven，Overdiek，Kahlen 及合伙人

竣工时间：1996 年

建筑特征

大楼为圆筒形平面，电梯井塔另设在本体之外，减少了噪声对室内的干扰。屋顶上设有花园，周边有玻璃幕墙保护。19F 为技术层。办公区内设有常规的空调管道和风机等设备。标准层的平面直径为 32m。图 1 为大楼的剖视图，图 2 为大楼的标准层平面。

围护结构

该工程采用双层外呼吸幕墙（即 DSF），在当时德国有示范作用。外层为 10mm 单层平板（1.97m×3.46m）强化玻璃，内层为双层平板 Low-e 玻璃（6mm ＋空气层 14mm＋6mm），内外层间隔 0.5m，空腔中有百页（80mm 宽的 Al 板）可自动控制其

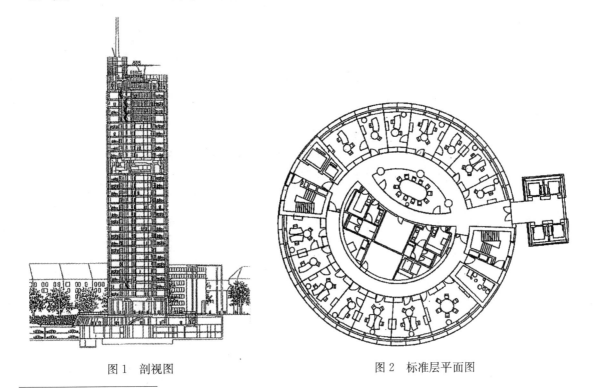

建筑外观

图 1　剖视图　　　　　　　　图 2　标准层平面图

资料来源：李东华主编，《高技术生态建筑》，天津大学出版社，2002 年；《世界建筑》，2000 年 4 月。

角度，该 DSF 属箱体式结构。室外空气从一个单元下部 15cm 高的条缝口进入空气腔后，从邻近的单元顶部排出，风口按对角线布置，幕墙进排风口设有条缝形的鱼嘴形结构。其功能可避免进、排风气流的相互干扰（见图3）。该地区的风向主要为南风、西南风和西风，在 120m 高度处风速为 5m/s，但经过 DSF 的阻隔与缓冲后，空气可经打开的内侧窗户入室，直接进行自然通风。大厦的物业管理系统由计算机控制按气候条件变化调节自然通风或空调的应用。

通风空调

当地气候比较温和，冬季平均气温为 4℃，最低温度为-9℃，夏季气候则较凉爽，DSF 与夏季空调装置无直接关系。与空调系统直接有关的是冬季新风直接经 DSF 导入，并利用其起预热（太阳热量）作用。新风导入的模式有：（1）将室外空气直接导入 AHU。（2）经过全热交换器的导入模式。（3）经过全热交换器与 DSF 导入。这取决于室外温度进入 AHU 的回风温度和 DSF 的内部温度等条件。以 AHU 内冷却盘管负荷最小为原则。该楼在办公室窗周边设置热水散热器，以及利用冷水盘管的辐射供冷（吊顶）方式（非对流方式空调）。而大量时间室内可用自然通风，为安全计，室外风速在 7m/s 以上时，窗可自动关闭。根据运行经验。大楼全年 70％的时间可不用空调。该楼竣工后初步估计较一般建筑的能耗可减少 30％～35％。

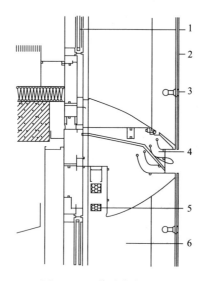

图3　DSF 幕墙节点样图

1—内侧双层中空玻璃幕墙；2—外侧单层玻璃幕墙；3—点式玻璃幕墙夹具；

4—鱼嘴式进气口；5—活动百页窗帘；6—热通道

工程实录 E8

法兰克福商业银行大厦（COMMERZBANK）

地点：德国法兰克福市 Grosse Gallus 大街/Kirchner 大街

用途：银行总部办公楼

设计：Norman Forster 合作事务所

建筑规模：地上 45F，地下 2F；高度 298.7m（包括尖顶）；总建筑面积：12.07 万 m²；层高：3.25m

结构：地下钢筋混凝土，地上钢结构

建设工期：1994 年 5～1997 年

工程投资：6 亿马克（其中幕墙结构占 1/6）

建筑外观

工程特征

该工程建成时是当时欧洲地区的最高建筑，同时该建筑以先进的生态绿色设计理念，为全世界建筑界所瞩目。建筑平面为三角形（边长 60m），中间的三角形平面形成一个高 49 层的通风空间（中庭），每隔 12 层可以分隔以组织全楼的自然通风通路。同时还设置了 9 个 3 层高的空中花园盘旋环境在大厅周围，整个三角形建筑每边 3 个，可使阳光最大限度地进入办公区，而且使办公人员有良好的景观。图 1 为该楼标准层平面图，图 2 为剖视图。

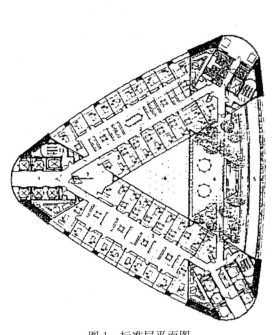

图 1　标准层平面图

图 2　剖视图

资料来源：《建筑设备士》，1997 年 04 期；《华中建筑》，1999，Vol17，No3；《Architectural Record》，1998 年 01 期；《Commerzbank Frankfurt, Prototype For an Ecological High-Rise》Colin Davies.（专集）；《暖通制冷设备》，2004 年 6 月。

自然通风的应用

围护结构为双层幕墙（DSF），简图如图 3 所示。内层为双层玻璃，外层为 8mm 单层玻璃，中间设有可以自控的百页卷帘，内窗可由下轴开启，两层窗之间有通风通道。

办公楼的通风除考虑每个房间的自然换气外，还考虑全楼整体的自然通风通路。图 4 表示了中庭贯通和分段贯通时的气流组织，图 5 则表示了不同季节时空中花园、办公室、中庭的通风流线示意图。该楼的外窗和中庭都装有电机驱动的窗扇，窗扇可由中央建筑管理系统或工作人员通过墙上的开关进行控制。在自然通风不利的情况下，可关闭窗户而将空调系统投入运行。到了夏季的夜晚又可开启窗户进行晚间通风除热。

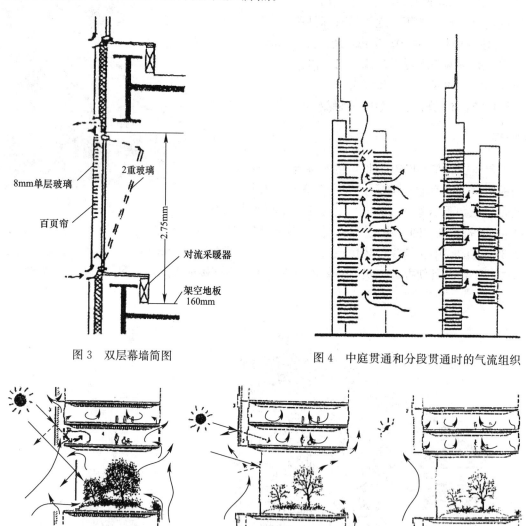

图 3　双层幕墙简图　　　　　　　图 4　中庭贯通和分段贯通时的气流组织

图 5　不同季节时空中花园、办公室、中庭的通风流线示意图

通过对该大楼采用自然通风的建筑能耗模拟计算，认为自然通风在全年 58％的时段内有效。其余 25％的时段会过热，17％的时段会过冷。此时，就由新风处理机提供约 21m³/（人·h）的新风量（经热湿处理）。

供热供冷方式

图 6 中，（a）为空调方式，（b）为自然通风方式，办公室的采暖利用自然对流型踢脚板式

对流采暖器。办公室的供冷为吊顶辐射供冷方式，在块状金属顶板后固定有金属 (Cu) 盘管，冷水温度为 14℃，足以维持夏季的室温要求。冷源为由区域供热系统提供的蒸汽经设在屋顶上的吸收式制冷机提供的冷水。制冷机的冷却塔亦设于屋顶上。地下室机房内则设有存水箱和热交换器水泵等。

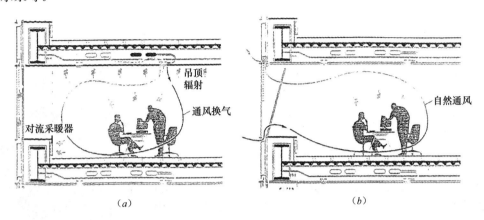

图 6 办公室空调通风方式
(a) 空调方式；(b) 自然通风方式

相关数据

室内条件：夏季：DB 最大 27℃，RH 最大 60%；冬季：DB 最低 20℃，RH 最大 40%。

室内空气换气次数：$2.4h^{-1}$，新风导入量为 52.4 万 m^3/h，空调风量为 47.3 万 m^3/h。

建筑物内安装的供热与制冷设备负荷分别为 4.5MW 及 5MW。

经模拟计算该建筑全年能量消费为：通风风机动力 18kWh/(m^2·a)，吸收式制冷机 (COP=0.7) 为 115kWh/(m^2·a)，供热 (热损失 10%) 为 36kWh/(m^2·a)，比传统建筑能耗可减少 25%～30%。

工程实录 E9

城市之门大楼

地点：德国杜塞尔道夫市莱菌河公园旁
用途：出租办公楼
建筑规模：总建筑面积 40000m²，地上 20 层
设计：Petzinka Pind 及合伙人
建设工期：1991～1997 年

建筑外观

建筑特征

大楼由两座独立的菱形建筑组成，顶部有三层楼面相接，从而形成巨大的中庭空间高 50m。顶部三个办公层还拥有小中庭。该大楼的基地呈菱形，建筑物则位于公路隧道之上。图 1 为大楼的剖视图，图 2 为标准层之一。

围护结构

该工程采用双层外呼吸玻璃幕墙（即 DSF），外层是 12mm 厚、含铁量低的高透明度的安全玻璃，内层是带木框的玻璃，整个建筑物有两种幕墙宽度（90mm 与 140mm）。靠近外层设有遮阳百页，该 DSF 属廊道式，幕墙间的空气腔每层分隔。风口交错布置，以防下层排出的空气进入上层进风口，图 3 为幕墙的详图。

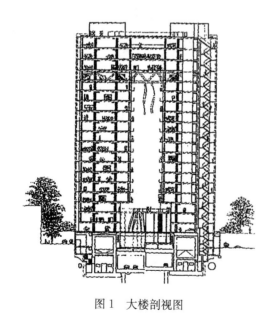

图 1 大楼剖视图

图 2 标准层平面图之一

资料来源：《生态建筑——面向未来的建筑》，东南大学出版社，2003 年；智能建筑外层设计，（英）迈克尔·威金顿等著，大连理工大学出版社，2003 年版；TAB（刊）德国 1997 年 7 月。

关于通风与空调

由当地区域供热网提供热水（热电站的废热利用）。冬季供 100～120℃ 的热水，夏季为 70℃，建筑物内采用用吊顶（金属盘管）和地板采暖者则用 40℃ 的热水，大楼制冷容量仅 520kW，冷水供给来自 8～10℃ 的地下水源。冷水在地下室 8 个水槽中经过热交换、储存与过滤，然后进入冷辐射吊顶供冷。当采用对流型空调供冷时则采用吸附式制冷方式供冷。

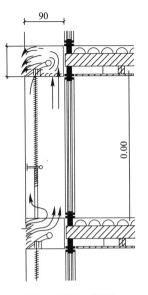

图 3　幕墙剖视图

工程实录 E10

汉诺威世博会办公大楼

地点：德国汉诺威

用途：办公

业主：德国博览协会

设计：Thomas Herzog

建筑规模：总建筑面积 13563m²；层数 20 层

建设工期：1997~1999 年

建筑外观

建筑特征

为迎接 2000 年 6 月汉诺威世博会而设计建造。业主要求建造一个在建筑节能上的投资与空调设备因节能而降低的投资可互补的建筑。在不过分依赖空调设备的情况下，实现低能耗和满足人体的热舒适条件。设计时将该楼预算控制在德国高层办公楼的普通水平（当时造价为每平方米 3900 马克，折合人民币为 14000 元）。其宗旨为着力在围护结构和自然通风设计上。建筑物为单边 24m 的正方形平面。在东北和西南两侧设有两交通设备核心体，如图 3 所示。

通风设施

以自然通风为主要手段的大楼通风流程总体系统如图 2 所示。由双层幕墙（见图 1）系统形成的空气走廊构成了一个巨大的通风管腔，楼内每层设 8 个进风口，每处进风口的进风百页可有多种开启方式。根据风向、风压、室外温度等参数进行模型试验和模拟分析，确定了进风口的平面位置。结合屋顶气象站的气象数据和空气廊道中测出的温度数据可实施由计算机控制进风百页的开启方式。图 3 表示了冬季、春夏季节和冬季条件下的自然通风方式。

内墙系统保证每个使用空间至少有 1.8m 宽、与楼层高度相当的开窗面积。当窗户开启时，窗扇下部的机械构件能自动关闭机械通风的通风口，即实现自然通风。机械通风时，除利用风压外，同样可利用室内外热压引起的空气动力作用，有助于减少进排风竖井的输送动力（见图 2）。

该大楼运行试验表明：室外温度>0℃时，室内热负荷较大的空间基本不需供热。此外，机械通风系统设有热回收单元，回风中 85% 的热量可转入新风中。在大楼楼板结构中埋设水管，既有辐射供冷（热）的作用，又可有结构蓄热的效果。部分冷水则可由室外<18℃的空气冷却获得。

经大楼使用一年后测定，其运行能耗（水泵、风机、电梯照明、采暖制冷）约 12.5 马克/m²（一般建筑为 15~38 马克/m²）。以采暖为例，它比德国低能耗标准建筑的能耗要低 1/4。

资料来源：《建筑学报》，2001 年第 5 期；《综合论文志》（日），No.1 2003 年 2 月；同济大学中德工程学院黄治钟提供资料。

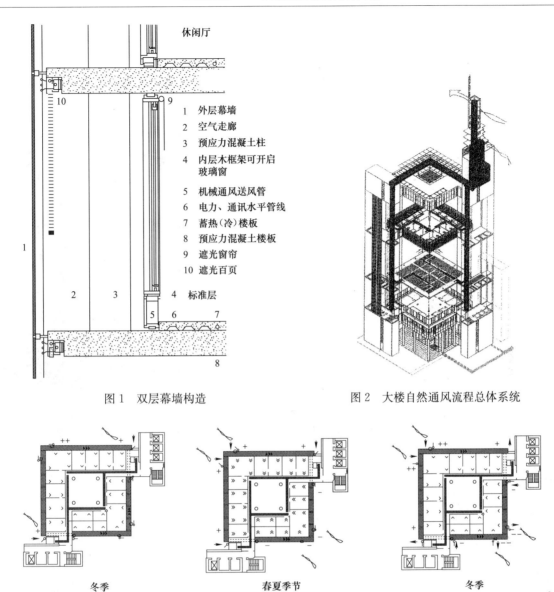

休闲厅

1　外层幕墙
2　空气走廊
3　预应力混凝土柱
4　内层木框架可开启
　　玻璃窗
5　机械通风送风管
6　电力、通讯水平管线
7　蓄热（冷）楼板
8　预应力混凝土楼板
9　遮光窗帘
10　遮光百页

标准层

图 1　双层幕墙构造

图 2　大楼自然通风流程总体系统

冬季　　　　　　　春夏季节　　　　　　　冬季

++ 正压　　　→ 自然风向　　　　⇛ 空气走廊 通风方向　　⋙ 空内送、回风
-- 负压　　　↗ 温度感应器　　　⤺ 百页开启方式　　　　━ 回风系统

图 3　不同季节的自然通风

北杜塞尔多夫 ARAG 2000 行政楼

地点：德国杜塞尔多夫北部

用途：办公用，工作岗位 950 个，餐厅 236 座位

设计：杜赛尔道夫的 RKW 与伦敦的 Norman Foster 合作

建筑规模：地上 32 层，地下 2F，室内高度 2.75m；总建筑面积 45543m²，地上 32902m²，车库、仓库共 7459m²

建筑外观图

建筑特征

采用双重玻璃幕墙（DSF），此外，在垂直方向设有小中庭（花园）建筑标准层（见图1）。

供暖设备

建筑的采暖由该市市政集中供热网提供，热力网设计供水温度为 126℃（设计室外温度为 -10℃）。供水温度随外界温度的升高而下降。根据高度设两个压力等级：一级为 14F~30F，设 2 个换热器，各 285kW；二级为 2F~13F，亦设 2 个换热器，各 720kW。采暖末端方式多样。

供冷技术

制冷机为 AHU 及冷吊顶提供冷量。制冷设施有冰蓄冷装置。利用夜间电力，大约可负担需冷量的 50%。冷机分散布置于机房。独立为各自对应的楼层供冷。可减少管弄（井）所占的空间。

冷机的冷却水系统与通风设备的热回收系统相集成，回收回风热量。冷吊顶由另外的板式换热器与一次水侧隔开。供冷装置中除充分利用热回收手段从蒸发器、冷凝器回收冷热量外，还利用蒸发冷却热回收技术实现冷吊顶的自然制冷运行。图2为地上 2F 的供冷机房系统原理图。

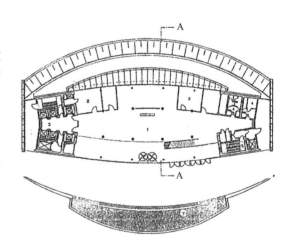

图 1　标准层平面图

空调系统

办公室新风布置在 4 个机房内进行分散处理，每个设备层的新风 AHU 负责其上三层和下四层的新风供应，大楼约有 21 台约 1 万 m³/h、6 台 2 万 m³/h 和 4 台管道式风机构成吊顶式空调送风装置。新风量按最小需求 6m³/(h·m²) 设计。大部分冷负荷由冷吊顶负担。

资料来源：《Technik an Bau》刊（德国）2002 年 2 月。

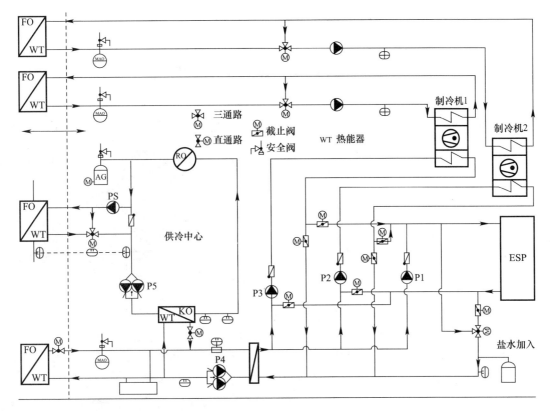

图 2　供冷机房系统原理图

标准层平面分两个外区、一个内区，其中每个区的通风均可单独启停，各区支路上均有流量控制器，送回风机转速均可控制。全楼空调系统共有 24 个总回风口和 21 个排风口，新风和排风从各机有没有经管道和格栅吸入或吹出幕墙空间。

双重玻璃幕墙 DSF 和通风

该工程采用竖井式双重幕墙，每个窗箱都有 15cm 高、带可调开关叶片的进风口。排风通过旁通回路排至排风竖井通道，冬季为了让幕墙有保温作用。有需要时可关闭竖井。遮阳百页设在空气腔外侧 1/3 处，距外层约 70cm。该大楼全年 50%～60% 的时间可使用自然通风。

图 3 为大楼双重幕墙自然通风的示意图。

图 3　幕墙通风图

工程实录 E12

马赛地区政府总部大楼

地点：法国马赛市
用途：办公、会议、展览等
设计：William Alsop
建筑规模：办公部分 A 区 4 层，B 区 9 层；
A、B 两区共 41309m² 、C 区为 4800m²
结构：钢筋混凝土及部分钢结构
建设工期：1990 年底～1994 年 9 月

建筑外观

建筑概况

该工程由有中庭相连接的两幢办公楼以及一个多功能政治活动中心组成。办公楼布置为长条形，中庭顶部有自然采光，高 34m。政治活动中心为多功能型，有会议厅、俱乐部等。在当地是一个体量较大的建筑（见图 1）。图 2 为标准层平面，图 3 为剖视图。从图中可知，为减少建筑物冷负荷，大楼采用了全面的遮阳设施。

空调设备和系统

设计参数：
室外：冬季−5℃，夏季 34℃，ϕ＝34%；
室内：冬季 19℃，夏季 25℃，ϕ＝65%；
新风量：8.3L/(人·s)，噪声标准为 NR35；建筑物内人数（办公）：2000 人，办公楼按 7～12m²/人设计；
围护结构：墙传热系数为 0.6～0.36W/(m²·k)，屋顶传热系数为 0.35W/(m²·k)；玻璃传热系数为 2.8W/(m²·k)

空调方式

办公区域（A 及 B 区）：采用 18 台组装式 AHU，每层设有 2 根总送风管和回风管，其间采用热回收系统

图 1 基地总平面

回收热量，冬季可预热空气，夏季可以预冷（辅以喷水冷却）。办公室内装有四管制 FCU，所有窗户都可以开启，当开启窗户时，可自动停止 FCU 的运行。

中庭：采用地板采暖和供冷，该环路由采暖用水泵驱动，在夏季可作为主要制冷环路的二级循环，即通过换热器提供所需的水温，供暖环路的水温为 50℃/38℃。

活动中心：采用全空气 AHU 及 FCU 系统。

冷热源设备

制冷系统采用 3 台 1152kW 的风冷冷水机组，另外备有 576kW 的冷水机组用于设备间和冬

资料来源：《Building Services》，1994 年 10 月号。

季有冷负荷的场合。制冷剂为 R22，但已考虑 2002 年后的制冷剂替代问题。冷水供/回水温度为 8℃/12℃。冷负荷指标约 100W/m²，总制冷负荷为 6000kW。系统工作压力为 7bar。

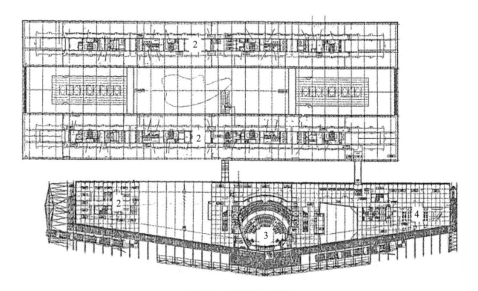

图 2 标准层平面图

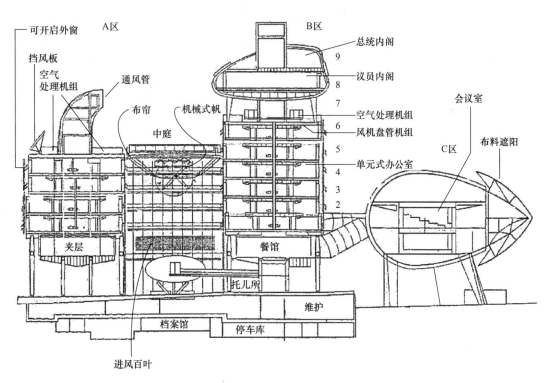

图 3 剖视图

供热设备

锅炉供热量为 3600kW，供热负荷指标为 90W/m²，供/回水温度为 50℃/38℃，工作压力为 7bar。图 4 为该工程水系统流程图。

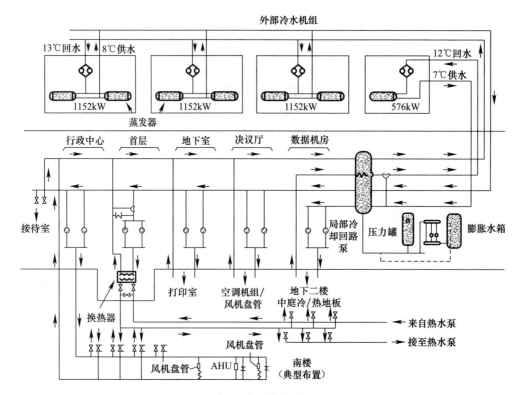

图 4 水系统流程图

米兰 Pirelli 大厦

地点：意大利米兰市
用途：办公
建筑规模：地上 30 层，地下 2 层；高度 127m；总建筑面积约 4 万 m²；层高 3.7m
设计：G. PONTI 及 P. L. NERVI
建设工期：1955～1958 年

建筑外观

建筑特征

该工程以其独特的结构和造型成为欧洲早期高层建筑的代表。平面为梭形、结构形式特殊，中部为变截面柱子，将低层平面划分成三段，核体偏于一侧。图 1 为标准层平面图，图 2 为纵向断面简图。

空调方式

标准层空调外区采用诱导空调系统，诱导器（IU）沿窗台设置，可控制深度约 5m，另有 2m 多宽的内区为高速空调单风管系统，外区（IU 系统）分两大系统，东、南朝向的 AHU 风量（一次风）为 7.5 万 m³/h，西北朝向为 3.8 万 m³/h，共设有 1500 台 IU。

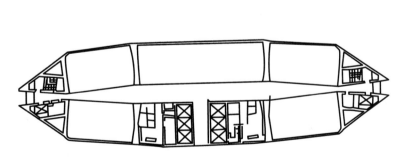

图 1 标准层平面图

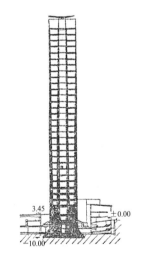

图 2 剖面图

内区亦设两台 AHU，风量各 9.5 万 m³/h，空调送风均由地下室空调机房经垂直立管分送到各标准层（28 个层面）。平面布置见图 3（图中表示一半），图 4 则为相应的风口布置情况。

IU 系统管路装置见图 5（示意原理），由图可知 IU 系统用部分回风。

低层公共部分空调方式采用双管（冷、热风）高速系统，供给地下 3.65m～地上 12.9m 范

资料来源：井上宇市，《高层建筑の设备计画》，1964 年版。《日经建筑》（月刊）2005 年 9 月 19 日号。

围内的4个层面，通风量为6.5万 m^3/h（其中新风量为1.7万 m^3/h），该空调系统如图6所示，其他如会议室、计算机房、电话交换机室等均为低速空调系统。

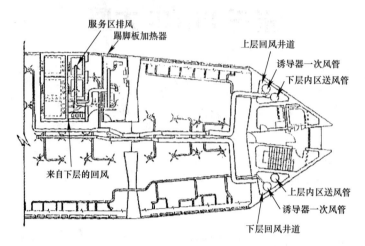

图3 平面布置图

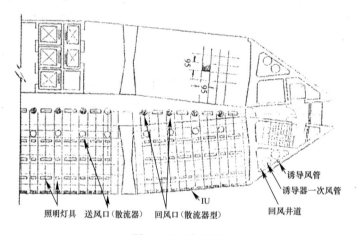

图4 风口布置图

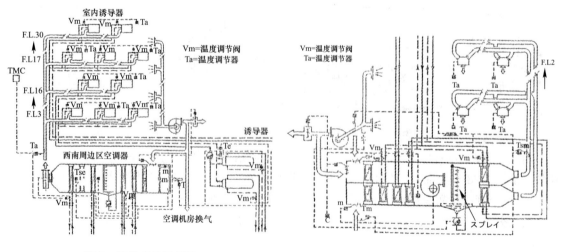

图5 诱导系统原理图   图6 双风道系统原理图

冷热源装置

　　热源为 3 台组装型锅炉，高温水出水温度为 150℃，冬季总供热量为 5233kW。夏季再热用专用一台 580kW 的锅炉。制冷机为 2 台 295kW 电机驱动的离心制冷机，总容量为 3140kW，冷煤为 R114。AHU 供水温度约 6℃，另有深井水 250m³/h 可资利用，出水温度为 15℃，可用于夏季空调预冷。冷热源设备均设于地下 8.5m 的机房内。参见图 7。

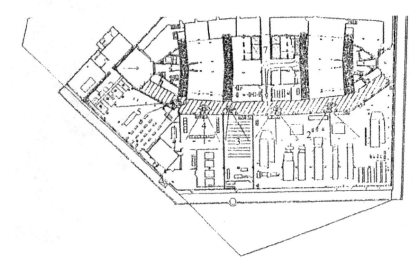

图 7　地下冷热源设备机房
1—机房监视走廊；2—空调机房；3—中央电话交换器室；4—控制室；
5—加压水泵；6—锅炉房；7—机房通道

　　附注：该楼于 2002 年 4 月 18 日被一轻型飞机撞击（飞行事故），25F 及其上、下层受损，后即修复。

工程实录 E14

莫斯科城（俄罗斯联邦大厦）

地点：俄罗斯首都莫斯科

用途：多功能综合性大楼（办公、酒店、商业、观光等）建筑规模：由裙房与两个平面呈三角形的两个塔楼组成。地下 4F～地上 3F 为裙房（含停车库），第 4 层为第一个技术层。两个塔楼分别为 55 层及 85 层（高 345m）

结构：钢筋混凝土（世界最高钢筋混凝土建筑）

其他：该工程由中国建筑总公司承建，合同总金额为5800 万美元

室外设计参数：（见表1）

室内设计参数：以办公用房为例：夏季 22-～24℃、冬季 20～2224℃，客房全身为 22～24℃。冬季大多数房间为相对温度 30%～40%

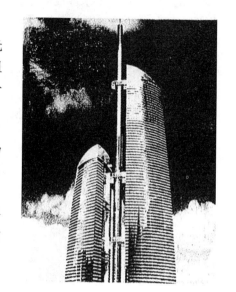

建筑外形图

通风供暖系统

地上 2F 设热力站，设有柴油发动机的热电联产装置，一次回路换热器供 95/70℃的一次热水。裙房和 A、B 塔楼各有独立的二次换热器组。此外，塔楼内有多台换热器向各技术层供热。技术层内的二次回路板式换热器提供 85%/60℃的二次水。技术层以上的各楼层采用双管下分式系统；其下面的楼层则为上分式系统。每根立管供暖不大于 12 层。

冬季室外空气参数　　　　　　　　　　表 1

系统名称	季节	室外空气计算参数	
		温度 t（℃）	焓（kJ/kg）
29F 及以下房间的供暖	冬	−28	−27.6
30F 及以上房间的供暖	冬	−30	−29.7
29F 及以下房间的空调	冬	−28	−27.6
29F 及以下房间的空调	夏	32	63.0
30F 及以上房间的空调	冬	−32	−29.7
30F 及以上房间的空调	夏	30	58.0

空调和供冷系统

空调按技术层和竖井的位置采用集中式空调装置，每个技术层有 6 台处理新风量为 4000m³/h 的空气处理机组。可沿 3 个竖井分送到三角形平面的三个区，向上或向下给 12 个楼层送风。空调末端装置经多种方案比较（FCU、IU、冷吊顶、风冷 VRV 等），最终，采用外机为水冷的室内变冷剂流量的 VRV 方式。

在技术层中，如 A 塔楼的 28F 内安装 76 个独立的系统，每一系统向上或向下服务于三角

资料来源：按扬州大学陈兴华教授提供资料及《供热制冷》2006 年第 4 期整理。

形塔楼中一翼的房间。技术层下面的 12 个楼层的空调系统如图 1 所示，技术层上面的 12 个楼层使用的空调系统则示意如图 2 所示。每一空调系统的组成为：1 台风量为 44000m³/h 的新风机组，1 台风量为 4000m³/h 的排风机，2 台开式冷却塔，负荷为 750kW，附带有空气过滤段和表面换热器，1 台冷量为 500kW 的冷水机组（供新风机组）。

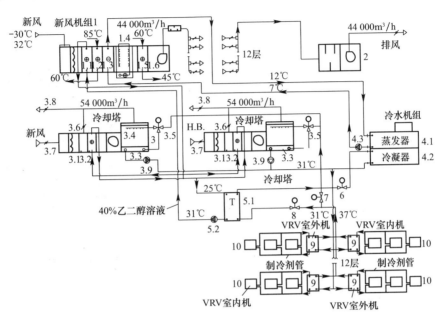

图 1　技术层以下楼层的空调系统

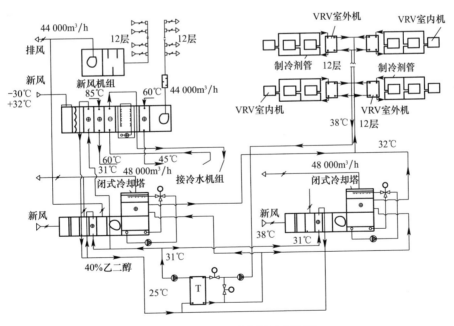

图 2　技术层以上楼层的空调系统

空调系统中冷却水系统还向每个冷量为 28kW 和 VRV 水冷式室外机供水。室外机每两个为一组，安装在办公楼层设备间内，通过小直径的冷剂管道与室内机相连。

华沙 LIM 中心大厦

地点：波兰华沙

用途：办公楼及宾馆

建筑规模：总建筑面积 10 万 m²，共 42 层，1～5F 为办公楼，6～20F 为宾馆（共 1050 床），大楼内有会议中心、购物、餐饮等设施，地下室为停车库与娱乐中心

竣工年份：20 世纪 90 年代

图 1 为该建筑剖面示意图。

建筑外观

空调设备

设有 8 台提供新风的空气处理机组（4 台供宾馆，4 台供办公楼使用），空气处理机组带有双重过滤系统、预热用水盘管、蒸汽加热器、再热水盘管。该独立的新风系统向中心区域送风，室内共设有 1400 台二管制风机盘管机组，在建筑物低区部分（餐厅、会议室等）的空气处理机组内设有全热交换器以回收冷热量，整个建筑物内总共设有 52 台空气处理机组，排风由设在屋顶上的屋顶风机处理。

相关的技术数据

总风量为 2155500m³/h；

制冷容量为 10000kW；

加热容量为 19500kW；

热水供应量为 45m³/h；

饮用水供应量为 230m³/h。

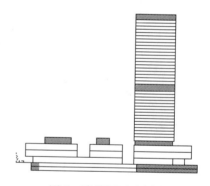

图 1　建筑剖面示意图

资料来源：波兰 VTS 公司及德国 KRANTZ-TKT 提供资料。

石油双塔

地点：马来西亚首都吉隆坡
业主：KLCC（吉隆坡城市中心）
设计：西萨·佩里联合设计事务所
用途：办公（石油公司本部及出租办公）
建筑规模：地上 88 层（92 层），地下 4 层（6
层）；总建筑面积 18.035 万 m²（1 号塔楼），总高
度 451.9m；标准层面积 2600m²；核心筒尺寸：
23m×23m
建设工期：1994 年 2 月～1997 年 1 月
设备施工：日本间组（株）等

建筑外观

建筑特点

该建筑两幢塔楼各附有 46 层的副楼，两个塔楼
间在 42F 与 41F 处有连接天桥。大楼中有几层（设
备层）的层高相当于 2 层层高，故总塔楼高相当于
92 层。塔尖部分有 65m，工程完成后为当时世界最
高建筑。大楼外壁为不锈钢材的幕墙，有伊斯兰宗
教的传统风格。图 1 为双塔平面图，图 2 为其剖
视图。

空调系统方式

标准层采用各层 AHU 的单风道 VAV 系统。
吊顶静压层回风，新风在机房内集中处理，分段向
各层 AHU 送新风，排风通过热回收转轮及利用冷
盘管的冷水循环环路回收热量。特殊楼层 AHU 的
新风处理可利用其再热盘管与预冷相结合。在 6F、
38F、84F 的机房内分区采用通风换气系统。地下
室的一部分则可采用个别系统方式，机械设备层内
设集中排烟风机。

标准层的排烟通路与空调排风一样，经过吊顶
静压层，各层空调机房内设有主立管和排烟口。在
避难楼梯和前室等的避难通路处均设加压防烟系
统，耐火风道用"Durasteel"板制作。

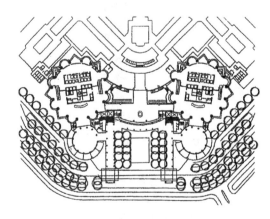

图 1 底层平面

资料来源：《建筑设备士》，1998 年第 6 期；Sculpting The Sky-PETRONAS TWIN TOWERS KLCC，THIRD EDITION，2003。

冷热源设备

　　该区域（开发区）建有区域供冷供热设施（有热电联产），在大楼地下 1F 冷水总管 ϕ900mm 上引出 ϕ500mm 的支管，回水管亦为 ϕ500mm，供水温度为 3.3℃，回水温度为 14.4℃。集中机房内设有：燃气透平发电机，4MW×2 台；余热锅炉（热电联产方式），2 台；燃气水管锅炉，2 台；电动离心制冷机，5000USRT×4 台；蒸汽透平驱动离心制冷机，5000USTR×3 台以及冷却塔 10 台。设计时为满足一期工程石油双塔为主运行冷量 15000USRT（热电联产制冷）已足够，当二期工程建设后，即投入电制冷总冷量可达 30000USRT 以上。

　　石油双塔大楼的冷水配管系统如图 3 所示，分低层、中层、高层三个闭路循环（分区），在 38F、84M1F 分别设置热交换器。从地下停车场引入冷水后除直接供低层各层的 AHU 后再送入 38F 供中层回路的板式热交换器，然后返回总管（同程式回水），高层回路的板交设在 84MIF，回水为异程式。所用水管均为碳素钢管，空调系统主要设备见表 1。

空调主要设备　　　表 1

区域（层）	设　备	台数	换热器水温℃
下层环路 （P1～38）	变频冷水泵	4	—
中层环路 （38～84M1）	板式换热器 7065kW 变频冷水泵	3 3	冷侧 5.6～14.4 热侧 6.9～15.8
高层环路 （84M1～87）	板式换热器 1200kW 变频冷水泵	2 2	冷侧 6.9～13.9 热侧 8.3～15.0

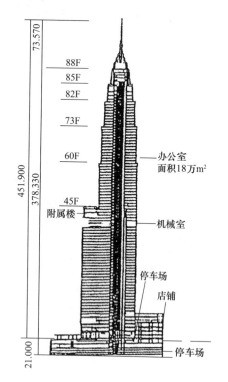

图 2　剖面图

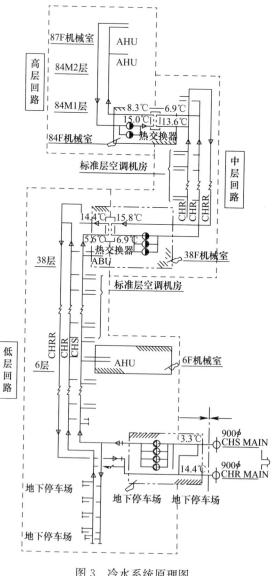

图 3　冷水系统原理图

工程实录 X2

韩国世贸中心大厦

地点：首尔特别市江南区三成洞 159

业主：财团法人韩国贸易协会

用途：办公

设计：日建设计（日本）、原都市建筑研究所正林建筑等

施工：极东建设公司

结构：地上部分钢筋结构、地下部分 SRC 结构

围护结构：玻璃采用双层半强化玻璃（外侧 6mm 厚热吸收反射玻璃，中空空气层 12mm，内侧 6mm 透明玻璃）。

建筑规模：总建筑面积 10779m²；地上 54 层，地下 2 层；高度为 228m；标准层面积 1494～2738m²

竣工时间：1988 年 11 月

建筑外观

冷热源

复合能源：

制冷机：吸收式 700Rt×6 台（燃气）；

离心式：700Rt×3 台（电力）；

往复式：100Rt×2 台（电力）；

锅炉：蒸汽 4t/h×9 台。

标准层空调方式：内区：各层 VAV 方式；外区：VAV＋对流器。

新风供给：分区采用全热交换机方式，AHU110 台。

图 1 为建筑剖面图，图 2 分别为各段标准层平面图

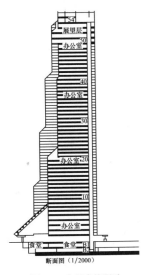

图 1　建筑剖视图

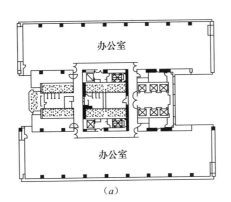

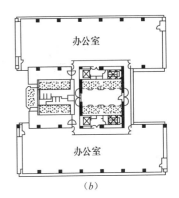

图 2　各段标准层平面图

（a）低层；（b）中层

资料来源：建筑计划设计丛书（38）.《新·超高层事务所》，三栖邦博等编，市谷出版社，2000 年。

工程实录 X3

韩国三星公司研发部 R-4 大楼

用途：办公

建筑规模：地上 35 层，地下 5 层；总建筑面积 181500m²

空调制冷方式与系统

建筑外观

由于三星公司有空调产品生产，因此在该公司研发大楼中采用其多联机产品，并与传统空调系统相结合。大楼标准层分外区和内区，外区采用变冷剂流量的多联机方式；内区为全空气 VAV 系统的集中空调方式。冷热源分别采用吸收式冷水机组和利用城市区域供热。整个大楼供能属复合能源，具有平衡城市供能、运行费用可选择和供能安全保证等优点。此外，全空气 VAV 系统协同解决新风供给问题。

标准层平面如图 1 所示。可采用的多联机组分东、南、西、北 4 个独立的区域，各区的总风管均为 φ250mm，设计时多联机均承担各标准层负荷的 39%，每层设 2 个机房，每个机房各设 2 台 22HP 的室外机。制冷管道最长不超过 65m，室内外机高差不大于 3m。

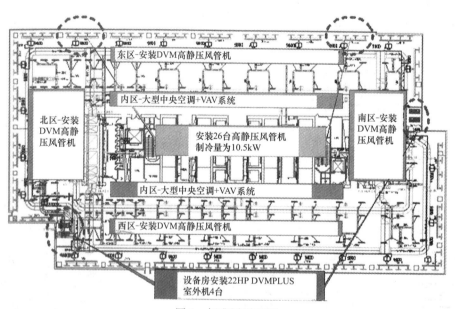

图 1 标准层平面图

关于室外机安装位置对进、排风的影响进行了详细的 CFD 解析，确认了可靠性。该工程实现了集中空调式与多联机系统的结合，充分体现了使用的灵活性以及比传统方式，减少了建筑物层高和运行费用。

资料来源：上海制冷学会：《变容量调节的制冷空调技术研讨会论文集》，2006 年 11 月。

后　记

自 10 多年前拙著《大空间建筑空调设计及工程实录》问世以后，深受业界同仁的好评，并建议和鼓励我再编著一本高层建筑方面的著述。前者的出版对当时奥运会场馆和各地在建中的场馆建设曾起了一些参考作用。而《高层建筑空调设计及工程实录》的编著则拟以跟踪半个世纪以来高层建筑空调技术的发展历程为宗旨，尤其是当我国已跻身为世界第二大经济体、城市化发展迅速，高层建筑建设发展较盛的时代。作者深感个人力量有限，写书的进度跟不上建设和技术提升的速度。幸运的是终于得到了华东建筑设计研究院叶大法、杨国荣两位高工的加盟，才使作者对完成本书树立了信心，并起了保证作用。

本书是约半个多世纪以来高层建筑空调技术发展的纪实，无设计手册的功能，更无规范的解释和指示。整体内容分两部分：上篇对高层建筑空调领域内的相关技术进行了综合论述并介绍了可供参考的设计思路；下篇则为相关的工程实录。本书的技术对象主要为办公建筑，极少量涉及旅馆酒店建筑，没有述及工艺要求特殊的医院建筑。工程实录中绝大部分为已建成项目（极个别为在建项目），对个别较早的工程改建项目，本书也有相关叙述（第 16 章）。

书中所选录的我国的工程项目大多在刊物上已发表过，个别由设计方、业主方提供，这不同于通过学术团体组织公开征集所得，所以有相当的局限性和随机性。这些资料的发表有助于为专业人员对这些工程作进一步考察和调研提供线索。通过总结工程经验、提高我国的工程技术水平是业界共同的期望。

工程实录中，国外实例以日本为多，这与日本长期以来有工程建设后公开发表的传统有关（在各相关刊物上发表），信息公开导致了技术交流的常态化，更有利于全面提升技术水平。欧美国家一般对工程技术信息的公开程度有限，唯德国亦有相关刊物能详细介绍一些值得关注的工程项目（如 TAB—Technik Am Bau 及 g-i—Gesundheits Ingenieur 等）。

由于地球的环境问题日益为世人关注，本书也作了充分的反映。从 20 世纪七八十年代的"节能"到现今的防止地球温暖化的"减排"，进而提倡"生态文明"的建设。书中对于高层建筑的绿色生态理念以及评估等问题都给予了应有的关注。

这里值得一提的是：本书的书名和讨论的对象为"高层建筑"，当然也涉及"超高层建筑"。实际上，高层建筑在空调负荷计算、冷热水系统分区、防排烟系统设计等方面与一般建筑有所区别，这在本书内容中已有体现。所以未以"超高层"出镜，这也因为作者违避有炒作或热捧"超高层"之嫌。

本书编写分工为：第 2 章及第 9 章由杨国荣高工编写；第 5 章、第 8 章及部分工程实录由叶大法高工编写；第 15 章由寿炜炜高工编写；第 13 章由林忠平教授编写；其他章节和大部分工程实录由本人编集完成。上篇中部分插图的日文翻译和图面修正和下篇中部分实例由同济大学建筑城规学院叶海教授协助完成。而上篇和下篇的图文整理工作则主要由杨国荣、叶大法两位高工担任。此外，张太康工程师亦协助完成大量的图文整理工作。他们均在繁忙的工作之余投入大量精力完成这一任务，实属不易，可敬可佩。

在本书漫长的编著过程中曾得到龙惟定、徐文华、林忠平等教授的早期和近期的研究生周辉、蒋骞、韩华、辛月琪、谢洪辉、陈治清、雷亚平、邹抒等的帮助。同济大学刘传聚教授、潘毅群教授、黄治钟高工也给予很多助力。各设计院的姚国梁、包文毅、张建忠、马伟骏、刘览、刘天川、黄翔、刘毅、周谨、徐桓、潘涛等高级工程师，企业界的叶水泉、马志刚、陆辉、何广钊、吴开强、郭健雄、伍广华，以及在日本工作的柳宇、李小平、许雷等对本书提供过信息和资料。华东建筑设计研究院机电技术研究与发展中心的邵建涛博士、俞春尧工程师和林雄鸣、刘发辉助理工程师也参与了部分图文制作。

日本友人中原信生、佐野武仁、南野修、野部达夫、大窪道知、松绳坚等教授，在我过去多次访日时，都曾陪同我考察日本的相关工程并提供资料。这也奠定了我编写本书的基础，凡此都铭谢于心。

遗憾的是井上宇市教授未能看到本书的问世（已于2009年辞世）。他曾关心过本书的写作，本书中有许多内容是引自他过去的著作。2005年我访日时，他好评《大空间建筑空调设计及工程实录》的情景犹在眼前。

本书的编写也得到上海市制冷学会及同济大学暖通空调及燃气研究所和同济大学设计研究院领导的关注，以及爱人王彩霞的全力支持。在此致以深切的感谢。

本书在篇幅的掌握、章次间的协调、图幅的制作等诸方面还存在一定不足，特别从早期书刊中摘录的一些图幅无法还原其清晰度，这些图幅只能提供一定程度的技术历史信息，希读者见谅。众所周知，进入新世纪以来，世界建设技术发展迅速，值得推介的先进技术和工程不计其数，希望将来业界会有更完善的著作问世。

中国建筑工业出版社领导对本书的出版给予了热诚的关切与鞭策，特别是姚荣华主任和张文胜编辑为本书付出了巨大的劳动，才使本书得以与读者早日见面。

范存养

二〇一三年春于上海